欢迎来到异步社区

异步社区是人民邮电出版社旗下 IT 专业图书旗舰社区，于 2015 年 8 月上线运营。依托 20 余年的 IT 专业优质出版资源和编辑策划团队，打造在线学习平台，为作者和读者提供交流互动。

本书视频课程

异步社区同步推出《C++ Primer Plus 解读》视频课程。课程时长 27 小时，以理论讲解配合实例操作的形式讲授，力求夯实学习者的编程基础，而不只是简单讲授语言特性。图书配合视频课，学习效果更好。

扫码查看
视频课程详情

本书读者专享 50 元优惠券，可在异步社区上购买视频课程时使用。

优惠券兑换码：EScnGT5U（区分大小写），每位用户限用一次。

优惠券有效期：兑换后 100 天内下单购买有效。

购买成功后，手机端可直接扫码观看，电脑端可登录异步社区“我的课程”页面（www.epubit.com/user/conissuer/mycourse）观看。

更多精品视频课程

- Python 核心编程（15 小时讲解+实操）
- C Primer Plus 视频解读（70 集 20 小时核心知识点）

社区里还有什么?

购买图书和电子书

异步社区上线图书 2400 余种，电子书 1000 多种，部分新书实现纸书、电子书同步上市。您可以方便地下单购买纸质图书或电子图书，纸质图书直接从人民邮电出版社书库发货，电子书提供 epub、mobi、PDF 和在线阅读四种格式。社区还独家提供购买纸质书可以同时获取这本书的 e 读版电子书的服务模式。

会员制服务

成为异步 VIP 会员后，能够畅学社区内标有 VIP 标识的会员商品，包括 e 读版电子、专栏和精选视频课程。社区内的全文搜索功能，可以帮助您快速定位想要学习的知识点。

入驻作译者

很多图书的作译者已经入驻社区，您可以关注他们，咨询技术问题。可以阅读不断更新的技术文章，听作译者和编辑畅聊图书背后的有趣故事。还可以参与社区的作者访谈栏目，向您关注的作者提出采访题目。

微信扫码
随时访问异步社区

Pearson

C++ Primer Plus

（第6版）中文版

[美] 史蒂芬·普拉达（Stephen Prata）著　　张海龙　袁国忠 译

C++ Primer Plus Sixth Edition

人 民 邮 电 出 版 社

北 京

图书在版编目（CIP）数据

C++ Primer Plus中文版 : 第6版 / (美) 史蒂芬·普拉达著 ; 张海龙，袁国忠译. -- 北京 : 人民邮电出版社，2020.7
ISBN 978-7-115-52164-4

Ⅰ. ①C… Ⅱ. ①史… ②张… ③袁… Ⅲ. ①C语言－程序设计 Ⅳ. ①TP312.8

中国版本图书馆CIP数据核字(2019)第215918号

版权声明

◆ 著　　[美] 史蒂芬·普拉达（Stephen Prata）
译　　张海龙　袁国忠
责任编辑　傅道坤
责任印制　焦志炜

◆ 人民邮电出版社出版发行　　北京市丰台区成寿寺路 11 号
邮编　100164　　电子邮件　315@ptpress.com.cn
网址　https://www.ptpress.com.cn
北京市艺辉印刷有限公司印刷

◆ 开本：787×1092　1/16
印张：43.75　　2020 年 7 月第 1 版
字数：791 千字　　2025 年 2 月北京第17次印刷
著作权合同登记号　图字：01-2012-0244 号

定价：118.00 元

读者服务热线：(010)81055410　印装质量热线：(010)81055316
反盗版热线：(010)81055315
广告经营许可证：京东市监广登字 20170147 号

内 容 提 要

C++是在 C 语言基础上开发的一种集面向对象编程、泛型编程和过程化编程于一体的编程语言，是 C 语言的超集。本书是根据 2003 年的 ISO/ANSI C++标准编写的，通过大量短小精悍的程序详细而全面地阐述了 C++的基本概念和技术，并专辟一章介绍了 C++11 新增的功能。

全书分 18 章，分别介绍了 C++程序的运行方式、基本数据类型、复合数据类型、循环和关系表达式、分支语句和逻辑运算符、函数重载和函数模板、内存模型和名称空间、类的设计和使用、多态、虚函数、动态内存分配、继承、代码重用、友元、异常处理技术、string 类和标准模板库、输入/输出、C++11 新增功能等内容。

本书针对 C++初学者，从 C 语言基础知识开始介绍，然后在此基础上详细阐述 C++新增的特性，因此不要求读者有 C 语言方面的背景知识。本书可作为高等院校教授 C++课程的教材，也可供初学者自学 C++时使用。

作 者 简 介

Stephen Prata 在美国加州肯特菲尔得的马林学院教授天文、物理和计算机科学。他毕业于加州理工学院，在美国加州大学伯克利分校获得博士学位。他单独或与他人合作编写的编程图书有十多本，其中 *New C Primer Plus* 获得了计算机出版联合会 1990 年度最佳“How-to”计算机图书奖，*C++ Primer Plus* 获得了计算机出版联合会 1991 年度最佳“How-to”计算机图书奖提名。

前　　言

学习 C++是一次探索之旅，因为这种语言容纳了好几种编程范式，其中包括面向对象编程、泛型编程和传统的过程化编程。本书第 5 版是基于 ISO C++标准编写的，该标准的官方名称为 C++99 和 C++03（C++99/C++03），其中 2003 标准主要是对 1999 标准的技术修正，并没有添加任何新功能。C++在不断发展，编写本书时，新标准获得了 C++国际标准委员会的批准。在制定期间，该标准名为 C++0x，但现已改名为 C++11。大多数编译器都能很好地支持 C++99/03，而本书的大多数示例都遵守该标准。有些实现中已显现了新标准的很多功能，而本书也对这些新功能进行了探索。

本书在介绍 C++特性的同时，还讨论了基本 C 语言，使两者成为有机的整体。书中介绍了 C++的基本概念，并通过短小精悍的程序来阐明，这些程序都很容易复制和试验。书中还介绍了输入和输出，如何让程序执行重复性任务，如何让程序做出选择，处理数据的多种方式，以及如何使用函数等内容。另外，本书还讲述了 C++在 C 语言的基础上新增的很多特性，包括：

- 类和对象；
- 继承；
- 多态、虚函数和 RTTI（运行阶段类型识别）；
- 函数重载；
- 引用变量；
- 泛型（独立于类型的）编程，这种技术是由模板和标准模板库（STL）提供的；
- 处理错误条件的异常机制；
- 管理函数、类和变量名的名称空间。

初级教程方法

大约 20 年前，*C Primer Plus* 开创了优良的初级教程传统，本书建立在这样的基础之上，吸收了其中很多成功的理念。

- 初级教程应当是友好的、便于使用的指南。
- 初级教程不要求您已经熟悉相关的编程概念。
- 初级教程强调的是动手学习，通过简短、容易输入的示例阐述一两个概念。
- 初级教程用示意图来解释概念。
- 初级教程提供问题和练习来检验您对知识的理解，从而适于自学或课堂教学。

基于上述理念，本书帮助您理解这种用途广泛的语言，并学习如何使用它。

- 对何时使用某些特性，例如何时使用公共继承来建立 is-a 关系，提供了概念方面的指导。
- 阐释了常用的 C++编程理念和技术。
- 提供了大量的附注，如提示、警告、注意等。

本书的作者和编辑尽最大的努力使本书简单、明了、生动有趣。我们的目标是，您阅读本书后，能够编写出可靠、高效的程序，并且觉得这是一种享受。

示例代码

本书包含大量的示例代码，其中大部分是完整的程序。和前一版一样，本书介绍的是通用 C++，因此适用于任何计算机、操作系统和编译器。书中的示例在 Windows 7 系统、Macintosh OS X 系统和 Linux 系统上进行了测试。

使用了 C++11 功能的程序要求编译器支持这些功能，但其他程序可在遵循 C++ 99/03 的任何系统上运行。

书中完整程序的源代码可从配套网站下载，详情请参阅封底的链接信息。

本书内容

本书分为 18 章和 10 个附录。

- 第 1 章 预备知识：本章介绍 Bjarne Stroustrup 如何通过在 C 语言的基础上添加对面向对象编程的支持，来创造 C++编程语言。讨论面向过程语言（如 C 语言）与面向对象语言（如 C++）之间的区别。您将了解 ANSI/ISO 在制定 C++标准方面所做的工作。本章还讨论了创建 C++程序的技巧，介绍了当前几种 C++编译器的使用方法。最后，本章介绍了本书的一些约定。
- 第 2 章 开始学习 C++：本章介绍创建简单 C++程序的步骤。您可以学习到 main( )函数扮演的角色以及 C++程序使用的一些语句。您将使用预定义的 cout 和 cin 对象来实现程序输出和输入，学习如何创建和使用变量。最后，本章还将介绍函数——C++的编程模块。
- 第 3 章 处理数据：C++提供了内置类型来存储两种数据：整数（没有小数的数字）和浮点数（带小数的数字）。为满足程序员的各种需求，C++为每一种数据都提供了几个类型。本章将要讨论这些类型，包括创建变量和编写各种类型的常量。另外，还将讨论 C++是如何处理不同类型之间的隐式和显式转换的。
- 第 4 章 复合类型：C++让程序员能够使用基本的内置类型来创建更复杂的类型。最高级的形式是类，这将在第 9 章 ~ 第 13 章讨论。本章讨论其他形式，包括数组（存储多个同类型的值）、结构（存储多个不同类型的值）、指针（标识内存位置）。您还将学习如何创建和存储文本字符串及如何使用 C 风格字符数组和 C++ string 类来处理文本输入和输出。最后，还将学习 C++处理内存分配的一些方法，其中包括用于显式地管理内存的 new 和 delete 运算符。
- 第 5 章 循环和关系表达式：程序经常需要执行重复性操作，为此 C++提供了 3 种循环结构：for 循环、while 循环和 do while 循环。这些循环必须知道何时终止，C++的关系运算符使程序员能够创建测试来引导循环。本章还将介绍如何创建逐字符地读取和处理输入的循环。最后，您将学习如何创建二维数组以及如何使用嵌套循环来处理它们。
- 第 6 章 分支语句和逻辑运算符：如果程序可以根据实际情况调整执行，我们就说程序能够智能地行动。在本章，您将了解到如何使用 if、if else 和 switch 语句及条件运算符来控制程序流程，学习如何使用逻辑运算符来表达决策测试。另外，本章还将介绍确定字符关系（如测试字符是数字还是非打印字符）的函数库 cctype。最后，还将简要地介绍文件输入/输出。
- 第 7 章 函数——C++的编程模块：函数是 C++的基本编程部件。本章重点介绍 C++函数与 C 函数共同的特性。具体地说，您将复习函数定义的通用格式，了解函数原型是如何提高程序可靠性的。同时，还将学习如何编写函数来处理数组、字符串和结构。还要学习有关递归的知识（即函数在什么情况下调用自身）以及如何用它来实现分而治之的策略。最后将介绍函数指针，它使程序员能够通过函数参数来命令函数使用另一个函数。
- 第 8 章 函数探幽：本章将探索 C++中函数新增的特性。您将学习内联函数，它可以提高程序的执行速度，但会增加程序的长度；还将使用引用变量，它们提供了另一种将信息传递给函数的方式。默认参数使函数能够自动为函数调用中省略的函数参数提供值。函数重载使程序员能够创建多个参数列表不同的同名函数。类设计中经常使用这些特性。另外，您还将学习函数模板，它们使程序员能够指定相关函数族的设计。
- 第 9 章 内存模型和名称空间：本章讨论如何创建多文件程序，介绍分配内存的各种方式、管理内存的各种方式以及作用域、链接、名称空间，这些内容决定了变量在程序的哪些部分是可见的。
- 第 10 章 对象和类：类是用户定义的类型，对象（如变量）是类的实例。本章介绍面向对象编程和类设计。对象声明描述的是存储在对象中的信息以及可对对象执行的操作（类方法）。对象的某些组成部分对于外界来说是可见的（公有部分），而某些部分却是隐藏的（私有部分）。特殊的类方法（构造函数和析构函数）在对象创建和释放时发挥作用。在本章中，您将学习所有这些内容以及其他类知识，了解如何使用类来实现 ADT，如栈。

- 第 11 章　使用类：在本章中，您将深入了解类。首先了解运算符重载，它使程序员能够定义与类对象一起使用的运算符，如+。还将学习友元函数，这些函数可以访问外部世界不可访问的类数据。同时还将了解一些构造函数和重载运算符成员函数是如何被用来管理类类型转换的。
- 第 12 章　类和动态内存分配：一般来说，让类成员指向动态分配的内存很有用。如果程序员在类构造函数中使用 new 来分配动态内存，就有责任提供适当的析构函数，定义显式拷贝构造函数和显式赋值运算符。本章介绍了在程序员没有提供显式定义时，将如何隐式地生成成员函数以及这些成员函数的行为。您还将通过使用对象指针，了解队列模拟问题，扩充类方面的知识。
- 第 13 章　类继承：在面向对象编程中，继承是功能最强大的特性之一，通过继承，派生类可以继承基类的特性，可重用基类代码。本章讨论公有继承，这种继承模拟了 is-a 关系，即派生对象是基对象的特例，就像物理学家是科学家的特例。有些继承关系是多态的，这意味着相同的方法名称可能导致依赖于对象类型的行为。要实现这种行为，需要使用一种新的成员函数——虚函数。有时，使用抽象基类是实现继承关系的最佳方式。本章讨论了这些问题，说明了公有继承在什么情况下合适，在什么情况下不合适。
- 第 14 章　C++中的代码重用：公有继承只是代码重用的方式之一。本章将介绍其他几种方式。如果一个类包含了另一个类的对象，则称为包含。包含可以用来模拟 has-a 关系，其中一个类包含另一个类的对象，就像汽车有马达。也可以使用私有继承和保护继承来模拟这种关系。本章说明了各种方法之间的区别。同时，您还将学习类模板，它让程序员能够使用泛型定义类，然后使用模板根据具体类型创建特定的类。例如，栈模板使程序员能够创建整数栈或字符串栈。最后，本章还将介绍多重公有继承，使用这种方式，一个类可以从多个类派生而来。
- 第 15 章　友元、异常和其他：本章扩展了对友元的讨论，讨论了友元类和友元成员函数。然后从异常开始介绍了 C++的几项新特性。异常为处理程序异常提供了一种机制，如函数参数值不正确或内存耗尽等。您还将学习 RTTI，这种机制用来确定对象类型。最后，本章还将介绍一种更安全的方法来替代不受限制的强制类型转换。
- 第 16 章　string 类和标准模板库：本章讨论 C++语言中新增的一些类库。对于传统的 C 风格字符串来说，string 类是一种方便且功能强大的替代方式。auto_ptr 类帮助管理动态分配的内存。STL 提供了几种类容器（包括数组、队列、链表、集合和映射）的模板表示。它还提供了高效的泛型算法库，这些算法可用于 STL 容器，也可用于常规数组。模板类 valarray 为数值数组提供了支持。
- 第 17 章　输入、输出和文件：本章复习 C++ I/O，并讨论如何格式化输出。您将要学习如何使用类方法来确定输入或输出流的状态，了解输入类型是否匹配或是否检测到了文件尾。C++使用继承来派生用于管理文件输入和输出的类。您将学习如何打开文件，以进行输入和输出，如何在文件中追加数据，如何使用二进制文件，如何获得对文件的随机访问权。最后，还将学习如何使用标准的 I/O 方法来读取和写入字符串。
- 第 18 章　探讨 C++新标准：本章首先复习之前介绍过的几项 C++11 新功能，包括新类型、统一的初始化语法、自动类型推断、新的智能指针以及作用域内枚举。然后，讨论新增的右值引用类型以及如何使用它来实现移动语义。接下来，介绍了新增的类功能、lambda 表达式和可变参数模板。最后，概述了众多其他的新功能。

本书以电子版的形式提供了从附录 A 到附录 J 在内的 10 个附录（可在异步社区的本书页面中下载），这些附录涉及的内容如下。

- 附录 A　计数系统：本附录讨论八进制数、十六进制数和二进制数。
- 附录 B　C++保留字：本附录列出了 C++关键字。
- 附录 C　ASCII 字符集：本附录列出了 ASCII 字符集及其十进制、八进制、十六进制和二进制表示。
- 附录 D　运算符优先级：本附录按优先级从高到低的顺序列出了 C++的运算符。
- 附录 E　其他运算符：本附录总结了正文中没有介绍的其他 C++运算符，如按位运算符等。
- 附录 F　模板类 string：本附录总结了 string 类方法和函数。
- 附录 G　标准模板库方法和函数：本附录总结了 STL 容器方法和通用的 STL 算法函数。

- 附录 H 精选读物和网上资源：本附录列出一些参考书，帮助您深入了解 C++。
- 附录 I 转换为 ISO 标准 C++：本附录提供了从 C 和老式 C++实现到标准 C++的转换指南。
- 附录 J 复习题答案：本附录提供各章结尾的复习题的答案。

对教师的提示

本书宗旨之一是，提供一本既可用于自学又可用于教学的图书。下面是本书在支持教学方面的一些特征。

- 本书介绍的是通用 C++，不依赖于特定实现。
- 本书内容跟踪了 ISO/ANSI C++标准委员会的工作，并讨论了模板、STL、string 类、异常、RTTI 和名称空间。
- 本书不要求学生了解 C 语言，但如果有一定的编程经验则更好。
- 本书内容经过了精心安排，前几章可以作为对 C 预备知识的复习一带而过。
- 各章都有复习题和编程练习。附录 J 提供了复习题的答案。
- 本书介绍的一些主题很适于计算机科学课程，包括抽象数据类型（ADT）、栈、队列、简单链表、模拟、泛型编程以及使用递归来实现分而治之的策略。
- 各章都非常简短，用一周甚至更短的时间就可以学完。
- 本书讨论了何时使用具体的特性以及如何使用它们。例如，把 is-a 关系的公有继承同组合、has-a 关系的私有继承联系起来，讨论了何时应使用虚函数以及何时不应使用。

本书体例

为区别不同类型的文本，我们在排版和印刷上使用了一些约定的体例。

- 代码行、命令、语句、变量、文件名和程序输出使用 courier new 字体：

```
#include <iostream>
int main()
{
    using namespace std;
    cout << "What's up, Doc!\n";
    return 0;
}
```

- 用户需要输入的程序输入用粗体表示：

```
Please enter your name:
Plato
```

- 语法描述中的占位符用斜体表示。您应使用实际的文件名、参数等替换占位符。
- 新术语用斜体表示。

旁注： 提供更深入的讨论和额外的背景知识，帮助阐明主题。

提示： 提供特定编程情形下很有帮助的简单指南。

警告： 指出潜在的陷阱。

注意： 提供不属于其他类别的各种说明。

开发本书编程示例时使用的系统

本书的 C++11 示例是使用 Microsoft Visual C++ 2010 和带 GNU g++ 4.5.0 的 Cygwin 开发的，它们都运行在 64 位的 Windows 7 系统上。其他示例在这些系统上进行了测试，还在 OS X 10.6.8 系统和 Ubuntu Linux 系统上分别使用 g++ 4.21 和 g++ 4.4.1 进行了测试。大多数非 C++11 示例最初都是在 Windows XP Professional 系统上使用 Microsoft Visual C++ 2003 和 Metrowerks CodeWarrior Development Studio 9 开发的，并在该系统上使用 Borland C++ 5.5 命令行编译器和 GNU gpp 3.3.3 进行了测试；其次，在运行 SuSE 9.0 Linux 的系统上使用 Comeau 4.3.3 和 GNU g++3.3.1 进行了测试；最后，在运行 OS 10.3 的 Macintosh G4 上使用 Metrowerks Development Studio 9 进行了测试。

C++为程序员提供了丰富多彩的内容。祝您学习愉快！

资源与支持

本书由异步社区出品，异步社区（www.epubit.com）为您提供相关资源和后续服务。

配套资源

本书提供如下资源：

- 本书附录；
- 配套代码文件。

您可以扫描右侧二维码，并发送“52164”获取以上配套资源。

您也可以在异步社区本书页面中点击 配套资源 ，跳转到下载界面，按提示进行操作。注意：为保证购书读者的权益，该操作会给出相关提示，要求输入提取码进行验证。

提交勘误

作者和编辑尽最大努力来确保书中内容的准确性，但难免会存在疏漏。欢迎您将发现的问题反馈给我们，帮助我们提升图书的质量。

当您发现错误时，请登录异步社区，按书名搜索，进入本书页面，点击“提交勘误”，输入勘误信息，点击“提交”按钮即可。本书的作者和编辑会对您提交的勘误进行审核，确认并接受后，您将获赠异步社区的 100 积分。积分可用于在异步社区兑换优惠券、样书或奖品。

详细信息 写书评 提交勘误

页码： 页内位置（行数）： 勘误印次：

字数统计

提交

与我们联系

我们的联系邮箱是 contact@epubit.com.cn。

如果您对本书有任何疑问或建议，请您发邮件给我们，并请在邮件标题中注明本书书名，以便我们更高效地做出反馈。

如果您有兴趣出版图书、录制教学视频，或者参与图书翻译、技术审校等工作，可以发邮件给我们；有意出版图书的作者也可以到异步社区的在线投稿页面（www.epubit.com/contribute）提交投稿。

如果您所在学校、培训机构或企业想批量购买本书或异步社区出版的其他图书，也可以发邮件给我们。

如果您在网上发现有针对异步社区出品图书的各种形式的盗版行为，包括对图书全部或部分内容的非授权传播，请您将怀疑有侵权行为的链接发邮件给我们。您的这一举动是对作者权益的保护，也是我们持续为您提供有价值的内容的动力之源。

目　　录

本书附录为电子版文件，获取方式见目录前“资源与支持”页

第 1 章　预备知识

本章内容包括：

- C 语言和 C++的发展历史和基本原理；
- 过程性编程和面向对象编程；
- C++是如何在 C 语言的基础上添加面向对象概念的；
- C++是如何在 C 语言的基础上添加泛型编程概念的；
- 编程语言标准；
- 创建程序的技巧。

欢迎进入 C++世界！这是一种令人兴奋的语言，它在 C 语言的基础上添加了对面向对象编程和泛型编程的支持，在 20 世纪 90 年代便是最重要的编程语言之一，并在 21 世纪仍保持强劲势头。C++继承了 C 语言高效、简洁、快速和可移植性的传统。C++面向对象的特性带来了全新的编程方法，这种方法是为应付复杂程度不断提高的现代编程任务而设计的。C++的模板特性提供了另一种全新的编程方法——泛型编程。这三件法宝既是福也是祸，一方面让 C++语言功能强大，另一方面则意味着有更多的东西需要学习。

本章首先介绍 C++的背景，然后介绍创建 C++程序的一些基本原则。本书其他章节将讲述如何使用 C++语言，从最浅显的基本知识开始，到面向对象的编程（OOP）及其支持的新术语——对象、类、封装、数据隐藏、多态和继承等，然后介绍它对泛型编程的支持（当然，随着您对 C++的学习，这些词汇将从花里胡哨的词语变为论述中必不可少的术语）。

1.1　C++简介

C++融合了 3 种不同的编程方式：C 语言代表的过程性语言、C++在 C 语言基础上添加的类代表的面向对象语言、C++模板支持的泛型编程。本章将简要介绍这些传统。不过首先，我们来看看这种传统对于学习 C++来说意味着什么。使用 C++的原因之一是为了利用其面向对象的特性。要利用这种特性，必须对标准 C 语言知识有较深入的了解，因为它提供了基本类型、运算符、控制结构和语法规则。所以，如果已经对 C 有所了解，便可以学习 C++了，但这并不仅仅是学习更多的关键字和结构，从 C 过渡到 C++的学习量就像从头学习 C 语言一样大。另外，如果先掌握了 C 语言，则在过渡到 C++时，必须摒弃一些编程习惯。如果不了解 C 语言，则学习 C++时需要掌握 C 语言的知识、OOP 知识以及泛型编程知识，但无需摒弃任何编程习惯。如果您认为学习 C++可能需要扩展思维，这就对了。本书将以清晰的、帮助的方式，引导读者一步一个脚印地学习，因此扩展思维的过程是温和的，不至于让您的大脑接受不了。

本书通过传授 C 语言基础知识和 C++新增的内容，带您步入 C++的世界，因此不要求读者具备 C 语言知识。首先学习 C++与 C 语言共有的一些特性。即使已经了解 C 语言，也会发现阅读本书的这一部分是一次很好的复习。另外，本章还介绍了一些对后面的学习十分重要的概念，指出了 C++和 C 之间的区别。在牢固地掌握了 C 语言的基础知识后，就可以在此基础上学习 C++方面的知识了。那时将学习对象和类以及 C++是如何实现它们的，另外还将学习模板。

本书不是完整的 C++参考手册，不会探索该语言的每个细节，但将介绍所有的重要特性，包括模板、异常和名称空间等。

下面简要地介绍一下C++的背景知识。

1.2 C++简史

在过去的几十年，计算机技术以令人惊讶的速度发展着，当前，笔记本电脑的计算速度和存储信息的能力超过了20世纪60年代的大型机。很多程序员可能还记得，将数叠穿孔卡片提交给充斥整个房间的大型计算机系统的时代，而这种系统只有100KB的内存，比当今智能手机的内存都少得多。计算机语言也得到了发展，尽管变化可能不是天翻地覆的，但也是非常重要的。体积更大、功能更强的计算机引出了更大、更复杂的程序，而这些程序在程序管理和维护方面带来了新的问题。

在20世纪70年代，C和Pascal这样的语言引领人们进入了结构化编程时代，这种机制把秩序和规程带进了迫切需要这种性质的领域中。除了提供结构化编程工具外，C还能生成简洁、快速运行的程序，并提供了处理硬件问题的能力，如管理通信端口和磁盘驱动器。这些因素使C语言成为20世纪80年代占统治地位的编程语言。同时，20世纪80年代，人们也见证了一种新编程模式的成长：面向对象编程（OOP）。SmallTalk和C++语言具备这种功能。下面更深入地介绍C和OOP。

1.2.1 C语言

20世纪70年代早期，贝尔实验室的Dennis Ritchie致力于开发UNIX操作系统（操作系统是能够管理计算机资源、处理计算机与用户之间交互的一组程序。例如，操作系统将系统提示符显示在屏幕上以提供终端式界面、提供管理窗口和鼠标的图形界面以及运行程序）。为完成这项工作，Ritchie需要一种语言，它必须简洁，能够生成简洁、快速的程序，并能有效地控制硬件。

传统上，程序员使用汇编语言来满足这些需求，汇编语言依赖于计算机的内部机器语言。然而，汇编语言是低级（low-level）语言，即直接操作硬件，如直接访问CPU寄存器和内存单元。因此汇编语言针对于特定的计算机处理器，要将汇编程序移植到另一种计算机上，必须使用不同的汇编语言重新编写程序。这有点像每次购买新车时，都发现设计人员改变了控制系统的位置和功能，客户不得不重新学习驾驶。

然而，UNIX是为在不同的计算机（或平台）上工作而设计的，这意味着它是一种高级语言。高级（high-level）语言致力于解决问题，而不针对特定的硬件。一种被称为编译器的特殊程序将高级语言翻译成特定计算机的内部语言。这样，就可以通过对每个平台使用不同的编译器来在不同的平台上使用同一个高级语言程序了。Ritchie希望有一种语言能将低级语言的效率、硬件访问能力和高级语言的通用性、可移植性融合在一起，于是他在旧语言的基础上开发了C语言。

1.2.2 C语言编程原理

由于C++在C语言的基础上移植了新的编程理念，因此我们首先来看一看C所遵循的旧的理念。一般来说，计算机语言要处理两个概念——数据和算法。数据是程序使用和处理的信息，而算法是程序使用的方法（参见图1.1）。C语言与当前最主流的语言一样，在最初面世时也是过程性（procedural）语言，这意味着它强调的是编程的算法方面。从概念上说，过程化编程首先要确定计算机应采取的操作，然后使用编程语言来实现这些操作。程序命令计算机按一系列流程生成特定的结果，就像菜谱指定了厨师做蛋糕时应遵循的一系列步骤一样。

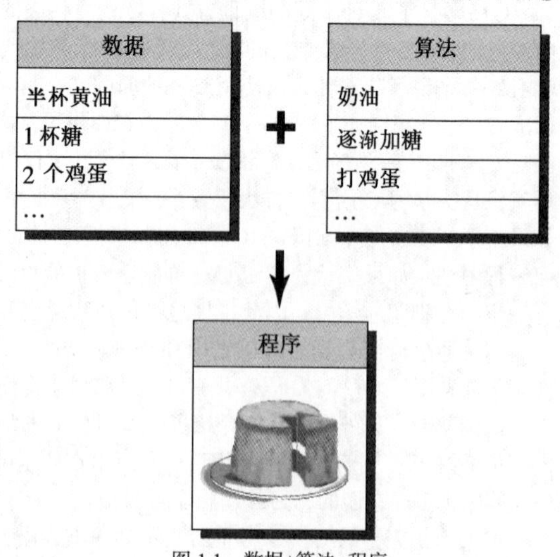

图1.1 数据+算法=程序

随着程序规模的扩大，早期的程序语言（如 FORTRAN 和 BASIC）都会遇到组织方面的问题。例如，程序经常使用分支语句，根据某种测试的结果，执行一组或另一组指令。很多旧式程序的执行路径很混乱（被称为“意大利面条式编程”），几乎不可能通过阅读程序来理解它，修改这种程序简直是一场灾难。为了解决这种问题，计算机科学家开发了一种更有序的编程方法——结构化编程（structured programming）。C 语言具有使用这种方法的特性。例如，结构化编程将分支（决定接下来应执行哪个指令）限制为一小组行为良好的结构。C 语言的词汇表中就包含了这些结构（for 循环、while 循环、do while 循环和 if else 语句）。

另一个新原则是自顶向下（top-down）的设计。在 C 语言中，其理念是将大型程序分解成小型、便于管理的任务。如果其中的一项任务仍然过大，则将它分解为更小的任务。这一过程将一直持续下去，直到将程序划分为小型的、易于编写的模块（整理一下书房。先整理桌子、桌面、档案柜，然后整理书架。好，先从桌子开始，然后整理每个抽屉，从中间的那个抽屉开始整理。也许我都可以管理这项任务）。C 语言的设计有助于使用这种方法，它鼓励程序员开发程序单元（函数）来表示各个任务模块。如上所述，结构化编程技术反映了过程性编程的思想，根据执行的操作来构思一个程序。

1.2.3 面向对象编程

虽然结构化编程的理念提高了程序的清晰度、可靠性，并使之便于维护，但它在编写大型程序时，仍面临着挑战。为应付这种挑战，OOP 提供了一种新方法。与强调算法的过程性编程不同的是，OOP 强调的是数据。OOP 不像过程性编程那样，试图使问题满足语言的过程性方法，而是试图让语言来满足问题的要求。其理念是设计与问题的本质特性相对应的数据格式。

在 C++中，类是一种规范，它描述了这种新型数据格式，对象是根据这种规范构造的特定数据结构。例如，类可以描述公司管理人员的基本特征（姓名、头衔、工资、特长等），而对象则代表特定的管理人员（Guilford Sheepblat、副总裁、$925 000、知道如何恢复 Windows 注册表）。通常，类规定了可使用哪些数据来表示对象以及可以对这些数据执行哪些操作。例如，假设正在开发一个能够绘制矩形的计算机绘图程序，则可以定义一个描述矩形的类。定义的数据部分应包括顶点的位置、长和宽、4 条边的颜色和样式、矩形内部的填充颜色和图案等；定义的操作部分可以包括移动、改变大小、旋转、改变颜色和图案、将矩形复制到另一个位置上等操作。这样，当使用该程序来绘制矩形时，它将根据类定义创建一个对象。该对象保存了描述矩形的所有数据值，因此可以使用类方法来修改该矩形。如果绘制两个矩形，程序将创建两个对象，每个矩形对应一个。

OOP 程序设计方法首先设计类，它们准确地表示了程序要处理的东西。例如，绘图程序可能定义表示矩形、直线、圆、画刷、画笔的类。类定义描述了对每个类可执行的操作，如移动圆或旋转直线。然后您便可以设计一个使用这些类的对象的程序。从低级组织（如类）到高级组织（如程序）的处理过程叫作自下向上（bottom-up）的编程。

OOP 编程并不仅仅是将数据和方法合并为类定义。例如，OOP 还有助于创建可重用的代码，这将减少大量的工作。信息隐藏可以保护数据，使其免遭不适当的访问。多态让您能够为运算符和函数创建多个定义，通过编程上下文来确定使用哪个定义。继承让您能够使用旧类派生出新类。正如接下来将看到的那样，OOP 引入了很多新的理念，使用的编程方法不同于过程性编程。它不是将重点放在任务上，而是放在表示概念上。有时不一定使用自上向下的编程方法，而是使用自下向上的编程方法。本书将通过大量易于掌握的示例帮助读者理解这些要点。

设计有用、可靠的类是一项艰巨的任务，幸运的是，OOP 语言使程序员在编程中能够轻松地使用已有的类。厂商提供了大量有用的类库，包括设计用于简化 Windows 或 Macintosh 环境下编程的类库。C++真正的优点之一是：可以方便地重用和修改现有的、经过仔细测试的代码。

1.2.4 C++和泛型编程

泛型编程（generic programming）是 C++支持的另一种编程模式。它与 OOP 的目标相同，即使重用代码和抽象通用概念的技术更简单。不过 OOP 强调的是编程的数据方面，而泛型编程强调的是独立于特定数据类型。它们的侧重点不同。OOP是一个管理大型项目的工具，而泛型编程提供了执行常见任务（如对数据排序或合并链表）的工具。术语泛型（generic）指的是创建独立于类型的代码。C++的数据表示有多种类型——整数、小数、字符、字符串、用户定义的、由多种类型组成的复合结构。例如，要对不同类型的数据进行排序，通常必须为每种类型创建一个排序函数。泛型编程需要对语言进行扩展，以便可以只编写一个泛型（即不是特定类型的）函数，并将其用于各种实际类型。C++模板提供了完成这种任务的机制。

1.2.5 C++的起源

与C语言一样，C++也是在贝尔实验室诞生的，Bjarne Stroustrup于20世纪80年代在这里开发出了这种语言。用他自己的话来说，"C++主要是为了我的朋友和我不必再使用汇编语言、C语言或其他现代高级语言来编程而设计的。它的主要功能是可以更方便地编写出好程序，让每个程序员更加快乐"。

Bjarne Stroustrup的主页

Bjarne Stroustrup设计并实现了C++编程语言，他是权威参考手册*The C++ Programming Language*和*The Design and Evolution of C++*的作者。读者搜索Bjarne Stroustrup即可找到他的个人网站。

该网站包括了C++语言有趣的发展历史、Bjarne的传记材料和C++ FAQ。Bjarne被问得最多的问题是：Bjarne Stroustrup应该如何读。您可以访问Stroustrup的网站，阅读FAQ部分并下载.WAV文件，亲自听一听。

Stroustrup比较关心的是让C++更有用，而不是实施特定的编程原理或风格。在确定C++语言特性方面，真正的编程需要比纯粹的原理更重要。Stroustrup之所以在C的基础上创建C++，是因为C语言简洁、适合系统编程、使用广泛且与UNIX操作系统联系紧密。C++的OOP方面是受到了计算机模拟语言Simula67的启发。Stroustrup加入了OOP特性和对C的泛型编程支持，但并没有对C的组件作很大的改动。因此，C++是C语言的超集，这意味着任何有效的C程序都是有效的C++程序。它们之间有些细微的差异，但无足轻重。C++程序可以使用已有的C软件库。库是编程模块的集合，可以从程序中调用它们。库对很多常见的编程问题提供了可靠的解决方法，因此能节省程序员大量的时间和工作量。这也有助于C++的广泛传播。

名称C++来自C语言中的递增运算符++，该运算符将变量加1。名称C++表明，它是C的扩充版本。

计算机程序将实际问题转换为计算机能够执行的一系列操作。OOP部分赋予了C++语言将问题所涉及的概念联系起来的能力，C部分则赋予了C++语言紧密联系硬件的能力（参见图1.2），这种能力上的结合成就了C++的广泛传播。从程序的一个方面转到另一个方面时，思维方式也要跟着转换（确实，有些OOP正统派把为C添加OOP特性看作是为猪插上翅膀，虽然这是头瘦骨嶙峋、非常能干的猪）。另外，C++是在C语言的基础上添加OOP特性，您可以忽略C++的面向对象特性，但将错过很多有用的东西。

图1.2 C++的二重性

在 C++获得一定程度的成功后，Stroustrup 才添加了模板，这使得进行泛型编程成为可能。在模板特性被使用和改进后，人们才逐渐认识到，它们和 OOP 同样重要——甚至比 OOP 还重要，但有些人不这么认为。C++融合了 OOP、泛型编程和传统的过程性方法，这表明 C++强调的是实用价值，而不是意识形态方法，这也是该语言获得成功的原因之一。

1.3　可移植性和标准

假设您为运行 Windows 2000 的老式奔腾 PC 编写了一个很好用的 C++程序，而管理人员决定用使用不同操作系统（如 Mac OS X 或 Linux）和处理器（如 SPARC 处理器）的计算机替换它。该程序是否可以在新平台上运行呢？当然，必须使用为新平台设计的 C++编译器对程序重新编译。但是否需要修改编写好的代码呢？如果在不修改代码的情况下，重新编译程序后，程序将运行良好，则该程序是可移植的。

在可移植性方面存在两个障碍，其中的一个是硬件。硬件特定的程序是不可移植的。例如，直接控制 IBM PC 视频卡的程序在涉及 Sun 时将“胡言乱语”（将依赖于硬件的部分放在函数模块中可以最大限度地降低可移植性问题；这样只需重新编写这些模块即可）。本书将避免这种编程。

可移植性的第二个障碍是语言上的差异。口语确实可能产生问题。约克郡的人对某个事件的描述，布鲁克林人可能就听不明白，虽然这两个地方的人都说英语。计算机语言也可能出现方言。Windows XP C++的实现与 Red Hat Linux 或 Macintosh OS X 实现相同吗？虽然多数实现都希望其 C++版本与其他版本兼容，但如果没有准确描述语言工作方式的公开标准，这将很难做到。因此，美国国家标准局（American National Standards Institute，ANSI）在 1990 年设立了一个委员会（ANSI X3J16），专门负责制定 C++标准（ANSI 制定了 C 语言标准）。国际标准化组织（ISO）很快通过自己的委员会（ISO-WG-21）加入了这个行列，创建了联合组织 ANSI/ISO，致力于制定 C++标准。

经过多年的努力，制定出了一个国际标准 ISO/IEC 14882:1998，并于 1998 年获得了 ISO、IEC（International Electrotechnical Committee，国际电工技术委员会）和 ANSI 的批准。该标准常被称为 C++98，它不仅描述了已有的 C++特性，还对该语言进行了扩展，添加了异常、运行阶段类型识别（RTTI）、模板和标准模板库（STL）。2003 年，发布了 C++标准第二版（ISO/IEC 14882:2003）；这个新版本是一次技术性修订，这意味着它对第一版进行了整理——修订错误、减少多义性等，但没有改变语言特性。这个版本常被称为 C++03。由于 C++03 没有改变语言特性，因此我们使用 C++98 表示 C++98/C++2003。

C++在不断发展。ISO 标准委员会于 2011 年 8 月批准了新标准 ISO/IEC 14882:2011，该标准以前称为 C++11。与 C++98 一样，C++11 也新增了众多特性。另外，其目标是消除不一致性，让 C++学习和使用起来更容易。该标准还曾被称为 C++0x，最初预期 x 为 7 或 8，但标准制定工作是一个令人疲惫的缓慢过程。所幸的是，可将 0x 视为十六进制数，这意味着委员会只需在 2015 年前完成这项任务即可。根据这个度量标准，委员会还是提前完成了任务。

ISO C++标准还吸收了 ANSI C 语言标准，因为 C++应尽量是 C 语言的超集。这意味着在理想情况下，任何有效的 C 程序都应是有效的 C++程序。ANSI C 与对应的 C++规则之间存在一些差别，但这种差别很小。实际上，ANSI C 加入了 C++首次引入的一些特性，如函数原型和类型限定符 const。

在 ANSI C 出现之前，C 语言社区遵循一种事实标准，该标准基于 Kernighan 和 Ritchie 编写的 *The C Programming Language* 一书，通常被称为 K&R C；ANSI C 出现后，更简单的 K&R C 有时被称为经典 C（Classic C）。

ANSI C 标准不仅定义了 C 语言，还定义了一个 ANSI C 实现必须支持的标准 C 库。C++也使用了这个库；本书将其称为标准 C 库或标准库。另外，ANSI/ISO C++标准还提供了一个 C++标准类库。

最新的 C 标准为 C99，ISO 和 ANSI 分别于 1999 年和 2000 年批准了该标准。该标准在 C 语言中添加了一些 C++编译器支持的特性，如新的整型。

1.3.1　C++的发展

Stroustrup 编写的 *The Programming Language* 包含 65 页的参考手册，它成了最初的 C++事实标准。

下一个事实标准是 Ellis 和 Stroustrup 编写的 *The Annotated C++ Reference Manual*。

C++98 标准新增了大量特性，其篇幅将近 800 页，且包含的说明很少。

C++11 标准的篇幅长达 1350 页，对旧标准做了大量的补充。

1.3.2　本书遵循的 C++标准

当代的编译器都对 C++98 提供了很好的支持。编写本书期间，有些编译器还支持一些 C++11 特性；随着新标准获批，对这些特性的支持将很快得到提高。本书反映了当前的情形，详尽地介绍了 C++98，并涵盖了 C++11 新增的一些特性。在探讨相关的 C++98 主题时顺便介绍了一些 C++新特性，而第 18 章专门介绍新特性，它总结了本书前面提到的一些特性，并介绍了其他特性。

在编写本书期间，对 C++11 的支持还不全面，因此难以全面介绍 C++11 新增的所有特性。考虑到篇幅限制，即使这个新标准获得了全面支持，也无法在一本书中全面介绍它。本书重点介绍大多数编译器都支持的特性，并简要地总结其他特性。

详细介绍 C++之前，先介绍一些有关程序创建的基本知识。

1.4　程序创建的技巧

假设您编写了一个 C++程序。如何让它运行起来呢？具体的步骤取决于计算机环境和使用的 C++编译器，但大体如下（参见图 1.3）。

1. 使用文本编辑器编写程序，并将其保存到文件中，这个文件就是程序的源代码。

2. 编译源代码。这意味着运行一个程序，将源代码翻译为主机使用的内部语言——机器语言。包含了翻译后的程序的文件就是程序的目标代码（object code）。

3. 将目标代码与其他代码链接起来。例如，C++程序通常使用库。C++库包含一系列计算机例程（被称为函数）的目标代码，这些函数可以执行诸如在屏幕上显示信息或计算平方根等任务。链接指的是将目标代码同使用的函数的目标代码以及一些标准的启动代码（startup code）组合起来，生成程序的运行阶段版本。包含该最终产品的文件被称为可执行代码。

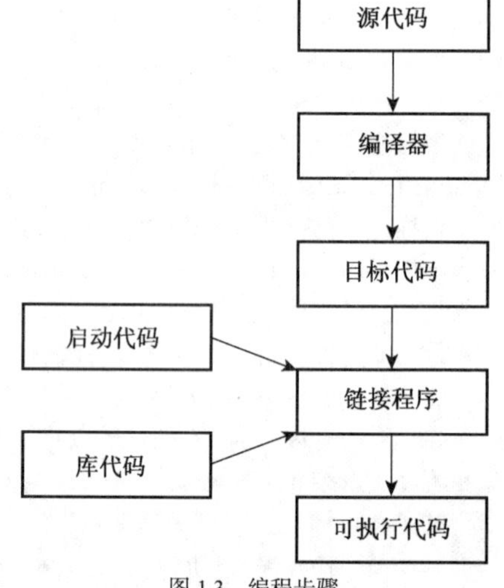

图 1.3　编程步骤

本书将不断使用术语源代码，请记住该术语。

本书的程序都是通用的，可在任何支持 C++98 的系统中运行；但第 18 章的程序要求系统支持 C++11。编写本书期间，有些编译器要求您使用特定的标记，让其支持部分 C++11 特性。例如，从 4.3 版起，g++要求您编译源代码文件时使用标记-std=c++0x：

```
g++ -std=c++11 use_auto.cpp
```

创建程序的步骤可能各不相同，下面深入介绍这些步骤。

1.4.1　创建源代码文件

本书余下的篇幅讨论源代码文件中的内容；本节讨论创建源代码文件的技巧。有些 C++实现（如 Microsoft Visual C++、Embarcadero C++ Builder、Apple Xcode、Open Watcom C++、Digital Mars C++和 Freescale CodeWarrior）提供了集成开发环境（integrated development environments，IDE），让您能够在主程序中管理程序开发的所有步骤，包括编辑。有些实现（如用于 UNIX 和 Linux 的 GNU C++、用于 AIX 的 IBM XL C/C++、Embarcadero 分发的 Borland 5.5 免费版本以及 Digital Mars 编译器）只能处理编译和链接阶段，要求在系统命令行输入命令。在这种情况下，可以使用任何文本编辑器来创建和修改源代码。例如，在 UNIX 系统上，可以使用 vi、ed、ex 或 emacs；在以命令提示符模式运行的 Windows 系统上，可以使用 edlin、edit 或任何程序编辑器。如果将文件保存为标准 ASCII 文本文件（而不是特殊的字处理器格式），甚至可以使用字处理器。另外，还可能有 IDE 选项，让您能够使用这些命令行编译器。

给源文件命名时，必须使用正确的后缀，将文件标识为 C++文件。这不仅告诉您该文件是 C++源代码，还将这种信息告知编译器（如果 UNIX 编译器显示信息“bad magic number”，则表明后缀不正确）。后缀由一个句点和一个或多个字符组成，这些字符被称作扩展名（参见图 1.4）。

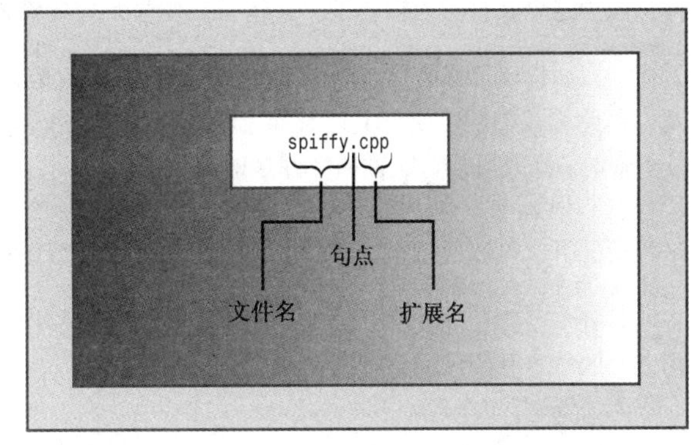

图 1.4　源文件的扩展名

使用什么扩展名取决于 C++实现，表 1.1 列出了一些常用的扩展名。例如，spiffy.C 是有效的 UNIX C++源代码文件名。注意，UNIX 区分大小写，这意味着应使用大写的 C 字符。实际上，小写 c 扩展名也有效，但标准 C 才使用小写的 c。因此，为避免在 UNIX 系统上发生混淆，对于 C 程序应使用 c，而对于 C++程序则请使用 C。如果不在乎多输入一两个字符，则对于某些 UNIX 系统，也可以使用扩展名 cc 和 cxx。DOS 比 UNIX 稍微简单一点，不区分大小写，因此 DOS 实现使用额外的字母（如表 1.1 所示）来区别 C 和 C++程序。

表 1.1　源代码文件的扩展名

C++实现	源代码文件的扩展名
UNIX	C、cc、cxx、c
GNU C++	C、cc、cxx、cpp、c++
Digital Mars	cpp、cxx
Borland C++	cpp
Watcom	cpp
Microsoft Visual C++	cpp、cxx、cc
Freestyle CodeWarrior	cp、cpp、cc、cxx、c++

1.4.2　编译和链接

最初，Stroustrup 实现 C++时，使用了一个 C++到 C 的编译器程序，而不是开发直接的 C++到目标代码的编译器。前者叫作 cfront（表示 C 前端，C front end），它将 C++源代码翻译成 C 源代码，然后使用一个标准 C 编译器对其进行编译。这种方法简化了向 C 的领域引入 C++的过程。其他实现也采用这种方法将 C++引入到其他平台。随着 C++的日渐普及，越来越多的实现转向创建 C++编译器，直接将 C++源代码生成目标代码。这种直接方法加速了编译过程，并强调 C++是一种独立（虽然有些相似）的语言。

编译的机理取决于实现，接下来的几节将介绍一些常见的形式。这些总结概括了基本步骤，但对于具体步骤，必须查看系统文档。

1. UNIX 编译和链接

最初，UNIX 命令 CC 调用 cfront，但 cfront 未能紧跟 C++的发展步伐，其最后一个版本发布于 1993 年。当今的 UNIX 计算机可能没有编译器、有专用编译器或第三方编译器，这些编译器可能是商业的，也可能是自由软件，如 GNU g++编译器。如果 UNIX 计算机上有 C++编译器，很多情况下命令 CC 仍然管用，只是启动的编译器随系统而异。出于简化的目的，读者应假设命令 CC 可用，但必须认识到这一点，即对于下述讨论中的 CC，可能必须使用其他命令来代替。

请用 CC 命令来编译程序。名称采用大写字母，这样可以将它与标准 UNIX C 编译器 cc 区分开来。CC 编译器是命令行编译器，这意味着需要在 UNIX 命令行上输入编译命令。

例如，要编译 C++源代码文件 spiffy.C，则应在 UNIX 提示符下输入如下命令：

```
CC spiffy.C
```

如果由于技巧、努力或是幸运的因素，程序没有错误，编译器将生成一个扩展名为 o 的目标代码文件。

在这个例子中，编译器将生成文件 spiffy.o。

接下来，编译器自动将目标代码文件传递给系统链接程序，该程序将代码与库代码结合起来，生成一个可执行文件。在默认情况下，可执行文件为 a.out。如果只使用一个源文件，链接程序还将删除 spiffy.o 文件，因为这个文件不再需要了。要运行该程序，只要输入可执行文件的文件名即可：

```
a.out
```

注意，如果编译新程序，新的可执行文件 a.out 将覆盖已有的 a.out（这是因为可执行文件占据了大量空间，因此覆盖旧的可执行文件有助于降低存储需求）。然而，如果想保留可执行文件，只需使用 UNIX 的 mv 命令来修改可执行文件的文件名即可。

与在 C 语言中一样，在 C++中，程序也可以包含多个文件（本书第 8～第 16 章的很多程序都是这样）。在这种情况下，可以通过在命令行上列出全部文件来编译程序：

```
CC my.C precious.C
```

如果有多个源代码文件，则编译器将不会删除目标代码文件。这样，如果只修改了 my.C 文件，则可以用下面的命令重新编译该程序：

```
CC my.C precious.o
```

这将重新编译 my.C 文件，并将它与前面编译的 precious.o 文件链接起来。

可能需要显式地指定一些库。例如，要访问数学库中定义的函数，必须在命令行中加上-lm 标记：

```
CC usingmath.C -lm
```

2. Linux 编译和链接

Linux 系统中最常用的编译器是 g++，这是来自 Free Software Foundation 的 GNU C++编译器。Linux 的多数版本都包括该编译器，但并不一定总会安装它。g++编译器的工作方式很像标准 UNIX 编译器。例如，下面的命令将生成可执行文件 a.out

```
g++ spiffy.cxx
```

有些版本可能要求链接 C++库：

```
g++ spiffy.cxx -lg++
```

要编译多个源文件，只需将它们全部放到命令行中即可：

```
g++ my.cxx precious.cxx
```

这将生成一个名为 a.out 的可执行文件和两个目标代码文件 my.o 和 precious.o。如果接下来修改了其中的某个源代码文件，如 my.cxx，则可以使用 my.cxx 和 precious.o 来重新编译：

```
g++ my.cxx precious.o
```

GNU 编译器可以在很多平台上使用，包括基于 Windows 的 PC 和在各种平台上运行的 UNIX 系统。

3. Windows 命令行编译器

要在 Windows PC 上编译 C++程序，最便宜的方法是下载一个在 Windows 命令提示符模式（在这种模式下，将打开一个类似于 MS-DOS 的窗口）下运行的免费命令行编译器。Cygwin 和 MinGW 都包含编译器 GNU C++，且可免费下载；它们使用的编译器名为 g++。

要使用 g++编译器，首先需要打开一个命令提示符窗口。启动程序 Cygwin 和 MinGW 时，它们将自动为您打开一个命令提示符窗口。要编译名为 great.cpp 的源代码文件，请在提示符下输入如下命令：

```
g++ great.cpp
```

如果程序编译成功，则得到的可执行文件名为 a.exe。

4. Windows 编译器

Windows 产品很多且修订频繁，无法对它们分别进行介绍。当前，最流行是 Microsoft Visual C++ 2010，可通过免费的 Microsoft Visual C++ 2010 学习版获得。虽然设计和目标不同，但大多数基于 Windows 的 C++编译器都有一些相同的功能。

通常，必须为程序创建一个项目，并将组成程序的一个或多个文件添加到该项目中。每个厂商提供的 IDE（集成开发环境）都包含用于创建项目的菜单选项（可能还有自动帮助）。必须确定的非常重要的一点是，需要创建的是什么类型的程序。通常，编译器提供了很多选择，如 Windows 应用程序、MFC Windows 应用程序、动态链接库、ActiveX 控件、DOS 或字符模式的可执行文件、静态库或控制台应用程序等。其中一些可能既有 32 位版本，又有 64 位版本。

由于本书的程序都是通用的，因此应当避免要求平台特定代码的选项，如 Windows 应用程序。相反，应让程序以字符模式运行。具体选项取决于编译器。一般而言，应选择包含字样“控制台”、“字符模式”或“DOS 可执行文件”等选项。例如，在 Microsoft Visual C++ 2010 中，应选择 Win32 Console Application（控制台应用程序）选项，单击 Application Settings（应用程序设置），并选择 Empty Project（空项目）。在 C++ Builder 中，应从 C++ Builder Projects（C++ Builder 项目）中选择 Console Application（控制台应用程序）。

创建好项目后，需要对程序进行编译和链接。IDE 通常提供了多个菜单项，如 Compile（编译）、Build（建立）、Make（生成）、Build All（全部建立）、Link（链接）、Execute（执行）、Run（运行）和 Debug（调试），不过同一个 IDE 中，不一定包含所有这些选项。

- Compile 通常意味着对当前打开的文件中的代码进行编译。
- Build 和 Make 通常意味着编译项目中所有源代码文件的代码。这通常是一个递增过程，也就是说，如果项目包含 3 个文件，而只有其中一个文件被修改，则只重新编译该文件。
- Build All 通常意味着重新编译所有的源代码文件。
- Link 意味着（如前所述）将编译后的源代码与所需的库代码组合起来。
- Run 或 Execute 意味着运行程序。通常，如果您还没有执行前面的步骤，Run 将在运行程序之前完成这些步骤。
- Debug 意味着以步进方式执行程序。
- 编译器可能让您选择要生成调试版还是发布版。调试版包含额外的代码，这会增大程序、降低执行速度，但可提供详细的调试信息。

如果程序违反了语言规则，编译器将生成错误消息，指出存在问题的行。遗憾的是，如果不熟悉语言，将难以理解这些消息的含义。有时，真正的问题可能在标识行之前；有时，一个错误可能引发一连串的错误消息。

提示：改正错误时，应首先改正第一个错误。如果在标识为有错误的那一行上找不到错误，请查看前一行。

需要注意的是，程序能够通过某个编译器的编译并不意味着它是合法的 C++程序；同样，程序不能通过某个编译器的编译也并不意味着它是非法的 C++程序。与几年前相比，现在的编译器更严格地遵循了 C++标准。另外，编译器通常提供了可用于控制严格程度的选项。

提示：有时，编译器在不完全地构建程序后将出现混乱，它显示无法改正的、无意义的错误消息。在这种情况下，可以选择 Build All，重新编译整个程序，以清除这些错误消息。遗憾的是，这种情况和那些更常见的情况（即错误消息只是看上去无意义，实际上有意义）很难区分。

通常，IDE 允许在辅助窗口中运行程序。程序执行完毕后，有些 IDE 将关闭该窗口，而有些 IDE 不关闭。如果编译器关闭窗口，将难以看到程序输出，除非您眼疾手快、过目不忘。为查看输出，必须在程序的最后加上一些代码：

```
    cin.get();  // add this statement
    cin.get();  // and maybe this, too
    return 0;
}
```

cin.get()语句读取下一次键击，因此上述语句让程序等待，直到按下了 Enter 键（在按下 Enter 键之前，键击将不被发送给程序，因此按其他键都不管用）。如果程序在其常规输入后留下一个没有被处理的键击，则第二条语句是必需的。例如，如果要输入一个数字，则需要输入该数字，然后按 Enter 键。程序将读取该数字，但 Enter 键不被处理，这样它将被第一个 cin.get()读取。

5. Macintosh 上的 C++

当前，Apple 随操作系统 Mac OS X 提供了开发框架 Xcode，该框架是免费的，但通常不会自动安装。要安装它，可使用操作系统安装盘，也可从 Apple 网站免费下载（但需要注意的是，它超过 4GB）。Xcode 不仅提供了支持多种语言的 IDE，还自带了两个命令行编译器（g++和 clang），可在 UNIX 模式下运行它们。而要进入 UNIX 模式，可通过实用程序 Terminal。

提示： 为节省时间，可对所有示例程序使用同一个项目。方法是从项目列表中删除前一个示例程序的源代码文件，并添加当前的源代码。这样可节省时间、工作量和磁盘空间。

1.5 总结

随着计算机的功能越来越强大，计算机程序越来越庞大而复杂。为应对这种挑战，计算机语言也得到了改进，以便编程过程更为简单。C 语言新增了诸如控制结构和函数等特性，以便更好地控制程序流程，支持结构化和模块化程度更高的方法；而 C++增加了对面向对象编程和泛型编程的支持，这有助于提高模块化和创建可重用代码，从而节省编程时间并提高程序的可靠性。

C++的流行导致大量用于各种计算平台的 C++实现得以面世；而 ISOC++标准（C++98/03 和 C++11）为确保众多实现的相互兼容提供了基础。这些标准规定了语言必须具备的特性、语言呈现出的行为、标准库函数、类和模板，旨在实现该语言在不同计算平台和实现之间的可移植性。

要创建 C++程序，可创建一个或多个源代码文件，其中包含了以 C++语言表示的程序。这些文件是文本文件，它们经过编译和链接后将得到机器语言文件，后者构成了可执行的程序。上述任务通常是在 IDE 中完成的，IDE 提供了用于创建源代码文件的文本编辑器、用于生成可执行文件的编译器和链接器以及其他资源，如项目管理和调试功能。然而，这些任务也可以在命令行环境中通过调用合适的工具来完成。

第 2 章　开始学习 C++

本章内容包括：

- 创建 C++程序；
- C++程序的一般格式；
- #include 编译指令；
- main()函数；
- 使用 cout 对象进行输出；
- 在 C++程序中加入注释；
- 何时以及如何使用 endl；
- 声明和使用变量；
- 使用 cin 对象进行输入；
- 定义和使用简单函数。

要建造简单的房屋，首先要打地基、搭框架。如果一开始没有牢固的结构，后面就很难建造窗子、门框、圆屋顶和镶木地板的舞厅等。同样，学习计算机语言时，应从程序的基本结构开始学起。只有这样，才能一步一步了解其具体细节，如循环和对象等。本章对 C++程序的基本结构做一概述，并预览后面将介绍的主题，如函数和类（这里的理念是，先介绍一些基本概念，这样可以激发读者接下去学习的兴趣）。

2.1　进入 C++

首先介绍一个显示消息的简单 C++程序。程序清单 2.1 使用 C++工具 cout 生成字符输出。源代码中包含一些供读者阅读的注释，这些注释都以//打头，编译器将忽略它们。C++对大小写敏感，也就是说区分大写字符和小写字符。这意味着大小写必须与示例中相同。例如，该程序使用的是 cout，如果将其替换为 Cout 或 COUT，程序将无法通过编译，并且编译器将指出使用了未知的标识符（编译器也是对拼写敏感的，因此请不要使用 kout 或 coot）。文件扩展名 cpp 是一种表示 C++程序的常用方式，您可能需要使用第 1 章介绍的其他扩展名。

程序清单 2.1　myfirst.cpp

```
// myfirst.cpp -- displays a message

#include <iostream>                          // a PREPROCESSOR directive
int main()                                   // function header
{                                            // start of function body
    using namespace std;                     // make definitions visible
    cout << "Come up and C++ me some time."; // message
    cout << endl;                            // start a new line
    cout << "You won't regret it!" << endl;  // more output
    return 0; // terminate main()
}
```

程序调整

要在自己的系统上运行本书的示例，可能需要对其进行修改。有些窗口环境在独立的窗口中运行程序，并在程序运行完毕后自动关闭该窗口。正如第 1 章讨论的，要让窗口一直打开，直到您按任何键，可在 return 语句前添加如下语句：

```
cin.get();
```

对于有些程序，要让窗口一直打开，直到您按任何键，必须添加两条这样的语句。第 4 章将更详细地介绍 cin.get()。

如果您使用的系统很旧，它可能不支持 C++98 新增的特性。

有些程序要求编译器对 C++11 标准提供一定的支持。对于这样的程序，将明确的指出这一点，并在可能的情况下提供非 C++11 代码。

将该程序复制到您选择的编辑器中（或使用本书配套网站的源代码，详情请参阅封底）后，便可以 C++ 编译器创建可执行代码了（参见第 1 章的介绍）。下面是运行编译后的程序时得到的输出：

```
Come up and C++ me some time.
You won't regret it!
```

C 语言输入和输出

如果已经使用过 C 语言进行编程，则看到 cout 函数（而不是 printf()函数）时可能会小吃一惊。事实上，C++能够使用 printf()、scanf()和其他所有标准 C 输入和输出函数，只需要包含常规 C 语言的 stdio.h 文件。不过本书介绍的是 C++，所以将使用 C++的输入工具，它们在 C 版本的基础上作了很多改进。

您使用函数来创建 C++程序。通常，先将程序组织为主要任务，然后设计独立的函数来处理这些任务。程序清单 2.1 中的示例非常简单，只包含一个名为 main()的函数。myfirst.cpp 示例包含下述元素。

- 注释，由前缀//标识。
- 预处理器编译指令#include。
- 函数头：int main()。
- 编译指令 using namespace。
- 函数体，用{和}括起。
- 使用 C++的 cout 工具显示消息的语句。
- 结束 main()函数的 return 语句。

下面详细介绍这些元素。先来看看 main()函数，因为了解了 main()的作用后，main()前面的一些特性（如预处理器编译指令）将更易于理解。

2.1.1 main()函数

去掉修饰后，程序清单 2.1 中的示例程序的基本结构如下：

```
int main()
{
    statements
    return 0;
}
```

这几行表明有一个名为 main()的函数，并描述了该函数的行为。这几行代码构成了函数定义（function definition）。该定义由两部分组成：第一行 int main() 叫函数头（function heading），花括号({和})中包括的部分叫函数体。图 2.1 对 main()函数做了说明。函数头对函数与程序其他部分之间的接口进行了总结；函数体是指出函数应做什么的计算机指令。在 C++中，每条完整的指令都称为语句。所有的语句都以分号结束，因此在输入示例代码时，请不要省略分号。

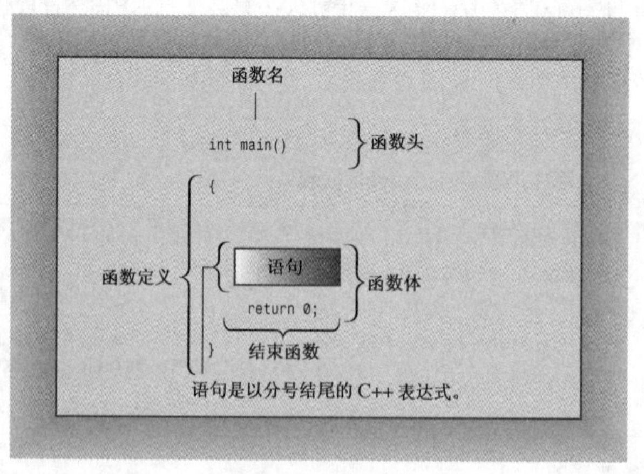

图 2.1 main( )函数

main()中最后一条语句叫作返回语句（return statement），它结束该函数。本章将讲述有关返回语句的更多知识。

语句和分号

语句是要执行的操作。为理解源代码，编译器需要知道一条语句何时结束，另一条语句何时开始。有些语言使用语句分隔符。例如，FORTRAN 通过行尾将语句分隔开来，Pascal 使用分号分隔语句。在 Pascal 中，有些情况下可以省略分号，例如 END 前的语句后面，这种情况下，实际上并没有将两条语句分开。不过 C++与 C 一样，也使用终止符（terminator），而不是分隔符。终止符是一个分号，它是语句的结束标记，是语句的组成部分，而不是语句之间的标记。结论是：在 C++中，不能省略分号。

1. 作为接口的函数头

就目前而言，需要记住的主要一点是，C++句法要求 main()函数的定义以函数头 int main()开始。本章后面的“函数”一节将详细讨论函数头句法，然而，为满足读者的好奇心，下面先预览一下。

通常，C++函数可被其他函数激活或调用，函数头描述了函数与调用它的函数之间的接口。位于函数名前面的部分叫作函数返回类型，它描述的是从函数返回给调用它的函数的信息。函数名后括号中的部分叫作形参列表（argument list）或参数列表（parameter list）；它描述的是从调用函数传递给被调用的函数的信息。这种通用格式用于 main()时让人感到有些迷惑，因为通常并不从程序的其他部分调用 main()。

然而，通常，main()被启动代码调用，而启动代码是由编译器添加到程序中的，是程序和操作系统（UNIX、Windows 7 或其他操作系统）之间的桥梁。事实上，该函数头描述的是 main()和操作系统之间的接口。

来看一下 main()的接口描述，该接口从 int 开始。C++函数可以给调用函数返回一个值，这个值叫作返回值（return value）。在这里，从关键字 int 可知，main()返回一个整数值。接下来，是空括号。通常，C++函数在调用另一个函数时，可以将信息传递给该函数。括号中的函数头部分描述的就是这种信息。在这里，空括号意味着 main()函数不接受任何信息，或者 main()不接受任何参数。（main()不接受任何参数并不意味着 main()是不讲道理的、发号施令的函数。相反，术语参数（argument）只是计算机人员用来表示从一个函数传递给另一个函数的信息）。

简而言之，下面的函数头表明 main()函数可以给调用它的函数返回一个整数值，且不从调用它的函数那里获得任何信息：

```
int main()
```

很多现有的程序都使用经典 C 函数头：

```
main()        // original C style
```

在 C 语言中，省略返回类型相当于说函数的类型为 int。然而，C++逐步淘汰了这种用法。

也可以使用下面的变体：

```
int main(void)        // very explicit style
```

在括号中使用关键字 void 明确地指出，函数不接受任何参数。在 C++（不是 C）中，让括号空着与在括号中使用 void 等效（在 C 中，让括号空着意味着对是否接受参数保持沉默）。

有些程序员使用下面的函数头，并省略返回语句：

```
void main()
```

这在逻辑上是一致的，因为 void 返回类型意味着函数不返回任何值。该变体适用于很多系统，但由于它不是当前标准强制的一个选项，因此在有些系统上不能工作。因此，读者应避免使用这种格式，而应使用 C++标准格式，这不需要做太多的工作就能完成。

最后，ANSI/ISO C++标准对那些抱怨必须在 main()函数最后包含一条返回语句过于繁琐的人做出了让步。如果编译器到达 main()函数末尾时没有遇到返回语句，则认为 main()函数以如下语句结尾：

```
return 0;
```

这条隐含的返回语句只适用于 main()函数，而不适用于其他函数。

2. 为什么 main()不能使用其他名称

之所以将 myfirst.cpp 程序中的函数命名为 main()，原因是必须这样做。通常，C++程序必须包含一个名为 main()的函数（不是 Main()、MAIN()或 mane()。记住，大小写和拼写都要正确）。由于 myfirst.cpp 程序只有一个函数，因此该函数必须担负起main()的责任。在运行C++程序时，通常从main()函数开始执行。因此，如果没有main()，程序将不完整，编译器将指出未定义main()函数。

存在一些例外情况。例如，在Windows编程中，可以编写一个动态链接库（DLL）模块，这是其他Windows程序可以使用的代码。由于DLL模块不是独立的程序，因此不需要main()。用于专用环境的程序——如机器人中的控制器芯片——可能不需要main()。有些编程环境提供一个框架程序，该程序调用一些非标准函数，如_tmain()。在这种情况下，有一个隐藏的main()，它调用_tmain()。但常规的独立程序都需要main()，本书讨论的都是这种程序。

2.1.2 C++注释

C++注释以双斜杠（//）打头。注释是程序员为读者提供的说明，通常标识程序的一部分或解释代码的某个方面。编译器忽略注释，毕竟，它对C++的了解至少和程序员一样，在任何情况下，它都不能理解注释。对编译器而言，程序清单2.1就像没有注释一样：

```
#include <iostream>
int main()
{
    using namespace std;
    cout << "Come up and C++ me some time.";
    cout << endl;
    cout << "You won't regret it!" << endl;
    return 0;
}
```

C++注释以//打头，到行尾结束。注释可以位于单独的一行上，也可以和代码位于同一行。请注意程序清单2.1的第一行：

```
// myfirst.cpp -- displays a message
```

本书所有的程序都以注释开始，这些注释指出了源代码的文件名并简要地总结了该程序。在第1章中介绍过，源代码的文件扩展名取决于所用的C++系统。在其他系统中，文件名可能为myfirst.C或myfirst.cxx。

提示：应使用注释来说明程序。程序越复杂，注释的价值越大。注释不仅有助于他人理解这些代码，也有助于程序员自己理解代码，特别是隔了一段时间没有接触该程序的情况下。

C风格注释

C++也能够识别C注释，C注释包括在符号/*和*/之间：

```
#include <iostream> /* a C-style comment */
```

由于C风格注释以*/结束，而不是到行尾结束，因此可以跨越多行。可以在程序中使用C或C++风格的注释，也可以同时使用这两种注释。但应尽量使用C++注释，因为这不涉及到结尾符号与起始符号的正确配对，所以它产生问题的可能性很小。事实上，C++标准也在C语言中添加了//注释。

2.1.3 C++预处理器和iostream文件

下面简要介绍一下需要知道的一些知识。如果程序要使用C++输入或输出工具，请提供这样两行代码：

```
#include <iostream>
using namespace std;
```

可使用其他代码替换第2行，这里使用这行代码旨在简化该程序（如果编译器不接受这几行代码，则说明它没有遵守标准C++98，使用它来编译本书的示例时，将出现众多其他的问题）。为使程序正常工作，只需要知道这些。下面更深入地介绍一下这些内容。

C++和C一样，也使用一个预处理器，该程序在进行主编译之前对源文件进行处理（第1章介绍过，有些C++实现使用翻译器程序将C++程序转换为C程序。虽然翻译器也是一种预处理器，但这里不讨论这种预处理器，而只讨论这样的预处理器，即它处理名称以#开头的编译指令）。不必执行任何特殊的操作来调用该预处理器，它会在编译程序时自动运行。

程序清单2.1使用了#include编译指令：

```
#include <iostream>     // a PREPROCESSOR directive
```

该编译指令导致预处理器将iostream文件的内容添加到程序中。这是一种典型的预处理器操作：在源代码被编译之前，替换或添加文本。

这提出了一个问题：为什么要将 iostream 文件的内容添加到程序中呢？答案涉及程序与外部世界之间的通信。iostream 中的 io 指的是输入（进入程序的信息）和输出（从程序中发送出去的信息）。C++的输入/输出方案涉及 iostream 文件中的多个定义。为了使用 cout 来显示消息，第一个程序需要这些定义。#include 编译指令导致 iostream 文件的内容随源代码文件的内容一起被发送给编译器。实际上，iostream 文件的内容将取代程序中的代码行#include <iostream>。原始文件没有被修改，而是将源代码文件和 iostream 组合成一个复合文件，编译的下一阶段将使用该文件。

注意：使用 cin 和 cout 进行输入和输出的程序必须包含文件 iostream。

2.1.4 头文件名

像 iostream 这样的文件叫作包含文件（include file）——由于它们被包含在其他文件中；也叫头文件（header file）——由于它们被包含在文件起始处。C++编译器自带了很多头文件，每个头文件都支持一组特定的工具。C 语言的传统是，头文件使用扩展名 h，将其作为一种通过名称标识文件类型的简单方式。例如，头文件 math.h 支持各种 C 语言数学函数，但 C++的用法变了。现在，对老式 C 的头文件保留了扩展名 h（C++程序仍可以使用这种文件），而 C++头文件则没有扩展名。有些 C 头文件被转换为 C++头文件，这些文件被重新命名，去掉了扩展名 h（使之成为 C++风格的名称），并在文件名称前面加上前缀 c（表明来自 C 语言）。例如，C++版本的 math.h 为 cmath。有时 C 头文件的 C 版本和 C++版本相同，而有时候新版本做了一些修改。对于纯粹的 C++头文件（如 iostream）来说，去掉 h 不只是形式上的变化，没有 h 的头文件也可以包含名称空间——本章的下一个主题。表 2.1 对头文件的命名约定进行了总结。

表 2.1　　头文件命名约定

头文件类型	约　定	示　例	说　明
C++旧式风格	以.h 结尾	iostream.h	C++程序可以使用
C 旧式风格	以.h 结尾	math.h	C、C++程序可以使用
C++新式风格	没有扩展名	iostream	C++程序可以使用，使用 namespace std
转换后的 C	加上前缀 c，没有扩展名	cmath	C++程序可以使用，可以使用不是 C 的特性，如 namespace std

由于 C 使用不同的文件扩展名来表示不同文件类型，因此用一些特殊的扩展名（如.hpp 或.hxx）表示 C++头文件是有道理的，ANSI/ISO 委员会也这样认为。问题在于究竟使用哪种扩展名，因此最终他们一致同意不使用任何扩展名。

2.1.5 名称空间

如果使用 iostream，而不是 iostream.h，则应使用下面的名称空间编译指令来使 iostream 中的定义对程序可用：

```
using namespace std;
```

这叫作 using 编译指令。最简单的办法是，现在接受这个编译指令，以后再考虑它（例如，到第 9 章再考虑它）。但这里还是简要地介绍它，以免您一头雾水。

名称空间支持是一项 C++特性，旨在让您编写大型程序以及将多个厂商现有的代码组合起来的程序时更容易，它还有助于组织程序。一个潜在的问题是，可能使用两个已封装好的产品，而它们都包含一个名为 wanda()的函数。这样，使用 wanda()函数时，编译器将不知道指的是哪个版本。名称空间让厂商能够将其产品封装在一个叫作名称空间的单元中，这样就可以用名称空间的名称来指出想使用哪个厂商的产品。因此，Microflop Industries 可以将其定义放到一个名为 Microflop 的名称空间中。这样，其 wanda()函数的全称为 Microflop::wanda()；同样，Piscine 公司的 wanda()版本可以表示为 Piscine::wanda()。这样，程序就可以使用名称空间来区分不同的版本了：

```
Microflop::wanda("go dancing?");       // use Microflop namespace version
Piscine::wanda("a fish named Desire"); // use Piscine namespace version
```

按照这种方式，类、函数和变量便是 C++编译器的标准组件，它们现在都被放置在名称空间 std 中。仅当头文件没有扩展名 h 时，情况才是如此。这意味着在 iostream 中定义的用于输出的 cout 变量实际上是 std::cout，而 endl 实际上是 std::endl。因此，可以省略编译指令 using，以下述方式进行编码：

```
std::cout << "Come up and C++ me some time.";
std::cout << std::endl;
```

然而，多数用户并不喜欢将引入名称空间之前的代码（使用 iostream.h 和 cout）转换为名称空间代码（使用 iostream 和 std::cout），除非他们可以不费力地完成这种转换。于是，using 编译指令应运而生。下面的一行代码表明，可以使用 std 名称空间中定义的名称，而不必使用 std::前缀：

```
using namespace std;
```

这个 using 编译指令使得 std 名称空间中的所有名称都可用。这是一种偷懒的做法，在大型项目中是一个潜在的问题。更好的方法是，只使所需的名称可用，这可以通过使用 using 声明来实现：

```
using std::cout;    // make cout available
using std::endl;    // make endl available
using std::cin;     // make cin available
```

用这些编译指令替换下述代码后，便可以使用 cin 和 cout，而不必加上 std::前缀：

```
using namespace std; // lazy approach, all names available
```

然而，要使用 iostream 中的其他名称，必须将它们分别加到 using 列表中。本书首先采用这种偷懒的方法，其原因有两个。首先，对于简单程序而言，采用何种名称空间管理方法无关紧要；其次，本书的重点是介绍 C++的基本方面。本书后面将采用其他名称空间管理技术。

2.1.6 使用 cout 进行 C++输出

现在来看一看如何显示消息。myfirst.cpp 程序使用下面的 C++语句：

```
cout << "Come up and C++ me some time.";
```

双引号括起的部分是要打印的消息。在 C++中，用双引号括起的一系列字符叫作字符串，因为它是由若干字符组合而成的。<<符号表示该语句将把这个字符串发送给 cout；该符号指出了信息流动的路径。cout 是什么呢？它是一个预定义的对象，知道如何显示字符串、数字和单个字符等（第 1 章介绍过，对象是类的特定实例，而类定义了数据的存储和使用方式）。

马上就使用对象可能有些困难，因为几章后才会介绍对象。实际上，这演示了对象的长处之一——不用了解对象的内部情况，就可以使用它。只需要知道它的接口，即如何使用它。cout 对象有一个简单的接口，如果 string 是一个字符串，则下面的代码将显示该字符串：

```
cout << string;
```

对于显示字符串而言，只需知道这些即可。然而，现在来看看 C++从概念上如何解释这个过程。从概念上看，输出是一个流，即从程序流出的一系列字符。cout 对象表示这种流，其属性是在 iostream 文件中定义的。cout 的对象属性包括一个插入运算符（<<），它可以将其右侧的信息插入到流中。请看下面的语句（注意结尾的分号）：

```
cout << "Come up and C++ me some time.";
```

它将字符串“Come up and C++ me some time.”插入到输出流中。因此，与其说程序显示了一条消息，不如说它将一个字符串插入到了输出流中。不知道为什么，后者听起来更好一点（参见图 2.2）。

图 2.2 使用 cout 显示字符串

初识运算符重载

如果熟悉 C 后才开始学习 C++，则可能注意到了，插入运算符（<<）看上去就像按位左移运算符（<<），这是一个运算符重载的例子，通过重载，同一个运算符将有不同的含义。编译器通过上下文来确定运算符的含义。C 本身也有一些运算符重载的情况。例如，&符号既表示地址运算符，又表示按位 AND 运算符；* 既表示乘法，又表示对指针解除引用。这里重要的不是这些运算符的具体功能，而是同一个符号可以有多种含义，而编译器可以根据上下文来确定其含义（这和确定“sound card”中的“sound”与“sound financial basic”中的“sound”的含义是一样的）。C++扩展了运算符重载的概念，允许为用户定义的类型（类）重

新定义运算符的含义。

1. 控制符 endl

现在来看看程序清单 2.1 中第二个输出流中看起来有些古怪的符号：

```
cout << endl;
```

endl 是一个特殊的 C++符号，表示一个重要的概念：重起一行。在输出流中插入 endl 将导致屏幕光标移到下一行开头。诸如 endl 等对于 cout 来说有特殊含义的特殊符号被称为控制符（manipulator）。和 cout 一样，endl 也是在头文件 iostream 中定义的，且位于名称空间 std 中。

打印字符串时，cout 不会自动移到下一行，因此在程序清单 2.1 中，第一条 cout 语句将光标留在输出字符串的后面。每条 cout 语句的输出从前一个输出的末尾开始，因此如果省略程序清单 2.1 中的 endl，得到的输出将如下：

```
Come up and C++ me some time.You won't regret it!
```

从上述输出可知，Y 紧跟在句点后面。下面来看另一个例子，假设有如下代码：

```
cout << "The Good, the";
cout << "Bad, ";
cout << "and the Ukulele";
cout << endl;
```

其输出将如下：

```
The Good, theBad, and the Ukulele
```

同样，每个字符串紧接在前一个字符串的后面。如果要在两个字符串之间留一个空格，必须将空格包含在字符串中。注意，要尝试上述输出示例，必须将代码放到完整的程序中，该程序包含一个 main()函数头以及起始和结束花括号。

2. 换行符

C++还提供了另一种在输出中指示换行的旧式方法：C 语言符号\n：

```
cout << "What's next?\n";       // \n means start a new line
```

\n 被视为一个字符，名为换行符。

显示字符串时，在字符串中包含换行符，而不是在末尾加上 endl，可减少输入量：

```
cout << "Pluto is a dwarf planet.\n";       // show text, go to next line
cout << "Pluto is a dwarf planet." << endl; // show text, go to next line
```

另一方面，如果要生成一个空行，则两种方法的输入量相同，但对大多数人而言，输入 endl 更为方便：

```
cout << "\n";   // start a new line
cout << endl;   // start a new line
```

本书中显示用引号括起的字符串时，通常使用换行符\n，在其他情况下则使用控制符 endl。一个差别是，endl 确保程序继续运行前刷新输出（将其立即显示在屏幕上）；而使用"\n"不能提供这样的保证，这意味着在有些系统中，有时可能在您输入信息后才会出现提示。

换行符是一种被称为“转义序列”的按键组合，转义序列将在第 3 章做更详细的讨论。

2.1.7 C++源代码的格式化

有些语言（如 FORTRAN）是面向行的，即每条语句占一行。对于这些语言来说，回车的作用是将语句分开。然而，在 C++中，分号标示了语句的结尾。因此，在 C++中，回车的作用就和空格或制表符相同。也就是说，在 C++中，通常可以在能够使用回车的地方使用空格，反之亦然。这说明既可以把一条语句放在几行上，也可以把几条语句放在同一行上。例如，可以将 myfirst.cpp 重新格式化为如下所示：

```
#include <iostream>
    int
main
() {    using
    namespace
         std; cout
            <<
"Come up and C++ me some time."
;    cout <<
endl; cout <<
"You won't regret it!" <<
endl;return 0; }
```

这样虽然不太好看，但仍然是合法的代码。必须遵守一些规则，具体地说，在 C 和 C++中，不能把空格、制表符或回车放在元素（比如名称）中间，也不能把回车放在字符串中间。下面是一个不能这样做的例子：

```
int ma in()      // INVALID -- space in name
re
turn 0;          // INVALID -- carriage return in word
cout << "Behold the Beans
 of Beauty!";  // INVALID -- carriage return in string
```

然而，C++11 新增的原始（raw）字符串可包含回车，这将在第 4 章简要地讨论。

1. 源代码中的标记和空白

一行代码中不可分割的元素叫作标记（token，参见图 2.3）。通常，必须用空格、制表符或回车将两个标记分开，空格、制表符和回车统称为空白（white space）。有些字符（如括号和逗号）是不需要用空白分开的标记。下面的一些示例说明了什么情况下可以使用空白，什么情况下可以省略：

```
return0;       // INVALID, must be return 0;
return(0);     // VALID, white space omitted
return (0);    // VALID, white space used
intmain();     // INVALID, white space omitted
int main()     // VALID, white space omitted in ()
int main () // ALSO VALID, white space used in ()
```

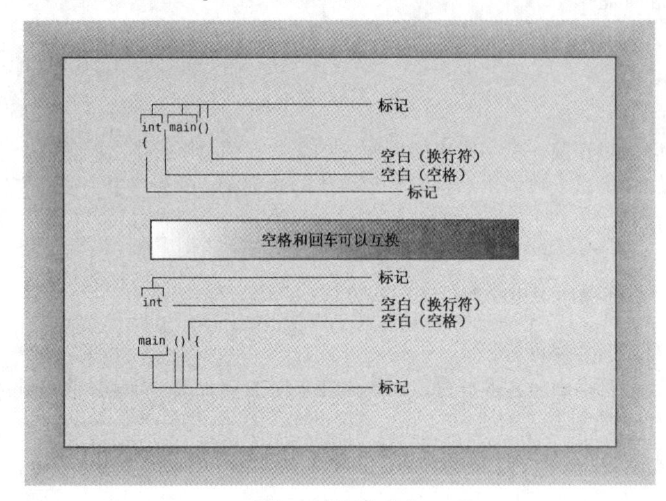

图 2.3 标记和空白

2. C++源代码风格

虽然 C++在格式方面赋予了您很大的自由，但如果遵循合理的风格，程序将更便于阅读。有效但难看的代码不会令人满意。多数程序员都使用程序清单 2.1 所示的风格，它遵循了下述规则。

- 每条语句占一行。
- 每个函数都有一个开始花括号和一个结束花括号，这两个花括号各占一行。
- 函数中的语句都相对于花括号进行缩进。
- 与函数名称相关的圆括号周围没有空白。

前三条规则旨在确保代码清晰易读；第四条规则帮助区分函数和一些也使用圆括号的 C++内置结构（如循环）。在涉及其他指导原则时，本书将提醒读者。

2.2 C++语句

C++程序是一组函数，而每个函数又是一组语句。C++有好几种语句，下面介绍其中的一些。程序清单 2.2 提供了两种新的语句。声明语句创建变量，赋值语句给该变量提供一个值。另外，该程序还演示了 cout 的新功能。

程序清单 2.2 carrots.cpp

```
// carrots.cpp -- food processing program
// uses and displays a variable
```

```
#include <iostream>

int main()
{
    using namespace std;

    int carrots;              // declare an integer variable

    carrots = 25;             // assign a value to the variable
    cout << "I have ";
    cout << carrots;          // display the value of the variable
    cout << " carrots.";
    cout << endl;
    carrots = carrots - 1;    // modify the variable
    cout << "Crunch, crunch. Now I have " << carrots << " carrots." << endl;
    return 0;
}
```

空行将声明语句与程序的其他部分分开。这是C常用的方法，但在C++中不那么常见。下面是该程序的输出：

```
I have 25 carrots.
Crunch, crunch. Now I have 24 carrots.
```

下面探讨这个程序。

2.2.1　声明语句和变量

计算机是一种精确的、有条理的机器。要将信息项存储在计算机中，必须指出信息的存储位置和所需的内存空间。在C++中，完成这种任务的一种相对简便的方法，是使用声明语句来指出存储类型并提供位置标签。例如，程序清单2.2中包含这样一条声明语句（注意其中的分号）：

```
int carrots;
```

这条语句提供了两项信息：需要的内存以及该内存单元的名称。具体地说，这条语句指出程序需要足够的存储空间来存储一个整数，在C++中用int表示整数。编译器负责分配和标记内存的细节。C++可以处理多种类型的数据，而int是最基本的数据类型。它表示整数——没有小数部分的数字。C++的int类型可以为正，也可以为负，但是大小范围取决于实现。第3章将详细介绍int和其他基本类型。

完成的第二项任务是给存储单元指定名称。在这里，该声明语句指出，此后程序将使用名称carrots来标识存储在该内存单元中的值。carrots被称为变量，因为它的值可以修改。在C++中，所有变量都必须声明。如果省略了carrots.cpp中的声明，则当程序试图使用carrots时，编译器将指出错误。事实上，程序员尝试省略声明，可能只是为了看看编译器的反应。这样，以后看到这样的反应时，便知道应检查是否省略了声明。

为什么变量必须声明？

有些语言（最典型的是BASIC）在使用新名称时创建新的变量，而不用显式地进行声明。这看上去对用户比较友好，事实上从短期上说确实如此。问题是，如果错误地拼写了变量名，将在不知情的情况下创建一个新的变量。在BASIC中，ss程序员可能编写如下语句：

```
CastleDark = 34
...
CastleDank = CastleDark + MoreGhosts
...
PRINT CastleDark
```

由于CastleDank是拼写错误（将r拼成了n），因此所作的修改实际上并没有修改CastleDark。这种错误很难发现，因为它没有违反BASIC中的任何规则。然而，在C++中，将声明CastleDark，但不会声明被错误拼写的CastleDank，因此对应的C++代码将违反“使用变量前必须声明它”的规则，因此编译器将捕获这种错误，发现潜在的问题。

因此，声明通常指出了要存储的数据类型和程序对存储在这里的数据使用的名称。在这个例子中，程序将创建一个名为carrots的变量，它可以存储整数（参见图2.4）。

程序中的声明语句叫作定义声明（defining declaration）语句，简称为定义（definition）。这意味着它将导致编译器为变量分配内存空间。在较为复杂的情况下，还可能有引用声明（reference declaration）。这些声明命令计算机使用在其他地方定义的变量。通常，声明不一定是定义，但在这个例子中，声明是定义。

如果您熟悉C语言或Pascal，就一定熟悉变量声明。不过C++中的变量声明也可能让人小吃一惊。在C和Pascal中，所有的变量声明通常都位于函数或过程的开始位置，但C++没有这种限制。实际上，C++通常的做法是，在首次使用变量前声明它。这样，就不必在程序中到处查找，以了解变量的类型。本章后面将有一个这样的例子。这种风格也有缺点，它没有把所有的变量名放在一起，因此无法对函数使用了哪些变量一目了然（C99标准使C声明规则与C++非常相似）。

提示：对于声明变量，C++的做法是尽可能在首次使用变量前声明它。

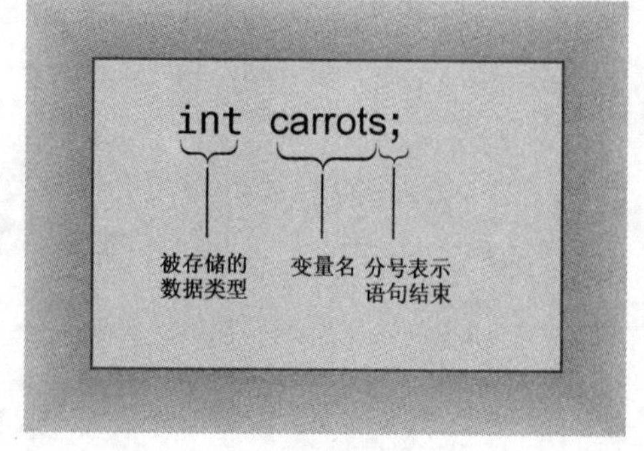

图2.4 变量声明

2.2.2 赋值语句

赋值语句将值赋给存储单元。例如，下面的语句将整数25赋给变量carrots表示的内存单元：

```
carrots = 25;
```

符号=叫作赋值运算符。C++（和C）有一项不寻常的特性——可以连续使用赋值运算符。例如，下面的代码是合法的：

```
int steinway;
int baldwin;
int yamaha;
yamaha = baldwin = steinway = 88;
```

赋值将从右向左进行。首先，88被赋给steinway；然后，steinway的值（现在是88）被赋给baldwin；然后baldwin的值88被赋给yamaha（C++遵循C的爱好，允许外观奇怪的代码）。

程序清单2.2中的第二条赋值语句表明，可以对变量的值进行修改：

```
carrots = carrots - 1; // modify the variable
```

赋值运算符右边的表达式carrots – 1是一个算术表达式。计算机将变量carrots的值25减去1，得到24。然后，赋值运算符将这个新值存储到变量carrots对应的内存单元中。

2.2.3 cout的新花样

到目前为止，本章的示例都使用cout来打印字符串，程序清单2.2使用cout来打印变量，该变量的值是一个整数：

```
cout << carrots;
```

程序没有打印“carrots”，而是打印存储在carrots中的整数值，即25。实际上，这将两个操作合而为一了。首先，cout将carrots替换为其当前值25；然后，把值转换为合适的输出字符。

如上所示，cout可用于数字和字符串。这似乎没有什么不同寻常的地方，但别忘了，整数25与字符串“25”有天壤之别。该字符串存储的是书写该数字时使用的字符，即字符2和5。程序在内部存储的是字符2和字符5的编码。要打印字符串，cout只需打印字符串中各个字符即可。但整数25被存储为数值，计算机不是单独存储每个数字，而是将25存储为二进制数（附录A讨论了这种表示法）。这里的要点是，在打印之前，cout必须将整数形式的数字转换为字符串形式。另外，cout很聪明，知道carrots是一个需要转换的整数。

与老式C语言的区别在于cout的聪明程度。在C语言中，要打印字符串“25”和整数25，可以使用C语言的多功能输出函数printf()：

```
printf("Printing a string: %s\n", "25");
printf("Printing an integer: %d\n", 25);
```

撇开printf()的复杂性不说，必须用特殊代码（%s和%d）来指出是要打印字符串还是整数。如果让printf()打印字符串，但又错误地提供了一个整数，由于printf()不够精密，因此根本发现不了错误。它将继续处理，显示一堆乱码。

cout的智能行为源自C++的面向对象特性。实际上，C++插入运算符（<<）将根据其后的数据类型相应地调整其行为，这是一个运算符重载的例子。在后面的章节中学习函数重载和运算符重载时，将知道如何实现这种智能设计。

cout 和 printf()

如果已经习惯了 C 语言和 printf()，可能觉得 cout 看起来很奇怪。程序员甚至可能固执地坚持使用 printf()。但与使用所有转换说明的 printf()相比，cout 的外观一点也不奇怪。更重要的是，cout 还有明显的优点。它能够识别类型的功能表明，其设计更灵活、更好用。另外，它是可扩展的（extensible）。也就是说，可以重新定义<<运算符，使 cout 能够识别和显示所开发的新数据类型。如果喜欢 printf()提供的细致的控制功能，可以使用更高级的 cout 来获得相同的效果（参见第 17 章）。

2.3 其他 C++语句

再来看几个 C++语句的例子。程序清单 2.3 中的程序对前一个程序进行了扩展，要求在程序运行时输入一个值。为实现这项任务，它使用了 cin，这是与 cout 对应的用于输入的对象。另外，该程序还演示了 cout 对象的多功能性。

程序清单 2.3 getinfo.cpp

```
// getinfo.cpp -- input and output
#include <iostream>

int main()
{
    using namespace std;

    int carrots;

    cout << "How many carrots do you have?" << endl;
    cin >> carrots; // C++ input
    cout << "Here are two more. ";
    carrots = carrots + 2;
// the next line concatenates output
    cout << "Now you have " << carrots << " carrots." << endl;
    return 0;
}
```

程序调整

如果您发现在以前的程序清单中需要添加 cin.get()，则在这个程序清单中，需要添加两条 cin.get()语句，这样才能在屏幕上看到输出。第一条 cin.get()语句在您输入数字并按 Enter 键时读取输入，而第二条 cin.get()语句让程序暂停，直到您按 Enter 键。

下面是该程序的运行情况：

```
How many carrots do you have?
12
Here are two more. Now you have 14 carrots.
```

该程序包含两项新特性：用 cin 来读取键盘输入以及将四条输出语句组合成一条。下面分别介绍它们。

2.3.1 使用 cin

上面的输出表明，从键盘输入的值（12）最终被赋给变量 carrots。下面就是执行这项功能的语句：

```
cin >> carrots;
```

从这条语句可知，信息从 cin 流向 carrots。显然，对这一过程有更为正式的描述。就像 C++将输出看作是流出程序的字符流一样，它也将输入看作是流入程序的字符流。iostream 文件将 cin 定义为一个表示这种流的对象。输出时，<<运算符将字符串插入到输出流中；输入时，cin 使用>>运算符从输入流中抽取字符。通常，需要在运算符右侧提供一个变量，以接收抽取的信息（符号<<和>>被选择用来指示信息流的方向）。

与 cout 一样，cin 也是一个智能对象。它可以将通过键盘输入的一系列字符（即输入）转换为接收信息的变量能够接受的形式。在这个例子中，程序将 carrots 声明为一个整型变量，因此输入被转换为计算机用来存储整数的数字形式。

2.3.2 使用 cout 进行拼接

getinfo.cpp 中的另一项新特性是将 4 条输出语句合并为一条。iostream 文件定义了<<运算符，以便可

以像下面这样合并（拼接）输出：

```
cout << "Now you have " << carrots << " carrots." << endl;
```

这样能够将字符串输出和整数输出合并为一条语句。得到的输出与下述代码生成的相似：

```
cout << "Now you have ";
cout << carrots;
cout << " carrots.";
cout << endl;
```

根据有关cout的建议，也可以按照这样的方式重写拼接版本，即将一条语句放在4行上：

```
cout << "Now you have "
     << carrots
     << " carrots."
     << endl;
```

这是由于C++的自由格式规则将标记间的换行符和空格看作是可相互替换的。当代码行很长，限制输出的显示风格时，最后一种技术很方便。

需要注意的另一点是：

```
Now you have 14 carrots.
```

和

```
Here are two more.
```

在同一行中。

这是因为前面指出过的，cout语句的输出紧跟在前一条cout语句的输出后面。即使两条cout语句之间有其他语句，情况也将如此。

2.3.3 类简介

看了足够多的cin和cout示例后，可以学习有关对象的知识了。具体地说，本节将进一步介绍有关类的知识。正如第1章指出的，类是C++中面向对象编程（OOP）的核心概念之一。

类是用户定义的一种数据类型。要定义类，需要描述它能够表示什么信息和可对数据执行哪些操作。类之于对象就像类型之于变量。也就是说，类定义描述的是数据格式及其用法，而对象则是根据数据格式规范创建的实体。换句话说，如果说类就好比所有著名演员，则对象就好比某个著名的演员，如蛙人Kermit。我们来扩展这种类比，表示演员的类中包括该类可执行的操作的定义，如念某一角色的台词，表达悲伤、威胁恫吓，接受奖励等。如果了解其他OOP术语，就知道C++类对应于某些语言中的对象类型，而C++对象对应于对象实例或实例变量。

下面更具体一些。前文讲述过下面的变量声明：

```
int carrots;
```

上面的代码将创建一个类型为int的变量（carrots）。也就是说，carrots可以存储整数，可以按特定的方式使用——例如，用于加和减。现在来看cout。它是一个ostream类对象。ostream类定义（iostream文件的另一个成员）描述了ostream对象表示的数据以及可以对它执行的操作，如将数字或字符串插入到输出流中。同样，cin是一个istream类对象，也是在iostream中定义的。

注意：类描述了一种数据类型的全部属性（包括可使用它执行的操作），对象是根据这些描述创建的实体。

知道类是用户定义的类型，但作为用户，并没有设计ostream和istream类。就像函数可以来自函数库一样，类也可以来自类库。ostream和istream类就属于这种情况。从技术上说，它们没有被内置到C++语言中，而是语言标准指定的类。这些类定义位于iostream文件中，没有被内置到编译器中。如果愿意，程序员甚至可以修改这些类定义，虽然这不是一个好主意（准确地说，这个主意很糟）。iostream系列类和相关的fstream（或文件I/O）系列类是早期所有的实现都自带的唯一两组类定义。然而，ANSI/ISO C++委员会在C++标准中添加了其他一些类库。另外，多数实现都在软件包中提供了其他类定义。事实上，C++当前之所以如此有吸引力，很大程度上是由于存在大量支持UNIX、Macintosh和Windows编程的类库。

类描述指定了可对类对象执行的所有操作。要对特定对象执行这些允许的操作，需要给该对象发送一条消息。例如，如果希望cout对象显示一个字符串，应向它发送一条消息，告诉它，“对象！显示这些内容！”C++提供了两种发送消息的方式：一种方式是使用类方法（本质上就是稍后将介绍的函数调用）；另一种方式是重新定义运算符，cin和cout采用的就是这种方式。因此，下面的语句使用重新定义的<<运算符将“显示消息”发送给cout：

```
cout << "I am not a crook."
```

在这个例子中，消息带一个参数——要显示的字符串（参见图 2.5）。

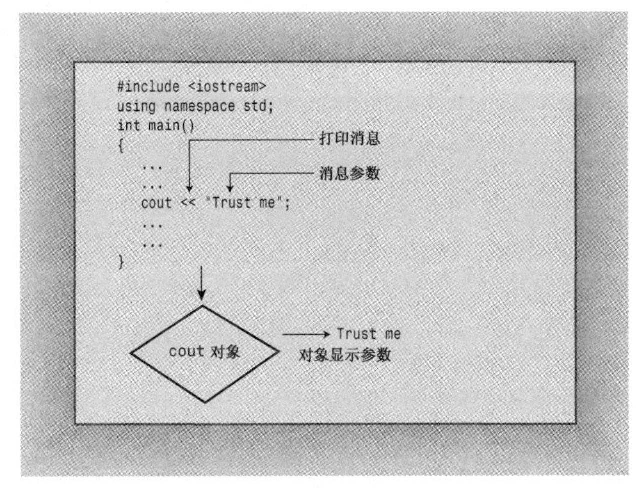

图 2.5 向对象发送消息

2.4 函数

由于函数用于创建 C++程序的模块，对 C++的 OOP 定义至关重要，因此必须熟悉它。函数的某些方面属于高级主题，将在第 7 章和第 8 章重点讨论函数。然而，现在了解函数的一些基本特征，将使得在以后的函数学习中更加得心应手。本章剩余的内容将介绍函数的一些基本知识。

C++函数分两种：有返回值的和没有返回值的。在标准 C++函数库中可以找到这两类函数的例子，您也可以自己创建这两种类型的函数。下面首先来看一个有返回值的库函数，然后介绍如何编写简单的函数。

2.4.1 使用有返回值的函数

有返回值的函数将生成一个值，而这个值可赋给变量或在其他表达式中使用。例如，标准 C/C++库包含一个名为 sqrt()的函数，它返回平方根。假设要计算 6.25 的平方根，并将这个值赋给变量 x，则可以在程序中使用下面的语句：

```
x = sqrt(6.25); // returns the value 2.5 and assigns it to x
```

表达式 sqrt(6.25)将调用 sqrt()函数。表达式 sqrt(6.25)被称为函数调用，被调用的函数叫作被调用函数（called function），包含函数调用的函数叫作调用函数（calling function，参见图 2.6）。

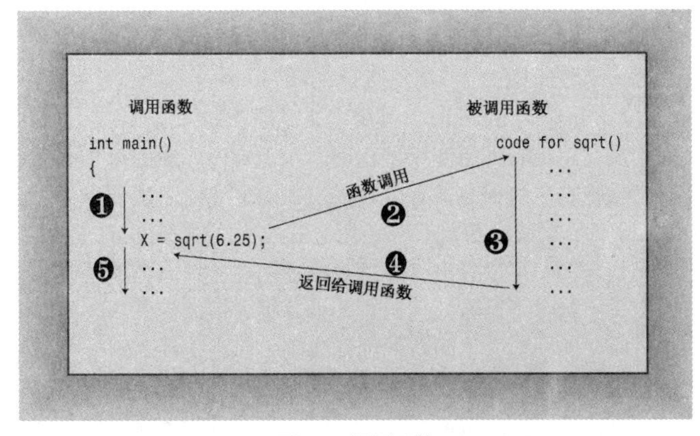

图 2.6 调用函数

圆括号中的值（这里为 6.25）是发送给函数的信息，这被称为传递给函数。以这种方式发送给函数的值叫作参数。（参见图 2.7。）函数 sqrt()得到的结果为 2.5，并将这个值发送给调用函数；发送回去的值叫作函数的返回值（return value）。可以这么认为，函数执行完毕后，语句中的函数调用部分将被替换为返回的值。因此，这个例子将返回值赋给变量 x。简而言之，参数是发送给函数的信息，返回值是从函数中发送回去的值。

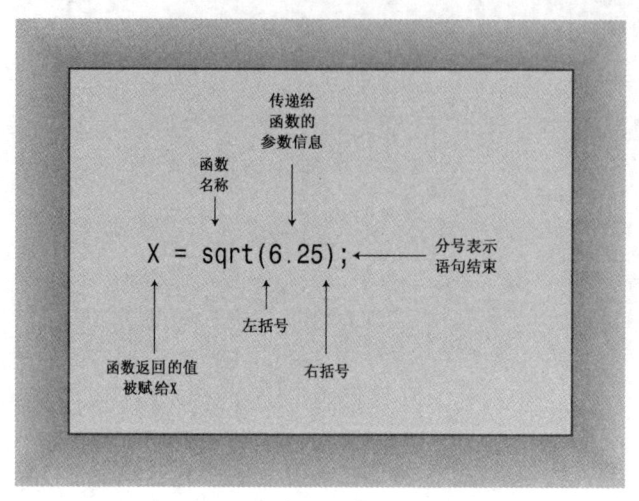

图 2.7　函数调用的句法

情况基本上就是这样，只是在使用函数之前，C++编译器必须知道函数的参数类型和返回值类型。也就是说，函数是返回整数、字符、小数、布尔型还是别的什么东西？如果缺少这些信息，编译器将不知道如何解释返回值。C++提供这种信息的方式是使用函数原型语句。

注意：C++程序应当为程序中使用的每个函数提供原型。

函数原型之于函数就像变量声明之于变量——指出涉及的类型。例如，C++库将 sqrt()函数定义成将一个（可能）带小数部分的数字（如 6.25）作为参数，并返回一个相同类型的数字。有些语言将这种数字称为实数，但是 C++将这种类型称为 double（将在第 3 章介绍）。sqrt()的函数原型像这样：

```
double sqrt(double);    // function prototype
```

第一个 double 意味着 sqrt()将返回一个 double 值。括号中的 double 意味着 sqrt()需要一个 double 参数。因此该原型对 sqrt()的描述和下面代码中使用的函数相同：

```
double x;       // declare x as a type double variable
x = sqrt(6.25);
```

原型结尾的分号表明它是一条语句，这使得它是一个原型，而不是函数头。如果省略分号，编译器将把这行代码解释为一个函数头，并要求接着提供定义该函数的函数体。

在程序中使用 sqrt()时，也必须提供原型。可以用两种方法来实现：

- 在源代码文件中输入函数原型；
- 包含头文件 cmath（老系统为 math.h），其中定义了原型。

第二种方法更好，因为头文件更有可能使原型正确。对于 C++库中的每个函数，都在一个或多个头文件中提供了其原型。请通过手册或在线帮助查看函数描述来确定应使用哪个头文件。例如，sqrt()函数的说明将指出，应使用 cmath 头文件（同样，可能必须使用老式的头文件 math.h，它可用于 C 和 C++程序中）。

不要混淆函数原型和函数定义。可以看出，原型只描述函数接口。也就是说，它描述的是发送给函数的信息和返回的信息。而定义中包含了函数的代码，如计算平方根的代码。C 和 C++将库函数的这两项特性（原型和定义）分开了。库文件中包含了函数的编译代码，而头文件中则包含了原型。

应在首次使用函数之前提供其原型。通常的做法是把原型放到 main()函数定义的前面。程序清单 2.4 演示了库函数 sqrt()的用法，它通过包含 cmath 文件来提供该函数的原型：

程序清单 2.4　sqrt.cpp

```
// sqrt.cpp -- using the sqrt() function

#include <iostream>
#include <cmath> // or math.h

int main()
{
    using namespace std;

    double area;
    cout << "Enter the floor area, in square feet, of your home: ";
    cin >> area;
    double side;
    side = sqrt(area);
    cout << "That's the equivalent of a square " << side
         << " feet to the side." << endl;
    cout << "How fascinating!" << endl;
    return 0;
}
```

注意：如果使用的是老式编译器，则必须在程序清单 2.4 中使用#include <math.h>，而不是#include<cmath>。

使用库函数

C++库函数存储在库文件中。编译器编译程序时，它必须在库文件搜索您使用的函数。至于自动搜索哪些库文件，将因编译器而异。如果运行程序清单 2.4 时，得到一条消息，指出_sqrt 是一个没有定义的外部函数（似乎应当避免），则很可能是由于编译器不能自动搜索数学库（编译器倾向于给函数名添加下划线前缀——提示它们对程序具有最后的发言权）。如果在 UNIX 实现中遇到这样的消息，可能需要在命令行结尾使用-lm 选项：

```
CC sqrt.C -lm
```

在 Linux 系统中，有些版本的 Gnu 编译器与此类似：

```
g++ sqrt.C -lm
```

只包含 cmath 头文件可以提供原型，但不一定会导致编译器搜索正确的库文件。

下面是该程序的运行情况：

```
Enter the floor area, in square feet, of your home: 1536
That's the equivalent of a square 39.1918 feet to the side.
How fascinating!
```

由于 sqrt()处理的是 double 值，因此这里将变量声明为这种类型。声明 double 变量的句法与声明 int 变量相同：

```
type-name variable-name;
```

double 类型使得变量 area 和 side 能够存储带小数的值，如 1 536.0 和 39.191 8。将看起来是整数（如 1536）的值赋给 double 变量时，将以实数形式存储它，其中的小数部分为.0。在第 3 章将指出，double 类型覆盖的范围要比 int 类型大得多。

C++允许在程序的任何地方声明新变量，因此 sqrt.cpp 在要使用 side 时才声明它。C++还允许在创建变量时对它进行赋值，因此也可以这样做：

```
double side = sqrt(area);
```

这个过程叫作初始化（initialization），将在第 3 章更详细地介绍。

cin 知道如何将输入流中的信息转换为 double 类型，cout 知道如何将 double 类型插入到输出流中。前面讲过，这些对象都很智能化。

2.4.2　函数变体

有些函数需要多项信息。这些函数使用多个参数，参数间用逗号分开。例如，数学函数 pow()接受两个参数，返回值为以第一个参数为底，第二个参数为指数的幂。该函数的原型如下：

```
double pow(double, double); // prototype of a function with two arguments
```

要计算 5 的 8 次方，可以这样使用该函数：

```
answer = pow(5.0, 8.0); // function call with a list of arguments
```

另外一些函数不接受任何参数。例如，有一个 C 库（与 cstdlib 或 stdlib.h 头文件相关的库）包含一个

rand()函数，该函数不接受任何参数，并返回一个随机整数。该函数的原型如下：

```
int rand(void); // prototype of a function that takes no arguments
```

关键字void明确指出，该函数不接受任何参数。如果省略void，让括号为空，则C++将其解释为一个不接受任何参数的隐式声明。可以这样使用该函数：

```
myGuess = rand(); // function call with no arguments
```

注意，与其他一些计算机语言不同，在C++中，函数调用中必须包括括号，即使没有参数。

还有一些函数没有返回值。例如，假设编写了一个函数，它按美元、美分格式显示数字。当向它传递参数23.5时，它将在屏幕上显示$23.50。由于这个函数把值发送给屏幕，而不是调用程序，因此不需要返回值。可以在原型中使用关键字void来指定返回类型，以指出函数没有返回值：

```
void bucks(double); // prototype for function with no return value
```

由于它不返回值，因此不能将该函数调用放在赋值语句或其他表达式中。相反，应使用一条纯粹的函数调用语句：

```
bucks(1234.56); // function call, no return value
```

在有些语言中，有返回值的函数被称为函数（function）；没有返回值的函数被称为过程（procedure）或子程序（subroutine）。但C++与C一样，这两种变体都被称为函数。

2.4.3 用户定义的函数

标准C库提供了140多个预定义的函数。如果其中的函数能满足要求，则应使用它们。但用户经常需要编写自己的函数，尤其是在设计类的时候。无论如何，设计自己的函数很有意思，下面来介绍这一过程。前面已经使用过好几个用户定义的函数，它们都叫main()。每个C++程序都必须有一个main()函数，用户必须对它进行定义。假设需要添加另一个用户定义的函数。和库函数一样，也可以通过函数名来调用用户定义的函数。对于库函数，在使用之前必须提供其原型，通常把原型放到main()定义之前。但现在您必须提供新函数的源代码。最简单的方法是，将代码放在main()的后面。程序清单2.5演示了这些元素。

程序清单2.5 ourfunc.cpp

```
// ourfunc.cpp -- defining your own function
#include <iostream>
void simon(int);     // function prototype for simon()

int main()
{
    using namespace std;
    simon(3);        // call the simon() function
    cout << "Pick an integer: ";
    int count;
    cin >> count;
    simon(count);    // call it again
    cout << "Done!" << endl;
    return 0;
}

void simon(int n)    // define the simon() function
{
    using namespace std;
    cout << "Simon says touch your toes " << n << " times." << endl;
}                   // void functions don't need return statements
```

main()函数两次调用simon()函数，一次的参数为3，另一次的参数为变量count。在这两次调用之间，用户输入一个整数，用来设置count的值。这个例子没有在cout提示消息中使用换行符。这样将导致用户输入与提示出现在同一行中。下面是运行情况：

```
Simon says touch your toes 3 times.
Pick an integer: 512
Simon says touch your toes 512 times.
Done!
```

1．函数格式

在程序清单2.5中，simon()函数的定义与main()的定义采用的格式相同。首先，有一个函数头；然后是花括号中的函数体。可以把函数的格式统一为如下的情形：

```
type functionname(argumentlist)
{
```

```
    statements
}
```

注意，定义 simon()的源代码位于 main()的后面。和 C 一样（但不同于 Pascal），C++不允许将函数定义嵌套在另一个函数定义中。每个函数定义都是独立的，所有函数的创建都是平等的（参见图 2.8）。

2. *函数头*

在程序清单 2.5 中，simon()函数的函数头如下：

```
void simon(int n)
```

开头的 void 表明 simon()没有返回值，因此调用 simon()不会生成可在 main()中将其赋给变量的数字。因此，第一个函数调用方式如下：

```
simon(3);            // ok for void functions
```

由于 simon()没有返回值，因此不能这样使用它：

```
simple = simon(3);   // not allowed for void functions
```

括号中的 int n 表明，使用 simon()时，应提供一个 int 参数。n 是一个新的变量，函数调用时传递的值将被赋给它。因此，下面的函数调用将 3 赋给 simon()函数头中定义的变量 n：

```
simon(3);
```

当函数体中的 cout 语句使用 n 时，将使用函数调用时传递的值。这就是为什么 simon（3）在输出中显示 3 的原因所在。在示例运行中，函数调用 simon(count)导致函数显示 512,因为这正是赋给 count 的值。简而言之，simon()的函数头表明，该函数接受一个 int 参数，不返回任何值。

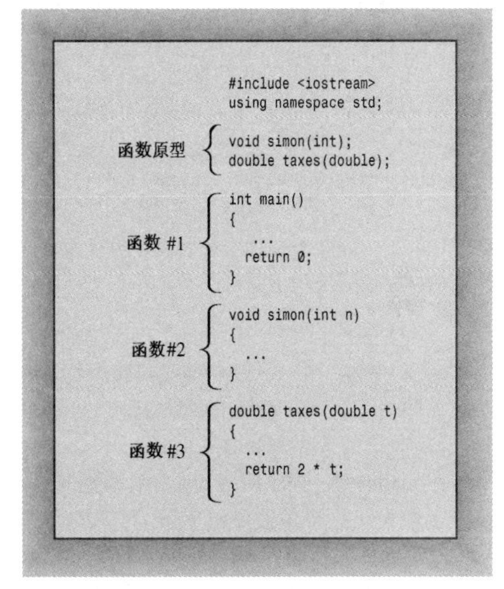

图 2.8 函数定义在文件中依次出现

下面复习一下 main()的函数头：

```
int main()
```

开头的 int 表明，main()返回一个整数值；空括号（其中可以包含 void）表明，main()没有参数。对于有返回值的函数，应使用关键字 return 来提供返回值，并结束函数。这就是要在 main()结尾使用下述语句的原因：

```
return 0;
```

这在逻辑上是一致的：main()返回一个 int 值，而程序员要求它返回整数 0。但可能会产生疑问，将这个值返回到哪里了呢？毕竟，程序中没有哪个地方可以看出对 main()的调用：

```
squeeze = main(); // absent from our programs
```

答案是，可以将计算机操作系统（如 UNIX 或 Windows）看作调用程序。因此，main()的返回值并不是返回给程序的其他部分，而是返回给操作系统。很多操作系统都可以使用程序的返回值。例如，UNIX 外壳脚本和 Windows 命令行批处理文件都被设计成运行程序，并测试它们的返回值（通常叫作退出值）。通常的约定是，退出值为 0 则意味着程序运行成功，为非零则意味着存在问题。因此，如果 C++程序无法打开文件，可以将它设计为返回一个非零值。然后，便可以设计一个外壳脚本或批处理文件来运行该程序，如果该程序发出指示失败的消息，则采取其他措施。

关键字

关键字是计算机语言中的词汇。本章使用了 int、void、return、double 等 C++关键字。由于这些关键字都是 C++专用的，因此不能用作他用。也就是说，不能将 return 用作变量名，也不能把 double 用作函数名。不过可以把它们用作名称的一部分，如 painter（其中包含 int）或 return_aces。附录 B 提供了 C++关键字的完整列表。另外，main 不是关键字，由于它不是语言的组成部分。然而，它是一个必不可少的函数的名称。可以把 main 用作变量名（在一些很神秘的以至于无法在这里介绍的情况中，将 main 用作变量名会引发错误，由于它在任何情况下都是容易混淆的，因此最好不要这样做）。同样，其他函数名和对象名也都不能是关键字。然而，在程序中将同一个名称（比如 cout）用作对象名和变量名会把编译器搞糊涂。也就是说，在不使用 cout

对象进行输出的函数中，可以将 cout 用作变量名，但不能在同一个函数中同时将 cout 用作对象名和变量名。

2.4.4 用户定义的有返回值的函数

我们再深入一步，编写一个使用返回语句的函数。main()函数已经揭示了有返回值的函数的格式：在函数头中指出返回类型，在函数体结尾处使用 return。可以用这种形式为在英国观光的人解决重量的问题。在英国，很多浴室中的体重称都以英石（stone）为单位，不像美国以磅或公斤为单位。一英石等于 14 磅，程序清单 2.6 使用一个函数来完成这样的转换。

程序清单 2.6 convert.cpp

```
// convert.cpp -- converts stone to pounds
#include <iostream>
int stonetolb(int);     // function prototype
int main()
{
    using namespace std;
    int stone;
    cout << "Enter the weight in stone: ";
    cin >> stone;
    int pounds = stonetolb(stone);
    cout << stone << " stone = ";
    cout << pounds << " pounds." << endl;
    return 0;
}

int stonetolb(int sts)
{
    return 14 * sts;
}
```

下面是该程序的运行情况：

```
Enter the weight in stone: 15
15 stone = 210 pounds.
```

在 main()中，程序使用 cin 来给整型变量 stone 提供一个值。这个值被作为参数传递给 stonetolb()函数，在该函数中，这个值被赋给变量 sts。然后，stonetolb()用关键字 return 将 14*sts 返回给 main()。这表明 return 后面并非一定得跟一个简单的数字。这里通过使用较为复杂的表达式，避免了创建一个新变量，将结果赋给该变量，然后将它返回。程序将计算表达式的值（这里为 210），并将其返回。如果返回表达式的值很麻烦，可以采取更复杂的方式：

```
int stonetolb(int sts)
{
      int pounds = 14 * sts;
      return pounds;
}
```

这两个版本返回的结果相同，但第二个版本更容易理解和修改，因为它将计算和返回分开了。

通常，在可以使用一个简单常量的地方，都可以使用一个返回值类型与该常量相同的函数。例如，stonetolb()返回一个 int 值，这意味着可以以下面的方式使用该函数：

```
int aunt = stonetolb(20);
int aunts = aunt + stonetolb(10);
cout << "Ferdie weighs " << stonetolb(16) << " pounds." << endl;
```

在上述任何一种情况下，程序都将计算返回值，然后在语句中使用这个值。

这些例子表明，函数原型描述了函数接口，即函数如何与程序的其他部分交互。参数列表指出了何种信息将被传递给函数，函数类型指出了返回值的类型。程序员有时将函数比作一个由出入它们的信息所指定的黑盒子（black boxes）（电工用语）。函数原型将这种观点诠释得淋漓尽致（参见图 2.9）。

函数 stonetolb()短小、简单，但包含了全部的函数特性：

- 有函数头和函数体；
- 接受一个参数；
- 返回一个值；
- 需要一个原型。

可以把 stonetolb()看作函数设计的标准格式。第 7 章和第 8 章将更详细地介绍函数。而本章的内容让读者能够很好地了解函数的工作方式及其如何与 C++匹配。

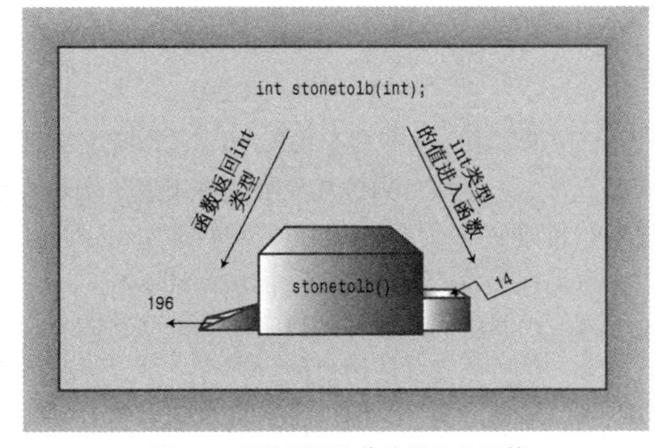

图 2.9 函数原型和作为黑盒的函数

2.4.5 在多函数程序中使用 using 编译指令

在程序清单 2.5 中，两个函数中都包含下面一条 using 编译指令：

```
using namespace std;
```

这是因为每个函数都使用了 cout，因此需要能够访问位于名称空间 std 中的 cout 定义。

在程序清单 2.5 中，可以采用另一种方法让两个函数都能够访问名称空间 std，即将编译指令放在函数的外面，且位于两个函数的前面：

```
// ourfunc1.cpp -- repositioning the using directive
#include <iostream>
using namespace std; // affects all function definitions in this file
void simon(int);

int main()
{
    simon(3);
    cout << "Pick an integer: ";
    int count;
    cin >> count;
    simon(count);
    cout << "Done!" << endl;
    return 0;
}

void simon(int n)
{
    cout << "Simon says touch your toes " << n << " times." << endl;
}
```

当前通行的理念是，只让需要访问名称空间 std 的函数访问它是更好的选择。例如，在程序清单 2.6 中，只有 main()函数使用 cout，因此没有必要让函数 stonetolb()能够访问名称空间 std。因此编译指令 using 被放在函数 main()中，使得只有该函数能够访问名称空间 std。

总之，让程序能够访问名称空间 std 的方法有多种，下面是其中的 4 种。

- 将 using namespace std；放在函数定义之前，让文件中所有的函数都能够使用名称空间 std 中所有的元素。
- 将 using namespace std；放在特定的函数定义中，让该函数能够使用名称空间 std 中的所有元素。
- 在特定的函数中使用类似 using std::cout;这样的编译指令，而不是 using namespace std;，让该函数能够使用指定的元素，如 cout。
- 完全不使用编译指令 using，而在需要使用名称空间 std 中的元素时，使用前缀 std::，如下所示：

```
std::cout << "I'm using cout and endl from the std namespace" << std::endl;
```

命名约定

C++程序员给函数、类和变量命名时，可以有很多种选择。程序员对风格的观点五花八门，这些看法有时就像公共论坛上的圣战。就函数名称而言，程序员有以下选择：

```
Myfunction()
myfunction()
myFunction()
my_function()
my_funct()
```

选择取决于开发团体、使用的技术或库以及程序员个人的品位和喜好。因此凡是符合第 3 章将介绍的 C++规则的风格都是正确的，都可以根据个人的判断而使用。

撇开语言是否允许不谈，个人的命名风格也是值得注意的——它有助于保持一致性和精确性。精确、让人一目了然的个人命名约定是良好的软件工程的标志，它在整个编程生涯中都会起到很好的作用。

2.5 总结

C++程序由一个或多个被称为函数的模块组成。程序从 main()函数（全部小写）开始执行，因此该函数必不可少。函数由函数头和函数体组成。函数头指出函数的返回值（如果有的话）的类型和函数期望通过参数传递给它的信息的类型。函数体由一系列位于花括号（{}）中的 C++语句组成。

有多种类型的 C++语句，包括下述 6 种。

- 声明语句：定义函数中使用的变量的名称和类型。
- 赋值语句：使用赋值运算符（=）给变量赋值。
- 消息语句：将消息发送给对象，激发某种行动。
- 函数调用：执行函数。被调用的函数执行完毕后，程序返回到函数调用语句后面的语句。
- 函数原型：声明函数的返回类型、函数接受的参数数量和类型。
- 返回语句：将一个值从被调用的函数那里返回到调用函数中。

类是用户定义的数据类型规范，它详细描述了如何表示信息以及可对数据执行的操作。对象是根据类规范创建的实体，就像简单变量是根据数据类型描述创建的实体一样。

C++提供了两个用于处理输入和输出的预定义对象（cin 和 cout），它们是 istream 和 ostream 类的实例，这两个类是在 iostream 文件中定义的。为 ostream 类定义的插入运算符（<<）使得将数据插入输出流成为可能；为 istream 类定义的抽取运算符（>>）能够从输入流中抽取信息。cin 和 cout 都是智能对象，能够根据程序上下文自动将信息从一种形式转换为另一种形式。

C++可以使用大量的 C 库函数。要使用库函数，应当包含提供该函数原型的头文件。

至此，读者对简单的 C++程序有了大致的了解，可以进入下一章，了解程序的细节。

2.6 复习题

在附录 J 中可以找到所有复习题的答案。

1. C++程序的模块叫什么？
2. 下面的预处理器编译指令是做什么用的？

```
#include <iostream>
```

3. 下面的语句是做什么用的？

```
using namespace std;
```

4. 什么语句可以用来打印短语“Hello，world”，然后开始新的一行？
5. 什么语句可以用来创建名为 cheeses 的整数变量？
6. 什么语句可以用来将值 32 赋给变量 cheeses？
7. 什么语句可以用来将从键盘输入的值读入变量 cheeses 中？
8. 什么语句可以用来打印“We have X varieties of cheese,”，其中 X 为变量 cheeses 的当前值。
9. 下面的函数原型指出了关于函数的哪些信息？

```
int froop(double t);
void rattle(int n);
int prune(void);
```

10. 定义函数时，在什么情况下不必使用关键字 return？
11. 假设您编写的 main()函数包含如下代码：

```
cout << "Please enter your PIN: ";
```

而编译器指出 cout 是一个未知标识符。导致这种问题的原因很可能是什么？指出 3 种修复这种问题的方法。

2.7 编程练习

1. 编写一个 C++程序，它显示您的姓名和地址。
2. 编写一个 C++程序，它要求用户输入一个以 long 为单位的距离，然后将它转换为码（一 long 等于 220 码）。

3. 编写一个 C++程序，它使用 3 个用户定义的函数（包括 main()），并生成下面的输出：

```
Three blind mice
Three blind mice
See how they run
See how they run
```

其中一个函数要调用两次，该函数生成前两行；另一个函数也被调用两次，并生成其余的输出。

4. 编写一个程序，让用户输入其年龄，然后显示该年龄包含多少个月，如下所示：

```
Enter your age: 29
Your age in months is 348.
```

5. 编写一个程序，其中的 main()调用一个用户定义的函数（以摄氏温度值为参数，并返回相应的华氏温度值）。该程序按下面的格式要求用户输入摄氏温度值，并显示结果：

```
Please enter a Celsius value: 20
20 degrees Celsius is 68 degrees Fahrenheit.
```

下面是转换公式：

$$华氏温度 = 1.8 \times 摄氏温度 + 32.0$$

6. 编写一个程序，其 main()调用一个用户定义的函数（以光年值为参数，并返回对应天文单位的值）。该程序按下面的格式要求用户输入光年值，并显示结果：

```
Enter the number of light years: 4.2
4.2 light years = 265608 astronomical units.
```

天文单位是从地球到太阳的平均距离（约 150000000 公里或 93000000 英里），光年是光一年走的距离（约 10 万亿公里或 6 万亿英里）（除太阳外，最近的恒星大约离地球 4.2 光年）。请使用 double 类型（参见程序清单 2.4），转换公式为：

1 光年=63240 天文单位

7. 编写一个程序，要求用户输入小时数和分钟数。在 main()函数中，将这两个值传递给一个 void 函数，后者以下面这样的格式显示这两个值：

```
Enter the number of hours: 9
Enter the number of minutes: 28
Time: 9:28
```

第 3 章　处理数据

本章内容包括：

- C++变量的命名规则；
- C++内置的整型——unsigned long、long、unsigned int、int、unsigned short、short、char、unsigned char、signed char 和 bool；
- C++11 新增的整型：unsigned long long 和 long long；
- 表示各种整型的系统限制的 climits 文件；
- 各种整型的数字字面值（常量）；
- 使用 const 限定符来创建符号常量；
- C++内置的浮点类型——float、double 和 long double；
- 表示各种浮点类型的系统限制的 cfloat 文件；
- 各种浮点类型的数字字面值；
- C++的算术运算符；
- 自动类型转换；
- 强制类型转换。

面向对象编程（OOP）的本质是设计并扩展自己的数据类型。设计自己的数据类型就是让类型与数据匹配。如果正确做到了这一点，将会发现以后使用数据时会容易得多。然而，在创建自己的类型之前，必须了解并理解 C++内置的类型，因为这些类型是创建自己类型的基本组件。

内置的 C++类型分两组：基本类型和复合类型。本章将介绍基本类型，即整数和浮点数。这听起来似乎只有两种类型，但 C++知道，没有任何一种整型和浮点型能够满足所有的编程要求，因此对于这两种数据，它提供了多种变体。第 4 章将介绍在基本类型的基础上创建的复合类型，包括数组、字符串、指针和结构。

当然，程序还需要一种标识存储的数据的方法，本章将介绍这样一种方法——使用变量；然后介绍如何在 C++中进行算术运算；最后，介绍 C++如何将值从一种类型转换为另一种类型。

3.1　简单变量

程序通常都需要存储信息——如 Google 股票当前的价格、纽约市 8 月份的平均湿度、美国宪法中使用最多的字母及其相对使用频率或猫王模仿者的数目。为把信息存储在计算机中，程序必须记录 3 个基本属性：

- 信息将存储在哪里；
- 要存储什么值；
- 存储何种类型的信息。

到目前为止，本书的示例采取的策略都是声明一个变量。声明中使用的类型描述了信息的类型和变量名（使用符号来表示其值）。例如，假设实验室首席助理 Igor 使用了下面的语句：

```
int braincount;
braincount = 5;
```

这些语句告诉程序，它正在存储整数，并使用名称 braincount 来表示该整数的值（这里为 5）。实际上，程序将找到一块能够存储整数的内存，将该内存单元标记为 braincount，并将 5 复制到该内存单元中；然后，您可在程序中使用 braincount 来访问该内存单元。这些语句没有告诉您，这个值将存储在内存的什么位置，但程序确实记录了这种信息。实际上，可以使用&运算符来检索 braincount 的内存地址。下一章介绍另一种标识数据的方法（使用指针）时，将介绍这个运算符。

3.1.1 变量名

C++提倡使用有一定含义的变量名。如果变量表示差旅费，应将其命名为 cost_of_trip 或 costOfTrip，而不要将其命名为 x 或 cot。必须遵循几种简单的 C++命名规则。

- 在名称中只能使用字母字符、数字和下划线（_）。
- 名称的第一个字符不能是数字。
- 区分大写字符与小写字符。
- 不能将 C++关键字用作名称。
- 以两个下划线打头或以下划线和大写字母打头的名称被保留给实现（编译器及其使用的资源）使用。以一个下划线开头的名称被保留给实现，用作全局标识符。
- C++对于名称的长度没有限制，名称中所有的字符都有意义，但有些平台有长度限制。

倒数第二点与前面几点有些不同，因为使用像_time_stop 或_Donut 这样的名称不会导致编译器错误，而会导致行为的不确定性。换句话说，不知道结果将是什么。不出现编译器错误的原因是，这样的名称不是非法的，但要留给实现使用。全局名称指的是名称被声明的位置，这将在第 4 章讨论。

最后一点使得 C++与 ANSI C（C99 标准）有所区别，后者只保证名称中的前 63 个字符有意义（在 ANSI C 中，前 63 个字符相同的名称被认为是相同的，即使第 64 个字符不同）。

下面是一些有效和无效的 C++名称：

```
int poodle;      // valid
int Poodle;      // valid and distinct from poodle
int POODLE;      // valid and even more distinct
Int terrier;     // invalid -- has to be int, not Int
int my_stars3    // valid
int _Mystars3;   // valid but reserved -- starts with underscore
int 4ever;       // invalid because starts with a digit
int double;      // invalid -- double is a C++ keyword
int begin;       // valid -- begin is a Pascal keyword
int __fools;     // valid but reserved -- starts with two underscores
int the_very_best_variable_i_can_be_version_112; // valid
int honky-tonk;  // invalid -- no hyphens allowed
```

如果想用两个或更多的单词组成一个名称，通常的做法是用下划线字符将单词分开，如 my_onions；或者从第二个单词开始将每个单词的第一个字母大写，如 myEyeTooth。（C 程序员倾向于按 C 语言的方式使用下划线，而 Pascal 程序员喜欢采用大写方式。）这两种形式都很容易将单词区分开，如 carDrip 和 cardRip 或 boat_sport 和 boats_port。

命名方案

变量命名方案和函数命名方案一样，也有很多话题可供讨论。确实，该主题会引发一些最尖锐的反对意见。同样，和函数名称一样，只要变量名合法，C++编译器就不会介意，但是一致、精确的个人命名约定是很有帮助的。

与函数命名一样，大写在变量命名中也是一个关键问题（参见第 2 章的注释“命名约定”），但很多程序员可能会在变量名中加入其他的信息，即描述变量类型或内容的前缀。例如，可以将整型变量 myWeight 命名为 nMyWeight，其中前缀 n 用来表示整数值，在阅读代码或变量定义不是十分清楚的情况下，前缀很有用。另外，这个变量也可以叫作 intMyWeight，这将更精确，而且容易理解，不过它多了几个字母（对于很多程序员来说，这是非常讨厌的事）。常以这种方式使用的其他前缀有：str 或 s（表示以空字符结束的字符串）、b（表示布尔值）、p（表示指针）和 c（表示单个字符）。

随着对 C++的逐步了解，您将发现很多有关前缀命名风格的示例（包括漂亮的 m_lpctstr 前缀——这是一个类成员值，其中包含了指向常量的长指针和以空字符结尾的字符串），还有其他更奇异、更违反直觉的风格，采不采用这些风格，完全取决于程序员。在C++所有主观的风格中，一致性和精度是最重要的。请根据自己的需要、喜好和个人风格来使用变量名（或必要时，根据雇主的需要、喜好和个人风格来选择变量名）。

3.1.2 整型

整数就是没有小数部分的数字，如2、98、−5286和0。整数有很多，如果将无限大的整数看作很大，则不可能用有限的计算机内存来表示所有的整数。因此，语言只能表示所有整数的一个子集。有些语言只提供一种整型（一种类型满足所有要求！），而C++则提供好几种，这样便能够根据程序的具体要求选择最合适的整型。

不同C++整型使用不同的内存量来存储整数。使用的内存量越大，可以表示的整数值范围也越大。另外，有的类型（符号类型）可表示正值和负值，而有的类型（无符号类型）不能表示负值。术语宽度（width）用于描述存储整数时使用的内存量。使用的内存越多，则越宽。C++的基本整型（按宽度递增的顺序排列）分别是char、short、int、long和C++11新增的long long，其中每种类型都有符号版本和无符号版本，因此总共有10种类型可供选择。下面更详细地介绍这些整数类型。由于char类型有一些特殊属性（它最常用来表示字符，而不是数字），因此本章将首先介绍其他类型。

3.1.3 整型short、int、long和long long

计算机内存由一些叫作位（bit）的单元组成（参见本章后面的旁注“位与字节”）。C++的short、int、long和long long类型通过使用不同数目的位来存储值，最多能够表示4种不同的整数宽度。如果在所有的系统中，每种类型的宽度都相同，则使用起来将非常方便。例如，如果short总是16位，int总是32位，等等。不过生活并非那么简单，没有一种选择能够满足所有的计算机设计要求。C++提供了一种灵活的标准，它确保了最小长度（从C语言借鉴而来），如下所示：

- short至少16位；
- int至少与short一样长；
- long至少32位，且至少与int一样长；
- long long至少64位，且至少与long一样长。

位与字节

计算机内存的基本单元是位（bit）。可以将位看作电子开关，可以开，也可以关。关表示值0，开表示值1。8位的内存块可以设置出256种不同的组合，因为每一位都可以有两种设置，所以8位的总组合数为2×2×2×2×2×2×2×2，即256。因此，8位单元可以表示0～255或者−128～127。每增加一位，组合数便加倍。这意味着可以把16位单元设置成65 536个不同的值，把32位单元设置成4 294 967 296个不同的值，把64位单元设置为18 446 744 073 709 551 616个不同的值。相较之下，unsigned long存储不了地球上当前的人数和银河系的星星数，而long long则可以。

字节（byte）通常指的是8位的内存单元。从这个意义上说，字节指的就是描述计算机内存量的度量单位，1KB等于1024字节，1MB等于1024KB。然而，C++对字节的定义与此不同。C++字节由至少能够容纳实现的基本字符集的相邻位组成，也就是说，可能取值的数目必须等于或超过字符数目。在美国，基本字符集通常是ASCII和EBCDIC字符集，它们都可以用8位来容纳，所以在使用这两种字符集的系统中，C++字节通常包含8位。然而，国际编程可能需要使用更大的字符集，如Unicode，因此有些实现可能使用16位甚至32位的字节。有些人使用术语八位组（octet）表示8位字节。

当前很多系统都使用最小长度，即short为16位，long为32位。这仍然为int提供了多种选择，其宽度可以是16位、24位或32位，同时又符合标准；甚至可以是64位，因为long和long long至少长64位。通常，在老式IBM PC的实现中，int的宽度为16位（与short相同），而在Windows XP、Windows Vista、Windows 7、Macintosh OS X、VAX和很多其他微型计算机的实现中，为32位（与long相同）。有些实现允许选择如何处理int。（读者所用的实现使用的是什么？下面的例子将演示如何在不打开手册的情况下，确定系统的限制。）类型的宽度随实现而异，这可能在将C++程序从一种环境移到另一种环境（包括在同一个系统中使用不同编译器）时引发问题。但只要小心一点（如本章后面讨论的那样），就可以最大限度地减少这种问题。

可以像使用 int 一样，使用这些类型名来声明变量：

```
short score;        // creates a type short integer variable
int temperature;    // creates a type int integer variable
long position;      // creates a type long integer variable
```

实际上，short 是 short int 的简称，而 long 是 long int 的简称，但是程序设计者们几乎都不使用比较长的形式。

这 4 种类型（int、short、long 和 long long）都是符号类型，这意味着每种类型的取值范围中，负值和正值几乎相同。例如，16 位的 int 的取值范围为-32768～+32767。

要知道系统中整数的最大长度，可以在程序中使用 C++工具来检查类型的长度。首先，sizeof 运算符返回类型或变量的长度，单位为字节（运算符是内置的语言元素，对一个或多个数据进行运算，并生成一个值。例如，加号运算符+将两个值相加）。前面说过，“字节”的含义依赖于实现，因此在一个系统中，两字节的 int 可能是 16 位，而在另一个系统中可能是 32 位。其次，头文件 climits（在老式实现中为 limits.h）中包含了关于整型限制的信息。具体地说，它定义了表示各种限制的符号名称。例如，INT_MAX 为 int 的最大取值，CHAR_BIT 为字节的位数。程序清单 3.1 演示了如何使用这些工具。该程序还演示了如何初始化，即使用声明语句将值赋给变量。

程序清单 3.1 limits.cpp

```
// limits.cpp -- some integer limits
#include <iostream>
#include <climits>              // use limits.h for older systems
int main()
{
    using namespace std;
    int n_int = INT_MAX;        // initialize n_int to max int value
    short n_short = SHRT_MAX;   // symbols defined in climits file
    long n_long = LONG_MAX;
    long long n_llong = LLONG_MAX;

    // sizeof operator yields size of type or of variable
    cout << "int is " << sizeof (int) << " bytes." << endl;
    cout << "short is " << sizeof n_short << " bytes." << endl;
    cout << "long is " << sizeof n_long << " bytes." << endl;
    cout << "long long is " << sizeof n_llong << " bytes." << endl;
    cout << endl;

    cout << "Maximum values:" << endl;
    cout << "int: " << n_int << endl;
    cout << "short: " << n_short << endl;
    cout << "long: " << n_long << endl;
    cout << "long long: " << n_llong << endl << endl;

    cout << "Minimum int value = " << INT_MIN << endl;
    cout << "Bits per byte = " << CHAR_BIT << endl;
    return 0;
}
```

注意：如果您的系统不支持类型 long long，应删除使用该类型的代码行。

下面是程序清单 3.1 中程序的输出：

```
int is 4 bytes.
short is 2 bytes.
long is 4 bytes.
long long is 8 bytes.

Maximum values:
int: 2147483647
short: 32767
long: 2147483647
long long: 9223372036854775807

Minimum int value = -2147483648
Bits per byte = 8
```

这些输出来自运行 64 位 Windows 7 的系统。

我们来看一下该程序的主要编程特性。

1. 运算符 sizeof 和头文件 limits

sizeof 运算符指出，在使用 8 位字节的系统中，int 的长度为 4 个字节。可对类型名或变量名使用 sizeof 运算符。对类型名（如 int）使用 sizeof 运算符时，应将名称放在括号中；但对变量名（如 n_short）使用该运算符，括号是可选的：

```
cout << "int is " << sizeof (int) << " bytes.\n";
cout << "short is " << sizeof n_short << " bytes.\n";
```

头文件 climits 定义了符号常量（参见本章后面的旁注“符号常量——预处理器方式”）来表示类型的限制。如前所述，INT_MAX 表示类型 int 能够存储的最大值，对于 Windows 7 系统，为 2 147 483 647。编译器厂商提供了 climits 文件，该文件指出了其编译器中的值。例如，在使用 16 位 int 的老系统中，climits 文件将 INT_MAX 定义为 32 767。表 3.1 对该文件中定义的符号常量进行了总结，其中的一些符号常量与还没有介绍过的类型相关。

表 3.1　　climits 中的符号常量

符号常量	表示
CHAR_BIT	char 的位数
CHAR_MAX	char 的最大值
CHAR_MIN	char 的最小值
SCHAR_MAX	signed char 的最大值
SCHAR_MIN	signed char 的最小值
UCHAR_MAX	unsigned char 的最大值
SHRT_MAX	short 的最大值
SHRT_MIN	short 的最小值
USHRT_MAX	unsigned short 的最大值
INT_MAX	int 的最大值
INT_MIN	int 的最小值
UINT_MAX	unsigned int 的最大值
LONG_MAX	long 的最大值
LONG_MIN	long 的最小值
ULONG_MAX	unsigned long 的最大值
LLONG_MAX	long long 的最大值
LLONG_MIN	long long 的最小值
ULLONG_MAX	unsigned long long 的最大值

符号常量——预处理器方式

climits 文件中包含与下面类似的语句行：

```
#define INT_MAX 32767
```

在 C++编译过程中，首先将源代码传递给预处理器。在这里，#define 和#include 一样，也是一个预处理器编译指令。该编译指令告诉预处理器：在程序中查找 INT_MAX，并将所有的 INT_MAX 都替换为 32767。因此#define 编译指令的工作方式与文本编辑器或字处理器中的全局搜索并替换命令相似。修改后的程序将在完成这些替换后被编译。预处理器查找独立的标记（单独的单词），跳过嵌入的单词。也就是说，预处理器不会将 PINT_MAXIM 替换为 P32767IM。也可以使用#define 来定义自己的符号常量（参见程序清单 3.2）。然而，#define 编译指令是 C 语言遗留下来的。C++有一种更好的创建符号常量的方法（使用关键字 const，将在后面的一节讨论），所以不会经常使用#define。然而，有些头文件，尤其是那些被设计成可用于 C 和 C++中的头文件，必须使用#define。

2. 初始化

初始化将赋值与声明合并在一起。例如，下面的语句声明了变量 n_int，并将 int 的最大取值赋给它：

```
int n_int = INT_MAX;
```

也可以使用字面值常量来初始化。可以将变量初始化为另一个变量，条件是后者已经定义过。甚至可以使用表达式来初始化变量，条件是当程序执行到该声明时，表达式中所有的值都是已知的：

```
int uncles = 5;                 // initialize uncles to 5
int aunts = uncles;             // initialize aunts to 5
int chairs = aunts + uncles + 4; // initialize chairs to 14
```

如果将 uncles 的声明移到语句列表的最后，则另外两条初始化语句将变得非法，因为这样一来，当程序试图对其他变量进行初始化时，uncles 的值是未知的。

前面的初始化语法来自 C 语言，C++还有另一种 C 语言没有的初始化语法：

```
int owls = 101;         // traditional C initialization, sets owls to 101
int wrens(432);         // alternative C++ syntax, set wrens to 432
```

警告： 如果不对函数内部定义的变量进行初始化，该变量的值将是不确定的。这意味着该变量的值将是它被创建之前，相应内存单元保存的值。

如果知道变量的初始值应该是什么，则应对它进行初始化。将变量声明和赋值分开，可能会带来瞬间悬而未决的问题：

```
short year;             // what could it be?
year = 1492;            // oh
```

然而，在声明变量时对它进行初始化，可避免以后忘记给它赋值的情况发生。

3. *C++11 初始化方式*

还有另一种初始化方式，这种方式用于数组和结构，但在 C++98 中，也可用于单值变量：

```
int hamburgers = {24}; // set hamburgers to 24
```

将大括号初始化器用于单值变量的情形还不多，但 C++11 标准使得这种情形更多了。首先，采用这种方式时，可以使用等号（=），也可以不使用：

```
int emus{7}; // set emus to 7
int rheas = {12}; // set rheas to 12
```

其次，大括号内可以不包含任何东西。在这种情况下，变量将被初始化为零：

```
int rocs = {}; // set rocs to 0
int psychics{}; // set psychics to 0
```

最后，这有助于更好地防范类型转换错误，这个主题将在本章末尾讨论。

为何需要更多的初始化方法？有充分的理由吗？原因是让新手更容易学习 C++，这可能有些奇怪。以前，C++使用不同的方式来初始化不同的类型：初始化类变量的方式不同于初始化常规结构的方式，而初始化常规结构的方式又不同于初始化简单变量的方式；通过使用 C++新增的大括号初始化器，初始化常规变量的方式与初始化类变量的方式更像。C++11 使得可将大括号初始化器用于任何类型（可以使用等号，也可以不使用），这是一种通用的初始化语法。以后，教材可能介绍使用大括号进行初始化的方式，并出于向后兼容的考虑，顺便提及其他初始化方式。

3.1.4 无符号类型

前面介绍的 4 种整型都有一种不能存储负数值的无符号变体，其优点是可以增大变量能够存储的最大值。例如，如果 short 表示的范围为−32768 到+32767，则无符号版本的表示范围为 0-65535。当然，仅当数值不会为负时才应使用无符号类型，如人口、粒数等。要创建无符号版本的基本整型，只需使用关键字 unsigned 来修改声明即可：

```
unsigned short change;          // unsigned short type
unsigned int rovert;            // unsigned int type
unsigned quarterback;           // also unsigned int
unsigned long gone;             // unsigned long type
unsigned long long lang_lang;   // unsigned long long type
```

注意，unsigned 本身是 unsigned int 的缩写。

程序清单 3.2 演示了如何使用无符号类型，并说明了程序试图超越整型的限制时将产生的后果。最后，再看一看预处理器语句#define。

程序清单 3.2 exceed.cpp

```
// exceed.cpp -- exceeding some integer limits
#include <iostream>
#define ZERO 0      // makes ZERO symbol for 0 value
#include <climits>  // defines INT_MAX as largest int value
int main()
{
    using namespace std;
    short sam = SHRT_MAX;     // initialize a variable to max value
```

```
    unsigned short sue = sam;// okay if variable sam already defined

    cout << "Sam has " << sam << " dollars and Sue has " << sue;
    cout << " dollars deposited." << endl
        << "Add $1 to each account." << endl << "Now ";
    sam = sam + 1;
    sue = sue + 1;
    cout << "Sam has " << sam << " dollars and Sue has " << sue;
    cout << " dollars deposited.\nPoor Sam!" << endl;
    sam = ZERO;
    sue = ZERO;
    cout << "Sam has " << sam << " dollars and Sue has " << sue;
    cout << " dollars deposited." << endl;
    cout << "Take $1 from each account." << endl << "Now ";
    sam = sam - 1;
    sue = sue - 1;
    cout << "Sam has " << sam << " dollars and Sue has " << sue;
    cout << " dollars deposited." << endl << "Lucky Sue!" << endl;
    return 0;
}
```

下面是该程序的输出：

```
Sam has 32767 dollars and Sue has 32767 dollars deposited.
Add $1 to each account.
Now Sam has -32768 dollars and Sue has 32768 dollars deposited.
Poor Sam!
Sam has 0 dollars and Sue has 0 dollars deposited.
Take $1 from each account.
Now Sam has -1 dollars and Sue has 65535 dollars deposited.
Lucky Sue!
```

该程序将一个 short 变量（sam）和一个 unsigned short 变量（sue）分别设置为最大的 short 值，在我们的系统上，是 32767。然后，将这些变量的值都加 1。这对于 sue 来说没有什么问题，因为新值仍比无符号整数的最大值小得多；但 sam 的值从 32767 变成了−32768！同样，对于 sam，将其设置为 0 并减去 1，也不会有问题；但对于无符号变量 sue，将其设置为 0 并减去后，它变成了 65535。可以看出，这些整型变量的行为就像里程表。如果超越了限制，其值将为范围另一端的取值（参见图 3.1）。C++确保了无符号类型的这种行为；但 C++并不保证符号整型超越限制（上溢和下溢）时不出错，而这正是当前实现中最为常见的行为。

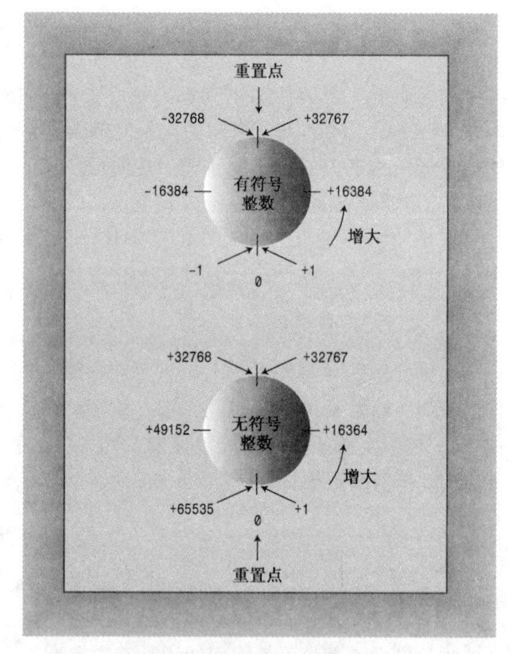

图 3.1 典型的整型溢出行为

3.1.5 选择整型类型

C++提供了大量的整型，应使用哪种类型呢？通常，int 被设置为对目标计算机而言最为“自然”的长度。自然长度（natural size）指的是计算机处理起来效率最高的长度。如果没有非常有说服力的理由来选择其他类型，则应使用 int。

现在来看看可能使用其他类型的原因。如果变量表示的值不可能为负，如文档中的字数，则可以使用无符号类型，这样变量可以表示更大的值。

如果知道变量可能表示的整数值大于 16 位整数的最大可能值，则使用 long。即使系统上 int 为 32 位，也应这样做。这样，将程序移植到 16 位系统时，就不会突然无法正常工作（参见图 3.2）。如果要存储的值超过 20 亿，可使用 long long。

由于 short 比 int 小，使用 short 可以节省内存。通常，仅当有大型整型数组时，才有必要使用 short。（数组是一种数据结构，在内存中连续存储同类型的多个值。）如果节省内存很重要，则应使用 short 而不是使用 int，即使它们的长度是一样的。例如，假设要将程序从 int 为 16 位的系统移到 int 为 32 位的系统，则用于存储 int 数组的内存量将加倍，但 short 数组不受影响。请记住，节省一点就是赢得一点。

如果只需要一个字节，可使用 char，这将稍后介绍。

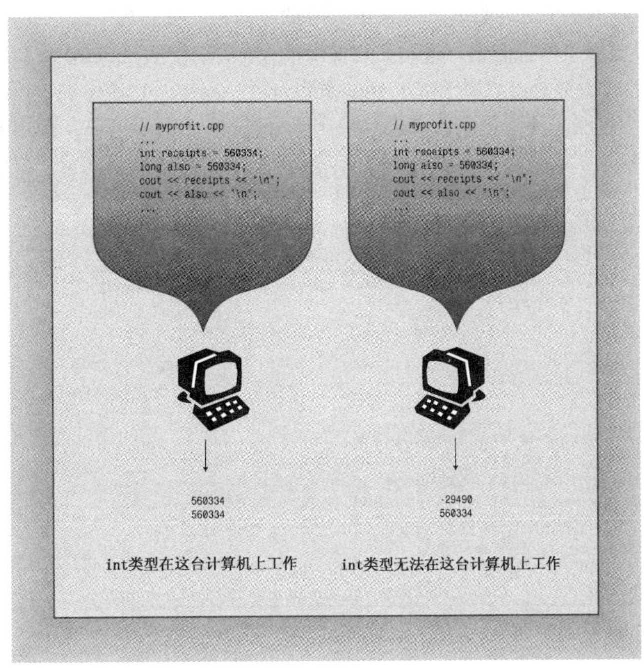

图 3.2 为提高可移植性，请使用 long

3.1.6 整型字面值

整型字面值（常量）是显式地书写的常量，如 212 或 1776。与 C 相同，C++能够以三种不同的计数方式来书写整数：基数为 10、基数为 8（老式 UNIX 版本）和基数为 16（硬件黑客的最爱）。附录 A 介绍了这几种计数系统；这里将介绍 C++表示法。C++使用前一（两）位来标识数字常量的基数。如果第一位为 1～9，则基数为 10（十进制）；因此 93 是以 10 为基数的。如果第一位是 0，第二位为 1～7，则基数为 8（八进制）；因此 042 的基数是 8，它相当于十进制数 34。如果前两位为 0x 或 0X，则基数为 16（十六进制）；因此 0x42 为十六进制数，相当于十进制数 66。对于十六进制数，字符 a～f 和 A～F 表示了十六进制位，对应于 10～15。0xF 为 15，0xA5 为 165（10 个 16 加 5 个 1）。程序清单 3.3 演示了这三种基数。

程序清单 3.3 hexoct.cpp

```
// hexoct1.cpp -- shows hex and octal literals
#include <iostream>
int main()
{
    using namespace std;
    int chest = 42;         // decimal integer literal
    int waist = 0x42;       // hexadecimal integer literal
    int inseam = 042;       // octal integer literal

    cout << "Monsieur cuts a striking figure!\n";
    cout << "chest = " << chest << " (42 in decimal)\n";
    cout << "waist = " << waist << " (0x42 in hex)\n";
    cout << "inseam = " << inseam << " (042 in octal)\n";
    return 0;
}
```

在默认情况下，cout 以十进制格式显示整数，而不管这些整数在程序中是如何书写的，如下面的输出所示：

```
Monsieur cuts a striking figure!
chest = 42 (42 in decimal)
waist = 66 (0x42 in hex)
inseam = 34 (042 in octal)
```

记住，这些表示方法仅仅是为了表达上的方便。例如，如果 CGA 视频内存段为十六进制 B000，则不必将它转换为十进制数45056再在程序中使用它，而只需使用0xB000即可。但是，不管把值书写为10、012还是0xA，都将以相同的方式存储在计算机中——被存储为二进制数（以2为基数）。

顺便说一句，如果要以十六进制或八进制方式显示值，则可以使用cout的一些特殊特性。前面指出过，头文件iostream提供了控制符endl，用于指示cout重起一行。同样，它还提供了控制符dec、hex和oct，分别用于指示cout以十进制、十六进制和八进制格式显示整数。程序清单3.4使用了hex和oct以上述三种格式显示十进制值42。默认格式为十进制，在修改格式之前，原来的格式将一直有效。

程序清单3.4　hexoct2.cpp

```
// hexoct2.cpp -- display values in hex and octal
#include <iostream>
using namespace std;
int main()
{
    int chest = 42;
    int waist = 42;
    int inseam = 42;

    cout << "Monsieur cuts a striking figure!" << endl;
    cout << "chest = " << chest << " (decimal for 42)" << endl;
    cout << hex; // manipulator for changing number base
    cout << "waist = " << waist << " (hexadecimal for 42)" << endl;
    cout << oct; // manipulator for changing number base
    cout << "inseam = " << inseam << " (octal for 42)" << endl;
    return 0;
}
```

下面是运行该程序时得到的输出：

```
Monsieur cuts a striking figure!
chest = 42 (decimal for 42)
waist = 2a (hexadecimal for 42)
inseam = 52 (octal for 42)
```

诸如cout<<hex;等代码不会在屏幕上显示任何内容，而只是修改cout显示整数的方式。因此，控制符hex实际上是一条消息，告诉cout采取何种行为。另外，由于标识符hex位于名称空间std中，而程序使用了该名称空间，因此不能将hex用作变量名。然而，如果省略编译指令using，而使用std::cout、std::endl、std::hex和std::oct，则可以将hex用作变量名。

3.1.7　C++如何确定常量的类型

程序的声明将特定的整型变量的类型告诉了C++编译器，但编译器是如何知道常量的类型呢？假设在程序中使用常量表示一个数字：

```
cout << "Year = " << 1492 << "\n";
```

程序将把1492存储为int、long还是其他整型呢？答案是，除非有理由存储为其他类型（如使用了特殊的后缀来表示特定的类型，或者值太大，不能存储为int），否则C++将整型常量存储为int类型。

首先来看看后缀。后缀是放在数字常量后面的字母，用于表示类型。整数后面的l或L后缀表示该整数为long常量，u或U后缀表示unsigned int常量，ul（可以采用任何一种顺序，大写小写均可）表示unsigned long常量（由于小写l看上去像数字1，因此应使用大写L作后缀）。例如，在int为16位、long为32位的系统上，数字22022被存储为int，占16位，数字22022L被存储为long，占32位。同样，22022LU和22022UL都被存储为unsigned long。C++11提供了用于表示类型long long的后缀ll和LL，还提供了用于表示类型unsigned long long的后缀ull、Ull、uLL和ULL。

接下来考察长度。在C++中，对十进制整数采用的规则，与十六进制和八进制稍微有些不同。对于不带后缀的十进制整数，将使用下面几种类型中能够存储该数的最小类型来表示：int、long或long long。在int为16位、long为32位的计算机系统上，20000被表示为int类型，40000被表示为long类型，3000000000被表示为long long类型。对于不带后缀的十六进制或八进制整数，将使用下面几种类型中能够存储该数的最小类型来表示：int、unsigned int、long、unsigned long、long long或unsigned long long。在将40000表示为long的计算机系统中，十六进制数0x9C40（40000）将被表示为unsigned int。这是因为十六进制常用来表示内存地址，而内存地址是没有符号的，因此，unsigned int比long更适合用来表示16位的地址。

3.1.8 char 类型：字符和小整数

下面介绍最后一种整型：char 类型。顾名思义，char 类型是专为存储字符（如字母和数字）而设计的。现在，存储数字对于计算机来说算不了什么，但存储字母则是另一回事。编程语言通过使用字母的数值编码解决了这个问题。因此，char 类型是另一种整型。它足够长，能够表示目标计算机系统中的所有基本符号——所有的字母、数字、标点符号等。实际上，很多系统支持的字符都不超过 128 个，因此用一个字节就可以表示所有的符号。因此，虽然 char 最常被用来处理字符，但也可以将它用做比 short 更小的整型。

在美国，最常用的符号集是 ASCII 字符集（参见附录 C）。字符集中的字符用数值编码（ASCII 码）表示。例如，字符 A 的编码为 65，字母 M 的编码为 77。为方便起见，本书在示例中使用的是 ASCII 码。然而，C++实现使用的是其主机系统的编码——例如，IBM 大型机使用 EBCDIC 编码。ASCII 和 EBCDIC 都不能很好地满足国际需要，C++支持的宽字符类型可以存储更多的值，如国际 Unicode 字符集使用的值。本章稍后将介绍 wchar_t 类型。

程序清单 3.5 使用了 char 类型。

程序清单 3.5　chartype.cpp

```
// chartype.cpp -- the char type
#include <iostream>
int main()
{
    using namespace std;
    char ch;          // declare a char variable

    cout << "Enter a character: " << endl;
    cin >> ch;
    cout << "Hola! ";
    cout << "Thank you for the " << ch << " character." << endl;
    return 0;
}
```

同样，\n 在 C++中表示换行符。下面是该程序的输出：

```
Enter a character:
M
Hola! Thank you for the M character.
```

有趣的是，程序中输入的是 M，而不是对应的字符编码 77。另外，程序将打印 M，而不是 77。通过查看内存可以知道，77 是存储在变量 ch 中的值。这种神奇的力量不是来自 char 类型，而是来自 cin 和 cout，这些工具为您完成了转换工作。输入时，cin 将键盘输入的 M 转换为 77；输出时，cout 将值 77 转换为所显示的字符 M；cin 和 cout 的行为都是由变量类型引导的。如果将 77 存储在 int 变量中，则 cout 将把它显示为 77（也就是说，cout 显示两个字符 7）。程序清单 3.6 说明了这一点，该程序还演示了如何在 C++中书写字符字面值：将字符用单引号括起，如'M'（注意，示例中没有使用双引号。C++对字符用单引号，对字符串使用双引号。cout 对象能够处理这两种情况，但正如第 4 章将讨论的，这两者有天壤之别）。最后，程序引入了 cout 的一项特性——cout.put()函数，该函数显示一个字符。

程序清单 3.6　morechar.cpp

```
// morechar.cpp -- the char type and int type contrasted
#include <iostream>
int main()
{
    using namespace std;
    char ch = 'M';            // assign ASCII code for M to ch
    int i = ch;               // store same code in an int
    cout << "The ASCII code for " << ch << " is " << i << endl;

    cout << "Add one to the character code:" << endl;
    ch = ch + 1;              // change character code in ch
    i = ch;                   // save new character code in i
    cout << "The ASCII code for " << ch << " is " << i << endl;

    // using the cout.put() member function to display a char
    cout << "Displaying char ch using cout.put(ch): ";
    cout.put(ch);
```

```
    // using cout.put() to display a char constant
    cout.put('!');

    cout << endl << "Done" << endl;
    return 0;
}
```

下面是程序清单 3.6 中程序的输出：

```
The ASCII code for M is 77
Add one to the character code:
The ASCII code for N is 78
Displaying char ch using cout.put(ch): N!
Done
```

1. *程序说明*

在程序清单 3.6 中，'M'表示字符 M 的数值编码，因此将 char 变量 ch 初始化为'M'，将把 ch 设置为 77。然后，程序将同样的值赋给 int 变量 i，这样 ch 和 i 的值都是 77。接下来，cout 把 ch 显示为 M，而把 i 显示为 77。如前所述，值的类型将引导 cout 选择如何显示值——这是智能对象的另一个例子。

由于 ch 实际上是一个整数，因此可以对它使用整数操作，如加 1，这将把 ch 的值变为 78。然后，程序将 i 重新设置为新的值（也可以将 i 加 1）。cout 再次将这个值的 char 版本显示为字符，将 int 版本显示为数字。

C++将字符表示为整数这一事实，使得操纵字符值很容易。不必使用笨重的转换函数在字符和 ASCII 码之间来回转换。

即使通过键盘输入的数字也被视为字符。请看下面的代码：

```
char ch;
cin >> ch;
```

如果您输入 5 并按回车键，上述代码将读取字符"5"，并将其对应的字符编码（ASCII 编码 53）存储到变量 ch 中。请看下面的代码：

```
int n;
cin >> n;
```

如果您也输入 5 并按回车键，上述代码将读取字符"5"，将其转换为相应的数字值 5，并存储到变量 n 中。

最后，该程序使用函数 cout.put()显示变量 ch 和一个字符常量。

2. *成员函数 cout.put()*

cout.put()到底是什么东西？其名称中为何有一个句点？函数 cout.put()是一个重要的 C++ OOP 概念——成员函数——的第一个例子。类定义了如何表示和控制数据。成员函数归类所有，描述了操纵类数据的方法。例如类 ostream 有一个 put()成员函数，用来输出字符。只能通过类的特定对象（例如这里的 cout 对象）来使用成员函数。要通过对象（如 cout）使用成员函数，必须用句点将对象名和函数名称（put()）连接起来。句点被称为成员运算符。cout.put()的意思是，通过类对象 cout 来使用函数 put()。第 10 章介绍类时将更详细地介绍这一点。现在，您接触的类只有 istream 和 ostream，可以通过使用它们的成员函数来熟悉这一概念。

cout.put()成员函数提供了另一种显示字符的方法，可以替代<<运算符。现在读者可能会问，为何需要 cout.put()。答案与历史有关。在 C++的 Release 2.0 之前，cout 将字符变量显示为字符，而将字符常量（如'M'和'N'）显示为数字。问题是，C++的早期版本与 C 一样，也把字符常量存储为 int 类型。也就是说，'M'的编码 77 将被存储在一个 16 位或 32 位的单元中。而 char 变量一般占 8 位。下面的语句从常量'M'中复制 8 位（左边的 8 位）到变量 ch 中：

```
char ch = 'M';
```

遗憾的是，这意味着对 cout 来说，'M'和 ch 看上去有天壤之别，虽然它们存储的值相同。因此，下面的语句将打印$字符的 ASCII 码，而不是字符$：

```
cout << '$';
```

但下面的语句将打印字符$：

```
cout.put('$');
```

在 Release 2.0 之后，C++将字符常量存储为 char 类型，而不是 int 类型。这意味着 cout 现在可以正确处理字符常量了。

cin 对象有几种不同的方式可以读取输入的字符。通过使用一个利用循环来读取几个字符的程序，读者可以更容易地领会到这一点。因此在第 5 章介绍了循环后，我们再来讨论这个主题。

3. char 字面值

在 C++中，书写字符常量的方式有多种。对于常规字符（如字母、标点符号和数字），最简单的方法是将字符用单引号括起。这种表示法代表的是字符的数值编码。例如，ASCII 系统中的对应情况如下：

- 'A'为 65，即字符 A 的 ASCII 码；
- 'a'为 97，即字符 a 的 ASCII 码；
- '5'为 53，即数字 5 的 ASCII 码；
- ' '为 32，即空格字符的 ASCII 码；
- '!'为 33，即惊叹号的 ASCII 码。

这种表示法优于数值编码，它更加清晰，且不需要知道编码方式。如果系统使用的是 EBCDIC，则 A 的编码将不是 65，但是'A'表示的仍然是字符 A。

有些字符不能直接通过键盘输入到程序中。例如，按回车键并不能使字符串包含一个换行符；相反，程序编辑器将把这种键击解释为在源代码中开始新的一行。其他一些字符也无法从键盘输入，因为 C++语言赋予了它们特殊的含义。例如，双引号字符用来分隔字符串字面值，因此不能把双引号放在字符串字面值中。对于这些字符，C++提供了一种特殊的表示方法——转义序列，如表 3.2 所示。例如，\a 表示振铃字符，它可以使终端扬声器振铃。转义序列\n 表示换行符，\" 将双引号作为常规字符，而不是字符串分隔符。可以在字符串或字符常量中使用这些表示法，如下例所示：

```
char alarm = '\a';
cout << alarm << "Don't do that again!\a\n";
cout << "Ben \"Buggsie\" Hacker\nwas here!\n";
```

最后一行的输出如下：

```
Ben "Buggsie" Hacker
was here!
```

表 3.2　　C++转义序列的编码

字 符 名 称	ASCII 符号	C++代码	十进制 ASCII 码	十六进制 ASCII 码
换行符	NL (LF)	\n	10	0xA
水平制表符	HT	\t	9	0x9
垂直制表符	VT	\v	11	0xB
退格	BS	\b	8	0x8
回车	CR	\r	13	0xD
振铃	BEL	\a	7	0x7
反斜杠	\	\\	92	0x5C
问号	?	\?	63	0x3F
单引号	'	\'	39	0x27
双引号	"	\"	34	0x22

注意，应该像处理常规字符（如 Q）那样处理转义序列（如\n）。也就是说，将它们作为字符常量时，应用单引号括起；将它们放在字符串中时，不要使用单引号。

转义序列的概念可追溯到使用电传打字机与计算机通信的时代，现代系统并非都支持所有的转义序列。例如，输入振铃字符时，有些系统保持沉默。

换行符可替代 endl，用于在输出中重起一行。可以以字符常量表示法（'\n'）或字符串方式（"\n"）使用换行符。下面三行代码都将光标移到下一行开头：

```
cout << endl;    // using the endl manipulator
cout << '\n';    // using a character constant
cout << "\n";    // using a string
```

可以将换行符嵌入到较长的字符串中，这通常比使用 endl 方便。例如，下面两条 cout 语句的输出相同：

```
cout << endl << endl << "What next?" << endl << "Enter a number:" << endl;
cout << "\n\nWhat next?\nEnter a number:\n";
```

显示数字时，使用 endl 比输入"\n"或'\n'更容易些，但显示字符串时，在字符串末尾添加一个换行符所需的输入量要少些：

```
cout << x << endl;     // easier than cout << x << "\n";
cout << "Dr. X.\n";    // easier than cout << "The Dr. X." << endl;
```

最后，可以基于字符的八进制和十六进制编码来使用转义序列。例如，Ctrl+Z 的 ASCII 码为 26，对应的八进制编码为 032，十六进制编码为 0x1a。可以用下面的转义序列来表示该字符：\032 或\0x1a。将这些编码用单引号括起，可以得到相应的字符常量，如'\032'，也可以将它们放在字符串中，如"hi\0x1a there"。

提示： 在可以使用数字转义序列或符号转义序列（如\0x8 和\b）时，应使用符号序列。数字表示与特定的编码方式（如 ASCII 码）相关，而符号表示适用于任何编码方式，其可读性也更强。

程序清单 3.7 演示了一些转义序列。它使用振铃字符来提请注意，使用换行符使光标前进，使用退格字符使光标向左退一格（Houdini 曾经在只使用转义序列的情况下，绘制了一幅哈得逊河图画；他无疑是一位转义序列艺术大师）。

程序清单 3.7　bondini.cpp

```
// bondini.cpp -- using escape sequences
#include <iostream>
int main()
{
    using namespace std;
    cout << "\aOperation \"HyperHype\" is now activated!\n";
    cout << "Enter your agent code:________\b\b\b\b\b\b\b\b";
    long code;
    cin >> code;
    cout << "\aYou entered " << code << "...\n";
    cout << "\aCode verified! Proceed with Plan Z3!\n";
    return 0;
}
```

注意： 有些基于 ANSI C 之前的编译器的 C++系统不能识别\a。对于使用 ASCII 字符集的系统，可以用\007 替换\a。有些系统的行为可能有所不同，例如可能将\b 显示为一个小矩形，而不是退格，或者在退格时删除，还可能忽略\a。

运行程序清单 3.7 中的程序时，将在屏幕上显示下面的文本：

```
Operation "HyperHype" is now activated!
Enter your agent code:________
```

打印下划线字符后，程序使用退格字符将光标退到第一个下划线处。读者可以输入自己的密码，并继续。下面是完整的运行情况：

```
Operation "HyperHype" is now activated!
Enter your agent code:42007007
You entered 42007007...
Code verified! Proceed with Plan Z3!
```

4．通用字符名

C++实现支持一个基本的源字符集，即可用来编写源代码的字符集。它由标准美国键盘上的字符（大写和小写）和数字、C 语言中使用的符号（如{和=）以及其他一些字符（如换行符和空格）组成。还有一个基本的执行字符集，它包括在程序执行期间可处理的字符（如可从文件中读取或显示到屏幕上的字符）。它增加了一些字符，如退格和振铃。C++标准还允许实现提供扩展源字符集和扩展执行字符集。另外，那些被作为字母的额外字符也可用于标识符名称中。也就是说，德国实现可能允许使用日耳曼语的元音变音，而法国实现则允许使用重元音。C++有一种表示这种特殊字符的机制，它独立于任何特定的键盘，使用的是通用字符名（universal character name）。

通用字符名的用法类似于转义序列。通用字符名可以以\u 或\U 打头。\u 后面是 4 个十六进制位，\U 后面则是 8 个十六进制位。这些位表示的是字符的 ISO 10646 码点（ISO 10646 是一种正在制定的国际标准，为大量的字符提供了数值编码，请参见本章后面的“Unicode 和 ISO 10646”）。

如果所用的实现支持扩展字符，则可以在标识符（如字符常量）和字符串中使用通用字符名。例如，请看下面的代码：

```
int k\u00F6rper;
cout << "Let them eat g\u00E2teau.\n";
```

ö 的 ISO 10646 码点为 00F6，而 â 的码点为 00E2。因此，上述 C++代码将变量名设置为 körper，并显示下面的输出：

```
Let them eat gâteau.
```

如果系统不支持 ISO 10646，它将显示其他字符或 gu00E2teau，而不是 gâteau。

实际上，从易读性的角度看，在变量名中使用\u00F6没有多大意义，但如果实现的扩展源字符集包含ö，它可能允许您从键盘输入该字符。

请注意，C++使用术语“通用编码名”，而不是“通用编码”，这是因为应将\u00F6 解释为“Unicode码点为 U-00F6 的字符”。支持 Unicode 的编译器知道，这表示字符 ö，但无需使用内部编码 00F6。无论计算机使用是 ASCII 还是其他编码系统，都可在内部表示字符 T；同样，在不同的系统中，将使用不同的编码来表示字符 ö。在源代码中，可使用适用于所有系统的通用编码名，而编译器将根据当前系统使用合适的内部编码来表示它。

Unicode 和 ISO 10646

Unicode 提供了一种表示各种字符集的解决方案——为大量字符和符号提供标准数值编码，并根据类型将它们分组。例如，ASCII 码为 Unicode 的子集，因此在这两种系统中，美国的拉丁字符（如 A 和 Z）的表示相同。然而，Unicode 还包含其他拉丁字符，如欧洲语言使用的拉丁字符、来自其他语言（如希腊语、西里尔语、希伯来语、切罗基语、阿拉伯语、泰语和孟加拉语）中的字符以及象形文字（如中国和日本的文字）。到目前为止，Unicode 可以表示 109000 多种符号和 90 多个手写符号（script），它还在不断发展中。

Unicode 给每个字符指定一个编号——码点。Unicode 码点通常类似于下面这样：U-222B。其中 U 表示这是一个 Unicode 字符，而 222B 是该字符（积分正弦符号）的十六进制编号。

国际标准化组织（ISO）建立了一个工作组，专门开发 ISO 10646——这也是一个对多种语言文本进行编码的标准。ISO 10646 小组和 Unicode 小组从 1991 年开始合作，以确保他们的标准同步。

5. signed char 和 unsigned char

与 int 不同的是，char 在默认情况下既不是没有符号，也不是有符号。是否有符号由 C++实现决定，这样编译器开发人员可以最大限度地将这种类型与硬件属性匹配起来。如果 char 有某种特定的行为对您来说非常重要，则可以显式地将类型设置为 signed char 或 unsigned char：

```
char fodo;           // may be signed, may be unsigned
unsigned char bar;  // definitely unsigned
signed char snark;  // definitely signed
```

如果将 char 用作数值类型，则 unsigned char 和 signed char 之间的差异将非常重要。unsigned char 类型的表示范围通常为 0～255，而 signed char 的表示范围为−128 到 127。例如，假设要使用一个 char 变量来存储像 200 这样大的值，则在某些系统上可以，而在另一些系统上可能不可以。但使用 unsigned char 可以在任何系统上达到这种目的。另一方面，如果使用 char 变量来存储标准 ASCII 字符，则 char 有没有符号都没关系，在这种情况下，可以使用 char。

6. wchar_t

程序需要处理的字符集可能无法用一个 8 位的字节表示，如日文汉字系统。对于这种情况，C++的处理方式有两种。首先，如果大型字符集是实现的基本字符集，则编译器厂商可以将 char 定义为一个 16 位的字节或更长的字节。其次，一种实现可以同时支持一个小型基本字符集和一个较大的扩展字符集。8 位 char 可以表示基本字符集，另一种类型 wchar_t（宽字符类型）可以表示扩展字符集。wchar_t 类型是一种整数类型，它有足够的空间，可以表示系统使用的最大扩展字符集。这种类型与另一种整型（底层[underlying]类型）的长度和符号属性相同。对底层类型的选择取决于实现，因此在一个系统中，它可能是 unsigned short，而在另一个系统中，则可能是 int。

cin 和 cout 将输入和输出看作是 char 流，因此不适于用来处理 wchar_t 类型。iostream 头文件的最新版本提供了作用相似的工具——wcin 和 wcout，可用于处理 wchar_t 流。另外，可以通过加上前缀 L 来指示宽字符常量和宽字符串。下面的代码将字母 P 的 wchar_t 版本存储到变量 bob 中，并显示单词 tall 的 wchar_t 版本：

```
wchar_t bob = L'P';        // a wide-character constant
wcout << L"tall" << endl; // outputting a wide-character string
```

在支持两字节 wchar_t 的系统中，上述代码将把每个字符存储在一个两个字节的内存单元中。本书不使用宽字符类型，但读者应知道有这种类型，尤其是在进行国际编程或使用 Unicode 或 ISO 10646 时。

7. C++11 新增的类型：char16_t 和 char32_t

随着编程人员日益熟悉 Unicode，类型 wchar_t 显然不再能够满足需求。事实上，在计算机系统上进行字符和字符串编码时，仅使用 Unicode 码点并不够。具体地说，进行字符串编码时，如果有特定长度和符号特征的类型，将很有帮助，而类型wchar_t的长度和符号特征随实现而异。因此，C++11新增了类型char16_t和char32_t，其中前者是无符号的，长16位，而后者也是无符号的，但长32位。C++11使用前缀u表示char16_t字符常量和字符串常量，如u'C'和u"be good"；并使用前缀U表示char32_t常量，如U'R'和U"dirty rat"。类型char16_t与\u00F6形式的通用字符名匹配，而类型char32_t与\U0000222B形式的通用字符名匹配。前缀u和U分别指出字符字面值的类型为char16_t和char32_t：

```
char16_t ch1 = u'q'; // basic character in 16-bit form
char32_t ch2 = U'\U0000222B'; // universal character name in 32-bit form
```

与wchar_t一样，char16_t和char32_t也都有底层类型——一种内置的整型，但底层类型可能随系统而异。

3.1.9 bool类型

ANSI/ISO C++标准添加了一种名叫bool的新类型（对C++来说是新的）。它的名称来源于英国数学家George Boole，是他开发了逻辑律的数学表示法。在计算中，布尔变量的值可以是true或false。过去，C++和C一样，也没有布尔类型。在第5章和第6章中将会看到，C++将非零值解释为true，将零解释为false。然而，现在可以使用bool类型来表示真和假了，它们分别用预定义的字面值true和false表示。也就是说，可以这样编写语句：

```
bool is_ready = true;
```

字面值true和false都可以通过提升转换为int类型，true被转换为1，而false被转换为0：

```
int ans = true; // ans assigned 1
int promise = false; // promise assigned 0
```

另外，任何数字值或指针值都可以被隐式转换（即不用显式强制转换）为bool值。任何非零值都被转换为true，而零被转换为false：

```
bool start = -100; // start assigned true
bool stop = 0; // stop assigned false
```

在第6章介绍if语句后，示例中将经常使用数据类型bool。

3.2 const限定符

现在回过头来介绍常量的符号名称。符号名称指出了常量表示的内容。另外，如果程序在多个地方使用同一个常量，则需要修改该常量时，只需修改一个符号定义即可。本章前面关于#define语句的说明（旁注"符号常量——预处理器方法"）指出过，C++有一种更好的处理符号常量的方法，这种方法就是使用const关键字来修改变量声明和初始化。例如，假设需要一个表示一年中月份数的符号常量，请在程序中输入下面这行代码：

```
const int Months = 12; // Months is symbolic constant for 12
```

这样，便可以在程序中使用Months，而不是12了（在程序中，12可能表示一英尺有多少英寸或一打面包圈是多少个，而名称Months指出了值12表示的是什么）。常量（如Months）被初始化后，其值就被固定了，编译器将不允许再修改该常量的值。如果您这样做，g++将指出程序试图给一个只读变量赋值。关键字const叫作限定符，因为它限定了声明的含义。

一种常见的做法是将名称的首字母大写，以提醒您Months是个常量。这决不是一种通用约定，但在阅读程序时有助于区分常量和变量。另一种约定是将整个名称大写，使用#define创建常量时通常使用这种约定。还有一种约定是以字母k打头，如kmonths。当然，还有其他约定。很多组织都有特殊的编码约定，要求其程序员遵守。

创建常量的通用格式如下：

```
const type name = value;
```

注意，应在声明中对const进行初始化。下面的代码不好：

```
const int toes;  // value of toes undefined at this point
toes = 10;       // too late!
```

如果在声明常量时没有提供值，则该常量的值将是不确定的，且无法修改。

如果以前使用过C语言，您可能觉得前面讨论的#define语句已经足够完成这样的工作了。但const比#define好。首先，它能够明确指定类型。其次，可以使用C++的作用域规则将定义限制在特定的函数或文件中（作用域规则描述了名称在各种模块中的可知程度，将在第9章讨论）。最后，可以将const用于更复杂的类型，如第4章将介绍的数组和结构。

提示：如果读者在学习 C++之前学习过 C 语言，并打算使用#define 来定义符号常量，请不要这样做，而应使用 const。

ANSI C 也使用 const 限定符，这是从 C++借鉴来的。如果熟悉 ANSI C 版本，则应注意，C++版本稍微有些不同。区别之一是作用域规则，这将在第 9 章讨论；另一个主要的区别是，在 C++（而不是 C）中可以用 const 值来声明数组长度，第 4 章将介绍一些这样的例子。

3.3 浮点数

了解各种 C++整型后，来看看浮点类型，它们是 C++的第二组基本类型。浮点数能够表示带小数部分的数字，如 M1 油箱的汽油里程数（0.56MPG），它们提供的值范围也更大。如果数字很大，无法表示为 long 类型，如人体的细菌数（估计超过 100 兆），则可以使用浮点类型来表示。

使用浮点类型可以表示诸如 2.5、3.14159 和 122442.32 这样的数字，即带小数部分的数字。计算机将这样的值分成两部分存储。一部分表示值，另一部分用于对值进行放大或缩小。下面打个比方。对于数字 34.1245 和 34124.5，它们除了小数点的位置不同外，其他都是相同的。可以把第一个数表示为 0.341245（基准值）和 100（缩放因子），而将第二个数表示为 0.341245（基准值相同）和 10000（缩放因子更大）。缩放因子的作用是移动小数点的位置，术语浮点因此而得名。C++内部表示浮点数的方法与此相同，只不过它基于的是二进制数，因此缩放因子是 2 的幂，不是 10 的幂。幸运的是，程序员不必详细了解内部表示。重要的是，浮点数能够表示小数值、非常大和非常小的值，它们的内部表示方法与整数有天壤之别。

3.3.1 书写浮点数

C++有两种书写浮点数的方式。第一种是使用常用的标准小数点表示法：

```
12.34       // floating-point
939001.32   // floating-point
0.00023     // floating-point
8.0         // still floating-point
```

即使小数部分为 0（如 8.0），小数点也将确保该数字以浮点格式（而不是整数格式）表示。（C++标准允许实现表示不同的区域；例如，提供了使用欧洲方法的机制，即将逗号而不是句点用作小数点。然而，这些选项控制的是数字在输入和输出中的外观，而不是数字在代码中的外观。）

第二种表示浮点值的方法叫作 E 表示法，其外观是像这样的：3.45E6，这指的是 3.45 与 1000000 相乘的结果；E6 指的是 10 的 6 次方，即 1 后面 6 个 0。因此，3.45E6 表示的是 3450000，6 被称为指数，3.45 被称为尾数。下面是一些例子：

```
2.52e+8     // can use E or e, + is optional
8.33E-4     // exponent can be negative
7E5         // same as 7.0E+05
-18.32e13   // can have + or - sign in front
1.69e12     // 2010 Brazilian public debt in reais
5.98E24     // mass of earth in kilograms
9.11e-31    // mass of an electron in kilograms
```

读者可能注意到了，E 表示法最适合于非常大和非常小的数。

E 表示法确保数字以浮点格式存储，即使没有小数点。注意，既可以使用 E 也可以使用 e，指数可以是正数也可以是负数（参见图 3.3）。然而，数字中不能有空格，因此 7.2 E6 是非法的。

指数为负数意味着除以 10 的乘方，而不是乘以 10 的乘方。因此，8.33E-4 表示 $8.33/10^4$，即 0.000833。同样，电子质量 9.11e-31 kg 表示 0.000000000000000000000000000000911 kg。可以按照自己喜欢的方式表示数字（911 在美国

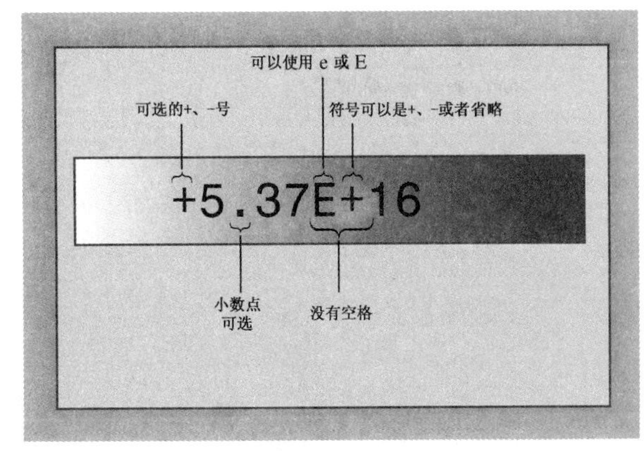

图 3.3 E 表示法

是报警电话，而电话信息通过电子传输，这是巧合还是科学阴谋呢？读者可以自己作出评判）。注意，-8.33E4指的是-83300。前面的符号用于数值，而指数的符号用于缩放。

记住：d.dddE+n 指的是将小数点向右移 n 位，而 d.dddE-n 指的是将小数点向左移 n 位。之所以称为“浮点”，就是因为小数点可移动。

3.3.2 浮点类型

和 ANSI C 一样，C++也有 3 种浮点类型：float、double 和 long double。这些类型是按它们可以表示的有效数位和允许的指数最小范围来描述的。有效位（significant figure）是数字中有意义的位。例如，加利福尼亚的 Shasta 山脉的高度为 14179 英尺，该数字使用了 5 个有效位，指出了最接近的英尺数。然而，将 Shasta 山脉的高度写成约 14000 英尺时，有效位数为 2 位，因为结果经过四舍五入精确到了千位。在这种情况下，其余的 3 位只不过是占位符而已。有效位数不依赖于小数点的位置。例如，可以将高度写成 14.162 千英尺。这样仍有 5 个有效位，因为这个值精确到了第 5 位。

事实上，C 和 C++对于有效位数的要求是，float 至少 32 位，double 至少 48 位，且不少于 float，long double 至少和 double 一样多。这三种类型的有效位数可以一样多。然而，通常，float 为 32 位，double 为 64 位，long double 为 80、96 或 128 位。另外，这 3 种类型的指数范围至少是-37 到 37。可以从头文件 cfloat 或 float.h 中找到系统的限制（cfloat 是 C 语言的 float.h 文件的 C++版本）。下面是 Borland C++ Builder 的 float.h 文件中的一些批注项：

```
// the following are the minimum number of significant digits
#define DBL_DIG 15          // double
#define FLT_DIG 6           // float
#define LDBL_DIG 18         // long double

// the following are the number of bits used to represent the mantissa
#define DBL_MANT_DIG 53
#define FLT_MANT_DIG 24
#define LDBL_MANT_DIG 64

// the following are the maximum and minimum exponent values
#define DBL_MAX_10_EXP +308
#define FLT_MAX_10_EXP +38
#define LDBL_MAX_10_EXP +4932

#define DBL_MIN_10_EXP -307
#define FLT_MIN_10_EXP -37
#define LDBL_MIN_10_EXP -4931
```

注意：有些 C++实现尚未添加头文件 cfloat，有些基于 ANSI C 之前的编译器的 C++实现没有提供头文件 float.h。

程序清单 3.8 演示了 float 和 double 类型及它们表示数字时在精度方面的差异（即有效位数）。该程序预览了将在第 17 章介绍的 ostream 方法 setf()。这种调用迫使输出使用定点表示法，以便更好地了解精度，它防止程序把较大的值切换为 E 表示法，并使程序显示到小数点后 6 位。参数 ios_base::fixed 和 ios_base::floatfield 是通过包含 iostream 来提供的常量。

程序清单 3.8 floatnum.cpp

```
// floatnum.cpp -- floating-point types
#include <iostream>
int main()
{
    using namespace std;
    cout.setf(ios_base::fixed, ios_base::floatfield); // fixed-point
    float tub = 10.0 / 3.0; // good to about 6 places
    double mint = 10.0 / 3.0; // good to about 15 places
    const float million = 1.0e6;

    cout << "tub = " << tub;
    cout << ", a million tubs = " << million * tub;
    cout << ",\nand ten million tubs = ";
    cout << 10 * million * tub << endl;

    cout << "mint = " << mint << " and a million mints = ";
    cout << million * mint << endl;
```

```
    return 0;
}
```

下面是该程序的输出：

```
tub = 3.333333, a million tubs = 3333333.250000,
and ten million tubs = 33333332.000000
mint = 3.333333 and a million mints = 3333333.333333
```

程序说明

通常 cout 会删除结尾的零。例如，将 3333333.250000 显示为 3333333.25。调用 cout.setf()将覆盖这种行为，至少在新的实现中是这样的。这里要注意的是，为何 float 的精度比 double 低，tub 和 mint 都被初始化为 10.0/3.0——3.33333333333333333……由于 cout 打印 6 位小数，因此 tub 和 mint 都是精确的。但当程序将每个数乘以一百万后，tub 在第 7 个 3 之后就与正确的值有了误差。tub 在 7 位有效位上还是精确的（该系统确保 float 至少有 6 位有效位，但这是最糟糕的情况）。然而，double 类型的变量显示了 13 个 3，因此它至少有 13 位是精确的。由于系统确保 15 位有效位，因此这就没有什么好奇怪的了。另外，将 tub 乘以一百万，再乘以 10 后，得到的结果不正确，这再一次指出了 float 的精度限制。

cout 所属的 ostream 类有一个类成员函数，能够精确地控制输出的格式——字段宽度、小数位数、采用小数格式还是 E 格式等。第 17 章将介绍这些选项。为简单起见，本书的例子通常只使用<<运算符。有时候，这种方法显示的位数比需要的位数多，但这只会影响美观。如果您介意这种问题，可以浏览第 17 章，了解如何使用格式化方法。然而，在这里就不作过多的解释了。

读取包含文件

C++源文件开头的包含编译指令总是有一种“魔咒的力量”，新手 C++程序员通过阅读和体验来了解哪个头文件添加哪些功能，再一一包含它们，以便程序能够运行。不要将包含文件作为神秘的知识而依赖；可以随便打开、阅读它们。它们都是文本文件，因此可以很轻松地阅读它们。被包含在程序中的所有文件都存在于计算机中，或位于计算机可以使用的地方。找到那些要使用的包含文件，看看它们包含的内容。您将会很快地知道，所使用的源文件和头文件都是知识和信息的很好来源——在有些情况下，它们都是最好的文档。当使用更复杂的包含文件，并开始在应用程序中使用其他非标准库时，这种习惯将非常有帮助。

3.3.3 浮点常量

在程序中书写浮点常量的时候，程序将把它存储为哪种浮点类型呢？在默认情况下，像 8.24 和 2.4E8 这样的浮点常量都属于 double 类型。如果希望常量为 float 类型，请使用 f 或 F 后缀。对于 long double 类型，可使用 l 或 L 后缀（由于 l 看起来像数字 1，因此 L 是更好的选择）。下面是一些示例：

```
1.234f          // a float constant
2.45E20F        // a float constant
2.345324E28     // a double constant
2.2L            // a long double constant
```

3.3.4 浮点数的优缺点

与整数相比，浮点数有两大优点。首先，它们可以表示整数之间的值。其次，由于有缩放因子，它们可以表示的范围大得多。最后，浮点运算的速度通常比整数运算慢，且精度将降低。程序清单 3.9 说明了最后一点。

程序清单 3.9 fltadd.cpp

```
// fltadd.cpp -- precision problems with float
#include <iostream>
int main()
{
    using namespace std;
    float a = 2.34E+22f;
    float b = a + 1.0f;
    cout << "a = " << a << endl;
    cout << "b - a = " << b - a << endl;
    return 0;
}
```

注意：有些基于 ANSI C 之前的编译器的老式 C++实现不支持浮点常量后缀 f。如果出现这样的问题，可以用 2.34E+22 代替 2.34E+22f，用(float) 1.0 代替 1.0f。

该程序将数字加 1，然后减去原来的数字。结果应该为 1。下面是在某个系统上运行时该程序的输出：

```
a = 2.34e+022
b - a = 0
```

问题在于，2.34E+22 是一个 23 位的数字。加上 1，就是在最末位加 1。但 float 类型只能表示数字中的前 6 位或前 7 位，因此修改第 23 位对这个值不会有任何影响。

将类型分类

C++对基本类型进行分类，形成了若干个族。类型 signed char、short、int 和 long 统称为符号整型；它们的无符号版本统称为无符号整型；C++11 新增了 long long。bool、char、wchar_t、符号整型和无符号整型统称为整型；C++11 新增了 char16_t 和 char32_t。float、double 和 long double 统称为浮点型。整数和浮点型统称算术（arithmetic）类型。

3.4 C++算术运算符

读者可能还对学校里作的算术练习记忆犹新，在计算机上也能够获得同样的乐趣。C++使用运算符来运算。它提供了几种运算符来完成 5 种基本的算术计算：加法、减法、乘法、除法以及求模。每种运算符都使用两个值（操作数）来计算结果。运算符及其操作数构成了表达式。例如，在下面的语句中：

```
int wheels = 4 + 2;
```

4 和 2 都是操作数，+是加法运算符，4+2 则是一个表达式，其值为 6。

下面是 5 种基本的 C++算术运算符。

- +运算符对操作数执行加法运算。例如，4+20 等于 24。
- −运算符从第一个数中减去第二个数。例如，12−3 等于 9。
- *运算符将操作数相乘。例如，28*4 等于 112。
- /运算符用第一个数除以第二个数。例如，1000/5 等于 200。如果两个操作数都是整数，则结果为商的整数部分。例如，17/3 等于 5，小数部分被丢弃。
- %运算符求模。也就是说，它生成第一个数除以第二个数后的余数。例如，19%6 为 1，因为 19 是 6 的 3 倍余 1。两个操作数必须都是整型，将该运算符用于浮点数将导致编译错误。如果其中一个是负数，则结果的符号满足如下规则：(a/b)*b + a%b = a。

当然，变量和常量都可以用作操作数，程序清单 3.10 说明了这一点。由于%的操作数只能是整数，因此将在后面的例子中讨论它。

程序清单 3.10 arith.cpp

```
// arith.cpp -- some C++ arithmetic
#include <iostream>
int main()
{
    using namespace std;
    float hats, heads;

    cout.setf(ios_base::fixed, ios_base::floatfield); // fixed-point
    cout << "Enter a number: ";
    cin >> hats;
    cout << "Enter another number: ";
    cin >> heads;

    cout << "hats = " << hats << "; heads = " << heads << endl;
    cout << "hats + heads = " << hats + heads << endl;
    cout << "hats - heads = " << hats - heads << endl;
    cout << "hats * heads = " << hats * heads << endl;
    cout << "hats / heads = " << hats / heads << endl;
    return 0;
}
```

下面是该程序的输出，从中可知 C++能够完成简单的算术运算：

```
Enter a number: 50.25
Enter another number: 11.17
```

```
hats = 50.250000; heads = 11.170000
hats + heads = 61.419998
hats - heads = 39.080002
hats * heads = 561.292480
hats / heads = 4.498657
```

也许读者对得到的结果心存怀疑。11.17 加上 50.25 应等于 61.42，但是输出中却是 61.419998。这不是运算问题；而是由于 float 类型表示有效位数的能力有限。记住，对于 float，C++只保证 6 位有效位。如果将 61.419998 四舍五入成 6 位，将得到 61.4200，这是保证精度下的正确值。如果需要更高的精度，请使用 double 或 long double。

3.4.1 运算符优先级和结合性

读者是否委托 C++来完成复杂的算术运算？是的，但必须知道 C++使用的规则。例如，很多表达式都包含多个运算符。这样将产生一个问题：究竟哪个运算符最先被使用呢？例如，请看下面的语句：

```
int flyingpigs = 3 + 4 * 5; // 35 or 23?
```

操作数 4 旁边有两个运算符：+和*。当多个运算符可用于同一个操作数时，C++使用优先级规则来决定首先使用哪个运算符。算术运算符遵循通常的代数优先级，先乘除，后加减。因此 3+4*5 指的是 3+(4*5)，而不是（3+4）*5，结果为 23，而不是 35。当然，可以使用括号来执行自己定义的优先级。附录 D 介绍了所有 C++运算符的优先级。其中，*、/和%位于同一行，这说明它们的优先级相同。同样，加和减的优先级也相同，但比乘除低。

有时，优先级列表并不够用。请看下面的语句：

```
float logs = 120 / 4 * 5; // 150 or 6?
```

操作数 4 也位于两个运算符中间，但运算符/和*的优先级相同，因此优先级本身并不能指出程序究竟是先计算 120 除以 4，还是先计算 4 乘以 5。因为第一种选择得到的结果是 150，而第二种选择的结果是 6，因此选择十分重要。当两个运算符的优先级相同时，C++将看操作数的结合性（associativity）是从左到右，还是从右到左。从左到右的结合性意味着如果两个优先级相同的运算符被同时用于同一个操作数，则首先应用左侧的运算符。从右到左的结合性则首先应用右侧的运算符。附录 D 也列出了结合性方面的信息。从中可以看出，乘除都是从左到右结合的。这说明应当先对 4 使用左侧的运算符。也就是说，用 120 除以 4，得到的结果为 30，然后再乘以 5，结果为 150。

注意，仅当两个运算符被用于同一个操作数时，优先级和结合性规则才有效。请看下面的表达式：

```
int dues = 20 * 5 + 24 * 6;
```

运算符优先级表明了两点：程序必须在做加法之前计算 20*5，必须在做加法之前计算 24*6。但优先级和结合性都没有指出应先计算哪个乘法。读者可能认为，结合性表明应先做左侧的乘法，但是在这种情况下，两个*运算符并没有用于同一个操作数，所以该规则不适用。事实上，C++把这个问题留给了实现，让它来决定在系统中的最佳顺序。对于这个例子来说，两种顺序的结果是一样的，但是也有两种顺序结果不同的情况。在第 5 章讨论递增运算符时，我们将介绍一个这样的例子。

3.4.2 除法分支

除法运算符（/）的行为取决于操作数的类型。如果两个操作数都是整数，则 C++将执行整数除法。这意味着结果的小数部分将被丢弃，使得最后的结果是一个整数。如果其中有一个（或两个）操作数是浮点值，则小数部分将保留，结果为浮点数。程序清单 3.11 演示了 C++除法如何处理不同类型的值。和程序清单 3.10 一样，该程序也调用 setf()成员函数来修改结果的显示方式。

程序清单 3.11 divide.cpp

```
// divide.cpp -- integer and floating-point division
#include <iostream>
int main()
{
    using namespace std;
    cout.setf(ios_base::fixed, ios_base::floatfield);
    cout << "Integer division: 9/5 = " << 9 / 5 << endl;
    cout << "Floating-point division: 9.0/5.0 = ";
    cout << 9.0 / 5.0 << endl;
    cout << "Mixed division: 9.0/5 = " << 9.0 / 5 << endl;
```

```
    cout << "double constants: 1e7/9.0 = ";
    cout << 1.e7 / 9.0 << endl;
    cout << "float constants: 1e7f/9.0f = ";
    cout << 1.e7f / 9.0f << endl;
    return 0;
}
```

注意：如果编译器不接受 setf()中的 ios_base，请使用 ios。

有些基于 ANSI C 之前的编译器的 C++实现不支持浮点常量的 f 后缀。如果面临这样的问题，可以用 (float) 1.e7 / (float) 9.0 代替 1.e7f / 9.0f。

有些实现会删除结尾的零。

下面是使用某种实现时，程序清单 3.11 中程序的输出：

```
Integer division: 9/5 = 1
Floating-point division: 9.0/5.0 = 1.800000
Mixed division: 9.0/5 = 1.800000
double constants: 1e7/9.0 = 1111111.111111
float constants: 1e7f/9.0f = 1111111.125000
```

从第一行输出可知，整数 9 除以 5 的结果为整数 1。4/5 的小数部分（或 0.8）被丢弃。在本章后面学习求模运算符时，将会看到这种除法的实际应用。接下来的两行表明，当至少有一个操作数是浮点数时，结果为 1.8。实际上，对不同类型进行运算时，C++将把它们全部转换为同一类型。本章稍后将介绍这种自动转换。最后两行的相对精度表明，如果两个操作数都是 double 类型，则结果为 double 类型；如果两个操作数都是 float 类型，则结果为 float 类型。记住，浮点常量在默认情况下为 double 类型。

运算符重载简介

在程序清单 3.11 中，除法运算符表示了 3 种不同的运算：int 除法、float 除法和 double 除法。C++根据上下文（这里是操作数的类型）来确定运算符的含义。使用相同的符号进行多种操作叫作运算符重载（operator overloading）。C++有一些内置的重载示例。C++还允许扩展运算符重载，以便能够用于用户定义的类，因此在这里看到的是一个重要的 OOP 属性（参见图 3.4）。

3.4.3 求模运算符

比起求模运算符来说，多数人更熟悉加、减、乘、除，因此这里花些时间介绍这种运算符。求模运算符返回整数除法的余数。它与整数除法相结合，尤其适用于解决要求将一个量分成不同的整数单元的问题，例如将英寸转换为“英尺+英寸”的形式，或者将美元转换为元、角、分、厘。第 2 章的程序清单 2.6 将重量单位英石转换为磅。程序清单 3.12 则将磅转换为英石。记住，一英石等于 14 磅，多数英国浴室中的体重称都使用这种单位。该程序使用整数除法来计算合多少英石，再用求模运算符来计算余下多少磅。

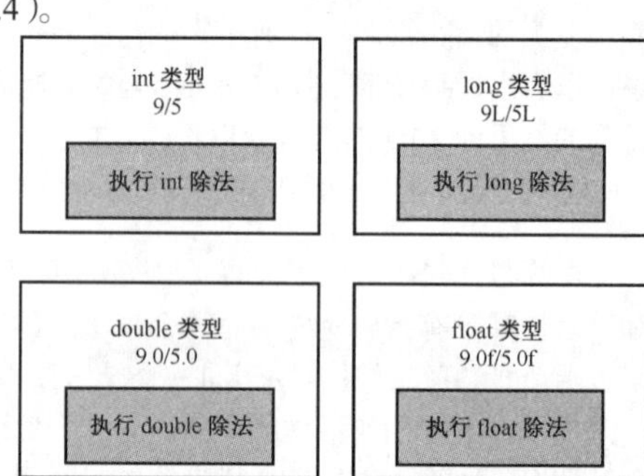

图 3.4 各种除法

程序清单 3.12 modulus.cpp

```
// modulus.cpp -- uses % operator to convert lbs to stone
#include <iostream>
int main()
{
    using namespace std;
    const int Lbs_per_stn = 14;
    int lbs;

    cout << "Enter your weight in pounds: ";
    cin >> lbs;
    int stone = lbs / Lbs_per_stn;    // whole stone
    int pounds = lbs % Lbs_per_stn;  // remainder in pounds
    cout << lbs << " pounds are " << stone
         << " stone, " << pounds << " pound(s).\n";
    return 0;
}
```

下面是该程序的运行情况：

```
Enter your weight in pounds: 181
181 pounds are 12 stone, 13 pound(s).
```

在表达式 lbs/Lbs_per_stn 中，两个操作数的类型都是 int，所以计算机执行整数除法。lbs 的值为 181，所以表达式的值为 12。12 和 14 的乘积是 168，所以 181 与 14 相除的余数是 13，这就是 lbs % Lbs_per_stn 的值。现在即使在感情上还没有适应英国的质量单位，但在技术上也做好了去英国旅游时解决质量单位转换问题的准备。

3.4.4 类型转换

C++丰富的类型允许根据需求选择不同的类型，这也使计算机的操作更复杂。例如，将两个 short 值相加涉及到的硬件编译指令可能会与将两个 long 值相加不同。由于有 11 种整型和 3 种浮点类型，因此计算机需要处理大量不同的情况，尤其是对不同的类型进行运算时。为处理这种潜在的混乱，C++自动执行很多类型转换：

- 将一种算术类型的值赋给另一种算术类型的变量时，C++将对值进行转换；
- 表达式中包含不同的类型时，C++将对值进行转换；
- 将参数传递给函数时，C++将对值进行转换。

如果不知道进行这些自动转换时将发生的情况，将无法理解一些程序的结果，因此下面详细地介绍这些规则。

1. *初始化和赋值进行的转换*

C++允许将一种类型的值赋给另一种类型的变量。这样做时，值将被转换为接收变量的类型。例如，假设 so_long 的类型为 long，thirty 的类型为 short，而程序中包含这样的语句：

```
so_long = thirty; // assigning a short to a long
```

则进行赋值时，程序将 thirty 的值（通常是 16 位）扩展为 long 值（通常为 32 位）。扩展后将得到一个新值，这个值被存储在 so_long 中，而 thirty 的内容不变。

将一个值赋给值取值范围更大的类型通常不会导致什么问题。例如，将 short 值赋给 long 变量并不会改变这个值，只是占用的字节更多而已。然而，将一个很大的 long 值（如 2111222333）赋给 float 变量将降低精度。因为 float 只有 6 位有效数字，因此这个值将被四舍五入为 2.11122E9。因此，有些转换是安全的，有些则会带来麻烦。表 3.3 列出了一些可能出现的转换问题。

表 3.3　潜在的数值转换问题

转　换	潜在的问题
将较大的浮点类型转换为较小的浮点类型，如将 double 转换为 float	精度（有效数位）降低，值可能超出目标类型的取值范围，在这种情况下，结果将是不确定的
将浮点类型转换为整型	小数部分丢失，原来的值可能超出目标类型的取值范围，在这种情况下，结果将是不确定的
将较大的整型转换为较小的整型，如将 long 转换为 short	原来的值可能超出目标类型的取值范围，通常只复制右边的字节

将 0 赋给 bool 变量时，将被转换为 false；而非零值将被转换为 true。

将浮点值赋给整型将导致两个问题。首先，将浮点值转换为整型会将数字截短（除掉小数部分）。其次，float 值对于 int 变量来说可能太大了。在这种情况下，C++并没有定义结果应该是什么；这意味着不同的实现的反应可能不同。

传统初始化的行为与赋值相同，程序清单 3.13 演示了一些初始化进行的转换。

程序清单 3.13　assign.cpp

```
// init.cpp -- type changes on initialization
#include <iostream>
int main()
{
    using namespace std;
    cout.setf(ios_base::fixed, ios_base::floatfield);
    float tree = 3;      // int converted to float
```

```
    int guess(3.9832);    // double converted to int
    int debt = 7.2E12;    // result not defined in C++
    cout << "tree = " << tree << endl;
    cout << "guess = " << guess << endl;
    cout << "debt = " << debt << endl;
    return 0;
}
```

下面是该程序在某个系统中的输出：

```
tree = 3.000000
guess = 3
debt = 1634811904
```

在这个程序中，将 tree 被赋予了浮点值 3.0。将 3.9832 赋给 int 变量 guess 导致这个值被截取为 3。将浮点型转换为整型时，C++采取截取（丢弃小数部分）而不是四舍五入（查找最接近的整数）。最后，int 变量 debt 无法存储 7.2E12，这导致 C++没有对结果进行定义的情况发生。在这种系统中，debt 的结果为 1634811904，或大约 1.6E09。

当您将整数变量初始化为浮点值时，有些编译器将提出警告，指出这可能丢掉数据。另外，对于 debt 变量，不同编译器显示的值也可能不同。例如，在另一个系统上运行该程序时，得到的值为 2147483647。

2. *以{ }方式初始化时进行的转换*（C++11）

C++11 将使用大括号的初始化称为列表初始化（list-initialization），因为这种初始化常用于给复杂的数据类型提供值列表。与程序清单 3.13 所示的初始化方式相比，它对类型转换的要求更严格。具体地说，列表初始化不允许缩窄（narrowing），即变量的类型可能无法表示赋给它的值。例如，不允许将浮点型转换为整型。在不同的整型之间转换或将整型转换为浮点型可能被允许，条件是编译器知道目标变量能够正确地存储赋给它的值。例如，可将 long 变量初始化为 int 值，因为 long 总是至少与 int 一样长；相反方向的转换也可能被允许，只要 int 变量能够存储赋给它的 long 常量：

```
const int code = 66;
int x = 66;
char c1 {31325};  // narrowing, not allowed
char c2 = {66};   // allowed because char can hold 66
char c3 {code};   // ditto
char c4 = {x};    // not allowed, x is not constant
x = 31325;
char c5 = x;     // allowed by this form of initialization
```

在上述代码中，初始化 c4 时，您知道 x 的值为 66，但在编译器看来，x 是一个变量，其值可能很大。编译器不会跟踪下述阶段可能发生的情况：从 x 被初始化到它被用来初始化 c4。

3. *表达式中的转换*

当同一个表达式中包含两种不同的算术类型时，将出现什么情况呢？在这种情况下，C++将执行两种自动转换：首先，一些类型在出现时便会自动转换；其次，有些类型在与其他类型同时出现在表达式中时将被转换。

先来看看自动转换。在计算表达式时，C++将 bool、char、unsigned char、signed char 和 short 值转换为 int。具体地说，true 被转换为 1，false 被转换为 0。这些转换被称为整型提升（integral promotion）。例如，请看下面的语句：

```
short chickens = 20;           // line 1
short ducks = 35;              // line 2
short fowl = chickens + ducks; // line 3
```

为执行第 3 行语句，C++程序取得 chickens 和 ducks 的值，并将它们转换为 int。然后，程序将结果转换为 short 类型，因为结果将被赋给一个 short 变量。这种说法可能有点拗口，但是情况确实如此。通常将 int 类型选择为计算机最自然的类型，这意味着计算机使用这种类型时，运算速度可能最快。

还有其他一些整型提升：如果 short 比 int 短，则 unsigned short 类型将被转换为 int；如果两种类型的长度相同，则 unsigned short 类型将被转换为 unsigned int。这种规则确保了在对 unsigned short 进行提升时不会损失数据。

同样，wchar_t 被提升成为下列类型中第一个宽度足够存储 wchar_t 取值范围的类型：int、unsigned int、long 或 unsigned long。

将不同类型进行算术运算时，也会进行一些转换，例如将 int 和 float 相加时。当运算涉及两种类型时，较小的类型将被转换为较大的类型。例如，程序清单 3.11 中的程序用 9.0 除以 5。由于 9.0 的类型为 double，因此程序在用 5 除之前，将 5 转换为 double 类型。总之，编译器通过校验表来确定在算术表达式中执行的转换。C++11 对这个校验表稍做了修改，下面是 C++11 版本的校验表，编译器将依次查阅该列表。

（1）如果有一个操作数的类型是 long double，则将另一个操作数转换为 long double。

（2）否则，如果有一个操作数的类型是 double，则将另一个操作数转换为 double。

（3）否则，如果有一个操作数的类型是 float，则将另一个操作数转换为 float。

（4）否则，说明操作数都是整型，因此执行整型提升。

（5）在这种情况下，如果两个操作数都是有符号或无符号的，且其中一个操作数的级别比另一个低，则转换为级别高的类型。

（6）如果一个操作数为有符号的，另一个操作数为无符号的，且无符号操作数的级别比有符号操作数高，则将有符号操作数转换为无符号操作数所属的类型。

（7）否则，如果有符号类型可表示无符号类型的所有可能取值，则将无符号操作数转换为有符号操作数所属的类型。

（8）否则，将两个操作数都转换为有符号类型的无符号版本。

ANSI C 遵循的规则与 ISO 2003 C++相同，这与前述规则稍有不同；而传统 K&R C 的规则又与 ANSI C 稍有不同。例如，传统 C 语言总是将 float 提升为 double，即使两个操作数都是 float。

前面的列表谈到了整型级别的概念。简单地说，有符号整型按级别从高到低依次为 long long、long、int、short 和 signed char。无符号整型的排列顺序与有符号整型相同。类型 char、signed char 和 unsigned char 的级别相同。类型 bool 的级别最低。wchar_t、char16_t 和 char32_t 的级别与其底层类型相同。

4．传递参数时的转换

正如第 7 章将介绍的，传递参数时的类型转换通常由 C++函数原型控制。然而，也可以取消原型对参数传递的控制，尽管这样做并不明智。在这种情况下，C++将对 char 和 short 类型（signed 和 unsigned）应用整型提升。另外，为保持与传统 C 语言中大量代码的兼容性，在将参数传递给取消原型对参数传递控制的函数时，C++将 float 参数提升为 double。

5．强制类型转换

C++还允许通过强制类型转换机制显式地进行类型转换（C++认识到，必须有类型规则，而有时又需要推翻这些规则）。强制类型转换的格式有两种。例如，为将存储在变量 thorn 中的 int 值转换为 long 类型，可以使用下述表达式中的一种：

```
(long) thorn    // returns a type long conversion of thorn
long (thorn)    // returns a type long conversion of thorn
```

强制类型转换不会修改 thorn 变量本身，而是创建一个新的、指定类型的值，可以在表达式中使用这个值。

```
cout << int('Q');    // displays the integer code for 'Q'
```

强制转换的通用格式如下：

```
(typeName) value    // converts value to typeName type
typeName (value)    // converts value to typeName type
```

第一种格式来自 C 语言，第二种格式是纯粹的 C++。新格式的想法是，要让强制类型转换就像是函数调用。这样对内置类型的强制类型转换就像是为用户定义的类设计的类型转换。

C++还引入了 4 个强制类型转换运算符，对它们的使用要求更为严格，这将在第 15 章介绍。在这四个运算符中，static_cast<>可用于将值从一种数值类型转换为另一种数值类型。例如，可以像下面这样将 thorn 转换为 long 类型：

```
static_cast<long> (thorn) // returns a type long conversion of thorn
```

推而广之，可以这样做：

```
static_cast<typeName> (value) // converts value to typeName type
```

Stroustrup 认为，C 语言式的强制类型转换由于有过多的可能性而极其危险，这将在第 15 章更深入地讨论。运算符 static_cast<>比传统强制类型转换更严格。

程序清单 3.14 演示了这两种基本的强制类型转换和 static_cast<>。可以将该程序第一部分想象为一个功能强大的生态模拟程序的一部分，该程序执行浮点计算，结果被转换为鸟和动物的数目。得到的结果取决于何时进行转换。计算 auks 时，首先将浮点值相加，然后在赋值时，将总数转换为 int。但计算 bats 和 coots 时，首先通过强制类型转换将浮点值转换为 int，然后计算总和。程序的最后一部分演示了如何通过强制类型转换来显示 char 值的 ASCII 码。

程序清单 3.14 typecast.cpp

```
// typecast.cpp -- forcing type changes
#include <iostream>
int main()
{
    using namespace std;
    int auks, bats, coots;

    // the following statement adds the values as double,
    // then converts the result to int
    auks = 19.99 + 11.99;

    // these statements add values as int
    bats = (int) 19.99 + (int) 11.99; // old C syntax
    coots = int (19.99) + int (11.99); // new C++ syntax
    cout << "auks = " << auks << ", bats = " << bats;
    cout << ", coots = " << coots << endl;

    char ch = 'Z';
    cout << "The code for " << ch << " is "; // print as char
    cout << int(ch) << endl; // print as int
    cout << "Yes, the code is ";
    cout << static_cast<int>(ch) << endl; // using static_cast
    return 0;
}
```

下面是该程序的运行结果：

```
auks = 31, bats = 30, coots = 30
The code for Z is 90
Yes, the code is 90
```

首先，将 19.99 和 11.99 相加，结果为 31.98。将这个值赋给 int 变量 auks 时，它被截短为 31。但在进行加法运算之前使用强制类型转换时，这两个值将被截短为 19 和 11，因此 bats 和 coots 的值都为 30。接下来，两条 cout 语句使用强制类型转换将 char 类型的值转换为 int，再显示它。这些转换导致 cout 将值打印为整数，而不是字符。

该程序指出了使用强制类型转换的两个原因。首先，可能有一些值被存储为 double 类型，但要使用它们来计算得到一个 int 类型的值。例如，可能要用浮点数来对齐网格或者模拟整数值（如人口）。程序员可能希望在计算时将值视为 int，强制类型转换允许直接这样做。注意，将值转换为 int，然后相加得到的结果，与先将值相加，然后转换为 int 是不同的，至少对于这些值来说是不同的。

程序的第二部分指出了最常见的使用强制类型转换的原因——使一种格式的数据能够满足不同的期望。例如，在程序清单 3.14 中，char 变量 ch 存储的是字母 Z 的编码。将 cout 用于 ch 将显示字符 Z，因为 ch 的类型为 char。但通过将 ch 强制转换为 int 类型，cout 将采用 int 模式，从而打印存储在 ch 中的 ASCII 码。

3.4.5 C++11 中的 auto 声明

C++11 新增了一个工具，让编译器能够根据初始值的类型推断变量的类型。为此，它重新定义了 auto 的含义。auto 是一个 C 语言关键字，但很少使用，有关其以前的含义，请参阅第 9 章。在初始化声明中，如果使用关键字 auto，而不指定变量的类型，编译器将把变量的类型设置成与初始值相同：

```
auto n = 100;       // n is int
auto x = 1.5;       // x is double
auto y = 1.3e12L;   // y is long double
```

然而，自动推断类型并非为这种简单情况而设计的；事实上，如果将其用于这种简单情形，甚至可能让您误入歧途。例如，假设您要将 x、y 和 z 都指定为 double 类型，并编写了如下代码：

```
auto x = 0.0;  // ok, x is double because 0.0 is double
double y = 0;  // ok, 0 automatically converted to 0.0
auto z = 0;    // oops, z is int because 0 is int
```

显式地声明类型时，将变量初始化 0（而不是 0.0）不会导致任何问题，但采用自动类型推断时，这却会导致问题。

处理复杂类型，如标准模块库（STL）中的类型时，自动类型推断的优势才能显现出来。例如，对于下述 C++98 代码：

```
std::vector<double> scores;
std::vector<double>::iterator pv = scores.begin();
```

C++11 允许您将其重写为下面这样：

```
std::vector<double> scores;
auto pv = scores.begin();
```

本书后面讨论相关的主题时，将再次提到 auto 的这种新含义。

3.5 总结

C++的基本类型分为两组：一组由存储为整数的值组成，另一组由存储为浮点格式的值组成。整型之间通过存储值时使用的内存量及有无符号来区分。整型从最小到最大依次是：bool、char、signed char、unsigned char、short、unsigned short、int、unsigned int、long、unsigned long 以及 C++11 新增的 long long 和 unsigned long long。还有一种 wchar_t 类型，它在这个序列中的位置取决于实现。C++11 新增了类型 char16_t 和 char32_t，它们的宽度足以分别存储 16 和 32 位的字符编码。C++确保了 char 足够大，能够存储系统基本字符集中的任何成员，而 wchar_t 则可以存储系统扩展字符集中的任意成员，short 至少为 16 位，而 int 至少与 short 一样长，long 至少为 32 位，且至少和 int 一样长。确切的长度取决于实现。

字符通过其数值编码来表示。I/O 系统决定了编码是被解释为字符还是数字。

浮点类型可以表示小数值以及比整型能够表示的值大得多的值。3 种浮点类型分别是 float、double 和 long double。C++确保 float 不比 double 长，而 double 不比 long double 长。通常，float 使用 32 位内存，double 使用 64 位，long double 使用 80～128 位。

通过提供各种长度不同、有符号或无符号的类型，C++使程序员能够根据特定的数据要求选择合适的类型。

C++使用运算符来提供对数字类型的算术运算：加、减、乘、除和求模。当两个运算符对同一个操作数进行操作时，C++的优先级和结合性规则可以确定先执行哪种操作。

对变量赋值、在运算中使用不同类型、使用强制类型转换时，C++将把值从一种类型转换为另一种类型。很多类型转换都是“安全的”，即可以在不损失和改变数据的情况下完成转换。例如，可以把 int 值转换为 long 值，而不会出现任何问题。对于其他一些转换，如将浮点类型转换为整型，则需要更加小心。

开始，读者可能觉得大量的 C++基本类型有些多余，尤其是考虑到各种转换规则时。但是很可能最终将发现，某些时候，只有一种类型是需要的，此时您将感谢 C++提供了这种类型。

3.6 复习题

1. 为什么 C++有多种整型？
2. 声明与下述描述相符的变量。

a. short 整数，值为 80

b. unsigned int 整数，值为 42110

c. 值为 3000000000 的整数

3. C++提供了什么措施来防止超出整型的范围？
4. 33L 与 33 之间有什么区别？
5. 下面两条 C++语句是否等价？

```
char grade = 65;
char grade = 'A';
```

6. 如何使用 C++来找出编码 88 表示的字符？指出至少两种方法。

7. 将long值赋给float变量会导致舍入误差，将long值赋给double变量呢？将long long值赋给double变量呢？

8. 下列C++表达式的结果分别是多少？

```
a. 8 * 9 + 2
b. 6 * 3 / 4
c. 3 / 4 * 6
d. 6.0 * 3 / 4
e. 15 % 4
```

9. 假设x1和x2是两个double变量，您要将它们作为整数相加，再将结果赋给一个整型变量。请编写一条完成这项任务的C++语句。如果要将它们作为double值相加并转换为int呢？

10. 下面每条语句声明的变量都是什么类型？

```
a. auto cars = 15;
b. auto iou = 150.37f;
c. auto level = 'B';
d. auto crat = U'\U00002155';
e. auto fract = 8.25f/2.5;
```

3.7 编程练习

1. 编写一个小程序，要求用户使用一个整数指出自己的身高（单位为英寸），然后将身高转换为英尺和英寸。该程序使用下划线字符来指示输入位置。另外，使用一个const符号常量来表示转换因子。

2. 编写一个小程序，要求以几英尺几英寸的方式输入其身高，并以磅为单位输入其体重。（使用3个变量来存储这些信息。）该程序报告其BMI（Body Mass Index，体重指数）。为了计算BMI，该程序以英寸的方式指出用户的身高（1英尺为12英寸），并将以英寸为单位的身高转换为以米为单位的身高（1英寸=0.0254米）。然后，将以磅为单位的体重转换为以千克为单位的体重（1千克=2.2磅）。最后，计算相应的BMI——体重（千克）除以身高（米）的平方。用符号常量表示各种转换因子。

3. 编写一个程序，要求用户以度、分、秒的方式输入一个纬度，然后以度为单位显示该纬度。1度为60分，1分等于60秒，请以符号常量的方式表示这些值。对于每个输入值，应使用一个独立的变量存储它。下面是该程序运行时的情况：

```
Enter a latitude in degrees, minutes, and seconds:
First, enter the degrees: 37
Next, enter the minutes of arc: 51
Finally, enter the seconds of arc: 19
37 degrees, 51 minutes, 19 seconds = 37.8553 degrees
```

4. 编写一个程序，要求用户以整数方式输入秒数（使用long或long long变量存储），然后以天、小时、分钟和秒的方式显示这段时间。使用符号常量来表示每天有多少小时、每小时有多少分钟以及每分钟有多少秒。该程序的输出应与下面类似：

```
Enter the number of seconds: 31600000
31600000 seconds = 365 days, 17 hours, 46 minutes, 40 seconds
```

5. 编写一个程序，要求用户输入全球当前的人口和美国当前的人口（或其他国家的人口）。将这些信息存储在long long变量中，并让程序显示美国（或其他国家）的人口占全球人口的百分比。该程序的输出应与下面类似：

```
Enter the world's population: 6898758899
Enter the population of the US: 310783781
The population of the US is 4.50492% of the world population.
```

6. 编写一个程序，要求用户输入驱车里程（英里）和使用汽油量（加仑），然后指出汽车耗油量为一加仑的里程。如果愿意，也可以让程序要求用户以公里为单位输入距离，并以升为单位输入汽油量，然后指出欧洲风格的结果——即每100公里的耗油量（升）。

7. 编写一个程序，要求用户按欧洲风格输入汽车的耗油量（每100公里消耗的汽油量（升）），然后将其转换为美国风格的耗油量——每加仑多少英里。注意，除了使用不同的单位计量外，美国方法（距离/燃料）与欧洲方法（燃料/距离）相反。100公里等于62.14英里，1加仑等于3.785升。因此，19mpg大约合12.4L/100km，27mpg大约合8.7L/100km。

第 4 章 复合类型

本章内容包括：

- 创建和使用数组；
- 创建和使用 C 风格字符串；
- 创建和使用 string 类字符串；
- 使用方法 getline()和 get()读取字符串；
- 混合输入字符串和数字；
- 创建和使用结构；
- 创建和使用共用体；
- 创建和使用枚举；
- 创建和使用指针；
- 使用 new 和 delete 管理动态内存；
- 创建动态数组；
- 创建动态结构；
- 自动存储、静态存储和动态存储；
- vector 和 array 类简介。

假设您开发了一个名叫 User-Hostile 的计算机游戏，玩家需要用智慧来应对一个神秘、险恶的计算机界面。现在，必须编写一个程序来跟踪 5 年来游戏每月的销售量，或者希望盘点一下与黑客英雄累积的较量回合。您很快发现，需要一些比 C++的简单基本类型更复杂的东西，才能满足这些数据的要求，C++也提供了这样的东西——复合类型。这种类型是基于基本整型和浮点类型创建的。影响最为深远的复合类型是类，它是将学习的 OOP 的堡垒。然而，C++还支持几种更普通的复合类型，它们都来自 C 语言。例如，数组可以存储多个同类型的值。一种特殊的数组可以存储字符串（一系列字符）。结构可以存储多个不同类型的值。而指针则是一种将数据所处位置告诉计算机的变量。本章将介绍所有这些复合类型（类除外），还将介绍 new 和 delete 及如何使用它们来管理数据。另外，还将简要地介绍 string 类，它提供了另一种处理字符串的途径。

4.1 数组

数组（array）是一种数据格式，能够存储多个同类型的值。例如，数组可以存储 60 个 int 类型的值（这些值表示游戏 5 年来的销售量）、12 个 short 值（这些值表示每个月的天数）或 365 个 float 值（这些值指出一年中每天在食物方面的开销）。每个值都存储在一个独立的数组元素中，计算机在内存中依次存储数组的各个元素。

要创建数组，可使用声明语句。数组声明应指出以下三点：

- 存储在每个元素中的值的类型；
- 数组名；

● 数组中的元素数。

在C++中，可以通过修改简单变量的声明，添加中括号（其中包含元素数目）来完成数组声明。例如，下面的声明创建一个名为months的数组，该数组有12个元素，每个元素都可以存储一个short类型的值：

```
short months[12];          // creates array of 12 short
```

事实上，可以将数组中的每个元素看作是一个简单变量。

声明数组的通用格式如下：

```
typeName arrayName[arraySize];
```

表达式arraySize指定元素数目，它必须是整型常数（如10）或const值，也可以是常量表达式（如8 * sizeof（int）），即其中所有的值在编译时都是已知的。具体地说，arraySize不能是变量，变量的值是在程序运行时设置的。然而，本章稍后将介绍如何使用new运算符来避开这种限制。

作为复合类型的数组

数组之所以被称为复合类型，是因为它是使用其他类型来创建的（C语言使用术语“派生类型”，但由于C++对类关系使用术语“派生”，所以它必须创建一个新术语）。不能仅仅将某种东西声明为数组，它必须是特定类型的数组。没有通用的数组类型，但存在很多特定的数组类型，如char数组或long数组。例如，请看下面的声明：

```
float loans[20];
```

loans的类型不是“数组”，而是“float数组”。这强调了loans数组是使用float类型创建的。

数组的很多用途都是基于这样一个事实：可以单独访问数组元素。方法是使用下标或索引来对元素进行编号。C++数组从0开始编号（这没有商量的余地，必须从0开始。Pascal和BASIC用户必须调整习惯）。C++使用带索引的方括号表示法来指定数组元素。例如，months[0]是months数组的第一个元素，months[11]是最后一个元素。注意，最后一个元素的索引比数组长度小1（参见图4.1）。因此，数组声明能够使用一个声明创建大量的变量，然后便可以用索引来标识和访问各个元素。

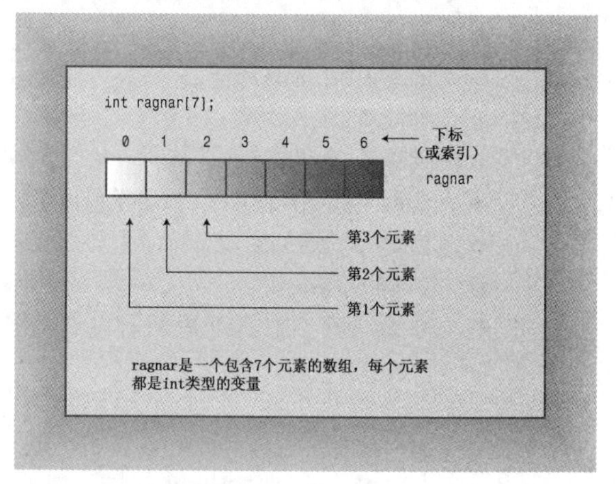

图4.1 创建数组

有效下标值的重要性

编译器不会检查使用的下标是否有效。例如，如果将一个值赋给不存在的元素months[101]，编译器并不会指出错误。但是程序运行后，这种赋值可能引发问题，它可能破坏数据或代码，也可能导致程序异常终止。所以必须确保程序只使用有效的下标值。

程序清单4.1中的马铃薯分析程序说明了数组的一些属性，包括声明数组、给数组元素赋值以及初始化数组。

程序清单4.1 arrayone.cpp

```
// arrayone.cpp -- small arrays of integers
#include <iostream>
int main()
{
    using namespace std;
    int yams[3]; // creates array with three elements
    yams[0] = 7; // assign value to first element
    yams[1] = 8;
    yams[2] = 6;

    int yamcosts[3] = {20, 30, 5}; // create, initialize array
// NOTE: If your C++ compiler or translator can't initialize
// this array, use static int yamcosts[3] instead of
// int yamcosts[3]
```

```
    cout << "Total yams = ";
    cout << yams[0] + yams[1] + yams[2] << endl;
    cout << "The package with " << yams[1] << " yams costs ";
    cout << yamcosts[1] << " cents per yam.\n";
    int total = yams[0] * yamcosts[0] + yams[1] * yamcosts[1];
    total = total + yams[2] * yamcosts[2];
    cout << "The total yam expense is " << total << " cents.\n";

    cout << "\nSize of yams array = " << sizeof yams;
    cout << " bytes.\n";
    cout << "Size of one element = " << sizeof yams[0];
    cout << " bytes.\n";
    return 0;
}
```

下面是该程序的输出：

```
Total yams = 21
The package with 8 yams costs 30 cents per yam.
The total yam expense is 410 cents.

Size of yams array = 12 bytes.
Size of one element = 4 bytes.
```

4.1.1 程序说明

该程序首先创建一个名为 yams 的包含 3 个元素的数组。由于 yams 有 3 个元素，它们的编号为 0～2，因此 arrayone.cpp 使用索引 0～2 分别给这三个元素赋值。yams 的每个元素都是 int，都有 int 类型的权力和特权，因此 arrayone.cpp 能够将值赋给元素、将元素相加和相乘，并显示它们。

程序给 yams 的元素赋值时，绕了一个大弯。C++允许在声明语句中初始化数组元素。程序清单 4.1 使用这种捷径来给 yamcosts 数组赋值：

```
int yamcosts[3] = {20, 30, 5};
```

只需提供一个用逗号分隔的值列表（初始化列表），并将它们用花括号括起即可。列表中的空格是可选的。如果没有初始化函数中定义的数组，则其元素值将是不确定的，这意味着元素的值为以前驻留在该内存单元中的值。

接下来，程序使用数组值进行一些计算。程序的这部分由于包含了下标和括号，所以看上去有些混乱。第 5 章将介绍 for 循环，它可以提供一种功能强大的方法来处理数组，因而不用显式地书写每个索引。同时，我们仍然坚持使用小型数组。

您可能还记得，sizeof 运算符返回类型或数据对象的长度（单位为字节）。注意，如果将 sizeof 运算符用于数组名，得到的将是整个数组中的字节数。但如果将 sizeof 用于数组元素，则得到的将是元素的长度（单位为字节）。这表明 yams 是一个数组，而 yams[1]只是一个 int 变量。

4.1.2 数组的初始化规则

C++有几条关于初始化数组的规则，它们限制了初始化的时刻，决定了数组的元素数目与初始化器中值的数目不相同时将发生的情况。我们来看看这些规则。

只有在定义数组时才能使用初始化，此后就不能使用了，也不能将一个数组赋给另一个数组：

```
int cards[4] = {3, 6, 8, 10}; // okay
int hand[4];                  // okay
hand[4] = {5, 6, 7, 9};       // not allowed
hand = cards;                 // not allowed
```

然而，可以使用下标分别给数组中的元素赋值。

初始化数组时，提供的值可以少于数组的元素数目。例如，下面的语句只初始化 hotelTips 的前两个元素：

```
float hotelTips[5] = {5.0, 2.5};
```

如果只对数组的一部分进行初始化，则编译器将把其他元素设置为 0。因此，将数组中所有的元素都初始化为 0 非常简单——只要显式地将第一个元素初始化为 0，然后让编译器将其他元素都初始化为 0 即可：

```
long totals[500] = {0};
```

如果初始化为{1}而不是{0}，则第一个元素被设置为 1，其他元素都被设置为 0。

如果初始化数组时方括号内（[ ]）为空，C++编译器将计算元素个数。例如，对于下面的声明：

```
short things[] = {1, 5, 3, 8};
```

编译器将使 things 数组包含 4 个元素。

让编译器去做

通常，让编译器计算元素个数是种很糟的做法，因为其计数可能与您想象的不一样。例如，您可能不小心在列表中遗漏了一个值。然而，这种方法对于将字符数组初始化为一个字符串来说比较安全，很快您将明白这一点。如果主要关心的问题是程序，而不是自己是否知道数组的大小，则可以这样做：

```
short things[] = {1, 5, 3, 8};
int num_elements = sizeof things / sizeof (short);
```

这样做是有用还是偷懒取决于具体情况。

4.1.3 C++11 数组初始化方法

第 3 章说过，C++11 将使用大括号的初始化（列表初始化）作为一种通用初始化方式，可用于所有类型。数组以前就可使用列表初始化，但 C++11 中的列表初始化新增了一些功能。

首先，初始化数组时，可省略等号（=）：

```
double earnings[4] {1.2e4, 1.6e4, 1.1e4, 1.7e4}; // okay with C++11
```

其次，可不在大括号内包含任何东西，这将把所有元素都设置为零：

```
unsigned int counts[10] = {};   // all elements set to 0
float balances[100] {};         // all elements set to 0
```

第三，列表初始化禁止缩窄转换，这在第 3 章介绍过：

```
long plifs[] = {25, 92, 3.0};               // not allowed
char slifs[4] {'h', 'i', 1122011, '\0'};    // not allowed
char tlifs[4] {'h', 'i', 112, '\0'};        // allowed
```

在上述代码中，第一条语句不能通过编译，因为将浮点数转换为整型是缩窄操作，即使浮点数的小数点后面为零。第二条语句也不能通过编译，因为 1122011 超出了 char 变量的取值范围（这里假设 char 变量的长度为 8 位）。第三条语句可通过编译，因为虽然 112 是一个 int 值，但它在 char 变量的取值范围内。

C++标准模板库（STL）提供了一种数组替代品——模板类 vector，而 C++11 新增了模板类 array。这些替代品比内置复合类型数组更复杂、更灵活，本章将简要地讨论它们，而第 16 章将更详细地讨论它们。

4.2 字符串

字符串是存储在内存的连续字节中的一系列字符。C++处理字符串的方式有两种。第一种来自 C 语言，常被称为 C 风格字符串（C-style string）。本章将首先介绍它，然后介绍另一种基于 string 类库的方法。

存储在连续字节中的一系列字符意味着可以将字符串存储在 char 数组中，其中每个字符都位于自己的数组元素中。字符串提供了一种存储文本信息的便捷方式，如提供给用户的消息（“请告诉我您的瑞士银行账号”）或来自用户的响应（“您肯定在开玩笑”）。C 风格字符串具有一种特殊的性质：以空字符（null character）结尾，空字符被写作\0，其 ASCII 码为 0，用来标记字符串的结尾。例如，请看下面两个声明：

```
char dog[8] = { 'b', 'e', 'a', 'u', 'x', ' ', 'I', 'I'};  // not a string!
char cat[8] = {'f', 'a', 't', 'e', 's', 's', 'a', '\0'};  // a string!
```

这两个数组都是 char 数组，但只有第二个数组是字符串。空字符对 C 风格字符串而言至关重要。例如，C++有很多处理字符串的函数，其中包括 cout 使用的那些函数。它们都逐个地处理字符串中的字符，直到到达空字符为止。如果使用 cout 显示上面的 cat 这样的字符串，则将显示前 7 个字符，发现空字符后停止。但是，如果使用 cout 显示上面的 dog 数组（它不是字符串），cout 将打印出数组中的 8 个字母，并接着将内存中随后的各个字节解释为要打印的字符，直到遇到空字符为止。由于空字符（实际上是被设置为 0 的字节）在内存中很常见，因此这一过程将很快停止。但尽管如此，还是不应将不是字符串的字符数组当作字符串来处理。

在 cat 数组示例中，将数组初始化为字符串的工作看上去冗长乏味——使用大量单引号，且必须记住加上空字符。不必担心，有一种更好的、将字符数组初始化为字符串的方法——只需使用一个用引号括起的字符串即可，这种字符串被称为字符串常量（string constant）或字符串字面值（string literal），如下所示：

```
char bird[11] = "Mr. Cheeps";     // the \0 is understood
char fish[] = "Bubbles";          // let the compiler count
```

用引号括起的字符串隐式地包括结尾的空字符，因此不用显式地包括它（参见图 4.2）。另外，各种 C++输入工具通过键盘输入，将字符串读入 char 数组中时，将自动加上结尾的空字符（如果在运行程序清单 4.1 中的程序时发现，必须使用关键字 static 来初始化数组，则初始化上述 char 数组时也必须使用该关键字）。

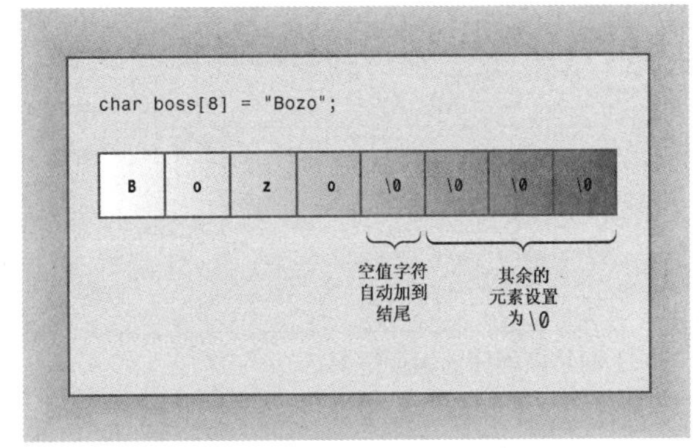

图 4.2 将数组初始化为字符串

当然，应确保数组足够大，能够存储字符串中所有字符——包括空字符。使用字符串常量初始化字符数组是这样的一种情况，即让编译器计算元素数目更为安全。让数组比字符串长没有什么害处，只是会浪费一些空间而已。这是因为处理字符串的函数根据空字符的位置，而不是数组长度来进行处理。C++对字符串长度没有限制。

警告：_在确定存储字符串所需的最短数组时，别忘了将结尾的空字符计算在内。_

注意，字符串常量（使用双引号）不能与字符常量（使用单引号）互换。字符常量（如'S'）是字符串编码的简写表示。在 ASCII 系统上，'S'只是 83 的另一种写法，因此，下面的语句将 83 赋给 shirt_size：

```
char shirt_size = 'S';   // this is fine
```

但"S"不是字符常量，它表示的是两个字符（字符 S 和\0）组成的字符串。更糟糕的是，"S"实际上表示的是字符串所在的内存地址。因此下面的语句试图将一个内存地址赋给 shirt_size：

```
char shirt_size = "S";   // illegal type mismatch
```

由于地址在 C++中是一种独立的类型，因此 C++编译器不允许这种不合理的做法（本章后面讨论指针后，将回过头来讨论这个问题）。

4.2.1 拼接字符串常量

有时候，字符串很长，无法放到一行中。C++允许拼接字符串字面值，即将两个用引号括起的字符串合并为一个。事实上，任何两个由空白（空格、制表符和换行符）分隔的字符串常量都将自动拼接成一个。因此，下面所有的输出语句都是等效的：

```
cout << "I'd give my right arm to be" " a great violinist.\n";
cout << "I'd give my right arm to be a great violinist.\n";
cout << "I'd give my right ar"
"m to be a great violinist.\n";
```

注意，拼接时不会在被连接的字符串之间添加空格，第二个字符串的第一个字符将紧跟在第一个字符串的最后一个字符（不考虑\0）后面。第一个字符串中的\0 字符将被第二个字符串的第一个字符取代。

4.2.2 在数组中使用字符串

要将字符串存储到数组中，最常用的方法有两种——将数组初始化为字符串常量、将键盘或文件输入读入到数组中。程序清单 4.2 演示了这两种方法，它将一个数组初始化为用引号括起的字符串，并使用 cin 将一个输入字符串放到另一个数组中。该程序还使用了标准 C 语言库函数 strlen()来确定字符串的长度。标准头文件 cstring（老式实现为 string.h）提供了该函数以及很多与字符串相关的其他函数的声明。

程序清单 4.2 strings.cpp

```
// strings.cpp -- storing strings in an array
#include <iostream>
#include <cstring> // for the strlen() function
int main()
{
    using namespace std;
    const int Size = 15;
    char name1[Size];               // empty array
    char name2[Size] = "C++owboy";  // initialized array
```

```
    // NOTE: some implementations may require the static keyword
    // to initialize the array name2

    cout << "Howdy! I'm " << name2;
    cout << "! What's your name?\n";
    cin >> name1;
    cout << "Well, " << name1 << ", your name has ";
    cout << strlen(name1) << " letters and is stored\n";
    cout << "in an array of " << sizeof(name1) << " bytes.\n";
    cout << "Your initial is " << name1[0] << ".\n";
    name2[3] = '\0'; // set to null character
    cout << "Here are the first 3 characters of my name: ";
    cout << name2 << endl;
    return 0;
}
```

下面是该程序的运行情况：

```
Howdy! I'm C++owboy! What's your name?
Basicman
Well, Basicman, your name has 8 letters and is stored
in an array of 15 bytes.
Your initial is B.
Here are the first 3 characters of my name: C++
```

程序说明

从程序清单 4.2 中可以学到什么呢？首先，sizeof 运算符指出整个数组的长度：15 字节，但 strlen()函数返回的是存储在数组中的字符串的长度，而不是数组本身的长度。另外，strlen()只计算可见的字符，而不把空字符计算在内。因此，对于 Basicman，返回的值为 8，而不是 9。如果 cosmic 是字符串，则要存储该字符串，数组的长度不能短于 strlen（cosmic）+1。

由于 name1 和 name2 是数组，所以可以用索引来访问数组中各个字符。例如，该程序使用 name1[0]找到数组的第一个字符。另外，该程序将 name2[3]设置为空字符。这使得字符串在第 3 个字符后即结束，虽然数组中还有其他的字符（参见图 4.3）。

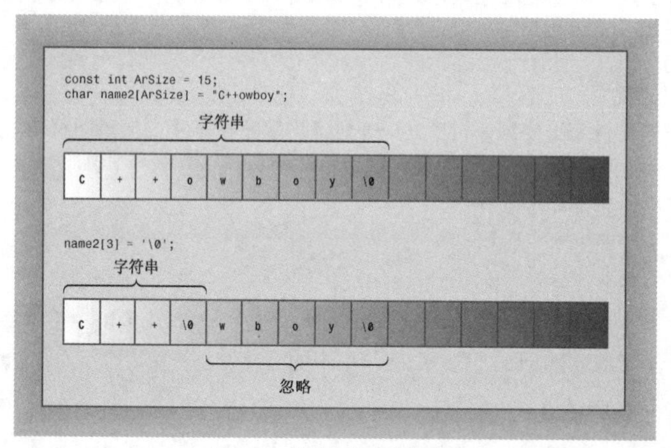

图 4.3　使用\0 截短字符串

该程序使用符号常量来指定数组的长度。程序常常有多条语句使用了数组长度。使用符号常量来表示数组长度后，当需要修改程序以使用不同的数组长度时，工作将变得更简单——只需在定义符号常量的地方进行修改即可。

4.2.3　字符串输入

程序 strings.cpp 有一个缺陷，这种缺陷通过精心选择输入被掩盖掉了。程序清单 4.3 揭开了它的面纱，揭示了字符串输入的技巧。

程序清单 4.3　instr1.cpp

```
// instr1.cpp -- reading more than one string
#include <iostream>
```

```
int main()
{
    using namespace std;
    const int ArSize = 20;
    char name[ArSize];
    char dessert[ArSize];

    cout << "Enter your name:\n";
    cin >> name;
    cout << "Enter your favorite dessert:\n";
    cin >> dessert;
    cout << "I have some delicious " << dessert;
    cout << " for you, " << name << ".\n";
    return 0;
}
```

该程序的意图很简单：读取来自键盘的用户名和用户喜欢的甜点，然后显示这些信息。下面是该程序的运行情况：

```
Enter your name:
Alistair Dreeb
Enter your favorite dessert:
I have some delicious Dreeb for you, Alistair.
```

我们甚至还没有对“输入甜点的提示”作出反应，程序便把它显示出来了，然后立即显示最后一行。

cin 是如何确定已完成字符串输入呢？由于不能通过键盘输入空字符，因此 cin 需要用别的方法来确定字符串的结尾位置。cin 使用空白（空格、制表符和换行符）来确定字符串的结束位置，这意味着 cin 在获取字符数组输入时只读取一个单词。读取该单词后，cin 将该字符串放到数组中，并自动在结尾添加空字符。

这个例子的实际结果是，cin 把 Alistair 作为第一个字符串，并将它放到 name 数组中。这把 Dreeb 留在输入队列中。当 cin 在输入队列中搜索用户喜欢的甜点时，它发现了 Dreeb，因此 cin 读取 Dreeb，并将它放到 dessert 数组中（参见图 4.4）。

另一个问题是，输入字符串可能比目标数组长（运行中没有揭示出来）。像这个例子一样使用 cin，确实不能防止将包含 30 个字符的字符串放到 20 个字符的数组中的情况发生。

很多程序都依赖于字符串输入，因此有必要对该主题做进一步探讨。我们必须使用 cin 的较高级特性，这将在第 17 章介绍。

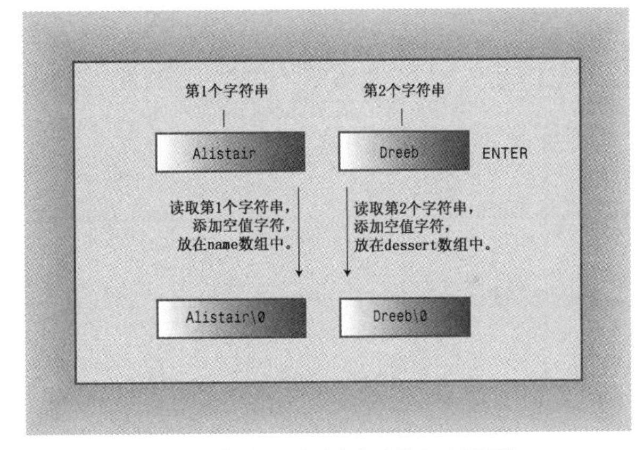

图 4.4 使用 cin 读取字符串输入时的情况

4.2.4 每次读取一行字符串输入

每次读取一个单词通常不是最好的选择。例如，假设程序要求用户输入城市名，用户输入 New York 或 Sao Paulo。您希望程序读取并存储完整的城市名，而不仅仅是 New 或 Sao。要将整条短语而不是一个单词作为字符串输入，需要采用另一种字符串读取方法。具体地说，需要采用面向行而不是面向单词的方法。幸运的是，istream 中的类（如 cin）提供了一些面向行的类成员函数：getline()和 get()。这两个函数都读取一行输入，直到到达换行符。然而，随后 getline()将丢弃换行符，而 get()将换行符保留在输入序列中。下面详细介绍它们，首先介绍 getline()。

1．面向行的输入：getline()

getline()函数读取整行，它使用通过回车键输入的换行符来确定输入结尾。要调用这种方法，可以使用 cin.getline()。该函数有两个参数。第一个参数是用来存储输入行的数组的名称，第二个参数是要读取的字符数。如果这个参数为 20，则函数最多读取 19 个字符，余下的空间用于存储自动在结尾处添加的空字符。getline()成员函数在读取指定数目的字符或遇到换行符时停止读取。

例如，假设要使用 getline()将姓名读入到一个包含 20 个元素的 name 数组中。可以使用这样的函数调用：

```
cin.getline(name,20);
```

这将把一行读入到 name 数组中——如果这行包含的字符不超过 19 个（getline()成员函数还可以接受第三个可选参数，这将在第 17 章讨论）。

程序清单 4.4 将程序清单 4.3 修改为使用 cin.getline()，而不是简单的 cin。除此之外，该程序没有做其他修改。

程序清单 4.4　instr2.cpp

```
// instr2.cpp -- reading more than one word with getline
#include <iostream>
int main()
{
    using namespace std;
    const int ArSize = 20;
    char name[ArSize];
    char dessert[ArSize];

    cout << "Enter your name:\n";
    cin.getline(name, ArSize); // reads through newline
    cout << "Enter your favorite dessert:\n";
    cin.getline(dessert, ArSize);
    cout << "I have some delicious " << dessert;
    cout << " for you, " << name << ".\n";
    return 0;
}
```

下面是该程序的输出：

```
Enter your name:
Dirk Hammernose
Enter your favorite dessert:
Radish Torte
I have some delicious Radish Torte for you, Dirk Hammernose.
```

该程序现在可以读取完整的姓名以及用户喜欢的甜点！getline()函数每次读取一行。它通过换行符来确定行尾，但不保存换行符。相反，在存储字符串时，它用空字符来替换换行符（参见图 4.5）。

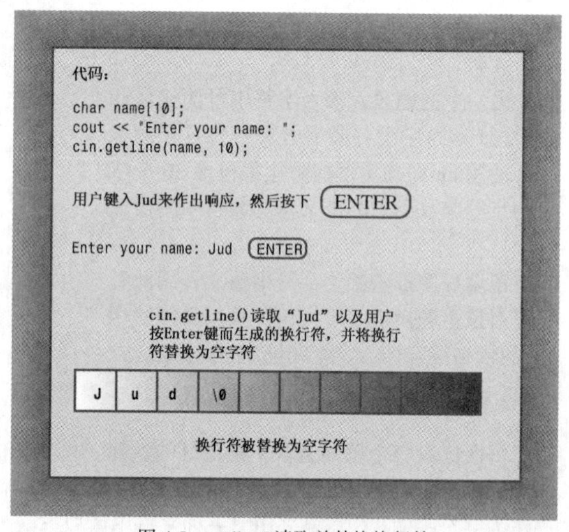

图 4.5　getline()读取并替换换行符

2. 面向行的输入：get()

我们来试试另一种方法。istream 类有另一个名为 get()的成员函数，该函数有几种变体。其中一种变体的工作方式与 getline()类似，它们接受的参数相同，解释参数的方式也相同，并且都读取到行尾。但 get 并不再读取并丢弃换行符，而是将其留在输入队列中。假设我们连续两次调用 get()：

```
cin.get(name, ArSize);
cin.get(dessert, ArSize);    // a problem
```

由于第一次调用后，换行符将留在输入队列中，因此第二次调用时看到的第一个字符便是换行符。因此 get()认为已到达行尾，而没有发现任何可读取的内容。如果不借助于帮助，get()将不能跨过该换行符。

幸运的是，get()有另一种变体。使用不带任何参数的 cin.get()调用可读取下一个字符（即使是换行符），因此可以用它来处理换行符，为读取下一行输入做好准备。也就是说，可以采用下面的调用序列：

```
cin.get(name, ArSize);        // read first line
cin.get();                    // read newline
cin.get(dessert, Arsize);     // read second line
```

另一种使用 get()的方式是将两个类成员函数拼接起来（合并），如下所示：

```
cin.get(name, ArSize).get(); // concatenate member functions
```

之所以可以这样做，是由于 cin.get(name, ArSize)返回一个 cin 对象，该对象随后将被用来调用 get()

函数。同样，下面的语句将把输入中连续的两行分别读入数组 name1 和 name2 中，其效果与两次调用 cin.getline()相同：

```
cin.getline(name1, ArSize).getline(name2, ArSize);
```

程序清单 4.5 采用了拼接方式。第 11 章将介绍如何在类定义中使用这项特性。

程序清单 4.5 instr3.cpp

```
// instr3.cpp -- reading more than one word with get() & get()
#include <iostream>
int main()
{
    using namespace std;
    const int ArSize = 20;
    char name[ArSize];
    char dessert[ArSize];

    cout << "Enter your name:\n";
    cin.get(name, ArSize).get(); // read string, newline
    cout << "Enter your favorite dessert:\n";
    cin.get(dessert, ArSize).get();
    cout << "I have some delicious " << dessert;
    cout << " for you, " << name << ".\n";
    return 0;
}
```

下面是程序清单 4.5 中程序的运行情况：

```
Enter your name:
Mai Parfait
Enter your favorite dessert:
Chocolate Mousse
I have some delicious Chocolate Mousse for you, Mai Parfait.
```

需要指出的一点是，C++允许函数有多个版本，条件是这些版本的参数列表不同。如果使用的是 cin.get (name, ArSize)，则编译器知道是要将一个字符串放入数组中，因而将使用适当的成员函数。如果使用的是 cin.get()，则编译器知道是要读取一个字符。第 8 章将探索这种特性——函数重载。

为什么要使用 get()，而不是 getline()呢？首先，老式实现没有 getline()。其次，get()使输入更仔细。例如，假设用 get()将一行读入数组中。如何知道停止读取的原因是由于已经读取了整行，而不是由于数组已填满呢？查看下一个输入字符，如果是换行符，说明已读取了整行；否则，说明该行中还有其他输入。第 17 章将介绍这种技术。总之，getline()使用起来简单一些，但 get()使得检查错误更简单些。可以用其中的任何一个来读取一行输入；只是应该知道，它们的行为稍有不同。

3. 空行和其他问题

当 getline()或 get()读取空行时，将发生什么情况？最初的做法是，下一条输入语句将在前一条 getline()或 get()结束读取的位置开始读取；但当前的做法是，当 get()（不是 getline()）读取空行后将设置失效位（failbit）。这意味着接下来的输入将被阻断，但可以用下面的命令来恢复输入：

```
cin.clear();
```

另一个潜在的问题是，输入字符串可能比分配的空间长。如果输入行包含的字符数比指定的多，则 getline()和 get()将把余下的字符留在输入队列中，而 getline()还会设置失效位，并关闭后面的输入。第 5 章、第 6 章和第 17 章将介绍这些属性，并探讨程序如何避免这些问题。

4.2.5 混合输入字符串和数字

混合输入数字和面向行的字符串会导致问题。请看程序清单 4.6 中的简单程序。

程序清单 4.6 numstr.cpp

```
// numstr.cpp -- following number input with line input
#include <iostream>
int main()
{
    using namespace std;
    cout << "What year was your house built?\n";
    int year;
    cin >> year;
```

```
    cout << "What is its street address?\n";
    char address[80];
    cin.getline(address, 80);
    cout << "Year built: " << year << endl;
    cout << "Address: " << address << endl;
    cout << "Done!\n";
    return 0;
}
```

该程序的运行情况如下：

```
What year was your house built?
1966
What is its street address?
Year built: 1966
Address:
Done!
```

用户根本没有输入地址的机会。问题在于，当 cin 读取年份，将回车键生成的换行符留在了输入队列中。后面的 cin.getline()看到换行符后，将认为是一个空行，并将一个空字符串赋给 address 数组。解决之道是，在读取地址之前先读取并丢弃换行符。这可以通过几种方法来完成，其中包括使用没有参数的 get()和使用接受一个 char 参数的 get()，如前面的例子所示。可以单独进行调用：

```
cin >> year;
cin.get(); // or cin.get(ch);
```

也可以利用表达式 cin>>year 返回 cin 对象，将调用拼接起来：

```
(cin >> year).get(); // or (cin >> year).get(ch);
```

按上述任何一种方法修改程序清单 4.6 后，它便可以正常工作：

```
What year was your house built?
1966
What is its street address?
43821 Unsigned Short Street
Year built: 1966
Address: 43821 Unsigned Short Street
Done!
```

C++程序常使用指针（而不是数组）来处理字符串。我们将在介绍指针后，再介绍字符串这个方面的特性。下面介绍一种较新的处理字符串的方式：C++ string 类。

4.3 string 类简介

ISO/ANSI C++98 标准通过添加 string 类扩展了 C++库，因此现在可以 string 类型的变量（使用 C++的说法是对象）而不是字符数组来存储字符串。您将看到，string 类使用起来比数组简单，同时提供了将字符串作为一种数据类型的表示方法。

要使用 string 类，必须在程序中包含头文件 string。string 类位于名称空间 std 中，因此您必须提供一条 using 编译指令，或者使用 std::string 来引用它。string 类定义隐藏了字符串的数组性质，让您能够像处理普通变量那样处理字符串。程序清单 4.7 说明了 string 对象与字符数组之间的一些相同点和不同点。

程序清单 4.7 strtype1.cpp

```
// strtype1.cpp -- using the C++ string class
#include <iostream>
#include <string>                 // make string class available
int main()
{
    using namespace std;
    char charr1[20];              // create an empty array
    char charr2[20] = "jaguar";   // create an initialized array
    string str1;                  // create an empty string object
    string str2 = "panther";      // create an initialized string

    cout << "Enter a kind of feline: ";
    cin >> charr1;
    cout << "Enter another kind of feline: ";
    cin >> str1;                 // use cin for input
    cout << "Here are some felines:\n";
    cout << charr1 << " " << charr2 << " "
```

```
        << str1 << " " << str2    // use cout for output
        << endl;
    cout << "The third letter in " << charr2 << " is "
        << charr2[2] << endl;
    cout << "The third letter in " << str2 << " is "
        << str2[2] << endl;       // use array notation
    return 0;
}
```

下面是该程序的运行情况：

```
Enter a kind of feline: ocelot
Enter another kind of feline: tiger
Here are some felines:
ocelot jaguar tiger panther
The third letter in jaguar is g
The third letter in panther is n
```

从这个示例可知，在很多方面，使用 string 对象的方式与使用字符数组相同。

- 可以使用 C 风格字符串来初始化 string 对象。
- 可以使用 cin 来将键盘输入存储到 string 对象中。
- 可以使用 cout 来显示 string 对象。
- 可以使用数组表示法来访问存储在 string 对象中的字符。

程序清单 4.7 表明，string 对象和字符数组之间的主要区别是，可以将 string 对象声明为简单变量，而不是数组：

```
string str1;              // create an empty string object
string str2 = "panther";  // create an initialized string
```

类设计让程序能够自动处理 string 的大小。例如，str1 的声明创建一个长度为 0 的 string 对象，但程序将输入读取到 str1 中时，将自动调整 str1 的长度：

```
cin >> str1;             // str1 resized to fit input
```

这使得与使用数组相比，使用 string 对象更方便，也更安全。从理论上说，可以将 char 数组视为一组用于存储一个字符串的 char 存储单元，而 string 类变量是一个表示字符串的实体。

4.3.1 C++11 字符串初始化

正如您预期的，C++11 也允许将列表初始化用于 C 风格字符串和 string 对象：

```
char first_date[] = {"Le Chapon Dodu"};
char second_date[] {"The Elegant Plate"};
string third_date = {"The Bread Bowl"};
string fourth_date {"Hank's Fine Eats"};
```

4.3.2 赋值、拼接和附加

使用 string 类时，某些操作比使用数组时更简单。例如，不能将一个数组赋给另一个数组，但可以将一个 string 对象赋给另一个 string 对象：

```
char charr1[20];              // create an empty array
char charr2[20] = "jaguar";   // create an initialized array
string str1;                  // create an empty string object
string str2 = "panther";      // create an initialized string
charr1 = charr2;              // INVALID, no array assignment
str1 = str2;                  // VALID, object assignment ok
```

string 类简化了字符串合并操作。可以使用运算符+将两个 string 对象合并起来，还可以使用运算符+=将字符串附加到 string 对象的末尾。继续前面的代码，您可以这样做：

```
string str3;
str3 = str1 + str2;     // assign str3 the joined strings
str1 += str2;           // add str2 to the end of str1
```

程序清单 4.8 演示了这些用法。可以将 C 风格字符串或 string 对象与 string 对象相加，或将它们附加到 string 对象的末尾。

程序清单 4.8　strtype2.cpp

```
// strtype2.cpp -- assigning, adding, and appending
#include <iostream>
#include <string>               // make string class available
int main()
```

```
{
    using namespace std;
    string s1 = "penguin";
    string s2, s3;

    cout << "You can assign one string object to another: s2 = s1\n";
    s2 = s1;
    cout << "s1: " << s1 << ", s2: " << s2 << endl;
    cout << "You can assign a C-style string to a string object.\n";
    cout << "s2 = \"buzzard\"\n";
    s2 = "buzzard";
    cout << "s2: " << s2 << endl;
    cout << "You can concatenate strings: s3 = s1 + s2\n";
    s3 = s1 + s2;
    cout << "s3: " << s3 << endl;
    cout << "You can append strings.\n";
    s1 += s2;
    cout <<"s1 += s2 yields s1 = " << s1 << endl;
    s2 += " for a day";
    cout <<"s2 += \" for a day\" yields s2 = " << s2 << endl;

    return 0;
}
```

转义序列\"表示双引号，而不是字符串结尾。该程序的输出如下：

```
You can assign one string object to another: s2 = s1
s1: penguin, s2: penguin
You can assign a C-style string to a string object.
s2 = "buzzard"
s2: buzzard
You can concatenate strings: s3 = s1 + s2
s3: penguinbuzzard
You can append strings.
s1 += s2 yields s1 = penguinbuzzard
s2 += " for a day" yields s2 = buzzard for a day
```

4.3.3 string 类的其他操作

在 C++新增 string 类之前，程序员也需要完成诸如给字符串赋值等工作。对于 C 风格字符串，程序员使用 C 语言库中的函数来完成这些任务。头文件 cstring（以前为 string.h）提供了这些函数。例如，可以使用函数 strcpy()将字符串复制到字符数组中，使用函数 strcat()将字符串附加到字符数组末尾：

```
strcpy(charr1, charr2);  // copy charr2 to charr1
strcat(charr1, charr2);  // append contents of charr2 to char1
```

程序清单 4.9 对用于 string 对象的技术和用于字符数组的技术进行了比较。

程序清单 4.9 strtype3.cpp

```
// strtype3.cpp -- more string class features
#include <iostream>
#include <string>         // make string class available
#include <cstring>        // C-style string library
int main()
{
    using namespace std;
    char charr1[20];
    char charr2[20] = "jaguar";
    string str1;
    string str2 = "panther";

    // assignment for string objects and character arrays
    str1 = str2;              // copy str2 to str1
    strcpy(charr1, charr2);   // copy charr2 to charr1

    // appending for string objects and character arrays
    str1 += " paste";           // add paste to end of str1
    strcat(charr1, " juice");   // add juice to end of charr1

    // finding the length of a string object and a C-style string
    int len1 = str1.size();       // obtain length of str1
    int len2 = strlen(charr1);    // obtain length of charr1

    cout << "The string " << str1 << " contains "
         << len1 << " characters.\n";
    cout << "The string " << charr1 << " contains "
```

```
        << len2 << " characters.\n";

    return 0;
}
```

下面是该程序的输出：

```
The string panther paste contains 13 characters.
The string jaguar juice contains 12 characters.
```

处理 string 对象的语法通常比使用 C 字符串函数简单，尤其是执行较为复杂的操作时。例如，对于下述操作：

```
str3 = str1 + str2;
```

使用 C 风格字符串时，需要使用的函数如下：

```
strcpy(charr3, charr1);
strcat(charr3, charr2);
```

另外，使用字符数组时，总是存在目标数组过小，无法存储指定信息的危险，如下面的示例所示：

```
char site[10] = "house";
strcat(site, " of pancakes"); // memory problem
```

函数 strcat()试图将全部 12 个字符连接到数组 site，这将覆盖相邻的内存。这可能导致程序终止，或者程序继续运行，但数据被损坏。string 类具有自动调整大小的功能，从而能够避免这种问题发生。C 函数库确实提供了与 strcat()和 strcpy()类似的函数——strncat()和 strncpy()，它们接受指出目标数组最大允许长度的第三个参数，因此更为安全，但使用它们进一步增加了编写程序的复杂度。

下面是两种确定字符串中字符数的方法：

```
int len1 = str1.size(); // obtain length of str1
int len2 = strlen(charr1); // obtain length of charr1
```

函数 strlen()是一个常规函数，它接受一个 C 风格字符串作为参数，并返回该字符串包含的字符数。函数 size()的功能基本上与此相同，但句法不同：str1 不是被用作函数参数，而是位于函数名之前，它们之间用句点连接。与第 3 章介绍的 put()方法相同，这种句法表明，str1 是一个对象，而 size()是一个类方法。方法是一个函数，只能通过其所属类的对象进行调用。在这里，str1 是一个 string 对象，而 size()是 string 类的一个方法。总之，C 函数使用参数来指出要使用哪个字符串，而 C++ string 类对象使用对象名和句点运算符来指出要使用哪个字符串。

4.3.4 string 类 I/O

正如您知道的，可以使用 cin 和运算符>>来将输入存储到 string 对象中，使用 cout 和运算符<<来显示 string 对象，其句法与处理 C 风格字符串相同。但每次读取一行而不是一个单词时，使用的句法不同，程序清单 4.10 说明了这一点。

程序清单 4.10 strtype4.cpp

```
// strtype4.cpp -- line input
#include <iostream>
#include <string>           // make string class available
#include <cstring>          // C-style string library
int main()
{
    using namespace std;
    char charr[20];
    string str;

    cout << "Length of string in charr before input: "
         << strlen(charr) << endl;
    cout << "Length of string in str before input: "
         << str.size() << endl;
    cout << "Enter a line of text:\n";
    cin.getline(charr, 20);  // indicate maximum length
    cout << "You entered: " << charr << endl;
    cout << "Enter another line of text:\n";
    getline(cin, str);       // cin now an argument; no length specifier
    cout << "You entered: " << str << endl;
    cout << "Length of string in charr after input: "
         << strlen(charr) << endl;
    cout << "Length of string in str after input: "
         << str.size() << endl;
```

```
    return 0;
}
```

下面是一个运行该程序时的输出示例：

```
Length of string in charr before input: 27
Length of string in str before input: 0
Enter a line of text:
peanut butter
You entered: peanut butter
Enter another line of text:
blueberry jam
You entered: blueberry jam
Length of string in charr after input: 13
Length of string in str after input: 13
```

在用户输入之前，该程序指出数组 charr 中的字符串长度为 27，这比该数组的长度要大。这里有两点需要说明。首先，未初始化的数组的内容是未定义的；其次，函数 strlen()从数组的第一个元素开始计算字节数，直到遇到空字符。在这个例子中，在数组末尾的几个字节后才遇到空字符。对于未被初始化的数据，第一个空字符的出现位置是随机的，因此您在运行该程序时，得到的数组长度很可能与此不同。

另外，用户输入之前，str 中的字符串长度为 0。这是因为未被初始化的 string 对象的长度被自动设置为 0。

下面是将一行输入读取到数组中的代码：

```
cin.getline(charr, 20);
```

这种句点表示法表明，函数 getline()是 istream 类的一个类方法（还记得吗，cin 是一个 istream 对象）。正如前面指出的，第一个参数是目标数组；第二个参数数组长度，getline()使用它来避免超越数组的边界。

下面是将一行输入读取到 string 对象中的代码：

```
getline(cin,str);
```

这里没有使用句点表示法，这表明这个 getline()不是类方法。它将 cin 作为参数，指出到哪里去查找输入。另外，也没有指出字符串长度的参数，因为 string 对象将根据字符串的长度自动调整自己的大小。

那么，为何一个 getline()是 istream 的类方法，而另一个不是呢？在引入 string 类前，C++早就有 istream 类。因此 istream 的设计考虑到了诸如 double 和 int 等基本 C++数据类型，但没有考虑 string 类型，所以 istream 类中，有处理 double、int 和其他基本类型的类方法，但没有处理 string 对象的类方法。

由于 istream 类中没有处理 string 对象的类方法，因此您可能会问，下述代码为何可行呢？

```
cin >> str; // read a word into the str string object
```

像下面这样的代码使用 istream 类的一个成员函数：

```
cin >> x; // read a value into a basic C++ type
```

但前面处理 string 对象的代码使用 string 类的一个友元函数。有关友元函数及这种技术为何可行，将在第 11 章介绍。另外，您可以将 cin 和 cout 用于 string 对象，而不用考虑其内部工作原理。

4.3.5 其他形式的字符串字面值

本书前面说过，除 char 类型外，C++还有类型 wchar_t；而 C++11 新增了类型 char16_t 和 char32_t。可创建这些类型的数组和这些类型的字符串字面值。对于这些类型的字符串字面值，C++分别使用前缀 L、u 和 U 表示，下面是一个如何使用这些前缀的例子：

```
wchar_t title[] = L"Chief Astrogator";   // w_char string
char16_t name[] = u"Felonia Ripova";     // char_16 string
char32_t car[] = U"Humber Super Snipe";  // char_32 string
```

C++11 还支持 Unicode 字符编码方案 UTF-8。在这种方案中，根据编码的数字值，字符可能存储为 1～4 个八位组。C++使用前缀 u8 来表示这种类型的字符串字面值。

C++11 新增的另一种类型是原始（raw）字符串。在原始字符串中，字符表示的就是自己，例如，序列 \n 不表示换行符，而表示两个常规字符——斜杠和 n，因此在屏幕上显示时，将显示这两个字符。另一个例子是，可在字符串中使用"，而无需像程序清单 4.8 中那样使用繁琐的\"。当然，既然可在字符串字面量包含"，就不能再使用它来表示字符串的开头和末尾。因此，原始字符串将"(和)"用作定界符，并使用前缀 R 来标识原始字符串：

```
cout << R"(Jim "King" Tutt uses "\n" instead of endl.)" << '\n';
```

上述代码将显示如下内容：

```
Jim "King" Tutt uses "\n" instead of endl.
```

如果使用标准字符串字面值，将需编写如下代码：

```
cout << "Jim \"King\" Tutt uses \" \\n\" instead of endl." << '\n';
```

在上述代码中，使用了\\来显示\，因为单个\表示转义序列的第一个字符。

输入原始字符串时，按回车键不仅会移到下一行，还将在原始字符串中添加回车字符。

如果要在原始字符串中包含)"，该如何办呢？编译器见到第一个)"时，会不会认为字符串到此结束？会的。但原始字符串语法允许您在表示字符串开头的"和(之间添加其他字符，这意味着表示字符串结尾的"和)之间也必须包含这些字符。因此，使用 R"+*(标识原始字符串的开头时，必须使用)+*"标识原始字符串的结尾。因此，下面的语句：

```
cout << R"+*("(Who wouldn't?)", she whispered.)+*" << endl;
```

将显示如下内容：

```
"(Who wouldn't?)", she whispered.
```

总之，这使用"+*(和)+*"替代了默认定界符"(和)"。自定义定界符时，在默认定界符之间添加任意数量的基本字符，但空格、左括号、右括号、斜杠和控制字符（如制表符和换行符）除外。

可将前缀 R 与其他字符串前缀结合使用，以标识 wchar_t 等类型的原始字符串。可将 R 放在前面，也可将其放在后面，如 Ru、UR 等。

下面介绍另一种复合类型——结构。

4.4 结构简介

假设要存储有关篮球运动员的信息，则可能需要存储他（她）的姓名、工资、身高、体重、平均得分、命中率、助攻次数等。希望有一种数据格式可以将所有这些信息存储在一个单元中。数组不能完成这项任务，因为虽然数组可以存储多个元素，但所有元素的类型必须相同。也就是说，一个数组可以存储 20 个 int，另一个数组可以存储 10 个 float，但同一个数组不能在一些元素中存储 int，在另一些元素中存储 float。

C++中的结构可以满足要求（存储篮球运动员的信息）。结构是一种比数组更灵活的数据格式，因为同一个结构可以存储多种类型的数据，这使得能够将有关篮球运动员的信息放在一个结构中，从而将数据的表示合并到一起。如果要跟踪整个球队，则可以使用结构数组。结构也是 C++ OOP 堡垒（类）的基石。学习有关结构的知识将使我们离 C++的核心 OOP 更近。

结构是用户定义的类型，而结构声明定义了这种类型的数据属性。定义了类型后，便可以创建这种类型的变量。因此创建结构包括两步。首先，定义结构描述——它描述并标记了能够存储在结构中的各种数据类型。然后按描述创建结构变量（结构数据对象）。

例如，假设 Bloataire 公司要创建一种类型来描述其生产线上充气产品的成员。具体地说，这种类型应存储产品名称、容量（单位为立方英尺）和售价。下面的结构描述能够满足这些要求：

```
struct inflatable   // structure declaration
{
    char name[20];
    float volume;
    double price;
};
```

关键字 struct 表明，这些代码定义的是一个结构的布局。标识符 inflatable 是这种数据格式的名称，因此新类型的名称为 inflatable。这样，便可以像创建 char 或 int 类型的变量那样创建 inflatable 类型的变量了。接下来的大括号中包含的是结构存储的数据类型的列表，其中每个列表项都是一条声明语句。这个例子使用了一个适合用于存储字符串的 char 数组、一个 float 和一个 double。列表中的每一项都被称为结构成员，因此 inflatable 结构有 3 个成员（参见图 4.6）。总之，结构定义指出了新类型（这里是 inflatable）的特征。

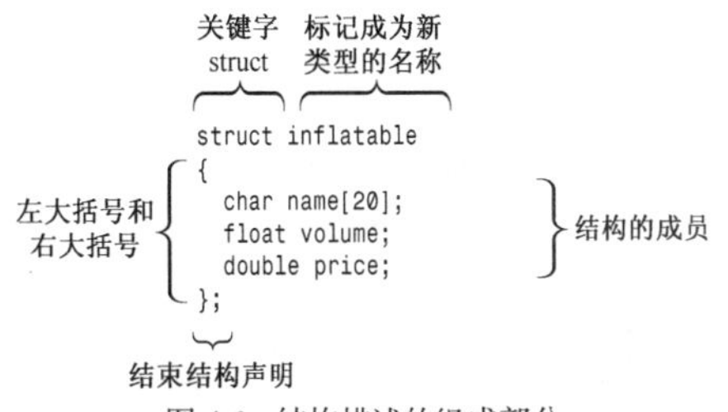

图 4.6 结构描述的组成部分

定义结构后，便可以创建这种类型的变量了：

```
inflatable hat;             // hat is a structure variable of type inflatable
inflatable woopie_cushion;  // type inflatable variable
inflatable mainframe;       // type inflatable variable
```

如果您熟悉C语言中的结构，则可能已经注意到了，C++允许在声明结构变量时省略关键字struct：

```
struct inflatable goose;  // keyword struct required in C
inflatable vincent;       // keyword struct not required in C++
```

在C++中，结构标记的用法与基本类型名相同。这种变化强调的是，结构声明定义了一种新类型。在C++中，省略struct不会出错。

由于hat的类型为inflatable，因此可以使用成员运算符（.）来访问各个成员。例如，hat.volume指的是结构的volume成员，hat.price指的是price成员。同样，vincent.price是vincent变量的price成员。总之，通过成员名能够访问结构的成员，就像通过索引能够访问数组的元素一样。由于price成员被声明为double类型，因此hat.price和vincent.price相当于是double类型的变量，可以像使用常规double变量那样来使用它们。总之，hat是一个结构，而hat.price是一个double变量。顺便说一句，访问类成员函数（如cin.getline()）的方式是从访问结构成员变量（如vincent.price）的方式衍生而来的。

4.4.1 在程序中使用结构

介绍结构的主要特征后，下面在一个使用结构的程序中使用这些概念。程序清单4.11说明了有关结构的这些问题，还演示了如何初始化结构。

程序清单4.11 structur.cpp

```
// structur.cpp -- a simple structure
#include <iostream>
struct inflatable // structure declaration
{
    char name[20];
    float volume;
    double price;
};

int main()
{
    using namespace std;
    inflatable guest =
    {
        "Glorious Gloria", // name value
        1.88,              // volume value
        29.99              // price value
    }; // guest is a structure variable of type inflatable
// It's initialized to the indicated values
    inflatable pal =
    {
        "Audacious Arthur",
        3.12,
        32.99
    }; // pal is a second variable of type inflatable
// NOTE: some implementations require using
// static inflatable guest =

    cout << "Expand your guest list with " << guest.name;
    cout << " and " << pal.name << "!\n";
// pal.name is the name member of the pal variable
    cout << "You can have both for $";
    cout << guest.price + pal.price << "!\n";
    return 0;
}
```

下面是该程序的输出：

```
Expand your guest list with Glorious Gloria and Audacious Arthur!
You can have both for $62.98!
```

程序说明

结构声明的位置很重要。对于structur.cpp而言，有两种选择。可以将声明放在main()函数中，紧跟在开始括号的后面。另一种选择是将声明放到main()的前面，这里采用的便是这种方式，位于函数外面的声明被称为外部声明。对于这个程序来说，两种选择之间没有实际区别。但是对于那些包含两个或更多函数的程序来说，差别很大。外部声明可以被其后面的任何函数使用，而内部声明只能被该声明所属的函数使用。通常应使用外部声明，这样所有函数都可以使用这种类型的结构（参见图 4.7）。

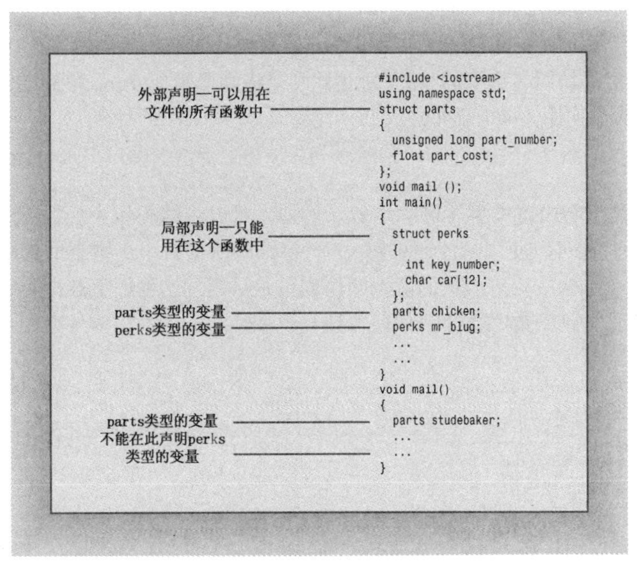

图 4.7 局部结构声明和外部结构声明

变量也可以在函数内部和外部定义，外部变量由所有的函数共享（这将在第 9 章做更详细的介绍）。C++不提倡使用外部变量，但提倡使用外部结构声明。另外，在外部声明符号常量通常更合理。

接下来，请注意初始化方式：

```
inflatable guest =
{
    "Glorious Gloria", // name value
    1.88,              // volume value
    29.99              // price value
};
```

和数组一样，使用由逗号分隔值列表，并将这些值用花括号括起。在该程序中，每个值占一行，但也可以将它们全部放在同一行中。只是应用逗号将它们分开：

```
inflatable duck = {"Daphne", 0.12, 9.98};
```

可以将结构的每个成员都初始化为适当类型的数据。例如，name 成员是一个字符数组，因此可以将其初始化为一个字符串。

可将每个结构成员看作是相应类型的变量。因此，pal.price 是一个 double 变量，而 pal.name 是一个 char 数组。当程序使用 cout 显示 pal.name 时，将把该成员显示为字符串。另外，由于 pal.name 是一个字符数组，因此可以用下标来访问其中的各个字符。例如，pal.name[0]是字符 A。不过 pal[0]没有意义，因为 pal 是一个结构，而不是数组。

4.4.2 C++11 结构初始化

与数组一样，C++11 也支持将列表初始化用于结构，且等号（=）是可选的：

```
inflatable duck {"Daphne", 0.12, 9.98}; // can omit the = in C++11
```

其次，如果大括号内未包含任何东西，各个成员都将被设置为零。例如，下面的声明导致 mayor.volume 和 mayor.price 被设置为零，且 mayor.name 的每个字节都被设置为零：

```
inflatable mayor {};
```

最后，不允许缩窄转换。

4.4.3 结构可以将 string 类作为成员吗

可以将成员 name 指定为 string 对象而不是字符数组吗？即可以像下面这样声明结构吗？

```
#include <string>
struct inflatable // structure definition
```

```
{
    std::string name;
    float volume;
    double price;
};
```

答案是肯定的，只要您使用的编译器支持对以 string 对象作为成员的结构进行初始化。

一定要让结构定义能够访问名称空间 std。为此，可以将编译指令 using 移到结构定义之前；也可以像前面那样，将 name 的类型声明为 std::string。

4.4.4　其他结构属性

C++使用户定义的类型与内置类型尽可能相似。例如，可以将结构作为参数传递给函数，也可以让函数返回一个结构。另外，还可以使用赋值运算符（=）将结构赋给另一个同类型的结构，这样结构中每个成员都将被设置为另一个结构中相应成员的值，即使成员是数组。这种赋值被称为成员赋值（memberwise assignment），将在第 7 章讨论函数时再介绍如何传递和返回结构。下面简要地介绍一下结构赋值，程序清单 4.12 是一个这样的示例。

程序清单 4.12　assgn_st.cpp

```
// assgn_st.cpp -- assigning structures
#include <iostream>
struct inflatable
{
    char name[20];
    float volume;
    double price;
};
int main()
{
    using namespace std;
    inflatable bouquet =
    {
        "sunflowers",
        0.20,
        12.49
    };
    inflatable choice;
    cout << "bouquet: " << bouquet.name << " for $";
    cout << bouquet.price << endl;

    choice = bouquet; // assign one structure to another
    cout << "choice: " << choice.name << " for $";
    cout << choice.price << endl;
    return 0;
}
```

下面是该程序的输出：

```
bouquet: sunflowers for $12.49
choice: sunflowers for $12.49
```

从中可以看出，成员赋值是有效的，因为 choice 结构的成员值与 bouquet 结构中存储的值相同。

可以同时完成定义结构和创建结构变量的工作。为此，只需将变量名放在结束括号的后面即可：

```
struct perks
{
    int key_number;
    char car[12];
} mr_smith, ms_jones; // two perks variables
```

甚至可以初始化以这种方式创建的变量：

```
struct perks
{
    int key_number;
    char car[12];
} mr_glitz =
{
        7,          // value for mr_glitz.key_number member
        "Packard"  // value for mr_glitz.car member
};
```

然而，将结构定义和变量声明分开，可以使程序更易于阅读和理解。

还可以声明没有名称的结构类型，方法是省略名称，同时定义一种结构类型和一个这种类型的变量：

```
struct       // no tag
{
    int x;   // 2 members
    int y;
} position;  // a structure variable
```

这样将创建一个名为 position 的结构变量。可以使用成员运算符来访问它的成员（如 position.x），但这种类型没有名称，因此以后无法创建这种类型的变量。本书将不使用这种形式的结构。

除了 C++程序可以使用结构标记作为类型名称外，C 结构具有到目前为止讨论的 C++结构的所有特性（C++11 特性除外），但 C++结构的特性更多。例如，与 C 结构不同，C++结构除了成员变量之外，还可以有成员函数。但这些高级特性通常被用于类中，而不是结构中，因此将在讨论类的时候（从第 10 章开始）介绍它们。

4.4.5 结构数组

inflatable 结构包含一个数组（name）。也可以创建元素为结构的数组，方法和创建基本类型数组完全相同。例如，要创建一个包含 100 个 inflatable 结构的数组，可以这样做：

```
inflatable gifts[100]; // array of 100 inflatable structures
```

这样，gifts 将是一个 inflatable 数组，其中的每个元素（如 gifts[0]或 gifts[99]）都是 inflatable 对象，可以与成员运算符一起使用：

```
cin >> gifts[0].volume;          // use volume member of first struct
cout << gifts[99].price << endl; // display price member of last struct
```

记住，gifts 本身是一个数组，而不是结构，因此像 gifts.price 这样的表述是无效的。

要初始化结构数组，可以结合使用初始化数组的规则（用逗号分隔每个元素的值，并将这些值用花括号括起）和初始化结构的规则（用逗号分隔每个成员的值，并将这些值用花括号括起）。由于数组中的每个元素都是结构，因此可以使用结构初始化的方式来提供它的值。因此，最终结果为一个被括在花括号中、用逗号分隔的值列表，其中每个值本身又是一个被括在花括号中、用逗号分隔的值列表：

```
inflatable guests[2] =          // initializing an array of structs
{
    {"Bambi", 0.5, 21.99},      // first structure in array
    {"Godzilla", 2000, 565.99}  // next structure in array
};
```

可以按自己喜欢的方式来格式化它们。例如，两个初始化位于同一行，而每个结构成员的初始化各占一行。

程序清单 4.13 是一个使用结构数组的简短示例。由于 guests 是一个 inflatable 数组，因此 guests[0]的类型为 inflatable，可以使用它和句点运算符来访问相应 inflatable 结构的成员。

程序清单 4.13 arrstruc.cpp

```
// arrstruc.cpp -- an array of structures
#include <iostream>
struct inflatable
{
    char name[20];
    float volume;
    double price;
};
int main()
{
    using namespace std;
    inflatable guests[2] = // initializing an array of structs
    {
        {"Bambi", 0.5, 21.99}, // first structure in array
        {"Godzilla", 2000, 565.99} // next structure in array
    };

    cout << "The guests " << guests[0].name << " and " << guests[1].name
         << "\nhave a combined volume of "
         << guests[0].volume + guests[1].volume << " cubic feet.\n";
    return 0;
}
```

下面是该程序的输出：

```
The guests Bambi and Godzilla
have a combined volume of 2000.5 cubic feet.
```

4.4.6 结构中的位字段

与 C 语言一样，C++也允许指定占用特定位数的结构成员，这使得创建与某个硬件设备上的寄存器对应的数据结构非常方便。字段的类型应为整型或枚举（稍后将介绍），接下来是冒号，冒号后面是一个数字，它指定了使用的位数。可以使用没有名称的字段来提供间距。每个成员都被称为位字段（bit field）。下面是一个例子：

```
struct torgle_register
{
    unsigned int SN : 4;  // 4 bits for SN value
    unsigned int : 4;     // 4 bits unused
    bool goodIn : 1;      // valid input (1 bit)
    bool goodTorgle : 1;  // successful torgling
};
```

可以像通常那样初始化这些字段，还可以使用标准的结构表示法来访问位字段：

```
torgle_register tr = { 14, true, false };
...
if (tr.goodIn) // if statement covered in Chapter 6
...
```

位字段通常用在低级编程中。一般来说，可以使用整型和附录 E 介绍的按位运算符来代替这种方式。

4.5 共用体

共用体（union）是一种数据格式，它能够存储不同的数据类型，但只能同时存储其中的一种类型。也就是说，结构可以同时存储 int、long 和 double，共用体只能存储 int、long 或 double。共用体的句法与结构相似，但含义不同。例如，请看下面的声明：

```
union one4all
{
    int int_val;
    long long_val;
    double double_val;
};
```

可以使用 one4all 变量来存储 int、long 或 double，条件是在不同的时间进行：

```
one4all pail;
pail.int_val = 15;        // store an int
cout << pail.int_val;
pail.double_val = 1.38;   // store a double, int value is lost
cout << pail.double_val;
```

因此，pail 有时可以是 int 变量，而有时又可以是 double 变量。成员名称标识了变量的容量。由于共用体每次只能存储一个值，因此它必须有足够的空间来存储最大的成员，所以，共用体的长度为其最大成员的长度。

共用体的用途之一是，当数据项使用两种或更多种格式（但不会同时使用）时，可节省空间。例如，假设管理一个小商品目录，其中有一些商品的 ID 为整数，而另一些的 ID 为字符串。在这种情况下，可以这样做：

```
struct widget
{
char brand[20];
int type;
union id                // format depends on widget type
{
    long id_num;        // type 1 widgets
    char id_char[20];   // other widgets
} id_val;
};
...
widget prize;
...
if (prize.type == 1)              // if-else statement (Chapter 6)
    cin >> prize.id_val.id_num;   // use member name to indicate mode
else
    cin >> prize.id_val.id_char;
```

匿名共用体（anonymous union）没有名称，其成员将成为位于相同地址处的变量。显然，每次只有一个成员是当前的成员：

```
struct widget
{
    char brand[20];
    int type;
```

```
    union                   // anonymous union
{
        long id_num;        // type 1 widgets
        char id_char[20];   // other widgets
    };
};
...
widget prize;
...
if (prize.type == 1)
    cin >> prize.id_num;
else
    cin >> prize.id_char;
```

由于共用体是匿名的，因此 id_num 和 id_char 被视为 prize 的两个成员，它们的地址相同，所以不需要中间标识符 id_val。程序员负责确定当前哪个成员是活动的。

共用体常用于（但并非只能用于）节省内存。当前，系统的内存多达数 GB 甚至数 TB，好像没有必要节省内存，但并非所有的 C++程序都是为这样的系统编写的。C++还用于嵌入式系统编程，如控制烤箱、MP3 播放器或火星漫步者的处理器。对这些应用程序来说，内存可能非常宝贵。另外，共用体常用于操作系统数据结构或硬件数据结构。

4.6 枚举

C++的 enum 工具提供了另一种创建符号常量的方式，这种方式可以代替 const。它还允许定义新类型，但必须按严格的限制进行。使用 enum 的句法与使用结构相似。例如，请看下面的语句：

```
enum spectrum {red, orange, yellow, green, blue, violet, indigo, ultraviolet};
```

这条语句完成两项工作。

- 让 spectrum 成为新类型的名称；spectrum 被称为枚举（enumeration），就像 struct 变量被称为结构一样。
- 将 red、orange、yellow 等作为符号常量，它们对应整数值 0～7。这些常量叫作枚举量（enumerator）。

在默认情况下，将整数值赋给枚举量，第一个枚举量的值为 0，第二个枚举量的值为 1，依次类推。可以通过显式地指定整数值来覆盖默认值，本章后面将介绍如何做。

可以用枚举名来声明这种类型的变量：

```
spectrum band; // band a variable of type spectrum
```

枚举变量具有一些特殊的属性，下面来看一看。

在不进行强制类型转换的情况下，只能将定义枚举时使用的枚举量赋给这种枚举的变量，如下所示：

```
band = blue;   // valid, blue is an enumerator
band = 2000;   // invalid, 2000 not an enumerator
```

因此，spectrum 变量受到限制，只有 8 个可能的值。如果试图将一个非法值赋给它，则有些编译器将出现编译器错误，而另一些则发出警告。为获得最大限度的可移植性，应将把非 enum 值赋给 enum 变量视为错误。

对于枚举，只定义了赋值运算符。具体地说，没有为枚举定义算术运算：

```
band = orange;          // valid
++band;                 // not valid, ++ discussed in Chapter 5
band = orange + red;    // not valid, but a little tricky
```

然而，有些实现并没有这种限制，这有可能导致违反类型限制。例如，如果 band 的值为 ultraviolet（7），则++band（如果有效的话）将把 band 增加到 8，而对于 spectrum 类型来说，8 是无效的。另外，为获得最大限度的可移植性，应采纳较严格的限制。

枚举量是整型，可被提升为 int 类型，但 int 类型不能自动转换为枚举类型：

```
int color = blue;    // valid, spectrum type promoted to int
band = 3;            // invalid, int not converted to spectrum
color = 3 + red;     // valid, red converted to int
```

虽然在这个例子中，3 对应的枚举量是 green，但将 3 赋给 band 将导致类型错误。不过将 green 赋给 band 是可以的，因为它们都是 spectrum 类型。同样，有些实现方法没有这种限制。表达式 3 + red 中的加法并非为枚举量定义，但 red 被转换为 int 类型，因此结果的类型也是 int。由于在这种情况下，枚举将被转换为 int，因此可以在算术表达式中同时使用枚举和常规整数，尽管并没有为枚举本身定义算术运算。

前面示例：

```
band = orange + red; // not valid, but a little tricky
```

非法的原因有些复杂。确实没有为枚举定义运算符+，但用于算术表达式中时，枚举将被转换为整数，因此表达式 orange + red 将被转换为 1 + 0。这是一个合法的表达式，但其类型为 int，不能将其赋给类型为 spectrum 的变量 band。

如果 int 值是有效的，则可以通过强制类型转换，将它赋给枚举变量：

```
band = spectrum(3); // typecast 3 to type spectrum
```

如果试图对一个不适当的值进行强制类型转换，将出现什么情况呢？结果是不确定的，这意味着这样做不会出错，但不能依赖得到的结果：

```
band = spectrum(40003); // undefined
```

请参阅本章后面的“枚举的取值范围”一节，以了解一下哪些值合适，哪些值不合适。

正如您看到的那样，枚举的规则相当严格。实际上，枚举更常被用来定义相关的符号常量，而不是新类型。例如，可以用枚举来定义 switch 语句中使用的符号常量（有关示例见第 6 章）。如果打算只使用常量，而不创建枚举类型的变量，则可以省略枚举类型的名称，如下面的例子所示：

```
enum {red, orange, yellow, green, blue, violet, indigo, ultraviolet};
```

4.6.1 设置枚举量的值

可以使用赋值运算符来显式地设置枚举量的值：

```
enum bits{one = 1, two = 2, four = 4, eight = 8};
```

指定的值必须是整数。也可以只显式地定义其中一些枚举量的值：

```
enum bigstep{first, second = 100, third};
```

这里，first 在默认情况下为 0。后面没有被初始化的枚举量的值将比其前面的枚举量大 1。因此，third 的值为 101。

最后，可以创建多个值相同的枚举量：

```
enum {zero, null = 0, one, numero_uno = 1};
```

其中，zero 和 null 都为 0，one 和 numero_uno 都为 1。在 C++早期的版本中，只能将 int 值（或提升为 int 的值）赋给枚举量，但这种限制取消了，因此可以使用 long 甚至 long long 类型的值。

4.6.2 枚举的取值范围

最初，对于枚举来说，只有声明中指出的那些值是有效的。然而，C++现在通过强制类型转换，增加了可赋给枚举变量的合法值。每个枚举都有取值范围（range），通过强制类型转换，可以将取值范围中的任何整数值赋给枚举变量，即使这个值不是枚举值。例如，假设 bits 和 myflag 的定义如下：

```
enum bits{one = 1, two = 2, four = 4, eight = 8};
bits myflag;
```

则下面的代码将是合法的：

```
myflag = bits(6); // valid, because 6 is in bits range
```

其中 6 不是枚举值，但它位于枚举定义的取值范围内。

取值范围的定义如下。首先，要找出上限，需要知道枚举量的最大值。找到大于这个最大值的、最小的 2 的幂，将它减去 1，得到的便是取值范围的上限。例如，前面定义的 bigstep 的最大值枚举值是 101。在 2 的幂中，比这个数大的最小值为 128，因此取值范围的上限为 127。要计算下限，需要知道枚举量的最小值。如果它不小于 0，则取值范围的下限为 0；否则，采用与寻找上限方式相同的方式，但加上负号。例如，如果最小的枚举量为−6，而比它小的、最大的 2 的幂是−8（加上负号），因此下限为−7。

选择用多少空间来存储枚举由编译器决定。对于取值范围较小的枚举，使用一个字节或更少的空间；而对于包含 long 类型值的枚举，则使用 4 个字节。

C++11 扩展了枚举，增加了作用域内枚举（scoped enumeration），第 10 章的“类作用域”一节将简要地介绍这种枚举。

4.7 指针和自由存储空间

在第 3 章的开头，提到了计算机程序在存储数据时必须跟踪的 3 种基本属性。为了方便，这里再次列出了这些属性：

- 信息存储在何处；
- 存储的值为多少；
- 存储的信息是什么类型。

您使用过一种策略来达到上述目的：定义一个简单变量。声明语句指出了值的类型和符号名，还让程序为值分配内存，并在内部跟踪该内存单元。

下面来看一看另一种策略，它在开发 C++类时非常重要。这种策略以指针为基础，指针是一个变量，其存储的是值的地址，而不是值本身。在讨论指针之前，我们先看一看如何找到常规变量的地址。只需对变量应用地址运算符（&），就可以获得它的位置；例如，如果 home 是一个变量，则&home 是它的地址。程序清单 4.14 演示了这个运算符的用法。

程序清单 4.14 address.cpp

```
// address.cpp -- using the & operator to find addresses
#include <iostream>
int main()
{
    using namespace std;
    int donuts = 6;
    double cups = 4.5;

    cout << "donuts value = " << donuts;
    cout << " and donuts address = " << &donuts << endl;
// NOTE: you may need to use unsigned (&donuts)
// and unsigned (&cups)
    cout << "cups value = " << cups;
    cout << " and cups address = " << &cups << endl;
    return 0;
}
```

下面是该程序在某个系统上的输出：

```
donuts value = 6 and donuts address = 0x0065fd40
cups value = 4.5 and cups address = 0x0065fd44
```

显示地址时，该实现的 cout 使用十六进制表示法，因为这是常用于描述内存的表示法（有些实现可能使用十进制表示法）。在该实现中，donuts 的存储位置比 cups 要低。两个地址的差为 0x0065fd44 – 0x0065fd40（即 4）。这是有意义的，因为 donuts 的类型为 int，而这种类型使用 4 个字节。当然，不同系统给定的地址值可能不同。有些系统可能先存储 cups，再存储 donuts，这样两个地址值的差将为 8 个字节，因为 cups 的类型为 double。另外，在有些系统中，可能不会将这两个变量存储在相邻的内存单元中。

使用常规变量时，值是指定的量，而地址为派生量。下面来看看指针策略，它是 C++内存管理编程理念的核心（参见旁注“指针与 C++基本原理”）。

指针与 C++基本原理

面向对象编程与传统的过程性编程的区别在于，OOP 强调的是在运行阶段（而不是编译阶段）进行决策。运行阶段指的是程序正在运行时，编译阶段指的是编译器将程序组合起来时。运行阶段决策就好比度假时，选择参观哪些景点取决于天气和当时的心情；而编译阶段决策更像不管在什么条件下，都坚持预先设定的日程安排。

运行阶段决策提供了灵活性，可以根据当时的情况进行调整。例如，考虑为数组分配内存的情况。传统的方法是声明一个数组。要在 C++中声明数组，必须指定数组的长度。因此，数组长度在程序编译时就设定好了；这就是编译阶段决策。您可能认为，在 80%的情况下，一个包含 20 个元素的数组足够了，但程序有时需要处理 200 个元素。为了安全起见，使用了一个包含 200 个元素的数组。这样，程序在大多数情况下都浪费了内存。OOP 通过将这样的决策推迟到运行阶段进行，使程序更灵活。在程序运行后，可以这次告诉它只需要 20 个元素，而还可以下次告诉它需要 205 个元素。

总之，使用 OOP 时，可以在运行阶段确定数组的长度。为使用这种方法，语言必须允许在程序运行时创建数组。稍后你会看到，C++采用的方法是，使用关键字 new 请求正确数量的内存以及使用指针来跟踪新分配的内存的位置。

在运行阶段做决策并非 OOP 独有的，但使用 C++编写这样的代码比使用 C 语言简单。

处理存储数据的新策略刚好相反，将地址视为指定的量，而将值视为派生量。一种特殊类型的变量——指针用于存储值的地址。因此，指针名表示的是地址。*运算符被称为间接值（indirect value）或解除引用（dereferencing）运算符，将其应用于指针，可以得到该地址处存储的值（这和乘法使用的符号相同；C++根据上下文来确定所指的是乘法还是解除引用）。例如，假设 manly 是一个指针，则 manly 表示的是一个地址，而*manly 表示存储在该地址处的值。*manly 与常规变量等效。程序清单 4.15 说明了这几点，它还演示了如何声明指针。

程序清单 4.15 pointer.cpp

```
// pointer.cpp -- our first pointer variable
#include <iostream>
int main()
{
    using namespace std;
    int updates = 6;        // declare a variable
    int * p_updates;        // declare pointer to an int
    p_updates = &updates;   // assign address of int to pointer

// express values two ways
    cout << "Values: updates = " << updates;
    cout << ", *p_updates = " << *p_updates << endl;

// express address two ways
    cout << "Addresses: &updates = " << &updates;
    cout << ", p_updates = " << p_updates << endl;

// use pointer to change value
    *p_updates = *p_updates + 1;
    cout << "Now updates = " << updates << endl;
    return 0;
}
```

下面是该程序的输出：

```
Values: updates = 6, *p_updates = 6
Addresses: &updates = 0x0065fd48, p_updates = 0x0065fd48
Now updates = 7
```

从中可知，int 变量 updates 和指针变量 p_updates 只不过是同一枚硬币的两面。变量 updates 表示值，并使用&运算符来获得地址；而变量 p_updates 表示地址，并使用*运算符来获得值（参见图 4.8）。由于 p_updates 指向 updates，因此*p_updates 和 updates 完全等价。可以像使用 int 变量那样使用*p_updates。正如程序清单 4.15 表明的，甚至可以将值赋给*p_updates。这样做将修改指向的值，即 updates。

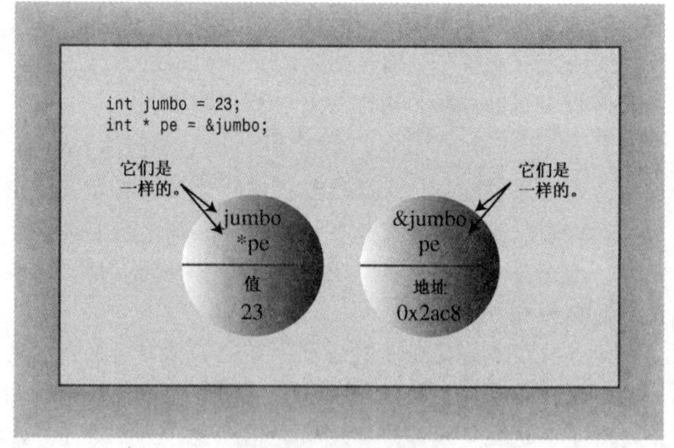

图 4.8 硬币的两面

4.7.1 声明和初始化指针

我们来看看如何声明指针。计算机需要跟踪指针指向的值的类型。例如，char 的地址与 double 的地址看上去没什么两样，但 char 和 double 使用的字节数是不同的，它们存储值时使用的内部格式也不同。因此，指针声明必须指定指针指向的数据的类型。

例如，前一个示例包含这样的声明：

```
int * p_updates;
```

这表明，* p_updates 的类型为 int。由于*运算符被用于指针，因此 p_updates 变量本身必须是指针。我们说 p_updates 指向 int 类型，我们还说 p_updates 的类型是指向 int 的指针，或 int*。可以这样说，p_updates 是指针（地址），而*p_updates 是 int，而不是指针（参见图 4.9）。

顺便说一句，*运算符两边的空格是可选的。传统上，C 程序员使用这种格式：

```
int *ptr;
```

这强调*ptr 是一个 int 类型的值。而很多 C++程序员使用这种格式：

```
int* ptr;
```

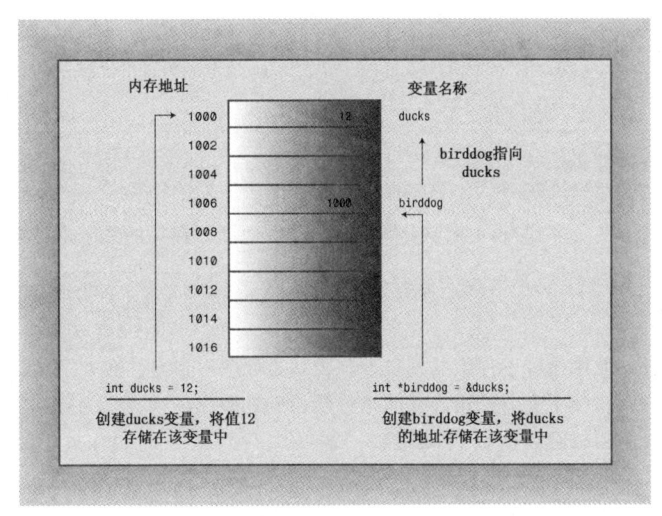

图 4.9　指针存储地址

这强调的是：int*是一种类型——指向 int 的指针。在哪里添加空格对于编译器来说没有任何区别，您甚至可以这样做：

```
int*ptr;
```

但要知道的是，下面的声明创建一个指针（p1）和一个 int 变量（p2）：

```
int* p1, p2;
```

对每个指针变量名，都需要使用一个*。

注意：在 C++中，int *是一种复合类型，是指向 int 的指针。

可以用同样的句法来声明指向其他类型的指针：

```
double * tax_ptr;  // tax_ptr points to type double
char * str;        // str points to type char
```

由于已将 tax_ptr 声明为一个指向 double 的指针，因此编译器知道*tax_ptr 是一个 double 类型的值。也就是说，它知道*tax_ptr 是一个以浮点格式存储的值，这个值（在大多数系统上）占据 8 个字节。指针变量不仅仅是指针，而且是指向特定类型的指针。tax_ptr 的类型是指向 double 的指针（或 double *类型），str 是指向 char 的指针类型（或 char *）。尽管它们都是指针，却是不同类型的指针。和数组一样，指针都是基于其他类型的。

虽然 tax_ptr 和 str 指向两种长度不同的数据类型，但这两个变量本身的长度通常是相同的。也就是说，char 的地址与 double 的地址的长度相同，这就好比 1016 可能是超市的街道地址，而 1024 可以是小村庄的街道地址一样。地址的长度或值既不能指示关于变量的长度或类型的任何信息，也不能指示该地址上有什么建筑物。一般来说，地址需要 2 个还是 4 个字节，取决于计算机系统（有些系统可能需要更大的地址，系统可以针对不同的类型使用不同长度的地址）。

可以在声明语句中初始化指针。在这种情况下，被初始化的是指针，而不是它指向的值。也就是说，下面的语句将 pt（而不是*pt）的值设置为&higgens：

```
int higgens = 5;
int * pt = &higgens;
```

程序清单 4.16 演示了如何将指针初始化为一个地址。

程序清单 4.16　init_ptr.cpp

```
// init_ptr.cpp -- initialize a pointer
#include <iostream>
int main()
{
    using namespace std;
    int higgens = 5;
    int * pt = &higgens;

    cout << "Value of higgens = " << higgens
```

```
         << "; Address of higgens = " << &higgens << endl;
    cout << "Value of *pt = " << *pt
         << "; Value of pt = " << pt << endl;
    return 0;
}
```

下面是该程序的示例输出：

```
Value of higgens = 5; Address of higgens = 0012FED4
Value of *pt = 5; Value of pt = 0012FED4
```

从中可知，程序将 pt（而不是*pt）初始化为 higgens 的地址。在您的系统上，显示的地址可能不同，显示格式也可能不同。

4.7.2 指针的危险

危险更易发生在那些使用指针不仔细的人身上。极其重要的一点是：在 C++中创建指针时，计算机将分配用来存储地址的内存，但不会分配用来存储指针所指向的数据的内存。为数据提供空间是一个独立的步骤，忽略这一步无疑是自找麻烦，如下所示：

```
long * fellow; // create a pointer-to-long
*fellow = 223323; // place a value in never-never land
```

fellow 确实是一个指针，但它指向哪里呢？上述代码没有将地址赋给 fellow。那么 223323 将被放在哪里呢？我们不知道。由于 fellow 没有被初始化，它可能有任何值。不管值是什么，程序都将它解释为存储 223323 的地址。如果 fellow 的值碰巧为 1200，计算机将把数据放在地址 1200 上，即使这恰巧是程序代码的地址。fellow 指向的地方很可能并不是所要存储 223323 的地方。这种错误可能会导致一些最隐匿、最难以跟踪的 bug。

警告：一定要在对指针应用解除引用运算符（*）之前，将指针初始化为一个确定的、适当的地址。这是关于使用指针的金科玉律。

4.7.3 指针和数字

指针不是整型，虽然计算机通常把地址当作整数来处理。从概念上看，指针与整数是截然不同的类型。整数是可以执行加、减、除等运算的数字，而指针描述的是位置，将两个地址相乘没有任何意义。从可以对整数和指针执行的操作上看，它们也是彼此不同的。因此，不能简单地将整数赋给指针：

```
int * pt;
pt = 0xB8000000; // type mismatch
```

在这里，左边是指向 int 的指针，因此可以赋之以地址，但右边是一个整数。您可能知道，0xB8000000 是老式计算机系统中视频内存的组合段偏移地址，但这条语句并没有告诉程序，这个数字就是一个地址。在 C99 标准发布之前，C 语言允许这样赋值。但 C++在类型一致方面的要求更严格，编译器将显示一条错误消息，通告类型不匹配。要将数字值作为地址来使用，应通过强制类型转换将数字转换为适当的地址类型：

```
int * pt;
pt = (int *) 0xB8000000; // types now match
```

这样，赋值语句的两边都是整数的地址，因此这样赋值有效。注意，pt 是 int 值的地址并不意味着 pt 本身的类型是 int。例如，在有些平台中，int 类型是个 2 字节值，而地址是个 4 字节值。

指针还有其他一些有趣的特性，这将在合适的时候讨论。下面看看如何使用指针来管理运行阶段的内存空间分配。

4.7.4 使用 new 来分配内存

对指针的工作方式有一定了解后，来看看它如何实现在程序运行时分配内存。前面我们都将指针初始化为变量的地址；变量是在编译时分配的有名称的内存，而指针只是为可以通过名称直接访问的内存提供了一个别名。指针真正的用武之地在于，在运行阶段分配未命名的内存以存储值。在这种情况下，只能通过指针来访问内存。在 C 语言中，可以用库函数 malloc()来分配内存；在 C++中仍然可以这样做，但 C++还有更好的方法——new 运算符。

下面来试试这种新技术，在运行阶段为一个 int 值分配未命名的内存，并使用指针来访问这个值。这里的关键所在是 C++的 new 运算符。程序员要告诉 new，需要为哪种数据类型分配内存；new 将找到一个长度正确的内存块，并返回该内存块的地址。程序员的责任是将该地址赋给一个指针。下面是一个这样的示例：

```
int * pn = new int;
```

new int 告诉程序，需要适合存储 int 的内存。new 运算符根据类型来确定需要多少字节的内存。然后，它找到这样的内存，并返回其地址。接下来，将地址赋给 pn，pn 是被声明为指向 int 的指针。现在，pn 是地址，而*pn 是存储在那里的值。将这种方法与将变量的地址赋给指针进行比较：

```
int higgens;
int * pt = &higgens;
```

在这两种情况（pn 和 pt）下，都是将一个 int 变量的地址赋给了指针。在第二种情况下，可以通过名称 higgens 来访问该 int，在第一种情况下，则只能通过该指针进行访问。这引出了一个问题：pn 指向的内存没有名称，如何称呼它呢？我们说 pn 指向一个数据对象，这里的“对象”不是“面向对象编程”中的对象，而是一样“东西”。术语“数据对象”比“变量”更通用，它指的是为数据项分配的内存块。因此，变量也是数据对象，但 pn 指向的内存不是变量。乍一看，处理数据对象的指针方法可能不太好用，但它使程序在管理内存方面有更大的控制权。

为一个数据对象（可以是结构，也可以是基本类型）获得并指定分配内存的通用格式如下：

```
typeName * pointer_name = new typeName;
```

需要在两个地方指定数据类型：用来指定需要什么样的内存和用来声明合适的指针。当然，如果已经声明了相应类型的指针，则可以使用该指针，而不用再声明一个新的指针。程序清单 4.17 演示了如何将 new 用于两种不同的类型。

程序清单 4.17 use_new.cpp

```
// use_new.cpp -- using the new operator
#include <iostream>
int main()
{
    using namespace std;
    int nights = 1001;
    int * pt = new int;  // allocate space for an int
    *pt = 1001;          // store a value there

    cout << "nights value = ";
    cout << nights << ": location " << &nights << endl;
    cout << "int ";
    cout << "value = " << *pt << ": location = " << pt << endl;
    double * pd = new double; // allocate space for a double
    *pd = 10000001.0; // store a double there

    cout << "double ";
    cout << "value = " << *pd << ": location = " << pd << endl;
    cout << "location of pointer pd: " << &pd << endl;
    cout << "size of pt = " << sizeof(pt);
    cout << ": size of *pt = " << sizeof(*pt) << endl;
    cout << "size of pd = " << sizeof pd;
    cout << ": size of *pd = " << sizeof(*pd) << endl;
    return 0;
}
```

下面是该程序的输出：

```
nights value = 1001: location 0028F7F8
int value = 1001: location = 00033A98
double value = 1e+007: location = 000339B8
location of pointer pd: 0028F7FC
size of pt = 4: size of *pt = 4
size of pd = 4: size of *pd = 8
```

当然，内存位置的准确值随系统而异。

程序说明

该程序使用 new 分别为 int 类型和 double 类型的数据对象分配内存。这是在程序运行时进行的。指针 pt 和 pd 指向这两个数据对象，如果没有它们，将无法访问这些内存单元。有了这两个指针，就可以像使用变量那样使用*pt 和*pd 了。将值赋给*pt 和*pd，从而将这些值赋给新的数据对象。同样，可以通过打印*pt 和*pd 来显示这些值。

该程序还指出了必须声明指针所指向的类型的原因之一。地址本身只指出了对象存储地址的开始，而没有指出其类型（使用的字节数）。从这两个值的地址可以知道，它们都只是数字，并没有提供类型或长度信息。另外，指向int的指针的长度与指向double的指针相同。它们都是地址，但由于use_new.cpp声明了指针的类型，因此程序知道*pd是8个字节的double值，*pt是4个字节的int值。use_new.cpp打印*pd的值时，cout知道要读取多少字节以及如何解释它们。

对于指针，需要指出的另一点是，new分配的内存块通常与常规变量声明分配的内存块不同。变量nights和pd的值都存储在被称为栈（stack）的内存区域中，而new从被称为堆（heap）或自由存储区（free store）的内存区域分配内存。第9章将更详细地讨论这一点。

内存被耗尽?

计算机可能会由于没有足够的内存而无法满足new的请求。在这种情况下，new通常会引发异常——一种将在第15章讨论的错误处理技术；而在较老的实现中，new将返回0。在C++中，值为0的指针被称为空指针（null pointer）。C++确保空指针不会指向有效的数据，因此它常被用来表示运算符或函数失败（如果成功，它们将返回一个有用的指针）。将在第6章讨论的if语句可帮助您处理这种问题；就目前而言，您只需如下要点：C++提供了检测并处理内存分配失败的工具。

4.7.5　使用delete释放内存

当需要内存时，可以使用new来请求，这只是C++内存管理数据包中有魅力的一个方面。另一个方面是delete运算符，它使得在使用完内存后，能够将其归还给内存池，这是通向最有效地使用内存的关键一步。归还或释放（free）的内存可供程序的其他部分使用。使用delete时，后面要加上指向内存块的指针（这些内存块最初是用new分配的）：

```
int * ps = new int;   // allocate memory with new
. . .                 // use the memory
delete ps;            // free memory with delete when done
```

这将释放ps指向的内存，但不会删除指针ps本身。例如，可以将ps重新指向另一个新分配的内存块。一定要配对地使用new和delete；否则将发生内存泄漏（memory leak），也就是说，被分配的内存再也无法使用了。如果内存泄漏严重，则程序将由于不断寻找更多内存而终止。

不要尝试释放已经释放的内存块，C++标准指出，这样做的结果将是不确定的，这意味着什么情况都可能发生。另外，不能使用delete来释放声明变量所获得的内存：

```
int * ps = new int;   // ok
delete ps;            // ok
delete ps;            // not ok now
int jugs = 5;         // ok
int * pi = &jugs;     // ok
delete pi;            // not allowed, memory not allocated by new
```

警告：只能用delete来释放使用new分配的内存。然而，对空指针使用delete是安全的。

注意，使用delete的关键在于，将它用于new分配的内存。这并不意味着要使用用于new的指针，而是用于new的地址：

```
int * ps = new int; // allocate memory
int * pq = ps;      // set second pointer to same block
delete pq;          // delete with second pointer
```

一般来说，不要创建两个指向同一个内存块的指针，因为这将增加错误地删除同一个内存块两次的可能性。但稍后您会看到，对于返回指针的函数，使用另一个指针确实有道理。

4.7.6　使用new来创建动态数组

如果程序只需要一个值，则可能会声明一个简单变量，因为对于管理一个小型数据对象来说，这样做比使用new和指针更简单，尽管给人留下的印象不那么深刻。通常，对于大型数据（如数组、字符串和结构），应使用new，这正是new的用武之地。例如，假设要编写一个程序，它是否需要数组取决于运行时用户提供的信息。如果通过声明来创建数组，则在程序被编译时将为它分配内存空间。不管程序最终是否使用数组，数组都在那里，它占用了内存。在编译时给数组分配内存被称为静态联编（static binding），意味着数组是在编译时加入到程序中的。但使用new时，如果在运行阶段需要数组，则创建它；如果不需要，则不创建。还可以在程序运行时选择数组的长度。这被称为动态联编（dynamic binding），意味着数组是在程序运行时创建的。这种数组叫作动态数组（dynamic array）。使用静态联编时，必须在编写程序时指定数组的长度；使用动态联编时，程序将在运行时确定数组的长度。

下面来看一下关于动态数组的两个基本问题：如何使用C++的new运算符创建数组以及如何使用指针访问数组元素。

1. 使用new创建动态数组

在C++中，创建动态数组很容易；只要将数组的元素类型和元素数目告诉new即可。必须在类型名后加上方括号，其中包含元素数目。例如，要创建一个包含10个int元素的数组，可以这样做：

```
int * psome = new int [10]; // get a block of 10 ints
```

new运算符返回第一个元素的地址。在这个例子中，该地址被赋给指针psome。

当程序使用完new分配的内存块时，应使用delete释放它们。然而，对于使用new创建的数组，应使用另一种格式的delete来释放：

```
delete [] psome; // free a dynamic array
```

方括号告诉程序，应释放整个数组，而不仅仅是指针指向的元素。请注意delete和指针之间的方括号。如果使用new时，不带方括号，则使用delete时，也不应带方括号。如果使用new时带方括号，则使用delete时也应带方括号。C++的早期版本无法识别方括号表示法。然而，对于ANSI/ISO标准来说，new与delete的格式不匹配导致的后果是不确定的，这意味着程序员不能依赖于某种特定的行为。下面是一个例子：

```
int * pt = new int;
short * ps = new short [500];
delete [] pt;  // effect is undefined, don't do it
delete ps;     // effect is undefined, don't do it
```

总之，使用new和delete时，应遵守以下规则。

- 不要使用delete来释放不是new分配的内存。
- 不要使用delete释放同一个内存块两次。
- 如果使用new [ ]为数组分配内存，则应使用delete [ ]来释放。
- 如果使用new为一个实体分配内存，则应使用delete（没有方括号）来释放。
- 对空指针应用delete是安全的。

现在我们回过头来讨论动态数组。psome是指向一个int（数组第一个元素）的指针。您的责任是跟踪内存块中的元素个数。也就是说，由于编译器不能对psome是指向10个整数中的第1个这种情况进行跟踪，因此编写程序时，必须让程序跟踪元素的数目。

实际上，程序确实跟踪了分配的内存量，以便以后使用delete [ ]运算符时能够正确地释放这些内存。但这种信息不是公用的，例如，不能使用sizeof运算符来确定动态分配的数组包含的字节数。

为数组分配内存的通用格式如下：

```
type_name * pointer_name = new type_name [num_elements];
```

使用new运算符可以确保内存块足以存储num_elements个类型为type_name的元素，而pointer_name将指向第1个元素。下面将会看到，可以以使用数组名的方式来使用pointer_name。

2. 使用动态数组

创建动态数组后，如何使用它呢？首先，从概念上考虑这个问题。下面的语句创建指针psome，它指向包含10个int值的内存块中的第1个元素：

```
int * psome = new int [10]; // get a block of 10 ints
```

可以将它看作是一根指向该元素的手指。假设int占4个字节，则将手指沿正确的方向移动4个字节，手指将指向第2个元素。总共有10个元素，这就是手指的移动范围。因此，new语句提供了识别内存块中每个元素所需的全部信息。

现在从实际角度考虑这个问题。如何访问其中的元素呢？第1个元素不成问题。由于psome指向数组的第1个元素，因此*psome是第1个元素的值。这样，还有9个元素。如果没有使用过C语言，下面这种最简单的方法可能会令您大吃一惊：只要把指针当作数组名使用即可。也就是说，对于第1个元素，可以使用psome[0]，而不是*psome；对于第2个元素，可以使用psome[1]，依此类推。这样，使用指针来访问动态数组就非常简单了，虽然还不知道为何这种方法管用。可以这样做的原因是，C和C++内部都使用指针来处理数组。数组和指针基本等价是C和C++的优点之一（这在有时候也是个问题，但这是另一码事）。稍后将更详细地介绍这种等同性。首先，程序清单4.18演示了如何使用new来创建动态数组以及使用数组表示法来访问元素；它还指出了指针和真正的数组名之间的根本差别。

程序清单 4.18 arraynew.cpp

```
// arraynew.cpp -- using the new operator for arrays
#include <iostream>
int main()
{
    using namespace std;
    double * p3 = new double [3];  // space for 3 doubles
    p3[0] = 0.2;                   // treat p3 like an array name
    p3[1] = 0.5;
    p3[2] = 0.8;
    cout << "p3[1] is " << p3[1] << ".\n";
    p3 = p3 + 1;                   // increment the pointer
    cout << "Now p3[0] is " << p3[0] << " and ";
    cout << "p3[1] is " << p3[1] << ".\n";
    p3 = p3 - 1;                  // point back to beginning
    delete [] p3;                 // free the memory
    return 0;
}
```

下面是该程序的输出：

```
p3[1] is 0.5.
Now p3[0] is 0.5 and p3[1] is 0.8.
```

从中可知，arraynew.cpp 将指针 p3 当作数组名来使用，p3[0]为第 1 个元素，依次类推。下面的代码行指出了数组名和指针之间的根本差别：

```
p3 = p3 + 1; // okay for pointers, wrong for array names
```

不能修改数组名的值。但指针是变量，因此可以修改它的值。请注意将 p3 加 1 的效果。表达式 p3[0]现在指的是数组的第 2 个值。因此，将 p3 加 1 导致它指向第 2 个元素而不是第 1 个。将它减 1 后，指针将指向原来的值，这样程序便可以给 delete[ ]提供正确的地址。

相邻的 int 地址通常相差 2 个字节或 4 个字节，而将 p3 加 1 后，它将指向下一个元素的地址，这表明指针算术有一些特别的地方。情况确实如此。

4.8 指针、数组和指针算术

指针和数组基本等价的原因在于指针算术（pointer arithmetic）和 C++内部处理数组的方式。首先，我们来看一看算术。将整数变量加 1 后，其值将增加 1；但将指针变量加 1 后，增加的量等于它指向的类型的字节数。将指向 double 的指针加 1 后，如果系统对 double 使用 8 个字节存储，则数值将增加 8；将指向 short 的指针加 1 后，如果系统对 short 使用 2 个字节存储，则指针值将增加 2。程序清单 4.19 演示了这种令人吃惊的现象，它还说明了另一点：C++将数组名解释为地址。

程序清单 4.19 addpntrs.cpp

```
// addpntrs.cpp -- pointer addition
#include <iostream>
int main()
{
    using namespace std;
    double wages[3] = {10000.0, 20000.0, 30000.0};
    short stacks[3] = {3, 2, 1};

// Here are two ways to get the address of an array
    double * pw = wages; // name of an array = address
    short * ps = &stacks[0]; // or use address operator
// with array element
    cout << "pw = " << pw << ", *pw = " << *pw << endl;
    pw = pw + 1;
    cout << "add 1 to the pw pointer:\n";
    cout << "pw = " << pw << ", *pw = " << *pw << "\n\n";
    cout << "ps = " << ps << ", *ps = " << *ps << endl;
    ps = ps + 1;
    cout << "add 1 to the ps pointer:\n";
    cout << "ps = " << ps << ", *ps = " << *ps << "\n\n";
```

```
    cout << "access two elements with array notation\n";
    cout << "stacks[0] = " << stacks[0]
         << ", stacks[1] = " << stacks[1] << endl;
    cout << "access two elements with pointer notation\n";
    cout << "*stacks = " << *stacks
         << ", *(stacks + 1) = " << *(stacks + 1) << endl;

    cout << sizeof(wages) << " = size of wages array\n";
    cout << sizeof(pw) << " = size of pw pointer\n";
    return 0;
}
```

下面是该程序的输出：

```
pw = 0x28ccf0, *pw = 10000
add 1 to the pw pointer:
pw = 0x28ccf8, *pw = 20000

ps = 0x28ccea, *ps = 3
add 1 to the ps pointer:
ps = 0x28ccec, *ps = 2

access two elements with array notation
stacks[0] = 3, stacks[1] = 2
access two elements with pointer notation
*stacks = 3, *(stacks + 1) = 2
24 = size of wages array
4 = size of pw pointer
```

4.8.1 程序说明

在多数情况下，C++将数组名解释为数组第 1 个元素的地址。因此，下面的语句将 pw 声明为指向 double 类型的指针，然后将它初始化为 wages——wages 数组中第 1 个元素的地址：

```
double * pw = wages;
```

和所有数组一样，wages 也存在下面的等式：

```
wages = &wages[0] = address of first element of array
```

为表明情况确实如此，该程序在表达式&stacks[0]中显式地使用地址运算符来将 ps 指针初始化为 stacks 数组的第 1 个元素。

接下来，程序查看 pw 和*pw 的值。前者是地址，后者是存储在该地址中的值。由于 pw 指向第 1 个元素，因此*pw 显示的值为第 1 个元素的值，即 10000。接着，程序将 pw 加 1。正如前面指出的，这样数字地址值将增加 8，这使得 pw 的值为第 2 个元素的地址。因此，*pw 现在的值是 20000——第 2 个元素的值（参见图 4.10，为使该图更为清晰，对其中的地址值做了调整）。

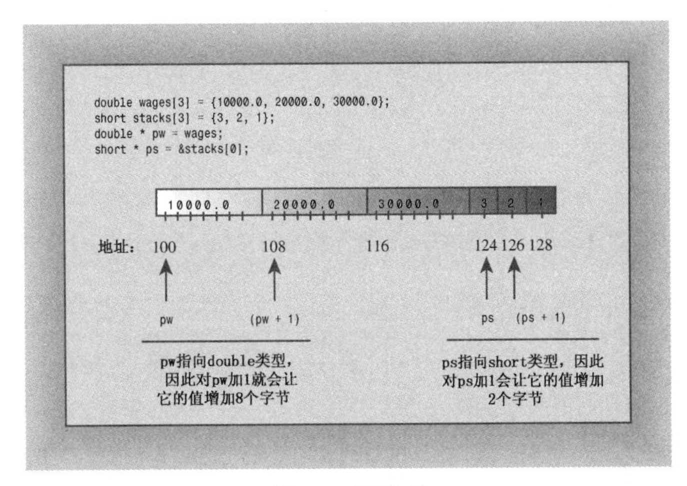

图 4.10 指针加法

此后，程序对 ps 执行相同的操作。这一次由于 ps 指向的是 short 类型，而 short 占用 2 个字节，因此将指针加 1 时，其值将增加 2。结果是，指针也指向数组中下一个元素。

注意：将指针变量加1后，其增加的值等于指向的类型占用的字节数。

现在来看一看数组表达式stacks[1]。C++编译器将该表达式看作是*（stacks + 1），这意味着先计算数组第2个元素的地址，然后找到存储在那里的值。最后的结果便是stacks [1]的含义（运算符优先级要求使用括号，如果不使用括号，将给*stacks加1，而不是给stacks加1）。

从该程序的输出可知，*（stacks + 1）和stacks[1]是等价的。同样，*（stacks + 2）和stacks[2]也是等价的。通常，使用数组表示法时，C++都执行下面的转换：

```
arrayname[i] becomes *(arrayname + i)
```

如果使用的是指针，而不是数组名，则C++也将执行同样的转换：

```
pointername[i] becomes *(pointername + i)
```

因此，在很多情况下，可以相同的方式使用指针名和数组名。对于它们，可以使用数组方括号表示法，也可以使用解除引用运算符（*）。在多数表达式中，它们都表示地址。区别之一是，可以修改指针的值，而数组名是常量：

```
pointername = pointername + 1; // valid
arrayname = arrayname + 1;     // not allowed
```

另一个区别是，对数组应用sizeof运算符得到的是数组的长度，而对指针应用sizeof得到的是指针的长度，即使指针指向的是一个数组。例如，在程序清单4.19中，pw和wages指的是同一个数组，但对它们应用sizeof运算符得到的结果如下：

```
24 = size of wages array << displaying sizeof wages
4 = size of pw pointer << displaying sizeof pw
```

这种情况下，C++不会将数组名解释为地址。

数组的地址

对数组取地址时，数组名也不会被解释为其地址。等等，数组名难道不被解释为数组的地址吗？不完全如此：数组名被解释为其第1个元素的地址，而对数组名应用地址运算符时，得到的是整个数组的地址：

```
short tell[10];         // tell an array of 20 bytes
cout << tell << endl;   // displays &tell[0]
cout << &tell << endl;  // displays address of whole array
```

从数字上说，这两个地址相同；但从概念上说，&tell[0]（即tell）是一个2字节内存块的地址，而&tell是一个20字节内存块的地址。因此，表达式tell + 1将地址值加2，而表达式&tell + 1将地址加20。换句话说，tell是一个short指针（short*），而&tell是一个这样的指针，即指向包含10个元素的short数组（short (*) [10]）。

您可能会问，前面有关&tell的类型描述是如何来的呢？首先，您可以这样声明和初始化这种指针：

```
short (*pas)[10] = &tell; // pas points to array of 10 shorts
```

如果省略括号，优先级规则将使得pas先与[10]结合，导致pas是一个short指针数组，它包含10个元素，因此括号是必不可少的。其次，如果要描述变量的类型，可将声明中的变量名删除。因此，pas的类型为short (*) [10]。另外，由于pas被设置为&tell，因此*pas与tell等价，所以(*pas) [0]为tell数组的第一个元素。

总之，使用new来创建数组以及使用指针来访问不同的元素很简单。只要把指针当作数组名对待即可。然而，要理解为何可以这样做，将是一种挑战。要想真正了解数组和指针，应认真复习它们的相互关系。

4.8.2 指针小结

刚才已经介绍了大量指针的知识，下面对指针和数组做一总结。

1. 声明指针

要声明指向特定类型的指针，请使用下面的格式：

```
typeName * pointerName;
```

下面是一些示例：

```
double * pn;  // pn can point to a double value
char * pc;    // pc can point to a char value
```

其中，pn和pc都是指针，而double *和char *是指向double的指针和指向char的指针。

2. 给指针赋值

应将内存地址赋给指针。可以对变量名应用&运算符，来获得被命名的内存的地址，new运算符返回未命名的内存的地址。

下面是一些示例：

```
double * pn;         // pn can point to a double value
double * pa;         // so can pa
char * pc;           // pc can point to a char value
double bubble = 3.2;
pn = &bubble;        // assign address of bubble to pn
pc = new char;       // assign address of newly allocated char memory to pc
pa = new double[30]; // assign address of 1st element of array of 30 double to pa
```

3. 对指针解除引用

对指针解除引用意味着获得指针指向的值。对指针应用解除引用或间接值运算符（*）来解除引用。因此，如果像上面的例子中那样，pn是指向bubble的指针，则*pn是指向的值，即3.2。

下面是一些示例：

```
cout << *pn; // print the value of bubble
*pc = 'S';   // place 'S' into the memory location whose address is pc
```

另一种对指针解除引用的方法是使用数组表示法，例如，pn[0]与*pn是一样的。决不要对未被初始化为适当地址的指针解除引用。

4. 区分指针和指针所指向的值

如果pt是指向int的指针，则*pt不是指向int的指针，而是完全等同于一个int类型的变量。pt才是指针。

下面是一些示例：

```
int * pt = new int; // assigns an address to the pointer pt
*pt = 5;            // stores the value 5 at that address
```

5. 数组名

在多数情况下，C++将数组名视为数组的第1个元素的地址。

下面是一个示例：

```
int tacos[10]; // now tacos is the same as &tacos[0]
```

一种例外情况是，将sizeof运算符用于数组名用时，此时将返回整个数组的长度（单位为字节）。

6. 指针算术

C++允许将指针和整数相加。加1的结果等于原来的地址值加上指向的对象占用的总字节数。还可以将一个指针减去另一个指针，获得两个指针的差。后一种运算将得到一个整数，仅当两个指针指向同一个数组（也可以指向超出结尾的一个位置）时，这种运算才有意义；这将得到两个元素的间隔。

下面是一些示例：

```
int tacos[10] = {5,2,8,4,1,2,2,4,6,8};
int * pt = tacos;       // suppose pt and tacos are the address 3000
pt = pt + 1;            // now pt is 3004 if a int is 4 bytes
int *pe = &tacos[9];    // pe is 3036 if an int is 4 bytes
pe = pe - 1;            // now pe is 3032, the address of tacos[8]
int diff = pe - pt;     // diff is 7, the separation between
                        // tacos[8] and tacos[1]
```

7. 数组的动态联编和静态联编

使用数组声明来创建数组时，将采用静态联编，即数组的长度在编译时设置：

```
int tacos[10]; // static binding, size fixed at compile time
```

使用new[ ]运算符创建数组时，将采用动态联编（动态数组），即将在运行时为数组分配空间，其长度也将在运行时设置。使用完这种数组后，应使用delete [ ]释放其占用的内存：

```
int size;
cin >> size;
int * pz = new int [size];  // dynamic binding, size set at run time
...
delete [] pz;               // free memory when finished
```

8. 数组表示法和指针表示法

使用方括号数组表示法等同于对指针解除引用：

```
tacos[0] means *tacos means the value at address tacos
tacos[3] means *(tacos + 3) means the value at address tacos + 3
```

数组名和指针变量都是如此，因此对于指针和数组名，既可以使用指针表示法，也可以使用数组表示法。

下面是一些示例：

```
int * pt = new int [10]; // pt points to block of 10 ints
*pt = 5;                 // set element number 0 to 5
pt[0] = 6;               // reset element number 0 to 6
pt[9] = 44;              // set tenth element (element number 9) to 44
int coats[10];
*(coats + 4) = 12;       // set coats[4] to 12
```

4.8.3　指针和字符串

数组和指针的特殊关系可以扩展到 C 风格字符串。请看下面的代码：

```
char flower[10] = "rose";
cout << flower << "s are red\n";
```

数组名是第一个元素的地址，因此 cout 语句中的 flower 是包含字符 r 的 char 元素的地址。cout 对象认为 char 的地址是字符串的地址，因此它打印该地址处的字符，然后继续打印后面的字符，直到遇到空字符（\0）为止。总之，如果给 cout 提供一个字符的地址，则它将从该字符开始打印，直到遇到空字符为止。

这里的关键不在于 flower 是数组名，而在于 flower 是一个 char 的地址。这意味着可以将指向 char 的指针变量作为 cout 的参数，因为它也是 char 的地址。当然，该指针指向字符串的开头，稍后将核实这一点。

前面的 cout 语句中最后一部分的情况如何呢？如果 flower 是字符串第一个字符的地址，则表达式"s are red\n"是什么呢？为了与 cout 对字符串输出的处理保持一致，这个用引号括起的字符串也应当是一个地址。在 C++中，用引号括起的字符串像数组名一样，也是第 1 个元素的地址。上述代码不会将整个字符串发送给 cout，而只是发送该字符串的地址。这意味着对于数组中的字符串、用引号括起的字符串常量以及指针所描述的字符串，处理的方式是一样的，都将传递它们的地址。与逐个传递字符串中的所有字符相比，这样做的工作量确实要少。

注意： *在 cout 和多数 C++表达式中，char 数组名、char 指针以及用引号括起的字符串常量都被解释为字符串第一个字符的地址。*

程序清单 4.20 演示了如何使用不同形式的字符串。它使用了两个字符串库中的函数。函数 strlen()我们以前用过，它返回字符串的长度。函数 strcpy()将字符串从一个位置复制到另一个位置。这两个函数的原型都位于头文件 cstring（在不太新的实现中，为 string.h）中。该程序还通过注释指出了应尽量避免的错误使用指针的方式。

程序清单 4.20　ptrstr.cpp

```
// ptrstr.cpp -- using pointers to strings
#include <iostream>
#include <cstring>                // declare strlen(), strcpy()
int main()
{
    using namespace std;
    char animal[20] = "bear";     // animal holds bear
    const char * bird = "wren";   // bird holds address of string
    char * ps;                    // uninitialized

    cout << animal << " and ";    // display bear
    cout << bird << "\n";         // display wren
    // cout << ps << "\n";        //may display garbage, may cause a crash

    cout << "Enter a kind of animal: ";
    cin >> animal;                // ok if input < 20 chars
    // cin >> ps; Too horrible a blunder to try; ps doesn't
    // point to allocated space

    ps = animal;                  // set ps to point to string
    cout << ps << "!\n";          // ok, same as using animal
    cout << "Before using strcpy():\n";
    cout << animal << " at " << (int *) animal << endl;
    cout << ps << " at " << (int *) ps << endl;

    ps = new char[strlen(animal) + 1];  // get new storage
    strcpy(ps, animal);           // copy string to new storage
    cout << "After using strcpy():\n";
    cout << animal << " at " << (int *) animal << endl;
    cout << ps << " at " << (int *) ps << endl;
    delete [] ps;
    return 0;
}
```

下面是该程序的运行情况：

```
bear and wren
Enter a kind of animal: fox
fox!
Before using strcpy():
```

```
fox at 0x0065fd30
fox at 0x0065fd30
After using strcpy():
fox at 0x0065fd30
fox at 0x004301c8
```

程序说明

程序清单 4.20 中的程序创建了一个 char 数组（animal）和两个指向 char 的指针变量（bird 和 ps）。该程序首先将 animal 数组初始化为字符串“bear”，就像初始化数组一样。然后，程序执行了一些新的操作，将 char 指针初始化为指向一个字符串：

```
const char * bird = "wren"; // bird holds address of string
```

记住，“wren”实际表示的是字符串的地址，因此这条语句将“wren”的地址赋给了 bird 指针。（一般来说，编译器在内存留出一些空间，以存储程序源代码中所有用引号括起的字符串，并将每个被存储的字符串与其地址关联起来。）这意味着可以像使用字符串“wren”那样使用指针 bird，如下面的示例所示：

```
cout << "A concerned " << bird << " speaks\n";
```

字符串字面值是常量，这就是为什么代码在声明中使用关键字 const 的原因。以这种方式使用 const 意味着可以用 bird 来访问字符串，但不能修改它。第 7 章将详细介绍 const 指针。最后，指针 ps 未被初始化，因此不指向任何字符串（正如您知道的，这通常是个坏主意，这里也不例外）。

接下来，程序说明了这样一点，即对于 cout 来说，使用数组名 animal 和指针 bird 是一样的。毕竟，它们都是字符串的地址，cout 将显示存储在这两个地址上的两个字符串（“bear”和“wren”）。如果激活错误地显示 ps 的代码，则将可能显示一个空行、一堆乱码，或者程序将崩溃。创建未初始化的指针有点像签发空头支票：无法控制它将被如何使用。

对于输入，情况有点不同。只要输入比较短，能够被存储在数组中，则使用数组 animal 进行输入将是安全的。然而，使用 bird 来进行输入并不合适：

- 有些编译器将字符串字面值视为只读常量，如果试图修改它们，将导致运行阶段错误。在 C++中，字符串字面值都将被视为常量，但并不是所有的编译器都对以前的行为做了这样的修改。
- 有些编译器只使用字符串字面值的一个副本来表示程序中所有的该字面值。

下面讨论一下第二点。C++不能保证字符串字面值被唯一地存储。也就是说，如果在程序中多次使用了字符串字面值“wren”，则编译器将可能存储该字符串的多个副本，也可能只存储一个副本。如果是后面一种情况，则将 bird 设置为指向一个“wren”，将使它只是指向该字符串的唯一一个副本。将值读入一个字符串可能会影响被认为是独立的、位于其他地方的字符串。无论如何，由于 bird 指针被声明为 const，因此编译器将禁止改变 bird 指向的位置中的内容。

试图将信息读入 ps 指向的位置将更糟。由于 ps 没有被初始化，因此并不知道信息将被存储在哪里，这甚至可能改写内存中的信息。幸运的是，要避免这种问题很容易——只要使用足够大的 char 数组来接收输入即可。请不要使用字符串常量或未被初始化的指针来接收输入。为避免这些问题，也可以使用 std::string 对象，而不是数组。

警告：在将字符串读入程序时，应使用已分配的内存地址。该地址可以是数组名，也可以是使用 new 初始化过的指针。

接下来，请注意下述代码完成的工作：

```
ps = animal; // set ps to point to string
...
cout << animal << " at " << (int *) animal << endl;
cout << ps << " at " << (int *) ps << endl;
```

它将生成下面的输出：

```
fox at 0x0065fd30
fox at 0x0065fd30
```

一般来说，如果给 cout 提供一个指针，它将打印地址。但如果指针的类型为 char *，则 cout 将显示指向的字符串。如果要显示的是字符串的地址，则必须将这种指针强制转换为另一种指针类型，如 int *（上面的代码就是这样做的）。因此，ps 显示为字符串“fox”，而（int *）ps 显示为该字符串的地址。注意，将 animal 赋给 ps 并不会复制字符串，而只是复制地址。这样，这两个指针将指向相同的内存单元和字符串。

要获得字符串的副本，还需要做其他工作。首先，需要分配内存来存储该字符串，这可以通过声明另一个数组或使用 new 来完成。后一种方法使得能够根据字符串的长度来指定所需的空间：

```
ps = new char[strlen(animal) + 1]; // get new storage
```

字符串“fox”不能填满整个 animal 数组，因此这样做浪费了空间。上述代码使用 strlen()来确定字符串的长度，并将它加1来获得包含空字符时该字符串的长度。随后，程序使用 new 来分配刚好足够存储该字符串的空间。

接下来，需要将 animal 数组中的字符串复制到新分配的空间中。将 animal 赋给 ps 是不可行的，因为这样只能修改存储在 ps 中的地址，从而失去程序访问新分配内存的唯一途径。需要使用库函数 strcpy()：

```
strcpy(ps, animal); // copy string to new storage
```

strcpy()函数接受2个参数。第一个是目标地址，第二个是要复制的字符串的地址。您应确定，分配了目标空间，并有足够的空间来存储副本。在这里，我们用 strlen()来确定所需的空间，并使用 new 获得可用的内存。

通过使用 strcpy()和 new，将获得“fox”的两个独立副本：

```
fox at 0x0065fd30
fox at 0x004301c8
```

另外，new 在离 animal 数组很远的地方找到了所需的内存空间。

经常需要将字符串放到数组中。初始化数组时，请使用=运算符；否则应使用 strcpy()或 strncpy()。strcpy()在前面已经介绍过，其工作原理如下：

```
char food[20] = "carrots"; // initialization
strcpy(food, "flan");      // otherwise
```

注意，类似下面这样的代码可能导致问题，因为 food 数组比字符串小：

```
strcpy(food, "a picnic basket filled with many goodies");
```

在这种情况下，函数将字符串中剩余的部分复制到数组后面的内存字节中，这可能会覆盖程序正在使用的其他内存。要避免这种问题，请使用 strncpy()。该函数还接受第3个参数——要复制的最大字符数。然而，要注意的是，如果该函数在到达字符串结尾之前，目标内存已经用完，则它将不会添加空字符。因此，应该这样使用该函数：

```
strncpy(food, "a picnic basket filled with many goodies", 19);
food[19] = '\0';
```

这样最多将19个字符复制到数组中，然后将最后一个元素设置成空字符。如果该字符串少于19个字符，则 strncpy()将在复制完该字符串之后加上空字符，以标记该字符串的结尾。

警告：应使用 strcpy()或 strncpy()，而不是赋值运算符来将字符串赋给数组。

您对使用C风格字符串和 cstring 库的一些方面有了了解后，便可以理解为何使用C++ string 类型更为简单了：您不用担心字符串会导致数组越界，并可以使用赋值运算符而不是函数 strcpy()和 strncpy()。

4.8.4 使用 new 创建动态结构

在运行时创建数组优于在编译时创建数组，对于结构也是如此。需要在程序运行时为结构分配所需的空间，这也可以使用 new 运算符来完成。通过使用 new，可以创建动态结构。同样，“动态”意味着内存是在运行时，而不是编译时分配的。由于类与结构非常相似，因此本节介绍的有关结构的技术也适用于类。

将 new 用于结构由两步组成：创建结构和访问其成员。要创建结构，需要同时使用结构类型和 new。例如，要创建一个未命名的 inflatable 类型，并将其地址赋给一个指针，可以这样做：

```
inflatable * ps = new inflatable;
```

这将把足以存储 inflatable 结构的一块可用内存的地址赋给 ps。这种句法和C++的内置类型完全相同。

比较棘手的一步是访问成员。创建动态结构时，不能将成员运算符句点用于结构名，因为这种结构没有名称，只是知道它的地址。C++专门为这种情况提供了一个运算符：箭头成员运算符（->）。该运算符由连字符和大于号组成，可用于指向结构的指针，就像点运算符可用于结构名一样。例如，如果 ps 指向一个 inflatable 结构，则 ps->price 是被指向的结构的 price 成员（参见图4.11）。

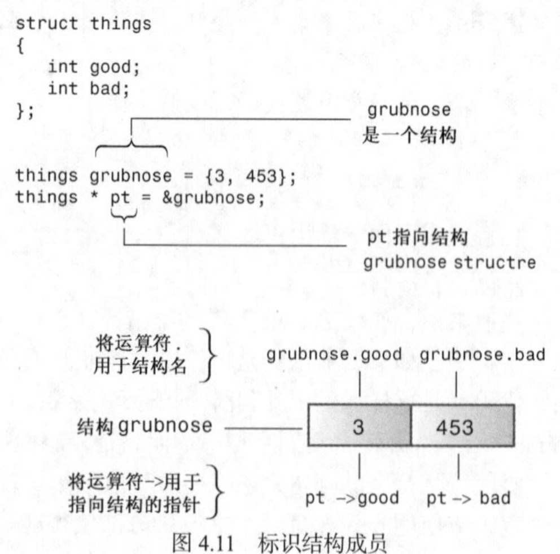

图4.11　标识结构成员

提示：有时，C++新手在指定结构成员时，搞不清楚何时应使用句点运算符，何时应使用箭头运算符。规则非常简单。如果结构标识符是结构名，则使用句点运算符；如果标识符是指向结构的指针，则使用箭头运算符。

另一种访问结构成员的方法是，如果 ps 是指向结构的指针，则*ps 就是被指向的值——结构本身。由于*ps 是一个结构，因此（*ps）.price 是该结构的 price 成员。C++的运算符优先规则要求使用括号。

程序清单 4.21 使用 new 创建一个未命名的结构，并演示了两种访问结构成员的指针表示法。

程序清单 4.21　newstrct.cpp

```
// newstrct.cpp -- using new with a structure
#include <iostream>
struct inflatable   // structure definition
{
    char name[20];
    float volume;
    double price;
};
int main()
{
    using namespace std;
    inflatable * ps = new inflatable;    // allot memory for structure
    cout << "Enter name of inflatable item: ";
    cin.get(ps->name, 20);               // method 1 for member access
    cout << "Enter volume in cubic feet: ";
    cin >> (*ps).volume;                 // method 2 for member access
    cout << "Enter price: $";
    cin >> ps->price;
    cout << "Name: " << (*ps).name << endl;                 // method 2
    cout << "Volume: " << ps->volume << " cubic feet\n"; // method 1
    cout << "Price: $" << ps->price << endl;              // method 1
    delete ps;                           // free memory used by structure
    return 0;
}
```

下面是该程序的运行情况：

```
Enter name of inflatable item: Fabulous Frodo
Enter volume in cubic feet: 1.4
Enter price: $27.99
Name: Fabulous Frodo
Volume: 1.4 cubic feet
Price: $27.99
```

1. 一个使用 new 和 delete 的示例

下面介绍一个使用 new 和 delete 来存储通过键盘输入的字符串的示例。程序清单 4.22 定义了一个函数 getname()，该函数返回一个指向输入字符串的指针。该函数将输入读入到一个大型的临时数组中，然后使用 new [ ]创建一个刚好能够存储该输入字符串的内存块，并返回一个指向该内存块的指针。对于读取大量字符串的程序，这种方法可以节省大量内存（实际编写程序时，使用 string 类将更容易，因为这样可以使用内置的 new 和 delete）。

假设程序要读取 1000 个字符串，其中最大的字符串包含 79 个字符，而大多数字符串都短得多。如果用 char 数组来存储这些字符串，则需要 1000 个数组，其中每个数组的长度为 80 个字符。这总共需要 80000 个字节，而其中的很多内存没有被使用。另一种方法是，创建一个数组，它包含 1000 个指向 char 的指针，然后使用 new 根据每个字符串的需要分配相应数量的内存。这将节省几万个字节。是根据输入来分配内存，而不是为每个字符串使用一个大型数组。另外，还可以使用 new 根据需要的指针数量来分配空间。就目前而言，这有点不切实际，即使是使用 1000 个指针的数组也是这样，不过程序清单 4.22 还是演示了一些技巧。另外，为演示 delete 是如何工作的，该程序还用它来释放内存以便能够重新使用。

程序清单 4.22　delete.cpp

```
// delete.cpp -- using the delete operator
#include <iostream>
#include <cstring>      // or string.h
using namespace std;
char * getname(void);    // function prototype
```

```
int main()
{
    char * name;            // create pointer but no storage

    name = getname();       // assign address of string to name
    cout << name << " at " << (int *) name << "\n";
    delete [] name;         // memory freed

    name = getname();       // reuse freed memory
    cout << name << " at " << (int *) name << "\n";
    delete [] name;         // memory freed again
    return 0;
}

char * getname()            // return pointer to new string
{
    char temp[80];          // temporary storage
    cout << "Enter last name: ";
    cin >> temp;
    char * pn = new char[strlen(temp) + 1];
    strcpy(pn, temp);       // copy string into smaller space

    return pn;              // temp lost when function ends
}
```

下面是该程序的运行情况：

```
Enter last name: Fredeldumpkin
Fredeldumpkin at 0x004326b8
Enter last name: Pook
Pook at 0x004301c8
```

2. 程序说明

来看一下程序清单4.22中的函数getname()。它使用cin将输入的单词放到temp数组中，然后使用new分配新内存，以存储该单词。程序需要strlen(temp)+ 1个字符（包括空字符）来存储该字符串，因此将这个值提供给new。获得空间后，getname()使用标准库函数strcpy()将temp中的字符串复制到新的内存块中。该函数并不检查内存块是否能够容纳字符串，但getname()通过使用new请求合适的字节数来完成了这样的工作。最后，函数返回pn，这是字符串副本的地址。

在main()中，返回值（地址）被赋给指针name。该指针是在main()中定义的，但它指向getname()函数中分配的内存块。然后，程序打印该字符串及其地址。

接下来，在释放name指向的内存块后，main()再次调用getname()。C++不保证新释放的内存就是下一次使用new时选择的内存，从程序运行结果可知，确实不是。

在这个例子中，getname()分配内存，而main()释放内存。将new和delete放在不同的函数中通常并不是个好办法，因为这样很容易忘记使用delete。不过这个例子确实把new和delete分开放置了，只是为了说明这样做也是可以的。

为了解该程序的一些更为微妙的方面，需要知道一些有关C++是如何处理内存的知识。下面介绍一些这样的知识，这些知识将在第9章做全面介绍。

4.8.5 自动存储、静态存储和动态存储

根据用于分配内存的方法，C++有3种管理数据内存的方式：自动存储、静态存储和动态存储（有时也叫作自由存储空间或堆）。在存在时间的长短方面，以这3种方式分配的数据对象各不相同。下面简要地介绍每种类型（C++11新增了第四种类型——线程存储，这将在第9章简要地讨论）。

1. 自动存储

在函数内部定义的常规变量使用自动存储空间，被称为自动变量（automatic variable），这意味着它们在所属的函数被调用时自动产生，在该函数结束时消亡。例如，程序清单4.22中的temp数组仅当getname()函数活动时存在。当程序控制权回到main()时，temp使用的内存将自动被释放。如果getname()返回temp的地址，则main()中的name指针指向的内存将很快得到重新使用。这就是在getname()中使用new的原因之一。

实际上，自动变量是一个局部变量，其作用域为包含它的代码块。代码块是被包含在花括号中的一段

代码。到目前为止，我们使用的所有代码块都是整个函数。然而，在下一章将会看到，函数内也可以有代码块。如果在其中的某个代码块定义了一个变量，则该变量仅在程序执行该代码块中的代码时存在。

自动变量通常存储在栈中。这意味着执行代码块时，其中的变量将依次加入到栈中，而在离开代码块时，将按相反的顺序释放这些变量，这被称为后进先出（LIFO）。因此，在程序执行过程中，栈将不断地增大和缩小。

2. 静态存储

静态存储是整个程序执行期间都存在的存储方式。使变量成为静态的方式有两种：一种是在函数外面定义它；另一种是在声明变量时使用关键字 static：

```
static double fee = 56.50;
```

在 K&R C 中，只能初始化静态数组和静态结构，而 C++ Release 2.0（及后续版本）和 ANSI C 中，也可以初始化自动数组和自动结构。然而，一些您可能已经发现，有些 C++实现还不支持对自动数组和自动结构的初始化。

第 9 章将详细介绍静态存储。自动存储和静态存储的关键在于：这些方法严格地限制了变量的寿命。变量可能存在于程序的整个生命周期（静态变量），也可能只是在特定函数被执行时存在（自动变量）。

3. 动态存储

new 和 delete 运算符提供了一种比自动变量和静态变量更灵活的方法。它们管理了一个内存池，这在 C++中被称为自由存储空间（free store）或堆（heap）。该内存池同用于静态变量和自动变量的内存是分开的。程序清单 4.22 表明，new 和 delete 让您能够在一个函数中分配内存，而在另一个函数中释放它。因此，数据的生命周期不完全受程序或函数的生存时间控制。与使用常规变量相比，使用 new 和 delete 让程序员对程序如何使用内存有更大的控制权。然而，内存管理也更复杂了。在栈中，自动添加和删除机制使得占用的内存总是连续的，但 new 和 delete 的相互影响可能导致占用的自由存储区不连续，这使得跟踪新分配内存的位置更困难。

栈、堆和内存泄漏

如果使用 new 运算符在自由存储空间（或堆）上创建变量后，没有调用 delete，将发生什么情况呢？如果没有调用 delete，则即使包含指针的内存由于作用域规则和对象生命周期的原因而被释放，在自由存储空间上动态分配的变量或结构也将继续存在。实际上，将会无法访问自由存储空间中的结构，因为指向这些内存的指针无效。这将导致内存泄漏。被泄漏的内存将在程序的整个生命周期内都不可使用；这些内存被分配出去，但无法收回。极端情况（不过不常见）是，内存泄漏可能会非常严重，以致于应用程序可用的内存被耗尽，出现内存耗尽错误，导致程序崩溃。另外，这种泄漏还会给一些操作系统或在相同的内存空间中运行的应用程序带来负面影响，导致它们崩溃。

即使是最好的程序员和软件公司，也可能导致内存泄漏。要避免内存泄漏，最好是养成这样一种习惯，即同时使用 new 和 delete 运算符，在自由存储空间上动态分配内存，随后便释放它。C++智能指针有助于自动完成这种任务，这将在第 16 章介绍。

注意：指针是功能最强大的 C++工具之一，但也最危险，因为它们允许执行对计算机不友好的操作，如使用未经初始化的指针来访问内存或者试图释放同一个内存块两次。另外，在通过实践习惯指针表示法和指针概念之前，指针是容易引起迷惑的。由于指针是 C++编程的重要组成部分，本书后面将更详细地讨论它。本书多次对指针进行了讨论，就是希望您能够越来越熟悉它。

4.9 类型组合

本章介绍了数组、结构和指针。可以各种方式组合它们，下面介绍其中的一些，从结构开始：

```
struct antarctica_years_end
{
    int year;
/* some really interesting data, etc. */
};
```

可以创建这种类型的变量：

```
antarctica_years_end s01, s02, s03; // s01, s02, s03 are structures
```

然后使用成员运算符访问其成员：

```
s01.year = 1998;
```

可创建指向这种结构的指针：

```
antarctica_years_end * pa = &s02;
```

将该指针设置为有效地址后，就可使用间接成员运算符来访问成员：

```
pa->year = 1999;
```

可创建结构数组：

```
antarctica_years_end trio[3]; // array of 3 structures
```

然后，可以使用成员运算符访问元素的成员：

```
trio[0].year = 2003; // trio[0] is a structure
```

其中trio是一个数组，trio[0]是一个结构，而trio[0].year是该结构的一个成员。由于数组名是一个指针，因此也可使用间接成员运算符：

```
(trio+1)->year = 2004; // same as trio[1].year = 2004;
```

可创建指针数组：

```
const antarctica_years_end * arp[3] = {&s01, &s02, &s03};
```

乍一看，这有点复杂。如何使用该数组来访问数据呢？既然arp是一个指针数组，arp[1]就是一个指针，可将间接成员运算符应用于它，以访问成员：

```
std::cout << arp[1]->year << std::endl;
```

可创建指向上述数组的指针：

```
const antarctica_years_end ** ppa = arp;
```

其中arp是一个数组的名称，因此它是第一个元素的地址。但其第一个元素为指针，因此ppa是一个指针，指向一个指向const antarctica_years_end的指针。这种声明很容易出错。例如，您可能遗漏const，忘记*，搞错顺序或结构类型。下面的示例演示了C++11版本的auto提供的方便。编译器知道arp的类型，能够正确地推断出ppb的类型：

```
auto ppb = arp; // C++11 automatic type deduction
```

在以前，编译器利用它推断的类型来指出声明错误，而现在，您可利用它的这种推断能力。

如何使用ppa来访问数据呢？由于ppa是一个指向结构指针的指针，因此*ppa是一个结构指针，可将间接成员运算符应用于它：

```
std::cout << (*ppa)->year << std::endl;
std::cout << (*(ppb+1))->year << std::endl;
```

由于ppa指向arp的第一个元素，因此*ppa为第一个元素，即&s01。所以，(*ppa)->year为s01的year成员。在第二条语句中，ppb+1指向下一个元素arp[1]，即&s02。其中的括号必不可少，这样才能正确地结合。例如，*ppa->year试图将运算符*应用于ppa->year，这将导致错误，因为成员year不是指针。

上面所有的说法都对吗？程序清单4.23将这些语句放到了一个简短的程序中。

程序清单4.23 mixtypes.cpp

```
// mixtypes.cpp -- some type combinations
#include <iostream>
struct antarctica_years_end
{
    int year;
/* some really interesting data, etc. */
};

int main()
{
    antarctica_years_end s01, s02, s03;
    s01.year = 1998;
    antarctica_years_end * pa = &s02;
    pa->year = 1999;
    antarctica_years_end trio[3]; // array of 3 structures
    trio[0].year = 2003;
    std::cout << trio->year << std::endl;
    const antarctica_years_end * arp[3] = {&s01, &s02, &s03};
    std::cout << arp[1]->year << std::endl;
    const antarctica_years_end ** ppa = arp;
    auto ppb = arp; // C++11 automatic type deduction
// or else use const antarctica_years_end ** ppb = arp;
    std::cout << (*ppa)->year << std::endl;
```

```
    std::cout << (*(ppb+1))->year << std::endl;
    return 0;
}
```

该程序的输出如下：

```
2003
1999
1998
1999
```

该程序通过了编译，并像前面介绍的那样运行。

4.10 数组的替代品

本章前面说过，模板类 vector 和 array 是数组的替代品。下面简要地介绍它们的用法以及使用它们带来的一些好处。

4.10.1 模板类 vector

模板类 vector 类似于 string 类，也是一种动态数组。您可以在运行阶段设置 vector 对象的长度，可在末尾附加新数据，还可在中间插入新数据。基本上，它是使用 new 创建动态数组的替代品。实际上，vector 类确实使用 new 和 delete 来管理内存，但这种工作是自动完成的。

这里不深入探讨模板类意味着什么，而只介绍一些基本的实用知识。首先，要使用 vector 对象，必须包含头文件 vector。其次，vector 包含在名称空间 std 中，因此您可使用 using 编译指令、using 声明或 std::vector。再次，模板使用不同的语法来指出它存储的数据类型。最后，vector 类使用不同的语法来指定元素数。下面是一些示例：

```
#include <vector>
...
using namespace std;
vector<int> vi;         // create a zero-size array of int
int n;
cin >> n;
vector<double> vd(n); // create an array of n doubles
```

其中，vi 是一个 vector<int>对象，vd 是一个 vector<double>对象。由于 vector 对象在您插入或添加值时自动调整长度，因此可以将 vi 的初始长度设置为零。但要调整长度，需要使用 vector 包中的各种方法。

一般而言，下面的声明创建一个名为 vt 的 vector 对象，它可存储 n_elem 个类型为 typeName 的元素：

```
vector<typeName> vt(n_elem);
```

其中参数 n_elem 可以是整型常量，也可以是整型变量。

4.10.2 模板类 array（C++11）

vector 类的功能比数组强大，但付出的代价是效率稍低。如果您需要的是长度固定的数组，使用数组是更佳的选择，但代价是不那么方便和安全。有鉴于此，C++11 新增了模板类 array，它也位于名称空间 std 中。与数组一样，array 对象的长度也是固定的，也使用栈（静态内存分配），而不是自由存储区，因此其效率与数组相同，但更方便，更安全。要创建 array 对象，需要包含头文件 array。array 对象的创建语法与 vector 稍有不同：

```
#include <array>
...
using namespace std;
array<int, 5> ai; // create array object of 5 ints
array<double, 4> ad = {1.2, 2.1, 3.43. 4.3};
```

推而广之，下面的声明创建一个名为 arr 的 array 对象，它包含 n_elem 个类型为 typename 的元素：

```
array<typeName, n_elem> arr;
```

与创建 vector 对象不同的是，n_elem 不能是变量。

在 C++11 中，可将列表初始化用于 vector 和 array 对象，但在 C++98 中，不能对 vector 对象这样做。

4.10.3 比较数组、vector 对象和 array 对象

要了解数组、vector 对象和 array 对象的相似和不同之处，最简单的方式可能是看一个使用它们的简单

示例，如程序清单4.24所示。

程序清单4.24 choices.cpp

```
// choices.cpp -- array variations
#include <iostream>
#include <vector>   // STL C++98
#include <array>    // C++11
int main()
{
    using namespace std;
// C, original C++
    double a1[4] = {1.2, 2.4, 3.6, 4.8};
// C++98 STL
    vector<double> a2(4); // create vector with 4 elements
// no simple way to initialize in C98
    a2[0] = 1.0/3.0;
    a2[1] = 1.0/5.0;
    a2[2] = 1.0/7.0;
    a2[3] = 1.0/9.0;
// C++11 -- create and initialize array object
    array<double, 4> a3 = {3.14, 2.72, 1.62, 1.41};
    array<double, 4> a4;
    a4 = a3; // valid for array objects of same size
// use array notation
    cout << "a1[2]: " << a1[2] << " at " << &a1[2] << endl;
    cout << "a2[2]: " << a2[2] << " at " << &a2[2] << endl;
    cout << "a3[2]: " << a3[2] << " at " << &a3[2] << endl;
    cout << "a4[2]: " << a4[2] << " at " << &a4[2] << endl;
// misdeed
    a1[-2] = 20.2;
    cout << "a1[-2]: " << a1[-2] <<" at " << &a1[-2] << endl;
    cout << "a3[2]: " << a3[2] << " at " << &a3[2] << endl;
    cout << "a4[2]: " << a4[2] << " at " << &a4[2] << endl;
    return 0;
}
```

下面是该程序的输出示例：

```
a1[2]: 3.6 at 0x28cce8
a2[2]: 0.142857 at 0xca0328
a3[2]: 1.62 at 0x28ccc8
a4[2]: 1.62 at 0x28cca8
a1[-2]: 20.2 at 0x28ccc8
a3[2]: 1.62 at 0x28ccc8
a4[2]: 1.62 at 0x28cca8
```

程序说明

首先，注意到无论是数组、vector对象还是array对象，都可使用标准数组表示法来访问各个元素。其次，从地址可知，array对象和数组存储在相同的内存区域（即栈）中，而vector对象存储在另一个区域（自由存储区或堆）中。第三，注意到可以将一个array对象赋给另一个array对象；而对于数组，必须逐元素复制数据。

接下来，下面一行代码需要特别注意：

```
a1[-2] = 20.2;
```

索引-2是什么意思呢？本章前面说过，这将被转换为如下代码：

```
*(a1-2) = 20.2;
```

其含义如下：找到a1指向的地方，向前移两个double元素，并将20.2存储到目的地。也就是说，将信息存储到数组的外面。与C语言一样，C++也不检查这种超界错误。在这个示例中，这个位置位于array对象a3中。其他编译器可能将20.2放在a4中，甚至做出更糟糕的选择。这表明数组的行为是不安全的。

vector和array对象能够禁止这种行为吗？如果您让它们禁止，它们就能禁止。也就是说，您仍可编写不安全的代码，如下所示：

```
a2[-2] = .5; // still allowed
a3[200] = 1.4;
```

然而，您还有其他选择。一种选择是使用成员函数at()。就像可以使用cin对象的成员函数getline()一样，您也可以使用vector和array对象的成员函数at()：

```
a2.at(1) = 2.3; // assign 2.3 to a2[1]
```

中括号表示法和成员函数at()的差别在于，使用at()时，将在运行期间捕获非法索引，而程序默认将中断。这种额外检查的代价是运行时间更长，这就是 C++ 允许您使用任何一种表示法的原因所在。另外，这些类还让您能够降低意外超界错误的概率。例如，它们包含成员函数 begin()和 end()，让您能够确定边界，以免无意间超界，这将在第 16 章讨论。

4.11 总结

数组、结构和指针是 C++的 3 种复合类型。数组可以在一个数据对象中存储多个同种类型的值。通过使用索引或下标，可以访问数组中各个元素。

结构可以将多个不同类型的值存储在同一个数据对象中，可以使用成员关系运算符（.）来访问其中的成员。使用结构的第一步是创建结构模板，它定义结构存储了哪些成员。模板的名称将成为新类型的标识符，然后就可以声明这种类型的结构变量。

共用体可以存储一个值，但是这个值可以是不同的类型，成员名指出了使用的模式。

指针是被设计用来存储地址的变量。我们说，指针指向它存储的地址。指针声明指出了指针指向的对象的类型。对指针应用解除引用运算符，将得到指针指向的位置中的值。

字符串是以空字符为结尾的一系列字符。字符串可用引号括起的字符串常量表示，其中隐式包含了结尾的空字符。可以将字符串存储在 char 数组中，可以用被初始化为指向字符串的 char 指针表示字符串。函数 strlen()返回字符串的长度，其中不包括空字符。函数 strcpy()将字符串从一个位置复制到另一个位置。在使用这些函数时，应当包含头文件 cstring 或 string.h。

头文件 string 支持的 C++ string 类提供了另一种对用户更友好的字符串处理方法。具体地说，string 对象将根据要存储的字符串自动调整其大小，用户可以使用赋值运算符来复制字符串。

new 运算符允许在程序运行时为数据对象请求内存。该运算符返回获得内存的地址，可以将这个地址赋给一个指针，程序将只能使用该指针来访问这块内存。如果数据对象是简单变量，则可以使用解除引用运算符（*）来获得其值；如果数据对象是数组，则可以像使用数组名那样使用指针来访问元素；如果数据对象是结构，则可以用指针解除引用运算符（->）来访问其成员。

指针和数组紧密相关。如果 ar 是数组名，则表达式 ar[i]被解释为*（ar + i），其中数组名被解释为数组第一个元素的地址。这样，数组名的作用和指针相同。反过来，可以使用数组表示法，通过指针名来访问 new 分配的数组中的元素。

运算符 new 和 delete 允许显式控制何时给数据对象分配内存，何时将内存归还给内存池。自动变量是在函数中声明的变量，而静态变量是在函数外部或者使用关键字 static 声明的变量，这两种变量都不太灵活。自动变量在程序执行到其所属的代码块（通常是函数定义）时产生，在离开该代码块时终止。静态变量在整个程序周期内都存在。

C++98 新增的标准模板库（STL）提供了模板类 vector，它是动态数组的替代品。C++11 提供了模板类 array，它是定长数组的替代品。

4.12 复习题

1. 如何声明下述数据？

a. actor 是由 30 个 char 组成的数组。

b. betsie 是由 100 个 short 组成的数组。

c. chuck 是由 13 个 float 组成的数组。

d. dipsea 是由 64 个 long double 组成的数组。

2. 使用模板类 array 而不是数组来完成问题 1。

3. 声明一个包含 5 个元素的 int 数组，并将它初始化为前 5 个正奇数。

4. 编写一条语句，将问题 3 中数组第一个元素和最后一个元素的和赋给变量 even。

5. 编写一条语句，显示 float 数组 ideas 中的第 2 个元素的值。

6. 声明一个 char 的数组，并将其初始化为字符串“cheeseburger”。

7. 声明一个 string 对象，并将其初始化为字符串“Waldorf Salad”。

8. 设计一个描述鱼的结构声明。结构中应当包括品种、重量（整数，单位为盎司）和长度（英寸，包括小数）。

9. 声明一个问题 8 中定义的结构的变量，并对它进行初始化。

10. 用 enum 定义一个名为 Response 的类型，它包含 Yes、No 和 Maybe 等枚举量，其中 Yes 的值为 1，No 为 0，Maybe 为 2。

11. 假设 ted 是一个 double 变量，请声明一个指向 ted 的指针，并使用该指针来显示 ted 的值。

12. 假设 treacle 是一个包含 10 个元素的 float 数组，请声明一个指向 treacle 的第一个元素的指针，并使用该指针来显示数组的第一个元素和最后一个元素。

13. 编写一段代码，要求用户输入一个正整数，然后创建一个动态的 int 数组，其中包含的元素数目等于用户输入的值。首先使用 new 来完成这项任务，再使用 vector 对象来完成这项任务。

14. 下面的代码是否有效？如果有效，它将打印出什么结果？

```
cout << (int *) "Home of the jolly bytes";
```

15. 编写一段代码，给问题 8 中描述的结构动态分配内存，再读取该结构的成员的值。

16. 程序清单 4.6 指出了混合输入数字和一行字符串时存储的问题。如果将下面的代码：

```
cin.getline(address,80);
```

替换为：

```
cin >> address;
```

将对程序的运行带来什么影响？

17. 声明一个 vector 对象和一个 array 对象，它们都包含 10 个 string 对象。指出所需的头文件，但不要使用 using。使用 const 来指定要包含的 string 对象数。

4.13 编程练习

1. 编写一个 C++程序，如下述输出示例所示的那样请求并显示信息：

```
What is your first name? Betty Sue
What is your last name? Yewe
What letter grade do you deserve? B
What is your age? 22
Name: Yewe, Betty Sue
Grade: C
Age: 22
```

注意，该程序应该接受的名字包含多个单词。另外，程序将向下调整成绩，即向上调一个字母。假设用户请求 A、B 或 C，所以不必担心 D 和 F 之间的空档。

2. 修改程序清单 4.4，使用 C++ string 类而不是 char 数组。

3. 编写一个程序，它要求用户首先输入其名，然后输入其姓；然后程序使用一个逗号和空格将姓和名组合起来，并存储和显示组合结果。请使用 char 数组和头文件 cstring 中的函数。下面是该程序运行时的情形：

```
Enter your first name: Flip
Enter your last name: Fleming
Here's the information in a single string: Fleming, Flip
```

4. 编写一个程序，它要求用户首先输入其名，再输入其姓；然后程序使用一个逗号和空格将姓和名组合起来，并存储和显示组合结果。请使用 string 对象和头文件 string 中的函数。下面是该程序运行时的情形：

```
Enter your first name: Flip
Enter your last name: Fleming
Here's the information in a single string: Fleming, Flip
```

5. 结构 CandyBar 包含 3 个成员。第一个成员存储了糖块的品牌；第二个成员存储糖块的重量（可以有小数）；第三个成员存储了糖块的卡路里含量（整数）。请编写一个程序，声明这个结构，创建一个名为

snack 的 CandyBar 变量，并将其成员分别初始化为“Mocha Munch”、2.3 和 350。初始化应在声明 snack 时进行。最后，程序显示 snack 变量的内容。

6. 结构 CandyBar 包含 3 个成员，如编程练习 5 所示。请编写一个程序，创建一个包含 3 个元素的 CandyBar 数组，并将它们初始化为所选择的值，然后显示每个结构的内容。

7. William Wingate 从事比萨饼分析服务。对于每个披萨饼，他都需要记录下列信息：

- 披萨饼公司的名称，可以有多个单词组成。
- 披萨饼的直径。
- 披萨饼的重量。

请设计一个能够存储这些信息的结构，并编写一个使用这种结构变量的程序。程序将请求用户输入上述信息，然后显示这些信息。请使用 cin（或它的方法）和 cout。

8. 完成编程练习 7，但使用 new 来为结构分配内存，而不是声明一个结构变量。另外，让程序在请求输入披萨饼公司名称之前输入披萨饼的直径。

9. 完成编程练习 6，但使用 new 来动态分配数组，而不是声明一个包含 3 个元素的 CandyBar 数组。

10. 编写一个程序，让用户输入三次 40 码跑的成绩（如果您愿意，也可让用户输入 40 米跑的成绩），并显示次数和平均成绩。请使用一个 array 对象来存储数据（如果编译器不支持 array 类，请使用数组）。

第 5 章　循环和关系表达式

本章内容包括：

- for 循环；
- 表达式和语句；
- 递增运算符和递减运算符——++和--；
- 组合赋值运算符；
- 复合语句（语句块）；
- 逗号运算符；
- 关系运算符——>、>=、= =、<=、<和!=；
- while 循环；
- typedef 工具；
- do while 循环；
- 字符输入方法 get()；
- 文件尾条件；
- 嵌套循环和二维数组。

计算机除了存储数据外，还可以做很多其他的工作。可以对数据进行分析、合并、重组、抽取、修改、推断、合成以及其他操作。有时甚至会歪曲和破坏数据，不过我们应当尽量防止这种行为的发生。为了发挥其强大的操控能力，程序需要有执行重复的操作和进行决策的工具。当然，C++提供了这样的工具。事实上，它使用与常规 C 语言相同的 for 循环、while 循环、do while 循环、if 语句和 switch 语句，如果读者熟悉 C 语言，可粗略地浏览本章和第 6 章；但浏览速度不要过快，否则会错过 cin 如何处理字符输入。这些程序控制语句通常都使用关系表达式和逻辑表达式来控制其行为。本章将讨论循环和关系表达式，第 6 章将介绍分支语句和逻辑表达式。

5.1　for 循环

很多情况下都需要程序执行重复的任务，如将数组中的元素累加起来或将歌颂生产的赞歌打印 20 份，C++中的 for 循环可以轻松地完成这种任务。我们来看看程序清单 5.1 中，以了解 for 循环所做的工作，然后讨论它是如何工作的。

程序清单 5.1　forloop.cpp

```
// forloop.cpp -- introducing the for loop
#include <iostream>
int main()
{
    using namespace std;
    int i; // create a counter
//   initialize; test ; update
    for (i = 0; i < 5; i++)
```

```
        cout << "C++ knows loops.\n";
    cout << "C++ knows when to stop.\n";
    return 0;
}
```

下面是该程序的输出：

```
C++ knows loops.
C++ knows loops.
C++ knows loops.
C++ knows loops.
C++ knows loops.
C++ knows when to stop.
```

该循环首先将整数变量 i 设置为 0：

```
i = 0
```

这是循环的初始化（loop initialization）部分。然后，循环测试（loop test）部分检查 i 是否小于 5：

```
i < 5
```

如果确实小于 5，则程序将执行接下来的语句——循环体（loop body）：

```
cout << "C++ knows loops.\n";
```

然后，程序使用循环更新（loop update）部分将 i 加 1：

```
i++
```

这里使用了++运算符——递增运算符（increment operator），它将操作数的值加 1。递增运算符并不仅限于用于 for 循环。例如，在程序中，可以使用 i++;来替换语句 i = i + 1;。将 i 加 1 后，便结束了循环的第一个周期。

接下来，循环开始了新的周期，将新的 i 值与 5 进行比较。由于新值（1）也小于 5，因此循环打印另一行，然后再次将 i 加 1，从而结束这一周期。这样又进入了新的一轮测试、执行语句和更新 i 的值。这一过程将一直进行下去，直到循环将 i 更新为 5 为止。这样，接下来的测试失败，程序将接着执行循环后的语句。

5.1.1 for 循环的组成部分

for 循环为执行重复的操作提供了循序渐进的步骤。我们来具体看一看它是如何工作的。for 循环的组成部分完成下面这些步骤。

1. 设置初始值。
2. 执行测试，看看循环是否应当继续进行。
3. 执行循环操作。
4. 更新用于测试的值。

C++循环设计中包括了这些要素，很容易识别。初始化、测试和更新操作构成了控制部分，这些操作由括号括起。其中每部分都是一个表达式，彼此由分号隔开。控制部分后面的语句叫作循环体，只要测试表达式为 true，它便被执行：

```
for (initialization; test-expression; update-expression)
    body
```

C++语法将整个 for 看作一条语句——虽然循环体可以包含一条或多条语句。（包含多条语句时，需要使用复合语句或代码块，这将在本章后面进行讨论。）

循环只执行一次初始化。通常，程序使用该表达式将变量设置为起始值，然后用该变量计算循环周期。

test-expression（测试表达式）决定循环体是否被执行。通常，这个表达式是关系表达式，即对两个值进行比较。这个例子将 i 的值同 5 进行比较，看 i 是否小于 5。如果比较结果为真，则程序将执行循环体。实际上，C++并没有将 test-expression 的值限制为只能为真或假。可以使用任意表达式，C++将把结果强制转换为 bool 类型。因此，值为 0 的表达式将被转换为 bool 值 false，导致循环结束。如果表达式的值为非零，则被强制转换为 bool 值 true，循环将继续进行。程序清单 5.2 通过将表达式 i 用作测试条件来演示了这一特点。更新部分的 i--与 i++相似，只是每使用一次，i 值就减 1。

程序清单 5.2 num_test.cpp

```
// num_test.cpp -- use numeric test in for loop
#include <iostream>
int main()
{
```

```
    using namespace std;
    cout << "Enter the starting countdown value: ";
    int limit;
    cin >> limit;
    int i;
    for (i = limit; i; i--) // quits when i is 0
        cout << "i = " << i << "\n";
    cout << "Done now that i = " << i << "\n";
    return 0;
}
```

下面是该程序的输出：

```
i = 4
i = 3
i = 2
i = 1
Done now that i = 0
```

注意，循环在 i 变为 0 后结束。

关系表达式（如 i<5）是如何得到循环终止值 0 的呢？在引入 bool 类型之前，如果关系表达式为 true，则被判定为 1；如果为 false，则被判定为 0。因此，表达式 3<5 的值为 1，而 5<5 的值为 0。然而，C++添加了 bool 类型后，关系表达式就判定为 bool 字面值 true 和 false，而不是 1 和 0 了。这种变化不会导致不兼容的问题，因为 C++程序在需要整数值的地方将把 true 和 false 分别转换为 1 和 0，而在需要 bool 值的地方将把 0 转换为 false，非 0 转换为 true。

for 循环是入口条件（entry-condition）循环。这意味着在每轮循环之前，都将计算测试表达式的值，当测试表达式为 false 时，将不会执行循环体。例如，假设重新运行程序清单 5.2 中的程序，但将起始值设置为 0，则由于测试条件在首次被判定时便为 false，循环体将不被执行：

```
Enter the starting countdown value: 0
Done now that i = 0
```

这种在循环之前进行检查的方式可避免程序遇到麻烦。

update-expression（更新表达式）在每轮循环结束时执行，此时循环体已经执行完毕。通常，它用来对跟踪循环轮次的变量的值进行增减。然而，它可以是任何有效的 C++表达式，还可以是其他控制表达式。这使 for 循环的功能不仅仅是从 0 数到 5（这是第一个循环示例所做的工作），稍后将介绍一些例子。

for 循环体由一条语句组成，不过很快将介绍如何扩展这条规则。图 5.1 对 for 循环设计进行了总结。

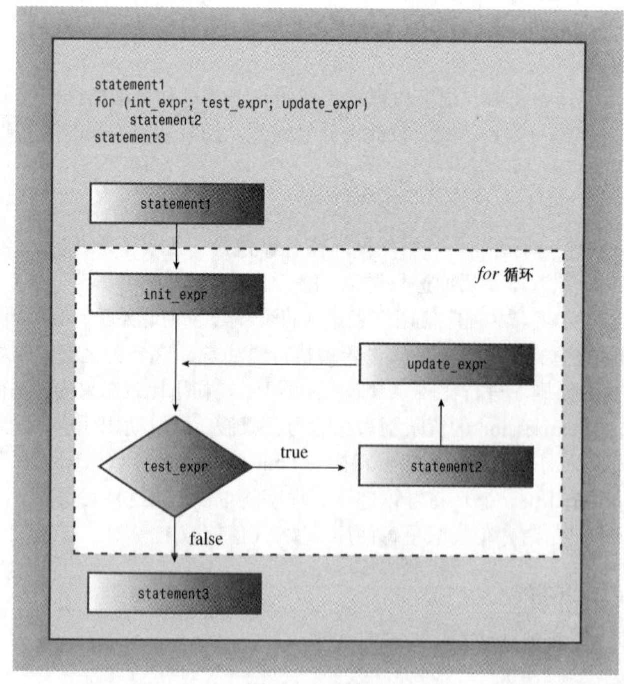

图 5.1　for 循环

for 语句看上去有些像函数调用，因为它使用一个后面跟一对括号的名称。然而，for 是一个 C++关键字，因此编译器不会将 for 视为一个函数，这还将防止将函数命名为 for。

提示： *C++常用的方式是，在 for 和括号之间加上一个空格，而省略函数名与括号之间的空格。*

```
for (i = 6; i < 10; i++)
     smart_function(i);
```

对于其他控制语句（如 if 和 while），处理方式与 for 相似。这样从视觉上强化了控制语句和函数调用之间的区别。另外，常见的做法是缩进 for 语句体，使它看上去比较显著。

1. 表达式和语句

for 语句的控制部分使用 3 个表达式。由于其自身强加的句法限制，C++成为非常具有表现力的语言。任何值或任何有效的值和运算符的组合都是表达式。例如，10 是值为 10 的表达式（一点儿都不奇怪），28 * 20 是值为 560 的表达式。在 C++中，每个表达式都有值。通常值是很明显的。例如，下面的表达式由两个值和一个加号组成，它的值为 49：

```
22 + 27
```

有时值不这么明显，例如，下面是一个表达式，因为它由两个值和一个赋值运算符组成：

```
x = 20
```

C++将赋值表达式的值定义为左侧成员的值，因此这个表达式的值为 20。由于赋值表达式有值，因此可以编写下面这样的语句：

```
maids = (cooks = 4) + 3;
```

表达式 cooks = 4 的值为 4，因此 maids 的值为 7。然而，C++虽然允许这样做，但并不意味着应鼓励这种做法。允许存在上述语句存在的原则也允许编写如下的语句：

```
x = y = z = 0;
```

这种方法可以快速地将若干个变量设置为相同的值。优先级表（见附录 D）表明，赋值运算符是从右向左结合的，因此首先将 0 赋给 z，然后将 z = 0 赋给 y，依此类推。

最后，正如前面指出的，像 x<y 这样的关系表达式将被判定为 bool 值 true 或 false。程序清单 5.3 中的小程序指出了有关表达式值的一些重要方面。<<运算符的优先级比表达式中使用的运算符高，因此代码使用括号来获得正确的运算顺序。

程序清单 5.3 express.cpp

```
// express.cpp -- values of expressions
#include <iostream>
int main()
{
    using namespace std;
    int x;

    cout << "The expression x = 100 has the value ";
    cout << (x = 100) << endl;
    cout << "Now x = " << x << endl;
    cout << "The expression x < 3 has the value ";
    cout << (x < 3) << endl;
    cout << "The expression x > 3 has the value ";
    cout << (x > 3) << endl;
    cout.setf(ios_base::boolalpha); //a newer C++ feature
    cout << "The expression x < 3 has the value ";
    cout << (x < 3) << endl;
    cout << "The expression x > 3 has the value ";
    cout << (x > 3) << endl;
    return 0;
}
```

注意： *老式 C++实现可能要求使用 ios::boolalpha，而不是 ios_base::boolalpha 来作为 cout.setf()的参数。有些老式实现甚至无法识别这两种形式。*

下面是该程序的输出：

```
The expression x = 100 has the value 100
Now x = 100
The expression x < 3 has the value 0
The expression x > 3 has the value 1
The expression x < 3 has the value false
The expression x > 3 has the value true
```

通常，cout 在显示 bool 值之前将它们转换为 int，但 cout.setf(ios::boolalpha)函数调用设置了一个标记，该标记命令 cout 显示 true 和 false，而不是 1 和 0。

注意：C++表达式是值或值与运算符的组合，每个 C++表达式都有值。

为判定表达式 x = 100，C++必须将 100 赋给 x。当判定表达式的值这种操作改变了内存中数据的值时，我们说表达式有副作用（side effect）。因此，判定赋值表达式会带来这样的副作用，即修改被赋值者的值。有可能把赋值看作预期的效果，但从 C++的构造方式这个角度来看，判定表达式才是主要作用。并不是所有的表达式都有副作用。例如，判定 x + 15 将计算出一个新的值，但不会修改 x 的值。然而，判定++x + 15 就有副作用，因为它将 x 加 1。

从表达式到语句的转变很容易，只要加分号即可。因此下面是一个表达式：

```
age = 100
```

而下面是一条语句：

```
age = 100;
```

更准确地说，这是一条表达式语句。只要加上分号，所有的表达式都可以成为语句，但不一定有编程意义。例如，如果 rodents 是个变量，则下面就是一条有效的 C++语句：

```
rodents + 6; // valid, but useless, statement
```

编译器允许这样的语句，但它没有完成任何有用的工作。程序仅仅是计算和，而没有使用得到的结果，然后便进入下一条语句（智能编译器甚至可能跳过这条语句）。

2. 非表达式和语句

有些概念对于理解 C++至关重要，如了解 for 循环的结构。不过句法中也有一些相对次要的内容，让认为自己理解语言的人突然觉得不知所措。下面来看看这样的内容。

对任何表达式加上分号都可以成为语句，但是这句话反过来说就不对了。也就是说，从语句中删除分号，并不一定能将它转换为表达式。就我们目前使用的语句而言，返回语句、声明语句和 for 语句都不满足“语句=表达式+分号”这种模式。例如，下面是一条语句：

```
int toad;
```

但 int toad 并不是表达式，因为它没有值。因此，下面的代码是非法的：

```
eggs = int toad * 1000; // invalid, not an expression
cin >> int toad;        // can't combine declaration with cin
```

同样，不能把 for 循环赋给变量。在下面的示例中，for 循环不是表达式，因此没有值，也不能给它赋值：

```
int fx = for (i = 0; i< 4; i++)
    cout << i;        // not possible
```

3. 修改规则

C++在 C 循环的基础上添加了一项特性，要求对 for 循环句法做一些微妙的调整。

这是原来的句法：

```
for (expression; expression; expression)
     statement
```

具体地说，正如本章前面指出的，for 结构的控制部分由 3 个表达式组成，它们由分号分隔。然而，C++循环允许像下面这样做：

```
for (int i = 0; i < 5; i++)
```

也就是说，可以在 for 循环的初始化部分中声明变量。这很方便，但并不适用于原来的句法，因为声明不是表达式。这种一度是非法的行为最初是通过定义一种新的表达式——声明语句表达式（declaration-statement expression）——来合法化的，声明语句表达式不带分号声明，只能出现在 for 语句中。然而，这种调整已经被取消了，代之以将 for 语句的句法修改成下面这样：

```
for (for-init-statement condition; expression)
     statement
```

乍一看很奇怪，因为这里只有一个分号（而不是两个分号）。但是这是允许的，因为 for-init-statement 被视为一条语句，而语句有自己的分号。对于 for-init-statement 来说，它既可以是表达式语句，也可以是声明。这种句法规则用语句替换了后面跟分号的表达式，语句本身有自己的分号。总之，C++程序员希望能够在 for 循环初始化部分中声明和初始化变量，他们会做 C++句法需要和英语所允许的工作。

在 for-init-statement 中声明变量还有其实用的一面，这也是应该知道的。这种变量只存在于 for 语句中，也就是说，当程序离开循环后，这种变量将消失：

```
for (int i = 0; i < 5; i++)
    cout << "C++ knows loops.\n";
cout << i << endl; // oops! i no longer defined
```

您还应知道的一点是，有些较老的 C++实现遵循以前的规则，对于前面的循环，将把 i 视为是在循环之前声明的，因此在循环结束后，i 仍可用。

5.1.2 回到 for 循环

下面使用 for 循环完成更多的工作。程序清单 5.4 使用循环来计算并存储前 16 个阶乘。阶乘的计算方式如下：零阶乘写作 0!，被定义为 1。1!是 1*0!，即 1。2!为 2*1!，即 2。3!为 3*2!，即 6，依此类推。每个整数的阶乘都是该整数与前一个阶乘的乘积（钢琴家 Victor Borge 最著名的独白以其语音标点为特色，其中，惊叹号的发音就像 phffft pptz，带有濡湿的口音。然而，刚才提到的“!”读作“阶乘”）。该程序用一个循环来计算连续阶乘的值，并将这些值存储在数组中。然后，用另一个循环来显示结果。另外，该程序还在外部声明了一些值。

程序清单 5.4 formore.cpp

```
// formore.cpp -- more looping with for
#include <iostream>
const int ArSize = 16; // example of external declaration
int main()
{
    long long factorials[ArSize];
    factorials[1] = factorials[0] = 1LL;
    for (int i = 2; i < ArSize; i++)
        factorials[i] = i * factorials[i-1];
    for (int i = 0; i < ArSize; i++)
        std::cout << i << "! = " << factorials[i] << std::endl;
    return 0;
}
```

下面是该程序的输出：

```
0! = 1
1! = 1
2! = 2
3! = 6
4! = 24
5! = 120
6! = 720
7! = 5040
8! = 40320
9! = 362880
10! = 3628800
11! = 39916800
12! = 479001600
13! = 6227020800
14! = 87178291200
15! = 1307674368000
```

阶乘增加得很快！

注意：这个程序清单使用了类型 long long。如果您的系统不支持这种类型，可使用 double。然而，整型使得阶乘的增大方式看起来更明显。

程序说明

该程序创建了一个数组来存储阶乘值。元素 0 存储 0!，元素 1 存储 1!，依此类推。由于前两个阶乘都等于 1，因此程序将 factorials 数组的前两个元素设置为 1（记住，数组第一个元素的索引值为 0）。然后，程序用循环将每个阶乘设置为索引号与前一个阶乘的乘积。该循环表明，可以在循环体中使用循环计数。

该程序演示了 for 循环如何通过提供一种访问每个数组成员的方便途径来与数组协同工作。另外，formore.cpp 还使用 const 创建了数组长度的符号表示（ArSize）。然后，它在需要数组长度的地方使用 ArSize，如定义数组以及限制循环如何处理数组时。现在，如果要将程序扩展成处理 20 个阶乘，则只需要将 ArSize 设置为 20 并重新编译程序即可。通过使用符号常量，就可以避免将所有的 16 修改为 20。

提示：通常，定义一个 const 值来表示数组中的元素个数是个好办法。在声明数组和引用数组长度时（如在 for 循环中），可以使用 const 值。

表达式 i < ArSize 反映了这样一个事实，包含 ArSize 个元素的数组的下标从 0 到 ArSize – 1，因此数组索引应在 ArSize 减 1 的位置停止。也可以使用 i <= ArSize –1，但它看上去没有前面的表达式好。

该程序在 main()的外面声明 const int 变量 ArSize。第 4 章末尾提到过，这样可以使 ArSize 成为外部数据。以这种方式声明 ArSize 的两种后果是，ArSize 在整个程序周期内存在、程序文件中所有的函数都可以使用它。在这个例子中，程序只有一个函数，因此在外部声明 ArSize 几乎没有任何实际用处，但包含多个函数的程序常常会受益于共享外部常量，因此我们现在就开始练习使用外部变量。

另外，这个示例还提醒您，可使用 std::而不是编译指令 using 来让选定的标准名称可用。

5.1.3 修改步长

到现在为止，循环示例每一轮循环都将循环计数加 1 或减 1。可以通过修改更新表达式来修改步长。例如，程序清单 5.5 中的程序按照用户选择的步长值将循环计数递增。它没有将 i++用作更新表达式，而是使用表达式 i = i + by，其中 by 是用户选择的步长值。

程序清单 5.5 bigstep.cpp

```
// bigstep.cpp -- count as directed
#include <iostream>
int main()
{
    using std::cout; // a using declaration
    using std::cin;
    using std::endl;
    cout << "Enter an integer: ";
    int by;
    cin >> by;
    cout << "Counting by " << by << "s:\n";
    for (int i = 0; i < 100; i = i + by)
        cout << i << endl;
    return 0;
}
```

下面是该程序的运行情况：

```
Enter an integer: 17
Counting by 17s:
0
17
34
51
68
85
```

当 i 的值到达 102 时，循环终止。这里的重点是，更新表达式可以是任何有效的表达式。例如，如果要求每轮递增以 i 的平方加 10，则可以使用表达式 i = i * i + 10。

需要指出的另一点是，检测不等通常比检测相等好。例如，在这里使用条件 i == 100 不可行，因为 i 的取值不会为 100。

最后，这个示例使用了 using 声明，而不是 using 编译指令。

5.1.4 使用 for 循环访问字符串

for 循环提供了一种依次访问字符串中每个字符的方式。例如，程序清单 5.6 让用户能够输入一个字符串，然后按相反的方向逐个字符地显示该字符串。在这个例子中，可以使用 string 对象，也可以使用 char 数组，因为它们都让您能够使用数组表示法来访问字符串中的字符。程序清单 5.6 使用的是 string 对象。string 类的 size()获得字符串中的字符数；循环在其初始化表达式中使用这个值，将 i 设置为字符串中最后一个字符的索引（不考虑空值字符）。为了反向计数，程序使用递减运算符（– –），在每轮循环后将数组下标减 1。另外，程序清单 5.6 使用关系运算符大于或等于（>=）来测试循环是否到达第一个元素。稍后我们将对所有的关系运算符做一总结。

程序清单 5.6 forstr1.cpp

```
// forstr1.cpp -- using for with a string
#include <iostream>
```

```
#include <string>
int main()
{
    using namespace std;
    cout << "Enter a word: ";
    string word;
    cin >> word;

    // display letters in reverse order
    for (int i = word.size() - 1; i >= 0; i--)
        cout << word[i];
    cout << "\nBye.\n";
    return 0;
}
```

注意：如果所用的实现没有添加新的头文件，则必须使用 string.h，而不是 cstring。

下面是该程序的运行情况：

```
Enter a word: animal
lamina
Bye.
```

程序成功地按相反的方向打印了 animal；与回文 rotator、redder 或 stats 相比，animal 能更清晰地说明这个程序的作用。

5.1.5 递增运算符（++）和递减运算符（--）

C++中有多个常被用在循环中的运算符，因此我们花一点时间来讨论它们。前面已经介绍了两个这样的运算符：递增运算符（++）（名称 C++由此得到）和递减运算符（—）。这两个运算符执行两种极其常见的循环操作：将循环计数加 1 或减 1。然而，它们还有很多特点不为读者所知。这两个运算符都有两种变体。前缀（prefix）版本位于操作数前面，如++x；后缀（postfix）版本位于操作数后面，如 x++。两个版本对操作数的影响是一样的，但是影响的时间不同。这就像对于钱包来说，清理草坪之前付钱和清理草坪之后付钱的最终结果是一样的，但支付钱的时间不同。程序清单 5.7 演示递增运算符的这种差别。

程序清单 5.7 plus_one.cpp

```
// plus_one.cpp -- the increment operator
#include <iostream>
int main()
{
    using std::cout;
    int a = 20;
    int b = 20;
    cout << "a = " << a << ": b = " << b << "\n";
    cout << "a++ = " << a++ << ": ++b = " << ++b << "\n";
    cout << "a = " << a << ": b = " << b << "\n";
    return 0;
}
```

下面是该程序的输出：

```
a = 20: b - 20
a++ = 20: ++b = 21
a = 21: b = 21
```

粗略地讲，a++意味着使用 a 的当前值计算表达式，然后将 a 的值加 1；而++b 的意思是先将 b 的值加 1，然后使用新的值来计算表达式。例如，我们有下面这样的关系：

```
int x = 5;
int y = ++x; // change x, then assign to y
             // y is 6, x is 6

int z = 5;
int y = z++; // assign to y, then change z
             // y is 5, z is 6
```

递增和递减运算符是处理将值加减 1 这种常见任务的一种简约、方便的方法。

递增运算符和递减运算符都是漂亮的小型运算符，不过千万不要失去控制，在同一条语句对同一个值递增或递减多次。问题在于，规则“使用后修改”和“修改后使用”可能会变得模糊不清。也就是说，下面这条语句在不同的系统上将生成不同的结果：

```
x = 2 * x++ * (3 - ++x); // don't do it except as an experiment
```

对这种语句，C++没有定义正确的行为。

5.1.6　副作用和顺序点

下面更详细地介绍 C++就递增运算符何时生效的哪些方面做了规定，哪些方面没有规定。首先，副作用（side effect）指的是在计算表达式时对某些东西（如存储在变量中的值）进行了修改；顺序点（sequence point）是程序执行过程中的一个点，在这里，进入下一步之前将确保对所有的副作用都进行了评估。在 C++中，语句中的分号就是一个顺序点，这意味着程序处理下一条语句之前，赋值运算符、递增运算符和递减运算符执行的所有修改都必须完成。本章后面将讨论的有些操作也有顺序点。另外，任何完整的表达式末尾都是一个顺序点。

何为完整表达式呢？它是这样一个表达式：不是另一个更大表达式的子表达式。完整表达式的例子有：表达式语句中的表达式部分以及用作 while 循环中检测条件的表达式。

顺序点有助于阐明后缀递增何时进行。例如，请看下面的代码：

```
while (guests++ < 10)
    cout << guests << endl;
```

while 循环将在本章后面讨论，它类似于只有测试表达式的 for 循环。在这里，C++新手可能认为“使用值，然后递增”意味着先在 cout 语句中使用 guests 的值，再将其值加 1。然而，表达式 guests++ < 10 是一个完整表达式，因为它是一个 while 循环的测试条件，因此该表达式的末尾是一个顺序点。所以，C++确保副作用（将 guests 加 1）在程序进入 cout 之前完成。然而，通过使用后缀格式，可确保将 guests 同 10 进行比较后再将其值加 1。

现在来看下面的语句：

```
y = (4 + x++) + (6 + x++);
```

表达式 4 + x++不是一个完整表达式，因此，C++不保证 x 的值在计算子表达式 4 + x++后立刻增加 1。在这个例子中，整条赋值语句是一个完整表达式，而分号标示了顺序点，因此 C++只保证程序执行到下一条语句之前，x 的值将被递增两次。C++没有规定是在计算每个子表达式之后将 x 的值递增，还是在整个表达式计算完毕后才将 x 的值递增，有鉴于此，您应避免使用这样的表达式。

在 C++11 文档中，不再使用术语“顺序点”了，因为这个概念难以用于讨论多线程执行。相反，使用了术语“顺序”，它表示有些事件在其他事件前发生。这种描述方法并非要改变规则，而旨在更清晰地描述多线程编程。

5.1.7　前缀格式和后缀格式

显然，如果变量被用于某些目的（如用作函数参数或给变量赋值），使用前缀格式和后缀格式的结果将不同。然而，如果递增表达式的值没有被使用，情况又如何呢？例如，下面两条语句的作用是否不同？

```
x++;
++x;
```

下面两条语句的作用是否不同？

```
for (n = lim; n > 0; --n)
    ...;
```

和

```
for (n = lim; n > 0; n--)
    ...;
```

从逻辑上说，在上述两种情形下，使用前缀格式和后缀格式没有任何区别。表达式的值未被使用，因此只存在副作用。在上面的例子中，使用这些运算符的表达式为完整表达式，因此将 x 加 1 和 n 减 1 的副作用将在程序进入下一步之前完成，前缀格式和后缀格式的最终效果相同。

然而，虽然选择使用前缀格式还是后缀格式对程序的行为没有影响，但执行速度可能有细微的差别。对于内置类型和当代的编译器而言，这看似不是什么问题。然而，C++允许您针对类定义这些运算符，在这种情况下，用户这样定义前缀函数：将值加 1，然后返回结果；但后缀版本首先复制一个副本，将其加 1，然后将复制的副本返回。因此，对于类而言，前缀版本的效率比后缀版本高。

总之，对于内置类型，采用哪种格式不会有差别；但对于用户定义的类型，如果有用户定义的递增和递减运算符，则前缀格式的效率更高。

5.1.8　递增/递减运算符和指针

可以将递增运算符用于指针和基本变量。本书前面介绍过，将递增运算符用于指针时，将把指针的值增加其指向的数据类型占用的字节数，这种规则适用于对指针递增和递减：

```
double arr[5] = {21.1, 32.8, 23.4, 45.2, 37.4};
double *pt = arr;  // pt points to arr[0], i.e. to 21.1
++pt;              // pt points to arr[1], i.e. to 32.8
```

也可以结合使用这些运算符和*运算符来修改指针指向的值。将*和++同时用于指针时提出了这样的问题：将什么解除引用，将什么递增。这取决于运算符的位置和优先级。前缀递增、前缀递减和解除引用运算符的优先级相同，以从右到左的方式进行结合。后缀递增和后缀递减的优先级相同，但比前缀运算符的优先级高，这两个运算符以从左到右的方式进行结合。

前缀运算符的从右到左结合规则意味着*++pt 的含义如下：先将++应用于 pt（因为++位于*的右边），然后将*应用于被递增后的 pt：

```
double x = *++pt; // increment pointer, take the value; i.e., arr[2], or 23.4
```

另一方面，++*pt 意味着先取得 pt 指向的值，然后将这个值加 1：

```
++*pt; // increment the pointed to value; i.e., change 23.4 to 24.4
```

在这种情况下，pt 仍然指向 arr[2]。

接下来，请看下面的组合：

```
(*pt)++; // increment pointed-to value
```

圆括号指出，首先对指针解除引用，得到 24.4。然后，运算符++将这个值递增到 25.4，pt 仍然指向 arr[2]。

最后，来看看下面的组合：

```
x = *pt++; // dereference original location, then increment pointer
```

后缀运算符++的优先级更高，这意味着将运算符用于 pt，而不是*pt，因此对指针递增。然而后缀运算符意味着将对原来的地址（&arr[2]）而不是递增后的新地址解除引用，因此*pt++的值为 arr[2]，即 25.4，但该语句执行完毕后，pt 的值将为 arr[3]的地址。

注意：指针递增和递减遵循指针算术规则。因此，如果 pt 指向某个数组的第一个元素，++pt 将修改 pt，使之指向第二个元素。

5.1.9 组合赋值运算符

程序清单 5.5 使用了下面的表达式来更新循环计数：

```
i = i + by
```

C++有一种合并了加法和赋值操作的运算符，能够更简洁地完成这种任务：

```
i += by
```

+=运算符将两个操作数相加，并将结果赋给左边的操作数。这意味着左边的操作数必须能够被赋值，如变量、数组元素、结构成员或通过对指针解除引用来标识的数据：

```
int k = 5;
k += 3;                  // ok, k set to 8
int *pa = new int[10];   // pa points to pa[0]
pa[4] = 12;
pa[4] += 6;              // ok, pa[4] set to 18
*(pa + 4) += 7;          // ok, pa[4] set to 25
pa += 2;                 // ok, pa points to the former pa[2]
34 += 10;                // quite wrong
```

每个算术运算符都有其对应的组合赋值运算符，表 5.1 对它们进行了总结。其中每个运算符的工作方式都和+=相似。因此，下面的语句将 k 与 10 相乘，再将结果赋给 k：

```
k *= 10;
```

表 5.1　　组合赋值运算符

操　作　符	作用（L 为左操作数，R 为右操作数）
+=	将 L+R 赋给 L
-=	将 L-R 赋给 L
*=	将 L*R 赋给 L
/=	将 L/R 赋给 L
%=	将 L%R 赋给 L

5.1.10 复合语句（语句块）

编写 C++for 语句的格式（或句法）看上去可能比较严格，因为循环体必须是一条语句。如果要在循环体中包含多条语句，这将很不方便。所幸的是，C++提供了避开这种限制的方式，通过这种方式可以在循环体中包含任意多条语句。方法是用两个花括号来构造一条复合语句（代码块）。代码块由一对花括号和它们包含的语句组成，被视为一条语句，从而满足句法的要求。例如，程序清单5.8中的程序使用花括号将3条语句合并为一个代码块。这样，循环体便能够提示用户、读取输入并进行计算。该程序计算用户输入的数字的和，因此有机会使用+=运算符。

程序清单 5.8 block.cpp

```
// block.cpp -- use a block statement
#include <iostream>
int main()
{
    using namespace std;
    cout << "The Amazing Accounto will sum and average ";
    cout << "five numbers for you.\n";
    cout << "Please enter five values:\n";
    double number;
    double sum = 0.0;
    for (int i = 1; i <= 5; i++)
    {                                   // block starts here
        cout << "Value " << i << ": ";
        cin >> number;
        sum += number;
    }                                   // block ends here
    cout << "Five exquisite choices indeed! ";
    cout << "They sum to " << sum << endl;
    cout << "and average to " << sum / 5 << ".\n";
    cout << "The Amazing Accounto bids you adieu!\n";
    return 0;
}
```

下面是该程序的运行情况：

```
The Amazing Accounto will sum and average five numbers for you.
Please enter five values:
Value 1: 1942
Value 2: 1948
Value 3: 1957
Value 4: 1974
Value 5: 1980
Five exquisite choices indeed! They sum to 9801
and average to 1960.2.
The Amazing Accounto bids you adieu!
```

假设对循环体进行了缩进，但省略了花括号：

```
for (int i = 1; i <= 5; i++)
      cout << "Value " << i << ": ";  // loop ends here
      cin >> number;                  // after the loop
      sum += number;
cout << "Five exquisite choices indeed! ";
```

编译器将忽略缩进，因此只有第一条语句位于循环中。因此，该循环将只打印出5条提示，而不执行其他操作。循环结束后，程序移到后面几行执行，只读取和计算一个数字。

复合语句还有一种有趣的特性。如果在语句块中定义一个新的变量，则仅当程序执行该语句块中的语句时，该变量才存在。执行完该语句块后，变量将被释放。这表明此变量仅在该语句块中才是可用的：

```
#include <iostream>
int main()
{
    using namespace std;
    int x = 20;
    {                         // block starts
        int y = 100;
        cout << x << endl;    // ok
        cout << y << endl;    // ok
    }                         // block ends
    cout << x << endl;        // ok
    cout << y << endl;        // invalid, won't compile
    return 0;
}
```

注意，在外部语句块中定义的变量在内部语句块中也是被定义了的。

如果在一个语句块中声明一个变量，而外部语句块中也有一个这种名称的变量，情况将如何呢？在声明位置到内部语句块结束的范围之内，新变量将隐藏旧变量；然后旧变量再次可见，如下例所示：

```
#include <iostream>
int main()
{
    using std::cout;
    using std::endl;
    int x = 20;              // original x
    {                        // block starts
        cout << x << endl;   // use original x
        int x = 100;         // new x
        cout << x << endl;   // use new x
    }                        // block ends
    cout << x << endl;       // use original x
    return 0;
}
```

5.1.11 其他语法技巧——逗号运算符

正如读者看到的，语句块允许把两条或更多条语句放到按 C++句法只能放一条语句的地方。逗号运算符对表达式完成同样的任务，允许将两个表达式放到 C++句法只允许放一个表达式的地方。例如，假设有一个循环，每轮都将一个变量加 1，而将另一个变量减 1。在 for 循环控制部分的更新部分中完成这两项工作将非常方便，但循环句法只允许这里包含一个表达式。在这种情况下，可以使用逗号运算符将两个表达式合并为一个：

```
++j, --i // two expressions count as one for syntax purposes
```

逗号并不总是逗号运算符。例如，下面这个声明中的逗号将变量列表中相邻的名称分开：

```
int i, j; // comma is a separator here, not an operator
```

程序清单 5.9 在一个程序中使用了两次逗号运算符，该程序将一个 string 类对象的内容反转。也可以使用 char 数组来编写该程序，但可输入的单词长度将受 char 数组大小的限制。注意，程序清单 5.6 按相反的顺序显示数组的内容，而程序清单 5.9 将数组中的字符顺序反转。该程序还使用了语句块将几条语句组合成一条。

程序清单 5.9 forstr2.cpp

```
// forstr2.cpp -- reversing an array
#include <iostream>
#include <string>
int main()
{
    using namespace std;
    cout << "Enter a word: ";
    string word;
    cin >> word;

    // physically modify string object
    char temp;
    int i, j;
    for (j = 0, i = word.size() - 1; j < i; --i, ++j)
    {                                   // start block
        temp = word[i];
        word[i] = word[j];
        word[j] = temp;
    }                                   // end block
    cout << word << "\nDone\n";
    return 0;
}
```

下面是该程序运行情况：

```
Enter a word: stressed
desserts
Done
```

顺便说一句，在反转字符串方面，string 类提供了更为简洁的方式，这将在第 16 章介绍。

1. 程序说明

来看程序清单 5.9 中的 for 循环控制部分。

首先，它使用逗号运算符将两个初始化操作放进控制部分第一部分的表达式中。然后，再次使用逗号运算符将两个更新合并到控制部分最后一部分的表达式中。

接下来看循环体。程序用括号将几条语句合并为一个整体。在循环体中，程序将数组第 1 个元素和最后一个元素调换，从而将单词反转过来。然后，它将 j 加 1，将 i 减 1，让它们分别指向第 2 个元素和倒数第 2 个元素，然后将这两个元素调换。注意，测试条件 j<i 使得到达数组的中间时，循环将停止。如果过

了这一点后，循环仍继续下去，则便开始将交换后的元素回到原来的位置（参见图 5.2）。

需要注意的另一点是，声明变量 temp、i、j 的位置。代码在循环之前声明 i 和 j，因为不能用逗号运算符将两个声明组合起来。这是因为声明已经将逗号用于其他用途——分隔列表中的变量。也可以使用一个声明语句表达式来创建并初始化两个变量，但是这样看起来有些乱：

```
int j = 0, i = word.size() - 1;
```

在这种情况下，逗号只是一个列表分隔符，而不是逗号运算符，因此该表达式对 j 和 i 进行声明和初始化。然而，看上去好像只声明了 j。

另外，可以在 for 循环内部声明 temp：

```
char temp = word[i];
```

这样，temp 在每轮循环中都将被分配和释放。这比在循环前声明 temp 的速度要慢一些。另外，如果在循环内部声明 temp，则它将在循环结束后被丢弃。

j = 0, i = 4　将 word [0] 与 word [4] 交换

p	a	r	t	s

索引　0　1　2　3　4

s	a	r	t	p

索引　0　1　2　3　4

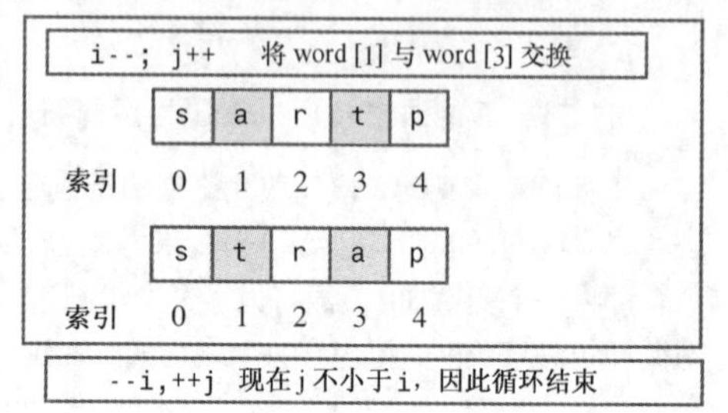

图 5.2　反转字符串

2. 逗号运算符花絮

到目前为止，逗号运算符最常见的用途是将两个或更多的表达式放到一个 for 循环表达式中。不过 C++还为这个运算符提供了另外两个特性。首先，它确保先计算第一个表达式，然后计算第二个表达式（换句话说，逗号运算符是一个顺序点）。如下所示的表达式是安全的：

```
i = 20, j = 2 * i // i set to 20, then j set to 40
```

其次，C++规定，逗号表达式的值是第二部分的值。例如，上述表达式的值为 40，因为 j = 2 * i 的值为 40。

在所有运算符中，逗号运算符的优先级是最低的。例如，下面的语句：

```
cats = 17,240;
```

被解释为：

```
(cats = 17), 240;
```

也就是说，将 cats 设置为 17，240 不起作用。然而，由于括号的优先级最高，下面的表达式将把 cats 设置为 240——逗号右侧的表达式值：

```
cats = (17,240);
```

5.1.12　关系表达式

计算机不只是机械的数字计数器。它能够对值进行比较，这种能力是计算机决策的基础。在 C++中，关系运算符是这种能力的体现。C++提供了 6 种关系运算符来对数字进行比较。由于字符用其 ASCII 码表示，因此也可以将这些运算符用于字符。不能将它们用于 C 风格字符串，但可用于 string 类对象。对于所有的关系表达式，如果比较结果为真，则其值将为 true，否则为 false，因此可将其用作循环测试表达式。（老式实现认为结果为 true 的关系表达式的值为 1，而结果为 false 的关系表达式为 0。）表 5.2 对这些运算符进行了总结。

表 5.2　　　　关系运算符

操　作　符	含　　义
<	小于
<=	小于或等于
==	等于
>	大于
>=	大于或等于
!=	不等于

这 6 种关系运算符可以在 C++中完成对数字的所有比较。如果要对两个值进行比较，看看哪个值更漂亮或者更幸运，则这里的运算符就派不上用场了。

下面是一些测试示例：

```
for (x = 20; x > 5; x--) // continue while x is greater than 5
for (x = 1; y != x; ++x) // continue while y is not equal to x
for (cin >> x; x == 0; cin >> x) // continue while x is 0
```

关系运算符的优先级比算术运算符低。这意味着表达式：

```
x + 3 > y - 2 // Expression 1
```

对应于：

```
(x + 3) > (y - 2) // Expression 2
```

而不是：

```
x + (3 > y) - 2 // Expression 3
```

由于将 bool 值提升为 int 后，表达式(3>y)要么为 1，要么为 0，因此第二个和第三个表达式都是有效的。不过我们更希望第一个表达式等价于第二个表达式，而 C++正是这样做的。

5.1.13 赋值、比较和可能犯的错误

不要混淆等于运算符（= =）与赋值运算符（=）。下面的表达式问了一个音乐问题——musicians 是否等于 4?

```
musicians == 4 // comparison
```

该表达式的值为 true 或 false。下面的表达式将 4 赋给 musicians：

```
musicians = 4 // assignment
```

在这里，整个表达式的值为 4，因为该表达式左边的值为 4。

for 循环的灵活设计让用户很容易出错。如果不小心遗漏了= =运算符中的一个等号，则 for 循环的测试部分将是一个赋值表达式，而不是关系表达式，此时代码仍是有效的。这是因为可以将任何有效的 C++表达式用作 for 循环的测试条件。别忘了，非零值为 true，零值为 false。将 4 赋给 musicians 的表达式的值为 4，因此被视为 true。如果以前使用过用=判断是否相等的语言，如 Pascal 或 BASIC，则尤其可能出现这样的错误。

程序清单 5.10 中指出了可能出现这种错误的情况。该程序试图检查一个存储了测验成绩的数组，在遇到第一个不为 20 的成绩时停止。该程序首先演示了一个正确进行比较的循环，然后是一个在测试条件中错误地使用了赋值运算符的循环。该程序还有另一个重大的设计错误，稍后将介绍如何修复（应从错误中吸取教训，而程序清单 5.10 在这方面很有帮助）。

程序清单 5.10 equal.cpp

```
// equal.cpp -- equality vs assignment
#include <iostream>
int main()
{
    using namespace std;
    int quizscores[10] =
        { 20, 20, 20, 20, 20, 19, 20, 18, 20, 20};

    cout << "Doing it right:\n";
    int i;
    for (i = 0; quizscores[i] == 20; i++)
        cout << "quiz " << i << " is a 20\n";
// Warning: you may prefer reading about this program
// to actually running it.
    cout << "Doing it dangerously wrong:\n";
    for (i = 0; quizscores[i] = 20; i++)
        cout << "quiz " << i << " is a 20\n";

    return 0;
}
```

由于这个程序存在一个严重的问题，因此相较于直接运行，读者更应当事先阅读它的代码。下面是该程序的一些输出：

```
Doing it right:
quiz 0 is a 20
quiz 1 is a 20
quiz 2 is a 20
quiz 3 is a 20
quiz 4 is a 20
Doing it dangerously wrong:
quiz 0 is a 20
quiz 1 is a 20
quiz 2 is a 20
quiz 3 is a 20
quiz 4 is a 20
quiz 5 is a 20
quiz 6 is a 20
```

```
quiz 7 is a 20
quiz 8 is a 20
quiz 9 is a 20
quiz 10 is a 20
quiz 11 is a 20
quiz 12 is a 20
quiz 13 is a 20
...
```

第一个循环在显示了前 5 个测验成绩后正确地终止，但第二个循环显示整个数组。更糟糕的是，显示的每个值都是 20。更加糟糕的是，它到了数组末尾还不停止。最糟糕的是，该程序可能导致其他应用程序无法运行，您必须重新启动计算机。

当然，错误出在下面的测试表达式中：

```
quizscores[i] = 20
```

首先，由于它将一个非零值赋给数组元素，因此表达式始终为非零，所以始终为 true。其次，由于表达式将值赋给数组元素，它实际上修改了数据。最后，由于测试表达式一直为 true，因此程序在到达数组结尾后，仍不断修改数据。它把一个又一个 20 放入内存中！这会带来不好的影响。

发现这种错误的困难之处在于，代码在语法上是正确的，因此编译器不会将其视为错误（然而，由于 C 和 C++程序员频繁地犯这种错误，因此很多编译器都会发出警告，询问这是否是设计者的真正意图）。

警告： *不要使用=来比较两个量是否相等，而要使用==。*

和 C 语言一样，C++比起大多数编程语言来说，赋予程序员更大的自由。这种自由以程序员应付的更大责任为代价。只有良好的规划才能避免程序超出标准 C++数组的边界。然而，对于 C++类，可以设计一种保护数组类型来防止这种错误，第 13 章提供一个这样的例子。另外，应在需要的时候在程序中加入保护措施。例如，在程序清单 5.10 的循环中，应包括防止超出最后一个成员的测试，这甚至对于"好"的循环来说也是必要的。如果所有的成绩都是 20，"好"的循环也会超出数组边界。总之，循环需要测试数组的值和索引的值。第 6 章将介绍如何使用逻辑运算符将两个这样的测试合并为一个条件。

5.1.14 C 风格字符串的比较

假设要知道字符数组中的字符串是不是 mate。如果 word 是数组名，下面的测试可能并不能像我们预想的那样工作：

```
word == "mate"
```

请记住，数组名是数组的地址。同样，用引号括起的字符串常量也是其地址。因此，上面的关系表达式不是判断两个字符串是否相同，而是查看它们是否存储在相同的地址上。两个字符串的地址是否相同呢？答案是否定的，虽然它们包含相同的字符。

由于 C++将 C 风格字符串视为地址，因此如果使用关系运算符来比较它们，将无法得到满意的结果。相反，应使用 C 风格字符串库中的 strcmp()函数来比较。该函数接受两个字符串地址作为参数。这意味着参数可以是指针、字符串常量或字符数组名。如果两个字符串相同，该函数将返回零；如果第一个字符串按字母顺序排在第二个字符串之前，则 strcmp()将返回一个负数值；如果第一个字符串按字母顺序排在第二个字符串之后，则 strcmp()将返回一个正数值。实际上，"按系统排列顺序"比"按字母顺序"更准确。这意味着字符是根据字符的系统编码来进行比较的。例如，使用 ASCII 码时，所有大写字母的编码都比小写字母小，所以按排列顺序，大写字母将位于小写字母之前。因此，字符串"Zoo"在字符串"aviary"之前。根据编码进行比较还意味着大写字母和小写字母是不同的，因此字符串"FOO"和字符串"foo"不同。

在有些语言（如 BASIC 和标准 Pascal）中，存储在不同长度的数组中的字符串彼此不相等。但是 C 风格字符串是通过结尾的空值字符定义的，而不是由其所在数组的长度定义的。这意味着两个字符串即使被存储在长度不同的数组中，也可能是相同的：

```
char big[80] = "Daffy";      // 5 letters plus \0
char little[6] = "Daffy";   // 5 letters plus \0
```

顺便说一句，虽然不能用关系运算符来比较字符串，但却可以用它们来比较字符，因为字符实际上是整型。因此下面的代码可以用来显示字母表中的字符，至少对于 ASCII 字符集和 Unicode 字符集来说是有效的：

```
for (ch = 'a'; ch <= 'z'; ch++)
      cout << ch;
```

程序清单 5.11 在 for 循环的测试条件中使用了 strcmp()。该程序显示一个单词，修改其首字母，然后再次显示这个单词，这样循环往复，直到 strcmp()确定该单词与字符串“mate”相同为止。注意，该程序清单包含了文件 cstring，因为它提供了 strcmp()的函数原型。

程序清单 5.11 compstr1.cpp

```
// compstr1.cpp -- comparing strings using arrays
#include <iostream>
#include <cstring> // prototype for strcmp()
int main()
{
    using namespace std;
    char word[5] = "?ate";
    for (char ch = 'a'; strcmp(word, "mate"); ch++)
    {
        cout << word << endl;
        word[0] = ch;
    }
    cout << "After loop ends, word is " << word << endl;
    return 0;
}
```

下面是该程序的输出：

```
?ate
aate
bate
cate
date
eate
fate
gate
hate
iate
jate
kate
late
After loop ends, word is mate
```

程序说明

该程序有几个有趣的地方。其中之一当然是测试。我们希望只要 word 不是 mate，循环就继续进行。也就是说，我们希望只要 strcmp()判断出两个字符串不相同，测试就继续进行。最显而易见的测试是这样的：

```
strcmp(word, "mate") != 0 // strings are not the same
```

如果字符串不相等，则该语句的值为 1（true），如果字符串相等，则该语句的值为 0（false）。但使用 strcmp（word，"mate"）本身将如何呢？如果字符串不相等，则它的值为非零（true）；如果字符串相等，则它的值为零（false）。实际上，如果字符串不同，该返回 true，否则返回 false。因此，可以只用这个函数，而不是整个关系表达式。这样得到的结果将相同，还可以少输入几个字符。另外，C 和 C++程序员传统上就是用这种方式使用 strcmp()的。

检测相等或排列顺序：

可以使用 strcmp()来测试 C 风格字符串是否相等（排列顺序）。如果 str1 和 str2 相等，则下面的表达式为 true：

```
strcmp(str1,str2) == 0
```

如果 str1 和 str2 不相等，则下面两个表达式都为 true：

```
strcmp(str1, str2) != 0
strcmp(str1, str2)
```

如果 str1 在 str2 的前面，则下面的表达式为 true：

```
strcmp(str1,str2) < 0
```

如果 str1 在 str2 的后面，则下面的表达式为 true：

```
strcmp(str1, str2) > 0
```

因此，根据要如何设置测试条件，strcmp()可以扮演==、!=、<和>运算符的角色。

接下来，compstr1.cpp 使用递增运算符使变量 ch 遍历字母表：

```
ch++
```

可以对字符变量使用递增运算符和递减运算符，因为 char 类型实际上是整型，因此这种操作实际上将修改存储在变量中的整数编码。另外，使用数组索引可使修改字符串中的字符更为简单：

```
word[0] = ch;
```

5.1.15 比较 string 类字符串

如果使用 string 类字符串而不是 C 风格字符串，比较起来将简单些，因为类设计让您能够使用关系运算符进行比较。这之所以可行，是因为类函数重载（重新定义）了这些运算符。第 12 章将介绍如何将这种特性加入到类设计中，但从应用的角度说，读者现在只需知道可以将关系运算符用于 string 对象即可。程序清单 5.12 是在程序清单 5.11 的基础上修改而成的，它使用的是 string 对象而不是 char 数组。

程序清单 5.12 compstr2.cpp

```
// compstr2.cpp -- comparing strings using arrays
#include <iostream>
#include <string> // string class
int main()
{
    using namespace std;
    string word = "?ate";
    for (char ch = 'a'; word != "mate"; ch++)
    {
        cout << word << endl;
        word[0] = ch;
    }
    cout << "After loop ends, word is " << word << endl;
    return 0;
}
```

该程序的输出与程序清单 5.11 相同。

程序说明

在程序清单 5.12 中，下面的测试条件使用了一个关系运算符，该运算符的左边是一个 string 对象，右边是一个 C 风格字符串：

```
word != "mate"
```

string 类重载运算符!=的方式让您能够在下述条件下使用它：至少有一个操作数为 string 对象，另一个操作数可以是 string 对象，也可以是 C 风格字符串。

string 类的设计让您能够将 string 对象作为一个实体（在关系型测试表达式中），也可以将其作为一个聚合对象，从而使用数组表示法来提取其中的字符。

正如您看到的，使用 C 风格字符串和 string 对象可获得相同的结果，但使用 string 对象更简单、更直观。

最后，和前面大多数 for 循环不同，此循环不是计数循环。也就是说，它并不对语句块执行指定的次数。相反，此循环将根据情况（word 为“mate”）来确定是否停止。对于这种测试，C++程序通常使用 while 循环，下面来看看这种循环。

5.2 while 循环

while 循环是没有初始化和更新部分的 for 循环，它只有测试条件和循环体：

```
while (test-condition)
        body
```

首先，程序计算圆括号内的测试条件（test-condition）表达式。如果该表达式为 true，则执行循环体中的语句。与 for 循环一样，循环体也由一条语句或两个花括号定义的语句块组成。执行完循环体后，程序返回测试条件，对它进行重新评估。如果该条件为非零，则再次执行循环体。测试和执行将一直进行下去，直到测试条件为 false 为止（参见图 5.3）。显然，如果希望循环最终能够结束，循环体中的代码

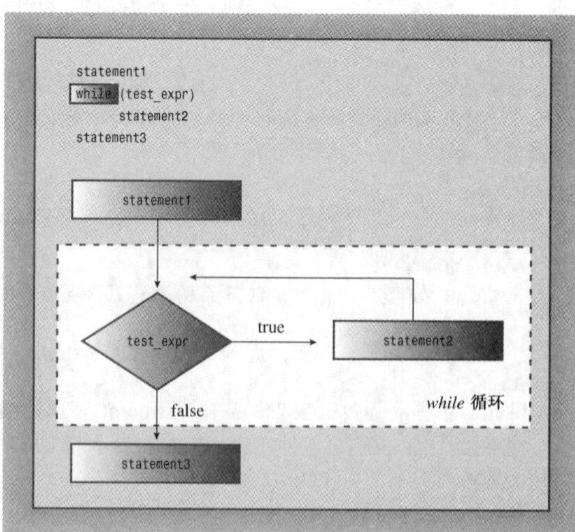

图 5.3 while 循环的结构

必须完成某种影响测试条件表达式的操作。例如，循环可以将测试条件中使用的变量加 1 或从键盘输入读取一个新值。和 for 循环一样，while 循环也是一种入口条件循环。因此，如果测试条件一开始便为 false，则程序将不会执行循环体。

程序清单 5.13 使用了一个 while 循环。该循环遍历字符串，并显示其中的字符及其 ASCII 码。循环在遇到空值字符时停止。这种逐字符遍历字符串直到遇到空值字符的技术是 C++处理 C 风格字符串的标准方法。由于字符串中包含了结尾标记，因此程序通常不需要知道字符串的长度。

程序清单 5.13　while.cpp

```
// while.cpp -- introducing the while loop
#include <iostream>
const int ArSize = 20;
int main()
{
    using namespace std;
    char name[ArSize];
    cout << "Your first name, please: ";
    cin >> name;
    cout << "Here is your name, verticalized and ASCIIized:\n";
    int i = 0;                     // start at beginning of string
    while (name[i] != '\0')      // process to end of string
    {
        cout << name[i] << ": " << int(name[i]) << endl;
        i++;                       // don't forget this step
    }
    return 0;
}
```

下面是该程序的运行情况：

```
Your first name, please: Muffy
Here is your name, verticalized and ASCIIized:
M: 77
u: 117
f: 102
f: 102
y: 121
```

verticalized 和 ASCIIized 并不是真正的单词，甚至将来也不会是单词。不过它们确实在输出中添加了一种“可爱”的氛围。

程序说明

程序清单 5.13 中的 while 条件像这样：

```
while (name[i] != '\0')
```

它可以测试数组中特定的字符是不是空值字符。为使该测试最终能够成功，循环体必须修改 i 的值，这是通过在循环体结尾将 i 加 1 来实现的。省略这一步将导致循环停留在同一个数组元素上，打印该字符及其编码，直到强行终止该程序。导致死循环是循环最常见的问题之一。通常，在循环体中忘记更新某个值时，便会出现这种情况。

可以这样修改 while 行：

```
while (name[i])
```

经过这种修改后，程序的工作方式将不变。这是由于 name[i]是常规字符，其值为该字符的编码——非零值或 true。然而，当 name[i]为空值字符时，其编码将为 0 或 false。这种表示法更为简洁（也更常用），但没有程序清单 5.13 中的表示法清晰。对于后一种情况，“笨拙”的编译器生成的代码的速度将更快，“聪明”的编译器对于这两个版本生成的代码将相同。

要打印字符的 ASCII 码，必须通过强制类型转换将 name[i]转换为整型。这样，cout 将把值打印成整数，而不是将它解释为字符编码。

不同于 C 风格字符串，string 对象不使用空字符来标记字符串末尾，因此要将程序清单 5.13 转换为使用 string 类的版本，只需用 string 对象替换 char 数组即可。第 16 章将讨论可用于标识 string 对象中最后一个字符的技术。

5.2.1　for 与 while

在 C++中，for 和 while 循环本质上是相同的。例如，下面的 for 循环：

```
for (init-expression; test-expression; update-expression)
{
    statement(s)
}
```

可以改写成这样：

```
init-expression;
while (test-expression)
{
    statement(s)
    update-expression;
}
```

同样，下面的 while 循环：

```
while (test-expression)
    body
```

可以改写成这样：

```
for ( ;test-expression;)
    body
```

for 循环需要 3 个表达式（从技术的角度说，它需要 1 条后面跟两个表达式的语句），不过它们可以是空表达式（语句），只有两个分号是必需的。另外，省略 for 循环中的测试表达式时，测试结果将为 true，因此下面的循环将一直运行下去：

```
for ( ; ; )
    body
```

由于 for 循环和 while 循环几乎是等效的，因此究竟使用哪一个只是风格上的问题。它们之间存在三个差别。首先，在 for 循环中省略了测试条件时，将认为条件为 true；其次，在 for 循环中，可使用初始化语句声明一个局部变量，但在 while 循环中不能这样做；最后，如果循环体中包括 continue 语句，情况将稍有不同，continue 语句将在第 6 章讨论。通常，程序员使用 for 循环来为循环计数，因为 for 循环格式允许将所有相关的信息——初始值、终止值和更新计数器的方法——放在同一个地方。在无法预先知道循环将执行的次数时，程序员常使用 while 循环。

提示：在设计循环时，请记住下面几条指导原则。

- 指定循环终止的条件。
- 在首次测试之前初始化条件。
- 在条件被再次测试之前更新条件。

for 循环的一个优点是，其结构提供了一个可实现上述 3 条指导原则的地方，因此有助于程序员记住应该这样做。但这些指导原则也适用于 while 循环。

错误的标点符号

for 循环和 while 循环都由用括号括起的表达式和后面的循环体（包含一条语句）组成。前面讲过，这条语句可以是语句块，其中包含多条语句。记住，语句块是由花括号，而不是由缩进定义的。例如，请看下面的循环：

```
i = 0;
while (name[i] != '\0')
      cout << name[i] << endl;
      i++;
cout << "Done\n";
```

缩进表明，该程序的作者希望 i++；语句是循环体的组成部分。然而，由于没有花括号，因此编译器认为循环体仅由最前面的 cout 语句组成。因此，该循环将不断地打印数组的第一个字符。该程序不会执行 i++；语句，因为它在循环的外面。

下面的例子说明了另一个潜在的缺陷：

```
i = 0;
while (name[i] != '\0'); // problem semicolon
{
      cout << name[i] << endl;
      i++;
}
cout << "Done\n";
```

这一次，代码正确地使用了花括号，但还插入了一个分号。记住，分号结束语句，因此该分号将结束 while 循环。换句话说，循环体为空语句，也就是说，分号前面没有任何内容。这样，花括号中所有的代码现在位于循环的后面，永远不会被执行。该循环不执行任何操作，是一个死循环。请注意这种分号。

5.2.2 等待一段时间：编写延时循环

有时候，让程序等待一段时间很有用。例如，读者可能遇到过这样的程序，它在屏幕上显示一条消息，而还没来得及阅读之前，又出现了其他内容。这样读者将担心自己错过了重要的、无法恢复的消息。如果程序在显示其他内容之前等待 5 秒钟，情况将会好得多。while 循环可用于这种目的。一种用于个人计算机的早期技术是，让计算机进行计数，以等待一段时间：

```
long wait = 0;
while (wait < 10000)
    wait++; // counting silently
```

这种方法的问题是，当计算机处理器的速度发生变化时，必须修改计数限制。例如，有些为 IBM PC 编写的游戏在速度更快的机器上运行时，其速度将快得无法控制；另外，有些编译器可能修改上述代码，将 wait 设置为 10000，从而跳过该循环。更好的方法是让系统时钟来完成这种工作。

ANSI C 和 C++库中有一个函数有助于完成这样的工作。这个函数名为 clock()，返回程序开始执行后所用的系统时间。这有两个复杂的问题：首先，clock()返回时间的单位不一定是秒；其次，该函数的返回类型在某些系统上可能是 long，在另一些系统上可能是 unsigned long 或其他类型。

但头文件 ctime（较早的实现中为 time.h）提供了这些问题的解决方案。首先，它定义了一个符号常量——CLOCKS_PER_SEC，该常量等于每秒钟包含的系统时间单位数。因此，将系统时间除以这个值，可以得到秒数。或者将秒数乘以 CLOCKS_PER_SEC，可以得到以系统时间单位为单位的时间。其次，ctime 将 clock_t 作为 clock()返回类型的别名（参见本章后面的注释“类型别名”），这意味着可以将变量声明为 clock_t 类型，编译器将把它转换为 long、unsigned int 或适合系统的其他类型。

程序清单 5.14 演示了如何使用 clock()和头文件 ctime 来创建延迟循环。

程序清单 5.14 waiting.cpp

```
// waiting.cpp -- using clock() in a time-delay loop
#include <iostream>
#include <ctime> // describes clock() function, clock_t type
int main()
{
    using namespace std;
    cout << "Enter the delay time, in seconds: ";
    float secs;
    cin >> secs;
    clock_t delay = secs * CLOCKS_PER_SEC;      // convert to clock ticks
    cout << "starting\a\n";
    clock_t start = clock();
    while (clock() - start < delay )            // wait until time elapses
        ; // note the semicolon
    cout << "done \a\n";
    return 0;
}
```

该程序以系统时间单位为单位（而不是以秒为单位）计算延迟时间，避免了在每轮循环中将系统时间转换为秒。

类型别名

C++为类型建立别名的方式有两种。第一种是使用预处理器：

```
#define BYTE char // preprocessor replaces BYTE with char
```

这样，预处理器将在编译程序时用 char 替换所有的 BYTE，从而使 BYTE 成为 char 的别名。

第二种方法是使用 C++（和 C）的关键字 typedef 来创建别名。例如，要将 byte 作为 char 的别名，可以这样做：

```
typedef char byte; // makes byte an alias for char
```

下面是通用格式：

```
typedef typeName aliasName;
```

换句话说，如果要将 aliasName 作为某种类型的别名，可以声明 aliasName，如同将 aliasName 声明为这种类型的变量那样，然后在声明的前面加上关键字 typedef。例如，要让 byte_pointer 成为 char 指针的别名，可将 byte_pointer 声明为 char 指针，然后在前面加上 typedef：

```
typedef char * byte_pointer; // pointer to char type
```

也可以使用#define，不过声明一系列变量时，这种方法不适用。例如，请看下面的代码：

```
#define FLOAT_POINTER float *
FLOAT_POINTER pa, pb;
```

预处理器置换将该声明转换为这样：

```
float * pa, pb; // pa a pointer to float, pb just a float
```

typedef方法不会有这样的问题。它能够处理更复杂的类型别名，这使得与使用#define相比，使用typedef是一种更佳的选择——有时候，这也是唯一的选择。

注意，typedef不会创建新类型，而只是为已有的类型建立一个新名称。如果将word作为int的别名，则cout将把word类型的值视为int类型。

5.3 do while 循环

前面已经学习了for循环和while循环。第三种C++循环是do while，它不同于另外两种循环，因为它是出口条件（exit condition）循环。这意味着这种循环将首先执行循环体，然后再判定测试表达式，决定是否应继续执行循环。如果条件为false，则循环终止；否则，进入新一轮的执行和测试。这样的循环通常至少执行一次，因为其程序流必须经过循环体后才能到达测试条件。下面是其句法：

```
do
      body
while (test-expression);
```

循环体是一条语句或用括号括起的语句块。图5.4总结了do while循环的程序流程。

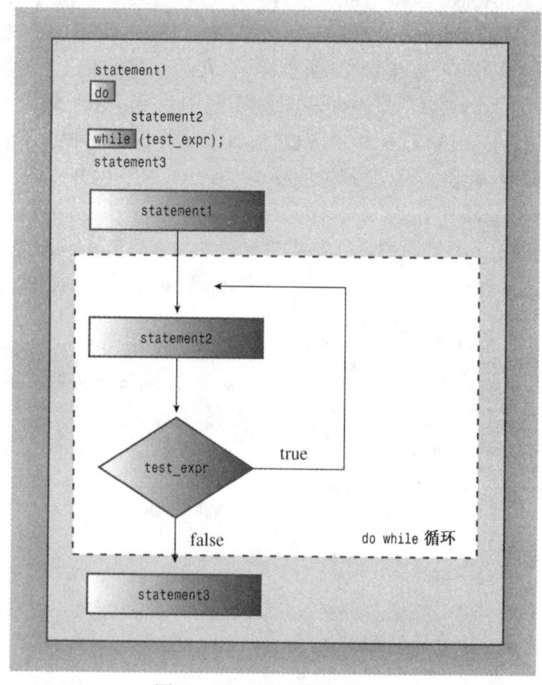

图5.4 do while循环的结构

通常，入口条件循环比出口条件循环好，因为入口条件循环在循环开始之前对条件进行检查。例如，假设程序清单5.13使用do while（而不是while），则循环将打印空值字符及其编码，然后才发现已到达字符串结尾。但是有时do while测试更合理。例如，请求用户输入时，程序必须先获得输入，然后对它进行测试。程序清单5.15演示了如何在这种情况下使用do while。

程序清单5.15 dowhile.cpp

```
// dowhile.cpp -- exit-condition loop
#include <iostream>
int main()
{
    using namespace std;
    int n;

    cout << "Enter numbers in the range 1-10 to find ";
    cout << "my favorite number\n";
    do
    {
        cin >> n; // execute body
    } while (n != 7); // then test
    cout << "Yes, 7 is my favorite.\n" ;
    return 0;
}
```

下面是该程序的运行情况：

```
Enter numbers in the range 1-10 to find my favorite number
9
4
7
Yes, 7 is my favorite.
```

奇特的 for 循环

虽然不是很常见，但有时出现下面这样的代码,：

```
int I = 0;
for(;;) // sometimes called a "forever loop"
{
    I++;
    // do something ...
    if (I >= 30) break; // if statement and break (Chapter 6)
}
```

或另一种变体：

```
int I = 0;
for(;;I++)
{
    if (I >= 30) break;
        // do something ...
}
```

上述代码基于这样一个事实：for 循环中的空测试条件被视为 true。这些例子既不易于阅读，也不能用作编写循环的通用模型。第一个例子的功能在 do while 循环中将表达得更清晰：

```
int I = 0;
do {
    I++;
    // do something;
   }
while (30 > I);
```

同样，第二个例子使用 while 循环可以表达得更清晰：

```
while (I < 30)
{
    // do something
    I++;
}
```

通常，编写清晰、容易理解的代码比使用语言的晦涩特性来显示自己的能力更为有用。

5.4 基于范围的 for 循环（C++11）

C++11 新增了一种循环：基于范围（range-based）的 for 循环。这简化了一种常见的循环任务：对数组（或容器类，如 vector 和 array）的每个元素执行相同的操作，如下例所示：

```
double prices[5] = {4.99, 10.99, 6.87, 7.99, 8.49};
for (double x : prices)
    cout << x << std::endl;
```

其中，x 最初表示数组 prices 的第一个元素。显示第一个元素后，不断执行循环，而 x 依次表示数组的其他元素。因此，上述代码显示全部 5 个元素，每个元素占据一行。总之，该循环显示数组中的每个值。

要修改数组的元素，需要使用不同的循环变量语法：

```
for (double &x : prices)
    x = x * 0.80; //20% off sale
```

符号&表明 x 是一个引用变量，这个主题将在第 8 章讨论。就这里而言，这种声明让接下来的代码能够修改数组的内容，而第一种语法不能。

还可结合使用基于范围的 for 循环和初始化列表：

```
for (int x : {3, 5, 2, 8, 6})
    cout << x << " ";
cout << '\n';
```

然而，这种循环主要用于第 16 章将讨论的各种模板容器类。

5.5 循环和文本输入

知道循环的工作原理后，来看一看循环完成的一项最常见、最重要的任务：逐字符地读取来自文件或键盘的文本。例如，读者可能想编写一个能够计算输入中的字符数、行数和字数的程序。传统上，C++和

C 语言一样，也使用 while 循环来完成这类任务。下面介绍这是如何完成的。即使熟悉 C 语言，也不要太快地浏览本节和下一节。尽管 C++中的 while 循环与 C 语言中的 while 循环一样，但 C++的 I/O 工具不同，这使得 C++循环看起来与 C 语言循环有些不同。事实上，cin 对象支持 3 种不同模式的单字符输入，其用户接口各不相同。下面介绍如何在 while 循环中使用这三种模式。

5.5.1 使用原始的 cin 进行输入

如果程序要使用循环来读取来自键盘的文本输入，则必须有办法知道何时停止读取。如何知道这一点呢？一种方法是选择某个特殊字符——有时被称为哨兵字符（sentinel character），将其作为停止标记。例如，程序清单 5.16 在遇到#字符时停止读取输入。该程序计算读取的字符数，并回显这些字符，即在屏幕上显示读取的字符。按下键盘上的键不能自动将字符显示到屏幕上，程序必须通过回显输入字符来完成这项工作。通常，这种任务由操作系统处理。运行完毕后，该程序将报告处理的总字符数。程序清单 5.16 列出了该程序的代码。

程序清单 5.16 textin1.cpp

```
// textin1.cpp -- reading chars with a while loop
#include <iostream>
int main()
{
    using namespace std;
    char ch;
    int count = 0;                // use basic input
    cout << "Enter characters; enter # to quit:\n";
    cin >> ch;                    // get a character
    while (ch != '#')             // test the character
    {
        cout << ch;               // echo the character
        ++count;                  // count the character
        cin >> ch;                // get the next character
    }
    cout << endl << count << " characters read\n";
    return 0;
}
```

下面是该程序的运行情况：

```
Enter characters; enter # to quit:
see ken run#really fast
seekenrun
9 characters read
```

程序说明

请注意该程序的结构。该程序在循环之前读取第一个输入字符，这样循环可以测试第一个字符。这很重要，因为第一个字符可能是#。由于 textin1.cpp 使用的是入口条件循环，因此在这种情况下，能够正确地跳过整个循环。由于前面已经将变量 count 设置为 0，因此 count 的值也是正确的。

如果读取的第一个字符不是#，则程序进入该循环，显示字符，增加计数，然后读取下一个字符。最后一步是极为重要的，没有这一步，循环将反复处理第一个输入字符，一直进行下去。有了这一步后，程序就可以处理到下一个字符。

注意，该循环设计遵循了前面指出的几条指导原则。结束循环的条件是最后读取的一个字符是#。该条件是通过在循环之前读取一个字符进行初始化的，而通过循环体结尾读取下一个字符进行更新。

上面的做法合情合理。但为什么程序在输出时省略了空格呢？原因在 cin。读取 char 值时，与读取其他基本类型一样，cin 将忽略空格和换行符。因此输入中的空格没有被回显，也没有被包括在计数内。

更为复杂的是，发送给 cin 的输入被缓冲。这意味着只有在用户按下回车键后，他输入的内容才会被发送给程序。这就是在运行该程序时，可以在#后面输入字符的原因。按下回车键后，整个字符序列将被发送给程序，但程序在遇到#字符后将结束对输入的处理。

5.5.2 使用 cin.get(char)进行补救

通常，逐个字符读取输入的程序需要检查每个字符，包括空格、制表符和换行符。cin 所属的 istream

类（在 iostream 中定义）中包含一个能够满足这种要求的成员函数。具体地说，成员函数 cin.get(ch)读取输入中的下一个字符（即使它是空格），并将其赋给变量 ch。使用这个函数调用替换 cin>>ch，可以修补程序清单 5.16 的问题。程序清单 5.17 列出了修改后的代码。

程序清单 5.17 textin2.cpp

```
// textin2.cpp -- using cin.get(char)
#include <iostream>
int main()
{
    using namespace std;
    char ch;
    int count = 0;

    cout << "Enter characters; enter # to quit:\n";
    cin.get(ch);        // use the cin.get(ch) function
    while (ch != '#')
    {
        cout << ch;
        ++count;
        cin.get(ch);  // use it again
    }
    cout << endl << count << " characters read\n";
    return 0;
}
```

下面是该程序的运行情况：

```
Enter characters; enter # to quit:
Did you use a #2 pencil?
Did you use a
14 characters read
```

现在，该程序回显了每个字符，并将全部字符计算在内，其中包括空格。输入仍被缓冲，因此输入的字符个数仍可能比最终到达程序的要多。

如果熟悉 C 语言，可能以为这个程序存在严重的错误！cin.get(ch)调用将一个值放在 ch 变量中，这意味着将修改该变量的值。在 C 语言中，要修改变量的值，必须将变量的地址传递给函数。但程序清单 5.17 调用 cin.get()时，传递的是 ch，而不是&ch。在 C 语言中，这样的代码无效，但在 C++中有效，只要函数将参数声明为引用即可。引用是 C++在 C 语言的基础上新增的一种类型。头文件 iostream 将 cin.get(ch)的参数声明为引用类型，因此该函数可以修改其参数的值。我们将在第 8 章中详细介绍。同时，C 语言行家可以松一口气了——通常，在 C++中传递的参数的工作方式与在 C 语言中相同。然而，cin.get(ch)不是这样。

5.5.3 使用哪一个 cin.get()

在第 4 章的程序清单 4.5 中，使用了这样的代码：

```
char name[ArSize];
...
cout << "Enter your name:\n";
cin.get(name, ArSize).get();
```

最后一行相当于两个连续的函数调用：

```
cin.get(name, ArSize);
cin.get();
```

cin.get()的一个版本接受两个参数：数组名（字符串（char*类型）的地址）和 ArSize（int 类型的整数）。（记住，数组名是其第一个元素的地址，因此字符数组名的类型为 char*。）接下来，程序使用了不接受任何参数的 cin.get()。而最近，我们这样使用过 cin.get()：

```
char ch;
cin.get(ch);
```

这里 cin.get 接受一个 char 参数。

看到这里，熟悉 C 语言的读者将再次感到兴奋或困惑。在 C 语言中，如果函数接受 char 指针和 int 参数，则使用该函数时，不能只传递一个参数（类型不同）。但在 C++中，可以这样做，因为该语言支持被称为函数重载的 OOP 特性。函数重载允许创建多个同名函数，条件是它们的参数列表不同。例如，如果在 C++中使用 cin.get（name，ArSize），则编译器将找到使用 char*和 int 作为参数的 cin.get()版本；如果使用 cin.get（ch），则编译器将使用接受一个 char 参数的版本；如果没有提供参数，则编译器将使用不接受任何参数的 cin.get()版本。函数重载允许对多个相关的函数使用相同的名称，这些函数以不同方式或针对不同类型执行相同的基本任务。第 8 章将讨论该主题。另外，通过使用 istream 类中的 get()示例，读者将逐渐习惯函数重载。为区分不同的函数版本，我们在引用它们时提供参数列表。因此，cin.get()指的是不接受任何参数的版本，而 cin.get(char)则指的是接受一个参数的版本。

5.5.4 文件尾条件

程序清单 5.17 表明，使用诸如#等符号来表示输入结束很难令人满意，因为这样的符号可能就是合法输入的组成部分，其他符号（如@和%）也如此。如果输入来自于文件，则可以使用一种功能更强大的技术——检测文件尾（EOF）。C++输入工具和操作系统协同工作，来检测文件尾并将这种信息告知程序。

乍一看，读取文件中的信息似乎同 cin 和键盘输入没什么关系，但其实存在两个相关的地方。首先，很多操作系统（包括 Unix、Linux 和 Windows 命令提示符模式）都支持重定向，允许用文件替换键盘输入。例如，假设在 Windows 中有一个名为 gofish.exe 的可执行程序和一个名为 fishtale 的文本文件，则可以在命令提示符模式下输入下面的命令：

```
gofish <fishtale
```

这样，程序将从 fishtale 文件（而不是键盘）获取输入。<符号是 Unix 和 Windows 命令提示符模式的重定向运算符。

其次，很多操作系统都允许通过键盘来模拟文件尾条件。在 Unix 中，可以在行首按下 Ctrl+D 来实现；在 Windows 命令提示符模式下，可以在任意位置按 Ctrl+Z 和 Enter。有些 C++实现支持类似的行为，即使底层操作系统并不支持。键盘输入的 EOF 概念实际上是命令行环境遗留下来的。然而，用于 Mac 的 Symantec C++模拟了 UNIX，将 Ctrl+D 视为仿真的 EOF。Metrowerks Codewarrior 能够在 Macintosh 和 Windows 环境下识别 Ctrl+Z。用于 PC 的 Microsoft Visual C++、Borland C++ 5.5 和 GNU C++ 都能够识别行首的 Ctrl + Z，但用户必须随后按下回车键。总之，很多 PC 编程环境都将 Ctrl+Z 视为模拟的 EOF，但具体细节（必须在行首还是可以在任何位置，是否必须按下回车键等）各不相同。

如果编程环境能够检测 EOF，可以在类似于程序清单 5.17 的程序中使用重定向的文件，也可以使用键盘输入，并在键盘输入中模拟 EOF。这一点似乎很有用，因此我们来看看究竟如何做。

检测到 EOF 后，cin 将两位（eofbit 和 failbit）都设置为 1。可以通过成员函数 eof()来查看 eofbit 是否被设置；如果检测到 EOF，则 cin.eof()将返回 bool 值 true，否则返回 false。同样，如果 eofbit 或 failbit 被设置为 1，则 fail()成员函数返回 true，否则返回 false。注意，eof()和 fail()方法报告最近读取的结果；也就是说，它们在事后报告，而不是预先报告。因此应将 cin.eof()或 cin.fail()测试放在读取后，程序清单 5.18 中的设计体现了这一点。它使用的是 fail()，而不是 eof()，因为前者可用于更多的实现中。

注意：有些系统不支持来自键盘的模拟 EOF；有些系统对其支持不完善。cin.get()可以用来锁住屏幕，直到可以读取为止，但是这种方法在这里并不适用，因为检测 EOF 时将关闭对输入的进一步读取。然而，可以使用程序清单 5.14 中那样的计时循环来使屏幕在一段时间内是可见的。也可使用 cin.clear()来重置输入流，这将在第 6 章和第 17 章介绍。

程序清单 5.18 textin3.cpp

```
// textin3.cpp -- reading chars to end of file
#include <iostream>
int main()
{
    using namespace std;
    char ch;
    int count = 0;
    cin.get(ch);        // attempt to read a char
    while (cin.fail() == false) // test for EOF
    {
        cout << ch;    // echo character
        ++count;
        cin.get(ch);   // attempt to read another char
    }
    cout << endl << count << " characters read\n";
    return 0;
}
```

下面是该程序的运行情况：

```
The green bird sings in the winter.<ENTER>
The green bird sings in the winter.
Yes, but the crow flies in the dawn.<ENTER>
Yes, but the crow flies in the dawn.
<CTRL>+<Z><ENTER>
73 characters read
```

这里在 Windows 7 系统上运行该程序，因此可以按下 Ctrl+Z 和回车键来模拟 EOF 条件。请注意，在 Unix 和类 Unix（包括 Linux 和 Cygwin）系统中，用户应按 Ctrl+Z 组合键将程序挂起，而命令 fg 恢复执行程序。

通过使用重定向，可以用该程序来显示文本文件，并报告它包含的字符数。下面，我们在 Unix 系统运行该程序，并对一个两行的文件进行读取、回显和计算字数（$是 Unix 提示符）：

```
$ textin3 < stuff
I am a Unix file. I am proud
to be a Unix file.
48 characters read
$
```

1. EOF 结束输入

前面指出过，cin 方法检测到 EOF 时，将设置 cin 对象中一个指示 EOF 条件的标记。设置这个标记后，cin 将不读取输入，再次调用 cin 也不管用。对于文件输入，这是有道理的，因为程序不应读取超出文件尾的内容。然而，对于键盘输入，有可能使用模拟 EOF 来结束循环，但稍后要读取其他输入。cin.clear()方法可以清除 EOF 标记，使输入继续进行。这将在第 17 章详细介绍。不过要记住的是，在有些系统中，按 Ctrl+Z 实际上将结束输入和输出，而 cin.clear()将无法恢复输入和输出。

2. 常见的字符输入做法

每次读取一个字符，直到遇到 EOF 的输入循环的基本设计如下：

```
cin.get(ch);                // attempt to read a char
while (cin.fail() == false) // test for EOF
{
    ...                 // do stuff
    cin.get(ch);        // attempt to read another char
}
```

可以在上述代码中使用一些简捷方式。第 6 章将介绍的!运算符可以将 true 切换为 false 或将 false 切换为 true。可以使用此运算符将上述 while 测试改写成这样：

```
while (!cin.fail()) // while input has not failed
```

方法 cin.get(char)的返回值是一个 cin 对象。然而，istream 类提供了一个可以将 istream 对象（如 cin）转换为 bool 值的函数；当 cin 出现在需要 bool 值的地方（如在 while 循环的测试条件中）时，该转换函数将被调用。另外，如果最后一次读取成功了，则转换得到的 bool 值为 true；否则为 false。这意味着可以将上述 while 测试改写为这样：

```
while (cin) // while input is successful
```

这比! cin.fail()或!cin.eof()更通用，因为它可以检测到其他失败原因，如磁盘故障。

最后，由于 cin.get(char)的返回值为 cin，因此可以将循环精简成这种格式：

```
while (cin.get(ch)) // whilc input is successful
{
    ...                 // do stuff
}
```

这样，cin.get(char)只被调用一次，而不是两次：循环前一次、循环结束后一次。为判断循环测试条件，程序必须首先调用 cin.get(ch)。如果成功，则将值放入 ch 中。然后，程序获得函数调用的返回值，即 cin。接下来，程序对 cin 进行 bool 转换，如果输入成功，则结果为 true，否则为 false。三条指导原则（确定结束条件、对条件进行初始化以及更新条件）全部被放在循环测试条件中。

5.5.5　另一个 cin.get()版本

“怀旧”的 C 语言用户可能喜欢 C 语言中的字符 I/O 函数——getchar()和 putchar()，它们仍然适用，只要像在 C 语言中那样包含头文件 stdio.h（或新的 cstdio）即可。也可以使用 istream 和 ostream 类中类似功能的成员函数，来看看这种方式。

不接受任何参数的 cin.get()成员函数返回输入中的下一个字符。也就是说，可以这样使用它：

```
ch = cin.get();
```

该函数的工作方式与C语言中的getchar()相似，将字符编码作为int值返回；而cin.get(ch)返回一个对象，而不是读取的字符。同样，可以使用cout.put()函数（参见第3章）来显示字符：

```
cout.put(ch);
```

该函数的工作方式类似C语言中的putchar()，只不过其参数类型为char，而不是int。

注意：最初，put()成员只有一个原型——put(char)。可以传递一个int参数给它，该参数将被强制转换为char。C++标准还要求只有一个原型。然而，有些C++实现都提供了3个原型：put(char)、put(signed char)和put(unsigned char)。在这些实现中，给put()传递一个int参数将导致错误消息，因为转换int的方式不止一种。使用显式强制类型转换的原型（如cin.put(char(ch))）可使用int参数。

为成功地使用cin.get()，需要知道其如何处理EOF条件。当该函数到达EOF时，将没有可返回的字符。相反，cin.get()将返回一个用符号常量EOF表示的特殊值。该常量是在头文件iostream中定义的。EOF值必须不同于任何有效的字符值，以便程序不会将EOF与常规字符混淆。通常，EOF被定义为值-1，因为没有ASCII码为-1的字符，但并不需要知道实际的值，而只需在程序中使用EOF即可。例如，程序清单5.18的核心是这样：

```
char ch;
cin.get(ch);
while (cin.fail() == false) // test for EOF
{
    cout << ch;
    ++count;
    cin.get(ch);
}
```

可以使用int ch，并用cin.get()代替cin.get(char)，用cout.put()代替cout，用EOF测试代替cin.fail()测试：

```
int ch; /// for compatibility with EOF value
ch = cin.get();
while (ch != EOF)
{
    cout.put(ch); // cout.put(char(ch)) for some implementations
    ++count;
    ch = cin.get();
}
```

如果ch是一个字符，则循环将显示它。如果ch为EOF，则循环将结束。

提示：需要知道的是，EOF不表示输入中的字符，而是指出没有字符。

除了当前所做的修改外，关于使用cin.get()还有一个微妙而重要的问题。由于EOF表示的不是有效字符编码，因此可能不与char类型兼容。例如，在有些系统中，char类型是没有符号的，因此char变量不可能为EOF值（-1）。由于这种原因，如果使用cin.get()（没有参数）并测试EOF，则必须将返回值赋给int变量，而不是char变量。另外，如果将ch的类型声明为int，而不是char，则必须在显示ch时将其强制转换为char类型。

程序清单5.19将程序清单5.18进行了修改，使用了cin.get()方法。它还通过将字符输入与while循环测试合并在一起，使代码更为简洁。

程序清单5.19 textin4.cpp

```
// textin4.cpp -- reading chars with cin.get()
#include <iostream>
int main(void)
{
    using namespace std;
    int ch;                         // should be int, not char
    int count = 0;

    while ((ch = cin.get()) != EOF)  // test for end-of-file
    {
        cout.put(char(ch));
        ++count;
    }
    cout << endl << count << " characters read\n";
    return 0;
}
```

注意：有些系统要么不支持来自键盘的模拟EOF，要么支持地不完善，在这种情况下，上述示例将无法正常运行。如果使用 cin.get()来锁住屏幕直到可以阅读它，这将不起作用，因为检测 EOF 时将禁止进一步读取输入。然而，可以使用程序清单 5.14 那样的计时循环来使屏幕停留一段时间。还可使用第 17 章将介绍的 cin.clear()来重置输入流。

下面是该程序的运行情况：

```
The sullen mackerel sulks in the shadowy shallows.<ENTER>
The sullen mackerel sulks in the shadowy shallows.
Yes, but the blue bird of happiness harbors secrets.<ENTER>
Yes, but the blue bird of happiness harbors secrets.
<CTRL>+<Z><ENTER>
104 characters read
```

下面分析一下循环条件：

```
while ((ch = cin.get()) != EOF)
```

子表达式 ch=cin.get()两端的括号导致程序首先计算该表达式。为此，程序必须首先调用 cin.get()函数，然后将该函数的返回值赋给 ch。由于赋值语句的值为左操作数的值，因此整个子表达式变为 ch 的值。如果这个值是 EOF，则循环将结束，否则继续。该测试条件中所有的括号都是必不可少的。如果省略其中的一些括号：

```
while (ch = cin.get() != EOF)
```

由于!=运算符的优先级高于=，因此程序将首先对 cin.get()的返回值和 EOF 进行比较。比较的结果为 false 或 true，而这些 bool 值将被转换为 0 或 1，并本质赋给 ch。

另一方面，使用 cin.get(ch)（有一个参数）进行输入时，将不会导致任何类型方面的问题。前面讲过，cin.get(char)函数在到达 EOF 时，不会将一个特殊值赋给 ch。事实上，在这种情况下，它不会将任何值赋给 ch。ch 不会被用来存储非 char 值。表 5.3 总结了 cin.get(char)和 cin.get()之间的差别。

表 5.3 cin.get(ch)与 cin.get()

属　　性	cin.get(ch)	ch=cin.get()
传递输入字符的方式	赋给参数 ch	将函数返回值赋给 ch
用于字符输入时函数的返回值	istream 对象（执行 bool 转换后为 true）	int 类型的字符编码
到达 EOF 时函数的返回值	istream 对象（执行 bool 转换后为 false）	EOF

那么应使用 cin.get()还是 cin.get(char)呢？使用字符参数的版本更符合对象方式，因为其返回值是 istream 对象。这意味着可以将它们拼接起来。例如，下面的代码将输入中的下一个字符读入到 ch1 中，并将接下来的一个字符读入到 ch2 中：

```
cin.get(ch1).get(ch2);
```

这是可行的，因为函数调用 cin.get(ch1)返回一个 cin 对象，然后便可以通过该对象调用 get(ch2)。

get()的主要用途是能够将 stdio.h 的 getchar()和 putchar()函数转换为 iostream 的 cin.get()和 cout.put()方法。只要用头文件 iostream 替换 stdio.h，并用作用相似的方法替换所有的 getchar()和 putchar()即可。（如果旧的代码使用 int 变量进行输入，而所用的实现包含 put()的多个原型，则必须做进一步的调整。）

5.6 嵌套循环和二维数组

如本章前面所述，for 循环是一种处理数组的工具。下面进一步讨论如何使用嵌套 for 循环来处理二维数组。

首先，介绍一下什么是二维数组。到目前为止，本章使用的数组都是一维数组，因为每个数组都可以看作是一行数据。二维数组更像是一个表格——既有数据行又有数据列。例如，可以用二维数组来表示 6 个不同地区每季度的销售额，每一个地区占一行数据。也可以用二维数组来表示 RoboDork 在计算机游戏板上的位置。

C++没有提供二维数组类型，但用户可以创建每个元素本身都是数组的数组。例如，假设要存储 5 个城市在 4 年间的最高温度。在这种情况下，可以这样声明数组：

```
int maxtemps[4][5];
```

该声明意味着 maxtemps 是一个包含 4 个元素的数组，其中每个元素都是一个由 5 个整数组成的数组（参见图 5.5）。可以将 maxtemps 数组看作由 4 行组成，其中每一行有 5 个温度值。

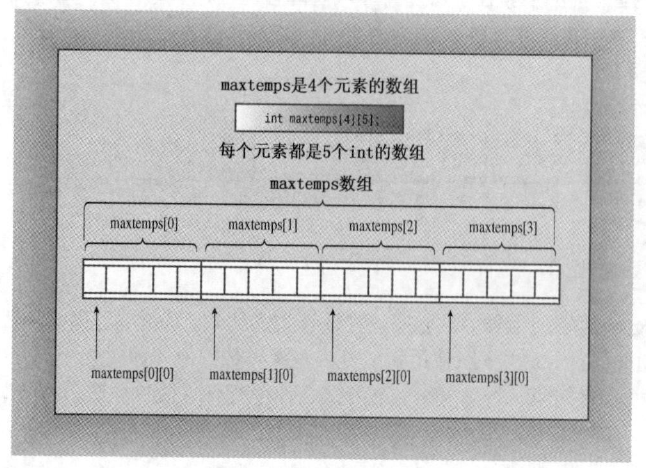

图 5.5　由数组组成的数组

表达式 maxtemps[0]是 maxtemps 数组的第一个元素，因此 maxtemps[0]本身就是一个由 5 个 int 组成的数组。maxtemps[0] 数组的第一个元素是 maxtemps [0] [0]，该元素是一个 int。因此，需要使用两个下标来访问 int 元素。可以认为第一个下标表示行，第二个下标表示列（参见图 5.6）。

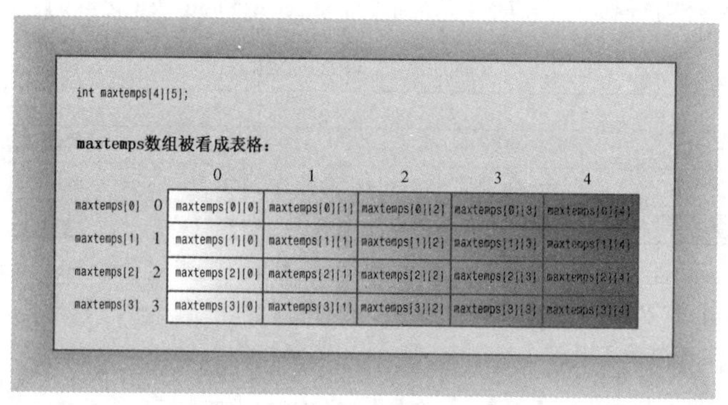

图 5.6　使用下标访问数组元素

假设要打印数组所有的内容，可以用一个 for 循环来改变行，用另一个被嵌套的 for 循环来改变列：

```
for (int row = 0; row < 4; row++)
{
      for (int col = 0; col < 5; ++col)
            cout << maxtemps[row][col] << "\t";
      cout << endl;
}
```

对于每个 row 值，内部的 for 循环将遍历所有的 col 值。这个示例在每个值之后打印一个制表符（使用 C++转义字符表示时为\t），打印完每行后，打印一个换行符。

5.6.1　初始化二维数组

创建二维数组时，可以初始化其所有元素。这项技术建立在一维数组初始化技术的基础之上：提供由逗号分隔的用花括号括起的值列表：

```
// initializing a one-dimensional array
int btus[5] = { 23, 26, 24, 31, 28};
```

对于二维数组来说，由于每个元素本身就是一个数组，因此可以使用与上述代码类似的格式来初始化每一个元素。因此，初始化由一系列逗号分隔的一维数组初始化（用花括号括起）组成：

```
int maxtemps[4][5] = // 2-D array
{
    {96, 100, 87, 101, 105}, // values for maxtemps[0]
    {96, 98, 91, 107, 104},  // values for maxtemps[1]
```

```
    {97, 101, 93, 108, 107}, // values for maxtemps[2]
    {98, 103, 95, 109, 108}  // values for maxtemps[3]
};
```

可将数组 maxtemps 包含 4 行，每行包含 5 个数字。{94, 98, 87, 103, 101}初始化第一行，即 maxtemps [0]。作为一种风格，如果可能的话，每行数据应各占一行，这样阅读起来将更容易。

5.6.2 使用二维数组

程序清单 5.20 初始化了一个二维数组，并使用了一个嵌套循环。这一次，循环的顺序相反，将列循环（城市索引）放在外面，将行循环（年份索引）放在里面。另外，它还采用了 C++常用的做法，将一个指针数组初始化为一组字符串常量。也就是说，将 cities 声明为一个 char 指针数组。这使得每个元素（如 cities [0]）都是一个 char 指针，可被初始化为一个字符串的地址。程序将 cities [0]初始化为字符串“Gribble City”的地址，等等。因此，该指针数组的行为与字符串数组类似。

程序清单 5.20 nested.cpp

```
// nested.cpp -- nested loops and 2-D array
#include <iostream>
const int Cities = 5;
const int Years = 4;
int main()
{
    using namespace std;
    const char * cities[Cities] =   // array of pointers
    {                               // to 5 strings
        "Gribble City",
        "Gribbletown",
        "New Gribble",
        "San Gribble",
        "Gribble Vista"
    };

    int maxtemps[Years][Cities] = // 2-D array
    {
        {96, 100, 87, 101, 105},   // values for maxtemps[0]
        {96, 98, 91, 107, 104},    // values for maxtemps[1]
        {97, 101, 93, 108, 107},  // values for maxtemps[2]
        {98, 103, 95, 109, 108}    // values for maxtemps[3]
    };

    cout << "Maximum temperatures for 2008 - 2011\n\n";
    for (int city = 0; city < Cities; ++city)
    {
        cout << cities[city] << ":\t";
        for (int year = 0; year < Years; ++year)
            cout << maxtemps[year][city] << "\t";
        cout << endl;
    }
        // cin.get();
    return 0;
}
```

下面是该程序的输出：

```
Maximum temperatures for 2008 - 2011

Gribble City:   96      96      97      98
Gribbletown:    100     98      101     103
New Gribble:    87      91      93      95
San Gribble:    101     107     108     109
Gribble Vista:  105     104     107     108
```

在输出中使用制表符比使用空格可使数据排列更有规则。然而，制表符设置不相同，因此输出的外观将随系统而异。第 17 章将介绍更精确的、更复杂的、对输出进行格式化的方法。

在这个例子中，可以使用 char 数组的数组，而不是字符串指针数组。在这种情况下，声明如下：

```
char cities[Cities][25] =   // array of 5 arrays of 25 char
{
    "Gribble City",
    "Gribbletown",
    "New Gribble",
```

```
    "San Gribble",
    "Gribble Vista"
};
```

上述方法将全部 5 个字符串的最大长度限制为 24 个字符。指针数组存储 5 个字符串的地址，而使用 char 数组的数组时，将 5 个字符串分别复制到 5 个包含 25 个元素的 char 数组中。因此，从存储空间的角度说，使用指针数组更为经济；然而，如果要修改其中的任何一个字符串，则二维数组是更好的选择。令人惊讶的是，这两种方法使用相同的初始化列表，显示字符串的 for 循环代码也相同。

另外，还可以使用 string 对象数组，而不是字符串指针数组。在这种情况下，声明如下：

```
const string cities[Cities] = // array of 5 strings
{
    "Gribble City",
    "Gribbletown",
    "New Gribble",
    "San Gribble",
    "Gribble Vista"
};
```

如果希望字符串是可修改的，则应省略限定符 const。使用 string 对象数组时，初始化列表和用于显示字符串的 for 循环代码与前两种方法中相同。在希望字符串是可修改的情况下，string 类自动调整大小的特性将使这种方法比使用二维数组更为方便。

5.7 总结

C++提供了 3 种循环：for 循环、while 循环和 do while 循环。如果循环测试条件为 true 或非零，则循环将重复执行一组指令；如果测试条件为 false 或 0，则结束循环。for 循环和 while 循环都是入口条件循环，这意味着程序将在执行循环体中的语句之前检查测试条件。do while 循环是出口条件循环，这意味着其将在执行循环体中的语句之后检查条件。

每种循环的句法都要求循环体由一条语句组成。然而，这条语句可以是复合语句，也可以是语句块（由花括号括起的多条语句）。

关系表达式对两个值进行比较，常被用作循环测试条件。关系表达式是通过使用 6 种关系运算符之一构成的：<、<=、= =、>=、>或! =。关系表达式的结果为 bool 类型，值为 true 或 false。

许多程序都逐字节地读取文本输入或文本文件，istream 类提供了多种可完成这种工作的方法。如果 ch 是一个 char 变量，则下面的语句将输入中的下一个字符读入到 ch 中：

```
cin >> ch;
```

然而，它将忽略空格、换行符和制表符。下面的成员函数调用读取输入中的下一个字符（而不管该字符是什么）并将其存储到 ch 中：

```
cin.get(ch);
```

成员函数调用 cin.get()返回下一个输入字符——包括空格、换行符和制表符，因此，可以这样使用它：

```
ch = cin.get();
```

cin.get（char）成员函数调用通过返回转换为 false 的 bool 值来指出已到达 EOF，而 cin.get()成员函数调用则通过返回 EOF 值来指出已到达 EOF，EOF 是在 iostream 中定义的。

嵌套循环是循环中的循环，适合用于处理二维数组。

5.8 复习题

1. 入口条件循环和出口条件循环之间的区别是什么？各种 C++循环分别属于其中的哪一种？
2. 如果下面的代码片段是有效程序的组成部分，它将打印什么内容？

```
int i;
for (i = 0; i < 5; i++)
      cout << i;
      cout << endl;
```

3. 如果下面的代码片段是有效程序的组成部分，它将打印什么内容？

```
int j;
for (j = 0; j < 11; j += 3)
      cout << j;
```

```
cout << endl << j << endl;
```

4. 如果下面的代码片段是有效程序的组成部分，它将打印什么内容？

```
int j = 5;
while ( ++j < 9)
      cout << j++ << endl;
```

5. 如果下面的代码片段是有效程序的组成部分，它将打印什么内容？

```
int k = 8;
do
      cout <<" k = " << k << endl;
while (k++ < 5);
```

6. 编写一个打印 1、2、4、8、16、32、64 的 for 循环，每轮循环都将计数变量的值乘以 2。

7. 如何在循环体中包括多条语句？

8. 下面的语句是否有效？如果无效，原因是什么？如果有效，它将完成什么工作？

```
int x = (1,024);
```

下面的语句又如何呢？

```
int y;
y = 1,024;
```

9. 在查看输入方面，cin >>ch 同 cin.get(ch)和 ch=cin.get()有什么不同？

5.9 编程练习

1. 编写一个要求用户输入两个整数的程序。该程序将计算并输出这两个整数之间（包括这两个整数）所有整数的和。这里假设先输入较小的整数。例如，如果用户输入的是 2 和 9，则程序将指出 2~9 之间所有整数的和为 44。

2. 使用 array 对象（而不是数组）和 long double（而不是 long long）重新编写程序清单 5.4，并计算 100!的值。

3. 编写一个要求用户输入数字的程序。每次输入后，程序都将报告到目前为止，所有输入的累计和。当用户输入 0 时，程序结束。

4. Daphne 以 10%的单利投资了 100 美元。也就是说，每一年的利润都是投资额的 10%，即每年 10 美元：

利息 = 0.10 × 原始存款

而 Cleo 以 5%的复利投资了 100 美元。也就是说，利息是当前存款（包括获得的利息）的 5%,：

利息 = 0.05 × 当前存款

Cleo 在第一年投资 100 美元的盈利是 5%——得到了 105 美元。下一年的盈利是 105 美元的 5%——即 5.25 美元，依此类推。请编写一个程序，计算多少年后，Cleo 的投资价值才能超过 Daphne 的投资价值，并显示此时两个人的投资价值。

5. 假设要销售 *C++ For Fools* 一书。请编写一个程序，输入全年中每个月的销售量（图书数量，而不是销售额）。程序通过循环，使用初始化为月份字符串的 char *数组（或 string 对象数组）逐月进行提示，并将输入的数据储存在一个 int 数组中。然后，程序计算数组中各元素的总数，并报告这一年的销售情况。

6. 完成编程练习 5，但这一次使用一个二维数组来存储输入——3 年中每个月的销售量。程序将报告每年销售量以及三年的总销售量。

7. 设计一个名为 car 的结构，用它存储下述有关汽车的信息：生产商（存储在字符数组或 string 对象中的字符串）、生产年份（整数）。编写一个程序，向用户询问有多少辆汽车。随后，程序使用 new 来创建一个由相应数量的 car 结构组成的动态数组。接下来，程序提示用户输入每辆车的生产商（可能由多个单词组成）和年份信息。请注意，这需要特别小心，因为它将交替读取数值和字符串（参见第 4 章）。最后，程序将显示每个结构的内容。该程序的运行情况如下：

```
How many cars do you wish to catalog? 2
Car #1:
Please enter the make: Hudson Hornet
Please enter the year made: 1952
Car #2:
Please enter the make: Kaiser
```

```
Please enter the year made: 1951
Here is your collection:
1952 Hudson Hornet
1951 Kaiser
```

8. 编写一个程序，它使用一个 char 数组和循环来每次读取一个单词，直到用户输入 done 为止。随后，该程序指出用户输入了多少个单词（不包括 done 在内）。下面是该程序的运行情况：

```
Enter words (to stop, type the word done):
anteater birthday category dumpster
envy finagle geometry done for sure
You entered a total of 7 words.
```

您应在程序中包含头文件 cstring，并使用函数 strcmp()来进行比较测试。

9. 编写一个满足前一个练习中描述的程序，但使用 string 对象而不是字符数组。请在程序中包含头文件 string，并使用关系运算符来进行比较测试。

10. 编写一个使用嵌套循环的程序，要求用户输入一个值，指出要显示多少行。然后，程序将显示相应行数的星号，其中第一行包括一个星号，第二行包括两个星号，依此类推。每一行包含的字符数等于用户指定的行数，在星号不够的情况下，在星号前面加上句点。该程序的运行情况如下：

```
Enter number of rows: 5
....*
...**
..***
.****
*****
```

第 6 章　分支语句和逻辑运算符

本章内容包括：

- if 语句；
- if else 语句；
- 逻辑运算符——&&、||和!；
- cctype 字符函数库；
- 条件运算符——?:；
- switch 语句；
- continue 和 break 语句；
- 读取数字的循环；
- 基本文件输入/输出。

设计智能程序的一个关键是使程序具有决策能力。第 5 章介绍了一种决策方式——循环，在循环中，程序决定是否继续循环。现在，来研究一下 C++是如何使用分支语句在可选择的操作中做出决定的。程序应使用哪一种防止吸血鬼的方案（大蒜还是十字架）呢？用户选择了哪个菜单选项呢？用户是否输入了 0？C++提供了 if 和 switch 语句来进行决策，它们是本章的主要主题。另外，还将介绍条件运算符和逻辑运算符，前者提供了另一种决策方式，而后者允许将两个测试组合在一起。最后，本章将首次介绍文件输入/输出。

6.1　if 语句

当C++程序必须决定是否执行某个操作时，通常使用 if 语句来实现选择。if 有两种格式：if 和 if else。首先看一看简单的 if，它模仿英语，如 "If you have a Captain Cookie card, you get a free cookie（如果您有一张 Captain Cookie 卡，就可获得免费的小甜饼）"。如果测试条件为 true，则 if 语句将引导程序执行语句或语句块；如果条件是 false，程序将跳过这条语句或语句块。因此，if 语句让程序能够决定是否应执行特定的语句。

if 语句的语法与 while 相似：

```
if (test-condition)
    statement
```

如果 test-condition（测试条件）为 true，则程序将执行 statement（语句），后者既可以是一条语句，也可以是语句块。如果测试条件为 false，则程序将跳过语句（参见图 6.1）。和

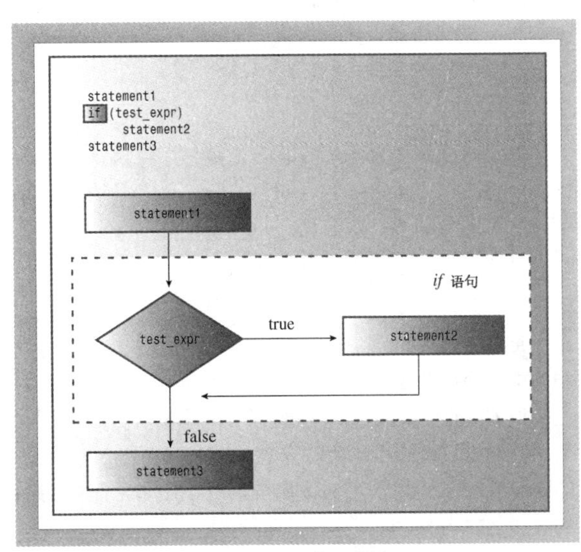

图 6.1　if 语句的结构

循环测试条件一样，if 测试条件也将被强制转换为 bool 值，因此 0 将被转换为 false，非零为 true。整个 if 语句被视为一条语句。

通常情况下，测试条件都是关系表达式，如那些用来控制循环的表达式。例如，假设读者希望程序计算输入中的空格数和字符总数，则可以在 while 循环中使用 cin.get（char）来读取字符，然后使用 if 语句识别空格字符并计算其总数。程序清单 6.1 完成了这项工作，它使用句点（.）来确定句子的结尾。

程序清单 6.1 if.cpp

```
// if.cpp -- using the if statement
#include <iostream>
int main()
{
    using std::cin; // using declarations
    using std::cout;
    char ch;
    int spaces = 0;
    int total = 0;
    cin.get(ch);
    while (ch != '.') // quit at end of sentence
    {
        if (ch == ' ') // check if ch is a space
            ++spaces;
        ++total; // done every time
        cin.get(ch);
    }
    cout << spaces << " spaces, " << total;
    cout << " characters total in sentence\n";
    return 0;
}
```

下面是该程序的输出：

```
The balloonist was an airhead
with lofty goals.
6 spaces, 46 characters total in sentence
```

正如程序中的注释指出的，仅当 ch 为空格时，语句++spaces;才被执行。因为语句++total;位于 if 语句的外面，因此在每轮循环中都将被执行。注意，字符总数中包括按回车键生成的换行符。

6.1.1 if else 语句

if 语句让程序决定是否执行特定的语句或语句块，而 if else 语句则让程序决定执行两条语句或语句块中的哪一条，这种语句对于选择其中一种操作很有用。C++的 if else 语句模仿了简单的英语，如“If you have a Captain Cookie card, you get a Cookie Plus Plus, else you just get a Cookie d'Ordinaire（如果您拥有 Captain Cookie 卡，将可获得 Cookie Plus Plus，否则只能获得 Cookie d'Ordinaire）”。if else 语句的通用格式如下：

```
if (test-condition)
    statement1
else
    statement2
```

如果测试条件为 true 或非零，则程序将执行 statement1，跳过 statement2；如果测试条件为 false 或 0，则程序将跳过 statement1，执行 statement2。因此，如果 answer 是 1492，则下面的代码片段将打印第一条信息，否则打印第二条信息：

```
if (answer == 1492)
    cout << "That's right!\n";
else
    cout << "You'd better review Chapter 1 again.\n";
```

每条语句都既可以是一条语句，也可以是用大括号括起的语句块（参见图 6.2）。从语法上看，整个 if else 结构被视为一条语句。

例如，假设要通过对字母进行加密编码来修改输入的文本（换行符不变）。这样，每个输入行都被转换为一行输出，且长度不变。这意味着程序对换行符采用一种操作，而对其他字符采用另一种操作。正如程序清单 6.2 所表明的，if else 使得这项工作非常简单。该程序清单还演示了限定符 std::，这是编译指令 using 的替代品之一。

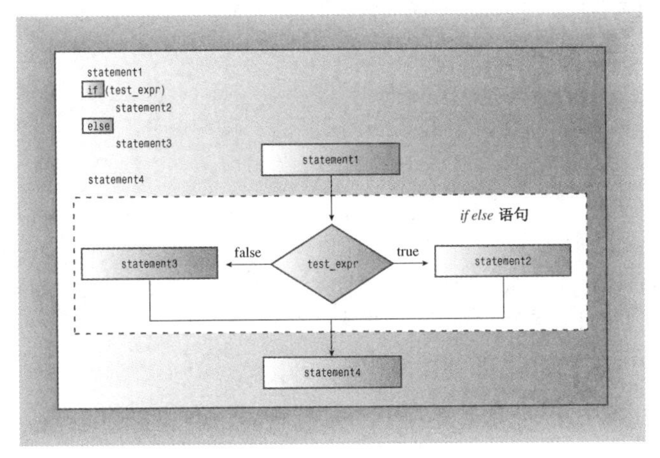

图 6.2 if else 语句的结构

程序清单 6.2 ifelse.cpp

```
// ifelse.cpp -- using the if else statement
#include <iostream>
int main()
{
    char ch;

    std::cout << "Type, and I shall repeat.\n";
    std::cin.get(ch);
    while (ch != '.')
    {
        if (ch == '\n')
            std::cout << ch; // done if newline
        else
            std::cout << ++ch; // done otherwise
        std::cin.get(ch);
    }
// try ch + 1 instead of ++ch for interesting effect
    std::cout << "\nPlease excuse the slight confusion.\n";
        // std::cin.get();
        // std::cin.get();
    return 0;
}
```

下面是该程序的运行情况：

```
Type, and I shall repeat.
An ineffable joy suffused me as I beheld
Bo!jofggbcmf!kpz!tvggvtfe!nf!bt!J!cfifme
the wonders of modern computing.
uif!xpoefst!pg!npefso!dpnqvujoh
Please excuse the slight confusion.
```

注意，程序清单 6.2 中的注释之一指出，将++ch 改为 ch+1 将产生一种有趣的效果。能推断出它是什么吗？如果不能，就试验一下，然后看看是否可以解释发生的情况（提示：想一想 cout 是如何处理不同的类型的）。

6.1.2 格式化 if else 语句

if else 中的两种操作都必须是一条语句。如果需要多条语句，需要用大括号将它们括起来，组成一个块语句。和有些语言（如 BASIC 和 FORTRAN）不同的是，由于 C++不会自动将 if 和 else 之间的所有代码视为一个代码块，因此必须使用大括号将这些语句组合成一个语句块。例如，下面的代码将出现编译器错误：

```
if (ch == 'Z')
    zorro++;    // if ends here
    cout << "Another Zorro candidate\n";
else            // wrong
    dull++;
    cout << "Not a Zorro candidate\n";
```

编译器把它看作是一条以 zorro ++;语句结尾的简单 if 语句，接下来是一条 cout 语句。到目前为止，一切正常。但之后编译器发现一个独立的 else，这被视为语法错误。

请添加大括号，将语句组合成一个语句块：

```
if (ch == 'Z')
{                          // if true block
    zorro++;
    cout << "Another Zorro candidate\n";
}
else
{                          // if false block
    dull++;
    cout << "Not a Zorro candidate\n";
}
```

由于 C++是自由格式语言，因此只要使用大括号将语句括起，对大括号的位置没有任何限制。上述代码演示了一种流行的格式，下面是另一种流行的格式：

```
if (ch == 'Z') {
    zorro++;
    cout << "Another Zorro candidate\n";
    }
else {
    dull++;
    cout << "Not a Zorro candidate\n";
    }
```

第一种格式强调的是语句的块结构，第二种格式则将语句块与关键字 if 和 else 更紧密地结合在一起。这两种风格清晰、一致，应该能够满足要求；然而，可能会有老师或雇主在这个问题上的观点强硬而固执。

6.1.3　if else if else 结构

与实际生活中发生的情况类似，计算机程序也可能提供两个以上的选择。可以将 C++的 if else 语句进行扩展来满足这种需求。正如读者知道的，else 之后应是一条语句，也可以是语句块。由于 if else 语句本身是一条语句，所以可以放在 else 的后面：

```
if (ch == 'A')
    a_grade++;          // alternative # 1
else
    if (ch == 'B')      // alternative # 2
        b_grade++;      // subalternative # 2a
else
    soso++;             // subalternative # 2b
```

如果 ch 不是'A'，则程序将执行 else。执行到那里，另一个 if else 又提供了两种选择。C++的自由格式允许将这些元素排列成便于阅读的格式：

```
if (ch == 'A')
    a_grade++;          // alternative # 1
else if (ch == 'B')
    b_grade++;          // alternative # 2
else
    soso++;             // alternative # 3
```

这看上去像是一个新的控制结构——if else if else 结构。但实际上，它只是一个 if else 被包含在另一个 if else 中。修订后的格式更为清晰，使程序员通过浏览代码便能确定不同的选择。整个构造仍被视为一条语句。

程序清单 6.3 使用这种格式创建了一个小型测验程序。

程序清单 6.3　ifelseif.cpp

```
// ifelseif.cpp -- using if else if else
#include <iostream>
const int Fave = 27;
int main()
{
    using namespace std;
    int n;

    cout << "Enter a number in the range 1-100 to find ";
    cout << "my favorite number: ";
    do
    {
        cin >> n;
        if (n < Fave)
            cout << "Too low -- guess again: ";
        else if (n > Fave)
```

```
            cout << "Too high -- guess again: ";
        else
            cout << Fave << " is right!\n";
    } while (n != Fave);
    return 0;
}
```

下面是该程序的输出：

```
Enter a number in the range 1-100 to find my favorite number: 50
Too high -- guess again: 25
Too low -- guess again: 37
Too high -- guess again: 31
Too high -- guess again: 28
Too high -- guess again: 27
27 is right!
```

条件运算符和错误防范

许多程序员将更直观的表达式 variable = =value 反转为 value = =variable，以此来捕获将相等运算符误写为赋值运算符的错误。例如，下述条件有效，可以正常工作：

```
if (3 == myNumber)
```

但如果错误地使用下面的条件，编译器将生成错误消息，因为它以为程序员试图将一个值赋给一个字面值（3 总是等于 3，而不能将另一个值赋给它）：

```
if (3 = myNumber)
```

假设犯了类似的错误，但使用的是前一种表示方法：

```
if (myNumber = 3)
```

编译器将只是把 3 赋给 myNumber，而 if 中的语句块将包含非常常见的、而又非常难以发现的错误（然而，很多编译器会发出警告，因此注意警告是明智的）。一般来说，编写让编译器能够发现错误的代码，比找出导致难以理解的错误的原因要容易得多。

6.2 逻辑表达式

经常需要测试多种条件。例如，字符要是小写，其值就必须大于或等于'a'，且小于或等于'z'。如果要求用户使用 y 或 n 进行响应，则希望用户无论输入大写（Y 和 N）或小写都可以。为满足这种需要，C++提供了 3 种逻辑运算符，来组合或修改已有的表达式。这些运算符分别是逻辑 OR（||）、逻辑 AND（&&）和逻辑 NOT（!）。下面介绍这些运算符。

6.2.1 逻辑 OR 运算符：||

在英语中，当两个条件中有一个或全部满足某个要求时，可以用单词 or 来指明这种情况。例如，如果您或您的配偶在 MegaMicro 公司工作，您就可以参加 MegaMicro 公司的野餐会。C++可以采用逻辑 OR 运算符（||），将两个表达式组合在一起。如果原来表达式中的任何一个或全部都为 true（或非零），则得到的表达式的值为 true；否则，表达式的值为 false。下面是一些例子：

```
5 == 5 || 5 == 9 // true because first expression is true
5 > 3 || 5 > 10  // true because first expression is true
5 > 8 || 5 < 10  // true because second expression is true
5 < 8 || 5 > 2   // true because both expressions are true
5 > 8 || 5 < 2   // false because both expressions are false
```

由于||的优先级比关系运算符低，因此不需要在这些表达式中使用括号。表 6.1 总结了||的工作原理。

C++规定，||运算符是个顺序点（sequence point）。也是说，先修改左侧的值，再对右侧的值进行判定（C++11 的说法是，运算符左边的子表达式先于右边的子表达式）。例如，请看下面的表达式：

```
i++ < 6||i== j
```

假设 i 原来的值为 10，则在对 i 和 j 进行比较时，i 的值将为 11。另外，如果左侧的表达式为 true，则 C++将不会去判定右侧的表达式，因为只要一个表达式为 true，则整个逻辑表达式为 true（读者可能还记得，分号和逗号运算符也是顺序点）。

程序清单 6.4 在一条 if 语句中使用||运算符来检查某个字符的大写或小写。另外，它还使用了 C++字符串的拼接特性（参见第 4 章）将一个字符串分布在 3 行中。

表 6.1 ||运算符

	expr1 || expr2 的值	
	expr1 = = true	expr1 = = false
expr2 = = true	true	true
expr2 = = false	true	false

程序清单 6.4 or.cpp

```
// or.cpp -- using the logical OR operator
#include <iostream>
int main()
{
    using namespace std;
    cout << "This program may reformat your hard disk\n"
            "and destroy all your data.\n"
            "Do you wish to continue? <y/n> ";
    char ch;
    cin >> ch;
    if (ch == 'y' || ch == 'Y') // y or Y
        cout << "You were warned!\a\a\n";
    else if (ch == 'n' || ch == 'N') // n or N
        cout << "A wise choice ... bye\n";
    else
    cout << "That wasn't a y or n! Apparently you "
            "can't follow\ninstructions, so "
            "I'll trash your disk anyway.\a\a\a\n";
    return 0;
}
```

该程序不会带来任何威胁，下面是其运行情况：

```
This program may reformat your hard disk
and destroy all your data.
Do you wish to continue? <y/n> N
A wise choice ... bye
```

由于程序只读取一个字符，因此只读取响应的第一个字符。这意味着用户可以用 NO!（而不是 N）进行回答，程序将只读取 N。然而，如果程序后面再读取输入时，将从 O 开始读取。

6.2.2 逻辑 AND 运算符：&&

逻辑 AND 运算符（&&），也是将两个表达式组合成一个表达式。仅当原来的两个表达式都为 true 时，得到的表达式的值才为 true。下面是一些例子：

```
5 == 5 && 4 == 4 // true because both expressions are true
5 == 3 && 4 == 4 // false because first expression is false
5 > 3 && 5 > 10  // false because second expression is false
5 > 8 && 5 < 10  // false because first expression is false
5 < 8 && 5 > 2   // true because both expressions are true
5 > 8 && 5 < 2   // false because both expressions are false
```

由于&&的优先级低于关系运算符，因此不必在这些表达式中使用括号。和||运算符一样，&&运算符也是顺序点，因此将首先判定左侧，并且在右侧被判定之前产生所有的副作用。如果左侧为 false，则整个逻辑表达式必定为 false，在这种情况下，C++将不会再对右侧进行判定。表 6.2 总结了&&运算符的工作方式。

表 6.2 &&运算符

	expr1 && expr2 的值	
	expr1 = = true	expr1 = = false
expr2 = = true	true	false
expr2 = = false	false	false

程序清单 6.5 演示了如何用&&来处理一种常见的情况——由于两种不同的原因而结束 while 循环。在这个程序清单中，一个 while 循环将值读入到数组。一个测试（i<ArSize）在数组被填满时循环结束，另一个测试（temp>=0）让用户通过输入一个负值来提前结束循环。该程序使用&&运算符将两个测试组合成一个条件。该程序还使用了两条 if 语句、一条 if else 语句和一个 for 循环，因此它演示了本章和第 5 章的多个主题。

程序清单 6.5 and.cpp

```
// and.cpp -- using the logical AND operator
#include <iostream>
const int ArSize = 6;
int main()
{
    using namespace std;
    float naaq[ArSize];
    cout << "Enter the NAAQs (New Age Awareness Quotients) "
         << "of\nyour neighbors. Program terminates "
         << "when you make\n" << ArSize << " entries "
         << "or enter a negative value.\n";

    int i = 0;
    float temp;
    cout << "First value: ";
    cin >> temp;
    while (i < ArSize && temp >= 0)    // 2 quitting criteria
    {
        naaq[i] = temp;
        ++i;
        if (i < ArSize)              // room left in the array,
        {
            cout << "Next value: ";
            cin >> temp;             // so get next value
        }
    }
    if (i == 0)
        cout << "No data--bye\n";
    else
    {
        cout << "Enter your NAAQ: ";
        float you;
        cin >> you;
        int count = 0;
        for (int j = 0; j < i; j++)
            if (naaq[j] > you)
                ++count;
        cout << count;
        cout << " of your neighbors have greater awareness of\n"
             << "the New Age than you do.\n";
    }
    return 0;
}
```

注意，该程序将输入放在临时变量 temp 中。在核实输入有效后，程序才将这个值赋给数组。

下面是该程序的两次运行情况。一次在输入 6 个值后结束：

```
Enter the NAAQs (New Age Awareness Quotients) of
your neighbors. Program terminates when you make
6 entries or enter a negative value.
First value: 28
Next value: 72
Next value: 15
Next value: 6
Next value: 130
Next value: 145
Enter your NAAQ: 50
3 of your neighbors have greater awareness of
the New Age than you do.
```

另一次在输入负值后结束：

```
Enter the NAAQs (New Age Awareness Quotients) of
your neighbors. Program terminates when you make
6 entries or enter a negative value.
First value: 123
Next value: 119
Next value: 4
Next value: 89
Next value: -1
Enter your NAAQ: 123.031
0 of your neighbors have greater awareness of
the New Age than you do.
```

程序说明

来看看该程序的输入部分：

```
cin >> temp;
while (i < ArSize && temp >= 0) // 2 quitting criteria
{
    naaq[i] = temp;
    ++i;
    if (i < ArSize)       // room left in the array,
    {
        cout << "Next value: ";
        cin >> temp;      // so get next value
    }
}
```

该程序首先将第一个输入值读入到临时变量（temp）中。然后，while 测试条件查看数组中是否还有空间（i<ArSize）以及输入值是否为非负（temp >=0）。如果满足条件，则将 temp 的值复制到数组中，并将数组索引加 1。此时，由于数组下标从 0 开始，因此 i 指示输入了多少个值。也是说，如果 i 从 0 开始，则第一轮循环将一个值赋给 naaq[0]，然后将 i 设置为 1。

当数组被填满或用户输入了负值时，循环将结束。注意，仅当 i 小于 ArSize 时，即数组中还有空间时，循环才将另外一个值读入到 temp 中。

获得数据后，如果没有输入任何数据（即第一次输入的是一个负数），程序将使用 if else 语句指出这一点，如果存在数据，就对数据进行处理。

6.2.3　用&&来设置取值范围

&&运算符还允许建立一系列 if else if else 语句，其中每种选择都对应于一个特定的取值范围。程序清单 6.6 演示了这种方法。另外，它还演示了一种用于处理一系列消息的技术。与 char 指针变量可以通过指向一个字符串的开始位置来标识该字符串一样，char 指针数组也可以标识一系列字符串，只要将每一个字符串的地址赋给各个数组元素即可。程序清单 6.6 使用 qualify 数组来存储 4 个字符串的地址，例如，qualify [1]存储字符串“mud tug-of-war\n”的地址。然后，程序便能够将 cout、strlen()或 strcmp()用于 qualify [1]，就像用于其他字符串指针一样。使用 const 限定符可以避免无意间修改这些字符串。

程序清单 6.6　more_and.cpp

```
// more_and.cpp -- using the logical AND operator
#include <iostream>
const char * qualify[4] = // an array of pointers
{ // to strings
    "10,000-meter race.\n",
    "mud tug-of-war.\n",
    "masters canoe jousting.\n",
    "pie-throwing festival.\n"
};
int main()
{
    using namespace std;
    int age;
    cout << "Enter your age in years: ";
    cin >> age;
    int index;

    if (age > 17 && age < 35)
        index = 0;
    else if (age >= 35 && age < 50)
        index = 1;
    else if (age >= 50 && age < 65)
        index = 2;
    else
        index = 3;

    cout << "You qualify for the " << qualify[index];
    return 0;
}
```

下面是该程序的运行情况：

```
Enter your age in years: 87
You qualify for the pie-throwing festival.
```

由于输入的年龄不与任何测试取值范围匹配，因此程序将索引设置为 3，然后打印相应的字符串。

程序说明

在程序清单 6.6 中，表达式 age > 17 && age < 35 测试年龄是否位于两个值之间，即年龄是否在 18 岁到 34 岁之间。表达式 age >= 35 && age < 50 使用>=运算符将 35 包括在取值范围内。如果程序使用 age > 35 && age < 50，则 35 将被所有的测试忽略。在使用取值范围测试时，应确保取值范围之间既没有缝隙，又没有重叠。另外，应确保正确设置每个取值范围（参见本节后面的旁注“取值范围测试”）。

if else 语句用来选择数组索引，而索引则标识特定的字符串。

取值范围测试

取值范围测试的每一部分都使用 AND 运算符将两个完整的关系表达式组合起来：

```
if (age > 17 && age < 35) // OK
```

不要使用数学符号将其表示为：

```
if (17 < age < 35) // Don't do this!
```

编译器不会捕获这种错误，因为它仍然是有效的 C++语法。<运算符从左向右结合，因此上述表达式的含义如下：

```
if ( (17 < age) < 35)
```

但 17 < age 的值要么为 true（1），要么为 falsc（0）。不管是哪种情况，表达式 17 < age 的值都小于 35，因此整个测试的结果总是 true！

6.2.4 逻辑 NOT 运算符：!

!运算符将它后面的表达式的真值取反。也是说，如果 expression 为 true，则!expression 是 false；如果 expression 为 false，则!expression 是 true。更准确地说，如果 expression 为 true 或非零，则!expression 为 false。

通常，不使用这个运算符可以更清楚地表示关系：

```
if (!(x > 5))              // if (x <= 5) is clearer
```

然而，!运算符对于返回 true-false 值或可以被解释为 true-false 值的函数来说很有用。例如，如果 C 风格字符串 s1 和 s2 不同，则 strcmp(s1, s2)将返回非零（true）值，否则返回 0。这意味着如果这两个字符串相同，则!strcmp(s1, s2)为 true。

程序清单 6.7 使用这种技术（将!运算符用于函数返回值）来筛选可赋给 int 变量的数字输入。如果用户定义的函数 is_int()（稍后将详细介绍）的参数位于 int 类型的取值范围内，则它将返回 true。然后，程序使用 while(!is_int(num))测试来拒绝不在该取值范围内的值。

程序清单 6.7 not.cpp

```
// not.cpp -- using the not operator
#include <iostream>
#include <climits>
bool is_int(double);
int main()
{
    using namespace std;
    double num;

    cout << "Yo, dude! Enter an integer value: ";
    cin >> num;
    while (!is_int(num)) // continue while num is not int-able
    {
        cout << "Out of range -- please try again: ";
        cin >> num;
    }
    int val = int (num); // type cast
    cout << "You've entered the integer " << val << "\nBye\n";
    return 0;
}

bool is_int(double x)
{
    if (x <= INT_MAX && x >= INT_MIN) // use climits values
        return true;
    else
        return false;
}
```

下面是该程序在 int 占 32 位的系统上的运行情况：

```
Yo, dude! Enter an integer value: 6234128679
Out of range -- please try again: -8000222333
Out of range -- please try again: 99999
You've entered the integer 99999
Bye
```

程序说明

如果给读取 int 值的程序输入一个过大的值，很多 C++实现只是将这个值截短为合适的大小，并不会通知丢失了数据。程序清单 6.7 中的程序避免了这样的问题，它首先将可能的 int 值作为 double 值来读取。double 类型的精度足以存储典型的 int 值，且取值范围更大。另一种选择是，使用 long long 来存储输入的值，因为其取值范围比 int 大。

布尔函数 is_int()使用了 climits 文件（第 3 章讨论过）中定义的两个符号常量（INT_MAX 和 INT_MIN）来确定其参数是否位于适当的范围内。如果是，该函数将返回 true，否则返回 false。

main()程序使用 while 循环来拒绝无效输入，直到用户输入有效的值为止。可以在输入超出取值范围时显示 int 的界限，这样程序将更为友好。确认输入有效后，程序将其赋给一个 int 变量。

6.2.5 逻辑运算符细节

正如本章前面指出的，C++逻辑 OR 和逻辑 AND 运算符的优先级都低于关系运算符。这意味着下面的表达式

```
x > 5 && x < 10
```

将被解释为：

```
(x > 5) && (x < 10)
```

另一方面，!运算符的优先级高于所有的关系运算符和算术运算符。因此，要对表达式求反，必须用括号将其括起，如下所示：

```
!(x > 5)    // is it false that x is greater than 5
!x > 5      // is !x greater than 5
```

第二个表达式总是为 false，因为!x 的值只能为 true 或 false，而它们将被转换为 1 或 0。

逻辑 AND 运算符的优先级高于逻辑 OR 运算符。因此，表达式：

```
age > 30 && age < 45 || weight > 300
```

被解释为：

```
(age > 30 && age < 45) || weight > 300
```

也是说，一个条件是 age 位于 31～44，另一个条件是 weight 大于 300。如果这两个条件中的一个或全部都为 true，则整个表达式为 true。

当然，还可以用括号将所希望的解释告诉程序。例如，假设要用&&将 age 大于 50 或 weight 大于 300 的条件与 donation 大于 1000 的条件组合在一起，则必须使用括号将 OR 部分括起：

```
(age > 50 || weight > 300) && donation > 1000
```

否则，编译器将把 weight 条件与 donation 条件（而不是 age 条件）组合在一起。

虽然 C++运算符的优先级规则常可能不使用括号便可以编写复合比较的语句，但最简单的方法还是用括号将测试进行分组，而不管是否需要括号。这样代码容易阅读，避免读者查看不常使用的优先级规则，并减少由于没有准确记住所使用的规则而出错的可能性。

C++确保程序从左向右进行计算逻辑表达式，并在知道答案后立刻停止。例如，假设有下面的条件：

```
x != 0 && 1.0 / x > 100.0
```

如果第一个条件为 false，则整个表达式肯定为 false。这是因为要使整个表达式为 true，每个条件都必须为 true。知道第一个条件为 false 后，程序将不判定第二个条件。这个例子非常幸运，因为计算第二个条件将导致被 0 除，这是计算机没有定义的操作。

6.2.6 其他表示方式

并不是所有的键盘都提供了用作逻辑运算符的符号，因此 C++标准提供了另一种表示方式，如表 6.3 所示。标识符 and、or 和 not 都是 C++保留字，这意味着不能将它们用作变量名等。它们不是关键字，因为它们都是已有语言特性的另一种表示方式。另外，它们并不是 C 语言中的保留字，但 C 语言程序可以将它们用作运算符，只要在程序中包含了头文件 iso646.h。C++不要求使用头文件。

表 6.3 **逻辑运算符：另一种表示方式**

运 算 符	另一种表示方式
&&	and
||	or
!	not

6.3 字符函数库 cctype

C++从 C 语言继承了一个与字符相关的、非常方便的函数软件包，它可以简化诸如确定字符是否为大写字母、数字、标点符号等工作，这些函数的原型是在头文件 cctype（老式的风格中为 ctype.h）中定义的。例如，如果 ch 是一个字母，则 isalpha（ch）函数返回一个非零值，否则返回 0。同样，如果 ch 是标点符号（如逗号或句号），函数 ispunct（ch）将返回 true。（这些函数的返回类型为 int，而不是 bool，但通常 bool 转换让您能够将它们视为 bool 类型。）

使用这些函数比使用 AND 和 OR 运算符更方便。例如，下面是使用 AND 和 OR 来测试字符 ch 是不是字母字符的代码：

```
if ((ch >= 'a' && ch <= 'z') || (ch >= 'A' && ch <= 'Z'))
```

与使用 isalpha()相比：

```
if (isalpha(ch))
```

isalpha()不仅更容易使用，而且更通用。AND/OR 格式假设 A-Z 的字符编码是连续的，其他字符的编码不在这个范围内。这种假设对于 ASCII 码来说是成立的，但通常并非总是如此。

程序清单 6.8 演示一些 ctype 库函数。具体地说，它使用 isalpha()来检查字符是否为字母字符，使用 isdigit()来测试字符是否为数字字符，如 3，使用 isspace()来测试字符是否为空白，如换行符、空格和制表符，使用 ispunct()来测试字符是否为标点符号。该程序还复习了 if else if 结构，并在一个 while 循环中使用了 cin.get（char）。

程序清单 6.8 cctypes.cpp

```
// cctypes.cpp -- using the ctype.h library
#include <iostream>
#include <cctype> // prototypes for character functions
int main()
{
    using namespace std;
    cout << "Enter text for analysis, and type @"
            " to terminate input.\n";
    char ch;
    int whitespace = 0;
    int digits = 0;
    int chars = 0;
    int punct = 0;
    int others - 0;

    cin.get(ch);              // get first character
    while (ch != '@')         // test for sentinel
    {
        if(isalpha(ch))       // is it an alphabetic character?
            chars++;
        else if(isspace(ch))  // is it a whitespace character?
            whitespace++;
        else if(isdigit(ch))  // is it a digit?
            digits++;
        else if(ispunct(ch))  // is it punctuation?
            punct++;
        else
            others++;
        cin.get(ch);          // get next character
    }
    cout << chars << " letters, "
         << whitespace << " whitespace, "
         << digits << " digits, "
         << punct << " punctuations, "
```

```
        << others << " others.\n";
    return 0;
}
```

下面是该程序的运行情况。注意，空白字符计数中包括换行符：

```
Enter text for analysis, and type @ to terminate input.
AdrenalVision International producer Adrienne Vismonger
announced production of their new 3-D film, a remake of
"My Dinner with Andre," scheduled for 2013. "Wait until
you see the the new scene with an enraged Collossipede!"@
177 letters, 33 whitespace, 5 digits, 9 punctuations, 0 others.
```

表 6.4 对 cctype 软件包中的函数进行了总结。有些系统可能没有表中列出的一些函数，也可能还有在表中没有列出的一些函数。

表 6.4　cctype 中的字符函数

函数名称	返回值
isalnum()	如果参数是字母数字，即字母或数字，该函数返回 true
isalpha()	如果参数是字母，该函数返回 true
iscntrl()	如果参数是控制字符，该函数返回 true
isdigit()	如果参数是数字（0～9），该函数返回 true
isgraph()	如果参数是除空格之外的打印字符，该函数返回 true
islower()	如果参数是小写字母，该函数返回 true
isprint()	如果参数是打印字符（包括空格），该函数返回 true
ispunct()	如果参数是标点符号，该函数返回 true
isspace()	如果参数是标准空白字符，如空格、进纸、换行符、回车、水平制表符或者垂直制表符，该函数返回 true
isupper()	如果参数是大写字母，该函数返回 true
isxdigit()	如果参数是十六进制数字，即 0～9、a～f 或 A～F，该函数返回 true
tolower()	如果参数是大写字符，则返回其小写，否则返回该参数
toupper()	如果参数是小写字符，则返回其大写，否则返回该参数

6.4　?:运算符

C++有一个常被用来代替 if else 语句的运算符，这个运算符被称为条件运算符（?:），它是 C++中唯一一个需要 3 个操作数的运算符。该运算符的通用格式如下：

```
expression1 ? expression2 : expression3
```

如果 expression1 为 true，则整个条件表达式的值为 expression2 的值；否则，整个表达式的值为 expression3 的值。下面的两个示例演示了该运算符是如何工作的：

```
5 > 3 ? 10 : 12   // 5 > 3 is true, so expression value is 10
3 == 9? 25 : 18   // 3 == 9 is false, so expression value is 18
```

可以这样解释第一个示例：如果 5 大于 3，则整个表达式的值为 10，否则为 12。当然，在实际的编程中，这些表达式中将包含变量。

程序清单 6.9 使用条件运算符来确定两个值中较大的一个。

程序清单 6.9　condit.cpp

```
// condit.cpp -- using the conditional operator
#include <iostream>
int main()
{
    using namespace std;
    int a, b;
    cout << "Enter two integers: ";
    cin >> a >> b;
    cout << "The larger of " << a << " and " << b;
    int c = a > b ? a : b; // c = a if a > b, else c = b
    cout << " is " << c << endl;
```

```
    return 0;
}
```

下面是该程序的运行情况：

```
Enter two integers: 25 28
The larger of 25 and 28 is 28
```

该程序的关键部分是下面的语句：

```
int c = a > b ? a : b;
```

它与下面的语句等效：

```
int c;
if (a > b)
    c = a;
else
    c = b;
```

与 if else 序列相比，条件运算符更简洁，但第一次遇到时不那么容易理解。这两种方法之间的区别是，条件运算符生成一个表达式，因此是一个值，可以将其赋给变量或将其放到一个更大的表达式中，程序清单 6.9 中的程序正是这样做的，它将条件表达式的值赋给变量 c。条件运算符格式简洁、语法奇特、外观与众不同，因此在欣赏这些特点的程序员中广受欢迎。其中一个技巧（它完成一个应被谴责的任务——隐藏代码）是将条件表达式嵌套在另一个条件表达式中，如下所示：

```
const char x[2] [20] = {"Jason ","at your service\n"};
const char * y = "Quillstone ";

for (int i = 0; i < 3; i++)
    cout << ((i < 2)? !i ? x [i] : y : x[1]);
```

这是一种费解的方式（但绝不是最难理解的），它按下面的顺序打印 3 个字符串：

```
Jason Quillstone at your service
```

从可读性来说，条件运算符最适合于简单关系和简单表达式的值：

```
x = (x > y) ? x : y;
```

当代码变得更复杂时，使用 if else 语句来表达可能更为清晰。

6.5 switch 语句

假设要创建一个屏幕菜单，要求用户从 5 个选项中选择一个，例如，便宜、适中、昂贵、奢侈、过度。虽然可以扩展 if else if else 序列来处理这 5 种情况，但 C++的 switch 语句能够更容易地从大型列表中进行选择。下面是 switch 语句的通用格式：

```
switch (integer-expression)
{
     case label1 : statement(s)
     case label2 : statement(s)
    ...
     default : statement(s)
}
```

C++的 switch 语句就像指路牌，告诉计算机接下来应执行哪行代码。执行到 switch 语句时，程序将跳到使用 integer-expression 的值标记的那一行。例如，如果 integer-expression 的值为 4，则程序将执行标签为 case 4：那一行。顾名思义，integer-expression 必须是一个结果为整数值的表达式。另外，每个标签都必须是整数常量表达式。最常见的标签是 int 或 char 常量（如 1 或'q'），也可以是枚举量。如果 integer-expression 不与任何标签匹配，则程序将跳到标签为 default 的那一行。Default 标签是可选的，如果被省略，而又没有匹配的标签，则程序将跳到 switch 后面的语句处执行（参见图 6.3）。

switch 语句与 Pascal 等语言中类似的语句之间存在重大的差别。C++中的 case 标签只是行标签，而不是选项之间的界线。也是说，程序跳到 switch 中特定代码行后，将依次执行之后的所有语句，除非有明确的其他指示。程序不会在执行到下一个 case 处自动停止，要让程序执行完一组特定语句后停止，必须使用 break 语句。这将导致程序跳到 switch 后面的语句处执行。

程序清单 6.10 演示了如何使用 switch 和 break 来让用户选择简单菜单。该程序使用 showmenu()函数显示一组选项，然后使用 switch 语句，根据用户的反应执行相应的操作。

注意：有些硬件/操作系统组合不会将（程序清单 6.10 的 case 1 中使用的）转义序列\a 解释为振铃。

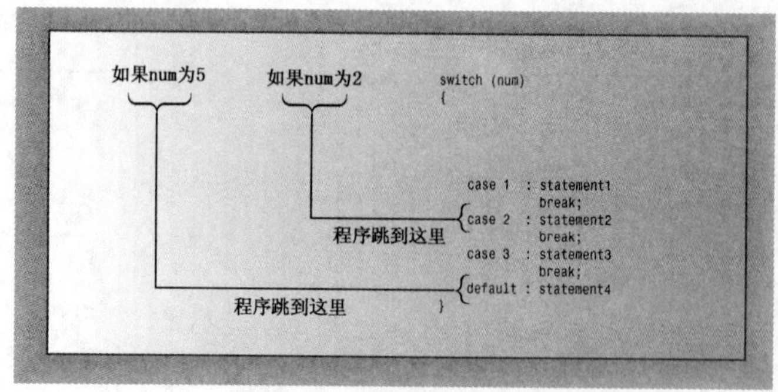

图 6.3 switch 语句的结构

程序清单 6.10 switch.cpp

```
// switch.cpp -- using the switch statement
#include <iostream>
using namespace std;
void showmenu(); // function prototypes
void report();
void comfort();
int main()
{
    showmenu();
    int choice;
    cin >> choice;
    while (choice != 5)
    {
        switch(choice)
        {
            case 1 :  cout << "\a\n";
                      break;
            case 2 :  report();
                      break;
            case 3 :  cout << "The boss was in all day.\n";
                      break;
            case 4 :  comfort();
                      break;
            default : cout << "That's not a choice.\n";
        }
        showmenu();
        cin >> choice;
    }
    cout << "Bye!\n";
    return 0;
}

void showmenu()
{
    cout << "Please enter 1, 2, 3, 4, or 5:\n"
            "1) alarm           2) report\n"
            "3) alibi           4) comfort\n"
            "5) quit\n";
}
void report()
{
    cout << "It's been an excellent week for business.\n"
        "Sales are up 120%. Expenses are down 35%.\n";
}
void comfort()
{
    cout << "Your employees think you are the finest CEO\n"
        "in the industry. The board of directors think\n"
        "you are the finest CEO in the industry.\n";
}
```

下面是该程序的运行情况：

```
Please enter 1, 2, 3, 4, or 5:
1) alarm           2) report
3) alibi           4) comfort
```

```
5) quit
4
Your employees think you are the finest CEO
in the industry. The board of directors think
you are the finest CEO in the industry.
Please enter 1, 2, 3, 4, or 5:
1) alarm           2) report
3) alibi           4) comfort
5) quit
2
It's been an excellent week for business.
Sales are up 120%. Expenses are down 35%.
Please enter 1, 2, 3, 4, or 5:
1) alarm           2) report
3) alibi           4) comfort
5) quit
6
That's not a choice.
Please enter 1, 2, 3, 4, or 5:
1) alarm           2) report
3) alibi           4) comfort
5) quit
5
Bye!
```

当用户输入了 5 时，while 循环结束。输入 1 到 4 将执行 switch 列表中相应的操作，输入 6 将执行默认语句。

为让这个程序正确运行，输入必须是整数。例如，如果输入一个字母，输入语句将失效，导致循环不断运行，直到您终止程序。为应对不按指示办事的用户，最好使用字符输入。

如前所述，该程序需要 break 语句来确保只执行 switch 语句中的特定部分。为检查情况是否如此，可以删除程序清单 6.10 中的 break 语句，然后看看其运行情况。例如，读者将发现，输入 2 后，将执行 case 标签为 2、3、4 和 defualt 中的所有语句。C++之所以这样，是由于这种行为很有用。例如，它使得使用多个标签很简单。例如，假设重新编写程序清单 6.10，使用字符（而不是整数）作为菜单选项和 switch 标签，则可以为大写标签和小写标签提供相同的语句：

```
char choice;
cin >> choice;
while (choice != 'Q' && choice != 'q')
{
    switch(choice)
    {
        case 'a':
        case 'A': cout << "\a\n";
                  break;
        case 'r':
        case 'R': report();
                  break;
        case 'l':
        case 'L': cout << "The boss was in all day.\n";
                  break;
        case 'c':
        case 'C': comfort();
                  break;
        default : cout << "That's not a choice.\n";
    }
    showmenu();
    cin >> choice;
}
```

由于 case 'a'后面没有 break 语句，因此程序将接着执行下一行——case 'A'后面的语句。

6.5.1 将枚举量用作标签

程序清单 6.11 使用 enum 定义了一组相关的常量，然后在 switch 语句中使用这些常量。通常，cin 无法识别枚举类型（它不知道程序员是如何定义它们的），因此该程序要求用户选择选项时输入一个整数。当 switch 语句将 int 值和枚举量标签进行比较时，将枚举量提升为 int。另外，在 while 循环测试条件中，也会将枚举量提升为 int 类型。

程序清单 6.11 enum.cpp

```
// enum.cpp -- using enum
#include <iostream>
// create named constants for 0 - 6
enum {red, orange, yellow, green, blue, violet, indigo};

int main()
{
    using namespace std;
    cout << "Enter color code (0-6): ";
    int code;
    cin >> code;
    while (code >= red && code <= indigo)
    {
        switch (code)
        {
            case red    : cout << "Her lips were red.\n"; break;
            case orange : cout << "Her hair was orange.\n"; break;
            case yellow : cout << "Her shoes were yellow.\n"; break;
            case green  : cout << "Her nails were green.\n"; break;
            case blue   : cout << "Her sweatsuit was blue.\n"; break;
            case violet : cout << "Her eyes were violet.\n"; break;
            case indigo : cout << "Her mood was indigo.\n"; break;
        }
        cout << "Enter color code (0-6): ";
        cin >> code;
    }
    cout << "Bye\n";
    return 0;
}
```

下面是该程序的输出：

```
Enter color code (0-6): 3
Her nails were green.
Enter color code (0-6): 5
Her eyes were violet.
Enter color code (0-6): 2
Her shoes were yellow.
Enter color code (0-6): 8
Bye
```

6.5.2 switch 和 if else

switch 语句和 if else 语句都允许程序从选项中进行选择。相比之下，if else 更通用。例如，它可以处理取值范围，如下所示：

```
if (age > 17 && age < 35)
    index = 0;
else if (age >= 35 && age < 50)
    index = 1;
else if (age >= 50 && age < 65)
    index = 2;
else
    index = 3;
```

然而，switch 并不是为处理取值范围而设计的。switch 语句中的每一个 case 标签都必须是一个单独的值。另外，这个值必须是整数（包括 char），因此 switch 无法处理浮点测试。另外，case 标签值还必须是常量。如果选项涉及取值范围、浮点测试或两个变量的比较，则应使用 if else 语句。

然而，如果所有的选项都可以使用整数常量来标识，则可以使用 switch 语句或 if else 语句。由于 switch 语句是专门为这种情况设计的，因此，如果选项超过两个，则就代码长度和执行速度而言，switch 语句的效率更高。

提示：如果既可以使用 if else 语句，也可以使用 switch 语句，则当选项不少于 3 个时，应使用 switch 语句。

6.6 break 和 continue 语句

break 和 continue 语句都使程序能够跳过部分代码。可以在 switch 语句或任何循环中使用 break 语句，使程序跳到 switch 或循环后面的语句处执行。continue 语句用于循环中，让程序跳过循环体中余下的代码，并开始新一轮循环（参见图 6.4）。

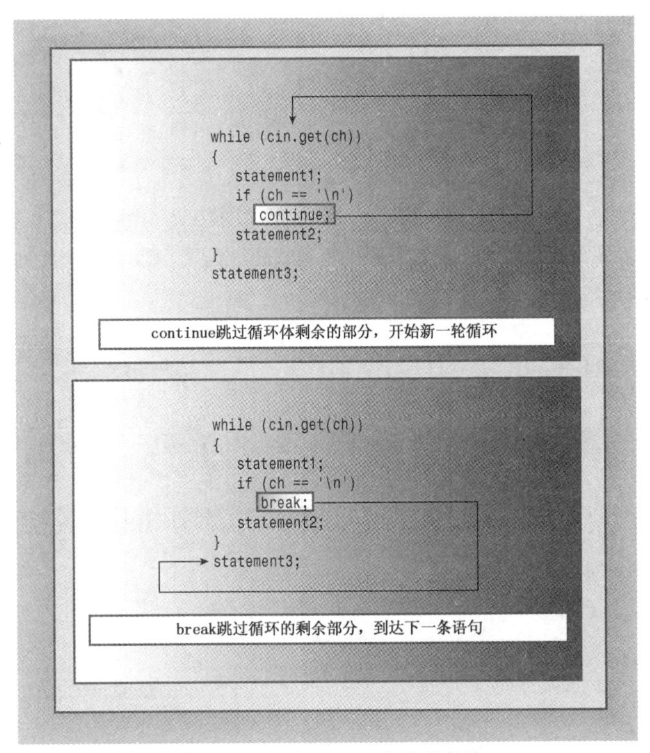

图 6.4 break 和 continue 语句的结构

程序清单 6.12 演示了这两条语句是如何工作的。该程序让用户输入一行文本。循环将回显每个字符，如果该字符为句点，则使用 break 结束循环。这表明，可以在某种条件为 true 时，使用 break 来结束循环。接下来，程序计算空格数，但不计算其他字符。当字符不为空格时，循环使用 continue 语句跳过计数部分。

程序清单 6.12 jump.cpp

```
// jump.cpp -- using continue and break
#include <iostream>
const int ArSize = 80;
int main()
{
    using namespace std;
    char line[ArSize];
    int spaces = 0;

    cout << "Enter a line of text:\n";
    cin.get(line, ArSize);
    cout << "Complete line:\n" << line << endl;
    cout << "Line through first period:\n";
    for (int i = 0; line[i] != '\0'; i++)
    {
        cout << line[i]; // display character
        if (line[i] == '.') // quit if it's a period
            break;
        if (line[i] != ' ') // skip rest of loop
```

```
            continue;
        spaces++;
    }
    cout << "\n" << spaces << " spaces\n";
    cout << "Done.\n";
    return 0;
}
```

下面是该程序的运行情况：

```
Enter a line of text:
Let's do lunch today. You can pay!
Complete line:
Let's do lunch today. You can pay!
Line through first period:
Let's do lunch today.
3 spaces
Done.
```

程序说明

虽然 continue 语句导致该程序跳过循环体的剩余部分，但不会跳过循环的更新表达式。在 for 循环中，continue 语句使程序直接跳到更新表达式处，然后跳到测试表达式处。然而，对于 while 循环来说，continue 将使程序直接跳到测试表达式处，因此 while 循环体中位于 continue 之后的更新表达式都将被跳过。在某些情况下，这可能是一个问题。

该程序可以不使用 continue 语句，而使用下面的代码：

```
if (line[i] == ' ')
    spaces++;
```

然而，当 continue 之后有多条语句时，continue 语句可以提高程序的可读性。这样，就不必将所有这些语句放在 if 语句中。

和 C 语言一样，C++也有 goto 语句。下面的语句将跳到使用 paris:作为标签的位置：

```
goto paris;
```

也就是说，可以有下面这样的代码：

```
char ch;
cin >> ch;
if (ch == 'P')
      goto paris;
cout << ...
...
paris: cout << "You've just arrived at Paris.\n";
```

在大多数情况下（有些人认为，在任何情况下），使用 goto 语句不好，而应使用结构化控制语句（如 if else、switch、continue 等）来控制程序的流程。

6.7 读取数字的循环

假设要编写一个将一系列数字读入到数组中的程序，并允许用户在数组填满之前结束输入。一种方法是利用 cin。请看下面的代码：

```
int n;
cin >> n;
```

如果用户输入一个单词，而不是一个数字，情况将如何呢？发生这种类型不匹配的情况时，将发生 4 种情况：

- n 的值保持不变；
- 不匹配的输入将被留在输入队列中；
- cin 对象中的一个错误标记被设置；
- 对 cin 方法的调用将返回 false（如果被转换为 bool 类型）。

方法返回 false 意味着可以用非数字输入来结束读取数字的循环。非数字输入设置错误标记意味着必须重置该标记，程序才能继续读取输入。clear()方法重置错误输入标记，同时也重置文件尾（EOF 条件，参见第 5 章）。输入错误和 EOF 都将导致 cin 返回 false，第 17 章将讨论如何区分这两种情况。下面来看两个演示这些技术的示例。

假设要编写一个程序，来计算平均每天捕获的鱼的重量。这里假设每天最多捕获 5 条鱼，因此一个包含 5 个元素的数组将足以存储所有的数据，但也可能没有捕获这么多鱼。在程序清单 6.13 中，如果数组被填满或者输入了非数字输入，循环将结束。

程序清单 6.13 cinfish.cpp

```
// cinfish.cpp -- non-numeric input terminates loop
#include <iostream>
const int Max = 5;
int main()
{
    using namespace std;
// get data
    double fish[Max];
    cout << "Please enter the weights of your fish.\n";
    cout << "You may enter up to " << Max
            << " fish <q to terminate>.\n";
    cout << "fish #1: ";
    int i = 0;
    while (i < Max && cin >> fish[i]) {
        if (++i < Max)
            cout << "fish #" << i+1 << ": ";
    }
// calculate average
    double total = 0.0;
    for (int j = 0; j < i; j++)
        total += fish[j];
// report results
    if (i == 0)
        cout << "No fish\n";
    else
        cout << total / i << " = average weight of "
            << i << " fish\n";
    cout << "Done.\n";
    return 0;
}
```

注意： 本书前面说过，在有些执行环境中，为让窗口打开以便能够看到输出，需要添加额外的代码。在这个示例中，由于输入'q'结束输入，处理起来更复杂些：

```
if (!cin) // input terminated by non-numeric response
{
    cin.clear();  // reset input
    cin.get();    // read q
}
cin.get();        // read end of line after last input
cin.get();        // wait for user to press <Enter>
```

在程序清单 6.13 中，如果要让程序在结束循环后接收输入，也可使用类似的代码。

程序清单 6.14 更进了一步，它使用 cin 来返回值并重置 cin。

程序清单 6.13 中的表达式 cin>>fish [i]实际上一个是 cin 方法函数调用，该函数返回 cin。如果 cin 位于测试条件中，则将被转换为 bool 类型。如果输入成功，则转换后的值为 true，否则为 false。如果表达式的值为 false，则循环结束。下面是该程序的运行情况：

```
Please enter the weights of your fish.
You may enter up to 5 fish <q to terminate>.
fish #1: 30
fish #2: 35
fish #3: 25
fish #4: 40
fish #5: q
32.5 = average weight of 4 fish
Done.
```

请注意下面的代码行：

```
while (i < Max && cin >> fish[i]) {
```

前面讲过，如果逻辑 AND 表达式的左侧为 false，则 C++将不会判断右侧的表达式。在这里，对右侧的表达式进行判定意味着用 cin 将输入放到数组中。如果 i 等于 Max，则循环将结束，而不会将一个值读入到数组后面的位置中。

当用户输入的不是数字时，该程序将不再读取输入。下面来看一个继续读取的例子。假设程序要求用户提供 5 个高尔夫得分，以计算平均成绩。如果用户输入非数字输入，程序将拒绝，并要求用户继续输入数字。可以看到，可以使用 cin 输入表达式的值来检测输入是不是数字。程序发现用户输入了错误内容时，应采取 3 个步骤。

1. 重置 cin 以接受新的输入。
2. 删除错误输入。
3. 提示用户再输入。

请注意，程序必须先重置 cin，然后才能删除错误输入。程序清单 6.14 演示了如何完成这些工作。

程序清单 6.14 cingolf.cpp

```
// cingolf.cpp -- non-numeric input skipped
#include <iostream>
const int Max = 5;
int main()
{
    using namespace std;
// get data
    int golf[Max];
    cout << "Please enter your golf scores.\n";
    cout << "You must enter " << Max << " rounds.\n";
    int i;
    for (i = 0; i < Max; i++)
    {
        cout << "round #" << i+1 << ": ";
        while (!(cin >> golf[i])) {
            cin.clear();  // reset input
            while (cin.get() != '\n')
                continue; // get rid of bad input
            cout << "Please enter a number: ";
        }
    }
// calculate average
    double total = 0.0;
    for (i = 0; i < Max; i++)
        total += golf[i];
// report results
    cout << total / Max << " = average score "
            << Max << " rounds\n";
    return 0;
}
```

下面是该程序的运行情况：

```
Please enter your golf scores.
You must enter 5 rounds.
round #1: 88
round #2: 87
round #3: must i?
Please enter a number: 103
round #4: 94
round #5: 86
91.6 = average score 5 rounds
```

程序说明

在程序清单 6.14 中，错误处理代码的关键部分如下：

```
while (!(cin >> golf[i])) {
    cin.clear(); // reset input
    while (cin.get() != '\n')
        continue; // get rid of bad input
    cout << "Please enter a number: ";
}
```

如果用户输入 88，则 cin 表达式将为 true，因此将一个值放到数组中；而表达式!(cin >> golf [i])为 false，因此结束内部循环。然而，如果用户输入 must i?，则 cin 表达式将为 false，因此不会将任何值放到数组中；而表达式!(cin >> golf [i])将为 true，因此进入内部的 while 循环。该循环的第一条语句使用 clear()方法重置输入，如果省略这条语句，程序将拒绝继续读取输入。接下来，程序在 while 循环中使用 cin.get()来读取行尾之前的所有输入，从而删除这一行中的错误输入。另一种方法是读取到下一个空白字符，这样将每次删除一个单词，而不是一次删除整行。最后，程序告诉用户，应输入一个数字。

6.8　简单文件输入/输出

有时候，通过键盘输入并非最好的选择。例如，假设您编写了一个股票分析程序，并下载了一个文件，其中包含 1000 种股票的价格。在这种情况下，让程序直接读取文件，而不是手工输入文件中所有的值，将方便得多。同样，让程序将输出写入到文件将更为方便，这样可得到有关结果的永久性记录。

幸运的是，C++使得将读取键盘输入和在屏幕上显示输出（统称为控制台输入/输出）的技巧用于文件输入/输出（文件 I/O）非常简单。第 17 章将更详细地讨论这些主题，这里只介绍简单的文本文件 I/O。

6.8.1　文本 I/O 和文本文件

这里再介绍一下文本 I/O 的概念。使用 cin 进行输入时，程序将输入视为一系列的字节，其中每个字节都被解释为字符编码。不管目标数据类型是什么，输入一开始都是字符数据——文本数据。然后，cin 对象负责将文本转换为其他类型。为说明这是如何完成的，来看一些处理同一个输入行的代码。

假设有如下示例输入行：

```
38.5 19.2
```

来看一下使用不同数据类型的变量来存储时，cin 是如何处理该输入行的。首先，来看使用 char 数据类型的情况：

```
char ch;
cin >> ch;
```

输入行中的第一个字符被赋给 ch。在这里，第一个字符是数字 3，其字符编码（二进制）被存储在变量 ch 中。输入和目标变量都是字符，因此不需要进行转换。注意，这里存储的数值不是 3，而是字符 3 的编码。执行上述输入语句后，输入队列中的下一个字符为字符 8，下一个输入操作将对其进行处理。

接下来看看 int 类型：

```
int n;
cin >> n;
```

在这种情况下，cin 将不断读取，直到遇到非数字字符。也就是说，它将读取 3 和 8，这样句点将成为输入队列中的下一个字符。cin 通过计算发现，这两个字符对应数值 38，因此将 38 的二进制编码复制到变量 n 中。

接下来看看 double 类型：

```
double x;
cin >> x;
```

在这种情况下，cin 将不断读取，直到遇到第一个不属于浮点数的字符。也就是说，cin 读取 3、8、句点和 5，使得空格成为输入队列中的下一个字符。cin 通过计算发现，这四个字符对应于数值 38.5，因此将 38.5 的二进制编码（浮点格式）复制到变量 x 中。

接下来看看 char 数组的情况：

```
char word[50];
cin >> word;
```

在这种情况下，cin 将不断读取，直到遇到空白字符。也就是说，它读取 3、8、句点和 5，使得空格成为输入队列中的下一个字符。然后，cin 将这 4 个字符的字符编码存储到数组 word 中，并在末尾加上一个空字符。这里不需要进行任何转换。

最后，来看一下另一种使用 char 数组来存储输入的情况：

```
char word[50];
cin.getline(word,50);
```

在这种情况下，cin 将不断读取，直到遇到换行符（示例输入行少于 50 个字符）。所有字符都将被存储到数组 word 中，并在末尾加上一个空字符。换行符被丢弃，输入队列中的下一个字符是下一行中的第一个字符。这里不需要进行任何转换。

对于输出，将执行相反的转换。即整数被转换为数字字符序列，浮点数被转换为数字字符和其他字符组成的字符序列（如 284.53 或-1.58E+06）。字符数据不需要做任何转换。

这里的要点是，输入一开始为文本。因此，控制台输入的文件版本是文本文件，即每个字节都存储了一个字符编码的文件。并非所有的文件都是文本文件，例如，数据库和电子表格以数值格式（即二进制整数或浮点格式）来存储数值数据。另外，字处理文件中可能包含文本信息，但也可能包含用于描述格式、字体、打印机等的非文本数据。

本章讨论的文件 I/O 相当于控制台 I/O，因此仅适用于文本文件。要创建文本文件，用于提供输入，可使用文本编译器，如 DOS 中的 EDIT、Windows 中的“记事本”和 UNIX/Linux 系统中的 vi 或 emacs。也可以使用字处理程序来创建，但必须将文件保存为文本格式。IDE 中的源代码编辑器生成的也是文本文件，事实上，源代码文件就属于文本文件。同样，可以使用文本编辑器来查看通过文本输出创建的文件。

6.8.2 写入到文本文件中

对于文件输出，C++使用类似于 cout 的东西。下面来复习一些有关将 cout 用于控制台输出的基本事实，为文件输出做准备。

- 必须包含头文件 iostream。
- 头文件 iostream 定义了一个用处理输出的 ostream 类。
- 头文件 iostream 声明了一个名为 cout 的 ostream 变量（对象）。
- 必须指明名称空间 std；例如，为引用元素 cout 和 endl，必须使用编译指令 using 或前缀 std::。
- 可以结合使用 cout 和运算符<<来显示各种类型的数据。

文件输出与此极其相似。

- 必须包含头文件 fstream。
- 头文件 fstream 定义了一个用于处理输出的 ofstream 类。
- 需要声明一个或多个 ofstream 变量（对象），并以自己喜欢的方式对其进行命名，条件是遵守常用的命名规则。
- 必须指明名称空间 std；例如，为引用元素 ofstream，必须使用编译指令 using 或前缀 std::。
- 需要将 ofstream 对象与文件关联起来。为此，方法之一是使用 open()方法。
- 使用完文件后，应使用方法 close()将其关闭。
- 可结合使用 ofstream 对象和运算符<<来输出各种类型的数据。

注意，虽然头文件 iostream 提供了一个预先定义好的名为 cout 的 ostream 对象，但您必须声明自己的 ofstream 对象，为其命名，并将其同文件关联起来。下面演示了如何声明这种对象：

```
ofstream outFile;   // outFile an ofstream object
ofstream fout;      // fout an ofstream object
```

下面演示了如何将这种对象与特定的文件关联起来：

```
outFile.open("fish.txt"); // outFile used to write to the fish.txt file
char filename[50];
cin >> filename;          // user specifies a name
fout.open(filename);      // fout used to read specified file
```

注意，方法 open()接受一个 C 风格字符串作为参数，这可以是一个字面字符串，也可以是存储在数组中的字符串。

下面演示了如何使用这种对象：

```
double wt = 125.8;
outFile << wt;            // write a number to fish.txt
char line[81] = "Objects are closer than they appear.";
fout << line << endl;     // write a line of text
```

重要的是，声明一个 ofstream 对象并将其同文件关联起来后，便可以像使用 cout 那样使用它。所有可用于 cout 的操作和方法（如<<、endl 和 setf()）都可用于 ofstream 对象（如前述示例中的 outFile 和 fout）。

总之，使用文件输出的主要步骤如下。

1. 包含头文件 fstream。
2. 创建一个 ofstream 对象。
3. 将该 ofstream 对象同一个文件关联起来。
4. 就像使用 cout 那样使用该 ofstream 对象。

程序清单 6.15 中的程序演示了这种方法。它要求用户输入信息，然后将信息显示到屏幕上，再将这些信息写入到文件中。读者可以使用文本编辑器来查看该输出文件的内容。

程序清单 6.15 outfile.cpp

```
// outfile.cpp -- writing to a file
#include <iostream>
#include <fstream>                  // for file I/O

int main()
{
    using namespace std;

    char automobile[50];
    int year;
    double a_price;
    double d_price;

    ofstream outFile;               // create object for output
    outFile.open("carinfo.txt");    // associate with a file

    cout << "Enter the make and model of automobile: ";
    cin.getline(automobile, 50);
    cout << "Enter the model year: ";
    cin >> year;
    cout << "Enter the original asking price: ";
    cin >> a_price;
    d_price = 0.913 * a_price;

// display information on screen with cout

    cout << fixed;
    cout.precision(2);
    cout.setf(ios_base::showpoint);
    cout << "Make and model: " << automobile << endl;
    cout << "Year: " << year << endl;
    cout << "Was asking $" << a_price << endl;
    cout << "Now asking $" << d_price << endl;

// now do exact same things using outFile instead of cout

    outFile << fixed;
    outFile.precision(2);
    outFile.setf(ios_base::showpoint);
    outFile << "Make and model: " << automobile << endl;
    outFile << "Year: " << year << endl;
    outFile << "Was asking $" << a_price << endl;
    outFile << "Now asking $" << d_price << endl;

    outFile.close();             // done with file
    return 0;
}
```

该程序的最后一部分与 cout 部分相同，只是将 cout 替换为 outFile 而已。下面是该程序的运行情况：

```
Enter the make and model of automobile: Flitz Perky
Enter the model year: 2009
Enter the original asking price: 13500
Make and model: Flitz Perky
Year: 2009
Was asking $13500.00
Now asking $12325.50
```

屏幕输出是使用 cout 的结果。如果您查看该程序的可执行文件所在的目录，将看到一个名为 carinfo.txt 的新文件（根据编译器的配置，该文件也可能位于其他文件夹），其中包含使用 outFile 生成的输出。如果使用文本编辑器打开该文件，将发现其内容如下：

```
Make and model: Flitz Perky
Year: 2009
Was asking $13500.00
Now asking $12325.50
```

正如读者看到的，outFile 将 cout 显示到屏幕上的内容写入到文件 carinfo.txt 中。

程序说明

在程序清单 6.15 的程序中，声明一个 ofstream 对象后，便可以使用方法 open()将该对象特定文件关联起来：

```
ofstream outFile;              // create object for output
outFile.open("carinfo.txt"); // associate with a file
```

程序使用完该文件后，应该将其关闭：

```
outFile.close();
```

注意，方法 close()不需要使用文件名作为参数，这是因为 outFile 已经同特定的文件关联起来。如果您忘记关闭文件，程序正常终止时将自动关闭它。

outFile 可使用 cout 可使用的任何方法。它不但能够使用运算符<<，还可以使用各种格式化方法，如 setf()和 precision()。这些方法只影响调用它们的对象。例如，对于不同的对象，可以提供不同的值：

```
cout.precision(2);    // use a precision of 2 for the display
outFile.precision(4); // use a precision of 4 for file output
```

读者需要记住的重点是，创建好 ofstream 对象（如 outFile）后，便可以像使用 cout 那样使用它。

回到 open()方法：

```
outFile.open("carinfo.txt");
```

在这里，该程序运行之前，文件 carinfo.txt 并不存在。在这种情况下，方法 open()将新建一个名为 carinfo.txt 的文件。如果再次运行该程序，文件 carinfo.txt 将存在，此时情况将如何呢？默认情况下，open()将首先截断该文件，即将其长度截短到零——丢弃其原有的内容，然后将新的输出加入到该文件中。第 17 章将介绍如何修改这种默认行为。

警告：打开已有的文件，以接受输出时，默认将其长度截短为零，因此原来的内容将丢失。

打开文件用于接受输入时可能失败。例如，指定的文件可能已经存在，但禁止对其进行访问。因此细心的程序员将检查打开文件的操作是否成功，这将在下一个例子中介绍。

6.8.3　读取文本文件

接下来介绍文本输入，它是基于控制台输入的。控制台输入涉及多个方面，下面首先总结这些方面。

- 必须包含头文件 iostream。
- 头文件 iostream 定义了一个用处理输入的 istream 类。
- 头文件 iostream 声明了一个名为 cin 的 istream 变量（对象）。
- 必须指明名称空间 std；例如，为引用元素 cin，必须使用编译指令 using 或前缀 std::。
- 可以结合使用 cin 和运算符>>来读取各种类型的数据。
- 可以使用 cin 和 get()方法来读取一个字符，使用 cin 和 getline()来读取一行字符。
- 可以结合使用 cin 和 eof()、fail()方法来判断输入是否成功。
- 对象 cin 本身被用作测试条件时，如果最后一个读取操作成功，它将被转换为布尔值 true，否则被转换为 false。

文件输入与此极其相似：

- 必须包含头文件 fstream。
- 头文件 fstream 定义了一个用于处理输入的 ifstream 类。
- 需要声明一个或多个 ifstream 变量（对象），并以自己喜欢的方式对其进行命名，条件是遵守常用的命名规则。
- 必须指明名称空间 std；例如，为引用元素 ifstream，必须使用编译指令 using 或前缀 std::。
- 需要将 ifstream 对象与文件关联起来。为此，方法之一是使用 open()方法。
- 使用完文件后，应使用 close()方法将其关闭。
- 可结合使用 ifstream 对象和运算符>>来读取各种类型的数据。
- 可以使用 ifstream 对象和 get()方法来读取一个字符，使用 ifstream 对象和 getline()来读取一行字符。
- 可以结合使用 ifstream 和 eof()、fail()等方法来判断输入是否成功。
- ifstream 对象本身被用作测试条件时，如果最后一个读取操作成功，它将被转换为布尔值 true，否则被转换为 false。

注意，虽然头文件 iostream 提供了一个预先定义好的名为 cin 的 istream 对象，但您必须声明自己的 ifstream 对象，为其命名，并将其同文件关联起来。下面演示了如何声明这种对象：

```
ifstream inFile;          // inFile an ifstream object
ifstream fin;             // fin an ifstream object
```

下面演示了如何将这种对象与特定的文件关联起来：

```
inFile.open("bowling.txt"); // inFile used to read bowling.txt file
char filename[50];
cin >> filename;            // user specifies a name
fin.open(filename);         // fin used to read specified file
```

注意，方法 open()接受一个 C 风格字符串作为参数，这可以是一个字面字符串，也可以是存储在数组中的字符串。

下面演示了如何使用这种对象：

```
double wt;
inFile >> wt;          // read a number from bowling.txt
char line[81];
fin.getline(line, 81); // read a line of text
```

重要的是，声明一个 ifstream 对象并将其同文件关联起来后，便可以像使用 cin 那样使用它。所有可用于 cin 的操作和方法都可用于 ifstream 对象（如前述示例中的 inFile 和 fin）。

如果试图打开一个不存在的文件用于输入，情况将如何呢？这种错误将导致后面使用 ifstream 对象进行输入时失败。检查文件是否被成功打开的首先方法是使用方法 is_open()，为此，可以使用类似于下面的代码：

```
inFile.open("bowling.txt");
if (!inFile.is_open())
{
    exit(EXIT_FAILURE);
}
```

如果文件被成功地打开，方法 is_open()将返回 true；因此如果文件没有被打开，表达式!inFile.is_open()将为 true。函数 exit()的原型是在头文件 cstdlib 中定义的，在该头文件中，还定义了一个用于同操作系统通信的参数值 EXIT_FAILURE。函数 exit()终止程序。

方法 is_open()是 C++中相对较新的内容。如果读者的编译器不支持它，可使用较老的方法 good()来代替。正如第 17 章将讨论的，方法 good()在检查可能存在的问题方面，没有 is_open()那么广泛。

程序清单 6.16 中的程序打开用户指定的文件，读取其中的数字，然后指出文件中包含多少个值以及它们的和与平均值。正确地设计输入循环至关重要，详细请参阅后面的"程序说明"。注意，通过使用了 if 语句，该程序受益匪浅。

程序清单 6.16 sumafile.cpp

```
// sumafile.cpp -- functions with an array argument
#include <iostream>
#include <fstream>          // file I/O support
#include <cstdlib>          // support for exit()
const int SIZE = 60;
int main()
{
    using namespace std;
    char filename[SIZE];
    ifstream inFile;        // object for handling file input
    cout << "Enter name of data file: ";
    cin.getline(filename, SIZE);
    inFile.open(filename);  // associate inFile with a file
    if (!inFile.is_open())  // failed to open file
    {
        cout << "Could not open the file " << filename << endl;
        cout << "Program terminating.\n";
        exit(EXIT_FAILURE);
    }
    double value;
    double sum = 0.0;
    int count = 0;          // number of items read

    inFile >> value;        // get first value
    while (inFile.good())   // while input good and not at EOF
    {
        ++count;            // one more item read
        sum += value;       // calculate running total
        inFile >> value;    // get next value
    }
    if (inFile.eof())
        cout << "End of file reached.\n";
    else if (inFile.fail())
        cout << "Input terminated by data mismatch.\n";
```

```
    else
        cout << "Input terminated for unknown reason.\n";
    if (count == 0)
        cout << "No data processed.\n";
    else
    {
        cout << "Items read: " << count << endl;
        cout << "Sum: " << sum << endl;
        cout << "Average: " << sum / count << endl;
    }
    inFile.close();          // finished with the file
    return 0;
}
```

要运行程序清单 6.16 中的程序，首先必须创建一个包含数字的文本文件。为此，可以使用文本编辑器（如用于编写源代码的文本编辑器）。假设该文件名为 scores.txt，包含的内容如下：

```
18 19 18.5 13.5 14
16 19.5 20 18 12 18.5
17.5
```

程序还必须能够找到这个文件。通常，除非在输入的文件名中包含路径，否则程序将在可执行文件所属的文件夹中查找。

警告： Windows 文本文件的每行都以回车字符和换行符结尾；通常情况下，C++在读取文件时将这两个字符转换为换行符，并在写入文件时执行相反的转换。有些文本编辑器（如 Metrowerks CodeWarrior IDE 编辑器），不会自动在最后一行末尾加上换行符。因此，如果读者使用的是这种编辑器，请在输入最后的文本后按下回车键，然后再保存文件。

下面是该程序的运行情况：

```
Enter name of data file: scores.txt
End of file reached.
Items read: 12
Sum: 204.5
Average: 17.0417
```

程序说明

该程序没有使用硬编码文件名，而是将用户提供的文件名存储到字符数组 filename 中，然后将该数组用作 open()的参数：

```
inFile.open(filename);
```

正如本章前面讨论的，检查文件是否被成功打开至关重要。下面是一些可能出问题的地方：指定的文件可能不存在；文件可能位于另一个目录（文件夹）中；访问可能被拒绝；用户可能输错了文件名或省略了文件扩展名。很多初学者花了大量的时间检查文件读取循环的哪里出了问题后，最终却发现问题在于程序没有打开文件。检查文件是否被成功打开可避免将这种将精力放在错误地方的情况发生。

读者需要特别注意的是文件读取循环的正确设计。读取文件时，有几点需要检查。首先，程序读取文件时不应超过 EOF。如果最后一次读取数据时遇到 EOF，方法 eof()将返回 true。其次，程序可能遇到类型不匹配的情况。例如，程序清单 6.16 期望文件中只包含数字。如果最后一次读取操作中发生了类型不匹配的情况，方法 fail()将返回 true（如果遇到了 EOF，该方法也将返回 true）。最后，可能出现意外的问题，如文件受损或硬件故障。如果最后一次读取文件时发生了这样的问题，方法 bad()将返回 true。不要分别检查这些情况，一种更简单的方法是使用 good()方法，该方法在没有发生任何错误时返回 true：

```
while (inFile.good()) // while input good and not at EOF
{
    ...
}
```

然后，如果愿意，可以使用其他方法来确定循环终止的真正原因：

```
if (inFile.eof())
    cout << "End of file reached.\n";
else if (inFile.fail())
    cout << "Input terminated by data mismatch.\n";
else
    cout << "Input terminated for unknown reason.\n";
```

这些代码紧跟在循环的后面，用于判断循环为何终止。由于 eof()只能判断是否到达 EOF，而 fail()可用于检查 EOF 和类型不匹配，因此上述代码首先判断是否到达 EOF。这样，如果执行到了 else if 测试，便可排除 EOF，因此，如果 fail()返回 true，便可断定导致循环终止的原因是类型不匹配。

方法 good()指出最后一次读取输入的操作是否成功，这一点至关重要。这意味着应该在执行读取输入的操作后，立刻应用这种测试。为此，一种标准方法是，在循环之前（首次执行循环测试前）放置一条输入语句，并在循环的末尾（下次执行循环测试之前）放置另一条输入语句：

```
// standard file-reading loop design
inFile >> value;        // get first value
while (inFile.good()) // while input good and not at EOF
{
    // loop body goes here
    inFile >> value;  // get next value
}
```

鉴于以下事实，可以对上述代码进行精简：表达式 inFile >> value 的结果为 inFile，而在需要一个 bool 值的情况下，inFile 的结果为 inFile.good()，即 true 或 false。

因此，可以将两条输入语句用一条用作循环测试的输入语句代替。也就是说，可以将上述循环结构替换为如下循环结构：

```
// abbreviated file-reading loop design
// omit pre-loop input
while (inFile >> value)     // read and test for success
{
    // loop body goes here
    // omit end-of-loop input
}
```

这种设计仍然遵循了在测试之前进行读取的规则，因为要计算表达式 inFile >> value 的值，程序必须首先试图将一个数字读取到 value 中。

至此，读者对文件 I/O 有了初步的认识。

6.9 总结

使用引导程序选择不同操作的语句后，程序和编程将更有趣（这是否也能引起程序员们的兴趣，我没有做过研究）。C++提供了 if 语句、if else 语句和 switch 语句来管理选项。if 语句使程序有条件地执行语句或语句块，也就是说，如果满足特定的条件，程序将执行特定的语句或语句块。if else 语句程序选择执行两个语句或语句块之一。可以在这条语句后再加上 if else，以提供一系列的选项。switch 语句引导程序执行一系列选项之一。

C++还提供了帮助决策的运算符。第 5 章讨论了关系表达式，这种表达式对两个值进行比较。if 和 if else 语句通常使用关系表达式作为测试条件。通过使用逻辑运算符（&&、||和!），可以组合或修改关系表达式，创建更细致的测试。条件运算符（?:）提供了一种选择两个值之一的简洁方式。

cctype 字符函数库提供了一组方便的、功能强大的工具，可用于分析字符输入。

对于文件 I/O 来说，循环和选择语句是很有用的工具；文件 I/O 与控制台 I/O 极其相似。声明 ifstream 和 ofstream 对象，并将它们同文件关联起来后，便可以像使用 cin 和 cout 那样使用这些对象。

使用循环和决策语句，便可以编写有趣的、智能的、功能强大的程序。不过，我们刚开始涉足 C++的强大功能，下一章将介绍函数。

6.10 复习题

1. 请看下面两个计算空格和换行符数目的代码片段：

```
// Version 1
while (cin.get(ch)) // quit on eof
{
      if (ch == ' ')
            spaces++;
      if (ch == '\n')
            newlines++;
}

// Version 2
while (cin.get(ch)) // quit on eof
```

```
{
    if (ch == ' ')
        spaces++;
    else if (ch == '\n')
        newlines++;
}
```

第二种格式比第一种格式好在哪里呢？

2. 在程序清单 6.2 中，用 ch+1 替换++ch 将发生什么情况呢？

3. 请认真考虑下面的程序：

```
#include <iostream>
using namespace std;
int main()
{
    char ch;
    int ct1, ct2;

    ct1 = ct2 = 0;
    while ((ch = cin.get()) != '$')
    {
        cout << ch;
        ct1++;
        if (ch = '$')
            ct2++;
        cout << ch;
    }
    cout <<"ct1 = " << ct1 << ", ct2 = " << ct2 << "\n";
    return 0;
}
```

假设输入如下（请在每行末尾按回车键）：

```
Hi!
Send $10 or $20 now!
```

则输出将是什么（还记得吗，输入被缓冲）？

4. 创建表示下述条件的逻辑表达式：

a. weight 大于或等于 115，但小于 125。

b. ch 为 q 或 Q。

c. x 为偶数，但不是 26。

d. x 为偶数，但不是 26 的倍数。

e. donation 为 1000-2000 或 guest 为 1。

f. ch 是小写字母或大写字母（假设小写字母是依次编码的，大写字母也是依次编码的，但在大小写字母间编码不是连续的）。

5. 在英语中，“I will not not speak（我不会不说）”的意思与“I will speak（我要说）”相同。在 C++中，!!x 是否与 x 相同呢？

6. 创建一个条件表达式，其值为变量的绝对值。也是说，如果变量 x 为正，则表达式的值为 x；但如果 x 为负，则表达式的值为-x——这是一个正值。

7. 用 switch 改写下面的代码片段：

```
if (ch == 'A')
    a_grade++;
else if (ch == 'B')
    b_grade++;
else if (ch == 'C')
    c_grade++;
else if (ch == 'D')
    d_grade++;
else
    f_grade++;
```

8. 对于程序清单 6.10，与使用数字相比，使用字符（如 a 和 c）表示菜单选项和 case 标签有何优点呢？（提示：想想用户输入 q 和输入 5 的情况。）

9. 请看下面的代码片段：

```
int line = 0;
char ch;
while (cin.get(ch))
```

```
{
    if (ch == 'Q')
          break;
    if (ch != '\n')
          continue;
    line++;
}
```

请重写该代码片段，不要使用 break 和 continue 语句。

6.11 编程练习

1. 编写一个程序，读取键盘输入，直到遇到@符号为止，并回显输入（数字除外），同时将大写字符转换为小写，将小写字符转换为大写（别忘了 cctype 函数系列）。

2. 编写一个程序，最多将 10 个 donation 值读入到一个 double 数组中（如果您愿意，也可使用模板类 array）。程序遇到非数字输入时将结束输入，并报告这些数字的平均值以及数组中有多少个数字大于平均值。

3. 编写一个菜单驱动程序的雏形。该程序显示一个提供 4 个选项的菜单——每个选项用一个字母标记。如果用户使用有效选项之外的字母进行响应，程序将提示用户输入一个有效的字母，直到用户这样做为止。然后，该程序使用一条 switch 语句，根据用户的选择执行一个简单操作。该程序的运行情况如下：

```
Please enter one of the following choices:
c) carnivore p) pianist
t) tree g) game
f
Please enter a c, p, t, or g: q
Please enter a c, p, t, or g: t
A maple is a tree.
```

4. 加入 Benevolent Order of Programmer 后，在 BOP 大会上，人们便可以通过加入者的真实姓名、头衔或秘密 BOP 姓名来了解他（她）。请编写一个程序，可以使用真实姓名、头衔、秘密姓名或成员偏好来列出成员。编写该程序时，请使用下面的结构：

```
// Benevolent Order of Programmers name structure
struct bop {
    char fullname[strsize]; // real name
    char title[strsize];    // job title
    char bopname[strsize];  // secret BOP name
    int preference;         // 0 = fullname, 1 = title, 2 = bopname
};
```

该程序创建一个由上述结构组成的小型数组，并将其初始化为适当的值。另外，该程序使用一个循环，让用户在下面的选项中进行选择：

```
a. display by name     b. display by title
c. display by bopname d. display by preference
q. quit
```

注意，“display by preference”并不意味着显示成员的偏好，而是意味着根据成员的偏好来列出成员。例如，如果偏好号为 1，则选择 d 将显示程序员的头衔。该程序的运行情况如下：

```
Benevolent Order of Programmers Report
a. display by name     b. display by title
c. display by bopname d. display by preference
q. quit
Enter your choice: a
Wimp Macho
Raki Rhodes
Celia Laiter
Hoppy Hipman
Pat Hand
Next choice: d
Wimp Macho
Junior Programmer
MIPS
Analyst Trainee
LOOPY
Next choice: q
Bye!
```

5. 在Neutronia王国，货币单位是tvarp，收入所得税的计算方式如下：

5000 tvarps：不收税

5001～15000 tvarps：10%

15001～35000 tvarps：15%

35000 tvarps以上：20%

例如，收入为38000 tvarps时，所得税为5000 × 0.00 + 10000 × 0.10 + 20000 × 0.15 + 3000 × 0.20，即4600 tvarps。请编写一个程序，使用循环来要求用户输入收入，并报告所得税。当用户输入负数或非数字时，循环将结束。

6. 编写一个程序，记录捐助给“维护合法权利团体”的资金。该程序要求用户输入捐献者数目，然后要求用户输入每一个捐献者的姓名和款项。这些信息被储存在一个动态分配的结构数组中。每个结构有两个成员：用来储存姓名的字符数组（或string对象）和用来存储款项的double成员。读取所有的数据后，程序将显示所有捐款超过10000的捐款者的姓名及其捐款数额。该列表前应包含一个标题，指出下面的捐款者是重要捐款人（Grand Patrons）。然后，程序将列出其他的捐款者，该列表要以Patrons开头。如果某种类别没有捐款者，则程序将打印单词“none”。该程序只显示这两种类别，而不进行排序。

7. 编写一个程序，它每次读取一个单词，直到用户只输入q。然后，该程序指出有多少个单词以元音打头，有多少个单词以辅音打头，还有多少个单词不属于这两类。为此，方法之一是，使用isalpha()来区分以字母和其他字符打头的单词，然后对于通过了isalpha()测试的单词，使用if或switch语句来确定哪些以元音打头。该程序的运行情况如下：

```
Enter words (q to quit):
The 12 awesome oxen ambled
quietly across 15 meters of lawn. q
5 words beginning with vowels
4 words beginning with consonants
2 others
```

8. 编写一个程序，它打开一个文本文件，逐个字符地读取该文件，直到到达文件末尾，然后指出该文件中包含多少个字符。

9. 完成编程练习6，但从文件中读取所需的信息。该文件的第一项应为捐款人数，余下的内容应为成对的行。在每一对中，第一行为捐款人姓名，第二行为捐款数额。即该文件类似于下面：

```
4
Sam Stone
2000
Freida Flass
100500
Tammy Tubbs
5000
Rich Raptor
55000
```

第7章　函数——C++的编程模块

本章内容包括：

- 函数基本知识；
- 函数原型；
- 按值传递函数参数；
- 设计处理数组的函数；
- 使用 const 指针参数；
- 设计处理文本字符串的函数；
- 设计处理结构的函数；
- 设计处理 string 对象的函数；
- 调用自身的函数（递归）；
- 指向函数的指针。

乐趣在于发现。仔细研究，读者将在函数中找到乐趣。C++自带了一个包含函数的大型库（标准 ANSI 库加上多个 C++类），但真正的编程乐趣在于编写自己的函数；另外，要提高编程效率，可更深入地学习 STL 和 BOOST C++提供的功能。本章和第 8 章介绍如何定义函数、给函数传递信息以及从函数那里获得信息。本章首先复习函数是如何工作的，然后着重介绍如何使用函数来处理数组、字符串和结构，最后介绍递归和函数指针。如果读者熟悉 C 语言，将发现本章的很多内容是熟悉的。然而，不要因此而掉以轻心，产生错误认识。在函数方面，C++在 C 语言的基础上新增了一些功能，这将在第 8 章介绍。现在，把注意力放在基础知识上。

7.1　复习函数的基本知识

来复习一下介绍过的有关函数的知识。要使用 C++函数，必须完成如下工作：

- 提供函数定义；
- 提供函数原型；
- 调用函数。

库函数是已经定义和编译好的函数，同时可以使用标准库头文件提供其原型，因此只需正确地调用这种函数即可。本书前面的示例已经多次这样做了。例如，标准 C 库中有一个 strlen()函数，可用来确定字符串的长度。相关的标准头文件 cstring 包含了 strlen()和其他一些与字符串相关的函数的原型。这些预备工作使程序员能够在程序中随意使用 strlen()函数。

然而，创建自己的函数时，必须自行处理这 3 个方面——定义、提供原型和调用。程序清单 7.1 用一个简短的示例演示了这 3 个步骤。

程序清单 7.1　calling.cpp

```
// calling.cpp -- defining, prototyping, and calling a function
#include <iostream>

void simple();   // function prototype
```

```
int main()
{
    using namespace std;
    cout << "main() will call the simple() function:\n";
    simple();   // function call
        cout << "main() is finished with the simple() function.\n";
    // cin.get();
    return 0;
}

// function definition
void simple()
{
    using namespace std;
    cout << "I'm but a simple function.\n";
}
```

下面是该程序的输出：

```
main() will call the simple() function:
I'm but a simple function.
main() is finished with the simple() function.
```

执行函数 simple()时，将暂停执行 main()中的代码；等函数 simple()执行完毕后，继续执行 main()中的代码。在每个函数定义中，都使用了一条 using 编译指令，因为每个函数都使用了 cout。另一种方法是，在函数定义之前放置一条 using 编译指令或在函数中使用 std::cout。

下面详细介绍这 3 个步骤。

7.1.1 定义函数

可以将函数分成两类：没有返回值的函数和有返回值的函数。没有返回值的函数被称为 void 函数，其通用格式如下：

```
void functionName(parameterList)
{
    statement(s)
    return;          // optional
}
```

其中，parameterList 指定了传递给函数的参数类型和数量，本章后面将更详细地介绍该列表。可选的返回语句标记了函数的结尾；否则，函数将在右花括号处结束。void 函数相当于 Pascal 中的过程、FORTRAN 中的子程序和现代 BASIC 中的子程序过程。通常，可以用 void 函数来执行某种操作。例如，将 Cheers!打印指定次数（n）的函数如下：

```
void cheers(int n)        // no return value
{
    for (int i = 0; i < n; i++)
        std::cout << "Cheers! ";
    std::cout << std::endl;
}
```

参数列表 int n 意味着调用函数 cheers()时，应将一个 int 值作为参数传递给它。

有返回值的函数将生成一个值，并将它返回给调用函数。换句话来说，如果函数返回 9.0 的平方根（sqrt（9.0）)，则该函数调用的值为 3.0。这种函数的类型被声明为返回值的类型，其通用格式如下：

```
typeName functionName(parameterList)
{
    statements
    return value;        // value is type cast to type typeName
}
```

对于有返回值的函数，必须使用返回语句，以便将值返回给调用函数。值本身可以是常量、变量，也可以是表达式，只是其结果的类型必须为 typeName 类型或可以被转换为 typeName（例如，如果声明的返回类型为 double，而函数返回一个 int 表达式，则该 int 值将被强制转换为 double 类型）。然后，函数将最终的值返回给调用函数。C++对于返回值的类型有一定的限制：不能是数组，但可以是其他任何类型——整数、浮点数、指针，甚至可以是结构和对象！（有趣的是，虽然 C++函数不能直接返回数组，但可以将数组作为结构或对象组成部分来返回。）

作为一名程序员，并不需要知道函数是如何返回值的，但是对这个问题有所了解将有助于澄清概念（另外，还有助于与朋友和家人交换意见）。通常，函数通过将返回值复制到指定的 CPU 寄存器或内存单元中将其返回。随后，调用程序将查看该内存单元。返回函数和调用函数必须就该内存单元中存储的数据的类型达成一致。函数原型将返回值类型告知调用程序，而函数定义命令被调用函数应返回什么类型的数据（参见图 7.1）。在原型中提供与定义中相同的信息似乎有些多余，但这样做确实有道理。要让信差从办公室的办公桌上取走一些物品，则向信差和办公室中的同事交代自己的意图，将提高信差顺利完成这项工作的概率。

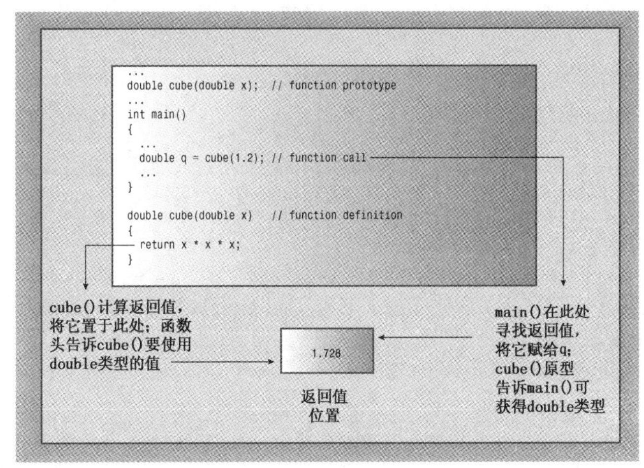

图 7.1 典型的返回值机制

函数在执行返回语句后结束。如果函数包含多条返回语句（例如，它们位于不同的 if else 选项中），则函数在执行遇到的第一条返回语句后结束。例如，在下面的例子中，else 并不是必需的，但可帮助马虎的读者理解程序员的意图：

```
int bigger(int a, int b)
{
    if (a > b )
        return a;  // if a > b, function terminates here
    else
        return b;  // otherwise, function terminates here
}
```

如果函数包含多条返回语句，通常认为它会令人迷惑，有些编译器将针对这一点发出警告。然而，这里的代码很简单，很容易理解。

有返回值的函数与 Pascal、FORTRAN 和 BASIC 中的函数相似，它们向调用程序返回一个值，然后调用程序可以将其赋给变量、显示或将其用于别的用途。下面是一个简单的例子，函数返回 double 值的立方：

```
double cube(double x) // x times x times x
{
    return x * x * x; // a type double value
}
```

例如，函数调用 cube(1.2)将返回 1.728。请注意，上述返回语句使用了一个表达式，函数将计算该表达式的值（这里为 1.728），并将其返回。

7.1.2 函数原型和函数调用

至此，读者已熟悉了函数调用，但对函数原型可能不太熟悉，因为它经常隐藏在 include 文件中。程序清单 7.2 在一个程序中使用了函数 cheers()和 cube()。请留意其中的函数原型。

程序清单 7.2 protos.cpp

```
// protos.cpp -- using prototypes and function calls
#include <iostream>
void cheers(int);       // prototype: no return value
double cube(double x); // prototype: returns a double
int main()
{
    using namespace std;
    cheers(5); // function call
    cout << "Give me a number: ";
    double side;
```

```
    cin >> side;
    double volume = cube(side); // function call
    cout << "A " << side <<"-foot cube has a volume of ";
    cout << volume << " cubic feet.\n";
    cheers(cube(2)); // prototype protection at work
    return 0;
}

void cheers(int n)
{
    using namespace std;
    for (int i = 0; i < n; i++)
        cout << "Cheers! ";
    cout << endl;
}

double cube(double x)
{
    return x * x * x;
}
```

在程序清单 7.2 的程序中，只有在函数使用了名称空间 std 中的成员时，才在该函数中使用了编译指令 using。下面是该程序的运行情况：

```
Cheers! Cheers! Cheers! Cheers! Cheers!
Give me a number: 5
A 5-foot cube has a volume of 125 cubic feet.
Cheers! Cheers! Cheers! Cheers! Cheers! Cheers! Cheers! Cheers!
```

main()使用函数名和参数（后面跟一个分号）来调用 void 类型的函数：cheers(5);，这是一个函数调用语句。但由于 cube()有返回值，因此 main()可以将其用在赋值语句中：

```
double volume = cube(side);
```

但正如前面指出的，读者应将重点放在原型上。那么，应了解有关原型的哪些内容呢？首先，需要知道 C++要求提供原型的原因。其次，由于 C++要求提供原型，因此还应知道正确的语法。最后，应当感谢原型所做的一切。下面依次介绍这几点，将程序清单 7.2 作为讨论的基础。

1．为什么需要原型

原型描述了函数到编译器的接口，也就是说，它将函数返回值的类型（如果有的话）以及参数的类型和数量告诉编译器。例如，请看原型将如何影响程序清单 7.2 中下述函数调用：

```
double volume = cube(side);
```

首先，原型告诉编译器，cube()有一个 double 参数。如果程序没有提供这样的参数，原型将让编译器能够捕获这种错误。其次，cube()函数完成计算后，将把返回值放置在指定的位置——可能是 CPU 寄存器，也可能是内存中。然后调用函数（这里为 main()）将从这个位置取得返回值。由于原型指出了 cube()的类型为 double，因此编译器知道应检索多少个字节以及如何解释它们。如果没有这些信息，编译器将只能进行猜测，而编译器是不会这样做的。

读者可能还会问，为何编译器需要原型，难道它就不能在文件中进一步查找，以了解函数是如何定义的吗？这种方法的一个问题是效率不高。编译器在搜索文件的剩余部分时将必须停止对 main()的编译。一个更严重的问题是，函数甚至可能并不在文件中。C++允许将一个程序放在多个文件中，单独编译这些文件，然后再将它们组合起来。在这种情况下，编译器在编译 main()时，可能无权访问函数代码。如果函数位于库中，情况也将如此。避免使用函数原型的唯一方法是，在首次使用函数之前定义它，但这并不总是可行的。另外，C++的编程风格是将 main()放在最前面，因为它通常提供了程序的整体结构。

2．原型的语法

函数原型是一条语句，因此必须以分号结束。获得原型最简单的方法是，复制函数定义中的函数头，并添加分号。对于 cube()，程序清单 7.2 中的程序正是这样做的：

```
double cube(double x); // add ; to header to get prototype
```

然而，函数原型不要求提供变量名，有类型列表就足够了。对于 cheers()的原型，该程序只提供了参数类型：

```
void cheers(int); // okay to drop variable names in prototype
```

通常，在原型的参数列表中，可以包括变量名，也可以不包括。原型中的变量名相当于占位符，因此不必与函数定义中的变量名相同。

C++原型与 ANSI 原型

ANSI C 借鉴了 C++中的原型，但这两种语言还是有区别的。其中最重要的区别是，为与基本 C 兼容，ANSI C 中的原型是可选的，但在 C++中，原型是必不可少的。例如，请看下面的函数声明：

```
void say_hi();
```

在 C++中，括号为空与在括号中使用关键字 void 是等效的——意味着函数没有参数。在 ANSI C 中，括号为空意味着不指出参数——这意味着将在后面定义参数列表。在 C++中，不指定参数列表时应使用省略号：

```
void say_bye(...); // C++ abdication of responsibility
```

通常，仅当与接受可变参数的 C 函数（如 printf()）交互时才需要这样做。

3. 原型的功能

正如您看到的，原型可以帮助编译器完成许多工作；但它对程序员有什么帮助呢？它们可以极大地降低程序出错的几率。具体来说，原型确保以下几点：

- 编译器正确处理函数返回值；
- 编译器检查使用的参数数目是否正确；
- 编译器检查使用的参数类型是否正确；如果不正确，则转换为正确的类型（如果可能的话）。

前面已经讨论了如何正确处理返回值。下面来看一看参数数目不对时将发生的情况。例如，假设进行了如下调用：

```
double z = cube();
```

如果没有函数原型，编译器将允许它通过。当函数被调用时，它将找到 cube()调用存放值的位置，并使用这里的值。这正是 ANSIC 从 C++借鉴原型之前，C 语言的工作方式。由于对于 ANSI C 来说，原型是可选的，因此有些 C 语言程序正是这样工作的。但在 C++中，原型不是可选的，因此可以确保不会发生这类错误。

接下来，假设提供了一个参数，但其类型不正确。在 C 语言中，这将造成奇怪的错误。例如，如果函数需要一个 int 值（假设占 16 位），而程序员传递了一个 double 值（假设占 64 位），则函数将只检查 64 位中的前 16 位，并试图将它们解释为一个 int 值。但 C++自动将传递的值转换为原型中指定的类型，条件是两者都是算术类型。例如，程序清单 7.2 将能够应付下述语句中两次出现的类型不匹配的情况：

```
cheers(cube(2));
```

首先，程序将 int 的值 2 传递给 cube()，而后者期望的是 double 类型。编译器注意到，cube()原型指定了一个 double 类型参数，因此将 2 转换为 2.0——一个 double 值。接下来，cube()返回一个 double 值（8.0），这个值被用作 cheers()的参数。编译器将再一次检查原型，并发现 cheers()要求一个 int 参数，因此它将返回值转换为整数 8。通常，原型自动将被传递的参数强制转换为期望的类型。（但第 8 章将介绍的函数重载可能导致二义性，因此不允许某些自动强制类型转换。）

自动类型转换并不能避免所有可能的错误。例如，如果将 8.33E27 传递给期望一个 int 值的函数，则这样大的值将不能被正确转换为 int 值。当较大的类型被自动转换为较小的类型时，有些编译器将发出警告，指出这可能会丢失数据。

仅当有意义时，原型化才会导致类型转换。例如，原型不会将整数转换为结构或指针。

在编译阶段进行的原型化被称为静态类型检查（static type checking）。可以看出，静态类型检查可捕获许多在运行阶段非常难以捕获的错误。

7.2 函数参数和按值传递

下面详细介绍一下函数参数。C++通常按值传递参数，这意味着将数值参数传递给函数，而后者将其赋给一个新的变量。例如，程序清单 7.2 包含下面的函数调用：

```
double volume = cube(side);
```

其中，side 是一个变量，在前面的程序运行中，其值为 5。cube()的函数头如下：

```
double cube(double x)
```

被调用时，该函数将创建一个新的名为 x 的 double 变量，并将其初始化为 5。这样，cube()执行的操作将不会影响 main()中的数据，因为 cube()使用的是 side 的副本，而不是原来的数据。稍后将介绍一个实现这种保护的例子。用于接收传递值的变量被称为形参。传递给函数的值被称为实参。出于简化的目的，

C++标准使用参数（argument）来表示实参，使用参量（parameter）来表示形参，因此参数传递将参数赋给参量（参见图 7.2）。

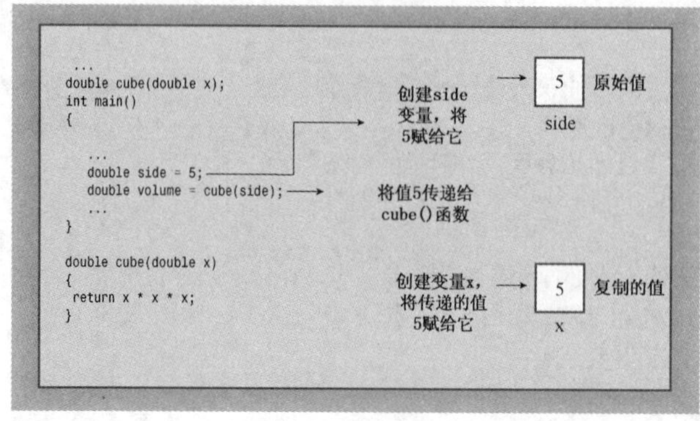

图 7.2 按值传递

在函数中声明的变量（包括参数）是该函数私有的。在函数被调用时，计算机将为这些变量分配内存；在函数结束时，计算机将释放这些变量使用的内存（有些 C++文献将分配和释放内存称为创建和毁坏变量，这样似乎更激动人心）。这样的变量被称为局部变量，因为它们被限制在函数中。前面提到过，这样做有助于确保数据的完整性。这还意味着，如果在 main()中声明了一个名为 x 的变量，同时在另一个函数中也声明了一个名为 x 的变量，则它们将是两个完全不同的、毫无关系的变量，这与加利福尼亚州的 Albany 与纽约的 Albany 是两个完全不同的地方是一样的道理（参见图 7.3）。这样的变量也被称为自动变量，因为它们是在程序执行过程中自动被分配和释放的。

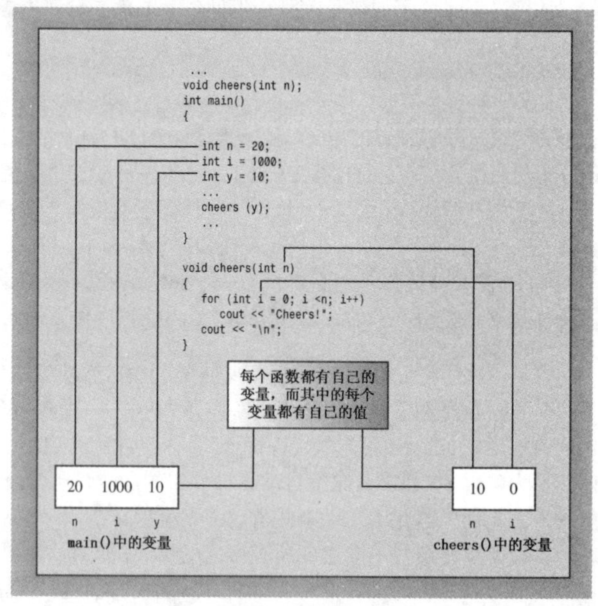

图 7.3 局部变量

7.2.1 多个参数

函数可以有多个参数。在调用函数时，只需使用逗号将这些参数分开即可：

```
n_chars('R', 25);
```

上述函数调用将两个参数传递给函数 n_chars()，我们将稍后定义该函数。

同样，在定义函数时，也在函数头中使用由逗号分隔的参数声明列表：

```
void n_chars(char c, int n) // two arguments
```

该函数头指出，函数 n_char()接受一个 char 参数和一个 int 参数。传递给函数的值被赋给参数 c 和 n。如果函数的两个参数的类型相同，则必须分别指定每个参数的类型，而不能像声明常规变量那样，将声明组合在一起：

```
void fifi(float a, float b) // declare each variable separately
void fufu(float a, b)       // NOT acceptable
```

和其他函数一样，只需添加分号就可以得到该函数的原型：

```
void n_chars(char c, int n); // prototype, style 1
```

和一个参数的情况一样，原型中的变量名不必与定义中的变量名相同，而且可以省略：

```
void n_chars(char, int); // prototype, style 2
```

然而，提供变量名将使原型更容易理解，尤其是两个参数的类型相同时。这样，变量名可以提醒参量和参数间的对应关系：

```
double melon_density(double weight, double volume);
```

程序清单 7.3 演示了一个接受两个参数的函数，它还表明，在函数中修改形参的值不会影响调用程序中的数据。

程序清单 7.3 twoarg.cpp

```
// twoarg.cpp -- a function with 2 arguments
#include <iostream>
using namespace std;
void n_chars(char, int);
int main()
{
    int times;
    char ch;

    cout << "Enter a character: ";
    cin >> ch;
    while (ch != 'q')        // q to quit
    {
        cout << "Enter an integer: ";
        cin >> times;
        n_chars(ch, times); // function with two arguments
        cout << "\nEnter another character or press the"
                " q-key to quit: ";
        cin >> ch;
    }
    cout << "The value of times is " << times << ".\n";
    cout << "Bye\n";
    return 0;
}

void n_chars(char c, int n) // displays c n times
{
    while (n-- > 0)          // continue until n reaches 0
        cout << c;
}
```

在程序清单 7.3 的程序中，将编译指令 using 放在函数定义的前面，而不是函数中。下面是该程序的运行情况：

```
Enter a character: W
Enter an integer: 50
WWWWWWWWWWWWWWWWWWWWWWWWWWWWWWWWWWWWWWWWWWWWWWWWWW
Enter another character or press the q-key to quit: a
Enter an integer: 20
aaaaaaaaaaaaaaaaaaaa
Enter another character or press the q-key to quit: q
The value of times is 20.
Bye
```

程序说明

程序清单 7.3 中的 main()函数使用一个 while 循环提供重复输入（并让读者温习使用循环的技巧），它使用 cin>>ch，而不是 cin.get（ch）或 ch = cin.get()来读取一个字符。这样做是有原因的。前面讲过，这两个 cin.get()函数读取所有的输入字符，包括空格和换行符，而 cin>>跳过空格和换行符。当用户对程序提示作出响应时，必须在每行的最后按 Enter 键，以生成换行符。cin>>ch 方法可以轻松地跳过这些换行符，但当输入的下一个字符为数字时，cin.get()将读取后面的换行符。可以通过编程来避开这种麻烦，但比较简便的方法是像该程序那样使用 cin。

n_chars()函数接受两个参数：一个是字符 c，另一个是整数 n。然后，它使用循环来显示该字符，显示次数为 n：

```
while (n-- > 0) // continue until n reaches 0
      cout << c;
```

程序通过将 n 变量递减来计数，其中 n 是参数列表的形参，main()中 times 变量的值被赋给该变量。然后，while 循环将 n 递减到 0，但前面的运行情况表明，修改 n 的值对 times 没有影响。即使您在函数 main()中使用名称 n 而不是 times，在函数 n_chars()中修改 n 的值时，也不会影响函数 main()中 n 的值。

7.2.2　另一个接受两个参数的函数

下面创建另一个功能更强大的函数，它执行重要的计算任务。另外，该函数将演示局部变量的用法，而不是形参的用法。

目前，美国许多州都采用某种纸牌游戏的形式来发行彩票，让参与者从卡片中选择一定数目的选项。例如，从 51 个数字中选取 6 个。随后，彩票管理者将随机抽取 6 个数。如果参与者选择的数字与这 6 个完全相同，将赢得大约几百万美元的奖金。我们的函数将计算中奖的几率（是的，能够成功预测获奖号码的函数将更有用，但虽然 C++的功能非常强大，目前还不具备超自然能力）。

首先，需要一个公式。假设必须从 51 个数中选取 6 个，而获奖的概率为 1/R，则 R 的计算公式如下：

$$R = \frac{51 \times 50 \times 49 \times 48 \times 47 \times 46}{6 \times 5 \times 4 \times 3 \times 2 \times 1}$$

选择 6 个数时，分母为前 6 个整数的乘积或 6 的阶乘。分子也是 6 个连续整数的乘积，从 51 开始，依次减 1。推而广之，如果从 numbers 个数中选取 picks 个数，则分母是 picks 的阶乘，分子为 numbers 开始向前的 picks 个整数的乘积。可以用 for 循环进行计算：

```
long double result = 1.0;
for (n = numbers, p = picks; p > 0; n--, p--)
    result = result * n / p ;
```

循环不是首先将所有的分子项相乘，而是首先将 1.0 与第一个分子项相乘，然后除以第一个分母项。然后下一轮循环乘以第二个分子项，并除以第二个分母项。这样得到的乘积将比先进行乘法运算得到的小。例如，对于(10 * 9)/(2 * 1)和(10 / 2)*(9 / 1)，前者将计算 90/2，得到 45，后者将计算为 5*9，得到 45。这两种方法得到的结果相同，但前者的中间值（90）大于后者。因子越多，中间值的差别就越大。当数字非常大时，这种交替进行乘除运算的策略可以防止中间结果超出最大的浮点数。

程序清单 7.4 在 probability()函数中使用了这个公式。由于选择的数目和总数目都为正，因此该程序将这些变量声明为 unsigned int 类型（简称 unsigned）。将若干整数相乘可以得到相当大的结果，因此 lotto.cpp 将该函数的返回值声明为 long double 类型。另外，如果使用整型，则像 49/6 这样的运算将出现舍入误差。

注意： *有些 C++实现不支持 long double 类型，如果所用的 C++实现是这样的，请使用 double 类型。*

程序清单 7.4　lotto.cpp

```
// lotto.cpp -- probability of winning
#include <iostream>
// Note: some implementations require double instead of long double
long double probability(unsigned numbers, unsigned picks);
int main()
{
    using namespace std;
    double total, choices;
    cout << "Enter the total number of choices on the game card and\n"
           "the number of picks allowed:\n";
    while ((cin >> total >> choices) && choices <= total)
    {
        cout << "You have one chance in ";
        cout << probability(total, choices); // compute the odds
        cout << " of winning.\n";
        cout << "Next two numbers (q to quit): ";
    }
    cout << "bye\n";
    return 0;
}

// the following function calculates the probability of picking picks
// numbers correctly from numbers choices
long double probability(unsigned numbers, unsigned picks)
{
    long double result = 1.0; // here come some local variables
    long double n;
    unsigned p;

    for (n = numbers, p = picks; p > 0; n--, p--)
        result = result * n / p ;
```

```
    return result;
}
```

下面是该程序的运行情况：

```
Enter the total number of choices on the game card and
the number of picks allowed:
49 6
You have one chance in 1.39838e+007 of winning.
Next two numbers (q to quit): 51 6
You have one chance in 1.80095e+007 of winning.
Next two numbers (q to quit): 38 6
You have one chance in 2.76068e+006 of winning.
Next two numbers (q to quit): q
bye
```

请注意，增加游戏卡中可供选择的数字数目，获奖的可能性将急剧降低。

程序说明

程序清单 7.4 中的 probability()函数演示了可以在函数中使用的两种局部变量。首先是形参（number 和 picks），这是在左括号前面的函数头中声明的；其次是其他局部变量（result、n 和 p），它们是在将函数定义括起的括号内声明的。形参与其他局部变量的主要区别是，形参从调用 probability()的函数那里获得自己的值，而其他变量是从函数中获得自己的值。

7.3 函数和数组

到目前为止，本书的函数示例都很简单，参数和返回值的类型都是基本类型。但是，函数是处理更复杂的类型（如数组和结构）的关键。下面来介绍如何将数组和函数结合在一起。

假设使用一个数组来记录家庭野餐中每人吃了多少个甜饼（每个数组索引都对应一个人，元素值对应于这个人所吃的甜饼数量）。现在想知道总数。这很容易，只需使用循环将所有数组元素累积起来即可。将数组元素累加是一项非常常见的任务，因此设计一个完成这项工作的函数很有意义。这样就不必在每次计算数组总和时都编写新的循环了。

考虑函数接口所涉及的内容。由于函数计算总数，因此应返回答案。如果不分吃甜饼，则可以让函数的返回类型为 int。另外，函数需要知道要对哪个数组进行累计，因此需要将数组名作为参数传递给它。为使函数通用，而不限于特定长度的数组，还需要传递数组长度。这里唯一的新内容是，需要将一个形参声明为数组名。下面来看一看函数头及其他部分：

```
int sum_arr(int arr[], int n) // arr = array name, n = size
```

这看起来似乎合理。方括号指出 arr 是一个数组，而方括号为空则表明，可以将任何长度的数组传递给该函数。但实际情况并非如此：arr 实际上并不是数组，而是一个指针！好消息是，在编写函数的其余部分时，可以将 arr 看作是数组。首先，通过一个示例验证这种方法可行，然后看看它为什么可行。

程序清单 7.5 演示如同使用数组名那样使用指针的情况。程序将数组初始化为某些值，并使用 sum_arr()函数计算总数。注意到 sum_arr()函数使用 arr 时，就像是使用数组名一样。

程序清单 7.5 arrfun1.cpp

```
// arrfun1.cpp -- functions with an array argument
#include <iostream>
const int ArSize = 8;
int sum_arr(int arr[], int n);      // prototype
int main()
{
    using namespace std;
    int cookies[ArSize] = {1,2,4,8,16,32,64,128};
// some systems require preceding int with static to
// enable array initialization

    int sum = sum_arr(cookies, ArSize);
    cout << "Total cookies eaten: " << sum << "\n";
    return 0;
}

// return the sum of an integer array
```

```
int sum_arr(int arr[], int n)
{
    int total = 0;

    for (int i = 0; i < n; i++)
        total = total + arr[i];
    return total;
}
```

下面是该程序的输出：

```
Total cookies eaten: 255
```

从中可知，该程序管用。下面讨论为何该程序管用。

7.3.1　函数如何使用指针来处理数组

在大多数情况下，C++和 C 语言一样，也将数组名视为指针。第 4 章介绍过，C++将数组名解释为其第一个元素的地址：

```
cookies == &cookies[0] // array name is address of first element
```

该规则有一些例外。首先，数组声明使用数组名来标记存储位置；其次，对数组名使用 sizeof 将得到整个数组的长度（以字节为单位）；最后，正如第 4 章指出的，将地址运算符&用于数组名时，将返回整个数组的地址，例如&cookies 将返回一个 32 字节内存块的地址（如果 int 长 4 字节）。

程序清单 7.5 执行下面的函数调用：

```
int sum = sum_arr(cookies, ArSize);
```

其中，cookies 是数组名，而根据 C++规则，cookies 是其第一个元素的地址，因此函数传递的是地址。由于数组的元素的类型为 int，因此 cookies 的类型必须是 int 指针，即 int *。这表明，正确的函数头应该是这样的：

```
int sum_arr(int * arr, int n) // arr = array name, n = size
```

其中用 int * arr 替换了 int arr [ ]。这证明这两个函数头都是正确的，因为在 C++中，当（且仅当）用于函数头或函数原型中，int *arr 和 int arr [ ]的含义才是相同的。它们都意味着 arr 是一个 int 指针。然而，数组表示法（int arr[ ]）提醒用户，arr 不仅指向 int，还指向 int 数组的第一个 int。当指针指向数组的第一个元素时，本书使用数组表示法；而当指针指向一个独立的值时，使用指针表示法。别忘了，在其他的上下文中，int * arr 和 int arr [ ]的含义并不相同。例如，不能在函数体中使用 int tip[ ]来声明指针。

鉴于变量 arr 实际上就是一个指针，函数的其余部分是合理的。第 4 章在介绍动态数组时指出过，同数组名或指针一样，也可以用方括号数组表示法来访问数组元素。无论 arr 是指针还是数组名，表达式 arr [3]都指的是数组的第 4 个元素。就目前而言，提请读者记住下面两个恒等式，将不会有任何坏处：

```
arr[i] == *(arr + i)    // values in two notations
&arr[i] == arr + i      // addresses in two notations
```

记住，将指针（包括数组名）加 1，实际上是加上了一个与指针指向的类型的长度（以字节为单位）相等的值。对于遍历数组而言，使用指针加法和数组下标是等效的。

7.3.2　将数组作为参数意味着什么

我们来看一看程序清单 7.5 暗示了什么。函数调用 sum_arr(cookies, ArSize)将 cookies 数组第一个元素的地址和数组中的元素数目传递给 sum_arr()函数。sum_arr()函数将 cookies 的地址赋给指针变量 arr，将 ArSize 赋给 int 变量 n。这意味着，程序清单 7.5 实际上并没有将数组内容传递给函数，而是将数组的位置（地址）、包含的元素种类（类型）以及元素数目（n 变量）提交给函数（参见图 7.4）。有了这些信息后，函数便可以使用原来的数组。传递常规变量时，函数将使用该变量的拷贝；但传递数组时，函数将使用原来的数组。实际上，这种区别并不违反 C++按值传递的方法，sum_arr()函数仍传递了一个值，这

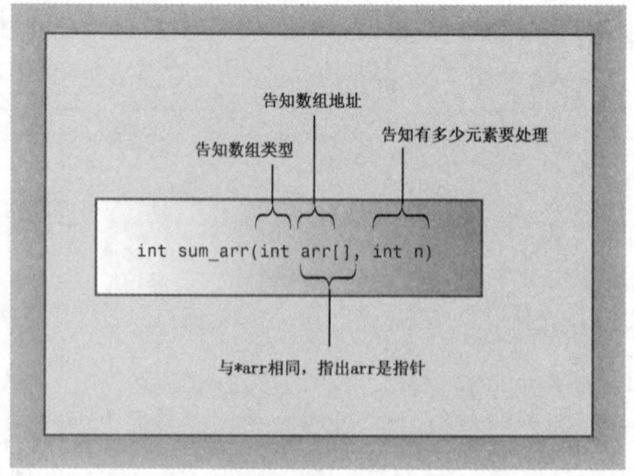

图 7.4　告知函数有关数组的信息

个值被赋给一个新变量，但这个值是一个地址，而不是数组的内容。

数组名与指针对应是好事吗？确实是一件好事。将数组地址作为参数可以节省复制整个数组所需的时间和内存。如果数组很大，则使用拷贝的系统开销将非常大；程序不仅需要更多的计算机内存，还需要花费时间来复制大块的数据。另一方面，使用原始数据增加了破坏数据的风险。在经典的 C 语言中，这确实是一个问题，但 ANSI C 和 C++中的 const 限定符提供了解决这种问题的办法。稍后将介绍一个这样的示例，但先来修改程序清单 7.5，以演示数组函数是如何运作的。程序清单 7.6 表明，cookies 和 arr 的值相同。它还演示了指针概念如何使 sum_arr 函数比以前更通用。该程序使用限定符 std::而不是编译指令 using 来提供对 cout 和 endl 的访问权。

程序清单 7.6 arrfun2.cpp

```
// arrfun2.cpp -- functions with an array argument
#include <iostream>
const int ArSize = 8;
int sum_arr(int arr[], int n);
// use std:: instead of using directive
int main()
{
    int cookies[ArSize] = {1,2,4,8,16,32,64,128};
// some systems require preceding int with static to
// enable array initialization
    std::cout << cookies << " = array address, ";
// some systems require a type cast: unsigned (cookies)

    std::cout << sizeof(cookies)<< " = sizeof cookies\n";
    int sum = sum_arr(cookies, ArSize);
    std::cout << "Total cookies eaten: " << sum << std::endl;
    sum = sum_arr(cookies, 3); // a lie
    std::cout << "First three eaters ate " << sum << " cookies.\n";
    sum = sum_arr(cookies + 4, 4); // another lie
    std::cout << "Last four eaters ate " << sum << " cookies.\n";
    return 0;
}

// return the sum of an integer array
int sum_arr(int arr[], int n)
{
    int total = 0;
    std::cout << arr << " = arr, ";
// some systems require a type cast: unsigned (arr)

    std::cout << sizeof(arr)<< " = sizeof arr\n";
    for (int i = 0; i < n; i++)
        total = total + arr[i];
    return total;
}
```

下面是该程序的输出（地址值和数组的长度将随系统而异）：

```
003EF9FC = array address, 32 = sizeof cookies
003EF9FC = arr, 4 = sizeof arr
Total cookies eaten: 255
003EF9FC = arr, 4 = sizeof arr
First three eaters ate 7 cookies.
003EFA0C = arr, 4 = sizeof arr
Last four eaters ate 240 cookies.
```

注意，地址值和数组的长度随系统而异。另外，有些 C++实现以十进制而不是十六进制格式显示地址，还有些编译器以十六进制显示地址时，会加上前缀 0x。

程序说明

程序清单 7.6 说明了数组函数的一些有趣的地方。首先，cookies 和 arr 指向同一个地址。但 sizeof cookies 的值为 32，而 sizeof arr 为 4。这是由于 sizeof cookies 是整个数组的长度，而 sizeof arr 只是指针变量的长度（上述程序运行结果是从一个使用 4 字节地址的系统中获得的）。顺便说一句，这也是必须显式传递数组长度，而不能在 sum_arr()中使用 sizeof arr 的原因；指针本身并没有指出数组的长度。

由于 sum_arr()只能通过第二个参数获知数组中的元素数量，因此可以对函数“说谎”。例如，程序第二次使用该函数时，这样调用它：

```
sum = sum_arr(cookies, 3);
```

通过告诉该函数 cookies 有 3 个元素，可以让它计算前 3 个元素的总和。

为什么在这里停下了呢？还可以提供假的数组起始位置：

```
sum = sum_arr(cookies + 4, 4);
```

由于 cookies 是第一个元素的地址，因此 cookies + 4 是第 5 个元素的地址。这条语句将计算数组第 5、6、7、8 个元素的总和。请注意输出中第三次函数调用选择将不同于前两个调用的地址赋给 arr 的。是的，可以将&cookies[4]，而不是 cookies + 4 作为参数；它们的含义是相同的。

注意：为将数组类型和元素数量告诉数组处理函数，请通过两个不同的参数来传递它们：

```
void fillArray(int arr[], int size); // prototype
```

而不要试图使用方括号表示法来传递数组长度：

```
void fillArray(int arr[size]); // NO -- bad prototype
```

7.3.3 更多数组函数示例

选择使用数组来表示数据时，实际上是在进行一次设计方面的决策。但设计决策不仅仅是确定数据的存储方式，还涉及如何使用数据。程序员常会发现，编写特定的函数来处理特定的数据操作是有好处的（这里讲的好处指的是程序的可靠性更高、修改和调试更为方便）。另外，构思程序时将存储属性与操作结合起来，便是朝 OOP 思想迈进了重要的一步；以后将证明这是很有好处的。

来看一个简单的案例。假设要使用一个数组来记录房地产的价值（假设拥有房地产）。在这种情况下，程序员必须确定要使用哪种类型。当然，double 的取值范围比 int 和 long 大，并且提供了足够多的有效位数来精确地表示这些值。接下来必须决定数组元素的数目（对于使用 new 创建的动态数组来说，可以稍后再决定，但我们希望使事情简单一点）。如果房地产数目不超过 5 个，则可以使用一个包含 5 个元素的 double 数组。

现在，考虑要对房地产数组执行的操作。两个基本的操作分别是，将值读入到数组中和显示数组内容。我们再添加另一个操作：重新评估每种房地产的值。为简单起见，假设所有房地产都以相同的比率增加或者减少。（别忘了，这是一本关于 C++的书，而不是关于房地产管理的书。）接下来，为每项操作编写一个函数，然后编写相应的代码。下面首先介绍这些步骤，然后将其用于一个完整的示例中。

1. 填充数组

由于接受数组名参数的函数访问的是原始数组，而不是其副本，因此可以通过调用该函数将值赋给数组元素。该函数的一个参数是要填充的数组的名称。通常，程序可以管理多个人的投资，因此需要多个数组，因此不能在函数中设置数组长度，而要将数组长度作为第二个参数传递，就像前一个示例那样。另外，用户也可能希望在数组被填满之前停止读取数据，因此需要在函数中建立这种特性。由于用户输入的元素数目可能少于数组的长度，因此函数应返回实际输入的元素数目。因此，该函数的原型如下：

```
int fill_array(double ar[], int limit);
```

该函数接受两个参数，一个是数组名，另一个指定了要读取的最大元素数；该函数返回实际读取的元素数。例如，如果使用该函数来处理一个包含 5 个元素的数组，则将 5 作为第二个参数。如果只输入 3 个值，则该函数将返回 3。

可以使用循环连续地将值读入到数组中，但如何提早结束循环呢？一种方法是，使用一个特殊值来指出输入结束。由于所有的属性都不为负，因此可以使用负数来指出输入结束。另外，该函数应对错误输入作出反应，如停止输入等。这样，该函数的代码如下所示：

```
int fill_array(double ar[], int limit)
{
    using namespace std;
    double temp;
    int i;
    for (i = 0; i < limit; i++)
    {
        cout << "Enter value #" << (i + 1) << ": ";
        cin >> temp;
        if (!cin) // bad input
        {
            cin.clear();
            while (cin.get() != '\n')
                continue;
            cout << "Bad input; input process terminated.\n";
            break;
```

```
        }
        else if (temp < 0) // signal to terminate
            break;
        ar[i] = temp;
    }
    return i;
}
```

注意，代码中包含了对用户的提示。如果用户输入的是非负值，则这个值将被赋给数组，否则循环结束。如果用户输入的都是有效值，则循环将在读取最大数目的值后结束。循环完成的最后一项工作是将 i 加 1，因此循环结束后，i 将比最后一个数组索引大 1，即等于填充的元素数目。然后，函数返回这个值。

2. 显示数组及用 const 保护数组

创建显示数组内容的函数很简单。只需将数组名和填充的元素数目传递给函数，然后该函数使用循环来显示每个元素。然而，还有另一个问题——确保显示函数不修改原始数组。除非函数的目的就是修改传递给它的数据，否则应避免发生这种情况。使用普通参数时，这种保护将自动实现，这是由于 C++按值传递数据，而且函数使用数据的副本。然而，接受数组名的函数将使用原始数据，这正是 fill_array()函数能够完成其工作的原因。为防止函数无意中修改数组的内容，可在声明形参时使用关键字 const（参见第 3 章）：

```
void show_array(const double ar[], int n);
```

该声明表明，指针 ar 指向的是常量数据。这意味着不能使用 ar 修改该数据，也就是说，可以使用像 ar[0]这样的值，但不能修改。注意，这并不是意味着原始数组必须是常量，而只是意味着不能在 show_array()函数中使用 ar 来修改这些数据。因此，show_array()将数组视为只读数据。假设无意间在 show_array()函数中执行了下面的操作，从而违反了这种限制：

```
ar[0] += 10;
```

编译器将禁止这样做。例如，Borland C++将给出一条错误消息，如下所示（稍作了编辑）：

```
Cannot modify a const object in function
      show_array(const double *,int)
```

其他编译器可能用其他措词表示其不满。

这条消息提醒用户，C++将声明 const double ar [ ]解释为 const double *ar。因此，该声明实际上是说，ar 指向的是一个常量值。结束这个例子后，我们将详细讨论这个问题。下面是 show_array()函数的代码：

```
void show_array(const double ar[], int n)
{
    using namespace std;
    for (int i = 0; i < n; i++)
    {
        cout << "Property #" << (i + 1) << ": $";
        cout << ar[i] << endl;
    }
}
```

3. 修改数组

在这个例子中，对数组进行的第三项操作是将每个元素与同一个重新评估因子相乘。需要给函数传递 3 个参数：因子、数组和元素数目。该函数不需要返回值，因此其代码如下：

```
void revalue(double r, double ar[], int n)
{
     for (int i = 0; i < n; i++)
           ar[i] *= r;
}
```

由于这个函数将修改数组的值，因此在声明 ar 时，不能使用 const。

4. 将上述代码组合起来

至此，您根据数据的存储方式（数组）和使用方式（3 个函数）定义了数据的类型，因此可以将它们组合成一个程序。由于已经建立了所有的数组处理工具，因此 main()的编程工作非常简单。该程序检查用户输入的是否是数字，如果不是，则要求用户这样做。余下的大部分编程工作只是让 main()调用前面开发的函数。程序清单 7.7 列出了最终的代码，它将编译指令 using 放在那些需要 iostream 工具的函数中。

程序清单 7.7　arrfun3.cpp

```
// arrfun3.cpp -- array functions and const
#include <iostream>
const int Max = 5;
// function prototypes
```

```
int fill_array(double ar[], int limit);
void show_array(const double ar[], int n); // don't change data
void revalue(double r, double ar[], int n);

int main()
{
    using namespace std;
    double properties[Max];

    int size = fill_array(properties, Max);
    show_array(properties, size);
    if (size > 0)
    {
        cout << "Enter revaluation factor: ";
        double factor;
        while (!(cin >> factor)) // bad input
        {
            cin.clear();
            while (cin.get() != '\n')
                continue;
            cout << "Bad input; Please enter a number: ";
        }
        revalue(factor, properties, size);
        show_array(properties, size);
    }
    cout << "Done.\n";
    cin.get();
    cin.get();
    return 0;
}

int fill_array(double ar[], int limit)
{
    using namespace std;
    double temp;
    int i;
    for (i = 0; i < limit; i++)
    {
        cout << "Enter value #" << (i + 1) << ": ";
        cin >> temp;
        if (!cin) // bad input
        {
            cin.clear();
            while (cin.get() != '\n')
                continue;
            cout << "Bad input; input process terminated.\n";
            break;
        }
        else if (temp < 0) // signal to terminate
            break;
        ar[i] = temp;
    }
    return i;
}

// the following function can use, but not alter,
// the array whose address is ar
void show_array(const double ar[], int n)
{
    using namespace std;
    for (int i = 0; i < n; i++)
    {
        cout << "Property #" << (i + 1) << ": $";
        cout << ar[i] << endl;
    }
}

// multiplies each element of ar[] by r
void revalue(double r, double ar[], int n)
{
    for (int i = 0; i < n; i++)
        ar[i] *= r;
}
```

下面两次运行该程序时的输出：

```
Enter value #1: 100000
Enter value #2: 80000
```

```
Enter value #3: 222000
Enter value #4: 240000
Enter value #5: 118000
Property #1: $100000
Property #2: $80000
Property #3: $222000
Property #4: $240000
Property #5: $118000
Enter revaluation factor: 0.8
Property #1: $80000
Property #2: $64000
Property #3: $177600
Property #4: $192000
Property #5: $94400
Done.
Enter value #1: 200000
Enter value #2: 84000
Enter value #3: 160000
Enter value #4: -2
Property #1: $200000
Property #2: $84000
Property #3: $160000
Enter reevaluation factor: 1.20
Property #1: $240000
Property #2: $100800
Property #3: $192000
Done.
```

函数 fill_array()指出，当用户输入 5 项房地产值或负值后，将结束输入。第一次运行演示了输入 5 项房地产值的情况，第二次运行演示了输入负值的情况。

5. *程序说明*

前面已经讨论了与该示例相关的重要编程细节，因此这里回顾一下整个过程。我们首先考虑的是通过数据类型和设计适当的函数来处理数据，然后将这些函数组合成一个程序。有时也称为自下而上的程序设计（bottom-up programming），因为设计过程从组件到整体进行。这种方法非常适合于 OOP——它首先强调的是数据表示和操纵。而传统的过程性编程倾向于从上而下的程序设计（top-down programming），首先指定模块化设计方案，然后再研究细节。这两种方法都很有用，最终的产品都是模块化程序。

6. *数组处理函数的常用编写方式*

假设要编写一个处理 double 数组的函数。如果该函数要修改数组，其原型可能类似于下面这样：

```
void f_modify(double ar[], int n);
```

如果函数不修改数组，其原型可能类似于下面这样：

```
void _f_no_change(const double ar[], int n);
```

当然，在函数原型中可以省略变量名，返回类型也可以是 void 之外的其他类型。这里的要点是，ar 实际上是一个指针，指向传入的数组的第一个元素；另外，由于通过参数传递了元素数，这两个函数都可使用任何长度的数组，只要数组的类型为 double：

```
double rewards[1000];
double faults[50];
...
f_modify(rewards, 1000);
f_modify(faults, 50);
```

这种做法是通过传递两个数字（数组地址和元素数）实现的。正如你看到的，函数缺少一些有关原始数组的信息；例如，它不能使用 sizeof 来获悉原始数组的长度，而必须依赖于程序员传入正确的元素数。

7.3.4 使用数组区间的函数

正如您看到的，对于处理数组的 C++函数，必须将数组中的数据种类、数组的起始位置和数组中元素数量提交给它；传统的 C/C++方法是，将指向数组起始处的指针作为一个参数，将数组长度作为第二个参数（指针指出数组的位置和数据类型），这样便给函数提供了找到所有数据所需的信息。

还有另一种给函数提供所需信息的方法，即指定元素区间（range），这可以通过传递两个指针来完成：一个指针标识数组的开头，另一个指针标识数组的尾部。例如，C++标准模板库（STL，将在第 16 章介绍）将区间方法广义化了。STL 方法使用“超尾”概念来指定区间。也就是说，对于数组而言，标识数组结尾的参数将是指向最后一个元素后面的指针。例如，假设有这样的声明：

```
double elbuod[20];
```

则指针 elbuod 和 elbuod + 20 定义了区间。首先，数组名 elbuod 指向第一个元素。表达式 elbuod + 19 指向最后一个元素（即 elbuod[19]），因此，elbuod + 20 指向数组结尾后面的一个位置。将区间传递给函数将告诉函数应处理哪些元素。程序清单 7.8 对程序清单 7.6 做了修改，使用两个指针来指定区间。

程序清单 7.8 arrfun4.cpp

```
// arrfun4.cpp -- functions with an array range
#include <iostream>
const int ArSize = 8;
int sum_arr(const int * begin, const int * end);
int main()
{
    using namespace std;
    int cookies[ArSize] = {1,2,4,8,16,32,64,128};
// some systems require preceding int with static to
// enable array initialization

    int sum = sum_arr(cookies, cookies + ArSize);
    cout << "Total cookies eaten: " << sum << endl;
    sum = sum_arr(cookies, cookies + 3); // first 3 elements
    cout << "First three eaters ate " << sum << " cookies.\n";
    sum = sum_arr(cookies + 4, cookies + 8); // last 4 elements
    cout << "Last four eaters ate " << sum << " cookies.\n";
    return 0;
}

// return the sum of an integer array
int sum_arr(const int * begin, const int * end)
{
    const int * pt;
    int total = 0;

    for (pt = begin; pt != end; pt++)
        total = total + *pt;
    return total;
}
```

下面是该程序的输出：

```
Total cookies eaten: 255
First three eaters ate 7 cookies.
Last four eaters ate 240 cookies.
```

程序说明

请注意程序清单 7.8 中 sum_array()函数中的 for 循环：

```
for (pt = begin; pt != end; pt++)
    total = total + *pt;
```

它将 pt 设置为指向要处理的第一个元素（begin 指向的元素）的指针，并将*pt（元素的值）加入到 total 中。然后，循环通过递增操作来更新 pt，使之指向下一个元素。只要 pt 不等于 end，这一过程就将继续下去。当 pt 等于 end 时，它将指向区间中最后一个元素后面的一个位置，此时循环将结束。

其次，请注意不同的函数调用是如何指定数组中不同的区间的：

```
int sum = sum_arr(cookies, cookies + ArSize);
...
sum = sum_arr(cookies, cookies + 3);       // first 3 elements
...
sum = sum_arr(cookies + 4, cookies + 8); // last 4 elements
```

指针 cookies + ArSize 指向最后一个元素后面的一个位置（数组有 ArSize 个元素，因此 cookies[ArSize − 1]是最后一个元素，其地址为 cookies + ArSize − 1）。因此，区间[cookies，cookies + ArSize]指定的是整个数组。同样，cookies，cookies + 3 指定了前 3 个元素，依此类推。

请注意，根据指针减法规则，在 sum_arr()中，表达式 end − begin 是一个整数值，等于数组的元素数目。

另外，必须按正确的顺序传递指针，因为这里的代码假定 begin 在前面，end 在后面。

7.3.5 指针和 const

将 const 用于指针有一些很微妙的地方（指针看起来总是很微妙），我们来详细探讨一下。可以用两种不同的方式将 const 关键字用于指针。第一种方法是让指针指向一个常量对象，这样可以防止使用该指针来修改所指向的值，第二种方法是将指针本身声明为常量，这样可以防止改变指针指向的位置。下面来看细节。

首先，声明一个指向常量的指针 pt：

```
int age = 39;
const int * pt = &age;
```

该声明指出，pt 指向一个 const int（这里为 39），因此不能使用 pt 来修改这个值。换句话来说，*pt 的值为 const，不能被修改：

```
*pt += 1;      // INVALID because pt points to a const int
cin >> *pt;  // INVALID for the same reason
```

现在来看一个微妙的问题。pt 的声明并不意味着它指向的值实际上就是一个常量，而只是意味着对 pt 而言，这个值是常量。例如，pt 指向 age，而 age 不是 const。可以直接通过 age 变量来修改 age 的值，但不能使用 pt 指针来修改它：

```
*pt = 20;    // INVALID because pt points to a const int
age = 20;    // VALID because age is not declared to be const
```

以前我们将常规变量的地址赋给常规指针，而这里将常规变量的地址赋给指向 const 的指针。因此还有两种可能：将 const 变量的地址赋给指向 const 的指针、将 const 的地址赋给常规指针。这两种操作都可行吗？第一种可行，但第二种不可行：

```
const float g_earth = 9.80;
const float * pe = &g_earth; // VALID

const float g_moon = 1.63;
float * pm = &g_moon;          // INVALID
```

对于第一种情况来说，既不能使用 g_earth 来修改值 9.80，也不能使用 pe 来修改。C++禁止第二种情况的原因很简单——如果将 g_moon 的地址赋给 pm，则可以使用 pm 来修改 g_moon 的值，这使得 g_moon 的 const 状态很荒谬，因此 C++禁止将 const 的地址赋给非 const 指针。如果读者非要这样做，可以使用强制类型转换来突破这种限制，详情请参阅第 15 章中对运算符 const_cast 的讨论。

如果将指针指向指针，则情况将更复杂。前面讲过，假如涉及的是一级间接关系，则将非 const 指针赋给 const 指针是可以的：

```
int age = 39;          // age++ is a valid operation
int * pd = &age;       // *pd = 41 is a valid operation
const int * pt = pd; // *pt = 42 is an invalid operation
```

然而，进入两级间接关系时，与一级间接关系一样将 const 和非 const 混合的指针赋值方式将不再安全。如果允许这样做，则可以编写这样的代码：

```
const int **pp2;
int *p1;
const int n = 13;
pp2 = &p1; // not allowed, but suppose it were
*pp2 = &n; // valid, both const, but sets p1 to point at n
*p1 = 10;  // valid, but changes const n
```

上述代码将非 const 地址（&pl）赋给了 const 指针（pp2），因此可以使用 pl 来修改 const 数据。因此，仅当只有一层间接关系（如指针指向基本数据类型）时，才可以将非 const 地址或指针赋给 const 指针。

注意：如果数据类型本身并不是指针，则可以将 const 数据或非 const 数据的地址赋给指向 const 的指针，但只能将非 const 数据的地址赋给非 const 指针。

假设有一个由 const 数据组成的数组：

```
const int months[12] = {31,28,31,30,31,30, 31, 31,30,31,30,31};
```

则禁止将常量数组的地址赋给非常量指针，这意味着不能将数组名作为参数传递给使用非常量形参的函数：

```
int sum(int arr[], int n); // should have been const int arr[]
...
int j = sum(months, 12);   // not allowed
```

上述函数调用试图将 const 指针（months）赋给非 const 指针（arr），编译器将禁止这种函数调用。

尽可能使用 const

将指针参数声明为指向常量数据的指针有两条理由：

- 这样可以避免由于无意间修改数据而导致的编程错误；
- 使用 const 使得函数能够处理 const 和非 const 实参，否则将只能接受非 const 数据。

如果条件允许，则应将指针形参声明为指向 const 的指针。

为说明另一个微妙之处，请看下面的声明：

```
int age = 39;
const int * pt = &age;
```

第二个声明中的const只能防止修改pt指向的值（这里为39），而不能防止修改pt的值。也就是说，可以将一个新地址赋给pt：

```
int sage = 80;
pt = &sage; // okay to point to another location
```

但仍然不能使用pt来修改它指向的值（现在为80）。

第二种使用const的方式使得无法修改指针的值：

```
int sloth = 3;
const int * ps = &sloth;      // a pointer to const int
int * const finger = &sloth; // a const pointer to int
```

在最后一个声明中，关键字const的位置与以前不同。这种声明格式使得finger只能指向sloth，但允许使用finger来修改sloth的值。中间的声明不允许使用ps来修改sloth的值，但允许将ps指向另一个位置。简而言之，finger和*ps都是const，而*finger和ps不是（参见图7.5）。

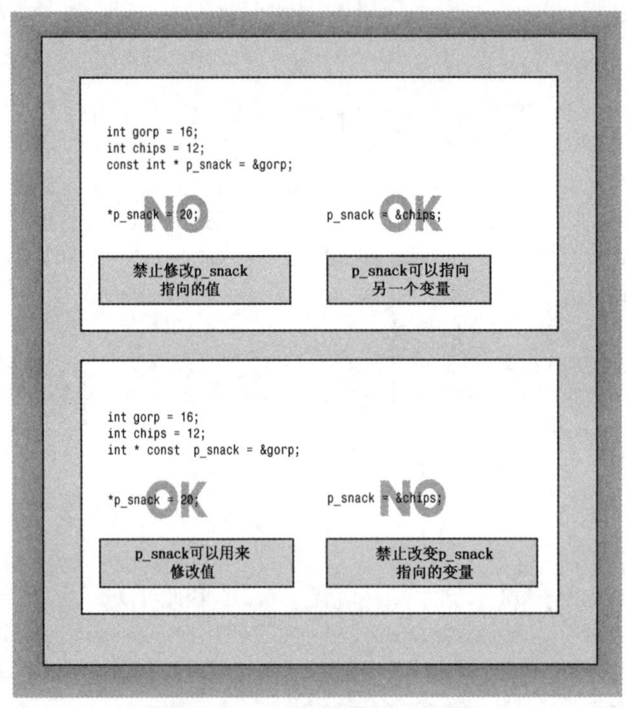

图7.5 指向const的指针和const指针

如果愿意，还可以声明指向const对象的const指针：

```
double trouble = 2.0E30;
const double * const stick = &trouble;
```

其中，stick只能指向trouble，且stick不能用来修改trouble的值。简而言之，stick和*stick都是const。

通常，将指针作为函数参数来传递时，可以使用指向const的指针来保护数据。例如，程序清单7.5中的show_array()的原型：

```
void show_array(const double ar[], int n);
```

在该声明中使用const意味着show_array()不能修改传递给它的数组中的值。只要只有一层间接关系，就可以使用这种技术。例如，这里的数组元素是基本类型，但如果它们是指针或指向指针的指针，则不能使用const。

7.4 函数和二维数组

为编写将二维数组作为参数的函数，必须牢记，数组名被视为其地址，因此，相应的形参是一个指针，就像一维数组一样。比较难处理的是如何正确地声明指针。例如，假设有下面的代码：

```
int data[3][4] = {{1,2,3,4}, {9,8,7,6}, {2,4,6,8}};
int total = sum(data, 3);
```

则 sum()的原型是什么样的呢？函数为何将行数（3）作为参数，而不将列数（4）作为参数呢？

data 是一个数组名，该数组有 3 个元素。第一个元素本身是一个数组，由 4 个 int 值组成。因此 data 的类型是指向由 4 个 int 组成的数组的指针，因此正确的原型如下：

```
int sum(int (*ar2)[4], int size);
```

其中的括号是必不可少的，因为下面的声明将声明一个由 4 个指向 int 的指针组成的数组，而不是一个指向由 4 个 int 组成的数组的指针；另外，函数参数不能是数组：

```
int *ar2[4]
```

还有另外一种格式，这种格式与上述原型的含义完全相同，但可读性更强：

```
int sum(int ar2[][4], int size);
```

上述两个原型都指出，ar2 是指针而不是数组。还需注意的是，指针类型指出，它指向由 4 个 int 组成的数组。因此，指针类型指定了列数，这就是没有将列数作为独立的函数参数进行传递的原因。

由于指针类型指定了列数，因此 sum()函数只能接受由 4 列组成的数组。但长度变量指定了行数，因此 sum()对数组的行数没有限制：

```
int a[100][4];
int b[6][4];
...
int total1 = sum(a, 100);    // sum all of a
int total2 = sum(b, 6);      // sum all of b
int total3 = sum(a, 10);     // sum first 10 rows of a
int total4 = sum(a+10, 20); // sum next 20 rows of a
```

由于参数 ar2 是指向数组的指针，那么我们如何在函数定义中使用它呢？最简单的方法是将 ar2 看作是一个二维数组的名称。下面是一个可行的函数定义：

```
int sum(int ar2[][4], int size)
{
    int total = 0;
    for (int r = 0; r < size; r++)
        for (int c = 0; c < 4; c++)
            total += ar2[r][c];
    return total;
}
```

同样，行数被传递给 size 参数，但无论是参数 ar2 的声明或是内部 for 循环中，列数都是固定的——4 列。

可以使用数组表示法的原因如下。由于 ar2 指向数组（它的元素是由 4 个 int 组成的数组）的第一个元素（元素 0），因此表达式 ar2 + r 指向编号为 r 的元素。因此 ar2[r]是编号为 r 的元素。由于该元素本身就是一个由 4 个 int 组成的数组，因此 ar2[r]是由 4 个 int 组成的数组的名称。将下标用于数组名将得到一个数组元素，因此 ar2[r][c]是由 4 个 int 组成的数组中的一个元素，是一个 int 值。必须对指针 ar2 执行两次解除引用，才能得到数据。最简单的方法是使用方括号两次：ar2[r][c]。然而，如果不考虑难看的话，也可以使用运算符*两次：

```
ar2[r][c] == *(*(ar2 + r) + c) // same thing
```

为理解这一点，读者可以从内向外解析各个子表达式的含义：

```
ar2                // pointer to first row of an array of 4 int
ar2 + r            // pointer to row r (an array of 4 int)
*(ar2 + r)         // row r (an array of 4 int, hence the name of an array,
                   // thus a pointer to the first int in the row, i.e., ar2[r]
*(ar2 +r) + c      // pointer int number c in row r, i.e., ar2[r] + c
*(*(ar2 + r) + c) // value of int number c in row r, i.e. ar2[r][c]
```

sum()的代码在声明参数 ar2 时，没有使用 const，因为这种技术只能用于指向基本类型的指针，而 ar2 是指向指针的指针。

7.5 函数和 C 风格字符串

C 风格字符串由一系列字符组成，以空值字符结尾。前面介绍的大部分有关设计数组函数的知识也适用于字符串函数。

例如，将字符串作为参数时意味着传递的是地址，但可以使用 const 来禁止对字符串参数进行修改。下面首先介绍一些有关字符串的特殊知识。

7.5.1 将 C 风格字符串作为参数的函数

假设要将字符串作为参数传递给函数，则表示字符串的方式有 3 种：

- char 数组；
- 用引号括起的字符串常量（也称字符串字面值）；
- 被设置为字符串的地址的 char 指针。

但上述 3 种选择的类型都是 char 指针（准确地说是 char*），因此可以将其作为字符串处理函数的参数：

```
char ghost[15] = "galloping";
char * str = "galumphing";
int n1 = strlen(ghost);         // ghost is &ghost[0]
int n2 = strlen(str);           // pointer to char
int n3 = strlen("gamboling");   // address of string
```

可以说是将字符串作为参数来传递，但实际传递的是字符串第一个字符的地址。这意味着字符串函数原型应将其表示字符串的形参声明为 char *类型。

C 风格字符串与常规 char 数组之间的一个重要区别是，字符串有内置的结束字符（前面讲过，包含字符，但不以空值字符结尾的 char 数组只是数组，而不是字符串）。这意味着不必将字符串长度作为参数传递给函数，而函数可以使用循环依次检查字符串中的每个字符，直到遇到结尾的空值字符为止。程序清单 7.9 演示了这种方法，使用一个函数来计算特定的字符在字符串中出现的次数。由于该程序不需要处理负数，因此它将计数变量的类型声明为 unsigned int。

程序清单 7.9 strgfun.cpp

```
// strgfun.cpp -- functions with a string argument
#include <iostream>
unsigned int c_in_str(const char * str, char ch);
int main()
{
    using namespace std;
    char mmm[15] = "minimum"; // string in an array
// some systems require preceding char with static to
// enable array initialization

    char *wail = "ululate"; // wail points to string

    unsigned int ms = c_in_str(mmm, 'm');
    unsigned int us = c_in_str(wail, 'u');
    cout << ms << " m characters in " << mmm << endl;
    cout << us << " u characters in " << wail << endl;
    return 0;
}

// this function counts the number of ch characters
// in the string str
unsigned int c_in_str(const char * str, char ch)
{
    unsigned int count = 0;

    while (*str) // quit when *str is '\0'
    {
        if (*str == ch)
            count++;
        str++; // move pointer to next char
    }
    return count;
}
```

下面是该程序的输出：

```
3 m characters in minimum
2 u characters in ululate
```

程序说明

由于程序清单 7.9 中的 c_int_str()函数不应修改原始字符串，因此它在声明形参 str 时使用了限定符 const。这样，如果错误地使函数修改了字符串的内容，编译器将捕获这种错误。当然，可以在函数头中使用数组表示法，而不声明 str：

```
unsigned int c_in_str(const char str[], char ch) // also okay
```

然而，使用指针表示法提醒读者注意，参数不一定必须是数组名，也可以是其他形式的指针。

该函数本身演示了处理字符串中字符的标准方式：

```
while (*str)
{
    statements
    str++;
}
```

str 最初指向字符串的第一个字符，因此*str 表示的是第一个字符。例如，第一次调用该函数后，*str 的值将为 m——“minimum”的第一个字符。只要字符不为空值字符（\0），*str 就为非零值，因此循环将继续。在每轮循环的结尾处，表达式 str++将指针增加一个字节，使之指向字符串中的下一个字符。最终，str 将指向结尾的空值字符，使得*str 等于 0——空值字符的数字编码，从而结束循环。

7.5.2 返回 C 风格字符串的函数

现在，假设要编写一个返回字符串的函数。是的，函数无法返回一个字符串，但可以返回字符串的地址，这样做的效率更高。例如，程序清单 7.10 定义了一个名为 buildstr()的函数，该函数返回一个指针。该函数接受两个参数：一个字符和一个数字。函数使用 new 创建一个长度与数字参数相等的字符串，将每个元素都初始化为该字符。然后，返回指向新字符串的指针。

程序清单 7.10 strgback.cpp

```
// strgback.cpp -- a function that returns a pointer to char
#include <iostream>
char * buildstr(char c, int n); // prototype
int main()
{
    using namespace std;
    int times;
    char ch;
    cout << "Enter a character: ";
    cin >> ch;
    cout << "Enter an integer: ";
    cin >> times;
    char *ps = buildstr(ch, times);
    cout << ps << endl;
    delete [] ps; // free memory
    ps = buildstr('+', 20); // reuse pointer
    cout << ps << "-DONE-" << ps << endl;
    delete [] ps; // free memory
    return 0;
}

// builds string made of n c characters
char * buildstr(char c, int n)
{
    char * pstr = new char[n + 1];
    pstr[n] = '\0'; // terminate string
    while (n-- > 0)
        pstr[n] = c; // fill rest of string
    return pstr;
}
```

下面是该程序的运行情况：

```
Enter a character: V
Enter an integer: 46
VVVVVVVVVVVVVVVVVVVVVVVVVVVVVVVVVVVVVVVVVVVVVV
++++++++++++++++++++-DONE-++++++++++++++++++++
```

程序说明

要创建包含 n 个字符的字符串，需要能够存储 n + 1 个字符的空间，以便能够存储空值字符。因此，程序清单 7.10 中的函数请求分配 n + 1 个字节的内存来存储该字符串，并将最后一个字节设置为空值字符，然后从后向前对数组进行填充。在程序清单 7.10 中，下面的循环将循环 n 次，直到 n 减少到 0，这将填充 n 个元素：

```
while (n-- > 0)
    pstr[n] = c;
```

在最后一轮循环开始时，n 的值为 1。由于 n--意味着先使用这个值，然后将其递减，因此 while 循环测试条件将对 1 和 0 进行比较，发现测试为 true，循环继续。测试后，函数将 n 减为 0，因此 pstr[0]是最后一个被设置为 c 的元素。之所以从后向前（而不是从前向后）填充字符串，是为了避免使用额外的变量。从前向后填充的代码将与下面类似：

```
int i = 0;
while (i < n)
    pstr[i++] = c;
```

注意，变量 pstr 的作用域为 buildstr 函数内，因此该函数结束时，pstr（而不是字符串）使用的内存将被释放。但由于函数返回了 pstr 的值，因此程序仍可以通过 main()中的指针 ps 来访问新建的字符串。

当该字符串不再需要时，程序清单 7.10 中的程序使用 delete 释放该字符串占用的内存。然后，将 ps 指向为下一个字符串分配的内存块，然后释放它们。这种设计（让函数返回一个指针，该指针指向 new 分配的内存）的缺点是，程序员必须记住使用 delete。在第 12 章中，读者将知道 C++类如何使用构造函数和析构函数负责为您处理这些细节。

7.6　函数和结构

现在将注意力从数组转到结构。为结构编写函数比为数组编写函数要简单得多。虽然结构变量和数组一样，都可以存储多个数据项，但在涉及函数时，结构变量的行为更接近于基本的单值变量。也就是说，与数组不同，结构将其数据组合成单个实体或数据对象，该实体被视为一个整体。前面讲过，可以将一个结构赋给另外一个结构。同样，也可以按值传递结构，就像普通变量那样。在这种情况下，函数将使用原始结构的副本。另外，函数也可以返回结构。与数组名就是数组第一个元素的地址不同的是，结构名只是结构的名称，要获得结构的地址，必须使用地址运算符&。在 C 语言和 C++中，都使用符号&来表示地址运算符；另外，C++还使用该运算符来表示引用变量，这将在第 8 章讨论。

使用结构编程时，最直接的方式是像处理基本类型那样来处理结构；也就是说，将结构作为参数传递，并在需要时将结构用作返回值使用。然而，按值传递结构有一个缺点。如果结构非常大，则复制结构将增加内存要求，降低系统运行的速度。出于这些原因（同时由于最初 C 语言不允许按值传递结构），许多 C 程序员倾向于传递结构的地址，然后使用指针来访问结构的内容。C++提供了第三种选择——按引用传递（将在第 8 章介绍）。下面介绍其他两种传递方式，首先介绍传递和返回整个结构。

7.6.1　传递和返回结构

当结构比较小时，按值传递结构最合理，下面来看两个使用这种技术的示例。第一个例子处理行程时间。有些地图指出，从 Thunder Falls 到 Bingo 城需要 3 小时 50 分钟，而从 Bingo 城到 Gotesquo 需要 1 小时 25 分钟。对于这种时间，可以使用结构来表示——一个成员表示小时值，另一个成员表示分钟值。将两个时间加起来需要一些技巧，因为可能需要将分钟值转换为小时。例如，前面列出的两个时间的总和为 4 小时 75 分钟，应将它转换为 5 小时 15 分钟。下面开发用于表示时间值的结构，然后再开发一个函数，它接受两个这样的结构为参数，并返回表示参数的和的结构。

定义结构的工作很简单：

```
struct travel_time
{
    int hours;
    int mins;
};
```

接下来，看一下返回两个这种结构的总和的 sum()函数的原型。返回值的类型应为 travel_time，两个参数也应为这种类型。因此，原型应如下所示：

```
travel_time sum(travel_time t1, travel_time t2);
```

要将两个时间相加，应首先将分钟成员相加。然后通过整数除法（除数为 60）得到小时值，通过求模运算符（%）得到剩余的分钟数。程序清单 7.11 在 sum()函数中使用了这种计算方式，并使用 show_time()函数显示 travel_time 结构的内容。

程序清单 7.11 travel.cpp

```
// travel.cpp -- using structures with functions
#include <iostream>
struct travel_time
{
    int hours;
    int mins;
};
const int Mins_per_hr = 60;

travel_time sum(travel_time t1, travel_time t2);
void show_time(travel_time t);

int main()
{
    using namespace std;
    travel_time day1 = {5, 45}; // 5 hrs, 45 min
    travel_time day2 = {4, 55}; // 4 hrs, 55 min

    travel_time trip = sum(day1, day2);
    cout << "Two-day total: ";
    show_time(trip);

    travel_time day3= {4, 32};
    cout << "Three-day total: ";
    show_time(sum(trip, day3));

    return 0;
}

travel_time sum(travel_time t1, travel_time t2)
{
    travel_time total;

    total.mins = (t1.mins + t2.mins) % Mins_per_hr;
    total.hours = t1.hours + t2.hours +
                  (t1.mins + t2.mins) / Mins_per_hr;
    return total;
}

void show_time(travel_time t)
{
    using namespace std;
    cout << t.hours << " hours, "
         << t.mins << " minutes\n";
}
```

其中，travel_time 就像是一个标准的类型名，可被用来声明变量、函数的返回类型和函数的参数类型。由于total和t1变量是travel_time结构，因此可以对它们使用句点成员运算符。由于sum()函数返回travel_time结构，因此可以将其用作 show_time()函数的参数。由于在默认情况下，C++函数按值传递参数，因此函数调用 show_time(sum(trip, day3))将执行函数调用 sum(trip, day3)，以获得其返回值。然后，show_time()调用将 sum()的返回值（而不是函数自身）传递给 show_time()。下面是该程序的输出：

```
Two-day total: 10 hours, 40 minutes
Three-day total: 15 hours, 12 minutes
```

7.6.2 另一个处理结构的函数示例

前面介绍的有关函数和 C++结构的大部分知识都可用于 C++类中，因此有必要介绍另一个示例。这次要处理的是空间，而不是时间。具体地说，这个例子将定义两个结构，用于表示两种不同的描述位置的方法，然后开发一个函数，将一种格式转换为另一种格式，并显示结果。这个例子用到的数学知识比前一个要多，但并不需要像学习数学那样学习 C++。

假设要描述屏幕上某点的位置，或地图上某点相对于原点的位置，则一种方法是指出该点相对于原点的水平偏移量和垂直偏移量。传统上，数学家使用 x 表示水平偏移量，使用 y 表示垂直偏移量（参见图 7.6）。x 和 y 一起构成了直角坐标（rectangular coordinates）。可以定义由两个坐标组成的结构来表示位置：

```
struct rect
{
      double x; // horizontal distance from origin
      double y; // vertical distance from origin
};
```

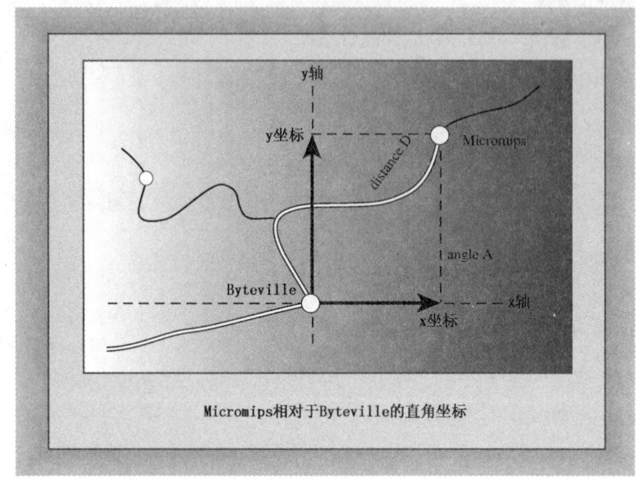

图 7.6 直角坐标

另一种描述点的位置的方法是，指出它偏离原点的距离和方向（例如，东偏北 40 度）。传统上，数学家从正水平轴开始按逆时针方向度量角度（参见图 7.7）。距离和角度一起构成了极坐标（polar coordinates）。可以定义另一个结构来表示这种位置：

```
struct polar
{
       double distance; // distance from origin
       double angle;    // direction from origin
};
```

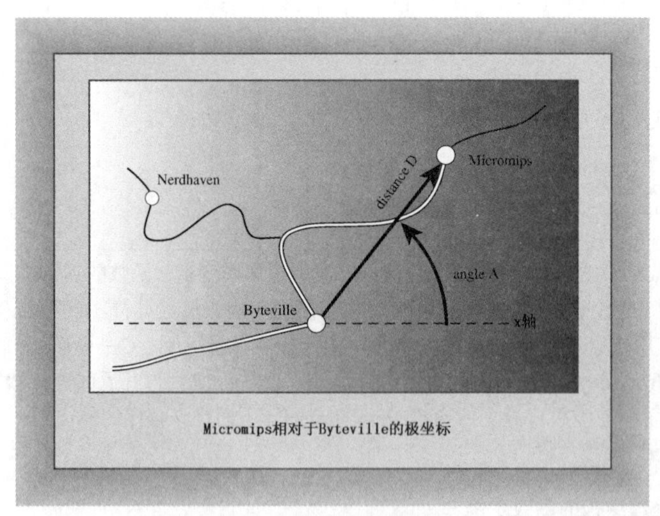

图 7.7 极坐标

下面来创建一个显示 polar 结构的内容的函数。C++库（从 C 语言借鉴而来）中的数学函数假设角度的单位为弧度，因此应以弧度为单位来测量角度。但为了便于显示，我们将弧度值转换为角度值。这意味着需要将弧度值乘以 180/π——约为 57.29577951。该函数的代码如下：

```
// show polar coordinates, converting angle to degrees
void show_polar (polar dapos)
{
    using namespace std;
    const double Rad_to_deg = 57.29577951;

    cout << "distance = " << dapos.distance;
    cout << ", angle = " << dapos.angle * Rad_to_deg;
    cout << " degrees\n";
}
```

请注意，形参的类型为 polar。将一个 polar 结构传递给该函数时，该结构的内容将被复制到 dapos 结构中，函数随后将使用该拷贝完成工作。由于 dapos 是一个结构，因此该函数使用成员运算符句点（参见第 4 章）来标识结构成员。

接下来，让我们试着再前进一步，编写一个将直角坐标转换为极坐标的函数。该函数接受一个 rect 参数，并返回一个 polar 结构。这需要使用数学库中的函数，因此程序必须包含头文件 cmath（在较旧的系统中为 math.h）。另外，在有些系统中，还必须命令编译器载入数学库（参见第 1 章）。可以根据毕达哥拉斯定理，使用水平和垂直坐标来计算距离：

```
distance = sqrt( x * x + y * y)
```

数学库中的 atan2()函数可根据 x 和 y 的值计算角度：

```
angle = atan2(y, x)
```

还有一个 atan()函数，但它不能区分 180 度之内和之外的角度。在数学函数中，这种不确定性与在生存手册中一样不受人欢迎。

有了这些公式后，便可以这样编写该函数：

```
// convert rectangular to polar coordinates
polar rect_to_polar(rect xypos) // type polar
{
    polar answer;

    answer.distance =
        sqrt( xypos.x * xypos.x + xypos.y * xypos.y);
    answer.angle = atan2(xypos.y, xypos.x);
    return answer; // returns a polar structure
}
```

编写好函数后，程序的其他部分编写起来就非常简单了。程序清单 7.12 列出了程序的代码。

程序清单 7.12　strctfun.cpp

```
// strctfun.cpp -- functions with a structure argument
#include <iostream>
#include <cmath>

// structure declarations
struct polar
{
    double distance; // distance from origin
    double angle;    // direction from origin
};
struct rect
{
    double x; // horizontal distance from origin
    double y; // vertical distance from origin
};

// prototypes
polar rect_to_polar(rect xypos);
void show_polar(polar dapos);

int main()
{
    using namespace std;
    rect rplace;
    polar pplace;

    cout << "Enter the x and y values: ";
    while (cin >> rplace.x >> rplace.y) // slick use of cin
    {
        pplace = rect_to_polar(rplace);
        show_polar(pplace);
        cout << "Next two numbers (q to quit): ";
```

```
    }
    cout << "Done.\n";
    return 0;
}

// convert rectangular to polar coordinates
polar rect_to_polar(rect xypos)
{
    using namespace std;
    polar answer;

    answer.distance =
        sqrt( xypos.x * xypos.x + xypos.y * xypos.y);
    answer.angle = atan2(xypos.y, xypos.x);
    return answer; // returns a polar structure
}

// show polar coordinates, converting angle to degrees
void show_polar (polar dapos)
{
    using namespace std;
    const double Rad_to_deg = 57.29577951;

    cout << "distance = " << dapos.distance;
    cout << ", angle = " << dapos.angle * Rad_to_deg;
    cout << " degrees\n";
}
```

注意：有些编译器仅当被明确指示后，才会搜索数学库。例如，较早的g++版本使用下面这样的命令行：

```
g++ structfun.C -lm
```

下面是该程序的运行情况：

```
Enter the x and y values: 30 40
distance = 50, angle = 53.1301 degrees
Next two numbers (q to quit): -100 100
distance = 141.421, angle = 135 degrees
Next two numbers (q to quit): q
```

程序说明

程序清单7.12中的两个函数已经在前面讨论了，因此下面复习一下该程序如何使用cin来控制while循环：

```
while (cin >> rplace.x >> rplace.y)
```

前面讲过，cin是istream类的一个对象。抽取运算符（>>）被设计成使得cin>>rplace.x也是一个istream对象。正如第11章将介绍的，类运算符是使用函数实现的。使用cin>>rplace.x时，程序将调用一个函数，该函数返回一个istream值。将抽取运算符用于cin>>rplace.x对象（就像cin>>rplace.x>>rplace.y这样），也将获得一个istream对象。因此，整个while循环的测试表达式的最终结果为cin，而cin被用于测试表达式中时，将根据输入是否成功，被转换为bool值true或false。例如，在程序清单7.12中的循环中，cin期望用户输入两个数字，如果用户输入了q（前面的输出示例就是这样做的），cin>>将知道q不是数字，从而将q留在输入队列中，并返回一个将被转换为false的值，导致循环结束。

请将这种读取数字的方法与下面更为简单的方法进行比较：

```
for (int i = 0; i < limit; i++)
{
    cout << "Enter value #" << (i + 1) << ": ";
    cin >> temp;
    if (temp < 0)
        break;
    ar[i] = temp;
}
```

要提早结束该循环，可以输入一个负值。这将输入限制为非负值。这种限制符合某些程序的需要，但通常需要一种不会将某些数值排除在外的、终止循环的方式。将cin>>用作测试条件消除了这种限制，因为它接受任何有效的数字输入。在需要使用循环来输入数字时，别忘了考虑使用这种方式。另外请记住，非数字输入将设置一个错误条件，禁止进一步读取输入。如果程序在输入循环后还需要进行输入，则必须使用cin.clear()重置输入，然后还可能需要通过读取不合法的输入来丢弃它们。程序清单7.7演示了这些技术。

7.6.3　传递结构的地址

假设要传递结构的地址而不是整个结构以节省时间和空间，则需要重新编写前面的函数，使用指向结构的指针。首先来看一看如何重新编写 show_polar()函数。需要修改 3 个地方：

- 调用函数时，将结构的地址（&pplace）而不是结构本身（pplace）传递给它；
- 将形参声明为指向 polar 的指针，即 polar *类型，由于函数不应该修改结构，因此使用了 const 修饰符；
- 由于形参是指针而不是结构，因此应使用间接成员运算符（->），而不是成员运算符（句点）。

完成上述修改后，该函数如下所示：

```
// show polar coordinates, converting angle to degrees
void show_polar (const polar * pda)
{
    using namespace std;
    const double Rad_to_deg = 57.29577951;

    cout << "distance = " << pda->distance;
    cout << ", angle = " << pda->angle * Rad_to_deg;
    cout << " degrees\n";
}
```

接下来对 rect_to_polar 进行修改。由于原来的 rect_to_polar 函数返回一个结构，因此修改工作更复杂些。为了充分利用指针的效率，应使用指针，而不是返回值。为此，需要将两个指针传递给该函数。第一个指针指向要转换的结构，第二个指针指向存储转换结果的结构。函数不返回一个新的结构，而是修改调用函数中已有的结构。因此，虽然第一个参数是 const 指针，但第二个参数却不是。也可以像修改函数 show_polar() 修改这个函数。程序清单 7.13 列出了修改后的程序。

程序清单 7.13 strctptr.cpp

```
// strctptr.cpp -- functions with pointer to structure arguments
#include <iostream>
#include <cmath>

// structure templates
struct polar
{
    double distance;  // distance from origin
    double angle;      // direction from origin
};
struct rect
{
    double x; // horizontal distance from origin
    double y; // vertical distance from origin
};

// prototypes
void rect_to_polar(const rect * pxy, polar * pda);
void show_polar (const polar * pda);

int main()
{
    using namespace std;
    rect rplace;
    polar pplace;

    cout << "Enter the x and y values: ";
    while (cin >> rplace.x >> rplace.y)
    {
        rect_to_polar(&rplace, &pplace); // pass addresses
        show_polar(&pplace); // pass address
        cout << "Next two numbers (q to quit): ";
    }
    cout << "Done.\n";
    return 0;
}

// show polar coordinates, converting angle to degrees
void show_polar (const polar * pda)
{
    using namespace std;
    const double Rad_to_deg = 57.29577951;

    cout << "distance = " << pda->distance;
    cout << ", angle = " << pda->angle * Rad_to_deg;
```

```
    cout << " degrees\n";
}

// convert rectangular to polar coordinates
void rect_to_polar(const rect * pxy, polar * pda)
{
    using namespace std;
    pda->distance =
        sqrt(pxy->x * pxy->x + pxy->y * pxy->y);
    pda->angle = atan2(pxy->y, pxy->x);
}
```

注意： 有些编译器需要明确指示，才会搜索数学库。例如，较早的 g++版本使用下面这样的命令行：

```
g++ structfun.C -lm
```

从用户的角度来说，程序清单 7.13 的行为与程序清单 7.12 相同。它们之间的差别在于，程序清单 7.12 使用的是结构副本，而程序清单 7.13 使用的是指针，让函数能够对原始结构进行操作。

7.7 函数和 string 对象

虽然 C 风格字符串和 string 对象的用途几乎相同，但与数组相比，string 对象与结构更相似。例如，可以将一个结构赋给另一个结构，也可以将一个对象赋给另一个对象。可以将结构作为完整的实体传递给函数，也可以将对象作为完整的实体进行传递。如果需要多个字符串，可以声明一个 string 对象数组，而不是二维 char 数组。

程序清单 7.14 提供了一个小型示例，它声明了一个 string 对象数组，并将该数组传递给一个函数以显示其内容。

程序清单 7.14 topfive.cpp

```
// topfive.cpp -- handling an array of string objects
#include <iostream>
#include <string>
using namespace std;
const int SIZE = 5;
void display(const string sa[], int n);
int main()
{
    string list[SIZE]; // an array holding 5 string object
    cout << "Enter your " << SIZE << " favorite astronomical sights:\n";
    for (int i = 0; i < SIZE; i++)
    {
        cout << i + 1 << ": ";
        getline(cin,list[i]);
    }

    cout << "Your list:\n";
    display(list, SIZE);

    return 0;
}

void display(const string sa[], int n)
{
    for (int i = 0; i < n; i++)
        cout << i + 1 << ": " << sa[i] << endl;
}
```

下面是该程序的运行情况：

```
Enter your 5 favorite astronomical sights:
1: Orion Nebula
2: M13
3: Saturn
4: Jupiter
5: Moon
Your list:
1: Orion Nebula
2: M13
3: Saturn
4: Jupiter
5: Moon
```

对于该示例，需要指出的一点是，除函数 getline()外，该程序像对待内置类型（如 int）一样对待 string 对象。如果需要 string 数组，只需使用通常的数组声明格式即可：

```
string list[SIZE]; // an array holding 5 string object
```

这样，数组 list 的每个元素都是一个 string 对象，可以像下面这样使用它：

```
getline(cin,list[i]);
```

同样，形参 sa 是一个指向 string 对象的指针，因此 sa[i]是一个 string 对象，可以像下面这样使用它：

```
cout << i + 1 << ": " << sa[i] << endl;
```

7.8　函数与 array 对象

在 C++中，类对象是基于结构的，因此结构编程方面的有些考虑因素也适用于类。例如，可按值将对象传递给函数，在这种情况下，函数处理的是原始对象的副本。另外，也可传递指向对象的指针，这让函数能够操作原始对象。下面来看一个使用 C++11 模板类 array 的例子。

假设您要使用一个 array 对象来存储一年四个季度的开支：

```
std::array<double, 4> expenses;
```

本书前面说过，要使用 array 类，需要包含头文件 array，而名称 array 位于名称空间 std 中。如果想用函数来显示 expenses 的内容，可按值传递 expenses：

```
show(expenses);
```

但如果函数要修改对象 expenses，则需将该对象的地址传递给函数（下一章将讨论另一种方法——使用引用）：

```
fill(&expenses);
```

这与程序清单 7.13 处理结构时使用的方法相同。

如何声明这两个函数呢？expenses 的类型为 array<double, 4>，因此必须在函数原型中指定这种类型：

```
void show(std::array<double, 4> da);    // da an object
void fill(std::array<double, 4> * pa); // pa a pointer to an object
```

这些考虑因素是这个示例程序的核心。该程序还包含其他一些功能。首先，它用符号常量替换了 4：

```
const int Seasons = 4;
```

其次，它使用了一个 const array 对象，该对象包含 4 个 string 对象，用于表示几个季度：

```
const std::array<std::string, Seasons> Snames =
    {"Spring", "Summer", "Fall", "Winter"};
```

请注意，模板 array 并非只能存储基本数据类型，它还可存储类对象。程序清单 7.15 列出了该程序的完整代码。

程序清单 7.15　arrobj.cpp

```
//arrobj.cpp -- functions with array objects (C++11)
#include <iostream>
#include <array>
#include <string>
// constant data
const int Seasons = 4;
const std::array<std::string, Seasons> Snames =
    {"Spring", "Summer", "Fall", "Winter"};

// function to modify array object
void fill(std::array<double, Seasons> * pa);
// function that uses array object without modifying it
void show(std::array<double, Seasons> da);

int main()
{
    std::array<double, Seasons> expenses;
    fill(&expenses);
    show(expenses);
    return 0;
}

void fill(std::array<double, Seasons> * pa)
{
    using namespace std;
    for (int i = 0; i < Seasons; i++)
    {
```

```
        cout << "Enter " << Snames[i] << " expenses: ";
        cin >> (*pa)[i];
    }
}

void show(std::array<double, Seasons> da)
{
    using namespace std;
    double total = 0.0;
    cout << "\nEXPENSES\n";
    for (int i = 0; i < Seasons; i++)
    {
        cout << Snames[i] << ": $" << da[i] << endl;
        total += da[i];
    }
    cout << "Total Expenses: $" << total << endl;
}
```

下面是该程序的运行情况：

```
Enter Spring expenses: 212
Enter Summer expenses: 256
Enter Fall expenses: 208
Enter Winter expenses: 244
EXPENSES
Spring: $212
Summer: $256
Fall: $208
Winter: $244
Total: $920
```

程序说明

由于const array对象Snames是在所有函数之前声明的，因此可在后面的任何函数定义中使用它。与const Seasons一样，Snames也由整个源代码文件共享。这个程序没有使用编译指令using，因此必须使用std::限定array和string。为简化程序，并将重点放在函数如何使用对象上，函数fill()没有检查输入是否有效。

函数fill()和show()都有缺点。函数show()存在的问题是，expenses存储了4个double值，而创建一个新对象并将expenses的值复制到其中的效率太低。如果修改该程序，使其处理每月甚至每日的开支，这种问题将更严重。

函数fill()使用指针来直接处理原始对象，这避免了上述效率低下的问题，但代价是代码看起来更复杂：

```
fill(&expenses); // don't forget the &
...
cin >> (*pa)[i];
```

在最后一条语句中，pa是一个指向array<double, 4>对象的指针，因此*pa为这种对象，而(*pa) [i]是该对象的一个元素。由于运算符优先级的影响，其中的括号必不可少。这里的逻辑很简单，但增加了犯错的机会。

使用第8章将讨论的引用可解决效率和表示法两方面的问题。

7.9 递归

下面介绍一些完全不同的内容。C++函数有一种有趣的特点——可以调用自己（然而，与C语言不同的是，C++不允许main()调用自己），这种功能被称为递归。尽管递归在特定的编程（例如人工智能）中是一种重要的工具，但这里只简单地介绍一下它是如何工作的。

7.9.1 包含一个递归调用的递归

如果递归函数调用自己，则被调用的函数也将调用自己，这将无限循环下去，除非代码中包含终止调用链的内容。通常的方法将递归调用放在if语句中。例如，void类型的递归函数recurs()的代码如下：

```
void recurs(argumentlist)
{
      statements1
      if (test)
            recurs(arguments)
      statements2
}
```

test最终将为false，调用链将断开。

递归调用将导致一系列有趣的事件。只要 if 语句为 true，每个 recurs()调用都将执行 statements1，然后再调用 recurs()，而不会执行 statements2。当 if 语句为 false 时，当前调用将执行 statements2。当前调用结束后，程序控制权将返回给调用它的 recurs()，而该 recurs()将执行其 stataments2 部分，然后结束，并将控制权返回给前一个调用，依此类推。因此，如果 recurs()进行了 5 次递归调用，则第一个 statements1 部分将按函数调用的顺序执行 5 次，然后 statements2 部分将以与函数调用相反的顺序执行 5 次。进入 5 层递归后，程序将沿进入的路径返回。程序清单 7.16 演示了这种行为。

程序清单 7.16　recur.cpp

```
// recur.cpp -- using recursion
#include <iostream>
void countdown(int n);

int main()
{
    countdown(4);        // call the recursive function
    return 0;
}

void countdown(int n)
{
    using namespace std;
    cout << "Counting down ... " << n << endl;
    if (n > 0)
        countdown(n-1); // function calls itself
    cout << n << ": Kaboom!\n";
}
```

下面是该程序的输出：

```
Counting down ... 4 ‹level 1; adding levels of recursion
Counting down ... 3 ‹level 2
Counting down ... 2 ‹level 3
Counting down ... 1 ‹level 4
Counting down ... 0 ‹level 5; final recursive call
0: Kaboom!          ‹level 5; beginning to back out
1: Kaboom!          ‹level 4
2: Kaboom!          ‹level 3
3: Kaboom!          ‹level 2
4: Kaboom!          ‹level 1
```

注意，每个递归调用都创建自己的一套变量，因此当程序到达第 5 次调用时，将有 5 个独立的 n 变量，其中每个变量的值都不同。为验证这一点，读者可以修改程序清单 7.16，使之显示 n 的地址和值：

```
cout << "Counting down ... " << n << " (n at " << &n << ")" << endl;
...
cout << n << ": Kaboom!" << " (n at " << &n << ")" << endl;
```

经过上述修改后，该程序的输出将与下面类似：

```
Counting down ... 4 (n at 0012FE0C)
Counting down ... 3 (n at 0012FD34)
Counting down ... 2 (n at 0012FC5C)
Counting down ... 1 (n at 0012FB84)
Counting down ... 0 (n at 0012FAAC)
0: Kaboom! (n at 0012FAAC)
1: Kaboom! (n at 0012FB84)
2: Kaboom! (n at 0012FC5C)
3: Kaboom! (n at 0012FD34)
4: Kaboom! (n at 0012FE0C)
```

注意，在一个内存单元（内存地址为 0012FE0C），存储的 n 值为 4；在另一个内存单元（内存地址为 0012FD34），存储的 n 值为 3；等等。另外，注意到在 Counting down 阶段和 Kaboom 阶段的相同层级，n 的地址相同。

7.9.2　包含多个递归调用的递归

在需要将一项工作不断分为两项较小的、类似的工作时，递归非常有用。例如，请考虑使用这种方法来绘制标尺的情况。标出两端，找到中点并将其标出。然后将同样的操作用于标尺的左半部分和右半部分。如果要进一步细分，可将同样的操作用于当前的每一部分。递归方法有时被称为分而治之策略（divide-and-conquer strategy）。程序清单 7.17 使用递归函数 subdivide()演示了这种方法，该函数使用一个字

符串，该字符串除两端为 | 字符外，其他全部为空格。main 函数使用循环调用 subdivide()函数 6 次，每次将递归层编号加 1，并打印得到的字符串。这样，每行输出表示一层递归。该程序使用限定符 std::而不是编译指令 using，以提醒读者还可以采取这种方式。

程序清单 7.17 ruler.cpp

```
// ruler.cpp -- using recursion to subdivide a ruler
#include <iostream>
const int Len = 66;
const int Divs = 6;
void subdivide(char ar[], int low, int high, int level);
int main()
{
    char ruler[Len];
    int i;
    for (i = 1; i < Len - 2; i++)
        ruler[i] = ' ';
    ruler[Len - 1] = '\0';
    int max = Len - 2;
    int min = 0;
    ruler[min] = ruler[max] = '|';
    std::cout << ruler << std::endl;
    for (i = 1; i <= Divs; i++)
    {
        subdivide(ruler,min,max, i);
        std::cout << ruler << std::endl;
        for (int j = 1; j < Len - 2; j++)
            ruler[j] = ' '; // reset to blank ruler
    }

    return 0;
}

void subdivide(char ar[], int low, int high, int level)
{
    if (level == 0)
        return;
    int mid = (high + low) / 2;
    ar[mid] = '|';
    subdivide(ar, low, mid, level - 1);
    subdivide(ar, mid, high, level - 1);
}
```

下面是程序清单 7.17 中程序的输出：

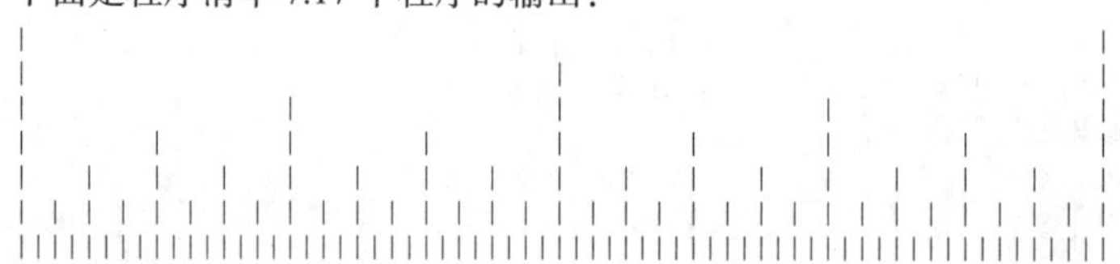

程序说明

在程序清单 7.17 中，subdivide()函数使用变量 level 来控制递归层。函数调用自身时，将把 level 减 1，当 level 为 0 时，该函数将不再调用自己。注意，subdivide()调用自己两次，一次针对左半部分，另一次针对右半部分。最初的中点被用作一次调用的右端点和另一次调用的左端点。请注意，调用次数将呈几何级数增长。也就是说，调用一次导致两个调用，然后导致 4 个调用，再导致 8 个调用，依此类推。这就是 6 层调用能够填充 64 个元素的原因（2^6=64）。这将不断导致函数调用数（以及存储的变量数）翻倍，因此如果要求的递归层次很多，这种递归方式将是一种糟糕的选择；然而，如果递归层次较少，这将是一种精致而简单的选择。

7.10 函数指针

如果未提到函数指针，则对 C 或 C++函数的讨论将是不完整的。我们将大致介绍一下这个主题，将完整的介绍留给更高级的图书。

与数据项相似，函数也有地址。函数的地址是存储其机器语言代码的内存的开始地址。通常，这些地址对用户而言，既不重要，也没有什么用处，但对程序而言，却很有用。例如，可以编写将另一个函数的地址作为参数的函数。这样第一个函数将能够找到第二个函数，并运行它。与直接调用另一个函数相比，这种方法很笨拙，但它允许在不同的时间传递不同函数的地址，这意味着可以在不同的时间使用不同的函数。

7.10.1　函数指针的基础知识

首先通过一个例子来阐释这一过程。假设要设计一个名为 estimate()的函数，估算编写指定行数的代码所需的时间，并且希望不同的程序员都将使用该函数。对于所有的用户来说，estimate()中一部分代码都是相同的，但该函数允许每个程序员提供自己的算法来估算时间。为实现这种目标，采用的机制是，将程序员要使用的算法函数的地址传递给 estimate()。为此，必须能够完成下面的工作：

- 获取函数的地址；
- 声明一个函数指针；
- 使用函数指针来调用函数。

1. 获取函数的地址

获取函数的地址很简单：只要使用函数名（后面不跟参数）即可。也就是说，如果 think()是一个函数，则 think 就是该函数的地址。要将函数作为参数进行传递，必须传递函数名。一定要区分传递的是函数的地址还是函数的返回值：

```
process(think);    // passes address of think() to process()
thought(think()); // passes return value of think() to thought()
```

process()调用使得 process()函数能够在其内部调用 think()函数。thought()调用首先调用 think()函数，然后将 think()的返回值传递给 thought()函数。

2. 声明函数指针

声明指向某种数据类型的指针时，必须指定指针指向的类型。同样，声明指向函数的指针时，也必须指定指针指向的函数类型。这意味着声明应指定函数的返回类型以及函数的特征标（参数列表）。也就是说，声明应像函数原型那样指出有关函数的信息。例如，假设 Pam leCoder 编写了一个估算时间的函数，其原型如下：

```
double pam(int); // prototype
```

则正确的指针类型声明如下：

```
double (*pf)(int); // pf points to a function that takes
                   // one int argument and that
                   // returns type double
```

这与 pam()声明类似，只是将 pam 替换为了(*pf)。由于 pam 是函数，因此(*pf)也是函数。而如果(*pf)是函数，则 pf 就是函数指针。

提示：通常，要声明指向特定类型的函数的指针，可以首先编写这种函数的原型，然后用(*pf)替换函数名。这样 pf 就是这类函数的指针。

为提供正确的运算符优先级，必须在声明中使用括号将*pf 括起。括号的优先级比*运算符高，因此*pf(int)意味着 pf()是一个返回指针的函数，而(*pf)(int)意味着 pf 是一个指向函数的指针：

```
double (*pf)(int); // pf points to a function that returns double
double *pf(int);   // pf() a function that returns a pointer-to-double
```

正确地声明 pf 后，便可以将相应函数的地址赋给它：

```
double pam(int);
double (*pf)(int);
pf = pam;          // pf now points to the pam() function
```

注意，pam()的特征标和返回类型必须与 pf 相同。如果不相同，编译器将拒绝这种赋值：

```
double ned(double);
int ted(int);
double (*pf)(int);
pf = ned;              // invalid -- mismatched signature
pf = ted;              // invalid -- mismatched return types
```

现在回过头来看一下前面提到的 estimate()函数。假设要将将要编写的代码行数和估算算法（如 pam()函数）的地址传递给它，则其原型将如下：

```
void estimate(int lines, double (*pf)(int));
```

上述声明指出，第二个参数是一个函数指针，它指向的函数接受一个 int 参数，并返回一个 double 值。要让 estimate()使用 pam()函数，需要将 pam()的地址传递给它：

```
estimate(50, pam); // function call telling estimate() to use pam()
```

显然，使用函数指针时，比较棘手的是编写原型，而传递地址则非常简单。

3. 使用指针来调用函数

现在进入最后一步，即使用指针来调用被指向的函数。线索来自指针声明。前面讲过，(*pf)扮演的角色与函数名相同，因此使用(*pf)时，只需将它看作函数名即可：

```
double pam(int);
double (*pf)(int);
pf = pam;            // pf now points to the pam() function
double x = pam(4);  // call pam() using the function name
double y = (*pf)(5); // call pam() using the pointer pf
```

实际上，C++也允许像使用函数名那样使用 pf：

```
double y = pf(5); // also call pam() using the pointer pf
```

第一种格式虽然不太好看，但它给出了强有力的提示——代码正在使用函数指针。

历史与逻辑

真是非常棒的语法！为何 pf 和(*pf)等价呢？一种学派认为，由于 pf 是函数指针，而*pf 是函数，因此应将(*pf)()用作函数调用。另一种学派认为，由于函数名是指向该函数的指针，指向函数的指针的行为应与函数名相似，因此应将 pf()用作函数调用使用。C++进行了折中——这两种方式都是正确的，或者至少是允许的，虽然它们在逻辑上是互相冲突的。在认为这种折中粗糙之前，应该想到，容忍逻辑上无法自圆其说的观点正是人类思维活动的特点。

7.10.2 函数指针示例

程序清单 7.18 演示了如何使用函数指针。它两次调用 estimate()函数，一次传递 betsy()函数的地址，另一次则传递 pam()函数的地址。在第一种情况下，estimate()使用 betsy()计算所需的小时数；在第二种情况下，estimate()使用 pam()进行计算。这种设计有助于今后的程序开发。当 Ralph 为估算时间而开发自己的算法时，将不需要重新编写 estimate()。相反，他只需提供自己的 ralph()函数，并确保该函数的特征标和返回类型正确即可。当然，重新编写 estimate()也并不是一件非常困难的工作，但同样的原则也适用于更复杂的代码。另外，函数指针方式使得 Ralph 能够修改 estimate()的行为，虽然他接触不到 estimate()的源代码。

程序清单 7.18 fun_ptr.cpp

```
// fun_ptr.cpp -- pointers to functions
#include <iostream>
double betsy(int);
double pam(int);

// second argument is pointer to a type double function that
// takes a type int argument
void estimate(int lines, double (*pf)(int));

int main()
{
    using namespace std;
    int code;
    cout << "How many lines of code do you need? ";
    cin >> code;
    cout << "Here's Betsy's estimate:\n";
    estimate(code, betsy);
    cout << "Here's Pam's estimate:\n";
    estimate(code, pam);
    return 0;
}

double betsy(int lns)
{
    return 0.05 * lns;
}
```

```
double pam(int lns)
{
    return 0.03 * lns + 0.0004 * lns * lns;
}

void estimate(int lines, double (*pf)(int))
{
    using namespace std;
    cout << lines << " lines will take ";
    cout << (*pf)(lines) << " hour(s)\n";
}
```

下面是运行该程序的情况：

```
How many lines of code do you need? 30
Here's Betsy's estimate:
30 lines will take 1.5 hour(s)
Here's Pam's estimate:
30 lines will take 1.26 hour(s)
```

下面是再次运行该程序的情况：

```
How many lines of code do you need? 100
Here's Betsy's estimate:
100 lines will take 5 hour(s)
Here's Pam's estimate:
100 lines will take 7 hour(s)
```

7.10.3 深入探讨函数指针

函数指针的表示可能非常恐怖。下面通过一个示例演示使用函数指针时面临的一些挑战。首先，下面是一些函数的原型，它们的特征标和返回类型相同：

```
const double * f1(const double ar[], int n);
const double * f2(const double [], int);
const double * f3(const double *, int);
```

这些函数的特征标看似不同，但实际上相同。首先，前面说过，在函数原型中，参数列表 const double ar [ ]与 const double * ar 的含义完全相同。其次，在函数原型中，可以省略标识符。因此，const double ar [ ]可简化为 const double [ ]，而 const double * ar 可简化为 const double *。因此，上述所有函数特征标的含义都相同。另一方面，函数定义必须提供标识符，因此需要使用 const double ar [ ]或 const double * ar。

接下来，假设要声明一个指针，它可指向这三个函数之一。假定该指针名为 p1，则只需将目标函数原型中的函数名替换为(*p1)：

```
const double * (*p1)(const double *, int);
```

可在声明的同时进行初始化：

```
const double * (*p1)(const double *, int) = f1;
```

使用 C++11 的自动类型推断功能时，代码要简单得多：

```
auto p2 = f2; // C++11 automatic type deduction
```

现在来看下面的语句：

```
cout << (*p1)(av,3) << ": " << *(*p1)(av,3) << endl;
cout << p2(av,3) << ": " << *p2(av,3) << endl;
```

根据前面介绍的知识可知，(*p1) (av, 3)和 p2(av, 3)都调用指向的函数（这里为 f1()和 f2()），并将 av 和 3 作为参数。因此，显示的是这两个函数的返回值。返回值的类型为 const double *（即 double 值的地址），因此在每条 cout 语句中，前半部分显示的都是一个 double 值的地址。为查看存储在这些地址处的实际值，需要将运算符*应用于这些地址，如表达式*(*p1)(av,3)和*p2(av,3)所示。

鉴于需要使用三个函数，如果有一个函数指针数组将很方便。这样，将可使用 for 循环通过指针依次调用每个函数。如何声明这样的数组呢？显然，这种声明应类似于单个函数指针的声明，但必须在某个地方加上[3]，以指出这是一个包含三个函数指针的数组。问题是在什么地方加上[3]，答案如下（包含初始化）：

```
const double * (*pa[3])(const double *, int) = {f1,f2,f3};
```

为何将[3]放在这个地方呢？pa 是一个包含三个元素的数组，而要声明这样的数组，首先需要使用 pa[3]。该声明的其他部分指出了数组包含的元素是什么样的。运算符[]的优先级高于*，因此*pa[3]表明 pa 是一个包含三个指针的数组。上述声明的其他部分指出了每个指针指向的是什么：特征标为 const double *, int，且返回类型为 const double *的函数。因此，pa 是一个包含三个指针的数组，其中每个指针都指向这样的函数，即将 const double *和 int 作为参数，并返回一个 const double *。

这里能否使用auto呢？不能。自动类型推断只能用于单值初始化，而不能用于初始化列表。但声明数组pa后，声明同样类型的指针就很简单了：

```
auto pb = pa;
```

本书前面说过，数组名是指向第一个元素的指针，因此pa和pb都是指向函数指针的指针。

如何使用它们来调用函数呢？pa[i]和pb[i]都表示数组中的指针，因此可将任何一种函数调用表示法用于它们：

```
const double * px = pa[0](av,3);
const double * py = (*pb[1])(av,3);
```

要获得指向的double值，可使用运算符*：

```
double x = *pa[0](av,3);
double y = *(*pb[1])(av,3);
```

可做的另一件事是创建指向整个数组的指针。由于数组名pa是指向函数指针的指针，因此指向该数组的指针将是一个指向"指向指针的指针"的指针。这听起来有点恐怖，但由于可使用单个值对其进行初始化，因此可使用auto：

```
auto pc = &pa; // C++11 automatic type deduction
```

如果您喜欢自己声明，该如何办呢？显然，这种声明应类似于pa的声明，但由于增加了一层间接，因此需要在某个地方添加一个*。具体地说，如果这个指针名为pd，则需要指出它是一个指针，而不是数组。这意味着声明的核心部分应为(*pd)[3]，其中的括号让标识符pd与*先结合：

```
*pd[3]    // an array of 3 pointers
(*pd)[3] // a pointer to an array of 3 elements
```

换句话说，pd是一个指针，它指向一个包含三个元素的数组。这些元素是什么呢？由pa的声明的其他部分描述，结果如下：

```
const double *(*(*pd)[3])(const double *, int) = &pa;
```

要调用函数，需认识到这样一点：既然pd指向数组，那么*pd就是数组，而(*pd)[i]是数组中的元素，即函数指针。因此，较简单的函数调用是(*pd)[i](av,3)，而*(*pd)[i](av,3)是返回的指针指向的值。也可以使用第二种使用指针调用函数的语法：使用(*(*pd)[i])(av,3)来调用函数，而*(*(*pd)[i])(av,3)是指向的double值。

请注意pa（它是数组名，表示地址）和&pa之间的差别。正如您在本书前面看到的，在大多数情况下，pa都是数组第一个元素的地址，即&pa[0]。因此，它是单个指针的地址。但&pa是整个数组（即三个指针块）的地址。从数字上说，pa和&pa的值相同，但它们的类型不同。一种差别是，pa+1为数组中下一个元素的地址，而&pa+1为数组pa后面一个12字节内存块的地址（这里假定地址为4字节）。另一个差别是，要得到第一个元素的值，只需对pa解除一次引用，但需要对&pa解除两次引用：

```
**&pa == *pa == pa[0]
```

程序清单7.19使用了这里讨论的知识。出于演示的目的，函数f1()等都非常简单。正如注释指出的，这个程序演示了auto的C++98替代品。

程序清单7.19 arfupt.cpp

```
// arfupt.cpp -- an array of function pointers
#include <iostream>
// various notations, same signatures
const double * f1(const double ar[], int n);
const double * f2(const double [], int);
const double * f3(const double *, int);

int main()
{
    using namespace std;
    double av[3] = {1112.3, 1542.6, 2227.9};

    // pointer to a function
    const double *(*p1)(const double *, int) = f1;
    auto p2 = f2; // C++11 automatic type deduction
    // pre-C++11 can use the following code instead
    // const double *(*p2)(const double *, int) = f2;
    cout << "Using pointers to functions:\n";
    cout << " Address Value\n";
    cout << (*p1)(av,3) << ": " << *(*p1)(av,3) << endl;
    cout << p2(av,3) << ": " << *p2(av,3) << endl;

    // pa an array of pointers
```

```
    // auto doesn't work with list initialization
    const double *(*pa[3])(const double *, int) = {f1,f2,f3};
    // but it does work for initializing to a single value
    // pb a pointer to first element of pa
    auto pb = pa;
    // pre-C++11 can use the following code instead
    // const double *(**pb)(const double *, int) = pa;
    cout << "\nUsing an array of pointers to functions:\n";
    cout << " Address Value\n";
    for (int i = 0; i < 3; i++)
        cout << pa[i](av,3) << ": " << *pa[i](av,3) << endl;
    cout << "\nUsing a pointer to a pointer to a function:\n";
    cout << " Address Value\n";
    for (int i = 0; i < 3; i++)
        cout << pb[i](av,3) << ": " << *pb[i](av,3) << endl;

    // what about a pointer to an array of function pointers
    cout << "\nUsing pointers to an array of pointers:\n";
    cout << " Address Value\n";
    // easy way to declare pc
    auto pc = &pa;
    // pre-C++11 can use the following code instead
    // const double *(*(*pc)[3])(const double *, int) = &pa;
    cout << (*pc)[0](av,3) << ": " << *(*pc)[0](av,3) << endl;
    // hard way to declare pd
    const double *(*(*pd)[3])(const double *, int) = &pa;
    // store return value in pdb
    const double * pdb = (*pd)[1](av,3);
    cout << pdb << ": " << *pdb << endl;
    // alternative notation
    cout << (*(*pd)[2])(av,3) << ": " << *(*(*pd)[2])(av,3) << endl;
    // cin.get();
    return 0;
}

// some rather dull functions

const double * f1(const double * ar, int n)
{
    return ar;
}
const double * f2(const double ar[], int n)
{
    return ar+1;
}
const double * f3(const double ar[], int n)
{
    return ar+2;
}
```

该程序的输出如下：

```
Using pointers to functions:
 Address Value
002AF9E0: 1112.3
002AF9E8: 1542.6

Using an array of pointers to functions:
 Address Value
002AF9E0: 1112.3
002AF9E8: 1542.6
002AF9F0: 2227.9

Using a pointer to a pointer to a function:
 Address Value
002AF9E0: 1112.3
002AF9E8: 1542.6
002AF9F0: 2227.9

Using pointers to an array of pointers:
 Address Value
002AF9E0: 1112.3
002AF9E8: 1542.6
002AF9F0: 2227.9
```

显示的地址为数组 av 中 double 值的存储位置。

这个示例可能看起来比较深奥，但指向函数指针数组的指针并不少见。实际上，类的虚方法实现通常都采用了这种技术（参见第13章）。所幸的是，这些细节由编译器处理。

感谢auto

C++11的目标之一是让C++更容易使用，从而让程序员将主要精力放在设计而不是细节上。程序清单7.19演示了这一点：

```
auto pc = &pa;                                           // C++11 automatic type deduction
const double *(*(*pd)[3])(const double *, int) = &pa; // C++98, do it yourself
```

自动类型推断功能表明，编译器的角色发生了改变。在C++98中，编译器利用其知识帮助您发现错误，而在C++11中，编译器利用其知识帮助您进行正确的声明。

存在一个潜在的缺点。自动类型推断确保变量的类型与赋给它的初值的类型一致，但您提供的初值的类型可能不对：

```
auto pc = *pa; // oops! used *pa instead of &pa
```

上述声明导致pc的类型与*pa一致，在程序清单7.19中，后面使用它时假定其类型与&pa相同，这将导致编译错误。

7.10.4　使用typedef进行简化

除auto外，C++还提供了其他简化声明的工具。您可能还记得，第5章说过，关键字typedef让您能够创建类型别名：

```
typedef double real; // makes real another name for double
```

这里采用的方法是，将别名当做标识符进行声明，并在开头使用关键字typedef。因此，可将p_fun声明为程序清单7.19使用的函数指针类型的别名：

```
typedef const double *(*p_fun)(const double *, int); // p_fun now a type name
p_fun p1 = f1; // p1 points to the f1() function
```

然后使用这个别名来简化代码：

```
p_fun pa[3] = {f1,f2,f3}; // pa an array of 3 function pointers
p_fun (*pd)[3] = &pa; // pd points to an array of 3 function pointers
```

使用typedef可减少输入量，让您编写代码时不容易犯错，并让程序更容易理解。

7.11　总结

函数是C++的编程模块。要使用函数，必须提供定义和原型，并调用该函数。函数定义是实现函数功能的代码；函数原型描述了函数的接口：传递给函数的值的数目和种类以及函数的返回类型。函数调用使得程序将参数传递给函数，并执行函数的代码。

在默认情况下，C++函数按值传递参数。这意味着函数定义中的形参是新的变量，它们被初始化为函数调用所提供的值。因此，C++函数通过使用拷贝，保护了原始数据的完整性。

C++将数组名参数视为数组第一个元素的地址。从技术上讲，这仍然是按值传递的，因为指针是原始地址的拷贝，但函数将使用指针来访问原始数组的内容。当且仅当声明函数的形参时，下面两个声明才是等价的：

```
typeName arr[];
typeName * arr;
```

这两个声明都表明，arr是指向typeName的指针，但在编写函数代码时，可以像使用数组名那样使用arr来访问元素：arr[i]。即使在传递指针时，也可以将形参声明为const指针，来保护原始数据的完整性。由于传递数据的地址时，并不会传输有关数组长度的信息，因此通常将数组长度作为独立的参数来传递。另外，也可传递两个指针（其中一个指向数组开头，另一个指向数组末尾的下一个元素），以指定一个范围，就像STL使用的算法一样。

C++提供了3种表示C风格字符串的方法：字符数组、字符串常量和字符串指针。它们的类型都是char*（char指针），因此被作为char*类型参数传递给函数。C++使用空值字符（\0）来结束字符串，因此字符串函数检测空值字符来确定字符串的结尾。

C++还提供了string类，用于表示字符串。函数可以接受string对象作为参数以及将string对象作为返回值。string 类的方法 size()可用于判断其存储的字符串的长度。

C++处理结构的方式与基本类型完全相同，这意味着可以按值传递结构，并将其用作函数返回类型。然而，如果结构非常大，则传递结构指针的效率将更高，同时函数能够使用原始数据。这些考虑因素也适用于类对象。

C++函数可以是递归的，也就是说，函数代码中可以包括对函数本身的调用。

C++函数名与函数地址的作用相同。通过将函数指针作为参数，可以传递要调用的函数的名称。

7.12　复习题

1. 使用函数的 3 个步骤是什么？

2. 请创建与下面的描述匹配的函数原型。

a. igor()没有参数，且没有返回值。

b. tofu()接受一个 int 参数，并返回一个 float。

c. mpg()接受两个 double 参数，并返回一个 double。

d. summation()将 long 数组名和数组长度作为参数，并返回一个 long 值。

e. doctor()接受一个字符串参数（不能修改该字符串），并返回一个 double 值。

f. ofcourse()将 boss 结构作为参数，不返回值。

g. plot()将 map 结构的指针作为参数，并返回一个字符串。

3. 编写一个接受 3 个参数的函数：int 数组名、数组长度和一个 int 值，并将数组的所有元素都设置为该 int 值。

4. 编写一个接受 3 个参数的函数：指向数组区间中第一个元素的指针、指向数组区间最后一个元素后面的指针以及一个 int 值，并将数组中的每个元素都设置为该 int 值。

5. 编写将 double 数组名和数组长度作为参数，并返回该数组中最大值的函数。该函数不应修改数组的内容。

6. 为什么不对类型为基本类型的函数参数使用 const 限定符？

7. C++程序可使用哪 3 种 C 风格字符串格式？

8. 编写一个函数，其原型如下：

```
int replace(char * str, char c1, char c2);
```

该函数将字符串中所有的 c1 都替换为 c2，并返回替换次数。

9. 表达式*"pizza"的含义是什么？"taco" [2]呢？

10. C++允许按值传递结构，也允许传递结构的地址。如果 glitz 是一个结构变量，如何按值传递它？如何传递它的地址？这两种方法有何利弊？

11. 函数 judge()的返回类型为 int，它将这样一个函数的地址作为参数：将 const char 指针作为参数，并返回一个 int 值。请编写 judge()函数的原型。

12. 假设有如下结构声明：

```
struct applicant {
    char name[30];
    int credit_ratings[3];
};
```

a. 编写一个函数，它将 application 结构作为参数，并显示该结构的内容。

b. 编写一个函数，它将 application 结构的地址作为参数，并显示该参数指向的结构的内容。

13. 假设函数 f1()和 f2()的原型如下：

```
void f1(applicant * a);
const char * f2(const applicant * a1, const applicant * a2);
```

请将 p1 和 p2 分别声明为指向 f1 和 f2 的指针；将 ap 声明为一个数组，它包含 5 个类型与 p1 相同的指针；将 pa 声明为一个指针，它指向的数组包含 10 个类型与 p2 相同的指针。使用 typedef 来帮助完成这项工作。

7.13　编程练习

1. 编写一个程序，不断要求用户输入两个数，直到其中的一个为 0。对于每两个数，程序将使用一个函数来计算它们的调和平均数，并将结果返回给 main()，而后者将报告结果。调和平均数指的是倒数平均值的倒数，计算公式如下：

调和平均数=2.0 * x * y / (x + y)

2. 编写一个程序，要求用户输入最多 10 个高尔夫成绩，并将其存储在一个数组中。程序允许用户提早结束输入，并在一行上显示所有成绩，然后报告平均成绩。请使用 3 个数组处理函数来分别进行输入、显示和计算平均成绩。

3. 下面是一个结构声明：

```
struct box
{
      char maker[40];
      float height;
      float width;
      float length;
      float volume;
};
```

a. 编写一个函数，按值传递 box 结构，并显示每个成员的值。

b. 编写一个函数，传递 box 结构的地址，并将 volume 成员设置为其他三维长度的乘积。

c. 编写一个使用这两个函数的简单程序。

4. 许多州的彩票发行机构都使用如程序清单 7.4 所示的简单彩票玩法的变体。在这些玩法中，玩家从一组被称为域号码（field number）的号码中选择几个。例如，可以从域号码 1～47 中选择 5 个号码；还可以从第二个区间（如 1～27）选择一个号码（称为特选号码）。要赢得头奖，必须正确猜中所有的号码。中头奖的几率是选中所有域号码的几率与选中特选号码几率的乘积。例如，在这个例子中，中头奖的几率是从 47 个号码中正确选取 5 个号码的几率与从 27 个号码中正确选择 1 个号码的几率的乘积。请修改程序清单 7.4，以计算中得这种彩票头奖的几率。

5. 定义一个递归函数，接受一个整数参数，并返回该参数的阶乘。前面讲过，3 的阶乘写作 3!，等于 3*2!，依此类推；而 0!被定义为 1。通用的计算公式是，如果 n 大于零，则 n!=n*（n−1）!。在程序中对该函数进行测试，程序使用循环让用户输入不同的值，程序将报告这些值的阶乘。

6. 编写一个程序，它使用下列函数：

Fill_array()将一个 double 数组的名称和长度作为参数。它提示用户输入 double 值，并将这些值存储到数组中。当数组被填满或用户输入了非数字时，输入将停止，并返回实际输入了多少个数字。

Show_array()将一个 double 数组的名称和长度作为参数，并显示该数组的内容。

Reverse-array()将一个 double 数组的名称和长度作为参数，并将存储在数组中的值的顺序反转。

程序将使用这些函数来填充数组，然后显示数组；反转数组，然后显示数组；反转数组中除第一个和最后一个元素之外的所有元素，然后显示数组。

7. 修改程序清单 7.7 中的 3 个数组处理函数，使之使用两个指针参数来表示区间。fill_array()函数不返回实际读取了多少个数字，而是返回一个指针，该指针指向最后被填充的位置；其他的函数可以将该指针作为第二个参数，以标识数据结尾。

8. 在不使用 array 类的情况下完成程序清单 7.15 所做的工作。编写两个这样的版本：

a. 使用 const char *数组存储表示季度名称的字符串，并使用 double 数组存储开支。

b. 使用 const char *数组存储表示季度名称的字符串，并使用一个结构，该结构只有一个成员——一个用于存储开支的 double 数组。这种设计与使用 array 类的基本设计类似。

9. 这个练习让您编写处理数组和结构的函数。下面是程序的框架，请提供其中描述的函数，以完成该程序。

```
#include <iostream>
using namespace std;
```

```
const int SLEN = 30;
struct student {
    char fullname[SLEN];
    char hobby[SLEN];
    int ooplevel;
};
// getinfo() has two arguments: a pointer to the first element of
// an array of student structures and an int representing the
// number of elements of the array. The function solicits and
// stores data about students. It terminates input upon filling
// the array or upon encountering a blank line for the student
// name. The function returns the actual number of array elements
// filled.
int getinfo(student pa[], int n);

// display1() takes a student structure as an argument
// and displays its contents
void display1(student st);

// display2() takes the address of student structure as an
// argument and displays the structure's contents
void display2(const student * ps);

// display3() takes the address of the first element of an array
// of student structures and the number of array elements as
// arguments and displays the contents of the structures
void display3(const student pa[], int n);

int main()
{
    cout << "Enter class size: ";
    int class_size;
    cin >> class_size;
    while (cin.get() != '\n')
        continue;

    student * ptr_stu = new student[class_size];
    int entered = getinfo(ptr_stu, class_size);
    for (int i = 0; i < entered; i++)
    {
        display1(ptr_stu[i]);
        display2(&ptr_stu[i]);
    }
    display3(ptr_stu, entered);
    delete [] ptr_stu;
    cout << "Done\n";
    return 0;
}
```

10. 设计一个名为 calculate()的函数，它接受两个 double 值和一个指向函数的指针，而被指向的函数接受两个 double 参数，并返回一个 double 值。calculate()函数的类型也是 double，并返回被指向的函数使用 calculate()的两个 double 参数计算得到的值。例如，假设 add()函数的定义如下：

```
double add(double x, double y)
{
    return x + y;
}
```

则下述代码中的函数调用将导致 calculate()把 2.5 和 10.4 传递给 add()函数，并返回 add()的返回值（12.9）：

```
double q = calculate(2.5, 10.4, add);
```

请编写一个程序，它调用上述两个函数和至少另一个与 add()类似的函数。该程序使用循环来让用户成对地输入数字。对于每对数字，程序都使用 calculate()来调用 add()和至少一个其他的函数。如果读者爱冒险，可以尝试创建一个指针数组，其中的指针指向 add()样式的函数，并编写一个循环，使用这些指针连续让 calculate()调用这些函数。提示：下面是声明这种指针数组的方式，其中包含三个指针：

```
double (*pf[3])(double, double);
```

可以采用数组初始化语法，并将函数名作为地址来初始化这样的数组。

第 8 章　函数探幽

本章内容包括：

- 内联函数；
- 引用变量；
- 如何按引用传递函数参数；
- 默认参数；
- 函数重载；
- 函数模板；
- 函数模板具体化。

通过第 7 章，您了解到很多有关 C++函数的知识，但需要学习的知识还很多。C++还提供许多新的函数特性，使之有别于 C 语言。新特性包括内联函数、按引用传递变量、默认的参数值、函数重载（多态）以及模板函数。本章介绍的 C++在 C 语言基础上新增的特性，比前面各章都多，这是您进入加加（++）领域的重要一步。

8.1　C++内联函数

内联函数是 C++为提高程序运行速度所做的一项改进。常规函数和内联函数之间的主要区别不在于编写方式，而在于 C++编译器如何将它们组合到程序中。要了解内联函数与常规函数之间的区别，必须深入到程序内部。

编译过程的最终产品是可执行程序——由一组机器语言指令组成。运行程序时，操作系统将这些指令载入到计算机内存中，因此每条指令都有特定的内存地址。计算机随后将逐步执行这些指令。有时（如有循环或分支语句时），将跳过一些指令，向前或向后跳到特定地址。常规函数调用也使程序跳到另一个地址（函数的地址），并在函数结束时返回。下面更详细地介绍这一过程的典型实现。执行到函数调用指令时，程序将在函数调用后立即存储该指令的内存地址，并将函数参数复制到堆栈（为此保留的内存块），跳到标记函数起点的内存单元，执行函数代码（也许还需将返回值放入到寄存器中），然后跳回到地址被保存的指令处（这与阅读文章时停下来看脚注，并在阅读完脚注后返回到以前阅读的地方类似）。来回跳跃并记录跳跃位置意味着以前使用函数时，需要一定的开销。

C++内联函数提供了另一种选择。内联函数的编译代码与其他程序代码“内联”起来了。也就是说，编译器将使用相应的函数代码替换函数调用。对于内联代码，程序无需跳到另一个位置处执行代码，再跳回来。因此，内联函数的运行速度比常规函数稍快，但代价是需要占用更多内存。如果程序在 10 个不同的地方调用同一个内联函数，则该程序将包含该函数代码的 10 个副本（参见图 8.1）。

应有选择地使用内联函数。如果执行函数代码的时间比处理函数调用机制的时间长，则节省的时间将只占整个过程的很小一部分。如果代码执行时间很短，则内联调用就可以节省非内联调用使用的大部分时间。另一方面，由于这个过程相当快，因此尽管节省了该过程的大部分时间，但节省的时间绝对值并不大，除非该函数经常被调用。

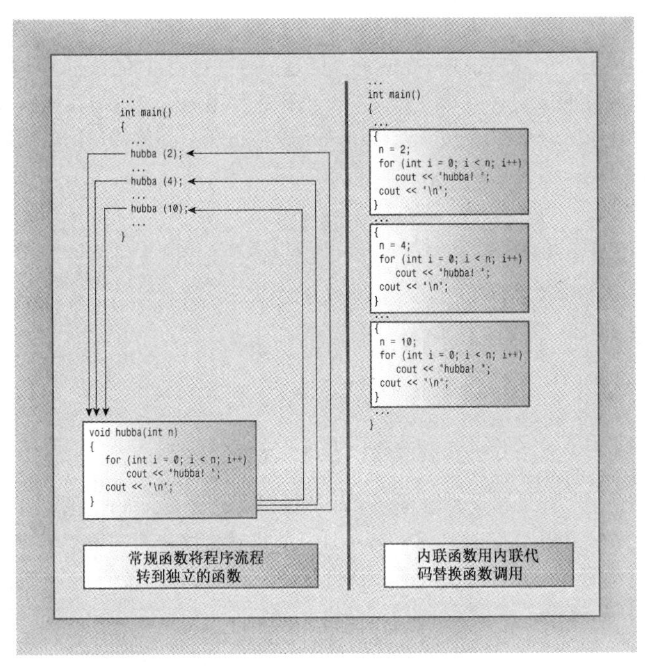

图 8.1　内联函数与常规函数

要使用这项特性，必须采取下述措施之一：

- 在函数声明前加上关键字 inline；
- 在函数定义前加上关键字 inline。

通常的做法是省略原型，将整个定义（即函数头和所有函数代码）放在本应提供原型的地方。

程序员请求将函数作为内联函数时，编译器并不一定会满足这种要求。它可能认为该函数过大或注意到函数调用了自己（内联函数不能递归），因此不将其作为内联函数；而有些编译器没有启用或实现这种特性。

程序清单 8.1 通过内联函数 square()（计算参数的平方）演示了内联技术。注意到整个函数定义都放在一行中，但并不一定非得这样做。然而，如果函数定义占用多行（假定没有使用冗长的标识符），则将其作为内联函数就不太合适。

程序清单 8.1　inline.cpp

```
// inline.cpp -- using an inline function
#include <iostream>

// an inline function definition
inline double square(double x) { return x * x; }

int main()
{
    using namespace std;
    double a, b;
    double c = 13.0;

    a = square(5.0);
    b = square(4.5 + 7.5); // can pass expressions
    cout << "a = " << a << ", b = " << b << "\n";
    cout << "c = " << c;
    cout << ", c squared = " << square(c++) << "\n";
    cout << "Now c = " << c << "\n";
    return 0;
}
```

下面是该程序的输出：

```
a = 25, b = 144
c = 13, c squared = 169
Now c = 14
```

输出表明，内联函数和常规函数一样，也是按值来传递参数的。如果参数为表达式，如 4.5 + 7.5，则函数将传递表达式的值（这里为 12）。这使得 C++的内联功能远远胜过 C 语言的宏定义，请参见旁注“内联与宏”。

尽管程序没有提供独立的原型，但 C++原型特性仍在起作用。这是因为在函数首次使用前出现的整个函数定义充当了原型。这意味着可以给 square()传递 int 或 long 值，将值传递给函数前，程序自动将这个值强制转换为 double 类型。

内联与宏

inline 工具是 C++新增的特性。C 语言使用预处理器语句#define 来提供宏——内联代码的原始实现。例如，下面是一个计算平方的宏：

```
#define SQUARE(X) X*X
```

这并不是通过传递参数实现的，而是通过文本替换来实现的——X 是“参数”的符号标记。

```
a = SQUARE(5.0); is replaced by a = 5.0*5.0;
b = SQUARE(4.5 + 7.5); is replaced by b = 4.5 + 7.5 * 4.5 + 7.5;
d = SQUARE(c++); is replaced by d = c++*c++;
```

上述示例只有第一个能正常工作。可以通过使用括号来进行改进：

```
#define SQUARE(X) ((X)*(X))
```

但仍然存在这样的问题，即宏不能按值传递。即使使用新的定义，SQUARE（C++）仍将 c 递增两次，但是程序清单 8.1 中的内联函数 square()计算 c 的结果，传递它，以计算其平方值，然后将 c 递增一次。

这里的目的不是演示如何编写 C 宏，而是要指出，如果使用 C 语言的宏执行了类似函数的功能，应考虑将它们转换为 C++内联函数。

8.2 引用变量

C++新增了一种复合类型——引用变量。引用是已定义的变量的别名（另一个名称）。例如，如果将 twain 作为 clement 变量的引用，则可以交替使用 twain 和 clement 来表示该变量。那么，这种别名有何作用呢？是否能帮助那些不知道如何选择变量名的人呢？有可能，但引用变量的主要用途是用作函数的形参。通过将引用变量用作参数，函数将使用原始数据，而不是其副本。这样除指针之外，引用也为函数处理大型结构提供了一种非常方便的途径，同时对于设计类来说，引用也是必不可少的。然而，介绍如何将引用用于函数之前，先介绍一下定义和使用引用的基本知识。请记住，下述讨论旨在说明引用是如何工作的，而不是其典型用法。

8.2.1 创建引用变量

前面讲过，C 和 C++使用&符号来指示变量的地址。C++给&符号赋予了另一个含义，将其用来声明引用。例如，要将 rodents 作为 rats 变量的别名，可以这样做：

```
int rats;
int & rodents = rats; // makes rodents an alias for rats
```

其中，&不是地址运算符，而是类型标识符的一部分。就像声明中的 char*指的是指向 char 的指针一样，int &指的是指向 int 的引用。上述引用声明允许将 rats 和 rodents 互换——它们指向相同的值和内存单元，程序清单 8.2 表明了这一点。

程序清单 8.2 firstref.cpp

```
// firstref.cpp -- defining and using a reference
#include <iostream>
int main()
{
    using namespace std;
    int rats = 101;
    int & rodents = rats; // rodents is a reference
    cout << "rats = " << rats;
    cout << ", rodents = " << rodents << endl;
    rodents++;
    cout << "rats = " << rats;
    cout << ", rodents = " << rodents << endl;

// some implementations require type casting the following
// addresses to type unsigned
```

```
    cout << "rats address = " << &rats;
    cout << ", rodents address = " << &rodents << endl;
    return 0;
}
```

请注意，下述语句中的&运算符不是地址运算符，而是将 rodents 的类型声明为 int &，即指向 int 变量的引用：

```
int & rodents = rats;
```

但下述语句中的&运算符是地址运算符，其中&rodents 表示 rodents 引用的变量的地址：

```
cout <<", rodents address = " << &rodents << endl;
```

下面是程序清单 8.2 中程序的输出：

```
rats = 101, rodents = 101
rats = 102, rodents = 102
rats address = 0x0065fd48, rodents address = 0x0065fd48
```

从中可知，rats 和 rodents 的值和地址都相同（具体的地址和显示格式随系统而异）。将 rodents 加 1 将影响这两个变量。更准确地说，rodents++操作将一个有两个名称的变量加 1。（同样，虽然该示例演示了引用是如何工作的，但并没有说明引用的典型用途，即作为函数参数，具体地说是结构和对象参数，稍后将介绍这些用法）。

对于 C 语言用户而言，首次接触到引用时可能也会有些困惑，因为这些用户很自然地会想到指针，但它们之间还是有区别的。例如，可以创建指向 rats 的引用和指针：

```
int rats = 101;
int & rodents = rats; // rodents a reference
int * prats = &rats;  // prats a pointer
```

这样，表达式 rodents 和*prats 都可以同 rats 互换，而表达式&rodents 和 prats 都可以同&rats 互换。从这一点来说，引用看上去很像伪装表示的指针（其中，*解除引用运算符被隐式理解）。实际上，引用还是不同于指针的。除了表示法不同外，还有其他的差别。例如，差别之一是，必须在声明引用时将其初始化，而不能像指针那样，先声明，再赋值：

```
int rat;
int & rodent;
rodent = rat; // No, you can't do this.
```

注意：必须在声明引用变量时进行初始化。

引用更接近 const 指针，必须在创建时进行初始化，一旦与某个变量关联起来，就将一直效忠于它。也就是说：

```
int & rodents = rats;
```

实际上是下述代码的伪装表示：

```
int * const pr = &rats;
```

其中，引用 rodents 扮演的角色与表达式*pr 相同。

程序清单 8.3 演示了试图将 rats 变量的引用改为 bunnies 变量的引用时，将发生的情况。

程序清单 8.3　sceref.cpp

```
// secref.cpp -- defining and using a reference
#include <iostream>
int main()
{
    using namespace std;
    int rats = 101;
    int & rodents = rats; // rodents is a reference

    cout << "rats = " << rats;
    cout << ", rodents = " << rodents << endl;

    cout << "rats address = " << &rats;
    cout << ", rodents address = " << &rodents << endl;

    int bunnies = 50;
    rodents = bunnies;  // can we change the reference?
    cout << "bunnies = " << bunnies;
    cout << ", rats = " << rats;
    cout << ", rodents = " << rodents << endl;

    cout << "bunnies address = " << &bunnies;
```

```
    cout << ", rodents address = " << &rodents << endl;
    return 0;
}
```

下面是程序清单 8.3 中程序的输出：

```
rats = 101, rodents = 101
rats address = 0x0065fd44, rodents address = 0x0065fd44
bunnies = 50, rats = 50, rodents = 50
bunnies address = 0x0065fd48, rodents address = 0x0065fd44
```

最初，rodents 引用的是 rats，但随后程序试图将 rodents 作为 bunnies 的引用：

```
rodents = bunnies;
```

乍一看，这种意图暂时是成功的，因为 rodents 的值从 101 变为了 50。但仔细研究将发现，rats 也变成了 50，同时 rats 和 rodents 的地址相同，而该地址与 bunnies 的地址不同。由于 rodents 是 rats 的别名，因此上述赋值语句与下面的语句等效：

```
rats = bunnies;
```

也就是说，这意味着“将 bunnies 变量的值赋给 rats 变量”。简而言之，可以通过初始化声明来设置引用，但不能通过赋值来设置。

假设程序员试图这样做：

```
int rats = 101;
int * pt = &rats;
int & rodents = *pt;
int bunnies = 50;
pt = &bunnies;
```

将 rodents 初始化为*pt 使得 rodents 指向 rats。接下来将 pt 改为指向 bunnies，并不能改变这样的事实，即 rodents 引用的是 rats。

8.2.2　将引用用作函数参数

引用经常被用作函数参数，使得函数中的变量名成为调用程序中的变量的别名。这种传递参数的方法称为按引用传递。按引用传递允许被调用的函数能够访问调用函数中的变量。C++新增的这项特性是对 C 语言的超越，C 语言只能按值传递。按值传递导致被调用函数使用调用程序的值的拷贝（参见图 8.2）。当然，C 语言也允许避开按值传递的限制，采用按指针传递的方式。

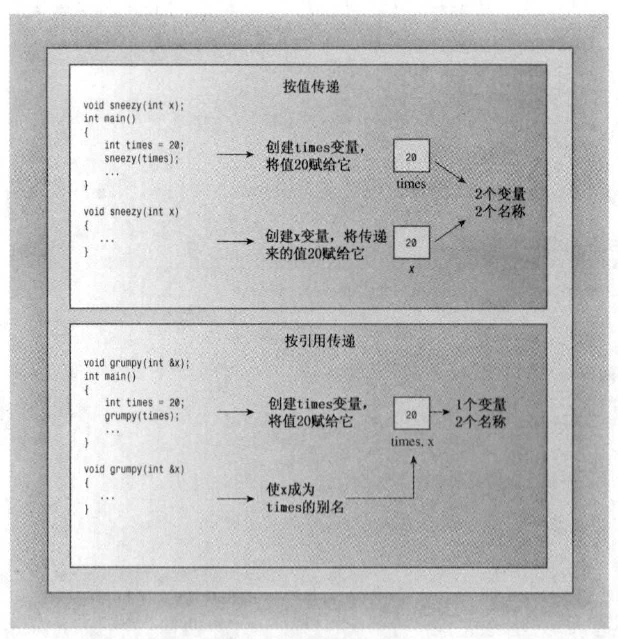

图 8.2　按值传递和按引用传递

现在我们通过一个常见的的计算机问题——交换两个变量的值，对使用引用和使用指针做一下比较。

交换函数必须能够修改调用程序中的变量的值。这意味着按值传递变量将不管用，因为函数将交换原始变量副本的内容，而不是变量本身的内容。但传递引用时，函数将可以使用原始数据。另一种方法是，传递指针来访问原始数据。程序清单 8.4 演示了这三种方法，其中包括一种不可行的方法，以便您能对这些方法进行比较。

程序清单 8.4 swaps.cpp

```
// swaps.cpp -- swapping with references and with pointers
#include <iostream>
void swapr(int & a, int & b); // a, b are aliases for ints
void swapp(int * p, int * q); // p, q are addresses of ints
void swapv(int a, int b);     // a, b are new variables
int main()
{
    using namespace std;
    int wallet1 = 300;
    int wallet2 = 350;
    cout << "wallet1 = $" << wallet1;
    cout << " wallet2 = $" << wallet2 << endl;

    cout << "Using references to swap contents:\n";
    swapr(wallet1, wallet2);  // pass variables
    cout << "wallet1 = $" << wallet1;
    cout << " wallet2 = $" << wallet2 << endl;

    cout << "Using pointers to swap contents again:\n";
    swapp(&wallet1, &wallet2);// pass addresses of variables
    cout << "wallet1 = $" << wallet1;
    cout << " wallet2 = $" << wallet2 << endl;

    cout << "Trying to use passing by value:\n";
    swapv(wallet1, wallet2);  // pass values of variables
    cout << "wallet1 = $" << wallet1;
    cout << " wallet2 = $" << wallet2 << endl;
    return 0;
}

void swapr(int & a, int & b)  // use references
{
    int temp;

    temp = a;                 // use a, b for values of variables
    a = b;
    b = temp;
}

void swapp(int * p, int * q) // use pointers
{
    int temp;

    temp = *p;               // use *p, *q for values of variables
    *p = *q;
    *q = temp;
}

void swapv(int a, int b)     // try using values
{
    int temp;

    temp = a;                // use a, b for values of variables
    a = b;
    b = temp;
}
```

下面是程序清单 8.4 中程序的输出：

```
wallet1 = $300 wallet2 = $350
Using references to swap contents:
wallet1 = $350 wallet2 = $300
Using pointers to swap contents again:
wallet1 = $300 wallet2 = $350
Trying to use passing by value:
wallet1 = $300 wallet2 = $350
```

正如您预想的，引用和指针方法都成功地交换了两个钱夹（wallet）中的内容，而按值传递的方法没能完成这项任务。

程序说明

首先来看程序清单 8.4 中每个函数是如何被调用的：

```
swapr(wallet1, wallet2);   // pass variables
swapp(&wallet1, &wallet2); // pass addresses of variables
swapv(wallet1, wallet2);   // pass values of variables
```

按引用传递（swapr(wallet1, wallet2)）和按值传递（swapv(wallet1, waller2)）看起来相同。只能通过原型或函数定义才能知道 swapr()是按引用传递的。然而，地址运算符（&）使得按地址传递（swapp(&wallet1, &wallet2)）一目了然（类型声明 int * p 表明，p 是一个 int 指针，因此与 p 对应的参数应为地址，如&wallet1）。

接下来，比较函数 swapr()（按引用传递）和 swapv()（按值传递）的代码，唯一的外在区别是声明函数参数的方式不同：

```
void swapr(int & a, int & b)
void swapv(int a, int b)
```

当然还有内在区别：在 swapr()中，变量 a 和 b 是 wallet1 和 wallet2 的别名，所以交换 a 和 b 的值相当于交换 wallet1 和 wallet2 的值；但在 swapv()中，变量 a 和 b 是复制了 wallet1 和 wallet2 的值的新变量，因此交换 a 和 b 的值并不会影响 wallet1 和 wallet2 的值。

最后，比较函数 swapr()（传递引用）和 swapp()（传递指针）。第一个区别是声明函数参数的方式不同：

```
void swapr(int & a, int & b)
void swapp(int * p, int * q)
```

另一个区别是指针版本需要在函数使用 p 和 q 的整个过程中使用解除引用运算符*。

前面说过，应在定义引用变量时对其进行初始化。函数调用使用实参初始化形参，因此函数的引用参数被初始化为函数调用传递的实参。也就是说，下面的函数调用将形参 a 和 b 分别初始化为 wallet1 和 wallet2：

```
swapr(wallet1, wallet2);
```

8.2.3　引用的属性和特别之处

使用引用参数时，需要了解其一些特点。请看程序清单 8.5。它使用两个函数来计算参数的立方，其中一个函数接受 double 类型的参数，另一个接受 double 引用。为了说明这一点，我们有意将计算立方的代码编写得比较奇怪。

程序清单 8.5　cubes.cpp

```
// cubes.cpp -- regular and reference arguments
#include <iostream>
double cube(double a);
double refcube(double &ra);
int main ()
{
    using namespace std;
    double x = 3.0;

    cout << cube(x);
    cout << " = cube of " << x << endl;
    cout << refcube(x);
    cout << " = cube of " << x << endl;
    return 0;
}

double cube(double a)
{
    a *= a * a;
    return a;
}

double refcube(double &ra)
{
    ra *= ra * ra;
    return ra;
}
```

下面是该程序的输出：

```
27 = cube of 3
27 = cube of 27
```

refcube()函数修改了 main()中的 x 值，而 cube()没有，这提醒我们为何通常按值传递。变量 a 位于 cube()中，它被初始化为 x 的值，但修改 a 并不会影响 x。但由于 refcube()使用了引用参数，因此修改 ra 实际上就是修改 x。如果程序员的意图是让函数使用传递给它的信息，而不对这些信息进行修改，同时又想使用引用，则应使用常量引用。例如，在这个例子中，应在函数原型和函数头中使用 const：

```
double refcube(const double &ra);
```

如果这样做，当编译器发现代码修改了 ra 的值时，将生成错误消息。

顺便说一句，如果要编写类似于上述示例的函数（即使用基本数值类型），应采用按值传递的方式，而不要采用按引用传递的方式。当数据比较大（如结构和类）时，引用参数将很有用，您稍后便会明白这一点。

按值传递的函数，如程序清单 8.5 中的函数 cube()，可使用多种类型的实参。例如，下面的调用都是合法的：

```
double z = cube(x + 2.0);   // evaluate x + 2.0, pass value
z = cube(8.0);              // pass the value 8.0
int k = 10;
z = cube(k);                // convert value of k to double, pass value
double yo[3] = { 2.2, 3.3, 4.4};
z = cube (yo[2]);           // pass the value 4.4
```

如果将与上面类似的参数传递给接受引用参数的函数，将会发现，传递引用的限制更严格。毕竟，如果 ra 是一个变量的别名，则实参应是该变量。下面的代码不合理，因为表达式 x + 3.0 并不是变量：

```
double z = refcube(x + 3.0); // should not compile
```

例如，不能将值赋给该表达式：

```
x + 3.0 = 5.0; // nonsensical
```

如果试图使用像 refcube(x + 3.0)这样的函数调用，将发生什么情况呢？在现代的 C++中，这是错误的，大多数编译器都将指出这一点；而有些较老的编译器将发出这样的警告：

```
Warning: Temporary used for parameter 'ra' in call to refcube(double &)
```

之所以做出这种比较温和的反应是由于早期的 C++确实允许将表达式传递给引用变量。有些情况下，仍然是这样做的。这样做的结果如下：由于 x + 3.0 不是 double 类型的变量，因此程序将创建一个临时的无名变量，并将其初始化为表达式 x + 3.0 的值。然后，ra 将成为该临时变量的引用。下面详细讨论这种临时变量，看看什么时候创建它们，什么时候不创建。

临时变量、引用参数和 const

如果实参与引用参数不匹配，C++将生成临时变量。当前，仅当参数为 const 引用时，C++才允许这样做，但以前不是这样。下面来看看何种情况下，C++将生成临时变量，以及为何对 const 引用的限制是合理的。

首先，什么时候将创建临时变量呢？如果引用参数是 const，则编译器将在下面两种情况下生成临时变量：

- 实参的类型正确，但不是左值；
- 实参的类型不正确，但可以转换为正确的类型。

左值是什么呢？左值参数是可被引用的数据对象，例如，变量、数组元素、结构成员、引用和解除引用的指针都是左值。非左值包括字面常量（用引号括起的字符串除外，它们由其地址表示）和包含多项的表达式。在 C 语言中，左值最初指的是可出现在赋值语句左边的实体，但这是引入关键字 const 之前的情况。现在，常规变量和 const 变量都可视为左值，因为可通过地址访问它们。但常规变量属于可修改的左值，而 const 变量属于不可修改的左值。

回到前面的示例。假设重新定义了 refcube()，使其接受一个常量引用参数：

```
double refcube(const double &ra)
{
    return ra * ra * ra;
}
```

现在考虑下面的代码：

```
double side = 3.0;
double * pd = &side;
double & rd = side;
long edge = 5L;
double lens[4] = { 2.0, 5.0, 10.0, 12.0};
double c1 = refcube(side);          // ra is side
double c2 = refcube(lens[2]);       // ra is lens[2]
double c3 = refcube(rd);            // ra is rd is side
```

```
double c4 = refcube(*pd);          // ra is *pd is side
double c5 = refcube(edge);         // ra is temporary variable
double c6 = refcube(7.0);          // ra is temporary variable
double c7 = refcube(side + 10.0); // ra is temporary variable
```

参数 side、lens[2]、rd 和*pd 都是有名称的、double 类型的数据对象，因此可以为其创建引用，而不需要临时变量（还记得吗，数组元素的行为与同类型的变量类似）。然而，edge 虽然是变量，类型却不正确，double 引用不能指向 long。另一方面，参数 7.0 和 side + 10.0 的类型都正确，但没有名称，在这些情况下，编译器都将生成一个临时匿名变量，并让 ra 指向它。这些临时变量只在函数调用期间存在，此后编译器便可以随意将其删除。

那么为什么对于常量引用，这种行为是可行的，其他情况下却不行的呢？对于程序清单 8.4 中的函数 swapr()：

```
void swapr(int & a, int & b) // use references
{
    int temp;

    temp = a; // use a, b for values of variables
    a = b;
    b = temp;
}
```

如果在早期 C++较宽松的规则下，执行下面的操作将发生什么情况呢？

```
long a = 3, b = 5;
swapr(a, b);
```

这里的类型不匹配，因此编译器将创建两个临时 int 变量，将它们初始化为 3 和 5，然后交换临时变量的内容，而 a 和 b 保持不变。

简而言之，如果接受引用参数的函数的意图是修改作为参数传递的变量，则创建临时变量将阻止这种意图的实现。解决方法是，禁止创建临时变量，现在的 C++标准正是这样做的（然而，在默认情况下，有些编译器仍将发出警告，而不是错误消息，因此如果看到了有关临时变量的警告，请不要忽略）。

现在来看 refcube()函数。该函数的目的只是使用传递的值，而不是修改它们，因此临时变量不会造成任何不利的影响，反而会使函数在可处理的参数种类方面更通用。因此，如果声明将引用指定为 const，C++将在必要时生成临时变量。实际上，对于形参为 const 引用的 C++函数，如果实参不匹配，则其行为类似于按值传递，为确保原始数据不被修改，将使用临时变量来存储值。

注意： 如果函数调用的参数不是左值或与相应的 const 引用参数的类型不匹配，则 C++将创建类型正确的匿名变量，将函数调用的参数的值传递给该匿名变量，并让参数来引用该变量。

应尽可能使用 const

将引用参数声明为常量数据的引用的理由有三个：

- 使用 const 可以避免无意中修改数据的编程错误；
- 使用 const 使函数能够处理 const 和非 const 实参，否则将只能接受非 const 数据；
- 使用 const 引用使函数能够正确生成并使用临时变量。

因此，应尽可能将引用形参声明为 const。

C++11 新增了另一种引用——右值引用（rvalue reference）。这种引用可指向右值，是使用&&声明的：

```
double && rref = std::sqrt(36.00);  // not allowed for double &
double j = 15.0;
double && jref = 2.0* j + 18.5;     // not allowed for double &
std::cout << rref << '\n';          // display 6.0
std::cout << jref << '\n';          // display 48.5;
```

新增右值引用的主要目的是，让库设计人员能够提供有些操作的更有效实现。第 18 章将讨论如何使用右值引用来实现移动语义（move semantics）。以前的引用（使用&声明的引用）现在称为左值引用。

8.2.4　将引用用于结构

引用非常适合用于结构和类（C++的用户定义类型）。确实，引入引用主要是为了用于这些类型的，而不是基本的内置类型。

使用结构引用参数的方式与使用基本变量引用相同，只需在声明结构参数时使用引用运算符&即可。例如，假设有如下结构定义：

```
struct free_throws
{
```

```
    std::string name;
    int made;
    int attempts;
    float percent;
};
```

则可以这样编写函数原型，在函数中将指向该结构的引用作为参数：

```
void set_pc(free_throws & ft); // use a reference to a structure
```

如果不希望函数修改传入的结构，可使用 const：

```
void display(const free_throws & ft); // don't allow changes to structure
```

程序清单 8.6 中的程序正是这样做的。它还通过让函数返回指向结构的引用添加了一个有趣的特点，这与返回结构有所不同。对此，有一些需要注意的地方，稍后将进行介绍。

程序清单 8.6 strc_ref.cpp

```
//strc_ref.cpp -- using structure references
#include <iostream>
#include <string>
struct free_throws
{
    std::string name;
    int made;
    int attempts;
    float percent;
};

void display(const free_throws & ft);
void set_pc(free_throws & ft);
free_throws & accumulate(free_throws & target, const free_throws & source);

int main()
{
// partial initializations - remaining members set to 0
    free_throws one = {"Ifelsa Branch", 13, 14};
    free_throws two = {"Andor Knott", 10, 16};
    free_throws three = {"Minnie Max", 7, 9};
    free_throws four = {"Whily Looper", 5, 9};
    free_throws five = {"Long Long", 6, 14};
    free_throws team = {"Throwgoods", 0, 0};
// no initialization
    free_throws dup;

    set_pc(one);
    display(one);
    accumulate(team, one);
    display(team);
// use return value as argument
    display(accumulate(team, two));
    accumulate(accumulate(team, three), four);
    display(team);
// use return value in assignment
    dup = accumulate(team,five);
    std::cout << "Displaying team:\n";
    display(team);
    std::cout << "Displaying dup after assignment:\n";
    display(dup);
    set_pc(four);
// ill-advised assignment
    accumulate(dup,five) = four;
    std::cout << "Displaying dup after ill-advised assignment:\n";
    display(dup);
    return 0;
}

void display(const free_throws & ft)
{
    using std::cout;
    cout << "Name: " << ft.name << '\n';
    cout << " Made: " << ft.made << '\t';
    cout << "Attempts: " << ft.attempts << '\t';
    cout << "Percent: " << ft.percent << '\n';
}
void set_pc(free_throws & ft)
{
    if (ft.attempts != 0)
        ft.percent = 100.0f *float(ft.made)/float(ft.attempts);
```

```
    else
        ft.percent = 0;
}

free_throws & accumulate(free_throws & target, const free_throws & source)
{
    target.attempts += source.attempts;
    target.made += source.made;
    set_pc(target);
    return target;
}
```

下面是该程序的输出：

```
Name: Ifelsa Branch
  Made: 13 Attempts: 14 Percent: 92.8571
Name: Throwgoods
  Made: 13 Attempts: 14 Percent: 92.8571
Name: Throwgoods
  Made: 23 Attempts: 30 Percent: 76.6667
Name: Throwgoods
  Made: 35 Attempts: 48 Percent: 72.9167
Displaying team:
Name: Throwgoods
  Made: 41 Attempts: 62 Percent: 66.129
Displaying dup after assignment:
Name: Throwgoods
  Made: 41 Attempts: 62 Percent: 66.129
Displaying dup after ill-advised assignment:
Name: Whily Looper
  Made: 5 Attempts: 9 Percent: 55.5556
```

1. 程序说明

该程序首先初始化了多个结构对象。本书前面说过，如果指定的初始值比成员少，余下的成员（这里只有 percent）将被设置为零。第一个函数调用如下：

```
set_pc(one);
```

由于函数 set_pc()的形参 ft 为引用，因此 ft 指向 one，函数 set_pc()的代码设置成员 one.percent。就这里而言，按值传递不可行，因为这将导致设置的是 one 的临时拷贝的成员 percent。根据前一章介绍的知识，另一种方法是使用指针参数并传递地址，但要复杂些：

```
set_pcp(&one); // using pointers instead - &one instead of one
...
void set_pcp(free_throws * pt)
{
    if (pt->attempts != 0)
        pt->percent = 100.0f *float(pt->made)/float(pt->attempts);
    else
        pt->percent = 0;
}
```

下一个函数调用如下：

```
display(one);
```

由于 display()显示结构的内容，而不修改它，因此这个函数使用了一个 const 引用参数。就这个函数而言，也可按值传递结构，但与复制原始结构的拷贝相比，使用引用可节省时间和内存。

再下一个函数调用如下：

```
accumulate(team, one);
```

函数 accumulate()接收两个结构参数，并将第二个结构的成员 attempts 和 made 的数据添加到第一个结构的相应成员中。只修改了第一个结构，因此第一个参数为引用，而第二个参数为 const 引用：

```
free_throws & accumulate(free_throws & target, const free_throws & source);
```

返回值呢？当前讨论的函数调用没有使用它；就目前而言，原本可以将返回值声明为 void，但请看下述函数调用：

```
display(accumulate(team, two));
```

上述代码是什么意思呢？首先，将结构对象 team 作为第一个参数传递给了 accumulate()。这意味着在函数 accumulate()中，target 指向的是 team。函数 accumulate()修改 team，再返回指向它的引用。注意到返回语句如下：

```
return target;
```

光看这条语句并不能知道返回的是引用，但函数头和原型指出了这一点：

```
free_throws & accumulate(free_throws & target, const free_throws & source)
```

如果返回类型被声明为 free_throws 而不是 free_throws &，上述返回语句将返回 target（也就是 team）的拷贝。但返回类型为引用，这意味着返回的是最初传递给 accumulate()的 team 对象。

接下来，将 accumulate()的返回值作为参数传递给了 display()，这意味着将 team 传递给了 display()。display()的参数为引用，这意味着函数 display()中的 ft 指向的是 team，因此将显示 team 的内容。所以，下述代码：

```
display(accumulate(team, two));
```

与下面的代码等效：

```
accumulate(team, two);
display(team);
```

上述逻辑也适用于如下语句：

```
accumulate(accumulate(team, three), four);
```

因此，该语句与下面的语句等效：

```
accumulate(team, three);
accumulate(team, four);
```

接下来，程序使用了一条赋值语句：

```
dup = accumulate(team,five);
```

正如您预期的，这条语句将 team 中的值复制到 dup 中。

最后，程序以独特的方式使用了 accumulate()：

```
accumulate(dup,five) = four;
```

这条语句将值赋给函数调用，这是可行的，因为函数的返回值是一个引用。如果函数 accumulate()按值返回，这条语句将不能通过编译。由于返回的是指向 dup 的引用，因此上述代码与下面的代码等效：

```
accumulate(dup,five); // add five's data to dup
dup = four;           // overwrite the contents of dup with the contents of four
```

其中第二条语句消除了第一条语句所做的工作，因此在原始赋值语句使用 accumulate()的方式并不好。

2. 为何要返回引用

下面更深入地讨论返回引用与传统返回机制的不同之处。传统返回机制与按值传递函数参数类似：计算关键字 return 后面的表达式，并将结果返回给调用函数。从概念上说，这个值被复制到一个临时位置，而调用程序将使用这个值。请看下面的代码：

```
double m = sqrt(16.0);
cout << sqrt(25.0);
```

在第一条语句中，值 4.0 被复制到一个临时位置，然后被复制给 m。在第二条语句中，值 5.0 被复制到一个临时位置，然后被传递给 cout（这里是理论上的描述，实际上，编译器可能合并某些步骤）。

现在来看下面的语句：

```
dup = accumulate(team,five);
```

如果 accumulate()返回一个结构，而不是指向结构的引用，将把整个结构复制到一个临时位置，再将这个拷贝复制给 dup。但在返回值为引用时，将直接把 team 复制到 dup，其效率更高。

注意：返回引用的函数实际上是被引用的变量的别名。

3. 返回引用时需要注意的问题

返回引用时最重要的一点是，应避免返回函数终止时不再存在的内存单元引用。您应避免编写下面这样的代码：

```
const free_throws & clone2(free_throws & ft)
{
    free_throws newguy; // first step to big error
    newguy = ft;        // copy info
    return newguy;      // return reference to copy
}
```

该函数返回一个指向临时变量（newguy）的引用，函数运行完毕后它将不再存在。第 9 章将讨论各种变量的持续性。同样，也应避免返回指向临时变量的指针。

为避免这种问题，最简单的方法是，返回一个作为参数传递给函数的引用。作为参数的引用将指向调用函数使用的数据，因此返回的引用也将指向这些数据。程序清单 8.6 中的 accumulate()正是这样做的。

另一种方法是用 new 来分配新的存储空间。前面见过这样的函数，它使用 new 为字符串分配内存空间，并返回指向该内存空间的指针。下面是使用引用来完成类似工作的方法：

```
const free_throws & clone(free_throws & ft)
{
```

```
    free_throws * pt;
    *pt = ft;      // copy info
    return *pt;  // return reference to copy
}
```

第一条语句创建一个无名的 free_throws 结构，并让指针 pt 指向该结构，因此*pt 就是该结构。上述代码似乎会返回该结构，但函数声明表明，该函数实际上将返回这个结构的引用。这样，便可以这样使用该函数：

```
free_throws & jolly = clone(three);
```

这使得 jolly 成为新结构的引用。这种方法存在一个问题：在不再需要 new 分配的内存时，应使用 delete 来释放它们。调用 clone()隐藏了对 new 的调用，这使得以后很容易忘记使用 delete 来释放内存。第 16 章讨论的 auto_ptr 模板以及 C++11 新增的 unique_ptr 可帮助程序员自动完成释放工作。

4. 为何将 const 用于引用返回类型

程序清单 8.6 包含如下语句：

```
accumulate(dup,five) = four;
```

其效果如下：首先将 five 的数据添加到 dup 中，再使用 four 的内容覆盖 dup 的内容。这条语句为何能够通过编译呢？在赋值语句中，左边必须是可修改的左值。也就是说，在赋值表达式中，左边的子表达式必须标识一个可修改的内存块。在这里，函数返回指向 dup 的引用，它确实标识的是一个这样的内存块，因此这条语句是合法的。

另一方面，常规（非引用）返回类型是右值——不能通过地址访问的值。这种表达式可出现在赋值语句的右边，但不能出现在左边。其他右值包括字面值（如 10.0）和表达式（如 x + y）。显然，获取字面值（如 10.0）的地址没有意义，但为何常规函数返回值是右值呢？这是因为这种返回值位于临时内存单元中，运行到下一条语句时，它们可能不再存在。

假设您要使用引用返回值，但又不允许执行像给 accumulate()赋值这样的操作，只需将返回类型声明为 const 引用：

```
const free_throws &
    accumulate(free_throws & target, const free_throws & source);
```

现在返回类型为 const，是不可修改的左值，因此下面的赋值语句不合法：

```
accumulate(dup,five) = four; // not allowed for const reference return
```

该程序中的其他函数调用又如何呢？返回类型为 const 引用后，下面的语句仍合法：

```
display(accumulate(team, two));
```

这是因为 display()的形参也是 const free_throws &类型。但下面的语句不合法，因为 accumulate()的第一个形参不是 const：

```
accumulate(accumulate(team, three), four);
```

这影响大吗？就这里而言不大，因为您仍可以这样做：

```
accumulate(team, three);
accumulate(team, four);
```

另外，您仍可以在赋值语句右边使用 accumulate()。

通过省略 const，可以编写更简短代码，但其含义也更模糊。

通常，应避免在设计中添加模糊的特性，因为模糊特性增加了犯错的机会。将返回类型声明为 const 引用，可避免您犯糊涂。然而，有时候省略 const 确实有道理，第 11 章将讨论的重载运算符<<就是一个这样的例子。

8.2.5 将引用用于类对象

将类对象传递给函数时，C++通常的做法是使用引用。例如，可以通过使用引用，让函数将类 string、ostream、istream、ofstream 和 ifstream 等类的对象作为参数。

下面来看一个例子，它使用了 string 类，并演示了一些不同的设计方案，其中的一些是糟糕的。这个例子的基本思想是，创建一个函数，它将指定的字符串加入到另一个字符串的前面和后面。程序清单 8.7 提供了三个这样的函数，然而其中的一个存在非常大的缺陷，可能导致程序崩溃甚至不能通过编译。

程序清单 8.7 strquote.cpp

```
// strquote.cpp -- different designs
#include <iostream>
#include <string>
using namespace std;
string version1(const string & s1, const string & s2);
```

```
const string & version2(string & s1, const string & s2); // has side effect
const string & version3(string & s1, const string & s2); // bad design

int main()
{
    string input;
    string copy;
    string result;

    cout << "Enter a string: ";
    getline(cin, input);
    copy = input;
    cout << "Your string as entered: " << input << endl;
    result = version1(input, "***");
    cout << "Your string enhanced: " << result << endl;
    cout << "Your original string: " << input << endl;

    result = version2(input, "###");
    cout << "Your string enhanced: " << result << endl;
    cout << "Your original string: " << input << endl;

    cout << "Resetting original string.\n";
    input = copy;
    result = version3(input, "@@@");
    cout << "Your string enhanced: " << result << endl;
    cout << "Your original string: " << input << endl;

    return 0;
}

string version1(const string & s1, const string & s2)
{
    string temp;

    temp = s2 + s1 + s2;
    return temp;
}

const string & version2(string & s1, const string & s2) // has side effect
{
    s1 = s2 + s1 + s2;
// safe to return reference passed to function
    return s1;
}

const string & version3(string & s1, const string & s2) // bad design
{
    string temp;

    temp = s2 + s1 + s2;
// unsafe to return reference to local variable
    return temp;
}
```

下面是该程序的运行情况：

```
Enter a string: It's not my fault.
Your string as entered: It's not my fault.
Your string enhanced: ***It's not my fault.***
Your original string: It's not my fault.
Your string enhanced: ###It's not my fault.###
Your original string: ###It's not my fault.###
Resetting original string.
```

此时，该程序已经崩溃。

程序说明

在程序清单 8.7 的三个函数中，version1 最简单：

```
string version1(const string & s1, const string & s2)
{
    string temp;

    temp = s2 + s1 + s2;
    return temp;
}
```

它接受两个 string 参数，并使用 string 类的相加功能来创建一个满足要求的新字符串。这两个函数参数都是 const 引用。如果使用 string 对象作为参数，最终结果将不变：

```
string version4(string s1, string s2) // would work the same
```

在这种情况下，s1和s2将为string对象。使用引用的效率更高，因为函数不需要创建新的string对象，并将原来对象中的数据复制到新对象中。限定符const指出，该函数将使用原来的string对象，但不会修改它。

temp是一个新的string对象，只在函数version1()中有效，该函数执行完毕后，它将不再存在。因此，返回指向temp的引用不可行，因此该函数的返回类型为string，这意味着temp的内容将被复制到一个临时存储单元中，然后在main()中，该存储单元的内容被复制到一个名为result的string中：

```
result = version1(input, "***");
```

将C风格字符串用作string对象引用参数

对于函数version1()，您可能注意到了很有趣的一点：该函数的两个形参（s1和s2）的类型都是const string &，但实参（input和"***"）的类型分别是string和const char *。由于input的类型为string，因此让s1指向它没有任何问题。然而，程序怎么能够接受将char指针赋给string引用呢？

这里有两点需要说明。首先，string类定义了一种char *到string的转换功能，这使得可以使用C风格字符串来初始化string对象。其次，本章前面讨论过的类型为const引用的形参的一个属性。假设实参的类型与引用参数类型不匹配，但可被转换为引用类型，程序将创建一个正确类型的临时变量，使用转换后的实参值来初始化它，然后传递一个指向该临时变量的引用。例如，在本章前面，将int实参传递给const double &形参时，就是以这种方式进行处理的。同样，也可以将实参char *或const char *传递给形参const string &。

这种属性的结果是，如果形参类型为const string &，在调用函数时，使用的实参可以是string对象或C风格字符串，如用引号括起的字符串字面量、以空字符结尾的char数组或指向char的指针变量。因此，下面的代码是可行的：

```
result = version1(input, "***");
```

函数version2()不创建临时string对象，而是直接修改原来的string对象：

```
const string & version2(string & s1, const string & s2) // has side effect
{
    s1 = s2 + s1 + s2;
// safe to return reference passed to function
    return s1;
}
```

该函数可以修改s1，因为不同于s2，s1没有被声明为const。

由于s1是指向main()中一个对象（input）的引用，因此将s1作为引用返回是安全的。由于s1是指向input的引用，因此，下面一行代码：

```
result = version2(input, "###");
```

与下面的代码等价：

```
version2(input, "###"); // input altered directly by version2()
result = input;         // reference to s1 is reference to input
```

然而，由于s1是指向input的引用，调用该函数将带来修改input的副作用：

```
Your original string: It's not my fault.
Your string enhanced: ###It's not my fault.###
Your original string: ###It's not my fault.###
```

因此，如果要保留原来的字符串不变，这将是一种错误设计。

程序清单8.7中的第三个函数版本指出了什么不能做：

```
const string & version3(string & s1, const string & s2) // bad design
{
    string temp;

    temp = s2 + s1 + s2;
// unsafe to return reference to local variable
    return temp;
}
```

它存在一个致命的缺陷：返回一个指向version3()中声明的变量的引用。这个函数能够通过编译（但编译器会发出警告），但当程序试图执行该函数时将崩溃。具体地说，问题是由下面的赋值语句引发的：

```
result = version3(input, "@@@");
```

程序试图引用已经释放的内存。

8.2.6 对象、继承和引用

ostream和ofstream类凸现了引用的一个有趣属性。正如第6章介绍的，ofstream对象可以使用ostream

类的方法，这使得文件输入/输出的格式与控制台输入/输出相同。使得能够将特性从一个类传递给另一个类的语言特性被称为继承，这将在第 13 章详细讨论。简单地说，ostream 是基类（因为 ofstream 是建立在它的基础之上的），而 ofstream 是派生类（因为它是从 ostream 派生而来的）。派生类继承了基类的方法，这意味着 ofstream 对象可以使用基类的特性，如格式化方法 precision()和 setf()。

继承的另一个特征是，基类引用可以指向派生类对象，而无需进行强制类型转换。这种特征的一个实际结果是，可以定义一个接受基类引用作为参数的函数，调用该函数时，可以将基类对象作为参数，也可以将派生类对象作为参数。例如，参数类型为 ostream &的函数可以接受 ostream 对象（如 cout）或您声明的 ofstream 对象作为参数。

程序清单 8.8 通过调用同一个函数（只有函数调用参数不同）将数据写入文件和显示到屏幕上来说明了这一点。该程序要求用户输入望远镜物镜和一些目镜的焦距，然后计算并显示每个目镜的放大倍数。放大倍数等于物镜的焦距除以目镜的焦距，因此计算起来很简单。该程序还使用了一些格式化方法，这些方法用于 cout 和 ofstream 对象（在这个例子中为 fout）时作用相同。

程序清单 8.8 filefunc.cpp

```
//filefunc.cpp -- function with ostream & parameter
#include <iostream>
#include <fstream>
#include <cstdlib>
using namespace std;

void file_it(ostream & os, double fo, const double fe[],int n);
const int LIMIT = 5;
int main()
{
    ofstream fout;
    const char * fn = "ep-data.txt";
    fout.open(fn);
    if (!fout.is_open())
    {
        cout << "Can't open " << fn << ". Bye.\n";
        exit(EXIT_FAILURE);
    }
    double objective;
    cout << "Enter the focal length of your "
            "telescope objective in mm: ";
    cin >> objective;
    double eps[LIMIT];
    cout << "Enter the focal lengths, in mm, of " << LIMIT
         << " eyepieces:\n";
    for (int i = 0; i < LIMIT; i++)
    {
        cout << "Eyepiece #" << i + 1 << ": ";
        cin >> eps[i];
    }
    file_it(fout, objective, eps, LIMIT);
    file_it(cout, objective, eps, LIMIT);
    cout << "Done\n";
    return 0;
}
void file_it(ostream & os, double fo, const double fe[],int n)
{
    ios_base::fmtflags initial;
    initial = os.setf(ios_base::fixed); // save initial formatting state
    os.precision(0);
    os << "Focal length of objective: " << fo << " mm\n";
    os.setf(ios::showpoint);
    os.precision(1);
    os.width(12);
    os << "f.l. eyepiece";
    os.width(15);
    os << "magnification" << endl;
    for (int i = 0; i < n; i++)
    {
        os.width(12);
        os << fe[i];
        os.width(15);
        os << int (fo/fe[i] + 0.5) << endl;
    }
```

```
    os.setf(initial); // restore initial formatting state
}
```

下面是该程序的运行情况：

```
Enter the focal length of your telescope objective in mm: 1800
Enter the focal lengths, in mm, of 5 eyepieces:
Eyepiece #1: 30
Eyepiece #2: 19
Eyepiece #3: 14
Eyepiece #4: 8.8
Eyepiece #5: 7.5
Focal length of objective: 1800 mm
f.l. eyepiece magnification
       30.0           60
       19.0           95
       14.0          129
        8.8          205
        7.5          240
Done
```

下述代码行将目镜数据写入到文件 ep-data.txt 中：

```
file_it(fout, objective, eps, LIMIT);
```

而下述代码行将同样的信息以同样的格式显示到屏幕上：

```
file_it(cout, objective, eps, LIMIT);
```

程序说明

对于该程序，最重要的一点是，参数 os（其类型为 ostream &）可以指向 ostream 对象（如 cout），也可以指向 ofstream 对象（如 fout）。该程序还演示了如何使用 ostream 类中的格式化方法。下面复习（介绍）其中的一些，更详细的讨论请参阅第 17 章。

方法 setf()让您能够设置各种格式化状态。例如，方法调用 setf(ios_base::fixed)将对象置于使用定点表示法的模式；setf(ios_base::showpoint)将对象置于显示小数点的模式，即使小数部分为零。方法 precision()指定显示多少位小数（假定对象处于定点模式下）。所有这些设置都将一直保持不变，直到再次调用相应的方法重新设置它们。方法 width()设置下一次输出操作使用的字段宽度，这种设置只在显示下一个值时有效，然后将恢复到默认设置。默认的字段宽度为零，这意味着刚好能容纳下要显示的内容。

函数 file_it()使用了两个有趣的方法调用：

```
ios_base::fmtflags initial;
initial = os.setf(ios_base::fixed); // save initial formatting state
...
os.setf(initial);                   // restore initial formatting state
```

方法 setf()返回调用它之前有效的所有格式化设置。ios_base::fmtflags 是存储这种信息所需的数据类型名称。因此，将返回值赋给 initial 将存储调用 file_it()之前的格式化设置，然后便可以使用变量 initial 作为参数来调用 setf()，将所有的格式化设置恢复到原来的值。因此，该函数将对象回到传递给 file_it()之前的状态。

了解更多有关类的知识将有助于更好地理解这些方法的工作原理，以及为何在代码中使用 ios_base。然而，您不用等到第 17 章才使用这些方法。

需要说明的最后一点是，每个对象都存储了自己的格式化设置。因此，当程序将 cout 传递给 file_it()时，cout 的设置将被修改，然后被恢复；当程序将 fout 传递给 file_it()时，fout 的设置将被修改，然后被恢复。

8.2.7 何时使用引用参数

使用引用参数的主要原因有两个。

- 程序员能够修改调用函数中的数据对象。
- 通过传递引用而不是整个数据对象，可以提高程序的运行速度。

当数据对象较大时（如结构和类对象），第二个原因最重要。这些也是使用指针参数的原因。这是有道理的，因为引用参数实际上是基于指针的代码的另一个接口。那么，什么时候应使用引用、什么时候应使用指针呢？什么时候应按值传递呢？下面是一些指导原则：

对于使用传递的值而不作修改的函数。

- 如果数据对象很小，如内置数据类型或小型结构，则按值传递。
- 如果数据对象是数组，则使用指针，因为这是唯一的选择，并将指针声明为指向 const 的指针。

- 如果数据对象是较大的结构，则使用 const 指针或 const 引用，以提高程序的效率。这样可以节省复制结构所需的时间和空间。
- 如果数据对象是类对象，则使用 const 引用。类设计的语义常常要求使用引用，这是 C++新增这项特性的主要原因。因此，传递类对象参数的标准方式是按引用传递。

对于修改调用函数中数据的函数：

- 如果数据对象是内置数据类型，则使用指针。如果看到诸如 fixit(&x)这样的代码（其中 x 是 int），则很明显，该函数将修改 x。
- 如果数据对象是数组，则只能使用指针。
- 如果数据对象是结构，则使用引用或指针。
- 如果数据对象是类对象，则使用引用。

当然，这只是一些指导原则，很可能有充分的理由做出其他的选择。例如，对于基本类型，cin 使用引用，因此可以使用 cin>>n，而不是 cin >> &n。

8.3 默认参数

下面介绍 C++的另一项新内容——默认参数。默认参数指的是当函数调用中省略了实参时自动使用的一个值。例如，如果将 void wow（int n）设置成 n 有默认值为 1，则函数调用 wow()相当于 wow（1）。这极大地提高了使用函数的灵活性。假设有一个名为 left()的函数，它将字符串和 n 作为参数，并返回该字符串的前 n 个字符。更准确地说，该函数返回一个指针，该指针指向由原始字符串中被选中的部分组成的字符串。例如，函数调用 left("theory", 3)将创建新字符串"the"，并返回一个指向该字符串的指针。现在假设第二个参数的默认值被设置为 1，则函数调用 left("theory", 3)仍像前面讲述的那样工作，3 将覆盖默认值。但函数调用 left("theory")不会出错，它认为第二个参数的值为 1，并返回指向字符串"t"的指针。如果程序经常需要抽取一个字符组成的字符串，而偶尔需要抽取较长的字符串，则这种默认值将很有帮助。

如何设置默认值呢？必须通过函数原型。由于编译器通过查看原型来了解函数所使用的参数数目，因此函数原型也必须将可能的默认参数告知程序。方法是将值赋给原型中的参数。例如，left()的原型如下：

```
char * left(const char * str, int n = 1);
```

您希望该函数返回一个新的字符串，因此将其类型设置为 char *（指向 char 的指针）；您希望原始字符串保持不变，因此对第一个参数使用了 const 限定符；您希望 n 的默认值为 1，因此将这个值赋给 n。默认参数值是初始化值，因此上面的原型将 n 初始化为 1。如果省略参数 n，则它的值将为 1；否则，传递的值将覆盖 1。

对于带参数列表的函数，必须从右向左添加默认值。也就是说，要为某个参数设置默认值，则必须为它右边的所有参数提供默认值：

```
int harpo(int n, int m = 4, int j = 5);         // VALID
int chico(int n, int m = 6, int j);             // INVALID
int groucho(int k = 1, int m = 2, int n = 3); // VALID
```

例如，harpo()原型允许调用该函数时提供 1 个、2 个或 3 个参数：

```
beeps = harpo(2);        // same as harpo(2,4,5)
beeps = harpo(1,8);      // same as harpo(1,8,5)
beeps = harpo (8,7,6); // no default arguments used
```

实参按从左到右的顺序依次被赋给相应的形参，而不能跳过任何参数。因此，下面的调用是不允许的：

```
beeps = harpo(3, ,8); // invalid, doesn't set m to 4
```

默认参数并非编程方面的重大突破，而只是提供了一种便捷的方式。在设计类时您将发现，通过使用默认参数，可以减少要定义的析构函数、方法以及方法重载的数量。

程序清单 8.9 使用了默认参数。请注意，只有原型指定了默认值。函数定义与没有默认参数时完全相同。

程序清单 8.9 left.cpp

```
// left.cpp -- string function with a default argument
#include <iostream>
const int ArSize = 80;
char * left(const char * str, int n = 1);
int main()
{
```

```
    using namespace std;
    char sample[ArSize];
    cout << "Enter a string:\n";
    cin.get(sample,ArSize);
    char *ps = left(sample, 4);
    cout << ps << endl;
    delete [] ps;   // free old string
    ps = left(sample);
    cout << ps << endl;
    delete [] ps;   // free new string
    return 0;
}

// This function returns a pointer to a new string
// consisting of the first n characters in the str string.
char * left(const char * str, int n)
{
    if(n < 0)
        n = 0;
    char * p = new char[n+1];
    int i;
    for (i = 0; i < n && str[i]; i++)
        p[i] = str[i]; // copy characters
    while (i <= n)
        p[i++] = '\0'; // set rest of string to '\0'
    return p;
}
```

下面是该程序的运行情况：

```
Enter a string:
forthcoming
fort
f
```

程序说明

该程序使用 new 创建一个新的字符串，以存储被选择的字符。一种可能出现的尴尬情况是，不合作的用户要求的字符数目可能为负。在这种情况下，函数将字符计数设置为 0，并返回一个空字符串。另一种可能出现的尴尬情况是，不负责任的用户要求的字符数目可能多于字符串包含的字符数，为预防这种情况，函数使用了一个组合测试：

```
i < n && str[i]
```

i < n 测试让循环复制了 n 个字符后终止。测试的第二部分——表达式 str[i]，是要复制的字符的编码。遇到空值字符（其编码为 0）后，循环将结束。这样，while 循环将使字符串以空值字符结束，并将余下的空间（如果有的话）设置为空值字符。

另一种设置新字符串长度的方法是，将 n 设置为传递的值和字符串长度中较小的一个：

```
int len = strlen(str);
n = (n < len) ? n : len; // the lesser of n and len
char * p = new char[n+1];
```

这将确保 new 分配的空间不会多于存储字符串所需的空间。如果用户执行像 left(“Hi!”, 32767)这样的调用，则这种方法很有用。第一种方法将把“Hi!”复制到由 32767 个字符组成的数组中，并将除前 3 个字符之外的所有字符都设置为空值字符；第二种方法将“Hi!”复制到由 4 个字符组成的数组中。但由于添加了另外一个函数调用（strlen()），因此程序将更长，运行速度将降低，同时还必须包含头文件 cstring（或 string.h）。C 程序员倾向于选择运行速度更快、更简洁的代码，因此需要程序员在正确使用函数方面承担更多责任。然而，C++的传统是更强调可靠性。毕竟，速度较慢但能正常运行的程序，要比运行速度虽快但无法正常运行的程序好。如果调用 strlen()所需的时间很长，则可以让 left()直接确定 n 和字符串长度哪个小。例如，当 m 的值等于 n 或到达字符串结尾时，下面的循环都将终止：

```
int m = 0;
while (m <= n && str[m] != '\0')
     m++;
char * p = new char[m+1]:
// use m instead of n in rest of code
```

别忘了，在 str[m]不是空值字符时，表达式 str[m] != '\0'的结果为 true，否则为 false。由于在&&表达式中，非零值被转换为 true，而零被转换为 false，因此也可以这样编写这个 while 测试：

```
while (m<=n && str[m])
```

8.4　函数重载

函数多态是C++在C语言的基础上新增的功能。默认参数让您能够使用不同数目的参数调用同一个函数，而函数多态（函数重载）让您能够使用多个同名的函数。术语“多态”指的是有多种形式，因此函数多态允许函数可以有多种形式。类似地，术语“函数重载”指的是可以有多个同名的函数，因此对名称进行了重载。这两个术语指的是同一回事，但我们通常使用函数重载。可以通过函数重载来设计一系列函数——它们完成相同的工作，但使用不同的参数列表。

重载函数就像是有多种含义的动词。例如，Piggy 小姐可以在棒球场为家乡球队助威（root），也可以在地里种植（root）菌类作物。根据上下文可以知道在每一种情况下，root的含义是什么。同样，C++使用上下文来确定要使用的重载函数版本。

函数重载的关键是函数的参数列表——也称为函数特征标（function signature）。如果两个函数的参数数目和类型相同，同时参数的排列顺序也相同，则它们的特征标相同，而变量名是无关紧要的。C++允许定义名称相同的函数，条件是它们的特征标不同。如果参数数目和/或参数类型不同，则特征标也不同。例如，可以定义一组原型如下的print()函数：

```
void print(const char * str, int width); // #1
void print(double d, int width);         // #2
void print(long l, int width);           // #3
void print(int i, int width);            // #4
void print(const char *str);             // #5
```

使用print()函数时，编译器将根据所采取的用法使用有相应特征标的原型：

```
print("Pancakes", 15);       // use #1
print("Syrup");              // use #5
print(1999.0, 10);           // use #2
print(1999, 12);             // use #4
print(1999L, 15);            // use #3
```

例如，print(“Pancakes”, 15)使用一个字符串和一个整数作为参数，这与#1原型匹配。

使用被重载的函数时，需要在函数调用中使用正确的参数类型。例如，对于下面的语句：

```
unsigned int year = 3210;
print(year, 6);          // ambiguous call
```

print()调用与哪个原型匹配呢？它不与任何原型匹配！没有匹配的原型并不会自动停止使用其中的某个函数，因为C++将尝试使用标准类型转换强制进行匹配。如果#2原型是print()唯一的原型，则函数调用print(year, 6)将把year转换为double类型。但在上面的代码中，有3个将数字作为第一个参数的原型，因此有3种转换year的方式。在这种情况下，C++将拒绝这种函数调用，并将其视为错误。

一些看起来彼此不同的特征标是不能共存的。例如，请看下面的两个原型：

```
double cube(double x);
double cube(double & x);
```

您可能认为可以在此处使用函数重载，因为它们的特征标看起来不同。然而，请从编译器的角度来考虑这个问题。假设有下面这样的代码：

```
cout << cube(x);
```

参数x与double x原型和double &x原型都匹配，因此编译器无法确定究竟应使用哪个原型。为避免这种混乱，编译器在检查函数特征标时，将把类型引用和类型本身视为同一个特征标。

匹配函数时，要区分const和非const变量。请看下面的原型：

```
void dribble(char * bits);          // overloaded
void dribble (const char *cbits); // overloaded
void dabble(char * bits);           // not overloaded
void drivel(const char * bits);   // not overloaded
```

下面列出了各种函数调用对应的原型：

```
const char p1[20] = "How's the weather?";
char p2[20] = "How's business?";
dribble(p1);  // dribble(const char *);
dribble(p2);  // dribble(char *);
dabble(p1);   // no match
dabble(p2);   // dabble(char *);
drivel(p1);   // drivel(const char *);
drivel(p2);   // drivel(const char *);
```

dribble()函数有两个原型，一个用于const指针，另一个用于常规指针，编译器将根据实参是否为const来决定使用哪个原型。dabble()函数只与带非const参数的调用匹配，而drivel()函数可以与带const或非const参数的调用匹配。drivel()和dabble()之所以在行为上有这种差别，主要是由于将非const值赋给const变量是合法的，但反之则是非法的。

请记住，是特征标，而不是函数类型使得可以对函数进行重载。例如，下面的两个声明是互斥的：

```
long gronk(int n, float m);     // same signatures,
double gronk(int n, float m); // hence not allowed
```

因此，C++不允许以这种方式重载gronk()。返回类型可以不同，但特征标也必须不同：

```
long gronk(int n, float m);       // different signatures,
double gronk(float n, float m); // hence allowed
```

在本章稍后讨论过模板后，将进一步讨论函数匹配的问题。

重载引用参数

类设计和STL经常使用引用参数，因此知道不同引用类型的重载很有用。请看下面三个原型：

```
void sink(double & r1);         // matches modifiable lvalue
void sank(const double & r2); // matches modifiable or const lvalue, rvalue
void sunk(double && r3);       // matches rvalue
```

左值引用参数r1与可修改的左值参数（如double变量）匹配；const左值引用参数r2与可修改的左值参数、const左值参数和右值参数（如两个double值的和）匹配；最后，右值引用参数r3与右值匹配。注意到与r1或r3匹配的参数都与r2匹配。这就带来了一个问题：如果重载使用这三种参数的函数，结果将如何？答案是将调用最匹配的版本：

```
void staff(double & rs);          // matches modifiable lvalue
voit staff(const double & rcs); // matches rvalue, const lvalue
void stove(double & r1);          // matches modifiable lvalue
void stove(const double & r2);  // matches const lvalue
void stove(double && r3);        // matches rvalue
```

这让您能够根据参数是左值、const还是右值来定制函数的行为：

```
double x = 55.5;
const double y = 32.0;
stove(x);                // calls stove(double &)
stove(y);                // calls stove(const double &)
stove(x+y);              // calls stove(double &&)
```

如果没有定义函数stove(double &&)，stove(x+y)将调用函数stove(const double &)。

8.4.1 重载示例

本章前面创建了一个left()函数，它返回一个指针，指向字符串的前n个字符。下面添加另一个left()函数，它返回整数的前n位。例如，可以使用该函数来查看被存储为整数的、美国邮政编码的前3位——如果要根据城区分拣邮件，则这种操作很有用。

该函数的整数版本编写起来比字符串版本更困难些，因为并不是整数的每一位被存储在相应的数组元素中。一种方法是，先计算数字包含多少位。将数字除以10便可以去掉一位，因此可以使用除法来计算数位。更准确地说，可以用下面的循环完成这种工作：

```
unsigned digits = 1;
while (n /= 10)
    digits++;
```

上述循环计算每次删除n中的一位时，需要多少次才能删除所有的位。前面讲过，n / = 10是n = n / 10的缩写。例如，如果n为8，则该测试条件将8/10的值（0，由于这是整数除法）赋给n。这将结束循环，digits的值仍然为1。但如果n为238，第一轮循环测试将n设置为238/10，即23。这个值不为零，因此循环将digits增加到2。下一轮循环将n设置为23/10，即2。这个值还是不为零，因此digits将增加到3。下一轮循环将n设置为2/10，即0，从而结束循环，而digits被设置为正确的值——3。

现在假设知道数字共有5位，并要返回前3位，则将这个数除以10后再除以10，便可以得到所需的值。每次除以10都等同于删除数字的最后一位。要知道需要删除多少位，只需将总位数减去要获得的位数即可。例如，要获得9位数的前4位，需要删除后面的5位。可以这样编写代码：

```
ct = digits - ct;
while (ct--)
    num /= 10;
return num;
```

程序清单 8.10 将上述代码放到了一个新的 left()函数中。该函数还包含一些用于处理特殊情况的代码，如用户要求显示 0 位或要求显示的位数多于总位数。由于新 left()的特征标不同于旧的 left()，因此可以在同一个程序中使用这两个函数。

程序清单 8.10 leftover.cpp

```
// leftover.cpp -- overloading the left() function
#include <iostream>
unsigned long left(unsigned long num, unsigned ct);
char * left(const char * str, int n = 1);

int main()
{
     using namespace std;
    char * trip = "Hawaii!!";   // test value
    unsigned long n = 12345678; // test value
    int i;
    char * temp;

    for (i = 1; i < 10; i++)
    {
        cout << left(n, i) << endl;
        temp = left(trip,i);
        cout << temp << endl;
        delete [] temp; // point to temporary storage
    }
    return 0;
}

// This function returns the first ct digits of the number num.
unsigned long left(unsigned long num, unsigned ct)
{
    unsigned digits = 1;
    unsigned long n = num;

    if (ct == 0 || num == 0)
        return 0; // return 0 if no digits
    while (n /= 10)
        digits++;
    if (digits > ct)
    {
    ct = digits - ct;
    while (ct--)
        num /= 10;
    return num; // return left ct digits
    }
    else // if ct >= number of digits
        return num; // return the whole number
}

// This function returns a pointer to a new string
// consisting of the first n characters in the str string.
char * left(const char * str, int n)
{
    if(n < 0)
        n = 0;
    char * p = new char[n+1];
    int i;
    for (i = 0; i < n && str[i]; i++)
        p[i] = str[i]; // copy characters
    while (i <= n)
        p[i++] = '\0'; // set rest of string to '\0'
    return p;
}
```

下面是该程序的输出：

```
1
H
12
Ha
123
Haw
1234
Hawa
12345
```

```
Hawai
123456
Hawaii
1234567
Hawaii!
12345678
Hawaii!!
12345678
Hawaii!!
```

8.4.2 何时使用函数重载

虽然函数重载很吸引人，但也不要滥用。仅当函数基本上执行相同的任务，但使用不同形式的数据时，才应采用函数重载。另外，您可能还想知道，是否可以通过使用默认参数来实现同样的目的。例如，可以用两个重载函数来代替面向字符串的 left()函数：

```
char * left(const char * str, unsigned n); // two arguments
char * left(const char * str);             // one argument
```

使用一个带默认参数的函数要简单些。只需编写一个函数（而不是两个函数），程序也只需为一个函数（而不是两个）请求内存；需要修改函数时，只需修改一个。然而，如果需要使用不同类型的参数，则默认参数便不管用了，在这种情况下，应该使用函数重载。

什么是名称修饰

C++如何跟踪每一个重载函数呢？它给这些函数指定了秘密身份。使用 C++开发工具中的编辑器编写和编译程序时，C++编译器将执行一些神奇的操作——名称修饰（name decoration）或名称矫正（name mangling），它根据函数原型中指定的形参类型对每个函数名进行加密。请看下述未经修饰的函数原型：

```
long MyFunctionFoo(int, float);
```

这种格式对于人类来说很适合；我们知道函数接受两个参数（一个为 int 类型，另一个为 float 类型），并返回一个 long 值。而编译器将名称转换为不太好看的内部表示，来描述该接口，如下所示：

```
?MyFunctionFoo@@YAXH
```

对原始名称进行的表面看来无意义的修饰（或矫正，因人而异）将对参数数目和类型进行编码。添加的一组符号随函数特征标而异，而修饰时使用的约定随编译器而异。

8.5 函数模板

现在的 C++编译器实现了 C++新增的一项特性——函数模板。函数模板是通用的函数描述，也就是说，它们使用泛型来定义函数，其中的泛型可用具体的类型（如 int 或 double）替换。通过将类型作为参数传递给模板，可使编译器生成该类型的函数。由于模板允许以泛型（而不是具体类型）的方式编写程序，因此有时也被称为通用编程。由于类型是用参数表示的，因此模板特性有时也被称为参数化类型（parameterized types）。下面介绍为何需要这种特性以及其工作原理。

在前面的程序清单 8.4 中，定义了一个交换两个 int 值的函数。假设要交换两个 double 值，则一种方法是复制原来的代码，并用 double 替换所有的 int。如果需要交换两个 char 值，可以再次使用同样的技术。进行这种修改将浪费宝贵的时间，且容易出错。如果进行手工修改，则可能会漏掉一个 int。如果进行全局查找和替换（如用 double 替换 int）时，可能将：

```
int x;
short interval;
```

转换为：

```
double x;            // intended change of type
short doubleerval; // unintended change of variable name
```

C++的函数模板功能能自动完成这一过程，可以节省时间，而且更可靠。

函数模板允许以任意类型的方式来定义函数。例如，可以这样建立一个交换模板：

```
template <typename AnyType>
void Swap(AnyType &a, AnyType &b)
{
    AnyType temp;
    temp = a;
    a = b;
    b = temp;
}
```

第一行指出，要建立一个模板，并将类型命名为 AnyType。关键字 template 和 typename 是必需的，除非可以使用关键字 class 代替 typename。另外，必须使用尖括号。类型名可以任意选择（这里为 AnyType），只要遵守 C++命名规则即可；许多程序员都使用简单的名称，如 T。余下的代码描述了交换两个 AnyType 值的算法。模板并不创建任何函数，而只是告诉编译器如何定义函数。需要交换 int 的函数时，编译器将按模板模式创建这样的函数，并用 int 代替 AnyType。同样，需要交换 double 的函数时，编译器将按模板模式创建这样的函数，并用 double 代替 AnyType。

在标准 C++98 添加关键字 typename 之前，C++使用关键字 class 来创建模板。也就是说，可以这样编写模板定义：

```
template <class AnyType>
void Swap(AnyType &a, AnyType &b)
{
    AnyType temp;
    temp = a;
    a = b;
    b = temp;
}
```

typename 关键字使得参数 AnyType 表示类型这一点更为明显；然而，有大量代码库是使用关键字 class 开发的。在这种上下文中，这两个关键字是等价的。本书使用了这两种形式，旨在让您在其他地方遇到它们时不会感到陌生。

提示：如果需要多个将同一种算法用于不同类型的函数，请使用模板。如果不考虑向后兼容的问题，并愿意键入较长的单词，则声明类型参数时，应使用关键字 typename 而不使用 class。

要让编译器知道程序需要一个特定形式的交换函数，只需在程序中使用 Swap()函数即可。编译器将检查所使用的参数类型，并生成相应的函数。程序清单 8.11 演示为何可以这样做。该程序的布局和使用常规函数时相同，在文件的开始位置提供模板函数的原型，并在 main()后面提供模板函数的定义。这个示例采用了更常见的做法，即将 T 而不是 AnyType 用作类型参数。

程序清单 8.11 funtemp.cpp

```
// funtemp.cpp -- using a function template
#include <iostream>
// function template prototype
template <typename T> // or class T
void Swap(T &a, T &b);

int main()
{
    using namespace std;
    int i = 10;
    int j = 20;
    cout << "i, j = " << i << ", " << j << ".\n";
    cout << "Using compiler-generated int swapper:\n";
    Swap(i,j); // generates void Swap(int &, int &)
    cout << "Now i, j = " << i << ", " << j << ".\n";

    double x = 24.5;
    double y = 81.7;
    cout << "x, y = " << x << ", " << y << ".\n";
    cout << "Using compiler-generated double swapper:\n";
    Swap(x,y); // generates void Swap(double &, double &)
    cout << "Now x, y = " << x << ", " << y << ".\n";
    // cin.get();
    return 0;
}

// function template definition
template <typename T> // or class T
void Swap(T &a, T &b)
{
    T temp; // temp a variable of type T
    temp = a;
    a = b;
    b = temp;
}
```

程序清单 8.11 中的第一个 Swap()函数接受两个 int 参数，因此编译器生成该函数的 int 版本。也就是说，用 int 替换所有的 T，生成下面这样的定义：

```
void Swap(int &a, int &b)
{
    int temp;
    temp = a;
    a = b;
    b = temp;
}
```

程序员看不到这些代码，但编译器确实生成并在程序中使用了它们。第二个 Swap()函数接受两个 double 参数，因此编译器将生成 double 版本。也就是说，用 double 替换 T，生成下述代码：

```
void Swap(double &a, double &b)
{
    double temp;
    temp = a;
    a = b;
    b = temp;
}
```

下面是程序清单 8.11 中程序的输出，从中可知，这种处理方式是可行的：

```
i, j = 10, 20.
Using compiler-generated int swapper:
Now i, j = 20, 10.
x, y = 24.5, 81.7.
Using compiler-generated double swapper:
Now x, y = 81.7, 24.5.
```

注意，函数模板不能缩短可执行程序。对于程序清单 8.11，最终仍将由两个独立的函数定义，就像以手工方式定义了这些函数一样。最终的代码不包含任何模板，而只包含了为程序生成的实际函数。使用模板的好处是，它使生成多个函数定义更简单、更可靠。

更常见的情形是，将模板放在头文件中，并在需要使用模板的文件中包含头文件。头文件将在第 9 章讨论。

8.5.1 重载的模板

需要多个对不同类型使用同一种算法的函数时，可使用模板，如程序清单 8.11 所示。然而，并非所有的类型都使用相同的算法。为满足这种需求，可以像重载常规函数定义那样重载模板定义。和常规重载一样，被重载的模板的函数特征标必须不同。例如，程序清单 8.12 新增了一个交换模板，用于交换两个数组中的元素。原模板的特征标为(T &, T &)，而新模板的特征标为(T [ ], T [ ], int)。注意，在后一个模板中，最后一个参数的类型为具体类型（int），而不是泛型。并非所有的模板参数都必须是模板参数类型。

编译器见到 twotemps.cpp 中第一个 Swap()函数调用时，发现它有两个 int 参数，因此将它与原来的模板匹配。但第二次调用将两个 int 数组和一个 int 值用作参数，这与新模板匹配。

程序清单 8.12 twotemps.cpp

```
// twotemps.cpp -- using overloaded template functions
#include <iostream>
template <typename T> // original template
void Swap(T &a, T &b);

template <typename T> // new template
void Swap(T *a, T *b, int n);
void Show(int a[]);
const int Lim = 8;
int main()
{
    using namespace std;
    int i = 10, j = 20;
    cout << "i, j = " << i << ", " << j << ".\n";
    cout << "Using compiler-generated int swapper:\n";
    Swap(i,j); // matches original template
    cout << "Now i, j = " << i << ", " << j << ".\n";

    int d1[Lim] = {0,7,0,4,1,7,7,6};
    int d2[Lim] = {0,7,2,0,1,9,6,9};
    cout << "Original arrays:\n";
    Show(d1);
    Show(d2);
    Swap(d1,d2,Lim); // matches new template
```

```
    cout << "Swapped arrays:\n";
    Show(d1);
    Show(d2);
    // cin.get();
    return 0;
}

template <typename T>
void Swap(T &a, T &b)
{
    T temp;
    temp = a;
    a = b;
    b = temp;
}

template <typename T>
void Swap(T a[], T b[], int n)
{
    T temp;
    for (int i = 0; i < n; i++)
    {
        temp = a[i];
        a[i] = b[i];
        b[i] = temp;
    }
}

void Show(int a[])
{
    using namespace std;
    cout << a[0] << a[1] << "/";
    cout << a[2] << a[3] << "/";
    for (int i = 4; i < Lim; i++)
        cout << a[i];
    cout << endl;
}
```

下面是程序清单 8.12 中程序的输出：

```
i, j = 10, 20.
Using compiler-generated int swapper:
Now i, j = 20, 10.
Original arrays:
07/04/1776
07/20/1969
Swapped arrays:
07/20/1969
07/04/1776
```

8.5.2　模板的局限性

假设有如下模板函数：

```
template <class T>    // or template <typename T>
void f(T a, T b)
{...}
```

通常，代码假定可执行哪些操作。例如，下面的代码假定定义了赋值，但如果 T 为数组，这种假设将不成立：

```
a = b;
```

同样，下面的语句假设定义了>，但如果 T 为结构，该假设便不成立：

```
if (a > b)
```

另外，为数组名定义了运算符>，但由于数组名为地址，因此它比较的是数组的地址，而这可能不是您希望的。下面的语句假定为类型 T 定义了乘法运算符，但如果 T 为数组、指针或结构，这种假设便不成立：

```
T c = a*b;
```

总之，编写的模板函数很可能无法处理某些类型。另外，有时候通用化是有意义的，但 C++语法不允许这样做。例如，将两个包含位置坐标的结构相加是有意义的，虽然没有为结构定义运算符+。一种解决方案是，C++允许您重载运算符+，以便能够将其用于特定的结构或类（运算符重载将在第 11 章讨论）。这样使用运算符+的模板便可处理重载了运算符+的结构。另一种解决方案是，为特定类型提供具体化的模板定义，下面就来介绍这种解决方案。

8.5.3 显式具体化

假设定义了如下结构：

```
struct job
{
      char name[40];
      double salary;
      int floor;
};
```

另外，假设希望能够交换两个这种结构的内容。原来的模板使用下面的代码来完成交换：

```
temp = a;
a = b;
b = temp;
```

由于 C++允许将一个结构赋给另一个结构，因此即使 T 是一个 job 结构，上述代码也适用。然而，假设只想交换 salary 和 floor 成员，而不交换 name 成员，则需要使用不同的代码，但 Swap()的参数将保持不变（两个 job 结构的引用），因此无法使用模板重载来提供其他的代码。

然而，可以提供一个具体化函数定义——称为显式具体化（explicit specialization），其中包含所需的代码。当编译器找到与函数调用匹配的具体化定义时，将使用该定义，而不再寻找模板。

具体化机制随着 C++的演变而不断变化。下面介绍 C++标准定义的形式。

1. 第三代具体化（ISO/ANSI C++标准）

试验其他具体化方法后，C++98 标准选择了下面的方法。

- 对于给定的函数名，可以有非模板函数、模板函数和显式具体化模板函数以及它们的重载版本。
- 显式具体化的原型和定义应以 template<>打头，并通过名称来指出类型。
- 具体化优先于常规模板，而非模板函数优先于具体化和常规模板。

下面是用于交换 job 结构的非模板函数、模板函数和具体化的原型：

```
// non template function prototype
void Swap(job &, job &);

// template prototype
template <typename T>
void Swap(T &, T &);

// explicit specialization for the job type
template <> void Swap<job>(job &, job &);
```

正如前面指出的，如果有多个原型，则编译器在选择原型时，非模板版本优先于显式具体化和模板版本，而显式具体化优先于使用模板生成的版本。例如，在下面的代码中，第一次调用 Swap()时使用通用版本，而第二次调用使用基于 job 类型的显式具体化版本。

```
...
template <class T>    // template
void Swap(T &, T &);

// explicit specialization for the job type
template <> void Swap<job>(job &, job &);
int main()
{
    double u, v;
    ...
    Swap(u,v);   // use template
    job a, b;
    ...
    Swap(a,b);   // use void Swap<job>(job &, job &)
}
```

Swap<job>中的<job>是可选的，因为函数的参数类型表明，这是 job 的一个具体化。因此，该原型也可以这样编写：

```
template <> void Swap(job &, job &); // simpler form
```

下面来看一看显式具体化的工作方式。

2. 显式具体化示例

程序清单 8.13 演示了显式具体化的工作方式。

程序清单 8.13 twoswap.cpp

```
// twoswap.cpp -- specialization overrides a template
#include <iostream>
template <typename T>
void Swap(T &a, T &b);

struct job
{
    char name[40];
    double salary;
    int floor;
};

// explicit specialization
template <> void Swap<job>(job &j1, job &j2);
void Show(job &j);

int main()
{
    using namespace std;
    cout.precision(2);
    cout.setf(ios::fixed, ios::floatfield);
    int i = 10, j = 20;
    cout << "i, j = " << i << ", " << j << ".\n";
    cout << "Using compiler-generated int swapper:\n";
    Swap(i,j); // generates void Swap(int &, int &)
    cout << "Now i, j = " << i << ", " << j << ".\n";

    job sue = {"Susan Yaffee", 73000.60, 7};
    job sidney = {"Sidney Taffee", 78060.72, 9};
    cout << "Before job swapping:\n";
    Show(sue);
    Show(sidney);
    Swap(sue, sidney); // uses void Swap(job &, job &)
    cout << "After job swapping:\n";
    Show(sue);
    Show(sidney);
    // cin.get();
    return 0;
}

template <typename T>
void Swap(T &a, T &b) // general version
{
    T temp;
    temp = a;
    a = b;
    b = temp;
}

// swaps just the salary and floor fields of a job structure

template <> void Swap<job>(job &j1, job &j2) // specialization
{
    double t1;
    int t2;
    t1 = j1.salary;
    j1.salary = j2.salary;
    j2.salary = t1;
    t2 = j1.floor;
    j1.floor = j2.floor;
    j2.floor = t2;
}

void Show(job &j)
{
    using namespace std;
    cout << j.name << ": $" << j.salary
         << " on floor " << j.floor << endl;
}
```

下面是该程序的输出：

```
i, j = 10, 20.
Using compiler-generated int swapper:
Now i, j = 20, 10.
```

```
Before job swapping:
Susan Yaffee: $73000.60 on floor 7
Sidney Taffee: $78060.72 on floor 9
After job swapping:
Susan Yaffee: $78060.72 on floor 9
Sidney Taffee: $73000.60 on floor 7
```

8.5.4 实例化和具体化

为进一步了解模板，必须理解术语实例化和具体化。记住，在代码中包含函数模板本身并不会生成函数定义，它只是一个用于生成函数定义的方案。编译器使用模板为特定类型生成函数定义时，得到的是模板实例（instantiation）。例如，在程序清单8.13中，函数调用Swap(i, j)导致编译器生成Swap()的一个实例，该实例使用int类型。模板并非函数定义，但使用int的模板实例是函数定义。这种实例化方式被称为隐式实例化（implicit instantiation），因为编译器之所以知道需要进行定义，是由于程序调用Swap()函数时提供了int参数。

最初，编译器只能通过隐式实例化，来使用模板生成函数定义，但现在C++还允许显式实例化（explicit instantiation）。这意味着可以直接命令编译器创建特定的实例，如Swap<int>()。其语法是，声明所需的种类——用<>符号指示类型，并在声明前加上关键字template：

```
template void Swap<int>(int, int); // explicit instantiation
```

实现了这种特性的编译器看到上述声明后，将使用Swap()模板生成一个使用int类型的实例。也就是说，该声明的意思是“使用Swap()模板生成int类型的函数定义。”

与显式实例化不同的是，显式具体化使用下面两个等价的声明之一：

```
template <> void Swap<int>(int &, int &); // explicit specialization
template <> void Swap(int &, int &);      // explicit specialization
```

区别在于，这些声明的意思是“不要使用Swap()模板来生成函数定义，而应使用专门为int类型显式地定义的函数定义”。这些原型必须有自己的函数定义。显式具体化声明在关键字template后包含<>，而显式实例化没有。

警告：试图在同一个文件（或转换单元）中使用同一种类型的显式实例和显式具体化将出错。

还可通过在程序中使用函数来创建显式实例化。例如，请看下面的代码：

```
template <class T>
T Add(T a, T b) // pass by value
{
    return a + b;
}
...
int m = 6;
double x = 10.2;
cout << Add<double>(x, m) << endl; // explicit instantiation
```

这里的模板与函数调用Add(x, m)不匹配，因为该模板要求两个函数参数的类型相同。但通过使用Add<double>(x, m)，可强制为double类型实例化，并将参数m强制转换为double类型，以便与函数Add<double>(double, double)的第二个参数匹配。

如果对Swap()做类似的处理，结果将如何呢？

```
int m = 5;
double x = 14.3;
Swap<double>(m, x); // almost works
```

这将为类型double生成一个显式实例化。不幸的是，这些代码不管用，因为第一个形参的类型为double &，不能指向int变量m。

隐式实例化、显式实例化和显式具体化统称为具体化（specialization）。它们的相同之处在于，它们表示的都是使用具体类型的函数定义，而不是通用描述。

引入显式实例化后，必须使用新的语法——在声明中使用前缀template和template <>，以区分显式实例化和显式具体化。通常，功能越多，语法规则也越多。下面的代码片段总结了这些概念：

```
...
template <class T>
void Swap (T &, T &); // template prototype

template <> void Swap<job>(job &, job &); // explicit specialization for job
int main(void)
{
  template void Swap<char>(char &, char &); // explicit instantiation for char
  short a, b;
  ...
```

```
   Swap(a,b);  // implicit template instantiation for short
   job n, m;
   ...
   Swap(n, m); // use explicit specialization for job
   char g, h;
   ...
   Swap(g, h); // use explicit template instantiation for char
   ...
}
```

编译器看到 char 的显式实例化后，将使用模板定义来生成 Swap()的 char 版本。对于其他 Swap()调用，编译器根据函数调用中实际使用的参数，生成相应的版本。例如，当编译器看到函数调用 Swap(a, b)后，将生成 Swap()的 short 版本，因为两个参数的类型都是 short。当编译器看到 Swap(n, m)后，将使用为 job 类型提供的独立定义（显式具体化）。当编译器看到 Swap(g, h)后，将使用处理显式实例化时生成的模板具体化。

8.5.5 编译器选择使用哪个函数版本

对于函数重载、函数模板和函数模板重载，C++需要（且有）一个定义良好的策略，来决定为函数调用使用哪一个函数定义，尤其是有多个参数时。这个过程称为重载解析（overloading resolution）。详细解释这个策略将需要将近一章的篇幅，因此我们先大致了解一下这个过程是如何进行的。

- 第 1 步：创建候选函数列表。其中包含与被调用函数的名称相同的函数和模板函数。
- 第 2 步：使用候选函数列表创建可行函数列表。这些都是参数数目正确的函数，为此有一个隐式转换序列，其中包括实参类型与相应的形参类型完全匹配的情况。例如，使用 float 参数的函数调用可以将该参数转换为 double，从而与 double 形参匹配，而模板可以为 float 生成一个实例。
- 第 3 步：确定是否有最佳的可行函数。如果有，则使用它，否则该函数调用出错。

考虑只有一个函数参数的情况，如下面的调用：

```
may('B'); // actual argument is type char
```

首先，编译器将寻找候选者，即名称为 may()的函数和函数模板。然后寻找那些可以用一个参数调用的函数。例如，下面的函数符合要求，因为其名称与被调用的函数相同，且可只给它们传递一个参数：

```
void may(int);                          // #1
float may(float, float = 3);            // #2
void may(char);                         // #3
char * may(const char *);               // #4
char may(const char &);                 // #5
template<class T> void may(const T &); // #6
template<class T> void may(T *);        // #7
```

注意，只考虑特征标，而不考虑返回类型。其中的两个候选函数（#4 和#7）不可行，因为整数类型不能被隐式地转换（即没有显式强制类型转换）为指针类型。剩余的一个模板可用来生成具体化，其中 T 被替换为 char 类型。这样剩下 5 个可行的函数，其中的每一个函数，如果它是声明的唯一一个函数，都可以被使用。

接下来，编译器必须确定哪个可行函数是最佳的。它查看为使函数调用参数与可行的候选函数的参数匹配所需要进行的转换。通常，从最佳到最差的顺序如下所述。

1. 完全匹配，但常规函数优先于模板。
2. 提升转换（例如，char 和 short 自动转换为 int，float 自动转换为 double）。
3. 标准转换（例如，int 转换为 char，long 转换为 double）。
4. 用户定义的转换，如类声明中定义的转换。

例如，函数#1 优于函数#2，因为 char 到 int 的转换是提升转换（参见第 3 章），而 char 到 float 的转换是标准转换（参见第 3 章）。函数#3、函数#5 和函数#6 都优于函数#1 和#2，因为它们都是完全匹配的。#3 和#5 优于#6，因为#6 函数是模板。这种分析引出了两个问题。什么是完全匹配？如果两个函数（如#3 和#5）都完全匹配，将如何办呢？通常，有两个函数完全匹配是一种错误，但这一规则有两个例外。显然，我们需要对这一点做更深入的探讨。

1. 完全匹配和最佳匹配

进行完全匹配时，C++允许某些“无关紧要的转换”。表 8.1 列出了这些转换——Type 表示任意类型。例如，int 实参与 int &形参完全匹配。注意，Type 可以是 char &这样的类型，因此这些规则包括从 char &到 const char &的转换。Type（argument-list）意味着用作实参的函数名与用作形参的函数指针只要返回类型和参数列表相同，就是匹配的（第 7 章介绍了函数指针以及为何可以将函数名作为参数传递给接受函数指针的函数）。第 9 章将介绍关键字 volatile。

表 8.1 完全匹配允许的无关紧要转换

从 实 参	到 形 参
Type	Type &
Type &	Type
Type []	* Type
Type（argument-list）	Type（*）（argument-list）
Type	const Type
Type	volatile Type
Type *	const Type
Type *	volatile Type *

假设有下面的函数代码：

```
struct blot {int a; char b[10];};
blot ink = {25, "spots"};
...
recycle(ink);
```

在这种情况下，下面的原型都是完全匹配的：

```
void recycle(blot);          // #1 blot-to-blot
void recycle(const blot);    // #2 blot-to-(const blot)
void recycle(blot &);        // #3 blot-to-(blot &)
void recycle(const blot &); // #4 blot-to-(const blot &)
```

正如您预期的，如果有多个匹配的原型，则编译器将无法完成重载解析过程；如果没有最佳的可行函数，则编译器将生成一条错误消息，该消息可能会使用诸如“ambiguous（二义性）”这样的词语。

然而，有时候，即使两个函数都完全匹配，仍可完成重载解析。首先，指向非 const 数据的指针和引用优先与非 const 指针和引用参数匹配。也就是说，在 recycle()示例中，如果只定义了函数#3 和#4 是完全匹配的，则将选择#3，因为 ink 没有被声明为 const。然而，const 和非 const 之间的区别只适用于指针和引用指向的数据。也就是说，如果只定义了#1 和#2，则将出现二义性错误。

一个完全匹配优于另一个的另一种情况是，其中一个是非模板函数，而另一个不是。在这种情况下，非模板函数将优先于模板函数（包括显式具体化）。

如果两个完全匹配的函数都是模板函数，则较具体的模板函数优先。例如，这意味着显式具体化将优于使用模板隐式生成的具体化：

```
struct blot {int a; char b[10];};
template <class Type> void recycle (Type t); // template
template <> void recycle<blot> (blot & t);   // specialization for blot
...
blot ink = {25, "spots"};
...
recycle(ink); // use specialization
```

术语“最具体（most specialized）”并不一定意味着显式具体化，而是指编译器推断使用哪种类型时执行的转换最少。例如，请看下面两个模板：

```
template <class Type> void recycle (Type t); // #1
template <class Type> void recycle (Type * t); // #2
```

假设包含这些模板的程序也包含如下代码：

```
struct blot {int a; char b[10];};
blot ink = {25, "spots"};
...
recycle(&ink); // address of a structure
```

recycle(&ink)调用与#1 模板匹配，匹配时将 Type 解释为 blot *。recycle(&ink)函数调用也与#2 模板匹配，这次 Type 被解释为 blot。因此将两个隐式实例——recycle<blot *>(blot *)和 recycle <blot>(blot *)发送到可行函数池中。

在这两个模板函数中，recycle<blot *>(blot *)被认为是更具体的，因为在生成过程中，它需要进行的转换更少。也就是说，#2 模板已经显式指出，函数参数是指向 Type 的指针，因此可以直接用 blot 标识 Type；而#1 模板将 Type 作为函数参数，因此 Type 必须被解释为指向 blot 的指针。也就是说，在#2 模板中，Type 已经被具体化为指针，因此说它“更具体”。

用于找出最具体的模板的规则被称为函数模板的部分排序规则（partial ordering rules）。和显式实例一样，这也是 C++98 新增的特性。

2. 部分排序规则示例

我们先看一个完整的程序，它使用部分排序规则来确定要使用哪个模板定义。程序清单 8.14 有两个用来显示数组内容的模板定义。第一个定义（模板 A）假设作为参数传递的数组中包含了要显示的数据；第二个定义（模板 B）假设数组元素为指针，指向要显示的数据。

程序清单 8.14 tempover.cpp

```
// tempover.cpp -- template overloading
#include <iostream>

template <typename T> // template A
void ShowArray(T arr[], int n);

template <typename T> // template B
void ShowArray(T * arr[], int n);

struct debts
{
    char name[50];
    double amount;
};

int main()
{
    using namespace std;
    int things[6] = {13, 31, 103, 301, 310, 130};
    struct debts mr_E[3] =
    {
        {"Ima Wolfe", 2400.0},
        {"Ura Foxe", 1300.0},
        {"Iby Stout", 1800.0}
    };
    double * pd[3];

// set pointers to the amount members of the structures in mr_E
    for (int i = 0; i < 3; i++)
        pd[i] = &mr_E[i].amount;

    cout << "Listing Mr. E's counts of things:\n";
// things is an array of int
    ShowArray(things, 6); // uses template A
    cout << "Listing Mr. E's debts:\n";
// pd is an array of pointers to double
    ShowArray(pd, 3); // uses template B (more specialized)
    return 0;
}

template <typename T>
void ShowArray(T arr[], int n)
{
    using namespace std;
    cout << "template A\n";
    for (int i = 0; i < n; i++)
        cout << arr[i] << ' ';
    cout << endl;
}

template <typename T>
void ShowArray(T * arr[], int n)
{
    using namespace std;
    cout << "template B\n";
    for (int i = 0; i < n; i++)
        cout << *arr[i] << ' ';
    cout << endl;
}
```

请看下面的函数调用：

```
ShowArray(things, 6);
```

标识符 things 是一个 int 数组的名称，因此与下面的模板匹配：

```
template <typename T> // template A
void ShowArray(T arr[], int n);
```

其中T被替换为int类型。

接下来，请看下面的函数调用：

```
ShowArray(pd, 3);
```

其中pd是一个double *数组的名称。这与模板A匹配：

```
template <typename T> // template A
void ShowArray(T arr[], int n);
```

其中，T被替换为类型double *。在这种情况下，模板函数将显示pd数组的内容，即3个地址。该函数调用也与模板B匹配：

```
template <typename T>          // template B
void ShowArray(T * arr[], int n);
```

在这里，T 被替换为类型 double，而函数将显示被解除引用的元素*arr[i]，即数组内容指向的 double 值。在这两个模板中，模板B更具体，因为它做了特定的假设——数组内容是指针，因此被使用。

下面是程序清单8.14中程序的输出：

```
Listing Mr. E's counts of things:
template A
13 31 103 301 310 130
Listing Mr. E's debts:
template B
2400 1300 1800
```

如果将模板B从程序中删除，则编译器将使用模板A来显示pd的内容，因此显示的将是地址，而不是值。请试试看。

简而言之，重载解析将寻找最匹配的函数。如果只存在一个这样的函数，则选择它；如果存在多个这样的函数，但其中只有一个是非模板函数，则选择该函数；如果存在多个适合的函数，且它们都为模板函数，但其中有一个函数比其他函数更具体，则选择该函数。如果有多个同样合适的非模板函数或模板函数，但没有一个函数比其他函数更具体，则函数调用将是不确定的，因此是错误的；当然，如果不存在匹配的函数，则也是错误。

3. 创建自定义选择

在有些情况下，可通过编写合适的函数调用，引导编译器做出您希望的选择。请看程序清单8.15，该程序将模板函数定义放在文件开头，从而无需提供模板原型。与常规函数一样，通过在使用函数前提供模板函数定义，让它也充当原型。

程序清单8.15　choices.cpp

```
// choices.cpp -- choosing a template
#include <iostream>

template<class T>   // or template <typename T>
T lesser(T a, T b)  // #1
{
    return a < b ? a : b;
}

int lesser (int a, int b) // #2
{
    a = a < 0 ? -a : a;
    b = b < 0 ? -b : b;
    return a < b ? a : b;
}

int main()
{
    using namespace std;
    int m = 20;
    int n = -30;
    double x = 15.5;
    double y = 25.9;

    cout << lesser(m, n) << endl;       // use #2
    cout << lesser(x, y) << endl;       // use #1 with double
    cout << lesser<>(m, n) << endl;     // use #1 with int
    cout << lesser<int>(x, y) << endl;  // use #1 with int
```

```
    return 0;
}
```

最后的函数调用将 double 转换为 int，有些编译器会针对这一点发出警告。

该程序的输出如下：

```
20
15.5
-30
15
```

程序清单 8.15 提供了一个模板和一个标准函数，其中模板返回两个值中较小的一个，而标准函数返回两个值中绝对值较小的那个。如果函数定义是在使用函数前提供的，它将充当函数原型，因此这个示例无需提供原型。请看下面的语句：

```
cout << lesser(m, n) << endl; // use #2
```

这个函数调用与模板函数和非模板函数都匹配，因此选择非模板函数，返回 20。

接下来，下述语句中的函数调用与模板匹配（T 为 double）：

```
cout << lesser(x, y) << endl;  // use #1 with double
```

现在来看下面的语句：

```
cout << lesser<>(m, n) << endl; // use #1 with int
```

lesser<>(m, n)中的<>指出，编译器应选择模板函数，而不是非模板函数；编译器注意到实参的类型为 int，因此使用 int 替代 T 对模板进行实例化。

最后，请看下面的语句：

```
cout << lesser<int>(x, y) << endl; // use #1 with int
```

这条语句要求进行显式实例化（使用 int 替代 T），将使用显式实例化得到的函数。x 和 y 的值将被强制转换为 int，该函数返回一个 int 值，这就是程序显示 15 而不是 15.5 的原因所在。

4．多个参数的函数

将有多个参数的函数调用与有多个参数的原型进行匹配时，情况将非常复杂。编译器必须考虑所有参数的匹配情况。如果找到比其他可行函数都合适的函数，则选择该函数。一个函数要比其他函数都合适，其所有参数的匹配程度都必须不比其他函数差，同时至少有一个参数的匹配程度比其他函数都高。

本书并不是要解释复杂示例的匹配过程，这些规则只是为了让任何一组函数原型和模板都存在确定的结果。

8.5.6　模板函数的发展

在 C++发展的早期，大多数人都没有想到模板函数和模板类会这么强大而有用，它们甚至没有就这个主题发挥想象力。但聪明而专注的程序员挑战模板技术的极限，阐述了各种可能性。根据熟悉模板的程序员提供的反馈，C++98 标准做了相应的修改，并添加了标准模板库。从此以后，模板程序员在不断探索各种可能性，并消除模板的局限性。C++11 标准根据这些程序员的反馈做了相应的修改。下面介绍一些相关的问题及其解决方案。

1．是什么类型

在 C++98 中，编写模板函数时，一个问题是并非总能知道应在声明中使用哪种类型。请看下面这个不完整的示例：

```
template<class T1, class T2>
void ft(T1 x, T2 y)
{
    ...
    ?type? xpy = x + y;
    ...
}
```

xpy 应为什么类型呢？由于不知道 ft()将如何使用，因此无法预先知道这一点。正确的类型可能是 T1、T2 或其他类型。例如，T1 可能是 double，而 T2 可能是 int，在这种情况下，两个变量的和将为 double 类型。T1 可能是 short，而 T2 可能是 int，在这种情况下，两个变量的和为 int 类型。T1 还可能是 short，而 T2 可能是 char，在这种情况下，加法运算将导致自动整型提升，因此结果类型为 int。另外，结构和类可能重载运算符+，这导致问题更加复杂。因此，在 C++98 中，没有办法声明 xpy 的类型。

2．关键字 decltype（C++11）

C++11 新增的关键字 decltype 提供了解决方案。可这样使用该关键字：

```
int x;
decltype(x) y; // make y the same type as x
```

给 decltype 提供的参数可以是表达式，因此在前面的模板函数 ft()中，可使用下面的代码：

```
decltype(x + y) xpy; // make xpy the same type as x + y
xpy = x + y;
```

另一种方法是，将这两条语句合而为一：

```
decltype(x + y) xpy = x + y;
```

因此，可以这样修复前面的模板函数 ft()：

```
template<class T1, class T2>
void ft(T1 x, T2 y)
{
    ...
    decltype(x + y) xpy = x + y;
    ...
}
```

decltype 比这些示例演示的要复杂些。为确定类型，编译器必须遍历一个核对表。假设有如下声明：

```
decltype(expression) var;
```

则核对表的简化版如下：

第一步：如果 expression 是一个没有用括号括起的标识符，则 var 的类型与该标识符的类型相同，包括 const 等限定符：

```
double x = 5.5;
double y = 7.9;
double &rx = x;
const double * pd;
decltype(x) w;       // w is type double
decltype(rx) u = y;  // u is type double &
decltype(pd) v;      // v is type const double *
```

第二步：如果 expression 是一个函数调用，则 var 的类型与函数的返回类型相同：

```
long indeed(int);
decltype (indeed(3)) m; // m is type long
```

注意：并不会实际调用函数。编译器通过查看函数的原型来获悉返回类型，而无需实际调用函数。

第三步：如果 expression 是一个左值，则 var 为指向其类型的引用。这好像意味着前面的 w 应为引用类型，因为 x 是一个左值。但别忘了，这种情况已经在第一步处理过了。要进入第三步，expression 不能是未用括号括起的标识符。那么，expression 是什么时将进入第三步呢？一种显而易见的情况是，expression 是用括号括起的标识符：

```
double xx = 4.4;
decltype ((xx)) r2 = xx;  // r2 is double &
decltype(xx) w = xx;      // w is double (Stage 1 match)
```

顺便说一句，括号并不会改变表达式的值和左值性。例如，下面两条语句等效：

```
xx = 98.6;
(xx) = 98.6; // () don't affect use of xx
```

第四步：如果前面的条件都不满足，则 var 的类型与 expression 的类型相同：

```
int j = 3;
int &k = j
int &n = j;
decltype(j+6) i1;  // i1 type int
decltype(100L) i2; // i2 type long
decltype(k+n) i3;  // i3 type int;
```

请注意，虽然 k 和 n 都是引用，但表达式 k+n 不是引用；它是两个 int 的和，因此类型为 int。

如果需要多次声明，可结合使用 typedef 和 decltype：

```
template<class T1, class T2>
void ft(T1 x, T2 y)
{
    ...
    typedef decltype(x + y) xytype;
    xytype xpy = x + y;
    xytype arr[10];
    xytype & rxy = arr[2]; // rxy a reference
    ...
}
```

3. 另一种函数声明语法（C++11 后置返回类型）

有一个相关的问题是 decltype 本身无法解决的。请看下面这个不完整的模板函数：

```
template<class T1, class T2>
?type? gt(T1 x, T2 y)
```

```
{
    ...
    return x + y;
}
```

同样，无法预先知道将 x 和 y 相加得到的类型。好像可以将返回类型设置为 decltype (x + y)，但不幸的是，此时还未声明参数 x 和 y，它们不在作用域内（编译器看不到它们，也无法使用它们）。必须在声明参数后使用 decltype。为此，C++新增了一种声明和定义函数的语法。下面使用内置类型来说明这种语法的工作原理。对于下面的原型：

```
double h(int x, float y);
```

使用新增的语法可编写成这样：

```
auto h(int x, float y) -> double;
```

这将返回类型移到了参数声明后面。->double 被称为后置返回类型（trailing return type）。其中 auto 是一个占位符，表示后置返回类型提供的类型，这是 C++11 给 auto 新增的一种角色。这种语法也可用于函数定义：

```
auto h(int x, float y) -> double
{/* function body */};
```

通过结合使用这种语法和 decltype，便可给 gt()指定返回类型，如下所示：

```
template<class T1, class T2>
auto gt(T1 x, T2 y) -> decltype(x + y)
{
    ...
    return x + y;
}
```

现在，decltype 在参数声明后面，因此 x 和 y 位于作用域内，可以使用它们。

8.6 总结

C++扩展了 C 语言的函数功能。通过将 inline 关键字用于函数定义，并在首次调用该函数前提供其函数定义，可以使得 C++编译器将该函数视为内联函数。也就是说，编译器不是让程序跳到独立的代码段，以执行函数，而是用相应的代码替换函数调用。只有在函数很短时才能采用内联方式。

引用变量是一种伪装指针，它允许为变量创建别名（另一个名称）。引用变量主要被用作处理结构和类对象的函数的参数。通常，被声明为特定类型引用的标识符只能指向这种类型的数据；然而，如果一个类（如 ofstream）是从另一个类（如 ostream）派生出来的，则基类引用可以指向派生类对象。

C++原型让您能够定义参数的默认值。如果函数调用省略了相应的参数，则程序将使用默认值；如果函数调用提供了参数值，则程序将使用这个值（而不是默认值）。只能在参数列表中从右到左提供默认参数。因此，如果为某个参数提供了默认值，则必须为该参数右边所有的参数提供默认值。

函数的特征标是其参数列表。程序员可以定义两个同名函数，只要其特征标不同。这被称为函数多态或函数重载。通常，通过重载函数来为不同的数据类型提供相同的服务。

函数模板自动完成重载函数的过程。只需使用泛型和具体算法来定义函数，编译器将为程序中使用的特定参数类型生成正确的函数定义。

8.7 复习题

1. 哪种函数适合定义为内联函数？

2. 假设 song()函数的原型如下：

```
void song(const char * name, int times);
```

a. 如何修改原型，使 times 的默认值为 1？

b. 函数定义需要做哪些修改？

c. 能否为 name 提供默认值“O. My Papa”？

3. 编写 iquote()的重载版本——显示其用双引号括起的参数。编写 3 个版本：一个用于 int 参数，一个用于 double 参数，另一个用于 string 参数。

4. 下面是一个结构模板：

```
struct box
{
    char maker[40];
    float height;
    float width;
    float length;
    float volume;
};
```

a. 请编写一个函数，它将 box 结构的引用作为形参，并显示每个成员的值。

b. 请编写一个函数，它将 box 结构的引用作为形参，并将 volume 成员设置为其他三边的乘积。

5. 为让函数 fill()和 show()使用引用参数，需要对程序清单 7.15 做哪些修改？

6. 指出下面每个目标是否可以使用默认参数或函数重载完成，或者这两种方法都无法完成，并提供合适的原型。

a. mass(density, volume)返回密度为 density、体积为 volume 的物体的质量，而 mass(density)返回密度为 density、体积为 1.0 立方米的物体的质量。这些值的类型都为 double。

b. repeat(10, "I'm OK")将指定的字符串显示 10 次，而 repeat("But you're kind of stupid")将指定的字符串显示 5 次。

c. average(3, 6)返回两个 int 参数的平均值（int 类型），而 average(3.0, 6.0)返回两个 double 值的平均值（double 类型）。

d. mangle("I'm glad to meet you")根据是将值赋给 char 变量还是 char*变量，分别返回字符 I 和指向字符串"I'm mad to gleet you"的指针。

7. 编写返回两个参数中较大值的函数模板。

8. 给定复习题 7 的模板和复习题 4 的 box 结构，提供一个模板具体化，它接受两个 box 参数，并返回体积较大的一个。

9. 在下述代码（假定这些代码是一个完整程序的一部分）中，v1、v2、v3、v4 和 v5 分别是哪种类型？

```
int g(int x);
...
float m = 5.5f;
float & rm = m;
decltype(m) v1 = m;
decltype(rm) v2 = m;
decltype((m)) v3 = m;
decltype (g(100)) v4;
decltype (2.0 * m) v5;
```

8.8 编程练习

1. 编写通常接受一个参数（字符串的地址），并打印该字符串的函数。然而，如果提供了第二个参数（int 类型），且该参数不为 0，则该函数打印字符串的次数将为该函数被调用的次数（注意，字符串的打印次数不等于第二个参数的值，而等于函数被调用的次数）。是的，这是一个非常可笑的函数，但它让您能够使用本章介绍的一些技术。在一个简单的程序中使用该函数，以演示该函数是如何工作的。

2. CandyBar 结构包含 3 个成员。第一个成员存储 candy bar 的品牌名称；第二个成员存储 candy bar 的重量（可能有小数）；第三个成员存储 candy bar 的热量（整数）。请编写一个程序，它使用一个这样的函数，即将 CandyBar 的引用、char 指针、double 和 int 作为参数，并用最后 3 个值设置相应的结构成员。最后 3 个参数的默认值分别为"Millennium Munch"、2.85 和 350。另外，该程序还包含一个以 CandyBar 的引用为参数，并显示结构内容的函数。请尽可能使用 const。

3. 编写一个函数，它接受一个指向 string 对象的引用作为参数，并将该 string 对象的内容转换为大写，为此可使用表 6.4 描述的函数 toupper()。然后编写一个程序，它通过使用一个循环让您能够用不同的输入来测试这个函数，该程序的运行情况如下：

```
Enter a string (q to quit): go away
GO AWAY
Next string (q to quit): good grief!
GOOD GRIEF!
```

```
Next string (q to quit): q
Bye.
```

4. 下面是一个程序框架：

```
#include <iostream>
using namespace std;
#include <cstring>  // for strlen(), strcpy()
struct stringy {
    char * str;     // points to a string
    int ct;         // length of string (not counting '\0')
    };

// prototypes for set(), show(), and show() go here
int main()
{
    stringy beany;
    char testing[] = "Reality isn't what it used to be.";

    set(beany, testing); // first argument is a reference,
                // allocates space to hold copy of testing,
                // sets str member of beany to point to the
                // new block, copies testing to new block,
                // and sets ct member of beany
    show(beany);     // prints member string once
    show(beany, 2); // prints member string twice
    testing[0] = 'D';
    testing[1] = 'u';
    show(testing);    // prints testing string once
    show(testing, 3); // prints testing string thrice
    show("Done!");
    return 0;
}
```

请提供其中描述的函数和原型，从而完成该程序。注意，应有两个 show()函数，每个都使用默认参数。请尽可能使用 const 参数。set()使用 new 分配足够的空间来存储指定的字符串。这里使用的技术与设计和实现类时使用的相似。（可能还必须修改头文件的名称，删除 using 编译指令，这取决于所用的编译器。）

5. 编写模板函数 max5()，它将一个包含 5 个 T 类型元素的数组作为参数，并返回数组中最大的元素（由于长度固定，因此可以在循环中使用硬编码，而不必通过参数来传递）。在一个程序中使用该函数，将 T 替换为一个包含 5 个 int 值的数组和一个包含 5 个 double 值的数组，以测试该函数。

6. 编写模板函数 maxn()，它将由一个 T 类型元素组成的数组和一个表示数组元素数目的整数作为参数，并返回数组中最大的元素。在程序对它进行测试，该程序使用一个包含 6 个 int 元素的数组和一个包含 4 个 double 元素的数组来调用该函数。程序还包含一个具体化，它将 char 指针数组和数组中的指针数量作为参数，并返回最长的字符串的地址。如果有多个这样的字符串，则返回其中第一个字符串的地址。使用由 5 个字符串指针组成的数组来测试该具体化。

7. 修改程序清单 8.14，使其使用两个名为 SumArray()的模板函数来返回数组元素的总和，而不是显示数组的内容。程序应显示 thing 的总和以及所有 debt 的总和。

第 9 章　内存模型和名称空间

本章内容包括：

- 单独编译；
- 存储持续性、作用域和链接性；
- 定位（placement）new 运算符；
- 名称空间。

C++为在内存中存储数据方面提供了多种选择。可以选择数据保留在内存中的时间长度（存储持续性）以及程序的哪一部分可以访问数据（作用域和链接）等。可以使用 new 来动态地分配内存，而定位 new 运算符提供了这种技术的一种变种。C++名称空间是另一种控制访问权的方式。通常，大型程序都由多个源代码文件组成，这些文件可能共享一些数据。这样的程序涉及到程序文件的单独编译，本章将首先介绍这个主题。

9.1　单独编译

和 C 语言一样，C++也允许甚至鼓励程序员将组件函数放在独立的文件中。第 1 章介绍过，可以单独编译这些文件，然后将它们链接成可执行的程序。（通常，C++编译器既编译程序，也管理链接器。）如果只修改了一个文件，则可以只重新编译该文件，然后将它与其他文件的编译版本链接。这使得大程序的管理更便捷。另外，大多数 C++环境都提供了其他工具来帮助管理。例如，UNIX 和 Linux 系统都具有 make 程序，可以跟踪程序依赖的文件以及这些文件的最后修改时间。运行 make 时，如果它检测到上次编译后修改了源文件，make 将记住重新构建程序所需的步骤。大多数集成开发环境（包括 Embarcadero C++ Builder、Microsoft Visual C++、Apple Xcode 和 Freescale CodeWarrior）都在 Project 菜单中提供了类似的工具。

现在看一个简单的示例。我们不是要从中了解编译的细节（这取决于实现），而是要重点介绍更通用的方面，如设计。

例如，假设程序员决定分解程序清单 7.12 中的程序，将支持函数放在一个独立的文件中。清单 7.12 将直角坐标转换为极坐标，然后显示结果。不能简单地以 main()之后的虚线为界，将原来的文件分为两个。问题在于，main()和其他两个函数使用了同一个结构声明，因此两个文件都应包含该声明。简单地将它们输入进去无疑是自找麻烦。即使正确地复制了结构声明，如果以后要作修改，则必须记住对这两组声明都进行修改。简而言之，将一个程序放在多个文件中将引出新的问题。

谁希望出现更多的问题呢？C 和 C++的开发人员都不希望，因此他们提供了#include 来处理这种情况。与其将结构声明加入到每一个文件中，不如将其放在头文件中，然后在每一个源代码文件中包含该头文件。这样，要修改结构声明时，只需在头文件中做一次改动即可。另外，也可以将函数原型放在头文件中。因此，可以将原来的程序分成三部分。

- 头文件：包含结构声明和使用这些结构的函数的原型。
- 源代码文件：包含与结构有关的函数的代码。
- 源代码文件：包含调用与结构相关的函数的代码。

这是一种非常有用的组织程序的策略。例如，如果编写另一个程序时，也需要使用这些函数，则只需包含头文件，并将函数文件添加到项目列表或 make 列表中即可。另外，这种组织方式也与 OOP 方法一致。一个文件（头文件）包含了用户定义类型的定义；另一个文件包含操纵用户定义类型的函数的代码。这两个文件组成了一个软件包，可用于各种程序中。

请不要将函数定义或变量声明放到头文件中。这样做对于简单的情况可能是可行的，但通常会引来麻烦。例如，如果在头文件包含一个函数定义，然后在其他两个文件（属于同一个程序）中包含该头文件，则同一个程序中将包含同一个函数的两个定义，除非函数是内联的，否则这将出错。下面列出了头文件中常包含的内容。

- 函数原型。
- 使用#define 或 const 定义的符号常量。
- 结构声明。
- 类声明。
- 模板声明。
- 内联函数。

将结构声明放在头文件中是可以的，因为它们不创建变量，而只是在源代码文件中声明结构变量时，告诉编译器如何创建该结构变量。同样，模板声明不是将被编译的代码，它们指示编译器如何生成与源代码中的函数调用相匹配的函数定义。被声明为 const 的数据和内联函数有特殊的链接属性（稍后将介绍），因此可以将其放在头文件中，而不会引起问题。

程序清单 9.1、程序清单 9.2 和程序清单 9.3 是将程序清单 7.12 分成几个独立部分后得到的结果。注意，在包含头文件时，我们使用“coordin.h”，而不是<coordin.h>。如果文件名包含在尖括号中，则 C++编译器将在存储标准头文件的主机系统的文件系统中查找；但如果文件名包含在双引号中，则编译器将首先查找当前的工作目录或源代码目录（或其他目录，这取决于编译器）。如果没有在那里找到头文件，则将在标准位置查找。因此在包含自己的头文件时，应使用引号而不是尖括号。

图 9.1 简要地说明了在 UNIX 系统中将该程序组合起来的步骤。注意，只需执行编译命令 CC 即可，其他步骤将自动完成。g++和 gpp 命令行编译器以及 Borland C++命令行编译器（bcc32.exe）的行为类似。Apple Xcode、Embarcadero C++ Builder 和 Microsoft Visual C++基本上执行同样的步骤，但正如第 1 章介绍的，启动这个过程的方式不同——使用能够创建项目并将其与源代码文件关联起来的菜单。注意，只需将源代码文件加入到项目中，而不用加入头文件。这是因为#include 指令管理头文件。另外，不要使用#include 来包含源代码文件，这样做将导致多重声明。

警告：在 IDE 中，不要将头文件加入到项目列表中，也不要在源代码文件中使用#include 来包含其他源代码文件。

程序清单 9.1　coordin.h

```
// coordin.h -- structure templates and function prototypes
// structure templates
#ifndef COORDIN_H_
#define COORDIN_H_

struct polar
{
    double distance; // distance from origin
    double angle; // direction from origin
};
struct rect
{
    double x; // horizontal distance from origin
    double y; // vertical distance from origin
};

// prototypes
polar rect_to_polar(rect xypos);
void show_polar(polar dapos);

#endif
```

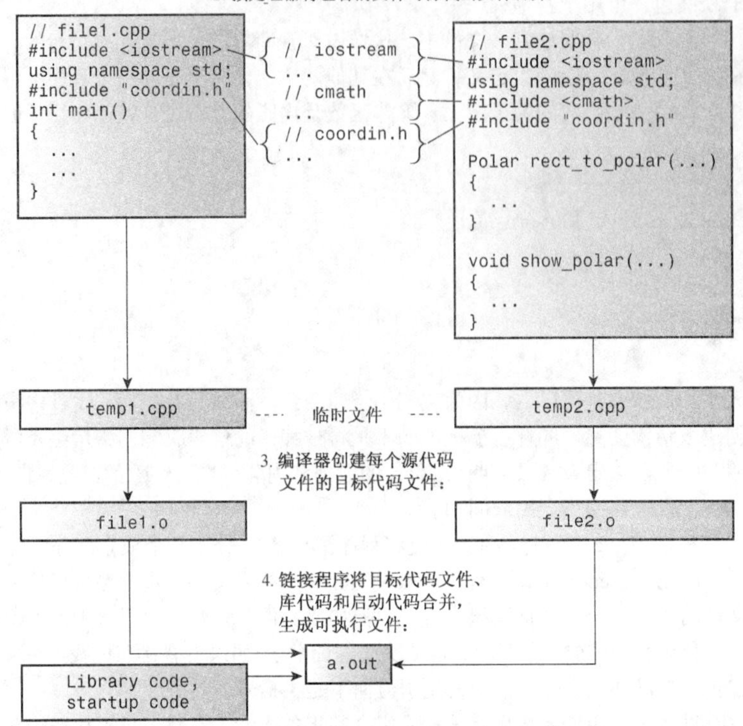

图 9.1 在 UNIX 系统中编译由多个文件组成的 C++程序

头文件管理

在同一个文件中只能将同一个头文件包含一次。记住这个规则很容易，但很可能在不知情的情况下将头文件包含多次。例如，可能使用包含了另外一个头文件的头文件。有一种标准的 C/C++技术可以避免多次包含同一个头文件。它是基于预处理器编译指令#ifndef（即 if not defined）的。下面的代码片段意味着仅当以前没有使用预处理器编译指令#define 定义名称 COORDIN_H_时，才处理#ifndef 和#endif 之间的语句：

```
#ifndef COORDIN_H_
...
#endif
```

通常，使用#define 语句来创建符号常量，如下所示：

```
#define MAXIMUM 4096
```

但只要将#define 用于名称，就足以完成该名称的定义，如下所示：

```
#define COORDIN_H_
```

程序清单 9.1 使用这种技术是为了将文件内容包含在#ifndef 中：

```
#ifndef COORDIN_H_
#define COORDIN_H_
// place include file contents here
#endif
```

编译器首次遇到该文件时，名称 COORDIN_H_没有定义（我们根据 include 文件名来选择名称，并加上一些下划线，以创建一个在其他地方不太可能被定义的名称）。在这种情况下，编译器将查看#ifndef 和#endif 之间的内容（这正是我们希望的），并读取定义 COORDIN_H_的一行。如果在同一个文件中遇到其他包含 coordin.h 的代码，编译器将知道 COORDIN_H_已经被定义了，从而跳到#endif 后面的一行上。注意，这种方法并不能防止编译器将文件包含两次，而只是让它忽略除第一次包含之外的所有内容。大多数标准 C 和 C++头文件都使用这种防护（guarding）方案。否则，可能在一个文件中定义同一个结构两次，这将导致编译错误。

程序清单 9.2 file1.cpp

```
// file1.cpp -- example of a three-file program
#include <iostream>
#include "coordin.h" // structure templates, function prototypes
using namespace std;
int main()
{
    rect rplace;
    polar pplace;

    cout << "Enter the x and y values: ";
    while (cin >> rplace.x >> rplace.y) // slick use of cin
    {
        pplace = rect_to_polar(rplace);
        show_polar(pplace);
        cout << "Next two numbers (q to quit): ";
    }
    cout << "Bye!\n";
    return 0;
}
```

程序清单 9.3 file2.cpp

```
// file2.cpp -- contains functions called in file1.cpp
#include <iostream>
#include <cmath>
#include "coordin.h" // structure templates, function prototypes

// convert rectangular to polar coordinates
polar rect_to_polar(rect xypos)
{
    using namespace std;
    polar answer;

    answer.distance =
        sqrt( xypos.x * xypos.x + xypos.y * xypos.y);
    answer.angle = atan2(xypos.y, xypos.x);
    return answer; // returns a polar structure
}

// show polar coordinates, converting angle to degrees
void show_polar (polar dapos)
{
    using namespace std;
    const double Rad_to_deg = 57.29577951;

    cout << "distance = " << dapos.distance;
    cout << ", angle = " << dapos.angle * Rad_to_deg;
    cout << " degrees\n";
}
```

将这两个源代码文件和新的头文件一起进行编译和链接，将生成一个可执行程序。下面是该程序的运行情况：

```
Enter the x and y values: 120 80
distance = 144.222, angle = 33.6901 degrees
Next two numbers (q to quit): 120 50
distance = 130, angle = 22.6199 degrees
Next two numbers (q to quit): q
Bye!
```

顺便说一句，虽然我们讨论的是根据文件进行单独编译，但为保持通用性，C++标准使用了术语翻译单元（translation unit），而不是文件；文件并不是计算机组织信息时的唯一方式。出于简化的目的，本书使用术语文件，您可将其解释为翻译单元。

多个库的链接

C++标准允许每个编译器设计人员以他认为合适的方式实现名称修饰（参见第 8 章的旁注“什么是名称修饰”），因此由不同编译器创建的二进制模块（对象代码文件）很可能无法正确地链接。也就是说，两个编译器将为同一个函数生成不同的修饰名称。名称的不同将使链接器无法将一个编译器生成的函数调用与另一个编译器生成的函数定义匹配。在链接编译模块时，请确保所有对象文件或库都是由同一个编译器生成的。如果有源代码，通常可以用自己的编译器重新编译源代码来消除链接错误。

9.2 存储持续性、作用域和链接性

介绍过多文件程序后，接下来扩展第4章对内存方案的讨论，即存储类别如何影响信息在文件间的共享。现在读者阅读第4章已经有一段时间了，因此先复习一下有关内存的知识。C++使用三种（在C++11中是四种）不同的方案来存储数据，这些方案的区别就在于数据保留在内存中的时间。

- 自动存储持续性：在函数定义中声明的变量（包括函数参数）的存储持续性为自动的。它们在程序开始执行其所属的函数或代码块时被创建，在执行完函数或代码块时，它们使用的内存被释放。C++有两种存储持续性为自动的变量。
- 静态存储持续性：在函数定义外定义的变量和使用关键字 static 定义的变量的存储持续性都为静态。它们在程序整个运行过程中都存在。C++有3种存储持续性为静态的变量。
- 线程存储持续性（C++11）：当前，多核处理器很常见，这些 CPU 可同时处理多个执行任务。这让程序能够将计算放在可并行处理的不同线程中。如果变量是使用关键字 thread_local 声明的，则其生命周期与所属的线程一样长。本书不探讨并行编程。
- 动态存储持续性：用 new 运算符分配的内存将一直存在，直到使用 delete 运算符将其释放或程序结束为止。这种内存的存储持续性为动态，有时被称为自由存储（free store）或堆（heap）。

下面介绍其他内容，包括关于各种变量何时在作用域内或可见（可被程序使用）以及链接性的细节。链接性决定了哪些信息可在文件间共享。

9.2.1 作用域和链接

作用域（scope）描述了名称在文件（翻译单元）的多大范围内可见。例如，函数中定义的变量可在该函数中使用，但不能在其他函数中使用；而在文件中的函数定义之前定义的变量则可在所有函数中使用。链接性（linkage）描述了名称如何在不同单元间共享。链接性为外部的名称可在文件间共享，链接性为内部的名称只能由一个文件中的函数共享。自动变量的名称没有链接性，因为它们不能共享。

C++变量的作用域有多种。作用域为局部的变量只在定义它的代码块中可用。代码块是由花括号括起的一系列语句。例如函数体就是代码块，但可以在函数体中嵌入其他代码块。作用域为全局（也叫文件作用域）的变量在定义位置到文件结尾之间都可用。自动变量的作用域为局部，静态变量的作用域是全局还是局部取决于它是如何被定义的。在函数原型作用域（function prototype scope）中使用的名称只在包含参数列表的括号内可用（这就是为什么这些名称是什么以及是否出现都不重要的原因）。在类中声明的成员的作用域为整个类（参见第10章）。在名称空间中声明的变量的作用域为整个名称空间（由于名称空间已经引入到C++语言中，因此全局作用域是名称空间作用域的特例）。

C++函数的作用域可以是整个类或整个名称空间（包括全局的），但不能是局部的（因为不能在代码块内定义函数，如果函数的作用域为局部，则只对它自己是可见的，因此不能被其他函数调用。这样的函数将无法运行）。

不同的C++存储方式是通过存储持续性、作用域和链接性来描述的。下面来看看各种C++存储方式的这些特征。首先介绍引入名称空间之前的情况，然后看一看名称空间带来的影响。

9.2.2 自动存储持续性

在默认情况下，在函数中声明的函数参数和变量的存储持续性为自动，作用域为局部，没有链接性。也就是说，如果在 main()中声明了一个名为 texas 的变量，并在函数 oil()中也声明了一个名为 texas 变量，则创建了两个独立的变量——只有在定义它们的函数中才能使用它们。对 oil()中的 texas 执行的任何操作都不会影响 main()中的 texas，反之亦然。另外，当程序开始执行这些变量所属的代码块时，将为其分配内存；当函数结束时，这些变量都将消失（注意，执行到代码块时，将为变量分配内存，但其作用域的起点为其声明位置）。

如果在代码块中定义了变量，则该变量的存在时间和作用域将被限制在该代码块内。例如，假设在 main()的开头定义了一个名为 teledeli 的变量，然后在 main()中开始一个新的代码块，并在其中定义了一个

新的变量 websight，则 teledeli 在内部代码块和外部代码块中都是可见的，而 websight 就只在内部代码块中可见，它的作用域是从定义它的位置到该代码块的结尾：

```
int main()
{
    int teledeli = 5;
    {         // websight allocated
        cout << "Hello\n";
        int websight = -2;
              // websight scope begins
        cout << websight << ' ' << teledeli
<< endl;
    }         // websight expires
    cout << teledeli << endl;
    ...
} // teledeli expires
```

然而，如果将内部代码块中的变量命名为 teledeli，而不是 websight，使得有两个同名的变量（一个位于外部代码块中，另一个位于内部代码块中），情况将如何呢？在这种情况下，程序执行内部代码块中的语句时，将 teledeli 解释为局部代码块变量。我们说，新的定义隐藏了（hide）以前的定义，新定义可见，旧定义暂时不可见。在程序离开该代码块时，原来的定义又重新可见（参见图 9.2）。

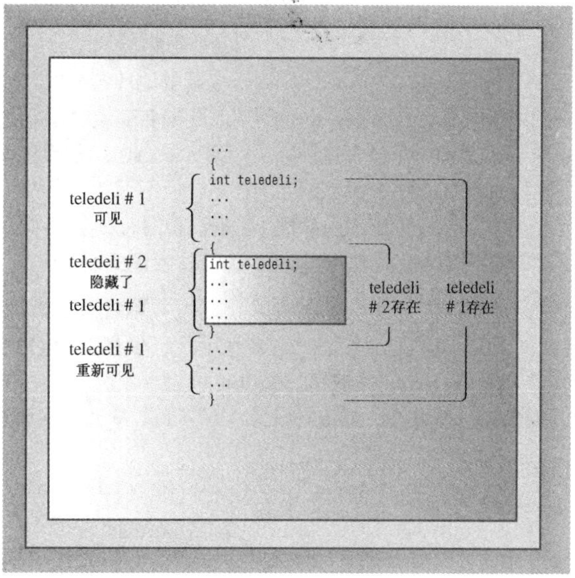

程序清单 9.4 表明，自动变量只在包含它们的函数或代码块中可见。

图 9.2 代码块和作用域

程序清单 9.4 autoscp.cpp

```
// autoscp.cpp -- illustrating scope of automatic variables
#include <iostream>
void oil(int x);
int main()
{
    using namespace std;

    int texas = 31;
    int year = 2011;
    cout << "In main(), texas = " << texas << ", &texas = ";
    cout << &texas << endl;
    cout << "In main(), year = " << year << ", &year = ";
    cout << &year << endl;
    oil(texas);
    cout << "In main(), texas = " << texas << ", &texas = ";
    cout << &texas << endl;
    cout << "In main(), year = " << year << ", &year = ";
    cout << &year << endl;
    return 0;
}
void oil(int x)
{
    using namespace std;
    int texas = 5;

    cout << "In oil(), texas = " << texas << ", &texas = ";
    cout << &texas << endl;
    cout << "In oil(), x = " << x << ", &x = ";
    cout << &x << endl;
    { // start a block
        int texas = 113;
        cout << "In block, texas = " << texas;
        cout << ", &texas = " << &texas << endl;
                cout << "In block, x = " << x << ", &x = ";
        cout << &x << endl;
    } // end a block
    cout << "Post-block texas = " << texas;
    cout << ", &texas = " << &texas << endl;
}
```

下面是该程序的输出：

```
In main(), texas = 31, &texas = 0012FED4
In main(), year = 2011, &year = 0012FEC8
In oil(), texas = 5, &texas = 0012FDE4
In oil(), x = 31, &x = 0012FDF4
In block, texas = 113, &texas = 0012FDD8
In block, x = 31, &x = 0012FDF4
Post-block texas = 5, &texas = 0012FDE4
In main(), texas = 31, &texas = 0012FED4
In main(), year = 2011, &year = 0012FEC8
```

在程序清单 9.4 中，3 个 texas 变量的地址各不相同，而程序使用当前可见的那个变量，因此将 113 赋给 oil()中的内部代码块中的 texas，对其他同名变量没有影响。同样，实际的地址值和地址格式随系统而异。

现在总结一下整个过程。执行到 main()时，程序为 texas 和 year 分配空间，使得这些变量可见。当程序调用 oil()时，这些变量仍留在内存中，但不可见。为两个新变量（x 和 texas）分配内存，从而使它们可见。在程序执行到 oil()中的内部代码块时，新的 texas 将不可见，它被一个更新的定义代替。然而，变量 x 仍然可见，这是因为该代码块没有定义 x 变量。当程序流程离开该代码块时，将释放最新的 texas 使用的内存，而第二个 texas 再次可见。当 oil()函数结束时，texas 和 x 都将过期，而最初的 texas 和 year 再次变得可见。

使用 C++11 中的 auto

在 C++11 中，关键字 auto 用于自动类型推断，这在第 3 章、第 7 章和第 8 章介绍过。但在 C 语言和以前的 C++版本中，auto 的含义截然不同，它用于显式地指出变量为自动存储：

```
int froob(int n)
{
    auto float ford; // ford has automatic storage
    ...
}
```

由于只能将关键字 auto 用于默认为自动的变量，因此程序员几乎不使用它。它的主要用途是指出当前变量为局部自动变量。

在 C++11 中，这种用法不再合法。制定标准的人不愿引入新关键字，因为这样做可能导致将该关键字用于其他目的的代码非法。考虑到 auto 的老用法很少使用，因此赋予其新含义比引入新关键字是更好的选择。

1．自动变量的初始化

可以使用任何在声明时其值为已知的表达式来初始化自动变量，下面的示例初始化变量 x、y 和 z：

```
int w;          // value of w is indeterminate
int x = 5;      // initialized with a numeric literal
int big = INT_MAX - 1; // initialized with a constant expression
int y = 2 * x;  // use previously determined value of x
cin >> w;
int z = 3 * w;  // use new value of w
```

2．自动变量和栈

了解典型的 C++编译器如何实现自动变量有助于更深入地了解自动变量。由于自动变量的数目随函数的开始和结束而增减，因此程序必须在运行时对自动变量进行管理。常用的方法是留出一段内存，并将其视为栈，以管理变量的增减。之所以被称为栈，是由于新数据被象征性地放在原有数据的上面（也就是说，在相邻的内存单元中，而不是在同一个内存单元中），当程序使用完后，将其从栈中删除。栈的默认长度取决于实现，但编译器通常提供改变栈长度的选项。程序使用两个指针来跟踪栈，一个指针指向栈底——栈的开始位置，另一个指针指向栈顶——下一个可用内存单元。当函数被调用时，其自动变量将被加入到栈中，栈顶指针指向变量后面的下一个可用的内存单元。函数结束时，栈顶指针被重置为函数被调用前的值，从而释放新变量使用的内存。

栈是 LIFO（后进先出）的，即最后加入到栈中的变量首先被弹出。这种设计简化了参数传递。函数调用将其参数的值放在栈顶，然后重新设置栈顶指针。被调用的函数根据其形参描述来确定每个参数的地址。例如，图 9.3 表明，函数 fib()被调用时，传递一个 2 字节的 int 和一个 4 字节的 long。这些值被加入到栈中。当 fib()开始执行时，它将名称 real 和 tell 同这两个值关联起来。当 fib()结束时，栈顶指针重新指向以前的位置。新值没有被删除，但不再被标记，它们所占据的空间将被下一个将值加入到栈中的函数调用所使用（图 9.3 做了简化，因为函数调用可能传递其他信息，如返回地址）。

3．寄存器变量

关键字 register 最初是由 C 语言引入的，它建议编译器使用 CPU 寄存器来存储自动变量：

```
register int count_fast; // request for a register variable
```

这旨在提高访问变量的速度。

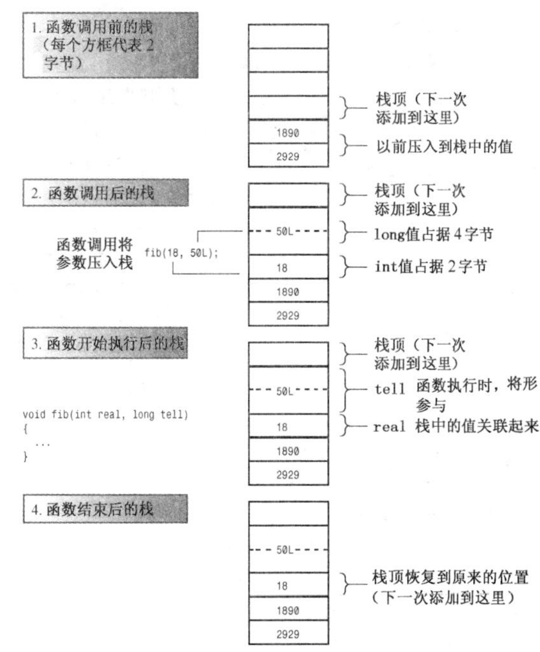

图 9.3 使用栈传递参数

在 C++11 之前，这个关键字在 C++中的用法始终未变，只是随着硬件和编译器变得越来越复杂，这种提示表明变量用得很多，编译器可对其做特殊处理。在 C++11 中，这种提示作用也失去了，关键字 register 只是显式地指出变量是自动的。鉴于关键字 register 只能用于原本就是自动的变量，使用它的唯一原因是，指出程序员想使用一个自动变量，这个变量的名称可能与外部变量相同。这与 auto 以前的用途完全相同。然而，保留关键字 register 的重要原因是，避免使用了该关键字的现有代码非法。

9.2.3 静态持续变量

和 C 语言一样，C++也为静态存储持续性变量提供了 3 种链接性：外部链接性（可在其他文件中访问）、内部链接性（只能在当前文件中访问）和无链接性（只能在当前函数或代码块中访问）。这 3 种链接性都在整个程序执行期间存在，与自动变量相比，它们的寿命更长。由于静态变量的数目在程序运行期间是不变的，因此程序不需要使用特殊的装置（如栈）来管理它们。编译器将分配固定的内存块来存储所有的静态变量，这些变量在整个程序执行期间一直存在。另外，如果没有显式地初始化静态变量，编译器将把它设置为 0。在默认情况下，静态数组和结构将每个元素或成员的所有位都设置为 0。

注意：传统的 K&R C 不允许初始化自动数组和结构，但允许初始化静态数组和结构。ANSI C 和 C++允许对这两种数组和结构进行初始化，但有些旧的 C++翻译器使用与 ANSI C 不完全兼容的 C 编译器。如果使用的是这样的实现，则可能需要使用这 3 种静态存储类型之一，以初始化数组和结构。

下面介绍如何创建这 3 种静态持续变量，然后介绍它们的特点。要想创建链接性为外部的静态持续变量，必须在代码块的外面声明它；要创建链接性为内部的静态持续变量，必须在代码块的外面声明它，并使用 static 限定符；要创建没有链接性的静态持续变量，必须在代码块内声明它，并使用 static 限定符。下面的代码片段说明这 3 种变量：

```
...
int global = 1000;         // static duration, external linkage
static int one_file = 50; // static duration, internal linkage
int main()
{
...
}
void funct1(int n)
{
    static int count = 0; // static duration, no linkage
    int llama = 0;
...
}
void funct2(int q)
{
...
}
```

正如前面指出的，所有静态持续变量（上述示例中的 global、one_file 和 count）在整个程序执行期间都存在。在 funct1()中声明的变量 count 的作用域为局部，没有链接性，这意味着只能在 funct1()函数中使用它，就像自动变量 llama 一样。然而，与 llama 不同的是，即使在 funct1()函数没有被执行时，count 也留在内存中。global 和 one_file 的作用域都为整个文件，即在从声明位置到文件结尾的范围内都可以被使用。具体地说，可以在 main()、funct1()和 funct2()中使用它们。由于 one_file 的链接性为内部，因此只能在包含上述代码的文件中使用它；由于global的链接性为外部，因此可以在程序的其他文件中使用它。

所有的静态持续变量都有下述初始化特征：未被初始化的静态变量的所有位都被设置为0。这种变量被称为零初始化的（zero-initialized）。

表9.1总结了引入名称空间之前使用的存储特性。下面详细介绍各种静态持续性。

表9.1指出了关键字static的两种用法，但含义有些不同：用于局部声明，以指出变量是无链接性的静态变量时，static表示的是存储持续性；而用于代码块外的声明时，static表示内部链接性，而变量已经是静态持续性了。有人称之为关键字重载，即关键字的含义取决于上下文。

表9.1 5种变量储存方式

存储描述	持续性	作用域	链接性	如何声明
自动	自动	代码块	无	在代码块中
寄存器	自动	代码块	无	在代码块中，使用关键字register
静态，无链接性	静态	代码块	无	在代码块中，使用关键字static
静态，外部链接性	静态	文件	外部	不在任何函数内
静态，内部链接性	静态	文件	内部	不在任何函数内，使用关键字static

静态变量的初始化

除默认的零初始化外，还可对静态变量进行常量表达式初始化和动态初始化。您可能猜到了，零初始化意味着将变量设置为零。对于标量类型，零将被强制转换为合适的类型。例如，在C++代码中，空指针用0表示，但内部可能采用非零表示，因此指针变量将被初始化相应的内部表示。结构成员被零初始化，且填充位都被设置为零。

零初始化和常量表达式初始化被统称为静态初始化，这意味着在编译器处理文件（翻译单元）时初始化变量。动态初始化意味着变量将在编译后初始化。

那么初始化形式由什么因素决定呢？首先，所有静态变量都被零初始化，而不管程序员是否显式地初始化了它。接下来，如果使用常量表达式初始化了变量，且编译器仅根据文件内容（包括被包含的头文件）就可计算表达式，编译器将执行常量表达式初始化。必要时，编译器将执行简单计算。如果没有足够的信息，变量将被动态初始化。请看下面的代码：

```
#include <cmath>
int x;                                  // zero-initialization
int y = 5;                              // constant-expression initialization
long z = 13 * 13;                       // constant-expression initialization
const double pi = 4.0 * atan(1.0); // dynamic initialization
```

首先，x、y、z和pi被零初始化。然后，编译器计算常量表达式，并将y和z分别初始化为5和169。但要初始化pi，必须调用函数atan()，这需要等到该函数被链接且程序执行时。

常量表达式并非只能是使用字面常量的算术表达式。例如，它还可使用sizeof运算符：

```
int enough = 2 * sizeof (long) + 1; // constant expression initialization
```

C++11新增了关键字constexpr，这增加了创建常量表达式的方式。但本书不会更详细地介绍C++11新增的这项新功能。

9.2.4 静态持续性、外部链接性

链接性为外部的变量通常简称为外部变量，它们的存储持续性为静态，作用域为整个文件。外部变量是在函数外部定义的，因此对所有函数而言都是外部的。例如，可以在main()前面或头文件中定义它们。可以在文件中位于外部变量定义后面的任何函数中使用它，因此外部变量也称全局变量（相对于局部的自动变量）。

1. 单定义规则

一方面，在每个使用外部变量的文件中，都必须声明它；另一方面，C++有“单定义规则”（One Definition Rule，ODR），该规则指出，变量只能有一次定义。为满足这种需求，C++提供了两种变量声明。一种是定义声明（defining declaration）或简称为定义（definition），它给变量分配存储空间；另一种是引用声明（referencing declaration）或简称为声明（declaration），它不给变量分配存储空间，因为它引用已有的变量。

引用声明使用关键字extern，且不进行初始化；否则，声明为定义，导致分配存储空间：

```
double up;            // definition, up is 0
extern int blem;      // blem defined elsewhere
extern char gr = 'z'; // definition because initialized
```

如果要在多个文件中使用外部变量，只需在一个文件中包含该变量的定义（单定义规则），但在使用该变量的其他所有文件中，都必须使用关键字 extern 声明它：

```
// file01.cpp
extern int cats = 20; // definition because of initialization
int dogs = 22;        // also a definition
int fleas;            // also a definition
...
// file02.cpp
// use cats and dogs from file01.cpp
extern int cats;       // not definitions because they use
extern int dogs;       // extern and have no initialization
...
// file98.cpp
// use cats, dogs, and fleas from file01.cpp
extern int cats;
extern int dogs;
extern int fleas;
...
```

在这里，所有文件都使用了在 file01.cpp 中定义的变量 cats 和 dogs，但 filc02.cpp 没有重新声明变量 flcas，因此无法访问它。在文件 file01.cpp 中，关键字 extern 并非必不可少的，因为即使省略它，效果也相同（参见图 9.4）

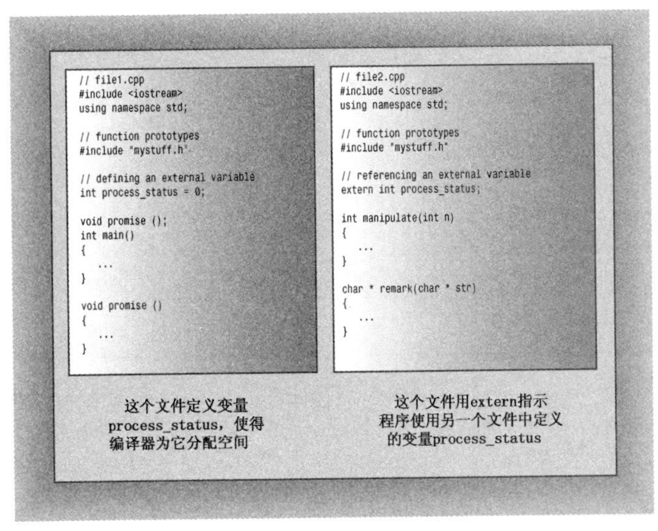

图 9.4 定义声明和引用声明

请注意，单定义规则并非意味着不能有多个变量的名称相同。例如，在不同函数中声明的同名自动变量是彼此独立的，它们都有自己的地址。另外，正如后面的示例将表明的，局部变量可能隐藏同名的全局变量。然而，虽然程序中可包含多个同名的变量，但每个变量都只有一个定义。

如果在函数中声明了一个与外部变量同名的变量，结果将如何呢？这种声明将被视为一个自动变量的定义，当程序执行自动变量所属的函数时，该变量将位于作用域内。程序清单 9.5 和程序清单 9.6 在两个文件中使用了一个外部变量，还演示了自动变量将隐藏同名的全局变量。它还演示了如何使用关键字 extern 来重新声明以前定义过的外部变量，以及如何使用 C++的作用域解析运算符来访问被隐藏的外部变量。

程序清单 9.5 external.cpp

```
// external.cpp -- external variables
// compile with support.cpp
#include <iostream>
using namespace std;
// external variable
double warming = 0.3; // warming defined
```

```
// function prototypes
void update(double dt);
void local();

int main()                // uses global variable
{
    cout << "Global warming is " << warming << " degrees.\n";
    update(0.1);       // call function to change warming
    cout << "Global warming is " << warming << " degrees.\n";
    local();           // call function with local warming
    cout << "Global warming is " << warming << " degrees.\n";
    return 0;
}
```

程序清单 9.6　support.cpp

```
// support.cpp -- use external variable
// compile with external.cpp
#include <iostream>
extern double warming; // use warming from another file

// function prototypes
void update(double dt);
void local();

using std::cout;
void update(double dt) // modifies global variable
{
    extern double warming; // optional redeclaration
    warming += dt; // uses global warming
    cout << "Updating global warming to " << warming;
    cout << " degrees.\n";
}

void local() // uses local variable
{
    double warming = 0.8; // new variable hides external one

    cout << "Local warming = " << warming << " degrees.\n";
        // Access global variable with the
        // scope resolution operator
    cout << "But global warming = " << ::warming;
    cout << " degrees.\n";
}
```

下面是该程序的输出：

```
Global warming is 0.3 degrees.
Updating global warming to 0.4 degrees.
Global warming is 0.4 degrees.
Local warming = 0.8 degrees.
But global warming = 0.4 degrees.
Global warming is 0.4 degrees.
```

2. 程序说明

程序清单 9.5 和程序清单 9.6 所示程序的输出表明，main()和 update()都可以访问外部变量 warming。注意，update()修改了 warming，这种修改在随后使用该变量时显现出来了。

在程序清单 9.5 中，warming 的定义如下：

```
double warming = 0.3; // warming defined
```

在程序清单 9.6 中，使用关键字 extern 声明变量 warming，让该文件中的函数能够使用它：

```
extern double warming; // use warming from another file
```

正如注释指出的，该声明的的意思是，使用外部定义的变量 warming。

另外，函数 update()使用关键字 extern 重新声明了变量 warming，这个关键字的意思是，通过这个名称使用在外部定义的变量。由于即使省略该声明，update()的功能也相同，因此该声明是可选的。它指出该函数被设计成使用外部变量。

local()函数表明，定义与全局变量同名的局部变量后，局部变量将隐藏全局变量。例如，local()函数显示 warming 的值时，将使用 warming 的局部定义。

C++比 C 语言更进了一步——它提供了作用域解析运算符（::）。放在变量名前面时，该运算符表示使用变量的全局版本。因此，local()将 warming 显示为 0.8，但将::warming 显示为 0.4。后面介绍名称空间和类时，将再次介绍该运算符。从清晰和避免错误的角度说，相对于使用 warming 并依赖于作用域规则，在函数 update()中使用::warming 是更好的选择，也更安全。

全局变量和局部变量

既然可以选择使用全局变量或局部变量，那么到底应使用哪种呢？首先，全局变量很有吸引力——因为所有的函数能访问全局变量，因此不用传递参数。但易于访问的代价很大——程序不可靠。计算经验表明，程序越能避免对数据进行不必要的访问，就越能保持数据的完整性。通常情况下，应使用局部变量，应在需要知晓时才传递数据，而不应不加区分地使用全局变量来使数据可用。读者将会看到，OOP 在数据隔离方面又向前迈进了一步。

然而，全局变量也有它们的用处。例如，可以让多个函数可以使用同一个数据块（如月份名数组或原子量数组）。外部存储尤其适于表示常量数据，因为这样可以使用关键字 const 来防止数据被修改。

```
const char * const months[12] =
{
    "January", "February", "March", "April", "May",
    "June", "July", "August", "September", "October",
    "November", "December"
};
```

在上述示例中，第一个 const 防止字符串被修改，第二个 const 确保数组中每个指针始终指向它最初指向的字符串。

9.2.5 静态持续性、内部链接性

将 static 限定符用于作用域为整个文件的变量时，该变量的链接性将为内部的。在多文件程序中，内部链接性和外部链接性之间的差别很有意义。链接性为内部的变量只能在其所属的文件中使用；但常规外部变量都具有外部链接性，即可以在其他文件中使用，如前面的示例所示。

如果要在其他文件中使用相同的名称来表示其他变量，该如何办呢？只需省略关键字 extern 即可吗？

```
// file1
int errors = 20;        // external declaration
...
---------------------------------------------
// file2
int errors = 5;         // ??known to file2 only??
void froobish()
{
      cout << errors;   // fails
      ...
```

这种做法将失败，因为它违反了单定义规则。file2 中的定义试图创建一个外部变量，因此程序将包含 errors 的两个定义，这是错误。

但如果文件定义了一个静态外部变量，其名称与另一个文件中声明的常规外部变量相同，则在该文件中，静态变量将隐藏常规外部变量：

```
// file1
int errors = 20;         // external declaration
...
---------------------------------------------
// file2
static int errors = 5;   // known to file2 only
void froobish()
{
      cout << errors;    // uses errors defined in file2
      ...
```

这没有违反单定义规则，因为关键字 static 指出标识符 errors 的链接性为内部，因此并非要提供外部定义。

注意：在多文件程序中，可以在一个文件（且只能在一个文件）中定义一个外部变量。使用该变量的其他文件必须使用关键字 extern 声明它。

可使用外部变量在多文件程序的不同部分之间共享数据；可使用链接性为内部的静态变量在同一个文件中的多个函数之间共享数据（名称空间提供了另外一种共享数据的方法）。另外，如果将作用域为整个文件的变量变为静态的，就不必担心其名称与其他文件中的作用域为整个文件的变量发生冲突。

程序清单 9.7 和程序清单 9.8 演示了 C++如何处理链接性为外部和内部的变量。程序清单 9.7（twofile1.cpp）定义了外部变量 tom 和 dick 以及静态外部变量 harry。这个文件中的 main()函数显示这 3 个

变量的地址，然后调用remote_access()函数，该函数是在另一个文件中定义的。程序清单9.8（twofile2.cpp）列出了该文件。除定义remote_access()外，该文件还使用extern关键字来与第一个文件共享tom。接下来，该文件定义一个名为dick的静态变量。static限定符使该变量被限制在这个文件内，并覆盖相应的全局定义。然后，该文件定义了一个名为harry的外部变量，这不会与第一个文件中的harry发生冲突，因为后者的链接性为内部的。随后，remote-access()函数显示这3个变量的地址，以便于将它们与第一个文件中相应变量的地址进行比较。别忘了编译这两个文件，并将它们链接起来，以得到完整的程序。

程序清单9.7 twofile1.cpp

```
// twofile1.cpp -- variables with external and internal linkage
#include <iostream>      // to be compiled with two file2.cpp
int tom = 3;             // external variable definition
int dick = 30;           // external variable definition
static int harry = 300;  // static, internal linkage

// function prototype
void remote_access();

int main()
{
    using namespace std;
    cout << "main() reports the following addresses:\n";
    cout << &tom << " = &tom, " << &dick << " = &dick, ";
    cout << &harry << " = &harry\n";
    remote_access();
    return 0;
}
```

程序清单9.8 twofile2.cpp

```
// twofile2.cpp -- variables with internal and external linkage
#include <iostream>
extern int tom;         // tom defined elsewhere
static int dick = 10;   // overrides external dick
int harry = 200;        // external variable definition,
                        // no conflict with twofile1 harry

void remote_access()
{
    using namespace std;
    cout << "remote_access() reports the following addresses:\n";
    cout << &tom << " = &tom, " << &dick << " = &dick, ";
    cout << &harry << " = &harry\n";
}
```

下面是编译程序清单9.7和程序清单9.8生成的程序的输出：

```
main() reports the following addresses:
0x0041a020 = &tom, 0x0041a024 = &dick, 0x0041a028 = &harry
remote_access() reports the following addresses:
0x0041a020 = &tom, 0x0041a450 = &dick, 0x0041a454 = &harry
```

从上述地址可知，这两个文件使用了同一个tom变量，但使用了不同的dick和harry变量。具体的地址和格式可能随系统而异，但两个tom变量的地址将相同，而两个dick和harry变量的地址不同。

9.2.6 静态存储持续性、无链接性

至此，介绍了链接性分别为内部和外部、作用域为整个文件的变量。接下来介绍静态持续家族中的第三个成员——无链接性的局部变量。这种变量是这样创建的，将static限定符用于在代码块中定义的变量。在代码块中使用static时，将导致局部变量的存储持续性为静态的。这意味着虽然该变量只在该代码块中可用，但它在该代码块不处于活动状态时仍然存在。因此在两次函数调用之间，静态局部变量的值将保持不变。（静态变量适用于再生——可以用它们将瑞士银行的秘密账号传递到下一个要去的地方）。另外，如果初始化了静态局部变量，则程序只在启动时进行一次初始化。以后再调用函数时，将不会像自动变量那样再次被初始化。程序清单9.9说明了这几点。

程序清单 9.9 static.cpp

```
// static.cpp -- using a static local variable
#include <iostream>
// constants
const int ArSize = 10;

// function prototype
void strcount(const char * str);

int main()
{
    using namespace std;
    char input[ArSize];
    char next;

    cout << "Enter a line:\n";
    cin.get(input, ArSize);
    while (cin)
    {
        cin.get(next);
        while (next != '\n') // string didn't fit!
            cin.get(next);   // dispose of remainder
        strcount(input);
        cout << "Enter next line (empty line to quit):\n";
        cin.get(input, ArSize);
    }
    cout << "Bye\n";
    return 0;
}

void strcount(const char * str)
{
    using namespace std;
    static int total = 0; // static local variable
    int count = 0;        // automatic local variable

    cout << "\"" << str <<"\" contains ";
    while (*str++)        // go to end of string
        count++;
    total += count;
    cout << count << " characters\n";
    cout << total << " characters total\n";
}
```

顺便说一句，该程序演示了一种处理行输入可能长于目标数组的方法。本书前面讲过，方法 cin.get(input, ArSize)将一直读取输入，直到到达行尾或读取了 ArSize-1 个字符为止。它把换行符留在输入队列中。该程序使用 cin.get(next)读取行输入后的字符。如果 next 是换行符，则说明 cin.get(input, ArSize)读取了整行；否则说明行中还有字符没有被读取。随后，程序使用一个循环来丢弃余下的字符，不过读者可以修改代码，让下一轮输入读取行中余下的字符。该程序还利用了这样一个事实，即试图使用 get(char *, int)读取空行将导致 cin 为 false。

下面是该程序的输出：

```
Enter a line:
nice pants
"nice pant" contains 9 characters
9 characters total
Enter next line (empty line to quit):
thanks
"thanks" contains 6 characters
15 characters total
Enter next line (empty line to quit):
parting is such sweet sorrow
"parting i" contains 9 characters
24 characters total
Enter next line (empty line to quit):
ok
"ok" contains 2 characters
26 characters total
Enter next line (empty line to quit):
Bye
```

注意，由于数组长度为 10，因此程序从每行读取的字符数都不超过 9 个。另外还需要注意的是，每次函数被调用时，自动变量 count 都被重置为 0。然而，静态变量 total 只在程序运行时被设置为 0，以后在两次函数调用之间，其值将保持不变，因此能够记录读取的字符总数。

9.2.7 说明符和限定符

有些被称为存储说明符（storage class specifier）或 cv-限定符（cv-qualifier）的 C++关键字提供了其他有关存储的信息。下面是存储说明符：

- auto（在 C++11 中不再是说明符）；
- register；
- static；
- extern；
- thread_local（C++11 新增的）；
- mutable。

其中的大部分已经介绍过了，在同一个声明中不能使用多个说明符，但 thread_local 除外，它可与 static 或 extern 结合使用。前面讲过，在 C++11 之前，可以在声明中使用关键字 auto 指出变量为自动变量；但在 C++11 中，auto 用于自动类型推断。关键字 register 用于在声明中指示寄存器存储，而在 C++11 中，它只是显式地指出变量是自动的。关键字 static 被用在作用域为整个文件的声明中时，表示内部链接性；被用于局部声明中，表示局部变量的存储持续性为静态的。关键字 extern 表明是引用声明，即声明引用在其他地方定义的变量。关键字 thread_local 指出变量的持续性与其所属线程的持续性相同。thread_local 变量之于线程，犹如常规静态变量之于整个程序。关键字 mutable 的含义将根据 const 来解释，因此先来介绍 cv-限定符，然后再解释它。

1. cv-限定符

下面就是 cv 限定符：

- const；
- volatile。

（读者可能猜到了，cv 表示 const 和 volatile）。最常用的 cv-限定符是 const，而读者已经知道其用途。它表明，内存被初始化后，程序便不能再对它进行修改。稍后再回过头来介绍它。

关键字 volatile 表明，即使程序代码没有对内存单元进行修改，其值也可能发生变化。听起来似乎很神秘，实际上并非如此。例如，可以将一个指针指向某个硬件位置，其中包含了来自串行端口的时间或信息。在这种情况下，硬件（而不是程序）可能修改其中的内容。或者两个程序可能互相影响，共享数据。该关键字的作用是为了改善编译器的优化能力。例如，假设编译器发现，程序在几条语句中两次使用了某个变量的值，则编译器可能不是让程序查找这个值两次，而是将这个值缓存到寄存器中。这种优化假设变量的值在这两次使用之间不会变化。如果不将变量声明为 volatile，则编译器将进行这种优化；将变量声明为 volatile，相当于告诉编译器，不要进行这种优化。

2. mutable

现在回到 mutable。可以用它来指出，即使结构（或类）变量为 const，其某个成员也可以被修改。例如，请看下面的代码：

```
struct data
{
    char name[30];
    mutable int accesses;
    ...
};
const data veep = {"Claybourne Clodde", 0, ... };
strcpy(veep.name, "Joye Joux"); // not allowed
veep.accesses++;                // allowed
```

veep 的 const 限定符禁止程序修改 veep 的成员，但 access 成员的 mutable 说明符使得 access 不受这种限制。

本书不使用 volatile 或 mutable，但将进一步介绍 const。

3. 再谈 const

在 C++（但不是在 C 语言）中，const 限定符对默认存储类型稍有影响。在默认情况下全局变量的链接性为外部的，但 const 全局变量的链接性为内部的。也就是说，在 C++看来，全局 const 定义（如下述代码段所示）就像使用了 static 说明符一样。

```
const int fingers = 10; // same as static const int fingers = 10;
int main(void)
{
    ...
```

C++修改了常量类型的规则，让程序员更轻松。例如，假设将一组常量放在头文件中，并在同一个程序的多个文件中使用该头文件。那么，预处理器将头文件的内容包含到每个源文件中后，所有的源文件都将包含类似下面这样的定义：

```
const int fingers = 10;
const char * warning = "Wak!";
```

如果全局 const 声明的链接性像常规变量那样是外部的，则根据单定义规则，这将出错。也就是说，只能有一个文件可以包含前面的声明，而其他文件必须使用 extern 关键字来提供引用声明。另外，只有未使用 extern 关键字的声明才能进行初始化：

```
// extern would be required if const had external linkage
extern const int fingers;        // can't be initialized
extern const char * warning;
```

因此，需要为某个文件使用一组定义，而其他文件使用另一组声明。然而，由于外部定义的 const 数据的链接性为内部的，因此可以在所有文件中使用相同的声明。

内部链接性还意味着，每个文件都有自己的一组常量，而不是所有文件共享一组常量。每个定义都是其所属文件私有的，这就是能够将常量定义放在头文件中的原因。这样，只要在两个源代码文件中包括同一个头文件，则它们将获得同一组常量。

如果出于某种原因，程序员希望某个常量的链接性为外部的，则可以使用 extern 关键字来覆盖默认的内部链接性：

```
extern const int states = 50; // definition with external linkage
```

在这种情况下，必须在所有使用该常量的文件中使用 extern 关键字来声明它。这与常规外部变量不同，定义常规外部变量时，不必使用 extern 关键字，但在使用该变量的其他文件中必须使用 extern。然而，请记住，鉴于单个 const 在多个文件之间共享，因此只有一个文件可对其进行初始化。

在函数或代码块中声明 const 时，其作用域为代码块，即仅当程序执行该代码块中的代码时，该常量才是可用的。这意味着在函数或代码块中创建常量时，不必担心其名称与其他地方定义的常量发生冲突。

9.2.8　函数和链接性

和变量一样，函数也有链接性，虽然可选择的范围比变量小。和 C 语言一样，C++不允许在一个函数中定义另外一个函数，因此所有函数的存储持续性都自动为静态的，即在整个程序执行期间都一直存在。在默认情况下，函数的链接性为外部的，即可以在文件间共享。实际上，可以在函数原型中使用关键字 extern 来指出函数是在另一个文件中定义的，不过这是可选的（要让程序在另一个文件中查找函数，该文件必须作为程序的组成部分被编译，或者是由链接程序搜索的库文件）。还可以使用关键字 static 将函数的链接性设置为内部的，使之只能在一个文件中使用。必须同时在原型和函数定义中使用该关键字：

```
static int private(double x);
...
static int private(double x)
{
    ...
}
```

这意味着该函数只在这个文件中可见，还意味着可以在其他文件中定义同名的的函数。和变量一样，在定义静态函数的文件中，静态函数将覆盖外部定义，因此即使在外部定义了同名的函数，该文件仍将使用静态函数。

单定义规则也适用于非内联函数，因此对于每个非内联函数，程序只能包含一个定义。对于链接性为外部的函数来说，这意味着在多文件程序中，只能有一个文件（该文件可能是库文件，而不是您提供的）包含该函数的定义，但使用该函数的每个文件都应包含其函数原型。

内联函数不受这项规则的约束，这允许程序员能够将内联函数的定义放在头文件中。这样，包含了头文件的每个文件都有内联函数的定义。然而，C++要求同一个函数的所有内联定义都必须相同。

C++在哪里查找函数

假设在程序的某个文件中调用一个函数，C++将到哪里去寻找该函数的定义呢？如果该文件中的函数原型指出该函数是静态的，则编译器将只在该文件中查找函数定义；否则，编译器（包括链接程序）将在所有的程序文件中查找。如果找到两个定义，编译器将发出错误消息，因为每个外部函数只能有一个定义。如果在程序文件中没有找到，编译器将在库中搜索。这意味着如果定义了一个与库函数同名的函数，编译器将使用程序员定义的版本，而不是库函数（然而，C++保留了标准库函数的名称，即程序员不应使用它们）。有些编译器-链接程序要求显式地指出要搜索哪些库。

9.2.9　语言链接性

另一种形式的链接性——称为语言链接性（language linking）也对函数有影响。首先介绍一些背景知识。链接程序要求每个不同的函数都有不同的符号名。在C语言中，一个名称只对应一个函数，因此这很容易实现。为满足内部需要，C语言编译器可能将spiff这样的函数名翻译为_spiff。这种方法被称为C语言链接性（C language linkage）。但在C++中，同一个名称可能对应多个函数，必须将这些函数翻译为不同的符号名称。因此，C++编译器执行名称矫正或名称修饰（参见第8章），为重载函数生成不同的符号名称。例如，可能将spiff(int)转换为_spiff_i，而将spiff(double,double)转换为_spiff_d_d。这种方法被称为C++语言链接（C++ language linkage）。

链接程序寻找与C++函数调用匹配的函数时，使用的方法与C语言不同。但如果要在C++程序中使用C库中预编译的函数，将出现什么情况呢？例如，假设有下面的代码：

```
spiff(22); // want spiff(int) from a C library
```

它在C库文件中的符号名称为_spiff，但对于我们假设的链接程序来说，C++查询约定是查找符号名称_spiff_i。为解决这种问题，可以用函数原型来指出要使用的约定：

```
extern "C" void spiff(int);   // use C protocol for name look-up
extern void spoff(int);       // use C++ protocol for name look-up
extern "C++" void spaff(int); // use C++ protocol for name look-up
```

第一个原型使用C语言链接性；而后面的两个使用C++语言链接性。第二个原型是通过默认方式指出这一点的，而第三个原型显式地指出了这一点。

C和C++链接性是C++标准指定的说明符，但实现可提供其他语言链接性说明符。

9.2.10　存储方案和动态分配

前面介绍C++用来为变量（包括数组和结构）分配内存的5种方案（线程内存除外），它们不适用于使用C++运算符new（或C函数malloc()）分配的内存，这种内存被称为动态内存。第4章介绍过，动态内存由运算符new和delete控制，而不是由作用域和链接性规则控制。因此，可以在一个函数中分配动态内存，而在另一个函数中将其释放。与自动内存不同，动态内存不是LIFO，其分配和释放顺序要取决于new和delete在何时以何种方式被使用。通常，编译器使用三块独立的内存：一块用于静态变量（可能再细分），一块用于自动变量，另外一块用于动态存储。

虽然存储方案概念不适用于动态内存，但适用于用来跟踪动态内存的自动和静态指针变量。例如，假设在一个函数中包含下面的语句：

```
float * p_fees = new float [20];
```

由new分配的80个字节（假设float为4个字节）的内存将一直保留在内存中，直到使用delete运算符将其释放。但当包含该声明的语句块执行完毕时，p_fees指针将消失。如果希望另一个函数能够使用这80个字节中的内容，则必须将其地址传递或返回给该函数。另一方面，如果将p_fees的链接性声明为外部的，则文件中位于该声明后面的所有函数都可以使用它。另外，通过在另一个文件中使用下述声明，便可在其中使用该指针：

```
extern float * p_fees;
```

注意：在程序结束时，由new分配的内存通常都将被释放，不过情况也并不总是这样。例如，在不那么健壮的操作系统中，在某些情况下，请求大型内存块将导致该代码块在程序结束不会被自动释放。最佳的做法是，使用delete来释放new分配的内存。

1. 使用 new 运算符初始化

如果要初始化动态分配的变量，该如何办呢？在 C++98 中，有时候可以这样做，C++11 增加了其他可能性。下面先来看看 C++98 提供的可能性。

如果要为内置的标量类型（如 int 或 double）分配存储空间并初始化，可在类型名后面加上初始值，并将其用括号括起：

```
int *pi = new int (6);              // *pi set to 6
double * pd = new double (99.99); // *pd set to 99.99
```

这种括号语法也可用于有合适构造函数的类，这将在本书后面介绍。

然而，要初始化常规结构或数组，需要使用大括号的列表初始化，这要求编译器支持 C++11。C++11 允许您这样做：

```
struct where {double x; double y; double z;};
where * one = new where {2.5, 5.3, 7.2}; // C++11
int * ar = new int [4] {2,4,6,7};        // C++11
```

在 C++11 中，还可将列表初始化用于单值变量：

```
int *pi = new int {6};              // *pi set to 6
double * pd = new double {99.99}; // *pd set to 99.99
```

2. new 失败时

new 可能找不到请求的内存量。在最初的 10 年中，C++在这种情况下让 new 返回空指针，但现在将引发异常 std::bad_alloc。第 15 章通过一些简单的示例演示了这两种方法的工作原理。

3. new：运算符、函数和替换函数

运算符 new 和 new []分别调用如下函数：

```
void * operator new(std::size_t);   // used by new
void * operator new[](std::size_t); // used by new[]
```

这些函数被称为分配函数（alloction function），它们位于全局名称空间中。同样，也有由 delete 和 delete []调用的释放函数（deallocation function）：

```
void operator delete(void *);
void operator delete[](void *);
```

它们使用第 11 章将讨论的运算符重载语法。std::size_t 是一个 typedef，对应于合适的整型。对于下面这样的基本语句：

```
int * pi = new int;
```

将被转换为下面这样：

```
int * pi = new(sizeof(int));
```

而下面的语句：

```
int * pa = new int[40];
```

将被转换为下面这样：

```
int * pa = new(40 * sizeof(int));
```

正如您知道的，使用运算符 new 的语句也可包含初始值，因此，使用 new 运算符时，可能不仅仅是调用 new()函数。

同样，下面的语句：

```
delete pi;
```

将转换为如下函数调用：

```
delete (pi);
```

有趣的是，C++将这些函数称为可替换的（replaceable）。这意味着如果您有足够的知识和意愿，可为 new 和 delete 提供替换函数，并根据需要对其进行定制。例如，可定义作用域为类的替换函数，并对其进行定制，以满足该类的内存分配需求。在代码中，仍将使用 new 运算符，但它将调用您定义的 new()函数。

4. 定位 new 运算符

通常，new 负责在堆（heap）中找到一个足以能够满足要求的内存块。new 运算符还有另一种变体，被称为定位（placement）new 运算符，它让您能够指定要使用的位置。程序员可能使用这种特性来设置其内存管理规程、处理需要通过特定地址进行访问的硬件或在特定位置创建对象。

要使用定位 new 特性，首先需要包含头文件 new，它提供了这种版本的 new 运算符的原型；然后将 new 运算符用于提供了所需地址的参数。除需要指定参数外，句法与常规 new 运算符相同。具体地说，使用定位 new 运算符时，变量后面可以有方括号，也可以没有。下面的代码段演示了 new 运算符的4种用法：

```
#include <new>
struct chaff
{
    char dross[20];
    int slag;
};
char buffer1[50];
char buffer2[500];
int main()
{
    chaff *p1, *p2;
    int *p3, *p4;
// first, the regular forms of new
    p1 = new chaff; // place structure in heap
    p3 = new int[20]; // place int array in heap
// now, the two forms of placement new
    p2 = new (buffer1) chaff; // place structure in buffer1
    p4 = new (buffer2) int[20]; // place int array in buffer2
...
```

出于简化的目的，这个示例使用两个静态数组来为定位new运算符提供内存空间。因此，上述代码从buffer1中分配空间给结构chaff，从buffer2中分配空间给一个包含20个元素的int数组。

熟悉定位new运算符后，来看一个示例程序。程序清单9.10使用常规new运算符和定位new运算符创建动态分配的数组。该程序说明了常规new运算符和定位new运算符之间的一些重要差别，在查看该程序的输出后，将对此进行讨论。

程序清单9.10　newplace.cpp

```
// newplace.cpp -- using placement new
#include <iostream>
#include <new>     // for placement new
const int BUF = 512;
const int N = 5;
char buffer[BUF]; // chunk of memory
int main()
{
    using namespace std;
    double *pd1, *pd2;
    int i;
    cout << "Calling new and placement new:\n";
    pd1 = new double[N]; // use heap
    pd2 = new (buffer) double[N]; // use buffer array
    for (i = 0; i < N; i++)
        pd2[i] = pd1[i] = 1000 + 20.0 * i;
    cout << "Memory addresses:\n" << " heap: " << pd1
        << " static: " << (void *) buffer <<endl;
    cout << "Memory contents:\n";
    for (i = 0; i < N; i++)
    {
        cout << pd1[i] << " at " << &pd1[i] << "; ";
        cout << pd2[i] << " at " << &pd2[i] << endl;
    }

    cout << "\nCalling new and placement new a second time:\n";
    double *pd3, *pd4;
    pd3= new double[N]; // find new address
    pd4 = new (buffer) double[N]; // overwrite old data
    for (i = 0; i < N; i++)
        pd4[i] = pd3[i] = 1000 + 40.0 * i;
    cout << "Memory contents:\n";
    for (i = 0; i < N; i++)
    {
        cout << pd3[i] << " at " << &pd3[i] << "; ";
        cout << pd4[i] << " at " << &pd4[i] << endl;
    }

    cout << "\nCalling new and placement new a third time:\n";
    delete [] pd1;
    pd1= new double[N];
    pd2 = new (buffer + N * sizeof(double)) double[N];
    for (i = 0; i < N; i++)
        pd2[i] = pd1[i] = 1000 + 60.0 * i;
    cout << "Memory contents:\n";
```

```
    for (i = 0; i < N; i++)
    {
        cout << pd1[i] << " at " << &pd1[i] << "; ";
        cout << pd2[i] << " at " << &pd2[i] << endl;
    }
    delete [] pd1;
    delete [] pd3;
    return 0;
}
```

下面是该程序在某个系统上运行时的输出：

```
Calling new and placement new:
Memory addresses:
  heap: 006E4AB0 static: 00FD9138
Memory contents:
1000 at 006E4AB0; 1000 at 00FD9138
1020 at 006E4AB8; 1020 at 00FD9140
1040 at 006E4AC0; 1040 at 00FD9148
1060 at 006E4AC8; 1060 at 00FD9150
1080 at 006E4AD0; 1080 at 00FD9158

Calling new and placement new a second time:
Memory contents:
1000 at 006E4B68; 1000 at 00FD9138
1040 at 006E4B70; 1040 at 00FD9140
1080 at 006E4B78; 1080 at 00FD9148
1120 at 006E4B80; 1120 at 00FD9150
1160 at 006E4B88; 1160 at 00FD9158

Calling new and placement new a third time:
Memory contents:
1000 at 006E4AB0; 1000 at 00FD9160
1060 at 006E4AB8; 1060 at 00FD9168
1120 at 006E4AC0; 1120 at 00FD9170
1180 at 006E4AC8; 1180 at 00FD9178
1240 at 006E4AD0; 1240 at 00FD9180
```

5. 程序说明

有关程序清单 9.10，首先要指出的一点是，定位 new 运算符确实将数组 pd2 放在了数组 buffer 中，pd2 和 buffer 的地址都是 00FD9138。然而，它们的类型不同，pd1 是 double 指针，而 buffer 是 char 指针（顺便说一句，这也是程序使用(void *)对 buffer 进行强制转换的原因，如果不这样做，cout 将显示一个字符串）同时，常规 new 将数组 pd1 放在很远的地方，其地址为 006E4AB0，位于动态管理的堆中。

需要指出的第二点是，第二个常规 new 运算符查找一个新的内存块，其起始地址为 006E4B68；但第二个定位 new 运算符分配与以前相同的内存块：起始地址为 00FD9138 的内存块。定位 new 运算符使用传递给它的地址，它不跟踪哪些内存单元已被使用，也不查找未使用的内存块。这将一些内存管理的负担交给了程序员。例如，在第三次调用定位 new 运算符时，提供了一个从数组 buffer 开头算起的偏移量，因此将分配新的内存：

```
pd2 = new (buffer + N * sizeof(double)) double[N]; // offset of 40 bytes
```

第三点差别是，是否使用 delete 来释放内存。对于常规 new 运算符，下面的语句释放起始地址为 006E4AB0 的内存块，因此接下来再次调用 new 运算符时，该内存块是可用的：

```
delete [] pd1;
```

然而，程序清单 9.10 中的程序没有使用 delete 来释放使用定位 new 运算符分配的内存。事实上，在这个例子中不能这样做。buffer 指定的内存是静态内存，而 delete 只能用于这样的指针：指向常规 new 运算符分配的堆内存。也就是说，数组 buffer 位于 delete 的管辖区域之外，下面的语句将引发运行阶段错误：

```
delete [] pd2; // won't work
```

另外，如果 buffer 是使用常规 new 运算符创建的，便可以使用常规 delete 运算符来释放整个内存块。

定位 new 运算符的另一种用法是，将其与初始化结合使用，从而将信息放在特定的硬件地址处。

您可能想知道定位 new 运算符的工作原理。基本上，它只是返回传递给它的地址，并将其强制转换为 void *，以便能够赋给任何指针类型。但这说的是默认定位 new 函数，C++允许程序员重载定位 new 函数。

将定位 new 运算符用于类对象时，情况将更复杂，这将在第 12 章介绍。

6. 定位 new 的其他形式

就像常规 new 调用一个接收一个参数的 new()函数一样，标准定位 new 调用一个接收两个参数的 new()函数：

```
int * pi = new int;                // invokes new(sizeof(int))
int * p2 = new(buffer) int;        // invokes new(sizeof(int), buffer)
int * p3 = new(buffer) int[40]; // invokes new(40*sizeof(int), buffer)
```

定位 new 函数不可替换，但可重载。它至少需要接收两个参数，其中第一个总是 std::size_t，指定了请求的字节数。这样的重载函数都被称为定义 new，即使额外的参数没有指定位置。

9.3　名称空间

在 C++中，名称可以是变量、函数、结构、枚举、类以及类和结构的成员。当随着项目的增大，名称相互冲突的可能性也将增加。使用多个厂商的类库时，可能导致名称冲突。例如，两个库可能都定义了名为 List、Tree 和 Node 的类，但定义的方式不兼容。用户可能希望使用一个库的 List 类，而使用另一个库的 Tree 类。这种冲突被称为名称空间问题。

C++标准提供了名称空间工具，以便更好地控制名称的作用域。经过了一段时间后，编译器才支持名称空间，但现在这种支持很普遍。

9.3.1　传统的 C++名称空间

介绍 C++中新增的名称空间特性之前，先复习一下 C++中已有的名称空间属性，并介绍一些术语，让读者熟悉名称空间的概念。

第一个需要知道的术语是声明区域（declaration region）。声明区域是可以在其中进行声明的区域。例如，可以在函数外面声明全局变量，对于这种变量，其声明区域为其声明所在的文件。对于在函数中声明的变量，其声明区域为其声明所在的代码块。

第二个需要知道的术语是潜在作用域（potential scope）。变量的潜在作用域从声明点开始，到其声明区域的结尾。因此潜在作用域比声明区域小，这是由于变量必须定义后才能使用。

然而，变量并非在其潜在作用域内的任何位置都是可见的。例如，它可能被另一个在嵌套声明区域中声明的同名变量隐藏。例如，在函数中声明的局部变量（对于这种变量，声明区域为整个函数）将隐藏在同一个文件中声明的全局变量（对于这种变量，声明区域为整个文件）。变量对程序而言可见的范围被称为作用域（scope），前面正是以这种方式使用该术语的。图 9.5 和图 9.6 对术语声明区域、潜在作用域和作用域进行了说明。

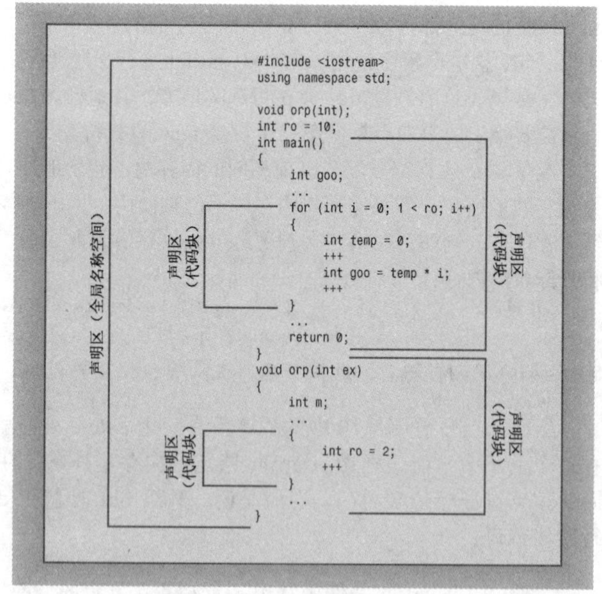

图 9.5　声明区域

C++关于全局变量和局部变量的规则定义了一种名称空间层次。每个声明区域都可以声明名称，这些名称独立于在其他声明区域中声明的名称。在一个函数中声明的局部变量不会与在另一个函数中声明的局部变量发生冲突。

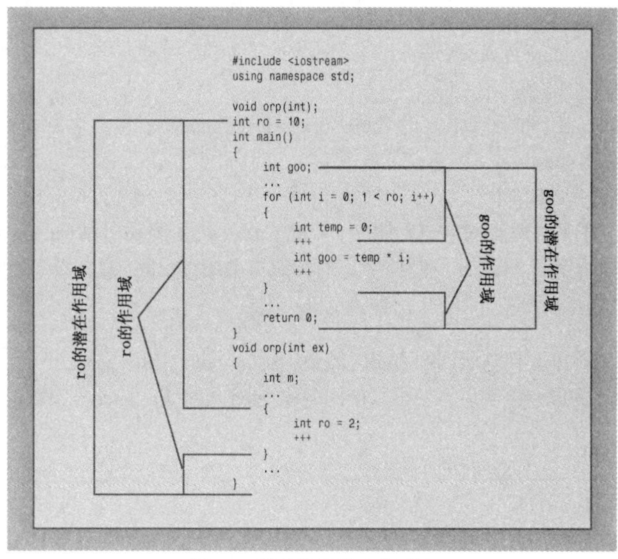

图 9.6 潜在作用域和作用域

9.3.2 新的名称空间特性

C++新增了这样一种功能，即通过定义一种新的声明区域来创建命名的名称空间，这样做的目的之一是提供一个声明名称的区域。一个名称空间中的名称不会与另外一个名称空间的相同名称发生冲突，同时允许程序的其他部分使用该名称空间中声明的东西。例如，下面的代码使用新的关键字 namespace 创建了两个名称空间：Jack 和 Jill。

```
namespace Jack {
    double pail;          // variable declaration
    void fetch();         // function prototype
    int pal;              // variable declaration
    struct Well { ... }; // structure declaration
}
namespace Jill {
    double bucket(double n) { ... }  // function definition
    double fetch;                    // variable declaration
    int pal;                         // variable declaration
    struct Hill { ... };             // structure declaration
}
```

名称空间可以是全局的，也可以位于另一个名称空间中，但不能位于代码块中。因此，在默认情况下，在名称空间中声明的名称的链接性为外部的（除非它引用了常量）。

除了用户定义的名称空间外，还存在另一个名称空间——全局名称空间（global namespace）。它对应于文件级声明区域，因此前面所说的全局变量现在被描述为位于全局名称空间中。

任何名称空间中的名称都不会与其他名称空间中的名称发生冲突。因此，Jack 中的 fetch 可以与 Jill 中的 fetch 共存，Jill 中的 Hill 可以与外部 Hill 共存。名称空间中的声明和定义规则同全局声明和定义规则相同。

名称空间是开放的（open），即可以把名称加入到已有的名称空间中。例如，下面这条语句将名称 goose 添加到 Jill 中已有的名称列表中：

```
namespace Jill {
    char * goose(const char *);
}
```

同样，原来的 Jack 名称空间为 fetch()函数提供了原型。可以在该文件后面（或另外一个文件中）再次使用 Jack 名称空间来提供该函数的代码：

```
namespace Jack {
    void fetch()
    {
        ...
    }
}
```

当然，需要有一种方法来访问给定名称空间中的名称。最简单的方法是，通过作用域解析运算符::，使用名称空间来限定该名称：

```
Jack::pail = 12.34; // use a variable
Jill::Hill mole;    // create a type Hill structure
Jack::fetch();      // use a function
```

未被装饰的名称（如 pail）称为未限定的名称（unqualified name）；包含名称空间的名称（如 Jack::pail）称为限定的名称（qualified name）。

1. using 声明和 using 编译指令

我们并不希望每次使用名称时都对它进行限定，因此 C++提供了两种机制（using 声明和 using 编译指令）来简化对名称空间中名称的使用。using 声明使特定的标识符可用，using 编译指令使整个名称空间可用。

using 声明由被限定的名称和它前面的关键字 using 组成：

```
using Jill::fetch; // a using declaration
```

using 声明将特定的名称添加到它所属的声明区域中。例如 main()中的 using 声明 Jill::fetch 将 fetch 添加到 main()定义的声明区域中。完成该声明后，便可以使用名称 fetch 代替 Jill::fetch。下面的代码段说明了这几点：

```
namespace Jill {
    double bucket(double n) { ... }
    double fetch;
    struct Hill { ... };
}
char fetch;
int main()
{
    using Jill::fetch; // put fetch into local namespace
    double fetch;      // Error! Already have a local fetch
    cin >> fetch;      // read a value into Jill::fetch
    cin >> ::fetch;    // read a value into global fetch
    ...
}
```

由于 using 声明将名称添加到局部声明区域中，因此这个示例避免了将另一个局部变量也命名为 fetch。另外，和其他局部变量一样，fetch 也将覆盖同名的全局变量。

在函数的外面使用 using 声明时，将把名称添加到全局名称空间中：

```
void other();
namespace Jill {
    double bucket(double n) { ... }
    double fetch;
    struct Hill { ... };
}
using Jill::fetch; // put fetch into global namespace
int main()
{
    cin >> fetch;  // read a value into Jill::fetch
    other()
...
}

void other()
{
    cout << fetch; // display Jill::fetch
...
}
```

using 声明使一个名称可用，而 using 编译指令使所有的名称都可用。using 编译指令由名称空间名和它前面的关键字 using namespace 组成，它使名称空间中的所有名称都可用，而不需要使用作用域解析运算符：

```
using namespace Jack; // make all the names in Jack available
```

在全局声明区域中使用 using 编译指令，将使该名称空间的名称全局可用。这种情况已出现过多次：

```
#include <iostream>  // places names in namespace std
using namespace std; // make names available globally
```

在函数中使用 using 编译指令，将使其中的名称在该函数中可用，下面是一个例子：

```
int main()
{
    using namespace Jack; // make names available in main()
...
}
```

在本书前面，经常将这种格式用于名称空间 std。

有关 using 编译指令和 using 声明，需要记住的一点是，它们增加了名称冲突的可能性。也就是说，如果有名称空间 jack 和 jill，并在代码中使用作用域解析运算符，则不会存在二义性：

```
jack::pal = 3;
jill::pal =10;
```

变量 jack::pal 和 jill::pal 是不同的标识符，表示不同的内存单元。然而，如果使用 using 声明，情况将发生变化：

```
using jack::pal;
using jill::pal;
pal = 4;        // which one? now have a conflict
```

事实上，编译器不允许您同时使用上述两个 using 声明，因为这将导致二义性。

2. using 编译指令和 using 声明之比较

使用 using 编译指令导入一个名称空间中所有的名称与使用多个 using 声明是不一样的，而更像是大量使用作用域解析运算符。使用 using 声明时，就好像声明了相应的名称一样。如果某个名称已经在函数中声明了，则不能用 using 声明导入相同的名称。然而，使用 using 编译指令时，将进行名称解析，就像在包含 using 声明和名称空间本身的最小声明区域中声明了名称一样。在下面的示例中，名称空间为全局的。如果使用 using 编译指令导入一个已经在函数中声明的名称，则局部名称将隐藏名称空间名，就像隐藏同名的全局变量一样。不过仍可以像下面的示例中那样使用作用域解析运算符：

```
namespace Jill {
    double bucket(double n) { ... }
    double fetch;
    struct Hill { ... };
}
char fetch;                     // global namespace
int main()
{
    using namespace Jill;       // import all namespace names
    Hill Thrill;                // create a type Jill::Hill structure
    double water = bucket(2);   // use Jill::bucket();
    double fetch;               // not an error; hides Jill::fetch
    cin >> fetch;               // read a value into the local fetch
    cin >> ::fetch;             // read a value into global fetch
    cin >> Jill::fetch;         // read a value into Jill::fetch
    ...
}

int foom()
{
    Hill top;           // ERROR
    Jill::Hill crest;   // valid
}
```

在 main()中，名称 Jill::fetch 被放在局部名称空间中，但其作用域不是局部的，因此不会覆盖全局的 fetch。然而，局部声明的 fetch 将隐藏 Jill::fetch 和全局 fetch。然而，如果使用作用域解析运算符，则后两个 fetch 变量都是可用的。读者应将这个示例与前面使用 using 声明的示例进行比较。

需要指出的另一点是，虽然函数中的 using 编译指令将名称空间的名称视为在函数之外声明的，但它不会使得该文件中的其他函数能够使用这些名称。因此，在前一个例子中，foom()函数不能使用未限定的标识符 Hill。

注意： 假设名称空间和声明区域定义了相同的名称。如果试图使用 using 声明将名称空间的名称导入该声明区域，则这两个名称会发生冲突，从而出错。如果使用 using 编译指令将该名称空间的名称导入该声明区域，则局部版本将隐藏名称空间版本。

一般说来，使用 using 声明比使用 using 编译指令更安全，这是由于它只导入指定的名称。如果该名称与局部名称发生冲突，编译器将发出指示。using 编译指令导入所有名称，包括可能并不需要的名称。如果与局部名称发生冲突，则局部名称将覆盖名称空间版本，而编译器并不会发出警告。另外，名称空间的开放性意味着名称空间的名称可能分散在多个地方，这使得难以准确知道添加了哪些名称。

下面是本书的大部分示例采用的方法：

```
#include <iostream>
int main()
{
    using namespace std;
```

首先，#include 语句将头文件 iostream 放到名称空间 std 中。然后，using 编译指令使该名称空间在 main()函数中可用。有些示例采取下述方式：

```
#include <iostream>
using namespace std;
int main()
{
```

这将名称空间 std 中的所有内容导出到全局名称空间中。使用这种方法的主要原因是方便。它易于完成，同时如果系统不支持名称空间，可以将前两行替换为：

```
#include <iostream.h>
```

然而，名称空间的支持者希望有更多的选择，既可以使用解析运算符，也可以使用 using 声明。也就是说，不要这样做：

```
using namespace std; // avoid as too indiscriminate
```

而应这样做：

```
int x;
std::cin >> x;
std::cout << x << std::endl;
```

或者这样做：

```
using std::cin;
using std::cout;
using std::endl;
int x;
cin >> x;
cout << x << endl;
```

可以用嵌套式名称空间（将在下一节介绍）来创建一个包含常用 using 声明的名称空间。

3. *名称空间的其他特性*

可以将名称空间声明进行嵌套：

```
namespace elements
{
    namespace fire
    {
        int flame;
        ...
    }
    float water;
}
```

这里，flame 指的是 elements::fire::flame。同样，可以使用下面的 using 编译指令使内部的名称可用：

```
using namespace elements::fire;
```

另外，也可以在名称空间中使用 using 编译指令和 using 声明，如下所示：

```
namespace myth
{
    using Jill::fetch;
    using namespace elements;
    using std::cout;
    using std::cin;
}
```

假设要访问 Jill::fetch。由于 Jill::fetch 现在位于名称空间 myth（在这里，它被叫作 fetch）中，因此可以这样访问它：

```
std::cin >> myth::fetch;
```

当然，由于它也位于 Jill 名称空间中，因此仍然可以称作 Jill::fetch：

```
std::cout << Jill::fetch;   // display value read into myth::fetch
```

如果没有与之冲突的局部变量，则也可以这样做：

```
using namespace myth;
cin >> fetch;   // really std::cin and Jill::fetch
```

现在考虑将 using 编译指令用于 myth 名称空间的情况。using 编译指令是可传递的。如果 A op B 且 B op C，则 A op C，则说操作 op 是可传递的。例如，>运算符是可传递的（也就是说，如果 A>B 且 B>C，则 A>C）。在这个情况下，下面的语句将导入名称空间 myth 和 elements：

```
using namespace myth;
```

这条编译指令与下面两条编译指令等价：

```
using namespace myth;
using namespace elements;
```

可以给名称空间创建别名。例如，假设有下面的名称空间：

```
namespace my_very_favorite_things { ... };
```

则可以使用下面的语句让 mvft 成为 my_very_favorite_things 的别名：

```
namespace mvft = my_very_favorite_things;
```

可以使用这种技术来简化对嵌套名称空间的使用：

```
namespace MEF = myth::elements::fire;
using MEF::flame;
```

4. *未命名的名称空间*

可以通过省略名称空间的名称来创建未命名的名称空间：

```
namespace // unnamed namespace
{
    int ice;
    int bandycoot;
}
```

这就像后面跟着 using 编译指令一样，也就是说，在该名称空间中声明的名称的潜在作用域为：从声明点到该声明区域末尾。从这个方面看，它们与全局变量相似。然而，由于这种名称空间没有名称，因此不能显式地使用 using 编译指令或 using 声明来使它在其他位置都可用。具体地说，不能在未命名名称空间所属文件之外的其他文件中，使用该名称空间中的名称。这提供了链接性为内部的静态变量的替代品。例如，假设有这样的代码：

```
static int counts; // static storage, internal linkage
int other();
int main()
{
...
}

int other()
{
...
}
```

采用名称空间的方法如下：

```
namespace
{
    int counts; // static storage, internal linkage
}
int other();
int main()
{
...
}

int other()
{
...
}
```

9.3.3 名称空间示例

现在来看一个多文件示例，该示例说明了名称空间的一些特性。该程序的第一个文件（参见程序清单 9.11）是头文件，其中包含头文件中常包含的内容：常量、结构定义和函数原型。在这个例子中，这些内容被放在两个名称空间中。第一个名称空间叫作 pers，其中包含 Person 结构的定义和两个函数的原型——一个函数用人名填充结构，另一个函数显示结构的内容；第二个名称空间叫作 debts，它定义了一个结构，该结构用来存储人名和金额。该结构使用了 Person 结构，因此，debts 名称空间使用一条 using 编译指令，让 pers 中的名称在 debts 名称空间可用。debts 名称空间也包含一些原型。

程序清单 9.11 namesp.h

```
// namesp.h
#include <string>
// create the pers and debts namespaces
namespace pers
{
    struct Person
    {
        std::string fname;
        std::string lname;
    };
    void getPerson(Person &);
    void showPerson(const Person &);
}
```

```
namespace debts
{
    using namespace pers;
    struct Debt
    {
        Person name;
        double amount;
    };
    void getDebt(Debt &);
    void showDebt(const Debt &);
    double sumDebts(const Debt ar[], int n);
}
```

第二个文件（见程序清单 9.12）是源代码文件，它提供了头文件中的函数原型对应的定义。在名称空间中声明的函数名的作用域为整个名称空间，因此定义和声明必须位于同一个名称空间中。这正是名称空间的开放性发挥作用的地方。通过包含 namesp.h（参见程序清单 9.11）导入了原来的名称空间。然后该文件将函数定义添加入到两个名称空间中，如程序清单 9.12 所示。另外，文件 names.cpp 演示了如何使用 using 声明和作用域解析运算符来使名称空间 std 中的元素可用。

程序清单 9.12　namesp.cpp

```
// namesp.cpp -- namespaces
#include <iostream>
#include "namesp.h"

namespace pers
{
    using std::cout;
    using std::cin;
    void getPerson(Person & rp)
    {
        cout << "Enter first name: ";
        cin >> rp.fname;
        cout << "Enter last name: ";
        cin >> rp.lname;
    }
    void showPerson(const Person & rp)
    {
        std::cout << rp.lname << ", " << rp.fname;
    }
}

namespace debts
{
    void getDebt(Debt & rd)
    {
        getPerson(rd.name);
        std::cout << "Enter debt: ";
        std::cin >> rd.amount;
    }
    void showDebt(const Debt & rd)
    {
        showPerson(rd.name);
        std::cout <<": $" << rd.amount << std::endl;
    }
    double sumDebts(const Debt ar[], int n)
    {
        double total = 0;
        for (int i = 0; i < n; i++)
            total += ar[i].amount;
        return total;
    }
}
```

最后，该程序的第三个文件（参见程序清单 9.13）是一个源代码文件，它使用了名称空间中声明和定义的结构和函数。程序清单 9.13 演示了多种使名称空间标识符可用的方法。

程序清单 9.13　usenmsp.cpp

```
// usenmsp.cpp -- using namespaces
#include <iostream>
```

```
#include "namesp.h"
void other(void);
void another(void);
int main(void)
{
    using debts::Debt;

    using debts::showDebt;
    Debt golf = { {"Benny", "Goatsniff"}, 120.0 };
    showDebt(golf);
    other();
    another();
    return 0;
}

void other(void)
{
    using std::cout;
    using std::endl;
    using namespace debts;
    Person dg = {"Doodles", "Glister"};
    showPerson(dg);
    cout << endl;
    Debt zippy[3];
    int i;
    for (i = 0; i < 3; i++)
        getDebt(zippy[i]);

    for (i = 0; i < 3; i++)
        showDebt(zippy[i]);
    cout << "Total debt: $" << sumDebts(zippy, 3) << endl;
    return;
}

void another(void)
{
    using pers::Person;
    Person collector = { "Milo", "Rightshift" };
    pers::showPerson(collector);
    std::cout << std::endl;
}
```

在程序清单 9.13 中，main()函数首先使用了两个 using 声明：

```
using debts::Debt;      // makes the Debt structure definition available
using debts::showDebt; // makes the showDebt function available
```

注意，using 声明只使用了名称，例如，第二个 using 声明没有描述 showDebt 的返回类型或函数特征标，而只给出了名称；因此，如果函数被重载，则一个 using 声明将导入所有的版本。另外，虽然 Debt 和 showDebt 都使用了 Person 类型，但不必导入任何 Person 名称，因为 debts 名称空间有一条包含 pers 名称空间的 using 编译指令。

接下来，other()函数采用了一种不太好的方法，即使用一条 using 编译指令导入整个名称空间：

```
using namespace debts; // make all debts and pers names available to other()
```

由于 debts 中的 using 编译指令导入了 pers 名称空间，因此 other()函数可以使用 Person 类型和 showPerson()函数。

最后，another()函数使用 using 声明和作用域解析运算符来访问具体的名称：

```
using pers::Person;;
pers::showPerson(collector);
```

下面是程序清单 9.11～程序清单 9.13 组成的程序的运行情况：

```
Goatsniff, Benny: $120
Glister, Doodles
Enter first name: Arabella
Enter last name: Binx
Enter debt: 100
Enter first name: Cleve
Enter last name: Delaproux
Enter debt: 120
Enter first name: Eddie
Enter last name: Fiotox
Enter debt: 200
Binx, Arabella: $100
Delaproux, Cleve: $120
Fiotox, Eddie: $200
```

```
Total debt: $420
Rightshift, Milo
```

9.3.4 名称空间及其前途

随着程序员逐渐熟悉名称空间，将出现统一的编程理念。下面是当前的一些指导原则。

- 使用在已命名的名称空间中声明的变量，而不是使用外部全局变量。
- 使用在已命名的名称空间中声明的变量，而不是使用静态全局变量。
- 如果开发了一个函数库或类库，将其放在一个名称空间中。事实上，C++当前提倡将标准函数库放在名称空间 std 中，这种做法扩展到了来自 C 语言中的函数。例如，头文件 math.h 是与 C 语言兼容的，没有使用名称空间，但 C++头文件 cmath 应将各种数学库函数放在名称空间 std 中。实际上，并非所有的编译器都完成了这种过渡。
- 仅将编译指令 using 作为一种将旧代码转换为使用名称空间的权宜之计。
- 不要在头文件中使用 using 编译指令。这样做掩盖了要让哪些名称可用；另外，包含头文件的顺序可能影响程序的行为。如果非要使用编译指令 using，应将其放在所有预处理器编译指令#include 之后。
- 导入名称时，首选使用作用域解析运算符或 using 声明的方法。
- 对于 using 声明，首选将其作用域设置为局部而不是全局。

别忘了，使用名称空间的主旨是简化大型编程项目的管理工作。对于只有一个文件的简单程序，使用 using 编译指令并非什么大逆不道的事。

正如前面指出的，头文件名的变化反映了这些变化。老式头文件（如 iostream.h）没有使用名称空间，但新头文件 iostream 使用了 std 名称空间。

9.4 总结

C++鼓励程序员在开发程序时使用多个文件。一种有效的组织策略是，使用头文件来定义用户类型，为操纵用户类型的函数提供函数原型；并将函数定义放在一个独立的源代码文件中。头文件和源代码文件一起定义和实现了用户定义的类型及其使用方式。最后，将 main()和其他使用这些函数的函数放在第三个文件中。

C++的存储方案决定了变量保留在内存中的时间（储存持续性）以及程序的哪一部分可以访问它（作用域和链接性）。自动变量是在代码块（如函数体或函数体中的代码块）中定义的变量，仅当程序执行到包含定义的代码块时，它们才存在，并且可见。自动变量可以通过使用存储类型说明符 register 或根本不使用说明符来声明，没有使用说明符时，变量将默认为自动的。register 说明符提示编译器，该变量的使用频率很高，但 C++11 摒弃了这种用法。

静态变量在整个程序执行期间都存在。对于在函数外面定义的变量，其所属文件中位于该变量的定义后面的所有函数都可以使用它（文件作用域），并可在程序的其他文件中使用（外部链接性）。另一个文件要使用这种变量，必须使用 extern 关键字来声明它。对于文件间共享的变量，应在一个文件中包含其定义声明（无需使用 extern，但如果同时进行初始化，也可使用它），并在其他文件中包含引用声明（使用 extern 且不初始化）。在函数的外面使用关键字 static 定义的变量的作用域为整个文件，但是不能用于其他文件（内部链接性）。在代码块中使用关键字 static 定义的变量被限制在该代码块内（局部作用域、无链接性），但在整个程序执行期间，它都一直存在并且保持原值。

在默认情况下，C++函数的链接性为外部，因此可在文件间共享；但使用关键字 static 限定的函数的链接性为内部的，被限制在定义它的文件中。

动态内存分配和释放是使用 new 和 delete 进行的，它使用自由存储区或堆来存储数据。调用 new 占用内存，而调用 delete 释放内存。程序使用指针来跟踪这些内存单元。

名称空间允许定义一个可在其中声明标识符的命名区域。这样做的目的是减少名称冲突，尤其当程序非常大，并使用多个厂商的代码时。可以通过使用作用域解析运算符、using 声明或 using 编译指令，来使名称空间中的标识符可用。

9.5 复习题

1. 对于下面的情况，应使用哪种存储方案？
   a. homer 是函数的形参。
   b. secret 变量由两个文件共享。
   c. topsecret 变量由一个文件中的所有函数共享，但对于其他文件来说是隐藏的。
   d. beencalled 记录包含它的函数被调用的次数。
2. using 声明和 using 编译指令之间有何区别？
3. 重新编写下面的代码，使其不使用 using 声明和 using 编译指令。

```
#include <iostream>
using namespace std;
int main()
{
    double x;
    cout << "Enter value: ";
    while (! (cin >> x) )
    {
        cout << "Bad input. Please enter a number: ";
        cin.clear();
       while (cin.get() != '\n')
           continue;
    }
    cout << "Value = " << x << endl;
    return 0;
}
```

4. 重新编写下面的代码，使之使用 using 声明，而不是 using 编译指令。

```
#include <iostream>
using namespace std;
int main()
{
    double x;
    cout << "Enter value: ";
    while (! (cin >> x) )
    {
        cout << "Bad input. Please enter a number: ";
        cin.clear();
       while (cin.get() != '\n')
           continue;
    }
    cout << "Value = " << x << endl;
    return 0;
}
```

5. 在一个文件中调用 average(3, 6)函数时，它返回两个 int 参数的 int 平均值，在同一个程序的另一个文件中调用时，它返回两个 int 参数的 double 平均值。应如何实现？

6. 下面的程序由两个文件组成，该程序显示什么内容？

```
// file1.cpp
#include <iostream>
using namespace std;
void other();
void another();
int x = 10;
int y;

int main()
{
    cout << x << endl;
    {
        int x = 4;
        cout << x << endl;
        cout << y << endl;
    }
    other();
    another();
    return 0;
}

void other()
```

```
{
    int y = 1;
    cout << "Other: " << x << ", " << y << endl;
}

// file 2.cpp
#include <iostream>
using namespace std;
extern int x;
namespace
{
    int y = -4;
}

void another()
{
    cout << "another(): " << x << ", " << y << endl;
}
```

7. 下面的代码将显示什么内容?

```
#include <iostream>
using namespace std;
void other();
namespace n1
{
    int x = 1;
}

namespace n2
{
    int x = 2;
}


int main()
{
   using namespace n1;
   cout << x << endl;
    {
        int x = 4;
        cout << x << ", " << n1::x << ", " << n2::x << endl;
    }
    using n2::x;
    cout << x << endl;
    other();
    return 0;
}

void other()
{
    using namespace n2;
    cout << x << endl;
    {
        int x = 4;
        cout << x << ", " << n1::x << ", " << n2::x << endl;
    }
    using n2::x;
    cout << x << endl;
}
```

9.6 编程练习

1. 下面是一个头文件:

```
// golf.h -- for pe9-1.cpp

const int Len = 40;
struct golf
{
    char fullname[Len];
    int handicap;
};

// non-interactive version:
// function sets golf structure to provided name, handicap
// using values passed as arguments to the function
```

```
void setgolf(golf & g, const char * name, int hc);

// interactive version:
// function solicits name and handicap from user
// and sets the members of g to the values entered
// returns 1 if name is entered, 0 if name is empty string
int setgolf(golf & g);

// function resets handicap to new value
void handicap(golf & g, int hc);

// function displays contents of golf structure
void showgolf(const golf & g);
```

注意到 setgolf()被重载，可以这样使用其第一个版本：

```
golf ann;
setgolf(ann, "Ann Birdfree", 24);
```

上述函数调用提供了存储在 ann 结构中的信息。可以这样使用其第二个版本：

```
golf andy;
setgolf(andy);
```

上述函数将提示用户输入姓名和等级，并将它们存储在 andy 结构中。这个函数可以（但是不一定必须）在内部使用第一个版本。

根据这个头文件，创建一个多文件程序。其中的一个文件名为 golf.cpp，它提供了与头文件中的原型匹配的函数定义；另一个文件应包含 main()，并演示原型化函数的所有特性。例如，包含一个让用户输入的循环，并使用输入的数据来填充一个由 golf 结构组成的数组，数组被填满或用户将高尔夫选手的姓名设置为空字符串时，循环将结束。main()函数只使用头文件中原型化的函数来访问 golf 结构。

2. 修改程序清单 9.9：用 string 对象代替字符数组。这样，该程序将不再需要检查输入的字符串是否过长，同时可以将输入字符串同字符串“”进行比较，以判断是否为空行。

3. 下面是一个结构声明：

```
struct chaff
{
    char dross[20];
    int slag;
};
```

编写一个程序，使用定位 new 运算符将一个包含两个这种结构的数组放在一个缓冲区中。然后，给结构的成员赋值（对于 char 数组，使用函数 strcpy()），并使用一个循环来显示内容。一种方法是像程序清单 9.10 那样将一个静态数组用作缓冲区；另一种方法是使用常规 new 运算符来分配缓冲区。

4. 请基于下面这个名称空间编写一个由 3 个文件组成的程序：

```
namespace SALES
{
    const int QUARTERS = 4;
    struct Sales
    {
        double sales[QUARTERS];
        double average;
        double max;
        double min;
    };
    // copies the lesser of 4 or n items from the array ar
    // to the sales member of s and computes and stores the
    // average, maximum, and minimum values of the entered items;
    // remaining elements of sales, if any, set to 0
    void setSales(Sales & s, const double ar[], int n);
    // gathers sales for 4 quarters interactively, stores them
    // in the sales member of s and computes and stores the
    // average, maximum, and minimum values
    void setSales(Sales & s);
    // display all information in structure s
    void showSales(const Sales & s);
}
```

第一个文件是一个头文件，其中包含名称空间；第二个文件是一个源代码文件，它对这个名称空间进行扩展，以提供这三个函数的定义；第三个文件声明两个 Sales 对象，并使用 setSales()的交互式版本为一个结构提供值，然后使用 setSales()的非交互式版本为另一个结构提供值。另外它还使用 showSales()来显示这两个结构的内容。

第 10 章　对象和类

本章内容包括：

- 过程性编程和面向对象编程；
- 类概念；
- 如何定义和实现类；
- 公有类访问和私有类访问；
- 类的数据成员；
- 类方法（类函数成员）；
- 创建和使用类对象；
- 类的构造函数和析构函数；
- const 成员函数；
- this 指针；
- 创建对象数组；
- 类作用域；
- 抽象数据类型。

面向对象编程（OOP）是一种特殊的、设计程序的概念性方法，C++通过一些特性改进了 C 语言，使得应用这种方法更容易。下面是最重要的 OOP 特性：

- 抽象；
- 封装和数据隐藏；
- 多态；
- 继承；
- 代码的可重用性。

为了实现这些特性并将它们组合在一起，C++所做的最重要的改进是提供了类。本章首先介绍类，将解释抽象、封装、数据隐藏，并演示类是如何实现这些特性的。本章还将讨论如何定义类、如何为类提供公有部分和私有部分以及如何创建使用类数据的成员函数。另外，还将介绍构造函数和析构函数，它们是特殊的成员函数，用于创建和删除属于当前类的对象。最后介绍 this 指针，对于有些类编程而言，它是至关重要的。后面的章节还将把讨论扩展到运算符重载（另一种多态）和继承，它们是代码重用的基础。

10.1　过程性编程和面向对象编程

虽然本书前面偶尔探讨过 OOP 在编程方面的前景，但讨论的更多的还是诸如 C、Pascal 和 BASIC 等语言的标准过程性方法。下面来看一个例子，它揭示了 OOP 的观点与过程性编程的差别。

Genre Giants 垒球队的一名新成员被要求记录球队的统计数据。很自然，会求助于计算机来完成这项工作。如果是一位过程性程序员，可能会这样考虑：

我要输入每名选手的姓名、击球次数、击中次数、命中率（命中率指的是击中次数除以选手正式的击球次数；当选手在垒上或被罚出局时，击球停止，但某些情况不计作正式击球次数，如选手走步时）以及其他重要的基本统计数据。之所以使用计算机，是为了简化工作，因此让它来计算某些数据，如命中率。另外，我还希望程序能够显示这些结果。应如何组织呢？我想我能正确地完成这项工作，并使用了函数。是的，我让 main()调用一个函数来获取输入，调用另一个函数来进行计算，然后再调用第三个函数来显示结果。那么，获得下一场比赛的数据后，又该做什么呢？我不想再从头开始，可以添加一个函数来更新统计数据。可能需要在 main()中提供一个菜单，选择是输入、计算、更新还是显示数据。则如何表示这些数据呢？可以用一个字符串数组来存储选手的姓名，用另一个数组存储每一位选手的击球数，再用一个数组存储击中数目等等。这种方法太不灵活了，可以设计一个结构来存储每位选手的所有信息，然后用这种结构组成的数组来表示整个球队。

总之，采用过程性编程方法时，首先考虑要遵循的步骤，然后考虑如何表示这些数据（并不需要程序一直运行，用户可能希望能够将数据存储在一个文件中，然后从这个文件中读取数据）。

如果换成一位 OOP 程序员，又将如何呢？首先考虑数据——不仅要考虑如何表示数据，还要考虑如何使用数据：

我要跟踪的是什么？当然是选手。因此要有一个对象表示整个选手的各个方面（而不仅仅是命中率或击球次数）。是的，这将是基本数据单元——一个表示选手的姓名和统计数据的对象。我需要一些处理该对象的方法。首先需要一种将基本信息加入到该单元中的方法；其次，计算机应计算一些东西，如命中率，因此需要添加一些执行计算的方法。程序应自动完成这些计算，而无需用户干涉。另外，还需要一些更新和显示信息的方法。所以，用户与数据交互的方式有三种：初始化、更新和报告——这就是用户接口。

总之，采用 OOP 方法时，首先从用户的角度考虑对象——描述对象所需的数据以及描述用户与数据交互所需的操作。完成对接口的描述后，需要确定如何实现接口和数据存储。最后，使用新的设计方案创建出程序。

10.2 抽象和类

生活中充满复杂性，处理复杂性的方法之一是简化和抽象。人的身体是由无数个原子组成的，而一些学者认为人的思想是由半自主的主体组成的。但将人自己看作一个实体将简单得多。在计算中，为了根据信息与用户之间的接口来表示它，抽象是至关重要的。也就是说，将问题的本质特征抽象出来，并根据特征来描述解决方案。在垒球统计数据示例中，接口描述了用户如何初始化、更新和显示数据。抽象是通往用户定义类型的捷径，在 C++中，用户定义类型指的是实现抽象接口的类设计。

10.2.1 类型是什么

我们来看看是什么构成了类型。例如，讨厌鬼是什么？受流行的固定模式影响，可能会指出讨厌鬼的一些外表特点：胖、戴黑宽边眼镜、兜里插满钢笔等。稍加思索后，又可能觉得从行为上定义讨厌鬼可能更合适，如他（或她）是如何应对尴尬的社交场面的。如果将这种类比扩展到过程性语言（如 C 语言），我们得到类似的情形。首先，倾向于根据数据的外观（在内存中如何存储）来考虑数据类型。例如，char 占用 1 个字节的内存，而 double 通常占用 8 个字节的内存。但是稍加思索就会发现，也可以根据要对它执行的操作来定义数据类型。例如，int 类型可以使用所有的算术运算，可对整数执行加、减、乘、除运算，还可以对它们使用求模运算符（%）。

而指针需要的内存数量很可能与 int 相同，甚至可能在内部被表示为整数。但不能对指针执行与整数相同的运算。例如，不能将两个指针相乘，这种运算没有意义的，因此 C++没有实现这种运算。因此，将变量声明为 int 或 float 指针时，不仅仅是分配内存，还规定了可对变量执行的操作。总之，指定基本类型完成了三项工作：

- 决定数据对象需要的内存数量；
- 决定如何解释内存中的位（long 和 float 在内存中占用的位数相同，但将它们转换为数值的方法不同）；
- 决定可使用数据对象执行的操作或方法。

对于内置类型来说，有关操作的信息被内置到编译器中。但在C++中定义用户自定义的类型时，必须自己提供这些信息。付出这些劳动换来了根据实际需要定制新数据类型的强大功能和灵活性。

10.2.2 C++中的类

类是一种将抽象转换为用户定义类型的C++工具，它将数据表示和操纵数据的方法组合成一个整洁的包。下面来看一个表示股票的类。

首先，必须考虑如何表示股票。可以将一股作为基本单元，定义一个表示一股股票的类。然而，这意味着需要100个对象才能表示100股，这不现实。相反，可以将某人当前持有的某种股票作为一个基本单元，数据表示中包含他持有的股票数量。一种比较现实的方法是，必须记录最初购买价格和购买日期（用于计算纳税）等内容。另外，还必须管理诸如拆股等事件。首次定义类就考虑这么多因素有些困难，因此我们对其进行简化。具体地说，应该将可执行的操作限制为：

- 获得股票；
- 增持；
- 卖出股票；
- 更新股票价格；
- 显示关于所持股票的信息。

可以根据上述清单定义stock类的公有接口（如果您有兴趣，还可以添加其他特性）。为支持该接口，需要存储一些信息。我们再次进行简化。例如，不考虑标准的美式股票计价方式（八分之一美元的倍数。显然，纽约证券交易所一定看到过本书以前的版本中关于简化的论述，因为它已经决定将系统转换为书中采用的方式）。我们将存储下面的信息：

- 公司名称；
- 所持股票的数量；
- 每股的价格；
- 股票总值。

接下来定义类。一般来说，类规范由两个部分组成。

- 类声明：以数据成员的方式描述数据部分，以成员函数（被称为方法）的方式描述公有接口。
- 类方法定义：描述如何实现类成员函数。

简单地说，类声明提供了类的蓝图，而方法定义则提供了细节。

什么是接口

接口是一个共享框架，供两个系统（如在计算机和打印机之间或者用户或计算机程序之间）交互时使用；例如，用户可能是您，而程序可能是字处理器。使用字处理器时，您不能直接将脑子中想到的词传输到计算机内存中，而必须同程序提供的接口交互。您敲打键盘时，计算机将字符显示到屏幕上；您移动鼠标时，计算机移动屏幕上的光标；您无意间单击鼠标时，计算机对您输入的段落进行奇怪的处理。程序接口将您的意图转换为存储在计算机中的具体信息。

对于类，我们说公共接口。在这里，公众（public）是使用类的程序，交互系统由类对象组成，而接口由编写类的人提供的方法组成。接口让程序员能够编写与类对象交互的代码，从而让程序能够使用类对象。例如，要计算string对象中包含多少个字符，您无需打开对象，而只需使用string类提供的size()方法。类设计禁止公共用户直接访问类，但公众可以使用方法size()。方法size()是用户和string类对象之间的公共接口的组成部分。通常，方法getline()是istream类的公共接口的组成部分，使用cin的程序不是直接与cin对象内部交互来读取一行输入，而是使用getline()。

如果希望更人性化，不要将使用类的程序视为公共用户，而将编写程序的人视为公共用户。然而，要使用某个类，必须了解其公共接口；要编写类，必须创建其公共接口。

为开发一个类并编写一个使用它的程序，需要完成多个步骤。这里将开发过程分成多个阶段，而不是一次性完成。通常，C++程序员将接口（类定义）放在头文件中，并将实现（类方法的代码）放在源代码文件中。这里采用这种典型做法。程序清单10.1是第一个阶段的代码，它是Stock类的类声明。这个文件按第 9 章介绍的那样，使用了#ifndef 等来防止多次包含同一个文件。

为帮助识别类，本书遵循一种常见但不通用的约定——将类名首字母大写。您将发现，程序清单 10.1 看起来就像一个结构声明，只是还包括成员函数、公有部分和私有部分等内容。稍后将对该声明进行改进（所以不要将它用作模型），但先来看一看该定义的工作方式。

程序清单 10.1 stock00.h

```
// stock00.h -- Stock class interface
// version 00
#ifndef STOCK00_H_
#define STOCK00_H_

#include <string>

class Stock // class declaration
{
private:
    std::string company;
    long shares;
    double share_val;
    double total_val;
    void set_tot() { total_val = shares * share_val; }
public:
    void acquire(const std::string & co, long n, double pr);
    void buy(long num, double price);
    void sell(long num, double price);
    void update(double price);
    void show();
};     // note semicolon at the end

#endif
```

稍后将详细介绍类的细节，但先看一下更通用的特性。首先，C++关键字 class 指出这些代码定义了一个类设计（不同于在模板参数中，在这里，关键字 class 和 typename 不是同义词，不能使用 typename 代替 class）。这种语法指出，Stock 是这个新类的类型名。该声明让我们能够声明 Stock 类型的变量——称为对象或实例。每个对象都表示一支股票。例如，下面的声明创建两个 Stock 对象，它们分别名为 sally 和 solly：

```
Stock sally;
Stock solly;
```

例如，sally 对象可以表示 Sally 持有的某公司股票。

接下来，要存储的数据以类数据成员（如 company 和 shares）的形式出现。例如，sally 的 company 成员存储了公司名称，share 成员存储了 Sally 持有的股票数量，share_val 成员存储了每股的价格，total_val 成员存储了股票总价格。同样，要执行的操作以类函数成员（方法，如 sell()和 update()）的形式出现。成员函数可以就地定义（如 set_tot()），也可以用原型表示（如其他成员函数）。其他成员函数的完整定义稍后将介绍，它们包含在实现文件中；但对于描述函数接口而言，原型足够了。将数据和方法组合成一个单元是类最吸引人的特性。有了这种设计，创建 Stock 对象时，将自动制定使用对象的规则。

istream 和 ostream 类有成员函数，如 get()和 getline()，而 Stock 类声明中的函数原型说明了成员函数是如何建立的。例如，头文件 iostream 将 getline()的原型放在 istream 类的声明中。

1. 访问控制

关键字 private 和 public 也是新的，它们描述了对类成员的访问控制。使用类对象的程序都可以直接访问公有部分，但只能通过公有成员函数（或友元函数，参见第 11 章）来访问对象的私有成员。例如，要修改 Stock 类的 shares 成员，只能通过 Stock 的成员函数。因此，公有成员函数是程序和对象的私有成员之间的桥梁，提供了对象和程序之间的接口。防止程序直接访问数据被称为数据隐藏（参见图 10.1）。C++还提供了第三个访问控制关键字 protected，第 13 章介绍类继承时将讨论该关键字。

类设计尽可能将公有接口与实现细节分开。公有接口表示设计的抽象组件。将实现细节放在一起并将它们与抽象分开被称为封装。数据隐藏（将数据放在类的私有部分中）是一种封装，将实现的细节隐藏在私有部分中，就像 Stock 类对 set_tot()所做的那样，也是一种封装。封装的另一个例子是，将类函数定义和类声明放在不同的文件中。

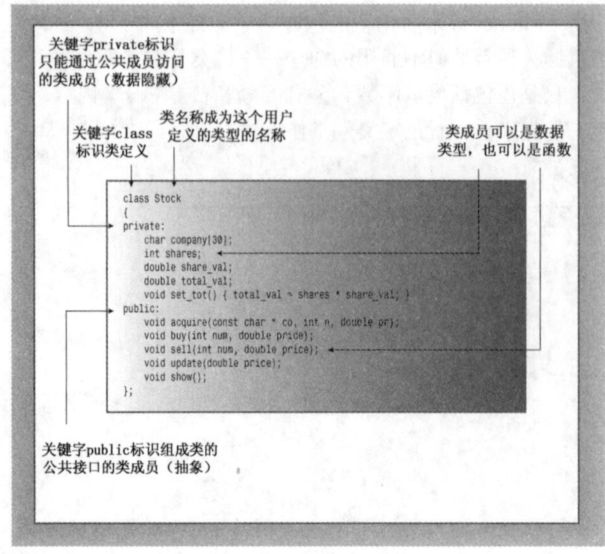

图 10.1　Stock 类

OOP 和 C++

OOP 是一种编程风格，从某种程度说，它用于任何一种语言中。当然，可以将 OOP 思想融合到常规的 C 语言程序中。例如，在第 9 章的一个示例（程序清单 9.1、程序清单 9.2、程序清单 9.3）中，头文件中包含结构原型和操纵该结构的函数的原型，便是这样的例子。因此，main()函数只需定义这个结构类型的变量，并使用相关函数处理这些变量即可；main()不直接访问结构成员。实际上，该示例定义了一种抽象类型，它将存储格式和函数原型置于头文件中，对 main()隐藏了实际的数据表示。然而，C++中包括了许多专门用来实现 OOP 方法的特性，因此它使程序员更进一步。首先，将数据表示和函数原型放在一个类声明中（而不是放在一个文件中），通过将所有内容放在一个类声明中，来使描述成为一个整体。其次，让数据表示成为私有，使得数据只能被授权的函数访问。在 C 语言的例子中，如果 main()直接访问了结构成员，则违反了 OOP 的精神，但没有违反 C 语言的规则。然而，试图直接访问 Stock 对象的 shares 成员便违反了 C++语言的规则，编译器将捕获这种错误。

数据隐藏不仅可以防止直接访问数据，还让开发者（类的用户）无需了解数据是如何被表示的。例如，show()成员将显示某支股票的总价格（还有其他内容），这个值可以存储在对象中（上述代码正是这样做的），也可以在需要时通过计算得到。从使用类的角度看，使用哪种方法没有什么区别。所需要知道的只是各种成员函数的功能；也就是说，需要知道成员函数接受什么样的参数以及返回什么类型的值。原则是将实现细节从接口设计中分离出来。如果以后找到了更好的、实现数据表示或成员函数细节的方法，可以对这些细节进行修改，而无需修改程序接口，这使程序维护起来更容易。

2. 控制对成员的访问：公有还是私有

无论类成员是数据成员还是成员函数，都可以在类的公有部分或私有部分中声明它。但由于隐藏数据是 OOP 主要的目标之一，因此数据项通常放在私有部分，组成类接口的成员函数放在公有部分；否则，就无法从程序中调用这些函数。正如 Stock 声明所表明的，也可以把成员函数放在私有部分中。不能直接从程序中调用这种函数，但公有方法却可以使用它们。通常，程序员使用私有成员函数来处理不属于公有接口的实现细节。

不必在类声明中使用关键字 private，因为这是类对象的默认访问控制：

```
class World
{
    float mass;      // private by default
    char name[20]; // private by default
public:
    void tellall(void);
    ...
};
```

然而，为强调数据隐藏的概念，本书显式地使用了 private。

类和结构

类描述看上去很像是包含成员函数以及 public 和 private 可见性标签的结构声明。实际上，C++对结构进行了扩展，使之具有与类相同的特性。它们之间唯一的区别是，结构的默认访问类型是 public，而类为 private。C++程序员通常使用类来实现类描述，而把结构限制为只表示纯粹的数据对象（常被称为普通老式数据（POD，Plain Old Data）结构）。

10.2.3 实现类成员函数

还需要创建类描述的第二部分：为那些由类声明中的原型表示的成员函数提供代码。成员函数定义与常规函数定义非常相似，它们有函数头和函数体，也可以有返回类型和参数。但是它们还有两个特殊的特征：

- 定义成员函数时，使用作用域解析运算符（::）来标识函数所属的类；
- 类方法可以访问类的 private 组件。

首先，成员函数的函数头使用作用域运算符解析（::）来指出函数所属的类。例如，update()成员函数的函数头如下：

```
void Stock::update(double price)
```

这种表示法意味着我们定义的 update()函数是 Stock 类的成员。这不仅将 update()标识为成员函数，还意味着我们可以将另一个类的成员函数也命名为 update()。例如，Buffoon 类的 update()函数的函数头如下：

```
void Buffoon::update()
```

因此，作用域解析运算符确定了方法定义对应的类的身份。我们说，标识符 update()具有类作用域（class scope）。Stock 类的其他成员函数不必使用作用域解析运算符，就可以使用 update()方法，这是因为它们属于同一个类，因此 update()是可见的。然而，在类声明和方法定义之外使用 update()时，需要采取特殊的措施，稍后将作介绍。

类方法的完整名称中包括类名。我们说，Stock::update()是函数的限定名（qualified name）；而简单的 update()是全名的缩写（非限定名，unqualified name），它只能在类作用域中使用。

方法的第二个特点是，方法可以访问类的私有成员。例如，show()方法可以使用这样的代码：

```
std::cout << "Company: " << company
          << " Shares: " << shares << endl
          << " Share Price: $" << share_val
          << " Total Worth: $" << total_val << endl;
```

其中，company、shares 等都是 Stock 类的私有数据成员。如果试图使用非成员函数访问这些数据成员，编译器禁止这样做（但第 11 章中将介绍的友元函数例外）。

了解这两点后，就可以实现类方法了，如程序清单 10.2 所示。这里将它们放在了一个独立的实现文件中，因此需要包含头文件 stock00.h，让编译器能够访问类定义。为让您获得更多有关名称空间的经验，在有些方法中使用了限定符 std::，在其他方法中则使用了 using 声明。

程序清单 10.2 stock00.cpp

```
// stock00.cpp -- implementing the Stock class
// version 00
#include <iostream>
#include "stock00.h"

void Stock::acquire(const std::string & co, long n, double pr)
{
    company = co;
    if (n < 0)
    {
        std::cout << "Number of shares can't be negative; "
                  << company << " shares set to 0.\n";
        shares = 0;
    }
    else
        shares = n;
    share_val = pr;
    set_tot();
}
```

```
void Stock::buy(long num, double price)
{
     if (num < 0)
    {
        std::cout << "Number of shares purchased can't be negative. "
             << "Transaction is aborted.\n";
    }
    else
    {
        shares += num;
        share_val = price;
        set_tot();
    }
}

void Stock::sell(long num, double price)
{
    using std::cout;
    if (num < 0)
    {
        cout << "Number of shares sold can't be negative. "
             << "Transaction is aborted.\n";
    }
    else if (num > shares)
    {
        cout << "You can't sell more than you have! "
             << "Transaction is aborted.\n";
    }
    else
    {
        shares -= num;
        share_val = price;
        set_tot();
    }
}

void Stock::update(double price)
{
    share_val = price;
    set_tot();
}

void Stock::show()
{
    std::cout << "Company: " << company
              << " Shares: " << shares << '\n'
              << " Share Price: $" << share_val
              << " Total Worth: $" << total_val << '\n';
}
```

1. 成员函数说明

acquire()函数管理对某个公司股票的首次购买，而buy()和sell()管理增加或减少持有的股票。方法buy()和sell()确保买入或卖出的股数不为负。另外，如果用户试图卖出超过他持有的股票数量，则sell()函数将结束这次交易。这种使数据私有并限于对公有函数访问的技术允许我们能够控制数据如何被使用；在这个例子中，它允许我们加入这些安全防护措施，避免不适当的交易。

4个成员函数设置或重新设置了total_val成员值。这个类并非将计算代码编写4次，而是让每个函数都调用set_tot()函数。由于set_tot()只是实现代码的一种方式，而不是公有接口的组成部分，因此这个类将其声明为私有成员函数（即编写这个类的人可以使用它，但编写代码来使用这个类的人不能使用）。如果计算代码很长，则这种方法还可以省去许多输入代码的工作，并可节省空间。然而，这种方法的主要价值在于，通过使用函数调用，而不是每次重新输入计算代码，可以确保执行的计算完全相同。另外，如果必须修订计算代码（在这个例子中，这种可能性不大），则只需在一个地方进行修改即可。

2. 内联方法

其定义位于类声明中的函数都将自动成为内联函数，因此Stock::set_tot()是一个内联函数。类声明常将短小的成员函数作为内联函数，set_tot()符合这样的要求。

如果愿意，也可以在类声明之外定义成员函数，并使其成为内联函数。为此，只需在类实现部分中定义函数时使用inline限定符即可：

```
class Stock
{
private:
    ...
    void set_tot(); // definition kept separate
public:
    ...
};

inline void Stock::set_tot() // use inline in definition
{
    total_val = shares * share_val;
}
```

内联函数的特殊规则要求在每个使用它们的文件中都对其进行定义。确保内联定义对多文件程序中的所有文件都可用的、最简便的方法是：将内联定义放在定义类的头文件中（有些开发系统包含智能链接程序，允许将内联定义放在一个独立的实现文件）。

顺便说一句，根据改写规则（rewrite rule），在类声明中定义方法等同于用原型替换方法定义，然后在类声明的后面将定义改写为内联函数。也就是说，程序清单 10.1 中 set_tot()的内联定义与上述代码（定义紧跟在类声明之后）是等价的。

3．方法使用哪个对象

下面介绍使用对象时最重要的一个方面：如何将类方法应用于对象。下面的代码使用了一个对象的 shares 成员：

```
shares += num;
```

是哪个对象呢？问得好！要回答这个问题，首先来看看如何创建对象。最简单的方式是声明类变量：

```
Stock kate, joe;
```

这将创建两个 Stock 类对象，一个为 kate，另一个为 joe。

接下来，看看如何使用对象的成员函数。和使用结构成员一样，通过成员运算符：

```
kate.show(); // the kate object calls the member function
joe.show(); // the joe object calls the member function
```

第 1 条语句调用 kate 对象的 show()成员。这意味着 show()方法将把 shares 解释为 kate.shares，将 share_val 解释为 kate.share_val。同样，函数调用 joe.show()使 show()方法将 shares 和 share_val 分别解释为 joe.shares 和 joe.share_val。

注意：调用成员函数时，它将使用被用来调用它的对象的数据成员。

同样，函数调用 kate.sell()在调用 set_tot()函数时，相当于调用 kate.set_tot()，这样该函数将使用 kate 对象的数据。

所创建的每个新对象都有自己的存储空间，用于存储其内部变量和类成员；但同一个类的所有对象共享同一组类方法，即每种方法只有一个副本。例如，假设 kate 和 joe 都是 Stock 对象，则 kate.shares 将占据一个内存块，而 joe.shares 占用另一个内存块，但 kate.show()和 joe.show()都调用同一个方法，也就是说，它们将执行同一个代码块，只是将这些代码用于不同的数据。在 OOP 中，调用成员函数被称为发送消息，因此将同样的消息发送给两个不同的对象将调用同一个方法，但该方法被用于两个不同的对象（参见图 10.2）。

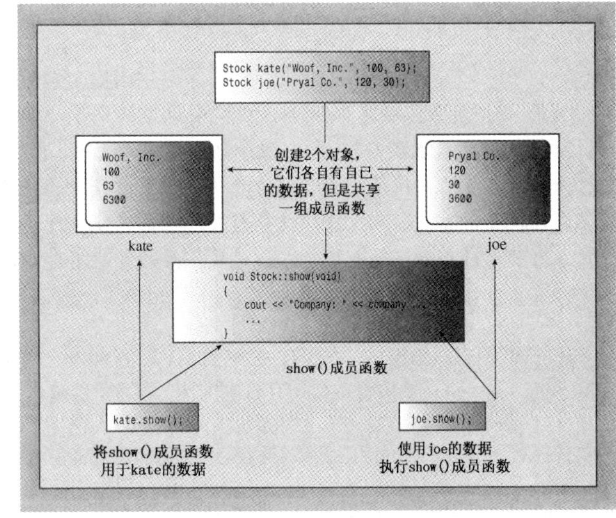

图 10.2 对象、数据和成员函数

10.2.4 使用类

知道如何定义类及其方法后，来创建一个程序，它创建并使用类对象。C++的目标是使得使用类与使用基本的内置类型

（如 int 和 char）尽可能相同。要创建类对象，可以声明类变量，也可以使用 new 为类对象分配存储空间。可以将对象作为函数的参数和返回值，也可以将一个对象赋给另一个。C++提供了一些工具，可用于初始化对象、让 cin 和 cout 识别对象，甚至在相似的类对象之间进行自动类型转换。虽然要做到这些工作还需要一段时间，但可以先从比较简单的属性着手。实际上，您已经知道如何声明类对象和调用成员函数。程序清单 10.3 提供了一个使用上述接口和实现文件的程序，它创建了一个名为 fluffy_the_cat 的 Stock 对象。该程序非常简单，但确实测试了这个类的特性。要编译该程序，可使用用于多文件程序的方法，这在第 1 章和第 9 章介绍过。具体地说，将其与 stock00.cpp 一起编译，并确保 stock00.h 位于当前文件夹中。

程序清单 10.3 usestok0.cpp

```
// usestok0.cpp -- the client program
// compile with stock00.cpp
#include <iostream>
#include "stock00.h"
int main()
{
    Stock fluffy_the_cat;
    fluffy_the_cat.acquire("NanoSmart", 20, 12.50);
    fluffy_the_cat.show();
    fluffy_the_cat.buy(15, 18.125);
    fluffy_the_cat.show();
    fluffy_the_cat.sell(400, 20.00);
    fluffy_the_cat.show();
    fluffy_the_cat.buy(300000,40.125);
    fluffy_the_cat.show();
    fluffy_the_cat.sell(300000,0.125);
    fluffy_the_cat.show();
    return 0;
}
```

下面是该程序的输出：

```
Company: NanoSmart Shares: 20
  Share Price: $12.5 Total Worth: $250
Company: NanoSmart Shares: 35
  Share Price: $18.125 Total Worth: $634.375
You can't sell more than you have! Transaction is aborted.
Company: NanoSmart Shares: 35
  Share Price: $18.125 Total Worth: $634.375
Company: NanoSmart Shares: 300035
  Share Price: $40.125 Total Worth: $1.20389e+007
Company: NanoSmart Shares: 35
  Share Price: $0.125 Total Worth: $4.375
```

注意，main()只是用来测试 Stock 类的设计。当 Stock 类的运行情况与预期的相同后，便可以在其他程序中将 Stock 类作为用户定义的类型使用。要使用新类型，最关键的是要了解成员函数的功能，而不必考虑其实现细节。请参阅后面的旁注“客户/服务器模型”。

客户/服务器模型

OOP 程序员常依照客户/服务器模型来讨论程序设计。在这个概念中，客户是使用类的程序。类声明（包括类方法）构成了服务器，它是程序可以使用的资源。客户只能通过以公有方式定义的接口使用服务器，这意味着客户（客户程序员）唯一的责任是了解该接口。服务器（服务器设计人员）的责任是确保服务器根据该接口可靠并准确地执行。服务器设计人员只能修改类设计的实现细节，而不能修改接口。这样程序员独立地对客户和服务器进行改进，对服务器的修改不会对客户的行为造成意外的影响。

10.2.5 修改实现

在前面的程序输出中，可能有一个方面让您恼火——数字的格式不一致。现在可以改进实现，但保持接口不变。ostream 类包含一些可用于控制格式的成员函数。这里不做太详细的探索，只需像在程序清单 8.8 那样使用方法 setf()，便可避免科学计数法：

```
std::cout.setf(std::ios_base::fixed, std::ios_base::floatfield);
```

这设置了 cout 对象的一个标记，命令 cout 使用定点表示法。同样，下面的语句导致 cout 在使用定点表示法时，显示三位小数：

```
std::cout.precision(3);
```

第 17 章将介绍这方面的更多细节。

可在方法 show()中使用这些工具来控制格式，但还有一点需要考虑。修改方法的实现时，不应影响客户程序的其他部分。上述格式修改将一直有效，直到您再次修改，因此它们可能影响客户程序中的后续输出。因此，show()应重置格式信息，使其恢复到自己被调用前的状态。为此，可以像程序清单 8.8 那样，使用返回的值：

```
std::streamsize prec =
    std::cout.precision(3); // save preceding value for precision
...
std::cout.precision(prec);  // reset to old value

// store original flags
std::ios_base::fmtflags orig = std::cout.setf(std::ios_base::fixed);
...
// reset to stored values
std::cout.setf(orig, std::ios_base::floatfield);
```

您可能还记得，fmtflags 是在 ios_base 类中定义的一种类型，而 ios_base 类又是在名称空间 std 中定义的，因此 orig 的类型名非常长。其次，orig 存储了所有的标记，而重置语句使用这些信息来重置 floatfield，而 floatfield 包含定点表示法标记和科学表示法标记。最后，请不要过多考虑这里的细节。这里的要旨是，将修改限定在实现文件中，以免影响程序的其他方面。

根据上面的介绍，可在实现文件中将方法 show()的定义修改成如下所示：

```
void Stock::show()
{
    using std::cout;
    using std::ios_base;
    // set format to #.###
    ios_base::fmtflags orig =
        cout.setf(ios_base::fixed, ios_base::floatfield);
    std::streamsize prec = cout.precision(3);

    cout << "Company: " << company
        << " Shares: " << shares << '\n';
    cout << " Share Price: $" << share_val;
    // set format to #.##
    cout.precision(2);
    cout << " Total Worth: $" << total_val << '\n';

    // restore original format
    cout.setf(orig, ios_base::floatfield);
    cout.precision(prec);
}
```

完成上述修改后（保留头文件和客户文件不变），可重新编译该程序。该程序的输出将类似于下面这样：

```
Company: NanoSmart Shares: 20
  Share Price: $12.500 Total Worth: $250.00
Company: NanoSmart Shares: 35
  Share Price: $18.125 Total Worth: $634.38
You can't sell more than you have! Transaction is aborted.
Company: NanoSmart Shares: 35
  Share Price: $18.125 Total Worth: $634.38
Company: NanoSmart Shares: 300035
  Share Price: $40.125 Total Worth: $12038904.38
Company: NanoSmart Shares: 35
  Share Price: $0.125 Total Worth: $4.38
```

10.2.6 小结

指定类设计的第一步是提供类声明。类声明类似结构声明，可以包括数据成员和函数成员。声明有私有部分，在其中声明的成员只能通过成员函数进行访问；声明还具有公有部分，在其中声明的成员可被使用类对象的程序直接访问。通常，数据成员被放在私有部分中，成员函数被放在公有部分中，因此典型的类声明的格式如下：

```
class className
{
private:
    data member declarations
public:
    member function prototypes
};
```

公有部分的内容构成了设计的抽象部分——公有接口。将数据封装到私有部分中可以保护数据的完整性，这被称为数据隐藏。因此，C++通过类使得实现抽象、数据隐藏和封装等OOP特性很容易。

指定类设计的第二步是实现类成员函数。可以在类声明中提供完整的函数定义，而不是函数原型，但是通常的做法是单独提供函数定义（除非函数很小）。在这种情况下，需要使用作用域解析运算符来指出成员函数属于哪个类。例如，假设Bozo有一个名为Retort()的成员函数，该函数返回char指针，则其函数头如下所示：

```
char * Bozo::Retort()
```

换句话来说，Retort()不仅是一个char *类型的函数，而且是一个属于Bozo类的char *函数。该函数的全名（或限定名）为Bozo::Retort()。而名称Retort()是限定名的缩写，只能在某些特定的环境中使用，如类方法的代码中。

另一种描述这种情况的方式是，名称Retort的作用域为整个类，因此在类声明和类方法之外使用该名称时，需要使用作用域解析运算符进行限定。

要创建对象（类的实例），只需将类名视为类型名即可：

```
Bozo bozetta;
```

这样做是可行的，因为类是用户定义的类型。

类成员函数（方法）可通过类对象来调用。为此，需要使用成员运算符句点：

```
cout << Bozetta.Retort();
```

这将调用Retort()成员函数，每当其中的代码引用某个数据成员时，该函数都将使用bozetta对象中相应成员的值。

10.3 类的构造函数和析构函数

对于Stock类，还有其他一些工作要做。应为类提供被称为构造函数和析构函数的标准函数。下面来看一看为什么需要这些函数以及如何使用这些函数。

C++的目标之一是让使用类对象就像使用标准类型一样，然而，到现在为止，本章提供的代码还不能让您像初始化int或结构那样来初始化Stock对象。也就是说，常规的初始化语法不适用于类型Stock：

```
int year = 2001;                              // valid initialization
struct thing
{
    char * pn;
    int m;
};
thing amabob = {"wodget", -23};               // valid initialization
Stock hot = {"Sukie's Autos, Inc.", 200, 50.25}; // NO! compile error
```

不能像上面这样初始化Stock对象的原因在于，数据部分的访问状态是私有的，这意味着程序不能直接访问数据成员。您已经看到，程序只能通过成员函数来访问数据成员，因此需要设计合适的成员函数，才能成功地将对象初始化（如果使数据成员成为公有，而不是私有，就可以按刚才介绍的方法初始化类对象，但使数据成为公有的违背了类的一个主要初衷：数据隐藏）。

一般来说，最好是在创建对象时对它进行初始化。例如，请看下面的代码：

```
Stock gift;
gift.buy(10, 24.75);
```

就Stock类当前的实现而言，gift对象的company成员是没有值的。类设计假设用户在调用任何其他成员函数之前调用acquire()，但无法强加这种假设。避开这种问题的方法之一是在创建对象时，自动对它进行初始化。为此，C++提供了一个特殊的成员函数——类构造函数，专门用于构造新对象、将值赋给它们的数据成员。更准确地说，C++为这些成员函数提供了名称和使用语法，而程序员需要提供方法定义。名称与类名相同。例如，Stock类一个可能的构造函数是名为Stock()的成员函数。构造函数的原型和函数头有一个有趣的特征——虽然没有返回值，但没有被声明为void类型。实际上，构造函数没有声明类型。

10.3.1 声明和定义构造函数

现在需要创建Stock的构造函数。由于需要为Stock对象提供3个值，因此应为构造函数提供3个参数。（第4个值，total_val成员，是根据shares和share_val计算得到的，因此不必为构造函数提供这个值。）程序员可能只想设置company成员，而将其他值设置为0；这可以使用默认参数来完成（参见第8章）。因此，原型如下所示：

```
// constructor prototype with some default arguments
Stock(const string & co, long n = 0, double pr = 0.0);
```

第一个参数是字符串的引用，该字符串用于初始化成员 company。n 和 pr 参数为 shares 和 share_val 成员提供值。注意，没有返回类型。原型位于类声明的公有部分。

下面是构造函数的一种可能定义：

```
// constructor definition
Stock::Stock(const string & co, long n, double pr)
{
company = co;

    if (n < 0)
    {
        std::cerr << "Number of shares can't be negative; "
                  << company << " shares set to 0.\n";
        shares = 0;
    }
    else
        shares = n;
    share_val = pr;
    set_tot();
}
```

上述代码和本章前面的函数 acquire()相同。区别在于，程序声明对象时，将自动调用构造函数。

成员名和参数名

不熟悉构造函数的您会试图将类成员名称用作构造函数的参数名，如下所示：

```
// NO!
Stock::Stock(const string & company, long shares, double share_val)
{
...
}
```

这是错误的。构造函数的参数表示的不是类成员，而是赋给类成员的值。因此，参数名不能与类成员相同，否则最终的代码将是这样的：

```
shares = shares;
```

为避免这种混乱，一种常见的做法是在数据成员名中使用 m_前缀：

```
class Stock
{
private:
    string m_company;
    long m_shares;
    ...
```

另一种常见的做法是，在成员名中使用后缀_：

```
class Stock
{
private:
    string company_;
    long shares_;
    ...
```

无论采用哪种做法，都可在公有接口中在参数名中包含 company 和 shares。

10.3.2 使用构造函数

C++提供了两种使用构造函数来初始化对象的方式。第一种方式是显式地调用构造函数：

```
Stock food = Stock("World Cabbage", 250, 1.25);
```

这将 food 对象的 company 成员设置为字符串“World Cabbage”，将 shares 成员设置为 250，依此类推。

另一种方式是隐式地调用构造函数：

```
Stock garment("Furry Mason", 50, 2.5);
```

这种格式更紧凑，它与下面的显式调用等价：

```
Stock garment = Stock("Furry Mason", 50, 2.5));
```

每次创建类对象（甚至使用 new 动态分配内存）时，C++都使用类构造函数。下面是将构造函数与 new 一起使用的方法：

```
Stock *pstock = new Stock("Electroshock Games", 18, 19.0);
```

这条语句创建一个 Stock 对象，将其初始化为参数提供的值，并将该对象的地址赋给 pstock 指针。在这种情况下，对象没有名称，但可以使用指针来管理该对象。我们将在第 11 章进一步讨论对象指针。

构造函数的使用方式不同于其他类方法。一般来说，使用对象来调用方法：

```
stock1.show(); // stock1 object invokes show() method
```

但无法使用对象来调用构造函数，因为在构造函数构造出对象之前，对象是不存在的。因此构造函数被用来创建对象，而不能通过对象来调用。

10.3.3 默认构造函数

默认构造函数是在未提供显式初始值时，用来创建对象的构造函数。也就是说，它是用于下面这种声明的构造函数：

```
Stock fluffy_the_cat; // uses the default constructor
```

程序清单 10.3 就是这样做的！这条语句管用的原因在于，如果没有提供任何构造函数，则 C++将自动提供默认构造函数。它是默认构造函数的隐式版本，不做任何工作。对于 Stock 类来说，默认构造函数可能如下：

```
Stock::Stock() { }
```

因此将创建 fluffy_the_cat 对象，但不初始化其成员，这和下面的语句创建 x，但没有提供值给它一样：

```
int x;
```

默认构造函数没有参数，因为声明中不包含值。

奇怪的是，当且仅当没有定义任何构造函数时，编译器才会提供默认构造函数。为类定义了构造函数后，程序员就必须为它提供默认构造函数。如果提供了非默认构造函数（如 Stock(const char * co, int n, double pr)），但没有提供默认构造函数，则下面的声明将出错：

```
Stock stock1; // not possible with current constructor
```

这样做的原因可能是想禁止创建未初始化的对象。然而，如果要创建对象，而不显式地初始化，则必须定义一个不接受任何参数的默认构造函数。定义默认构造函数的方式有两种。一种是给已有构造函数的所有参数提供默认值：

```
Stock(const string & co = "Error", int n = 0, double pr = 0.0);
```

另一种方式是通过函数重载来定义另一个构造函数—— 一个没有参数的构造函数：

```
Stock();
```

由于只能有一个默认构造函数，因此不要同时采用这两种方式。实际上，通常应初始化所有的对象，以确保所有成员一开始就有已知的合理值。因此，用户定义的默认构造函数通常给所有成员提供隐式初始值。例如，下面是为 Stock 类定义的一个默认构造函数：

```
Stock::Stock() // default constructor
{
    company = "no name";
    shares = 0;
    share_val = 0.0;
    total_val = 0.0;
}
```

提示：在设计类时，通常应提供对所有类成员做隐式初始化的默认构造函数。

使用上述任何一种方式（没有参数或所有参数都有默认值）创建了默认构造函数后，便可以声明对象变量，而不对它们进行显式初始化：

```
Stock first;                // calls default constructor implicitly
Stock first = Stock();      // calls it explicitly
Stock *prelief = new Stock; // calls it implicitly
```

然而，不要被非默认构造函数的隐式形式所误导：

```
Stock first("Concrete Conglomerate"); // calls constructor
Stock second();                       // declares a function
Stock third;                          // calls default constructor
```

第一个声明调用非默认构造函数，即接受参数的构造函数；第二个声明指出，second()是一个返回 Stock 对象的函数。隐式地调用默认构造函数时，不要使用圆括号。

10.3.4 析构函数

用构造函数创建对象后，程序负责跟踪该对象，直到其过期为止。对象过期时，程序将自动调用一个特殊的成员函数，该函数的名称令人生畏——析构函数。析构函数完成清理工作，因此实际上很有用。例如，如果构造函数使用 new 来分配内存，则析构函数将使用 delete 来释放这些内存。Stock 的构造函数没有使用 new，因此析构函数实际上没有需要完成的任务。在这种情况下，只需让编译器生成一个什么都不做的隐式析构函数即可，Stock 类第一版正是这样做的。然而，了解如何声明和定义析构函数是绝对必要的，下面为 Stock 类提供一个析构函数。

和构造函数一样，析构函数的名称也很特殊：在类名前加上~。因此，Stock 类的析构函数为~Stock()。另外，和构造函数一样，析构函数也可以没有返回值和声明类型。与构造函数不同的是，析构函数没有参数，因此 Stock 析构函数的原型必须是这样的：

```
~Stock();
```

由于 Stock 的析构函数不承担任何重要的工作，因此可以将它编写为不执行任何操作的函数：

```
Stock::~Stock()
{
}
```

然而，为让您能看出析构函数何时被调用，这样编写其代码：

```
Stock::~Stock() // class destructor
{
    cout << "Bye, " << company << "!\n";
}
```

什么时候应调用析构函数呢？这由编译器决定，通常不应在代码中显式地调用析构函数（有关例外情形，请参阅第 12 章的“再谈定位 new 运算符”）。如果创建的是静态存储类对象，则其析构函数将在程序结束时自动被调用。如果创建的是自动存储类对象（就像前面的示例中那样），则其析构函数将在程序执行完代码块时（该对象是在其中定义的）自动被调用。如果对象是通过 new 创建的，则它将驻留在栈内存或自由存储区中，当使用 delete 来释放内存时，其析构函数将自动被调用。最后，程序可以创建临时对象来完成特定的操作，在这种情况下，程序将在结束对该对象的使用时自动调用其析构函数。

由于在类对象过期时析构函数将自动被调用，因此必须有一个析构函数。如果程序员没有提供析构函数，编译器将隐式地声明一个默认析构函数，并在发现导致对象被删除的代码后，提供默认析构函数的定义。

10.3.5 改进 Stock 类

下面将构造函数和析构函数加入到类和方法的定义中。鉴于添加构造函数的重大意义，这里将名称从 stock00.h 改为 stock10.h。类方法放在文件 stock10.cpp 中。最后，将使用这些资源的程序放在第三个文件中，这个文件名为 usestok1.cpp。

1. 头文件

程序清单 10.4 列出了头文件。它将构造函数和析构函数的原型加入到原来的类声明中。另外，它还删除了 acquire()函数——现在已经不再需要它了，因为有构造函数。该文件还使用第 9 章介绍的#ifndef 技术来防止多重包含。

程序清单 10.4 stock10.h

```
// stock10.h -- Stock class declaration with constructors, destructor added
#ifndef STOCK10_H_
#define STOCK10_H_
#include <string>

class Stock
{
private:
    std::string company;
    long shares;
    double share_val;
    double total_val;
    void set_tot() { total_val = shares * share_val; }
public:
// two constructors
    Stock(); // default constructor
    Stock(const std::string & co, long n = 0, double pr = 0.0);
    ~Stock(); // noisy destructor
    void buy(long num, double price);
    void sell(long num, double price);
    void update(double price);
    void show();
};

#endif
```

2. 实现文件

程序清单 10.5 提供了方法的定义。它包含了文件 stock10.h，以提供类声明（将文件名放在双引号而不是方括号中意味着编译器将源文件所在的目录中搜索它）。另外，程序清单 10.5 还包含了头文件 iostream，以提供 I/O 支持。该程序清单还使用 using 声明和限定名称（如 std::string）来访问头文件中的各种声明。该文件将构造函数和析构函数的方法定义添加到以前的方法定义中。为让您知道这些方法何时被调用，它们都显示一条消息。这并不是构造函数和析构函数的常规功能，但有助于您更好地了解类是如何使用它们的。

程序清单 10.5 stock10.cpp

```
// stock10.cpp -- Stock class with constructors, destructor added
#include <iostream>
#include "stock10.h"

// constructors (verbose versions)
Stock::Stock() // default constructor
{
    std::cout << "Default constructor called\n";
    company = "no name";
    shares = 0;
    share_val = 0.0;
    total_val = 0.0;
}

Stock::Stock(const std::string & co, long n, double pr)
{
    std::cout << "Constructor using " << co << " called\n";
    company = co;

    if (n < 0)
    {
        std::cout << "Number of shares can't be negative; "
                  << company << " shares set to 0.\n";
        shares = 0;
    }
    else
        shares = n;
    share_val = pr;
    set_tot();
}
// class destructor
Stock::~Stock() // verbose class destructor
{
    std::cout << "Bye, " << company << "!\n";
}

// other methods
void Stock::buy(long num, double price)
{
     if (num < 0)
    {
        std::cout << "Number of shares purchased can't be negative. "
            << "Transaction is aborted.\n";
    }
    else
    {
        shares += num;
        share_val = price;
        set_tot();
    }
}

void Stock::sell(long num, double price)
{
    using std::cout;
    if (num < 0)
    {
        cout << "Number of shares sold can't be negative. "
             << "Transaction is aborted.\n";
    }
    else if (num > shares)
    {
        cout << "You can't sell more than you have! "
             << "Transaction is aborted.\n";
    }
    else
    {
```

```
        shares -= num;
        share_val = price;
        set_tot();
    }
}

void Stock::update(double price)
{
    share_val = price;
    set_tot();
}

void Stock::show()
{
    using std::cout;
    using std::ios_base;
    // set format to #.###
    ios_base::fmtflags orig =
        cout.setf(ios_base::fixed, ios_base::floatfield);
    std::streamsize prec = cout.precision(3);

    cout << "Company: " << company
         << " Shares: " << shares << '\n';
    cout << " Share Price: $" << share_val;
    // set format to #.##
    cout.precision(2);
    cout << " Total Worth: $" << total_val << '\n';

    // restore original format
    cout.setf(orig, ios_base::floatfield);
    cout.precision(prec);
}
```

3. 客户文件

程序清单 10.6 提供了一个测试这些新方法的小程序；由于它只是使用 Stock 类，因此是 Stock 类的客户。和 stock10.cpp 一样，它也包含了文件 stock10.h 以提供类声明。该程序显示了构造函数和析构函数，它还使用了程序清单 10.3 调用的格式化命令。要编译整个程序，必须使用第 1 章和第 9 章介绍的多文件程序技术。

程序清单 10.6　usestok1.cpp

```
// usestok1.cpp -- using the Stock class
// compile with stock10.cpp
#include <iostream>
#include "stock10.h"

int main()
{
  {
    using std::cout;
    cout << "Using constructors to create new objects\n";
    Stock stock1("NanoSmart", 12, 20.0);            // syntax 1
    stock1.show();
    Stock stock2 = Stock ("Boffo Objects", 2, 2.0); // syntax 2
    stock2.show();

    cout << "Assigning stock1 to stock2:\n";
    stock2 = stock1;
    cout << "Listing stock1 and stock2:\n";
    stock1.show();
    stock2.show();

    cout << "Using a constructor to reset an object\n";
    stock1 = Stock("Nifty Foods", 10, 50.0); // temp object
    cout << "Revised stock1:\n";
    stock1.show();
    cout << "Done\n";
  }
    return 0;
}
```

编译程序清单 10.4、程序清单 10.5 和程序清单 10.6 所示的程序，得到一个可执行程序。下面是使用某个编译器得到的可执行程序的输出：

```
Using constructors to create new objects
Constructor using NanoSmart called
Company: NanoSmart Shares: 12
  Share Price: $20.000 Total Worth: $240.00
Constructor using Boffo Objects called
Company: Boffo Objects Shares: 2
  Share Price: $2.000 Total Worth: $4.00
Assigning stock1 to stock2:
Listing stock1 and stock2:
Company: NanoSmart Shares: 12
  Share Price: $20.000 Total Worth: $240.00
Company: NanoSmart Shares: 12
  Share Price: $20.000 Total Worth: $240.00
Using a constructor to reset an object
Constructor using Nifty Foods called
Bye, Nifty Foods!
Revised stock1:
Company: Nifty Foods Shares: 10
  Share Price: $50.000 Total Worth: $500.00
Done
Bye, NanoSmart!
Bye, Nifty Foods!
```

使用某些编译器编译该程序时，该程序输出的前半部分可能如下（比前面多了一行）：

```
Using constructors to create new objects
Constructor using NanoSmart called
Company: NanoSmart Shares: 12
  Share Price: $20.00 Total Worth: $240.00
Constructor using Boffo Objects called
Bye, Boffo Objects! << additional line
Company: Boffo Objects Shares: 2
  Share Price: $2.00 Total Worth: $4.00
...
```

下一小节将解释输出行“Bye, Boffo Objects!”。

提示：您可能注意到了，在程序清单10.6中，main()的开头和末尾多了一个大括号。诸如stock1和stock2等自动变量将在程序退出其定义所属代码块时消失。如果没有这些大括号，代码块将为整个main()，因此仅当main()执行完毕后，才会调用析构函数。在窗口环境中，这意味着将在两个析构函数调用前关闭，导致您无法看到最后两条消息。但添加这些大括号后，最后两个析构函数调用将在到达返回语句前执行，从而显示相应的消息。

4. 程序说明

程序清单10.6中的下述语句：

```
Stock stock1("NanoSmart", 12, 20.0);
```

创建一个名为stock1的Stock对象，并将其数据成员初始化为指定的值：

```
Constructor using NanoSmart called
Company: NanoSmart Shares: 12
```

下面的语句使用另一种语法创建并初始化一个名为stock2的对象：

```
stock2:
Stock stock2 = Stock ("Boffo Objects", 2, 2.0);
```

C++标准允许编译器使用两种方式来执行第二种语法。一种是使其行为和第一种语法完全相同：

```
Constructor using Boffo Objects called
Company: Boffo Objects Shares: 2
```

另一种方式是允许调用构造函数来创建一个临时对象，然后将该临时对象复制到stock2中，并丢弃它。如果编译器使用的是这种方式，则将为临时对象调用析构函数，因此生成下面的输出：

```
Constructor using Boffo Objects called
Bye, Boffo Objects!
Company: Boffo Objects Shares: 2
```

生成上述输出的编译器可能立刻删除临时对象，但也可能会等一段时间，在这种情况下，析构函数的消息将会过一段时间才显示。

下面的语句表明可以将一个对象赋给同类型的另一个对象：

```
stock2 = stock1; // object assignment
```

与给结构赋值一样，在默认情况下，给类对象赋值时，将把一个对象的成员复制给另一个。在这个例子中，stock2原来的内容将被覆盖。

注意：在默认情况下，将一个对象赋给同类型的另一个对象时，C++将源对象的每个数据成员的内容复制到目标对象中相应的数据成员中。

构造函数不仅仅可用于初始化新对象。例如，该程序的 main()中包含下面的语句：

```
stock1 = Stock("Nifty Foods", 10, 50.0);
```

stock1 对象已经存在，因此这条语句不是对 stock1 进行初始化，而是将新值赋给它。这是通过让构造程序创建一个新的、临时的对象，然后将其内容复制给 stock1 来实现的。随后程序调用析构函数，以删除该临时对象，如下面经过注释后的输出所示：

```
Using a constructor to reset an object
Constructor using Nifty Foods called      >> temporary object created
Bye, Nifty Foods!                           >> temporary object destroyed
Revised stock1:
Company: Nifty Foods Shares: 10           >> data now copied to stock1
  Share Price: $50.00 Total Worth: $500.00
```

有些编译器可能要过一段时间才删除临时对象，因此析构函数的调用将延迟。

最后，程序显示了下面的内容：

```
Done
Bye, NanoSmart!
Bye, Nifty Foods!
```

函数 main()结束时，其局部变量（stock1 和 stock2）将消失。由于这种自动变量被放在栈中，因此最后创建的对象将最先被删除，最先创建的对象将最后被删除（“NanoSmart”最初位于 stock1 中，但随后被传输到 stock2 中，然后 stock1 被重置为“Nifty Foods”）。

输出表明，下面两条语句有根本性的差别：

```
Stock stock2 = Stock ("Boffo Objects", 2, 2.0);
stock1 = Stock("Nifty Foods", 10, 50.0); // temporary object
```

第一条语句是初始化，它创建有指定值的对象，可能会创建临时对象（也可能不会）；第二条语句是赋值。像这样在赋值语句中使用构造函数总会导致在赋值前创建一个临时对象。

提示： 如果既可以通过初始化，也可以通过赋值来设置对象的值，则应采用初始化方式。通常这种方式的效率更高。

5. C++11 列表初始化

在 C++11 中，可将列表初始化语法用于类吗？可以，只要提供与某个构造函数的参数列表匹配的内容，并用大括号将它们括起：

```
Stock hot_tip = {"Derivatives Plus Plus", 100, 45.0};
Stock jock {"Sport Age Storage, Inc"};
Stock temp {};
```

在前两个声明中，用大括号括起的列表与下面的构造函数匹配：

```
Stock::Stock(const std::string & co, long n = 0, double pr = 0.0);
```

因此，将使用该构造函数来创建这两个对象。创建对象 jock 时，第二个和第三个参数将为默认值 0 和 0.0。第三个声明与默认构造函数匹配，因此将使用该构造函数创建对象 temp。

另外，C++11 还提供了名为 std::initialize_list 的类，可将其用作函数参数或方法参数的类型。这个类可表示任意长度的列表，只要所有列表项的类型都相同或可转换为相同的类型，这将在第 16 章介绍。

6. const 成员函数

请看下面的代码片段：

```
const Stock land = Stock("Kludgehorn Properties");
land.show();
```

对于当前的 C++来说，编译器将拒绝第二行。这是什么原因呢？因为 show()的代码无法确保调用对象不被修改——调用对象和 const 一样，不应被修改。我们以前通过将函数参数声明为 const 引用或指向 const 的指针来解决这种问题。但这里存在语法问题：show()方法没有任何参数。相反，它所使用的对象是由方法调用隐式地提供的。需要一种新的语法——保证函数不会修改调用对象。C++的解决方法是将 const 关键字放在函数的括号后面。也就是说，show()声明应像这样：

```
void show() const; // promises not to change invoking object
```

同样，函数定义的开头应像这样：

```
void stock::show() const // promises not to change invoking object
```

以这种方式声明和定义的类函数被称为 const 成员函数。就像应尽可能将 const 引用和指针用作函数形参一样，只要类方法不修改调用对象，就应将其声明为 const。从现在开始，我们将遵守这一规则。

10.3.6 构造函数和析构函数小结

介绍一些构造函数和析构函数的例子后，您可能想停下来，整理一下学到的知识。为此，下面对这些方法进行总结。

构造函数是一种特殊的类成员函数，在创建类对象时被调用。构造函数的名称和类名相同，但通过函数重载，可以创建多个同名的构造函数，条件是每个函数的特征标（参数列表）都不同。另外，构造函数没有声明类型。通常，构造函数用于初始化类对象的成员，初始化应与构造函数的参数列表匹配。例如，假设Bozo类的构造函数的原型如下：

```
Bozo(const char * fname, const char * lname); // constructor prototype
```

则可以使用它来初始化新对象：

```
Bozo bozetta = Bozo("Bozetta", "Biggens");     // primary form
Bozo fufu("Fufu", "O'Dweeb");                  // short form
Bozo *pc = new Bozo("Popo", "Le Peu");         // dynamic object
```

如果编译器支持C++11，则可使用列表初始化：

```
Bozo bozetta = {"Bozetta", "Biggens"};   // C++11
Bozo fufu{"Fufu", "O'Dweeb"}             // C++11;
Bozo *pc = new Bozo{"Popo", "Le Peu"};   // C++11
```

如果构造函数只有一个参数，则将对象初始化为一个与参数的类型相同的值时，该构造函数将被调用。例如，假设有这样一个构造函数原型：

```
Bozo(int age);
```

则可以使用下面的任何一种形式来初始化对象：

```
Bozo dribble = Bozo(44); // primary form
Bozo roon(66);           // secondary form
Bozo tubby = 32;         // special form for one-argument constructors
```

实际上，第三个示例是新内容，不属于复习内容，但现在正是介绍它的好时机。第11章将介绍一种关闭这项特性的方式，因为它可能带来令人不愉快的意外。

警告： *接受一个参数的构造函数允许使用赋值语法将对象初始化为一个值：*

```
Classname object = value;
```

这种特性可能导致问题，但正如第11章将介绍的，可关闭这项特性。

默认构造函数没有参数，因此如果创建对象时没有进行显式地初始化，则将调用默认构造函数。如果程序中没有提供任何构造函数，则编译器会为程序定义一个默认构造函数；否则，必须自己提供默认构造函数。默认构造函数可以没有任何参数；如果有，则必须给所有参数都提供默认值：

```
Bozo();                                  // default constructor prototype
Bistro(const char * s = "Chez Zero");  // default for Bistro class
```

对于未被初始化的对象，程序将使用默认构造函数来创建：

```
Bozo bubi;             // use default
Bozo *pb = new Bozo; // use default
```

就像对象被创建时程序将调用构造函数一样，当对象被删除时，程序将调用析构函数。每个类都只能有一个析构函数。析构函数没有返回类型（连void都没有），也没有参数，其名称为类名称前加上~。例如，Bozo类的析构函数的原型如下：

```
~Bozo(); // class destructor
```

如果构造函数使用了new，则必须提供使用delete的析构函数。

10.4 this指针

对于Stock类，还有很多工作要做。到目前为止，每个类成员函数都只涉及一个对象，即调用它的对象。但有时候方法可能涉及到两个对象，在这种情况下需要使用C++的this指针。

虽然Stock类声明可以显示数据，但它缺乏分析能力。例如，从show()的输出我们可以知道持有的哪一支股票价格最高，但由于程序无法直接访问total_val，因此无法作出判断。要让程序知道存储的数据，最直接的方式是让方法返回一个值。为此，通常使用内联代码，如下例所示：

```
class Stock
{
private:
    ...
```

```
        double total_val;
        ...
    public:
        double total() const { return total_val; }
        ...
    };
```

就直接程序访问而言，上述定义实际上是使 total_val 为只读的。也就是说，可以使用方法 total()来获得 total_val 的值，但这个类没有提供专门用于重新设置 total_val 的值的方法（作为一种副产品，其他方法，如 buy()、sell()和 update()确实在重新设置成员 shares 和 share_val 的值的同时修改了 total_val 的值）。

通过将该函数添加到类声明中，可以让程序查看一系列股票，找到价格最高的那一支。然而，可以采用另一种方法——一种帮助您了解 this 指针的方法。这种方法是，定义一个成员函数，它查看两个 Stock 对象，并返回股价较高的那个对象的引用。实现这种方法时，将出现一些有趣的问题，下面就来讨论这些问题。

首先，如何将两个要比较的对象提供给成员函数呢？例如，假设将该方法命名为 topval()，则函数调用 stock1.topval()将访问 stock1 对象的数据，而 stock2.topval()将访问 stock2 对象的数据。如果希望该方法对两个对象进行比较，则必须将第二个对象作为参数传递给它。出于效率方面的考虑，可以按引用来传递参数，也就是说，topval()方法使用一个类型为 const Stock &的参数。

其次，如何将方法的答案传回给调用程序呢？最直接的方法是让方法返回一个引用，该引用指向股价总值较高的对象。因此，用于比较的方法的原型如下：

```
const Stock & topval(const Stock & s) const;
```

该函数隐式地访问一个对象，而显式地访问另一个对象，并返回其中一个对象的引用。括号中的 const 表明，该函数不会修改被显式地访问的对象；而括号后的 const 表明，该函数不会修改被隐式地访问的对象。由于该函数返回了两个 const 对象之一的引用，因此返回类型也应为 const 引用。

假设要对 Stock 对象 stock1 和 stock2 进行比较，并将其中股价总值较高的那一个赋给 top 对象，则可以使用下面两条语句之一：

```
top = stock1.topval(stock2);
top = stock2.topval(stock1);
```

第一种格式隐式地访问 stock1，而显式地访问 stock2；第二种格式显式地访问 stock1，而隐式地访问 stock2（参见图 10.3）。无论使用哪一种方式，都将对这两个对象进行比较，并返回股价总值较高的那一个对象。

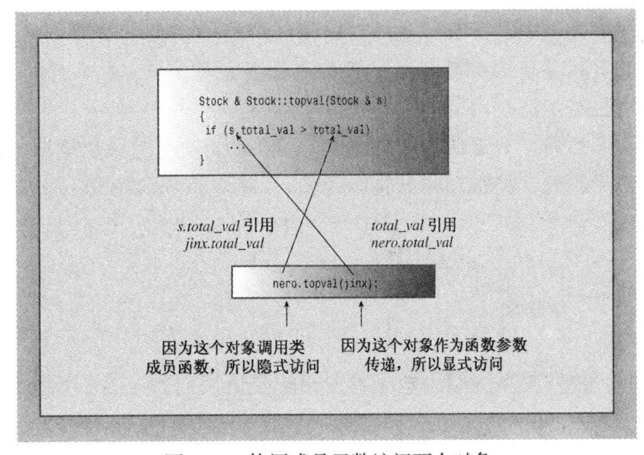

图 10.3 使用成员函数访问两个对象

实际上，这种表示法有些混乱。如果可以使用关系运算符>来比较这两个对象，将更为清晰。可以使用运算符重载（参见第 11 章）完成这项工作。

同时，还要注意的是 topval()的实现，它将引发一个小问题。下面的部分实现强调了这个问题：

```
const Stock & Stock::topval(const Stock & s) const
{
    if (s.total_val > total_val)
        return s; // argument object
    else
        return ?????; // invoking object
}
```

其中，s.total_val 是作为参数传递的对象的总值，total_val 是用来调用该方法的对象的总值。如果 s.total_val 大于 total_val，则函数将返回指向 s 的引用；否则，将返回用来调用该方法的对象（在 OOP 中，是 topval 消息要发送给的对象）。问题在于，如何称呼这个对象？如果调用 stock1.topval(stock2)，则 s 是 stock2 的引用（即 stock2 的别名），但 stock1 没有别名。

C++解决这种问题的方法是：使用被称为 this 的特殊指针。this 指针指向用来调用成员函数的对象（this 被作为隐藏参数传递给方法）。这样，函数调用 stock1.topval（stock2）将 this 设置为 stock1 对象的地址，使得这个指针可用于 topval()方法。同样，函数调用 stock2.topval（stock1）将 this 设置为 stock2 对象的地址。

一般来说，所有的类方法都将 this 指针设置为调用它的对象的地址。确实，topval()中的 total_val 只不过是 this->total_val 的简写（第4章使用->运算符，通过指针来访问结构成员。这也适用于类成员）（参见图10.4）。

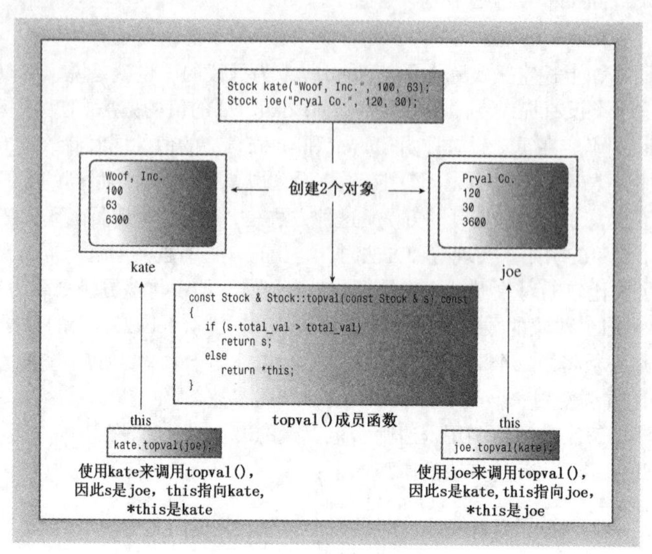

图10.4 this指向调用对象

注意：

每个成员函数（包括构造函数和析构函数）都有一个 this 指针。this 指针指向调用对象。如果方法需要引用整个调用对象，则可以使用表达式*this。在函数的括号后面使用 const 限定符将 this 限定为 const，这样将不能使用 this 来修改对象的值。

然而，要返回的并不是 this，因为 this 是对象的地址，而不是对象本身，即*this（将解除引用运算符*用于指针，将得到指针指向的值）。现在，可以将*this 作为调用对象的别名来完成前面的方法定义。

```
const Stock & Stock::topval(const Stock & s) const
{
    if (s.total_val > total_val)
        return s;       // argument object
    else
        return *this; // invoking object
}
```

返回类型为引用意味着返回的是调用对象本身，而不是其副本。程序清单10.7列出了新的头文件。

程序清单10.7 stock20.h

```
// stock20.h -- augmented version
#ifndef STOCK20_H_
#define STOCK20_H_
#include <string>

class Stock
{
private:
    std::string company;
    int shares;
    double share_val;
    double total_val;
    void set_tot() { total_val = shares * share_val; }
public:
    Stock();    // default constructor
    Stock(const std::string & co, long n = 0, double pr = 0.0);
    ~Stock(); // do-nothing destructor
    void buy(long num, double price);
    void sell(long num, double price);
    void update(double price);
    void show()const;
    const Stock & topval(const Stock & s) const;
```

```
};

#endif
```

程序清单 10.8 列出了修订后的类方法文件，其中包括新的 topval()方法。另外，现在您已经了解了构造函数和析构函数的工作原理，因此这里没有显示消息。

程序清单 10.8 stock20.cpp

```
// stock20.cpp -- augmented version
#include <iostream>
#include "stock20.h"

// constructors
Stock::Stock() // default constructor
{
    company = "no name";
    shares = 0;
    share_val = 0.0;
    total_val = 0.0;
}

Stock::Stock(const std::string & co, long n, double pr)
{
    company = co;

    if (n < 0)
    {
        std::cout << "Number of shares can't be negative; "
                  << company << " shares set to 0.\n";
        shares = 0;
    }
    else
        shares = n;
    share_val = pr;
    set_tot();
}

// class destructor
Stock::~Stock() // quiet class destructor
{
}

// other methods
void Stock::buy(long num, double price)
{
     if (num < 0)
    {
        std::cout << "Number of shares purchased can't be negative. "
             << "Transaction is aborted.\n";
    }
    else
    {
        shares += num;
        share_val = price;
        set_tot();
    }
}

void Stock::sell(long num, double price)
{
    using std::cout;
    if (num < 0)
    {
        cout << "Number of shares sold can't be negative. "
             << "Transaction is aborted.\n";
    }
    else if (num > shares)
    {
        cout << "You can't sell more than you have! "
             << "Transaction is aborted.\n";
    }
    else
    {
        shares -= num;
        share_val = price;
```

```
        set_tot();
    }
}

void Stock::update(double price)
{
    share_val = price;
    set_tot();
}

void Stock::show() const
{
    using std::cout;
    using std::ios_base;
    // set format to #.###
    ios_base::fmtflags orig =
        cout.setf(ios_base::fixed, ios_base::floatfield);
    std::streamsize prec = cout.precision(3);

    cout << "Company: " << company
        << " Shares: " << shares << '\n';
    cout << " Share Price: $" << share_val;
    // set format to #.##
    cout.precision(2);
    cout << " Total Worth: $" << total_val << '\n';

    // restore original format
    cout.setf(orig, ios_base::floatfield);
    cout.precision(prec);
}

const Stock & Stock::topval(const Stock & s) const
{
    if (s.total_val > total_val)
        return s;
    else
        return *this;
}
```

当然，我们想知道 this 指针是否有用。显然，应在一个包含对象数组的程序中使用这种新方法。因此接下来介绍对象数组这一主题。

10.5 对象数组

和 Stock 示例一样，用户通常要创建同一个类的多个对象。可以创建独立对象变量，就像本章前面的示例所做的，但创建对象数组将更合适。这似乎是在介绍一个未知领域，但实际上，声明对象数组的方法与声明标准类型数组相同：

```
Stock mystuff[4]; // creates an array of 4 Stock objects
```

前面讲过，当程序创建未被显式初始化的类对象时，总是调用默认构造函数。上述声明要求，这个类要么没有显式地定义任何构造函数（在这种情况下，将使用不执行任何操作的隐式默认构造函数），要么定义了一个显式默认构造函数（就像这个例子那样）。每个元素（mystuff[0]、mystuff[1]等）都是 Stock 对象，可以使用 Stock 方法：

```
mystuff[0].update();      // apply update() to 1st element
mystuff[3].show();        // apply show() to 4th element
const Stock & tops = mystuff[2].topval(mystuff[1]);
      // compare 3rd and 2nd elements and set tops
      // to point at the one with a higher total value
```

可以用构造函数来初始化数组元素。在这种情况下，必须为每个元素调用构造函数：

```
const int STKS = 4;
Stock stocks[STKS] = {
    Stock("NanoSmart", 12.5, 20),
    Stock("Boffo Objects", 200, 2.0),
    Stock("Monolithic Obelisks", 130, 3.25),
    Stock("Fleep Enterprises", 60, 6.5)
    };
```

这里的代码使用标准格式对数组进行初始化：用括号括起的、以逗号分隔的值列表。其中，每次构造函数调用表示一个值。如果类包含多个构造函数，则可以对不同的元素使用不同的构造函数：

```
const int STKS = 10;
Stock stocks[STKS] = {
    Stock("NanoSmart", 12.5, 20),
    Stock(),
    Stock("Monolithic Obelisks", 130, 3.25),
};
```

上述代码使用 Stock(const string & co, long n, double pr)初始化 stock[0]和 stock[2]，使用构造函数 Stock()初始化 stock[1]。由于该声明只初始化了数组的部分元素，因此余下的 7 个元素将使用默认构造函数进行初始化。

初始化对象数组的方案是，首先使用默认构造函数创建数组元素，然后花括号中的构造函数将创建临时对象，然后将临时对象的内容复制到相应的元素中。因此，要创建类对象数组，则这个类必须有默认构造函数。

程序清单 10.9 在一个小程序中使用了这些原理，该程序对 4 个数组元素进行初始化，显示它们的内容，并找出这些元素中总值最高的一个。由于 topval()每次只检查两个对象，因此程序使用 for 循环来检查整个数组。另外，它使用 stock 指针来跟踪值最高的元素。该程序使用程序清单 10.7 中的头文件和程序清单 10.8 中的方法文件。

程序清单 10.9 usestok2.cpp

```
// usestok2.cpp -- using the Stock class
// compile with stock20.cpp
#include <iostream>
#include "stock20.h"

const int STKS = 4;
int main()
{
// create an array of initialized objects
    Stock stocks[STKS] = {
        Stock("NanoSmart", 12, 20.0),
        Stock("Boffo Objects", 200, 2.0),
        Stock("Monolithic Obelisks", 130, 3.25),
        Stock("Fleep Enterprises", 60, 6.5)
        };

    std::cout << "Stock holdings:\n";
    int st;
    for (st = 0; st < STKS; st++)
        stocks[st].show();
// set pointer to first element
    const Stock * top = &stocks[0];
    for (st = 1; st < STKS; st++)
        top = &top->topval(stocks[st]);
// now top points to the most valuable holding
    std::cout << "\nMost valuable holding:\n";
    top->show();
     return 0;
}
```

下面是该程序的输出：

```
Stock holdings:
Company: NanoSmart Shares: 12
  Share Price: $20.000 Total Worth: $240.00
Company: Boffo Objects Shares: 200
  Share Price: $2.000 Total Worth: $400.00
Company: Monolithic Obelisks Shares: 130
  Share Price: $3.250 Total Worth: $422.50
Company: Fleep Enterprises Shares: 60
  Share Price: $6.500 Total Worth: $390.00

Most valuable holding:
Company: Monolithic Obelisks Shares: 130
  Share Price: $3.250 Total Worth: $422.50
```

有关程序清单 10.9，需要注意的一点是，大部分工作是在类设计中完成的。完成类设计后，编写程序的工作本身便相当简单。

顺便说一句，知道 this 指针就可以更深入了解 C++的工作方式。例如，最初的 UNIX 实现使用 C++前端 cfront 将 C++程序转换为 C 程序。处理方法的定义时，只需将下面这样的 C++方法定义：

```
void Stock::show() const
{
    cout << "Company: " << company
         << " Shares: " << shares << '\n'
         << " Share Price: $" << share_val
```

```
        << " Total Worth: $" << total_val << '\n';
}
```

转换为下面这样的C风格定义：

```
void show(const Stock * this)
{
    cout << "Company: " << this->company
         << " Shares: " << this->shares << '\n'
         << " Share Price: $" << this->share_val
         << " Total Worth: $" << this->total_val << '\n';
}
```

即将Stock::限定符转换为函数参数（指向Stock的指针），然后用这个指针来访问类成员。

同样，该前端将下面的函数调用：

```
top.show();
```

转换为：

```
show(&top);
```

这样，将调用对象的地址赋给了this指针（实际情况可能更复杂些）。

10.6 类作用域

第9章介绍了全局（文件）作用域和局部（代码块）作用域。可以在全局变量所属文件的任何地方使用它，而局部变量只能在其所属的代码块中使用。函数名称的作用域也可以是全局的，但不能是局部的。C++类引入了一种新的作用域：类作用域。

在类中定义的名称（如类数据成员名和类成员函数名）的作用域都为整个类，作用域为整个类的名称只在该类中是已知的，在类外是不可知的。因此，可以在不同类中使用相同的类成员名而不会引起冲突。例如，Stock类的shares成员不同于JobRide类的shares成员。另外，类作用域意味着不能从外部直接访问类的成员，公有成员函数也是如此。也就是说，要调用公有成员函数，必须通过对象：

```
Stock sleeper("Exclusive Ore", 100, 0.25); // create object
sleeper.show(); // use object to invoke a member function
show();         // invalid -- can't call method directly
```

同样，在定义成员函数时，必须使用作用域解析运算符：

```
void Stock::update(double price)
{
    ...
}
```

总之，在类声明或成员函数定义中，可以使用未修饰的成员名称（未限定的名称），就像sell()调用set_tot()成员函数时那样。构造函数名称在被调用时，才能被识别，因为它的名称与类名相同。在其他情况下，使用类成员名时，必须根据上下文使用直接成员运算符（.）、间接成员运算符（->）或作用域解析运算符（::）。下面的代码片段演示了如何访问具有类作用域的标识符：

```
class Ik
{
private:
   int fuss; // fuss has class scope
public:
   Ik(int f = 9) {fuss = f; } // fuss is in scope
   void ViewIk() const;       // ViewIk has class scope
};

void Ik::ViewIk() const       //Ik:: places ViewIk into Ik scope
{
   cout << fuss << endl;      // fuss in scope within class methods
}
...
int main()
{
   Ik * pik = new Ik;
   Ik ee = Ik(8); // constructor in scope because has class name
   ee.ViewIk(); // class object brings ViewIk into scope
   pik->ViewIk(); // pointer-to-Ik brings ViewIk into scope
...
```

10.6.1 作用域为类的常量

有时候，使符号常量的作用域为类很有用。例如，类声明可能使用字面值30来指定数组的长度，由于该常量对于所有对象来说都是相同的，因此创建一个由所有对象共享的常量是个不错的主意。您可能以为这样做可行：

```
class Bakery
{
private:
    const int Months = 12; // declare a constant? FAILS
    double costs[Months];
    ...
```

但这是行不通的，因为声明类只是描述了对象的形式，并没有创建对象。因此，在创建对象前，将没有用于存储值的空间（实际上，C++11 提供了成员初始化，但不适用于前述数组声明，第 12 章将介绍该主题）。然而，有两种方式可以实现这个目标，并且效果相同。

第一种方式是在类中声明一个枚举。在类声明中声明的枚举的作用域为整个类，因此可以用枚举为整型常量提供作用域为整个类的符号名称。也就是说，可以这样开始 Bakery 声明：

```
class Bakery
{
private:
    enum {Months = 12};
    double costs[Months];
    ...
```

注意，用这种方式声明枚举并不会创建类数据成员。也就是说，所有对象中都不包含枚举。另外，Months 只是一个符号名称，在作用域为整个类的代码中遇到它时，编译器将用 12 来替换它。

由于这里使用枚举只是为了创建符号常量，并不打算创建枚举类型的变量，因此不需要提供枚举名。顺便说一句，在很多实现中，ios_base 类在其公有部分中完成了类似的工作，诸如 ios_base::fixed 等标识符就来自这里。其中，fixed 是 ios_base 类中定义的典型的枚举量。

C++提供了另一种在类中定义常量的方式——使用关键字 static：

```
class Bakery
{
private:
    static const int Months = 12;
    double costs[Months];
    ...
```

这将创建一个名为 Months 的常量，该常量将与其他静态变量存储在一起，而不是存储在对象中。因此，只有一个 Months 常量，被所有 Bakery 对象共享。第 12 章将深入介绍静态类成员。在 C++98 中，只能使用这种技术声明值为整数或枚举的静态常量，而不能存储 double 常量。C++11 消除了这种限制。

10.6.2 作用域内枚举（C++11）

传统的枚举存在一些问题，其中之一是两个枚举定义中的枚举量可能发生冲突。假设有一个处理鸡蛋和 T 恤的项目，其中可能包含类似下面这样的代码：

```
enum egg {Small, Medium, Large, Jumbo};
enum t_shirt {Small, Medium, Large, Xlarge};
```

这将无法通过编译，因为 egg Small 和 t_shirt Small 位于相同的作用域内，它们将发生冲突。为避免这种问题，C++11 提供了一种新枚举，其枚举量的作用域为类。这种枚举的声明类似于下面这样：

```
enum class egg {Small, Medium, Large, Jumbo};
enum class t_shirt {Small, Medium, Large, Xlarge};
```

也可使用关键字 struct 代替 class。无论使用哪种方式，都需要使用枚举名来限定枚举量：

```
egg choice = egg::Large;           // the Large enumerator of the egg enum
t_shirt Floyd = t_shirt::Large; // the Large enumerator of the t_shirt enum
```

枚举量的作用域为类后，不同枚举定义中的枚举量就不会发生名称冲突了，而您可继续编写处理鸡蛋和 T 恤的项目。

C++11 还提高了作用域内枚举的类型安全。在有些情况下，常规枚举将自动转换为整型，如将其赋给 int 变量或用于比较表达式时，但作用域内枚举不能隐式地转换为整型：

```
enum egg_old {Small, Medium, Large, Jumbo};         // unscoped
enum class t_shirt {Small, Medium, Large, Xlarge}; // scoped
egg_old one = Medium;                               // unscoped
t_shirt rolf = t_shirt::Large;                      // scoped
int king = one;             // implicit type conversion for unscoped
int ring = rolf;            // not allowed, no implicit type conversion
if (king < Jumbo)           // allowed
```

```
    std::cout << "Jumbo converted to int before comparison.\n";
if (king < t_shirt::Medium) // not allowed
    std::cout << "Not allowed: < not defined for scoped enum.\n";
```

但在必要时，可进行显式类型转换：

```
int Frodo = int(t_shirt::Small); // Frodo set to 0
```

枚举用某种底层整型类型表示，在C++98中，如何选择取决于实现，因此包含枚举的结构的长度可能随系统而异。对于作用域内枚举，C++11消除了这种依赖性。默认情况下，C++11作用域内枚举的底层类型为int。另外，还提供了一种语法，可用于做出不同的选择：

```
// underlying type for pizza is short
enum class : short pizza {Small, Medium, Large, XLarge};
```

:short将底层类型指定为short。底层类型必须为整型。在C++11中，也可使用这种语法来指定常规枚举的底层类型，但如果没有指定，编译器选择的底层类型将随实现而异。

10.7 抽象数据类型

Stack类非常具体。然而，程序员常常通过定义类来表示更通用的概念。例如，就实现计算机专家们所说的抽象数据类型（abstract data type，ADT）而言，使用类是一种非常好的方式。顾名思义，ADT以通用的方式描述数据类型，而没有引入语言或实现细节。例如，通过使用栈，可以以这样的方式存储数据，即总是从栈顶添加或删除数据。例如，C++程序使用栈来管理自动变量。当新的自动变量被生成后，它们被添加到栈顶；消亡时，从栈中删除它们。

下面简要地介绍一下栈的特征。首先，栈存储了多个数据项（该特征使得栈成为一个容器—— 一种更为通用的抽象）；其次，栈由可对它执行的操作来描述。

- 可创建空栈。
- 可将数据项添加到栈顶（压入）。
- 可从栈顶删除数据项（弹出）。
- 可查看栈否填满。
- 可查看栈是否为空。

可以将上述描述转换为一个类声明，其中公有成员函数提供了表示栈操作的接口，而私有数据成员负责存储栈数据。类概念非常适合于ADT方法。

私有部分必须表明数据存储的方式。例如，可以使用常规数组、动态分配数组或更高级的数据结构（如链表）。然而，公有接口应隐藏数据表示，而以通用的术语来表达，如创建栈、压入等。程序清单10.10演示了一种方法，它假设系统实现了bool类型。如果您使用的系统没有实现，可以使用int、0和1代替bool、false和true。

程序清单10.10 stack.h

```
// stack.h -- class definition for the stack ADT
#ifndef STACK_H_
#define STACK_H_

typedef unsigned long Item;

class Stack
{
private:
    enum {MAX = 10}; // constant specific to class
    Item items[MAX]; // holds stack items
    int top; // index for top stack item
public:
    Stack();
    bool isempty() const;
    bool isfull() const;
    // push() returns false if stack already is full, true otherwise
    bool push(const Item & item); // add item to stack
    // pop() returns false if stack already is empty, true otherwise
    bool pop(Item & item); // pop top into item
};
#endif
```

在程序清单 10.10 所示的示例中，私有部分表明，栈是使用数组实现的；而公有部分隐藏了这一点。因此，可以使用动态数组来代替数组，而不会改变类的接口。这意味着修改栈的实现后，不需要重新编写使用栈的程序，而只需重新编译栈代码，并将其与已有的程序代码链接起来即可。

接口是冗余的，因为 pop()和 push()返回有关栈状态的信息（满或空），而不是 void 类型。在如何处理超出栈限制或者清空栈方面，这为程序员提供了两种选择。他可以在修改栈前使用 isempty()和 isfull()来查看，也可以使用 push()和 pop()的返回值来确定操作是否成功。

这个类不是根据特定的类型来定义栈，而是根据通用的 Item 类型来描述。在这个例子中，头文件使用 typedef 用 Item 代替 unsigned long。如果需要 double 栈或结构类型的栈，则只需修改 typedef 语句，而类声明和方法定义保持不变。类模板（参见第 14 章）提供了功能更强大的方法，来将存储的数据类型与类设计隔离开来。

接下来需要实现类方法，程序清单 10.11 提供了一种可行的实现。

程序清单 10.11 stack.cpp

```
// stack.cpp -- Stack member functions
#include "stack.h"
Stack::Stack() // create an empty stack
{
    top = 0;
}

bool Stack::isempty() const
{
    return top == 0;
}

bool Stack::isfull() const
{
    return top == MAX;
}

bool Stack::push(const Item & item)
{
    if (top < MAX)
    {
        items[top++] = item;
        return true;
    }
    else
        return false;
}

bool Stack::pop(Item & item)
{
    if (top > 0)
    {
        item = items[--top];
        return true;
    }
    else
        return false;
}
```

默认构造函数确保所有栈被创建时都为空。pop()和 push()的代码确保栈顶被正确地处理。这种保证措施是 OOP 更可靠的原因之一。假设要创建一个独立数组来表示栈，创建一个独立变量来表示栈顶索引。则每次创建新栈时，都必须确保代码是正确的。没有私有数据提供的保护，则很可能由于无意修改了数据而导致程序出现非常严重的故障。

下面来测试该栈。程序清单 10.12 模拟了售货员的行为——使用栈的后进先出方式，从购物筐的最上面开始处理购物订单。

程序清单 10.12 stacker.cpp

```
// stacker.cpp -- testing the Stack class
#include <iostream>
#include <cctype> // or ctype.h
#include "stack.h"
int main()
```

```
{
    using namespace std;
    Stack st; // create an empty stack
    char ch;
    unsigned long po;
    cout << "Please enter A to add a purchase order,\n"
        << "P to process a PO, or Q to quit.\n";
    while (cin >> ch && toupper(ch) != 'Q')
    {
        while (cin.get() != '\n')
            continue;
        if (!isalpha(ch))
        {
            cout << '\a';
            continue;
        }
        switch(ch)
        {
            case 'A':
            case 'a': cout << "Enter a PO number to add: ";
                      cin >> po;
                      if (st.isfull())
                          cout << "stack already full\n";
                      else
                          st.push(po);
                      break;
            case 'P':
            case 'p': if (st.isempty())
                          cout << "stack already empty\n";
                      else {
                          st.pop(po);
                          cout << "PO #" << po << " popped\n";
                      }
                      break;
        }
        cout << "Please enter A to add a purchase order,\n"
             << "P to process a PO, or Q to quit.\n";
    }
    cout << "Bye\n";
    return 0;
}
```

程序清单10.12中的while循环删除输入行中剩余部分，就现在而言这并非是必不可少的，但它使程序的修改更方便（第14章将对这个程序进行修改）。下面是该程序的运行情况：

```
Please enter A to add a purchase order,
P to process a PO, or Q to quit.
A
Enter a PO number to add: 17885
Please enter A to add a purchase order,
P to process a PO, or Q to quit.
P
PO #17885 popped
Please enter A to add a purchase order,
P to process a PO, or Q to quit.
A
Enter a PO number to add: 17965
Please enter A to add a purchase order,
P to process a PO, or Q to quit.
A
Enter a PO number to add: 18002
Please enter A to add a purchase order,
P to process a PO, or Q to quit.
P
PO #18002 popped
Please enter A to add a purchase order,
P to process a PO, or Q to quit.
P
PO #17965 popped
Please enter A to add a purchase order,
P to process a PO, or Q to quit.
P
stack already empty
Please enter A to add a purchase order,
P to process a PO, or Q to quit.
Q
Bye
```

10.8 总结

面向对象编程强调的是程序如何表示数据。使用 OOP 方法解决编程问题的第一步是根据它与程序之间的接口来描述数据，从而指定如何使用数据。然后，设计一个类来实现该接口。一般来说，私有数据成员存储信息，公有成员函数（又称为方法）提供访问数据的唯一途径。类将数据和方法组合成一个单元，其私有性实现数据隐藏。

通常，将类声明分成两部分组成，这两部分通常保存在不同的文件中。类声明（包括由函数原型表示的方法）应放到头文件中。定义成员函数的源代码放在方法文件中。这样便将接口描述与实现细节分开了。从理论上说，只需知道公有接口就可以使用类。当然，可以查看实现方法（除非只提供了编译形式），但程序不应依赖于其实现细节，如知道某个值被存储为 int。只要程序和类只通过定义接口的方法进行通信，程序员就可以随意地对任何部分做独立的改进，而不必担心这样做会导致意外的不良影响。

类是用户定义的类型，对象是类的实例。这意味着对象是这种类型的变量，例如由 new 按类描述分配的内存。C++试图让用户定义的类型尽可能与标准类型类似，因此可以声明对象、指向对象的指针和对象数组。可以按值传递对象、将对象作为函数返回值、将一个对象赋给同类型的另一个对象。如果提供了构造函数，则在创建对象时，可以初始化对象。如果提供了析构函数方法，则在对象消亡后，程序将执行该函数。

每个对象都存储自己的数据，而共享类方法。如果 mr_objcct 是对象名，try_mc()是成员函数，则可以使用成员运算符句点调用成员函数：mr_object.try_me()。在 OOP 中，这种函数调用被称为将 try_me 消息发送给 mr_object 对象。在 try_me()方法中引用类数据成员时，将使用 mr_object 对象相应的数据成员。同样，函数调用 i_object.try_me()将访问 i_object 对象的数据成员。

如果希望成员函数对多个对象进行操作，可以将额外的对象作为参数传递给它。如果方法需要显式地引用调用它的对象，则可以使用 this 指针。由于 this 指针被设置为调用对象的地址，因此*this 是该对象的别名。

类很适合用于描述 ADT。公有成员函数接口提供了 ADT 描述的服务，类的私有部分和类方法的代码提供了实现，这些实现对类的客户隐藏。

10.9 复习题

1. 什么是类？
2. 类如何实现抽象、封装和数据隐藏？
3. 对象和类之间的关系是什么？
4. 除了是函数之外，类函数成员与类数据成员之间的区别是什么？
5. 定义一个类来表示银行账户。数据成员包括储户姓名、账号（使用字符串）和存款。成员函数执行如下操作：
   - 创建一个对象并将其初始化；
   - 显示储户姓名、账号和存款；
   - 存入参数指定的存款；
   - 取出参数指定的款项。

   请提供类声明，而不用给出方法实现。（编程练习 1 将要求编写实现）
6. 类构造函数在何时被调用？类析构函数呢？
7. 给出复习题 5 中的银行账户类的构造函数的代码。
8. 什么是默认构造函数，拥有默认构造函数有何好处？
9. 修改 Stock 类的定义（stock20.h 中的版本），使之包含返回各个数据成员值的成员函数。注意：返回公司名的成员函数不应为修改数组提供便利，也就是说，不能简单地返回 string 引用。

10. this 和*this 是什么？

10.10 编程练习

1. 为复习题 5 描述的类提供方法定义，并编写一个小程序来演示所有的特性。

2. 下面是一个非常简单的类定义：

```
class Person {
private:
    static const int LIMIT = 25;
    string lname;      // Person's last name
    char fname[LIMIT]; // Person's first name
public:
    Person() {lname = ""; fname[0] = '\0'; } // #1
    Person(const string & ln, const char * fn = "Heyyou"); // #2
// the following methods display lname and fname
    void Show() const;       // firstname lastname format
    void FormalShow() const; // lastname, firstname format
};
```

它使用了一个 string 对象和一个字符数组，让您能够比较它们的用法。请提供未定义的方法的代码，以完成这个类的实现。再编写一个使用这个类的程序，它使用了三种可能的构造函数调用（没有参数、一个参数和两个参数）以及两种显示方法。下面是一个使用这些构造函数和方法的例子：

```
Person one;                      // use default constructor
Person two("Smythecraft");       // use #2 with one default argument
Person three("Dimwiddy", "Sam"); // use #2, no defaults
one.Show();
cout << endl;
one.FormalShow();
// etc. for two and three
```

3. 完成第 9 章的编程练习 1，但要用正确的 golf 类声明替换那里的代码。用带合适参数的构造函数替换 setgolf（golf &, const char *, int），以提供初始值。保留 setgolf()的交互版本，但要用构造函数来实现它（例如，setgolf()的代码应该获得数据，将数据传递给构造函数来创建一个临时对象，并将其赋给调用对象，即*this）。

4. 完成第 9 章的编程练习 4，但将 Sales 结构及相关的函数转换为一个类及其方法。用构造函数替换 setSales（sales &，double [ ]，int）函数。用构造函数实现 setSales（Sales &）方法的交互版本。将类保留在名称空间 SALES 中。

5. 考虑下面的结构声明：

```
struct customer {
    char fullname[35];
    double payment;
};
```

编写一个程序，它从栈中添加和删除 customer 结构（栈用 Stack 类声明表示）。每次 customer 结构被删除时，其 payment 的值都被加入到总数中，并报告总数。注意：应该可以直接使用 Stack 类而不作修改；只需修改 typedef 声明，使 Item 的类型为 customer，而不是 unsigned long 即可。

6. 下面是一个类声明：

```
class Move
{
private:
    double x;
    double y;
public:
    Move(double a = 0, double b = 0); // sets x, y to a, b
    void showmove() const;                      // shows current x, y values
    Move add(const Move & m) const;
// this function adds x of m to x of invoking object to get new x,
// adds y of m to y of invoking object to get new y, creates a new
// move object initialized to new x, y values and returns it
    void reset(double a = 0, double b = 0); // resets x,y to a, b
};
```

请提供成员函数的定义和测试这个类的程序。

7. Betelgeusean plorg 有这些特征。

数据：

- plorg 的名称不超过 19 个字符；
- plorg 有满意指数（CI），这是一个整数。

操作：

- 新的 plorg 将有名称，其 CI 值为 50；
- plorg 的 CI 可以修改；
- plorg 可以报告其名称和 CI；
- plorg 的默认名称为“Plorga”。

请编写一个 Plorg 类声明（包括数据成员和成员函数原型）来表示 plorg，并编写成员函数的函数定义。然后编写一个小程序，以演示 Plorg 类的所有特性。

8. 可以将简单列表描述成下面这样：

- 可存储 0 或多个某种类型的列表；
- 可创建空列表；
- 可在列表中添加数据项；
- 可确定列表是否为空；
- 可确定列表是否为满；
- 可访问列表中的每一个数据项，并对它执行某种操作。

可以看到，这个列表确实很简单，例如，它不允许插入或删除数据项。

请设计一个 List 类来表示这种抽象类型。您应提供头文件 list.h 和实现文件 list.cpp，前者包含类定义，后者包含类方法的实现。您还应创建一个简短的程序来使用这个类。

该列表的规范很简单，这主要旨在简化这个编程练习。可以选择使用数组或链表来实现该列表，但公有接口不应依赖于所做的选择。也就是说，公有接口不应有数组索引、节点指针等。应使用通用概念来表达创建列表、在列表中添加数据项等操作。对于访问数据项以及执行操作，通常应使用将函数指针作为参数的函数来处理：

```
void visit(void (*pf)(Item &));
```

其中，pf 指向一个将 Item 引用作为参数的函数（不是成员函数），Item 是列表中数据项的类型。visit() 函数将该函数用于列表中的每个数据项。

第 11 章　使用类

本章内容包括：

- 运算符重载；
- 友元函数；
- 重载<<运算符，以便用于输出；
- 状态成员；
- 使用 rand()生成随机值；
- 类的自动转换和强制类型转换；
- 类转换函数。

C++类特性丰富、复杂、功能强大。在第 10 章，您通过学习定义和使用简单的类，已踏上了面向对象编程之旅。通过定义用于表示对象的数据的类型以及（通过成员函数）定义可对数据执行的操作，您知道了类是如何定义数据类型的。我们还学习了两个特殊的成员函数——构造函数和析构函数，其作用是管理类对象的创建和删除。本章将进一步探讨类的特征，重点是类设计技术，而不是通用原理。您可能发现，本章介绍的一些特性很容易，而另一些很微妙。要更好地理解这些新特性，应使用这些示例进行练习。如果函数使用常规参数而不是引用参数，将发生什么情况呢？如果忽略了析构函数，又将发生什么情况呢？不要害怕犯错误，因为在解决问题的过程中学到的知识，比生搬硬套而不犯错误时要多得多（然而，不要认为所有的错误就都会让人增长见识）。这样，您将更全面地了解 C++是如何工作的以及它可以为我们做哪些工作。

本章首先介绍运算符重载，它允许将标准 C++运算符（如=和+）用于类对象。然后介绍友元，这种 C++机制使得非成员函数可以访问私有数据。最后介绍如何命令 C++对类执行自动类型转换。学习本章和第 12 章后，您将对类构造函数和类析构函数所起的作用有更深入的了解。另外，您还将知道开发和改进类设计时，需要执行的步骤。

学习 C++的难点之一是需要记住大量的东西，但在拥有丰富的实践经验之前，根本不可能全部记住这些东西。从这种意义上说，学习 C++就像学习功能复杂的字处理程序或电子制表程序一样。任何特性都不可怕，但多数人只掌握了那些经常使用的特性，如查找文本或设置为斜体等。您可能在那里曾经学过如何生成替换字符或者创建目录，除非经常使用它们，否则这些技能可能根本与日常工作无关。也许，学习本章知识的最好方法是，在我们自己开发的 C++程序中使用其中的新特性。对这些新特性有了充分的认识后，就可以添加其他 C++特性了。正如 C++创始人 Bjarne Stroustrup 在一次 C++专业程序员大会上所建议的："轻松地使用这种语言。不要觉得必须使用所有的特性，不要在第一次学习时就试图使用所有的特性。"

11.1　运算符重载

下面介绍一种使对象操作更美观的技术。运算符重载是一种形式的 C++多态。第 8 章介绍了 C++是如何使用户能够定义多个名称相同但特征标（参数列表）不同的函数的。这被称为函数重载或函数多态，旨在让您能够用同名的函数来完成相同的基本操作，即使这种操作被用于不同的数据类型（想象一下，如果必须对不同的物体使用不同的动词，如抬起左脚（lift_lft），拿起汤匙（lift_sp），英语将会多么笨拙）。运算符重载将重载的概念扩展到运算符上，允许赋予 C++运算符多种含义。实际上，很多 C++（也包括 C 语言）运算符已经被重载。例如，将*运算符用于地址，将得到存储在这个地址中的值；但将它用于两个数字时，得到的将是它们的乘积。C++根据操作数的数目和类型来决定采用哪种操作。

C++允许将运算符重载扩展到用户定义的类型，例如，允许使用+将两个对象相加。编译器将根据操作数的数目和类型决定使用哪种加法定义。重载运算符可使代码看起来更自然。例如，将两个数组相加是一种常见的运算。通常，需要使用下面这样的 for 循环来实现：

```
for (int i = 0; i < 20; i++)
        evening[i] = sam[i] + janet[i]; // add element by element
```

但在 C++中，可以定义一个表示数组的类，并重载+运算符。于是便可以有这样的语句：

```
evening = sam + janet; // add two array objects
```

这种简单的加法表示法隐藏了内部机理，并强调了实质，这是 OOP 的另一个目标。

要重载运算符，需使用被称为运算符函数的特殊函数形式。运算符函数的格式如下：

```
operatorop(argument-list)
```

例如，operator +()重载+运算符，operator *()重载*运算符。op 必须是有效的 C++运算符，不能虚构一个新的符号。例如，不能有 operator@()这样的函数，因为 C++中没有@运算符。然而，operator [ ]()函数将重载[ ]运算符，因为[ ]是数组索引运算符。例如，假设有一个 Salesperson 类，并为它定义了一个 operator +()成员函数，以重载+运算符，以便能够将两个 Salesperson 对象的销售额相加，则如果 district2、sid 和 sara 都是 Salesperson 类对象，便可以编写这样的等式：

```
district2 = sid + sara;
```

编译器发现，操作数是 Salesperson 类对象，因此使用相应的运算符函数替换上述运算符：

```
district2 = sid.operator+(sara);
```

然后该函数将隐式地使用 sid（因为它调用了方法），而显式地使用 sara 对象（因为它被作为参数传递），来计算总和，并返回这个值。当然最重要的是，可以使用简便的+运算符表示法，而不必使用笨拙的函数表示法。

虽然 C++对运算符重载做了一些限制，但了解重载的工作方式后，这些限制就很容易理解了。因此，下面首先通过一些示例对运算符重载进行阐述，然后再讨论这些限制。

11.2 计算时间：一个运算符重载示例

如果今天早上在 Priggs 的账户上花费了 2 小时 35 分钟，下午又花费了 2 小时 40 分钟，则总共花了多少时间呢？这个示例与加法概念很吻合，但要相加的单位（小时与分钟的混合）与内置类型不匹配。第 7 章通过定义一个 travel_time 结构和将这种结构相加的 sum()函数来处理类似的情况。现在将其推广，采用一个使用方法来处理加法的 Time 类。首先使用一个名为 Sum()的常规方法，然后介绍如何将其转换为重载运算符。程序清单 11.1 列出了这个类的声明。

程序清单 11.1 mytime0.h

```
// mytime0.h -- Time class before operator overloading
#ifndef MYTIME0_H_
#define MYTIME0_H_

class Time
{
private:
    int hours;
    int minutes;
public:
    Time();
    Time(int h, int m = 0);
    void AddMin(int m);
    void AddHr(int h);
    void Reset(int h = 0, int m = 0);
    Time Sum(const Time & t) const;
    void Show() const;
};
#endif
```

Time 类提供了用于调整和重新设置时间、显示时间、将两个时间相加的方法。程序清单 11.2 列出了方法定义。请注意，当总的分钟数超过 59 时，AddMin()和 Sum()方法是如何使用整数除法和求模运算符来调整 minutes 和 hours 值的。另外，由于这里只使用了 iostream 的 cout，且只使用了一次，因此使用 std::cout 比导入整个名称空间更经济。

程序清单 11.2 mytime0.cpp

```
// mytime0.cpp -- implementing Time methods
#include <iostream>
#include "mytime0.h"

Time::Time()
{
    hours = minutes = 0;
}

Time::Time(int h, int m )
{
    hours = h;
    minutes = m;
}

void Time::AddMin(int m)
{
    minutes += m;
    hours += minutes / 60;
    minutes %= 60;
}

void Time::AddHr(int h)
{
    hours += h;
}

void Time::Reset(int h, int m)
{
    hours = h;
    minutes = m;
}

Time Time::Sum(const Time & t) const
{
    Time sum;
    sum.minutes = minutes + t.minutes;
    sum.hours = hours + t.hours + sum.minutes / 60;
    sum.minutes %= 60;
    return sum;
}

void Time::Show() const
{
    std::cout << hours << " hours, " << minutes << " minutes";
}
```

来看一下 Sum()函数的代码。注意参数是引用，但返回类型却不是引用。将参数声明为引用的目的是为了提高效率。如果按值传递 Time 对象，代码的功能将相同，但传递引用，速度将更快，使用的内存将更少。

然而，返回值不能是引用。因为函数将创建一个新的 Time 对象（sum），来表示另外两个 Time 对象的和。返回对象（如代码所做的那样）将创建对象的副本，而调用函数可以使用它。然而，如果返回类型为 Time &，则引用的将是 sum 对象。但由于 sum 对象是局部变量，在函数结束时将被删除，因此引用将指向一个不存在的对象。使用返回类型 Time 意味着程序将在删除 sum 之前构造它的拷贝，调用函数将得到该拷贝。

警告： 不要返回指向局部变量或临时对象的引用。函数执行完毕后，局部变量和临时对象将消失，引用将指向不存在的数据。

最后，程序清单 11.3 对 Time 类中计算时间总和的部分进行了测试。

程序清单 11.3 usetime0.cpp

```
// usetime0.cpp -- using the first draft of the Time class
// compile usetime0.cpp and mytime0.cpp together
```

```
#include <iostream>
#include "mytime0.h"

int main()
{
    using std::cout;
    using std::endl;
    Time planning;
    Time coding(2, 40);
    Time fixing(5, 55);
    Time total;

    cout << "planning time = ";
    planning.Show();
    cout << endl;

    cout << "coding time = ";
    coding.Show();
    cout << endl;

    cout << "fixing time = ";
    fixing.Show();
    cout << endl;

    total = coding.Sum(fixing);
    cout << "coding.Sum(fixing) = ";
    total.Show();
    cout << endl;

    return 0;
}
```

下面是程序清单 11.1、程序清单 11.2 和程序清单 11.3 组成的程序的输出：

```
planning time = 0 hours, 0 minutes
coding time = 2 hours, 40 minutes
fixing time = 5 hours, 55 minutes
coding.Sum(fixing) = 8 hours, 35 minutes
```

11.2.1 添加加法运算符

将 Time 类转换为重载的加法运算符很容易，只要将 Sum()的名称改为 operator +()即可。这样做是对的，只要把运算符（这里为+）放到 operator 的后面，并将结果用作方法名即可。在这里，可以在标识符中使用字母、数字或下划线之外的其他字符。程序清单 11.4 和程序清单 11.5 反映了这些细微的修改。

程序清单 11.4 mytime1.h

```
// mytime1.h -- Time class before operator overloading
#ifndef MYTIME1_H_
#define MYTIME1_H_

class Time
{
private:
    int hours;
    int minutes;
public:
    Time();
    Time(int h, int m = 0);
    void AddMin(int m);
    void AddHr(int h);
    void Reset(int h = 0, int m = 0);
    Time operator+(const Time & t) const;
    void Show() const;
};
#endif
```

程序清单 11.5 mytime1.cpp

```
// mytime1.cpp -- implementing Time methods
#include <iostream>
#include "mytime1.h"

Time::Time()
```

```
{
    hours = minutes = 0;
}

Time::Time(int h, int m )
{
    hours = h;
    minutes = m;
}

void Time::AddMin(int m)
{
    minutes += m;
    hours += minutes / 60;
    minutes %= 60;
}

void Time::AddHr(int h)
{
    hours += h;
}

void Time::Reset(int h, int m)
{
    hours = h;
    minutes = m;
}

Time Time::operator+(const Time & t) const
{
    Time sum;
    sum.minutes = minutes + t.minutes;
    sum.hours = hours + t.hours + sum.minutes / 60;
    sum.minutes %= 60;
    return sum;
}

void Time::Show() const
{
    std::cout << hours << " hours, " << minutes << " minutes";
}
```

和 Sum()一样，operator +()也是由 Time 对象调用的，它将第二个 Time 对象作为参数，并返回一个 Time 对象。因此，可以像调用 Sum()那样来调用 operator +()方法：

```
total = coding.operator+(fixing); // function notation
```

但将该方法命令为 operator +()后，也可以使用运算符表示法：

```
total = coding + fixing; // operator notation
```

这两种表示法都将调用 operator +()方法。注意，在运算符表示法中，运算符左侧的对象（这里为 coding）是调用对象，运算符右边的对象（这里为 fixing）是作为参数被传递的对象。程序清单 11.6 说明了这一点。

程序清单 11.6　usetime1.cpp

```
// usetime1.cpp -- using the second draft of the Time class
// compile usetime1.cpp and mytime1.cpp together
#include <iostream>
#include "mytime1.h"

int main()
{
    using std::cout;
    using std::endl;
    Time planning;
    Time coding(2, 40);
    Time fixing(5, 55);
    Time total;

    cout << "planning time = ";
    planning.Show();
    cout << endl;

    cout << "coding time = ";
    coding.Show();
    cout << endl;
```

```
    cout << "fixing time = ";
    fixing.Show();
    cout << endl;

    total = coding + fixing;
    // operator notation
    cout << "coding + fixing = ";
    total.Show();
    cout << endl;

    Time morefixing(3, 28);
    cout << "more fixing time = ";
    morefixing.Show();
    cout << endl;
    total = morefixing.operator+(total);
    // function notation
    cout << "morefixing.operator+(total) = ";
    total.Show();
    cout << endl;

    return 0;
}
```

下面是程序清单 11.4～程序清单 11.6 组成的程序的输出：

```
planning time = 0 hours, 0 minutes
coding time = 2 hours, 40 minutes
fixing time = 5 hours, 55 minutes
coding + fixing = 8 hours, 35 minutes
more fixing time = 3 hours, 28 minutes
morefixing.operator+(total) = 12 hours, 3 minutes
```

总之，operator +()函数的名称使得可以使用函数表示法或运算符表示法来调用它。编译器将根据操作数的类型来确定如何做：

```
int a, b, c;
Time A, B, C;
c = a + b;   // use int addition
C = A + B;   // use addition as defined for Time objects
```

可以将两个以上的对象相加吗？例如，如果 t1、t2、t3 和 t4 都是 Time 对象，可以这样做吗：

```
t4 = t1 + t2 + t3; // valid?
```

为回答这个问题，来看一下上述语句将被如何转换为函数调用。由于+是从左向右的运算符，因此上述语句首先被转换成下面这样：

```
t4 = t1.operator+(t2 + t3); // valid?
```

然后，函数参数本身被转换成一个函数调用，结果如下：

```
t4 = t1.operator+(t2.operator+(t3)); // valid? YES
```

上述语句合法吗？是的。函数调用 t2.operator+(t3)返回一个 Time 对象，后者是 t2 和 t3 的和。然后，该对象成为函数调用 t1.operator+()的参数，该调用返回 t1 与表示 t2 和 t3 之和的 Time 对象的和。总之，最后的返回值为 t1、t2 和 t3 之和，这正是我们期望的。

11.2.2 重载限制

多数 C++运算符（参见表 11.1）都可以用这样的方式重载。重载的运算符（有些例外情况）不必是成员函数，但必须至少有一个操作数是用户定义的类型。下面详细介绍 C++对用户定义的运算符重载的限制。

1. 重载后的运算符必须至少有一个操作数是用户定义的类型，这将防止用户为标准类型重载运算符。因此，不能将减法运算符（-）重载为计算两个 double 值的和，而不是它们的差。虽然这种限制将对创造性有所影响，但可以确保程序正常运行。

2. 使用运算符时不能违反运算符原来的句法规则。例如，不能将求模运算符（%）重载成使用一个操作数：

```
int x;
Time shiva;
% x;      // invalid for modulus operator
% shiva; // invalid for overloaded operator
```

同样，不能修改运算符的优先级。因此，如果将加号运算符重载成将两个类相加，则新的运算符与原来的加号具有相同的优先级。

3. 不能创建新运算符。例如，不能定义 operator **()函数来表示求幂。

4. 不能重载下面的运算符。

- sizeof：sizeof 运算符。
- .：成员运算符。
- . *：成员指针运算符。
- ::：作用域解析运算符。
- ?:：条件运算符。
- typeid：一个 RTTI 运算符。
- const_cast：强制类型转换运算符。
- dynamic_cast：强制类型转换运算符。
- reinterpret_cast：强制类型转换运算符。
- static_cast：强制类型转换运算符。

然而，表 11.1 中所有的运算符都可以被重载。

5. 表 11.1 中的大多数运算符都可以通过成员或非成员函数进行重载，但下面的运算符只能通过成员函数进行重载。

- =：赋值运算符。
- ()：函数调用运算符。
- [ ]：下标运算符。
- ->：通过指针访问类成员的运算符。

注意： 本章不介绍这里列出的所有运算符，但附录 E 对本书正文中没有介绍的运算符进行了总结。

表 11.1　　可重载的运算符

<table>
<tr><td>+</td><td>-</td><td>*</td><td>/</td><td>%</td><td>^</td></tr>
<tr><td>&</td><td>|</td><td>~=</td><td>!</td><td>=</td><td><</td></tr>
<tr><td>></td><td>+=</td><td>-=</td><td>*=</td><td>/=</td><td>%=</td></tr>
<tr><td>^=</td><td>&=</td><td>|=</td><td><<</td><td>>></td><td>>>=</td></tr>
<tr><td><<=</td><td>==</td><td>!=</td><td><=</td><td>>=</td><td>&&</td></tr>
<tr><td>||</td><td>++</td><td>--</td><td>,</td><td>->*</td><td>-></td></tr>
<tr><td>()</td><td>[]</td><td>new</td><td>delete</td><td>new []</td><td>delete []</td></tr>
</table>

除了这些正式限制之外，还应在重载运算符时遵循一些明智的限制。例如，不要将*运算符重载成交换两个 Time 对象的数据成员。表示法中没有任何内容可以表明运算符完成的工作，因此最好定义一个其名称具有说明性的类方法，如 Swap()。

11.2.3　其他重载运算符

还有一些其他的操作对 Time 类来说是有意义的。例如，可能要将两个时间相减或将时间乘以一个因子，这需要重载减法和乘法运算符。这和重载加法运算符采用的技术相同，即创建 operator –()和 operator *()方法。也就是说，将下面的原型添加到类声明中：

```
Time operator-(const Time & t) const;
Time operator*(double n) const;
```

程序清单 11.7 是新的头文件。

程序清单 11.7　mytime2.h

```
// mytime2.h -- Time class after operator overloading
#ifndef MYTIME2_H_
#define MYTIME2_H_

class Time
{
private:
    int hours;
    int minutes;
public:
```

```
    Time();
    Time(int h, int m = 0);
    void AddMin(int m);
    void AddHr(int h);
    void Reset(int h = 0, int m = 0);
    Time operator+(const Time & t) const;
    Time operator-(const Time & t) const;
    Time operator*(double n) const;
    void Show() const;
};
#endif
```

然后将新增方法的定义添加到实现文件中，如程序清单 11.8 所示。

程序清单 11.8 mytime2.cpp

```
// mytime2.cpp -- implementing Time methods
#include <iostream>
#include "mytime2.h"

Time::Time()
{
    hours = minutes = 0;
}

Time::Time(int h, int m )
{
    hours = h;
    minutes = m;
}

void Time::AddMin(int m)
{
    minutes += m;
    hours += minutes / 60;
    minutes %= 60;
}
void Time::AddHr(int h)
{
    hours += h;
}

void Time::Reset(int h, int m)
{
    hours = h;
    minutes = m;
}

Time Time::operator+(const Time & t) const
{
    Time sum;
    sum.minutes = minutes + t.minutes;
    sum.hours = hours + t.hours + sum.minutes / 60;
    sum.minutes %= 60;
    return sum;
}

Time Time::operator-(const Time & t) const
{
    Time diff;
    int tot1, tot2;
    tot1 = t.minutes + 60 * t.hours;
    tot2 = minutes + 60 * hours;
    diff.minutes = (tot2 - tot1) % 60;
    diff.hours = (tot2 - tot1) / 60;
    return diff;
}

Time Time::operator*(double mult) const
{
    Time result;
    long totalminutes = hours * mult * 60 + minutes * mult;
    result.hours = totalminutes / 60;
    result.minutes = totalminutes % 60;
    return result;
}
```

```
void Time::Show() const
{
    std::cout << hours << " hours, " << minutes << " minutes";
}
```

完成上述修改后，就可以使用程序清单 11.9 中的代码来测试新定义了。

程序清单 11.9 usetime2.cpp

```
// usetime2.cpp -- using the third draft of the Time class
// compile usetime2.cpp and mytime2.cpp together
#include <iostream>
#include "mytime2.h"

int main()
{
    using std::cout;
    using std::endl;
    Time weeding(4, 35);
    Time waxing(2, 47);
    Time total;
    Time diff;
    Time adjusted;

    cout << "weeding time = ";
    weeding.Show();
    cout << endl;

    cout << "waxing time = ";
    waxing.Show();
    cout << endl;

    cout << "total work time = ";
    total = weeding + waxing; // use operator+()
    total.Show();
    cout << endl;

    diff = weeding - waxing; // use operator-()
    cout << "weeding time - waxing time = ";
    diff.Show();
    cout << endl;

    adjusted = total * 1.5; // use operator*()
    cout << "adjusted work time = ";
    adjusted.Show();
    cout << endl;

    return 0;
}
```

下面是程序清单 11.7～程序清单 11.9 组成的程序得到的输出：

```
weeding time = 4 hours, 35 minutes
waxing time = 2 hours, 47 minutes
total work time = 7 hours, 22 minutes
weeding time - waxing time = 1 hours, 48 minutes
adjusted work time = 11 hours, 3 minutes
```

11.3 友元

您知道，C++控制对类对象私有部分的访问。通常，公有类方法提供唯一的访问途径，但是有时候这种限制太严格，以致于不适合特定的编程问题。在这种情况下，C++提供了另外一种形式的访问权限：友元。友元有 3 种：

- 友元函数；
- 友元类；
- 友元成员函数。

通过让函数成为类的友元，可以赋予该函数与类的成员函数相同的访问权限。下面介绍友元函数，其他两种友元将在第 15 章介绍。

介绍如何成为友元前，先介绍为何需要友元。在为类重载二元运算符时（带两个参数的运算符）常常需要友元。将 Time 对象乘以实数就属于这种情况，下面来看看。

在前面的 Time 类示例中，重载的乘法运算符与其他两种重载运算符的差别在于，它使用了两种不同的类型。也就是说，加法和减法运算符都结合两个 Time 值，而乘法运算符将一个 Time 值与一个 double 值结合在一起。这限制了该运算符的使用方式。记住，左侧的操作数是调用对象。也就是说，下面的语句：

```
A = B * 2.75;
```

将被转换为下面的成员函数调用：

```
A = B.operator*(2.75);
```

但下面的语句又如何呢？

```
A = 2.75 * B; // cannot correspond to a member function
```

从概念上说，2.75 * B 应与 B *2.75 相同，但第一个表达式不对应于成员函数，因为 2.75 不是 Time 类型的对象。记住，左侧的操作数应是调用对象，但 2.75 不是对象。因此，编译器不能使用成员函数调用来替换该表达式。

解决这个难题的一种方式是，告知每个人（包括程序员自己），只能按 B * 2.75 这种格式编写，不能写成 2.75 * B。这是一种对服务器友好-客户警惕的（server-friendly, client-beware）解决方案，与 OOP 无关。

然而，还有另一种解决方式——非成员函数（记住，大多数运算符都可以通过成员或非成员函数来重载）。非成员函数不是由对象调用的，它使用的所有值（包括对象）都是显式参数。这样，编译器能够将下面的表达式：

```
A = 2.75 * B; // cannot correspond to a member function
```

与下面的非成员函数调用匹配：

```
A = operator*(2.75, B);
```

该函数的原型如下：

```
Time operator*(double m, const Time & t);
```

对于非成员重载运算符函数来说，运算符表达式左边的操作数对应于运算符函数的第一个参数，运算符表达式右边的操作数对应于运算符函数的第二个参数。而原来的成员函数则按相反的顺序处理操作数，也就是说，double 值乘以 Time 值。

使用非成员函数可以按所需的顺序获得操作数（先是 double，然后是 Time），但引发了一个新问题：非成员函数不能直接访问类的私有数据，至少常规非成员函数不能访问。然而，有一类特殊的非成员函数可以访问类的私有成员，它们被称为友元函数。

11.3.1 创建友元

创建友元函数的第一步是将其原型放在类声明中，并在原型声明前加上关键字 friend：

```
friend Time operator*(double m, const Time & t); // goes in class declaration
```

该原型意味着下面两点：

- 虽然 operator *()函数是在类声明中声明的，但它不是成员函数，因此不能使用成员运算符来调用；
- 虽然 operator *()函数不是成员函数，但它与成员函数的访问权限相同。

第二步是编写函数定义。因为它不是成员函数，所以不要使用 Time::限定符。另外，不要在定义中使用关键字 friend，定义应该如下：

```
Time operator*(double m, const Time & t) // friend not used in definition
{
    Time result;
    long totalminutes = t.hours * m * 60 +t. minutes * m;
    result.hours = totalminutes / 60;
    result.minutes = totalminutes % 60;
    return result;
}
```

有了上述声明和定义后，下面的语句：

```
A = 2.75 * B;
```

将转换为如下语句，从而调用刚才定义的非成员友元函数：

```
A = operator*(2.75, B);
```

总之，类的友元函数是非成员函数，其访问权限与成员函数相同。

友元是否有悖于 OOP

乍一看,您可能会认为友元违反了 OOP 数据隐藏的原则,因为友元机制允许非成员函数访问私有数据。然而，这个观点太片面了。相反，应将友元函数看作类的扩展接口的组成部分。例如，从概念上看，double 乘以 Time 和 Time 乘以 double 是完全相同的。也就是说，前一个要求有友元函数，后一个使用成员函数，这是 C++句法的结果，而不是概念上的差别。通过使用友元函数和类方法，可以用同一个用户接口表达这两种操作。另外请记住，只有类声明可以决定哪一个函数是友元，因此类声明仍然控制了哪些函数可以访问私有数据。总之，类方法和友元只是表达类接口的两种不同机制。

实际上，按下面的方式对定义进行修改（交换乘法操作数的顺序），可以将这个友元函数编写为非友元函数：

```
Time operator*(double m, const Time & t)
{
    return t * m;    // use t.operator*(m)
}
```

原来的版本显式地访问 t.minutes 和 t.hours，所以它必须是友元。这个版本将 Time 对象 t 作为一个整体使用，让成员函数来处理私有值，因此不必是友元。然而，将该版本作为友元也是一个好主意。最重要的是，它将该函数作为正式类接口的组成部分。其次，如果以后发现需要函数直接访问私有数据，则只要修改函数定义即可，而不必修改类原型。

提示：如果要为类重载运算符，并将非类的项作为其第一个操作数，则可以用友元函数来反转操作数的顺序。

11.3.2 常用的友元：重载<<运算符

一个很有用的类特性是，可以对<<运算符进行重载，使之能与 cout 一起来显示对象的内容。与前面介绍的示例相比，这种重载要复杂些，因此我们分两步（而不是一步）来完成。

假设 trip 是一个 Time 对象。为显示 Time 的值，前面使用的是 Show()。然而，如果可以像下面这样操作将更好：

```
cout << trip; // make cout recognize Time class?
```

之所以可以这样做，是因为<<是可被重载的 C++运算符之一。实际上，它已经被重载很多次了。最初，<<运算符是 C 和 C++的位运算符，将值中的位左移（参见附录 E）。ostream 类对该运算符进行了重载，将其转换为一个输出工具。前面讲过，cout 是一个 ostream 对象，它是智能的，能够识别所有的 C++基本类型。这是因为对于每种基本类型，ostream 类声明中都包含了相应的重载的 operator<<()定义。也就是说，一个定义使用 int 参数，一个定义使用 double 参数，等等。因此，要使 cout 能够识别 Time 对象，一种方法是将一个新的函数运算符定义添加到 ostream 类声明中。但修改 iostream 文件是个危险的主意，这样做会在标准接口上浪费时间。相反，通过 Time 类声明来让 Time 类知道如何使用 cout。

1. <<的第一种重载版本

要使 Time 类知道使用 cout，必须使用友元函数。这是什么原因呢？因为下面这样的语句使用两个对象，其中第一个是 ostream 类对象（cout）：

```
cout << trip;
```

如果使用一个 Time 成员函数来重载<<，Time 对象将是第一个操作数，就像使用成员函数重载*运算符那样。这意味着必须这样使用<<：

```
trip << cout; // if operator<<() were a Time member function
```

这样会令人迷惑。但通过使用友元函数，可以像下面这样重载运算符：

```
void operator<<(ostream & os, const Time & t)
{
    os << t.hours << " hours, " << t.minutes << " minutes";
}
```

这样可以使用下面的语句：

```
cout << trip;
```

按下面这样的格式打印数据：

```
4 hours, 23 minutes
```

友元还是非友元？

新的 Time 类声明使 operator<<()函数成为 Time 类的一个友元函数。但该函数不是 ostream 类的友元（尽管对 ostream 类并无害处）。operator<<()函数接受一个 ostream 参数和一个 Time 参数，因此表面看来它必须同时是这两个类的友元。然而，看看函数代码就会发现，尽管该函数访问了 Time 对象的各个成员，但从始至终都将 ostream 对象作为一个整体使用。因为 operator<<()直接访问 Time 对象的私有成员，所以它必须是 Time 类的友元。但由于它并不直接访问 ostream 对象的私有成员，所以并不一定必须是 ostream 类的友元。这很好，因为这就意味着不必修订 ostream 的定义。

注意，新的 operator<<()定义使用 ostream 引用 os 作为它的第一个参数。通常情况下，os 引用 cout 对象，如表达式 cout << trip 所示。但也可以将这个运算符用于其他 ostream 对象，在这种情况下，os 将引用相应的对象。

不知道其他 ostream 对象？

另一个 ostream 对象是 cerr，它将输出发送到标准错误流——默认为显示器，但在 UNIX、Linux 和 Windows 命令行环境中，可将标准错误流重定向到文件。另外，第 6 章介绍的 ofstream 对象可用于将输出写入到文件中。通过继承（参见第 13 章），ofstream 对象可以使用 ostream 的方法。这样，便可以用 operator<<()定义来将 Time 的数据写入到文件和屏幕上，为此只需传递一个经过适当初始化的 ofstream 对象（而不是 cout 对象）。

调用 cout << trip 应使用 cout 对象本身，而不是它的拷贝，因此该函数按引用（而不是按值）来传递该对象。这样，表达式 cout << trip 将导致 os 成为 cout 的一个别名；而表达式 cerr << trip 将导致 os 成为 cerr 的一个别名。Time 对象可以按值或按引用来传递，因为这两种形式都使函数能够使用对象的值。按引用传递使用的内存和时间都比按值传递少。

2. <<的第二种重载版本

前面介绍的实现存在一个问题。像下面这样的语句可以正常工作：

```
cout << trip;
```

但这种实现不允许像通常那样将重新定义的<<运算符与 cout 一起使用：

```
cout << "Trip time: " << trip << " (Tuesday)\n"; // can't do
```

要理解这样做不可行的原因以及必须如何做才能使其可行，首先需要了解关于 cout 操作的一点知识。请看下面的语句：

```
int x = 5;
int y = 8;
cout << x << y;
```

C++从左至右读取输出语句，意味着它等同于：

```
(cout << x) << y;
```

正如 iostream 中定义的那样，<<运算符要求左边是一个 ostream 对象。显然，因为 cout 是 ostream 对象，所以表达式 cout << x 满足这种要求。然而，因为表达式 cout << x 位于<< y 的左侧，所以输出语句也要求该表达式是一个 ostream 类型的对象。因此，ostream 类将 operator<<()函数实现返回为一个指向 ostream 对象的引用。具体地说，它返回一个指向调用对象（这里是 cout）的引用。因此，表达式(cout << x)本身就是 ostream 对象 cout，从而可以位于<<运算符的左侧。

可以对友元函数采用相同的方法。只要修改 operator<<()函数，让它返回 ostream 对象的引用即可：

```
ostream & operator<<(ostream & os, const Time & t)
{
    os << t.hours << " hours, " << t.minutes << " minutes";
    return os;
}
```

注意，返回类型是 ostream &。这意味着该函数返回 ostream 对象的引用。因为函数开始执行时，程序传递了一个对象引用给它，这样做的最终结果是，函数的返回值就是传递给它的对象。也就是说，下面的语句：

```
cout << trip;
```

将被转换为下面的调用：

```
operator<<(cout, trip);
```

而该调用返回 cout 对象。因此，下面的语句可以正常工作：

```
cout << "Trip time: " << trip << " (Tuesday)\n"; // can do
```

我们将这条语句分成多步，来看看它是如何工作的。首先，下面的代码调用 ostream 中的<<定义，它显示字符串并返回 cout 对象：

```
cout << "Trip time: "
```

因此表达式 cout << "Trip time:"将显示字符串，然后被它的返回值 cout 所替代。原来的语句被简化为下面的形式：

```
cout << trip << " (Tuesday)\n";
```

接下来，程序使用<<的 Time 声明显示 trip 值，并再次返回 cout 对象。这将语句简化为：

```
cout << " (Tuesday)\n";
```

现在，程序使用 ostream 中用于字符串的<<定义，来显示最后一个字符串，并结束运行。

有趣的是，这个 operator<<()版本还可用于将输出写入文件中：

```
#include <fstream>
...
ofstream fout;
fout.open("savetime.txt");
Time trip(12, 40);
fout << trip;
```

其中最后一条语句将被转换为这样：

```
operator<<(fout, trip);
```

另外，正如第 8 章指出的，类继承属性让 ostream 引用能够指向 ostream 对象和 ofstream 对象。

提示：一般来说，要重载<<运算符来显示 c_name 的对象，可使用一个友元函数，其定义如下：

```
ostream & operator<<(ostream & os, const c_name & obj)
{
    os << ... ; // display object contents
    return os;
}
```

程序清单 11.10 列出了修改后的类定义，其中包括 operator*()和 operator<<()这两个友元函数。它将第一个友元函数作为内联函数，因为其代码很短。（当定义同时也是原型时，就像这个例子中那样，要使用 friend 前缀。）

警告：只有在类声明中的原型中才能使用 friend 关键字。除非函数定义也是原型，否则不能在函数定义中使用该关键字。

程序清单 11.10 mytime3.h

```
// mytime3.h -- Time class with friends
#ifndef MYTIME3_H_
#define MYTIME3_H_
#include <iostream>

class Time
{
private:
    int hours;
    int minutes;
public:
    Time();
    Time(int h, int m = 0);
    void AddMin(int m);
    void AddHr(int h);
    void Reset(int h = 0, int m = 0);
    Time operator+(const Time & t) const;
    Time operator-(const Time & t) const;
    Time operator*(double n) const;
    friend Time operator*(double m, const Time & t)
        { return t * m; } // inline definition
    friend std::ostream & operator<<(std::ostream & os, const Time & t);
};

#endif
```

程序清单 11.11 列出了修改后的定义。方法使用了 Time::限定符，而友元函数不使用该限定符。另外，由于在 mytime3.h 中包含了 iostream 并提供了 using 声明 std::ostream，因此在 mytime3.cpp 中包含 mytime3.h 后，便提供了在实现文件中使用 ostream 的支持。

程序清单 11.11　mytime3.cpp

```
// mytime3.cpp -- implementing Time methods
#include "mytime3.h"

Time::Time()
{
    hours = minutes = 0;
}

Time::Time(int h, int m )
{
    hours = h;
    minutes = m;
}

void Time::AddMin(int m)
{
    minutes += m;
    hours += minutes / 60;
    minutes %= 60;
}

void Time::AddHr(int h)
{
    hours += h;
}

void Time::Reset(int h, int m)
{
    hours = h;
    minutes = m;
}

Time Time::operator+(const Time & t) const
{
    Time sum;
    sum.minutes = minutes + t.minutes;
    sum.hours = hours + t.hours + sum.minutes / 60;
    sum.minutes %= 60;
    return sum;
}

Time Time::operator-(const Time & t) const
{
    Time diff;
    int tot1, tot2;
    tot1 = t.minutes + 60 * t.hours;
    tot2 = minutes + 60 * hours;
    diff.minutes = (tot2 - tot1) % 60;
    diff.hours = (tot2 - tot1) / 60;
    return diff;
}

Time Time::operator*(double mult) const
{
    Time result;
    long totalminutes = hours * mult * 60 + minutes * mult;
    result.hours = totalminutes / 60;
    result.minutes = totalminutes % 60;
    return result;
}

std::ostream & operator<<(std::ostream & os, const Time & t)
{
    os << t.hours << " hours, " << t.minutes << " minutes";
    return os;
}
```

程序清单 11.12 是一个示例程序。从技术上说，在 usetime3.cpp 中不必包含头文件 iostream，因为在 mytime3.h 中已经包含了该文件。然而，作为 Time 类的用户，您并不知道在类代码文件中已经包含了哪些文件，因此您应负责将您编写的代码所需的头文件包含进来。

程序清单 11.12 usetime3.cpp

```
//usetime3.cpp -- using the fourth draft of the Time class
// compile usetime3.cpp and mytime3.h together
#include <iostream>
#include "mytime3.h"

int main()
{
    using std::cout;
    using std::endl;
    Time aida(3, 35);
    Time tosca(2, 48);
    Time temp;

    cout << "Aida and Tosca:\n";
    cout << aida<<"; " << tosca << endl;
    temp = aida + tosca; // operator+()
    cout << "Aida + Tosca: " << temp << endl;
    temp = aida* 1.17;    // member operator*()
    cout << "Aida * 1.17: " << temp << endl;
    cout << "10.0 * Tosca: " << 10.0 * tosca << endl;

    return 0;
}
```

下面是程序清单 11.10～程序清单 11.12 组成的程序的输出：

```
Aida and Tosca:
3 hours, 35 minutes; 2 hours, 48 minutes
Aida + Tosca: 6 hours, 23 minutes
Aida * 1.17: 4 hours, 11 minutes
10.0 * Tosca: 28 hours, 0 minutes
```

11.4 重载运算符：作为成员函数还是非成员函数

对于很多运算符来说，可以选择使用成员函数或非成员函数来实现运算符重载。一般来说，非成员函数应是友元函数，这样它才能直接访问类的私有数据。例如，Time 类的加法运算符在 Time 类声明中的原型如下：

```
Time operator+(const Time & t) const; // member version
```

这个类也可以使用下面的原型：

```
// nonmember version
friend Time operator+(const Time & t1, const Time & t2);
```

加法运算符需要两个操作数。对于成员函数版本来说，一个操作数通过 this 指针隐式地传递，另一个操作数作为函数参数显式地传递；对于友元版本来说，两个操作数都作为参数来传递。

注意： 非成员版本的重载运算符函数所需的形参数目与运算符使用的操作数数目相同；而成员版本所需的参数数目少一个，因为其中的一个操作数是被隐式地传递的调用对象。

这两个原型都与表达式 T2 + T3 匹配，其中 T2 和 T3 都是 Time 类型对象。也就是说，编译器将下面的语句：

```
T1 = T2 + T3;
```

转换为下面两个的任何一个：

```
T1 = T2.operator+(T3); // member function
T1 = operator+(T2, T3); // nonmember function
```

记住，在定义运算符时，必须选择其中的一种格式，而不能同时选择这两种格式。因为这两种格式都与同一个表达式匹配，同时定义这两种格式将被视为二义性错误，导致编译错误。

那么哪种格式最好呢？对于某些运算符来说（如前所述），成员函数是唯一合法的选择。在其他情况下，这两种格式没有太大的区别。有时，根据类设计，使用非成员函数版本可能更好（尤其是为类定义类型转换时）。本章后面的“转换和友元”一节将更深入地讨论这种情形。

11.5 再谈重载：一个矢量类

下面介绍另一种使用了运算符重载和友元的类设计——一个表示矢量的类。这个类还说明了类设计的其他方面，例如，在同一个对象中包含两种描述同一样东西的不同方式等。即使并不关心矢量，也可以在其他情况下使用这里介绍的很多新技术。矢量（vector），是工程和物理中使用的一个术语，它是一个有大小和方向的量。例如，推东西时，推的效果将取决于推力的大小和推的方向。从某个方向推可能会省力，而从相反的方向推则要费很大的劲。为完整地描述汽车的运动情况，应指出其运动速度（大小）和运动方向；如果逆行，则向高速公路的巡警辩解没有超速、超载是徒劳的（免疫学家和计算机专家使用术语矢量的方式不同，请不要考虑这一点，至少在第 16 章介绍计算机科学版本——vector 模板类之前应如此）。下面的旁注介绍了更多有关矢量的知识，但对于下面的 C++示例来说，并不必完全理解这些知识。

矢量

假设工蜂发现了一个非凡的花蜜储藏处，它匆忙返回蜂巢，告知其他蜜蜂，该花蜜储藏处离蜂巢 120 码。“这种信息是不完整的”，其他蜜蜂感到很茫然——“还必须告知方向!”，该工蜂答道：“太阳方向偏北 30 度”。知道了距离（大小）和方向，其他的蜜蜂能很快找到蜜源。蜜蜂懂得矢量。

许多数量都有大小和方向。例如，推的效果取决于力气的大小和方向。在计算机屏幕上移动对象时也涉及到距离和方向。可以使用矢量来描述这类问题。例如，可以用矢量来描述如何在屏幕上移动（放置）对象，即用箭头从起始位置画到终止位置，来对它作形象化处理。矢量的长度是其大小——描述了移动的距离；箭头的指向描述了方向（参见图 11.1）。表示这种位置变化的矢量称为位移矢量（displacement vector）。

现在，假设您是 Lhanappa——伟大的毛象猎手。猎狗报告毛象群位于西北 14.1 公里处。但由于当时刮的是东南风，您不想从东南方向接近毛象群，因此先向西走了 10 公里，再向北走了 10 公里，最终从南面接近毛象群。您知道这两个位移矢量与指向西北的 14.1 公里的矢量的方向相同。伟大的毛象猎手 Lhanappa 也知道如何将两个矢量相加。

将两个矢量相加有一种简单的几何解释。首先，画一个矢量，然后从第一个矢量的尾部开始画第二个矢量。最后从第一个矢量的开始处向第二个矢量的结尾处画一个矢量。第三个矢量表示前两个矢量的和（参见图 11.2）。注意，两个矢量之和的长度可能小于它们的长度之和。

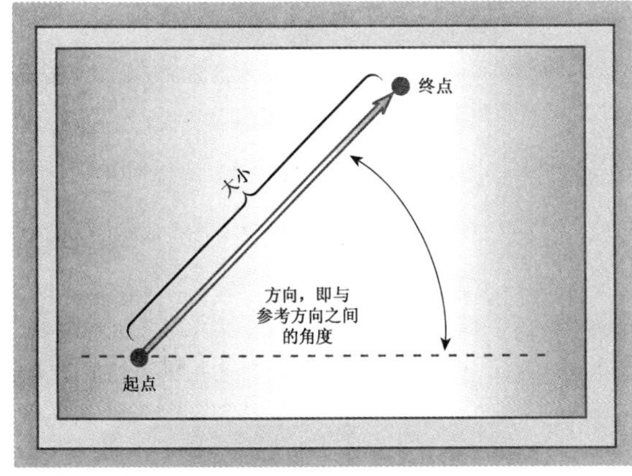

图 11.1 使用矢量描述位移

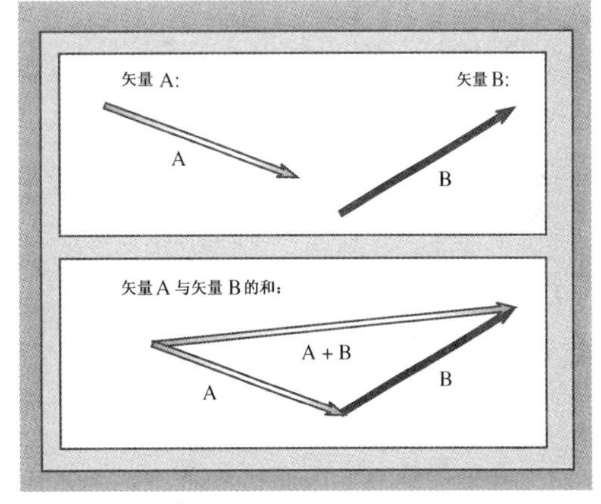

图 11.2 将两个矢量相加

显然，应为矢量重载运算符。首先，无法用一个数来表示矢量，因此应创建一个类来表示矢量。其次，矢量与普通数学运算（如加法、减法）有相似之处。这种相似表明，应重载运算符，使之能用于矢量。

出于简化的目的，本节将实现一个二维矢量（如屏幕位移），而不是三维矢量（如表示直升机或体操运动员的运动情况）。描述二维矢量只需两个数，但可以选择到底使用哪两个数：

- 可以用大小（长度）和方向（角度）描述矢量；
- 可以用分量 x 和 y 表示矢量。

两个分量分别是水平矢量（x 分量）和垂直矢量（y 分量），将其相加可以得到最终的矢量。例如，可以这样描述点的运动：向右移动 30 个单位，再向上移动 40 个单位（参见图 11.3）。这将把该点沿与水平方向呈 53.1 度的方向移动 50 个单位，因此，水平分量为 30 个单位、垂直分量为 40 个单位的矢量，与长度为 50 个单位、方向为 53.1 度的矢量相同。位移矢量指的是从何处开始、到何处结束，而不是经过的路线。这种表示基本上和第 7 章在直角坐标与极坐标之间转换的程序中介绍的相同。

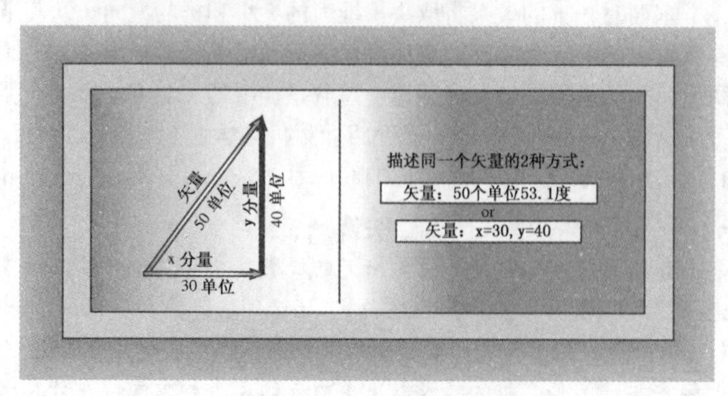

图 11.3　矢量的 x 和 y 分量

有时一种表示形式更方便，而有时另一种更方便，因此类描述中将包含这两种表示形式（参见本章后面的旁注“多种表示方式和类”）。另外，设计这个类时，将使得用户修改了矢量的一种表示后，对象将自动更新另一种表示。使对象有这种智能，是 C++类的另一个优点。程序清单 11.13 列出了这个类的声明。为复习名称空间，该清单将类声明放在 VECTOR 名称空间中。另外，该程序使用枚举创建了两个常量（RECT 和 POL），用于标识两种表示法（枚举在第 10 章介绍过，因此这里直接使用它）。

程序清单 11.13　vect.h

```
// vect.h -- Vector class with <<, mode state
#ifndef VECTOR_H_
#define VECTOR_H_
#include <iostream>
namespace VECTOR
{
    class Vector
    {
    public:
        enum Mode {RECT, POL};
    // RECT for rectangular, POL for Polar modes
    private:
        double x;       // horizontal value
        double y;       // vertical value
        double mag;     // length of vector
        double ang;     // direction of vector in degrees
        Mode mode;      // RECT or POL
    // private methods for setting values
        void set_mag();
        void set_ang();
        void set_x();
        void set_y();
    public:
        Vector();
         Vector(double n1, double n2, Mode form = RECT);
         void reset(double n1, double n2, Mode form = RECT);
         ~Vector();
         double xval() const {return x;}       // report x value
         double yval() const {return y;}       // report y value
         double magval() const {return mag;} // report magnitude
         double angval() const {return ang;} // report angle
         void polar_mode();                    // set mode to POL
         void rect_mode();                     // set mode to RECT
    // operator overloading
        Vector operator+(const Vector & b) const;
        Vector operator-(const Vector & b) const;
        Vector operator-() const;
        Vector operator*(double n) const;
    // friends
        friend Vector operator*(double n, const Vector & a);
        friend std::ostream &
               operator<<(std::ostream & os, const Vector & v);
    };
```

```
} // end namespace VECTOR
#endif
```

注意，程序清单 11.13 中 4 个报告分量值的函数是在类声明中定义的，因此将自动成为内联函数。这些函数非常短，因此适于声明为内联函数。因为它们都不会修改对象数据，所以声明时使用了 const 限定符。第 10 章介绍过，这种句法用于声明那些不会对其隐式访问的对象进行修改的函数。

程序清单 11.14 列出了程序清单 11.13 中声明的方法和友元函数的定义，该清单利用了名称空间的开放性，将方法定义添加到 VECTOR 名称空间中。请注意，构造函数和 reset()函数都设置了矢量的直角坐标和极坐标表示，因此需要这些值时，可直接使用而无需进行计算。另外，正如第 4 章和第 7 章指出的，C++的内置数学函数在使用角度时以弧度为单位，所以函数在度和弧度之间进行转换。该 Vector 类实现对用户隐藏了极坐标和直角坐标之间的转换以及弧度和度之间的转换等内容。用户只需知道：类在使用角度时以度为单位，可以使用两种等价的形式来表示矢量。

程序清单 11.14　vect.cpp

```
// vect.cpp -- methods for the Vector class
#include <cmath>
#include "vect.h" // includes <iostream>
using std::sqrt;
using std::sin;
using std::cos;
using std::atan;
using std::atan2;
using std::cout;

namespace VECTOR
{
    // compute degrees in one radian
    const double Rad_to_deg = 45.0 / atan(1.0);
    // should be about 57.2957795130823

    // private methods
    // calculates magnitude from x and y
    void Vector::set_mag()
    {
        mag = sqrt(x * x + y * y);
    }

    void Vector::set_ang()
    {
        if (x == 0.0 && y == 0.0)
            ang = 0.0;
        else
            ang = atan2(y, x);
    }

    // set x from polar coordinate
    void Vector::set_x()
    {
        x = mag * cos(ang);
    }

    // set y from polar coordinate
    void Vector::set_y()
    {

        y = mag * sin(ang);
    }
// public methods
Vector::Vector() // default constructor
{
    x = y = mag = ang = 0.0;
    mode = RECT;
}

// construct vector from rectangular coordinates if form is r
// (the default) or else from polar coordinates if form is p
Vector::Vector(double n1, double n2, Mode form)
{
    mode = form;
```

```
    if (form == RECT)
     {
         x = n1;
         y = n2;
         set_mag();
         set_ang();
    }
    else if (form == POL)
    {
         mag = n1;
         ang = n2 / Rad_to_deg;
         set_x();
         set_y();
    }
    else
    {
         cout << "Incorrect 3rd argument to Vector() -- ";
         cout << "vector set to 0\n";
         x = y = mag = ang = 0.0;
         mode = RECT;
    }
}

// reset vector from rectangular coordinates if form is
// RECT (the default) or else from polar coordinates if
// form is POL
void Vector:: reset(double n1, double n2, Mode form)
{
    mode = form;
    if (form == RECT)
     {
         x = n1;
         y = n2;
         set_mag();
         set_ang();
    }
    else if (form == POL)
    {
         mag = n1;
         ang = n2 / Rad_to_deg;
         set_x();
         set_y();
    }
    else
    {
         cout << "Incorrect 3rd argument to Vector() -- ";
         cout << "vector set to 0\n";
         x = y = mag = ang = 0.0;
         mode = RECT;
    }
}

Vector::~Vector() // destructor
{
}

void Vector::polar_mode() // set to polar mode
{
    mode = POL;
}

void Vector::rect_mode() // set to rectangular mode
{
    mode = RECT;
}

// operator overloading
// add two Vectors
Vector Vector::operator+(const Vector & b) const
{
    return Vector(x + b.x, y + b.y);
}

// subtract Vector b from a
Vector Vector::operator-(const Vector & b) const
{
    return Vector(x - b.x, y - b.y);
```

```
}

// reverse sign of Vector
    Vector Vector::operator-() const
    {
        return Vector(-x, -y);
    }

    // multiply vector by n
    Vector Vector::operator*(double n) const
    {
        return Vector(n * x, n * y);
    }

    // friend methods
    // multiply n by Vector a
    Vector operator*(double n, const Vector & a)
    {
        return a * n;
    }

    // display rectangular coordinates if mode is RECT,
    // else display polar coordinates if mode is POL
    std::ostream & operator<<(std::ostream & os, const Vector & v)
    {
        if (v.mode == Vector::RECT)
            os << "(x,y) = (" << v.x << ", " << v.y << ")";
        else if (v.mode == Vector::POL)
        {
            os << "(m,a) = (" << v.mag << ", "
                << v.ang * Rad_to_deg << ")";
        }
        else
            os << "Vector object mode is invalid";
        return os;
    }
} // end namespace VECTOR
```

也可以以另一种方式来设计这个类。例如，在对象中存储直角坐标而不是极坐标，并使用方法 magval() 和 angval()来计算极坐标。对于很好进行坐标转换的应用来说，这将是一种效率更高的设计。另外，方法 reset()并非必不可少的。假设 shove 是一个 Vector 对象，而您编写了如下代码：

```
shove.reset(100,300);
```

可以使用构造函数来得到相同的结果：

```
shove = Vector(100,300); // create and assign a temporary object
```

然而，方法 reset()直接修改 shove 的内容，而使用构造函数将增加额外的步骤：创建一个临时对象，然后将其赋给 shove。

这些设计决策遵守了 OOP 传统，即将类接口的重点放在其本质上（抽象模型），而隐藏细节。这样，当用户使用 Vector 类时，只需考虑矢量的通用特性，例如，矢量可以表示位移，可以将两个矢量相加等。使用分量还是大小和方向来表示矢量已无关紧要，因为程序员可以设置矢量的值，并选择最方便的格式来显示它们。

下面更详细地介绍 Vector 类的一些特性。

11.5.1 使用状态成员

Vector 类储存了矢量的直角坐标和极坐标。它使用名为 mode 的成员来控制使用构造函数、reset()方法和重载的 operator<<()函数使用哪种形式，其中枚举 RECT 表示直角坐标模式（默认值）、POL 表示极坐标模式。这样的成员被称为状态成员（state member），因为这种成员描述的是对象所处的状态。要知道具体含义，请看构造函数的代码：

```
Vector::Vector(double n1, double n2, Mode form)
{
    mode = form;
    if (form == RECT)
    {
        x = n1;
        y = n2;
        set_mag();
        set_ang();
```

```
    }
    else if (form == POL)
    {
        mag = n1;
        ang = n2 / Rad_to_deg;
        set_x();
        set_y();
    }
    else
    {
        cout << "Incorrect 3rd argument to Vector() -- ";
        cout << "vector set to 0\n";
        x = y = mag = ang = 0.0;
        mode = RECT;
    }
}
```

如果第三个参数是 RECT 或省略了（原型将默认值设置为 RECT），则将输入解释为直角坐标；如果为 POL，则将输入解释为极坐标：

```
Vector folly(3.0, 4.0); // set x = 3, y = 4
Vector foolery(20.0, 30.0, VECTOR::Vector::POL); // set mag = 20, ang = 30
```

标识符 POL 的作用域为类，因此类定义可使用未限定的名称。但全限定名为 VECTOR::Vector::POL，因为 POL 是在 Vector 类中定义的，而 Vector 是在名称空间 VECTOR 中定义的。注意，如果用户提供的是 x 值和 y 值，则构造函数将使用私有方法 set_mag()和 set_ang()来设置距离和角度值；如果提供的是距离和角度值，则构造函数将使用 set_x()和 set_y()方法来设置 x 值和 y 值。另外，如果用户指定的不是 RECT 或 POL，则构造函数将显示一条警告消息，并将状态设置为 RECT。

看起来好像难以将 RECT 和 POL 外的其他值传递给构造函数，因为第三个参数的类型为 VECTOR::Vector::Mode。像下面这样的调用无法通过编译，因为诸如 2 等整数不能隐式地转换为枚举类型：

```
Vector rector(20.0, 30.0, 2); // type mismatch - 2 not an enum type
```

然而，机智而好奇的用户可尝试下面这样的代码，看看结果如何：

```
Vector rector(20.0, 30.0, VECTOR::Vector::Mode (1)); // type cast
```

就这里而言，编译器将发出警告。

接下来，operator<<()函数也使用模式来确定如何显示值：

```
// display rectangular coordinates if mode is RECT,
// else display polar coordinates if mode is POL
std::ostream & operator<<(std::ostream & os, const Vector & v)
{
    if (v.mode == Vector::RECT)
         os << "(x,y) = (" << v.x << ", " << v.y << ")";
    else if (v.mode == Vector::POL)
    {
         os << "(m,a) = (" << v.mag << ", "
             << v.ang * Rad_to_deg << ")";
    }
    else
         os << "Vector object mode is invalid";
    return os;
}
```

由于 operator<<()是一个友元函数，而不在类作用域内，因此必须使用 Vector::RECT，而不能使用 RECT。但这个友元函数在名称空间 VECTOR 中，因此无需使用全限定名 VECTOR:: Vector::RECT。

设置模式的各种方法只接受 RECT 和 POL 为合法值，因此该函数中的 else 永远不会执行。但进行检查还是一个不错的主意，它有助于捕获难以发现的编程错误。

多种表示方式和类

可以用不同但等价的方式表示的量很常见。例如，可以按每加仑汽油消耗汽车能行驶的英里数来计算油耗（美国），也可以按每 100 公里消耗多少公升汽油来计算（欧洲）。可以用字符串表示数字，也可以用数值方式表示，可以使用 IQ 或 kiloturkey 的方法表示智商。类非常适于在一个对象中表示实体的不同方面。首先在一个对象中存储多种表示方式；然后，编写这样的类函数，以便给一种表示方式赋值时，将自动给其他表示方式赋值。例如，可在 Vector 类中编写 set_by_polar()方法，将 mag 和 ang 成员设置为函数参数的值，并同时设置成员 x 和 y。也可存储一种表示方式，并使用方法来提供其他表示方式。通过在内部处理转换，类允许从本质（而不是表示方式）上来看待一个量。

11.5.2 为 Vector 类重载算术运算符

在使用 x、y 坐标时，将两个矢量相加将非常简单，只要将两个 x 分量相加，得到最终的 x 分量，将两个 y 分量相加，得到最终的 y 分量即可。根据这种描述，可能使用下面的代码：

```
Vector Vector::operator+(const Vector & b) const
{
    Vector sum;
    sum.x = x + b.x;
    sum.y = y + b.y;
    return sum; // incomplete version
}
```

如果对象只存储 x 和 y 分量，则这很好。遗憾的是，上述代码无法设置极坐标值。可以通过添加另外一些代码来解决这种问题：

```
Vector Vector::operator+(const Vector & b) const
{
    Vector sum;
    sum.x = x + b.x;
    sum.y = y + b.y;
    sum.set_ang(sum.x, sum.y);
    sum.set_mag(sum.x, sum.y);
    return sum; // version duplicates needlessly
}
```

然而，使用构造函数来完成这种工作，将更简单、更可靠：

```
Vector Vector::operator+(const Vector & b) const
{
    return Vector(x + b.x, y + b.y); // return the constructed Vector
}
```

上述代码将新的 x 分量和 y 分量传递给 Vector 构造函数，而后者将使用这些值来创建无名的新对象，并返回该对象的副本。这确保了新的 Vector 对象是根据构造函数制定的标准规则创建的。

提示：如果方法通过计算得到一个新的类对象，则应考虑是否可以使用类构造函数来完成这种工作。这样做不仅可以避免麻烦，而且可以确保新的对象是按照正确的方式创建的。

1. 乘法

将矢量与一个数相乘，将使该矢量加长或缩短（取决于这个数）。因此，将矢量乘以 3 得到的矢量的长度为原来的三倍，而方向不变。要在 Vector 类中实现矢量的这种行为很容易。对于极坐标，只要将长度进行伸缩，并保持角度不变即可；对于直角坐标，只需将 x 和 y 分量进行伸缩即可。也就是说，如果矢量的分量为 5 和 12，则将其乘以 3 后，分量将分别是 15 和 36。这正是重载的乘法运算符要完成的工作：

```
Vector Vector::operator*(double n) const
{
    return Vector(n * x, n * y);
}
```

和重载加法一样，上述代码允许构造函数使用新的 x 和 y 分量来创建正确的 Vector 对象。上述函数用于处理 Vector 值和 double 值相乘。可以像 Time 示例那样，使用一个内联友元函数来处理 double 与 Vector 相乘：

```
Vector operator*(double n, const Vector & a) // friend function
{
    return a * n; // convert double times Vector to Vector times double
}
```

2. 对已重载的运算符进行重载

在 C++中，-运算符已经有两种含义。首先，使用两个操作数，它是减法运算符。减法运算符是一个二元运算符，因为它有两个操作数。其次，使用一个操作数时（如-x），它是负号运算符。这种形式被称为一元运算符，即只有一个操作数。对于矢量来说，这两种操作（减法和符号反转）都是有意义的，因此 Vector 类有这两种操作。

要从矢量 A 中减去矢量 B，只要将分量相减即可，因此重载减法与重载加法相似：

```
Vector operator-(const Vector & b) const;          // prototype
Vector Vector::operator-(const Vector & b) const // definition
{
    return Vector(x - b.x, y - b.y);               // return the constructed Vector
}
```

操作数的顺序非常重要。下面的语句：

```
diff = v1 - v2;
```

将被转换为下面的成员函数调用：

```
diff = v1.operator-(v2);
```

这意味着将从隐式矢量参数减去以显式参数传递的矢量，所以应使用 x – b.x，而不是 b.x – x。

接下来，来看一元负号运算符，它只使用一个操作数。将这个运算符用于数字（如–x）时，将改变它的符号。因此，将这个运算符用于矢量时，将反转矢量的每个分量的符号。更准确地说，函数应返回一个与原来的矢量相反的矢量（对于极坐标，长度不变，但方向相反）。下面是重载负号的原型和定义：

```
Vector operator-() const;
Vector Vector::operator-() const
{
    return Vector (-x, -y);
}
```

现在，operator-()有两种不同的定义。这是可行的，因为它们的特征标不同。可以定义–运算符的一元和二元版本，因为 C++提供了该运算符的一元和二元版本。对于只有二元形式的运算符（如除法运算符），只能将其重载为二元运算符。

注意： 因为运算符重载是通过函数来实现的，所以只要运算符函数的特征标不同，使用的运算符数量与相应的内置 C++运算符相同，就可以多次重载同一个运算符。

11.5.3　对实现的说明

前几节介绍的实现在 Vector 对象中存储了矢量的直角坐标和极坐标，但公有接口并不依赖于这一事实。所有接口都只要求能够显示这两种表示，并可以返回各个值。内部实现方式可以完全不同。正如前面指出的，对象可以只存储 x 和 y 分量，而返回矢量长度的 magval()方法可以根据 x 和 y 的值来计算出长度，而不是查找对象中存储的这个值。这种方法改变了实现，但用户接口不变。将接口与实现分离是 OOP 的目标之一，这样允许对实现进行调整，而无需修改使用这个类的程序中的代码。

这两种实现各有利弊。存储数据意味着对象将占据更多的内存，每次 Vector 对象被修改时，都需要更新直角坐标和极坐标表示；但查找数据的速度比较快。如果应用程序经常需要访问矢量的这两种表示，则这个例子采用的实现比较合适；如果只是偶尔需要使用极坐标，则另一种实现更好。可以在一个程序中使用一种实现，而在另一个程序中使用另一种实现，但它们的用户接口相同。

11.5.4　使用 Vector 类来模拟随机漫步

程序清单 11.15 是一个小程序，它使用了修订后的 Vector 类。该程序模拟了著名的醉鬼走路问题（Drunkard Walk problem）。实际上，醉鬼被认为是一个有许多健康问题的人，而不是大家娱乐消遣的谈资，因此这个问题通常被称为随机漫步问题。其意思是，将一个人领到街灯柱下。这个人开始走动，但每一步的方向都是随机的（与前一步不同）。这个问题的一种表述是，这个人走到离灯柱 50 英尺处需要多少步。从矢量的角度看，这相当于不断将方向随机的矢量相加，直到长度超过 50 英尺。

程序清单 11.15 允许用户选择行走距离和步长。该程序用一个变量来表示位置（一个矢量），并报告到达指定距离处（用两种格式表示）所需的步数。可以看到，行走者前进得相当慢。虽然走了 1000 步，每步的距离为 2 英尺，但离起点可能只有 50 英尺。这个程序将行走者所走的净距离（这里为 50 英尺）除以步数，来指出这种行走方式的低效性。随机改变方向使得该平均值远远小于步长。为了随机选择方向，该程序使用了标准库函数 rand()、srand()和 time()（参见程序说明）。请务必将程序清单 11.14 和程序清单 11.15 一起进行编译。

程序清单 11.15　randwalk.cpp

```
// randwalk.cpp -- using the Vector class
// compile with the vect.cpp file
#include <iostream>
#include <cstdlib>      // rand(), srand() prototypes
#include <ctime>        // time() prototype
#include "vect.h"
int main()
{
    using namespace std;
    using VECTOR::Vector;
```

```
    srand(time(0));  // seed random-number generator
    double direction;
    Vector step;
    Vector result(0.0, 0.0);
    unsigned long steps = 0;
    double target;
    double dstep;
    cout << "Enter target distance (q to quit): ";
    while (cin >> target)
    {
        cout << "Enter step length: ";
        if (!(cin >> dstep))
            break;

        while (result.magval() < target)
        {
            direction = rand() % 360;
            step.reset(dstep, direction, Vector::POL);
            result = result + step;
            steps++;
        }
        cout << "After " << steps << " steps, the subject "
            "has the following location:\n";
        cout << result << endl;
        result.polar_mode();
        cout << " or\n" << result << endl;
        cout << "Average outward distance per step = "
            << result.magval()/steps << endl;
        steps = 0;
        result.reset(0.0, 0.0);
        cout << "Enter target distance (q to quit): ";
    }
    cout << "Bye!\n";
    cin.clear();
    while (cin.get() != '\n')
        continue;
    return 0;
}
```

该程序使用 using 声明导入了 Vector，因此该程序可使用 Vector::POL，而不必使用 VECTOR::Vector::POL。

下面是程序清单 11.13～程序清单 11.15 组成的程序的运行情况：

```
Enter target distance (q to quit): 50
Enter step length: 2
After 253 steps, the subject has the following location:
(x,y) = (46.1512, 20.4902)
or
(m,a) = (50.495, 23.9402)
Average outward distance per step = 0.199587
Enter target distance (q to quit): 50
Enter step length: 2
After 951 steps, the subject has the following location:
(x,y) = (-21.9577, 45.3019)
or
(m,a) = (50.3429, 115.8593)
Average outward distance per step = 0.0529362
Enter target distance (q to quit): 50
Enter step length: 1
After 1716 steps, the subject has the following location:
(x,y) = (40.0164, 31.1244)
or
(m,a) = (50.6956, 37.8755)
Average outward distance per step = 0.0295429
Enter target distance (q to quit): q
Bye!
```

这种处理的随机性使得每次运行结果都不同，即使初始条件相同。然而，平均而言，步长减半，步数将为原来的 4 倍。概率理论表明，平均而言，步数（N）、步长（s），净距离 D 之间的关系如下：

$$N = (D/s)^2$$

这只是平均情况，但每次试验结果可能相差很大。例如，进行 1000 次试验（走 50 英尺，步长为 2 英尺）时，平均步数为 636（与理论值 625 非常接近），但实际步数位于 91～3951。同样，进行 1000 次试验（走 50 英尺，步长为 1 英尺）时，平均步数为 2557（与理论值 2500 非常接近），但实际步数位于 345～10882。

因此，如果发现自己在随机漫步时，请保持自信，迈大步走。虽然在蜿蜒前进的过程中仍旧无法控制前进的方向，但至少会走得远一点。

程序说明

首先需要指出的是，在程序清单 11.15 中使用 VECTOR 名称空间非常方便。下面的 using 声明使 Vector 类的名称可用：

```
using VECTOR::Vector;
```

因为所有的 Vector 类方法的作用域都为整个类，所以导入类名后，无需提供其他 using 声明，就可以使用 Vector 的方法。

接下来谈谈随机数。标准 ANSI C 库（C++也有）中有一个 rand()函数，它返回一个从 0 到某个值（取决于实现）之间的随机整数。该程序使用求模操作数来获得一个 0～359 的角度值。rand()函数将一种算法用于一个初始种子值来获得随机数，该随机值将用作下一次函数调用的种子）依此类推。这些数实际上是伪随机数，因为 10 次连续的调用通常将生成 10 个同样的随机数（具体值取决于实现）。然而，srand()函数允许覆盖默认的种子值，重新启动另一个随机数序列。该程序使用 time（0）的返回值来设置种子。time（0）函数返回当前时间，通常为从某一个日期开始的秒数（更广义地，time()接受 time_t 变量的地址，将时间放到该变量中，并返回它。将 0 用作地址参数，可以省略 time_t 变量声明）。因此，下面的语句在每次运行程序时，都将设置不同的种子，使随机输出看上去更为随机：

```
srand(time(0));
```

头文件 cstdlib（以前为 stdlib.h）包含了 srand()和 rand()的原型，而 ctime（以前是 time.h）包含了 time()的原型。C++11 使用头文件 radom 中的函数提供了更强大的随机数支持。

该程序使用 result 矢量记录行走者的前进情况。内循环每轮将 step 矢量设置为新的方向，并将它与当前的 result 矢量相加。当 result 的长度超过指定的距离后，该循环结束。

程序通过设置矢量的模式，用直角坐标和极坐标显示最终的位置。

下面这条语句将 result 设置为 RECT 模式，而不管 result 和 step 的初始模式是什么：

```
result = result + step;
```

这样做的原因如下。首先，加法运算符函数创建并返回一个新矢量，该矢量存储了这两个参数的和。该函数使用默认构造函数以 RECT 模式创建矢量。因此，被赋给 result 的矢量的模式为 RECT。默认情况下，赋值时将分别给每个成员变量赋值，因此将 RECT 赋给了 result.mode。如果偏爱其他方式，例如，result 保留原来的模式，可以通过为类定义赋值运算符来覆盖默认的赋值方式。第 12 章将介绍这样的示例。

顺便说一句，在将一系列位置存储到文件中很容易。首先包含头文件 fstream，声明一个 ofstream 对象，将其同一个文件关联起来：

```
#include <fstream>
...
ofstream fout;
fout.open("thewalk.txt");
```

然后，在计算结果的循环中加入类似于下面的代码：

```
fout << result << endl;
```

这将调用友元函数 operator<<(fout, result)，导致引用参数 os 指向 fout，从而将输出写入到文件中。您还可以使用 fout 将其他信息写入到文件中，如当前由 cout 显示的总结信息。

11.6 类的自动转换和强制类型转换

下面介绍类的另一个主题——类型转换。本节讨论 C++如何处理用户定义类型的转换。在讨论这个问题之前，我们先来复习一下 C++是如何处理内置类型转换的。将一个标准类型变量的值赋给另一种标准类型的变量时，如果这两种类型兼容，则 C++自动将这个值转换为接收变量的类型。例如，下面的语句都将导致数值类型转换：

```
long count = 8;   // int value 8 converted to type long
double time = 11; // int value 11 converted to type double
int side = 3.33;  // double value 3.33 converted to type int 3
```

上述赋值语句都是可行的，因为在 C++看来，各种数值类型都表示相同的东西——一个数字，同时 C++包含用于进行转换的内置规则。然而，第 3 章介绍过，这些转换将降低精度。例如，将 3.33 赋给 int

变量时，转换后的值为 3，丢失了 0.33。

C++语言不自动转换不兼容的类型。例如，下面的语句是非法的，因为左边是指针类型，而右边是数字：

```
int * p = 10; // type clash
```

虽然计算机内部可能使用整数来表示地址，但从概念上说，整数和指针完全不同。例如，不能计算指针的平方。然而，在无法自动转换时，可以使用强制类型转换：

```
int * p = (int *) 10; // ok, p and (int *) 10 both pointers
```

上述语句将 10 强制转换为 int 指针类型（即 int *类型），将指针设置为地址 10。这种赋值是否有意义是另一回事。

可以将类定义成与基本类型或另一个类相关，使得从一种类型转换为另一种类型是有意义的。在这种情况下，程序员可以指示 C++如何自动进行转换，或通过强制类型转换来完成。为了说明这是如何进行的，我们将第 3 章中的磅转换为英石的程序改写成类的形式。首先，设计一种合适的类型。我们基本上是以两种方式（磅和英石）来表示重量的。对于在一个实体中包含一个概念的两种表示来说，类提供了一种非常好的方式。因此可以将重量的两种表示放在同一个类中，然后提供以这两种方式表达重量的类方法。程序清单 11.16 提供了这个类的头文件。

程序清单 11.16 stonewt.h

```
// stonewt.h -- definition for the Stonewt class
#ifndef STONEWT_H_
#define STONEWT_H_
class Stonewt
{
private:
    enum {Lbs_per_stn = 14};      // pounds per stone
    int stone;                    // whole stones
    double pds_left;              // fractional pounds
    double pounds;                // entire weight in pounds
public:
    Stonewt(double lbs);          // constructor for double pounds
    Stonewt(int stn, double lbs); // constructor for stone, lbs
    Stonewt();                    // default constructor
    ~Stonewt();
    void show_lbs() const;        // show weight in pounds format
    void show_stn() const;        // show weight in stone format
};
#endif
```

正如第 10 章指出的，对于定义类特定的常量来说，如果它们是整数，enum 提供了一种方便的途径。也可以采用下面这种方法：

```
static const int Lbs_per_stn = 14;
```

Stonewt 类有 3 个构造函数，让您能够将 Stonewt 对象初始化为一个浮点数（单位为磅）或整数搭配浮点数（分别代表英石和磅）的形式。也可以创建 Stonewt 对象，而不进行初始化：

```
Stonewt blossem(132.5);    // weight = 132.5 pounds
Stonewt buttercup(10, 2);  // weight = 10 stone, 2 pounds
Stonewt bubbles;           // weight = default value
```

这个类并非真的需要声明析构函数，因为自动生成的默认构造函数就很好。另外，提供显式的声明可为以后做好准备，以防必须定义构造函数。

另外，Stonewt 类还提供了两个显示函数。一个以磅为单位来显示重量，另一个以英石和磅为单位来显示重量。程序清单 11.17 列出了类方法的实现。每个构造函数都给这三个私有成员全部赋了值。因此创建 Stonewt 对象时，将自动设置这两种重量表示。

程序清单 11.17 stonewt.cpp

```
// stonewt.cpp -- Stonewt methods
#include <iostream>
using std::cout;
#include "stonewt.h"

// construct Stonewt object from double value
Stonewt::Stonewt(double lbs)
{
```

```
    stone = int (lbs) / Lbs_per_stn; // integer division
    pds_left = int (lbs) % Lbs_per_stn + lbs - int(lbs);
    pounds = lbs;
}

// construct Stonewt object from stone, double values
Stonewt::Stonewt(int stn, double lbs)
{
    stone = stn;
    pds_left = lbs;
    pounds = stn * Lbs_per_stn +lbs;
}

Stonewt::Stonewt() // default constructor, wt = 0
{
    stone = pounds = pds_left = 0;
}

Stonewt::~Stonewt() // destructor
{
}
// show weight in stones
void Stonewt::show_stn() const
{
    cout << stone << " stone, " << pds_left << " pounds\n";
}

// show weight in pounds
void Stonewt::show_lbs() const
{
    cout << pounds << " pounds\n";
}
```

因为 Stonewt 对象表示一个重量，所以可以提供一些将整数或浮点值转换为 Stonewt 对象的方法。我们已经这样做了！在 C++中，接受一个参数的构造函数为将类型与该参数相同的值转换为类提供了蓝图。因此，下面的构造函数用于将 double 类型的值转换为 Stonewt 类型：

```
Stonewt(double lbs); // template for double-to-Stonewt conversion
```

也就是说，可以编写这样的代码：

```
Stonewt myCat; // create a Stonewt object
myCat = 19.6;    // use Stonewt(double) to convert 19.6 to Stonewt
```

程序将使用构造函数 Stonewt(double)来创建一个临时的 Stonewt 对象，并将 19.6 作为初始化值。随后，采用逐成员赋值方式将该临时对象的内容复制到 myCat 中。这一过程称为隐式转换，因为它是自动进行的，而不需要显式强制类型转换。

只有接受一个参数的构造函数才能作为转换函数。下面的构造函数有两个参数，因此不能用来转换类型：

```
Stonewt(int stn, double lbs); // not a conversion function
```

然而，如果给第二个参数提供默认值，它便可用于转换 int：

```
Stonewt(int stn, double lbs = 0); // int-to-Stonewt conversion
```

将构造函数用作自动类型转换函数似乎是一项不错的特性。然而，当程序员拥有更丰富的 C++经验时，将发现这种自动特性并非总是合乎需要的，因为这会导致意外的类型转换。因此，C++新增了关键字 explicit，用于关闭这种自动特性。也就是说，可以这样声明构造函数：

```
explicit Stonewt(double lbs); // no implicit conversions allowed
```

这将关闭上述示例中介绍的隐式转换，但仍然允许显式转换，即显式强制类型转换：

```
Stonewt myCat;             // create a Stonewt object
myCat = 19.6;              // not valid if Stonewt(double) is declared as explicit
mycat = Stonewt(19.6);     // ok, an explicit conversion
mycat = (Stonewt) 19.6;  // ok, old form for explicit typecast
```

注意：只接受一个参数的构造函数定义了从参数类型到类类型的转换。如果使用关键字 explicit 限定了这种构造函数，则它只能用于显示转换，否则也可以用于隐式转换。

编译器在什么时候将使用 Stonewt(double)函数呢？如果在声明中使用了关键字 explicit，则 Stonewt(double)将只用于显式强制类型转换，否则还可以用于下面的隐式转换。

- 将 Stonewt 对象初始化为 double 值时。
- 将 double 值赋给 Stonewt 对象时。

- 将 double 值传递给接受 Stonewt 参数的函数时。
- 返回值被声明为 Stonewt 的函数试图返回 double 值时。
- 在上述任意一种情况下，使用可转换为 double 类型的内置类型时。

下面详细介绍最后一点。函数原型化提供的参数匹配过程，允许使用 Stonewt（double）构造函数来转换其他数值类型。也就是说，下面两条语句都首先将 int 转换为 double，然后使用 Stonewt（double）构造函数。

```
Stonewt Jumbo(7000); // uses Stonewt(double), converting int to double
Jumbo = 7300;        // uses Stonewt(double), converting int to double
```

然而，当且仅当转换不存在二义性时，才会进行这种二步转换。也就是说，如果这个类还定义了构造函数 Stonewt（long），则编译器将拒绝这些语句，可能指出：int 可被转换为 long 或 double，因此调用存在二义性。

程序清单 11.18 使用类的构造函数初始化了一些 Stonewt 对象，并处理类型转换。请务必将程序清单 11.18 和程序清单 11.17 一起编译。

程序清单 11.18 stone.cpp

```
// stone.cpp -- user-defined conversions
// compile with stonewt.cpp
#include <iostream>
using std::cout;
#include "stonewt.h"
void display(const Stonewt & st, int n);
int main()
{
    Stonewt incognito = 275; // uses constructor to initialize
    Stonewt wolfe(285.7);     // same as Stonewt wolfe = 285.7;
    Stonewt taft(21, 8);

    cout << "The celebrity weighed ";
    incognito.show_stn();
    cout << "The detective weighed ";
    wolfe.show_stn();
    cout << "The President weighed ";
    taft.show_lbs();
    incognito = 276.8; // uses constructor for conversion
    taft = 325;         // same as taft = Stonewt(325);
    cout << "After dinner, the celebrity weighed ";
    incognito.show_stn();
    cout << "After dinner, the President weighed ";
    taft.show_lbs();
    display(taft, 2);
    cout << "The wrestler weighed even more.\n";
    display(422, 2);
    cout << "No stone left unearned\n";
    return 0;
}

void display(const Stonewt & st, int n)
{
    for (int i = 0; i < n; i++)
    {
        cout << "Wow! ";
        st.show_stn();
    }
}
```

下面是程序清单 11.18 所示程序的输出：

```
The celebrity weighed 19 stone, 9 pounds
The detective weighed 20 stone, 5.7 pounds
The President weighed 302 pounds
After dinner, the celebrity weighed 19 stone, 10.8 pounds
After dinner, the President weighed 325 pounds
Wow! 23 stone, 3 pounds
Wow! 23 stone, 3 pounds
The wrestler weighed even more.
Wow! 30 stone, 2 pounds
Wow! 30 stone, 2 pounds
No stone left unearned
```

程序说明

当构造函数只接受一个参数时，可以使用下面的格式来初始化类对象：

```
// a syntax for initializing a class object when
// using a constructor with one argument
Stonewt incognito = 275;
```

这等价于前面介绍过的另外两种格式：

```
// standard syntax forms for initializing class objects
Stonewt incognito(275);
Stonewt incognito = Stonewt(275);
```

然而，后两种格式可用于接受多个参数的构造函数。

接下来，请注意程序清单 11.18 的下面两条赋值语句：

```
incognito = 276.8;
taft = 325;
```

第一条赋值语句使用接受 double 参数的构造函数，将 276.8 转换为一个 Stonewt 值，这将把 incognito 的 pound 成员设置为 276.8。因为该语句使用了构造函数，所以还将设置 stone 和 pds_left 成员。同样，第二条赋值语句将一个 int 值转换为 double 类型，然后使用 Stonewt(double)来设置全部 3 个成员。

最后，请注意下面的函数调用：

```
display(422, 2); // convert 422 to double, then to Stonewt
```

display()的原型表明，第一个参数应是 Stonewt 对象（Stonewt 和 Stonewt &形参都与 Stonewt 实参匹配）。遇到 int 参数时，编译器查找构造函数 Stonewt(int)，以便将该 int 转换为 Stonewt 类型。由于没有找到这样的构造函数，因此编译器寻找接受其他内置类型（int 可以转换为这种类型）的构造函数。Stonewt(double)构造函数满足这种要求，因此编译器将 int 转换为 double，然后使用 Stonewt(double)将其转换为一个 Stonewt 对象。

11.6.1 转换函数

程序清单 11.18 将数字转换为 Stonewt 对象。可以做相反的转换吗？也就是说，是否可以将 Stonewt 对象转换为 double 值，就像如下所示的那样？

```
Stonewt wolfe(285.7);
double host = wolfe; // ?? possible ??
```

可以这样做，但不是使用构造函数。构造函数只用于从某种类型到类类型的转换。要进行相反的转换，必须使用特殊的 C++运算符函数——转换函数。

转换函数是用户定义的强制类型转换，可以像使用强制类型转换那样使用它们。例如，如果定义了从 Stonewt 到 double 的转换函数，就可以使用下面的转换：

```
Stonewt wolfe(285.7);
double host = double (wolfe);    // syntax #1
double thinker = (double) wolfe; // syntax #2
```

也可以让编译器来决定如何做：

```
Stonewt wells(20, 3);
double star = wells; // implicit use of conversion function
```

编译器发现，右侧是 Stonewt 类型，而左侧是 double 类型，因此它将查看程序员是否定义了与此匹配的转换函数。（如果没有找到这样的定义，编译器将生成错误消息，指出无法将 Stonewt 赋给 double。）

那么，如何创建转换函数呢？要转换为 typeName 类型，需要使用这种形式的转换函数：

```
operator typeName();
```

请注意以下几点：

- 转换函数必须是类方法；
- 转换函数不能指定返回类型；
- 转换函数不能有参数。

例如，转换为 double 类型的函数的原型如下：

```
operator double();
```

typeName（这里为 double）指出了要转换成的类型，因此不需要指定返回类型。转换函数是类方法意味着：它需要通过类对象来调用，从而告知函数要转换的值。因此，函数不需要参数。

要添加将 stone_wt 对象转换为 int 类型和 double 类型的函数，需要将下面的原型添加到类声明中：

```
operator int();
operator double();
```

程序清单 11.19 列出了修改后的类声明。

程序清单 11.19 stonewt1.h

```
// stonewt1.h -- revised definition for the Stonewt class
#ifndef STONEWT1_H_
#define STONEWT1_H_
class Stonewt
{
private:
    enum {Lbs_per_stn = 14}; // pounds per stone
    int stone;               // whole stones
    double pds_left;         // fractional pounds
    double pounds;           // entire weight in pounds
public:
    Stonewt(double lbs);     // construct from double pounds
    Stonewt(int stn, double lbs); // construct from stone, lbs
    Stonewt();                    // default constructor
    ~Stonewt();
    void show_lbs() const;        // show weight in pounds format
    void show_stn() const;        // show weight in stone format
// conversion functions
    operator int() const;
    operator double() const;
};
#endif
```

程序清单 11.20 是在程序清单 11.17 的基础上修改而成的，包括了这两个转换函数的定义。注意，虽然没有声明返回类型，这两个函数也将返回所需的值。另外，int 转换将待转换的值四舍五入为最接近的整数，而不是去掉小数部分。例如，如果 pounds 为 114.4，则 pounds +0.5 等于 114.9，int(114.9)等于 114。但是如果 pounds 为 114.6，则 pounds + 0.5 是 115.1，而 int(115.1)为 115。

程序清单 11.20 stonewt1.cpp

```
// stonewt1.cpp -- Stonewt class methods + conversion functions
#include <iostream>
using std::cout;
#include "stonewt1.h"

// construct Stonewt object from double value
Stonewt::Stonewt(double lbs)
{
    stone = int (lbs) / Lbs_per_stn; // integer division
    pds_left = int (lbs) % Lbs_per_stn + lbs - int(lbs);
    pounds = lbs;
}

// construct Stonewt object from stone, double values
Stonewt::Stonewt(int stn, double lbs)
{
    stone = stn;
    pds_left = lbs;
    pounds = stn * Lbs_per_stn +lbs;
}
Stonewt::Stonewt()  // default constructor, wt = 0
{
    stone = pounds = pds_left = 0;
}

Stonewt::~Stonewt() // destructor
{
}

// show weight in stones
void Stonewt::show_stn() const
{
    cout << stone << " stone, " << pds_left << " pounds\n";
}

// show weight in pounds
void Stonewt::show_lbs() const
{
    cout << pounds << " pounds\n";
```

```
}

// conversion functions
Stonewt::operator int() const
{

    return int (pounds + 0.5);

}

Stonewt::operator double()const
{
    return pounds;
}
```

程序清单 11.21 对新的转换函数进行测试。该程序中的赋值语句使用隐式转换，而最后的 cout 语句使用显式强制类型转换。请务必将程序清单 11.20 与程序清单 11.21 一起编译。

程序清单 11.21　stone1.cpp

```
// stone1.cpp -- user-defined conversion functions
// compile with stonewt1.cpp
#include <iostream>
#include "stonewt1.h"

int main()
{
    using std::cout;
    Stonewt poppins(9,2.8); // 9 stone, 2.8 pounds
    double p_wt = poppins; // implicit conversion
    cout << "Convert to double => ";
    cout << "Poppins: " << p_wt << " pounds.\n";
    cout << "Convert to int => ";
    cout << "Poppins: " << int (poppins) << " pounds.\n";
    return 0;
}
```

下面是程序清单 11.19～程序清单 11.21 组成的程序的输出；它显示了将 Stonewt 对象转换为 double 类型和 int 类型的结果：

```
Convert to double => Poppins: 128.8 pounds.
Convert to int => Poppins: 129 pounds.
```

自动应用类型转换

程序清单 11.21 将 int(poppins)和 cout 一起使用。假设省略了显式强制类型转换：

```
cout << "Poppins: " << poppins << " pounds.\n";
```

程序会像在下面的语句中那样使用隐式转换吗？

```
double p_wt = poppins;
```

答案是否定的。在 p_wt 示例中，上下文表明，poppins 应被转换为 double 类型。但在 cout 示例中，并没有指出应转换为 int 类型还是 double 类型。在缺少信息时，编译器将指出，程序中使用了二义性转换。该语句没有指出要使用什么类型。

有趣的是，如果类只定义了 double 转换函数，则编译器将接受该语句。这是因为只有一种转换可能，因此不存在二义性。

赋值的情况与此类似。对于当前的类声明来说，编译器将认为下面的语句有二义性而拒绝它。

```
long gone = poppins; // ambiguous
```

在 C++中，int 和 double 值都可以被赋给 long 变量，所以编译器使用任意一个转换函数都是合法的。编译器不想承担选择转换函数的责任。然而，如果删除了这两个转换函数之一，编译器将接受这条语句。例如，假设省略了 double 定义，则编译器将使用 int 转换，将 poppins 转换为一个 int 类型的值。然后在将它赋给 gone 时，将 int 类型值转换为 long 类型。

当类定义了两种或更多的转换时，仍可以用显式强制类型转换来指出要使用哪个转换函数。可以使用下面任何一种强制类型转换表示法：

```
long gone = (double) poppins; // use double conversion
long gone = int (poppins);    // use int conversion
```

第一条语句将 poppins 转换为一个 double 值，然后赋值操作将该 double 值转换为 long 类型。同样，第二条语句将 poppins 首先转换为 int 类型，随后转换为 long。

和转换构造函数一样，转换函数也有其优缺点。提供执行自动、隐式转换的函数所存在的问题是：在用户不希望进行转换时，转换函数也可能进行转换。例如，假设您在睡眠不足时编写了下面的代码：

```
int ar[20];
...
Stonewt temp(14, 4);
...
int Temp = 1;
...
cout << ar[temp] << "!\n"; // used temp instead of Temp
```

通常，您以为编译器能够捕获诸如使用了对象而不是整数作为数组索引等错误，但 Stonewt 类定义了一个 operator int()，因此 Stonewt 对象 temp 将被转换为 int 200，并用作数组索引。原则上说，最好使用显式转换，而避免隐式转换。在 C++98 中，关键字 explicit 不能用于转换函数，但 C++11 消除了这种限制。因此，在 C++11 中，可将转换运算符声明为显式的：

```
class Stonewt
{
...
// conversion functions
    explicit operator int() const;
    explicit operator double() const;
};
```

有了这些声明后，需要强制转换时将调用这些运算符。

另一种方法是，用一个功能相同的非转换函数替换该转换函数即可，但仅在被显式地调用时，该函数才会执行。也就是说，可以将：

```
Stonewt::operator int() { return int (pounds + 0.5); }
```

替换为：

```
int Stonewt::Stone_to_Int() { return int (pounds + 0.5); }
```

这样，下面的语句将是非法的：

```
int plb = poppins;
```

但如果确实需要这种转换，可以这样做：

```
int plb = poppins.Stone_to_Int();
```

警告：应谨慎地使用隐式转换函数。通常，最好选择仅在被显式地调用时才会执行的函数。

总之，C++为类提供了下面的类型转换。

- 只有一个参数的类构造函数用于将类型与该参数相同的值转换为类类型。例如，将 int 值赋给 Stonewt 对象时，接受 int 参数的 Stonewt 类构造函数将自动被调用。然而，在构造函数声明中使用 explicit 可防止隐式转换，而只允许显式转换。
- 被称为转换函数的特殊类成员运算符函数，用于将类对象转换为其他类型。转换函数是类成员，没有返回类型、没有参数、名为 operator typeName()，其中，typeName 是对象将被转换成的类型。将类对象赋给 typeName 变量或将其强制转换为 typeName 类型时，该转换函数将自动被调用。

11.6.2 转换函数和友元函数

下面为 Stonewt 类重载加法运算符。在讨论 Time 类时指出过，可以使用成员函数或友元函数来重载加法。（出于简化的目的，我们假设没有定义 operator double()转换函数。）可以使用下面的成员函数实现加法：

```
Stonewt Stonewt::operator+(const Stonewt & st) const
{
    double pds = pounds + st.pounds;
    Stonewt sum(pds);
    return sum;
}
```

也可以将加法作为友元函数来实现，如下所示：

```
Stonewt operator+(const Stonewt & st1, const Stonewt & st2)
{
    double pds = st1.pounds + st2.pounds;
    Stonewt sum(pds);
    return sum;
}
```

别忘了，可以提供方法定义或友元函数定义，但不能都提供。上面任何一种格式都允许这样做：

```
Stonewt jennySt(9, 12);
Stonewt bennySt(12, 8);
Stonewt total;
total = jennySt + bennySt;
```

另外，如果提供了 Stonewt(double)构造函数，则也可以这样做：

```
Stonewt jennySt(9, 12);
double kennyD = 176.0;
Stonewt total;
total = jennySt + kennyD;
```

但只有友元函数才允许这样做：

```
Stonewt jennySt(9, 12);
double pennyD = 146.0;
Stonewt total;
total = pennyD + jennySt;
```

为了解其中的原因，将每一种加法都转换为相应的函数调用。首先：

```
total = jennySt + bennySt;
```

被转换为：

```
total = jennySt.operator+(bennySt); // member function
```

或：

```
total = operator+(jennySt, bennySt); // friend function
```

上述两种转换中，实参的类型都和形参匹配。另外，成员函数是通过 Stonewt 对象调用的。

其次：

```
total = jennySt + kennyD;
```

被转换为：

```
total = jennySt.operator+(kennyD); // member function
```

或：

```
total = operator+(jennySt, kennyD); // friend function
```

同样，成员函数也是通过 Stonewt 对象调用的。这一次，每个调用中都有一个参数（kennyD）是 double 类型的，因此将调用 Stonewt(double)构造函数，将该参数转换为 Stonewt 对象。

另外，在这种情况下，如果定义了 operator double()成员函数，将造成混乱，因为该函数将提供另一种解释方式。编译器不是将 kennyD 转换为 Stonewt 并执行 Stonewt 加法，而是将 jennySt 转换为 double 并执行 double 加法。过多的转换函数将导致二义性。

最后：

```
total = pennyD + jennySt;
```

被转换为：

```
total = operator+(pennyD, jennySt); // friend function
```

其中，两个参数都是 double 类型，因此将调用构造函数 Stonewt(double)，将它们转换为 Stonewt 对象。

然而，不能调用成员函数将 jennySt 和 peenyD 相加。将加法语法转换为函数调用将类似于下面这样：

```
total = pennyD.operator+(jennySt); // not meaningful
```

这没有意义，因为只有类对象才可以调用成员函数。C++不会试图将 pennyD 转换为 Stonewt 对象。将对成员函数参数进行转换，而不是调用成员函数的对象。

这里的经验是，将加法定义为友元可以让程序更容易适应自动类型转换。原因在于，两个操作数都成为函数参数，因此与函数原型匹配。

实现加法时的选择

要将 double 量和 Stonewt 量相加，有两种选择。第一种方法是（刚介绍过）将下面的函数定义为友元函数，让 Stonewt(double)构造函数将 double 类型的参数转换为 Stonewt 类型的参数：

```
operator+(const Stonewt &, const Stonewt &)
```

第二种方法是，将加法运算符重载为一个显式使用 double 类型参数的函数：

```
Stonewt operator+(double x); // member function
friend Stonewt operator+(double x, Stonewt & s);
```

这样，下面的语句将与成员函数 operator + (double x)完全匹配：

```
total = jennySt + kennyD; // Stonewt + double
```

而下面的语句将与友元函数 operator + (double x, Stonewt &s)完全匹配：

```
total = pennyD + jennySt; // double + Stonewt
```

前面对 Vector 乘法做了类似的处理。

每一种方法都有其优点。第一种方法（依赖于隐式转换）使程序更简短，因为定义的函数较少。这也意味程序员需要完成的工作较少，出错的机会较小。这种方法的缺点是，每次需要转换时，都将调用转换构造函数，这增加时间和内存开销。第二种方法（增加一个显式地匹配类型的函数）则正好相反。它使程序较长，程序员需要完成的工作更多，但运行速度较快。

如果程序经常需要将 double 值与 Stonewt 对象相加，则重载加法更合适；如果程序只是偶尔使用这种加法，则依赖于自动转换更简单，但为了更保险，可以使用显式转换。

11.7 总结

本章介绍了定义和使用类的许多重要方面，其中的一些内容可能较难理解，但随着实践经验的不断增加，您将逐渐掌握它们。

一般来说，访问私有类成员的唯一方法是使用类方法。C++使用友元函数来避开这种限制。要让函数成为友元，需要在类声明中声明该函数，并在声明前加上关键字 friend。

C++扩展了对运算符的重载，允许自定义特殊的运算符函数，这种函数描述了特定的运算符与类之间的关系。运算符函数可以是类成员函数，也可以是友元函数（有一些运算符函数只能是类成员函数）。要调用运算符函数，可以直接调用该函数，也可以以通常的句法使用被重载的运算符。对于运算符 op，其运算符函数的格式如下：

```
peratorop(argument-list)
```

argument-list 表示该运算符的操作数。如果运算符函数是类成员函数，则第一个操作数是调用对象，它不在 argument-list 中。例如，本章通过为 Vector 类定义 operator +()成员函数重载了加法。如果 up、right 和 result 都是 Vector 对象，则可以使用下面的任何一条语句来调用矢量加法：

```
result = up.operator+(right);
result = up + right;
```

在第二条语句中，由于操作数 up 和 right 的类型都是 Vector，因此 C++将使用 Vector 的加法定义。

当运算符函数是成员函数时，则第一个操作数将是调用该函数的对象。例如，在前面的语句中，up 对象是调用函数的对象。定义运算符函数时，如果要使其第一个操作数不是类对象，则必须使用友元函数。这样就可以将操作数按所需的顺序传递给函数了。

最常见的运算符重载任务之一是定义<<运算符，使之可与 cout 一起使用，来显示对象的内容。要让 ostream 对象成为第一个操作数，需要将运算符函数定义为友元；要使重新定义的运算符能与其自身拼接，需要将返回类型声明为 ostream &。下面的通用格式能够满足这种要求：

```
ostream & operator<<(ostream & os, const c_name & obj)
{
    os << ... ; // display object contents
    return os;
}
```

然而，如果类包含这样的方法，它返回需要显示的数据成员的值，则可以使用这些方法，无需在 operator<<()中直接访问这些成员。在这种情况下，函数不必（也不应当）是友元。

C++允许指定在类和基本类型之间进行转换的方式。首先，任何接受唯一一个参数的构造函数都可被用作转换函数，将类型与该参数相同的值转换为类。如果将类型与该参数相同的值赋给对象，则 C++将自动调用该构造函数。例如，假设有一个 String 类，它包含一个将 char *值作为其唯一参数的构造函数，那么如果 bean 是 String 对象，则可以使用下面的语句：

```
bean = "pinto"; // converts type char * to type String
```

然而，如果在该构造函数的声明前加上了关键字 explicit，则该构造函数将只能用于显式转换：

```
bean = String("pinto"); // converts type char * to type String explicitly
```

要将类对象转换为其他类型，必须定义转换函数，指出如何进行这种转换。转换函数必须是成员函数。将类对象转换为 typeName 类型的转换函数的原型如下：

```
operator typeName();
```

注意，转换函数没有返回类型、没有参数，但必须返回转换后的值（虽然没有声明返回类型）。例如，下面是将 Vector 转换为 double 类型的函数：

```
Vector::operator double()
{
    ...
    return a_double_value;
}
```

经验表明，最好不要依赖于这种隐式转换函数。

您可能已经注意到了，与简单的 C 风格结构相比，使用类时，必须更谨慎、更小心，但作为补偿，它们为我们完成的工作也更多。

11.8　复习题

1. 使用成员函数为 Stonewt 类重载乘法运算符，该运算符将数据成员与 double 类型的值相乘。注意，用英石和磅表示时，需要进位。也就是说，将 10 英石 8 磅乘以 2 等于 21 英石 2 磅。
2. 友元函数与成员函数之间的区别是什么？
3. 非成员函数必须是友元才能访问类成员吗？
4. 使用友元函数为 Stonewt 类重载乘法运算符，该运算符将 double 值与 Stone 值相乘。
5. 哪些运算符不能重载？
6. 在重载运算符=、()、[ ]和->时，有什么限制？
7. 为 Vector 类定义一个转换函数，将 Vector 类转换为一个 double 类型的值，后者表示矢量的长度。

11.9　编程练习

1. 修改程序清单 11.15，使之将一系列连续的随机漫步者位置写入到文件中。对于每个位置，用步号进行标示。另外，让该程序将初始条件（目标距离和步长）以及结果小结写入该文件中。该文件的内容与下面类似：

```
Target Distance: 100, Step Size: 20
0: (x,y) = (0, 0)
1: (x,y) = (-11.4715, 16.383)
2: (x,y) = (-8.68807, -3.42232)
...
26: (x,y) = (42.2919, -78.2594)
27: (x,y) = (58.6749, -89.7309)
After 27 steps, the subject has the following location:
(x,y) = (58.6749, -89.7309)
or
(m,a) = (107.212, -56.8194)
Average outward distance per step = 3.97081
```

2. 对 Vector 类的头文件（程序清单 11.13）和实现文件（程序清单 11.14）进行修改，使其不再存储矢量的长度和角度，而是在 magval()和 angval()被调用时计算它们。

应保留公有接口不变（公有方法及其参数不变），但对私有部分（包括一些私有方法）和方法实现进行修改。然后，使用程序清单 11.15 对修改后的版本进行测试，结果应该与以前相同，因为 Vector 类的公有接口与原来相同。

3. 修改程序清单 11.15，使之报告 N 次测试中的最高、最低和平均步数（其中 N 是用户输入的整数），而不是报告每次测试的结果。

4. 重新编写最后的 Time 类示例（程序清单 11.10、程序清单 11.11 和程序清单 11.12），使用友元函数来实现所有的重载运算符。

5. 重新编写 Stonewt 类（程序清单 11.16 和程序清单 11.17），使它有一个状态成员，由该成员控制对象应转换为英石格式、整数磅格式还是浮点磅格式。重载<<运算符，使用它来替换 show_stn()和 show_lbs()方法。重载加法、减法和乘法运算符，以便可以对 Stonewt 值进行加、减、乘运算。编写一个使用所有类方法和友元的小程序，来测试这个类。

6. 重新编写 Stonewt 类(程序清单 11.16 和程序清单 11.17)，重载全部 6 个关系运算符。运算符对 pounds 成员进行比较，并返回一个 bool 值。编写一个程序，它声明一个包含 6 个 Stonewt 对象的数组，并在数组声明中初始化前 3 个对象。然后使用循环来读取用于设置剩余 3 个数组元素的值。接着报告最小的元素、最大的元素以及大于或等于 11 英石的元素的数量（最简单的方法是创建一个 Stonewt 对象，并将其初始化为 11 英石，然后将其同其他对象进行比较）。

7. 复数有两个部分组成：实数部分和虚数部分。复数的一种书写方式是：（3.0，4.0），其中，3.0 是实数部分，4.0 是虚数部分。假设 a = (A, Bi)，c = (C, Di)，则下面是一些复数运算。

- 加法：a + c = (A+C, (B+D)i)。
- 减法：a – c = (A–C, (B–D)i)。
- 乘法：a * c = (A*C–B*D, (A*D + B*C)i)。
- 乘法::x*c = (x * C, x *Di)，其中 x 为实数。
- 共轭：~a = (A, –Bi)。

请定义一个复数类，以便下面的程序可以使用它来获得正确的结果。

```
#include <iostream>
using namespace std;
#include "complex0.h"    // to avoid confusion with complex.h
int main()
{
    complex a(3.0, 4.0); // initialize to (3,4i)
    complex c;
    cout << "Enter a complex number (q to quit):\n";
    while (cin >> c)
    {
        cout << "c is " << c << '\n';
        cout << "complex conjugate is " << ~c << '\n';
        cout << "a is " << a << '\n";
        cout << "a + c is " << a + c << '\n';
        cout << "a - c is " << a - c << '\n';
        cout << "a * c is " << a * c << '\n';
        cout << "2 * c is " << 2 * c << '\n';
        cout << "Enter a complex number (q to quit):\n";
    }
    cout << "Done!\n";
    return 0;
}
```

注意，必须重载运算符<<和>>。标准 C++使用头文件 complex 提供了比这个示例更广泛的复数支持，因此应将自定义的头文件命名为 complex0.h，以免发生冲突。应尽可能使用 const。

下面是该程序的运行情况。

```
Enter a complex number (q to quit):
real: 10
imaginary: 12
c is (10,12i)
complex conjugate is (10,-12i)
a is (3,4i)
a + c is (13,16i)
a - c is (-7,-8i)
a * c is (-18,76i)
2 * c is (20,24i)
Enter a complex number (q to quit):
real: q
Done!
```

请注意，经过重载后，cin >>c 将提示用户输入实数和虚数部分。

第 12 章　类和动态内存分配

本章内容包括：

- 对类成员使用动态内存分配；
- 隐式和显式复制构造函数；
- 隐式和显式重载赋值运算符；
- 在构造函数中使用 new 所必须完成的工作；
- 使用静态类成员；
- 将定位 new 运算符用于对象；
- 使用指向对象的指针；
- 实现队列抽象数据类型（ADT）。

本章将介绍如何对类使用 new 和 delete 以及如何处理由于使用动态内存而引起的一些微妙的问题。这里涉及的主题好像不多，但它们将影响构造函数和析构函数的设计以及运算符的重载。

来看一个具体的例子——C++如何增加内存负载。假设要创建一个类，其一个成员表示某人的姓。最简单的方法是使用字符数组成员来保存姓，但这种方法有一些缺陷。开始也许会使用一个 14 个字符的数组，然后发现数组太小，更保险的方法是，使用一个 40 个字符的数组。然而，如果创建包含 2000 个这种对象的数组，就会由于字符数组只有部分被使用而浪费大量的内存（在这种情况下，增加了计算机的内存负载）。但可以采取另一种方法。

通常，最好是在程序运行时（而不是编译时）确定诸如使用多少内存等问题。对于在对象中保存姓名来说，通常的 C++方法是，在类构造函数中使用 new 运算符在程序运行时分配所需的内存。为此，通常的方法是使用 string 类，它将为您处理内存管理细节。但这样您就没有机会更深入地学习内存管理了，因此这里将直接对问题发起攻击。除非同时执行一系列额外步骤，如扩展类析构函数、使所有的构造函数与 new 析构函数协调一致、编写额外的类方法来帮助正确完成初始化和赋值（当然，本章将介绍这些步骤），否则，在类构造函数中使用 new 将导致新问题。

12.1　动态内存和类

您希望下个月的早餐、午餐和晚餐吃些什么？在第三天的晚餐喝多少盎司的牛奶？在第 15 天的早餐中需要在谷类食品添加多少葡萄干？如果您与大多数人一样，就会等到进餐时再做决定。C++在分配内存时采取的部分策略与此相同，让程序在运行时决定内存分配，而不是在编译时决定。这样，可根据程序的需要，而不是根据一系列严格的存储类型规则来使用内存。C++使用 new 和 delete 运算符来动态控制内存。遗憾的是，在类中使用这些运算符将导致许多新的编程问题。在这种情况下，析构函数将是必不可少的，而不再是可有可无的。有时候，还必须重载赋值运算符，以保证程序正常运行。下面来看一看这些问题。

12.1.1 复习示例和静态类成员

我们已经有一段时间没有使用 new 和 delete 了，所以这里使用一个小程序来复习它们。这个程序使用了一个新的存储类型：静态类成员。首先设计一个 StringBad 类，然后设计一个功能稍强的 String 类（本书前面介绍过 C++标准 string 类，第 16 章将更深入地讨论它；而本章的 StringBad 和 String 类将介绍这个类的底层结构，提供这种友好的接口涉及大量的编程技术）。

StringBad 和 String 类对象将包含一个字符串指针和一个表示字符串长度的值。这里使用 StringBad 和 String 类，主要是为了深入了解 new、delete 和静态类成员的工作原理。因此，构造函数和析构函数调用时将显示一些消息，以便您能够按照提示来完成操作。另外，将省略一些有用的成员和友元函数，如重载的++和>>运算符以及转换函数，以简化类接口（但本章的复习题将要求您添加这些函数）。程序清单 12.1 列出了这个类的声明。

程序清单 12.1 strngbad.h

```
// strngbad.h -- flawed string class definition
#include <iostream>
#ifndef STRNGBAD_H_
#define STRNGBAD_H_
class StringBad
{
private:
    char * str;                // pointer to string
    int len;                   // length of string
    static int num_strings;    // number of objects
public:
    StringBad(const char * s); // constructor
    StringBad();               // default constructor
    ~StringBad();              // destructor
// friend function
    friend std::ostream & operator<<(std::ostream & os,
                        const StringBad & st);
};
#endif
```

为何将这个类命名为 StringBad 呢？这旨在告诉您，这是一个不太完整的类。它是使用动态内存分配来开发类的第一个阶段，正确地完成了一些显而易见的工作，例如，在构造函数和析构函数中正确地使用了 new 和 delete。这个类并没有什么错误，但忽略了一些不明显却必不可少的东西。通过了解这个类存在的问题，将有助于您理解并记住后面将其转换为功能更强大的 String 类时，所做的不明显的修改。

对这个声明，需要注意的有两点。首先，它使用 char 指针（而不是 char 数组）来表示姓名。这意味着类声明没有为字符串本身分配存储空间，而是在构造函数中使用 new 来为字符串分配空间。这避免了在类声明中预先定义字符串的长度。

其次，将 num_strings 成员声明为静态存储类。静态类成员有一个特点：无论创建了多少对象，程序都只创建一个静态类变量副本。也就是说，类的所有对象共享同一个静态成员，就像家中的电话可供全体家庭成员共享一样。假设创建了 10 个 StringBad 对象，将有 10 个 str 成员和 10 个 len 成员，但只有一个共享的 num_strings 成员（参见图 12.1）。这对于所有类对象都具有相同值的类私有数据是非常方便的。例如，num_strings 成员可以记录所创建的对象数目。

随便说一句，程序清单 12.1 使用 num_strings 成员，只是为了方便说明静态数据成员，并指出潜在的编程问题，字符串类通常并不需要这样的成员。

来看一看程序清单 12.2 中的类方法实现，它演示了如何使用指针和静态成员。

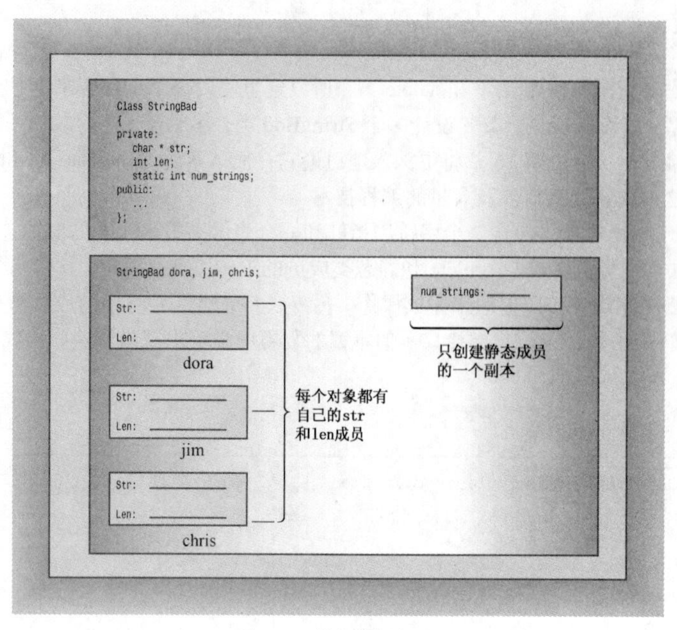

图 12.1　静态数据成员

程序清单 12.2　strngbad.cpp

```
// strngbad.cpp -- StringBad class methods
#include <cstring>                    // string.h for some
#include "strngbad.h"
using std::cout;

// initializing static class member
int StringBad::num_strings = 0;

// class methods
// construct StringBad from C string
StringBad::StringBad(const char * s)
{
    len = std::strlen(s);            // set size
    str = new char[len + 1];         // allot storage
    std::strcpy(str, s);             // initialize pointer
    num_strings++;                   // set object count
    cout << num_strings << ": \"" << str
         << "\" object created\n"; // For Your Information
}

StringBad::StringBad()               // default constructor
{
    len = 4;
    str = new char[4];
    std::strcpy(str, "C++");         // default string
    num_strings++;
    cout << num_strings << ": \"" << str
         << "\" default object created\n";            // FYI
}

StringBad::~StringBad()                               // necessary destructor
{
    cout << "\"" << str << "\" object deleted, ";   // FYI
    --num_strings;                                    // required
    cout << num_strings << " left\n";                 // FYI
    delete [] str;                                    // required
}

std::ostream & operator<<(std::ostream & os, const StringBad & st)
{
    os << st.str;
    return os;
}
```

首先，请注意程序清单 12.2 中的下面一条语句：

```
int StringBad::num_strings = 0;
```

这条语句将静态成员 num_strings 的值初始化为零。请注意，不能在类声明中初始化静态成员变量，这是因为声明描述了如何分配内存，但并不分配内存。您可以使用这种格式来创建对象，从而分配和初始化内存。对于静态类成员，可以在类声明之外使用单独的语句来进行初始化，这是因为静态类成员是单独存储的，而不是对象的组成部分。请注意，初始化语句指出了类型，并使用了作用域运算符，但没有使用关键字 static。

初始化是在方法文件中，而不是在类声明文件中进行的，这是因为类声明位于头文件中，程序可能将头文件包括在其他几个文件中。如果在头文件中进行初始化，将出现多个初始化语句副本，从而引发错误。

对于不能在类声明中初始化静态数据成员的一种例外情况（见第 10 章）是，静态数据成员为 const 整数类型或枚举型。

注意： *静态数据成员在类声明中声明，在包含类方法的文件中初始化。初始化时使用作用域运算符来指出静态成员所属的类。但如果静态成员是 const 整数类型或枚举型，则可以在类声明中初始化。*

接下来，注意到每个构造函数都包含表达式 num_strings++，这确保程序每创建一个新对象，共享变量 num_strings 的值都将增加 1，从而记录 String 对象的总数。另外，析构函数包含表达式--num_strings，因此 String 类也将跟踪对象被删除的情况，从而使 num_string 成员的值是最新的。

现在来看程序清单 12.2 中的第一个构造函数，它使用一个常规 C 字符串来初始化 String 对象：

```
StringBad::StringBad(const char * s)
{
    len = std::strlen(s);      // set size
    str = new char[len + 1];   // allot storage
    std::strcpy(str, s);       // initialize pointer
    num_strings++;             // set object count
    cout << num_strings << ": \"" << str
    << "\" object created\n"; // For Your Information
}
```

类成员 str 是一个指针，因此构造函数必须提供内存来存储字符串。初始化对象时，可以给构造函数传递一个字符串指针：

```
StringBad boston("Boston");
```

构造函数必须分配足够的内存来存储字符串，然后将字符串复制到内存中。下面介绍其中的每一个步骤。

首先，使用 strlen()函数计算字符串的长度，并对 len 成员进行初始化。接着，使用 new 分配足够的空间来保存字符串，然后将新内存的地址赋给 str 成员。（strlen()返回字符串长度，但不包括末尾的空字符，因此构造函数将 len 加 1，使分配的内存能够存储包含空字符的字符串。）

接着，构造函数使用 strcpy()将传递的字符串复制到新的内存中，并更新对象计数。最后，构造函数显示当前的对象数目和当前对象中存储的字符串，以助于掌握程序运行情况。稍后故意使 StringBad 出错时，该特性将派上用场。

要理解这种方法，必须知道字符串并不保存在对象中。字符串单独保存在堆内存中，对象仅保存了指出到哪里去查找字符串的信息。

不能这样做：

```
str = s; // not the way to go
```

这只保存了地址，而没有创建字符串副本。

默认构造函数与此相似，但它提供了一个默认字符串："C++"。

析构函数中包含了示例中对处理类来说最重要的东西：

```
StringBad::~StringBad()                              // necessary destructor
{
    cout << "\"" << str << "\" object deleted, ";    // FYI
    --num_strings;                                   // required
    cout << num_strings << " left\n";                // FYI
    delete [] str;                                   // required
}
```

该析构函数首先指出自己何时被调用。这部分包含了丰富的信息，但并不是必不可少的。然而，delete 语句却是至关重要的。str 成员指向 new 分配的内存。当 StringBad 对象过期时，str 指针也将过期。但 str 指向的内存仍被分配，除非使用 delete 将其释放。删除对象可以释放对象本身占用的内存，但并不能自动释放属于对象成员的指针指向的内存。因此，必须使用析构函数。在析构函数中使用 delete 语句可确保对象过期时，由构造函数使用 new 分配的内存被释放。

警告：在构造函数中使用 new 来分配内存时，必须在相应的析构函数中使用 delete 来释放内存。如果使用 new[]（包括中括号）来分配内存，则应使用 delete[]（包括中括号）来释放内存。

程序清单 12.3 是从处于开发阶段的 Daily Vegetable 程序中摘录出来的，演示了 StringBad 的构造函数和析构函数何时运行及如何运行。该程序将对象声明放在一个内部代码块中，因为析构函数将在定义对象的代码块执行完毕时调用。如果不这样做，析构函数将在 main()函数执行完毕时调用，导致您无法在执行窗口关闭前看到析构函数显示的消息。请务必将程序清单 12.2 和程序清单 12.3 一起编译。

程序清单 12.3　vegnews.cpp

```
// vegnews.cpp -- using new and delete with classes
// compile with strngbad.cpp
#include <iostream>
using std::cout;
#include "strngbad.h"

void callme1(StringBad &); // pass by reference
void callme2(StringBad); // pass by value

int main()
{
    using std::endl;
    {
        cout << "Starting an inner block.\n";
        StringBad headline1("Celery Stalks at Midnight");
        StringBad headline2("Lettuce Prey");
        StringBad sports("Spinach Leaves Bowl for Dollars");
        cout << "headline1: " << headline1 << endl;
        cout << "headline2: " << headline2 << endl;
        cout << "sports: " << sports << endl;
        callme1(headline1);
        cout << "headline1: " << headline1 << endl;
        callme2(headline2);
        cout << "headline2: " << headline2 << endl;
        cout << "Initialize one object to another:\n";
        StringBad sailor = sports;
        cout << "sailor: " << sailor << endl;
        cout << "Assign one object to another:\n";
        StringBad knot;
        knot = headline1;
        cout << "knot: " << knot << endl;
        cout << "Exiting the block.\n";
    }
    cout << "End of main()\n";

    return 0;
}

void callme1(StringBad & rsb)
{
    cout << "String passed by reference:\n";
    cout << " \"" << rsb << "\"\n";
}

void callme2(StringBad sb)
{
    cout << "String passed by value:\n";
    cout << " \"" << sb << "\"\n";
}
```

注意：StringBad 的第一个版本有许多故意留下的缺陷，这些缺陷使得输出是不确定的。例如，有些编译器无法编译它。虽然输出的具体内容有所差别，但基本问题和解决方法（稍后将介绍）是相同的。

下面是使用 Borland C++5.5 命令行编译器进行编译时，该程序的输出：

```
Starting an inner block.
1: "Celery Stalks at Midnight" object created
2: "Lettuce Prey" object created
3: "Spinach Leaves Bowl for Dollars" object created
```

```
headline1: Celery Stalks at Midnight
headline2: Lettuce Prey
sports: Spinach Leaves Bowl for Dollars
String passed by reference:
    "Celery Stalks at Midnight"
headline1: Celery Stalks at Midnight
String passed by value:
    "Lettuce Prey"
"Lettuce Prey" object deleted, 2 left
headline2: Dû°
Initialize one object to another:
sailor: Spinach Leaves Bowl for Dollars
Assign one object to another:
3: "C++" default object created
knot: Celery Stalks at Midnight
Exiting the block.
"Celery Stalks at Midnight" object deleted, 2 left
"Spinach Leaves Bowl for Dollars" object deleted, 1 left
"Spinach Leaves Bowl for Doll8" object deleted, 0 left
"@g" object deleted, -1 left
"-|" object deleted, -2 left
End of main()
```

输出中出现的各种非标准字符随系统而异，这些字符表明，StringBad类名副其实（是一个糟糕的类）。另一种迹象是对象计数为负。在使用较新的编译器和操作系统的机器上运行时，该程序通常会在显示有关还有-1 个对象的信息之前中断，而有些这样的机器将报告通用保护错误（GPF）。GPF 表明程序试图访问禁止它访问的内存单元，这是另一种糟糕的信号。

程序说明

程序清单 12.3 中的程序开始时还是正常的，但逐渐变得异常，最终导致了灾难性结果。首先来看正常的部分。构造函数指出自己创建了 3 个 StringBad 对象，并为这些对象进行了编号，然后程序使用重载运算符<<列出了这些对象：

```
1: "Celery Stalks at Midnight" object created
2: "Lettuce Prey" object created
3: "Spinach Leaves Bowl for Dollars" object created
headline1: Celery Stalks at Midnight
headline2: Lettuce Prey
sports: Spinach Leaves Bowl for Dollars
```

然后，程序将 headline1 传递给 callme1()函数，并在调用后重新显示 headline1。代码如下：

```
callme1(headline1);
cout << "headline1: " << headline1 << endl;
```

下面是运行结果：

```
String passed by reference:
    "Celery Stalks at Midnight"
headline1: Celery Stalks at Midnight
```

这部分代码看起来也正常。

但随后程序执行了如下代码：

```
callme2(headline2);
cout << "headline2: " << headline2 << endl;
```

这里，callme2()按值（而不是按引用）传递 headline2，结果表明这是一个严重的问题！

```
String passed by value:
    "Lettuce Prey"
"Lettuce Prey" object deleted, 2 left
headline2: Dû°
```

首先，将 headline2 作为函数参数来传递从而导致析构函数被调用。其次，虽然按值传递可以防止原始参数被修改，但实际上函数已使原始字符串无法识别，导致显示一些非标准字符（显示的文本取决于内存中包含的内容）。

请看输出结果，在为每一个创建的对象自动调用析构函数时，情况更糟糕：

```
"Celery Stalks at Midnight" object deleted, 2 left
"Spinach Leaves Bowl for Dollars" object deleted, 1 left
"Spinach Leaves Bowl for Doll8" object deleted, 0 left
"@g" object deleted, -1 left
"-|" object deleted, -2 left
End of main()
```

因为自动存储对象被删除的顺序与创建顺序相反，所以最先删除的 3 个对象是 knot、sailor 和 sports。

删除knot和sailor时是正常的，但在删除sports时，Dollars变成了Doll8。对于sports，程序只使用它来初始化sailor，但这种操作修改了sports。最后被删除的两个对象（headline2和headline1）已经无法识别。这些字符串在被删除之前，有些操作将它们搞乱了。另外，计数也很奇怪，如何会余下-2个对象呢？

实际上，计数异常是一条线索。因为每个对象被构造和析构一次，因此调用构造函数的次数应当与析构函数的调用次数相同。对象计数（num_strings）递减的次数比递增次数多2，这表明使用了不将num_string递增的构造函数创建了两个对象。类定义声明并定义了两个构造函数（这两个构造函数都使num_string递增），但结果表明程序使用了3个构造函数。例如，请看下面的代码：

```
StringBad sailor = sports;
```

这使用的是哪个构造函数呢？不是默认构造函数，也不是参数为const char *的构造函数。记住，这种形式的初始化等效于下面的语句：

```
StringBad sailor = StringBad(sports); //constructor using sports
```

因为sports的类型为StringBad，因此相应的构造函数原型应该如下：

```
StringBad(const StringBad &);
```

当您使用一个对象来初始化另一个对象时，编译器将自动生成上述构造函数（称为复制构造函数，因为它创建对象的一个副本）。自动生成的构造函数不知道需要更新静态变量num_string，因此会将计数方案搞乱。实际上，这个例子说明的所有问题都是由编译器自动生成的成员函数引起的，下面介绍这个主题。

12.1.2 特殊成员函数

StringBad类的问题是由特殊成员函数引起的。这些成员函数是自动定义的，就StringBad而言，这些函数的行为与类设计不符。具体地说，C++自动提供了下面这些成员函数：

- 默认构造函数，如果没有定义构造函数；
- 默认析构函数，如果没有定义；
- 复制构造函数，如果没有定义；
- 赋值运算符，如果没有定义；
- 地址运算符，如果没有定义。

更准确地说，编译器将生成上述最后三个函数的定义——如果程序使用对象的方式要求这样做。例如，如果您将一个对象赋给另一个对象，编译器将提供赋值运算符的定义。

结果表明，StringBad类中的问题是由隐式复制构造函数和隐式赋值运算符引起的。

隐式地址运算符返回调用对象的地址（即this指针的值）。这与我们的初衷是一致的，在此不详细讨论该成员函数。默认析构函数不执行任何操作，因此这里也不讨论，但需要指出的是，这个类已经提供默认构造函数。至于其他成员函数还需要进一步讨论。

C++11提供了另外两个特殊成员函数：移动构造函数（move constructor）和移动赋值运算符（move assignment operator），这将在第18章讨论。

1. 默认构造函数

如果没有提供任何构造函数，C++将创建默认构造函数。例如，假如定义了一个Klunk类，但没有提供任何构造函数，则编译器将提供下述默认构造函数：

```
Klunk::Klunk() { } // implicit default constructor
```

也就是说，编译器将提供一个不接受任何参数，也不执行任何操作的构造函数（默认的默认构造函数），这是因为创建对象时总是会调用构造函数：

```
Klunk lunk; // invokes default constructor
```

默认构造函数使lunk类似于一个常规的自动变量，也就是说，它的值在初始化时是未知的。

如果定义了构造函数，C++将不会定义默认构造函数。如果希望在创建对象时不显式地对它进行初始化，则必须显式地定义默认构造函数。这种构造函数没有任何参数，但可以使用它来设置特定的值：

```
Klunk::Klunk() // explicit default constructor
{
    klunk_ct = 0;
    ...
}
```

带参数的构造函数也可以是默认构造函数，只要所有参数都有默认值。例如，Klunk 类可以包含下述内联构造函数：

```
Klunk(int n = 0) { klunk_ct = n; }
```

但只能有一个默认构造函数。也就是说，不能这样做：

```
Klunk() { klunk_ct = 0 }            // constructor #1
Klunk(int n = 0) { klunk_ct = n; } // ambiguous constructor #2
```

这为何有二义性呢？请看下面两个声明：

```
Klunk kar(10); // clearly matches Klunt(int n)
Klunk bus;     // could match either constructor
```

第二个声明既与构造函数#1（没有参数）匹配，也与构造函数#2（使用默认参数 0）匹配。这将导致编译器发出一条错误消息。

2．复制构造函数

复制构造函数用于将一个对象复制到新创建的对象中。也就是说，它用于初始化过程中（包括按值传递参数），而不是常规的赋值过程中。类的复制构造函数原型通常如下：

```
Class_name(const Class_name &);
```

它接受一个指向类对象的常量引用作为参数。例如，StringBad 类的复制构造函数的原型如下：

```
StringBad(const StringBad &);
```

对于复制构造函数，需要知道两点：何时调用和有何功能。

3．何时调用复制构造函数

新建一个对象并将其初始化为同类现有对象时，复制构造函数都将被调用。这在很多情况下都可能发生，最常见的情况是将新对象显式地初始化为现有的对象。例如，假设 motto 是一个 StringBad 对象，则下面 4 种声明都将调用复制构造函数：

```
StringBad ditto(motto);  // calls StringBad(const StringBad &)
StringBad metoo = motto; // calls StringBad(const StringBad &)
StringBad also = StringBad(motto);
                         // calls StringBad(const StringBad &)
StringBad * pStringBad = new StringBad(motto);
                         // calls StringBad(const StringBad &)
```

其中中间的 2 种声明可能会使用复制构造函数直接创建 metoo 和 also，也可能使用复制构造函数生成一个临时对象，然后将临时对象的内容赋给 metoo 和 also，这取决于具体的实现。最后一种声明使用 motto 初始化一个匿名对象，并将新对象的地址赋给 pStringBad 指针。

每当程序生成了对象副本时，编译器都将使用复制构造函数。具体地说，当函数按值传递对象（如程序清单 12.3 中的 callme2()）或函数返回对象时，都将使用复制构造函数。记住，按值传递意味着创建原始变量的一个副本。编译器生成临时对象时，也将使用复制构造函数。例如，将 3 个 Vector 对象相加时，编译器可能生成临时的 Vector 对象来保存中间结果。何时生成临时对象随编译器而异，但无论是哪种编译器，当按值传递和返回对象时，都将调用复制构造函数。具体地说，程序清单 12.3 中的函数调用将调用下面的复制构造函数：

```
callme2(headline2);
```

程序使用复制构造函数初始化 sb——callme2()函数的 StringBad 型形参。

由于按值传递对象将调用复制构造函数，因此应该按引用传递对象。这样可以节省调用构造函数的时间以及存储新对象的空间。

4．默认的复制构造函数的功能

默认的复制构造函数逐个复制非静态成员（成员复制也称为浅复制），复制的是成员的值。在程序清单 12.3 中，下述语句：

```
StringBad sailor = sports;
```

与下面的代码等效（只是由于私有成员是无法访问的，因此这些代码不能通过编译）：

```
StringBad sailor;
sailor.str = sports.str;
sailor.len = sports.len;
```

如果成员本身就是类对象，则将使用这个类的复制构造函数来复制成员对象。静态成员（如 num_strings）不受影响，因为它们属于整个类，而不是各个对象。图 12.2 说明了隐式复制构造函数执行的操作。

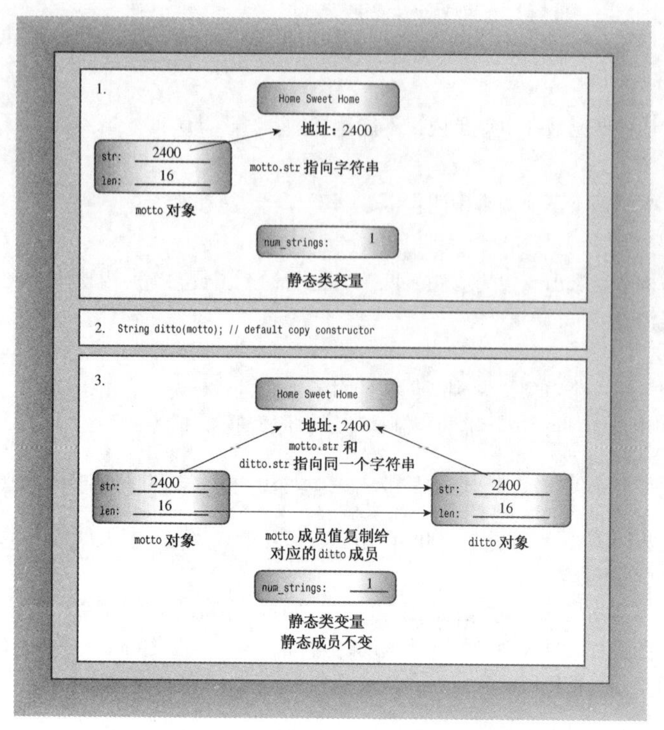

图 12.2 逐个复制成员

12.1.3 回到 StringBad：复制构造函数的哪里出了问题

现在介绍程序清单 12.3 的两个异常之处（假设输出为该程序清单后面列出的）。首先，程序的输出表明，析构函数的调用次数比构造函数的调用次数多 2，原因可能是程序确实使用默认的复制构造函数另外创建了两个对象。当 callme2()被调用时，复制构造函数被用来初始化 callme2()的形参，还被用来将对象 sailor 初始化为对象 sports。默认的复制构造函数不说明其行为，因此它不指出创建过程，也不增加计数器 num_strings 的值。但析构函数更新了计数，并且在任何对象过期时都将被调用，而不管对象是如何被创建的。这是一个问题，因为这意味着程序无法准确地记录对象计数。解决办法是提供一个对计数进行更新的显式复制构造函数：

```
StringBad::StringBad(const StringBad & s)
{
    num_strings++;
    ...// important stuff to go here
}
```

提示：如果类中包含这样的静态数据成员，即其值将在新对象被创建时发生变化，则应该提供一个显式复制构造函数来处理计数问题。

第二个异常之处更微妙，也更危险，其症状之一是字符串内容出现乱码：

```
headline2: Dû°
```

原因在于隐式复制构造函数是按值进行复制的。例如，对于程序清单 12.3，隐式复制构造函数的功能相当于：

```
sailor.str = sport.str;
```

这里复制的并不是字符串，而是一个指向字符串的指针。也就是说，将 sailor 初始化为 sports 后，得到的是两个指向同一个字符串的指针。当 operator <<()函数使用指针来显示字符串时，这并不会出现问题。但当析构函数被调用时，这将引发问题。析构函数 StringBad 释放 str 指针指向的内存，因此释放 sailor 的效果如下：

```
delete [] sailor.str; // delete the string that ditto.str points to
```

sailor.str 指针指向“Spinach Leaves Bowl for Dollars”，因为它被赋值为 sports.str，而 sports.str 指向的

正是上述字符串。所以 delete 语句将释放字符串“Spinach Leaves Bowl for Dollars”占用的内存。

然后，释放 sports 的效果如下：

```
delete [] sports.str; // effect is undefined
```

sports.str 指向的内存已经被 sailor 的析构函数释放，这将导致不确定的、可能有害的后果。程序清单 12.3 中的程序生成受损的字符串，这通常是内存管理不善的表现。

另一个症状是，试图释放内存两次可能导致程序异常终止。例如，Microsoft Visual C++ 2010（调试模式）显示一个错误消息窗口，指出“Debug Assertion Failed!”；而在 Linux 中，g++ 4.4.1 显示消息“double free or corruption”并终止程序运行。其他系统可能提供不同的消息，甚至不提供任何消息，但程序中的错误是相同的。

1. 定义一个显式复制构造函数以解决问题

解决类设计中这种问题的方法是进行深度复制（deep copy）。也就是说，复制构造函数应当复制字符串并将副本的地址赋给 str 成员，而不仅仅是复制字符串地址。这样每个对象都有自己的字符串，而不是引用另一个对象的字符串。调用析构函数时都将释放不同的字符串，而不会试图去释放已经被释放的字符串。可以这样编写 String 的复制构造函数：

```
StringBad::StringBad(const StringBad & st)
{
    num_strings++;                  // handle static member update
    len = st.len;                   // same length
    str = new char [len + 1];       // allot space
    std::strcpy(str, st.str);       // copy string to new location
    cout << num_strings << ": \"" << str
         << "\" object created\n"; // For Your Information
}
```

必须定义复制构造函数的原因在于，一些类成员是使用 new 初始化的、指向数据的指针，而不是数据本身。图 12.3 说明了深度复制。

警告：如果类中包含了使用 new 初始化的指针成员，应当定义一个复制构造函数，以复制指向的数据，而不是指针，这被称为深度复制。复制的另一种形式（成员复制或浅复制）只是复制指针值。浅复制仅浅浅地复制指针信息，而不会深入“挖掘”以复制指针引用的结构。

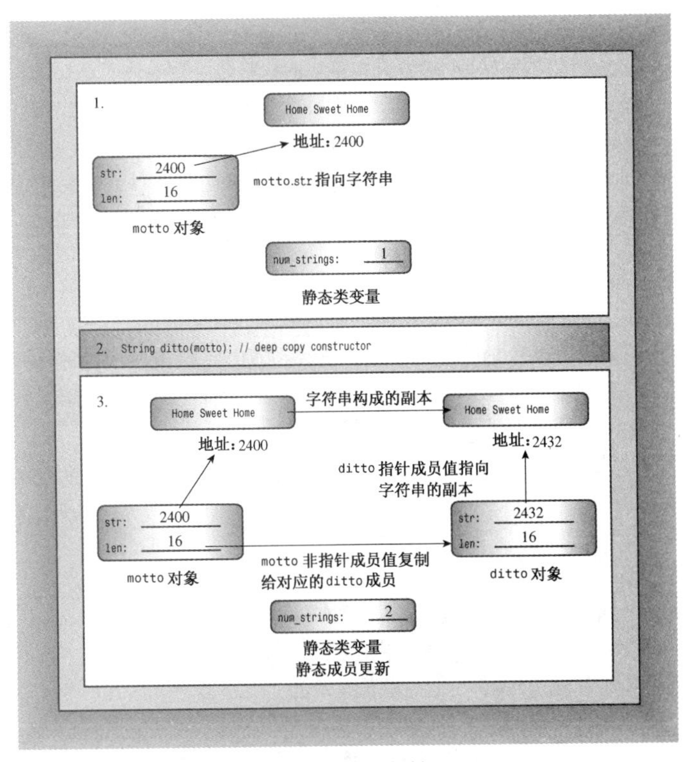

图 12.3　深度复制

12.1.4 StringBad 的其他问题：赋值运算符

并不是程序清单 12.3 的所有问题都可以归咎于默认的复制构造函数，还需要看一看默认的赋值运算符。ANSI C 允许结构赋值，而 C++允许类对象赋值，这是通过自动为类重载赋值运算符实现的。这种运算符的原型如下：

```
Class_name & Class_name::operator=(const Class_name &);
```

它接受并返回一个指向类对象的引用。例如，StringBad 类的赋值运算符的原型如下：

```
StringBad & StringBad::operator=(const StringBad &);
```

1. 赋值运算符的功能以及何时使用它

将已有的对象赋给另一个对象时，将使用重载的赋值运算符：

```
StringBad headline1("Celery Stalks at Midnight");
...
StringBad knot;
knot = headline1; // assignment operator invoked
```

初始化对象时，并不一定会使用赋值运算符：

```
StringBad metoo = knot; // use copy constructor, possibly assignment, too
```

这里，metoo 是一个新创建的对象，被初始化为 knot 的值，因此使用复制构造函数。然而，正如前面指出的，实现时也可能分两步来处理这条语句：使用复制构造函数创建一个临时对象，然后通过赋值将临时对象的值复制到新对象中。这就是说，初始化总是会调用复制构造函数，而使用=运算符时也允许调用赋值运算符。

与复制构造函数相似，赋值运算符的隐式实现也对成员进行逐个复制。如果成员本身就是类对象，则程序将使用为这个类定义的赋值运算符来复制该成员，但静态数据成员不受影响。

2. 赋值的问题出在哪里

程序清单 12.3 将 headline1 赋给 knot：

```
knot = headline1;
```

为 knot 调用析构函数时，将显示下面的消息：

```
"Celery Stalks at Midnight" object deleted, 2 left
```

为 Headline1 调用析构函数时，显示如下消息（有些实现方式在此之前就异常终止了）：

```
"-|" object deleted, -2 left
```

出现的问题与隐式复制构造函数相同：数据受损。这也是成员复制的问题，即导致 headline1.str 和 knot.str 指向相同的地址。因此，当对 knot 调用析构函数时，将删除字符串“Celery Stalks at Midnight”；当对 headline1 调用析构函数时，将试图删除前面已经删除的字符串。正如前面指出的，试图删除已经删除的数据导致的结果是不确定的，因此可能改变内存中的内容，导致程序异常终止。要指出的是，如果操作结果是不确定的，则执行的操作将随编译器而异，包括显示独立声明（Declaration of Independence）或释放隐藏文件占用的硬盘空间。当然，编译器开发人员通常不会花时间添加这样的行为。

3. 解决赋值的问题

对于由于默认赋值运算符不合适而导致的问题，解决办法是提供赋值运算符（进行深度复制）定义。其实现与复制构造函数相似，但也有一些差别。

- 由于目标对象可能引用了以前分配的数据，所以函数应使用 delete[ ]来释放这些数据。
- 函数应当避免将对象赋给自身；否则，给对象重新赋值前，释放内存操作可能删除对象的内容。
- 函数返回一个指向调用对象的引用。

通过返回一个对象，函数可以像常规赋值操作那样，连续进行赋值，即如果 S0、S1 和 S2 都是 StringBad 对象，则可以编写这样的代码：

```
S0 = S1 = S2;
```

使用函数表示法时，上述代码为：

```
S0.operator=(S1.operator=(S2));
```

因此，S1.operator=(S2)的返回值是函数 S0.operator=()的参数。

因为返回值是一个指向 StringBad 对象的引用，因此参数类型是正确的。

下面的代码说明了如何为 StringBad 类编写赋值运算符：

```
StringBad & StringBad::operator=(const StringBad & st)
{
    if (this == &st)           // object assigned to itself
        return *this;          // all done
```

```
    delete [] str;            // free old string
    len = st.len;
    str = new char [len + 1]; // get space for new string
    std::strcpy(str, st.str); // copy the string
    return *this;             // return reference to invoking object
}
```

代码首先检查自我复制，这是通过查看赋值运算符右边的地址（&s）是否与接收对象（this）的地址相同来完成的。如果相同，程序将返回*this，然后结束。第 10 章介绍过，赋值运算符是只能由类成员函数重载的运算符之一。

如果地址不同，函数将释放 str 指向的内存，这是因为稍后将把一个新字符串的地址赋给 str。如果不首先使用 delete 运算符，则上述字符串将保留在内存中。由于程序中不再包含指向该字符串的指针，因此这些内存被浪费掉。

接下来的操作与复制构造函数相似，即为新字符串分配足够的内存空间，然后将赋值运算符右边的对象中的字符串复制到新的内存单元中。

上述操作完成后，程序返回*this 并结束。

赋值操作并不创建新的对象，因此不需要调整静态数据成员 num_strings 的值。

将前面介绍的复制构造函数和赋值运算符添加到 StringBad 类中后，所有的问题都解决了。例如，下面是在完成上述修改后，程序输出的最后几行：

```
"Celery Stalks at Midnight" object deleted, 4 left
"Spinach Leaves Bowl for Dollars" object deleted, 3 left
"Spinach Leaves Bowl for Dollars" object deleted, 2 left
"Lettuce Prey" object deleted, 1 left
"Celery Stalks at Midnight" object deleted, 0 left
End of main()
```

现在，对象计数是正确的，字符串也没有被损坏。

12.2 改进后的新 String 类

有了更丰富的知识后，可以对 StringBad 类进行修订，将它重命名为 String 了。首先，添加前面介绍过的复制构造函数和赋值运算符，使类能够正确管理类对象使用的内存。其次，由于您已经知道对象何时被创建和释放，因此可以让类构造函数和析构函数保持沉默，不再在每次被调用时都显示消息。另外，也不用再监视构造函数的工作情况，因此可以简化默认构造函数，使之创建一个空字符串，而不是“C++”。

接下来，可以在类中添加一些新功能。String 类应该包含标准字符串函数库 cstring 的所有功能，才会比较有用，但这里只添加足以说明其工作原理的功能（注意，String 类只是一个用作说明的示例，而 C++ 标准 string 类的内容丰富得多）。具体地说，将添加以下方法：

```
int length () const { return len; }
friend bool operator<(const String &st, const String &st2);
friend bool operator>(const String &st1, const String &st2);
friend bool operator==(const String &st, const String &st2);
friend operator>>(istream & is, String & st);
char & operator[](int i);
const char & operator[](int i) const;
static int HowMany();
```

第一个新方法返回被存储的字符串的长度。接下来的 3 个友元函数能够对字符串进行比较。Operator>>()函数提供了简单的输入功能；两个 operator[]()函数提供了以数组表示法访问字符串中各个字符的功能。静态类方法 Howmany()将补充静态类数据成员 num_string。下面来看一看具体情况。

12.2.1 修订后的默认构造函数

请注意新的默认构造函数，它与下面类似：

```
String::String()
{
    len = 0;
    str = new char[1];
    str[0] = '\0';        // default string
}
```

您可能会问，为什么代码为：

```
str = new char[1];
```

而不是：

```
str = new char;
```

上面两种方式分配的内存量相同，区别在于前者与类析构函数兼容，而后者不兼容。析构函数中包含如下代码：

```
delete [] str;
```

delete[]与使用 new[]初始化的指针和空指针都兼容。因此对于下述代码：

```
str = new char[1];
str[0] = '\0';     // default string
```

可修改为：

```
str = 0; // sets str to the null pointer
```

对于以其他方式初始化的指针，使用 delete [ ]时，结果将是不确定的：

```
char words[15] = "bad idea";
char * p1= words;
char * p2 = new char;
char * p3;
delete [] p1; // undefined, so don't do it
delete [] p2; // undefined, so don't do it
delete [] p3; // undefined, so don't do it
```

C++11 空指针

在 C++98 中，字面值 0 有两个含义：可以表示数字值零，也可以表示空指针，这使得阅读程序的人和编译器难以区分。有些程序员使用（void *）0 来标识空指针（空指针本身的内部表示可能不是零），还有些程序员使用 NULL，这是一个表示空指针的 C 语言宏。C++11 提供了更好的解决方案：引入新关键字 nullptr，用于表示空指针。您仍可像以前一样使用 0——否则大量现有的代码将非法，但建议您使用 nullptr：

```
str = nullptr; // C++11 null pointer notation
```

12.2.2　比较成员函数

在 String 类中，执行比较操作的方法有 3 个。如果按字母顺序（更准确地说，按照机器排序序列），第一个字符串在第二个字符串之前，则 operator<()函数返回 true。要实现字符串比较函数，最简单的方法是使用标准的 strcmp()函数，如果依照字母顺序，第一个参数位于第二个参数之前，则该函数返回一个负值；如果两个字符串相同，则返回 0；如果第一个参数位于第二个参数之后，则返回一个正值。因此，可以这样使用 strcmp()：

```
bool operator<(const String &st1, const String &st2)
{
    if (std::strcmp(st1.str, st2.str) < 0)
        return true;
    else
        return false;
}
```

因为内置的>运算符返回的是一个布尔值，所以可以将代码进一步简化为：

```
bool operator<(const String &st1, const String &st2)
{
    return (std::strcmp(st1.str, st2.str) < 0);
}
```

同样，可以按照下面的方式来编写另外两个比较函数：

```
bool operator>(const String &st1, const String &st2)
{
    return st2 < st1;
}
bool operator==(const String &st1, const String &st2)
{
    return (std::strcmp(st1.str, st2.str) == 0);
}
```

第一个定义利用了<运算符来表示>运算符，对于内联函数，这是一种很好的选择。

将比较函数作为友元，有助于将 String 对象与常规的 C 字符串进行比较。例如，假设 answer 是 String 对象，则下面的代码：

```
if ("love" == answer)
```

将被转换为：

```
if (operator==("love", answer))
```

然后，编译器将使用某个构造函数将代码转换为：

```
if (operator==(String("love"), answer))
```

这与原型是相匹配的。

12.2.3 使用中括号表示法访问字符

对于标准 C 风格字符串来说，可以使用中括号来访问其中的字符：

```
char city[40] = "Amsterdam";
cout << city[0] << endl; // display the letter A
```

在 C++中，两个中括号组成一个运算符——中括号运算符，可以使用方法 operator[ ]()来重载该运算符。通常，二元 C++运算符（带两个操作数）位于两个操作数之间，例如 2 +5。但对于中括号运算符，一个操作数位于第一个中括号的前面，另一个操作数位于两个中括号之间。因此，在表达式 city[0]中，city 是第一个操作数，[]是运算符，0 是第二个操作数。

假设 opera 是一个 String 对象：

```
String opera("The Magic Flute");
```

则对于表达式 opera[4]，C++将查找名称和特征标与此相同的方法：

```
String::operator[](int i)
```

如果找到匹配的原型，编译器将使用下面的函数调用来替代表达式 opera[4]：

```
opera.operator[](4)
```

opera 对象调用该方法，数组下标 4 成为该函数的参数。

下面是该方法的简单实现：

```
char & String::operator[](int i)
{
    return str[i];
}
```

有了上述定义后，语句：

```
cout << opera[4];
```

将被转换为：

```
cout << opera.operator[](4);
```

返回值是 opera.str[4]（字符 M）。由此，公有方法可以访问私有数据。

将返回类型声明为 char &，便可以给特定元素赋值。例如，可以编写这样的代码：

```
String means("might");
means[0] = 'r';
```

第二条语句将被转换为一个重载运算符函数调用：

```
means.operator[](0) = 'r';
```

这里将 r 赋给方法的返回值，而函数返回的是指向 means.str[0]的引用，因此上述代码等同于下面的代码：

```
means.str[0] = 'r';
```

代码的最后一行访问的是私有数据，但由于 operator [ ]()是类的一个方法，因此能够修改数组的内容。最终的结果是“might”被改为“right”。

假设有下面的常量对象：

```
const String answer("futile");
```

如果只有上述 operator[ ]()定义，则下面的代码将出错：

```
cout << answer[1]; // compile-time error
```

原因是 answer 是常量，而上述方法无法确保不修改数据（实际上，有时该方法的工作就是修改数据，因此无法确保不修改数据）。

但在重载时，C++将区分常量和非常量函数的特征标，因此可以提供另一个仅供 const String 对象使用的 operator[]()版本：

```
// for use with const String objects
const char & String::operator[](int i) const
{
    return str[i];
}
```

有了上述定义后，就可以读/写常规 String 对象了；而对于 const String 对象，则只能读取其数据：

```
String text("Once upon a time");
const String answer("futile");
cout << text[1];    // ok, uses non-const version of operator[]()
cout << answer[1];  // ok, uses const version of operator[]()
```

```
cin >> text[1];      // ok, uses non-const version of operator[]()
cin >> answer[1];    // compile-time error
```

12.2.4 静态类成员函数

可以将成员函数声明为静态的（函数声明必须包含关键字 static，但如果函数定义是独立的，则其中不能包含关键字 static），这样做有两个重要的后果。

首先，不能通过对象调用静态成员函数；实际上，静态成员函数甚至不能使用 this 指针。如果静态成员函数是在公有部分声明的，则可以使用类名和作用域解析运算符来调用它。例如，可以给 String 类添加一个名为 HowMany()的静态成员函数，方法是在类声明中添加如下原型/定义：

```
static int HowMany() { return num_strings; }
```

调用它的方式如下：

```
int count = String::HowMany(); // invoking a static member function
```

其次，由于静态成员函数不与特定的对象相关联，因此只能使用静态数据成员。例如，静态方法 HowMany()可以访问静态成员 num_string，但不能访问 str 和 len。

同样，也可以使用静态成员函数设置类级（classwide）标记，以控制某些类接口的行为。例如，类级标记可以控制显示类内容的方法所使用的格式。

12.2.5 进一步重载赋值运算符

介绍针对 String 类的程序清单之前，先来考虑另一个问题。假设要将常规字符串复制到 String 对象中。例如，假设使用 getline()读取了一个字符串，并要将这个字符串放置到 String 对象中，前面定义的类方法让您能够这样编写代码：

```
String name;
char temp[40];
cin.getline(temp, 40);
name = temp; // use constructor to convert type
```

但如果经常需要这样做，这将不是一种理想的解决方案。为解释其原因，先来回顾一下最后一条语句是怎样工作的。

1. 程序使用构造函数 String（const char *）来创建一个临时 String 对象，其中包含 temp 中的字符串副本。第 11 章介绍过，只有一个参数的构造函数被用作转换函数。

2. 本章后面的程序清单 12.6 中的程序使用 String & String::operator=（const String &）函数将临时对象中的信息复制到 name 对象中。

3. 程序调用析构函数~String()删除临时对象。

为提高处理效率，最简单的方法是重载赋值运算符，使之能够直接使用常规字符串，这样就不用创建和删除临时对象了。下面是一种可能的实现：

```
String & String::operator=(const char * s)
{
    delete [] str;
    len = std::strlen(s);
    str = new char[len + 1];
    std::strcpy(str, s);
    return *this;
}
```

一般说来，必须释放 str 指向的内存，并为新字符串分配足够的内存。

程序清单 12.4 列出了修订后的类声明。除了前面提到过的修改之外，这里还定义了一个 CINLIM 常量，用于实现 operator>>()。

程序清单 12.4 string1.h

```
// string1.h -- fixed and augmented string class definition

#ifndef STRING1_H_
#define STRING1_H_
#include <iostream>
using std::ostream;
using std::istream;

class String
```

```
{
private:
    char * str;                    // pointer to string
    int len;                       // length of string
    static int num_strings;        // number of objects
    static const int CINLIM = 80; // cin input limit
public:
// constructors and other methods
    String(const char * s);       // constructor
    String();                     // default constructor
    String(const String &);       // copy constructor
    ~String();                    // destructor
    int length () const { return len; }
// overloaded operator methods
    String & operator=(const String &);
    String & operator=(const char *);
    char & operator[](int i);
    const char & operator[](int i) const;
// overloaded operator friends
    friend bool operator<(const String &st, const String &st2);
    friend bool operator>(const String &st1, const String &st2);
    friend bool operator==(const String &st, const String &st2);
    friend ostream & operator<<(ostream & os, const String & st);
    friend istream & operator>>(istream & is, String & st);
// static function
    static int HowMany();
};
#endif
```

程序清单 12.5 给出了修订后的方法定义。

程序清单 12.5　string1.cpp

```
// string1.cpp -- String class methods
#include <cstring>                // string.h for some
#include "string1.h"              // includes <iostream>
using std::cin;
using std::cout;

// initializing static class member

int String::num_strings = 0;

// static method
int String::HowMany()
{
    return num_strings;
}

// class methods
String::String(const char * s)   // construct String from C string
{
    len = std::strlen(s);         // set size
    str = new char[len + 1];      // allot storage
    std::strcpy(str, s);          // initialize pointer
    num_strings++;                // set object count
}

String::String()                  // default constructor
{
    len = 4;
    str = new char[1];
    str[0] = '\0'; // default string
    num_strings++;
}

String::String(const String & st)
{
    num_strings++;             // handle static member update
    len = st.len;              // same length
    str = new char [len + 1]; // allot space
    std::strcpy(str, st.str); // copy string to new location
}

String::~String()  // necessary destructor
{
```

```
    --num_strings; // required
    delete [] str; // required
}

// overloaded operator methods

    // assign a String to a String
String & String::operator=(const String & st)
{
    if (this == &st)
        return *this;
    delete [] str;
    len = st.len;
    str = new char[len + 1];
    std::strcpy(str, st.str);
    return *this;
}

    // assign a C string to a String
String & String::operator=(const char * s)
{
    delete [] str;
    len = std::strlen(s);
    str = new char[len + 1];
    std::strcpy(str, s);
    return *this;
}

    // read-write char access for non-const String
char & String::operator[](int i)
{
    return str[i];
}

    // read-only char access for const String
const char & String::operator[](int i) const
{
    return str[i];
}

// overloaded operator friends

bool operator<(const String &st1, const String &st2)
{
    return (std::strcmp(st1.str, st2.str) < 0);
}

bool operator>(const String &st1, const String &st2)
{
    return st2 < st1;
}

bool operator==(const String &st1, const String &st2)
{
    return (std::strcmp(st1.str, st2.str) == 0);
}
    // simple String output
ostream & operator<<(ostream & os, const String & st)
{
    os << st.str;
    return os;
}

    // quick and dirty String input
istream & operator>>(istream & is, String & st)
{
    char temp[String::CINLIM];
    is.get(temp, String::CINLIM);
    if (is)
        st = temp;
    while (is && is.get() != '\n')
        continue;
    return is;
}
```

重载>>运算符提供了一种将键盘输入行读入 String 对象中的简单方法。它假定输入的字符数不多于

String::CINLIM 的字符数，并丢弃多余的字符。在 if 条件下，如果由于某种原因（如到达文件尾或 get（char *, int）读取的是一个空行）导致输入失败，istream 对象的值将置为 false。

程序清单 12.6 通过一个小程序来使用这个类，该程序允许输入几个字符串。程序首先提示用户输入，然后将用户输入的字符串存储到 String 对象中，并显示它们，最后指出哪个字符串最短、哪个字符串按字母顺序排在最前面。

程序清单 12.6 sayings1.cpp

```
// sayings1.cpp -- using expanded String class
// compile with string1.cpp
#include <iostream>
#include "string1.h"
const int ArSize = 10;
const int MaxLen =81;
int main()
{
    using std::cout;
    using std::cin;
    using std::endl;
    String name;
    cout <<"Hi, what's your name?\n>> ";
    cin >> name;

    cout << name << ", please enter up to " << ArSize
         << " short sayings <empty line to quit>:\n";
    String sayings[ArSize]; // array of objects
    char temp[MaxLen]; // temporary string storage
    int i;
    for (i = 0; i < ArSize; i++)
    {
        cout << i+1 << ": ";
        cin.get(temp, MaxLen);
        while (cin && cin.get() != '\n')
            continue;
        if (!cin || temp[0] == '\0') // empty line?
            break;                  // i not incremented
        else
            sayings[i] = temp;      // overloaded assignment
    }
    int total = i;                  // total # of lines read

    if ( total > 0)
    {
        cout << "Here are your sayings:\n";
        for (i = 0; i < total; i++)
            cout << sayings[i][0] << ": " << sayings[i] << endl;

        int shortest = 0;
        int first = 0;
        for (i = 1; i < total; i++)
        {
            if (sayings[i].length() < sayings[shortest].length())
                shortest = i;
            if (sayings[i] < sayings[first])
                first = i;
        }
        cout << "Shortest saying:\n" << sayings[shortest] << endl;
        cout << "First alphabetically:\n" << sayings[first] << endl;
        cout << "This program used "<< String::HowMany()
             << " String objects. Bye.\n";
    }
    else
        cout << "No input! Bye.\n";
    return 0;
}
```

注意：较早的 get（char *, int）版本在读取空行后，返回的值不为 false。然而，对于这些版本来说，如果读取了一个空行，则字符串中第一个字符将是一个空字符。这个示例使用了下述代码：

```
if (!cin || temp[0] == '\0') // empty line?
    break;                   // i not incremented
```

如果实现遵循了最新的 C++标准，则 if 语句中的第一个条件将检测到空行，第二个条件用于旧版本实现中检测空行。

程序清单 12.6 中程序要求用户输入至多 10 条谚语。每条谚语都被读到一个临时字符数组，然后被复制到 String 对象中。如果用户输入空行，break 语句将终止输入循环。显示用户的输入后，程序使用成员函数 length()和 operator <()来确定最短的字符串以及按字母顺序排列在最前面的字符串。程序还使用下标运算符（[]）提取每条谚语的第一个字符，并将其放在该谚语的最前面。下面是运行情况：

```
Hi, what's your name?
>> Misty Gutz
Misty Gutz, please enter up to 10 short sayings <empty line to quit>:
1: a fool and his money are soon parted
2: penny wise, pound foolish
3: the love of money is the root of much evil
4: out of sight, out of mind
5: absence makes the heart grow fonder
6: absinthe makes the hart grow fonder
7:
Here are your sayings:
a: a fool and his money are soon parted
p: penny wise, pound foolish
t: the love of money is the root of much evil
o: out of sight, out of mind
a: absence makes the heart grow fonder
a: absinthe makes the hart grow fonder
Shortest saying:
penny wise, pound foolish
First alphabetically:
a fool and his money are soon parted
This program used 11 String objects. Bye.
```

12.3 在构造函数中使用 new 时应注意的事项

至此，您知道使用 new 初始化对象的指针成员时必须特别小心。具体地说，应当这样做。

- 如果在构造函数中使用 new 来初始化指针成员，则应在析构函数中使用 delete。
- new 和 delete 必须相互兼容。new 对应于 delete，new[ ]对应于 delete[ ]。
- 如果有多个构造函数，则必须以相同的方式使用 new，要么都带中括号，要么都不带。因为只有一个析构函数，所有的构造函数都必须与它兼容。然而，可以在一个构造函数中使用 new 初始化指针，而在另一个构造函数中将指针初始化为空（0 或 C++11 中的 nullptr），这是因为 delete（无论是带中括号还是不带中括号）可以用于空指针。

NULL、0 还是 nullptr： 以前，空指针可以用 0 或 NULL（在很多头文件中，NULL 是一个被定义为 0 的符号常量）来表示。C 程序员通常使用 NULL 而不是 0，以指出这是一个指针，就像使用'\0'而不是 0 来表示空字符，以指出这是一个字符一样。然而，C++传统上更喜欢用简单的 0，而不是等价的 NULL。但正如前面指出的，C++11 提供了关键字 nullptr，这是一种更好的选择。

- 应定义一个复制构造函数，通过深度复制将一个对象初始化为另一个对象。通常，这种构造函数与下面类似。

```
String::String(const String & st)
{
    num_strings++;             // handle static member update if necessary
    len = st.len;              // same length as copied string
    str = new char [len + 1]; // allot space
    std::strcpy(str, st.str); // copy string to new location
}
```

具体地说，复制构造函数应分配足够的空间来存储复制的数据，并复制数据，而不仅仅是数据的地址。另外，还应该更新所有受影响的静态类成员。

- 应当定义一个赋值运算符，通过深度复制将一个对象复制给另一个对象。通常，该类方法与下面类似：

```
String & String::operator=(const String & st)
{
    if (this == &st)  // object assigned to itself
        return *this; // all done
    delete [] str;    // free old string
    len = st.len;
    str = new char [len + 1]; // get space for new string
```

```
    std::strcpy(str, st.str); // copy the string
    return *this;             // return reference to invoking object
}
```

具体地说，该方法应完成这些操作：检查自我赋值的情况，释放成员指针以前指向的内存，复制数据而不仅仅是数据的地址，并返回一个指向调用对象的引用。

12.3.1 应该和不应该

下面的摘要包含了两个不正确的示例（指出什么是不应当做的）以及一个良好的构造函数示例：

```
String::String()
{
    str = "default string"; // oops, no new []
    len = std::strlen(str);
}

String::String(const char * s)
{
    len = std::strlen(s);
    str = new char;        // oops, no []
    std::strcpy(str, s);   // oops, no room
}

String::String(const String & st)
{
        len = st.len;
        str = new char[len + 1];  // good, allocate space
        std::strcpy(str, st.str); // good, copy value
}
```

第一个构造函数没有使用 new 来初始化 str。对默认对象调用析构函数时，析构函数使用 delete 来释放 str。对不是使用 new 初始化的指针使用 delete 时，结果将是不确定的，并可能是有害的。可将该构造函数修改为下面的任何一种形式：

```
String::String()
{
    len = 0;
    str = new char[1]; // uses new with []
    str[0] = '\0';
}
String::String()
{
    len = 0;
    str = 0; // or, with C++11, str = nullptr;
}

String::String()
{
    static const char * s = "C++"; // initialized just once
    len = std::strlen(s);
    str = new char[len + 1];       // uses new with []
    std::strcpy(str, s);
}
```

摘录中的第二个构造函数使用了 new，但分配的内存量不正确。因此，new 返回的内存块只能保存一个字符。试图将过长的字符串复制到该内存单元中，将导致内存问题。另外，这里使用的 new 不带中括号，这与另一个构造函数的正确格式不一致。

第三个构造函数是正确的。

最后，下面的析构函数无法与前面的构造函数正常地协同工作：

```
String::~String()
{
    delete str;          // oops, should be delete [] str;
}
```

该析构函数未能正确地使用 delete。由于构造函数创建的是一个字符数组，因此析构函数应该删除一个数组。

12.3.2 包含类成员的类的逐成员复制

假设类成员的类型为 String 类或标准 string 类：

```
class Magazine
{
```

```
private:
    String title;
    string publisher;
...
};
```

String 和 string 都使用动态内存分配，这是否意味着需要为 Magazine 类编写复制构造函数和赋值运算符？不，至少对这个类本身来说不需要。默认的逐成员复制和赋值行为有一定的智能。如果您将一个 Magazine 对象复制或赋值给另一个 Magazine 对象，逐成员复制将使用成员类型定义的复制构造函数和赋值运算符。也就是说，复制成员 title 时，将使用 String 的复制构造函数，而将成员 title 赋给另一个 Magazine 对象时，将使用 String 的赋值运算符，依此类推。然而，如果 Magazine 类因其他成员需要定义复制构造函数和赋值运算符，情况将更复杂；在这种情况下，这些函数必须显式地调用 String 和 string 的复制构造函数和赋值运算符，这将在第 13 章介绍。

12.4　有关返回对象的说明

当成员函数或独立的函数返回对象时，有几种返回方式可供选择。可以返回指向对象的引用、指向对象的 const 引用或 const 对象。到目前为止，介绍了前两种方式，但没有介绍最后一种方式，现在是复习这些方式的好时机。

12.4.1　返回指向 const 对象的引用

使用 const 引用的常见原因是旨在提高效率，但对于何时可以采用这种方式存在一些限制。如果函数返回（通过调用对象的方法或将对象作为参数）传递给它的对象，可以通过返回引用来提高其效率。例如，假设要编写函数 Max()，它返回两个 Vector 对象中较大的一个，其中 Vector 是第 11 章开发的一个类。该函数将以下面的方式被使用：

```
Vector force1(50,60);
Vector force2(10,70);
Vector max;
max = Max(force1, force2);
```

下面两种实现都是可行的：

```
// version 1
Vector Max(const Vector & v1, const Vector & v2)
{
    if (v1.magval() > v2.magval())
        return v1;
    else
        return v2;
}

// version 2
const Vector & Max(const Vector & v1, const Vector & v2)
{
    if (v1.magval() > v2.magval())
        return v1;
    else
        return v2;
}
```

这里有三点需要说明。首先，返回对象将调用复制构造函数，而返回引用不会。因此，第二个版本所做的工作更少，效率更高。其次，引用指向的对象应该在调用函数执行时存在。在这个例子中，引用指向 force1 或 force2，它们都是在调用函数中定义的，因此满足这种条件。最后，v1 和 v2 都被声明为 const 引用，因此返回类型必须为 const，这样才匹配。

12.4.2　返回指向非 const 对象的引用

两种常见的返回非 const 对象情形是，重载赋值运算符以及重载与 cout 一起使用的<<运算符。前者这样做旨在提高效率，而后者必须这样做。

operator=()的返回值用于连续赋值：

```
String s1("Good stuff");
String s2, s3;
s3 = s2 = s1;
```

在上述代码中，s2.operator=()的返回值被赋给 s3。为此，返回 String 对象或 String 对象的引用都是可行的，但与 Vector 示例中一样，通过使用引用，可避免该函数调用 String 的复制构造函数来创建一个新的 String 对象。在这个例子中，返回类型不是 const，因为方法 operator=()返回一个指向 s2 的引用，可以对其进行修改。

Operator<<()的返回值用于串接输出：

```
String s1("Good stuff");
cout << s1 << "is coming!";
```

在上述代码中，operator<<（cout, s1）的返回值成为一个用于显示字符串“is coming!”的对象。返回类型必须是 ostream &，而不能仅仅是 ostream。如果使用返回类型 ostream，将要求调用 ostream 类的复制构造函数，而 ostream 没有公有的复制构造函数。幸运的是，返回一个指向 cout 的引用不会带来任何问题，因为 cout 已经在调用函数的作用域内。

12.4.3 返回对象

如果被返回的对象是被调用函数中的局部变量，则不应按引用方式返回它，因为在被调用函数执行完毕时，局部对象将调用其析构函数。因此，当控制权回到调用函数时，引用指向的对象将不再存在。在这种情况下，应返回对象而不是引用。通常，被重载的算术运算符属于这一类。请看下述示例，它再次使用了 Vector 类：

```
Vector force1(50,60);
Vector force2(10,70);
Vector net;
net = force1 + force2;
```

返回的不是 force1，也不是 force2，force1 和 force2 在这个过程中应该保持不变。因此，返回值不能是指向在调用函数中已经存在的对象的引用。相反，在 Vector::operator+()中计算得到的两个矢量的和被存储在一个新的临时对象中，该函数也不应返回指向该临时对象的引用，而应该返回实际的 Vector 对象，而不是引用：

```
Vector Vector::operator+(const Vector & b) const
{
    return Vector(x + b.x, y + b.y);
}
```

在这种情况下，存在调用复制构造函数来创建被返回的对象的开销，然而这是无法避免的。

在上述示例中，构造函数调用 Vector（x + b.x，y + b.y）创建一个方法 operator+()能够访问的对象；而返回语句引发的对复制构造函数的隐式调用创建一个调用程序能够访问的对象。

12.4.4 返回 const 对象

前面的 Vector::operator+()定义有一个奇异的属性，它旨在让您能够以下面这样的方式使用它：

```
net = force1 + force2;                          // 1: three Vector objects
```

然而，这种定义也允许您这样使用它：

```
force1 + force2 = net;                          // 2: dyslectic programming
cout << (force1 + force2 = net).magval() << endl; // 3: demented programming
```

这提出了三个问题。为何编写这样的语句？这些语句为何可行？这些语句有何功能？

首先，没有要编写这种语句的合理理由，但并非所有代码都是合理的。即使是程序员也会犯错。例如，为 Vector 类定义 operator==()时，您可能错误地输入这样的代码：

```
if (force1 + force2 = net)
```

而不是：

```
if (force1 + force2 == net)
```

另外，程序员通常很有创意，这可能导致错误。

其次，这种代码之所以可行，是因为复制构造函数将创建一个临时对象来表示返回值。因此，在前面的代码中，表达式 force1 + force2 的结果为一个临时对象。在语句 1 中，该临时对象被赋给 net；在语句 2 和语句 3 中，net 被赋给该临时对象。

最后，使用完临时对象后，将把它丢弃。例如，对于语句 2，程序计算 force1 和 force2 之和，将结果复制到临时返回对象中，再用 net 的内容覆盖临时对象的内容，然后将该临时对象丢弃。原来的矢量全都保持不变。语句 3 显示临时对象的长度，然后将其删除。

如果您担心这种行为可能引发的误用和滥用，有一种简单的解决方案：将返回类型声明为 const Vector。例如，如果 Vector::operator+()的返回类型被声明为 const Vector，则语句 1 仍然合法，但语句 2 和语句 3 将是非法的。

总之，如果方法或函数要返回局部对象，则应返回对象，而不是指向对象的引用。在这种情况下，将使用复制构造函数来生成返回的对象。如果方法或函数要返回一个没有公有复制构造函数的类（如 ostream 类）的对象，它必须返回一个指向这种对象的引用。最后，有些方法和函数（如重载的赋值运算符）可以返回对象，也可以返回指向对象的引用，在这种情况下，应首选引用，因为其效率更高。

12.5 使用指向对象的指针

C++程序经常使用指向对象的指针，因此，这里来练习一下。程序清单 12.6 使用数组索引值来跟踪最短的字符串和按字母顺序排在最前面的字符串。另一种方法是使用指针指向这些类别的开始位置，程序清单 12.7 使用两个指向 String 的指针实现了这种方法。最初，shortest 指针指向数组中的第一个对象。每当程序找到比指向的字符串更短的对象时，就把 shortest 重新设置为指向该对象。同样，first 指针跟踪按字母顺序排在最前面的字符串。这两个指针并不创建新的对象，而只是指向已有的对象。因此，这些指针并不要求使用 new 来分配内存。

除此之外，程序清单 12.7 中的程序还使用一个指针来跟踪新对象：

```
String * favorite = new String(sayings[choice]);
```

这里指针 favorite 指向 new 创建的未被命名对象。这种特殊的语法意味着使用对象 saying [choice]来初始化新的 String 对象，这将调用复制构造函数，因为复制构造函数（const String &）的参数类型与初始化值（saying [choice]）匹配。程序使用 srand()、rand()和 time()随机选择一个值。

程序清单 12.7 sayings2.cpp

```
// sayings2.cpp -- using pointers to objects
// compile with string1.cpp
#include <iostream>
#include <cstdlib> // (or stdlib.h) for rand(), srand()
#include <ctime>   // (or time.h) for time()
#include "string1.h"
const int ArSize = 10;
const int MaxLen = 81;
int main()
{
    using namespace std;
    String name;
    cout <<"Hi, what's your name?\n ";
    cin >> name;

    cout << name << ", please enter up to " << ArSize
         << " short sayings <empty line to quit>:\n";
    String sayings[ArSize];
    char temp[MaxLen];               // temporary string storage
    int i;
    for (i = 0; i < ArSize; i++)
    {
        cout << i+1 << ": ";
        cin.get(temp, MaxLen);
        while (cin && cin.get() != '\n')
            continue;
        if (!cin || temp[0] == '\0') // empty line?
            break; // i not incremented
        else
            sayings[i] = temp; // overloaded assignment
    }
    int total = i; // total # of lines read

    if (total > 0)
    {
        cout << "Here are your sayings:\n";
        for (i = 0; i < total; i++)
            cout << sayings[i] << "\n";
```

```
// use pointers to keep track of shortest, first strings
        String * shortest = &sayings[0]; // initialize to first object
        String * first = &sayings[0];
        for (i = 1; i < total; i++)
        {
            if (sayings[i].length() < shortest->length())
                shortest = &sayings[i];
            if (sayings[i] < *first) // compare values
                first = &sayings[i]; // assign address
        }
        cout << "Shortest saying:\n" << * shortest << endl;
        cout << "First alphabetically:\n" << * first << endl;
        srand(time(0));
        int choice = rand() % total; // pick index at random
    // use new to create, initialize new String object
        String * favorite = new String(sayings[choice]);
        cout << "My favorite saying:\n" << *favorite << endl;
        delete favorite;
    }
    else
        cout << "Not much to say, eh?\n";
    cout << "Bye.\n";
    return 0;
}
```

使用 new 初始化对象

通常，如果 Class_name 是类，value 的类型为 Type_name，则下面的语句：

```
Class_name * pclass = new Class_name(value);
```

将调用如下构造函数：

```
Class_name(Type_name);
```

这里可能还有一些琐碎的转换，例如：

```
Class_name(const Type_name &);
```

另外，如果不存在二义性，则将发生由原型匹配导致的转换（如从 int 到 double）。下面的初始化方式将调用默认构造函数：

```
Class_name * ptr = new Class_name;
```

下面是程序清单 12.7 中程序的运行情况：

```
Hi, what's your name?
>> Kirt Rood
Kirt Rood, please enter up to 10 short sayings <empty line to quit>:
1: a friend in need is a friend indeed
2: neither a borrower nor a lender be
3: a stitch in time saves nine
4: a niche in time saves stine
5: it takes a crook to catch a crook
6: cold hands, warm heart
7:
Here are your sayings:
a friend in need is a friend indeed
neither a borrower nor a lender be
a stitch in time saves nine
a niche in time saves stine
it takes a crook to catch a crook
cold hands, warm heart
Shortest saying:
cold hands, warm heart
First alphabetically:
a friend in need is a friend indeed
My favorite saying:
a stitch in time saves nine
Bye
```

由于该程序随机选择用户输入的格言，因此即使输入相同，显示的结果也可能不同。

12.5.1 再谈 new 和 delete

程序清单 12.4、程序清单 12.5 和程序清单 12.7 组成的程序在两个层次上使用了 new 和 delete。首先，它使用 new 为创建的每一个对象的名称字符串分配存储空间，这是在构造函数中进行的，因此析构函数使用 delete 来释放这些内存。因为字符串是一个字符数组，所以析构函数使用的是带中括号的 delete。这样，当对象被释放时，用于存储字符串内容的内存将被自动释放。其次，程序清单 12.7 中的代码使用

new 来为整个对象分配内存：

```
String * favorite = new String(sayings[choice]);
```

这不是为要存储的字符串分配内存，而是为对象分配内存；也就是说，为保存字符串地址的 str 指针和 len 成员分配内存（程序并没有给 num_string 成员分配内存，这是因为 num_string 成员是静态成员，它独立于对象被保存）。创建对象将调用构造函数，后者分配用于保存字符串的内存，并将字符串的地址赋给 str。然后，当程序不再需要该对象时，使用 delete 删除它。对象是单个的，因此，程序使用不带中括号的 delete。与前面介绍的相同，这将只释放用于保存 str 指针和 len 成员的空间，并不释放 str 指向的内存，而该任务将由析构函数来完成（参见图 12.4）。

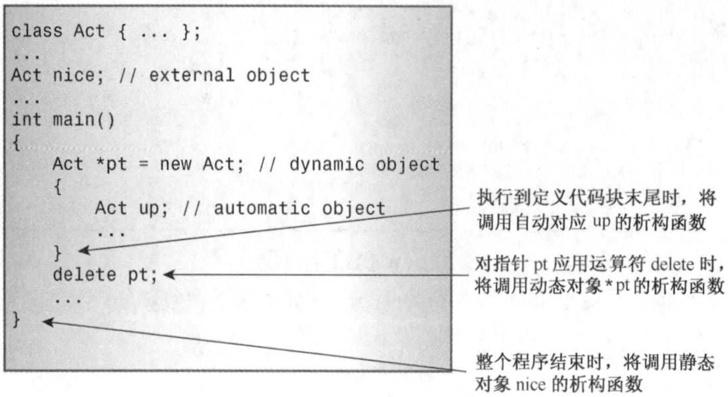

```
class Act { ... };
...
Act nice; // external object
...
int main()
{
    Act *pt = new Act; // dynamic object
    {
        Act up; // automatic object
        ...
    }
    delete pt;
    ...
}
```

执行到定义代码块末尾时，将调用自动对应 up 的析构函数

对指针 pt 应用运算符 delete 时，将调用动态对象*pt 的析构函数

整个程序结束时，将调用静态对象 nice 的析构函数

图 12.4 调用析构函数

在下述情况下析构函数将被调用（参见图 12.4）。

- 如果对象是动态变量，则当执行完定义该对象的程序块时，将调用该对象的析构函数。因此，在程序清单 12.3 中，执行完 main()时，将调用 headline1 和 headline2 的析构函数；执行完 callme1()时，将调用 rsb 的析构函数。
- 如果对象是静态变量（外部、静态、静态外部或来自名称空间），则在程序结束时将调用对象的析构函数。这就是程序清单 12.3 中 sports 对象所发生的情况。
- 如果对象是用 new 创建的，则仅当您显式使用 delete 删除对象时，其析构函数才会被调用。

12.5.2 指针和对象小结

使用对象指针时，需要注意几点（参见图 12.5）：

- 使用常规表示法来声明指向对象的指针：

```
String * glamour;
```

- 可以将指针初始化为指向已有的对象：

```
String * first = &sayings[0];
```

- 可以使用 new 来初始化指针，这将创建一个新的对象（有关使用 new 初始化指针的细节，请参见图 12.6）：

```
String * favorite = new String(sayings[choice]);
```

- 对类使用 new 将调用相应的类构造函数来初始化新创建的对象：

```
// invokes default constructor
String * gleep = new String;

// invokes the String(const char *) constructor
String * glop = new String("my my my");

// invokes the String(const String &) constructor
String * favorite = new String(sayings[choice]);
```

- 可以使用->运算符通过指针访问类方法：

```
if (sayings[i].length() < shortest->length())
```

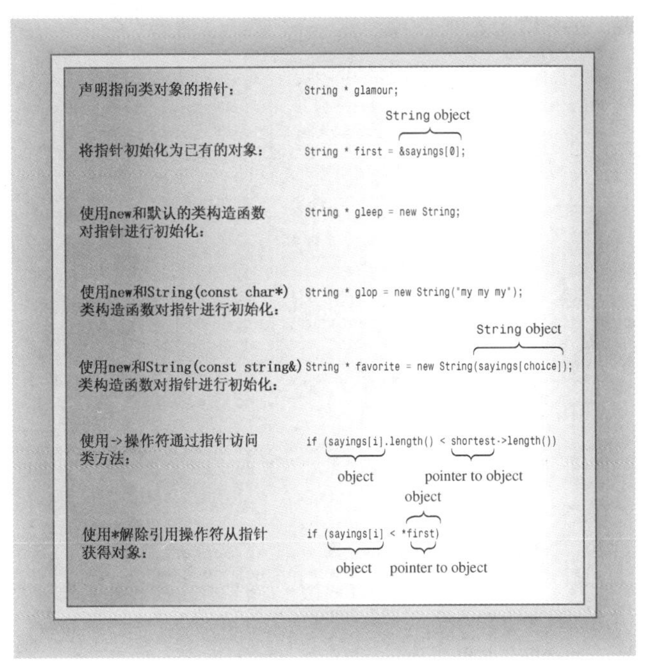

图 12.5　指针和对象

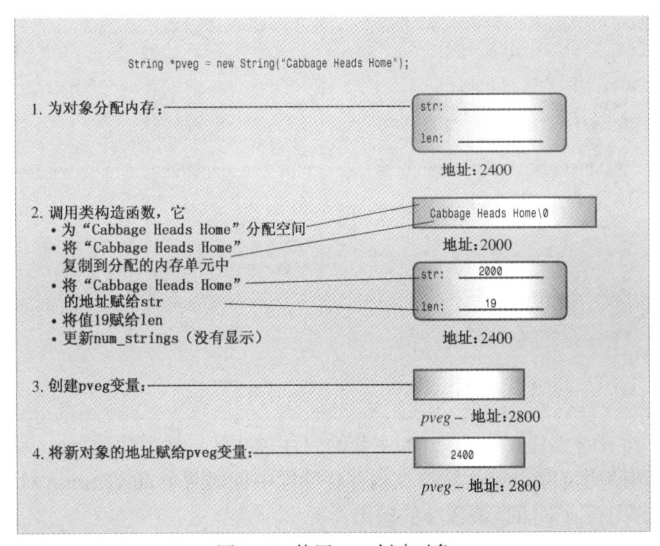

图 12.6　使用 new 创建对象

- 可以对对象指针应用解除引用运算符（*）来获得对象：

```
if (sayings[i] < *first) // compare object values
    first = &sayings[i]; // assign object address
```

12.5.3　再谈定位 new 运算符

本书前面介绍过，定位 new 运算符让您能够在分配内存时能够指定内存位置。第 9 章从内置类型的角度讨论了定位 new 运算符，将这种运算符用于对象时情况有些不同，程序清单 12.8 使用了定位 new 运算符和常规 new 运算符给对象分配内存，其中定义的类的构造函数和析构函数都会显示一些信息，让用户能够了解对象的历史。

程序清单 12.8 placenew1.cpp

```
// placenew1.cpp -- new, placement new, no delete
#include <iostream>
#include <string>
#include <new>
using namespace std;
const int BUF = 512;
class JustTesting
{
private:
    string words;
    int number;
public:
    JustTesting(const string & s = "Just Testing", int n = 0)
    {words = s; number = n; cout << words << " constructed\n"; }
    ~JustTesting() { cout << words << " destroyed\n";}
    void Show() const { cout << words << ", " << number << endl;}
};
int main()
{
    char * buffer = new char[BUF]; // get a block of memory

    JustTesting *pc1, *pc2;

    pc1 = new (buffer) JustTesting; // place object in buffer
    pc2 = new JustTesting("Heap1", 20); // place object on heap

    cout << "Memory block addresses:\n" << "buffer: "
        << (void *) buffer << " heap: " << pc2 <<endl;
    cout << "Memory contents:\n";
    cout << pc1 << ": ";
    pc1->Show();
    cout << pc2 << ": ";
    pc2->Show();

    JustTesting *pc3, *pc4;
    pc3 = new (buffer) JustTesting("Bad Idea", 6);
    pc4 = new JustTesting("Heap2", 10);

    cout << "Memory contents:\n";
    cout << pc3 << ": ";
    pc3->Show();
    cout << pc4 << ": ";
    pc4->Show();

    delete pc2;          // free Heap1
    delete pc4;          // free Heap2
    delete [] buffer;  // free buffer
    cout << "Done\n";
    return 0;
}
```

该程序使用 new 运算符创建了一个 512 字节的内存缓冲区，然后使用 new 运算符在堆中创建两个 JustTesting 对象，并试图使用定位 new 运算符在内存缓冲区中创建两个 JustTesting 对象。最后，它使用 delete 来释放使用 new 分配的内存。下面是该程序的输出：

```
Just Testing constructed
Heap1 constructed
Memory block addresses:
buffer: 00320AB0 heap: 00320CE0
Memory contents:
00320AB0: Just Testing, 0
00320CE0: Heap1, 20
Bad Idea constructed
Heap2 constructed
Memory contents:
00320AB0: Bad Idea, 6
00320EC8: Heap2, 10
Heap1 destroyed
Heap2 destroyed
Done
```

和往常一样，内存地址的格式和值将随系统而异。

程序清单 12.8 在使用定位 new 运算符时存在两个问题。首先，在创建第二个对象时，定位 new 运算符使用一个新对象来覆盖用于第一个对象的内存单元。显然，如果类动态地为其成员分配内存，这将引发问题。

其次，将 delete 用于 pc2 和 pc4 时，将自动调用为 pc2 和 pc4 指向的对象调用析构函数；然而，将 delete[] 用于 buffer 时，不会为使用定位 new 运算符创建的对象调用析构函数。

这里的经验教训与第 9 章介绍的相同：程序员必须负责管理定位 new 运算符用从中使用的缓冲区内存单元。要使用不同的内存单元，程序员需要提供两个位于缓冲区的不同地址，并确保这两个内存单元不重叠。例如，可以这样做：

```
pc1 = new (buffer) JustTesting;
pc3 = new (buffer + sizeof (JustTesting)) JustTesting("Better Idea", 6);
```

其中指针 pc3 相对于 pc1 的偏移量为 JustTesting 对象的大小。

第二个教训是，如果使用定位 new 运算符来为对象分配内存，必须确保其析构函数被调用。但如何确保呢？对于在堆中创建的对象，可以这样做：

```
delete pc2; // delete object pointed to by pc2
```

但不能像下面这样做：

```
delete pc1; // delete object pointed to by pc1? NO!
delete pc3; // delete object pointed to by pc3? NO!
```

原因在于 delete 可与常规 new 运算符配合使用，但不能与定位 new 运算符配合使用。例如，指针 pc3 没有收到 new 运算符返回的地址，因此 delete pc3 将导致运行阶段错误。在另一方面，指针 pc1 指向的地址与 buffer 相同，但 buffer 是使用 new []初始化的，因此必须使用 delete [ ]而不是 delete 来释放。即使 buffer 是使用 new 而不是 new []初始化的，delete pc1 也将释放 buffer，而不是 pc1。这是因为 new/delete 系统知道已分配的 512 字节块 buffer，但对定位 new 运算符对该内存块做了何种处理一无所知。

该程序确实释放了 buffer：

```
delete [] buffer;      // free buffer
```

正如上述注释指出的，delete [] buffer;释放使用常规 new 运算符分配的整个内存块，但它没有为定位 new 运算符在该内存块中创建的对象调用析构函数。您之所以知道这一点，是因为该程序使用了一个显示信息的析构函数，该析构函数宣布了“Heap1”和“Heap2”的死亡，但却没有宣布“Just Testing”和“Bad Idea”的死亡。

这种问题的解决方案是，显式地为使用定位 new 运算符创建的对象调用析构函数。正常情况下将自动调用析构函数，这是需要显式调用析构函数的少数几种情形之一。显式地调用析构函数时，必须指定要销毁的对象。由于有指向对象的指针，因此可以使用这些指针：

```
pc3->~JustTesting(); // destroy object pointed to by pc3
pc1->~JustTesting(); // destroy object pointed to by pc
```

程序清单 12.9 对定位 new 运算符使用的内存单元进行管理，加入到合适的 delete 和显式析构函数调用，从而修复了程序清单 12.8 中的问题。需要注意的一点是正确的删除顺序。对于使用定位 new 运算符创建的对象，应以与创建顺序相反的顺序进行删除。原因在于，晚创建的对象可能依赖于早创建的对象。另外，仅当所有对象都被销毁后，才能释放用于存储这些对象的缓冲区。

程序清单 12.9　placenew2.cpp

```
// placenew2.cpp -- new, placement new, no delete
#include <iostream>
#include <string>
#include <new>
using namespace std;
const int BUF = 512;

class JustTesting
{
private:
    string words;
    int number;
public:
    JustTesting(const string & s = "Just Testing", int n = 0)
    {words = s; number = n; cout << words << " constructed\n"; }
    ~JustTesting() { cout << words << " destroyed\n";}
    void Show() const { cout << words << ", " << number << endl;}
};
int main()
```

```
{
    char * buffer = new char[BUF];  // get a block of memory

    JustTesting *pc1, *pc2;

    pc1 = new (buffer) JustTesting; // place object in buffer
    pc2 = new JustTesting("Heap1", 20); // place object on heap

    cout << "Memory block addresses:\n" << "buffer: "
        << (void *) buffer << " heap: " << pc2 <<endl;
    cout << "Memory contents:\n";
    cout << pc1 << ": ";
    pc1->Show();
    cout << pc2 << ": ";
    pc2->Show();

    JustTesting *pc3, *pc4;
// fix placement new location
    pc3 = new (buffer + sizeof (JustTesting))
                JustTesting("Better Idea", 6);
    pc4 = new JustTesting("Heap2", 10);

    cout << "Memory contents:\n";
    cout << pc3 << ": ";
    pc3->Show();
    cout << pc4 << ": ";
    pc4->Show();

    delete pc2;             // free Heap1
    delete pc4;             // free Heap2
// explicitly destroy placement new objects
    pc3->~JustTesting(); // destroy object pointed to by pc3
    pc1->~JustTesting(); // destroy object pointed to by pc1
    delete [] buffer;    // free buffer
    cout << "Done\n";
    return 0;
}
```

该程序的输出如下：

```
Just Testing constructed
Heap1 constructed
Memory block addresses:
buffer: 00320AB0 heap: 00320CE0
Memory contents:
00320AB0: Just Testing, 0
00320CE0: Heap1, 20
Better Idea constructed
Heap2 constructed
Memory contents:
00320AD0: Better Idea, 6
00320EC8: Heap2, 10
Heap1 destroyed
Heap2 destroyed
Better Idea destroyed
Just Testing destroyed
Done
```

该程序使用定位 new 运算符在相邻的内存单元中创建两个对象，并调用了合适的析构函数。

12.6 复习各种技术

至此，介绍了多种用于处理各种与类相关的问题的编程技术。可能难以掌握这些技术，下面对它们进行总结，并介绍何时使用它们。

12.6.1 重载<<运算符

要重新定义 << 运算符，以便将它和 cout 一起用来显示对象的内容，请定义下面的友元运算符函数：

```
ostream & operator<<(ostream & os, const c_name & obj)
{
    os << ... ; // display object contents
    return os;
}
```

其中 c_name 是类名。如果该类提供了能够返回所需内容的公有方法，则可在运算符函数中使用这些方法，这样便不用将它们设置为友元函数了。

12.6.2 转换函数

要将单个值转换为类类型，需要创建原型如下所示的类构造函数：

```
c_name(type_name value);
```

其中 c_name 为类名，type_name 是要转换的类型的名称。

要将类转换为其他类型，需要创建原型如下所示的类成员函数：

```
operator type_name();
```

虽然该函数没有声明返回类型，但应返回所需类型的值。

使用转换函数时要小心。可以在声明构造函数时使用关键字 explicit，以防止它被用于隐式转换。

12.6.3 其构造函数使用 new 的类

如果类使用 new 运算符来分配类成员指向的内存，在设计时应采取一些预防措施（前面总结了这些预防措施，应牢记这些规则，这是因为编译器并不知道这些规则，因此无法发现错误）。

- 对于指向的内存是由 new 分配的所有类成员，都应在类的析构函数中对其使用 delete，该运算符将释放分配的内存。
- 如果析构函数通过对指针类成员使用 delete 来释放内存，则每个构造函数都应当使用 new 来初始化指针，或将它设置为空指针。
- 构造函数中要么使用 new []，要么使用 new，而不能混用。如果构造函数使用的是 new[]，则析构函数应使用 delete []；如果构造函数使用的是 new，则析构函数应使用 delete。
- 应定义一个分配内存（而不是将指针指向已有内存）的复制构造函数。这样程序将能够将类对象初始化为另一个类对象。这种构造函数的原型通常如下：

```
className(const className &)
```

- 应定义一个重载赋值运算符的类成员函数，其函数定义如下（其中 c_pointer 是 c_name 的类成员，类型为指向 type_name 的指针）。下面的示例假设使用 new []来初始化变量 c_pointer：

```
c_name & c_name::operator=(const c_name & cn)
{
    if (this == & cn)
        return *this; // done if self-assignment
    delete [] c_pointer;
    // set size number of type_name units to be copied
    c_pointer = new type_name[size];
    // then copy data pointed to by cn.c_pointer to
    // location pointed to by c_pointer
    ...
    return *this;
}
```

12.7 队列模拟

进一步了解类后，可将这方面的知识用于解决编程问题。Heather 银行打算在 Food Heap 超市开设一个自动柜员机（ATM）。Food Heap 超市的管理者担心排队等待使用 ATM 的人流会干扰超市的交通，希望限制排队等待的人数。Heather 银行希望对顾客排队等待的时间进行估测。要编写一个程序来模拟这种情况，让超市的管理者可以了解 ATM 可能造成的影响。

对于这种问题，最自然的方法是使用顾客队列。队列是一种抽象的数据类型（Abstract Data Type，ADT），可以存储有序的项目序列。新项目被添加在队尾，并可以删除队首的项目。队列有点像栈，但栈在同一端进行添加和删除。这使得栈是一种后进先出（LIFO，last-in，first-out）的结构，而队列是先进先出（FIFO，first-in，first-out）的。从概念上说，队列就好比是收款台或 ATM 前面排的队，所以对于上述问题，队列非常合适。因此，工程的任务之一是定义一个 Queue 类（第 16 章将介绍标准模板库类 queue，也将介绍如何开发自己的类）。

队列中的项目是顾客。Heather 银行的代表介绍：通常，1/3 的顾客只需要 1 分钟便可获得服务，1/3

的顾客需要 2 分钟，另外 1/3 的顾客需要 3 分钟。另外，顾客到达的时间是随机的，但每个小时使用自动柜员机的顾客数量相当稳定。工程的另外两项任务是：设计一个表示顾客的类；编写一个程序来模拟顾客和队列之间的交互（参见图 12.7）。

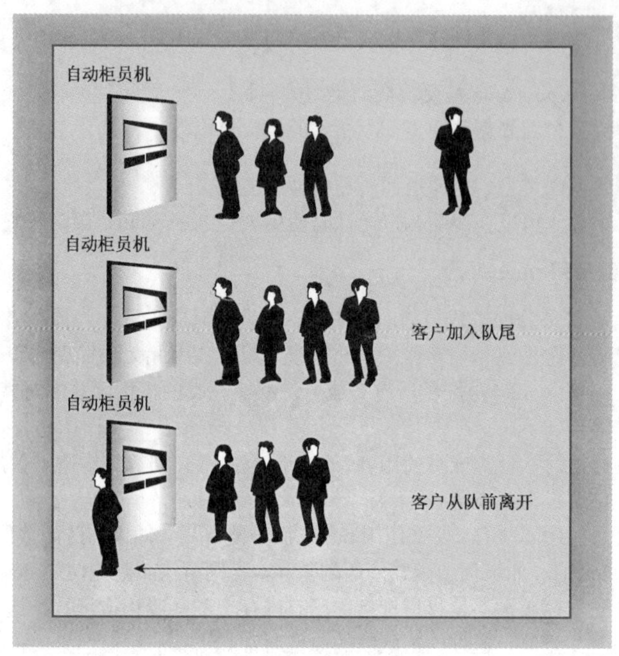

图 12.7 队列

12.7.1 队列类

首先需要设计一个 Queue 类。这里先列出队列的特征：

- 队列存储有序的项目序列；
- 队列所能容纳的项目数有一定的限制；
- 应当能够创建空队列；
- 应当能够检查队列是否为空；
- 应当能够检查队列是否是满的；
- 应当能够在队尾添加项目；
- 应当能够从队首删除项目；
- 应当能够确定队列中项目数。

设计类时，需要开发公有接口和私有实现。

1. Queue 类的接口

从队列的特征可知，Queue 类的公有接口应该如下：

```
class Queue
{
    enum {Q_SIZE = 10};
private:
// private representation to be developed later
public:
    Queue(int qs = Q_SIZE); // create queue with a qs limit
    ~Queue();
    bool isempty() const;
    bool isfull() const;
    int queuecount() const;
    bool enqueue(const Item &item); // add item to end
    bool dequeue(Item &item); // remove item from front
};
```

构造函数创建一个空队列。默认情况下，队列最多可存储 10 个项目，但是可以用显式初始化参数覆盖该默认值：

```
Queue line1;     // queue with 10-item limit
Queue line2(20); // queue with 20-item limit
```

使用队列时，可以使用 typedef 来定义 Item（第 14 章将介绍如何使用类模板）。

2. Queue 类的实现

确定接口后，便可以实现它。首先，需要确定如何表示队列数据。一种方法是使用 new 动态分配一个数组，它包含所需的元素数。然而，对于队列操作而言，数组并不太合适。例如，删除数组的第一个元素后，需要将余下的所有元素向前移动一位；否则需要作一些更费力的工作，如将数组视为是循环的。然而，链表能够很好地满足队列的要求。链表由节点序列构成。每一个节点中都包含要保存到链表中的信息以及一个指向下一个节点的指针。对于这里的队列来说，数据部分都是一个 Item 类型的值，因此可以使用下面的结构来表示节点：

```
struct Node
{
    Item item;              // data stored in the node
    struct Node * next;   // pointer to next node
};
```

图 12.8 说明了链表。

如图 12.8 所示是一个单向链表，因为每个节点都只包含一个指向其他节点的指针。知道第一个节点的地址后，就可以沿指针找到后面的每一个节点。通常，链表最后一个节点中的指针被设置为 NULL（或 0），以指出后面没有节点了。在 C++11 中，应使用新增的关键字 nullptr。要跟踪链表，必须知道第一个节点的地址。可以让 Queue 类的一个数据成员指向链表的起始位置。具体地说，这是所需要的全部信息，有了这种信息后，就可以沿节点链找到任何节点。然而，由于队列总是将新项目添加到队尾，因此包含一个指向最后一个节点的数据成员将非常方便（参见图 12.9）。此外，还可以使用数据成员来跟踪队列可存储的最大项目数以及当前的项目数。所以，类声明的私有部分与下面类似：

```
class Queue
{
private:
// class scope definitions
    // Node is a nested structure definition local to this class
    struct Node { Item item; struct Node * next;};
    enum {Q_SIZE = 10};
// private class members
    Node * front;       // pointer to front of Queue
    Node * rear;        // pointer to rear of Queue
    int items;           // current number of items in Queue
    const int qsize;   // maximum number of items in Queue
    ...
public:
//...
};
```

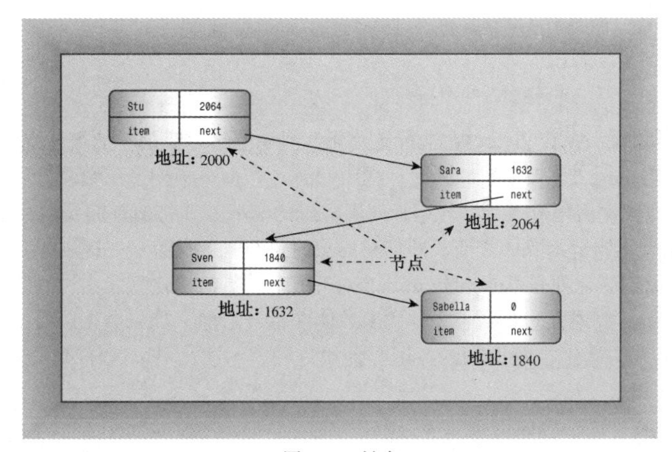

图 12.8　链表

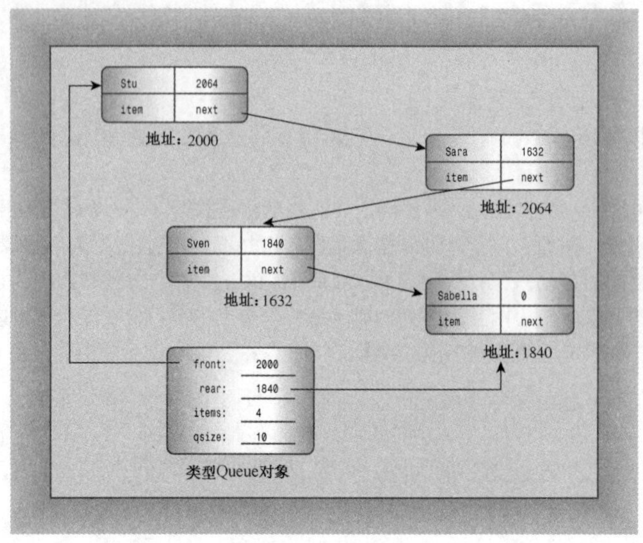

图 12.9 Queue 对象

上述声明使用了 C++的一项特性：在类中嵌套结构或类声明。通过将 Node 声明放在 Queue 类中，可以使其作用域为整个类。也就是说，Node 是这样一种类型：可以使用它来声明类成员，也可以将它作为类方法中的类型名称，但只能在类中使用。这样，就不必担心该 Node 声明与某些全局声明或其他类中声明的 Node 发生冲突。有些较老的编译器不支持嵌套的结构和类，如果您的编译器是这样的，则必须将 Node 结构定义为全局的，将其作用域设置为整个文件。

嵌套结构和类

在类声明中声明的结构、类或枚举被称为是被嵌套在类中，其作用域为整个类。这种声明不会创建数据对象，而只是指定了可以在类中使用的类型。如果声明是在类的私有部分进行的，则只能在这个类使用被声明的类型；如果声明是在公有部分进行的，则可以从类的外部通过作用域解析运算符使用被声明的类型。例如，如果 Node 是在 Queue 类的公有部分声明的，则可以在类的外面声明 Queue::Node 类型的变量。

设计好数据的表示方式后，接下来需要编写类方法。

3. *类方法*

类构造函数应提供类成员的值。由于在这个例子中，队列最初是空的，因此队首和队尾指针都设置为 NULL（0 或 nullptr），并将 items 设置为 0。另外，还应将队列的最大长度 qsize 设置为构造函数参数 qs 的值。下面的实现方法无法正常运行：

```
Queue::Queue(int qs)
{
    front = rear = NULL;
    items = 0;
    qsize = qs;     // not acceptable!
}
```

问题在于 qsize 是常量，所以可以对它进行初始化，但不能给它赋值。从概念上说，调用构造函数时，对象将在括号中的代码执行之前被创建。因此，调用 Queue（int qs）构造函数将导致程序首先给 4 个成员变量分配内存。然后，程序流程进入到括号中，使用常规的赋值方式将值存储到内存中。因此，对于 const 数据成员，必须在执行到构造函数体之前，即创建对象时进行初始化。C++提供了一种特殊的语法来完成上述工作，它叫作成员初始化列表（member initializer list）。成员初始化列表由逗号分隔的初始化列表组成（前面带冒号）。它位于参数列表的右括号之后、函数体左括号之前。如果数据成员的名称为 mdata，并需要将它初始化为 val，则初始化器为 mdata（val）。使用这种表示法，可以这样编写 Queue 的构造函数：

```
Queue::Queue(int qs) : qsize(qs) // initialize qsize to qs
{
    front = rear = NULL;
    items = 0;
}
```

通常，初值可以是常量或构造函数的参数列表中的参数。这种方法并不限于初始化常量，可以将 Queue 构造函数写成如下所示：

```
Queue::Queue(int qs) : qsize(qs), front(NULL), rear(NULL), items(0)
{
}
```

只有构造函数可以使用这种初始化列表语法。如上所示，对于 const 类成员，必须使用这种语法。另外，对于被声明为引用的类成员，也必须使用这种语法：

```
class Agency {...};
class Agent
{
private:
    Agency & belong;    // must use initializer list to initialize
    ...
};
Agent::Agent(Agency & a) : belong(a) {...}
```

这是因为引用与 const 数据类似，只能在被创建时进行初始化。对于简单数据成员（例如 front 和 items），使用成员初始化列表和在函数体中使用赋值没有什么区别。然而，正如第 14 章将介绍的，对于本身就是类对象的成员来说，使用成员初始化列表的效率更高。

成员初始化列表的语法

如果 Classy 是一个类，而 mem1、mem2 和 mem3 都是这个类的数据成员，则类构造函数可以使用如下的语法来初始化数据成员：

```
Classy::Classy(int n, int m) :mem1(n), mem2(0), mem3(n*m + 2)
{
//...
}
```

上述代码将 mem1 初始化为 n，将 mem2 初始化为 0，将 mem3 初始化为 n*m + 2。从概念上说，这些初始化工作是在对象创建时完成的，此时还未执行括号中的任何代码。请注意以下几点：

- 这种格式只能用于构造函数；
- 必须用这种格式来初始化非静态 const 数据成员（至少在 C++11 之前是这样的）；
- 必须用这种格式来初始化引用数据成员。

数据成员被初始化的顺序与它们出现在类声明中的顺序相同，与初始化器中的排列顺序无关。

警告：不能将成员初始化列表语法用于构造函数之外的其他类方法。

成员初始化列表使用的括号方式也可用于常规初始化。也就是说，如果愿意，可以将下述代码：

```
int games = 162;
double talk = 2.71828;
```

替换为：

```
int games(162);
double talk(2.71828);
```

这使得初始化内置类型就像初始化类对象一样。

C++11 的类内初始化

C++11 允许您以更直观的方式进行初始化：

```
class Classy
{
    int mem1 = 10;       // in-class initialization
    const int mem2 = 20; // in-class initialization
//...
};
```

这与在构造函数中使用成员初始化列表等价：

```
Classy::Classy() : mem1(10), mem2(20) {...}
```

成员 mem1 和 mem2 将分别被初始化为 10 和 20，除非调用了使用成员初始化列表的构造函数，在这种情况下，实际列表将覆盖这些默认初始值：

```
Classy::Classy(int n) : mem1(n) {...}
```

在这里，构造函数将使用 n 来初始化 mem1，但 mem2 仍被设置为 20。

isempty()、isfull()和 queuecount()的代码都非常简单。如果 items 为 0，则队列是空的；如果 items 等于 qsize，则队列是满的。要知道队列中的项目数，只需返回 items 的值。后面的程序清单 12.11 列出了这些代码。

将项目添加到队尾（入队）比较麻烦。下面是一种方法：

```
bool Queue::enqueue(const Item & item)
{
    if (isfull())
        return false;
    Node * add = new Node;  // create node
// on failure, new throws std::bad_alloc exception
    add->item = item;       // set node pointers
    add->next = NULL;       // or nullptr;
    items++;
    if (front == NULL)      // if queue is empty,
        front = add;        // place item at front
    else
        rear->next = add;   // else place at rear
    rear = add;             // have rear point to new node
    return true;
}
```

总之，方法需要经过下面几个阶段（见图12.10）。

1. 如果队列已满，则结束（在这里的实现中，队列的最大长度由用户通过构造函数指定）。

2. 创建一个新节点。如果new无法创建新节点，它将引发异常，这个主题将在第15章介绍。最终的结果是，除非提供了处理异常的代码，否则程序将终止。

3. 在节点中放入正确的值。在这个例子中，代码将Item值复制到节点的数据部分，并将节点的next指针设置为NULL（0或C++11新增的nullptr）。这样就为将节点作为队列中的最后一个项目做好了准备。

4. 将项目计数（items）加1。

5. 将节点附加到队尾。这包括两个部分。首先，将节点与列表中的另一个节点连接起来。这是通过将当前队尾节点的next指针指向新的队尾节点来完成的。第二部分是将Queue的成员指针rear设置为指向新节点，使队列可以直接访问最后一个节点。如果队列为空，则还必须将front指针设置成指向新节点（如果只有一个节点，则它既是队首节点，也是队尾节点）。

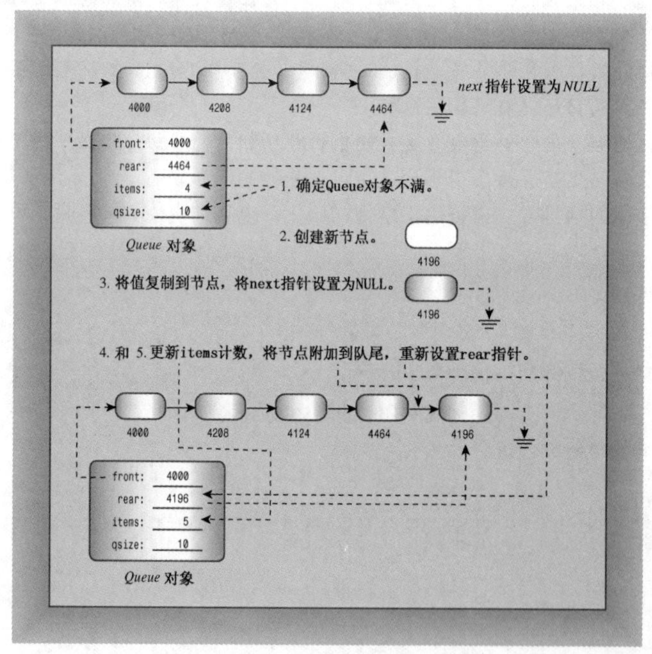

图12.10　将项目入队

删除队首项目（出队）也需要多个步骤才能完成。下面是一种方式：

```
bool Queue::dequeue(Item & item)
{
    if (front == NULL)
        return false;
    item = front->item; // set item to first item in queue
    items--;
    Node * temp = front; // save location of first item
```

```
        front = front->next; // reset front to next item
        delete temp; // delete former first item
        if (items == 0)
            rear = NULL;
        return true;
    }
```

总之，需要经过下面几个阶段（参见图 12.11）：

1. 如果队列为空，则结束。

2. 将队列的第一个项目提供给调用函数，这是通过将当前 front 节点中的数据部分复制到传递给方法的引用变量中来实现。

3. 将项目计数（items）减 1。

4. 保存 front 节点的位置，供以后删除。

5. 让节点出队。这是通过将 Queue 成员指针 front 设置成指向下一个节点来完成的，该节点的位置由 front->next 提供。

6. 为节省内存，删除以前的第一个节点。

7. 如果链表为空，则将 rear 设置为 NULL（在这个例子中，将 front 指针设置成 front->next 后，它已经是 NULL 了）。同样，可使用 0 而不是 NULL，也可使用 C++11 新增的 nullptr。

第 4 步是必不可少的，这是因为第 5 步将删除关于先前第一个节点位置的信息。

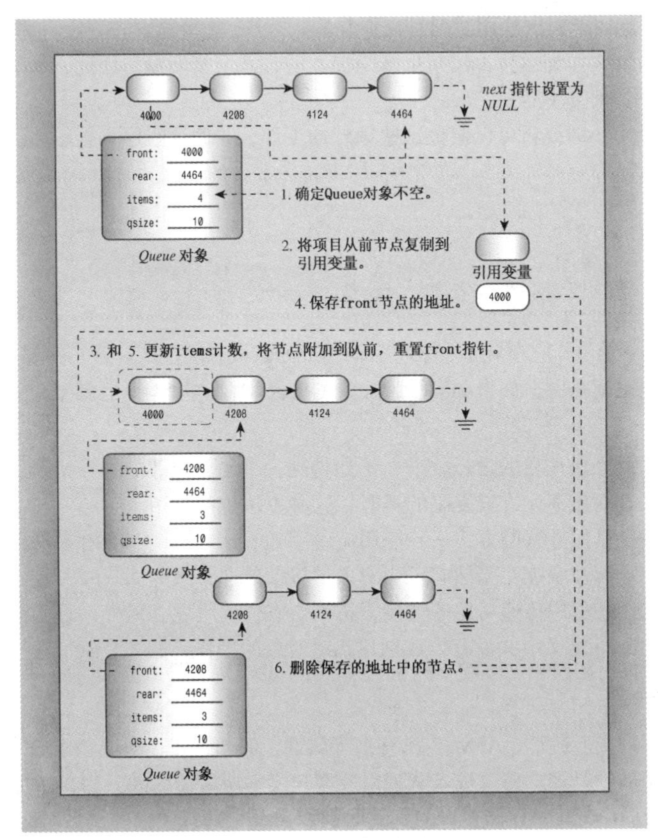

图 12.11 将项目出队

4. 是否需要其他类方法

是否需要其他方法呢？类构造函数没有使用 new，所以乍一看，好像不用理会由于在构造函数中使用 new 给类带来的特殊要求。当然，这种印象是错误的，因为向队列中添加对象将调用 new 来创建新的节点。通过删除节点的方式，dequeue()方法确实可以清除节点，但这并不能保证队列在到期时为空。因此，类需要一个显式析构函数——该函数删除剩余的所有节点。下面是一种实现，它从链表头开始，依次删除其中的每个节点：

```
Queue::~Queue()
{
    Node * temp;
    while (front != NULL)    // while queue is not yet empty
    {
        temp = front;        // save address of front item
        front = front->next; // reset pointer to next item
        delete temp;         // delete former front
    }
}
```

您知道，使用new的类通常需要包含显式复制构造函数和执行深度复制的赋值运算符，这个例子也是如此吗？首先要回答的问题是，默认的成员复制是否合适？答案是否定的。复制Queue对象的成员将生成一个新的对象，该对象指向链表原来的头和尾。因此，将项目添加到复制的Queue对象中，将修改共享的链表。这样做将造成非常严重的后果。更糟的是，只有副本的尾指针得到了更新，从原始对象的角度看，这将损坏链表。显然，要克隆或复制队列，必须提供复制构造函数和执行深度复制的赋值构造函数。

当然，这提出了这样一个问题：为什么要复制队列呢？也许是希望在模拟的不同阶段保存队列的瞬像，也可能是希望为两个不同的策略提供相同的输入。实际上，拥有拆分队列的操作是非常有用的，超市在开设额外的收款台时经常这样做。同样，也可能希望将两个队列结合成一个或者截短一个队列。

但假设这里的模拟不实现上述功能。难道不能忽略这些问题，而使用已有的方法吗？当然可以。然而，在将来的某个时候，可能需要再次使用队列且需要复制。另外，您可能会忘记没有为复制提供适当的代码。在这种情况下，程序将能编译和运行，但结果却是混乱的，甚至会崩溃。因此，最好还是提供复制构造函数和赋值运算符，尽管目前并不需要它们。

幸运的是，有一种小小的技巧可以避免这些额外的工作，并确保程序不会崩溃。这就是将所需的方法定义为伪私有方法：

```
class Queue
{
private:
    Queue(const Queue & q) : qsize(0) { } // preemptive definition
    Queue & operator=(const Queue & q) { return *this;}
//...
};
```

这样做有两个作用：第一，它避免了本来将自动生成的默认方法定义。第二，因为这些方法是私有的，所以不能被广泛使用。也就是说，如果nip和tuck是Queue对象，则编译器就不允许这样做：

```
Queue snick(nip); // not allowed
tuck = nip;       // not allowed
```

所以，与其将来面对无法预料的运行故障，不如得到一个易于跟踪的编译错误，指出这些方法是不可访问的。另外，在定义其对象不允许被复制的类时，这种方法也很有用。

C++11提供了另一种禁用方法的方式——使用关键字delete，这将在第18章介绍。

还有没有其他影响需要注意呢？当然有。当对象被按值传递（或返回）时，复制构造函数将被调用。然而，如果遵循优先采用按引用传递对象的惯例，将不会有任何问题。另外，复制构造函数还被用于创建其他的临时对象，但Queue定义中并没有导致创建临时对象的操作，例如重载加法运算符。

12.7.2 Customer类

接下来需要设计客户类。通常，ATM客户有很多属性，例如姓名、账户和账户结余。然而，这里的模拟需要使用的唯一一个属性是客户何时进入队列以及客户交易所需的时间。当模拟生成新客户时，程序将创建一个新的客户对象，并在其中存储客户的到达时间以及一个随机生成的交易时间。当客户到达队首时，程序将记录此时的时间，并将其与进入队列的时间相减，得到客户的等候时间。下面的代码演示了如何定义和实现Customer类：

```
class Customer
{
private:
    long arrive;     // arrival time for customer
    int processtime; // processing time for customer
public:
    Customer() { arrive = processtime = 0; }
```

```
    void set(long when);
    long when() const { return arrive; }
    int ptime() const { return processtime; }
};
void Customer::set(long when)
{
    processtime = std::rand() % 3 + 1;
    arrive = when;
}
```

默认构造函数创建一个空客户。set()成员函数将到达时间设置为参数，并将处理时间设置为 1～3 中的一个随机值。

程序清单 12.10 将 Queue 和 Customer 类声明放到一起，而程序清单 12.11 列出了方法。

程序清单 12.10 queue.h

```
// queue.h -- interface for a queue
#ifndef QUEUE_H_
#define QUEUE_H_
// This queue will contain Customer items
class Customer
{
private:
    long arrive;     // arrival time for customer
    int processtime; // processing time for customer
public:
    Customer() { arrive = processtime = 0; }
    void set(long when);
    long when() const { return arrive; }
    int ptime() const { return processtime; }
};

typedef Customer Item;

class Queue
{
private:
// class scope definitions
    // Node is a nested structure definition local to this class
    struct Node { Item item; struct Node * next;};
    enum {Q_SIZE = 10};
// private class members
    Node * front;     // pointer to front of Queue
    Node * rear;      // pointer to rear of Queue
    int items;        // current number of items in Queue
    const int qsize; // maximum number of items in Queue
    // preemptive definitions to prevent public copying
    Queue(const Queue & q) : qsize(0) { }
    Queue & operator=(const Queue & q) { return *this;}
public:
    Queue(int qs = Q_SIZE); // create queue with a qs limit
    ~Queue();
    bool isempty() const;
    bool isfull() const;
    int queuecount() const;
    bool enqueue(const Item &item); // add item to end
    bool dequeue(Item &item); // remove item from front
};
#endif
```

程序清单 12.11 queue.cpp

```
// queue.cpp -- Queue and Customer methods
#include "queue.h"
#include <cstdlib>          // (or stdlib.h) for rand()

// Queue methods
Queue::Queue(int qs) : qsize(qs)
{
    front = rear = NULL;     // or nullptr
    items = 0;
}

Queue::~Queue()
{
```

```
    Node * temp;
    while (front != NULL)    // while queue is not yet empty
    {
        temp = front;        // save address of front item
        front = front->next; // reset pointer to next item
        delete temp;         // delete former front
    }
}

bool Queue::isempty() const
{
    return items == 0;
}
bool Queue::isfull() const
{
    return items == qsize;
}

int Queue::queuecount() const
{
    return items;
}

// Add item to queue
bool Queue::enqueue(const Item & item)
{
    if (isfull())
        return false;
    Node * add = new Node; // create node
// on failure, new throws std::bad_alloc exception
    add->item = item;      // set node pointers
    add->next = NULL;      // or nullptr;
    items++;
    if (front == NULL)     // if queue is empty,
        front = add;       // place item at front
    else
        rear->next = add;  // else place at rear
    rear = add;            // have rear point to new node
    return true;
}

// Place front item into item variable and remove from queue
bool Queue::dequeue(Item & item)
{
    if (front == NULL)
        return false;
    item = front->item;  // set item to first item in queue
    items--;
    Node * temp = front; // save location of first item
    front = front->next; // reset front to next item
    delete temp;         // delete former first item
    if (items == 0)
        rear = NULL;
    return true;
}

// customer method

// when is the time at which the customer arrives
// the arrival time is set to when and the processing
// time set to a random value in the range 1 - 3
void Customer::set(long when)
{
    processtime = std::rand() % 3 + 1;
    arrive = when;
}
```

12.7.3 ATM 模拟

现在已经拥有模拟 ATM 所需的工具。程序允许用户输入 3 个数：队列的最大长度、程序模拟的持续时间（单位为小时）以及平均每小时的客户数。程序将使用循环——每次循环代表 1 分钟。在每分钟的循环中，程序将完成下面的工作。

1. 判断是否来了新的客户。如果来了，并且此时队列未满，则将它添加到队列中，否则拒绝客户入队。

2. 如果没有客户在进行交易，则选取队列的第一个客户。确定该客户的已等候时间，并将 wait_time 计数器设置为新客户所需的处理时间。

3. 如果客户正在处理中，则将 wait_time 计数器减 1。

4. 记录各种数据，如获得服务的客户数目、被拒绝的客户数目、排队等候的累积时间以及累积的队列长度等。

当模拟循环结束时，程序将报告各种统计结果。

一个有趣的问题是，程序如何确定是否有新的客户到来。假设平均每小时有 10 名客户到达，则相当于每 6 分钟有一名客户。程序将计算这个值，并将它保存在 min_per_cust 变量中。然而，刚好每 6 分钟来一名客户不太现实，我们真正（至少在大部分时间内）希望的是一个更随机的过程——但平均每 6 分钟来一名客户。程序将使用下面的函数来确定是否在循环期间有客户到来：

```
bool newcustomer(double x)
{
    return (std::rand() * x / RAND_MAX < 1);
}
```

其工作原理如下：值 RAND_MAX 是在 cstdlib 文件（以前是 stdlib.h）中定义的，是 rand()函数可能返回的最大值（0 是最小值）。假设客户到达的平均间隔时间 x 为 6，则 rand()* x /RAND_MAX 的值将位于 0 到 6 之间。具体地说，平均每隔 6 次，这个值会有 1 次小于 1。然而，这个函数可能会导致客户到达的时间间隔有时为 1 分钟，有时为 20 分钟。这种方法虽然很笨拙，但可使实际情况不同于有规则地每 6 分钟到来一个客户。如果客户到达的平均时间间隔少于 1 分钟，则上述方法将无效，但模拟并不是针对这种情况设计的。如果确实需要处理这种情况，最好提高时间分辨率，比如每次循环代表 10 秒钟。

程序清单 12.12 给出了模拟的细节。长时间运行该模拟程序，可以知道长期的平均值；短时间运行该模拟程序，将只能知道短期的变化。

程序清单 12.12 bank.cpp

```
// bank.cpp -- using the Queue interface
// compile with queue.cpp
#include <iostream>
#include <cstdlib> // for rand() and srand()
#include <ctime>   // for time()
#include "queue.h"
const int MIN_PER_HR = 60;

bool newcustomer(double x);      // is there a new customer?

int main()
{
    using std::cin;
    using std::cout;
    using std::endl;
    using std::ios_base;
// setting things up
    std::srand(std::time(0));    // random initializing of rand()

    cout << "Case Study: Bank of Heather Automatic Teller\n";
    cout << "Enter maximum size of queue: ";
    int qs;
    cin >> qs;
    Queue line(qs);              // line queue holds up to qs people

    cout << "Enter the number of simulation hours: ";
    int hours;                   // hours of simulation
    cin >> hours;
    // simulation will run 1 cycle per minute
    long cyclelimit = MIN_PER_HR * hours; // # of cycles

    cout << "Enter the average number of customers per hour: ";
    double perhour;        // average # of arrival per hour
    cin >> perhour;
    double min_per_cust; // average time between arrivals
    min_per_cust = MIN_PER_HR / perhour;

    Item temp;             // new customer data
    long turnaways = 0;   // turned away by full queue
```

```
    long customers = 0;  // joined the queue
    long served = 0;     // served during the simulation
    long sum_line = 0;   // cumulative line length
    int wait_time = 0;   // time until autoteller is free
    long line_wait = 0;  // cumulative time in line

// running the simulation
    for (int cycle = 0; cycle < cyclelimit; cycle++)
    {
        if (newcustomer(min_per_cust)) // have newcomer
        {
            if (line.isfull())
                turnaways++;
            else
            {
                customers++;
                temp.set(cycle);    // cycle = time of arrival
                line.enqueue(temp); // add newcomer to line
            }
        }
        if (wait_time <= 0 && !line.isempty())
        {
            line.dequeue (temp);      // attend next customer
            wait_time = temp.ptime(); // for wait_time minutes
            line_wait += cycle - temp.when();
            served++;
        }
        if (wait_time > 0)
            wait_time--;
        sum_line += line.queuecount();
    }

// reporting results
    if (customers > 0)
    {
        cout << "customers accepted: " << customers << endl;
        cout << " customers served: " << served << endl;
        cout << " turnaways: " << turnaways << endl;
        cout << "average queue size: ";
        cout.precision(2);
        cout.setf(ios_base::fixed, ios_base::floatfield);
        cout << (double) sum_line / cyclelimit << endl;
        cout << " average wait time: "
             << (double) line_wait / served << " minutes\n";
    }
    else
        cout << "No customers!\n";
    cout << "Done!\n";

    return 0;
}

// x = average time, in minutes, between customers
// return value is true if customer shows up this minute
bool newcustomer(double x)
{
    return (std::rand() * x / RAND_MAX < 1);
}
```

注意：编译器如果没有实现 bool，可以用 int 代替 bool，用 0 代替 false，用 1 代替 true；还可能必须使用 stdlib.h 和 time.h 代替较新的 cstdlib 和 ctime；另外可能必须自己来定义 RAND_MAX。

下面是程序清单 12.10～程序清单 12.12 组成的程序长时间运行的几个例子：

```
Case Study: Bank of Heather Automatic Teller
Enter maximum size of queue: 10
Enter the number of simulation hours: 100
Enter the average number of customers per hour: 15
customers accepted: 1485
  customers served: 1485
         turnaways: 0
average queue size: 0.15
 average wait time: 0.63 minutes
Done!

Case Study: Bank of Heather Automatic Teller
Enter maximum size of queue: 10
```

```
Enter the number of simulation hours: 100
Enter the average number of customers per hour: 30
customers accepted: 2896
  customers served: 2888
         turnaways: 101
average queue size: 4.64
 average wait time: 9.63 minutes
Done!

Case Study: Bank of Heather Automatic Teller
Enter maximum size of queue: 20
Enter the number of simulation hours: 100
Enter the average number of customers per hour: 30
customers accepted: 2943
  customers served: 2943
         turnaways: 93
average queue size: 13.06
 average wait time: 26.63 minutes
Done!
```

注意，每小时到达的客户从 15 名增加到 30 名时，等候时间并不是加倍，而是增加了 15 倍。如果允许队列更长，情况将更糟。然而，模拟没有考虑到这个事实——许多客户由于不愿意排很长的队而离开了。

下面是该程序的另外几个运行示例。从中可知，即使平均每小时到达的客户数不变，也会出现短期变化。

```
Case Study: Bank of Heather Automatic Teller
Enter maximum size of queue: 10
Enter the number of simulation hours: 4
Enter the average number of customers per hour: 30
customers accepted: 114
  customers served: 110
         turnaways: 0
average queue size: 2.15
 average wait time: 4.52 minutes
Done!

Case Study: Bank of Heather Automatic Teller
Enter maximum size of queue: 10
Enter the number of simulation hours: 4
Enter the average number of customers per hour: 30
customers accepted: 121
  customers served: 116
         turnaways: 5
average queue size: 5.28
 average wait time: 10.72 minutes
Done!

Case Study: Bank of Heather Automatic Teller
Enter maximum size of queue: 10
Enter the number of simulation hours: 4
Enter the average number of customers per hour: 30
customers accepted: 112
  customers served: 109
         turnaways: 0
average queue size: 2.41
 average wait time: 5.16 minutes
Done!
```

12.8 总结

本章介绍了定义和使用类的许多重要方面。其中的一些方面是非常微妙甚至很难理解的概念。如果其中的某些概念对于您来说过于复杂，也不用害怕——这些问题对于大多数 C++的初学者来说都是很难的。通常，对于诸如复制构造函数等概念，都是在由于忽略它们而遇到了麻烦后逐步理解的。本章介绍的一些内容乍看起来非常难以理解，但是随着经验越来越丰富，对其理解也将越透彻。

在类构造函数中，可以使用 new 为数据分配内存，然后将内存地址赋给类成员。这样，类便可以处理长度不同的字符串，而不用在类设计时提前固定数组的长度。在类构造函数中使用 new，也可能在对象过期时引发问题。如果对象包含成员指针，同时它指向的内存是由 new 分配的，则释放用于保存对象的内存并不会自动释放对象成员指针指向的内存。因此，在类构造函数中使用 new 类来分配内存时，应在类析构函数中使用delete来释放分配的内存。这样，当对象过期时，将自动释放其指针成员指向的内存。

如果对象包含指向new分配的内存的指针成员，则将一个对象初始化为另一个对象，或将一个对象赋给另一个对象时，也会出现问题。在默认情况下，C++逐个对成员进行初始化和赋值，这意味着被初始化或被赋值的对象的成员将与原始对象完全相同。如果原始对象的成员指向一个数据块，则副本成员将指向同一个数据块。当程序最终删除这两个对象时，类的析构函数将试图删除同一个内存数据块两次，这将出错。解决方法是：定义一个特殊的复制构造函数来重新定义初始化，并重载赋值运算符。在上述任何一种情况下，新的定义都将创建指向数据的副本，并使新对象指向这些副本。这样，旧对象和新对象都将引用独立的、相同的数据，而不会重叠。由于同样的原因，必须定义赋值运算符。对于每一种情况，最终目的都是执行深度复制，也就是说，复制实际的数据，而不仅仅是复制指向数据的指针。

对象的存储持续性为自动或外部时，在它不再存在时将自动调用其析构函数。如果使用new运算符为对象分配内存，并将其地址赋给一个指针，则当您将delete用于该指针时将自动为对象调用析构函数。然而，如果使用定位new运算符（而不是常规new运算符）为类对象分配内存，则必须负责显式地为该对象调用析构函数，方法是使用指向该对象的指针调用析构函数方法。C++允许在类中包含结构、类和枚举定义。这些嵌套类型的作用域为整个类，这意味着它们被局限于类中，不会与其他地方定义的同名结构、类和枚举发生冲突。

C++为类构造函数提供了一种可用来初始化数据成员的特殊语法。这种语法包括冒号和由逗号分隔的初始化列表，被放在构造函数参数的右括号后，函数体的左括号之前。每一个初始化器都由被初始化的成员的名称和包含初始值的括号组成。从概念上来说，这些初始化操作是在对象创建时进行的，此时函数体中的语句还没有执行。语法如下：

```
queue(int qs) : qsize(qs), items(0), front(NULL), rear(NULL) { }
```

如果数据成员是非静态const成员或引用，则必须采用这种格式，但可将C++11新增的类内初始化用于非静态const成员。

C++11允许类内初始化，即在类定义中进行初始化：

```
class Queue

{
private:
...
    Node * front = NULL;
    enum {Q_SIZE = 10};
    Node * rear = NULL;
    int items = 0;
    const int qsize = Q_SIZE;
...
};
```

这与使用成员初始化列表等价。然而，使用成员初始化列表的构造函数将覆盖相应的类内初始化。

您可能已经注意到，与简单的C结构相比，需要注意的类细节要多得多。作为回报，它们的功能也更强。

12.9 复习题

1. 假设String类有如下私有成员：

```
class String
{
private:
    char * str; // points to string allocated by new
    int len;    // holds length of string
//...
};
```

a. 下述默认构造函数有什么问题？

```
String::String() {}
```

b. 下述构造函数有什么问题？

```
String::String(const char * s)
{
    str = s;
    len = strlen(s);
}
```

c. 下述构造函数有什么问题？

```
String::String(const char * s)
{
    strcpy(str, s);
    len = strlen(s);
}
```

2. 如果您定义了一个类，其指针成员是使用 new 初始化的，请指出可能出现的 3 个问题以及如何纠正这些问题。

3. 如果没有显式提供类方法，编译器将自动生成哪些类方法？请描述这些隐式生成的函数的行为。

4. 找出并改正下述类声明中的错误：

```
class nifty
{
// data
    char personality[];
    int talents;
// methods
    nifty();
    nifty(char * s);
    ostream & operator<<(ostream & os, nifty & n);
}

nifty:nifty()
{
    personality = NULL;
    talents = 0;
}

nifty:nifty(char * s)
{
    personality = new char [strlen(s)];
    personality = s;
    talents = 0;
}
ostream & nifty:operator<<(ostream & os, nifty & n)
{
    os << n;
}
```

5. 对于下面的类声明：

```
class Golfer
{
private:
    char * fullname; // points to string containing golfer's name
    int games;       // holds number of golf games played
    int * scores;    // points to first element of array of golf scores
public:
    Golfer();
    Golfer(const char * name, int g= 0);
     // creates empty dynamic array of g elements if g > 0
    Golfer(const Golfer & g);
    ~Golfer();
};
```

a. 下列各条语句将调用哪些类方法？

```
Golfer nancy;                        // #1
Golfer lulu("Little Lulu");          // #2
Golfer roy("Roy Hobbs", 12);         // #3
Golfer * par = new Golfer;           // #4
Golfer next = lulu;                  // #5
Golfer hazzard = "Weed Thwacker";    // #6
*par = nancy;                        // #7
nancy = "Nancy Putter";              // #8
```

b. 很明显，类需要有另外几个方法才能更有用，但是类需要那些方法才能防止数据被损坏呢？

12.10 编程练习

1. 对于下面的类声明：

```
class Cow {
    char name[20];
    char * hobby;
    double weight;
```

```
public:
    Cow();
    Cow(const char * nm, const char * ho, double wt);
    Cow(const Cow & c);
    ~Cow();
    Cow & operator=(const Cow & c);
    void ShowCow() const; // display all cow data
};
```

给这个类提供实现，并编写一个使用所有成员函数的小程序。

2. 通过完成下面的工作来改进 String 类声明（即将 String1.h 升级为 String2.h）。

a. 对+运算符进行重载，使之可将两个字符串合并成 1 个。

b. 提供一个 Stringlow()成员函数，将字符串中所有的字母字符转换为小写（别忘了 cctype 系列字符函数）。

c. 提供 String()成员函数，将字符串中所有字母字符转换成大写。

d. 提供一个这样的成员函数，它接受一个 char 参数，返回该字符在字符串中出现的次数。

使用下面的程序来测试您的工作：

```
// pe12_2.cpp
#include <iostream>
using namespace std;
#include "string2.h"
int main()
{
    String s1(" and I am a C++ student.");
    String s2 = "Please enter your name: ";
    String s3;
    cout << s2;                 // overloaded << operator
    cin >> s3;                  // overloaded >> operator
    s2 = "My name is " + s3; // overloaded =, + operators
    cout << s2 << ".\n";
    s2 = s2 + s1;
    s2.stringup(); // converts string to uppercase
    cout << "The string\n" << s2 << "\ncontains " << s2.has('A')
         << " 'A' characters in it.\n";
    s1 = "red"; // String(const char *),
                // then String & operator=(const String&)
    String rgb[3] = { String(s1), String("green"), String("blue")};
    cout << "Enter the name of a primary color for mixing light: ";
    String ans;
    bool success = false;
    while (cin >> ans)
    {
        ans.stringlow(); // converts string to lowercase
        for (int i = 0; i < 3; i++)
        {
            if (ans == rgb[i]) // overloaded == operator
            {
                cout << "That's right!\n";
                success = true;
                break;
            }
        }
        if (success)
            break;
        else
            cout << "Try again!\n";
    }
    cout << "Bye\n";
    return 0;
}
```

输出应与下面相似：

```
Please enter your name: Fretta Farbo
My name is Fretta Farbo.
The string
MY NAME IS FRETTA FARBO AND I AM A C++ STUDENT.
contains 6 'A' characters in it.
Enter the name of a primary color for mixing light: yellow
Try again!
BLUE
That's right!
Bye
```

3. 新编写程序清单 10.7 和程序清单 10.8 描述的 Stock 类，使之使用动态分配的内存，而不是 string

类对象来存储股票名称。另外，使用重载的 operator < <()定义代替 show()成员函数。再使用程序清单 10.9 测试新的定义程序。

4. 请看下面程序清单 10.10 定义的 Stack 类的变量：

```
// stack.h -- class declaration for the stack ADT
typedef unsigned long Item;

class Stack
{
private:
    enum {MAX = 10}; // constant specific to class
    Item * pitems;   // holds stack items
    int size;    // number of elements in stack
    int top;     // index for top stack item
public:
    Stack(int n = MAX); // creates stack with n elements
    Stack(const Stack & st);
    ~Stack();
    bool isempty() const;
    bool isfull() const;
    // push() returns false if stack already is full, true otherwise
    bool push(const Item & item); // add item to stack
    // pop() returns false if stack already is empty, true otherwise
    bool pop(Item & item); // pop top into item
    Stack & operator=(const Stack & st);
};
```

正如私有成员表明的，这个类使用动态分配的数组来保存栈项。请重新编写方法，以适应这种新的表示法，并编写一个程序来演示所有的方法，包括复制构造函数和赋值运算符。

5. Heather 银行进行的研究表明，ATM 客户不希望排队时间不超过 1 分钟。使用程序清单 12.10 中的模拟，找出要使平均等候时间为 1 分钟，每小时到达的客户数应为多少（试验时间不短于 100 小时）？

6. Heather 银行想知道，如果再开设一台 ATM，情况将如何。请对模拟进行修改，以包含两个队列。假设当第一台 ATM 前的排队人数少于第二台 ATM 时，客户将排在第一队，否则将排在第二队。然后再找出要使平均等候时间为 1 分钟，每小时到达的客户数应该为多少（注意，这是一个非线性问题，即将 ATM 数量加倍，并不能保证每小时处理的客户数量也翻倍，并确保客户等候的时间少于 1 分钟）？

第 13 章　类继承

本章内容包括：

- is-a 关系的继承；
- 如何以公有方式从一个类派生出另一个类；
- 保护访问；
- 构造函数成员初始化列表；
- 向上和向下强制转换；
- 虚成员函数；
- 早期（静态）联编与晚期（动态）联编；
- 抽象基类；
- 纯虚函数；
- 何时及如何使用公有继承。

面向对象编程的主要目的之一是提供可重用的代码。开发新项目，尤其是当项目十分庞大时，重用经过测试的代码比重新编写代码要好得多。使用已有的代码可以节省时间，由于已有的代码已被使用和测试过，因此有助于避免在程序中引入错误。另外，必须考虑的细节越少，便越能专注于程序的整体策略。

传统的 C 函数库通过预定义、预编译的函数（如 strlen()和 rand()，可以在程序中使用这些函数）提供了可重用性。很多厂商都提供了专用的 C 库，这些专用库提供标准 C 库没有的函数。例如，可以购买数据库管理函数库和屏幕控制函数库。然而，函数库也有局限性。除非厂商提供了库函数的源代码（通常是不提供的），否则您将无法根据自己特定的需求，对函数进行扩展或修改，而必须根据库的情况修改自己的程序。即使厂商提供了源代码，在修改时也有一定的风险，如不经意地修改了函数的工作方式或改变了库函数之间的关系。

C++类提供了更高层次的重用性。目前，很多厂商提供了类库，类库由类声明和实现构成。因为类组合了数据表示和类方法，因此提供了比函数库更加完整的程序包。例如，单个类就可以提供用于管理对话框的全部资源。通常，类库是以源代码的方式提供的，这意味着可以对其进行修改，以满足需求。然而，C++提供了比修改代码更好的方法来扩展和修改类。这种方法叫作类继承，它能够从已有的类派生出新的类，而派生类继承了原有类（称为基类）的特征，包括方法。正如继承一笔财产要比自己白手起家容易一样，通过继承派生出的类通常比设计新类要容易得多。下面是可以通过继承完成的一些工作。

- 可以在已有类的基础上添加功能。例如，对于数组类，可以添加数学运算。
- 可以给类添加数据。例如，对于字符串类，可以派生出一个类，并添加指定字符串显示颜色的数据成员。
- 可以修改类方法的行为。例如，对于代表提供给飞机乘客的服务的 Passenger 类，可以派生出提供更高级别服务的 FirstClassPassenger 类。

当然，可以通过复制原始类代码，并对其进行修改来完成上述工作，但继承机制只需提供新特性，甚至不需要访问源代码就可以派生出类。因此，如果购买的类库只提供了类方法的头文件和编译后代码，仍可以使用库中的类派生出新的类。而且可以在不公开实现的情况下将自己的类分发给其他人，同时允许他们在类中添加新特性。

继承是一种非常好的概念，其基本实现非常简单。但要对继承进行管理，使之在所有情况下都能正常工作，则需要做一些调整。本章将介绍继承简单的一面和复杂的一面。

13.1　一个简单的基类

从一个类派生出另一个类时，原始类称为基类，继承类称为派生类。为说明继承，首先需要一个基类。Webtown 俱乐部决定跟踪乒乓球会会员。作为俱乐部的首席程序员，需要设计一个简单的 TableTennisPlayer 类，如程序清单 13.1 和程序清单 13.2 所示。

程序清单 13.1　tabtenn0.h

```
// tabtenn0.h -- a table-tennis base class
#ifndef TABTENN0_H_
#define TABTENN0_H_
#include <string>
using std::string;
// simple base class
class TableTennisPlayer
{
private:
    string firstname;
    string lastname;
    bool hasTable;
public:
    TableTennisPlayer (const string & fn = "none",
                       const string & ln = "none", bool ht = false);
    void Name() const;
    bool HasTable() const { return hasTable; };
    void ResetTable(bool v) { hasTable = v; };
};
#endif
```

程序清单 13.2　tabtenn0.cpp

```
//tabtenn0.cpp -- simple base-class methods
#include "tabtenn0.h"
#include <iostream>

TableTennisPlayer::TableTennisPlayer (const string & fn,
    const string & ln, bool ht) : firstname(fn),
          lastname(ln), hasTable(ht) {}

void TableTennisPlayer::Name() const
{
    std::cout << lastname << ", " << firstname;
}
```

TableTennisPlayer 类只是记录会员的姓名以及是否有球桌。有两点需要说明。首先，这个类使用标准 string 类来存储姓名，相比于使用字符数组，这更方便、更灵活、更安全，而与第 12 章的 String 类相比，这更专业。其次，构造函数使用了第 12 章介绍的成员初始化列表语法，但也可以像下面这样做：

```
TableTennisPlayer::TableTennisPlayer (const string & fn,
                   const string & ln, bool ht)
{
    firstname = fn;
    lastname = ln;
    hasTable = ht;
}
```

这将首先为 firstname 调用 string 的默认构造函数，再调用 string 的赋值运算符将 firstname 设置为 fn，但初始化列表语法可减少一个步骤，它直接使用 string 的复制构造函数将 firstname 初始化为 fn。

程序清单 13.3 使用了这个类。

程序清单 13.3　usett0.cpp

```
// usett0.cpp -- using a base class
#include <iostream>
#include "tabtenn0.h"
```

```
int main ( void )
{
    using std::cout;
    TableTennisPlayer player1("Chuck", "Blizzard", true);
    TableTennisPlayer player2("Tara", "Boomdea", false);
    player1.Name();
    if (player1.HasTable())
        cout << ": has a table.\n";
    else
        cout << ": hasn't a table.\n";
    player2.Name();
    if (player2.HasTable())
        cout << ": has a table";
    else
        cout << ": hasn't a table.\n";
    return 0;
}
```

下面是程序清单 13.1～程序清单 13.3 组成的程序的输出：

```
Blizzard, Chuck: has a table.
Boomdea, Tara: hasn't a table.
```

注意到该程序实例化对象时将 C 风格字符串作为参数：

```
TableTennisPlayer player1("Chuck", "Blizzard", true);
TableTennisPlayer player2("Tara", "Boomdea", false);
```

但构造函数的形参类型被声明为 const string &。这导致类型不匹配，但与第 12 章创建的 String 类一样，string 类有一个将 const char *作为参数的构造函数，使用 C 风格字符串初始化 string 对象时，将自动调用这个构造函数。总之，可将 string 对象或 C 风格字符串作为构造函数 TableTennisPlayer 的参数；将前者作为参数时，将调用接受 const string &作为参数的 string 构造函数，而将后者作为参数时，将调用接受 const char *作为参数的 string 构造函数。

13.1.1 派生一个类

Webtown 俱乐部的一些成员曾经参加过当地的乒乓球锦标赛，需要这样一个类，它能包括成员在比赛中的得分。与其从零开始，不如从 TableTennisClass 类派生出一个类。首先将 RatedPlayer 类声明为从 TableTennisClass 类派生而来：

```
// RatedPlayer derives from the TableTennisPlayer base class
class RatedPlayer : public TableTennisPlayer
{
...
};
```

冒号指出 RatedPlayer 类的基类是 TableTennisplayer 类。上述特殊的声明头表明 TableTennisPlayer 是一个公有基类，这被称为公有派生。派生类对象包含基类对象。使用公有派生，基类的公有成员将成为派生类的公有成员；基类的私有部分也将成为派生类的一部分，但只能通过基类的公有和保护方法访问（稍后将介绍保护成员）。

上述代码完成了哪些工作呢？Ratedplayer 对象将具有以下特征：

- 派生类对象存储了基类的数据成员（派生类继承了基类的实现）；
- 派生类对象可以使用基类的方法（派生类继承了基类的接口）。

因此，RatedPlayer 对象可以存储运动员的姓名及其是否有球桌。另外，RatedPlayer 对象还可以使用 TableTennisPlayer 类的 Name()、hasTable()和 ResetTable()方法（参见图 13.1）。

需要在继承特性中添加什么呢？

- 派生类需要自己的构造函数。
- 派生类可以根据需要添加额外的数据成员和成员函数。

在这个例子中，派生类需要另一个数据成员来存储得分，还应包含检索比分的方法和重置比分的方法。因此，类声明与下面类似：

```
// simple derived class
class RatedPlayer : public TableTennisPlayer
{
private:
```

```
      unsigned int rating; // add a data member
   public:
      RatedPlayer (unsigned int r = 0, const string & fn = "none",
                   const string & ln = "none", bool ht = false);
      RatedPlayer(unsigned int r, const TableTennisPlayer & tp);
      unsigned int Rating() const { return rating; }  // add a method
      void ResetRating (unsigned int r) {rating = r;} // add a method
   };
```

构造函数必须给新成员（如果有的话）和继承的成员提供数据。在第一个 RatedPlayer 构造函数中，每个成员对应一个形参；而第二个 RatedPlayer 构造函数使用一个 TableTennisPlayer 参数，该参数包括 firstname、lastname 和 hasTable。

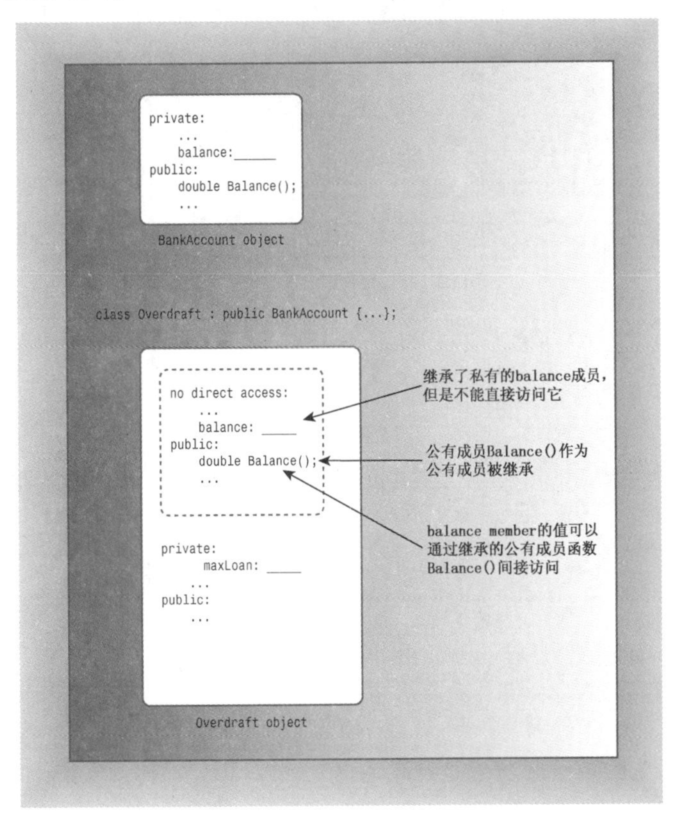

图 13.1 基类对象和派生类对象

13.1.2 构造函数：访问权限的考虑

派生类不能直接访问基类的私有成员，而必须通过基类方法进行访问。例如，RatedPlayer 构造函数不能直接设置继承的成员（firstname、lastname 和 hasTable），而必须使用基类的公有方法来访问私有的基类成员。具体地说，派生类构造函数必须使用基类构造函数。

创建派生类对象时，程序首先创建基类对象。从概念上说，这意味着基类对象应当在程序进入派生类构造函数之前被创建。C++使用成员初始化列表语法来完成这种工作。例如，下面是第一个 RatedPlayer 构造函数的代码：

```
RatedPlayer::RatedPlayer(unsigned int r, const string & fn,
     const string & ln, bool ht) : TableTennisPlayer(fn, ln, ht)
{
    rating = r;
}
```

其中:TableTennisPlayer(fn,ln,ht)是成员初始化列表。它是可执行的代码，调用 TableTennisPlayer 构造函数。例如，假设程序包含如下声明：

```
RatedPlayer rplayer1(1140,"Mallory","Duck",true);
```

则 RatedPlayer 构造函数将把实参“Mallory”“Duck”和 true 赋给形参 fn、In 和 ht，然后将这些参数作为实参传递给 TableTennisPlayer 构造函数，后者将创建一个嵌套 TableTennisPlayer 对象，并将数据“Mallory”、“Duck”和 true 存储在该对象中。然后，程序进入 RealPlayer 构造函数体，完成 RealPlayer 对象的创建，并将参数 r 的值（即 1140）赋给 rating 成员（参见图 13.2）。

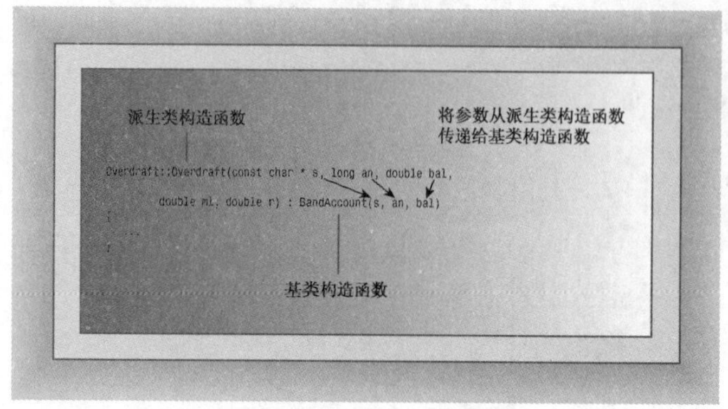

图 13.2　将参数传递给基类构造函数

如果省略成员初始化列表，情况将如何呢？

```
RatedPlayer::RatedPlayer(unsigned int r, const string & fn,
     const string & ln, bool ht) // what if no initializer list?
{
    rating = r;
}
```

必须首先创建基类对象，如果不调用基类构造函数，程序将使用默认的基类构造函数，因此上述代码与下面等效：

```
RatedPlayer::RatedPlayer(unsigned int r, const string & fn,
     const string & ln, bool ht) : TableTennisPlayer()
{
    rating = r;
}
```

除非要使用默认构造函数，否则应显式调用正确的基类构造函数。

下面来看第二个构造函数的代码：

```
RatedPlayer::RatedPlayer(unsigned int r, const TableTennisPlayer & tp)
    : TableTennisPlayer(tp)
{
    rating = r;
}
```

这里也将 TableTennisPlayer 的信息传递给了 TableTennisPlayer 构造函数：

```
TableTennisPlayer(tp)
```

由于 tp 的类型为 TableTennisPlayer &，因此将调用基类的复制构造函数。基类没有定义复制构造函数，但第 12 章介绍过，如果需要使用复制构造函数但又没有定义，编译器将自动生成一个。在这种情况下，执行成员复制的隐式复制构造函数是合适的，因为这个类没有使用动态内存分配（string 成员确实使用了动态内存分配，但本书前面说过，成员复制将使用 string 类的复制构造函数来复制 string 成员）。

如果愿意，也可以对派生类成员使用成员初始化列表语法。在这种情况下，应在列表中使用成员名，而不是类名。所以，第二个构造函数可以按照下述方式编写：

```
// alternative version
RatedPlayer::RatedPlayer(unsigned int r, const TableTennisPlayer & tp)
    : TableTennisPlayer(tp), rating(r)
{
}
```

有关派生类构造函数的要点如下：

- 首先创建基类对象；
- 派生类构造函数应通过成员初始化列表将基类信息传递给基类构造函数；
- 派生类构造函数应初始化派生类新增的数据成员。

这个例子没有提供显式构造函数，因此将使用隐式构造函数。释放对象的顺序与创建对象的顺序相反，即首先执行派生类的析构函数，然后自动调用基类的析构函数。

注意：创建派生类对象时，程序首先调用基类构造函数，然后再调用派生类构造函数。基类构造函数负责初始化继承的数据成员；派生类构造函数主要用于初始化新增的数据成员。派生类的构造函数总是调用一个基类构造函数。可以使用初始化列表语法指明要使用的基类构造函数，否则将使用默认的基类构造函数。

派生类对象过期时，程序将首先调用派生类析构函数，然后再调用基类析构函数。

成员初始化列表

派生类构造函数可以使用初始化列表机制将值传递给基类构造函数。请看下面的例子：

```
derived::derived(type1 x, type2 y) : base(x,y) // initializer list
{
    ...
}
```

其中 derived 是派生类，base 是基类，x 和 y 是基类构造函数使用的变量。例如，如果派生类构造函数接收到参数 10 和 12，则这种机制将把 10 和 12 传递给被定义为接受这些类型的参数的基类构造函数。除虚基类外（参见第 14 章），类只能将值传递回相邻的基类，但后者可以使用相同的机制将信息传递给相邻的基类，依此类推。如果没有在成员初始化列表中提供基类构造函数，程序将使用默认的基类构造函数。成员初始化列表只能用于构造函数。

13.1.3 使用派生类

要使用派生类，程序必须要能够访问基类声明。程序清单 13.4 将这两种类的声明置于同一个头文件中。也可以将每个类放在独立的头文件中，但由于这两个类是相关的，所以把其类声明放在一起更合适。

程序清单 13.4 tabtenn1.h

```
// tabtenn1.h -- a table-tennis base class
#ifndef TABTENN1_H_
#define TABTENN1_H_
#include <string>
using std::string;
// simple base class
class TableTennisPlayer
{
private:
    string firstname;
    string lastname;
    bool hasTable;
public:
    TableTennisPlayer (const string & fn = "none",
                       const string & ln = "none", bool ht = false);
    void Name() const;
    bool HasTable() const { return hasTable; };
    void ResetTable(bool v) { hasTable = v; };
};

// simple derived class
class RatedPlayer : public TableTennisPlayer
{
private:
    unsigned int rating;
public:
    RatedPlayer (unsigned int r = 0, const string & fn = "none",
                 const string & ln = "none", bool ht = false);
    RatedPlayer(unsigned int r, const TableTennisPlayer & tp);
    unsigned int Rating() const { return rating; }
    void ResetRating (unsigned int r) {rating = r;}
};

#endif
```

程序清单 13.5 是这两个类的方法定义。同样，也可以使用不同的文件，但将定义放在一起更简单。

程序清单 13.5 tabtenn1.cpp

```
//tabtenn1.cpp -- simple base-class methods
#include "tabtenn1.h"
#include <iostream>

TableTennisPlayer::TableTennisPlayer (const string & fn,
    const string & ln, bool ht) : firstname(fn),
        lastname(ln), hasTable(ht) {}

void TableTennisPlayer::Name() const
{
    std::cout << lastname << ", " << firstname;
}

// RatedPlayer methods
RatedPlayer::RatedPlayer(unsigned int r, const string & fn,
    const string & ln, bool ht) : TableTennisPlayer(fn, ln, ht)
{
    rating = r;
}

RatedPlayer::RatedPlayer(unsigned int r, const TableTennisPlayer & tp)
    : TableTennisPlayer(tp), rating(r)
{
}
```

程序清单 13.6 创建了 TableTennisPlayer 类和 RatedPlayer 类的对象。请注意这两个类对象是如何使用 TableTennisPlayer 类的 Name()和 HasTable()方法的。

程序清单 13.6 usett1.cpp

```
// usett1.cpp -- using base class and derived class
#include <iostream>
#include "tabtenn1.h"

int main ( void )
{
    using std::cout;
    using std::endl;
    TableTennisPlayer player1("Tara", "Boomdea", false);
    RatedPlayer rplayer1(1140, "Mallory", "Duck", true);
    rplayer1.Name(); // derived object uses base method
    if (rplayer1.HasTable())
        cout << ": has a table.\n";
    else
        cout << ": hasn't a table.\n";
    player1.Name(); // base object uses base method
    if (player1.HasTable())
        cout << ": has a table";
    else
        cout << ": hasn't a table.\n";
    cout << "Name: ";
    rplayer1.Name();
    cout << "; Rating: " << rplayer1.Rating() << endl;
// initialize RatedPlayer using TableTennisPlayer object
    RatedPlayer rplayer2(1212, player1);
    cout << "Name: ";
    rplayer2.Name();
    cout << "; Rating: " << rplayer2.Rating() << endl;
    return 0;
}
```

下面是程序清单 13.4～程序清单 13.6 组成的程序的输出：

```
Duck, Mallory: has a table.
Boomdea, Tara: hasn't a table.
Name: Duck, Mallory; Rating: 1140
Name: Boomdea, Tara; Rating: 1212
```

13.1.4 派生类和基类之间的特殊关系

派生类与基类之间有一些特殊关系。其中之一是派生类对象可以使用基类的方法，条件是方法不是私有的：

```
RatedPlayer rplayer1(1140, "Mallory", "Duck", true);
rplayer1.Name(); // derived object uses base method
```

另外两个重要的关系是：基类指针可以在不进行显式类型转换的情况下指向派生类对象；基类引用可以在不进行显式类型转换的情况下引用派生类对象：

```
RatedPlayer rplayer1(1140, "Mallory", "Duck", true);
TableTennisPlayer & rt = rplayer;
TableTennisPlayer * pt = &rplayer;
rt.Name();  // invoke Name() with reference
pt->Name(); // invoke Name() with pointer
```

然而，基类指针或引用只能用于调用基类方法，因此，不能使用rt或pt来调用派生类的ResetRanking方法。

通常，C++要求引用和指针类型与赋给的类型匹配，但这一规则对继承来说是例外。然而，这种例外只是单向的，不可以将基类对象和地址赋给派生类引用和指针：

```
TableTennisPlayer player("Betsy", "Bloop", true);
RatedPlayer & rr = player;    // NOT ALLOWED
RatedPlayer * pr = player;    // NOT ALLOWED
```

上述规则是有道理的。例如，如果允许基类引用隐式地引用派生类对象，则可以使用基类引用为派生类对象调用基类的方法。因为派生类继承了基类的方法，所以这样做不会出现问题。如果可以将基类对象赋给派生类引用，将发生什么情况呢？派生类引用能够为基对象调用派生类方法，这样做将出现问题。例如，将RatedPlayer::Rating()方法用于TableTennisPlayer对象是没有意义的，因为TableTennisPlayer对象没有rating成员。

如果基类引用和指针可以指向派生类对象，将出现一些很有趣的结果。其中之一是基类引用定义的函数或指针参数可用于基类对象或派生类对象。例如，在下面的函数中：

```
void Show(const TableTennisPlayer & rt)
{
    using std::cout;
    cout << "Name: ";
    rt.Name();
    cout << "\nTable: ";
    if (rt.HasTable())
        cout << "yes\n";
    else
        cout << "no\n";
}
```

形参rt是一个基类引用，它可以指向基类对象或派生类对象，所以可以在Show()中使用TableTennis参数或Ratedplayer参数：

```
TableTennisPlayer player1("Tara", "Boomdea", false);
RatedPlayer rplayer1(1140, "Mallory", "Duck", true);
Show(player1);  // works with TableTennisPlayer argument
Show(rplayer1); // works with RatedPlayer argument
```

对于形参为指向基类的指针的函数，也存在相似的关系。它可以使用基类对象的地址或派生类对象的地址作为实参：

```
void Wohs(const TableTennisPlayer * pt); // function with pointer parameter
...
TableTennisPlayer player1("Tara", "Boomdea", false);
RatedPlayer rplayer1(1140, "Mallory", "Duck", true);
Wohs(&player1);  // works with TableTennisPlayer * argument
Wohs(&rplayer1); // works with RatedPlayer * argument
```

引用兼容性属性也让您能够将基类对象初始化为派生类对象，尽管不那么直接。假设有这样的代码：

```
RatedPlayer olaf1(1840, "Olaf", "Loaf", true);
TableTennisPlayer olaf2(olaf1);
```

要初始化olaf2，匹配的构造函数的原型如下：

```
TableTennisPlayer(const RatedPlayer &); // doesn't exist
```

类定义中没有这样的构造函数，但存在隐式复制构造函数：

```
// implicit copy constructor
TableTennisPlayer(const TableTennisPlayer &);
```

形参是基类引用，因此它可以引用派生类。这样，将olaf2初始化为olaf1时，将要使用该构造函数，它复制firstname、lastname和hasTable成员。换句话来说，它将olaf2初始化为嵌套在RatedPlayer对象olaf1中的TableTennisPlayer对象。

同样，也可以将派生对象赋给基类对象：

```
RatedPlayer olaf1(1840, "Olaf", "Loaf", true);
TableTennisPlayer winner;
winner = olaf1; // assign derived to base object
```

在这种情况下，程序将使用隐式重载赋值运算符：

```
TableTennisPlayer & operator=(const TableTennisPlayer &) const;
```

基类引用指向的也是派生类对象，因此 olaf1 的基类部分被复制给 winner。

13.2 继承：is-a 关系

派生类和基类之间的特殊关系是基于 C++继承的底层模型的。实际上，C++有 3 种继承方式：公有继承、保护继承和私有继承。公有继承是最常用的方式，它建立一种 is-a 关系，即派生类对象也是一个基类对象，可以对基类对象执行的任何操作，也可以对派生类对象执行。例如，假设有一个 Fruit 类，可以保存水果的重量和热量。因为香蕉是一种特殊的水果，所以可以从 Fruit 类派生出 Banana 类。新类将继承原始类的所有数据成员，因此，Banana 对象将包含表示香蕉重量和热量的成员。新的 Banana 类还添加了专门用于香蕉的成员，这些成员通常不用于水果，例如 Banana Institute Peel Index（香蕉机构果皮索引）。因为派生类可以添加特性，所以，将这种关系称为 is-a-kind-of（是一种）关系可能更准确，但是通常使用术语 is-a。

为阐明 is-a 关系，来看一些与该模型不符的例子。公有继承不建立 has-a 关系。例如，午餐可能包括水果，但通常午餐并不是水果。所以，不能通过从 Fruit 类派生出 Lunch 类来在午餐中添加水果。在午餐中加入水果的正确方法是将其作为一种 has-a 关系：午餐有水果。正如将在第 14 章介绍的，最容易的建模方式是，将 Fruit 对象作为 Lunch 类的数据成员（参见图 13.3）。

公有继承不能建立 is-like-a 关系，也就是说，它不采用明喻。人们通常说律师就像鲨鱼，但律师并不是鲨鱼。例如，鲨鱼可以在水下生活。所以，不应从 Shark 类派生出 Lawyer 类。继承可以在基类的基础上添加属性，但不能删除基类的属性。在有些情况下，可以设计一个包含共有特征的类，然后以 is-a 或 has-a 关系，在这个类的基础上定义相关的类。

公有继承不建立 is-implemented-as-a（作为……来实现）关系。例如，可以使用数组来实现栈，但从 Array 类派生出 Stack 类是不合适的，因为栈不是数组。例如，数组索引不是栈的属性。另外，可以以其他方式实现栈，如链表。正确的方法是，通过让栈包含一个私有 Array 对象成员来隐藏数组实现。

公有继承不建立 uses-a 关系。例如，计算机可以使用激光打印机，但从 Computer 类派生出 Printer 类（或反过来）是没有意义的。然而，可以使用友元函数或类来处理 Printer 对象和 Computer 对象之间的通信。

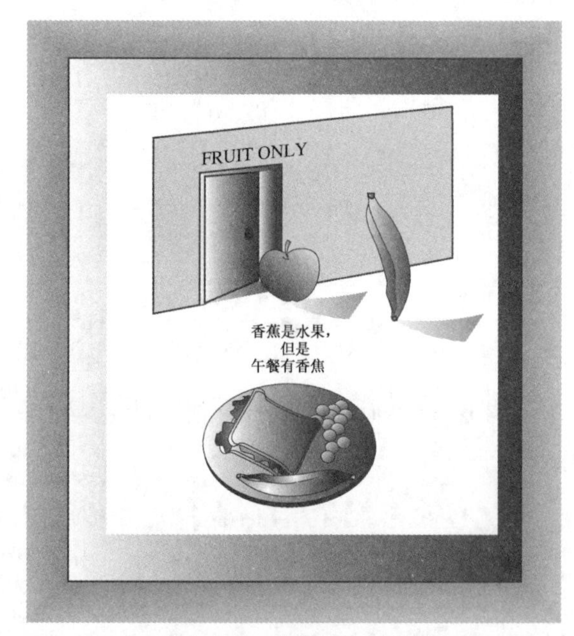

图 13.3 is-a 关系和 has-a 关系

在 C++中，完全可以使用公有继承来建立 has-a、is-implemented-as-a 或 uses-a 关系；然而，这样做通常会导致编程方面的问题。因此，还是坚持使用 is-a 关系吧。

13.3 多态公有继承

RatedPlayer 继承示例很简单。派生类对象使用基类的方法，而未做任何修改。然而，可能会遇到这样的情况，即希望同一个方法在派生类和基类中的行为是不同的。换句话来说，方法的行为应取决于调用该方法的对象。这种较复杂的行为称为多态——具有多种形态，即同一个方法的行为随上下文而异。有两种重要的机制可用于实现多态公有继承：

- 在派生类中重新定义基类的方法。
- 使用虚方法。

现在来看另一个例子。由于 Webtown 俱乐部的工作经历，您成了 Pontoon 银行的首席程序员。银行要求您完成的第一项工作是开发两个类。一个类用于表示基本支票账户——Brass Account，另一个类用于表示代表 Brass Plus 支票账户，它添加了透支保护特性。也就是说，如果用户签出一张超出其存款余额的支票——但是超出的数额并不是很大，银行将支付这张支票，对超出的部分收取额外的费用，并追加罚款。可以根据要保存的数据以及允许执行的操作来确定这两种账户的特征。

下面是用于 Brass Account 支票账户的信息：

- 客户姓名；
- 账号；
- 当前结余。

下面是可以执行的操作：

- 创建账户；
- 存款；
- 取款；
- 显示账户信息。

Pontoon 银行希望 Brass Plus 支票账户包含 Brass Account 的所有信息及如下信息：

- 透支上限；
- 透支贷款利率；
- 当前的透支总额。

不需要新增操作，但有两种操作的实现不同：

- 对于取款操作，必须考虑透支保护；
- 显示操作必须显示 Brass Plus 账户的其他信息。

假设将第一个类命名为 Brass，第二个类为 BrassPlus。应从 Brass 公有派生出 BrassPlus 吗？要回答这个问题，必须先回答另一个问题：BrassPlus 类是否满足 is-a 条件？当然满足。对于 Brass 对象是正确的事情，对于 BrassPlus 对象也是正确的。它们都将保存客户姓名、账号以及结余。使用这两个类都可以存款、取款和显示账户信息。请注意，is-a 关系通常是不可逆的。也就是说，水果不是香蕉；同样，Brass 对象不具备 BrassPlus 对象的所有功能。

13.3.1 开发 Brass 类和 BrassPlus 类

Brass Account 类的信息很简单，但是银行没有告诉您有关透支系统的细节。当您向友好的 Pontoon 银行代表询问时，他提供了如下信息：

- Brass Plus 账户限制了客户的透支款额。默认为 500 元，但有些客户的限额可能不同；
- 银行可以修改客户的透支限额；
- Brass Plus 账户对贷款收取利息。默认为 11.125%，但有些客户的利率可能不同；
- 银行可以修改客户的利率；
- 账户记录客户所欠银行的金额（透支数额加利息）。用户不能通过常规存款或从其他账户转账的方式偿付，而必须以现金的方式交给特定的银行工作人员。如果有必要，工作人员可以找到该客户。欠款偿还后，欠款金额将归零。

最后一种特性是银行出于做生意的考虑而采用的，这种方法有它有利的一面——使编程更简单。

上述列表表明，新的类需要构造函数，而且构造函数应提供账户信息，设置透支上限（默认为 500 元）和利率（默认为 11.125%）。另外，还应有重新设置透支限额、利率和当前欠款的方法。要添加到 Brass 类中的就是这些，这将在 BrassPlus 类声明中声明。

有关这两个类的信息声明，类声明应类似于程序清单 13.7。

程序清单 13.7　brass.h

```
// brass.h -- bank account classes
#ifndef BRASS_H_
#define BRASS_H_
#include <string>
// Brass Account Class
class Brass
{
private:
    std::string fullName;
    long acctNum;
    double balance;
public:
    Brass(const std::string & s = "Nullbody", long an = -1,
                double bal = 0.0);
    void Deposit(double amt);
    virtual void Withdraw(double amt);
    double Balance() const;
    virtual void ViewAcct() const;
    virtual ~Brass() {}
};

//Brass Plus Account Class
class BrassPlus : public Brass
{
private:
    double maxLoan;
    double rate;
    double owesBank;
public:
    BrassPlus(const std::string & s = "Nullbody", long an = -1,
            double bal = 0.0, double ml = 500,
            double r = 0.11125);
    BrassPlus(const Brass & ba, double ml = 500,
                                double r = 0.11125);

    virtual void ViewAcct()const;
    virtual void Withdraw(double amt);
    void ResetMax(double m) { maxLoan = m; }
    void ResetRate(double r) { rate = r; };
    void ResetOwes() { owesBank = 0; }
};

#endif
```

对于程序清单 13.7，需要说明的有下面几点：

- BrassPlus 类在 Brass 类的基础上添加了 3 个私有数据成员和 3 个公有成员函数；
- Brass 类和 BrassPlus 类都声明了 ViewAcct()和 Withdraw()方法，但 BrassPlus 对象和 Brass 对象的这些方法的行为是不同的；
- Brass 类在声明 ViewAcct()和 Withdraw()时使用了新关键字 virtual。这些方法被称为虚方法（virtual method）；
- Brass 类还声明了一个虚析构函数，虽然该析构函数不执行任何操作。

第一点没有什么新鲜的。RatedPlayer 类在 TableTennisPlayer 类的基础上添加新数据成员和 2 个新方法的方式与此类似。

第二点介绍了声明如何指出方法在派生类的行为的不同。两个 ViewAcct()原型表明将有 2 个独立的方法定义。基类版本的限定名为 Brass::ViewAcct()，派生类版本的限定名为 BrassPlus::ViewAcct()。程序将使用对象类型来确定使用哪个版本：

```
Brass dom("Dominic Banker", 11224, 4183.45);
BrassPlus dot("Dorothy Banker", 12118, 2592.00);
dom.ViewAcct();  // use Brass::ViewAcct()
dot.ViewAcct();  // use BrassPlus::ViewAcct()
```

同样，Withdraw()也有 2 个版本，一个供 Brass 对象使用，另一个供 BrassPlus 对象使用。对于在两个类中行为相同的方法（如 Deposit()和 Balance()），则只在基类中声明。

第三点（使用 virtual）比前两点要复杂。如果方法是通过引用或指针而不是对象调用的，它将确定使用哪一种方法。如果没有使用关键字 virtual，程序将根据引用类型或指针类型选择方法；如果使用了 virtual，程序将根据引用或指针指向的对象的类型来选择方法。如果 ViewAcct()不是虚的，则程序的行为如下：

```
// behavior with non-virtual ViewAcct()
// method chosen according to reference type
Brass dom("Dominic Banker", 11224, 4183.45);
BrassPlus dot("Dorothy Banker", 12118, 2592.00);
Brass & b1_ref = dom;
Brass & b2_ref = dot;
b1_ref.ViewAcct();   // use Brass::ViewAcct()
b2_ref.ViewAcct();   // use Brass::ViewAcct()
```

引用变量的类型为 Brass，所以选择了 Brass::ViewAccount()。使用 Brass 指针代替引用时，行为将与此类似。

如果 ViewAcct()是虚的，则行为如下：

```
// behavior with virtual ViewAcct()
// method chosen according to object type
Brass dom("Dominic Banker", 11224, 4183.45);
BrassPlus dot("Dorothy Banker", 12118, 2592.00);
Brass & b1_ref = dom;
Brass & b2_ref = dot;
b1_ref.ViewAcct();   // use Brass::ViewAcct()
b2_ref.ViewAcct();   // use BrassPlus::ViewAcct()
```

这里两个引用的类型都是 Brass，但 b2_ref 引用的是一个 BrassPlus 对象，所以使用的是 BrassPlus::ViewAcct()。使用 Brass 指针代替引用时，行为将类似。

稍后您将看到，虚函数的这种行为非常方便。因此，经常在基类中将派生类会重新定义的方法声明为虚方法。方法在基类中被声明为虚的后，它在派生类中将自动成为虚方法。然而，在派生类声明中使用关键字 virtual 来指出哪些函数是虚函数也不失为一个好办法。

第四点是，基类声明了一个虚析构函数。这样做是为了确保释放派生对象时，按正确的顺序调用析构函数。本章后面将详细介绍这个问题。

注意：如果要在派生类中重新定义基类的方法，通常应将基类方法声明为虚的。这样，程序将根据对象类型而不是引用或指针的类型来选择方法版本。为基类声明一个虚析构函数也是一种惯例。

1. 类实现

接下来需要实现类，其中的部分工作已由头文件中的内联函数定义完成了。程序清单 13.8 列出了其他方法的定义。注意，关键字 virtual 只用于类声明的方法原型中，而没有用于程序清单 13.8 的方法定义中。

程序清单 13.8 brass.cpp

```
// brass.cpp -- bank account class methods
#include <iostream>
#include "brass.h"
using std::cout;
using std::endl;
using std::string;

// formatting stuff
typedef std::ios_base::fmtflags format;
typedef std::streamsize precis;
format setFormat();
void restore(format f, precis p);

// Brass methods

Brass::Brass(const string & s, long an, double bal)
{
    fullName = s;
    acctNum = an;
    balance = bal;
}

void Brass::Deposit(double amt)
{
    if (amt < 0)
        cout << "Negative deposit not allowed; "
             << "deposit is cancelled.\n";
    else
        balance += amt;
```

```
}

void Brass::Withdraw(double amt)
{
    // set up ###.## format
    format initialState = setFormat();
    precis prec = cout.precision(2);

    if (amt < 0)
        cout << "Withdrawal amount must be positive; "
             << "withdrawal canceled.\n";
    else if (amt <= balance)
       balance -= amt;
    else
        cout << "Withdrawal amount of $" << amt
             << " exceeds your balance.\n"
             << "Withdrawal canceled.\n";
    restore(initialState, prec);
}
double Brass::Balance() const
{
    return balance;
}

void Brass::ViewAcct() const
{
    // set up ###.## format
    format initialState = setFormat();
    precis prec = cout.precision(2);
    cout << "Client: " << fullName << endl;
    cout << "Account Number: " << acctNum << endl;
    cout << "Balance: $" << balance << endl;
    restore(initialState, prec); // restore original format
}

// BrassPlus Methods
BrassPlus::BrassPlus(const string & s, long an, double bal,
           double ml, double r) : Brass(s, an, bal)
{
    maxLoan = ml;
    owesBank = 0.0;
    rate = r;
}

BrassPlus::BrassPlus(const Brass & ba, double ml, double r)
           : Brass(ba) // uses implicit copy constructor
{
    maxLoan = ml;
    owesBank = 0.0;
    rate = r;
}

// redefine how ViewAcct() works
void BrassPlus::ViewAcct() const
{
    // set up ###.## format
    format initialState = setFormat();
    precis prec = cout.precision(2);

    Brass::ViewAcct(); // display base portion
    cout << "Maximum loan: $" << maxLoan << endl;
    cout << "Owed to bank: $" << owesBank << endl;
    cout.precision(3); // ###.### format
    cout << "Loan Rate: " << 100 * rate << "%\n";
    restore(initialState, prec);
}

// redefine how Withdraw() works
void BrassPlus::Withdraw(double amt)
{
    // set up ###.## format
    format initialState = setFormat();
    precis prec = cout.precision(2);

    double bal = Balance();
    if (amt <= bal)
        Brass::Withdraw(amt);
```

```
    else if ( amt <= bal + maxLoan - owesBank)
    {
        double advance = amt - bal;
        owesBank += advance * (1.0 + rate);
        cout << "Bank advance: $" << advance << endl;
        cout << "Finance charge: $" << advance * rate << endl;
        Deposit(advance);
        Brass::Withdraw(amt);
    }
    else
        cout << "Credit limit exceeded. Transaction cancelled.\n";
    restore(initialState, prec);
}

format setFormat()
{
    // set up ###.## format
    return cout.setf(std::ios_base::fixed,
                std::ios_base::floatfield);
}

void restore(format f, precis p)
{
    cout.setf(f, std::ios_base::floatfield);
    cout.precision(p);
}
```

介绍程序清单 13.8 的具体细节（如一些方法的格式化处理）之前，先来看一下与继承直接相关的方面。记住，派生类并不能直接访问基类的私有数据，而必须使用基类的公有方法才能访问这些数据。访问的方式取决于方法。构造函数使用一种技术，而其他成员函数使用另一种技术。

派生类构造函数在初始化基类私有数据时，采用的是成员初始化列表语法。RatedPlayer 类构造函数和 BrassPlus 构造函数都使用这种技术：

```
BrassPlus::BrassPlus(const string & s, long an, double bal,
           double ml, double r) : Brass(s, an, bal)
{
    maxLoan = ml;
    owesBank = 0.0;
    rate = r;
}

BrassPlus::BrassPlus(const Brass & ba, double ml, double r)
           : Brass(ba) // uses implicit copy constructor
{
    maxLoan = ml;
    owesBank = 0.0;
    rate = r;
}
```

这几个构造函数都使用成员初始化列表语法，将基类信息传递给基类构造函数，然后使用构造函数体初始化 BrassPlus 类新增的数据项。

非构造函数不能使用成员初始化列表语法，但派生类方法可以调用公有的基类方法。例如，BrassPlus 版本的 ViewAcct()核心内容如下（忽略了格式方面）：

```
// redefine how ViewAcct() works
void BrassPlus::ViewAcct() const
{
...
    Brass::ViewAcct(); // display base portion
    cout << "Maximum loan: $" << maxLoan << endl;
    cout << "Owed to bank: $" << owesBank << endl;
    cout << "Loan Rate: " << 100 * rate << "%\n";
...
}
```

换句话说，BrassPlus::ViewAcct()显示新增的 BrassPlus 数据成员，并调用基类方法 Brass::ViewAcct()来显示基类数据成员。在派生类方法中，标准技术是使用作用域解析运算符来调用基类方法。

代码必须使用作用域解析运算符。假如这样编写代码：

```
// redefine erroneously how ViewAcct() works
void BrassPlus::ViewAcct() const
{
...
    ViewAcct(); // oops! recursive call
```

```
...
}
```

如果代码没有使用作用域解析运算符，编译器将认为 ViewAcct()是 BrassPlus::ViewAcct()，这将创建一个不会终止的递归函数——这可不好。

接下来看 BrassPlus::Withdraw()方法。如果客户提取的金额超过了结余，该方法将安排贷款。它可以使用 Brass::Withdraw()来访问 balance 成员，但如果取款金额超过了结余，Brass::Withdraw()将发出一个错误消息。这种实现使用 Deposit()方法进行放贷，然后在得到了足够的结余后调用 Brass::Withdraw，从而避免了错误消息：

```
// redefine how Withdraw() works
void BrassPlus::Withdraw(double amt)
{
...
    double bal = Balance();
    if (amt <= bal)
        Brass::Withdraw(amt);
    else if ( amt <= bal + maxLoan - owesBank)
    {
        double advance = amt - bal;
        owesBank += advance * (1.0 + rate);
        cout << "Bank advance: $" << advance << endl;
        cout << "Finance charge: $" << advance * rate << endl;
        Deposit(advance);
        Brass::Withdraw(amt);
    }
    else
        cout << "Credit limit exceeded. Transaction cancelled.\n";
...
}
```

该方法使用基类的 Balance()函数来确定结余。因为派生类没有重新定义该方法，代码不必对 Balance()使用作用域解析运算符。

方法 ViewAcct()和 Withdraw()使用格式化方法 setf()和 precision()将浮点值的输出模式设置为定点，即包含两位小数。设置模式后，输出的模式将保持不变，因此该方法将格式模式重置为调用前的状态。这与程序清单 8.8 和程序清单 10.5 类似。为避免代码重复，该程序将设置格式的代码放在辅助函数中：

```
// formatting stuff
typedef std::ios_base::fmtflags format;
typedef std::streamsize precis;
format setFormat();
void restore(format f, precis p);
```

函数 setFormat()设置定点表示法并返回以前的标记设置：

```
format setFormat()
{
    // set up ###.## format
    return cout.setf(std::ios_base::fixed,
                std::ios_base::floatfield);
}
```

而函数 restore()重置格式和精度：

```
void restore(format f, precis p)
{
    cout.setf(f, std::ios_base::floatfield);
    cout.precision(p);
}
```

有关设置输出格式的更详细信息，请参阅第 17 章。

2．使用 Brass 和 BrassPlus 类

清单 13.9 使用了一个 Brass 对象和一个 BrassPlus 对象来测试类定义。

程序清单 13.9 usebrass1.cpp

```
// usebrass1.cpp -- testing bank account classes
// compile with brass.cpp
#include <iostream>
#include "brass.h"

int main()
{
    using std::cout;
    using std::endl;

    Brass Piggy("Porcelot Pigg", 381299, 4000.00);
```

```
    BrassPlus Hoggy("Horatio Hogg", 382288, 3000.00);
    Piggy.ViewAcct();
    cout << endl;
    Hoggy.ViewAcct();
    cout << endl;
    cout << "Depositing $1000 into the Hogg Account:\n";
    Hoggy.Deposit(1000.00);
    cout << "New balance: $" << Hoggy.Balance() << endl;
    cout << "Withdrawing $4200 from the Pigg Account:\n";
    Piggy.Withdraw(4200.00);
    cout << "Pigg account balance: $" << Piggy.Balance() << endl;
    cout << "Withdrawing $4200 from the Hogg Account:\n";
    Hoggy.Withdraw(4200.00);
    Hoggy.ViewAcct();

    return 0;
}
```

下面是程序清单 13.9 所示程序的输出，请注意为何 Hogg 受透支限制，而 Pigg 没有：

```
Client: Porcelot Pigg
Account Number: 381299
Balance: $4000.00

Client: Horatio Hogg
Account Number: 382288
Balance: $3000.00
Maximum loan: $500.00
Owed to bank: $0.00
Loan Rate: 11.125%

Depositing $1000 into the Hogg Account:
New balance: $4000
Withdrawing $4200 from the Pigg Account:
Withdrawal amount of $4200.00 exceeds your balance.
Withdrawal canceled.
Pigg account balance: $4000
Withdrawing $4200 from the Hogg Account:
Bank advance: $200.00
Finance charge: $22.25
Client: Horatio Hogg
Account Number: 382288
Balance: $0.00
Maximum loan: $500.00
Owed to bank: $222.25
Loan Rate: 11.125%
```

3. *演示虚方法的行为*

在程序清单 13.9 中，方法是通过对象（而不是指针或引用）调用的，没有使用虚方法特性。下面来看一个使用了虚方法的例子。假设要同时管理 Brass 和 BrassPlus 账户，如果能使用同一个数组来保存 Brsss 和 BrassPlus 对象，将很有帮助，但这是不可能的。数组中所有元素的类型必须相同，而 Brass 和 BrassPlus 是不同的类型。然而，可以创建指向 Brass 的指针数组。这样，每个元素的类型都相同，但由于使用的是公有继承模型，因此 Brass 指针既可以指向 Brass 对象，也可以指向 BrassPlus 对象。因此，可以使用一个数组来表示多种类型的对象。这就是多态性，程序清单 13.10 是一个简单的例子。

程序清单 13.10　usebrass2.cpp

```
// usebrass2.cpp -- polymorphic example
// compile with brass.cpp
#include <iostream>
#include <string>
#include "brass.h"
const int CLIENTS = 4;

int main()
{
   using std::cin;
   using std::cout;
   using std::endl;

   Brass * p_clients[CLIENTS];
   std::string temp;
   long tempnum;
```

```
    double tempbal;
    char kind;

    for (int i = 0; i < CLIENTS; i++)
    {
        cout << "Enter client's name: ";
        getline(cin,temp);
        cout << "Enter client's account number: ";
        cin >> tempnum;
        cout << "Enter opening balance: $";
        cin >> tempbal;
        cout << "Enter 1 for Brass Account or "
             << "2 for BrassPlus Account: ";
        while (cin >> kind && (kind != '1' && kind != '2'))
            cout <<"Enter either 1 or 2: ";
        if (kind == '1')
            p_clients[i] = new Brass(temp, tempnum, tempbal);
        else
        {
            double tmax, trate;
            cout << "Enter the overdraft limit: $";
            cin >> tmax;
            cout << "Enter the interest rate "
                 << "as a decimal fraction: ";
            cin >> trate;
            p_clients[i] = new BrassPlus(temp, tempnum, tempbal,
                                        tmax, trate);
         }
         while (cin.get() != '\n')
             continue;
    }
    cout << endl;
    for (int i = 0; i < CLIENTS; i++)
    {
        p_clients[i]->ViewAcct();
        cout << endl;
    }

    for (int i = 0; i < CLIENTS; i++)
    {
        delete p_clients[i]; // free memory
    }
    cout << "Done.\n";
    return 0;
}
```

程序清单 13.10 根据用户的输入来确定要添加的账户类型，然后使用 new 创建并初始化相应类型的对象。您可能还记得，getline（cin, temp）从 cin 读取一行输入，并将其存储到 string 对象 temp 中。

下面是该程序的运行情况：

```
Enter client's name: Harry Fishsong
Enter client's account number: 112233
Enter opening balance: $1500
Enter 1 for Brass Account or 2 for BrassPlus Account: 1
Enter client's name: Dinah Otternoe
Enter client's account number: 121213
Enter opening balance: $1800
Enter 1 for Brass Account or 2 for BrassPlus Account: 2
Enter the overdraft limit: $350
Enter the interest rate as a decimal fraction: 0.12
Enter client's name: Brenda Birdherd
Enter client's account number: 212118
Enter opening balance: $5200
Enter 1 for Brass Account or 2 for BrassPlus Account: 2
Enter the overdraft limit: $800
Enter the interest rate as a decimal fraction: 0.10
Enter client's name: Tim Turtletop
Enter client's account number: 233255
Enter opening balance: $688
Enter 1 for Brass Account or 2 for BrassPlus Account: 1

Client: Harry Fishsong
Account Number: 112233
Balance: $1500.00

Client: Dinah Otternoe
Account Number: 121213
```

```
Balance: $1800.00
Maximum loan: $350.00
Owed to bank: $0.00
Loan Rate: 12.00%

Client: Brenda Birdherd
Account Number: 212118
Balance: $5200.00
Maximum loan: $800.00
Owed to bank: $0.00
Loan Rate: 10.00%

Client: Tim Turtletop
Account Number: 233255
Balance: $688.00

Done.
```

多态性是由下述代码提供的：

```
for (i = 0; i < CLIENTS; i++)
{
    p_clients[i]->ViewAcct();
    cout << endl;
}
```

如果数组成员指向的是 Brass 对象，则调用 Brass::ViewAcct()；如果指向的是 BrassPlus 对象，则调用 BrassPlus::ViewAcct()。如果 Brass::ViewAcct()没有被声明为虚的，则在任何情况下都将调用 Brass::ViewAcct()。

4. *为何需要虚析构函数*

在程序清单 13.10 中，使用 delete 释放由 new 分配的对象的代码说明了为何基类应包含一个虚析构函数，虽然有时好像并不需要析构函数。如果析构函数不是虚的，则将只调用对应于指针类型的析构函数。对于程序清单 13.10，这意味着只有 Brass 的析构函数被调用，即使指针指向的是一个 BrassPlus 对象。如果析构函数是虚的，将调用相应对象类型的析构函数。因此，如果指针指向的是 BrassPlus 对象，将调用 BrassPlus 的析构函数，然后自动调用基类的析构函数。因此，使用虚析构函数可以确保正确的析构函数序列被调用。对于程序清单 13.10，这种正确的行为并不是很重要，因为析构函数没有执行任何操作。然而，如果 BrassPlus 包含一个执行某些操作的析构函数，则 Brass 必须有一个虚析构函数，即使该析构函数不执行任何操作。

13.4 静态联编和动态联编

程序调用函数时，将使用哪个可执行代码块呢？编译器负责回答这个问题。将源代码中的函数调用解释为执行特定的函数代码块被称为函数名联编（binding）。在 C 语言中，这非常简单，因为每个函数名都对应一个不同的函数。在 C++中，由于函数重载的缘故，这项任务更复杂。编译器必须查看函数参数以及函数名才能确定使用哪个函数。然而，C/C++编译器可以在编译过程完成这种联编。在编译过程中进行联编被称为静态联编（static binding），又称为早期联编（early binding）。然而，虚函数使这项工作变得更困难。正如在程序清单 13.10 所示的那样，使用哪一个函数是不能在编译时确定的，因为编译器不知道用户将选择哪种类型的对象。所以，编译器必须生成能够在程序运行时选择正确的虚方法的代码，这被称为动态联编（dynamic binding），又称为晚期联编（late binding）。

知道虚方法的行为后，下面深入地探讨这一过程，首先介绍 C++如何处理指针和引用类型的兼容性。

13.4.1 指针和引用类型的兼容性

在 C++中，动态联编与通过指针和引用调用方法相关，从某种程度上说，这是由继承控制的。公有继承建立 is-a 关系的一种方法是如何处理指向对象的指针和引用。通常，C++不允许将一种类型的地址赋给另一种类型的指针，也不允许一种类型的引用指向另一种类型：

```
double x = 2.5;
int * pi = &x;   // invalid assignment, mismatched pointer types
long & rl = x;  // invalid assignment, mismatched reference type
```

然而，正如您看到的，指向基类的引用或指针可以引用派生类对象，而不必进行显式类型转换。例如，下面的初始化是允许的：

```
BrassPlus dilly ("Annie Dill", 493222, 2000);
Brass * pb = &dilly; // ok
Brass & rb = dilly;  // ok
```

将派生类引用或指针转换为基类引用或指针被称为向上强制转换（upcasting），这使公有继承不需要进行显式类型转换。该规则是 is-a 关系的一部分。BrassPlus 对象都是 Brass 对象，因为它继承了 Brass 对象所有的数据成员和成员函数。所以，可以对 Brass 对象执行的任何操作，都适用于 BrassPlus 对象。因此，为处理 Brass 引用而设计的函数可以对 BrassPlus 对象执行同样的操作，而不必担心会导致任何问题。将指向对象的指针作为函数参数时，也是如此。向上强制转换是可传递的，也就是说，如果从 BrassPlus 派生出 BrassPlusPlus 类，则 Brass 指针或引用可以引用 Brass 对象、BrassPlus 对象或 BrassPlusPlus 对象。

相反的过程——将基类指针或引用转换为派生类指针或引用——称为向下强制转换（downcasting）。如果不使用显式类型转换，则向下强制转换是不允许的。原因是 is-a 关系通常是不可逆的。派生类可以新增数据成员，因此使用这些数据成员的类成员函数不能应用于基类。例如，假设从 Employee 类派生出 Singer 类，并添加了表示歌手音域的数据成员和用于报告音域的值的成员函数 range()，则将 range()方法应用于 Employee 对象是没有意义的。但如果允许隐式向下强制转换，则可能无意间将指向 Singer 的指针设置为一个 Employee 对象的地址，并使用该指针来调用 range()方法（参见图 13.4）。

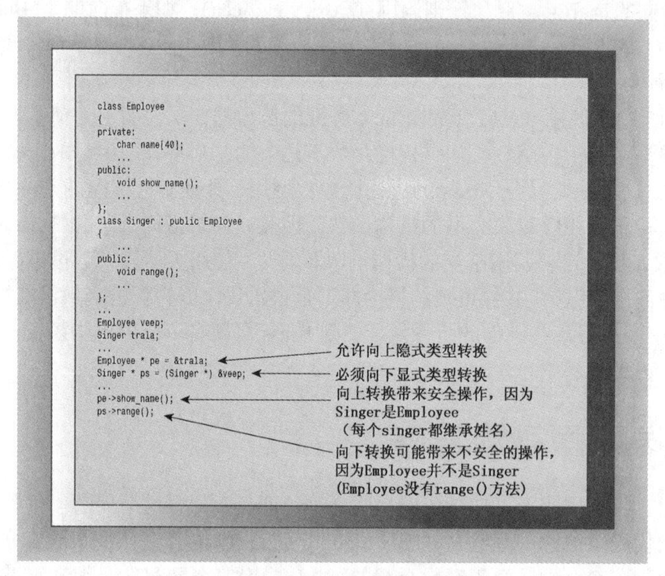

图 13.4 向上强制转换和向下强制转换

对于使用基类引用或指针作为参数的函数调用，将进行向上转换。请看下面的代码段，这里假定每个函数都调用虚方法 ViewAcct()：

```
void fr(Brass & rb); // uses rb.ViewAcct()
void fp(Brass * pb); // uses pb->ViewAcct()
void fv(Brass b);    // uses b.ViewAcct()
int main()
{
    Brass b("Billy Bee", 123432, 10000.0);
    BrassPlus bp("Betty Beep", 232313, 12345.0);
    fr(b);  // uses Brass::ViewAcct()
    fr(bp); // uses BrassPlus::ViewAcct()
    fp(b);  // uses Brass::ViewAcct()
    fp(bp); // uses BrassPlus::ViewAcct()
    fv(b);  // uses Brass::ViewAcct()
    fv(bp); // uses Brass::ViewAcct()
...
}
```

按值传递导致只将 BrassPlus 对象的 Brass 部分传递给函数 fv()。但随引用和指针发生的隐式向上转换导致函数 fr()和 fp()分别为 Brass 对象和 BrassPlus 对象使用 Brass::ViewAcct()和 BrassPlus::ViewAcct()。

隐式向上强制转换使基类指针或引用可以指向基类对象或派生类对象，因此需要动态联编。C++使用虚成员函数来满足这种需求。

13.4.2 虚成员函数和动态联编

来回顾一下使用引用或指针调用方法的过程。请看下面的代码：

```
BrassPlus ophelia; // derived-class object
Brass * bp;        // base-class pointer
bp = &ophelia;     // Brass pointer to BrassPlus object
bp->ViewAcct();    // which version?
```

正如前面介绍的，如果在基类中没有将 ViewAcct()声明为虚的，则 bp->ViewAcct()将根据指针类型（Brass *）调用 Brass::ViewAcct()。指针类型在编译时已知，因此编译器在编译时，可以将 ViewAcct()关联到 Brass::ViewAcct()。总之，编译器对非虚方法使用静态联编。

然而，如果在基类中将 ViewAcct()声明为虚的，则 bp->ViewAcct()根据对象类型（BrassPlus）调用 BrassPlus::ViewAcct()。在这个例子中，对象类型为 BrassPlus，但通常（如程序清单 13.10 所示）只有在运行程序时才能确定对象的类型。所以编译器生成的代码将在程序执行时，根据对象类型将 ViewAcct()关联到 Brass::ViewAcct()或 BrassPlus::ViewAcct()。总之，编译器对虚方法使用动态联编。

在大多数情况下，动态联编很好，因为它让程序能够选择为特定类型设计的方法。因此，您可能会问：

- 为什么有两种类型的联编？
- 既然动态联编如此之好，为什么不将它设置成默认的？
- 动态联编是如何工作的？

下面来看看这些问题的答案。

1. 为什么有两种类型的联编以及为什么默认为静态联编

如果动态联编让您能够重新定义类方法，而静态联编在这方面很差，为何不摒弃静态联编呢？原因有两个——效率和概念模型。

首先来看效率。为使程序能够在运行阶段进行决策，必须采取一些方法来跟踪基类指针或引用指向的对象类型，这增加了额外的处理开销（稍后将介绍一种动态联编方法）。例如，如果类不会用作基类，则不需要动态联编。同样，如果派生类（如 RatedPlayer）不重新定义基类的任何方法，也不需要使用动态联编。在这些情况下，使用静态联编更合理，效率也更高。由于静态联编的效率更高，因此被设置为 C++的默认选择。Strousstrup 说，C++的指导原则之一是，不要为不使用的特性付出代价（内存或者处理时间）。仅当程序设计确实需要虚函数时，才使用它们。

接下来看概念模型。在设计类时，可能包含一些不在派生类重新定义的成员函数。例如，Brass::Balance()函数返回账户结余，不应该重新定义。不将该函数设置为虚函数，有两方面的好处：首先效率更高；其次，指出不要重新定义该函数。这表明，仅将那些预期将被重新定义的方法声明为虚的。

提示：如果要在派生类中重新定义基类的方法，则将它设置为虚方法；否则，设置为非虚方法。

当然，设计类时，方法属于哪种情况有时并不那么明显。与现实世界中的很多方面一样，类设计并不是一个线性过程。

2. 虚函数的工作原理

C++规定了虚函数的行为，但将实现方法留给了编译器作者。不需要知道实现方法就可以使用虚函数，但了解虚函数的工作原理有助于更好地理解概念，因此，这里对其进行介绍。

通常，编译器处理虚函数的方法是：给每个对象添加一个隐藏成员。隐藏成员中保存了一个指向函数地址数组的指针。这种数组称为虚函数表（virtual function table，vtbl）。虚函数表中存储了为类对象进行声明的虚函数的地址。例如，基类对象包含一个指针，该指针指向基类中所有虚函数的地址表。派生类对象将包含一个指向独立地址表的指针。如果派生类提供了虚函数的新定义，该虚函数表将保存新函数的地址；如果派生类没有重新定义虚函数，该 vtbl 将保存函数原始版本的地址。如果派生类定义了新的虚函数，则该函数的地址也将被添加到 vtbl 中（参见图 13.5）。注意，无论类中包含的虚函数是 1 个还是 10 个，都只需要在对象中添加 1 个地址成员，只是表的大小不同而已。

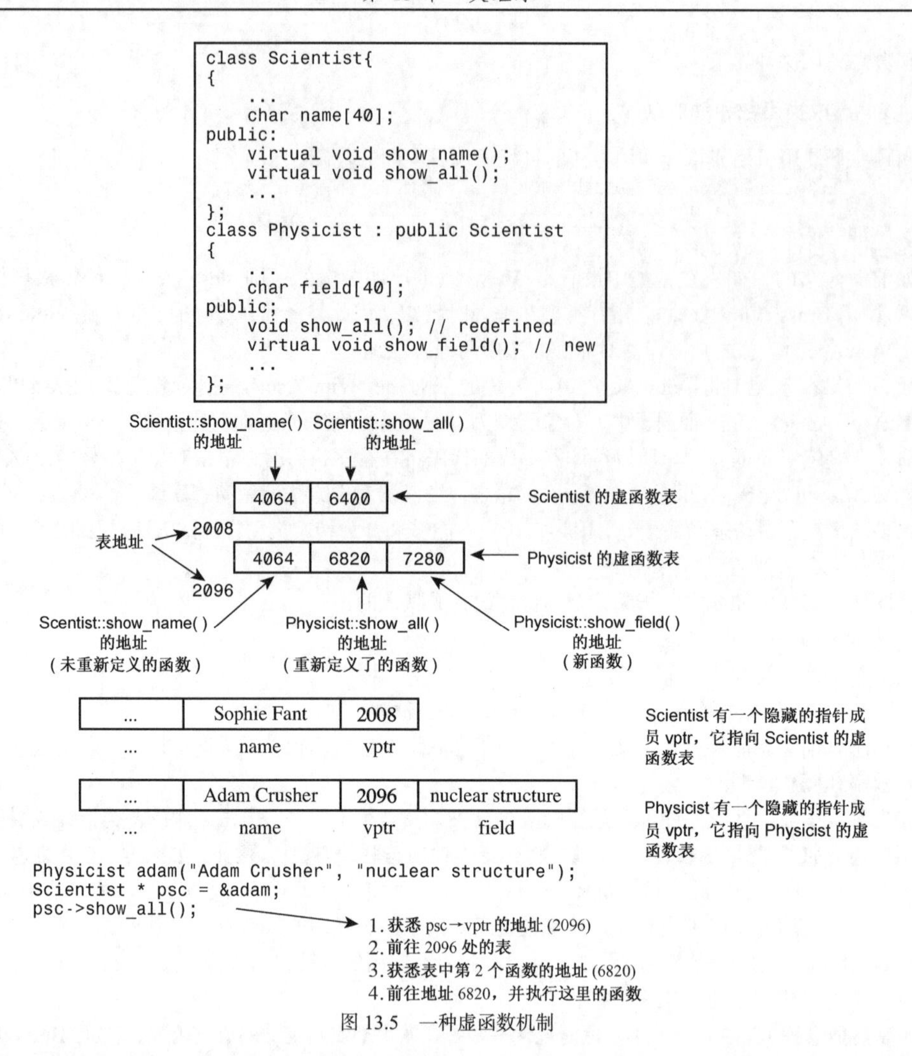

图 13.5　一种虚函数机制

调用虚函数时，程序将查看存储在对象中的 vtbl 地址，然后转向相应的函数地址表。如果使用类声明中定义的第一个虚函数，则程序将使用数组中的第一个函数地址，并执行具有该地址的函数。如果使用类声明中的第三个虚函数，程序将使用地址为数组中第三个元素的函数。

总之，使用虚函数时，在内存和执行速度方面有一定的成本，包括：

- 每个对象都将增大，增大量为存储地址的空间；
- 对于每个类，编译器都创建一个虚函数地址表（数组）；
- 对于每个函数调用，都需要执行一项额外的操作，即到表中查找地址。

虽然非虚函数的效率比虚函数稍高，但不具备动态联编功能。

13.4.3　有关虚函数注意事项

我们已经讨论了虚函数的一些要点。

- 在基类方法的声明中使用关键字 virtual 可使该方法在基类以及所有的派生类（包括从派生类派生出来的类）中是虚的。
- 如果使用指向对象的引用或指针来调用虚方法，程序将使用为对象类型定义的方法，而不使用为引用或指针类型定义的方法。这称为动态联编或晚期联编。这种行为非常重要，因为这样基类指针或引用可以指向派生类对象。
- 如果定义的类将被用作基类，则应将那些要在派生类中重新定义的类方法声明为虚的。

对于虚方法，还需要了解其他一些知识，其中有的已经介绍过。下面来看看这些内容。

1. 构造函数

构造函数不能是虚函数。创建派生类对象时，将调用派生类的构造函数，而不是基类的构造函数，然后，派生类的构造函数将使用基类的一个构造函数，这种顺序不同于继承机制。因此，派生类不继承基类的构造函数，所以将类构造函数声明为虚的没什么意义。

2. 析构函数

析构函数应当是虚函数，除非类不用做基类。例如，假设 Employee 是基类，Singer 是派生类，并添加一个 char *成员，该成员指向由 new 分配的内存。当 Singer 对象过期时，必须调用~Singer()析构函数来释放内存。

请看下面的代码：

```
Employee * pe = new Singer; // legal because Employee is base for Singer
...
delete pe;                  // ~Employee() or ~Singer()?
```

如果使用默认的静态联编，delete 语句将调用~Employee()析构函数。这将释放由 Singer 对象中的 Employee 部分指向的内存，但不会释放新的类成员指向的内存。但如果析构函数是虚的，则上述代码将先调用~Singer 析构函数释放由 Singer 组件指向的内存，然后，调用~Employee()析构函数来释放由 Employee 组件指向的内存。

这意味着，即使基类不需要显式析构函数提供服务，也不应依赖于默认构造函数，而应提供虚析构函数，即使它不执行任何操作：

```
virtual ~BaseClass() { }
```

顺便说一句，给类定义一个虚析构函数并非错误，即使这个类不用做基类；这只是一个效率方面的问题。

提示：通常应给基类提供一个虚析构函数，即使它并不需要析构函数。

3. 友元

友元不能是虚函数，因为友元不是类成员，而只有成员才能是虚函数。如果由于这个原因引起了设计问题，可以通过让友元函数使用虚成员函数来解决。

4. 没有重新定义

如果派生类没有重新定义函数，将使用该函数的基类版本。如果派生类位于派生链中，则将使用最新的虚函数版本，例外的情况是基类版本是隐藏的（稍后将介绍）。

5. 重新定义将隐藏方法

假设创建了如下所示的代码：

```
class Dwelling
{
public:
      virtual void showperks(int a) const;
...
};
class Hovel : public Dwelling
{
public:
      virtual void showperks() const;
...
};
```

这将导致问题，可能会出现类似于下面这样的编译器警告：

```
Warning: Hovel::showperks(void) hides Dwelling::showperks(int)
```

也可能不会出现警告。但不管结果怎样，代码将具有如下含义：

```
Hovel trump;
trump.showperks();   // valid
trump.showperks(5);  // invalid
```

新定义将 showperks()定义为一个不接受任何参数的函数。重新定义不会生成函数的两个重载版本，而是隐藏了接受一个 int 参数的基类版本。总之，重新定义继承的方法并不是重载。如果重新定义派生类中的函数，将不只是使用相同的函数参数列表覆盖基类声明，无论参数列表是否相同，该操作将隐藏所有的同名基类方法。

这引出了两条经验规则：第一，如果重新定义继承的方法，应确保与原来的原型完全相同，但如果返回类型是基类引用或指针，则可以修改为指向派生类的引用或指针（这种例外是新出现的）。这种特性被称为返回类型协变（covariance of return type），因为允许返回类型随类类型的变化而变化：

```
class Dwelling
{
public:
// a base method
    virtual Dwelling & build(int n);
    ...
};
class Hovel : public Dwelling
{
public:
// a derived method with a covariant return type
    virtual Hovel & build(int n); // same function signature
    ...
};
```

注意，这种例外只适用于返回值，而不适用于参数。

第二，如果基类声明被重载了，则应在派生类中重新定义所有的基类版本。

```
class Dwelling
{
public:
// three overloaded showperks()
    virtual void showperks(int a) const;
    virtual void showperks(double x) const;
    virtual void showperks() const;
    ...
};
class Hovel : public Dwelling
{
public:
// three redefined showperks()
    virtual void showperks(int a) const;
    virtual void showperks(double x) const;
    virtual void showperks() const;
    ...
};
```

如果只重新定义一个版本，则另外两个版本将被隐藏，派生类对象将无法使用它们。注意，如果不需要修改，则新定义可只调用基类版本：

```
void Hovel::showperks() const {Dwelling::showperks();}
```

13.5 访问控制：protected

到目前为止，本书的类示例已经使用了关键字 public 和 private 来控制对类成员的访问。还存在另一个访问类别，这种类别用关键字 protected 表示。关键字 protected 与 private 相似，在类外只能用公有类成员来访问 protected 部分中的类成员。private 和 protected 之间的区别只有在基类派生的类中才会表现出来。派生类的成员可以直接访问基类的保护成员，但不能直接访问基类的私有成员。因此，对于外部世界来说，保护成员的行为与私有成员相似；但对于派生类来说，保护成员的行为与公有成员相似。

例如，假如 Brass 类将 balance 成员声明为保护的：

```
class Brass
{
protected:
    double balance;
...
};
```

在这种情况下，BrassPlus 类可以直接访问 balance，而不需要使用 Brass 方法。例如，可以这样编写 BrassPlus::Withdraw()的核心：

```
void BrassPlus::Withdraw(double amt)
{
    if (amt < 0)
        cout << "Withdrawal amount must be positive; "

             << "withdrawal canceled.\n";
    else if (amt <= balance) // access balance directly
        balance -= amt;
    else if ( amt <= balance + maxLoan - owesBank)
    {
        double advance = amt - balance;
```

```
        owesBank += advance * (1.0 + rate);
        cout << "Bank advance: $" << advance << endl;
        cout << "Finance charge: $" << advance * rate << endl;
        Deposit(advance);
        balance -= amt;
    }
    else
        cout << "Credit limit exceeded. Transaction cancelled.\n";
}
```

使用保护数据成员可以简化代码的编写工作，但存在设计缺陷。例如，继续以 BrassPlus 为例，如果 balance 是受保护的，则可以按下面的方式编写代码：

```
void BrassPlus::Reset(double amt)
{
    balance = amt;
}
```

Brass 类被设计成只能通过 Deposit()和 Withdraw()才能修改 balance。但对于 BrassPlus 对象，Reset()方法将忽略 Withdraw()中的保护措施，实际上使 balance 成为公有变量，。

警告：最好对类数据成员采用私有访问控制，不要使用保护访问控制；同时通过基类方法使派生类能够访问基类数据。

然而，对于成员函数来说，保护访问控制很有用，它让派生类能够访问公众不能使用的内部函数。

13.6 抽象基类

至此，介绍了简单继承和较复杂的多态继承。接下来更为复杂的是抽象基类（abstract base class，ABC）。我们来看一些可使用 ABC 的编程情况。

有时候，使用 is-a 规则并不是看上去的那样简单。例如，假设您正在开发一个图形程序，该程序会显示圆和椭圆等。圆是椭圆的一个特殊情况——长轴和短轴等长的椭圆。因此，所有的圆都是椭圆，可以从 Ellipse 类派生出 Circle 类。但涉及到细节时，将发现很多问题。

首先考虑 Ellipse 类包含的内容。数据成员可以包括椭圆中心的坐标、半长轴（长轴的一半）、短半轴（短轴的一半）以及方向角（水平坐标轴与长轴之间的角度）。另外，还可以包括一些移动椭圆、返回椭圆面积、旋转椭圆以及缩放长半轴和短半轴的方法：

```
class Ellipse
{
private:
    double x;     // x-coordinate of the ellipse's center
    double y;     // y-coordinate of the ellipse's center
    double a;     // semimajor axis
    double b;     // semiminor axis
    double angle; // orientation angle in degrees
    ...
public:
    ...
    void Move(int nx, int ny) { x = nx; y = ny; }
    virtual double Area() const { return 3.14159 * a * b; }
    virtual void Rotate(double nang) { angle += nang; }
    virtual void Scale(double sa, double sb) { a *= sa; b *= sb; }
    ...
};
```

现在假设从 Ellipse 类派生出一个 Circle 类：

```
class Circle : public Ellipse
{
    ...
};
```

虽然圆是一种椭圆，但是这种派生是笨拙的。例如，圆只需要一个值（半径）就可以描述大小和形状，并不需要有长半轴（a）和短半轴（b）。Circle 构造函数可以通过将同一个值赋给成员 a 和 b 来照顾这种情况，但将导致信息冗余。angle 参数和 Rotate()方法对圆来说没有实际意义；而 Scale()方法（顾名思义）会将两个轴作不同的缩放，将圆变成椭圆。可以使用一些技巧来修正这些问题，例如在 Circle 类中的私有部分包含重新定义的 Rotate()方法，使 Rotate()不能以公有方式用于圆。但总的来说，不使用继承，直接定义 Circle 类更简单：

```
class Circle  // no inheritance
{
private:
    double x; // x-coordinate of the circle's center
    double y; // y-coordinate of the circle's center
    double r; // radius
    ...
public:
    ...
    void Move(int nx, ny) { x = nx; y = ny; }
    double Area() const { return 3.14159 * r * r; }
    void Scale(double sr) { r *= sr; }
    ...
};
```

现在，类只包含所需的成员。但这种解决方法的效率也不高。Circle 和 Ellipse 类有很多共同点，将它们分别定义则忽略了这一事实。

还有一种解决方法，即从 Ellipse 和 Circle 类中抽象出它们的共性，将这些特性放到一个 ABC 中。然后从该 ABC 派生出 Circle 和 Ellipse 类。这样，便可以使用基类指针数组同时管理 Circle 和 Ellipse 对象，即可以使用多态方法）。在这个例子中，这两个类的共同点是中心坐标、Move()方法（对于这两个类是相同的）和 Area()方法（对于这两个类来说，是不同的）。确实，甚至不能在 ABC 中实现 Area()方法，因为它没有包含必要的数据成员。C++通过使用纯虚函数（pure virtual function）提供未实现的函数。纯虚函数声明的结尾处为=0，参见 Area()方法：

```
class BaseEllipse // abstract base class
{
private:
    double x;     // x-coordinate of center
    double y;     // y-coordinate of center
    ...
public:
    BaseEllipse(double x0 = 0, double y0 = 0) : x(x0),y(y0) {}
    virtual ~BaseEllipse() {}
    void Move(int nx, ny) { x = nx; y = ny; }
    virtual double Area() const = 0; // a pure virtual function
    ...
}
```

当类声明中包含纯虚函数时，则不能创建该类的对象。这里的理念是，包含纯虚函数的类只用作基类。要成为真正的 ABC，必须至少包含一个纯虚函数。原型中的=0 使虚函数成为纯虚函数。这里的方法 Area()没有定义，但 C++甚至允许纯虚函数有定义。例如，也许所有的基类方法都与 Move()一样，可以在基类中进行定义，但您仍需要将这个类声明为抽象的。在这种情况下，可以将原型声明为虚的：

```
void Move(int nx, ny) = 0;
```

这将使基类成为抽象的，但您仍可以在实现文件中提供方法的定义：

```
void BaseEllipse::Move(int nx, ny) { x = nx; y = ny; }
```

总之，在原型中使用=0 指出类是一个抽象基类，在类中可以不定义该函数。

现在，可以从 BaseEllipse 类派生出 Ellipse 类和 Circle 类，添加所需的成员来完成每个类。需要注意的一点是，Circle 类总是表示圆，而 Ellipse 类总是表示椭圆——也可以是圆。然而，Ellipse 类圆可被重新缩放为非圆，而 Circle 类圆必须始终为圆。

使用这些类的程序将能够创建 Ellipse 对象和 Circle 对象，但是不能创建 BaseEllipse 对象。由于 Circle 和 Ellipse 对象的基类相同，因此可以用 BaseEllipse 指针数组同时管理这两种对象。像 Circle 和 Ellipse 这样的类有时被称为具体（concrete）类，这表示可以创建这些类型的对象。

总之，ABC 描述的是至少使用一个纯虚函数的接口，从 ABC 派生出的类将根据派生类的具体特征，使用常规虚函数来实现这种接口。

13.6.1 应用 ABC 概念

您可能希望看到一个完整的 ABC 示例，因此这里将这一概念用于 Brass 和 BrassPlus 账户，首先定义一个名为 AcctABC 的 ABC。这个类包含 Brass 和 BrassPlus 类共有的所有方法和数据成员，而那些在 BrassPlus 类和 Brass 类中的行为不同的方法应被声明为虚函数。至少应有一个虚函数是纯虚函数，这样才能使 AcctABC 成为抽象类。

程序清单 13.11 的头文件声明了 AcctABC 类（ABC）、Brass 类和 BrassPlus 类（两者都是具体类）。为帮助派生类访问基类数据，AcctABC 提供了一些保护方法；派生类方法可以调用这些方法，但它们并不是派生类对象的公有接口的组成部分。AcctABC 还提供一个保护成员函数，用于处理格式化（以前是使用非成员函数处理的）。另外，AcctABC 类还有两个纯虚函数，所以它确实是抽象类。

程序清单 13.11　acctabc.h

```
// acctabc.h -- bank account classes
#ifndef ACCTABC_H_
#define ACCTABC_H_
#include <iostream>
#include <string>

// Abstract Base Class
class AcctABC
{
private:
    std::string fullName;
    long acctNum;
    double balance;
protected:
    struct Formatting
    {
        std::ios_base::fmtflags flag;
        std::streamsize pr;
    };
    const std::string & FullName() const {return fullName;}
    long AcctNum() const {return acctNum;}
    Formatting SetFormat() const;
    void Restore(Formatting & f) const;
public:
    AcctABC(const std::string & s = "Nullbody", long an = -1,
                double bal = 0.0);
    void Deposit(double amt) ;
    virtual void Withdraw(double amt) = 0; // pure virtual function
    double Balance() const {return balance;};
    virtual void ViewAcct() const = 0; // pure virtual function
    virtual ~AcctABC() {}
};

// Brass Account Class
class Brass :public AcctABC
{
public:
    Brass(const std::string & s = "Nullbody", long an = -1,
           double bal = 0.0) : AcctABC(s, an, bal) { }
    virtual void Withdraw(double amt);
    virtual void ViewAcct() const;
    virtual ~Brass() {}
};
//Brass Plus Account Class
class BrassPlus : public AcctABC
{
private:
    double maxLoan;
    double rate;
    double owesBank;
public:
    BrassPlus(const std::string & s = "Nullbody", long an = -1,
            double bal = 0.0, double ml = 500,
            double r = 0.10);
    BrassPlus(const Brass & ba, double ml = 500, double r = 0.1);
    virtual void ViewAcct()const;
    virtual void Withdraw(double amt);
    void ResetMax(double m) { maxLoan = m; }
    void ResetRate(double r) { rate = r; };
    void ResetOwes() { owesBank = 0; }
};
#endif
```

接下来需要实现那些不是内联函数的方法，如程序清单 13.12 所示。

程序清单 13.12 acctabc.cpp

```
// acctabc.cpp -- bank account class methods
#include <iostream>
#include "acctabc.h"
using std::cout;
using std::ios_base;
using std::endl;
using std::string;

// Abstract Base Class
AcctABC::AcctABC(const string & s, long an, double bal)
{
    fullName = s;
    acctNum = an;
    balance = bal;
}

void AcctABC::Deposit(double amt)
{
    if (amt < 0)
        cout << "Negative deposit not allowed; "
             << "deposit is cancelled.\n";
    else
        balance += amt;
}

void AcctABC::Withdraw(double amt)
{
    balance -= amt;
}

// protected methods for formatting
AcctABC::Formatting AcctABC::SetFormat() const
{
 // set up ###.## format
    Formatting f;
    f.flag =
        cout.setf(ios_base::fixed, ios_base::floatfield);
    f.pr = cout.precision(2);
    return f;
}

void AcctABC::Restore(Formatting & f) const
{
    cout.setf(f.flag, ios_base::floatfield);
    cout.precision(f.pr);
}

// Brass methods
void Brass::Withdraw(double amt)
{
    if (amt < 0)
        cout << "Withdrawal amount must be positive; "
             << "withdrawal canceled.\n";
    else if (amt <= Balance())
        AcctABC::Withdraw(amt);
    else
        cout << "Withdrawal amount of $" << amt
             << " exceeds your balance.\n"
             << "Withdrawal canceled.\n";
}
void Brass::ViewAcct() const
{
    Formatting f = SetFormat();
    cout << "Brass Client: " << FullName() << endl;
    cout << "Account Number: " << AcctNum() << endl;
    cout << "Balance: $" << Balance() << endl;
    Restore(f);
}

// BrassPlus Methods
BrassPlus::BrassPlus(const string & s, long an, double bal,
           double ml, double r) : AcctABC(s, an, bal)
{
```

```
    maxLoan = ml;
    owesBank = 0.0;
    rate = r;
}

BrassPlus::BrassPlus(const Brass & ba, double ml, double r)
           : AcctABC(ba) // uses implicit copy constructor
{
    maxLoan = ml;
    owesBank = 0.0;
    rate = r;
}

void BrassPlus::ViewAcct() const
{
    Formatting f = SetFormat();

    cout << "BrassPlus Client: " << FullName() << endl;
    cout << "Account Number: " << AcctNum() << endl;
    cout << "Balance: $" << Balance() << endl;
    cout << "Maximum loan: $" << maxLoan << endl;
    cout << "Owed to bank: $" << owesBank << endl;
    cout.precision(3);
    cout << "Loan Rate: " << 100 * rate << "%\n";
    Restore(f);
}

void BrassPlus::Withdraw(double amt)
{
    Formatting f = SetFormat();

    double bal = Balance();
    if (amt <= bal)
        AcctABC::Withdraw(amt);
    else if ( amt <= bal + maxLoan - owesBank)
    {
        double advance = amt - bal;
        owesBank += advance * (1.0 + rate);
        cout << "Bank advance: $" << advance << endl;
        cout << "Finance charge: $" << advance * rate << endl;
        Deposit(advance);
        AcctABC::Withdraw(amt);
    }
    else
        cout << "Credit limit exceeded. Transaction cancelled.\n";
    Restore(f);
}
```

保护方法 FullName()和 AcctNum()提供了对数据成员 fullName 和 acctNum 的只读访问，使得可以进一步定制每个派生类的 ViewAcct()。

这个版本在设置输出格式方面做了两项改进。前一个版本使用两个函数调用来设置输出格式，并使用一个函数调用来恢复格式：

```
format initialState = setFormat();
precis prec = cout.precision(2);
...
restore(initialState, prec); // restore original format
```

这个版本定义了一个结构，用于存储两项格式设置；并使用该结构来设置和恢复格式，因此只需两个函数调用：

```
struct Formatting
{
     std::ios_base::fmtfglas flag;
     std::streamsize pr;
};
...
Formatting f = SetFormat();
...
Restore(f);
```

因此代码更整洁。

旧版本存在的问题是，SetFormat()和 Restore()都是独立的函数，这些函数与客户定义的同名函数发生冲突。解决这种问题的方式有多种，一种方式是将这些函数声明为静态的，这样它们将归文件 brass.cpp 及其继任 acctabc.cpp 私有。另一种方式是将这些函数以及结构 Formatting 放在一个独立的名称空间中。但这个示例探讨的主题之一是保护访问权限，因此将这些结构和函数放在了类定义的保护部分。这使得它们对基类和派生类可用，同时向外隐藏了它们。

对于 Brass 和 BrassPlus 账户的这种新实现，使用方式与旧实现相同，因为类方法的名称和接口都与以前一样。例如，为使程序清单 13.10 能够使用新的实现，需要采取下面的步骤将 usebrass2.cpp 转换为 usebrass3.cpp：

- 使用 acctabc.cpp 而不是 brass.cpp 来链接 usebrass2.cpp。
- 包含文件 acctabc.h，而不是 brass.h。
- 将下面的代码：

```
Brass * p_clients[CLIENTS];
```

替换为：

```
AcctABC * p_clients[CLIENTS];
```

程序清单 13.13 是修改后的文件，并将其重命名为 usebrass3.cpp。

程序清单 13.13 usebrass3.cpp

```
// usebrass3.cpp -- polymorphic example using an abstract base class
// compile with acctacb.cpp
#include <iostream>
#include <string>
#include "acctabc.h"
const int CLIENTS = 4;

int main()
{
    using std::cin;
    using std::cout;
    using std::endl;

    AcctABC * p_clients[CLIENTS];
    std::string temp;
    long tempnum;
    double tempbal;
    char kind;

    for (int i = 0; i < CLIENTS; i++)
    {
        cout << "Enter client's name: ";
        getline(cin,temp);
        cout << "Enter client's account number: ";
        cin >> tempnum;
        cout << "Enter opening balance: $";
        cin >> tempbal;
        cout << "Enter 1 for Brass Account or "
             << "2 for BrassPlus Account: ";
        while (cin >> kind && (kind != '1' && kind != '2'))
            cout <<"Enter either 1 or 2: ";
        if (kind == '1')
            p_clients[i] = new Brass(temp, tempnum, tempbal);
        else
        {
            double tmax, trate;
            cout << "Enter the overdraft limit: $";
            cin >> tmax;
            cout << "Enter the interest rate "
                 << "as a decimal fraction: ";
            cin >> trate;
            p_clients[i] = new BrassPlus(temp, tempnum, tempbal,
                                         tmax, trate);
        }
        while (cin.get() != '\n')
            continue;
    }
    cout << endl;
    for (int i = 0; i < CLIENTS; i++)
    {
        p_clients[i]->ViewAcct();
        cout << endl;
    }
```

```
    for (int i = 0; i < CLIENTS; i++)
    {
        delete p_clients[i]; // free memory
    }
    cout << "Done.\n";

    return 0;
}
```

该程序本身的行为与非抽象基类版本相同，因此如果输入与给程序清单 13.10 提供的输入相同，输出也将相同。

13.6.2 ABC 理念

在处理继承的问题上，RatedPlayer 示例使用的方法比较随意，而 ABC 方法比它更具系统性、更规范。设计 ABC 之前，首先应开发一个模型——指出编程问题所需的类以及它们之间相互关系。一种学院派思想认为，如果要设计类继承层次，则只能将那些不会被用作基类的类设计为具体的类。这种方法的设计更清晰，复杂程度更低。

可以将 ABC 看作是一种必须实施的接口。ABC 要求具体派生类覆盖其纯虚函数——迫使派生类遵循 ABC 设置的接口规则。这种模型在基于组件的编程模式中很常见，在这种情况下，使用 ABC 使得组件设计人员能够制定“接口约定”，这样确保了从 ABC 派生的所有组件都至少支持 ABC 指定的功能。

13.7 继承和动态内存分配

继承是怎样与动态内存分配（使用 new 和 delete）进行互动的呢？例如，如果基类使用动态内存分配，并重新定义赋值和复制构造函数，这将怎样影响派生类的实现呢？这个问题的答案取决于派生类的属性。如果派生类也使用动态内存分配，那么就需要学习几个新的小技巧。下面来看看这两种情况。

13.7.1 第一种情况：派生类不使用 new

假设基类使用了动态内存分配：

```
// Base Class Using DMA
class baseDMA
{
private:
    char * label;
    int rating;

public:
    baseDMA(const char * l = "null", int r = 0);
    baseDMA(const baseDMA & rs);
    virtual ~baseDMA();
    baseDMA & operator=(const baseDMA & rs);
...
};
```

声明中包含了构造函数使用 new 时需要的特殊方法：析构函数、复制构造函数和重载赋值运算符。

现在，从 baseDMA 派生出 lacksDMA 类，而后者不使用 new，也未包含其他一些不常用的、需要特殊处理的设计特性：

```
// derived class without DMA
class lacksDMA :public baseDMA
{
private:
    char color[40];
public:
...
};
```

是否需要为 lacksDMA 类定义显式析构函数、复制构造函数和赋值运算符呢？不需要。

首先，来看是否需要析构函数。如果没有定义析构函数，编译器将定义一个不执行任何操作的默认析构函数。实际上，派生类的默认析构函数总是要进行一些操作：执行自身的代码后调用基类析构函数。因为我们假设 lacksDMA 成员不需要执行任何特殊操作，所以默认析构函数是合适的。

接着来看复制构造函数。第 12 章介绍过，默认复制构造函数执行成员复制，这对于动态内存分配来说是不合适的，但对于新的 lacksDMA 成员来说是合适的。因此只需考虑继承的 baseDMA 对象。要知道，成员复制将根据数据类型采用相应的复制方式，因此，将 long 复制到 long 中是通过使用常规赋值完成的；但复制类成员或继承的类组件时，则是使用该类的复制构造函数完成的。所以，lacksDMA 类的默认复制构造函数使用显式 baseDMA 复制构造函数来复制 lacksDMA 对象的 baseDMA 部分。因此，默认复制构造函数对于新的 lacksDMA 成员来说是合适的，同时对于继承的 baseDMA 对象来说也是合适的。

对于赋值来说，也是如此。类的默认赋值运算符将自动使用基类的赋值运算符来对基类组件进行赋值。因此，默认赋值运算符也是合适的。

派生类对象的这些属性也适用于本身是对象的类成员。例如，第 10 章介绍过，实现 Stock 类时，可以使用 string 对象而不是 char 数组来存储公司名称。标准 string 类和本书前面创建的 String 类一样，也采用动态内存分配。现在，读者知道了为何这不会引发问题。Stock 的默认复制构造函数将使用 string 的复制构造函数来复制对象的 company 成员；Stock 的默认赋值运算符将使用 string 的赋值运算符给对象的 company 成员赋值；而 Stock 的析构函数（默认或其他析构函数）将自动调用 string 的析构函数。

13.7.2 第二种情况：派生类使用 new

假设派生类使用了 new：

```
// derived class with DMA
class hasDMA :public baseDMA
{
private:
    char * style; // use new in constructors
public:
...
};
```

在这种情况下，必须为派生类定义显式析构函数、复制构造函数和赋值运算符。下面依次考虑这些方法。

派生类析构函数自动调用基类的析构函数，故其自身的职责是对派生类构造函数执行的工作进行清理。因此，hasDMA 析构函数必须释放指针 style 管理的内存，并依赖于 baseDMA 的析构函数来释放指针 label 管理的内存。

```
baseDMA::~baseDMA()    // takes care of baseDMA stuff
{
    delete [] label;
}

hasDMA::~hasDMA()      // takes care of hasDMA stuff
{
    delete [] style;
}
```

接下来看复制构造函数。BaseDMA 的复制构造函数遵循用于 char 数组的常规模式，即使用 strlen()来获悉存储 C 风格字符串所需的空间、分配足够的内存（字符数加上存储空字符所需的 1 字节）并使用函数 strcpy()将原始字符串复制到目的地：

```
baseDMA::baseDMA(const baseDMA & rs)
{
    label = new char[std::strlen(rs.label) + 1];
    std::strcpy(label, rs.label);
    rating = rs.rating;
}
```

hasDMA 复制构造函数只能访问 hasDMA 的数据，因此它必须调用 baseDMA 复制构造函数来处理共享的 baseDMA 数据：

```
hasDMA::hasDMA(const hasDMA & hs)
         : baseDMA(hs)
{
    style = new char[std::strlen(hs.style) + 1];
    std::strcpy(style, hs.style);
}
```

需要注意的一点是，成员初始化列表将一个 hasDMA 引用传递给 baseDMA 构造函数。没有参数类型为 hasDMA 引用的 baseDMA 构造函数，也不需要这样的构造函数。因为复制构造函数 baseDMA 有一个 baseDMA 引用参数，而基类引用可以指向派生类型。因此，baseDMA 复制构造函数将使用 hasDMA 参数的 baseDMA 部分来构造新对象的 baseDMA 部分。

接下来看赋值运算符。baseDMA 赋值运算符遵循下述常规模式：

```
baseDMA & baseDMA::operator=(const baseDMA & rs)
{
    if (this == &rs)
        return *this;
    delete [] label;
    label = new char[std::strlen(rs.label) + 1];
    std::strcpy(label, rs.label);
    rating = rs.rating;
    return *this;
}
```

由于 hasDMA 也使用动态内存分配，所以它也需要一个显式赋值运算符。作为 hasDMA 的方法，它只能直接访问 hasDMA 的数据。然而，派生类的显式赋值运算符必须负责所有继承的 baseDMA 基类对象的赋值，可以通过显式调用基类赋值运算符来完成这项工作，如下所示：

```
hasDMA & hasDMA::operator=(const hasDMA & hs)
{
    if (this == &hs)
        return *this;
    baseDMA::operator=(hs); // copy base portion
    delete [] style;        // prepare for new style
    style = new char[std::strlen(hs.style) + 1];
    std::strcpy(style, hs.style);
    return *this;
}
```

下述语句看起来有点奇怪：

```
baseDMA::operator=(hs); // copy base portion
```

但通过使用函数表示法，而不是运算符表示法，可以使用作用域解析运算符。实际上，该语句的含义如下：

```
*this = hs; // use baseDMA::operator=()
```

当然编译器将忽略注释，所以使用后面的代码时，编译器将使用 hasDMA ::operator=()，从而形成递归调用。使用函数表示法使得赋值运算符被正确调用。

总之，当基类和派生类都采用动态内存分配时，派生类的析构函数、复制构造函数、赋值运算符都必须使用相应的基类方法来处理基类元素。这种要求是通过三种不同的方式来满足的。对于析构函数，这是自动完成的；对于构造函数，这是通过在初始化成员列表中调用基类的复制构造函数来完成的；如果不这样做，将自动调用基类的默认构造函数。对于赋值运算符，这是通过使用作用域解析运算符显式地调用基类的赋值运算符来完成的。

13.7.3 使用动态内存分配和友元的继承示例

为演示这些有关继承和动态内存分配的概念，我们将刚才介绍过的 baseDMA、lacksDMA 和 hasDMA 类集成到一个示例中。程序清单 13.14 是这些类的头文件。除了前面介绍的内容外，这个头文件还包含一个友元函数，以说明派生类如何访问基类的友元。

程序清单 13.14 dma.h

```
// dma.h -- inheritance and dynamic memory allocation
#ifndef DMA_H_
#define DMA_H_
#include <iostream>

// Base Class Using DMA
class baseDMA
{
private:
    char * label;
    int rating;

public:
    baseDMA(const char * l = "null", int r = 0);
    baseDMA(const baseDMA & rs);
    virtual ~baseDMA();
    baseDMA & operator=(const baseDMA & rs);
    friend std::ostream & operator<<(std::ostream & os,
                                     const baseDMA & rs);
};
```

```
// derived class without DMA
// no destructor needed
// uses implicit copy constructor
// uses implicit assignment operator
class lacksDMA :public baseDMA
{
private:
    enum { COL_LEN = 40};
    char color[COL_LEN];
public:
    lacksDMA(const char * c = "blank", const char * l = "null",
              int r = 0);
    lacksDMA(const char * c, const baseDMA & rs);
    friend std::ostream & operator<<(std::ostream & os,
                                     const lacksDMA & rs);
};
// derived class with DMA
class hasDMA :public baseDMA
{
private:
    char * style;
public:
    hasDMA(const char * s = "none", const char * l = "null",
              int r = 0);
    hasDMA(const char * s, const baseDMA & rs);
    hasDMA(const hasDMA & hs);
    ~hasDMA();
    hasDMA & operator=(const hasDMA & rs);
    friend std::ostream & operator<<(std::ostream & os,
                                     const hasDMA & rs);
};

#endif
```

程序清单 13.15 列出了类 baseDMA、lacksDMA 和 hasDMA 的方法定义。

程序清单 13.15　dma.cpp

```
// dma.cpp --dma class methods

#include "dma.h"
#include <cstring>

// baseDMA methods
baseDMA::baseDMA(const char * l, int r)
{
    label = new char[std::strlen(l) + 1];
    std::strcpy(label, l);
    rating = r;
}

baseDMA::baseDMA(const baseDMA & rs)
{
    label = new char[std::strlen(rs.label) + 1];
    std::strcpy(label, rs.label);
    rating = rs.rating;
}

baseDMA::~baseDMA()
{
    delete [] label;
}
baseDMA & baseDMA::operator=(const baseDMA & rs)
{
    if (this == &rs)
        return *this;
    delete [] label;
    label = new char[std::strlen(rs.label) + 1];
    std::strcpy(label, rs.label);
    rating = rs.rating;
    return *this;
}

std::ostream & operator<<(std::ostream & os, const baseDMA & rs)
{
```

```
    os << "Label: " << rs.label << std::endl;
    os << "Rating: " << rs.rating << std::endl;
    return os;
}

// lacksDMA methods
lacksDMA::lacksDMA(const char * c, const char * l, int r)
    : baseDMA(l, r)
{
    std::strncpy(color, c, 39);
    color[39] = '\0';
}

lacksDMA::lacksDMA(const char * c, const baseDMA & rs)
    : baseDMA(rs)
{
    std::strncpy(color, c, COL_LEN - 1);
    color[COL_LEN - 1] = '\0';
}

std::ostream & operator<<(std::ostream & os, const lacksDMA & ls)
{
    os << (const baseDMA &) ls;
    os << "Color: " << ls.color << std::endl;
    return os;
}

// hasDMA methods
hasDMA::hasDMA(const char * s, const char * l, int r)
        : baseDMA(l, r)
{
    style = new char[std::strlen(s) + 1];
    std::strcpy(style, s);
}
hasDMA::hasDMA(const char * s, const baseDMA & rs)
        : baseDMA(rs)
{
    style = new char[std::strlen(s) + 1];
    std::strcpy(style, s);
}

hasDMA::hasDMA(const hasDMA & hs)
        : baseDMA(hs) // invoke base class copy constructor
{
    style = new char[std::strlen(hs.style) + 1];
    std::strcpy(style, hs.style);
}

hasDMA::~hasDMA()
{
    delete [] style;
}

hasDMA & hasDMA::operator=(const hasDMA & hs)
{
    if (this == &hs)
        return *this;
    baseDMA::operator=(hs); // copy base portion
    delete [] style;         // prepare for new style
    style = new char[std::strlen(hs.style) + 1];
    std::strcpy(style, hs.style);
    return *this;
}

std::ostream & operator<<(std::ostream & os, const hasDMA & hs)
{
    os << (const baseDMA &) hs;
    os << "Style: " << hs.style << std::endl;
    return os;
}
```

在程序清单 13.14 和程序清单 13.15 中，需要注意的新特性是，派生类如何使用基类的友元。例如，请考虑下面这个 hasDMA 类的友元：

```
friend std::ostream & operator<<(std::ostream & os,
                                 const hasDMA & rs);
```

作为 hasDMA 类的友元，该函数能够访问 style 成员。然而，还存在一个问题：该函数如不是 baseDMA 类的友元，那它如何访问成员 lable 和 rating 呢？答案是使用 baseDMA 类的友元函数 operator<<()。下一个问题是，因为友元不是成员函数，所以不能使用作用域解析运算符来指出要使用哪个函数。这个问题的解决方法是使用强制类型转换，以便匹配原型时能够选择正确的函数。因此，代码将参数 const hasDMA &转换成类型为 const baseDMA &的参数：

```
std::ostream & operator<<(std::ostream & os, const hasDMA & hs)
{
// type cast to match operator<<(ostream & , const baseDMA &)
   os << (const baseDMA &) hs;
   os << "Style: " << hs.style << endl;
   return os;
}
```

程序清单 13.16 是一个测试类 baseDMA、lacksDMA 和 hasDMA 的小程序。

程序清单 13.16　usedma.cpp

```
// usedma.cpp -- inheritance, friends, and DMA
// compile with dma.cpp
#include <iostream>
#include "dma.h"
int main()
{
    using std::cout;
    using std::endl;

    baseDMA shirt("Portabelly", 8);
    lacksDMA balloon("red", "Blimpo", 4);
    hasDMA map("Mercator", "Buffalo Keys", 5);
    cout << "Displaying baseDMA object:\n";
    cout << shirt << endl;
    cout << "Displaying lacksDMA object:\n";
    cout << balloon << endl;
    cout << "Displaying hasDMA object:\n";
    cout << map << endl;
    lacksDMA balloon2(balloon);
    cout << "Result of lacksDMA copy:\n";
    cout << balloon2 << endl;
    hasDMA map2;
    map2 = map;
    cout << "Result of hasDMA assignment:\n";
    cout << map2 << endl;
    return 0;
}
```

程序清单 13.14～程序清单 13.16 组成的程序的输出如下：

```
Displaying baseDMA object:
Label: Portabelly
Rating: 8

Displaying lacksDMA object:
Label: Blimpo
Rating: 4
Color: red

Displaying hasDMA object:
Label: Buffalo Keys
Rating: 5
Style: Mercator

Result of lacksDMA copy:
Label: Blimpo
Rating: 4
Color: red

Result of hasDMA assignment:
Label: Buffalo Keys
Rating: 5
Style: Mercator
```

13.8 类设计回顾

C++可用于解决各种类型的编程问题，但不能将类设计简化成带编号的例程。然而，有些常用的指导原则，下面复习并拓展前面的讨论，以介绍这些原则。

13.8.1 编译器生成的成员函数

第 12 章介绍过，编译器会自动生成一些公有成员函数——特殊成员函数。这表明这些特殊成员函数很重要，下面回顾其中的一些。

1. 默认构造函数

默认构造函数要么没有参数，要么所有的参数都有默认值。如果没有定义任何构造函数，编译器将定义默认构造函数，让您能够创建对象。例如，假设 Star 是一个类，则下述代码需要使用默认构造函数：

```
Star rigel;         // create an object without explicit initialization
Star pleiades[6]; // create an array of objects
```

自动生成的默认构造函数的另一项功能是，调用基类的默认构造函数以及调用本身是对象的成员所属类的默认构造函数。

另外，如果派生类构造函数的成员初始化列表中没有显式调用基类构造函数，则编译器将使用基类的默认构造函数来构造派生类对象的基类部分。在这种情况下，如果基类没有默认构造函数，将导致编译阶段错误。

如果定义了某种构造函数，编译器将不会定义默认构造函数。在这种情况下，如果需要默认构造函数，则必须自己提供。

提供构造函数的动机之一是确保对象总能被正确地初始化。另外，如果类包含指针成员，则必须初始化这些成员。因此，最好提供一个显式默认构造函数，将所有的类数据成员都初始化为合理的值。

2. 复制构造函数

复制构造函数接受其所属类的对象作为参数。例如，Star 类的复制构造函数的原型如下：

```
Star(const Star &);
```

在下述情况下，将使用复制构造函数：

- 将新对象初始化为一个同类对象；
- 按值将对象传递给函数；
- 函数按值返回对象；
- 编译器生成临时对象。

如果程序没有使用（显式或隐式）复制构造函数，编译器将提供原型，但不提供函数定义；否则，程序将定义一个执行成员初始化的复制构造函数。也就是说，新对象的每个成员都被初始化为原始对象相应成员的值。如果成员为类对象，则初始化该成员时，将使用相应类的复制构造函数。

在某些情况下，成员初始化是不合适的。例如，使用 new 初始化的成员指针通常要求执行深复制（参见 baseDMA 类示例），或者类可能包含需要修改的静态变量。在上述情况下，需要定义自己的复制构造函数。

3. 赋值运算符

默认的赋值运算符用于处理同类对象之间的赋值。不要将赋值与初始化混淆了。如果语句创建新的对象，则使用初始化；如果语句修改已有对象的值，则是赋值：

```
Star sirius;
Star alpha = sirius; // initialization (one notation)
Star dogstar;
dogstar = sirius;     // assignment
```

默认赋值为成员赋值。如果成员为类对象，则默认成员赋值将使用相应类的赋值运算符。如果需要显式定义复制构造函数，则基于相同的原因，也需要显式定义赋值运算符。Star 类的赋值运算符的原型如下：

```
Star & Star::operator=(const Star &);
```

赋值运算符函数返回一个 Star 对象引用。baseDMA 类演示了一个典型的显式赋值运算符函数示例。

编译器不会生成将一种类型赋给另一种类型的赋值运算符。如果希望能够将字符串赋给 Star 对象，则方法之一是显式定义下面的运算符：

```
Star & Star::operator=(const char *) {...}
```

另一种方法是使用转换函数（参见下一节中的“转换”小节）将字符串转换成 Star 对象，然后使用将 Star 赋给 Star 的赋值函数。第一种方法的运行速度较快，但需要的代码较多，而使用转换函数可能导致编译器出现混乱。

第 18 章将讨论 C++11 新增的两个特殊方法：移动构造函数和移动赋值运算符。

13.8.2 其他的类方法

定义类时，还需要注意其他几点。下面的几小节将分别介绍。

1. 构造函数

构造函数不同于其他类方法，因为它创建新的对象，而其他类方法只是被现有的对象调用。这是构造函数不被继承的原因之一。继承意味着派生类对象可以使用基类的方法，然而，构造函数在完成其工作之前，对象并不存在。

2. 析构函数

一定要定义显式析构函数来释放类构造函数使用 new 分配的所有内存，并完成类对象所需的任何特殊的清理工作。对于基类，即使它不需要析构函数，也应提供一个虚析构函数。

3. 转换

使用一个参数就可以调用的构造函数定义了从参数类型到类类型的转换。例如，下述 Star 类的构造函数原型：

```
Star(const char *);                      // converts char * to Star
Star(const Spectral &, int members = 1); // converts Spectral to Star
```

将可转换的类型传递给以类为参数的函数时，将调用转换构造函数。例如，在如下代码中：

```
Star north;
north = "polaris";
```

第二条语句将调用 Star::operator = (const Star &)函数，使用 Star::Star(const char *)生成一个 Star 对象，该对象将被用作上述赋值运算符函数的参数。这里假设没有定义将 char *赋给 Star 的赋值运算符。

在带一个参数的构造函数原型中使用 explicit 将禁止进行隐式转换，但仍允许显式转换：

```
class Star
{
...
public:
    explicit Star(const char *);
...
};
...
Star north;
north = "polaris";        // not allowed
north = Star("polaris"); // allowed
```

要将类对象转换为其他类型，应定义转换函数（参见第 11 章）。转换函数可以是没有参数的类成员函数，也可以是返回类型被声明为目标类型的类成员函数。即使没有声明返回类型，函数也应返回所需的转换值。下面是一些示例：

```
Star::operator double() {...}        // converts star to double
Star::operator const char * () {...} // converts to const char
```

应理智地使用这样的函数，仅当它们有帮助时才使用。另外，对于某些类，包含转换函数将增加代码的二义性。例如，假设已经为第 11 章的 Vector 类型定义了 double 转换，并编写了下面的代码：

```
Vector ius(6.0, 0.0);
Vector lux = ius + 20.2;      // ambiguous
```

编译器可以将 ius 转换成 double 并使用 double 加法，或将 20.2 转换成 veotor（使用构造函数之一）并使用 vector 加法。但除了指出二义性外，它什么也不做。

C++11 支持将关键字 explicit 用于转换函数。与构造函数一样，explicit 允许使用强制类型转换进行显式转换，但不允许隐式转换。

4. 按值传递对象与传递引用

通常，编写使用对象作为参数的函数时，应按引用而不是按值来传递对象。这样做的原因之一是为了提高效率。按值传递对象涉及到生成临时拷贝，即调用复制构造函数，然后调用析构函数。调用这些函数需要时间，复制大型对象比传递引用花费的时间要多得多。如果函数不修改对象，应将参数声明为 const 引用。

按引用传递对象的另外一个原因是，在继承使用虚函数时，被定义为接受基类引用参数的函数可以接受派生类。这在本章前面介绍过（同时请参见本章后面的“虚方法”一节）。

5. 返回对象和返回引用

有些类方法返回对象。您可能注意到了，有些成员函数直接返回对象，而另一些则返回引用。有时方法必须返回对象，但如果可以不返回对象，则应返回引用。来具体看一下。

首先，在编码方面，直接返回对象与返回引用之间唯一的区别在于函数原型和函数头：

```
Star nova1(const Star &);    // returns a Star object
Star & nova2(const Star &); // returns a reference to a Star
```

其次，应返回引用而不是返回对象的的原因在于，返回对象涉及生成返回对象的临时副本，这是调用函数的程序可以使用的副本。因此，返回对象的时间成本包括调用复制构造函数来生成副本所需的时间和调用析构函数删除副本所需的时间。返回引用可节省时间和内存。直接返回对象与按值传递对象相似：它们都生成临时副本。同样，返回引用与按引用传递对象相似：调用和被调用的函数对同一个对象进行操作。

然而，并不总是可以返回引用。函数不能返回在函数中创建的临时对象的引用，因为当函数结束时，临时对象将消失，因此这种引用将是非法的。在这种情况下，应返回对象，以生成一个调用程序可以使用的副本。

通用的规则是，如果函数返回在函数中创建的临时对象，则不要使用引用。例如，下面的方法使用构造函数来创建一个新对象，然后返回该对象的副本：

```
Vector Vector::operator+(const Vector & b) const
{
    return Vector(x + b.x, y + b.y);
}
```

如果函数返回的是通过引用或指针传递给它的对象，则应按引用返回对象。例如，下面的代码按引用返回调用函数的对象或作为参数传递给函数的对象：

```
const Stock & Stock::topval(const Stock & s) const
{
    if (s.total_val > total_val)
        return s;        // argument object
    else
        return *this;    // invoking object
}
```

6. 使用 const

使用 const 时应特别注意。可以用它来确保方法不修改参数：

```
Star::Star(const char * s) {...} // won't change the string to which s points
```

可以使用 const 来确保方法不修改调用它的对象：

```
void Star::show() const {...} // won't change invoking object
```

这里 const 表示 const Star * this，而 this 指向调用的对象。

通常，可以将返回引用的函数放在赋值语句的左侧，这实际上意味着可以将值赋给引用的对象。但可以使用 const 来确保引用或指针返回的值不能用于修改对象中的数据：

```
const Stock & Stock::topval(const Stock & s) const
{
    if (s.total_val > total_val)
        return s;      // argument object
    else
        return *this; // invoking object
}
```

该方法返回对*this 或 s 的引用。因为*this 和 s 都被声明为 const，所以函数不能对它们进行修改，这意味着返回的引用也必须被声明为 const。

注意，如果函数将参数声明为指向 const 的引用或指针，则不能将该参数传递给另一个函数，除非后者也确保了参数不会被修改。

13.8.3 公有继承的考虑因素

通常，在程序中使用继承时，有很多问题需要注意。下面来看其中的一些问题。

1. is-a 关系

要遵循 is-a 关系。如果派生类不是一种特殊的基类，则不要使用公有派生。例如，不应从 Brain 类派生出 Programmer 类。如果要指出程序员有大脑，应将 Brain 类对象作为 Programmer 类的成员。

在某些情况下，最好的方法可能是创建包含纯虚函数的抽象数据类，并从它派生出其他的类。

请记住，表示 is-a 关系的方式之一是，无需进行显式类型转换，基类指针就可以指向派生类对象，基类引用可以引用派生类对象。另外，反过来是行不通的，即不能在不进行显式类型转换的情况下，将派生类指针或引用指向基类对象。这种显式类型转换（向下强制转换）可能有意义，也可能没有，这取决于类声明（参见图 13.4）。

2. 什么不能被继承

构造函数是不能继承的，也就是说，创建派生类对象时，必须调用派生类的构造函数。然而，派生类构造函数通常使用成员初始化列表语法来调用基类构造函数，以创建派生对象的基类部分。如果派生类构造函数没有使用成员初始化列表语法显式调用基类构造函数，将使用基类的默认构造函数。在继承链中，每个类都可以使用成员初始化列表将信息传递给相邻的基类。C++11 新增了一种让您能够继承构造函数的机制，但默认仍不继承构造函数。

析构函数也是不能继承的。然而，在释放对象时，程序将首先调用派生类的析构函数，然后调用基类的析构函数。如果基类有默认析构函数，编译器将为派生类生成默认析构函数。通常，对于基类，其析构函数应设置为虚的。

赋值运算符是不能继承的，原因很简单。派生类继承的方法的特征标与基类完全相同，但赋值运算符的特征标随类而异，这是因为它包含一个类型为其所属类的形参。赋值运算符确实有一些有趣的特征，下面介绍它们。

3. 赋值运算符

如果编译器发现程序将一个对象赋给同一个类的另一个对象，它将自动为这个类提供一个赋值运算符。这个运算符的默认或隐式版本将采用成员赋值，即将原对象的相应成员赋给目标对象的每个成员。然而，如果对象属于派生类，编译器将使用基类赋值运算符来处理派生对象中基类部分的赋值。如果显式地为基类提供了赋值运算符，将使用该运算符。与此相似，如果成员是另一个类的对象，则对于该成员，将使用其所属类的赋值运算符。

正如多次提到的，如果类构造函数使用 new 来初始化指针，则需要提供一个显式赋值运算符。因为对于派生对象的基类部分，C++将使用基类的赋值运算符，所以不需要为派生类重新定义赋值运算符，除非它添加了需要特别留意的数据成员。例如，baseDMA 类显式地定义了赋值，但派生类 lackDMA 使用为它生成的隐式赋值运算符。

然而，如果派生类使用了 new，则必须提供显式赋值运算符。必须给类的每个成员提供赋值运算符，而不仅仅是新成员。HasDMA 类演示了如何完成这项工作：

```
hasDMA & hasDMA::operator=(const hasDMA & hs)
{
    if (this == &hs)
        return *this;
    baseDMA::operator=(hs); // copy base portion
    delete [] style;         // prepare for new style
    style = new char[std::strlen(hs.style) + 1];
    std::strcpy(style, hs.style);
    return *this;
}
```

将派生类对象赋给基类对象将会如何呢？（注意，这不同于将基类引用初始化为派生类对象。）请看下面的例子：

```
Brass blips;                                              // base class
BrassPlus snips("Rafe Plosh", 91191,3993.19, 600.0, 0.12); // derived class
blips = snips;                          // assign derived object to base object
```

这将使用哪个赋值运算符呢？赋值语句将被转换成左边的对象调用的一个方法：

```
blips.operator=(snips);
```

其中左边的对象是 Brass 对象，因此它将调用 Brass ::operator =（const Brass &）函数。is-a 关系允许 Brass 引用指向派生类对象，如 Snips。赋值运算符只处理基类成员，所以上述赋值操作将忽略 Snips 的 maxLoan 成员和其他 BrassPlus 成员。总之，可以将派生对象赋给基类对象，但这只涉及基类的成员。

相反的操作将如何呢？即可以将基类对象赋给派生类对象吗？请看下面的例子：

```
Brass gp("Griff Hexbait", 21234, 1200); // base class
BrassPlus temp;                         // derived class
temp = gp; // possible?
```

上述赋值语句将被转换为如下所示：

```
temp.operator=(gp);
```

左边的对象是 BrassPlus 对象，所以它调用 BrassPlus ::operator=（const BrassPlus &）函数。然而，派生类引用不能自动引用基类对象，因此上述代码不能运行，除非有下面的转换构造函数：

```
BrassPlus(const Brass &);
```

与 BrassPlus 类的情况相似，转换构造函数可以接受一个类型为基类的参数和其他参数，条件是其他参数有默认值：

```
BrassPlus(const Brass & ba, double ml = 500, double r = 0.1);
```

如果有转换构造函数，程序将通过它根据 gp 来创建一个临时 BrassPlus 对象，然后将它用作赋值运算符的参数。

另一种方法是，定义一个用于将基类赋给派生类的赋值运算符：

```
BrassPlus & BrassPlus ::operator=(const Brass &) {...}
```

该赋值运算符的类型与赋值语句完全匹配，因此无需进行类型转换。

总之，问题“是否可以将基类对象赋给派生对象？”的答案是“也许”。如果派生类包含了这样的构造函数，即对将基类对象转换为派生类对象进行了定义，则可以将基类对象赋给派生对象。如果派生类定义了用于将基类对象赋给派生对象的赋值运算符，则也可以这样做。如果上述两个条件都不满足，则不能这样做，除非使用显式强制类型转换。

4. *私有成员与保护成员*

对派生类而言，保护成员类似于公有成员；但对于外部而言，保护成员与私有成员类似。派生类可以直接访问基类的保护成员，但只能通过基类的成员函数来访问私有成员。因此，将基类成员设置为私有的可以提高安全性，而将它们设置为保护成员则可简化代码的编写工作，并提高访问速度。Stroustrup 在其 *The Design and Evolution of C++*一书中指出，使用私用数据成员比使用保护数据成员更好，但保护方法很有用。

5. *虚方法*

设计基类时，必须确定是否将类方法声明为虚的。如果希望派生类能够重新定义方法，则应在基类中将方法定义为虚的，这样可以启用晚期联编（动态联编）；如果不希望重新定义方法，则不必将其声明为虚的，这样虽然无法禁止他人重新定义方法，但表达了这样的意思：您不希望它被重新定义。

请注意，不适当的代码将阻止动态联编。例如，请看下面的两个函数：

```
void show(const Brass & rba)
{
    rba.ViewAcct();
    cout << endl;
}
void inadequate(Brass ba)
{
    ba.ViewAcct();
    cout << endl;
}
```

第一个函数按引用传递对象，第二个按值传递对象。

现在，假设将派生类参数传递给上述两个函数：

```
BrassPlus buzz("Buzz Parsec", 00001111, 4300);
show(buzz);
inadequate(buzz);
```

show()函数调用使 rba 参数成为 BrassPlus 对象 buzz 的引用，因此，rba.ViewAcct()被解释为 BrassPlus 版本，正如应该的那样。但在 inadequate()函数中（它是按值传递对象的），ba 是 Brass（const Brass &）构造函数创建的一个 Brass 对象（自动向上强制转换使得构造函数参数可以引用一个 BrassPlus 对象）。因此，在 inadequate()中，ba.ViewAcct()是 Brass 版本，所以只有 buzz 的 Brass 部分被显示。

6. *析构函数*

正如前面介绍的，基类的析构函数应当是虚的。这样，当通过指向对象的基类指针或引用来删除派生对象时，程序将首先调用派生类的析构函数，然后调用基类的析构函数，而不仅仅是调用基类的析构函数。

7. *友元函数*

由于友元函数并非类成员，因此不能继承。然而，您可能希望派生类的友元函数能够使用基类的友元函数。为此，可以通过强制类型转换将，派生类引用或指针转换为基类引用或指针，然后使用转换后的指针或引用来调用基类的友元函数：

```
ostream & operator<<(ostream & os, const hasDMA & hs)
{
// type cast to match operator<<(ostream & , const baseDMA &)
   os << (const baseDMA &) hs;
   os << "Style: " << hs.style << endl;
   return os;
}
```

也可以使用第 15 章将讨论的运算符 dynamic_cast<>来进行强制类型转换：

```
os << dynamic_cast<const baseDMA &> (hs);
```

鉴于第 15 章将讨论的原因，这是更佳的强制类型转换方式。

8. *有关使用基类方法的说明*

以公有方式派生的类的对象可以通过多种方式来使用基类的方法。

- 派生类对象自动使用继承而来的基类方法，如果派生类没有重新定义该方法。
- 派生类的构造函数自动调用基类的构造函数。
- 派生类的构造函数自动调用基类的默认构造函数，如果没有在成员初始化列表中指定其他构造函数。
- 派生类构造函数显式地调用成员初始化列表中指定的基类构造函数。
- 派生类方法可以使用作用域解析运算符来调用公有的和受保护的基类方法。
- 派生类的友元函数可以通过强制类型转换，将派生类引用或指针转换为基类引用或指针，然后使用该引用或指针来调用基类的友元函数。

13.8.4 类函数小结

C++类函数有很多不同的变体，其中有些可以继承，有些不可以。有些运算符函数既可以是成员函数，也可以是友元，而有些运算符函数只能是成员函数。表 13.1（摘自 *The Annotated C++ Reference Manual*）总结了这些特征，其中 op=表示诸如+=、*=等格式的赋值运算符。注意，op=运算符的特征与“其他运算符”类别并没有区别。单独列出 op=旨在指出这些运算符与=运算符的行为是不同的。

表 13.1　　　　成员函数属性

函数	能否继承	成员还是友元	默认能否生成	能否为虚函数	是否可以有返回类型
构造函数	否	成员	能	否	否
析构函数	否	成员	能	能	否
=	否	成员	能	能	能
&	能	任意	能	能	能
转换函数	能	成员	否	能	否
()	能	成员	否	能	能
[]	能	成员	否	能	能
->	能	成员	否	能	能
op=	能	任意	否	能	能
new	能	静态成员	否	否	void*
delete	能	静态成员	否	否	void
其他运算符	能	任意	否	能	能
其他成员	能	成员	否	能	能
友元	否	友元	否	否	能

13.9 总结

继承通过使用已有的类（基类）定义新的类（派生类），使得能够根据需要修改编程代码。公有继承建立 is-a 关系，这意味着派生类对象也应该是某种基类对象。作为 is-a 模型的一部分，派生类继承基类的数据成员和大部分方法，但不继承基类的构造函数、析构函数和赋值运算符。派生类可以直接访问基类的公有成员和保护成员，并能够通过基类的公有方法和保护方法访问基类的私有成员。可以在派生类中新增数据成员和方法，还可以将派生类用作基类，来做进一步的开发。每个派生类都必须有自己的构造函数。程序创建派生类对象时，将首先调用基类的构造函数，然后调用派生类的构造函数；程序删除对象时，将首先调用派生类的析构函数，然后调用基类的析构函数。

如果要将类用作基类，则可以将成员声明为保护的，而不是私有的，这样，派生类将可以直接访问这些成员。然而，使用私有成员通常可以减少出现编程问题的可能性。如果希望派生类可以重新定义基类的方法，则可以使用关键字 virtual 将它声明为虚的。这样对于通过指针或引用访问的对象，能够根据对象类型来处理，而不是根据引用或指针的类型来处理。具体地说，基类的析构函数通常应当是虚的。

可以考虑定义一个 ABC：只定义接口，而不涉及实现。例如，可以定义抽象类 Shape，然后使用它派生出具体的形状类，如 Circle 和 Square。ABC 必须至少包含一个纯虚方法，可以在声明中的分号前面加上=0 来声明纯虚方法。

```
virtual double area() const = 0;
```

不一定非得定义纯虚方法。对于包含纯虚成员的类，不能使用它来创建对象。纯虚方法用于定义派生类的通用接口。

13.10 复习题

1. 派生类从基类那里继承了什么？
2. 派生类不能从基类那里继承什么？
3. 假设 baseDMA ::operator=()函数的返回类型为 void，而不是 baseDMA &，这将有什么后果？如果返回类型为 baseDMA，而不是 baseDMA &，又将有什么后果？
4. 创建和删除派生类对象时，构造函数和析构函数调用的顺序是怎样的？
5. 如果派生类没有添加任何数据成员，它是否需要构造函数？
6. 如果基类和派生类定义了同名的方法，当派生类对象调用该方法时，被调用的将是哪个方法？
7. 在什么情况下，派生类应定义赋值运算符？
8. 可以将派生类对象的地址赋给基类指针吗？可以将基类对象的地址赋给派生类指针吗？
9. 可以将派生类对象赋给基类对象吗？可以将基类对象赋给派生类对象吗？
10. 假设定义了一个函数，它将基类对象的引用作为参数。为什么该函数也可以将派生类对象作为参数？
11. 假设定义了一个函数，它将基类对象作为参数（即函数按值传递基类对象）。为什么该函数也可以将派生类对象作为参数？
12. 为什么通常按引用传递对象比按值传递对象的效率更高？
13. 假设 Corporation 是基类，PublicCorporation 是派生类。再假设这两个类都定义了 head()函数，ph 是指向 Corporation 类型的指针，且被赋给了一个 PublicCorporation 对象的地址。如果基类将 head()定义为：

a. 常规非虚方法；

b. 虚方法；

则 ph->head()将被如何解释？

14. 下述代码有什么问题？

```
class Kitchen
{
```

```
private:
    double kit_sq_ft;
public:
    Kitchen() {kit_sq_ft = 0.0; }
    virtual double area() const { return kit_sq_ft * kit_sq_ft; }
};
class House : public Kitchen
{
private:
    double all_sq_ft;
public:
    House() {all_sq_ft += kit_sq_ft;}
    double area(const char *s) const { cout << s; return all_sq_ft; }
};
```

13.11　编程练习

1. 以下面的类声明为基础：

```
// base class
class Cd { // represents a CD disk
private:
    char performers[50];
    char label[20];
    int selections;  // number of selections
    double playtime; // playing time in minutes
public:
    Cd(char * s1, char * s2, int n, double x);
    Cd(const Cd & d);
    Cd();
    ~Cd();
    void Report() const; // reports all CD data
    Cd & operator=(const Cd & d);
};
```

派生出一个 Classic 类，并添加一组 char 成员，用于存储指出 CD 中主要作品的字符串。修改上述声明，使基类的所有函数都是虚的。如果上述定义声明的某个方法并不需要，则请删除它。使用下面的程序测试您的产品：

```
#include <iostream>
using namespace std;
#include "classic.h" // which will contain #include cd.h
void Bravo(const Cd & disk);
int main()
{
    Cd c1("Beatles", "Capitol", 14, 35.5);
    Classic c2 = Classic("Piano Sonata in B flat, Fantasia in C",
                    "Alfred Brendel", "Philips", 2, 57.17);
    Cd *pcd = &c1;

    cout << "Using object directly:\n";
    c1.Report(); // use Cd method
    c2.Report(); // use Classic method

    cout << "Using type cd * pointer to objects:\n";
    pcd->Report(); // use Cd method for cd object
    pcd = &c2;
    pcd->Report(); // use Classic method for classic object

    cout << "Calling a function with a Cd reference argument:\n";
    Bravo(c1);
    Bravo(c2);

    cout << "Testing assignment: ";
    Classic copy;
    copy = c2;
    copy.Report()

    return 0;
}

void Bravo(const Cd & disk)
{
    disk.Report();
}
```

2. 完成练习 1，但让两个类使用动态内存分配而不是长度固定的数组来记录字符串。

3. 修改 baseDMA-lacksDMA-hasDMA 类层次，让三个类都从一个 ABC 派生而来，然后使用与程序清单 13.10 相似的程序对结果进行测试。也就是说，它应使用 ABC 指针数组，并让用户决定要创建的对象类型。在类定义中添加 virtual View()方法以处理数据显示。

4. Benevolent Order of Programmers 用来维护瓶装葡萄酒箱。为描述它，BOP Portmaster 设置了一个 Port 类，其声明如下：

```
#include <iostream>
using namespace std;
class Port
{
private:
    char * brand;
    char style[20]; // i.e., tawny, ruby, vintage
    int bottles;
public:
    Port(const char * br = "none", const char * st = "none", int b = 0);
    Port(const Port & p); // copy constructor
    virtual ~Port() { delete [] brand; }
    Port & operator=(const Port & p);
    Port & operator+=(int b); // adds b to bottles
    Port & operator-=(int b); // subtracts b from bottles, if
available
    int BottleCount() const { return bottles; }
    virtual void Show() const;
    friend ostream & operator<<(ostream & os, const Port & p);
};
```

show()方法按下面的格式显示信息：

```
Brand: Gallo
Kind: tawny
Bottles: 20
```

operator<<()函数按下面的格式显示信息（末尾没有换行符）：

```
Gallo, tawny, 20
```

PortMaster 完成了 Port 类的方法定义后派生了 VintagePort 类，然后被解职——因为不小心将一瓶 45 度 Cockburn 泼到了正在准备烤肉调料的人身上，VintagePort 类如下所示：

```
class VintagePort : public Port // style necessarily = "vintage"
{
private:
    char * nickname;  // i.e., "The Noble" or "Old Velvet", etc.
    int year;         // vintage year
public:
    VintagePort();
    VintagePort(const char * br, int b, const char * nn, int y);
    VintagePort(const VintagePort & vp);
    ~VintagePort() { delete [] nickname; }
    VintagePort & operator=(const VintagePort & vp);
    void Show() const;
    friend ostream & operator<<(ostream & os, const VintagePort & vp);
};
```

您被指定负责完成 VintagePort。

a. 第一个任务是重新创建 Port 方法定义，因为前任被开除时销毁了方法定义。

b. 第二个任务是解释为什么有的方法重新定义了，而有些没有重新定义。

c. 第三个任务是解释为何没有将 operator=()和 operator<<()声明为虚的。

d. 第四个任务是提供 VintagePort 中各个方法的定义。

第 14 章 C++中的代码重用

本章内容包括：

- has-a 关系；
- 包含对象成员的类；
- 模板类 valarray；
- 私有和保护继承；
- 多重继承；
- 虚基类；
- 创建类模板；
- 使用类模板；
- 模板的具体化。

C++的一个主要目标是促进代码重用。公有继承是实现这种目标的机制之一，但并不是唯一的机制。本章将介绍其他方法，其中之一是使用这样的类成员：本身是另一个类的对象。这种方法称为包含（containment）、组合（composition）或层次化（layering）。另一种方法是使用私有或保护继承。通常，包含、私有继承和保护继承用于实现 has-a 关系，即新的类将包含另一个类的对象。例如，HomeTheater 类可能包含一个 BluRayPlayer 对象。多重继承使得能够使用两个或更多的基类派生出新的类，将基类的功能组合在一起。

第 10 章介绍了函数模板，本章将介绍类模板——另一种重用代码的方法。类模板使我们能够使用通用术语定义类，然后使用模板来创建针对特定类型定义的特殊类。例如，可以定义一个通用的栈模板，然后使用该模板创建一个用于表示 int 值栈的类和一个用于表示 double 值栈的类，甚至可以创建一个这样的类，即用于表示由栈组成的栈。

14.1 包含对象成员的类

首先介绍包含对象成员的类。有一些类（如 string 类和第 16 章将介绍的标准 C++类模板）为表示类中的组件提供了方便的途径。下面来看一个具体的例子。

学生是什么？入学者？参加研究的人？残酷现实社会的避难者？有姓名和一系列考试分数的人？显然，最后一个定义完全没有表示出人的特征，但非常适合于简单的计算机表示。因此，让我们根据该定义来开发 Student 类。

将学生简化成姓名和一组考试分数后，可以使用一个包含两个成员的类来表示它：一个成员用于表示姓名，另一个成员用于表示分数。对于姓名，可以使用字符数组来表示，但这将限制姓名的长度。当然，也可以使用 char 指针和动态内存分配，但正如第 12 章指出的，这将要求提供大量的支持代码。一种更好的方法是，使用一个由他人开发好的类的对象来表示。例如，可以使用一个 String 类（参见第 12 章）或标准 C++ string 类的对象来表示姓名。较简单的选择是使用 string 类，因为 C++库提供了这个类的所有实现代码，且其实现更完美。要使用 String 类，您必须在项目中包含实现文件 string1.cpp。

对于考试分数，存在类似的选择。可以使用一个定长数组，这限制了数组的长度；可以使用动态内存分配并提供大量的支持代码；也可以设计一个使用动态内存分配的类来表示该数组；还可以在标准 C++库中查找一个能够表示这种数据的类。

自己开发这样的类一点问题也没有。开发简单的版本并不那么难，因为 double 数组与 char 数组有很多相似之处，因此可以根据 String 类来设计表示 double 数组的类。事实上，本书以前的版本就这样做过。

当然，如果 C++库提供了合适的类，实现起来将更简单。C++库确实提供了一个这样的类，它就是 valarray。

14.1.1 valarray 类简介

valarray 类是由头文件 valarray 支持的。顾名思义，这个类用于处理数值（或具有类似特性的类），它支持诸如将数组中所有元素的值相加以及在数组中找出最大和最小的值等操作。valarray 被定义为一个模板类，以便能够处理不同的数据类型。本章后面将介绍如何定义模板类，但就现在而言，您只需知道如何使用模板类即可。

模板特性意味着声明对象时，必须指定具体的数据类型。因此，使用 valarray 类来声明一个对象时，需要在标识符 valarray 后面加上一对尖括号，并在其中包含所需的数据类型：

```
valarray<int> q_values;    // an array of int
valarray<double> weights; // an array of double
```

第 4 章介绍 vector 和 array 类时，您见过这种语法，它非常简单。这些类也可用于存储数字，但它们提供的算术支持没有 valarray 多。

这是您需要学习的唯一新语法，它非常简单。

类特性意味着要使用 valarray 对象，需要了解这个类的构造函数和其他类方法。下面是几个使用其构造函数的例子：

```
double gpa[5] = {3.1, 3.5, 3.8, 2.9, 3.3};
valarray<double> v1;     // an array of double, size 0
valarray<int> v2(8);     // an array of 8 int elements
valarray<int> v3(10,8); // an array of 8 int elements,
                        // each set to 10
valarray<double> v4(gpa, 4); // an array of 4 elements
                // initialized to the first 4 elements of gpa
```

从中可知，可以创建长度为零的空数组、指定长度的空数组、所有元素度被初始化为指定值的数组、用常规数组中的值进行初始化的数组。在 C++11 中，也可使用初始化列表：

```
valarray<int> v5 = {20, 32, 17, 9}; // C++11
```

下面是这个类的一些方法。

- operator[ ]()：让您能够访问各个元素。
- size()：返回包含的元素数。
- sum()：返回所有元素的总和。
- max()：返回最大的元素。
- min()：返回最小的元素。

还有很多其他的方法，其中的一些将在第 16 章介绍；但就这个例子而言，上述方法足够了。

14.1.2 Student 类的设计

至此，已经确定了 Student 类的设计计划：使用一个 string 对象来表示姓名，使用一个 valarray<double> 来表示考试分数。那么如何设计呢？您可能想以公有的方式从这两个类派生出 Student 类，这将是多重公有继承，C++允许这样做，但在这里并不合适，因为学生与这些类之间的关系不是 is-a 模型。学生不是姓名，也不是一组考试成绩。这里的关系是 has-a，学生有姓名，也有一组考试分数。通常，用于建立 has-a 关系的 C++技术是组合（包含），即创建一个包含其他类对象的类。例如，可以将 Student 类声明为如下所示：

```
class Student
{
private:
    string name;              // use a string object for name
    valarray<double> scores; // use a valarray<double> object for scores
    ...
};
```

同样，上述类将数据成员声明为私有的。这意味着 Student 类的成员函数可以使用 string 和 valarray<double>类的公有接口来访问和修改 name 和 scores 对象，但在类的外面不能这样做，而只能通过 Student 类的公有接口访问 name 和 score（请参见图 14.1）。对于这种情况，通常被描述为 Student 类获得了其成员对象的实现，但没有继承接口。例如，Student 对象使用 string 的实现，而不是 char * name 或 char name [26]实现来保存姓名。但 Student 对象并不是天生就有使用函数 string operator+=()的能力。

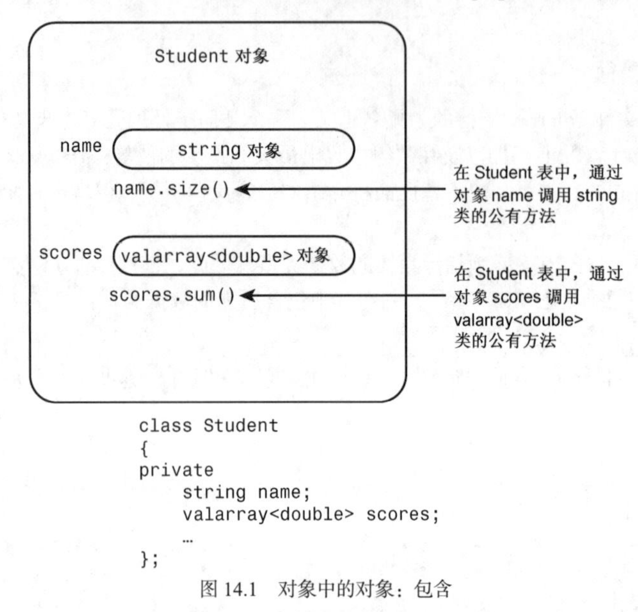

图 14.1 对象中的对象：包含

接口和实现

使用公有继承时，类可以继承接口，可能还有实现（基类的纯虚函数提供接口，但不提供实现）。获得接口是 is-a 关系的组成部分。而使用组合，类可以获得实现，但不能获得接口。不继承接口是 has-a 关系的组成部分。

对于 has-a 关系来说，类对象不能自动获得被包含对象的接口是一件好事。例如，string 类将+运算符重载为将两个字符串连接起来；但从概念上说，将两个 Student 对象串接起来是没有意义的。这也是这里不使用公有继承的原因之一。另一方面，被包含的类的接口部分对新类来说可能是有意义的。例如，可能希望使用 string 接口中的 operator<()方法将 Student 对象按姓名进行排序，为此可以定义 Student::operator<()成员函数，它在内部使用函数 string::operator<()。下面介绍一些细节。

14.1.3 Student 类示例

现在需要提供 Student 类的定义，当然它应包含构造函数以及一些用作 Student 类接口的方法。程序清单 14.1 是 Student 类的定义，其中所有构造函数都被定义为内联的；它还提供了一些用于输入和输出的友元函数。

程序清单 14.1 studentc.h

```
// studentc.h -- defining a Student class using containment
#ifndef STUDENTC_H_
#define STUDENTC_H_

#include <iostream>
#include <string>
#include <valarray>
class Student
{
private:
    typedef std::valarray<double> ArrayDb;
    std::string name; // contained object
    ArrayDb scores;   // contained object
    // private method for scores output
```

```
    std::ostream & arr_out(std::ostream & os) const;
public:
    Student() : name("Null Student"), scores() {}
    explicit Student(const std::string & s)
        : name(s), scores() {}
    explicit Student(int n) : name("Nully"), scores(n) {}
    Student(const std::string & s, int n)
        : name(s), scores(n) {}
    Student(const std::string & s, const ArrayDb & a)
        : name(s), scores(a) {}
    Student(const char * str, const double * pd, int n)
        : name(str), scores(pd, n) {}
    ~Student() {}
    double Average() const;
    const std::string & Name() const;
    double & operator[](int i);
    double operator[](int i) const;
// friends
    // input
    friend std::istream & operator>>(std::istream & is,
                                     Student & stu); // 1 word
    friend std::istream & getline(std::istream & is,
                                  Student & stu); // 1 line
    // output
    friend std::ostream & operator<<(std::ostream & os,
                                     const Student & stu);
};

#endif
```

为简化表示，Student 类的定义中包含下述 typedef：

```
typedef std::valarray<double> ArrayDb;
```

这样，在以后的代码中便可以使用表示 ArrayDb，而不是 std::valarray<double>，因此类方法和友元函数可以使用 ArrayDb 类型。将该 typedef 放在类定义的私有部分意味着可以在 Student 类的实现中使用它，但在 Student 类外面不能使用。

请注意关键字 explicit 的用法：

```
explicit Student(const std::string & s)
    : name(s), scores() {}
explicit Student(int n) : name("Nully"), scores(n) {}
```

本书前面说过，可以用一个参数调用的构造函数将用作从参数类型到类类型的隐式转换函数；但这通常不是好主意。在上述第二个构造函数中，第一个参数表示数组的元素个数，而不是数组中的值，因此将一个构造函数用作 int 到 Student 的转换函数是没有意义的，所以使用 explicit 关闭隐式转换。如果省略该关键字，则可以编写如下所示的代码：

```
Student doh("Homer", 10); // store "Homer", create array of 10 elements
doh = 5; // reset name to "Nully", reset to empty array of 5 elements
```

在这里，马虎的程序员键入了 doh 而不是 doh[0]。如果构造函数省略了 explicit，则将使用构造函数调用 Student（5）将 5 转换为一个临时 Student 对象，并使用"Nully"来设置成员 name 的值。因此赋值操作将使用临时对象替换原来的 doh 值。使用了 explicit 后，编译器将认为上述赋值运算符是错误的。

C++和约束

C++包含让程序员能够限制程序结构的特性——使用 explicit 防止单参数构造函数的隐式转换，使用 const 限制方法修改数据，等等。这样做的根本原因是：在编译阶段出现错误优于在运行阶段出现错误。

1. 初始化被包含的对象

构造函数全都使用您熟悉的成员初始化列表语法来初始化 name 和 score 成员对象。在前面的一些例子中，构造函数用这种语法来初始化内置类型的成员：

```
Queue::Queue(int qs) : qsize(qs) {...} // initialize qsize to qs
```

上述代码在成员初始化列表中使用的是数据成员的名称（qsize）。另外，前面介绍的示例中的构造函数还使用成员初始化列表初始化派生对象的基类部分：

```
hasDMA::hasDMA(const hasDMA & hs) : baseDMA(hs) {...}
```

对于继承的对象，构造函数在成员初始化列表中使用类名来调用特定的基类构造函数。对于成员对象，构造函数则使用成员名。例如，请看程序清单 14.1 的最后一个构造函数：

```
Student(const char * str, const double * pd, int n)
```

```
        : name(str), scores(pd, n) {}
```

因为该构造函数初始化的是成员对象，而不是继承的对象，所以在初始化列表中使用的是成员名，而不是类名。初始化列表中的每一项都调用与之匹配的构造函数，即 name(str)调用构造函数 string(const char *)，scores(pd, n)调用构造函数 ArrayDb(const double *, int)。

如果不使用初始化列表语法，情况将如何呢？C++要求在构建对象的其他部分之前，先构建继承对象的所有成员对象。因此，如果省略初始化列表，C++将使用成员对象所属类的默认构造函数。

初始化顺序

当初始化列表包含多个项目时，这些项目被初始化的顺序为它们被声明的顺序，而不是它们在初始化列表中的顺序。例如，假设 Student 构造函数如下：

```
Student(const char * str, const double * pd, int n)
        : scores(pd, n), name(str) {}
```

则 name 成员仍将首先被初始化，因为在类定义中它首先被声明。对于这个例子来说，初始化顺序并不重要，但如果代码使用一个成员的值作为另一个成员的初始化表达式的一部分时，初始化顺序就非常重要了。

2. 使用被包含对象的接口

被包含对象的接口不是公有的，但可以在类方法中使用它。例如，下面的代码说明了如何定义一个返回学生平均分数的函数：

```
double Student::Average() const
{
    if (scores.size() > 0)
        return scores.sum()/scores.size();
    else
        return 0;
}
```

上述代码定义了可由 Student 对象调用的方法，该方法内部使用了 valarray 的方法 size()和 sum()。这是因为 scores 是一个 valarray 对象，所以它可以调用 valarray 类的成员函数。总之，Student 对象调用 Student 的方法，而后者使用被包含的 valarray 对象来调用 valarray 类的方法。

同样，可以定义一个使用 string 版本的<<运算符的友元函数：

```
// use string version of operator<<()
ostream & operator<<(ostream & os, const Student & stu)
{
    os << "Scores for " << stu.name << ":\n";
    ...
}
```

因为 stu.name 是一个 string 对象，所以它将调用函数 operatot<<(ostream &, const string &)，该函数位于 string 类中。注意，operator<<(ostream & os, const Student & stu)必须是 Student 类的友元函数，这样才能访问 name 成员。另一种方法是，在该函数中使用公有方法 Name()，而不是私有数据成员 name。

同样，该函数也可以使用 valarray 的<<实现来进行输出，不幸的是没有这样的实现；因此，Student 类定义了一个私有辅助方法来处理这种任务：

```
// private method
ostream & Student::arr_out(ostream & os) const
{
    int i;
    int lim = scores.size();
    if (lim > 0)
    {
        for (i = 0; i < lim; i++)
        {
            os << scores[i] << " ";
            if (i % 5 == 4)
                os << endl;
        }
        if (i % 5 != 0)
            os << endl;
    }
    else
        os << " empty array ";
    return os;
}
```

通过使用这样的辅助方法，可以将零乱的细节放在一个地方，使得友元函数的编码更为整洁：

```
// use string version of operator<<()
ostream & operator<<(ostream & os, const Student & stu)
{
    os << "Scores for " << stu.name << ":\n";
    stu.arr_out(os); // use private method for scores
    return os;
}
```

辅助函数也可用作其他用户级输出函数的构建块——如果您选择提供这样的函数的话。

程序清单 14.2 是 Student 类的类方法文件，其中包含了让您能够使用[ ]运算符来访问 Student 对象中各项成绩的方法。

程序清单 14.2 studentc.cpp

```
// studentc.cpp -- Student class using containment
#include "studentc.h"
using std::ostream;
using std::endl;
using std::istream;
using std::string;
//public methods
double Student::Average() const
{
    if (scores.size() > 0)
        return scores.sum()/scores.size();
    else
        return 0;
}

const string & Student::Name() const
{
    return name;
}

double & Student::operator[](int i)
{
    return scores[i];    // use valarray<double>::operator[]()
}

double Student::operator[](int i) const
{
    return scores[i];
}

// private method
ostream & Student::arr_out(ostream & os) const
{
    int i;
    int lim = scores.size();
    if (lim > 0)
    {
        for (i = 0; i < lim; i++)
        {
            os << scores[i] << " ";
            if (i % 5 == 4)
                os << endl;
        }
        if (i % 5 != 0)
            os << endl;
    }
    else
        os << " empty array ";
    return os;
}

// friends
// use string version of operator>>()
istream & operator>>(istream & is, Student & stu)
{
    is >> stu.name;
    return is;
}

// use string friend getline(ostream &, const string &)
istream & getline(istream & is, Student & stu)
{
```

```
    getline(is, stu.name);
    return is;
}

// use string version of operator<<()
ostream & operator<<(ostream & os, const Student & stu)
{
    os << "Scores for " << stu.name << ":\n";
    stu.arr_out(os); // use private method for scores
    return os;
}
```

除私有辅助方法外，程序清单 14.2 并没有新增多少代码。使用包含让您能够充分利用已有的代码。

3. 使用新的 Student 类

下面编写一个小程序来测试这个新的 Student 类。出于简化的目的，该程序将使用一个只包含 3 个 Student 对象的数组，其中每个对象保存 5 个考试成绩。另外还将使用一个不复杂的输入循环，该循环不验证输入，也不让用户中途退出。程序清单 14.3 列出了该测试程序，请务必将该程序与 Student.cpp 一起进行编译。

程序清单 14.3　use_stuc.cpp

```
// use_stuc.cpp -- using a composite class
// compile with studentc.cpp
#include <iostream>
#include "studentc.h"
using std::cin;
using std::cout;
using std::endl;

void set(Student & sa, int n);
const int pupils = 3;
const int quizzes = 5;

int main()
{
    Student ada[pupils] =
        {Student(quizzes), Student(quizzes), Student(quizzes)};

    int i;
    for (i = 0; i < pupils; ++i)
        set(ada[i], quizzes);
    cout << "\nStudent List:\n";
    for (i = 0; i < pupils; ++i)
        cout << ada[i].Name() << endl;
    cout << "\nResults:";
    for (i = 0; i < pupils; ++i)
    {
        cout << endl << ada[i];
        cout << "average: " << ada[i].Average() << endl;
    }
    cout << "Done.\n";
    return 0;
}

void set(Student & sa, int n)
{
    cout << "Please enter the student's name: ";
    getline(cin, sa);
    cout << "Please enter " << n << " quiz scores:\n";
    for (int i = 0; i < n; i++)
        cin >> sa[i];
    while (cin.get() != '\n')
        continue;
}
```

下面是程序清单 14.1～程序清单 14.3 组成的程序的运行情况：

```
Please enter the student's name: Gil Bayts
Please enter 5 quiz scores:
92 94 96 93 95
Please enter the student's name: Pat Roone
Please enter 5 quiz scores:
83 89 72 78 95
Please enter the student's name: Fleur O'Day
```

```
Please enter 5 quiz scores:
92 89 96 74 64

Student List:
Gil Bayts
Pat Roone
Fleur O'Day

Results:
Scores for Gil Bayts:
92 94 96 93 95
average: 94

Scores for Pat Roone:
83 89 72 78 95
average: 83.4

Scores for Fleur O'Day:
92 89 96 74 64
average: 83
Done.
```

14.2 私有继承

C++还有另一种实现 has-a 关系的途径——私有继承。使用私有继承，基类的公有成员和保护成员都将成为派生类的私有成员。这意味着基类方法将不会成为派生对象公有接口的一部分，但可以在派生类的成员函数中使用它们。

下面更深入地探讨接口问题。使用公有继承，基类的公有方法将成为派生类的公有方法。总之，派生类将继承基类的接口；这是 is-a 关系的一部分。使用私有继承，基类的公有方法将成为派生类的私有方法。总之，派生类不继承基类的接口。正如从被包含对象中看到的，这种不完全继承是 has-a 关系的一部分。

使用私有继承，类将继承实现。例如，如果从 string 类派生出 Student 类，后者将有一个 string 类组件，可用于保存字符串。另外，Student 方法可以使用 string 方法来访问 string 组件。

包含将对象作为一个命名的成员对象添加到类中，而私有继承将对象作为一个未被命名的继承对象添加到类中。我们将使用术语子对象（subobject）来表示通过继承或包含添加的对象。

因此私有继承提供的特性与包含相同：获得实现，但不获得接口。所以，私有继承也可以用来实现 has-a 关系。接下来介绍如何使用私有继承来重新设计 Student 类。

14.2.1 Student 类示例（新版本）

要进行私有继承，请使用关键字 private 而不是 public 来定义类（实际上，private 是默认值，因此省略访问限定符也将导致私有继承）。Student 类应从两个类派生而来，因此声明将列出这两个类：

```
class Student : private std::string, private std::valarray<double>
{
public:
    ...
};
```

使用多个基类的继承被称为多重继承（multiple inheritance，MI）。通常，MI 尤其是公有 MI 将导致一些问题，必须使用额外的语法规则来解决它们，这将在本章后面介绍。但在这个示例中，MI 不会导致问题。

新的 Student 类不需要私有数据，因为两个基类已经提供了所需的所有数据成员。包含版本提供了两个被显式命名的对象成员，而私有继承提供了两个无名称的子对象成员。这是这两种方法的第一个主要区别。

1. 初始化基类组件

隐式地继承组件而不是成员对象将影响代码的编写，因为再也不能使用 name 和 scores 来描述对象了，而必须使用用于公有继承的技术。例如，对于构造函数，包含将使用这样的构造函数：

```
Student(const char * str, const double * pd, int n)
   : name(str), scores(pd, n) {} // use object names for containment
```

对于继承类，新版本的构造函数将使用成员初始化列表语法，它使用类名而不是成员名来标识构造函数：

```
Student(const char * str, const double * pd, int n)
   : std::string(str), ArrayDb(pd, n) {} // use class names for inheritance
```

在这里，ArrayDb 是 std::valarray<double>的别名。成员初始化列表使用 std::string(str)，而不是 name(str)。这是包含和私有继承之间的第二个主要区别。

程序清单 14.4 列出了新的类定义。唯一不同的地方是，省略了显式对象名称，并在内联构造函数中使用了类名，而不是成员名。

程序清单 14.4　studenti.h

```
// studenti.h -- defining a Student class using private inheritance
#ifndef STUDENTC_H_
#define STUDENTC_H_

#include <iostream>
#include <valarray>
#include <string>
class Student : private std::string, private std::valarray<double>
{
private:
    typedef std::valarray<double> ArrayDb;
    // private method for scores output
    std::ostream & arr_out(std::ostream & os) const;
public:
    Student() : std::string("Null Student"), ArrayDb() {}
    explicit Student(const std::string & s)
            : std::string(s), ArrayDb() {}
    explicit Student(int n) : std::string("Nully"), ArrayDb(n) {}
    Student(const std::string & s, int n)
            : std::string(s), ArrayDb(n) {}
    Student(const std::string & s, const ArrayDb & a)
            : std::string(s), ArrayDb(a) {}
    Student(const char * str, const double * pd, int n)
            : std::string(str), ArrayDb(pd, n) {}
    ~Student() {}
    double Average() const;
    double & operator[](int i);
    double operator[](int i) const;
    const std::string & Name() const;
// friends
    // input
    friend std::istream & operator>>(std::istream & is,
                                     Student & stu); // 1 word
    friend std::istream & getline(std::istream & is,
                                  Student & stu); // 1 line
    // output
    friend std::ostream & operator<<(std::ostream & os,
                                     const Student & stu);
};

#endif
```

2. *访问基类的方法*

使用私有继承时，只能在派生类的方法中使用基类的方法。但有时候可能希望基类工具是公有的。例如，在类声明中提出可以使用 Average()函数。和包含一样，要实现这样的目的，可以在公有 Student::Average()函数中使用私有 valarray size()和 sum()方法（参见图 14.2）。包含使用对象来调用方法：

```
double Student::Average() const
{
    if (scores.size() > 0)
        return scores.sum()/scores.size(
);
    else
        return 0;
}
```

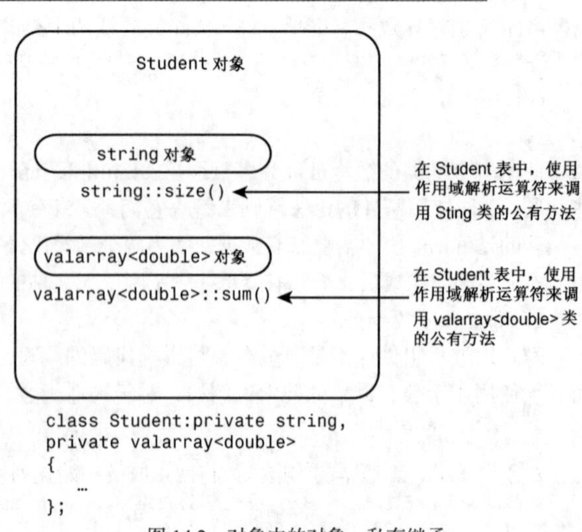

图 14.2　对象中的对象：私有继承

然而，私有继承使得能够使用类名和作用域解析运算符来调用基类的方法：

```
double Student::Average() const
{
    if (ArrayDb::size() > 0)
        return ArrayDb::sum()/ArrayDb::size();
    else
        return 0;
}
```

总之，使用包含时将使用对象名来调用方法，而使用私有继承时将使用类名和作用域解析运算符来调用方法。

3. 访问基类对象

使用作用域解析运算符可以访问基类的方法，但如果要使用基类对象本身，该如何做呢？例如，Student类的包含版本实现了Name()方法，它返回string对象成员name；但使用私有继承时，该string对象没有名称。那么，Student类的代码如何访问内部的string对象呢？

答案是使用强制类型转换。由于Student类是从string类派生而来的，因此可以通过强制类型转换，将Student对象转换为string对象；结果为继承而来的string对象。本书前面介绍过，指针this指向用来调用方法的对象，因此*this为用来调用方法的对象，在这个例子中，为类型为Student的对象。为避免调用构造函数创建新的对象，可使用强制类型转换来创建一个引用：

```
const string & Student::Name() const
{
    return (const string &) *this;
}
```

上述方法返回一个引用，该引用指向用于调用该方法的Student对象中的继承而来的string对象。

4. 访问基类的友元函数

用类名显式地限定函数名不适合于友元函数，这是因为友元不属于类。然而，可以通过显式地转换为基类来调用正确的函数。例如，对于下面的友元函数定义：

```
ostream & operator<<(ostream & os, const Student & stu)
{
      os << "Scores for " << (const string &) stu << ":\n";
...
}
```

如果plato是一个Student对象，则下面的语句将调用上述函数，stu将是指向plato的引用，而os将是指向cout的引用：

```
cout << plato;
```

下面的代码：

```
os << "Scores for " << (const string &) stu << ":\n";
```

显式地将stu转换为string对象引用，进而调用函数operator<<(ostream &, const string &)。

引用stu不会自动转换为string引用。根本原因在于，在私有继承中，未进行显式类型转换的派生类引用或指针，无法赋值给基类的引用或指针。

然而，即使这个例子使用的是公有继承，也必须使用显式类型转换。原因之一是，如果不使用类型转换，下述代码将与友元函数原型匹配，从而导致递归调用：

```
os << stu;
```

另一个原因是，由于这个类使用的是多重继承，编译器将无法确定应转换成哪个基类，如果两个基类都提供了函数operator<<()。程序清单14.5列出了除内联函数之外的所有Student类方法。

程序清单 14.5 studenti.cpp

```
// studenti.cpp -- Student class using private inheritance
#include "studenti.h"
using std::ostream;
using std::endl;
using std::istream;
using std::string;

// public methods
double Student::Average() const
{
    if (ArrayDb::size() > 0)
        return ArrayDb::sum()/ArrayDb::size();
    else
        return 0;
```

```
}

const string & Student::Name() const
{
    return (const string &) *this;
}

double & Student::operator[](int i)
{
    return ArrayDb::operator[](i); // use ArrayDb::operator[]()
}
double Student::operator[](int i) const
{
    return ArrayDb::operator[](i);
}

// private method
ostream & Student::arr_out(ostream & os) const
{
    int i;
    int lim = ArrayDb::size();
    if (lim > 0)
    {
        for (i = 0; i < lim; i++)
        {
            os << ArrayDb::operator[](i) << " ";
            if (i % 5 == 4)
                os << endl;
        }
        if (i % 5 != 0)
            os << endl;
    }
    else
        os << " empty array ";
    return os;
}

// friends
// use String version of operator>>()
istream & operator>>(istream & is, Student & stu)
{
    is >> (string &)stu;
    return is;
}

// use string friend getline(ostream &, const string &)
istream & getline(istream & is, Student & stu)
{
    getline(is, (string &)stu);
    return is;
}

// use string version of operator<<()
ostream & operator<<(ostream & os, const Student & stu)
{
    os << "Scores for " << (const string &) stu << ":\n";
    stu.arr_out(os); // use private method for scores
    return os;
}
```

同样，由于这个示例也重用了 string 和 valarray 类的代码，因此除私有辅助方法外，它包含的新代码很少。

5. 使用修改后的 Student 类

接下来也需要测试这个新类。注意到两个版本的 Student 类的公有接口完全相同，因此可以使用同一个程序测试它们。唯一不同的是，应包含 studenti.h 而不是 studentc.h，应使用 studenti.cpp 而不是 studentc.cpp 来链接程序。程序清单 14.6 列出列该程序，请将其与 studenti.cpp 一起编译。

程序清单 14.6 use_stui.cpp

```
// use_stui.cpp -- using a class with private inheritance
// compile with studenti.cpp
#include <iostream>
#include "studenti.h"
using std::cin;
```

```
using std::cout;
using std::endl;

void set(Student & sa, int n);

const int pupils = 3;
const int quizzes = 5;

int main()
{
    Student ada[pupils] =
        {Student(quizzes), Student(quizzes), Student(quizzes)};
    int i;
    for (i = 0; i < pupils; i++)
        set(ada[i], quizzes);
    cout << "\nStudent List:\n";
    for (i = 0; i < pupils; ++i)
        cout << ada[i].Name() << endl;
    cout << "\nResults:";
    for (i = 0; i < pupils; i++)
    {
        cout << endl << ada[i];
        cout << "average: " << ada[i].Average() << endl;
    }
    cout << "Done.\n";
    return 0;
}
void set(Student & sa, int n)
{
    cout << "Please enter the student's name: ";
    getline(cin, sa);
    cout << "Please enter " << n << " quiz scores:\n";
    for (int i = 0; i < n; i++)
        cin >> sa[i];
    while (cin.get() != '\n')
        continue;
}
```

下面是该程序的运行情况：

```
Please enter the student's name: Gil Bayts
Please enter 5 quiz scores:
92 94 96 93 95
Please enter the student's name: Pat Roone
Please enter 5 quiz scores:
83 89 72 78 95
Please enter the student's name: Fleur O'Day
Please enter 5 quiz scores:
92 89 96 74 64

Student List:
Gil Bayts
Pat Roone
Fleur O'Day

Results:
Scores for Gil Bayts:
92 94 96 93 95
average: 94

Scores for Pat Roone:
83 89 72 78 95
average: 83.4

Scores for Fleur O'Day:
92 89 96 74 64
average: 83
Done.
```

输入与前一个测试程序相同，输出也相同。

14.2.2 使用包含还是私有继承

由于既可以使用包含，也可以使用私有继承来建立 has-a 关系，那么应使用哪种方式呢？大多数 C++程序员倾向于使用包含。首先，它易于理解。类声明中包含表示被包含类的显式命名对象，代码可以通过名称引用这些对象，而使用继承将使关系更抽象。其次，继承会引起很多问题，尤其从多个基类继承时，可能必须处理很多问题，如包含同名方法的独立的基类或共享祖先的独立基类。总之，使用包含不太可能遇到这样的麻烦。另外，包含能够包括多个同类的子对象。如果某个类需要 3 个 string 对象，可以使用包含声明 3 个独立的 string 成员。而继承则只能使用一个这样的对象（当对象都没有名称时，将难以区分）。

然而，私有继承所提供的特性确实比包含多。例如，假设类包含保护成员（可以是数据成员，也可以是成员函数），则这样的成员在派生类中是可用的，但在继承层次结构外是不可用的。如果使用组合将这样的类包含在另一个类中，则后者将不是派生类，而是位于继承层次结构之外，因此不能访问保护成员。但通过继承得到的将是派生类，因此它能够访问保护成员。

另一种需要使用私有继承的情况是需要重新定义虚函数。派生类可以重新定义虚函数，但包含类不能。使用私有继承，重新定义的函数将只能在类中使用，而不是公有的。

提示：通常，应使用包含来建立 has-a 关系；如果新类需要访问原有类的保护成员，或需要重新定义虚函数，则应使用私有继承。

14.2.3 保护继承

保护继承是私有继承的变体。保护继承在列出基类时使用关键字 protected：

```
class Student : protected std::string,
                protected std::valarray<double>
{...};
```

使用保护继承时，基类的公有成员和保护成员都将成为派生类的保护成员。和私有继承一样，基类的接口在派生类中也是可用的，但在继承层次结构之外是不可用的。当从派生类派生出另一个类时，私有继承和保护继承之间的主要区别便呈现出来了。使用私有继承时，第三代类将不能使用基类的接口，这是因为基类的公有方法在派生类中将变成私有方法；使用保护继承时，基类的公有方法在第二代中将变成受保护的，因此第三代派生类可以使用它们。

表 14.1 总结了公有、私有和保护继承。隐式向上转换（implicit upcasting）意味着无需进行显式类型转换，就可以将基类指针或引用指向派生类对象。

表 14.1 各种继承方式

特　征	公有继承	保护继承	私有继承
公有成员变成	派生类的公有成员	派生类的保护成员	派生类的私有成员
保护成员变成	派生类的保护成员	派生类的保护成员	派生类的私有成员
私有成员变成	只能通过基类接口访问	只能通过基类接口访问	只能通过基类接口访问
能否隐式向上转换	是	是（但只能在派生类中）	否

14.2.4 使用 using 重新定义访问权限

使用保护派生或私有派生时，基类的公有成员将成为保护成员或私有成员。假设要让基类的方法在派生类外面可用，方法之一是定义一个使用该基类方法的派生类方法。例如，假设希望 Student 类能够使用 valarray 类的 sum()方法，可以在 Student 类的声明中声明一个 sum()方法，然后像下面这样定义该方法：

```
double Student::sum() const // public Student method
{
    return std::valarray<double>::sum(); // use privately-inherited method
}
```

这样 Student 对象便能够调用 Student::sum()，后者进而将 valarray<double>::sum()方法应用于被包含的 valarray 对象（如果 ArrayDb typedef 在作用域中，也可以使用 ArrayDb 而不是 std::valarray<double>）。

另一种方法是，将函数调用包装在另一个函数调用中，即使用一个 using 声明（就像名称空间那样）来指出派生类可以使用特定的基类成员，即使采用的是私有派生。例如，假设希望通过 Student 类能够使用 valarray 的方法 min()和 max()，可以在 studenti.h 的公有部分加入如下 using 声明：

```
class Student : private std::string, private std::valarray<double>
{
...
public:
```

```
    using std::valarray<double>::min;
    using std::valarray<double>::max;
    ...
};
```

上述 using 声明使得 valarray<double>::min()和 valarray<double>::max()可用，就像它们是 Student 的公有方法一样：

```
cout << "high score: " << ada[i].max() << endl;
```

注意，using 声明只使用成员名——没有圆括号、函数特征标和返回类型。例如，为使 Student 类可以使用 valarray 的 operator[ ]()方法，只需在 Student 类声明的公有部分包含下面的 using 声明：

```
using std::valarray<double>::operator[];
```

这将使两个版本（const 和非 const）都可用。这样，便可以删除 Student::operator[] ()的原型和定义。using 声明只适用于继承，而不适用于包含。

有一种老式方式可用于在私有派生类中重新声明基类方法，即将方法名放在派生类的公有部分，如下所示：

```
class Student : private std::string, private std::valarray<double>
{
public:
    std::valarray<double>::operator[]; // redeclare as public, just use name
    ...
};
```

这看起来像不包含关键字 using 的 using 声明。这种方法已被摒弃，即将停止使用。因此，如果编译器支持 using 声明，应使用它来使派生类可以使用私有基类中的方法。

14.3 多重继承

MI 描述的是有多个直接基类的类。与单继承一样，公有 MI 表示的也是 is-a 关系。例如，可以从 Waiter 类和 Singer 类派生出 SingingWaiter 类：

```
class SingingWaiter : public Waiter, public Singer {...};
```

请注意，必须使用关键字 public 来限定每一个基类。这是因为，除非特别指出，否则编译器将认为是私有派生：

```
class SingingWaiter : public Waiter, Singer {...}; // Singer is a private base
```

正如本章前面讨论的，私有 MI 和保护 MI 可以表示 has-a 关系。Student 类的 studenti.h 实现就是一个这样的示例。下面将重点介绍公有 MI。

MI 可能会给程序员带来很多新问题。其中两个主要的问题是：从两个不同的基类继承同名方法；从两个或更多相关基类那里继承同一个类的多个实例。为解决这些问题，需要使用一些新规则和不同的语法。因此，与使用单继承相比，使用 MI 更困难，也更容易出现问题。由于这个原因，很多 C++用户强烈反对使用 MI，一些人甚至希望删除 MI；而喜欢 MI 的人则认为，对一些特殊的工程来说，MI 很有用，甚至是必不可少的；也有一些人建议谨慎、适度地使用 MI。

下面来看一个例子，并介绍有哪些问题以及如何解决它们。要使用 MI，需要几个类。我们将定义一个抽象基类 Worker，并使用它派生出 Waiter 类和 Singer 类。然后，便可以使用 MI 从 Waiter 类和 Singer 类派生出 SingingWaiter 类（参见图 14.3）。这里使用两个独立的派生来使基类（Worker）被继承，这将导致 MI 的大多数麻烦。首先声明 Worker、Waiter 和 Singer 类，如程序清单 14.7 所示。

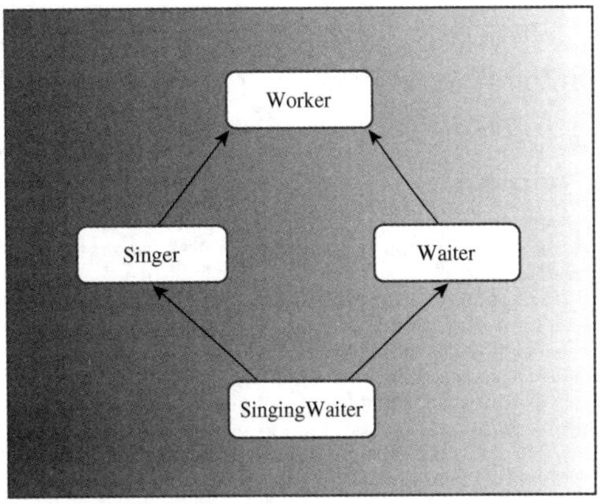

图 14.3 祖先相同的 MI

程序清单 14.7 worker0.h

```
// worker0.h -- working classes
#ifndef WORKER0_H_
```

```
#define WORKER0_H_

#include <string>

class Worker // an abstract base class
{
private:
    std::string fullname;
    long id;
public:
    Worker() : fullname("no one"), id(0L) {}
    Worker(const std::string & s, long n)
            : fullname(s), id(n) {}
    virtual ~Worker() = 0; // pure virtual destructor
    virtual void Set();
    virtual void Show() const;
};

class Waiter : public Worker
{
private:
    int panache;
public:
    Waiter() : Worker(), panache(0) {}
    Waiter(const std::string & s, long n, int p = 0)
            : Worker(s, n), panache(p) {}
    Waiter(const Worker & wk, int p = 0)
            : Worker(wk), panache(p) {}
    void Set();
    void Show() const;
};

class Singer : public Worker
{
protected:
    enum {other, alto, contralto, soprano,
                    bass, baritone, tenor};
    enum {Vtypes = 7};
private:
    static char *pv[Vtypes]; // string equivs of voice types
    int voice;
public:
    Singer() : Worker(), voice(other) {}
    Singer(const std::string & s, long n, int v = other)
            : Worker(s, n), voice(v) {}
    Singer(const Worker & wk, int v = other)
            : Worker(wk), voice(v) {}
    void Set();
    void Show() const;
};

#endif
```

程序清单 14.7 的类声明中包含一些表示声音类型的内部常量。一个枚举用符号常量 alto、contralto 等表示声音类型，静态数组 pv 存储了指向相应 C 风格字符串的指针，程序清单 14.8 初始化了该数组，并提供了方法的定义。

程序清单 14.8 worker0.cpp

```
// worker0.cpp -- working class methods
#include "worker0.h"
#include <iostream>
using std::cout;
using std::cin;
using std::endl;
// Worker methods

// must implement virtual destructor, even if pure
Worker::~Worker() {}

void Worker::Set()
{
    cout << "Enter worker's name: ";
    getline(cin, fullname);
    cout << "Enter worker's ID: ";
```

```
    cin >> id;
    while (cin.get() != '\n')
        continue;
}

void Worker::Show() const
{
    cout << "Name: " << fullname << "\n";
    cout << "Employee ID: " << id << "\n";
}

// Waiter methods
void Waiter::Set()
{
    Worker::Set();
    cout << "Enter waiter's panache rating: ";
    cin >> panache;
    while (cin.get() != '\n')
        continue;
}

void Waiter::Show() const
{
    cout << "Category: waiter\n";
    Worker::Show();
    cout << "Panache rating: " << panache << "\n";
}

// Singer methods

char * Singer::pv[] = {"other", "alto", "contralto",
            "soprano", "bass", "baritone", "tenor"};

void Singer::Set()
{
    Worker::Set();
    cout << "Enter number for singer's vocal range:\n";
    int i;
    for (i = 0; i < Vtypes; i++)
    {
        cout << i << ": " << pv[i] << "  ";
        if ( i % 4 == 3)
            cout << endl;
    }
    if (i % 4 != 0)
        cout << endl;
    while (cin >> voice && (voice < 0 || voice >= Vtypes) )
        cout << "Please enter a value >= 0 and < " << Vtypes << endl;

    while (cin.get() != '\n')
        continue;
}

void Singer::Show() const
{
    cout << "Category: singer\n";
    Worker::Show();
    cout << "Vocal range: " << pv[voice] << endl;
}
```

程序清单 14.9 是一个简短的程序，它使用一个多态指针数组对这些类进行了测试。

程序清单 14.9 worktest.cpp

```
// worktest.cpp -- test worker class hierarchy
#include <iostream>
#include "worker0.h"
const int LIM = 4;
int main()
{
    Waiter bob("Bob Apple", 314L, 5);
    Singer bev("Beverly Hills", 522L, 3);
    Waiter w_temp;
    Singer s_temp;

    Worker * pw[LIM] = {&bob, &bev, &w_temp, &s_temp};
```

```
    int i;
    for (i = 2; i < LIM; i++)
        pw[i]->Set();
    for (i = 0; i < LIM; i++)
    {
        pw[i]->Show();
        std::cout << std::endl;
    }

    return 0;
}
```

下面是程序清单 14.7～程序清单 14.9 组成的程序的输出：

```
Enter worker's name: Waldo Dropmaster
Enter worker's ID: 442
Enter waiter's panache rating: 3
Enter worker's name: Sylvie Sirenne
Enter worker's ID: 555
Enter number for singer's vocal range:
0: other 1: alto 2: contralto 3: soprano
4: bass 5: baritone 6: tenor
3
Category: waiter
Name: Bob Apple
Employee ID: 314
Panache rating: 5

Category: singer
Name: Beverly Hills
Employee ID: 522
Vocal range: soprano

Category: waiter
Name: Waldo Dropmaster
Employee ID: 442
Panache rating: 3

Category: singer
Name: Sylvie Sirenne
Employee ID: 555
Vocal range: soprano
```

这种设计看起来是可行的：使用 Waiter 指针来调用 Waiter::Show()和 Waiter::Set()；使用 Singer 指针来调用 Singer::Show()和 Singer::Set()。然后，如果添加一个从 Singer 和 Waiter 类派生出的 SingingWaiter 类后，将带来一些问题。具体地说，将出现以下问题。

- 有多少 Worker?
- 哪个方法?

14.3.1 有多少 Worker

假设首先从 Singer 和 Waiter 公有派生出 SingingWaiter：

```
class SingingWaiter: public Singer, public Waiter {...};
```

因为 Singer 和 Waiter 都继承了一个 Worker 组件，因此 SingingWaiter 将包含两个 Worker 组件（参见图 14.4）。

正如预期的，这将引起问题。例如，通常可以将派生类对象的地址赋给基类指针，但现在将出现二义性：

```
SingingWaiter ed;
Worker * pw = &ed; // ambiguous
```

通常，这种赋值将把基类指针设置为派生对象中的基类对象的地址。但 ed 中包含两个 Worker 对象，有两个地址可供选择，所以应使用类型转换来指定对象：

```
Worker * pw1 = (Waiter *) &ed; // the Worker in Waiter
Worker * pw2 = (Singer *) &ed; // the Worker in Singer
```

这将使得使用基类指针来引用不同的对象（多态性）复杂化。

包含两个 Worker 对象拷贝还会导致其他的问题。然而，真正的问题是：为什么需要 Worker 对象的两个拷贝？唱歌的侍者和其他 Worker 对象一样，也应只包含一个姓名和一个 ID。C++引入多重继承的同时，引入了一种新技术——虚基类（virtual base class），使 MI 成为可能。

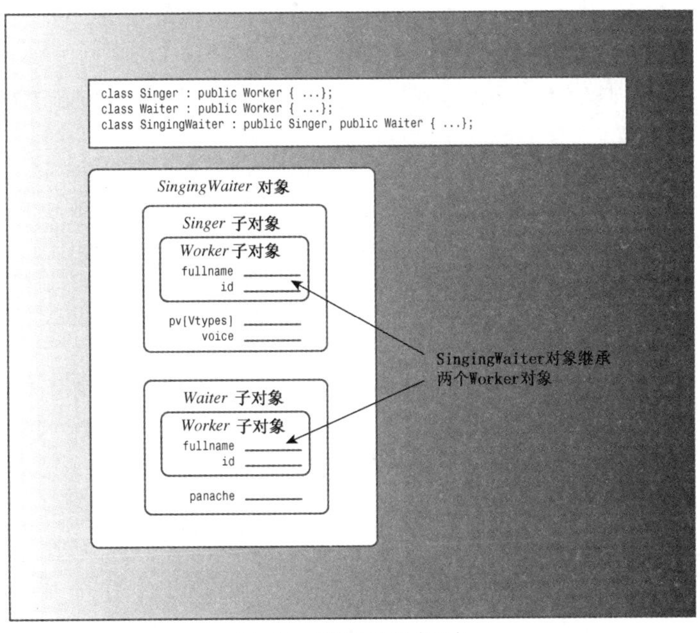

图 14.4　继承两个基类对象

1. 虚基类

虚基类使得从多个类（它们的基类相同）派生出的对象只继承一个基类对象。例如，通过在类声明中使用关键字 virtual，可以使 Worker 被用作 Singer 和 Waiter 的虚基类（virtual 和 public 的次序无关紧要）：

```
class Singer : virtual public Worker {...};
class Waiter : public virtual Worker {...};
```

然后，可以将 SingingWaiter 类定义为：

```
class SingingWaiter: public Singer, public Waiter {...};
```

现在，SingingWaiter 对象将只包含 Worker 对象的一个副本。从本质上说，继承的 Singer 和 Waiter 对象共享一个 Worker 对象，而不是各自引入自己的 Worker 对象副本（参见图 14.5）。因为 SingingWaiter 现在只包含了一个 Worker 子对象，所以可以使用多态。

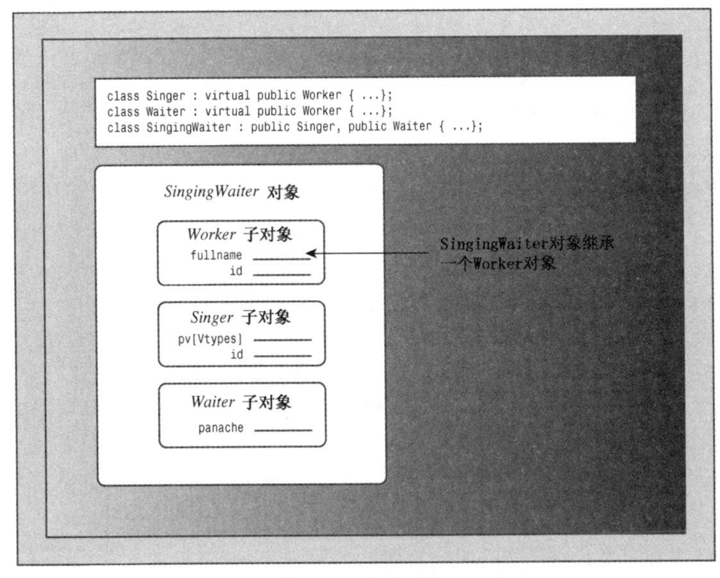

图 14.5　虚基类继承

您可能会有这样的疑问：

- 为什么使用术语"虚"？
- 为什么不抛弃将基类声明为虚的这种方式，而使虚行为成为多 MI 的准则呢？
- 是否存在麻烦呢？

首先，为什么使用术语虚？毕竟，在虚函数和虚基类之间并不存在明显的联系。C++用户强烈反对引入新的关键字，因为这将给他们带来很大的压力。例如，如果新关键字与重要程序中的重要函数或变量的名称相同，这将非常麻烦。因此，C++对这种新特性也使用关键字 virtual——有点像关键字重载。

其次，为什么不抛弃将基类声明为虚的这种方式，而使虚行为成为 MI 的准则呢？第一，在一些情况下，可能需要基类的多个拷贝；第二，将基类作为虚的要求程序完成额外的计算，为不需要的工具付出代价是不应当的；第三，这样做有其缺点，将在下一段介绍。

最后，是否存在麻烦？是的。为使虚基类能够工作，需要对 C++规则进行调整，必须以不同的方式编写一些代码。另外，使用虚基类还可能需要修改已有的代码。例如，将 SingingWaiter 类添加到 Worker 集成层次中时，需要在 Singer 和 Waiter 类中添加关键字 virtual。

2. *新的构造函数规则*

使用虚基类时，需要对类构造函数采用一种新的方法。对于非虚基类，唯一可以出现在初始化列表中的构造函数即是基类构造函数。但这些构造函数可能需要将信息传递给其基类。例如，可能有下面一组构造函数：

```
class A
{
    int a;
public:
    A(int n = 0) : a(n) {}
    ...
};
class B: public A
{
    int b;
public:
    B(int m = 0, int n = 0) : A(n), b(m) {}
    ...
};
class C : public B
{
    int c;
public:
    C(int q = 0, int m = 0, int n = 0) : B(m, n), c(q) {}
    ...
};
```

C 类的构造函数只能调用 B 类的构造函数，而 B 类的构造函数只能调用 A 类的构造函数。这里，C 类的构造函数使用值 q，并将值 m 和 n 传递给 B 类的构造函数；而 B 类的构造函数使用值 m，并将值 n 传递给 A 类的构造函数。

如果 Worker 是虚基类，则这种信息自动传递将不起作用。例如，对于下面的 MI 构造函数：

```
SingingWaiter(const Worker & wk, int p = 0, int v = Singer::other)
                  : Waiter(wk,p), Singer(wk,v) {} // flawed
```

存在的问题是，自动传递信息时，将通过 2 条不同的途径（Waiter 和 Singer）将 wk 传递给 Worker 对象。为避免这种冲突，C++在基类是虚的时，禁止信息通过中间类自动传递给基类。因此，上述构造函数将初始化成员 panache 和 voice，但 wk 参数中的信息将不会传递给子对象 Waiter。然而，编译器必须在构造派生对象之前构造基类对象组件；在上述情况下，编译器将使用 Worker 的默认构造函数。

如果不希望默认构造函数来构造虚基类对象，则需要显式地调用所需的基类构造函数。因此，构造函数应该是这样：

```
SingingWaiter(const Worker & wk, int p = 0, int v = Singer::other)
                  : Worker(wk), Waiter(wk,p), Singer(wk,v) {}
```

上述代码将显式地调用构造函数 Worker(const Worker &)。请注意，这种用法是合法的，对于虚基类，必须这样做；但对于非虚基类，则是非法的。

警告：如果类有间接虚基类，则除非只需使用该虚基类的默认构造函数，否则必须显式地调用该虚基类的某个构造函数。

14.3.2 哪个方法

除了修改类构造函数规则外，MI 通常还要求调整其他代码。假设要在 SingingWaiter 类中扩展 Show()方法。因为 SingingWaiter 对象没有新的数据成员，所以可能会认为它只需使用继承的方法即可。这引出了第一个问题。假设没有在 SingingWaiter 类中重新定义 Show()方法，并试图使用 SingingWaiter 对象调用继承的 Show()方法：

```
SingingWaiter newhire("Elise Hawks", 2005, 6, soprano);
newhire.Show(); // ambiguous
```

对于单继承，如果没有重新定义 Show()，则将使用最近祖先中的定义。而在多重继承中，每个直接祖先都有一个 Show()函数，这使得上述调用是二义性的。

警告：多重继承可能导致函数调用的二义性。例如，BadDude 类可能从 Gunslinger 类和 PokerPlayer 类那里继承两个完全不同的 Draw()方法。

可以使用作用域解析运算符来澄清编程者的意图：

```
SingingWaiter newhire("Elise Hawks", 2005, 6, soprano);
newhire.Singer::Show(); // use Singer version
```

然而，更好的方法是在 SingingWaiter 中重新定义 Show()，并指出要使用哪个 Show()。例如，如果希望 SingingWaiter 对象使用 Singer 版本的 Show()，则可以这样做：

```
void SingingWaiter::Show()
{
    Singer::Show();
}
```

对于单继承来说，让派生方法调用基类的方法是可以的。例如，假设 HeadWaiter 类是从 Waiter 类派生而来的，则可以使用下面的定义序列，其中每个派生类使用其基类显示信息，并添加自己的信息：

```
void Worker::Show() const
{
    cout << "Name: " << fullname << "\n";
    cout << "Employee ID: " << id << "\n";
}

void Waiter::Show() const
{
    Worker::Show();
    cout << "Panache rating: " << panache << "\n";
}
void HeadWaiter::Show() const
{
    Waiter::Show();
    cout << "Presence rating: " << presence << "\n";
}
```

然而，这种递增的方式对 SingingWaiter 示例无效。下面的方法将无效，因为它忽略了 Waiter 组件：

```
void SingingWaiter::Show()
{
    Singer::Show();
}
```

可以通过同时调用 Waiter 版本的 Show()来补救：

```
void SingingWaiter::Show()
{
      Singer::Show();
      Waiter::Show();
}
```

然而，这将显示姓名和 ID 两次，因为 Singer::Show()和 Waiter::Show()都调用了 Worker::Show()。

如何解决呢？一种办法是使用模块化方式，而不是递增方式，即提供一个只显示 Worker 组件的方法、一个只显示 Waiter 组件（而不是 Waiter 和 Worker 组件）的方法和一个只显示 Singer 组件的方法。然后，在 SingingWaiter::Show()方法中将组件组合起来。例如，可以这样做：

```
void Worker::Data() const
{
    cout << "Name: " << fullname << "\n";
    cout << "Employee ID: " << id << "\n";
}

void Waiter::Data() const
```

```
{
    cout << "Panache rating: " << panache << "\n";
}

void Singer::Data() const
{
    cout << "Vocal range: " << pv[voice] << "\n";
}

void SingingWaiter::Data() const
{
    Singer::Data();
    Waiter::Data();
}

void SingingWaiter::Show() const
{
    cout << "Category: singing waiter\n";
    Worker::Data();
    Data();
}
```

与此相似，其他 Show()方法可以组合适当的 Data()组件。

采用这种方式，对象仍可使用 Show()方法。而 Data()方法只在类内部可用，作为协助公有接口的辅助方法。然而，使 Data()方法成为私有的将阻止 Waiter 中的代码使用 Worker::Data()，这正是保护访问类的用武之地。如果 Data()方法是保护的，则只能在继承层次结构中的类中使用它，在其他地方则不能使用。

另一种办法是将所有的数据组件都设置为保护的，而不是私有的，不过使用保护方法（而不是保护数据）将可以更严格地控制对数据的访问。

Set()方法取得数据，以设置对象值，该方法也有类似的问题。例如，SingingWaiter::Set()应请求 Worker 信息一次，而不是两次。对此，可以使用前面的解决方法。可以提供一个受保护的 Get()方法，该方法只请求一个类的信息，然后将使用 Get()方法作为构造块的 Set()方法集合起来。

总之，在祖先相同时，使用 MI 必须引入虚基类，并修改构造函数初始化列表的规则。另外，如果在编写这些类时没有考虑到 MI，则还可能需要重新编写它们。程序清单 14.10 列出了修改后的类声明，程序清单 14.11 列出实现。

程序清单 14.10 workermi.h

```
// workermi.h -- working classes with MI
#ifndef WORKERMI_H_
#define WORKERMI_H_

#include <string>

class Worker // an abstract base class
{
private:
    std::string fullname;
    long id;
protected:
    virtual void Data() const;
    virtual void Get();
public:
    Worker() : fullname("no one"), id(0L) {}
    Worker(const std::string & s, long n)
            : fullname(s), id(n) {}
    virtual ~Worker() = 0; // pure virtual function
    virtual void Set() = 0;
    virtual void Show() const = 0;
};

class Waiter : virtual public Worker
{
private:
    int panache;
protected:
    void Data() const;
    void Get();
public:
    Waiter() : Worker(), panache(0) {}
```

```
    Waiter(const std::string & s, long n, int p = 0)
            : Worker(s, n), panache(p) {}
    Waiter(const Worker & wk, int p = 0)
        : Worker(wk), panache(p) {}
    void Set();
    void Show() const;
};

class Singer : virtual public Worker
{
protected:
enum {other, alto, contralto, soprano,
                    bass, baritone, tenor};
    enum {Vtypes = 7};
    void Data() const;
    void Get();
private:
    static char *pv[Vtypes]; // string equivs of voice types
    int voice;
public:
    Singer() : Worker(), voice(other) {}
    Singer(const std::string & s, long n, int v = other)
            : Worker(s, n), voice(v) {}
    Singer(const Worker & wk, int v = other)
            : Worker(wk), voice(v) {}
    void Set();
    void Show() const;
};

// multiple inheritance
class SingingWaiter : public Singer, public Waiter
{
protected:
    void Data() const;
    void Get();
public:
    SingingWaiter() {}
    SingingWaiter(const std::string & s, long n, int p = 0,
                            int v = other)
            : Worker(s,n), Waiter(s, n, p), Singer(s, n, v) {}
    SingingWaiter(const Worker & wk, int p = 0, int v = other)
            : Worker(wk), Waiter(wk,p), Singer(wk,v) {}
    SingingWaiter(const Waiter & wt, int v = other)
            : Worker(wt),Waiter(wt), Singer(wt,v) {}
    SingingWaiter(const Singer & wt, int p = 0)
            : Worker(wt),Waiter(wt,p), Singer(wt) {}
    void Set();
    void Show() const;
};

#endif
```

程序清单 14.11　workermi.cpp

```
// workermi.cpp -- working class methods with MI
#include "workermi.h"
#include <iostream>
using std::cout;
using std::cin;
using std::endl;
// Worker methods
Worker::~Worker() { }

// protected methods
void Worker::Data() const
{
    cout << "Name: " << fullname << endl;
    cout << "Employee ID: " << id << endl;
}

void Worker::Get()
{
    getline(cin, fullname);
    cout << "Enter worker's ID: ";
    cin >> id;
    while (cin.get() != '\n')
```

```
        continue;
}

// Waiter methods
void Waiter::Set()
{
    cout << "Enter waiter's name: ";
    Worker::Get();
    Get();
}

void Waiter::Show() const
{
    cout << "Category: waiter\n";
    Worker::Data();
    Data();
}

// protected methods
void Waiter::Data() const
{
    cout << "Panache rating: " << panache << endl;
}
void Waiter::Get()
{
    cout << "Enter waiter's panache rating: ";
    cin >> panache;
    while (cin.get() != '\n')
        continue;
}

// Singer methods

char * Singer::pv[Singer::Vtypes] = {"other", "alto", "contralto",
            "soprano", "bass", "baritone", "tenor"};

void Singer::Set()
{
    cout << "Enter singer's name: ";
    Worker::Get();
    Get();
}

void Singer::Show() const
{
    cout << "Category: singer\n";
    Worker::Data();
    Data();
}

// protected methods
void Singer::Data() const
{
    cout << "Vocal range: " << pv[voice] << endl;
}

void Singer::Get()
{
    cout << "Enter number for singer's vocal range:\n";
    int i;
    for (i = 0; i < Vtypes; i++)
    {
        cout << i << ": " << pv[i] << " ";
        if ( i % 4 == 3)
            cout << endl;
    }
    if (i % 4 != 0)
        cout << '\n';
    cin >> voice;
    while (cin.get() != '\n')
        continue;
}

// SingingWaiter methods
void SingingWaiter::Data() const
{
    Singer::Data();
    Waiter::Data();
```

```
}

void SingingWaiter::Get()
{
    Waiter::Get();
    Singer::Get();
}

void SingingWaiter::Set()
{
    cout << "Enter singing waiter's name: ";
    Worker::Get();
    Get();
}

void SingingWaiter::Show() const
{
    cout << "Category: singing waiter\n";
    Worker::Data();
    Data();
}
```

当然，好奇心要求我们测试这些类，程序清单 14.12 提供了测试代码。注意，该程序使用了多态属性，将各种类的地址赋给基类指针。另外，该程序还在下面的检测中使用了 C 风格字符串库函数 strchr()：

```
while (strchr("wstq", choice) == NULL)
```

该函数返回参数 choice 指定的字符在字符串“wstq”中第一次出现的地址，如果没有这样的字符，则返回 NULL 指针。使用这种检测比使用 if 语句将 choice 指定的字符同每个字符进行比较简单。

请将程序清单 14.12 与 workermi.cpp 一起编译。

程序清单 14.12　workmi.cpp

```
// workmi.cpp -- multiple inheritance
// compile with workermi.cpp
#include <iostream>
#include <cstring>
#include "workermi.h"
const int SIZE = 5;

int main()
{
    using std::cin;
    using std::cout;
    using std::endl;
    using std::strchr;

    Worker * lolas[SIZE];

    int ct;
    for (ct = 0; ct < SIZE; ct++)
    {
        char choice;
        cout << "Enter the employee category:\n"
            << "w: waiter s: singer "
            << "t: singing waiter q: quit\n";
        cin >> choice;
        while (strchr("wstq", choice) == NULL)
        {
            cout << "Please enter a w, s, t, or q: ";
            cin >> choice;
        }
        if (choice == 'q')
            break;
        switch(choice)
        {
            case 'w': lolas[ct] = new Waiter;
                      break;
            case 's': lolas[ct] = new Singer;
                      break;
            case 't': lolas[ct] = new SingingWaiter;
                      break;
        }
        cin.get();
        lolas[ct]->Set();
    }
```

```
    cout << "\nHere is your staff:\n";
    int i;
    for (i = 0; i < ct; i++)
    {
        cout << endl;
        lolas[i]->Show();
    }
    for (i = 0; i < ct; i++)
        delete lolas[i];
    cout << "Bye.\n";
    return 0;
}
```

下面是程序清单 14.10～程序清单 14.12 组成的程序的运行情况：

```
Enter the employee category:
w: waiter s: singer t: singing waiter q: quit
w
Enter waiter's name: Wally Slipshod
Enter worker's ID: 1040
Enter waiter's panache rating: 4
Enter the employee category:
w: waiter s: singer t: singing waiter q: quit
s
Enter singer's name: Sinclair Parma
Enter worker's ID: 1044
Enter number for singer's vocal range:
0: other 1: alto 2: contralto 3: soprano
4: bass 5: baritone 6: tenor
5
Enter the employee category:
w: waiter s: singer t: singing waiter q: quit
t
Enter singing waiter's name: Natasha Gargalova
Enter worker's ID: 1021
Enter waiter's panache rating: 6
Enter number for singer's vocal range:
0: other 1: alto 2: contralto 3: soprano
4: bass 5: baritone 6: tenor
3
Enter the employee category:
w: waiter s: singer t: singing waiter q: quit
q

Here is your staff:

Category: waiter
Name: Wally Slipshod
Employee ID: 1040
Panache rating: 4

Category: singer
Name: Sinclair Parma
Employee ID: 1044
Vocal range: baritone

Category: singing waiter
Name: Natasha Gargalova
Employee ID: 1021
Vocal range: soprano
Panache rating: 6
Bye.
```

下面介绍其他一些有关 MI 的问题。

1. 混合使用虚基类和非虚基类

再来看一下通过多种途径继承一个基类的派生类的情况。如果基类是虚基类，派生类将包含基类的一个子对象；如果基类不是虚基类，派生类将包含多个子对象。当虚基类和非虚基类混合时，情况将如何呢？例如，假设类 B 被用作类 C 和 D 的虚基类，同时被用作类 X 和 Y 的非虚基类，而类 M 是从 C、D、X 和 Y 派生而来的。在这种情况下，类 M 从虚派生祖先（即类 C 和 D）那里共继承了一个 B 类子对象，并从每一个非虚派生祖先（即类 X 和 Y）分别继承了一个 B 类子对象。因此，它包含三个 B 类子对象。当类通过多条虚途径和非虚途径继承某个特定的基类时，该类将包含一个表示所有的虚途径的基类子对象和分别表示各条非虚途径的多个基类子对象。

2. 虚基类和支配

使用虚基类将改变C++解析二义性的方式。使用非虚基类时，规则很简单。如果类从不同的类那里继承了两个或更多的同名成员（数据或方法），则使用该成员名时，如果没有用类名进行限定，将导致二义性。但如果使用的是虚基类，则这样做不一定会导致二义性。在这种情况下，如果某个名称优先于（dominates）其他所有名称，则使用它时，即便不使用限定符，也不会导致二义性。

那么，一个成员名如何优先于另一个成员名呢？派生类中的名称优先于直接或间接祖先类中的相同名称。例如，在下面的定义中：

```
class B
{
public:
      short q();
      ...
};

class C : virtual public B
{
public:
      long q();
      int omg()
      ...
};

class D : public C
{
      ...
};

class E : virtual public B
{
private:
      int omg();
      ...
};

class F: public D, public E
{
      ...
};
```

类C中的q()定义优先于类B中的q()定义，因为类C是从类B派生而来的。因此，F中的方法可以使用q()来表示C::q()。另一方面，任何一个omg()定义都不优先于其他omg()定义，因为C和E都不是对方的基类。所以，在F中使用非限定的omg()将导致二义性。

虚二义性规则与访问规则无关，也就是说，即使E::omg()是私有的，不能在F类中直接访问，但使用omg()仍将导致二义性。同样，即使C::q()是私有的，它也将优先于B::q()。在这种情况下，可以在类F中调用B::q()，但如果不限定q()，则将意味着要调用不可访问的C::q()。

14.3.3　MI小结

首先复习一下不使用虚基类的MI。这种形式的MI不会引入新的规则。然而，如果一个类从两个不同的类那里继承了两个同名的成员，则需要在派生类中使用类限定符来区分它们。即在从GunSlinger和PokerPlayer派生而来的BadDude类中，将分别使用Gunslinger::draw()和PokerPlayer::draw()来区分从这两个类那里继承的draw()方法。否则，编译器将指出二义性。

如果一个类通过多种途径继承了一个非虚基类，则该类从每种途径分别继承非虚基类的一个实例。在某些情况下，这可能正是所希望的，但通常情况下，多个基类实例都是问题。

接下来看一看使用虚基类的MI。当派生类使用关键字virtual来指示派生时，基类就成为虚基类：

```
class marketing : public virtual reality { ... };
```

主要变化（同时也是使用虚基类的原因）是，从虚基类的一个或多个实例派生而来的类将只继承了一个基类对象。为实现这种特性，必须满足其他要求：

- 有间接虚基类的派生类包含直接调用间接基类构造函数的构造函数，这对于间接非虚基类来说是非法的；

- 通过优先规则解决名称二义性。

正如您看到的，MI会增加编程的复杂程度。然而，这种复杂性主要是由于派生类通过多条途径继承同一个基类引起的。避免这种情况后，唯一需要注意的是，在必要时对继承的名称进行限定。

14.4 类模板

继承（公有、私有或保护）和包含并不总是能够满足重用代码的需要。例如，Stack类（参见第10章）和Queue类（参见第12章）都是容器类（container class），容器类设计用来存储其他对象或数据类型。例如，第10章的Stack类设计用于存储unsigned long值。可以定义专门用于存储double值或string对象的Stack类，除了保存的对象类型不同外，这两种Stack类的代码是相同的。然而，与其编写新的类声明，不如编写一个泛型（即独立于类型的）栈，然后将具体的类型作为参数传递给这个类。这样就可以使用通用的代码生成存储不同类型值的栈。第10章的Stack示例使用typedef处理这种需求。然而，这种方法有两个缺点：首先，每次修改类型时都需要编辑头文件；其次，在每个程序中只能使用这种技术生成一种栈，即不能让typedef同时代表两种不同的类型，因此不能使用这种方法在同一个程序中同时定义int栈和string栈。

C++的类模板为生成通用的类声明提供了一种更好的方法（C++最初不支持模板，但模板被引入后，就一直在演化，因此有的编译器可能不支持这里介绍的所有特性）。模板提供参数化（parameterized）类型，即能够将类型名作为参数传递给接收方来建立类或函数。例如，将类型名int传递给Queue模板，可以让编译器构造一个对int进行排队的Queue类。

C++库提供了多个模板类，本章前面使用了模板类valarray，第4章介绍了模板类vector和array，而第16章将讨论的C++标准模板库（STL）提供了几个功能强大而灵活的容器类模板实现。本章将介绍如何设计一些基本的特性。

14.4.1 定义类模板

下面以第10章的Stack类为基础来建立模板。原来的类声明如下：

```
typedef unsigned long Item;

class Stack
{
private:
    enum {MAX = 10}; // constant specific to class
    Item items[MAX]; // holds stack items
    int top;         // index for top stack item
public:
    Stack();
    bool isempty() const;
    bool isfull() const;
    // push() returns false if stack already is full, true otherwise
    bool push(const Item & item); // add item to stack
    // pop() returns false if stack already is empty, true otherwise
    bool pop(Item & item);        // pop top into item
};
```

采用模板时，将使用模板定义替换Stack声明，使用模板成员函数替换Stack的成员函数。和模板函数一样，模板类以下面这样的代码开头：

```
template <class Type>
```

关键字template告诉编译器，将要定义一个模板。尖括号中的内容相当于函数的参数列表。可以把关键字class看作是变量的类型名，该变量接受类型作为其值，把Type看作是该变量的名称。

这里使用class并不意味着Type必须是一个类；而只是表明Type是一个通用的类型说明符，在使用模板时，将使用实际的类型替换它。较新的C++实现允许在这种情况下使用不太容易混淆的关键字typename代替class：

```
template <typename Type> // newer choice
```

可以使用自己的泛型名代替Type，其命名规则与其他标识符相同。当前流行的选项包括T和Type，我们将使用后者。当模板被调用时，Type将被具体的类型值（如int或string）取代。在模板定义中，可以使用泛型名来标识要存储在栈中的类型。对于 Stack 来说，这意味着应将声明中所有的 typedef 标识符 Item 替换为 Type。例如，

```
Item items[MAX]; // holds stack items
```

应改为：

```
Type items[MAX]; // holds stack items
```

同样，可以使用模板成员函数替换原有类的类方法。每个函数头都将以相同的模板声明打头：

```
template <class Type>
```

同样应使用泛型名 Type 替换 typedef 标识符 Item。另外，还需将类限定符从 Stack::改为 Stack<Type>::。例如，

```
bool Stack::push(const Item & item)
{
...
}
```

应该为：

```
template <class Type> // or template <typename Type>
bool Stack<Type>::push(const Type & item)
{
...
}
```

如果在类声明中定义了方法（内联定义），则可以省略模板前缀和类限定符。

程序清单 14.13 列出了类模板和成员函数模板。知道这些模板不是类和成员函数定义至关重要。它们是 C++编译器指令，说明了如何生成类和成员函数定义。模板的具体实现——如用来处理 string 对象的栈类——被称为实例化（instantiation）或具体化（specialization）。不能将模板成员函数放在独立的实现文件中（以前，C++标准确实提供了关键字 export，让您能够将模板成员函数放在独立的实现文件中，但支持该关键字的编译器不多；C++11 不再这样使用关键字 export，而将其保留用于其他用途）。由于模板不是函数，它们不能单独编译。模板必须与特定的模板实例化请求一起使用。为此，最简单的方法是将所有模板信息放在一个头文件中，并在要使用这些模板的文件中包含该头文件。

程序清单 14.13 stacktp.h

```
// stacktp.h -- a stack template
#ifndef STACKTP_H_
#define STACKTP_H_
template <class Type>
class Stack
{
private:
    enum {MAX = 10}; // constant specific to class
    Type items[MAX]; // holds stack items
    int top;            // index for top stack item
public:
    Stack();
    bool isempty();
    bool isfull();
    bool push(const Type & item); // add item to stack
    bool pop(Type & item); // pop top into item
};

template <class Type>
Stack<Type>::Stack()
{
    top = 0;
}

template <class Type>
bool Stack<Type>::isempty()
{
    return top == 0;
}

template <class Type>
bool Stack<Type>::isfull()
{
    return top == MAX;
}
```

```
template <class Type>
bool Stack<Type>::push(const Type & item)
{
    if (top < MAX)
    {
        items[top++] = item;
        return true;
    }
    else
        return false;
}

template <class Type>
bool Stack<Type>::pop(Type & item)
{
    if (top > 0)
    {
        item = items[--top];
        return true;
    }
    else
        return false;
}

#endif
```

14.4.2 使用模板类

仅在程序包含模板并不能生成模板类，而必须请求实例化。为此，需要声明一个类型为模板类的对象，方法是使用所需的具体类型替换泛型名。例如，下面的代码创建两个栈，一个用于存储 int，另一个用于存储 string 对象：

```
Stack<int> kernels; // create a stack of ints
Stack<string> colonels; // create a stack of string objects
```

看到上述声明后，编译器将按 Stack<Type>模板来生成两个独立的类声明和两组独立的类方法。类声明 Stack<int>将使用 int 替换模板中所有的 Type，而类声明 Stack<string>将用 string 替换 Type。当然，使用的算法必须与类型一致。例如，Stack 类假设可以将一个项目赋给另一个项目。这种假设对于基本类型、结构和类来说是成立的（除非将赋值运算符设置为私有的），但对于数组则不成立。

泛型标识符——例如这里的 Type——称为类型参数（type parameter），这意味着它们类似于变量，但赋给它们的不能是数字，而只能是类型。因此，在 kernels 声明中，类型参数 Type 的值为 int。

注意，必须显式地提供所需的类型，这与常规的函数模板是不同的，因为编译器可以根据函数的参数类型来确定要生成哪种函数：

```
template <class T>
void simple(T t) { cout << t << '\n';}
...
simple(2);      // generate void simple(int)
simple("two"); // generate void simple(const char *)
```

程序清单 14.14 修改了原来的栈测试程序（程序清单 11.12），使用字符串而不是 unsigned long 值作为订单 ID。

程序清单 14.14 stacktem.cpp

```
// stacktem.cpp -- testing the template stack class
#include <iostream>
#include <string>
#include <cctype>
#include "stacktp.h"
using std::cin;
using std::cout;

int main()
{
    Stack<std::string> st; // create an empty stack
    char ch;
    std::string po;
    cout << "Please enter A to add a purchase order,\n"
         << "P to process a PO, or Q to quit.\n";
    while (cin >> ch && std::toupper(ch) != 'Q')
```

```
    {
        while (cin.get() != '\n')
            continue;
        if (!std::isalpha(ch))
        {
            cout << '\a';
            continue;
        }
        switch(ch)
        {
            case 'A':
            case 'a': cout << "Enter a PO number to add: ";
                      cin >> po;
                      if (st.isfull())
                          cout << "stack already full\n";
                      else
                          st.push(po);
                      break;
            case 'P':
            case 'p': if (st.isempty())
                          cout << "stack already empty\n";
                      else {
                          st.pop(po);
                          cout << "PO #" << po << " popped\n";
                          break;
                      }
        }
        cout << "Please enter A to add a purchase order,\n"
             << "P to process a PO, or Q to quit.\n";
    }
    cout << "Bye\n";
    return 0;
}
```

程序清单 14.14 所示程序的运行情况如下：

```
Please enter A to add a purchase order,
P to process a PO, or Q to quit.
A
Enter a PO number to add: red911porsche
Please enter A to add a purchase order,
P to process a PO, or Q to quit.
A
Enter a PO number to add: blueR8audi
Please enter A to add a purchase order,
P to process a PO, or Q to quit.
A
Enter a PO number to add: silver747boeing
Please enter A to add a purchase order,
P to process a PO, or Q to quit.
P
PO #silver747boeing popped
Please enter A to add a purchase order,
P to process a PO, or Q to quit.
P
PO #blueR8audi popped
Please enter A to add a purchase order,
P to process a PO, or Q to quit.
P
PO #red911porsche popped
Please enter A to add a purchase order,
P to process a PO, or Q to quit.
P
stack already empty
Please enter A to add a purchase order,
P to process a PO, or Q to quit.
Q
Bye
```

14.4.3 深入探讨模板类

可以将内置类型或类对象用作类模板 Stack<Type>的类型。指针可以吗？例如，可以使用 char 指针替换程序清单 14.14 中的 string 对象吗？毕竟，这种指针是处理 C 风格字符串的内置方式。答案是可以创建指针栈，但如果不对程序做重大修改，将无法很好地工作。编译器可以创建类，但使用效果如何就因人而异了。下面解释程序清单 14.14 不太适合使用指针栈的原因，然后介绍一个指针栈很有用的例子。

1. 不正确地使用指针栈

我们将简要地介绍 3 个试图对程序清单 14.14 进行修改，使之使用指针栈的简单（但有缺陷的）示例。这几个示例揭示了设计模板时应牢记的一些教训，切忌盲目使用模板。这 3 个示例都以完全正确的 Stack<Type>模板为基础：

```
Stack<char *> st; // create a stack for pointers-to-char
```

版本 1 将程序清单 14.14 中的：

```
string po;
```

替换为：

```
char * po;
```

这旨在用 char 指针而不是 string 对象来接收键盘输入。这种方法很快就失败了，因为仅仅创建指针，没有创建用于保存输入字符串的空间（程序将通过编译，但在 cin 试图将输入保存在某些不合适的内存单元中时崩溃）。

版本 2 将

```
string po;
```

替换为：

```
char po[40];
```

这为输入的字符串分配了空间。另外，po 的类型为 char *，因此可以被放在栈中。但数组完全与 pop()方法的假设相冲突：

```
template <class Type>
bool Stack<Type>::pop(Type & item)
{
    if (top > 0)
    {
        item = items[--top];
        return true;
    }
    else
        return false;
}
```

首先，引用变量 item 必须引用某种类型的左值，而不是数组名。其次，代码假设可以给 item 赋值。即使 item 能够引用数组，也不能为数组名赋值。因此这种方法失败了。

版本 3 将

```
string po;
```

替换为：

```
char * po = new char[40];
```

这为输入的字符串分配了空间。另外，po 是变量，因此与 pop()的代码兼容。然而，这里将会遇到最基本的问题：只有一个 po 变量，该变量总是指向相同的内存单元。确实，在每当读取新字符串时，内存的内容都将发生改变，但每次执行压入操作时，加入到栈中的地址都相同。因此，对栈执行弹出操作时，得到的地址总是相同的，它总是指向读入的最后一个字符串。具体地说，栈并没有保存每一个新字符串，因此没有任何用途。

2. 正确使用指针栈

使用指针栈的方法之一是，让调用程序提供一个指针数组，其中每个指针都指向不同的字符串。把这些指针放在栈中是有意义的，因为每个指针都将指向不同的字符串。注意，创建不同指针是调用程序的职责，而不是栈的职责。栈的任务是管理指针，而不是创建指针。

例如，假设我们要模拟下面的情况。某人将一车文件夹交付给了 Plodson。如果 Plodson 的收取篮（in-basket）是空的，他将取出车中最上面的文件夹，将其放入收取篮；如果收取篮是满的，Plodson 将取出篮中最上面的文件，对它进行处理，然后放入发出篮（out-basket）中。如果收取篮既不是空的也不是满的，Plodson 将处理收取篮中最上面的文件，也可能取出车中的下一个文件，把它放入收取篮。他采取了自认为是比较鲁莽的行动——扔硬币来决定要采取的措施。下面来讨论他的方法对原始文件处理顺序的影响。

可以用一个指针数组来模拟这种情况，其中的指针指向表示车中文件的字符串。每个字符串都包含文件所描述的人的姓名。可以用栈表示收取篮，并使用第二个指针数组来表示发出篮。通过将指针从输入数组压入到栈中来表示将文件添加到收取篮中，同时通过从栈中弹出项目，并将它添加到发出篮中来表示处理文件。

应考虑该问题的各个方面，因此栈的大小必须是可变的。程序清单 14.15 重新定义了 Stack<Type>类，使 Stack 构造函数能够接受一个可选大小的参数。这涉及在内部使用动态数组，因此，Stack 类需要包含一个析构函数、一个复制构造函数和一个赋值运算符。另外，通过将多个方法作为内联函数，精减了代码。

程序清单 14.15 stcktp1.h

```
// stcktp1.h -- modified Stack template
#ifndef STCKTP1_H_
#define STCKTP1_H_

template <class Type>
class Stack
{
private:
    enum {SIZE = 10}; // default size
    int stacksize;
    Type * items;     // holds stack items
    int top;          // index for top stack item
public:
    explicit Stack(int ss = SIZE);
    Stack(const Stack & st);
    ~Stack() { delete [] items; }
    bool isempty() { return top == 0; }
    bool isfull() { return top == stacksize; }
    bool push(const Type & item); // add item to stack
    bool pop(Type & item); // pop top into item
    Stack & operator=(const Stack & st);
};

template <class Type>
Stack<Type>::Stack(int ss) : stacksize(ss), top(0)
{
    items = new Type [stacksize];
}

template <class Type>
Stack<Type>::Stack(const Stack & st)
{
    stacksize = st.stacksize;
    top = st.top;
    items = new Type [stacksize];
    for (int i = 0; i < top; i++)
        items[i] = st.items[i];
}
template <class Type>
bool Stack<Type>::push(const Type & item)
{
    if (top < stacksize)
    {
        items[top++] = item;
        return true;
    }
    else
        return false;
}

template <class Type>
bool Stack<Type>::pop(Type & item)
{
    if (top > 0)
    {
        item = items[--top];
        return true;
    }
    else
        return false;
}

template <class Type>
Stack<Type> & Stack<Type>::operator=(const Stack<Type> & st)
{
    if (this == &st)
        return *this;
    delete [] items;
    stacksize = st.stacksize;
    top = st.top;
    items = new Type [stacksize];
```

```
    for (int i = 0; i < top; i++)
        items[i] = st.items[i];
    return *this;
}

#endif
```

原型将赋值运算符函数的返回类型声明为 Stack 引用，而实际的模板函数定义将类型定义为 Stack<Type>。前者是后者的缩写，但只能在类中使用。即可以在模板声明或模板函数定义内使用 Stack，但在类的外面，即指定返回类型或使用作用域解析运算符时，必须使用完整的 Stack<Type>。

程序清单 14.16 中的程序使用新的栈模板来实现 Plodson 模拟，它像以前介绍的模拟那样使用 rand()、srand()和 time()来生成随机数，这里是随机生成 0 和 1，来模拟掷硬币的结果。

程序清单 14.16 stkoptr1.cpp

```
// stkoptr1.cpp -- testing stack of pointers
#include <iostream>
#include <cstdlib> // for rand(), srand()
#include <ctime>   // for time()
#include "stcktp1.h"
const int Num = 10;
int main()
{
    std::srand(std::time(0)); // randomize rand()
    std::cout << "Please enter stack size: ";
    int stacksize;
    std::cin >> stacksize;
// create an empty stack with stacksize slots
    Stack<const char *> st(stacksize);

// in basket
    const char * in[Num] = {
            " 1: Hank Gilgamesh", " 2: Kiki Ishtar",
            " 3: Betty Rocker", " 4: Ian Flagranti",
            " 5: Wolfgang Kibble", " 6: Portia Koop",
            " 7: Joy Almondo", " 8: Xaverie Paprika",
            " 9: Juan Moore", "10: Misha Mache"
            };
// out basket
    const char * out[Num];

    int processed = 0;
    int nextin = 0;
    while (processed < Num)
    {
        if (st.isempty())
            st.push(in[nextin++]);
        else if (st.isfull())
            st.pop(out[processed++]);
        else if (std::rand() % 2 && nextin < Num) // 50-50 chance
            st.push(in[nextin++]);
        else
            st.pop(out[processed++]);
    }
    for (int i = 0; i < Num; i++)
        std::cout << out[i] << std::endl;

    std::cout << "Bye\n";
    return 0;
}
```

下面是程序清单 14.16 所示程序的两次运行情况。注意，由于使用了随机特性，每次运行时，文件最后的顺序都可能不同，即使栈大小保持不变。

```
Please enter stack size: 5
 2: Kiki Ishtar
 1: Hank Gilgamesh
 3: Betty Rocker
 5: Wolfgang Kibble
 4: Ian Flagranti
 7: Joy Almondo
 9: Juan Moore
 8: Xaverie Paprika
```

```
 6: Portia Koop
10: Misha Mache
Bye

Please enter stack size: 5
 3: Betty Rocker
 5: Wolfgang Kibble
 6: Portia Koop
 4: Ian Flagranti
 8: Xaverie Paprika
 9: Juan Moore
10: Misha Mache
 7: Joy Almondo
 2: Kiki Ishtar
 1: Hank Gilgamesh
Bye
```

程序说明

在程序清单 14.16 中，字符串本身永远不会移动。把字符串压入栈实际上是新建一个指向该字符串的指针，即创建一个指针，该指针的值是现有字符串的地址。从栈弹出字符串将把地址值复制到 out 数组中。

该程序使用的类型是 const char *，因为指针数组将被初始化为一组字符串常量。

栈的析构函数对字符串有何影响呢？没有。构造函数使用 new 创建一个用于保存指针的数组，析构函数删除该数组，而不是数组元素指向的字符串。

14.4.4 数组模板示例和非类型参数

模板常用作容器类，这是因为类型参数的概念非常适合于将相同的存储方案用于不同的类型。确实，为容器类提供可重用代码是引入模板的主要动机，所以我们来看看另一个例子，深入探讨模板设计和使用的其他几个方面。具体地说，将探讨一些非类型（或表达式）参数以及如何使用数组来处理继承族。

首先介绍一个允许指定数组大小的简单数组模板。一种方法是在类中使用动态数组和构造函数参数来提供元素数目，最后一个版本的 Stack 模板采用的就是这种方法。另一种方法是使用模板参数来提供常规数组的大小，C++11 新增的模板 array 就是这样做的。程序清单 14.17 演示了如何做。

程序清单 14.17　arraytp.h

```
//arraytp.h -- Array Template
#ifndef ARRAYTP_H_
#define ARRAYTP_H_

#include <iostream>
#include <cstdlib>

template <class T, int n>
class ArrayTP
{
private:
    T ar[n];
public:
    ArrayTP() {};
    explicit ArrayTP(const T & v);
    virtual T & operator[](int i);
    virtual T operator[](int i) const;
};

template <class T, int n>
ArrayTP<T,n>::ArrayTP(const T & v)
{
    for (int i = 0; i < n; i++)
        ar[i] = v;
}
template <class T, int n>
T & ArrayTP<T,n>::operator[](int i)
{
    if (i < 0 || i >= n)
    {
        std::cerr << "Error in array limits: " << i
            << " is out of range\n";
        std::exit(EXIT_FAILURE);
    }
    return ar[i];
```

```
}

template <class T, int n>
T ArrayTP<T,n>::operator[](int i) const
{
    if (i < 0 || i >= n)
    {
        std::cerr << "Error in array limits: " << i
            << " is out of range\n";
        std::exit(EXIT_FAILURE);
    }
    return ar[i];
}

#endif
```

请注意程序清单 14.17 中的模板头：

```
template <class T, int n>
```

关键字 class（或在这种上下文中等价的关键字 typename）指出 T 为类型参数，int 指出 n 的类型为 int。这种参数（指定特殊的类型而不是用作泛型名）称为非类型（non-type）或表达式（expression）参数。假设有下面的声明：

```
ArrayTP<double, 12> eggweights;
```

这将导致编译器定义名为 ArrayTP<double, 12>的类，并创建一个类型为 ArrayTP<double, 12>的 eggweight 对象。定义类时，编译器将使用 double 替换 T，使用 12 替换 n。

表达式参数有一些限制。表达式参数可以是整型、枚举、引用或指针。因此，double m 是不合法的，但 double * rm 和 double * pm 是合法的。另外，模板代码不能修改参数的值，也不能使用参数的地址。所以，在 ArrayTP 模板中不能使用诸如 n++和&n 等表达式。另外，实例化模板时，用作表达式参数的值必须是常量表达式。

与 Stack 中使用的构造函数方法相比，这种改变数组大小的方法有一个优点。构造函数方法使用的是通过 new 和 delete 管理的堆内存，而表达式参数方法使用的是为自动变量维护的内存栈。这样，执行速度将更快，尤其是在使用了很多小型数组时。

表达式参数方法的主要缺点是，每种数组大小都将生成自己的模板。也就是说，下面的声明将生成两个独立的类声明：

```
ArrayTP<double, 12> eggweights;
ArrayTP<double, 13> donuts;
```

但下面的声明只生成一个类声明，并将数组大小信息传递给类的构造函数：

```
Stack<int> eggs(12);
Stack<int> dunkers(13);
```

另一个区别是，构造函数方法更通用，这是因为数组大小是作为类成员（而不是硬编码）存储在定义中的。这样可以将一种尺寸的数组赋给另一种尺寸的数组，也可以创建允许数组大小可变的类。

14.4.5　模板多功能性

可以将用于常规类的技术用于模板类。模板类可用作基类，也可用作组件类，还可用作其他模板的类型参数。例如，可以使用数组模板实现栈模板，也可以使用数组模板来构造数组——数组元素是基于栈模板的栈。即可以编写下面的代码：

```
template <typename T> // or <class T>
class Array
{
private:
    T entry;
    ...
};

template <typename Type>
class GrowArray : public Array<Type> {...}; // inheritance

template <typename Tp>
class Stack
{
      Array<Tp> ar; // use an Array<> as a component
      ...
};
```

```
...
Array < Stack<int> > asi; // an array of stacks of int
```

在最后一条语句中，C++98 要求使用至少一个空白字符将两个>符号分开，以免与运算符>>混淆。C++11 不要求这样做。

1. 递归使用模板

另一个模板多功能性的例子是，可以递归使用模板。例如，对于前面的数组模板定义，可以这样使用它：

```
ArrayTP< ArrayTP<int,5>, 10> twodee;
```

这使得 twodee 是一个包含 10 个元素的数组，其中每个元素都是一个包含 5 个 int 元素的数组。与之等价的常规数组声明如下：

```
int twodee[10][5];
```

请注意，在模板语法中，维的顺序与等价的二维数组相反。程序清单 14.18 使用了这种方法，同时使用 ArrayTP 模板创建了一维数组，来分别保存这 10 个组（每组包含 5 个数）的总数和平均值[1]。方法调用 cout.width(2)以两个字符的宽度显示下一个条目（如果整个数字的宽度不超过两个字符）。

程序清单 14.18 twod.cpp

```
// twod.cpp -- making a 2-d array
#include <iostream>
#include "arraytp.h"
int main(void)
{
    using std::cout;
    using std::endl;
    ArrayTP<int, 10> sums;
    ArrayTP<double, 10> aves;
    ArrayTP< ArrayTP<int,5>, 10> twodee;


    int i, j;

    for (i = 0; i < 10; i++)
    {
        sums[i] = 0;
        for (j = 0; j < 5; j++)
        {
            twodee[i][j] = (i + 1) * (j + 1);
            sums[i] += twodee[i][j];
        }
        aves[i] = (double) sums[i] / 10;
    }
    for (i = 0; i < 10; i++)
    {
        for (j = 0; j < 5; j++)
        {
            cout.width(2);
            cout << twodee[i][j] << ' ';
        }
        cout << ": sum = ";
        cout.width(3);
        cout << sums[i] << ", average = " << aves[i] << endl;
    }

    cout << "Done.\n";

    return 0;
}
```

下面是程序清单 14.18 所示程序的输出。在 twodee 的 10 个元素（每个元素又是一个包含 5 个元素的数组）中，每个元素对应于 1 行：列出了每个元素包含的值、这些值的总和以及平均值。

```
 1  2  3  4  5 : sum = 15,  average = 1.5
 2  4  6  8 10 : sum = 30,  average = 3
 3  6  9 12 15 : sum = 45,  average = 4.5
 4  8 12 16 20 : sum = 60,  average = 6
 5 10 15 20 25 : sum = 75,  average = 7.5
```

1 程序清单 14.18 中平均值计算错误，aves[i]=(double) sums[i]/10; 一行应勘误为 aves[i]=(double) sums[i]/5;。此处保留错误代码及输出。——编者注

```
 6 12 18 24 30 : sum = 90,  average = 9
 7 14 21 28 35 : sum = 105, average = 10.5
 8 16 24 32 40 : sum = 120, average = 12
 9 18 27 36 45 : sum = 135, average = 13.5
10 20 30 40 50 : sum = 150, average = 15
Done.
```

2. 使用多个类型参数

模板可以包含多个类型参数。例如，假设希望类可以保存两种值，则可以创建并使用Pair模板来保存两个不同的值（标准模板库提供了类似的模板，名为pair）。程序清单14.19所示的小程序是一个这样的示例。其中，方法first() const和second() const报告存储的值，由于这两个方法返回Pair数据成员的引用，因此让您能够通过赋值重新设置存储的值。

程序清单14.19 pairs.cpp

```
// pairs.cpp -- defining and using a Pair template
#include <iostream>
#include <string>
template <class T1, class T2>
class Pair
{
private:
    T1 a;
    T2 b;
public:
    T1 & first();
    T2 & second();
    T1 first() const { return a; }
    T2 second() const { return b; }
    Pair(const T1 & aval, const T2 & bval) : a(aval), b(bval) { }
    Pair() {}
};

template<class T1, class T2>
T1 & Pair<T1,T2>::first()
{
    return a;
}
template<class T1, class T2>
T2 & Pair<T1,T2>::second()
{
    return b;
}

int main()
{
    using std::cout;
    using std::endl;
    using std::string;
    Pair<string, int> ratings[4] =
    {
        Pair<string, int>("The Purpled Duck", 5),
        Pair<string, int>("Jaquie's Frisco Al Fresco", 4),
        Pair<string, int>("Cafe Souffle", 5),
        Pair<string, int>("Bertie's Eats", 3)
    };

    int joints = sizeof(ratings) / sizeof (Pair<string, int>);
    cout << "Rating:\t Eatery\n";
    for (int i = 0; i < joints; i++)
    cout << ratings[i].second() << ":\t "
         << ratings[i].first() << endl;
    cout << "Oops! Revised rating:\n";
    ratings[3].first() = "Bertie's Fab Eats";
    ratings[3].second() = 6;
    cout << ratings[3].second() << ":\t "
         << ratings[3].first() << endl;
    return 0;
}
```

对于程序清单14.19，需要注意的一点是，在main()中必须使用Pair<string, int>来调用构造函数，并将它作为sizeof的参数。这是因为类名是Pair<string, int>，而不是Pair。另外，Pair<char *, double>是另一个完全不同的类的名称。

下面是程序清单 14.19 所示程序的输出：

```
Rating: Eatery
5:      The Purpled Duck
4:      Jaquie's Frisco Al Fresco
5:      Cafe Souffle
3:      Bertie's Eats
Oops! Revised rating:
6:      Bertie's Fab Eats
```

3. 默认类型模板参数

类模板的另一项新特性是，可以为类型参数提供默认值：

```
template <class T1, class T2 = int> class Topo {...};
```

这样，如果省略 T2 的值，编译器将使用 int：

```
Topo<double, double> m1; // T1 is double, T2 is double
Topo<double> m2;         // T1 is double, T2 is int
```

第 16 章将讨论的标准模板库经常使用该特性，将默认类型设置为类。

虽然可以为类模板类型参数提供默认值，但不能为函数模板参数提供默认值。然而，可以为非类型参数提供默认值，这对于类模板和函数模板都是适用的。

14.4.6 模板的具体化

类模板与函数模板很相似，因为可以有隐式实例化、显式实例化和显式具体化，它们统称为具体化（specialization）。模板以泛型的方式描述类，而具体化是使用具体的类型生成类声明。

1. 隐式实例化

到目前为止，本章所有的模板示例使用的都是隐式实例化（implicit instantiation），即它们声明一个或多个对象，指出所需的类型，而编译器使用通用模板提供的处方生成具体的类定义：

```
ArrayTP<int, 100> stuff; // implicit instantiation
```

编译器在需要对象之前，不会生成类的隐式实例化：

```
ArrayTP<double, 30> * pt;      // a pointer, no object needed yet
pt = new ArrayTP<double, 30>; // now an object is needed
```

第二条语句导致编译器生成类定义，并根据该定义创建一个对象。

2. 显式实例化

当使用关键字 template 并指出所需类型来声明类时，编译器将生成类声明的显式实例化（explicit instantiation）。声明必须位于模板定义所在的名称空间中。例如，下面的声明将 ArrayTP<string,100>声明为一个类：

```
template class ArrayTP<string, 100>; // generate ArrayTP<string, 100> class
```

在这种情况下，虽然没有创建或提及类对象，编译器也将生成类声明（包括方法定义）。和隐式实例化一样，也将根据通用模板来生成具体化。

3. 显式具体化

显式具体化（explicit specialization）是特定类型（用于替换模板中的泛型）的定义。有时候，可能需要在为特殊类型实例化时，对模板进行修改，使其行为不同。在这种情况下，可以创建显式具体化。例如，假设已经为用于表示排序后数组的类（元素在加入时被排序）定义了一个模板：

```
template <typename T>
class SortedArray
{
    ...// details omitted
};
```

另外，假设模板使用>运算符来对值进行比较。对于数字，这管用；如果 T 表示一种类，则只要定义了 T::operator>()方法，这也管用；但如果 T 是由 const char *表示的字符串，这将不管用。实际上，模板倒是可以正常工作，但字符串将按地址（按照字母顺序）排序。这要求类定义使用 strcmp()，而不是>来对值进行比较。在这种情况下，可以提供一个显式模板具体化，这将采用为具体类型定义的模板，而不是为泛型定义的模板。当具体化模板和通用模板都与实例化请求匹配时，编译器将使用具体化版本。

具体化类模板定义的格式如下：

```
template <> class Classname<specialized-type-name> { ... };
```

早期的编译器可能只能识别早期的格式，这种格式不包括前缀 template<>：

```
class Classname<specialized-type-name> { ... };
```

要使用新的表示法提供一个专供 const char *类型使用的 SortedArray 模板，可以使用类似于下面的代码：

```
template <> class SortedArray<const char char *>
{
    ...// details omitted
};
```

其中的实现代码将使用 strcmp()(而不是>)来比较数组值。现在，当请求 const char *类型的 SortedArray 模板时，编译器将使用上述专用的定义，而不是通用的模板定义：

```
SortedArray<int> scores;         // use general definition
SortedArray<const char *> dates; // use specialized definition
```

4. 部分具体化

C++还允许部分具体化（partial specialization），即部分限制模板的通用性。例如，部分具体化可以给类型参数之一指定具体的类型：

```
// general template
    template <class T1, class T2> class Pair {...};
// specialization with T2 set to int
    template <class T1> class Pair<T1, int> {...};
```

关键字 template 后面的<>声明的是没有被具体化的类型参数。因此，上述第二个声明将 T2 具体化为 int，但 T1 保持不变。注意，如果指定所有的类型，则<>内将为空，这将导致显式具体化：

```
// specialization with T1 and T2 set to int
    template <> class Pair<int, int> {...};
```

如果有多个模板可供选择，编译器将使用具体化程度最高的模板。给定上述三个模板，情况如下：

```
Pair<double, double> p1; // use general Pair template
Pair<double, int> p2;    // use Pair<T1, int> partial specialization
Pair<int, int> p3;       // use Pair<int, int> explicit specialization
```

也可以通过为指针提供特殊版本来部分具体化现有的模板：

```
template<class T>     // general version
class Feeb { ... };
template<class T*>    // pointer partial specialization
class Feeb { ... };   // modified code
```

如果提供的类型不是指针，则编译器将使用通用版本；如果提供的是指针，则编译器将使用指针具体化版本：

```
Feeb<char> fb1;   // use general Feeb template, T is char
Feeb<char *> fb2; // use Feeb T* specialization, T is char
```

如果没有进行部分具体化，则第二个声明将使用通用模板，将 T 转换为 char *类型。如果进行了部分具体化，则第二个声明将使用具体化模板，将 T 转换为 char。

部分具体化特性使得能够设置各种限制。例如，可以这样做：

```
// general template
    template <class T1, class T2, class T3> class Trio{...};
// specialization with T3 set to T2
    template <class T1, class T2> class Trio<T1, T2, T2> {...};
// specialization with T3 and T2 set to T1*
    template <class T1> class Trio<T1, T1*, T1*> {...};
```

给定上述声明，编译器将作出如下选择：

```
Trio<int, short, char *> t1; // use general template
Trio<int, short> t2; // use Trio<T1, T2, T2>
Trio<char, char *, char *> t3; use Trio<T1, T1*, T1*>
```

14.4.7 成员模板

模板可用作结构、类或模板类的成员。要完全实现 STL 的设计，必须使用这项特性。程序清单 14.20 是一个简短的模板类示例，该模板类将另一个模板类和模板函数作为其成员。

程序清单 14.20 tempmemb.cpp

```
// tempmemb.cpp -- template members
#include <iostream>
using std::cout;
using std::endl;
template <typename T>
class beta
{
private:
    template <typename V> // nested template class member
    class hold
    {
    private:
```

```
        V val;
    public:
        hold(V v = 0) : val(v) {}
        void show() const { cout << val << endl; }
        V Value() const { return val; }
    };
    hold<T> q;    // template object
    hold<int> n;  // template object
public:
    beta( T t, int i) : q(t), n(i) {}
    template<typename U> // template method
    U blab(U u, T t) { return (n.Value() + q.Value()) * u / t; }
    void Show() const { q.show(); n.show();}
};

int main()
{
    beta<double> guy(3.5, 3);
    cout << "T was set to double\n";
    guy.Show();
    cout << "V was set to T, which is double, then V was set to int\n";
    cout << guy.blab(10, 2.3) << endl;
    cout << "U was set to int\n";
    cout << guy.blab(10.0, 2.3) << endl;
    cout << "U was set to double\n";
    cout << "Done\n";
    return 0;
}
```

在程序清单 14.20 中，hold 模板是在私有部分声明的，因此只能在 beta 类中访问它。beta 类使用 hold 模板声明了两个数据成员：

```
hold<T> q;    // template object
hold<int> n; // template object
```

n 是基于 int 类型的 hold 对象，而 q 成员是基于 T 类型（beta 模板参数）的 hold 对象。在 main()中，下述声明使得 T 表示的是 double，因此 q 的类型为 hold<double>：

```
beta<double> guy(3.5, 3);
```

blab()方法的 U 类型由该方法被调用时的参数值显式确定，T 类型由对象的实例化类型确定。在这个例子中，guy 的声明将 T 的类型设置为 double，而下述方法调用的第一个参数将 U 的类型设置为 int（参数 10 对应的类型）：

```
cout << guy.blab(10, 2.5) << endl;
```

因此，虽然混合类型引起的自动类型转换导致 blab()中的计算以 double 类型进行，但返回值的类型为 U（即 int），因此它被截断为 28，如下面的程序输出所示：

```
T was set to double
3.5
3
V was set to T, which is double, then V was set to int
28
U was set to int
28.2609
U was set to double
Done
```

注意到调用 guy.blab()时，使用 10.0 代替了 10，因此 U 被设置为 double，这使得返回类型为 double，因此输出为 28.2608。

正如前面指出的，guy 对象的声明将第二个参数的类型设置为 double。与第一个参数不同的是，第二个参数的类型不是由函数调用设置的。例如，下面的语句仍将 blab()实现为 blab(int, double)，并根据常规函数原型规则将 3 转换为类型 double：

```
cout << guy.blab(10, 3) << endl;
```

可以在 beta 模板中声明 hold 类和 blab 方法，并在 beta 模板的外面定义它们。然而，很老的编译器根本不接受模板成员，而另一些编译器接受模板成员（如程序清单 14.20 所示），但不接受类外面的定义。然而，如果所用的编译器接受类外面的定义，则在 beta 模板之外定义模板方法的代码如下：

```
template <typename T>
class beta
{
private:
    template <typename V> // declaration
    class hold;
```

```
    hold<T> q;
    hold<int> n;
public:
    beta( T t, int i) : q(t), n(i) {}
    template<typename U> // declaration
    U blab(U u, T t);
    void Show() const { q.show(); n.show();}
};

// member definition
template <typename T>
  template<typename V>
    class beta<T>::hold
    {
    private:
        V val;
    public:
        hold(V v = 0) : val(v) {}
        void show() const { std::cout << val << std::endl; }
        V Value() const { return val; }
    };

// member definition
template <typename T>
  template <typename U>
    U beta<T>::blab(U u, T t)
    {
        return (n.Value() + q.Value()) * u / t;
    }
```

上述定义将 T、V 和 U 用作模板参数。因为模板是嵌套的，因此必须使用下面的语法：

```
template <typename T>
  template <typename V>
```

而不能使用下面的语法：

```
template<typename T, typename V>
```

定义还必须指出 hold 和 blab 是 beta<T>类的成员，这是通过使用作用域解析运算符来完成的。

14.4.8　将模板用作参数

您知道，模板可以包含类型参数（如 typename T）和非类型参数（如 int n）。模板还可以包含本身就是模板的参数，这种参数是模板新增的特性，用于实现 STL。

在程序清单 14.21 所示的示例中，开头的代码如下：

```
template <template <typename T> class Thing>
class Crab
```

模板参数是 template <typename T>class Thing，其中 template <typename T>class 是类型，Thing 是参数。这意味着什么呢？假设有下面的声明：

```
Crab<King> legs;
```

为使上述声明被接受，模板参数 King 必须是一个模板类，其声明与模板参数 Thing 的声明匹配：

```
template <typename T>
class King {...};
```

在程序清单 14.21 中，Crab 的声明声明了两个对象：

```
Thing<int> s1;
Thing<double> s2;
```

前面的 legs 声明将用 King<int>替换 Thing<int>，用 King<double>替换 Thing<double>。然而，程序清单 14.21 包含下面的声明：

```
Crab<Stack> nebula;
```

因此，Thing<int>将被实例化为 Stack<int>，而 Thing<double>将被实例化为 Stack<double>。总之，模板参数 Thing 将被替换为声明 Crab 对象时被用作模板参数的模板类型。

Crab 类的声明对 Thing 代表的模板类做了另外 3 个假设，即这个类包含一个 push()方法，包含一个 pop()方法，且这些方法有特定的接口。Crab 类可以使用任何与 Thing 类型声明匹配，并包含方法 push()和 pop()的模板类。本章恰巧有一个这样的类——stacktp.h 中定义的 Stack 模板，因此这个例子将使用它。

程序清单 14.21　tempparm.cpp

```
// tempparm.cpp - templates as parameters
#include <iostream>
```

```
#include "stacktp.h"

template <template <typename T> class Thing>
class Crab
{
private:
    Thing<int> s1;
    Thing<double> s2;
public:
    Crab() {};
    // assumes the thing class has push() and pop() members
    bool push(int a, double x) { return s1.push(a) && s2.push(x); }
    bool pop(int & a, double & x){ return s1.pop(a) && s2.pop(x); }
};

int main()
{
    using std::cout;
    using std::cin;
    using std::endl;
    Crab<Stack> nebula;
// Stack must match template <typename T> class thing
    int ni;
    double nb;
    cout << "Enter int double pairs, such as 4 3.5 (0 0 to end):\n";
    while (cin>> ni >> nb && ni > 0 && nb > 0)
    {
        if (!nebula.push(ni, nb))
            break;
    }

    while (nebula.pop(ni, nb))
        cout << ni << ", " << nb << endl;
    cout << "Done.\n";

    return 0;
}
```

下面是程序清单 14.21 所示程序的运行情况：

```
Enter int double pairs, such as 4 3.5 (0 0 to end):
50 22.48
25 33.87
60 19.12
0 0
60, 19.12
25, 33.87
50, 22.48
Done.
```

可以混合使用模板参数和常规参数，例如，Crab 类的声明可以像下面这样打头：

```
template <template <typename T> class Thing, typename U, typename V>
class Crab
{
private:
    Thing<U> s1;
    Thing<V> s2;
...
```

现在，成员 s1 和 s2 可存储的数据类型为泛型，而不是用硬编码指定的类型。这要求将程序中 nebula 的声明修改成下面这样：

```
Crab<Stack, int, double> nebula; // T=Stack, U=int, V=double
```

模板参数 T 表示一种模板类型，而类型参数 U 和 V 表示非模板类型。

14.4.9 模板类和友元

模板类声明也可以有友元。模板的友元分 3 类：

- 非模板友元；
- 约束（bound）模板友元，即友元的类型取决于类被实例化时的类型；
- 非约束（unbound）模板友元，即友元的所有具体化都是类的每一个具体化的友元。

下面分别介绍它们。

1. 模板类的非模板友元函数

在模板类中将一个常规函数声明为友元：

```
template <class T>
class HasFriend
{
public:
    friend void counts();  // friend to all HasFriend instantiations
...
};
```

上述声明使 counts()函数成为模板所有实例化的友元。例如，它将是类 HasFriend<int>和 HasFriend<string>的友元。

counts()函数不是通过对象调用的（它是友元，不是成员函数），也没有对象参数，那么它如何访问 HasFriend 对象呢？有很多种可能性。它可以访问全局对象；可以使用全局指针访问非全局对象；可以创建自己的对象；可以访问独立于对象的模板类的静态数据成员。

假设要为友元函数提供模板类参数，可以如下所示来进行友元声明吗？

```
friend void report(HasFriend &); // possible?
```

答案是不可以。原因是不存在 HasFriend 这样的对象，而只有特定的具体化，如 HasFriend<short>。要提供模板类参数，必须指明具体化。例如，可以这样做：

```
template <class T>
class HasFriend
{
    friend void report(HasFriend<T> &); // bound template friend
...
};
```

为理解上述代码的功能，想想声明一个特定类型的对象时，将生成的具体化：

```
HasFriend<int> hf;
```

编译器将用 int 替代模板参数 T，因此友元声明的格式如下：

```
class HasFriend<int>
{
    friend void report(HasFriend<int> &); // bound template friend
    ...
};
```

也就是说，带 HasFriend<int>参数的 report()将成为 HasFriend<int>类的友元。同样，带 HasFriend<double>参数的 report()将是 report()的一个重载版本——它是 Hasfriend<double>类的友元。

注意，report()本身并不是模板函数，而只是使用一个模板作参数。这意味着必须为要使用的友元定义显式具体化：

```
void report(HasFriend<short> &) {...}; // explicit specialization for short
void report(HasFriend<int> &) {...};   // explicit specialization for int
```

程序清单 14.22 说明了上面几点。HasFriend 模板有一个静态成员 ct。这意味着这个类的每一个特定的具体化都将有自己的静态成员。count()方法是所有 HasFriend 具体化的友元，它报告两个特定的具体化（HasFriend<int>和 HasFriend<double>）的 ct 的值。该程序还提供两个 report()函数，它们分别是某个特定 HasFriend 具体化的友元。

程序清单 14.22　frnd2tmp.cpp

```
// frnd2tmp.cpp -- template class with non-template friends
#include <iostream>
using std::cout;
using std::endl;

template <typename T>
class HasFriend
{
private:
    T item;
    static int ct;
public:
    HasFriend(const T & i) : item(i) {ct++;}
    ~HasFriend() {ct--; }
    friend void counts();
    friend void reports(HasFriend<T> &); // template parameter
};

// each specialization has its own static data member
template <typename T>
int HasFriend<T>::ct = 0;
```

```
// non-template friend to all HasFriend<T> classes
void counts()
{
    cout << "int count: " << HasFriend<int>::ct << "; ";
    cout << "double count: " << HasFriend<double>::ct << endl;
}

// non-template friend to the HasFriend<int> class
void reports(HasFriend<int> & hf)
{
    cout <<"HasFriend<int>: " << hf.item << endl;
}

// non-template friend to the HasFriend<double> class
void reports(HasFriend<double> & hf)
{
    cout <<"HasFriend<double>: " << hf.item << endl;
}

int main()
{
    cout << "No objects declared: ";
    counts();
    HasFriend<int> hfi1(10);
    cout << "After hfi1 declared: ";
    counts();
    HasFriend<int> hfi2(20);
    cout << "After hfi2 declared: ";
    counts();
    HasFriend<double> hfdb(10.5);
    cout << "After hfdb declared: ";
    counts();
    reports(hfi1);
    reports(hfi2);
    reports(hfdb);

    return 0;
}
```

有些编译器将对您使用非模板友元发出警告。下面是程序清单 14.22 所示程序的输出：

```
No objects declared: int count: 0; double count: 0
After hfi1 declared: int count: 1; double count: 0
After hfi2 declared: int count: 2; double count: 0
After hfdb declared: int count: 2; double count: 1
HasFriend<int>: 10
HasFriend<int>: 20
HasFriend<double>: 10.5
```

2. 模板类的约束模板友元函数

可以修改前一个示例，使友元函数本身成为模板。具体地说，为约束模板友元做准备，来使类的每一个具体化都获得一个与友元匹配的具体化。这比非模板友元复杂些，包含以下 3 步。

首先，在类定义的前面声明每个模板函数。

```
template <typename T> void counts();
template <typename T> void report(T &);
```

然后，在函数中再次将模板声明为友元。这些语句根据类模板参数的类型声明具体化：

```
template <typename TT>
class HasFriendT
{
...
    friend void counts<TT>();
    friend void report<>(HasFriendT<TT> &);
};
```

声明中的<>指出这是模板具体化。对于 report()，<>可以为空，因为可以从函数参数推断出如下模板类型参数：

```
HasFriendT<TT>
```

然而，也可以使用：

```
report<HasFriendT<TT> >(HasFriendT<TT> &)
```

但 counts()函数没有参数，因此必须使用模板参数语法（<TT>）来指明其具体化。还需要注意的是，TT 是 HasFriendT 类的参数类型。

同样，理解这些声明的最佳方式也是设想声明一个特定具体化的对象时，它们将变成什么样。例如，假设声明了这样一个对象：

```
HasFriendT<int> squack;
```

编译器将用 int 替换 TT，并生成下面的类定义：

```
class HasFriendT<int>
{
...
    friend void counts<int>();
    friend void report<>(HasFriendT<int> &);
};
```

基于 TT 的具体化将变为 int，基于 HasFriendT<TT>的具体化将变为 HasFriendT<int>。因此，模板具体化 counts<int>()和 report<HasFriendT<int> >()被声明为 HasFriendT<int>类的友元。

程序必须满足的第三个要求是，为友元提供模板定义。程序清单 14.23 说明了这 3 个方面。请注意，程序清单 14.22 包含 1 个 count()函数，它是所有 HasFriend 类的友元；而程序清单 14.23 包含两个 count()函数，它们分别是某个被实例化的类类型的友元。因为 count()函数调用没有可被编译器用来推断出所需具体化的函数参数，所以这些调用使用 count<int>和 coount<double>()指明具体化。但对于 report()调用，编译器可以从参数类型推断出要使用的具体化。使用<>格式也能获得同样的效果：

```
report<HasFriendT<int> >(hfi2); // same as report(hfi2);
```

程序清单 14.23　tmp2tmp.cpp

```
// tmp2tmp.cpp -- template friends to a template class
#include <iostream>
using std::cout;
using std::endl;

// template prototypes
template <typename T> void counts();
template <typename T> void report(T &);

// template class
template <typename TT>
class HasFriendT
{
private:
    TT item;
    static int ct;
public:
    HasFriendT(const TT & i) : item(i) {ct++;}
    ~HasFriendT() { ct--; }
    friend void counts<TT>();
    friend void report<>(HasFriendT<TT> &);
};

template <typename T>
int HasFriendT<T>::ct = 0;

// template friend functions definitions
template <typename T>
void counts()
{
    cout << "template size: " << sizeof(HasFriendT<T>) << "; ";
    cout << "template counts(): " << HasFriendT<T>::ct << endl;
}

template <typename T>
void report(T & hf)
{
    cout << hf.item << endl;
}

int main()
{
    counts<int>();
    HasFriendT<int> hfi1(10);
    HasFriendT<int> hfi2(20);
    HasFriendT<double> hfdb(10.5);
    report(hfi1); // generate report(HasFriendT<int> &)
    report(hfi2); // generate report(HasFriendT<int> &)
    report(hfdb); // generate report(HasFriendT<double> &)
    cout << "counts<int>() output:\n";
    counts<int>();
    cout << "counts<double>() output:\n";
```

```
    counts<double>();

    return 0;
}
```

下面是程序清单 14.23 所示程序的输出：

```
template size: 4; template counts(): 0
10
20
10.5
counts<int>() output:
template size: 4; template counts(): 2
counts<double>() output:
template size: 8; template counts(): 1
```

正如您看到的，counts<double>和 counts<int>报告的模板大小不同，这表明每种 T 类型都有自己的友元函数 count()。

3. 模板类的非约束模板友元函数

前一节中的约束模板友元函数是在类外面声明的模板的具体化。int 类具体化获得 int 函数具体化，依此类推。通过在类内部声明模板，可以创建非约束友元函数，即每个函数具体化都是每个类具体化的友元。对于非约束友元，友元模板类型参数与模板类类型参数是不同的：

```
template <typename T>
class ManyFriend
{
...
    template <typename C, typename D> friend void show2(C &, D &);
};
```

程序清单 14.24 是一个使用非约束友元的例子。其中，函数调用 show2（hfi1，hfi2）与下面的具体化匹配：

```
void show2<ManyFriend<int> &, ManyFriend<int> &>
          (ManyFriend<int> & c, ManyFriend<int> & d);
```

因为它是所有 ManyFriend 具体化的友元，所以能够访问所有具体化的 item 成员，但它只访问了 ManyFriend<int>对象。

同样，show2(hfd, hfi2)与下面具体化匹配：

```
void show2<ManyFriend<double> &, ManyFriend<int> &>
          (ManyFriend<double> & c, ManyFriend<int> & d);
```

它也是所有 ManyFriend 具体化的友元，并访问了 ManyFriend<int>对象的 item 成员和 ManyFriend<double>对象的 item 成员。

程序清单 14.24 manyfrnd.cpp

```
// manyfrnd.cpp -- unbound template friend to a template class
#include <iostream>
using std::cout;
using std::endl;

template <typename T>
class ManyFriend
{
private:
    T item;
public:
    ManyFriend(const T & i) : item(i) {}
    template <typename C, typename D> friend void show2(C &, D &);
};

template <typename C, typename D> void show2(C & c, D & d)
{
    cout << c.item << ", " << d.item << endl;
}

int main()
{
    ManyFriend<int> hfi1(10);
    ManyFriend<int> hfi2(20);
    ManyFriend<double> hfdb(10.5);
    cout << "hfi1, hfi2: ";
    show2(hfi1, hfi2);
    cout << "hfdb, hfi2: ";
    show2(hfdb, hfi2);
```

```
    return 0;
}
```

程序清单 14.24 所示程序的输出如下：

```
hfi1, hfi2: 10, 20
hfdb, hfi2: 10.5, 20
```

14.4.10 模板别名（C++11）

如果能为类型指定别名，将很方便，在模板设计中尤其如此。可使用 typedef 为模板具体化指定别名：

```
// define three typedef aliases
typedef std::array<double, 12> arrd;
typedef std::array<int, 12> arri;
typedef std::array<std::string, 12> arrst;
arrd gallons; // gallons is type std::array<double, 12>
arri days;     // days is type std::array<int, 12>
arrst months; // months is type std::array<std::string, 12>
```

但如果您经常编写类似于上述 typedef 的代码，您可能怀疑要么自己忘记了可简化这项任务的 C++功能，要么 C++没有提供这样的功能。C++11 新增了一项功能——使用模板提供一系列别名，如下所示：

```
template<typename T>
  using arrtype = std::array<T,12>; // template to create multiple aliases
```

这将 arrtype 定义为一个模板别名，可使用它来指定类型，如下所示：

```
arrtype<double> gallons;     // gallons is type std::array<double, 12>
arrtype<int> days;           // days is type std::array<int, 12>
arrtype<std::string> months; // months is type std::array<std::string, 12>
```

总之，arrtype<T>表示类型 std::array<T, 12>。

C++11 允许将语法 using =用于非模板。用于非模板时，这种语法与常规 typedef 等价：

```
typedef const char * pc1;       // typedef syntax
using pc2 = const char *;       // using = syntax
typedef const int *(*pa1)[10];  // typedef syntax
using pa2 = const int *(*)[10]; // using = syntax
```

习惯这种语法后，您可能发现其可读性更强，因为它让类型名和类型信息更清晰。

C++11 新增的另一项模板功能是可变参数模板（variadic template），让您能够定义这样的模板类和模板函数，即可接受可变数量的参数。这个主题将在第 18 章介绍。

14.5 总结

C++提供了几种重用代码的手段。第 13 章介绍的公有继承能够建立 is-a 关系，这样派生类可以重用基类的代码。私有继承和保护继承也使得能够重用基类的代码，但建立的是 has-a 关系。使用私有继承时，基类的公有成员和保护成员将成为派生类的私有成员；使用保护继承时，基类的公有成员和保护成员将成为派生类的保护成员。无论使用哪种继承，基类的公有接口都将成为派生类的内部接口。这有时候被称为继承实现，但并不继承接口，因为派生类对象不能显式地使用基类的接口。因此，不能将派生对象看作是一种基类对象。由于这个原因，在不进行显式类型转换的情况下，基类指针或引用将不能指向派生类对象。

还可以通过开发包含对象成员的类来重用类代码。这种方法被称为包含、层次化或组合，它建立的也是 has-a 关系。与私有继承和保护继承相比，包含更容易实现和使用，所以通常优先采用这种方式。然而，私有继承和保护继承比包含有一些不同的功能。例如，继承允许派生类访问基类的保护成员；还允许派生类重新定义从基类那里继承的虚函数。因为包含不是继承，所以通过包含来重用类代码时，不能使用这些功能。另一方面，如果需要使用某个类的几个对象，则用包含更适合。例如，State 类可以包含一组 County 对象。

多重继承（MI）使得能够在类设计中重用多个类的代码。私有 MI 或保护 MI 建立 has-a 关系，而公有 MI 建立 is-a 关系。MI 会带来一些问题，即多次定义同一个名称，继承多个基类对象。可以使用类限定符来解决名称二义性的问题，使用虚基类来避免继承多个基类对象的问题。但使用虚基类后，就需要为编写构造函数初始化列表以及解决二义性问题引入新的规则。

类模板使得能够创建通用的类设计，其中类型（通常是成员类型）由类型参数表示。典型的模板如下：

```
template <class T>
class Ic
```

```
{
      T v;
      ...
public:
      Ic(const T & val) : v(val) { }
...
};
```

其中，T 是类型参数，用作以后将指定的实际类型的占位符（这个参数可以是任意有效的 C++名称，但通常使用 T 和 Type）。在这种环境下，也可以使用 typename 代替 class：

```
template <typename T> // same as template <class T>
class Rev {...} ;
```

类定义（实例化）在声明类对象并指定特定类型时生成。例如，下面的声明导致编译器生成类声明，用声明中的实际类型 short 替换模板中的所有类型参数 T：

```
class Ic<short> sic; // implicit instantiation
```

这里，类名为 Ic<short>，而不是 Ic。Ic<short>称为模板具体化。具体地说，这是一个隐式实例化。

使用关键字 template 声明类的特定具体化时，将发生显式实例化：

```
template class IC<int>; // explicit instantiation
```

在这种情况下，编译器将使用通用模板生成一个 int 具体化——Ic<int>，虽然尚未请求这个类的对象。

可以提供显式具体化——覆盖模板定义的具体类声明。方法是以 template<>打头，然后是模板类名称，再加上尖括号（其中包含要具体化的类型）。例如，为字符指针提供专用 Ic 类的代码如下：

```
template <> class Ic<char *>.
{
      char * str;
      ...
public:
      Ic(const char * s) : str(s) { }
      ...
};
```

这样，下面这样的声明将为 chic 使用专用定义，而不是通用模板：

```
class Ic<char *> chic;
```

类模板可以指定多个泛型，也可以有非类型参数：

```
template <class T, class TT, int n>
class Pals {...};
```

下面的声明将生成一个隐式实例化，用 double 代替 T，用 string 代替 TT，用 6 代替 n：

```
Pals<double, string, 6> mix;
```

类模板还可以包含本身就是模板的参数：

```
template < template <typename T> class CL, typename U, int z>
class Trophy {...};
```

其中 z 是一个 int 值，U 为类型名，CL 为一个使用 template<typename T>声明的类模板。

类模板可以被部分具体化：

```
template <class T> Pals<T, T, 10> {...};
template <class T, class TT> Pals<T, TT, 100> {...};
template <class T, int n> Pals <T, T*, n> {...};
```

第一个声明为两个类型相同，且 n 的值为 10 的情况创建了一个具体化。同样，第二个声明为 n 等于 100 的情况创建了一个具体化；第三个声明为第二个类型是指向第一个类型的指针的情况创建了一个具体化。

模板类可用作其他类、结构和模板的成员。

所有这些机制的目的都是为了让程序员能够重用经过测试的代码，而不用手工复制它们。这样可以简化编程工作，提高程序的可靠性。

14.6　复习题

1. 以 A 栏的类为基类时，B 栏的类采用公有派生还是私有派生更合适。

A	B
class Bear	class PolarBear
class Kitchen	class Home
class Person	class Programmer
class Person	class HorseAndJockey
class Person	class Automobile class Driver

2. 假设有下面的定义：

```
class Frabjous {
private:
      char fab[20];
public:
      Frabjous(const char * s = "C++") : fab(s) { }
      virtual void tell() { cout << fab; }
};

class Gloam {
private:
      int glip;
      Frabjous fb;
public:
      Gloam(int g = 0, const char * s = "C++");
      Gloam(int g, const Frabjous & f);
      void tell();
};
```

假设 Gloam 版本的 tell()应显示 glip 和 fb 的值，请为这 3 个 Gloam 方法提供定义。

3. 假设有下面的定义：

```
class Frabjous {
private:
      char fab[20];
public:
      Frabjous(const char * s = "C++") : fab(s) { }
      virtual void tell() { cout << fab; }
};

class Gloam : private Frabjous{
private:
      int glip;
public:
      Gloam(int g = 0, const char * s = "C++");
      Gloam(int g, const Frabjous & f);
      void tell();
};
```

假设 Gloam 版本的 tell()应显示 glip 和 fab 的值，请为这 3 个 Gloam 方法提供定义。

4. 假设有下面的定义，它是基于程序清单 14.13 中的 Stack 模板和程序清单 14.10 中的 Woker 类的：

```
Stack<Worker *> sw;
```

请写出将生成的类声明。只实现类声明，不实现非内联类方法。

5. 使用本章中的模板定义对下面的内容进行定义：

- string 对象数组；
- double 数组栈；
- 指向 Worker 对象的指针的栈数组。

程序清单 14.18 生成了多少个模板类定义？

6. 指出虚基类与非虚基类之间的区别。

14.7 编程练习

1. Wine 类有一个 string 类对象成员（参见第 4 章）和一个 Pair 对象（参见本章）；其中前者用于存储葡萄酒的名称，而后者有两个 valarray<int>对象（参见本章），这两个 valarray<int>对象分别保存了葡萄酒的酿造年份和该年生产的瓶数。例如，Pair 的第 1 个 valarray<int>对象可能为 1988、1992 和 1996 年，第 2 个 valarray<int>对象可能为 24、48 和 144 瓶。Wine 最好有 1 个 int 成员用于存储年数。另外，一些 typedef 可能有助于简化编程工作：

```
typedef std::valarray<int> ArrayInt;
typedef Pair<ArrayInt, ArrayInt> PairArray;
```

这样，PairArray 表示的是类型 Pair<std::valarray<int>, std::valarray<int> >。使用包含来实现 Wine 类，并用一个简单的程序对其进行测试。Wine 类应该有一个默认构造函数以及如下构造函数：

```
// initialize label to l, number of years to y,
// vintage years to yr[], bottles to bot[]
Wine(const char * l, int y, const int yr[], const int bot[]);
```

```
// initialize label to l, number of years to y,
// create array objects of length y
Wine(const char * l, int y);
```

Wine 类应该有一个 GetBottles()方法，它根据 Wine 对象能够存储几种年份（y），提示用户输入年份和瓶数。方法 Label()返回一个指向葡萄酒名称的引用。sum()方法返回 Pair 对象中第二个 valarray<int>对象中的瓶数总和。

测试程序应提示用户输入葡萄酒名称、元素个数以及每个元素存储的年份和瓶数等信息。程序将使用这些数据来构造一个 Wine 对象，然后显示对象中保存的信息。

下面是一个简单的测试程序：

```
// pe14-1.cpp -- using Wine class with containment
#include <iostream>
#include "winec.h"

int main ( void )
{
    using std::cin;
    using std::cout;
    using std::endl;

    cout << "Enter name of wine: ";
    char lab[50];
    cin.getline(lab, 50);
    cout << "Enter number of years: ";
    int yrs;
    cin >> yrs;

    Wine holding(lab, yrs); // store label, years, give arrays yrs elements
    holding.GetBottles();   // solicit input for year, bottle count
    holding.Show();         // display object contents

    const int YRS = 3;
    int y[YRS] = {1993, 1995, 1998};
    int b[YRS] = { 48, 60, 72};
    // create new object, initialize using data in arrays y and b
    Wine more("Gushing Grape Red",YRS, y, b);
    more.Show();
    cout << "Total bottles for " << more.Label() // use Label() method
         << ": " << more.sum() << endl;          // use sum() method
    cout << "Bye\n";
    return 0;
}
```

下面是该程序的运行情况：

```
Enter name of wine: Gully Wash
Enter number of years: 4
Enter Gully Wash data for 4 year(s):
Enter year: 1988
Enter bottles for that year: 42
Enter year: 1994
Enter bottles for that year: 58
Enter year: 1998
Enter bottles for that year: 122
Enter year: 2001
Enter bottles for that year: 144
Wine: Gully Wash
        Year    Bottles
        1988    42
        1994    58
        1998    122
        2001    144
Wine: Gushing Grape Red
        Year    Bottles
        1993    48
        1995    60
        1998    72
Total bottles for Gushing Grape Red: 180
Bye
```

2. 采用私有继承而不是包含来完成编程练习 1。同样，一些 typedef 可能会有所帮助，另外，您可能还需要考虑诸如下面这样的语句的含义：

```
PairArray::operator=(PairArray(ArrayInt(),ArrayInt()));
cout << (const string &)(*this);
```

您设计的类应该可以使用编程练习 1 中的测试程序进行测试。

3. 定义一个 QueueTp 模板。然后在一个类似于程序清单 14.12 的程序中创建一个指向 Worker 的指针队列（参见程序清单 14.10 中的定义），并使用该队列来测试它。

4. Person 类保存人的名和姓。除构造函数外，它还有 Show()方法，用于显示名和姓。Gunslinger 类以 Person 类为虚基类派生而来，它包含一个 Draw()成员，该方法返回一个 double 值，表示枪手的拔枪时间。这个类还包含一个 int 成员，表示枪手枪上的刻痕数。最后，这个类还包含一个 Show()函数，用于显示所有这些信息。

PokerPlayer 类以 Person 类为虚基类派生而来。它包含一个 Draw()成员，该函数返回一个 1～52 的随机数，用于表示扑克牌的值（也可以定义一个 Card 类，其中包含花色和面值成员，然后让 Draw()返回一个 Card 对象）。PokerPlayer 类使用 Person 类的 show()函数。BadDude()类从 Gunslinger 和 PokerPlayer 类公有派生而来。它包含 Gdraw()成员（返回坏蛋拔枪的时间）和 Cdraw()成员（返回下一张扑克牌），另外还有一个合适的 Show()函数。请定义这些类和方法以及其他必要的方法（如用于设置对象值的方法），并使用一个类似于程序清单 14.12 的简单程序对它们进行测试。

5. 下面是一些类声明：

```
// emp.h -- header file for abstr_emp class and children

#include <iostream>
#include <string>

class abstr_emp
{
private:
    std::string fname;    // abstr_emp's first name
    std::string lname;    // abstr_emp's last name
    std::string job;
public:
    abstr_emp();
    abstr_emp(const std::string & fn, const std::string & ln,
             const std::string & j);
    virtual void ShowAll() const; // labels and shows all data
    virtual void SetAll();        // prompts user for values
    friend std::ostream &
             operator<<(std::ostream & os, const abstr_emp & e);
    // just displays first and last name
    virtual ~abstr_emp() = 0;     // virtual base class
};

class employee : public abstr_emp
{
public:
    employee();
    employee(const std::string & fn, const std::string & ln,
             const std::string & j);
    virtual void ShowAll() const;
    virtual void SetAll();
};

class manager: virtual public abstr_emp
{
private:
    int inchargeof; // number of abstr_emps managed
protected:
    int InChargeOf() const { return inchargeof; } // output
    int & InChargeOf(){ return inchargeof; }      // input
public:
    manager();
    manager(const std::string & fn, const std::string & ln,
            const std::string & j, int ico = 0);
    manager(const abstr_emp & e, int ico);
    manager(const manager & m);
    virtual void ShowAll() const;
    virtual void SetAll();
};

class fink: virtual public abstr_emp
{
private:
    std::string reportsto; // to whom fink reports
protected:
    const std::string ReportsTo() const { return reportsto; }
```

```
    std::string & ReportsTo(){ return reportsto; }
public:
    fink();
    fink(const std::string & fn, const std::string & ln,
         const std::string & j, const std::string & rpo);
    fink(const abstr_emp & e, const std::string & rpo);
    fink(const fink & e);
    virtual void ShowAll() const;
    virtual void SetAll();
};

class highfink: public manager, public fink // management fink
{
public:
    highfink();
    highfink(const std::string & fn, const std::string & ln,
             const std::string & j, const std::string & rpo,
             int ico);
    highfink(const abstr_emp & e, const std::string & rpo, int ico);
    highfink(const fink & f, int ico);
    highfink(const manager & m, const std::string & rpo);
    highfink(const highfink & h);
    virtual void ShowAll() const;
    virtual void SetAll();
};
```

注意，该类层次结构使用了带虚基类的MI，所以要牢记这种情况下用于构造函数初始化列表的特殊规则。还需要注意的是，有些方法被声明为保护的。这可以简化一些 highfink 方法的代码（例如，如果 highfink::ShowAll()只是调用 fink::ShowAll()和 manager::ShwAll()，则它将调用 abstr_emp::ShowAll()两次）。请提供类方法的实现，并在一个程序中对这些类进行测试。下面是一个小型测试程序：

```
// pe14-5.cpp
// useemp1.cpp -- using the abstr_emp classes

#include <iostream>
using namespace std;
#include "emp.h"

int main(void)
{
    employee em("Trip", "Harris", "Thumper");
    cout << em << endl;
    em.ShowAll();
    manager ma("Amorphia", "Spindragon", "Nuancer", 5);
    cout << ma << endl;
    ma.ShowAll();

    fink fi("Matt", "Oggs", "Oiler", "Juno Barr");
    cout << fi << endl;
    fi.ShowAll();
    highfink hf(ma, "Curly Kew"); // recruitment?
    hf.ShowAll();
    cout << "Press a key for next phase:\n";
    cin.get();
    highfink hf2;
    hf2.SetAll();

    cout << "Using an abstr_emp * pointer:\n";
    abstr_emp * tri[4] = {&em, &fi, &hf, &hf2};
    for (int i = 0; i < 4; i++)
        tri[i]->ShowAll();

    return 0;
}
```

为什么没有定义赋值运算符？

为什么要将 ShowAll()和 SetAll()定义为虚的？

为什么要将 abstr_emp 定义为虚基类？

为什么 highfink 类没有数据部分？

为什么只需要一个 operator<<()版本？

如果使用下面的代码替换程序的结尾部分，将会发生什么情况？

```
abstr_emp tri[4] = {em, fi, hf, hf2};
for (int i = 0; i < 4; i++)
      tri[i].ShowAll();
```

第 15 章 友元、异常和其他

本章内容包括：

- 友元类；
- 友元类方法；
- 嵌套类；
- 引发异常、try 块和 catch 块；
- 异常类；
- 运行阶段类型识别（RTTI）；
- dynamic_cast 和 typeid；
- static_cast、const_cast 和 reiterpret_cast。

本章先介绍一些 C++语言最初就有的特性，然后介绍 C++语言新增的一些特性。前者包括友元类、友元成员函数和嵌套类，它们是在其他类中声明的类；后者包括异常、运行阶段类型识别（RTTI）和改进后的类型转换控制。C++异常处理提供了处理特殊情况的机制，如果不对其进行处理，将导致程序终止。RTTI 是一种确定对象类型的机制。新的类型转换运算符提高了类型转换的安全性。后 3 种特性是 C++新增的，老式编译器不支持它们。

15.1 友元

本书前面的一些示例将友元函数用于类的扩展接口中，类并非只能拥有友元函数，也可以将类作为友元。在这种情况下，友元类的所有方法都可以访问原始类的私有成员和保护成员。另外，也可以做更严格的限制，只将特定的成员函数指定为另一个类的友元。哪些函数、成员函数或类为友元是由类定义的，而不能从外部强加友情。因此，尽管友元被授予从外部访问类的私有部分的权限，但它们并不与面向对象的编程思想相悖；相反，它们提高了公有接口的灵活性。

15.1.1 友元类

什么时候希望一个类成为另一个类的友元呢？我们来看一个例子。假定需要编写一个模拟电视机和遥控器的简单程序。决定定义一个 Tv 类和一个 Remote 类，来分别表示电视机和遥控器。很明显，这两个类之间应当存在某种关系，但是什么样的关系呢？遥控器并非电视机，反之亦然，所以公有继承的 is-a 关系并不适用。遥控器也非电视机的一部分，反之亦然，因此包含或私有继承和保护继承的 has-a 关系也不适用。事实上，遥控器可以改变电视机的状态，这表明应将 Romote 类作为 Tv 类的一个友元。

首先定义 Tv 类。可以用一组状态成员（描述电视各个方面的变量）来表示电视机。下面是一些可能的状态：

- 开/关；
- 频道设置；
- 音量设置；

- 有线电视或天线调节模式；
- TV 调谐或 A/V 输入。

调节模式指的是，在美国，对于有线接收和 UHF 广播接收，14 频道和 14 频道以上的频道间隔是不同的。输入选择包括 TV（有线 TV 或广播 TV）和 DVD。有些电视机可能提供更多的选择，如多种 DVD/蓝光输入，但对于这个示例的目的而言，这个清单足够了。

另外，电视机还有一些不是状态变量的参数。例如，可接收频道数随电视机而异，可以包括一个记录这个值的成员。

接下来，必须给类提供一些修改这些设置的方法。当前，很多电视机都将控件藏在面板后面，但大多数电视机还是可以在不使用遥控器的情况下进行换台等工作的，通常只能逐频道换台，而不能随意选台。同样，通常还有两个按钮，分别用来增加和降低音量。

遥控器的控制能力应与电视机内置的控制功能相同，它的很多方法都可通过使用 Tv 方法来实现。另外，遥控器通常都提供随意选择频道的功能，即可以直接从 2 频道换到 20 频道，并不用逐次切换频道。另外，很多遥控器都有多种工作模式，如用作电视控制器和 DVD 遥控器。

这些考虑因素表明，定义应类似于程序清单 15.1。定义中包括一些被定义为枚举的常数。下面的语句使 Remote 成为友元类：

```
friend class Remote;
```

友元声明可以位于公有、私有或保护部分，其所在的位置无关紧要。由于 Remote 类提到了 Tv 类，所以编译器必须了解 Tv 类后，才能处理 Remote 类，为此，最简单的方法是首先定义 Tv 类。也可以使用前向声明（forward delaration），这将稍后介绍。

程序清单 15.1　tv.h

```
// tv.h -- Tv and Remote classes
#ifndef TV_H_
#define TV_H_

class Tv
{
public:
    friend class Remote; // Remote can access Tv private parts
    enum {Off, On};
    enum {MinVal,MaxVal = 20};
    enum {Antenna, Cable};
    enum {TV, DVD};

    Tv(int s = Off, int mc = 125) : state(s), volume(5),
        maxchannel(mc), channel(2), mode(Cable), input(TV) {}
    void onoff() {state = (state == On)? Off : On;}
    bool ison() const {return state == On;}
    bool volup();
    bool voldown();
    void chanup();
    void chandown();
    void set_mode() {mode = (mode == Antenna)? Cable : Antenna;}
    void set_input() {input = (input == TV)? DVD : TV;}
    void settings() const; // display all settings
private:
    int state;      // on or off
    int volume;     // assumed to be digitized
    int maxchannel; // maximum number of channels
    int channel;    // current channel setting
    int mode;       // broadcast or cable
    int input;      // TV or DVD
};
class Remote
{
private:
    int mode;      // controls TV or DVD
public:
    Remote(int m = Tv::TV) : mode(m) {}
    bool volup(Tv & t) { return t.volup();}
    bool voldown(Tv & t) { return t.voldown();}
```

```
    void onoff(Tv & t) { t.onoff(); }
    void chanup(Tv & t) {t.chanup();}
    void chandown(Tv & t) {t.chandown();}
    void set_chan(Tv & t, int c) {t.channel = c;}
    void set_mode(Tv & t) {t.set_mode();}
    void set_input(Tv & t) {t.set_input();}
};
#endif
```

在程序清单 15.1 中，大多数类方法都被定义为内联的。除构造函数外，所有的 Romote 方法都将一个 Tv 对象引用作为参数，这表明遥控器必须针对特定的电视机。程序清单 15.2 列出了其余的定义。音量设置函数将音量成员增减一个单位，除非声音到达最大或最小。频道选择函数使用循环方式，最低的频道设置为 1，它位于最高的频道设置 maxchannel 之后。

很多方法都使用条件运算符在两种状态之间切换：

```
void onoff() {state = (state == On)? Off : On;}
```

如果两种状态值分别为 true（1）和 false（0），则可以结合使用将在附录 E 讨论的按位异或和赋值运算符（^=）来简化上述代码：

```
void onoff() {state ^= 1;}
```

事实上，在单个无符号 char 变量中可存储多达 8 个双状态设置，分别对它们进行切换；但现在已经不用这样做了，使用附录 E 中讨论的按位运算符就可以完成。

程序清单 15.2 tv.cpp

```
// tv.cpp -- methods for the Tv class (Remote methods are inline)
#include <iostream>
#include "tv.h"

bool Tv::volup()
{
    if (volume < MaxVal)
    {
        volume++;
        return true;
    }
    else
        return false;
}
bool Tv::voldown()
{
    if (volume > MinVal)
    {
        volume--;
        return true;
    }
    else
        return false;
}

void Tv::chanup()
{
    if (channel < maxchannel)
        channel++;
    else
        channel = 1;
}

void Tv::chandown()
{
    if (channel > 1)
        channel--;
    else
        channel = maxchannel;
}

void Tv::settings() const
{
    using std::cout;
    using std::endl;
    cout << "TV is " << (state == Off? "Off" : "On") << endl;
```

```
    if (state == On)
    {
        cout << "Volume setting = " << volume << endl;
        cout << "Channel setting = " << channel << endl;
        cout << "Mode = "
            << (mode == Antenna? "antenna" : "cable") << endl;
        cout << "Input = "
            << (input == TV? "TV" : "DVD") << endl;
    }
}
```

程序清单 15.3 是一个简短的程序，可以测试一些特性。另外，可使用同一个遥控器控制两台不同的电视机。

程序清单 15.3　use_tv.cpp

```
//use_tv.cpp -- using the Tv and Remote classes
#include <iostream>
#include "tv.h"

int main()
{
    using std::cout;
    Tv s42;
    cout << "Initial settings for 42\" TV:\n";
    s42.settings();
    s42.onoff();
    s42.chanup();
    cout << "\nAdjusted settings for 42\" TV:\n";
    s42.settings();

    Remote grey;

    grey.set_chan(s42, 10);
    grey.volup(s42);
    grey.volup(s42);
    cout << "\n42\" settings after using remote:\n";
    s42.settings();

    Tv s58(Tv::On);
    s58.set_mode();
    grey.set_chan(s58,28);
    cout << "\n58\" settings:\n";
    s58.settings();
    return 0;
}
```

下面是程序清单 15.1～程序清单 15.3 组成的程序的输出：

```
Initial settings for 42" TV:
TV is Off
Adjusted settings for 42" TV:
TV is On
Volume setting = 5
Channel setting = 3
Mode = cable
Input = TV

42" settings after using remote:
TV is On
Volume setting = 7
Channel setting = 10
Mode = cable
Input = TV

58" settings:
TV is On
Volume setting = 5
Channel setting = 28
Mode = antenna
Input = TV
```

这个练习的主要目的在于表明，类友元是一种自然用语，用于表示一些关系。如果不使用某些形式的友元关系，则必须将 Tv 类的私有部分设置为公有的，或者创建一个笨拙的、大型类来包含电视机和遥控器。这种解决方法无法反应这样的事实，即同一个遥控器可用于多台电视机。

15.1.2 友元成员函数

从上一个例子中的代码可知，大多数 Remote 方法都是用 Tv 类的公有接口实现的。这意味着这些方法不是真正需要作为友元。事实上，唯一直接访问 Tv 成员的 Remote 方法是 Remote::set_chan()，因此它是唯一需要作为友元的方法。确实可以选择仅让特定的类成员成为另一个类的友元，而不必让整个类成为友元，但这样做稍微有点麻烦，必须小心排列各种声明和定义的顺序。下面介绍其中的原因。

让 Remote::set_chan()成为 Tv 类的友元的方法是，在 Tv 类声明中将其声明为友元：

```
class Tv
{
    friend void Remote::set_chan(Tv & t, int c);
    ...
};
```

然而，要使编译器能够处理这条语句，它必须知道 Remote 的定义。否则，它无法知道 Remote 是一个类，而 set_chan 是这个类的方法。这意味着应将 Remote 的定义放到 Tv 的定义前面。Remote 的方法提到了 Tv 对象，而这意味着 Tv 定义应当位于 Remote 定义之前。避开这种循环依赖的方法是，使用前向声明（forward declaration）。为此，需要在 Remote 定义的前面插入下面的语句：

```
class Tv; // forward declaration
```

这样，排列次序应如下：

```
class Tv; // forward declaration
class Remote { ... };
class Tv { ... };
```

能否像下面这样排列呢？

```
class Remote; // forward declaration
class Tv { ... };
class Remote { ... };
```

答案是不能。原因在于，在编译器在 Tv 类的声明中看到 Remote 的一个方法被声明为 Tv 类的友元之前，应该先看到 Remote 类的声明和 set_chan()方法的声明。

还有一个麻烦。程序清单 15.1 的 Remote 声明包含了内联代码，例如：

```
void onoff(Tv & t) { t.onoff(); }
```

由于这将调用 Tv 的一个方法，所以编译器此时必须已经看到了 Tv 类的声明，这样才能知道 Tv 有哪些方法，但正如看到的，该声明位于 Remote 声明的后面。这种问题的解决方法是，使 Remote 声明中只包含方法声明，并将实际的定义放在 Tv 类之后。这样，排列顺序将如下：

```
class Tv;              // forward declaration
class Remote { ... }; // Tv-using methods as prototypes only
class Tv { ... };
// put Remote method definitions here
```

Remote 方法的原型与下面类似：

```
void onoff(Tv & t);
```

检查该原型时，所有的编译器都需要知道 Tv 是一个类，而前向声明提供了这样的信息。当编译器到达真正的方法定义时，它已经读取了 Tv 类的声明，并拥有了编译这些方法所需的信息。通过在方法定义中使用 inline 关键字，仍然可以使其成为内联方法。程序清单 15.4 列出了修订后的头文件。

程序清单 15.4 tvfm.h

```
// tvfm.h -- Tv and Remote classes using a friend member
#ifndef TVFM_H_
#define TVFM_H_

class Tv; // forward declaration

class Remote
{
public:
    enum State{Off, On};
    enum {MinVal,MaxVal = 20};
    enum {Antenna, Cable};
```

```
    enum {TV, DVD};
private:
    int mode;
public:
    Remote(int m = TV) : mode(m) {}
    bool volup(Tv & t); // prototype only
    bool voldown(Tv & t);
    void onoff(Tv & t) ;
    void chanup(Tv & t) ;
    void chandown(Tv & t) ;
    void set_mode(Tv & t) ;
    void set_input(Tv & t);
    void set_chan(Tv & t, int c);
};

class Tv
{
public:
    friend void Remote::set_chan(Tv & t, int c);
    enum State{Off, On};
    enum {MinVal,MaxVal = 20};
    enum {Antenna, Cable};
    enum {TV, DVD};

    Tv(int s = Off, int mc = 125) : state(s), volume(5),
        maxchannel(mc), channel(2), mode(Cable), input(TV) {}
    void onoff() {state = (state == On)? Off : On;}
    bool ison() const {return state == On;}
    bool volup();
    bool voldown();
    void chanup();
    void chandown();
    void set_mode() {mode = (mode == Antenna)? Cable : Antenna;}
    void set_input() {input = (input == TV)? DVD : TV;}
    void settings() const;
private:
    int state;
    int volume;
    int maxchannel;
    int channel;
    int mode;
    int input;
};

// Remote methods as inline functions
inline bool Remote::volup(Tv & t) { return t.volup();}
inline bool Remote::voldown(Tv & t) { return t.voldown();}
inline void Remote::onoff(Tv & t) { t.onoff(); }
inline void Remote::chanup(Tv & t) {t.chanup();}
inline void Remote::chandown(Tv & t) {t.chandown();}
inline void Remote::set_mode(Tv & t) {t.set_mode();}
inline void Remote::set_input(Tv & t) {t.set_input();}
inline void Remote::set_chan(Tv & t, int c) {t.channel = c;}
 #endif
```

如果在 tv.cpp 和 use_tv.cpp 中包含 tvfm.h 而不是 tv.h，程序的行为与前一个程序相同，区别在于，只有一个 Remote 方法是 Tv 类的友元，而在原来的版本中，所有的 Remote 方法都是 Tv 类的友元。图 15.1 说明了这种区别。

本书前面介绍过，内联函数的链接性是内部的，这意味着函数定义必须在使用函数的文件中。在这个例子中，内联定义位于头文件中，因此在使用函数的文件中包含头文件可确保将定义放在正确的地方。也可以将定义放在实现文件中，但必须删除关键字 inline，这样函数的链接性将是外部的。

顺便说一句，让整个 Remote 类成为友元并不需要前向声明，因为友元语句本身已经指出 Remote 是一个类：

```
friend class Remote;
```

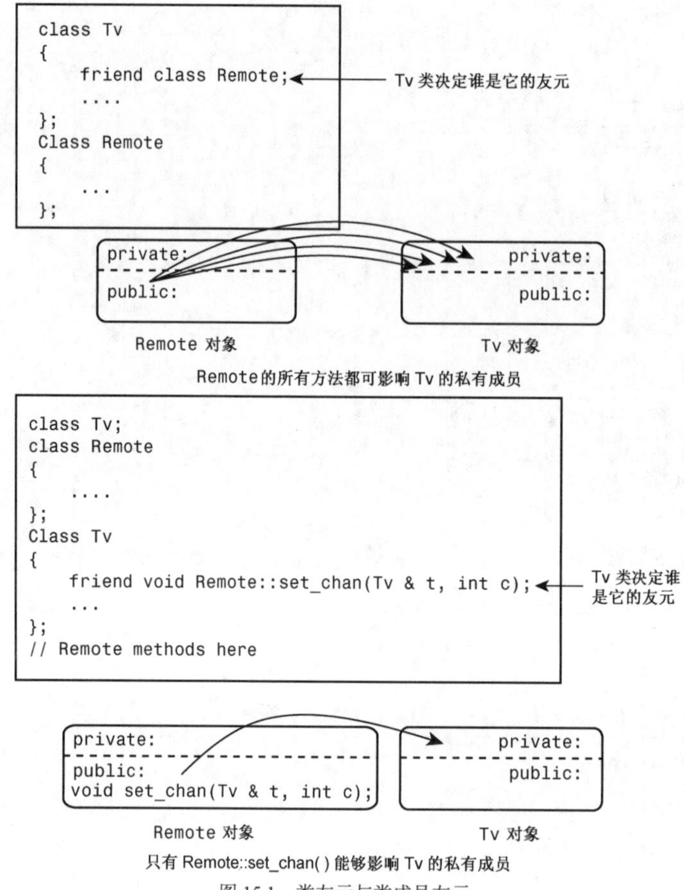

图 15.1 类友元与类成员友元

15.1.3 其他友元关系

除本章前面讨论的，还有其他友元和类的组合形式，下面简要地介绍其中的一些。

假设由于技术进步，出现了交互式遥控器。例如，交互式遥控器让您能够回答电视节目中的问题，如果回答错误，电视将在控制器上产生嗡嗡声。忽略电视使用这种设施安排观众进入节目的可能性，我们只看 C++ 的编程方面。新的方案将受益于相互的友情，一些 Remote 方法能够像前面那样影响 Tv 对象，而一些 Tv 方法也能影响 Remote 对象。这可以通过让类彼此成为对方的友元来实现，即除了 Remote 是 Tv 的友元外，Tv 还是 Remote 的友元。需要记住的一点是，对于使用 Remote 对象的 Tv 方法，其原型可在 Remote 类声明之前声明，但必须在 Remote 类声明之后定义，以便编译器有足够的信息来编译该方法。这种方案与下面类似：

```
class Tv
{
friend class Remote;
public:
    void buzz(Remote & r);
    ...
};
class Remote
{
friend class Tv;
public:
    void Bool volup(Tv & t) { t.volup(); }
    ...
};
inline void Tv::buzz(Remote & r)
{
    ...
}
```

由于 Remote 的声明位于 Tv 声明的后面，所以可以在类声明中定义 Remote::volup()，但 Tv::buzz()方法必须在 Tv 声明的外部定义，使其位于 Remote 声明的后面。如果不希望 buzz()是内联的，则应在一个单独的方法定义文件中定义它。

15.1.4 共同的友元

需要使用友元的另一种情况是，函数需要访问两个类的私有数据。从逻辑上看，这样的函数应是每个类的成员函数，但这是不可能的。它可以是一个类的成员，同时是另一个类的友元，但有时将函数作为两个类的友元更合理。例如，假定有一个 Probe 类和一个 Analyzer 类，前者表示某种可编程的测量设备，后者表示某种可编程的分析设备。这两个类都有内部时钟，且希望它们能够同步，则应该包含下述代码行：

```
class Analyzer; // forward declaration
class Probe
{
    friend void sync(Analyzer & a, const Probe & p); // sync a to p
    friend void sync(Probe & p, const Analyzer & a); // sync p to a
    ...
};
class Analyzer
{
    friend void sync(Analyzer & a, const Probe & p); // sync a to p
    friend void sync(Probe & p, const Analyzer & a); // sync p to a
    ...
};

// define the friend functions
inline void sync(Analyzer & a, const Probe & p)
{
    ...
}
inline void sync(Probe & p, const Analyzer & a)
{
    ...
}
```

前向声明使编译器看到 Probe 类声明中的友元声明时，知道 Analyzer 是一种类型。

15.2 嵌套类

在 C++中，可以将类声明放在另一个类中。在另一个类中声明的类被称为嵌套类（nested class），它通过提供新的类型类作用域来避免名称混乱。包含类的成员函数可以创建和使用被嵌套类的对象；而仅当声明位于公有部分，才能在包含类的外面使用嵌套类，而且必须使用作用域解析运算符（然而，旧版本的 C++不允许嵌套类或无法完全实现这种概念）。

对类进行嵌套与包含并不同。包含意味着将类对象作为另一个类的成员，而对类进行嵌套不创建类成员，而是定义了一种类型，该类型仅在包含嵌套类声明的类中有效。

对类进行嵌套通常是为了帮助实现另一个类，并避免名称冲突。Queue 类示例（第 12 章的程序清单 12.10）嵌套了结构定义，从而实现了一种变相的嵌套类：

```
class Queue
{
private:
// class scope definitions
    // Node is a nested structure definition local to this class
    struct Node {Item item; struct Node * next;};
    ...
};
```

由于结构是一种其成员在默认情况下为公有的类，所以 Node 实际上是一个嵌套类，但该定义并没有充分利用类的功能。具体地说，它没有显式构造函数，下面进行补救。

首先，找到 Queue 示例中创建 Node 对象的位置。从类声明（程序清单 12.10）和方法定义（程序清单 12.11）可知，唯一创建了 Node 对象的地方是 enqueue()方法：

```
bool Queue::enqueue(const Item & item)
{
    if (isfull())
        return false;
```

```
    Node * add = new Node; // create node
// on failure, new throws std::bad_alloc exception
    add->item = item;       // set node pointers
    add->next = NULL;
    ...
}
```

上述代码创建 Node 后，显式地给 Node 成员赋值，这种工作更适合由构造函数来完成。

知道应在什么地方以及如何使用构造函数后，便可以提供一个适当的构造函数定义：

```
class Queue
{
// class scope definitions
    // Node is a nested class definition local to this class
    class Node
    {
    public:
        Item item;
        Node * next;
        Node(const Item & i) : item(i), next(0) { }
    };
    ...
};
```

该构造函数将节点的 item 成员初始化为 i，并将 next 指针设置为 0，这是使用 C++编写空值指针的方法之一（使用 NULL 时，必须包含一个定义 NULL 的头文件；如果您使用的编译器支持 C++11，可使用 nullptr）。由于使用 Queue 类创建的所有节点的 next 的初始值都被设置为空指针，因此这个类只需要该构造函数。

接下来，需要使用构造函数重新编写 enqueue()：

```
bool Queue::enqueue(const Item & item)
{
    if (isfull())
        return false;
    Node * add = new Node(item); // create, initialize node
// on failure, new throws std::bad_alloc exception
    ...
}
```

这使得 enqueue()的代码更短，也更安全，因为它自动进行初始化，无需程序员记住应做什么。

这个例子在类声明中定义了构造函数。假设想在方法文件中定义构造函数，则定义必须指出 Node 类是在 Queue 类中定义的。这是通过使用两次作用域解析运算符来完成的：

```
Queue::Node::Node(const Item & i) : item(i), next(0) { }
```

15.2.1　嵌套类和访问权限

有两种访问权限适合于嵌套类。首先，嵌套类的声明位置决定了嵌套类的作用域，即它决定了程序的哪些部分可以创建这种类的对象。其次，和其他类一样，嵌套类的公有部分、保护部分和私有部分控制了对类成员的访问。在哪些地方可以使用嵌套类以及如何使用嵌套类，取决于作用域和访问控制。下面将更详细地进行介绍。

1. 作用域

如果嵌套类是在另一个类的私有部分声明的，则只有后者知道它。在前一个例子中，被嵌套在 Queue 声明中的 Node 类就属于这种情况（看起来 Node 是在私有部分之前定义的，但别忘了，类的默认访问权限是私有的），因此，Queue 成员可以使用 Node 对象和指向 Node 对象的指针，但是程序的其他部分甚至不知道存在 Node 类。对于从 Queue 派生而来的类，Node 也是不可见的，因为派生类不能直接访问基类的私有部分。

如果嵌套类是在另一个类的保护部分声明的，则它对于后者来说是可见的，但是对于外部世界则是不可见的。然而，在这种情况中，派生类将知道嵌套类，并可以直接创建这种类型的对象。

如果嵌套类是在另一个类的公有部分声明的，则允许后者、后者的派生类以及外部世界使用它，因为它是公有的。然而，由于嵌套类的作用域为包含它的类，因此在外部世界使用它时，必须使用类限定符。例如，假设有下面的声明：

```
class Team
{
public:
      class Coach { ... };
      ...
};
```

现在假定有一个失业的教练，他不属于任何球队。要在 Team 类的外面创建 Coach 对象，可以这样做：

```
Team::Coach forhire; // create a Coach object outside the Team class
```

嵌套结构和枚举的作用域与此相同。其实，很多程序员都使用公有枚举来提供可供客户程序员使用的类常数。例如，很多类实现都被定义为支持 iostream 使用这种技术来提供不同的格式选项，前面已经介绍过这方面的内容，第 17 章将更加全面地进行介绍。表 15.1 总结了嵌套类、结构和枚举的作用域特征。

表 15.1　　嵌套类、结构和枚举的作用域特征

声明位置	包含它的类是否可以使用它	从包含它的类派生而来的类是否可以使用它	在外部是否可以使用
私有部分	是	否	否
保护部分	是	是	否
公有部分	是	是	是，通过类限定符来使用

2. 访问控制

类可见后，起决定作用的将是访问控制。对嵌套类访问权的控制规则与对常规类相同。在 Queue 类声明中声明 Node 类并没有赋予 Queue 类任何对 Node 类的访问特权，也没有赋予 Node 类任何对 Queue 类的访问特权。因此，Queue 类对象只能显式地访问 Node 对象的公有成员。由于这个原因，在 Queue 示例中，Node 类的所有成员都被声明为公有的。这样有悖于应将数据成员声明为私有的这一惯例，但 Node 类是 Queue 类内部实现的一项特性，对外部世界是不可见的。这是因为 Node 类是在 Queue 类的私有部分声明的。所以，虽然 Queue 的方法可直接访问 Node 的成员，但使用 Queue 类的客户不能这样做。

总之，类声明的位置决定了类的作用域或可见性。类可见后，访问控制规则（公有、保护、私有、友元）将决定程序对嵌套类成员的访问权限。

15.2.2　模板中的嵌套

您知道，模板很适合用于实现诸如 Queue 等容器类。您可能会问，将 Queue 类定义转换为模板时，是否会由于它包含嵌套类而带来问题？答案是不会。程序清单 15.5 演示了如何进行这种转换。和类模板一样，该头文件也包含类模板和方法函数模板。

程序清单 15.5　queuetp.h

```
// queuetp.h -- queue template with a nested class
#ifndef QUEUETP_H_
#define QUEUETP_H_

template <class Item>
class QueueTP
{
private:
    enum {Q_SIZE = 10};
    // Node is a nested class definition
    class Node
    {
    public:
        Item item;
        Node * next;
        Node(const Item & i):item(i), next(0){ }
    };
    Node * front;      // pointer to front of Queue
    Node * rear;       // pointer to rear of Queue
    int items;         // current number of items in Queue
    const int qsize; // maximum number of items in Queue
    QueueTP(const QueueTP & q) : qsize(0) {}
    QueueTP & operator=(const QueueTP & q) { return *this; }
public:
    QueueTP(int qs = Q_SIZE);
    ~QueueTP();
    bool isempty() const
    {
        return items == 0;
    }
    bool isfull() const
```

```
        {
            return items == qsize;
        }
        int queuecount() const
        {
            return items;
        }
        bool enqueue(const Item &item); // add item to end
        bool dequeue(Item &item); // remove item from front
};
// QueueTP methods
template <class Item>
QueueTP<Item>::QueueTP(int qs) : qsize(qs)
{
    front = rear = 0;
    items = 0;
}

template <class Item>
QueueTP<Item>::~QueueTP()
{
    Node * temp;
    while (front != 0) // while queue is not yet empty
    {
        temp = front;  // save address of front item
        front = front->next;// reset pointer to next item
        delete temp;    // delete former front
    }
}

// Add item to queue
template <class Item>
bool QueueTP<Item>::enqueue(const Item & item)
{
    if (isfull())
        return false;
    Node * add = new Node(item); // create node
// on failure, new throws std::bad_alloc exception
    items++;
    if (front == 0)       // if queue is empty,
        front = add;      // place item at front
    else
        rear->next = add; // else place at rear
    rear = add;           // have rear point to new node
    return true;
}

// Place front item into item variable and remove from queue
template <class Item>
bool QueueTP<Item>::dequeue(Item & item)
{
    if (front == 0)
        return false;
    item = front->item;  // set item to first item in queue
    items--;
    Node * temp = front; // save location of first item
    front = front->next; // reset front to next item
    delete temp;         // delete former first item
    if (items == 0)
        rear = 0;
    return true;
}

#endif
```

程序清单 15.5 中模板有趣的一点是，Node 是利用通用类型 Item 来定义的。所以，下面的声明将导致 Node 被定义成用于存储 double 值：

```
QueueTp<double> dq;
```

而下面的声明将导致 Node 被定义成用于存储 char 值：

```
QueueTp<char> cq;
```

这两个 Node 类将在两个独立的 QueueTP 类中定义，因此不会发生名称冲突。即一个节点的类型为 QueueTP<double>::Node，另一个节点的类型为 QueueTP<char>::Node。

程序清单 15.6 是一个小程序，可用于测试这个新的类。

程序清单 15.6 nested.cpp

```
// nested.cpp -- using a queue that has a nested class
#include <iostream>

#include <string>
#include "queuetp.h"

int main()
{
    using std::string;
    using std::cin;
    using std::cout;

    QueueTP<string> cs(5);
    string temp;

    while(!cs.isfull())
    {
        cout << "Please enter your name. You will be "
                "served in the order of arrival.\n"
                "name: ";
    getline(cin, temp);
    cs.enqueue(temp);
    }
    cout << "The queue is full. Processing begins!\n";

    while (!cs.isempty())
    {
        cs.dequeue(temp);
        cout << "Now processing " << temp << "...\n";
    }
    return 0;
}
```

程序清单 15.5 和程序清单 15.6 组成的程序的运行情况如下：

```
Please enter your name. You will be served in the order of arrival.
name: Kinsey Millhone
Please enter your name. You will be served in the order of arrival.
name: Adam Dalgliesh
Please enter your name. You will be served in the order of arrival.
name: Andrew Dalziel
Please enter your name. You will be served in the order of arrival.
name: Kay Scarpetta
Please enter your name. You will be served in the order of arrival.
name: Richard Jury
The queue is full. Processing begins!
Now processing Kinsey Millhone...
Now processing Adam Dalgliesh...
Now processing Andrew Dalziel...
Now processing Kay Scarpetta...
Now processing Richard Jury...
```

15.3 异常

程序有时会遇到运行阶段错误，导致程序无法正常地运行下去。例如，程序可能试图打开一个不可用的文件，请求过多的内存，或者遭遇不能容忍的值。通常，程序员都会试图预防这种意外情况。C++异常为处理这种情况提供了一种功能强大而灵活的工具。异常是相对较新的 C++功能，有些老式编译器可能没有实现。另外，有些编译器默认关闭这种特性，您可能需要使用编译器选项来启用它。

讨论异常之前，先来看看程序员可使用的一些基本方法。作为试验，以一个计算两个数的调和平均数的函数为例。两个数的调和平均数的定义是：这两个数字倒数的平均值的倒数，因此表达式为：

```
2.0 × x × y / (x + y)
```

如果 y 是 x 的负值，则上述公式将导致被零除——一种不允许的运算。对于被零除的情况，很多新式编译器通过生成一个表示无穷大的特殊浮点值来处理，cout 将这种值显示为 Inf、inf、INF 或类似的东西；而其他的编译器可能生成在发生被零除时崩溃的程序。最好编写在所有系统上都以相同的受控方式运行的代码。

15.3.1 调用 abort()

对于这种问题，处理方式之一是，如果其中一个参数是另一个参数的负值，则调用 abort()函数。abort()函数的原型位于头文件 cstdlib（或 stdlib.h）中，其典型实现是向标准错误流（即 cerr 使用的错误流）发送消息 abnormal program termination（程序异常终止），然后终止程序。它还返回一个随实现而异的值，告诉操作系统（如果程序是由另一个程序调用的，则告诉父进程），处理失败。abort()是否刷新文件缓冲区（用于存储读写到文件中的数据的内存区域）取决于实现。如果愿意，也可以使用 exit()，该函数刷新文件缓冲区，但不显示消息。程序清单 15.7 是一个使用 abort()的小程序。

程序清单 15.7 error1.cpp

```
//error1.cpp -- using the abort() function
#include <iostream>
#include <cstdlib>
double hmean(double a, double b);

int main()
{
    double x, y, z;

    std::cout << "Enter two numbers: ";
    while (std::cin >> x >> y)
    {
        z = hmean(x,y);
        std::cout << "Harmonic mean of " << x << " and " << y
            << " is " << z << std::endl;
        std::cout << "Enter next set of numbers <q to quit>: ";
    }
    std::cout << "Bye!\n";
    return 0;
}

double hmean(double a, double b)
{
    if (a == -b)
    {
        std::cout << "untenable arguments to hmean()\n";
        std::abort();
    }
    return 2.0 * a * b / (a + b);
}
```

程序清单 15.7 中程序的运行情况如下：

```
Enter two numbers: 3 6
Harmonic mean of 3 and 6 is 4
Enter next set of numbers <q to quit>: 10 -10
untenable arguments to hmean()
abnormal program termination
```

注意，在 hmean()中调用 abort()函数将直接终止程序，而不是先返回到 main()。一般而言，显示的程序异常中断消息随编译器而异，下面是另一种编译器显示的消息：

```
This application has requested the Runtime to terminate it
in an unusual way. Please contact the application's support
team for more information.
```

为了避免异常终止，程序应在调用 hmean()函数之前检查 x 和 y 的值。然而，依靠程序员来执行这种检查是不安全的。

15.3.2 返回错误码

一种比异常终止更灵活的方法是，使用函数的返回值来指出问题。例如，ostream 类的 get（void）成员通常返回下一个输入字符的 ASCII 码，但到达文件尾时，将返回特殊值 EOF。对 hmean()来说，这种方法不管用。任何数值都是有效的返回值，因此不存在可用于指出问题的特殊值。在这种情况下，可使用指针参数或引用参数来将值返回给调用程序，并使用函数的返回值来指出成功还是失败。istream 族重载>>运算符使用了这种技术的变体。通过告知调用程序是成功了还是失败了，使得程序可以采取除异常终止程序之外的其他措施。程序清单 15.8 是一个采用这种方式的示例，它将 hmean()的返回值重新定义为 bool，让返回值指出成功了还是失败了，另外还给该函数增加了第三个参数，用于提供答案。

程序清单 15.8　error2.cpp

```
//error2.cpp -- returning an error code
#include <iostream>
#include <cfloat> // (or float.h) for DBL_MAX

bool hmean(double a, double b, double * ans);

int main()
{
    double x, y, z;

    std::cout << "Enter two numbers: ";
    while (std::cin >> x >> y)
    {
        if (hmean(x,y,&z))
            std::cout << "Harmonic mean of " << x << " and " << y
                << " is " << z << std::endl;
        else
            std::cout << "One value should not be the negative "
                << "of the other - try again.\n";
        std::cout << "Enter next set of numbers <q to quit>: ";
    }
    std::cout << "Bye!\n";
    return 0;
}

bool hmean(double a, double b, double * ans)
{
    if (a == -b)
    {
        *ans = DBL_MAX;
        return false;
    }
    else
    {
        *ans = 2.0 * a * b / (a + b);
        return true;
    }
}
```

程序清单 15.8 中程序的运行情况如下：

```
Enter two numbers: 3 6
Harmonic mean of 3 and 6 is 4
Enter next set of numbers <q to quit>: 10 -10
One value should not be the negative of the other - try again.
Enter next set of numbers <q to quit>: 1 19
Harmonic mean of 1 and 19 is 1.9
Enter next set of numbers <q to quit>: q
Bye!
```

程序说明

在程序清单 15.8 中，程序设计避免了错误输入导致的恶果，让用户能够继续输入。当然，设计确实依靠用户检查函数的返回值，这项工作是程序员所不经常做的。例如，为使程序短小精悍，本书的程序清单都没有检查 cout 是否成功地处理了输出。

第三参数可以是指针或引用。对内置类型的参数，很多程序员都倾向于使用指针，因为这样可以明显看出是哪个参数用于提供答案。

另一种在某个地方存储返回条件的方法是使用一个全局变量。可能问题的函数可以在出现问题时将该全局变量设置为特定的值，而调用程序可以检查该变量。传统的 C 语言数学库使用的就是这种方法，它使用的全局变量名为 errno。当然，必须确保其他函数没有将该全局变量用于其他目的。

15.3.3　异常机制

下面介绍如何使用异常机制来处理错误。C++异常是对程序运行过程中发生的异常情况（例如被 0 除）的一种响应。异常提供了将控制权从程序的一个部分传递到另一部分的途径。对异常的处理有 3 个组成部分：

- 引发异常；
- 使用处理程序捕获异常；
- 使用 try 块。

程序在出现问题时将引发异常。例如，可以修改程序清单 15.7 中的 hmean()，使之引发异常，而不是调用 abort()函数。throw 语句实际上是跳转，即命令程序跳到另一条语句。throw 关键字表示引发异常，紧随其后的值（例如字符串或对象）指出了异常的特征。

程序使用异常处理程序（exception handler）来捕获异常，异常处理程序位于要处理问题的程序中。catch 关键字表示捕获异常。处理程序以关键字 catch 开头，随后是位于括号中的类型声明，它指出了异常处理程序要响应的异常类型；然后是一个用花括号括起的代码块，指出要采取的措施。catch 关键字和异常类型用作标签，指出当异常被引发时，程序应跳到这个位置执行。异常处理程序也被称为 catch 块。

try 块标识其中特定的异常可能被激活的代码块，它后面跟一个或多个 catch 块。try 块是由关键字 try 指示的，关键字 try 的后面是一个由花括号括起的代码块，表明需要注意这些代码引发的异常。

要了解这 3 个元素是如何协同工作的，最简单的方法是看一个简短的例子，如程序清单 15.9 所示。

程序清单 15.9 error3.cpp

```
// error3.cpp -- using an exception
#include <iostream>
double hmean(double a, double b);

int main()
{
    double x, y, z;

    std::cout << "Enter two numbers: ";
    while (std::cin >> x >> y)
    {
        try { // start of try block
            z = hmean(x,y);
        } // end of try block
        catch (const char * s) // start of exception handler
        {
            std::cout << s << std::endl;
            std::cout << "Enter a new pair of numbers: ";
            continue;
        } // end of handler
        std::cout << "Harmonic mean of " << x << " and " << y
            << " is " << z << std::endl;
        std::cout << "Enter next set of numbers <q to quit>: ";
    }
    std::cout << "Bye!\n";
    return 0;
}

double hmean(double a, double b)
{
    if (a == -b)
        throw "bad hmean() arguments: a = -b not allowed";
    return 2.0 * a * b / (a + b);
}
```

程序清单 15.9 中程序的运行情况如下：

```
Enter two numbers: 3 6
Harmonic mean of 3 and 6 is 4
Enter next set of numbers <q to quit>: 10 -10
bad hmean() arguments: a = -b not allowed
Enter a new pair of numbers: 1 19
Harmonic mean of 1 and 19 is 1.9
Enter next set of numbers <q to quit>: q
Bye!
```

程序说明

在程序清单 15.9 中，try 块与下面类似：

```
try {           // start of try block
    z = hmean(x,y);
}               // end of try block
```

如果其中的某条语句导致异常被引发，则后面的 catch 块将对异常进行处理。如果程序在 try 块的外面调用 hmean()，将无法处理异常。

引发异常的代码与下面类似：

```
if (a == -b)
    throw "bad hmean() arguments: a = -b not allowed";
```

其中被引发的异常是字符串“bad hmean()arguments: a = -b not allowed”。异常类型可以是字符串（就像这个例子中那样）或其他 C++类型；通常为类类型，本章后面的示例将说明这一点。

执行 throw 语句类似于执行返回语句，因为它也将终止函数的执行；但 throw 不是将控制权返回给调用程序，而是导致程序沿函数调用序列后退，直到找到包含 try 块的函数。在程序清单 15.9 中，该函数是调用函数。稍后将有一个沿函数调用序列后退多步的例子。另外，在这个例子中，throw 将程序控制权返回给 main()。程序将在 main()中寻找与引发的异常类型匹配的异常处理程序（位于 try 块的后面）。

处理程序（或 catch 块）与下面类似：

```
catch (char * s) // start of exception handler
{
    std::cout << s << std::endl;
    sdt::cout << "Enter a new pair of numbers: ";
    continue;
}               // end of handler
```

catch 块有点类似于函数定义，但并不是函数定义。关键字 catch 表明这是一个处理程序，而 char*s 则表明该处理程序与字符串异常匹配。s 与函数参数定义极其类似，因为匹配的引发将被赋给 s。另外，当异常与该处理程序匹配时，程序将执行括号中的代码。

执行完 try 块中的语句后，如果没有引发任何异常，则程序跳过 try 块后面的 catch 块，直接执行处理程序后面的第一条语句。因此处理值 3 和 6 时，程序清单 15.9 中程序执行报告结果的输出语句。

接下来看将 10 和−10 传递给 hmean()函数后发生的情况。If语句导致 hmean()引发异常。这将终止 hmean()的执行。程序向后搜索时发现，hmean()函数是从 main()中的 try 块中调用的，因此程序查找与异常类型匹配的 catch 块。程序中唯一的一个 catch 块的参数为 char*，因此它与引发异常匹配。程序将字符串“bad hmean()arguments: a = -b not allowed”赋给变量 s，然后执行处理程序中的代码。处理程序首先打印 s——捕获的异常，然后打印要求用户输入新数据的指示，最后执行 continue 语句，命令程序跳过 while 循环的剩余部分，跳到起始位置。continue 使程序跳到循环的起始处，这表明处理程序语句是循环的一部分，而 catch 行是指引程序流程的标签（参见图 15.2）。

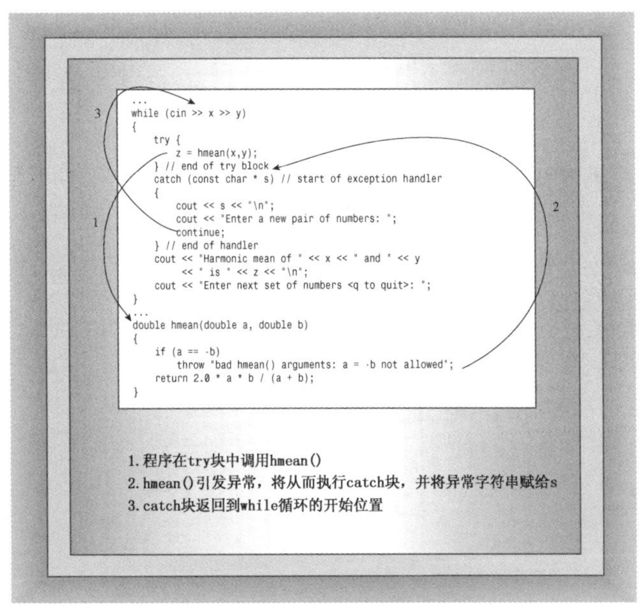

图 15.2　出现异常时的程序流程

您可能会问，如果函数引发了异常，而没有 try 块或没有匹配的处理程序时，将会发生什么情况。在默认情况下下，程序最终将调用 abort()函数，但可以修改这种行为。稍后将讨论这个问题。

15.3.4 将对象用作异常类型

通常，引发异常的函数将传递一个对象。这样做的重要优点之一是，可以使用不同的异常类型来区分不同的函数在不同情况下引发的异常。另外，对象可以携带信息，程序员可以根据这些信息来确定引发异常的原因。同时，catch 块可以根据这些信息来决定采取什么样的措施。例如，下面是针对函数 hmean()引发的异常而提供的一种设计：

```
class bad_hmean
{
private:
    double v1;
    double v2;
public:
    bad_hmean(int a = 0, int b = 0) : v1(a), v2(b){}
    void mesg();
};

inline void bad_hmean::mesg()
{
    std::cout << "hmean(" << v1 << ", " << v2 <<"): "
              << "invalid arguments: a = -b\n";
}
```

可以将一个 bad_hmean 对象初始化为传递给函数 hmean()的值，而方法 mesg()可用于报告问题（包括传递给函数 hmena()的值）。函数 hmean()可以使用下面这样的代码：

```
if (a == -b)
    throw bad_hmean(a,b);
```

上述代码调用构造函数 bad_hmean()，以初始化对象，使其存储参数值。

程序清单 15.10 和程序清单 15.11 添加了另一个异常类 bad_gmean 以及另一个名为 gmean()的函数，该函数引发 bad_gmean 异常。函数 gmean()计算两个数的几何平均值，即乘积的平方根。这个函数要求两个参数都不为负，如果参数为负，它将引发异常。程序清单 15.10 是一个头文件，其中包含异常类的定义；而程序清单 15.11 是一个示例程序，它使用了该头文件。注意，try 块的后面跟着两个 catch 块：

```
try {                   // start of try block
    ...
}// end of try block
catch (bad_hmean & bg) // start of catch block
{
    ...
}
catch (bad_gmean & hg)
{
    ...
} // end of catch block
```

如果函数 hmean()引发 bad_hmean 异常，第一个 catch 块将捕获该异常；如果 gmean()引发 bad_gmean 异常，异常将逃过第一个 catch 块，被第二个 catch 块捕获。

程序清单 15.10 exc_mean.h

```
// exc_mean.h -- exception classes for hmean(), gmean()
#include <iostream>

class bad_hmean
{
private:
    double v1;
    double v2;
public:
    bad_hmean(double a = 0, double b = 0) : v1(a), v2(b){}
    void mesg();
};

inline void bad_hmean::mesg()
{
    std::cout << "hmean(" << v1 << ", " << v2 <<"): "
              << "invalid arguments: a = -b\n";
```

```
}
class bad_gmean
{
public:
    double v1;
    double v2;
    bad_gmean(double a = 0, double b = 0) : v1(a), v2(b){}
    const char * mesg();
};

inline const char * bad_gmean::mesg()
{
    return "gmean() arguments should be >= 0\n";
}
```

程序清单 15.11 error4.cpp

```
//error4.cpp - using exception classes
#include <iostream>
#include <cmath> // or math.h, unix users may need -lm flag
#include "exc_mean.h"
// function prototypes
double hmean(double a, double b);
double gmean(double a, double b);
int main()
{
    using std::cout;
    using std::cin;
    using std::endl;

    double x, y, z;

    cout << "Enter two numbers: ";
    while (cin >> x >> y)
    {
        try { // start of try block
            z = hmean(x,y);
            cout << "Harmonic mean of " << x << " and " << y
                << " is " << z << endl;
            cout << "Geometric mean of " << x << " and " << y
                << " is " << gmean(x,y) << endl;
            cout << "Enter next set of numbers <q to quit>: ";
        }// end of try block
        catch (bad_hmean & bg) // start of catch block
        {
            bg.mesg();
            cout << "Try again.\n";
            continue;
        }
        catch (bad_gmean & hg)
        {
            cout << hg.mesg();
            cout << "Values used: " << hg.v1 << ", "
                 << hg.v2 << endl;
            cout << "Sorry, you don't get to play any more.\n";
            break;
        } // end of catch block
    }
    cout << "Bye!\n";
    return 0;
}

double hmean(double a, double b)
{
    if (a == -b)
        throw bad_hmean(a,b);
    return 2.0 * a * b / (a + b);
}

double gmean(double a, double b)
{
    if (a < 0 || b < 0)
        throw bad_gmean(a,b);
    return std::sqrt(a * b);
}
```

下面是程序清单15.10和程序清单15.11组成的程序的运行情况，错误的gmean()函数输入导致程序终止：

```
Enter two numbers: 4 12
Harmonic mean of 4 and 12 is 6
Geometric mean of 4 and 12 is 6.9282
Enter next set of numbers <q to quit>: 5 -5
hmean(5, -5): invalid arguments: a = -b
Try again.
5 -2
Harmonic mean of 5 and -2 is -6.66667
gmean() arguments should be >= 0
Values used: 5, -2
Sorry, you don't get to play any more.
Bye!
```

首先，bad_hmean异常处理程序使用了一条continue语句，而bad_gmean异常处理程序使用了一条break语句。因此，如果用户给函数hmean()提供的参数不正确，将导致程序跳过循环中余下的代码，进入下一次循环；而用户给函数gmean()提供的参数不正确时将结束循环。这演示了程序如何确定引发的异常（根据异常类型）并据此采取相应的措施。

其次，异常类bad_gmean和bad_hmean使用的技术不同，具体地说，bad_gmean使用的是公有数据和一个公有方法，该方法返回一个C风格字符串。

15.3.5 异常规范和C++11

有时候，一种理念看似有前途，但实际的使用效果并不好。一个这样的例子是异常规范（exception specification），这是C++98新增的一项功能，但C++11却将其摒弃了。这意味着这个功能目前仍然处于标准之中，但以后可能会从标准中剔除，因此不建议您使用它。

然而，忽视异常规范前，您至少应该知道它是什么样的，如下所示：

```
double harm(double a) throw(bad_thing); // may throw bad_thing exception
double marm(double) throw(); // doesn't throw an exception
```

其中的throw()部分就是异常规范，它可能出现在函数原型和函数定义中，可包含类型列表，也可不包含。

异常规范的作用之一是，告诉用户可能需要使用try块。然而，这项工作也可使用注释轻松地完成。异常规范的另一个作用是，让编译器添加执行运行阶段检查的代码，检查是否违反了异常规范。这很难检查。例如，marm()可能不会引发异常，但它可能调用一个函数，而这个函数调用的另一个函数引发了异常。另外，您给函数编写代码时它不会引发异常，但库更新后它却会引发异常。总之，编程社区（尤其是尽力编写安全代码的开发人员）达成的一致意见是，最好不要使用这项功能。而C++11也建议您忽略异常规范。

然而，C++11确实支持一种特殊的异常规范：您可使用新增的关键字noexcept指出函数不会引发异常：

```
double marm() noexcept; // marm() doesn't throw an exception
```

有关这种异常规范是否必要和有用存在一些争议，有些人认为最好不要使用它（至少在大多数情况下如此）；而有些人认为引入这个新关键字很有必要，理由是知道函数不会引发异常有助于编译器优化代码。通过使用这个关键字，编写函数的程序员相当于做出了承诺。

还有运算符noexcept()，它判断其操作数是否会引发异常，详情请参阅附录E。

15.3.6 栈解退

假设try块没有直接调用引发异常的函数，而是调用了对引发异常的函数进行调用的函数，则程序流程将从引发异常的函数跳到包含try块和处理程序的函数。这涉及到栈解退（unwinding the stack），下面进行介绍。

首先来看一看C++通常是如何处理函数调用和返回的。C++通常通过将信息放在栈（参见第9章）中来处理函数调用。具体地说，程序将调用函数的指令的地址（返回地址）放到栈中。当被调用的函数执行完毕后，程序将使用该地址来确定从哪里开始继续执行。另外，函数调用将函数参数放到栈中。在栈中，这些函数参数被视为自动变量。如果被调用的函数创建了新的自动变量，则这些变量也将被添加到栈中。如果被调用的函数调用了另一个函数，则后者的信息将被添加到栈中，依此类推。当函数结束时，程序流程将跳到该函数被调用时存储的地址处，同时栈顶的元素被释放。因此，函数通常都返回到调用它的函数，依此类推，同时每个函数都在结束时释放其自动变量。如果自动变量是类对象，则类的析构函数（如果有的话）将被调用。

现在假设函数由于出现异常（而不是由于返回）而终止，则程序也将释放栈中的内存，但不会在释放栈的第一个返回地址后停止，而是继续释放栈，直到找到一个位于 try 块（参见图 15.3）中的返回地址。随后，控制权将转到块尾的异常处理程序，而不是函数调用后面的第一条语句。这个过程被称为栈解退。引发机制的一个非常重要的特性是，和函数返回一样，对于栈中的自动类对象，类的析构函数将被调用。然而，函数返回仅仅处理该函数放在栈中的对象，而 throw 语句则处理 try 块和 throw 之间整个函数调用序列放在栈中的对象。如果没有栈解退这种特性，则引发异常后，对于中间函数调用放在栈中的自动类对象，其析构函数将不会被调用。

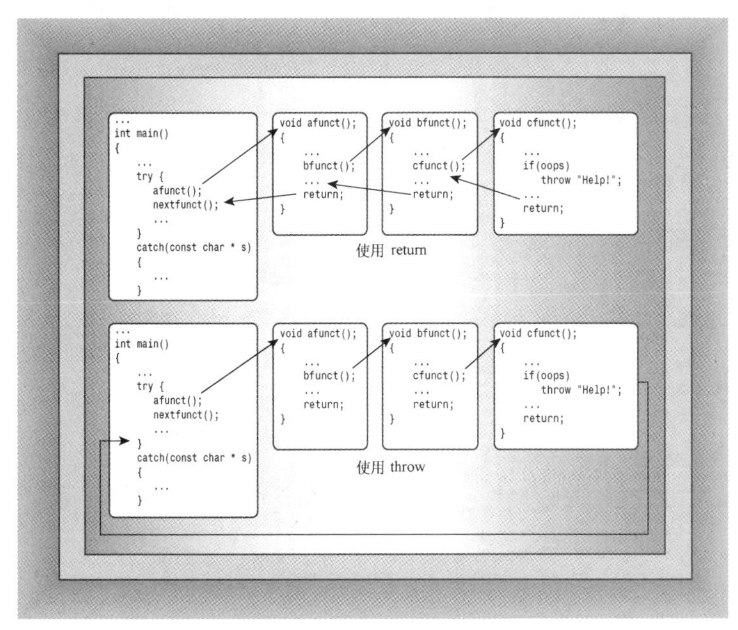

图 15.3 throw 与 return

程序清单 15.12 是一个栈解退的示例。其中，main()调用了 means()，而 means()又调用了 hmean()和 gmean()。函数 means()计算算术平均数、调和平均数和几何平均数。main()和 means()都创建 demo 类型的对象（demo 是一个喋喋不休的类，指出什么时候构造函数和析构函数被调用），以便您知道发生异常时这些对象将被如何处理。函数 main()中的 try 块能够捕获 bad_hmean 和 bad_gmean 异常，而函数 means()中的 try 块只能捕获 bad_hmean 异常。catch 块的代码如下：

```
catch (bad_hmean & bg) // start of catch block
{
    bg.mesg();
    std::cout << "Caught in means()\n";
    throw;             // rethrows the exception
}
```

上述代码显示消息后，重新引发异常，这将向上把异常发送给 main()函数。一般而言，重新引发的异常将由下一个捕获这种异常的 try-catch 块组合进行处理，如果没有找到这样的处理程序，默认情况下程序将异常终止。程序清单 15.12 使用的头文件与程序清单 15.11 使用的相同（程序清单 15.10 所示的 exc_mean.h）。

程序清单 15.12 error5.cpp

```
//error5.cpp -- unwinding the stack
#include <iostream>
#include <cmath> // or math.h, unix users may need -lm flag
#include <string>
#include "exc_mean.h"

class demo
{
private:
    std::string word;
public:
```

```
    demo (const std::string & str)
    {
        word = str;
        std::cout << "demo " << word << " created\n";
    }
    ~demo()
    {
        std::cout << "demo " << word << " destroyed\n";
    }
    void show() const
    {
        std::cout << "demo " << word << " lives!\n";
    }
};

// function prototypes
double hmean(double a, double b);
double gmean(double a, double b);
double means(double a, double b);

int main()
{
    using std::cout;
    using std::cin;
    using std::endl;

    double x, y, z;
    {
        demo d1("found in block in main()");
        cout << "Enter two numbers: ";
        while (cin >> x >> y)
        {
               try {  // start of try block
                   z = means(x,y);
                   cout << "The mean mean of " << x << " and " << y
                           << " is " << z << endl;
                   cout << "Enter next pair: ";
               } // end of try block
               catch (bad_hmean & bg) // start of catch block
               {
                   bg.mesg();
                   cout << "Try again.\n";
                   continue;
               }
               catch (bad_gmean & hg)
               {
                   cout << hg.mesg();
                   cout << "Values used: " << hg.v1 << ", "
                           << hg.v2 << endl;
                   cout << "Sorry, you don't get to play any more.\n";
                   break;
               } // end of catch block
        }
        d1.show();
    }
    cout << "Bye!\n";
    cin.get();
    cin.get();
    return 0;
}

double hmean(double a, double b)
{
    if (a == -b)
        throw bad_hmean(a,b);
    return 2.0 * a * b / (a + b);
}

double gmean(double a, double b)
{
    if (a < 0 || b < 0)
        throw bad_gmean(a,b);
    return std::sqrt(a * b);
}

double means(double a, double b)
{
    double am, hm, gm;
```

```
    demo d2("found in means()");
    am = (a + b) / 2.0; // arithmetic mean
    try
    {
        hm = hmean(a,b);
        gm = gmean(a,b);
    }
    catch (bad_hmean & bg) // start of catch block
    {
        bg.mesg();
        std::cout << "Caught in means()\n";
        throw; // rethrows the exception
    }
    d2.show();
    return (am + hm + gm) / 3.0;
}
```

下面是程序清单 15.10 和程序清单 15.12 组成的程序的运行情况：

```
demo found in block in main() created
Enter two numbers: 6 12
demo found in means() created
demo found in means() lives!
demo found in means() destroyed
The mean mean of 6 and 12 is 8.49509
Enter next pair: 6 -6
demo found in means() created
hmean(6, -6): invalid arguments: a = -b
Caught in means()
demo found in means() destroyed
hmean(6, -6): invalid arguments: a = -b
Try again.
Enter next pair: 6 -8
demo found in means() created
demo found in means() destroyed
gmean() arguments should be >= 0
Values used: 6, -8
Sorry, you don't get to play any more.
demo found in block in main() lives!
demo found in block in main() destroyed
Bye!
```

程序说明

来看看该程序的运行过程。首先，正如 demo 类的构造函数指出的，在 main()函数中创建了一个 demo 对象。接下来，调用了函数 means()，它创建了另一个 demo 对象。函数 means()使用 6 和 2 来调用函数 hmean()和 gmean()，它们将结果返回给 means()，后者计算一个结果并将其返回。返回结果前，means()调用了 d2.show()；返回结果后，函数 means()执行完毕，因此自动为 d2 调用析构函数：

```
demo found in means() lives!
demo found in means() destroyed
```

接下来的输入循环将值 6 和−6 发送给函数 means()，然后 means()创建一个新的 demo 对象，并将值传递给 hmean()。函数 hmean()引发 bad_hmean 异常，该异常被 means()中的 catch 块捕获，下面的输出指出了这一点：

```
hmean(6, -6): invalid arguments: a = -b
Caught in means()
```

该 catch 块中的 throw 语句导致函数 means()终止执行，并将异常传递给 main()函数。语句 d2.show()没有被执行表明 means()函数被提前终止。但需要指出的是，还是为 d2 调用了析构函数：

```
demo found in means() destroyed
```

这演示了异常极其重要的一点：程序进行栈解退以回到能够捕获异常的地方时，将释放栈中的自动存储型变量。如果变量是类对象，将为该对象调用析构函数。

与此同时，重新引发的异常被传递给 main()，在该函数中，合适的 catch 块将捕获它并对其进行处理：

```
hmean(6, -6): invalid arguments: a = -b
Try again.
```

接下来开始了第三次输入循环：6 和−8 被发送给函数 means()。同样，means()创建一个新的 demo 对象，然后将 6 和−8 传递给 hmean()，后者在处理它们时没有出现问题。然而，means()将 6 和−8 传递给 gmean()，后者引发了 bad_gmean 异常。由于 means()不能捕获 bad_gmean 异常，因此异常被传递给 main()，同时不再执行 means()中的其他代码。同样，当程序进行栈解退时，将释放局部的动态变量，因此为 d2 调用了析构函数：

```
demo found in means() destroyed
```

最后，main()中的 bad_gmean 异常处理程序捕获了该异常，循环结束：

```
gmean() arguments should be >= 0
Values used: 6, -8
Sorry, you don't get to play any more.
```

然后程序正常终止：显示一些消息并自动为 d1 调用析构函数。如果 catch 块使用的是 exit(EXIT_FAILURE)而不是 break，则程序将立刻终止，用户将看不到下述消息：

```
demo found in main() lives!
Bye!
```

但仍能够看到如下消息：

```
demo found in main() destroyed
```

同样，异常机制将负责释放栈中的自动变量。

15.3.7 其他异常特性

虽然 throw-catch 机制类似于函数参数和函数返回机制，但还是有些不同之处。其中之一是函数 fun()中的返回语句将控制权返回到调用 fun()的函数，但 throw 语句将控制权向上返回到第一个这样的函数：包含能够捕获相应异常的 try-catch 组合。例如，在程序清单 15.12 中，当函数 hmean()引发异常时，控制权将传递给函数 means()；然而，当 gmean()引发异常时，控制权将向上传递到 main()。

另一个不同之处是，引发异常时编译器总是创建一个临时拷贝，即使异常规范和 catch 块中指定的是引用。例如，请看下面的代码：

```
class problem {...};
...
void super() throw (problem)
{
    ...
    if (oh_no)
    {
        problem oops; // construct object
        throw oops;   // throw it
    ...
}
...
try {
    super();
}
catch(problem & p)
{
// statements
}
```

p 将指向 oops 的副本而不是 oops 本身。这是件好事，因为函数 super()执行完毕后，oops 将不复存在。顺便说一句，将引发异常和创建对象组合在一起将更简单：

```
throw problem(); // construct and throw default problem object
```

您可能会问，既然 throw 语句将生成副本，为何代码中使用引用呢？毕竟，将引用作为返回值的通常原因是避免创建副本以提高效率。答案是，引用还有另一个重要特征：基类引用可以执行派生类对象。假设有一组通过继承关联起来的异常类型，则在异常规范中只需列出一个基类引用，它将与任何派生类对象匹配。

假设有一个异常类层次结构，并要分别处理不同的异常类型，则使用基类引用将能够捕获任何异常对象；而使用派生类对象只能捕获它所属类及从这个类派生而来的类的对象。引发的异常对象将被第一个与之匹配的 catch 块捕获。这意味着 catch 块的排列顺序应该与派生顺序相反：

```
class bad_1 {...};
class bad_2 : public bad_1 {...};
class bad_3 : public bad_2 {...};
...
void duper()
{
    ...
    if (oh_no)
        throw bad_1();
    if (rats)
        throw bad_2();
    if (drat)
        throw bad_3();
}
...
```

```
try {
    duper();
}
catch(bad_3 &be)
{ // statements }
catch(bad_2 &be)
{ // statements }
catch(bad_1 &be)
{ // statements }
```

如果将 bad_1 &处理程序放在最前面，它将捕获异常 bad_1、bad_2 和 bad_3；通过按相反的顺序排列，bad_3 异常将被 bad_3 &处理程序所捕获。

提示： *如果有一个异常类继承层次结构，应这样排列 catch 块：将捕获位于层次结构最下面的异常类的 catch 语句放在最前面，将捕获基类异常的 catch 语句放在最后面。*

通过正确地排列 catch 块的顺序，让您能够在如何处理异常方面有选择的余地。然而，有时候可能不知道会发生哪些异常。例如，假设您编写了一个调用另一个函数的函数，而您并不知道被调用的函数可能引发哪些异常。在这种情况下，仍能够捕获异常，即使不知道异常的类型。方法是使用省略号来表示异常类型，从而捕获任何异常：

```
catch (...) { // statements } // catches any type exception
```

如果知道一些可能会引发的异常，可以将上述捕获所有异常的 catch 块放在最后面，这有点类似于 switch 语句中的 default：

```
try {
    duper();
}
catch(bad_3 &be)
{ // statements }
catch(bad_2 &be)
{ // statements }
catch(bad_1 &be)
{ // statements }
catch(bad_hmean & h)
{ // statements }
catch (...)          // catch whatever is left
{ // statements }
```

可以创建捕获对象而不是引用的处理程序。在 catch 语句中使用基类对象时，将捕获所有的派生类对象，但派生特性将被剥去，因此将使用虚方法的基类版本。

15.3.8 exception 类

C++异常的主要目的是为设计容错程序提供语言级支持，即异常使得在程序设计中包含错误处理功能更容易，以免事后采取一些严格的错误处理方式。异常的灵活性和相对方便性激励着程序员在条件允许的情况下在程序设计中加入错误处理功能。总之，异常是这样一种特性：类似于类，可以改变您的编程方式。

较新的 C++编译器将异常合并到语言中。例如，为支持该语言，exception 头文件（以前为 exception.h 或 except.h）定义了 exception 类，C++可以把它用作其他异常类的基类。代码可以引发 exception 异常，也可以将 exception 类用作基类。有一个名为 what()的虚拟成员函数，它返回一个字符串，该字符串的特征随实现而异。然而，由于这是一个虚方法，因此可以在从 exception 派生而来的类中重新定义它：

```
#include <exception>
class bad_hmean : public std::exception
{
public:
    const char * what() { return "bad arguments to hmean()"; }
...
};
class bad_gmean : public std::exception
{
public:
    const char * what() { return "bad arguments to gmean()"; }
...
};
```

如果不想以不同的方式处理这些派生而来的异常，可以在同一个基类处理程序中捕获它们：

```
try {
...
}
catch(std::exception & e)
```

```
    {
        cout << e.what() << endl;
    ...
    }
```

否则，可以分别捕获它们。

C++库定义了很多基于 exception 的异常类型。

1. stdexcept 异常类

头文件 stdexcept 定义了其他几个异常类。首先，该文件定义了 logic_error 和 runtime_error 类，它们都是以公有方式从 exception 派生而来的：

```
class logic_error : public exception {
public:
explicit logic_error(const string& what_arg);
...
};

class domain_error : public logic_error {
public:
explicit domain_error(const string& what_arg);
...
};
```

注意，这些类的构造函数接受一个 string 对象作为参数，该参数提供了方法 what()以 C 风格字符串方式返回的字符数据。

这两个新类被用作两个派生类系列的基类。异常类系列 logic_error 描述了典型的逻辑错误。总体而言，通过合理的编程可以避免这种错误，但实际上这些错误还是可能发生的。每个类的名称指出了它用于报告的错误类型：

- domain_error；
- invalid_argument；
- length_error；
- out_of_bounds。

每个类独有一个类似于 logic_error 的构造函数，让您能够提供一个供方法 what()返回的字符串。

数学函数有定义域（domain）和值域（range）。定义域由参数的可能取值组成，值域由函数可能的返回值组成。例如，正弦函数的定义域为负无穷大到正无穷大，因为任何实数都有正弦值；但正弦函数的值域为-1 到+1，因为它们分别是最大和最小正弦值。另一方面，反正弦函数的定义域为-1 到+1，值域为−π 到+ π。如果您编写一个函数，该函数将一个参数传递给函数 std::asin()，则可以让该函数在该参数不在定义域-1 到+1 之间时引发 domain_error 异常。

异常 invalid_argument 指出给函数传递了一个意料外的值。例如，如果函数希望接受一个这样的字符串：其中每个字符要么是‘0’要么是‘1’，则当传递的字符串中包含其他字符时，该函数将引发 invalid_argument 异常。

异常 length_error 用于指出没有足够的空间来执行所需的操作。例如，string 类的 append()方法在合并得到的字符串长度超过最大允许长度时，将引发 length_error 异常。

异常 out_of_bounds 通常用于指示索引错误。例如，您可以定义一个类似于数组的类，其 operator() [ ] 在使用的索引无效时引发 out_of_bounds 异常。

接下来，runtime_error 异常系列描述了可能在运行期间发生但难以预计和防范的错误。每个类的名称指出了它用于报告的错误类型：

- range_error；
- overflow_error；
- underflow_error。

每个类都有一个类似于 runtime_error 的构造函数，让您能够提供一个供方法 what()返回的字符串。

下溢（underflow）错误在浮点数计算中。一般而言，存在浮点类型可以表示的最小非零值，计算结果比这个值还小时将导致下溢错误。整型和浮点型都可能发生上溢错误，当计算结果超过了某种类型能够表示的最大数量级时，将发生上溢错误。计算结果可能不在函数允许的范围之内，但没有发生上溢或下溢错误，在这种情况下，可以使用 range_error 异常。

一般而言，logic_error 系列异常表明存在可以通过编程修复的问题，而 runtime_error 系列异常表明存在无法避免的问题。所有这些错误类有相同的常规特征，它们之间的主要区别在于：不同的类名让您能够分别处理每种异常。另一方面，继承关系让您能够一起处理它们（如果您愿意的话）。例如，下面的代码首先单独捕获 out_of_bounds 异常，然后统一捕获其他 logic_error 系列异常，最后统一捕获 exception 异常、runtime_error 系列异常以及其他从 exception 派生而来的异常：

```
try {
...
}
catch(out_of_bounds & oe) // catch out_of_bounds error
{...}
catch(logic_error & oe)   // catch remaining logic_error family
{...}
catch(exception & oe)     // catch runtime_error, exception objects
{...}
```

如果上述库类不能满足您的需求，应该从 logic_error 或 runtime_error 派生一个异常类，以确保您异常类可归入同一个继承层次结构中。

2. bad_alloc 异常和 new

对于使用 new 导致的内存分配问题，C++的最新处理方式是让 new 引发 bad_alloc 异常。头文件 new 包含 bad_alloc 类的声明，它是从 exception 类公有派生而来的。但在以前，当无法分配请求的内存量时，new 返回一个空指针。

程序清单 15.13 演示了最新的方法。捕获到异常后，程序将显示继承的 what()方法返回的消息（该消息随实现而异），然后终止。

程序清单 15.13　newexcp.cpp

```
// newexcp.cpp -- the bad_alloc exception
#include <iostream>
#include <new>
#include <cstdlib> // for exit(), EXIT_FAILURE
using namespace std;

struct Big
{
    double stuff[20000];
};

int main()
{
    Big * pb;
    try {
        cout << "Trying to get a big block of memory:\n";
        pb = new Big[10000]; // 1,600,000,000 bytes
        cout << "Got past the new request:\n";
    }
    catch (bad_alloc & ba)
    {
        cout << "Caught the exception!\n";
        cout << ba.what() << endl;
        exit(EXIT_FAILURE);
    }
    cout << "Memory successfully allocated\n";
    pb[0].stuff[0] = 4;
    cout << pb[0].stuff[0] << endl;
    delete [] pb;
    return 0;
}
```

下面该程序在某个系统中的输出：

```
Trying to get a big block of memory:
Caught the exception!
std::bad_alloc
```

在这里，方法 what()返回字符串“std::bad_alloc”。

如果程序在您的系统上运行时没有出现内存分配问题，可尝试提高请求分配的内存量。

3. 空指针和 new

很多代码都是在 new 在失败时返回空指针时编写的。为处理 new 的变化，有些编译器提供了一个标记（开关），让用户选择所需的行为。当前，C++标准提供了一种在失败时返回空指针的 new，其用法如下：

```
int * pi = new (std::nothrow) int;
int * pa = new (std::nothrow) int[500];
```

使用这种 new，可将程序清单 15.13 的核心代码改为如下所示：

```
Big * pb;

pb = new (std::nothrow) Big[10000]; // 1,600,000,000 bytes
if (pb == 0)
{
    cout << "Could not allocate memory. Bye.\n";
    exit(EXIT_FAILURE);
}
```

15.3.9 异常、类和继承

异常、类和继承以三种方式相互关联。首先，可以像标准 C++库所做的那样，从一个异常类派生出另一个；其次，可以在类定义中嵌套异常类声明来组合异常；最后，这种嵌套声明本身可被继承，还可用作基类。

程序清单 15.14 带领我们开始了上述一些可能性的探索之旅。这个头文件声明了一个 Sales 类，它用于存储一个年份以及一个包含 12 个月的销售数据的数组。LabeledSales 类是从 Sales 派生而来的，新增了一个用于存储数据标签的成员。

程序清单 15.14 sales.h

```
// sales.h -- exceptions and inheritance
#include <stdexcept>
#include <string>

class Sales
{
public:
    enum {MONTHS = 12}; // could be a static const
    class bad_index : public std::logic_error
    {
    private:
        int bi; // bad index value
    public:
        explicit bad_index(int ix,
            const std::string & s = "Index error in Sales object\n");
        int bi_val() const {return bi;}
        virtual ~bad_index() throw() {}
    };
    explicit Sales(int yy = 0);
    Sales(int yy, const double * gr, int n);
    virtual ~Sales() { }
    int Year() const { return year; }
    virtual double operator[](int i) const;
    virtual double & operator[](int i);
private:
    double gross[MONTHS];
    int year;
};

class LabeledSales : public Sales
{
  public:
    class nbad_index : public Sales::bad_index
    {
    private:
        std::string lbl;
    public:
        nbad_index(const std::string & lb, int ix,
            const std::string & s = "Index error in LabeledSales object\n");
        const std::string & label_val() const {return lbl;}
        virtual ~nbad_index() throw() {}
    };
    explicit LabeledSales(const std::string & lb = "none", int yy = 0);
    LabeledSales(const std::string & lb, int yy, const double * gr, int n);
    virtual ~LabeledSales() { }
    const std::string & Label() const {return label;}
```

```
    virtual double operator[](int i) const;
    virtual double & operator[](int i);
private:
    std::string label;
};
```

来看一下程序清单 15.14 的几个细节。首先，符号常量 MONTHS 位于 Sales 类的公有部分，这使得派生类（如 LabeledSales）能够使用这个值。

接下来，bad_index 被嵌套在 Sales 类的公有部分中，这使得客户类的 catch 块可以使用这个类作为类型。注意，在外部使用这个类型时，需要使用 Sales::bad_index 来标识。这个类是从 logic_error 类派生而来的，能够存储和报告数组索引的超界值（out-of-bounds value）。

nbad_index 类被嵌套到 LabeledSales 的公有部分，这使得客户类可以通过 LabeledSales::nbad_index 来使用它。它是从 bad_index 类派生而来的，新增了存储和报告 LabeledSales 对象的标签的功能。由于 bad_index 是从 logic_error 派生而来的，因此 nbad_index 归根结底也是从 logic_error 派生而来的。

Sales 和 LabeledSales 类都有重载的 operator[ ] ()方法，这些方法设计用于访问存储在对象中的数组元素，并在索引超界时引发异常。

bad_index 和 nbad_index 类都使用了异常规范 throw()，这是因为它们都归根结底是从基类 exception 派生而来的，而 exception 的虚析构函数使用了异常规范 throw()。这是 C++98 的一项功能，在 C++11 中，exception 的构造函数没有使用异常规范。

程序清单 15.15 是程序清单中没有声明为内联的方法的实现。注意，对于被嵌套类的方法，需要使用多个作用域解析运算符。另外，如果数组索引超界，函数 operator[ ] ()将引发异常。

程序清单 15.15　sales.cpp

```
// sales.cpp -- Sales implementation
#include "sales.h"
using std::string;

Sales::bad_index::bad_index(int ix, const string & s )
    : std::logic_error(s), bi(ix)
{
}

Sales::Sales(int yy)
{
    year = yy;
    for (int i = 0; i < MONTHS; ++i)
        gross[i] = 0;
}

Sales::Sales(int yy, const double * gr, int n)
{
    year = yy;
    int lim = (n < MONTHS)? n : MONTHS;
    int i;
    for (i = 0; i < lim; ++i)
        gross[i] = gr[i];
    // for i > n and i < MONTHS
    for ( ; i < MONTHS; ++i)
        gross[i] = 0;
}

double Sales::operator[](int i) const
{
    if(i < 0 || i >= MONTHS)
        throw bad_index(i);
    return gross[i];
}

double & Sales::operator[](int i)
{
    if(i < 0 || i >= MONTHS)
        throw bad_index(i);
    return gross[i];
}
```

```
LabeledSales::nbad_index::nbad_index(const string & lb, int ix,
           const string & s ) : Sales::bad_index(ix, s)
{
    lbl = lb;
}

LabeledSales::LabeledSales(const string & lb, int yy)
        : Sales(yy)
{
    label = lb;
}

LabeledSales::LabeledSales(const string & lb, int yy,
                           const double * gr, int n)
                                  : Sales(yy, gr, n)
{
    label = lb;
}

double LabeledSales::operator[](int i) const
{    if(i < 0 || i >= MONTHS)
        throw nbad_index(Label(), i);
    return Sales::operator[](i);
}

double & LabeledSales::operator[](int i)
{
    if(i < 0 || i >= MONTHS)
        throw nbad_index(Label(), i);
    return Sales::operator[](i);
}
```

程序清单 15.16 在一个程序中使用了这些类：首先试图超越 LabeledSales 对象 sales2 中数组的末尾，然后试图超越 Sales 对象 sales1 中数组的末尾。这些尝试是在两个 try 块中进行的，让您能够检测每种异常。

程序清单 15.16　use_sales.cpp

```
// use_sales.cpp -- nested exceptions
#include <iostream>
#include "sales.h"

int main()
{
    using std::cout;
    using std::cin;
    using std::endl;
double vals1[12] =
{
    1220, 1100, 1122, 2212, 1232, 2334,
    2884, 2393, 3302, 2922, 3002, 3544
};

double vals2[12] =
{
    12, 11, 22, 21, 32, 34,
    28, 29, 33, 29, 32, 35
};

Sales sales1(2011, vals1, 12);
LabeledSales sales2("Blogstar",2012, vals2, 12 );

cout << "First try block:\n";
try
{
    int i;
    cout << "Year = " << sales1.Year() << endl;
    for (i = 0; i < 12; ++i)
    {

        cout << sales1[i] << ' ';
        if (i % 6 == 5)
            cout << endl;
    }
    cout << "Year = " << sales2.Year() << endl;
    cout << "Label = " << sales2.Label() << endl;
    for (i = 0; i <= 12; ++i)
```

```
    {
        cout << sales2[i] << ' ';
        if (i % 6 == 5)
            cout << endl;
    }
    cout << "End of try block 1.\n";
}
catch(LabeledSales::nbad_index & bad)
{
    cout << bad.what();
    cout << "Company: " << bad.label_val() << endl;
    cout << "bad index: " << bad.bi_val() << endl;
}
catch(Sales::bad_index & bad)
{
    cout << bad.what();
    cout << "bad index: " << bad.bi_val() << endl;
}
cout << "\nNext try block:\n";
try
{
    sales2[2] = 37.5;
    sales1[20] = 23345;
    cout << "End of try block 2.\n";
}
catch(LabeledSales::nbad_index & bad)
{
    cout << bad.what();
    cout << "Company: " << bad.label_val() << endl;
    cout << "bad index: " << bad.bi_val() << endl;
}
catch(Sales::bad_index & bad)
{
    cout << bad.what();
    cout << "bad index: " << bad.bi_val() << endl;
}
cout << "done\n";

 return 0;
}
```

下面是程序清单 15.14～程序清单 15.16 组成的程序的输出：

```
First try block:
Year = 2011
1220 1100 1122 2212 1232 2334
2884 2393 3302 2922 3002 3544
Year = 2012
Label = Blogstar
12 11 22 21 32 34
28 29 33 29 32 35
Index error in LabeledSales object
Company: Blogstar
bad index: 12

Next try block:
Index error in Sales object
bad index: 20
done
```

15.3.10 异常何时会迷失方向

异常被引发后，在两种情况下，会导致问题。如果它是在带异常规范的函数中引发的，则必须与规范列表中的某种异常匹配（在继承层次结构中，类类型与这个类及其派生类的对象匹配），否则称为意外异常（unexpected exception）。在默认情况下，这将导致程序异常终止（虽然 C++11 摒弃了异常规范，但仍支持它，且有些现有的代码使用了它）。如果异常不是在函数中引发的（或者函数没有异常规范），则必须捕获它。如果没被捕获（在没有 try 块或没有匹配的 catch 块时，将出现这种情况），则异常被称为未捕获异常（uncaught exception）。在默认情况下，这将导致程序异常终止。然而，可以修改程序对意外异常和未捕获异常的反应。下面来看如何修改，先从未捕获异常开始。

未捕获异常不会导致程序立刻异常终止。相反，程序将首先调用函数 terminate()。在默认情况下，terminate()调用 abort()函数。可以指定 terminate()应调用的函数（而不是 abort()）来修改 terminate()的这种行为。为此，可调用 set_terminate()函数。set_terminate()和 terminate()都是在头文件 exception 中声明的：

```
typedef void (*terminate_handler)();
terminate_handler set_terminate(terminate_handler f) throw();  // C++98
terminate_handler set_terminate(terminate_handler f) noexcept; // C++11
void terminate();             // C++98
void terminate() noexcept; // C++11
```

其中的 typedef 使 terminate_handler 成为这样一种类型的名称：指向没有参数和返回值的函数的指针。set_terminate()函数将不带任何参数且返回类型为 void 的函数的名称（地址）作为参数，并返回该函数的地址。如果调用了 set_terminate()函数多次，则 terminate()将调用最后一次 set_terminate()调用设置的函数。

来看一个例子。假设希望未捕获的异常导致程序打印一条消息，然后调用 exit()函数，将退出状态值设置为 5。首先，请包含头文件 exception。可以使用 using 编译指令、适当的 using 声明或 std ::限定符，来使其声明可用。

```
#include <exception>
using namespace std;
```

然后，设计一个完成上述两种操作所需的函数，其原型如下：

```
void myQuit()
{
    cout << "Terminating due to uncaught exception\n";
    exit(5);
}
```

最后，在程序的开头，将终止操作指定为调用该函数。

```
set_terminate(myQuit);
```

现在，如果引发了一个异常且没有被捕获，程序将调用 terminate()，而后者将调用 MyQuit()。

接下来看意外异常。通过给函数指定异常规范，可以让函数的用户知道要捕获哪些异常。假设函数的原型如下：

```
double Argh(double, double) throw(out_of_bounds);
```

则可以这样使用该函数：

```
try {
    x = Argh(a, b);
}
catch(out_of_bounds & ex)
{
    ...
}
```

知道应捕获哪些异常很有帮助，因为默认情况下，未捕获的异常将导致程序异常终止。

原则上，异常规范应包含函数调用的其他函数引发的异常。例如，如果 Argh()调用了 Duh()函数，而后者可能引发 retort 对象异常，则 Argh()和 Duh()的异常规范中都应包含 retort。除非自己编写所有的函数，并且特别仔细，否则无法保证上述工作都已正确完成。例如，可能使用的是老式商业库，而其中的函数没有异常规范。这表明应进一步探讨这样一点，即如果函数引发了其异常规范中没有的异常，情况将如何？这也表明异常规范机制处理起来比较麻烦，这也是 C++11 将其摒弃的原因之一。

在这种情况下，行为与未捕获的异常极其类似。如果发生意外异常，程序将调用 unexpected()函数（您没有想到是 unexpected()函数吧？谁也想不到！）。这个函数将调用 terminate()，后者在默认情况下将调用 abort()。正如有一个可用于修改 terminate()的行为的 set_terminate()函数一样，也有一个可用于修改 unexpected()的行为的 set_unexpected()函数。这些新函数也是在头文件 exception 中声明的：

```
typedef void (*unexpected_handler)();
unexpected_handler set_unexpected(unexpected_handler f) throw();  // C++98
unexpected_handler set_unexpected(unexpected_handler f) noexcept; // C++11
void unexpected();            // C++98
void unexpected() noexcept; // C+0x
```

然而，与提供给 set_terminate()的函数的行为相比，提供给 set_unexpected()的函数的行为受到更严格的限制。具体地说，unexpected_handler 函数可以：

- 通过调用 terminate()（默认行为）、abort()或 exit()来终止程序；
- 引发异常。

引发异常（第二种选择）的结果取决于 unexpected_handler 函数所引发的异常以及引发意外异常的函数的异常规范：

- 如果新引发的异常与原来的异常规范匹配，则程序将从那里开始进行正常处理，即寻找与新引发的异常匹配的 catch 块。基本上，这种方法将用预期的异常取代意外异常；

- 如果新引发的异常与原来的异常规范不匹配，且异常规范中没有包括 std ::bad_exception 类型，则程序将调用 terminate()。bad_exception 是从 exception 派生而来的，其声明位于头文件 exce ption 中；
- 如果新引发的异常与原来的异常规范不匹配，且原来的异常规范中包含了 std ::bad_exception 类型，则不匹配的异常将被 std ::bad_exception 异常所取代。

总之，如果要捕获所有的异常（不管是预期的异常还是意外异常），则可以这样做：

首先确保异常头文件的声明可用：

```
#include <exception>
using namespace std;
```

然后，设计一个替代函数，将意外异常转换为 bad_exception 异常，该函数的原型如下：

```
void myUnexpected()
{
    throw std::bad_exception(); //or just throw;
}
```

仅使用 throw，而不指定异常将导致重新引发原来的异常。然而，如果异常规范中包含了这种类型，则该异常将被 bad_exception 对象所取代。

接下来在程序的开始位置，将意外异常操作指定为调用该函数：

```
set_unexpected(myUnexpected);
```

最后，将 bad_exception 类型包括在异常规范中，并添加如下 catch 块序列：

```
double Argh(double, double) throw(out_of_bounds, bad_exception);
...
try {
    x = Argh(a, b);
}
catch(out_of_bounds & ex)
{
    ...
}
catch(bad_exception & ex)
{
    ...
}
```

15.3.11　有关异常的注意事项

从前面关于如何使用异常的讨论可知，应在设计程序时就加入异常处理功能，而不是以后再添加。这样做有些缺点。例如，使用异常会增加程序代码，降低程序的运行速度。异常规范不适用于模板，因为模板函数引发的异常可能随特定的具体化而异。异常和动态内存分配并非总能协同工作。

下面进一步讨论动态内存分配和异常。首先，请看下面的函数：

```
void test1(int n)
{
    string mesg("I'm trapped in an endless loop");
    ...
    if (oh_no)
        throw exception();
    ...
    return;
}
```

string 类采用动态内存分配。通常，当函数结束时，将为 mesg 调用 string 的析构函数。虽然 throw 语句过早地终止了函数，但它仍然使得析构函数被调用，这要归功于栈解退。因此在这里，内存被正确地管理。

接下来看下面这个函数：

```
void test2(int n)
{
    double * ar = new double[n];
    ...
    if (oh_no)
        throw exception();
    ...
    delete [] ar;
    return;
}
```

这里有个问题。解退栈时，将删除栈中的变量 ar。但函数过早的终止意味着函数末尾的 delete[ ]语句被忽略。指针消失了，但它指向的内存块未被释放，并且不可访问。总之，这些内存被泄漏了。

这种泄漏是可以避免的。例如，可以在引发异常的函数中捕获该异常，在 catch 块中包含一些清理代码，然后重新引发异常：

```
void test3(int n)
{
    double * ar = new double[n];
    ...
    try {
        if (oh_no)
            throw exception();
    }
    catch(exception & ex)
    {
        delete [] ar;
        throw;
    }
    ...
    delete [] ar;
    return;
}
```

然而，这将增加疏忽和产生其他错误的机会。另一种解决方法是使用第 16 章将讨论的智能指针模板之一。

总之，虽然异常处理对于某些项目极为重要，但它也会增加编程的工作量、增大程序、降低程序的速度。另一方面，不进行错误检查的代价可能非常高。

异常处理

在现代库中，异常处理的复杂程度可能再创新高——主要原因在于文档没有对异常处理例程进行解释或解释得很蹩脚。任何熟练使用现代操作系统的人都遇到过未处理的异常导致的错误和问题。这些错误背后的程序员通常面临一场艰难的战役，需要不断了解库的复杂性：什么异常将被引发，它们发生的原因和时间，如何处理它们，等等。

程序员新手很快将发现，理解库中异常处理像学习语言本身一样困难，现代库中包含的例程和模式可能像 C++语法细节一样陌生而困难。要开发出优秀的软件，必须花时间了解库和类中的复杂内容，就像必须花时间学习 C++本身一样。通过库文档和源代码了解到的异常和错误处理细节将使程序员和他的软件受益。

15.4 RTTI

RTTI 是运行阶段类型识别（Runtime Type Identification）的简称。这是新添加到 C++中的特性之一，很多老式实现不支持。另一些实现可能包含开关 RTTI 的编译器设置。RTTI 旨在为程序在运行阶段确定对象的类型提供一种标准方式。很多类库已经为其类对象提供了实现这种功能的方式，但由于 C++内部并不支持，因此各个厂商的机制通常互不兼容。创建一种 RTTI 语言标准将使得未来的库能够彼此兼容。

15.4.1 RTTI 的用途

假设有一个类层次结构，其中的类都是从同一个基类派生而来的，则可以让基类指针指向其中任何一个类的对象。这样便可以调用这样的函数：在处理一些信息后，选择一个类，并创建这种类型的对象，然后返回它的地址，而该地址可以被赋给基类指针。如何知道指针指向的是哪种对象呢？

在回答这个问题之前，先考虑为何要知道类型。可能希望调用类方法的正确版本，在这种情况下，只要该函数是类层次结构中所有成员都拥有的虚函数，则并不真正需要知道对象的类型。但派生对象可能包含不是继承而来的方法，在这种情况下，只有某些类型的对象可以使用该方法。也可能是出于调试目的，想跟踪生成的对象的类型。对于后两种情况，RTTI 提供解决方案。

15.4.2 RTTI 的工作原理

C++有 3 个支持 RTTI 的元素。

- 如果可能的话，dynamic_cast 运算符将使用一个指向基类的指针来生成一个指向派生类的指针；否则，该运算符返回 0——空指针。
- typeid 运算符返回一个指出对象的类型的值。
- type_info 结构存储了有关特定类型的信息。

只能将 RTTI 用于包含虚函数的类层次结构，原因在于只有对于这种类层次结构，才应该将派生对象的地址赋给基类指针。

警告：RTTI 只适用于包含虚函数的类。

下面详细介绍 RTTI 的这 3 个元素。

1. dynamic_cast 运算符

dynamic_cast 运算符是最常用的 RTTI 组件，它不能回答"指针指向的是哪类对象"这样的问题，但能够回答"是否可以安全地将对象的地址赋给特定类型的指针"这样的问题。我们来看一看这意味着什么。假设有下面这样的类层次结构：

```
class Grand { // has virtual methods};
class Superb : public Grand { ... };
class Magnificent : public Superb { ... };
```

接下来假设有下面的指针：

```
Grand * pg = new Grand;
Grand * ps = new Superb;
Grand * pm = new Magnificent;
```

最后，对于下面的类型转换：

```
Magnificent * p1 = (Magnificent *) pm; // #1
Magnificent * p2 = (Magnificent *) pg; // #2
Superb * p3 = (Magnificent *) pm;      // #3
```

哪些是安全的？根据类声明，它们可能全都是安全的，但只有那些指针类型与对象的类型（或对象的直接或间接基类的类型）相同的类型转换才一定是安全的。例如，类型转换#1 就是安全的，因为它将 Magificent 类型的指针指向类型为 Magnificent 的对象。类型转换#2 就是不安全的，因为它将基数对象（Grand）的地址赋给派生类（Magnificent）指针。因此，程序将期望基类对象有派生类的特征，而通常这是不可能的。例如，Magnificent 对象可能包含一些 Grand 对象没有的数据成员。然而，类型转换#3 是安全的，因为它将派生对象的地址赋给基类指针。即公有派生确保 Magnificent 对象同时也是一个 Superb 对象（直接基类）和一个 Grand 对象（间接基类）。因此，将它的地址赋给这 3 种类型的指针都是安全的。虚函数确保了将这 3 种指针中的任何一种指向 Magnificent 对象时，都将调用 Magnificent 方法。

注意，与问题"指针指向的是哪种类型的对象"相比，问题"类型转换是否安全"更通用，也更有用。通常想知道类型的原因在于：知道类型后，就可以知道调用特定的方法是否安全。要调用方法，类型并不一定要完全匹配，而可以是定义了方法的虚拟版本的基类类型。下面的例子说明了这一点。

然而，先来看一下 dynamic_cast 的语法。该运算符的用法如下，其中 pg 指向一个对象：

```
Superb * pm = dynamic_cast<Superb *>(pg);
```

这提出了这样的问题：指针 pg 的类型是否可被安全地转换为 Superb *？如果可以，运算符将返回对象的地址，否则返回一个空指针。

注意：通常，如果指向的对象（*pt）的类型为 Type 或者是从 Type 直接或间接派生而来的类型，则下面的表达式将指针 pt 转换为 Type 类型的指针：

```
dynamic_cast<Type *>(pt)
```

否则，结果为 0，即空指针。

程序清单 15.17 演示了这种处理。首先，它定义了 3 个类，名称为 Grand、Superb 和 Magnificent。Grand 类定义了一个虚函数 Speak()，而其他类都重新定义了该虚函数。Superb 类定义了一个虚函数 Say()，而 Manificent 也重新定义了它（参见图 15.4）。程序定义了 GetOne()函数，该函数随机创建这 3 种类中某种类的对象，并对其进行初始化，然后将地址作为 Grand*指针返回（GetOne()函数模拟用户做出决定）。循环将该指针赋给 Grand *变量 pg，然后使用 pg 调用 Speak()函数。因为这个函数是虚拟的，所以代码能够正确地调用指向的对象的 Speak()版本。

```
for (int i = 0; i < 5; i++)
{
    pg = GetOne();
    pg->Speak();
    ...
}
```

然而，不能用相同的方式（即使用指向 Grand 的指针）来调用 Say()函数，因为 Grand 类没有定义它。然而，可以使用 dynamic_cast 运算符来检查是否可将 pg 的类型安全地转换为 Superb 指针。如果对象的类型为 Superb 或 Magnificent，则可以安全转换。在这两种情况下，都可以安全地调用 Say()函数：

```
if (ps = dynamic_cast<Superb *>(pg))
    ps->Say();
```

赋值表达式的值是它左边的值，因此 if 条件的值为 ps。如果类型转换成功，则 ps 的值为非零（true）；如果类型转换失败，即 pg 指向的是一个 Grand 对象，ps 的值将为 0（false）。程序清单 15.17 列出了所有的代码。顺便说一句，有些编译器可能会对无目的赋值（在 if 条件语句中，通常使用= =运算符）提出警告。

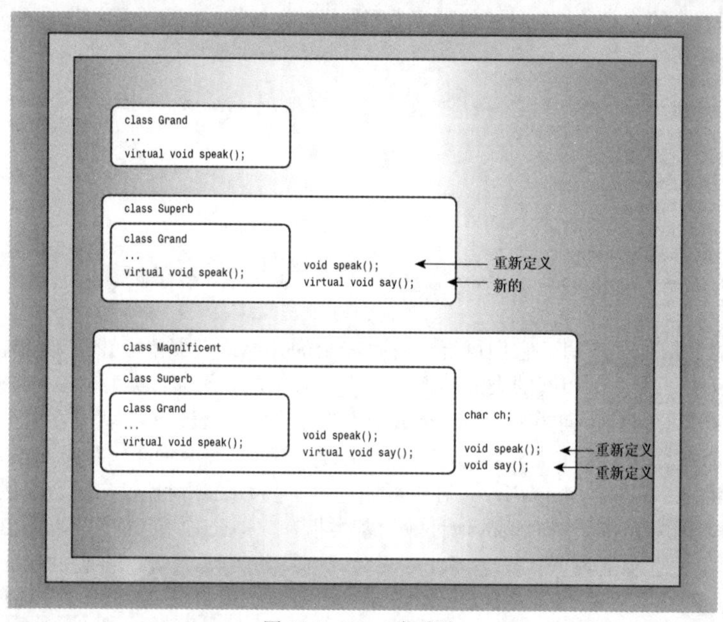

图 15.4 Grand 类系列

程序清单 15.17 rtti1.cpp

```
// rtti1.cpp -- using the RTTI dynamic_cast operator
#include <iostream>
#include <cstdlib>
#include <ctime>

using std::cout;
class Grand
{
private:
    int hold;
public:
    Grand(int h = 0) : hold(h) {}
    virtual void Speak() const { cout << "I am a grand class!\n";}
    virtual int Value() const { return hold; }
};

class Superb : public Grand
{
public:
    Superb(int h = 0) : Grand(h) {}
    void Speak() const {cout << "I am a superb class!!\n"; }
    virtual void Say() const
```

```
        { cout << "I hold the superb value of " << Value() << "!\n";}
};

class Magnificent : public Superb
{
private:
    char ch;
public:
    Magnificent(int h = 0, char c = 'A') : Superb(h), ch(c) {}
    void Speak() const {cout << "I am a magnificent class!!!\n";}
    void Say() const {cout << "I hold the character " << ch <<
               " and the integer " << Value() << "!\n"; }
};

Grand * GetOne();

int main()
{
    std::srand(std::time(0));
    Grand * pg;
    Superb * ps;
    for (int i = 0; i < 5; i++)
    {
        pg = GetOne();
        pg->Speak();
        if( ps = dynamic_cast<Superb *>(pg))
            ps->Say();
    }
    return 0;
}
Grand * GetOne() // generate one of three kinds of objects randomly
{
    Grand * p;
    switch( std::rand() % 3)
    {
        case 0: p = new Grand(std::rand() % 100);
                break;
        case 1: p = new Superb(std::rand() % 100);
                break;
        case 2: p = new Magnificent(std::rand() % 100,
                          'A' + std::rand() % 26);
                break;
    }
    return p;
}
```

注意：即使编译器支持 RTTI，在默认情况下，它也可能关闭该特性。如果该特性被关闭，程序可能仍能够通过编译，但将出现运行阶段错误。在这种情况下，您应查看文档或菜单选项。

程序清单 15.17 中程序说明了重要的一点，即应尽可能使用虚函数，而只在必要时使用 RTTI。下面是该程序的输出：

```
I am a superb class!!
I hold the superb value of 68!
I am a magnificent class!!!
I hold the character R and the integer 68!
I am a magnificent class!!!
I hold the character D and the integer 12!
I am a magnificent class!!!
I hold the character V and the integer 59!
I am a grand class!
```

正如您看到的，只为 Superb 和 Magnificent 类调用了 Say()方法（每次运行时输出都可能不同，因为该程序使用 rand()来选择对象类型）。

也可以将 dynamic_cast 用于引用，其用法稍微有点不同：没有与空指针对应的引用值，因此无法使用特殊的引用值来指示失败。当请求不正确时，dynamic_cast 将引发类型为 bad_cast 的异常，这种异常是从 exception 类派生而来的，它是在头文件 typeinfo 中定义的。因此，可以像下面这样使用该运算符，其中 rg 是对 Grand 对象的引用：

```
#include <typeinfo> // for bad_cast
...
try {
    Superb & rs = dynamic_cast<Superb &>(rg);
    ...
}
```

```
catch(bad_cast &){
    ...
};
```

2. typeid 运算符和 type_info 类

typeid 运算符使得能够确定两个对象是否为同种类型。它与 sizeof 有些相像，可以接受两种参数：

- 类名；
- 结果为对象的表达式。

typeid 运算符返回一个对 type_info 对象的引用，其中，type_info 是在头文件 typeinfo（以前为 typeinfo.h）中定义的一个类。type_info 类重载了==和!=运算符，以便可以使用这些运算符来对类型进行比较。例如，如果 pg 指向的是一个 Magnificent 对象，则下述表达式的结果为 bool 值 true，否则为 false：

```
typeid(Magnificent) == typeid(*pg)
```

如果 pg 是一个空指针，程序将引发 bad_typeid 异常。该异常类型是从 exception 类派生而来的，是在头文件 typeinfo 中声明的。

type_info 类的实现随厂商而异，但包含一个 name()成员，该函数返回一个随实现而异的字符串：通常（但并非一定）是类的名称。例如，下面的语句显示指针 pg 指向的对象所属的类定义的字符串：

```
cout << "Now processing type " << typeid(*pg).name() << ".\n";
```

程序清单 15.18 对程序清单 15.17 作了修改，以使用 typeid 运算符和 name()成员函数。注意，它们都适用于 dynamic_cast 和 virtual 函数不能处理的情况。typeid 测试用来选择一种操作，因为操作不是类的方法，所以不能通过类指针调用它。name()方法语句演示了如何将方法用于调试。注意，程序包含了头文件 typeinfo。

程序清单 15.18　rtti2.cpp

```
// rtti2.cpp -- using dynamic_cast, typeid, and type_info
#include <iostream>
#include <cstdlib>
#include <ctime>
#include <typeinfo>
using namespace std;
class Grand
{
private:
    int hold;
public:
    Grand(int h = 0) : hold(h) {}
    virtual void Speak() const { cout << "I am a grand class!\n";}
    virtual int Value() const { return hold; }
};

class Superb : public Grand
{
public:
    Superb(int h = 0) : Grand(h) {}
    void Speak() const {cout << "I am a superb class!!\n"; }
    virtual void Say() const
        { cout << "I hold the superb value of " << Value() << "!\n";}
};

class Magnificent : public Superb
{
private:
    char ch;
public:
    Magnificent(int h = 0, char cv = 'A') : Superb(h), ch(cv) {}
    void Speak() const {cout << "I am a magnificent class!!!\n";}
    void Say() const {cout << "I hold the character " << ch <<
               " and the integer " << Value() << "!\n"; }
};

Grand * GetOne();
int main()
{
    srand(time(0));
    Grand * pg;
    Superb * ps;
    for (int i = 0; i < 5; i++)
    {
        pg = GetOne();
        cout << "Now processing type " << typeid(*pg).name() << ".\n";
```

```
        pg->Speak();
        if( ps = dynamic_cast<Superb *>(pg))
            ps->Say();
        if (typeid(Magnificent) == typeid(*pg))
            cout << "Yes, you're really magnificent.\n";
    }
    return 0;
}

Grand * GetOne()
{
    Grand * p;

    switch( rand() % 3)
    {
        case 0: p = new Grand(rand() % 100);
                break;
        case 1: p = new Superb(rand() % 100);
                break;
        case 2: p = new Magnificent(rand() % 100, 'A' + rand() % 26);
                break;
    }
    return p;
}
```

程序清单 15.18 所示程序的运行情况如下：

```
Now processing type Magnificent.
I am a magnificent class!!!
I hold the character P and the integer 52!
Yes, you're really magnificent.
Now processing type Superb.
I am a superb class!!
I hold the superb value of 37!
Now processing type Grand.
I am a grand class!
Now processing type Superb.
I am a superb class!!
I hold the superb value of 18!
Now processing type Grand.
I am a grand class!
```

与前一个程序的输出一样，每次运行该程序的输出都可能不同，因为它使用 rand()来选择类型。另外，调用 name()时，有些编译器可能提供不同的输出，如 5Grand（而不是 Grand）。

3．误用 RTTI 的例子

C++界有很多人对 RTTI 口诛笔伐，他们认为 RTTI 是多余的，是导致程序效率低下和糟糕编程方式的罪魁祸首。这里不讨论对 RTTI 的争论，而介绍一下应避免的编程方式。

请看程序清单 15.17 的核心代码：

```
Grand * pg;
Superb * ps;
for (int i = 0; i < 5; i++)
{
    pg = GetOne();
    pg->Speak();
    if( ps = dynamic_cast<Superb *>(pg))
        ps->Say();
}
```

通过放弃 dynamic_cast 和虚函数，而使用 typeid，可以将上述代码重新编写为：

```
Grand * pg;
Superb * ps;
Magnificent * pm;
for (int i = 0; i < 5; i++)
{
    pg = GetOne();
    if (typeid(Magnificent) == typeid(*pg))
    {
        pm = (Magnificent *) pg;
        pm->Speak();
        pm->Say();
    }
    else if (typeid(Superb) == typeid(*pg))
    {
        ps = (Superb *) pg;
        ps->Speak();
```

```
        ps->Say();
    }
    else
        pg->Speak();
}
```

上述代码不仅比原来的更难看、更长，而且显式地指定各个类存在严重的缺陷。例如，假设您发现必须从 Magnificent 类派生一个 Insufferable 类，而后者需要重新定义 Speak()和 Say()。使用 typeid 来显示地测试每个类型时，必须修改 for 循环的代码，添加一个 else if，但无需修改原来的版本。下面的语句适用于所有从 Grand 派生而来的类：

```
pg->Speak();
```

而下面的语句适用于所有从 Superb 派生而来的类：

```
if( ps = dynamic_cast<Superb *>(pg))
    ps->Say();
```

提示：如果发现在扩展的 if else 语句系列中使用了 typeid，则应考虑是否应该使用虚函数和 dynamic_cast。

15.5 类型转换运算符

在 C++的创始人 Bjarne Stroustrup 看来，C 语言中的类型转换运算符太过松散。例如，请看下面的代码：

```
struct Data
{
    double data[200];
};

struct Junk
{
    int junk[100];
};
Data d = {2.5e33, 3.5e-19, 20.2e32};
char * pch = (char *) (&d); // type cast #1 - convert to string
char ch = char (&d);         // type cast #2 - convert address to a char
Junk * pj = (Junk *) (&d); // type cast #3 - convert to Junk pointer
```

首先，上述 3 种类型转换中，哪一种有意义？除非不讲理，否则它们中没有一个是有意义的。其次，这 3 种类型转换中哪种是允许的呢？在 C 语言中都是允许的。

对于这种松散情况，Stroustrup 采取的措施是，更严格地限制允许的类型转换，并添加 4 个类型转换运算符，使转换过程更规范：

- dynamic_cast;
- const_cast;
- static_cast;
- reinterpret_cast。

可以根据目的选择一个适合的运算符，而不是使用通用的类型转换。这指出了进行类型转换的原因，并让编译器能够检查程序的行为是否与设计者想法吻合。

dynamic_cast 运算符已经在前面介绍过了。总之，假设 High 和 Low 是两个类，而 ph 和 pl 的类型分别为 High *和 Low *，则仅当 Low 是 High 的可访问基类（直接或间接）时，下面的语句才将一个 Low*指针赋给 pl：

```
pl = dynamic_cast<Low *> ph;
```

否则，该语句将空指针赋给 pl。通常，该运算符的语法如下：

```
dynamic_cast < type-name > (expression)
```

该运算符的用途是，使得能够在类层次结构中进行向上转换（由于 is-a 关系，这样的类型转换是安全的），而不允许其他转换。

const_cast 运算符用于执行只有一种用途的类型转换，即改变值为 const 或 volatile，其语法与 dynamic_cast 运算符相同：

```
const_cast < type-name > (expression)
```

如果类型的其他方面也被修改，则上述类型转换将出错。也就是说，除了 const 或 volatile 特征（有或无）可以不同外，type_name 和 expression 的类型必须相同。再次假设 High 和 Low 是两个类：

```
High bar;
const High * pbar = &bar;
    ...
```

```
High * pb = const_cast<High *> (pbar); // valid
const Low * pl = const_cast<const Low *> (pbar); // invalid
```

第一个类型转换使得*pb 成为一个可用于修改 bar 对象值的指针，它删除 const 标签。第二个类型转换是非法的，因为它同时尝试将类型从 const High *改为 const Low *。

提供该运算符的原因是，有时候可能需要这样一个值，它在大多数时候是常量，而有时又是可以修改的。在这种情况下，可以将这个值声明为 const，并在需要修改它的时候，使用 const_cast。这也可以通过通用类型转换来实现，但通用转换也可能同时改变类型：

```
High bar;
const High * pbar = &bar;
...
High * pb = (High *) (pbar); // valid
Low * pl = (Low *) (pbar);   // also valid
```

由于编程时可能无意间同时改变类型和常量特征，因此使用 const_cast 运算符更安全。

const_cast 不是万能的。它可以修改指向一个值的指针，但修改 const 值的结果是不确定的。程序清单 15.19 的简单示例阐明了这一点：

程序清单 15.19 constcast.cpp

```
// constcast.cpp -- using const_cast<>
#include <iostream>
using std::cout;
using std::endl;
void change(const int * pt, int n);

int main()
{
    int pop1 = 38383;
    const int pop2 = 2000;

    cout << "pop1, pop2: " << pop1 << ", " << pop2 << endl;
    change(&pop1, -103);
    change(&pop2, -103);
    cout << "pop1, pop2: " << pop1 << ", " << pop2 << endl;
    return 0;
}

void change(const int * pt, int n)
{
    int * pc;

    pc = const_cast<int *>(pt);
    *pc += n;
}
```

const_cast 运算符可以删除 const int* pt 中的 const，使得编译器能够接受 change()中的语句：

```
*pc += n;
```

但由于 pop2 被声明为 const，因此编译器可能禁止修改它，如下面的输出所示：

```
pop1, pop2: 38383, 2000
pop1, pop2: 38280, 2000
```

正如您看到的，调用 change()时，修改了 pop1，但没有修改 pop2。在 chang()中，指针被声明为 const int *，因此不能用来修改指向的 int。指针 pc 删除了 const 特征，因此可用来修改指向的值，但仅当指向的值不是 const 时才可行。因此，pc 可用于修改 pop1，但不能用于修改 pop2。

static_cast 运算符的语法与其他类型转换运算符相同：

```
static_cast < type-name > (expression)
```

仅当 type_name 可被隐式转换为 expression 所属的类型或 expression 可被隐式转换为 type_name 所属的类型时，上述转换才是合法的，否则将出错。假设 High 是 Low 的基类，而 Pond 是一个无关的类，则从 High 到 Low 的转换、从 Low 到 High 的转换都是合法的，而从 Low 到 Pond 的转换是不允许的：

```
High bar;
Low blow;
...
High * pb = static_cast<High *> (&blow);   // valid upcast
Low * pl = static_cast<Low *> (&bar);      // valid downcast
Pond * pmer = static_cast<Pond *> (&blow); // invalid, Pond unrelated
```

第一种转换是合法的，因为向上转换可以显示地进行。第二种转换是从基类指针到派生类指针，在不进行显示类型转换的情况下，将无法进行。但由于无需进行类型转换，便可以进行另一个方向的类型转换，因此使用 static_cast 来进行向下转换是合法的。

同理，由于无需进行类型转换，枚举值就可以被转换为整型，所以可以用 static_cast 将整型转换为枚举值。同样，可以使用 static_cast 将 double 转换为 int、将 float 转换为 long 以及其他各种数值转换。

reinterpret_cast 运算符用于天生危险的类型转换。它不允许删除 const，但会执行其他令人生厌的操作。有时程序员必须做一些依赖于实现的、令人生厌的操作，使用 reinterpret_cast 运算符可以简化对这种行为的跟踪工作。该运算符的语法与另外 3 个相同：

```
reinterpret_cast < type-name > (expression)
```

下面是一个使用示例：

```
struct dat {short a; short b;};
long value = 0xA224B118;
dat * pd = reinterpret_cast< dat *> (&value);
cout << hex << pd->a; // display first 2 bytes of value
```

通常，这样的转换适用于依赖于实现的底层编程技术，是不可移植的。例如，不同系统在存储多字节整型时，可能以不同的顺序存储其中的字节。

然而，reinterpret_cast 运算符并不支持所有的类型转换。例如，可以将指针类型转换为足以存储指针表示的整型，但不能将指针转换为更小的整型或浮点型。另一个限制是，不能将函数指针转换为数据指针，反之亦然。

在 C++中，普通类型转换也受到限制。基本上，可以执行其他类型转换可执行的任何操作，加上一些组合，如 static_cast 或 reinterpret_cast 后跟 const_cast，但不能执行其他转换。因此，下面的类型转换在 C 语言中是允许的，但在 C++中通常不允许，因为对于大多数 C++实现，char 类型都太小，不能存储指针：

```
char ch = char (&d);      // type cast #2 - convert address to a char
```

这些限制是合理的，如果您觉得这种限制难以忍受，可以使用 C 语言。

15.6　总结

友元使得能够为类开发更灵活的接口。类可以将其他函数、其他类和其他类的成员函数作为友元。在某些情况下，可能需要使用前向声明，需要特别注意类和方法声明的顺序，以正确地组合友元。

嵌套类是在其他类中声明的类，它有助于设计这样的助手类，即实现其他类，但不必是公有接口的组成部分。

C++异常机制为处理拙劣的编程事件，如不适当的值、I/O 失败等，提供了一种灵活的方式。引发异常将终止当前执行的函数，将控制权传给匹配的 catch 块。catch 块紧跟在 try 块的后面，为捕获异常，直接或间接导致异常的函数调用必须位于 try 块中。这样程序将执行 catch 块中的代码。这些代码试图解决问题或终止程序。类可以包含嵌套的异常类，嵌套异常类在相应的问题被发现时将被引发。函数可以包含异常规范，指出在该函数中可能引发的异常；但 C++11 摒弃了这项功能。未被捕获的异常（没有匹配的 catch 块的异常）在默认情况下将终止程序，意外异常（不与任何异常规范匹配的异常）也是如此。

RTTI（运行阶段类型信息）特性让程序能够检测对象的类型。dynamic_cast 运算符用于将派生类指针转换为基类指针，其主要用途是确保可以安全地调用虚函数。Typeid 运算符返回一个 type_info 对象。可以对两个 typeid 的返回值进行比较，以确定对象是否为特定的类型，而返回的 type_info 对象可用于获得关于对象的信息。

与通用转换机制相比，dynamic_cast、static_cast、const_cast 和 reinterpret_cast 提供了更安全、更明确的类型转换。

15.7　复习题

1. 下面建立友元的尝试有什么错误？

```
a. class snap {
       friend clasp;
       ...
   };
```

```
    class clasp { ... };

b. class cuff {
    public:
          void snip(muff &) { ... }
          ...
    };
    class muff {
        friend void cuff::snip(muff &);
        ...
    };
c. class muff {
          friend void cuff::snip(muff &);
          ...
    };
    class cuff {
    public:
          void snip(muff &) { ... }
          ...
    };
```

2. 您知道了如何建立相互类友元的方法。能够创建一种更为严格的友情关系，即类 B 只有部分成员是类 A 的友元，而类 A 只有部分成员是类 B 的友元吗？请解释原因。

3. 下面的嵌套类声明中可能存在什么问题？

```
class Ribs
{
private:
    class Sauce
    {
        int soy;
        int sugar;
    public:
        Sauce(int s1, int s2) : soy(s1), sugar(s2) { }
    };
    ...
}
```

4. throw 和 return 之间的区别何在？

5. 假设有一个从异常基类派生来的异常类层次结构，则应按什么样的顺序放置 catch 块？

6. 对于本章定义的 Grand、Superb 和 Magnificent 类，假设 pg 为 Grand *指针，并将其中某个类的对象的地址赋给了它，而 ps 为 Superb *指针，则下面两个代码示例的行为有什么不同？

```
if (ps = dynamic_cast<Superb *>(pg))
    ps->say(); // sample #1
if (typeid(*pg) == typeid(Superb))
    (Superb *) pg)->say(); // sample #2
```

7. static_cast 运算符与 dynamic_cast 运算符有什么不同？

15.8 编程练习

1. 对 Tv 和 Remote 类做如下修改：

a. 让它们互为友元；

b. 在 Remote 类中添加一个状态变量成员，该成员描述遥控器是处于常规模式还是互动模式；

c. 在 Remote 中添加一个显示模式的方法；

d. 在 Tv 类中添加一个对 Remote 中新成员进行切换的方法，该方法应仅当 TV 处于打开状态时才能运行。

编写一个小程序来测试这些新特性。

2. 修改程序清单 15.11，使两种异常类型都是从头文件<stdexcept>提供的 logic_error 类派生出来的类。让每个 what()方法都报告函数名和问题的性质。异常对象不用存储错误的参数值，而只需支持 what()方法。

3. 这个练习与编程练习 2 相同，但异常类是从一个这样的基类派生而来的：它是从 logic_error 派生而来的，并存储两个参数值。异常类应该有一个这样的方法：报告这些值以及函数名。程序使用一个 catch 块来捕获基类异常，其中任何一种从该基类异常派生而来的异常都将导致循环结束。

4. 程序清单 15.16 在每个 try 后面都使用两个 catch 块，以确保 nbad_index 异常导致方法 label_val()被调用。请修改该程序，在每个 try 块后面只使用一个 catch 块，并使用 RTTI 来确保合适时调用 label_val()。

第 16 章 string 类和标准模板库

本章内容包括：

- 标准 C++ string 类；
- 模板 auto_ptr、unique_ptr 和 shared_ptr；
- 标准模板库（STL）；
- 容器类；
- 迭代器；
- 函数对象（functor）；
- STL 算法；
- 模板 initializer_list。

至此您熟悉了 C++可重用代码的目标，这样做的一个很大的回报是可以重用别人编写的代码，这正是类库的用武之地。有很多商业 C++类库，也有一些库是 C++程序包自带的。例如，曾使用过的头文件 ostream 支持的输入/输出类。本章介绍一些其他可重用代码，它们将给编程工作带来快乐。

本书前面介绍过 string 类，本章将更深入地讨论它；然后介绍“智能指针”模板类，它们让管理动态内存更容易；接下来介绍标准模板库（STL），它是一组用于处理各种容器对象的模板。STL 演示了一种编程模式——泛型编程；最后，本章将介绍 C++11 新增的模板 initializer_list，它让您能够将初始化列表语法用于 STL 对象。

16.1 string 类

很多应用程序都需要处理字符串。C 语言在 string.h（在 C++中为 cstring）中提供了一系列的字符串函数，很多早期的 C++实现为处理字符串提供了自己的类。第 4 章介绍了 ANSI/ISO C++ string 类，而第 12 章创建了一个不大的 String 类，以说明设计表示字符串的类的某些方面。

string 类是由头文件 string 支持的（注意，头文件 string.h 和 cstring 支持对 C 风格字符串进行操纵的 C 库字符串函数，但不支持 string 类）。要使用类，关键在于知道它的公有接口，而 string 类包含大量的方法，其中包括了若干构造函数，用于将字符串赋给变量、合并字符串、比较字符串和访问各个元素的重载运算符以及用于在字符串中查找字符和子字符串的工具等。简而言之，string 类包含的内容很多。

16.1.1 构造字符串

先来看 string 的构造函数。毕竟，对于类而言，最重要的内容之一是，有哪些方法可用于创建其对象。程序清单 16.1 使用了 string 的 7 个构造函数（用 ctor 标识，这是传统 C++中构造函数的缩写）。表 16.1 简要地描述了这些构造函数，它首先按顺序简要描述了程序清单 16.1 使用的 7 个构造函数，然后列出了 C++11 新增的两个构造函数。使用构造函数时都进行了简化，即隐藏了这样一个事实：string 实际上是模板具体化 basic_string<char>的一个 typedef，同时省略了与内存管理相关的参数（这将在本章后面和附录 F 中讨论）。size_type 是一个依赖于实现的整型，是在头文件 string 中定义的。string 类将 string::npos 定义为字符串的最大长度，通常为 unsigned int 的最大值。另外，表格中使用缩写 NBTS（null-terminated string）来表示以空字符结束的字符串——传统的 C 字符串。

表 16.1　　string 类的构造函数

构造函数	描述
string(const char * s)	将 string 对象初始化为 s 指向的 NBTS
string(size_type n, char c)	创建一个包含 n 个元素的 string 对象，其中每个元素都被初始化为字符 c
string(const string & str)	将一个 string 对象初始化为 string 对象 str（复制构造函数）
string()	创建一个默认的 string 对象，长度为 0（默认构造函数）
string(const char * s, size_type n)	将 string 对象初始化为 s 指向的 NBTS 的前 n 个字符，即使超过了 NBTS 结尾
template<class Iter> string(Iter begin, Iter end)	将 string 对象初始化为区间[begin, end)内的字符，其中 begin 和 end 的行为就像指针，用于指定位置，范围包括 begin 在内，但不包括 end
string(const string & str, size_type pos, size_type n = npos)	将一个 string 对象初始化为对象 str 中从位置 pos 开始到结尾的字符，或从位置 pos 开始的 n 个字符
string(string && str) noexcept	这是 C++11 新增的，它将一个 string 对象初始化为 string 对象 str，并可能修改 str（移动构造函数）
string(initializer_list<char> il)	这是 C++11 新增的，它将一个 string 对象初始化为初始化列表 il 中的字符

程序清单 16.1　str1.cpp

```
// str1.cpp -- introducing the string class
#include <iostream>
#include <string>
// using string constructors

int main()
{
    using namespace std;
    string one("Lottery Winner!"); // ctor #1
    cout << one << endl;           // overloaded <<
    string two(20, '$');           // ctor #2
    cout << two << endl;
    string three(one);             // ctor #3
    cout << three << endl;
    one += " Oops!";               // overloaded +=
    cout << one << endl;
    two = "Sorry! That was ";
    three[0] = 'P';
    string four;                   // ctor #4
    four = two + three;            // overloaded +, =
    cout << four << endl;
    char alls[] = "All's well that ends well";
    string five(alls,20);          // ctor #5
    cout << five << "!\n";
    string six(alls+6, alls + 10); // ctor #6
    cout << six << ", ";
    string seven(&five[6], &five[10]); // ctor #6 again
    cout << seven << "...\n";
    string eight(four, 7, 16);     // ctor #7
    cout << eight << " in motion!" << endl;
    return 0;
}
```

程序清单 16.1 中程序还使用了重载+=运算符，它将一个字符串附加到另一个字符串的后面；重载的=运算符用于将一个字符串赋给另一个字符串；重载的<<运算符用于显示 string 对象；重载的[ ]运算符用于访问字符串中的各个字符。

下面是程序清单 16.1 中程序的输出：

```
Lottery Winner!
$$$$$$$$$$$$$$$$$$$$
Lottery Winner!
Lottery Winner! Oops!
Sorry! That was Pottery Winner!
All's well that ends!
well, well...
That was Pottery in motion!
```

1. 程序说明

程序清单 16.1 中的程序首先演示了可以将 string 对象初始化为常规的 C 风格字符串，然后使用重载的<<运算符来显示它：

```
string one("Lottery Winner!"); // ctor #1
cout << one << endl; // overloaded <<
```

接下来的构造函数将 string 对象 two 初始化为由 20 个$字符组成的字符串：

```
string two(20, '$'); // ctor #2
```

复制构造函数将 string 对象 three 初始化为 string 对象 one：

```
string three(one); // ctor #3
```

重载的+=运算符将字符串“Oops!”附加到字符串 one 的后面：

```
one += " Oops!"; // overloaded +=
```

这里是将一个 C 风格字符串附加到一个 string 对象的后面。但+=运算符被多次重载，以便能够附加 string 对象和单个字符：

```
one += two; // append a string object (not in program)
one += '!'; // append a type char value (not in program)
```

同样，=运算符也被重载，以便可以将 string 对象、C 风格字符串或 char 值赋给 string 对象：

```
two = "Sorry! That was "; // assign a C-style string
two = one;                // assign a string object (not in program)
two = '?';                // assign a char value (not in program)
```

重载[ ]运算符（就像第 12 章的 String 示例那样）使得可以使用数组表示法来访问 string 对象中的各个字符：

```
three[0] = 'P';
```

默认构造函数创建一个以后可对其进行赋值的空字符串：

```
string four; // ctor #4
four = two + three; // overloaded +, =
```

第 2 行使用重载的+运算符创建了一个临时 string 对象，然后使用重载的=运算符将它赋给对象 four。正如所预料的，+运算符将其两个操作数组合成一个 string 对象。该运算符被多次重载，以便第二个操作数可以是 string 对象、C 风格字符串或 char 值。

第 5 个构造函数将一个 C 风格字符串和一个整数作为参数，其中的整数参数表示要复制多少个字符：

```
char alls[] = "All's well that ends well";
string five(alls,20); // ctor #5
```

从输出可知，这里只使用了前 20 个字符（“All's well that ends”）来初始化 five 对象。正如表 16.1 指出的，如果字符数超过了 C 风格字符串的长度，仍将复制请求数目的字符。所以在上面的例子中，如果用 40 代替 20，将导致 15 个无用字符被复制到 five 的结尾处（即构造函数将内存中位于字符串“All's well that ends well”后面的内容作为字符）。

第 6 个构造函数有一个模板参数：

```
template<class Iter> string(Iter begin, Iter end);
```

begin 和 end 将像指针那样，指向内存中两个位置（通常，begin 和 end 可以是迭代器——广泛用于 STL 中的广义化指针）。构造函数将使用 begin 和 end 指向的位置之间的值，对 string 对象进行初始化。[begin, end) 来自数学中，意味着包括 begin，但不包括 end 在内的区间。也就是说，end 指向被使用的最后一个值后面的一个位置。请看下面的语句：

```
string six(alls+6, alls + 10); // ctor #6
```

由于数组名相当于指针，所以 alls + 6 和 alls +10 的类型都是 char *，因此使用模板时，将用类型 char * 替换 Iter。第一个参数指向数组 alls 中的第一个 w，第二个参数指向第一个 well 后面的空格。因此，six 将被初始化为字符串“well”。图 16.1 说明了该构造函数的工作原理。

现在假设要用这个构造函数将对象初始化为另一个 string 对象（假设为 five）的一部分内容，则下面的语句不管用：

```
string seven(five + 6, five + 10);
```

原因在于，对象名（不同于数组名）不会被看作是对象的地址，因此 five 不是指针，所以 five + 6 是没有意义的。然而，five[6]是一个 char 值，所以&five[6]是一个地址，因此可被用作该构造函数的一个参数。

```
string seven(&five[6], &five[10]);// ctor #6 again
```

第 7 个构造函数将一个 string 对象的部分内容复制到构造的对象中：

```
string eight(four, 7, 16); // ctor #7
```

上述语句从 four 的第 8 个字符（位置 7）开始，将 16 个字符复制到 eight 中。

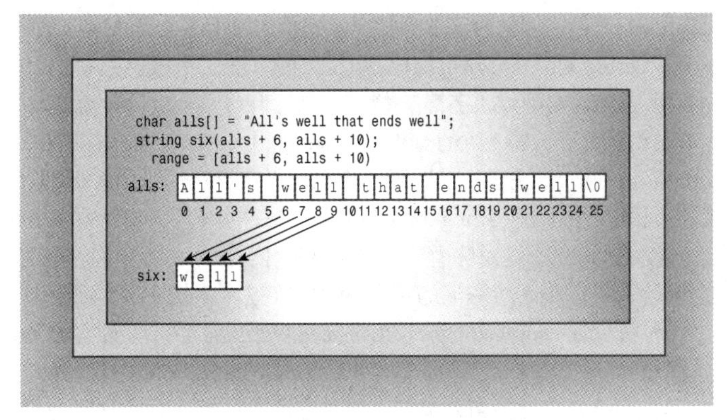

图 16.1 使用区间的 string 构造函数

2. C++11 新增的构造函数

构造函数 string (string && str) 类似于复制构造函数，导致新创建的 string 为 str 的副本。但与复制构造函数不同的是，它不保证将 str 视为 const。这种构造函数被称为移动构造函数 (move constructor)。在有些情况下，编译器可使用它而不是复制构造函数，以优化性能。第 18 章的"移动语义和右值引用"一节将讨论这个主题。

构造函数 string (initializer_list<char> il) 让您能够将列表初始化语法用于 string 类。也就是说，它使得下面这样的声明是合法的：

```
string piano_man = {'L', 'i', 's','z','t'};
string comp_lang {'L', 'i', 's', 'p'};
```

就 string 类而言，这可能用处不大，因为使用 C 风格字符串更容易，但确实实现了让列表初始化语法普遍实用的意图。本章后面将更深入地讨论模板 initializer_list。

16.1.2 string 类输入

对于类，很有帮助的另一点是，知道有哪些输入方式可用。对于 C 风格字符串，有 3 种方式：

```
char info[100];
cin >> info;             // read a word
cin.getline(info, 100);  // read a line, discard \n
cin.get(info, 100);      // read a line, leave \n in queue
```

对于 string 对象，有两种方式：

```
string stuff;
cin >> stuff;         // read a word
getline(cin, stuff); // read a line, discard \n
```

两个版本的 getline()都有一个可选参数，用于指定使用哪个字符来确定输入的边界：

```
cin.getline(info,100,':'); // read up to :, discard :
getline(stuff, ':');       // read up to :, discard :
```

在功能上，它们之间的主要区别在于，string 版本的 getline()将自动调整目标 string 对象的大小，使之刚好能够存储输入的字符：

```
char fname[10];
string lname;
cin >> fname;            // could be a problem if input size > 9 characters
cin >> lname;            // can read a very, very long word
cin.getline(fname, 10);  // may truncate input
getline(cin, fname);     // no truncation
```

自动调整大小的功能让 string 版本的 getline()不需要指定读取多少个字符的数值参数。

在设计方面的一个区别是，读取 C 风格字符串的函数是 istream 类的方法，而 string 版本是独立的函数。这就是对于 C 风格字符串输入，cin 是调用对象；而对于 string 对象输入，cin 是一个函数参数的原因。这种规则也适用于>>形式，如果使用函数形式来编写代码，这一点将显而易见：

```
cin.operator>>(fname);  // ostream class method
operator>>(cin, lname); // regular function
```

下面更深入地探讨一下 string 输入函数。正如前面指出的，这两个函数都自动调整目标 string 的大小，使之与输入匹配。但也存在一些限制。第一个限制因素是 string 对象的最大允许长度，由常量 string::npos 指定。这通常是最大的 unsigned int 值，因此对于普通的交互式输入，这不会带来实际的限制；但如果您试图将整个文件的内容读取到单个 string 对象中，这可能成为限制因素。第二个限制因素是程序可以使用的内存量。

string 版本的 getline()函数从输入中读取字符，并将其存储到目标 string 中，直到发生下列三种情况之一：

- 到达文件尾，在这种情况下，输入流的 eofbit 将被设置，这意味着方法 fail()和 eof()都将返回 true；
- 遇到分界字符（默认为\n），在这种情况下，将把分界字符从输入流中删除，但不存储它；
- 读取的字符数达到最大允许值（string::npos 和可供分配的内存字节数中较小的一个），在这种情况下，将设置输入流的 failbit，这意味着方法 fail()将返回 true。

输入流对象有一个统计系统，用于跟踪流的错误状态。在这个系统中，检测到文件尾后将设置 eofbit 寄存器，检测到输入错误时将设置 failbit 寄存器，出现无法识别的故障（如硬盘故障）时将设置 badbit 寄存器，一切顺利时将设置 goodbit 寄存器。第 17 章将更深入地讨论这一点。

string 版本的 operator>>()函数的行为与此类似，只是它不断读取，直到遇到空白字符并将其留在输入队列中，而不是不断读取，直到遇到分界字符并将其丢弃。空白字符指的是空格、换行符和制表符，更普遍地说，是任何将其作为参数来调用 isspace()时，该函数返回 ture 的字符。

本书前面有多个控制台 string 输入示例。由于用于 string 对象的输入函数使用输入流，能够识别文件尾，因此也可以使用它们来从文件中读取输入。程序清单 16.2 是一个从文件中读取字符串的简短示例，它假设文件中包含用冒号字符分隔的字符串，并使用指定分界符的 getline()方法。然后，显示字符串并给它们编号，每个字符串占一行。

程序清单 16.2 strfile.cpp

```
// strfile.cpp -- read strings from a file
#include <iostream>
#include <fstream>
#include <string>
#include <cstdlib>
int main()
{
    using namespace std;
    ifstream fin;
    fin.open("tobuy.txt");
    if (fin.is_open() == false)
    {
        cerr << "Can't open file. Bye.\n";
        exit(EXIT_FAILURE);
    }
    string item;
    int count = 0;
    getline(fin, item, ':');
    while (fin) // while input is good
    {
        ++count;
        cout << count <<": " << item << endl;
        getline(fin, item,':');
    }
    cout << "Done\n";
    fin.close();
    return 0;
}
```

下面是文件 tobuy.txt 的内容：

```
sardines:chocolate ice cream:pop corn:leeks:
cottage cheese:olive oil:butter:tofu:
```

通常，对于程序要查找的文本文件，应将其放在可执行程序或项目文件所在的目录中；否则必须提供完整的路径名。在 Windows 系统中，C 风格字符串中的转义序列\\表示一个斜杠：

```
fin.open("C:\\CPP\\Progs\\tobuy.txt"); // file = C:\CPP\Progs\tobuy.txt
```

下面是程序清单 16.2 中程序的输出：

```
1: sardines
2: chocolate ice cream
3: pop corn
4: leeks
5:
cottage cheese
```

```
6: olive oil
7: butter
8: tofu
9:

Done
```

注意，将:指定为分界字符后，换行符将被视为常规字符。因此文件 tobuy.txt 中第一行末尾的换行符将成为包含“cottage cheese”的字符串中的第一个字符。同样，第二行末尾的换行符是第 9 个输入字符串中唯一的内容。

16.1.3 使用字符串

现在，您知道可以使用不同方式来创建 string 对象、显示 string 对象的内容、将数据读取和附加到 string 对象中、给 string 对象赋值以及将两个 string 对象连结起来。除此之外，还能做些什么呢？

可以比较字符串。String 类对全部 6 个关系运算符都进行了重载。如果在机器排列序列中，一个对象位于另一个对象的前面，则前者被视为小于后者。如果机器排列序列为 ASCII 码，则数字将小于大写字符，而大写字符小于小写字符。对于每个关系运算符，都以三种方式被重载，以便能够将 string 对象与另一个 string 对象、C 风格字符串进行比较，并能够将 C 风格字符串与 string 对象进行比较：

```
string snake1("cobra");
string snake2("coral");
char snake3[20] = "anaconda";
if (snake1 < snake 2) // operator<(const string &, const string &)
    ...
if (snake1 == snake3) // operator==(const string &, const char *)
    ...
if (snake3 != snake2) // operator!=(const char *, const string &)
    ...
```

可以确定字符串的长度。size()和 length()成员函数都返回字符串中的字符数：

```
if (snake1.length() == snake2.size())
    cout << "Both strings have the same length.\n"
```

为什么这两个函数完成相同的任务呢？length()成员来自较早版本的 string 类，而 size()则是为提供 STL 兼容性而添加的。

可以以多种不同的方式在字符串中搜索给定的子字符串或字符。表 16.2 简要地描述了 find()方法的 4 个版本。如前所述，string ::npos 是字符串可存储的最大字符数，通常是无符号 int 或无符号 long 的最大取值。

表 16.2　　重载的 find()方法

方 法 原 型	描　　述
size_type find(const string & str, size_type pos = 0)const	从字符串的 pos 位置开始，查找子字符串 str。如果找到，则返回该子字符串首次出现时其首字符的索引；否则，返回 string :: npos
size_type find(const char * s, size_type pos = 0)const	从字符串的 pos 位置开始，查找子字符串 s。如果找到，则返回该子字符串首次出现时其首字符的索引；否则，返回 string :: npos
size_type find(const char * s, size_type pos, size_type n)	从字符串的 pos 位置开始，查找 s 的前 n 个字符组成的子字符串。如果找到，则返回该子字符串首次出现时其首字符的索引；否则，返回 string :: npos
size_type find(char ch, size_type pos = 0)const	从字符串的 pos 位置开始，查找字符 ch。如果找到，则返回该字符首次出现的位置；否则，返回 string :: npos

string 库还提供了相关的方法：rfind()、find_first_of()、find_last_of()、find_first_not_of()和 find_last_not_of()，它们的重载函数特征标都与 find()方法相同。rfind()方法查找子字符串或字符最后一次出现的位置；find_first_of()方法在字符串中查找参数中任何一个字符首次出现的位置。例如，下面的语句返回 r 在“cobra”中的位置（即索引 3），因为这是“hark”中各个字母在“cobra”首次出现的位置：

```
int where = snake1.find_first_of("hark");
```

find_last_of()方法的功能与此相同，只是它查找的是最后一次出现的位置。因此，下面的语句返回 a 在“cobra”中的位置：

```
int where = snake1.last_first_of("hark");
```

find_first_not_of()方法在字符串中查找第一个不包含在参数中的字符，因此下面的语句返回 c 在“cobra”

中的位置，因为“hark”中没有 c：

```
int where = snake1.find_first_not_of("hark");
```

在本章最后的练习中，您将了解 find_last_not_of()。

还有很多其他的方法，这些方法足以创建一个非图形版本的 Hangman 拼字游戏。该游戏将一系列的单词存储在一个 string 对象数组中，然后随机选择一个单词，让人猜测单词的字母。如果猜错 6 次，玩家就输了。该程序使用 find()函数来检查玩家的猜测，使用+=运算符创建一个 string 对象来记录玩家的错误猜测。为记录玩家猜对的情况，程序创建了一个单词，其长度与被猜的单词相同，但包含的是连字符。玩家猜对字符时，将用该字符替换相应的连字符。程序清单 16.3 列出了该程序的代码。

程序清单 16.3 hangman.cpp

```
// hangman.cpp -- some string methods
#include <iostream>
#include <string>
#include <cstdlib>
#include <ctime>
#include <cctype>
using std::string;
const int NUM = 26;
const string wordlist[NUM] = {"apiary", "beetle", "cereal",
    "danger", "ensign", "florid", "garage", "health", "insult",
    "jackal", "keeper", "loaner", "manage", "nonce", "onset",
    "plaid", "quilt", "remote", "stolid", "train", "useful",
    "valid", "whence", "xenon", "yearn", "zippy"};

int main()
{
    using std::cout;
    using std::cin;
    using std::tolower;
    using std::endl;
    std::srand(std::time(0));
    char play;
    cout << "Will you play a word game? <y/n> ";
    cin >> play;
    play = tolower(play);
    while (play == 'y')
    {
        string target = wordlist[std::rand() % NUM];
        int length = target.length();
        string attempt(length, '-');
        string badchars;
        int guesses = 6;
        cout << "Guess my secret word. It has " << length
            << " letters, and you guess\n"
            << "one letter at a time. You get " << guesses
        << " wrong guesses.\n";
        cout << "Your word: " << attempt << endl;
        while (guesses > 0 && attempt != target)
        {
            char letter;
            cout << "Guess a letter: ";
            cin >> letter;
            if (badchars.find(letter) != string::npos
                || attempt.find(letter) != string::npos)
            {
                cout << "You already guessed that. Try again.\n";
                    continue;
            }
            int loc = target.find(letter);
            if (loc == string::npos)
            {
                cout << "Oh, bad guess!\n";
                --guesses;
                badchars += letter; // add to string
            }
            else
            {
                cout << "Good guess!\n";
                attempt[loc]=letter;
                // check if letter appears again
                loc = target.find(letter, loc + 1);
```

```
                while (loc != string::npos)
                {
                    attempt[loc]=letter;
                    loc = target.find(letter, loc + 1);
                }
            }
            cout << "Your word: " << attempt << endl;
            if (attempt != target)
            {
                if (badchars.length() > 0)
                    cout << "Bad choices: " << badchars << endl;
                cout << guesses << " bad guesses left\n";
            }
        }
        if (guesses > 0)
            cout << "That's right!\n";
        else
            cout << "Sorry, the word is " << target << ".\n";
        cout << "Will you play another? <y/n> ";
        cin >> play;
        play = tolower(play);
    }

    cout << "Bye\n";

    return 0;
}
```

程序清单 16.3 中程序的运行情况如下：

```
Will you play a word game? <y/n> y
Guess my secret word. It has 6 letters, and you guess
one letter at a time. You get 6 wrong guesses.
Your word: ------
Guess a letter: e
Oh, bad guess!
Your word: ------
Bad choices: e
5 bad guesses left
Guess a letter: a
Good guess!
Your word: a--a--
Bad choices: e
5 bad guesses left
Guess a letter: t
Oh, bad guess!
Your word: a--a--
Bad choices: et
4 bad guesses left
Guess a letter: r
Good guess!
Your word: a--ar-
Bad choices: et
4 bad guesses left
Guess a letter: y
Good guess!
Your word: a--ary
Bad choices: et
4 bad guesses left
Guess a letter: i
Good guess!
Your word: a-iary
Bad choices: et
4 bad guesses left
Guess a letter: p
Good guess!
Your word: apiary
That's right!
Will you play another? <y/n> n
Bye
```

程序说明

在程序清单 16.3 中，由于关系运算符被重载，因此可以像对待数值变量那样对待字符串：

```
while (guesses > 0 && attempt != target)
```

与对 C 风格字符串使用 strcmp()相比，这样简单些。

该程序使用 find()来检查玩家以前是否猜过某个字符。如果是，则它要么位于 badchars 字符串（猜错）中，要么位于 attempt 字符串（猜对）中：

```
if (badchars.find(letter) != string::npos
    || attempt.find(letter) != string::npos)
```

npos 变量是 string 类的静态成员，它的值是 string 对象能存储的最大字符数。由于索引从 0 开始，所以它比最大的索引值大 1，因此可以使用它来表示没有查找到字符或字符串。

该程序利用了这样一个事实：+=运算符的某个重载版本使得能够将一个字符附加到字符串中：

```
badchars += letter; // append a char to a string object
```

该程序的核心是从检查玩家选择的字符是否位于被猜测的单词中开始的：

```
int loc = target.find(letter);
```

如果 loc 是一个有效的值，则可以将该字母放置在答案字符串的相应位置：

```
attempt[loc]=letter;
```

然而，由于字母在被猜测的单词中可能出现多次，所以程序必须一直进行检查。该程序使用了 find()的第二个可选参数，该参数可以指定从字符串什么位置开始搜索。因为字母是在位置 loc 找到的，所以下一次搜索应从 loc+1 开始。while 循环使搜索一直进行下去，直到找不到该字符为止。如果 loc 位于字符串尾，则表明 find()没有找到该字符。

```
// check if letter appears again
loc = target.find(letter, loc + 1);
while (loc != string::npos)
{
    attempt[loc]=letter;
    loc = target.find(letter, loc + 1);
}
```

16.1.4　string 还提供了哪些功能

string 库提供了很多其他的工具，包括完成下述功能的函数：删除字符串的部分或全部内容、用一个字符串的部分或全部内容替换另一个字符串的部分或全部内容、将数据插入到字符串中或删除字符串中的数据、将一个字符串的部分或全部内容与另一个字符串的部分或全部内容进行比较、从字符串中提取子字符串、将一个字符串中的内容复制到另一个字符串中、交换两个字符串的内容。这些函数中的大多数都被重载，以便能够同时处理 C 风格字符串和 string 对象。附录 F 简要地介绍了 string 库中的函数。

首先来看自动调整大小的功能。在程序清单 16.3 中，每当程序将一个字母附加到字符串末尾时将发生什么呢？不能仅仅将已有的字符串加大，因为相邻的内存可能被占用了。因此，可能需要分配一个新的内存块，并将原来的内容复制到新的内存单元中。如果执行大量这样的操作，效率将非常低，因此很多 C++实现分配一个比实际字符串大的内存块，为字符串提供了增大空间。然而，如果字符串不断增大，超过了内存块的大小，程序将分配一个大小为原来两倍的新内存块，以提供足够的增大空间，避免不断地分配新的内存块。方法 capacity()返回当前分配给字符串的内存块的大小，而 reserve()方法让您能够请求内存块的最小长度。程序清单 16.4 是一个使用这些方法的示例。

程序清单 16.4　str2.cpp

```
// str2.cpp -- capacity() and reserve()
#include <iostream>
#include <string>
int main()
{
    using namespace std;
    string empty;
    string small = "bit";
    string larger = "Elephants are a girl's best friend";
    cout << "Sizes:\n";
    cout << "\tempty: " << empty.size() << endl;
    cout << "\tsmall: " << small.size() << endl;
    cout << "\tlarger: " << larger.size() << endl;
    cout << "Capacities:\n";
    cout << "\tempty: " << empty.capacity() << endl;
    cout << "\tsmall: " << small.capacity() << endl;
    cout << "\tlarger: " << larger.capacity() << endl;
    empty.reserve(50);
    cout << "Capacity after empty.reserve(50): "
         << empty.capacity() << endl;
```

```
    return 0;
}
```

下面是使用某种 C++实现时，程序清单 16.4 中程序的输出：

```
Sizes:
        empty: 0
        small: 3
        larger: 34
Capacities:
        empty: 15
        small: 15
        larger: 47
Capacity after empty.reserve(50): 63
```

注意，该实现使用的最小容量为 15 个字符，这比标准容量选择（16 的倍数）小 1。其他实现可能做出不同的选择。

如果您有 string 对象，但需要 C 风格字符串，该如何办呢？例如，您可能想打开一个其名称存储在 string 对象中的文件：

```
string filename;
cout << "Enter file name: ";
cin >> filename;
ofstream fout;
```

不幸的是，open()方法要求使用一个 C 风格字符串作为参数；幸运的是，c_str()方法返回一个指向 C 风格字符串的指针，该 C 风格字符串的内容与用于调用 c_str()方法的 string 对象相同。因此可以这样做：

```
fout.open(filename.c_str());
```

16.1.5 字符串种类

本节将 string 类看作是基于 char 类型的。事实上，正如前面指出的，string 库实际上是基于一个模板类的：

```
template<class charT, class traits = char _traits<charT>,
        class Allocator = allocator<charT> >
basic_string {...};
```

模板 basic_string 有 4 个具体化，每个具体化都有一个 typedef 名称：

```
typedef basic_string<char> string;
typedef basic_string<wchar_t> wstring;
typedef basic_string<char16_t> u16string;    // C++11
typedef basic_string<char32_t> u32string ; // C++11
```

这让您能够使用基于类型 wchar_t、char16_t、char32_t 和 char 的字符串。甚至可以开发某种类似字符的类，并对它使用 basic_string 类模板（只要它满足某些要求）。traits 类描述关于选定字符类型的特定情况，如如何对值进行比较。对于 wchar_t、char16_t、char32_t 和 char 类型，有预定义的 char_traits 模板具体化，它们都是 traits 的默认值。Allocator 是一个管理内存分配的类。对于各种字符类型，都有预定义的 allocator 模板具体化，它们都是默认的。它们使用 new 和 delete。

16.2 智能指针模板类

智能指针是行为类似于指针的类对象，但这种对象还有其他功能。本节介绍三个可帮助管理动态内存分配的智能指针模板。先来看需要哪些功能以及这些功能是如何实现的。请看下面的函数：

```
void remodel(std::string & str)
{
    std::string * ps = new std::string(str);
    ...
    str = * ps;
    return;
}
```

您可能发现了其中的缺陷。每当调用时，该函数都分配堆中的内存，但从不收回，从而导致内存泄漏。您可能也知道解决之道——只要别忘了在 return 语句前添加下面的语句，以释放分配的内存即可：

```
delete ps;
```

然而，但凡涉及“别忘了”的解决方法，很少是最佳的。因为您有时可能忘了，有时可能记住了，但可能在不经意间删除或注释掉了这些代码。即使确实没有忘记，也可能有问题。请看下面的变体：

```
void remodel(std::string & str)
{
    std::string * ps = new std::string(str);
```

```
    ...
    if (weird_thing())
        throw exception();
    str = *ps;
    delete ps;
    return;
}
```

当出现异常时，delete 将不被执行，因此也将导致内存泄漏。

可以按第 14 章介绍的方式修复这种问题，但如果有更灵巧的解决方法就好了。来看一下需要些什么。当 remodel()这样的函数终止（不管是正常终止，还是由于出现了异常而终止），本地变量都将从栈内存中删除——因此指针 ps 占据的内存将被释放。如果 ps 指向的内存也被释放，那该有多好啊。如果 ps 有一个析构函数，该析构函数将在 ps 过期时释放它指向的内存。因此，ps 的问题在于，它只是一个常规指针，不是有析构函数的类对象。如果它是对象，则可以在对象过期时，让它的析构函数删除指向的内存。这正是 auto_ptr、unique_ptr 和 shared_ptr 背后的思想。模板 auto_ptr 是 C++98 提供的解决方案，C++11 已将其摒弃，并提供了另外两种解决方案。然而，虽然 auto_ptr 被摒弃，但它已使用了多年；同时，如果您的编译器不支持其他两种解决方案，auto_ptr 将是唯一的选择。

16.2.1 使用智能指针

这三个智能指针模板（auto_ptr、unique_ptr 和 shared_ptr）都定义了类似指针的对象，可以将 new 获得（直接或间接）的地址赋给这种对象。当智能指针过期时，其析构函数将使用 delete 来释放内存。因此，如果将 new 返回的地址赋给这些对象，将无需记住稍后释放这些内存：在智能指针过期时，这些内存将自动被释放。图 16.2 说明了 auto_ptr 和常规指针在行为方面的差别；share_ptr 和 unique_ptr 的行为与 auto_ptr 相同。

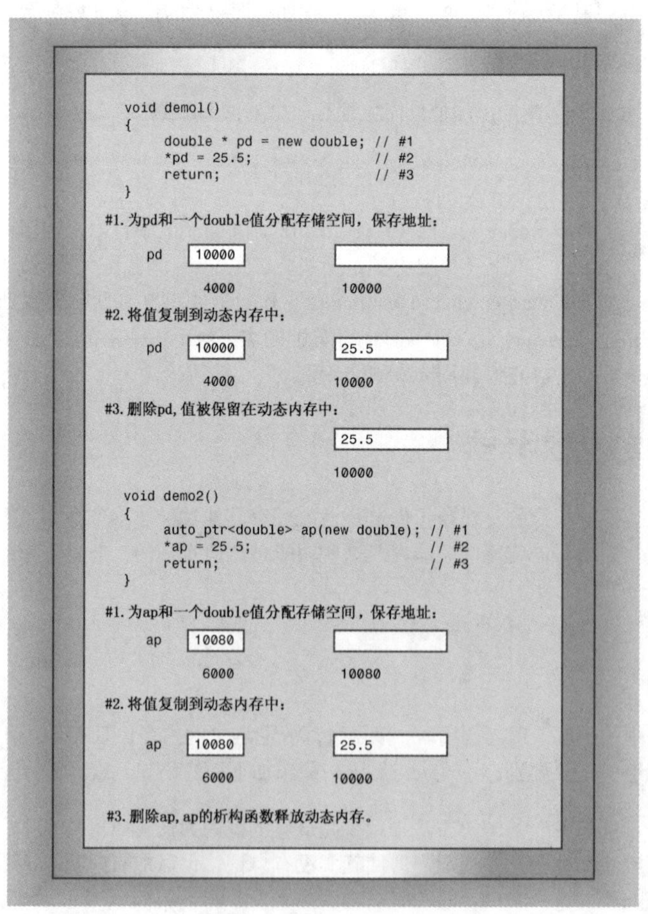

图 16.2 常规指针与 auto_ptr

要创建智能指针对象，必须包含头文件 memory，该文件包含模板定义。然后使用通常的模板语法来实例化所需类型的指针。例如，模板 auto_ptr 包含如下构造函数：

```
template<class X> class auto_ptr {
public:
    explicit auto_ptr(X* p =0) throw();
...};
```

本书前面说过，throw()意味着构造函数不会引发异常；与 auto_ptr 一样，throw()也被摒弃。因此，请求 X 类型的 auto_ptr 将获得一个指向 X 类型的 auto_ptr：

```
auto_ptr<double> pd(new double); // pd an auto_ptr to double
                                 // (use in place of double * pd)
auto_ptr<string> ps(new string); // ps an auto_ptr to string
                                 // (use in place of string * ps)
```

new double 是 new 返回的指针，指向新分配的内存块。它是构造函数 auto_ptr<double>的参数，即对应于原型中形参 p 的实参。同样，new string 也是构造函数的实参。其他两种智能指针使用同样的语法：

```
unique_ptr<double> pdu(new double); // pdu an unique_ptr to double
shared_ptr<string> pss(new string); // pss a shared_ptr to string
```

因此，要转换 remodel()函数，应按下面 3 个步骤进行：

1. 包含头文件 memory；
2. 将指向 string 的指针替换为指向 string 的智能指针对象；
3. 删除 delete 语句。

下面是使用 auto_ptr 修改该函数的结果：

```
#include <memory>
void remodel(std::string & str)
{
    std::auto_ptr<std::string> ps (new std::string(str));
    ...
    if (weird_thing())
        throw exception();
    str = *ps;
    // delete ps; NO LONGER NEEDED
    return;
}
```

注意到智能指针模板位于名称空间 std 中。程序清单 16.5 是一个简单的程序，演示了如何使用全部三种智能指针。要编译该程序，您的编译器必须支持 C++11 新增的类 shared_ptr 和 unique_ptr。每个智能指针都放在一个代码块内，这样离开代码块时，指针将过期。Report 类使用方法报告对象的创建和销毁。

程序清单 16.5 smrtptrs.cpp

```
// smrtptrs.cpp -- using three kinds of smart pointers
// requires support of C++11 shared_ptr and unique_ptr
#include <iostream>
#include <string>
#include <memory>

class Report
{
private:
    std::string str;
public:
    Report(const std::string s) : str(s)
            { std::cout << "Object created!\n"; }
    ~Report() { std::cout << "Object deleted!\n"; }
    void comment() const { std::cout << str << "\n"; }
};

int main()
{
    {
        std::auto_ptr<Report> ps (new Report("using auto_ptr"));
        ps->comment(); // use -> to invoke a member function
    }
    {
        std::shared_ptr<Report> ps (new Report("using shared_ptr"));
        ps->comment();
    }
```

```
    {
        std::unique_ptr<Report> ps (new Report("using unique_ptr"));
        ps->comment();
    }
    return 0;
}
```

该程序的输出如下：

```
Object created!
using auto_ptr
Object deleted!
Object created!
using shared_ptr
Object deleted!
Object created!
using unique_ptr
Object deleted!
```

所有智能指针类都有一个 explicit 构造函数，该构造函数将指针作为参数。因此，不会自动将指针转换为智能指针对象：

```
shared_ptr<double> pd;
double *p_reg = new double;
pd = p_reg; // not allowed (implicit conversion)
pd = shared_ptr<double>(p_reg);     // allowed (explicit conversion)
shared_ptr<double> pshared = p_reg; // not allowed (implicit conversion)
shared_ptr<double> pshared(p_reg);  // allowed (explicit conversion)
```

由于智能指针模板类的定义方式，智能指针对象的很多方面都类似于常规指针。例如，如果 ps 是一个智能指针对象，则可以对它执行解除引用操作（* ps）、用它来访问结构成员（ps->puffIndex）、将它赋给指向相同类型的常规指针。还可以将智能指针对象赋给另一个同类型的智能指针对象，但将引起一个问题，这将在下一节进行讨论。

但在此之前，先说说对全部三种智能指针都应避免的一点：

```
string vacation("I wandered lonely as a cloud.");
shared_ptr<string> pvac(&vacation); // NO!
```

pvac 过期时，程序将把 delete 运算符用于非堆内存，这是错误的。

就程序清单 16.5 演示的情况而言，三种智能指针都能满足要求，但情况并非总是这样简单。

16.2.2 有关智能指针的注意事项

为何有三种智能指针呢？实际上有 4 种，但本书不讨论 weak_ptr。为何摒弃 auto_ptr 呢？

先来看下面的赋值语句：

```
auto_ptr<string> ps (new string("I reigned lonely as a cloud."));
auto_ptr<string> vocation;
vocation = ps;
```

上述赋值语句将完成什么工作呢？如果 ps 和 vocation 是常规指针，则两个指针将指向同一个 string 对象。这是不能接受的，因为程序将试图删除同一个对象两次——一次是 ps 过期时，另一次是 vocation 过期时。要避免这种问题，方法有多种。

- 定义赋值运算符，使之执行深复制。这样两个指针将指向不同的对象，其中的一个对象是另一个对象的副本。
- 建立所有权（ownership）概念，对于特定的对象，只能有一个智能指针可拥有它，这样只有拥有对象的智能指针的构造函数会删除该对象。然后，让赋值操作转让所有权。这就是用于 auto_ptr 和 unique_ptr 的策略，但 unique_ptr 的策略更严格。
- 创建智能更高的指针，跟踪引用特定对象的智能指针数。这称为引用计数（reference counting）。例如，赋值时，计数将加 1，而指针过期时，计数将减 1。仅当最后一个指针过期时，才调用 delete。这是 shared_ptr 采用的策略。

当然，同样的策略也适用于复制构造函数。

每种方法都有其用途。程序清单 16.6 是一个不适合使用 auto_ptr 的示例。

程序清单 16.6 fowl.cpp

```
// fowl.cpp -- auto_ptr a poor choice
#include <iostream>
#include <string>
#include <memory>

int main()
{
    using namespace std;
    auto_ptr<string> films[5] =
    {
        auto_ptr<string> (new string("Fowl Balls")),
        auto_ptr<string> (new string("Duck Walks")),
        auto_ptr<string> (new string("Chicken Runs")),
        auto_ptr<string> (new string("Turkey Errors")),
        auto_ptr<string> (new string("Goose Eggs"))
    };
    auto_ptr<string> pwin;
    pwin = films[2]; // films[2] loses ownership

    cout << "The nominees for best avian baseball film are\n";
    for (int i = 0; i < 5; i++)
        cout << *films[i] << endl;
    cout << "The winner is " << *pwin << "!\n";
    cin.get();
    return 0;
}
```

下面是该程序的输出：

```
The nominees for best avian baseball film are
Fowl Balls
Duck Walks
Segmentation fault (core dumped)
```

消息 core dumped 表明，错误地使用 auto_ptr 可能导致问题（这种代码的行为是不确定的，其行为可能随系统而异）。这里的问题在于，下面的语句将所有权从 films[2]转让给 pwin：

```
pwin = films[2]; // films[2] loses ownership
```

这导致 films[2]不再引用该字符串。在 auto_ptr 放弃对象的所有权后，便不再能使用它来访问该对象。当程序打印 films[2]指向的字符串时，却发现这是一个空指针，这显然是令人讨厌的意外。

如果在程序清单 16.6 中使用 shared_ptr 代替 auto_ptr（这要求编译器支持 C++11 新增的 shared_ptr 类），则程序将正常运行，其输出如下：

```
The nominees for best avian baseball film are
Fowl Balls
Duck Walks
Chicken Runs
Turkey Errors
Goose Eggs
The winner is Chicken Runs!
```

差别在于程序的如下部分：

```
shared_ptr<string> pwin;
pwin = films[2];
```

这次 pwin 和 films[2]指向同一个对象，而引用计数从 1 增加到 2。在程序末尾，后声明的 pwin 首先调用其析构函数，该析构函数将引用计数降低到 1。然后，shared_ptr 数组的成员被释放，对 filmsp[2]调用析构函数时，将引用计数降低到 0，并释放以前分配的空间。

因此使用 shared_ptr 时，程序清单 16.6 运行正常；而使用 auto_ptr 时，该程序在运行阶段崩溃。如果使用 unique_ptr，结果将如何呢？与 auto_ptr 一样，unique_ptr 也采用所有权模型。但使用 unique_ptr 时，程序不会等到运行阶段崩溃，而在编译阶段因下述代码行出现错误：

```
pwin = films[2];
```

显然，该进一步探索 auto_ptr 和 unique_ptr 之间的差别。

16.2.3 unique_ptr 为何优于 auto_ptr

请看下面的语句：

```
auto_ptr<string> p1(new string("auto")); //#1
auto_ptr<string> p2;                     //#2
p2 = p1;                                 //#3
```

在语句#3 中，p2 接管 string 对象的所有权后，p1 的所有权将被剥夺。前面说过，这是件好事，可防止 p1 和 p2 的析构函数试图删除同一个对象；但如果程序随后试图使用 p1，这将是件坏事，因为 p1 不再指向有效的数据。

下面来看使用 unique_ptr 的情况：

```
unique_ptr<string> p3(new string("auto")); //#4
unique_ptr<string> p4;                     //#5
p4 = p3;                                   //#6
```

编译器认为语句#6 非法，避免了 p3 不再指向有效数据的问题。因此，unique_ptr 比 auto_ptr 更安全（编译阶段错误比潜在的程序崩溃更安全）。

但有时候，将一个智能指针赋给另一个并不会留下危险的悬挂指针。假设有如下函数定义：

```
unique_ptr<string> demo(const char * s)
{
    unique_ptr<string> temp(new string(s));
    return temp;
}
```

并假设编写了如下代码：

```
unique_ptr<string> ps;
ps = demo("Uniquely special");
```

demo()返回一个临时 unique_ptr，然后 ps 接管了原本归返回的 unique_ptr 所有的对象，而返回的 unique_ptr 被销毁。这没有问题，因为 ps 拥有了 string 对象的所有权。但这里的另一个好处是，demo()返回的临时 unique_ptr 很快被销毁，没有机会使用它来访问无效的数据。换句话说，没有理由禁止这种赋值。神奇的是，编译器确实允许这种赋值！

总之，程序试图将一个 unique_ptr 赋给另一个时，如果源 unique_ptr 是个临时右值，编译器允许这样做；如果源 unique_ptr 将存在一段时间，编译器将禁止这样做：

```
using namespace std;
unique_ptr< string> pu1(new string "Hi ho!");
unique_ptr< string> pu2;
pu2 = pu1;                                    //#1 not allowed
unique_ptr<string> pu3;
pu3 = unique_ptr<string>(new string "Yo!"); //#2 allowed
```

语句#1 将留下悬挂的 unique_ptr（pu1），这可能导致危害。语句#2 不会留下悬挂的 unique_ptr，因为它调用 unique_ptr 的构造函数，该构造函数创建的临时对象在其所有权转让给 pu3 后就会被销毁。这种随情况而异的行为表明，unique_ptr 优于允许两种赋值的 auto_ptr。这也是禁止（只是一种建议，编译器并不禁止）在容器对象中使用 auto_ptr，但允许使用 unique_ptr 的原因。如果容器算法试图对包含 unique_ptr 的容器执行类似于语句#1 的操作，将导致编译错误；如果算法试图执行类似于语句#2 的操作，则不会有任何问题。而对于 auto_ptr，类似于语句#1 的操作可能导致不确定的行为和神秘的崩溃。

当然，您可能确实想执行类似于语句#1 的操作。仅当以非智能的方式使用遗弃的智能指针（如解除引用时），这种赋值才不安全。要安全地重用这种指针，可给它赋新值。C++有一个标准库函数 std::move()，让您能够将一个 unique_ptr 赋给另一个。下面是一个使用前述 demo()函数的例子，该函数返回一个 unique_ptr<string>对象：

```
using namespace std;
unique_ptr<string> ps1, ps2;
ps1 = demo("Uniquely special");
ps2 = move(ps1);                  // enable assignment
ps1 = demo(" and more");
cout << *ps2 << *ps1 << endl;
```

您可能会问，unique_ptr 如何能够区分安全和不安全的用法呢？答案是它使用了 C++11 新增的移动构造函数和右值引用，这将在第 18 章讨论。

相比于 auto_ptr，unique_ptr 还有另一个优点。它有一个可用于数组的变体。别忘了，必须将 delete 和 new 配对，将 delete []和 new [ ]配对。模板 auto_ptr 使用 delete 而不是 delete [ ]，因此只能与 new 一起使用，而不能与 new [ ]一起使用。但 unique_ptr 有使用 new [ ]和 delete [ ]的版本：

```
std::unique_ptr< double[]>pda(new double(5)); // will use delete []
```

警告：使用 new 分配内存时，才能使用 auto_ptr 和 shared_ptr，使用 new [ ]分配内存时，不能使用它们。

不使用new分配内存时，不能使用auto_ptr或shared_ptr；不使用new或new []分配内存时，不能使用unique_ptr。

16.2.4 选择智能指针

应使用哪种智能指针呢？如果程序要使用多个指向同一个对象的指针，应选择shared_ptr。这样的情况包括：有一个指针数组，并使用一些辅助指针来标识特定的元素，如最大的元素和最小的元素；两个对象包含都指向第三个对象的指针；包含指针的STL容器。很多STL算法都支持复制和赋值操作，这些操作可用于shared_ptr，但不能用于unique_ptr（编译器发出警告）和auto_ptr（行为不确定）。如果您的编译器没有提供shared_ptr，可使用Boost库提供的shared_ptr。

如果程序不需要多个指向同一个对象的指针，则可使用unique_ptr。如果函数使用new分配内存，并返回指向该内存的指针，将其返回类型声明为unique_ptr是不错的选择。这样，所有权将转让给接受返回值的unique_ptr，而该智能指针将负责调用delete。可将unique_ptr存储到STL容器中，只要不调用将一个unique_ptr复制或赋给另一个的方法或算法（如sort()）。例如，可在程序中使用类似于下面的代码段，这里假设程序包含正确的include和using语句：

```
unique_ptr<int> make_int(int n)
{
    return unique_ptr<int>(new int(n));
}
void show(unique_ptr<int> & pi) // pass by reference
{
    cout << *a << ' ';
}
int main()
{
...
    vector<unique_ptr<int> > vp(size);
    for (int i = 0; i < vp.size(); i++)
        vp[i] = make_int(rand() % 1000); // copy temporary unique_ptr
    vp.push_back(make_int(rand() % 1000)) // ok because arg is temporary
    for_each(vp.begin(), vp.end(), show); // use for_each()
...
}
```

其中的push_back()调用没有问题，因为它返回一个临时unique_ptr，该unique_ptr被赋给vp中的一个unique_ptr。另外，如果按值而不是按引用给show()传递对象，for_each()语句将非法，因为这将导致使用一个来自vp的非临时unique_ptr初始化pi，而这是不允许的。前面说过，编译器将发现错误使用unique_ptr的企图。

在unique_ptr为右值时，可将其赋给shared_ptr，这与将一个unique_ptr赋给另一个需要满足的条件相同。与前面一样，在下面的代码中，make_int()的返回类型为unique_ptr<int>：

```
unique_ptr<int> pup(make_int(rand() % 1000); // ok
shared_ptr<int> spp(pup);                       // not allowed, pup an lvalue
shared_ptr<int> spr(make_int(rand() % 1000); // ok
```

模板shared_ptr包含一个显式构造函数，可用于将右值unique_ptr转换为shared_ptr。shared_ptr将接管原来归unique_ptr所有的对象。

在满足unique_ptr要求的条件时，也可使用auto_ptr，但unique_ptr是更好的选择。如果您的编译器没有提供unique_ptr，可考虑使用BOOST库提供的scoped_ptr，它与unique_ptr类似。

16.3 标准模板库

STL提供了一组表示容器、迭代器、函数对象和算法的模板。容器是一个与数组类似的单元，可以存储若干个值。STL容器是同质的，即存储的值的类型相同；算法是完成特定任务（如对数组进行排序或在链表中查找特定值）的处方；迭代器能够用来遍历容器的对象，与能够遍历数组的指针类似，是广义指针；函数对象是类似于函数的对象，可以是类对象或函数指针（包括函数名，因为函数名被用作指针）。STL使得能够构造各种容器（包括数组、队列和链表）和执行各种操作（包括搜索、排序和随机排列）。

Alex Stepanov和Meng Lee在Hewlett-Packard实验室开发了STL，并于1994年发布其实现。ISO/ANSI C++委员会投票同意将其作为C++标准的组成部分。STL不是面向对象的编程，而是一种不同的编程模式——泛型编程（generic programming）。这使得 STL 在功能和方法方面都很有趣。关于 STL 的信息很多，无法用一章的篇幅全部介绍，所以这里将介绍一些有代表性的例子，并领会泛型编程方法的精神。先来看几个具体的例子，让您对容器、迭代器和算法有一些感性的认识，然后再介绍底层的设计理念，并简要地介绍 STL。附录 G 对各种 STL 方法和函数进行了总结。

16.3.1　模板类 vector

第 4 章简要地介绍了 vector 类，下面更详细地介绍它。在计算中，矢量（vector）对应数组，而不是第 11 章介绍的数学矢量（在数学中，可以使用 N 个分量来表示 N 维数学矢量，因此从这方面讲，数学矢量类似一个 N 维数组。然而，数学矢量还有一些计算机矢量不具备的其他特征，如内乘积和外乘积）。计算矢量存储了一组可随机访问的值，即可以使用索引来直接访问矢量的第 10 个元素，而不必首先访问前面 9 个元素。所以 vector 类提供了与第 14 章介绍的 valarray 和 ArrayTP 以及第 4 章介绍的 array 类似的操作，即可以创建 vector 对象，将一个 vector 对象赋给另一个对象，使用[ ]运算符来访问 vector 元素。要使类成为通用的，应将它设计为模板类，STL 正是这样做的——在头文件 vector（以前为 vector.h）中定义了一个 vector 模板。

要创建 vector 模板对象，可使用通常的<type>表示法来指出要使用的类型。另外，vector 模板使用动态内存分配，因此可以用初始化参数来指出需要多少矢量：

```
#include vector
using namespace std;
vector<int> ratings(5);    // a vector of 5 ints
int n;
cin >> n;
vector<double> scores(n); // a vector of n doubles
```

由于运算符[ ]被重载，因此创建 vector 对象后，可以使用通常的数组表示法来访问各个元素：

```
ratings[0] = 9;
for (int i = 0; i < n; i++)
    cout << scores[i] << endl;
```

分配器

与 string 类相似，各种 STL 容器模板都接受一个可选的模板参数，该参数指定使用哪个分配器对象来管理内存。例如，vector 模板的开头与下面类似：

```
template <class T, class Allocator = allocator<T> >
    class vector {...
```

如果省略该模板参数的值，则容器模板将默认使用 allocator<T>类。这个类使用 new 和 delete。

程序清单 16.7 是一个要求不高的应用程序，它使用了这个类。该程序创建了两个 vector 对象——一个是 int 规范，另一个是 string 规范，它们都包含 5 个元素。

程序清单 16.7　vect1.cpp

```
// vect1.cpp -- introducing the vector template
#include <iostream>
#include <string>
#include <vector>

const int NUM = 5;
int main()
{
    using std::vector;
    using std::string;
    using std::cin;
    using std::cout;
    using std::endl;

    vector<int> ratings(NUM);
    vector<string> titles(NUM);
    cout << "You will do exactly as told. You will enter\n"
         << NUM << " book titles and your ratings (0-10).\n";
    int i;
    for (i = 0; i < NUM; i++)
    {
        cout << "Enter title #" << i + 1 << ": ";
        getline(cin,titles[i]);
        cout << "Enter your rating (0-10): ";
        cin >> ratings[i];
```

```
        cin.get();
    }
    cout << "Thank you. You entered the following:\n"
         << "Rating\tBook\n";
    for (i = 0; i < NUM; i++)
    {
        cout << ratings[i] << "\t" << titles[i] << endl;
    }

    return 0;
}
```

程序清单 16.7 中程序的运行情况如下：

```
You will do exactly as told. You will enter
5 book titles and your ratings (0-10).
Enter title #1: The Cat Who Knew C++
Enter your rating (0-10): 6
Enter title #2: Felonious Felines
Enter your rating (0-10): 4
Enter title #3: Warlords of Wonk
Enter your rating (0-10): 3
Enter title #4: Don't Touch That Metaphor
Enter your rating (0-10): 5
Enter title #5: Panic Oriented Programming
Enter your rating (0-10): 8
Thank you. You entered the following:
Rating Book
6       The Cat Who Knew C++
4       Felonious Felines
3       Warlords of Wonk
5       Don't Touch That Metaphor
8       Panic Oriented Programming
```

该程序使用 vector 模板只是为方便创建动态分配的数组。下一节将介绍一个使用更多类方法的例子。

16.3.2 可对矢量执行的操作

除分配存储空间外，vector 模板还可以完成哪些任务呢？所有的 STL 容器都提供了一些基本方法，其中包括 size()——返回容器中元素数目、swap()——交换两个容器的内容、begin()——返回一个指向容器中第一个元素的迭代器、end()——返回一个表示超过容器尾的迭代器。

什么是迭代器？它是一个广义指针。事实上，它可以是指针，也可以是一个可对其执行类似指针的操作——如解除引用（如 operator*()）和递增（如 operator++()）——的对象。稍后将知道，通过将指针广义化为迭代器，让 STL 能够为各种不同的容器类（包括那些简单指针无法处理的类）提供统一的接口。每个容器类都定义了一个合适的迭代器，该迭代器的类型是一个名为 iterator 的 typedef，其作用域为整个类。例如，要为 vector 的 double 类型规范声明一个迭代器，可以这样做：

```
vector<double>::iterator pd; // pd an iterator
```

假设 scores 是一个 vector<double>对象：

```
vector<double> scores;
```

则可以使用迭代器 pd 执行这样的操作：

```
pd = scores.begin(); // have pd point to the first element
*pd = 22.3;          // dereference pd and assign value to first element
++pd;                // make pd point to the next element
```

正如您看到的，迭代器的行为就像指针。顺便说一句，还有一个 C++11 自动类型推断很有用的地方。例如，可以不这样做：

```
vector<double>::iterator pd = scores.begin();
```

而这样做：

```
auto pd = scores.begin(); // C++11 automatic type deduction
```

回到前面的示例。什么是超过结尾（past-the-end）呢？它是一种迭代器，指向容器最后一个元素后面的那个元素。这与 C 风格字符串最后一个字符后面的空字符类似，只是空字符是一个值，而“超过结尾”是一个指向元素的指针（迭代器）。end()成员函数标识超过结尾的位置。如果将迭代器设置为容器的第一个元素，并不断地递增，则最终它将到达容器结尾，从而遍历整个容器的内容。因此，如果 scores 和 pd 的定义与前面的示例中相同，则可以用下面的代码来显示容器的内容：

```
for (pd = scores.begin(); pd != scores.end(); pd++)
    cout << *pd << endl;;
```

所有容器都包含刚才讨论的那些方法。vector 模板类也包含一些只有某些 STL 容器才有的方法。push_back()是一个方便的方法，它将元素添加到矢量末尾。这样做时，它将负责内存管理，增加矢量的长度，使之能够容纳新的成员。这意味着可以编写这样的代码：

```
vector<double> scores; // create an empty vector
double temp;
while (cin >> temp && temp >= 0)
    scores.push_back(temp);
cout << "You entered " << scores.size() << " scores.\n";
```

每次循环都给 scores 对象增加一个元素。在编写或运行程序时，无需了解元素的数目。只要能够取得足够的内存，程序就可以根据需要增加 scores 的长度。

erase()方法删除矢量中给定区间的元素。它接受两个迭代器参数，这些参数定义了要删除的区间。了解 STL 如何使用两个迭代器来定义区间至关重要。第一个迭代器指向区间的起始处，第二个迭代器位于区间终止处的后一个位置。例如，下述代码删除第一个和第二个元素，即删除 begin()和 begin()+1 指向的元素（由于 vector 提供了随机访问功能，因此 vector 类迭代器定义了诸如 begin()+2 等操作）：

```
scores.erase(scores.begin(), scores.begin() + 2);
```

如果 it1 和 it2 是迭代器，则 STL 文档使用[p1, p2]来表示从 p1 到 p2（不包括 p2）的区间。因此，区间[begin(), end())将包括集合的所有内容（参见图 16.3），而区间[p1, p1)为空。[ )表示法并不是 C++的组成部分，因此不能在代码中使用，而只能出现在文档中。

注意：区间[it1, it2)由迭代器 it1 和 it2 指定，其范围为 it1 到 it2（不包括 it2）。

insert()方法的功能与 erase()相反。它接受 3 个迭代器参数，第一个参数指定了新元素的插入位置，第二个和第三个迭代器参数定义了被插入区间，该区间通常是另一个容器对象的一部分。例如，下面的代码将矢量 new_v 中除第一个元素外的所有元素插入到 old_v 矢量的第一个元素前面：

```
vector<int> old_v;
vector<int> new_v;
...
old_v.insert(old_v.begin(), new_v.begin() + 1, new_v.end());
```

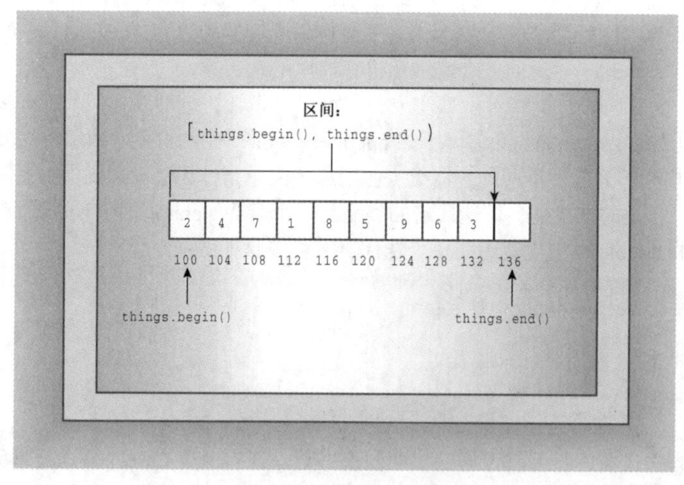

图 16.3 STL 的区间概念

顺便说一句，对于这种情况，拥有超尾元素是非常方便的，因为这使得在矢量尾部附加元素非常简单。下面的代码将新元素插入到 old.end()前面，即矢量最后一个元素的后面。

```
old_v.insert(old_v.end(), new_v.begin() + 1, new_v.end());
```

程序清单 16.8 演示了 size()、begin()、end()、push_back()、erase()和 insert()的用法。为简化数据处理，将程序清单 16.7 中的 rating 和 title 组合成了一个 Review 结构，并使用 FillReview()和 ShowReview()函数来输入和输出 Review 对象。

程序清单 16.8 vect2.cpp

```
// vect2.cpp -- methods and iterators
#include <iostream>
#include <string>
#include <vector>

struct Review {
    std::string title;
    int rating;
};
bool FillReview(Review & rr);
void ShowReview(const Review & rr);

int main()
{
    using std::cout;
    using std::vector;
    vector<Review> books;
    Review temp;
    while (FillReview(temp))
        books.push_back(temp);
    int num = books.size();
    if (num > 0)
    {
        cout << "Thank you. You entered the following:\n"
            << "Rating\tBook\n";
        for (int i = 0; i < num; i++)
            ShowReview(books[i]);
        cout << "Reprising:\n"
            << "Rating\tBook\n";
        vector<Review>::iterator pr;
        for (pr = books.begin(); pr != books.end(); pr++)
            ShowReview(*pr);
        vector <Review> oldlist(books); // copy constructor used
        if (num > 3)
        {
            // remove 2 items
            books.erase(books.begin() + 1, books.begin() + 3);
            cout << "After erasure:\n";
            for (pr = books.begin(); pr != books.end(); pr++)
                ShowReview(*pr);
            // insert 1 item
            books.insert(books.begin(), oldlist.begin() + 1,
                        oldlist.begin() + 2);
            cout << "After insertion:\n";
            for (pr = books.begin(); pr != books.end(); pr++)
                ShowReview(*pr);
        }
        books.swap(oldlist);
        cout << "Swapping oldlist with books:\n";
        for (pr = books.begin(); pr != books.end(); pr++)
            ShowReview(*pr);
    }
    else
        cout << "Nothing entered, nothing gained.\n";
    return 0;
}

bool FillReview(Review & rr)
{
    std::cout << "Enter book title (quit to quit): ";
    std::getline(std::cin,rr.title);
    if (rr.title == "quit")
        return false;
    std::cout << "Enter book rating: ";
    std::cin >> rr.rating;
    if (!std::cin)
        return false;
    // get rid of rest of input line
    while (std::cin.get() != '\n')
        continue;
    return true;
}

void ShowReview(const Review & rr)
```

```
{
    std::cout << rr.rating << "\t" << rr.title << std::endl;
}
```

程序清单 16.8 中程序的运行情况如下：

```
Enter book title (quit to quit): The Cat Who Knew Vectors
Enter book rating: 5
Enter book title (quit to quit): Candid Canines
Enter book rating: 7
Enter book title (quit to quit): Warriors of Wonk
Enter book rating: 4
Enter book title (quit to quit): Quantum Manners
Enter book rating: 8
Enter book title (quit to quit): quit
Thank you. You entered the following:
Rating Book
5       The Cat Who Knew Vectors
7       Candid Canines
4       Warriors of Wonk
8       Quantum Manners
Reprising:
Rating Book
5       The Cat Who Knew Vectors
7       Candid Canines
4       Warriors of Wonk
8       Quantum Manners
After erasure:
5       The Cat Who Knew Vectors
8       Quantum Manners
After insertion:
7       Candid Canines
5       The Cat Who Knew Vectors
8       Quantum Manners
Swapping oldlist with books:
5       The Cat Who Knew Vectors
7       Candid Canines
4       Warriors of Wonk
8       Quantum Manners
```

16.3.3 对矢量可执行的其他操作

程序员通常要对数组执行很多操作，如搜索、排序、随机排序等。矢量模板类包含了执行这些常见的操作的方法吗？没有！STL 从更广泛的角度定义了非成员（non-member）函数来执行这些操作，即不是为每个容器类定义 find()成员函数，而是定义了一个适用于所有容器类的非成员函数 find()。这种设计理念省去了大量重复的工作。例如，假设有 8 个容器类，需要支持 10 种操作。如果每个类都有自己的成员函数，则需要定义 80（8*10）个成员函数。但采用 STL 方式时，只需要定义 10 个非成员函数即可。在定义新的容器类时，只要遵循正确的指导思想，则它也可以使用已有的 10 个非成员函数来执行查找、排序等操作。

另一方面，即使有执行相同任务的非成员函数，STL 有时也会定义一个成员函数。这是因为对有些操作来说，类特定算法的效率比通用算法高，因此，vector 的成员函数 swap()的效率比非成员函数 swap()高，但非成员函数让您能够交换两个类型不同的容器的内容。

下面来看 3 个具有代表性的 STL 函数：for_each()、random_shuffle()和 sort()。for_each()函数可用于很多容器类，它接受 3 个参数。前两个是定义容器中区间的迭代器，最后一个是指向函数的指针（更普遍地说，最后一个参数是一个函数对象，函数对象将稍后介绍）。for_each()函数将被指向的函数应用于容器区间中的各个元素。被指向的函数不能修改容器元素的值。可以用 for_each()函数来代替 for 循环。例如，可以将代码：

```
vector<Review>::iterator pr;
for (pr = books.begin(); pr != books.end(); pr++)
    ShowReview(*pr);
```

替换为：

```
for_each(books.begin(), books.end(), ShowReview);
```

这样可避免显式地使用迭代器变量。

Random_shuffle()函数接受两个指定区间的迭代器参数，并随机排列该区间中的元素。例如，下面的语句随机排列 books 矢量中所有元素：

```
random_shuffle(books.begin(), books.end());
```

与可用于任何容器类的 for_each 不同，该函数要求容器类允许随机访问，vector 类可以做到这一点。

sort()函数也要求容器支持随机访问。该函数有两个版本，第一个版本接受两个定义区间的迭代器参数，并使用为存储在容器中的类型元素定义的<运算符，对区间中的元素进行操作。例如，下面的语句按升序对 coolstuff 的内容进行排序，排序时使用内置的<运算符对值进行比较：

```
vector<int> coolstuff;
...
sort(coolstuff.begin(), coolstuff.end());
```

如果容器元素是用户定义的对象，则要使用 sort()，必须定义能够处理该类型对象的 operator<()函数。例如，如果为 Review 提供了成员或非成员函数 operator<()，则可以对包含 Review 对象的矢量进行排序。由于 Review 是一个结构，因此其成员是公有的，这样的非成员函数将为：

```
bool operator<(const Review & r1, const Review & r2)
{
    if (r1.title < r2.title)
        return true;
    else if (r1.title == r2.title && r1.rating < r2.rating)
        return true;
    else
        return false;
}
```

有了这样的函数后，就可以对包含 Review 对象（如 books）的矢量进行排序了：

```
sort(books.begin(), books.end());
```

上述版本的 operator<()函数按 title 成员的字母顺序排序。如果 title 成员相同，则按照 rating 排序。然而，如果想按降序或是按 rating（而不是 title）排序，该如何办呢？可以使用另一种格式的 sort()。它接受 3 个参数，前两个参数也是指定区间的迭代器，最后一个参数是指向要使用的函数的指针（函数对象），而不是用于比较的 operator<()。返回值可转换为 bool，false 表示两个参数的顺序不正确。下面是一个例子：

```
bool WorseThan(const Review & r1, const Review & r2)
{
    if (r1.rating < r2.rating)
        return true;
    else
        return false;
}
```

有了这个函数后，就可以使用下面的语句将包含 Review 对象的 books 矢量按 rating 升序排列：

```
sort(books.begin(), books.end(), WorseThan);
```

注意，与 operator<()相比，WorseThan()函数执行的对 Review 对象进行排序的工作不那么完整。如果两个对象的 title 成员相同，operator<()函数将按 rating 进行排序，而 WorseThan()将它们视为相同。第一种排序称为全排序（total ordering），第二种排序称为完整弱排序（strict weak ordering）。在全排序中，如果 a<b 和 b<a 都不成立，则 a 和 b 必定相同。在完整弱排序中，情况就不是这样了。它们可能相同，也可能只是在某方面相同，如 WorseThan()示例中的 rating 成员。所以在完整弱排序中，只能说它们等价，而不是相同。

程序清单 16.9 演示了这些 STL 函数的用法。

程序清单 16.9 vect3.cpp

```
// vect3.cpp -- using STL functions
#include <iostream>
#include <string>
#include <vector>
#include <algorithm>

struct Review {
    std::string title;
    int rating;
};

bool operator<(const Review & r1, const Review & r2);
bool worseThan(const Review & r1, const Review & r2);
bool FillReview(Review & rr);
void ShowReview(const Review & rr);
int main()
{
    using namespace std;
```

```
    vector<Review> books;
    Review temp;
    while (FillReview(temp))
        books.push_back(temp);
    if (books.size() > 0)
    {
        cout << "Thank you. You entered the following "
             << books.size() << " ratings:\n"
             << "Rating\tBook\n";
        for_each(books.begin(), books.end(), ShowReview);

        sort(books.begin(), books.end());
        cout << "Sorted by title:\nRating\tBook\n";
        for_each(books.begin(), books.end(), ShowReview);

        sort(books.begin(), books.end(), worseThan);
        cout << "Sorted by rating:\nRating\tBook\n";
        for_each(books.begin(), books.end(), ShowReview);

        random_shuffle(books.begin(), books.end());
        cout << "After shuffling:\nRating\tBook\n";
        for_each(books.begin(), books.end(), ShowReview);
    }
    else
        cout << "No entries. ";
    cout << "Bye.\n";
    return 0;
}

bool operator<(const Review & r1, const Review & r2)
{
    if (r1.title < r2.title)
        return true;
    else if (r1.title == r2.title && r1.rating < r2.rating)
        return true;
    else
        return false;
}

bool worseThan(const Review & r1, const Review & r2)
{
    if (r1.rating < r2.rating)
        return true;
    else
        return false;
}

bool FillReview(Review & rr)
{
    std::cout << "Enter book title (quit to quit): ";
    std::getline(std::cin,rr.title);
    if (rr.title == "quit")
        return false;
    std::cout << "Enter book rating: ";
    std::cin >> rr.rating;
    if (!std::cin)
        return false;
    // get rid of rest of input line
    while (std::cin.get() != '\n')
        continue;
    return true;
}

void ShowReview(const Review & rr)
{
    std::cout << rr.rating << "\t" << rr.title << std::endl;
}
```

程序清单 16.9 中程序的运行情况如下：

```
Enter book title (quit to quit): The Cat Who Can Teach You Weight Loss
Enter book rating: 8
Enter book title (quit to quit): The Dogs of Dharma
Enter book rating: 6
Enter book title (quit to quit): The Wimps of Wonk
Enter book rating: 3
Enter book title (quit to quit): Farewell and Delete
Enter book rating: 7
```

```
Enter book title (quit to quit): quit
Thank you. You entered the following 4 ratings:
Rating Book
8       The Cat Who Can Teach You Weight Loss
6       The Dogs of Dharma
3       The Wimps of Wonk
7       Farewell and Delete
Sorted by title:
Rating Book
7       Farewell and Delete
8       The Cat Who Can Teach You Weight Loss
6       The Dogs of Dharma
3       The Wimps of Wonk
Sorted by rating:
Rating Book
3       The Wimps of Wonk
6       The Dogs of Dharma
7       Farewell and Delete
8       The Cat Who Can Teach You Weight Loss
After shuffling:
Rating Book
7       Farewell and Delete
3       The Wimps of Wonk
6       The Dogs of Dharma
8       The Cat Who Can Teach You Weight Loss
Bye.
```

16.3.4 基于范围的 for 循环（C++11）

第 5 章说过，基于范围的 for 循环是为用于 STL 而设计的。为复习该循环，下面是第 5 章的第一个示例：

```
double prices[5] = {4.99, 10.99, 6.87, 7.99, 8.49};
for (double x : prices)
    cout << x << std::endl;
```

在这种 for 循环中，括号内的代码声明一个类型与容器存储的内容相同的变量，然后指出了容器的名称。接下来，循环体使用指定的变量依次访问容器的每个元素。例如，对于下述摘自程序清单 16.9 的语句：

```
for_each(books.begin(), books.end(), ShowReview);
```

可将其替换为下述基于范围的 for 循环：

```
for (auto x : books) ShowReview(x);
```

根据 book 的类型（vector<Review>），编译器将推断出 x 的类型为 Review，而循环将依次将 books 中的每个 Review 对象传递给 ShowReview()。

不同于 for_each()，基于范围的 for 循环可修改容器的内容，诀窍是指定一个引用参数。例如，假设有如下函数：

```
void InflateReview(Review &r){r.rating++;}
```

可使用如下循环对 books 的每个元素执行该函数：

```
for (auto & x : books) InflateReview(x);
```

16.4 泛型编程

有了一些使用 STL 的经验后，来看一看底层理念。STL 是一种泛型编程（generic programming）。面向对象编程关注的是编程的数据方面，而泛型编程关注的是算法。它们之间的共同点是抽象和创建可重用代码，但它们的理念绝然不同。

泛型编程旨在编写独立于数据类型的代码。在 C++中，完成通用程序的工具是模板。当然，模板使得能够按泛型定义函数或类，而 STL 通过通用算法更进了一步。模板让这一切成为可能，但必须对元素进行仔细地设计。为了解模板和设计是如何协同工作的，来看一看需要迭代器的原因。

16.4.1 为何使用迭代器

理解迭代器是理解 STL 的关键所在。模板使得算法独立于存储的数据类型，而迭代器使算法独立于使用的容器类型。因此，它们都是 STL 通用方法的重要组成部分。

为了解为何需要迭代器，我们来看如何为两种不同数据表示实现 find 函数，然后来看如何推广这种方法。首先看一个在 double 数组中搜索特定值的函数，可以这样编写该函数：

```
double * find_ar(double * ar, int n, const double & val)
{
    for (int i = 0; i < n; i++)
        if (ar[i] == val)
            return &ar[i];
    return 0; // or, in C++11, return nullptr;
}
```

如果函数在数组中找到这样的值，则返回该值在数组中的地址，否则返回一个空指针。该函数使用下标来遍历数组。可以用模板将这种算法推广到包含= =运算符的、任意类型的数组。尽管如此，这种算法仍然与一种特定的数据结构（数组）关联在一起。

下面来看搜索另一种数据结构——链表的情况（第 12 章使用链表实现了 Queue 类）。链表由链接在一起的 Node 结构组成：

```
struct Node
{
    double item;
    Node * p_next;
};
```

假设有一个指向链表第一个节点的指针，每个节点的 p_next 指针都指向下一个节点，链表最后一个节点的 p_next 指针被设置为 0，则可以这样编写 find_ll()函数：

```
Node* find_ll(Node * head, const double & val)
{
    Node * start;
    for (start = head; start!= 0; start = start->p_next)
        if (start->item == val)
            return start;
    return 0;
}
```

同样，也可以使用模板将这种算法推广到支持= =运算符的任何数据类型的链表。然而，这种算法也是与特定的数据结构——链表关联在一起。

从实现细节上看，这两个 find 函数的算法是不同的：一个使用数组索引来遍历元素，另一个则将 start 重置为 start->p_next。但从广义上说，这两种算法是相同的：将值依次与容器中的每个值进行比较，直到找到匹配的为止。

泛型编程旨在使用同一个 find 函数来处理数组、链表或任何其他容器类型。即函数不仅独立于容器中存储的数据类型，而且独立于容器本身的数据结构。模板提供了存储在容器中的数据类型的通用表示，因此还需要遍历容器中的值的通用表示，迭代器正是这样的通用表示。

要实现 find 函数，迭代器应具备哪些特征呢？下面是一个简短的列表。

- 应能够对迭代器执行解除引用的操作，以便能够访问它引用的值。即如果 p 是一个迭代器，则应对*p 进行定义。
- 应能够将一个迭代器赋给另一个。即如果 p 和 q 都是迭代器，则应对表达式 p=q 进行定义。
- 应能够将一个迭代器与另一个进行比较，看它们是否相等。即如果 p 和 q 都是迭代器，则应对 p= =q 和 p!=q 进行定义。
- 应能够使用迭代器遍历容器中的所有元素，这可以通过为迭代器 p 定义++p 和 p++来实现。

迭代器也可以完成其他的操作，但有上述功能就足够了，至少对于 find 函数是如此。实际上，STL 按功能的强弱定义了多种级别的迭代器，这将在后面介绍。顺便说一句，常规指针就能满足迭代器的要求，因此，可以这样重新编写 find_ar()函数：

```
typedef double * iterator;
iterator find_ar(iterator ar, int n, const double & val)
{
    for (int i = 0; i < n; i++, ar++)
        if (*ar == val)
            return ar;
    return 0;
}
```

然后可以修改函数参数，使之接受两个指示区间的指针参数，其中的一个指向数组的起始位置，另一个指向数组的超尾（程序清单 7.8 与此类似）；同时函数可以通过返回尾指针，来指出没有找到要找的值。

下面的 find_ar()版本完成了这些修改：

```
typedef double * iterator;
iterator find_ar(iterator begin, iterator end, const double & val)
{
    iterator ar;
    for (ar = begin; ar != end; ar++)
        if (*ar == val)
            return ar;
    return end; // indicates val not found
}
```

对于 find_ll()函数，可以定义一个迭代器类，其中定义了运算符*和++：

```
struct Node
{
    double item;
    Node * p_next;
};

class iterator
{
    Node * pt;
public:
    iterator() : pt(0) {}
    iterator (Node * pn) : pt(pn) {}
    double operator*() { return pt->item;}
    iterator& operator++() // for ++it
    {
        pt = pt->p_next;
        return *this;
    }
    iterator operator++(int) // for it++
    {
        iterator tmp = *this;
        pt = pt->p_next;
        return tmp;
    }
// ... operator==(), operator!=(), etc.
};
```

为区分++运算符的前缀版本和后缀版本，C++将 operator++作为前缀版本，将 operator++(int)作为后缀版本；其中的参数永远也不会被用到，所以不必指定其名称。

这里重点不是如何定义 iterator 类，而是有了这样的类后，第二个 find 函数就可以这样编写：

```
iterator find_ll(iterator head, const double & val)
{
    iterator start;
    for (start = head; start!= 0; ++start)
        if (*start == val)
            return start;
    return 0;
}
```

这和 find_ar()几乎相同，差别在于如何确定已到达最后一个值。find_ar()函数使用超尾迭代器，而 find_ll()使用存储在最后一个节点中的空值。除了这种差别外，这两个函数完全相同。例如，可以要求链表的最后一个元素后面还有一个额外的元素，即让数组和链表都有超尾元素，并在迭代器到达超尾位置时结束搜索。这样，find_ar()和 find_ll()检测数据尾的方式将相同，从而成为相同的算法。注意，增加超尾元素后，对迭代器的要求变成了对容器类的要求。

STL 遵循上面介绍的方法。首先，每个容器类（vector、list、deque 等）定义了相应的迭代器类型。对于其中的某个类，迭代器可能是指针；而对于另一个类，则可能是对象。不管实现方式如何，迭代器都将提供所需的操作，如*和++（有些类需要的操作可能比其他类多）。其次，每个容器类都有一个超尾标记，当迭代器递增到超越容器的最后一个值后，这个值将被赋给迭代器。每个容器类都有 begin()和 end()方法，它们分别返回一个指向容器的第一个元素和超尾位置的迭代器。每个容器类都使用++操作，让迭代器从指向第一个元素逐步指向超尾位置，从而遍历容器中的每一个元素。

使用容器类时，无需知道其迭代器是如何实现的，也无需知道超尾是如何实现的，而只需知道它有迭代器，其 begin()返回一个指向第一个元素的迭代器，end()返回一个指向超尾位置的迭代器即可。例如，假设要打印 vector<double>对象中的值，则可以这样做：

```
vector<double>::iterator pr;
for (pr = scores.begin(); pr != scores.end(); pr++)
    cout << *pr << endl;
```

其中，下面的代码行将 pr 的类型声明为 vector<double>类的迭代器：

```
vector<double> class:

vector<double>::iterator pr;
```

如果要使用 list<double>类模板来存储分数，则代码如下：

```
list<double>::iterator pr;
for (pr = scores.begin(); pr != scores.end(); pr++)
    cout << *pr << endl;
```

唯一不同的是 pr 的类型。因此，STL 通过为每个类定义适当的迭代器，并以统一的风格设计类，能够对内部表示绝然不同的容器，编写相同的代码。

使用 C++11 新增的自动类型推断可进一步简化：对于矢量或列表，都可使用如下代码：

```
for (auto pr = scores.begin(); pr != scores.end(); pr++)
    cout << *pr << endl;
```

实际上，作为一种编程风格，最好避免直接使用迭代器，而应尽可能使用 STL 函数（如 for_each()）来处理细节。也可使用 C++11 新增的基于范围的 for 循环：

```
for (auto x : scores) cout << x << endl;
```

来总结一下 STL 方法。首先是处理容器的算法，应尽可能用通用的术语来表达算法，使之独立于数据类型和容器类型。为使通用算法能够适用于具体情况，应定义能够满足算法需求的迭代器，并把要求加到容器设计上。即基于算法的要求，设计基本迭代器的特征和容器特征。

16.4.2 迭代器类型

不同的算法对迭代器的要求也不同。例如，查找算法需要定义++运算符，以便迭代器能够遍历整个容器；它要求能够读取数据，但不要求能够写数据（它只是查看数据，而并不修改数据）。而排序算法要求能够随机访问，以便能够交换两个不相邻的元素。如果 iter 是一个迭代器，则可以通过定义+运算符来实现随机访问，这样就可以使用像 iter + 10 这样的表达式了。另外，排序算法要求能够读写数据。

STL 定义了 5 种迭代器，并根据所需的迭代器类型对算法进行了描述。这 5 种迭代器分别是输入迭代器、输出迭代器、正向迭代器、双向迭代器和随机访问迭代器。例如，find()的原型与下面类似：

```
template<class InputIterator, class T>
InputIterator find(InputIterator first, InputIterator last, const T& value);
```

这指出，这种算法需要一个输入迭代器。同样，下面的原型指出排序算法需要一个随机访问迭代器：

```
template<class RandomAccessIterator>
void sort(RandomAccessIterator first, RandomAccessIterator last);
```

对于这 5 种迭代器，都可以执行解除引用操作（即为它们定义了*运算符），也可进行比较，看其是相等（使用= =运算符，可能被重载了）还是不相等（使用!=运算符，可能被重载了）。如果两个迭代器相同，则对它们执行解除引用操作得到的值将相同。即如果表达式 iter1 == iter2 为真，则下述表达式也为真：

```
*iter1 == *iter2
```

当然，对于内置运算符和指针来说，情况也是如此。因此，这些要求将指导您如何对迭代器类重载这些运算符。下面来看迭代器的其他特征。

1. 输入迭代器

术语“输入”是从程序的角度说的，即来自容器的信息被视为输入，就像来自键盘的信息对程序来说是输入一样。因此，输入迭代器可被程序用来读取容器中的信息。具体地说，对输入迭代器解除引用将使程序能够读取容器中的值，但不一定能让程序修改值。因此，需要输入迭代器的算法将不会修改容器中的值。

输入迭代器必须能够访问容器中所有的值，这是通过支持++运算符（前缀格式和后缀格式）来实现的。如果将输入迭代器设置为指向容器中的第一个元素，并不断将其递增，直到到达超尾位置，则它将依次指向容器中的每一个元素。顺便说一句，并不能保证输入迭代器第二次遍历容器时，顺序不变。另外，输入迭代器被递增后，也不能保证其先前的值仍然可以被解除引用。基于输入迭代器的任何算法都应当是单通行（single-pass）的，不依赖于前一次遍历时的迭代器值，也不依赖于本次遍历中前面的迭代器值。

注意，输入迭代器是单向迭代器，可以递增，但不能倒退。

2. 输出迭代器

STL 使用术语“输出”来指用于将信息从程序传输给容器的迭代器，因此程序的输出就是容器的输入。输出迭代器与输入迭代器相似，只是解除引用让程序能修改容器值，而不能读取。也许您会感到奇怪，能够写，却不能读。发送到显示器上的输出就是如此，cout 可以修改发送到显示器的字符流，却不能读取屏幕上的内容。STL 足够通用，其容器可以表示输出设备，因此容器也可能如此。另外，如果算法不用读取容器的内容就可以修改它（如通过生成要存储的新值），则没有理由要求它使用能够读取内容的迭代器。

简而言之，对于单通行、只读算法，可以使用输入迭代器；而对于单通行、只写算法，则可以使用输出迭代器。

3. 正向迭代器

与输入迭代器和输出迭代器相似，正向迭代器只使用++运算符来遍历容器，所以它每次沿容器向前移动一个元素；然而，与输入和输出迭代器不同的是，它总是按相同的顺序遍历一系列值。另外，将正向迭代器递增后，仍然可以对前面的迭代器值解除引用（如果保存了它），并可以得到相同的值。这些特征使得多次通行算法成为可能。

正向迭代器既可以使得能够读取和修改数据，也可以使得只能读取数据：

```
int * pirw;      // read-write iterator
const int * pir; // read-only iterator
```

4. 双向迭代器

假设算法需要能够双向遍历容器，情况将如何呢？例如，reverse 函数可以交换第一个元素和最后一个元素、将指向第一个元素的指针加 1、将指向第二个元素的指针减 1，并重复这种处理过程。双向迭代器具有正向迭代器的所有特性，同时支持两种（前缀和后缀）递减运算符。

5. 随机访问迭代器

有些算法（如标准排序和二分检索）要求能够直接跳到容器中的任何一个元素，这叫作随机访问，需要随机访问迭代器。随机访问迭代器具有双向迭代器的所有特性，同时添加了支持随机访问的操作（如指针增加运算）和用于对元素进行排序的关系运算符。表 16.3 列出了除双向迭代器的操作外，随机访问迭代器还支持的操作。其中 a 和 b 都是迭代器值，n 为整数，r 为随机迭代器变量或引用。

表 16.3 随机访问迭代器操作

表达式	描述
a + n	指向 a 所指向的元素后的第 n 个元素
n + a	与 a + n 相同
a - n	指向 a 所指向的元素前的第 n 个元素
r += n	等价于 r = r + n
r -= n	等价于 r = r – n
a[n]	等价于*(a + n)
b - a	结果为这样的 n 值，即 b = a + n
a < b	如果 b – a > 0，则为真
a > b	如果 b < a，则为真
a >= b	如果 !(a < b)，则为真
a <= b	如果 !(a > b)，则为真

像 a+n 这样的表达式仅当 a 和 a+n 都位于容器区间（包括超尾）内时才合法。

16.4.3 迭代器层次结构

您可能已经注意到，迭代器类型形成了一个层次结构。正向迭代器具有输入迭代器和输出迭代器的全部功能，同时还有自己的功能；双向迭代器具有正向迭代器的全部功能，同时还有自己的功能；随机访问迭代器具有正向迭代器的全部功能，同时还有自己的功能。表 16.4 总结了主要的迭代器功能。其中，i 为迭代器，n 为整数。

表 16.4 迭代器性能

迭代器功能	输入	输出	正向	双向	随机访问
解除引用读取	有	无	有	有	有
解除引用写入	无	有	有	有	有
固定和可重复排序	无	无	有	有	有
++i i++	有	有	有	有	有
--i i--	无	无	无	有	有
i[n]	无	无	无	无	有
i + n	无	无	无	无	有
i - n	无	无	无	无	有
i += n	无	无	无	无	有
i -= n	无	无	无	无	有

根据特定迭代器类型编写的算法可以使用该种迭代器，也可以使用具有所需功能的任何其他迭代器。所以具有随机访问迭代器的容器可以使用为输入迭代器编写的算法。

为何需要这么多迭代器呢？目的是为了在编写算法尽可能使用要求最低的迭代器，并让它适用于容器的最大区间。这样，通过使用级别最低的输入迭代器，find()函数便可用于任何包含可读取值的容器。而 sort()函数由于需要随机访问迭代器，所以只能用于支持这种迭代器的容器。

注意，各种迭代器的类型并不是确定的，而只是一种概念性描述。正如前面指出的，每个容器类都定义了一个类级 typedef 名称——iterator，因此 vector<int>类的迭代器类型为 vector<int> :: interator。然而，该类的文档将指出，矢量迭代器是随机访问迭代器，它允许使用基于任何迭代器类型的算法，因为随机访问迭代器具有所有迭代器的功能。同样，list<int>类的迭代器类型为 list<int> :: iterator。STL 实现了一个双向链表，它使用双向迭代器，因此不能使用基于随机访问迭代器的算法，但可以使用基于要求较低的迭代器的算法。

16.4.4 概念、改进和模型

STL 有若干个用 C++语言无法表达的特性，如迭代器种类。因此，虽然可以设计具有正向迭代器特征的类，但不能让编译器将算法限制为只使用这个类。原因在于，正向迭代器是一系列要求，而不是类型。所设计的迭代器类可以满足这种要求，常规指针也能满足这种要求。STL 算法可以使用任何满足其要求的迭代器实现。STL 文献使用术语概念（concept）来描述一系列的要求。因此，存在输入迭代器概念、正向迭代器概念，等等。顺便说一句，如果所设计的容器类需要迭代器，可考虑 STL，它包含用于标准种类的迭代器模板。

概念可以具有类似继承的关系。例如，双向迭代器继承了正向迭代器的功能。然而，不能将 C++继承机制用于迭代器。例如，可以将正向迭代器实现为一个类，而将双向迭代器实现为一个常规指针。因此，对 C++而言，这种双向迭代器是一种内置类型，不能从类派生而来。然而，从概念上看，它确实能够继承。有些 STL 文献使用术语改进（refinement）来表示这种概念上的继承，因此，双向迭代器是对正向迭代器概念的一种改进。

概念的具体实现被称为模型（model）。因此，指向 int 的常规指针是一个随机访问迭代器模型，也是一个正向迭代器模型，因为它满足该概念的所有要求。

1. 将指针用作迭代器

迭代器是广义指针，而指针满足所有的迭代器要求。迭代器是 STL 算法的接口，而指针是迭代器，因此 STL 算法可以使用指针来对基于指针的非 STL 容器进行操作。例如，可将 STL 算法用于数组。假设 Receipts 是一个 double 数组，并要按升序对它进行排序：

```
const int SIZE = 100;
double Receipts[SIZE];
```

STL sort()函数接受指向容器第一个元素的迭代器和指向超尾的迭代器作为参数。&Receipts[0]（或 Receipts）是第一个元素的地址，&Receipts[SIZE]（或 Receipts + SIZE）是数组最后一个元素后面的元素的地址。因此，下面的函数调用对数组进行排序：

```
sort(Receipts, Receipts + SIZE);
```

C++确保了表达式 Receipts + n 是被定义的，只要该表达式的结果位于数组中。因此，C++支持将超尾概念用于数组，使得可以将 STL 算法用于常规数组。由于指针是迭代器，而算法是基于迭代器的，这使得可将 STL 算法用于常规数组。同样，可以将 STL 算法用于自己设计的数组形式，只要提供适当的迭代器（可以是指针，也可以是对象）和超尾指示器即可。

copy()、ostream_iterator 和 istream_iterator

STL 提供了一些预定义迭代器。为了解其中的原因，这里先介绍一些背景知识。有一种算法（名为 copy()）可以将数据从一个容器复制到另一个容器中。这种算法是以迭代器方式实现的，所以它可以从一种容器到另一种容器进行复制，甚至可以在数组之间复制，因为可以将指向数组的指针用作迭代器。例如，下面的代码将一个数组复制到一个矢量中：

```
int casts[10] = {6, 7, 2, 9 ,4 , 11, 8, 7, 10, 5};
vector<int> dice(10);
copy(casts, casts + 10, dice.begin()); // copy array to vector
```

copy()的前两个迭代器参数表示要复制的范围，最后一个迭代器参数表示要将第一个元素复制到什么位置。前两个参数必须是（或最好是）输入迭代器，最后一个参数必须是（或最好是）输出迭代器。Copy()函数将覆盖目标容器中已有的数据，同时目标容器必须足够大，以便能够容纳被复制的元素。因此，不能使用 copy()将数据放到空矢量中——至少，如果不采用本章后面将介绍的技巧，则不能这样做。

现在，假设要将信息复制到显示器上。如果有一个表示输出流的迭代器，则可以使用 copy()。STL 为这种迭代器提供了 ostream_iterator 模板。用 STL 的话说，该模板是输出迭代器概念的一个模型，它也是一个适配器（adapter）—— 一个类或函数，可以将一些其他接口转换为 STL 使用的接口。可以通过包含头文件 iterator（以前为 iterator.h）并作下面的声明来创建这种迭代器：

```
#include <iterator>
...
ostream_iterator<int, char> out_iter(cout, " ");
```

out_iter 迭代器现在是一个接口，让您能够使用 cout 来显示信息。第一个模板参数（这里为 int）指出了被发送给输出流的数据类型；第二个模板参数（这里为 char）指出了输出流使用的字符类型（另一个可能的值是 wchar_t）。构造函数的第一个参数（这里为 cout）指出了要使用的输出流，它也可以是用于文件输出的流（参见第 17 章）；最后一个字符串参数是在发送给输出流的每个数据项后显示的分隔符。

可以这样使用迭代器：

```
*out_iter++ = 15; // works like cout << 15 << " ";
```

对于常规指针，这意味着将 15 赋给指针指向的位置，然后将指针加 1。但对于该 ostream_iterator，这意味着将 15 和由空格组成的字符串发送到 cout 管理的输出流中，并为下一个输出操作做好了准备。可以将 copy()用于迭代器，如下所示：

```
copy(dice.begin(), dice.end(), out_iter); // copy vector to output stream
```

这意味着将 dice 容器的整个区间复制到输出流中，即显示容器的内容。

也可以不创建命名的迭代器，而直接构建一个匿名迭代器。即可以这样使用适配器：

```
copy(dice.begin(), dice.end(), ostream_iterator<int, char>(cout, " ") );
```

iterator 头文件还定义了一个 istream_iterator 模板，使 istream 输入可用作迭代器接口。它是一个输入迭代器概念的模型，可以使用两个 istream_iterator 对象来定义 copy()的输入范围：

```
copy(istream_iterator<int, char>(cin),
     istream_iterator<int, char>(), dice.begin());
```

与 ostream_iterator 相似，istream_iterator 也使用两个模板参数。第一个参数指出要读取的数据类型，第二个参数指出输入流使用的字符类型。使用构造函数参数 cin 意味着使用由 cin 管理的输入流，省略构造函数参数表示输入失败，因此上述代码从输入流中读取，直到文件结尾、类型不匹配或出现其他输入故障为止。

2. 其他有用的迭代器

除了 ostream_iterator 和 istream_iterator 之外，头文件 iterator 还提供了其他一些专用的预定义迭代器类型。它们是 reverse_iterator、back_insert_iterator、front_insert_iterator 和 insert_iterator。

我们先来看 reverse_iterator 的功能。对 reverse_iterator 执行递增操作将导致它被递减。为什么不直接对常规迭代器进行递减呢？主要原因是为了简化对已有的函数的使用。假设要显示 dice 容器的内容，正如刚才介绍的，可以使用 copy()和 ostream_iterator 来将内容复制到输出流中：

```
ostream_iterator<int, char> out_iter(cout, " ");
copy(dice.begin(), dice.end(), out_iter); // display in forward order
```

现在假设要反向打印容器的内容（可能您正在从事时间反演研究）。有很多方法都不管用，但与其在这里耽误工夫，不如来看看能够完成这种任务的方法。vector 类有一个名为 rbegin()的成员函数和一个名为 rend()的成员函数，前者返回一个指向超尾的反向迭代器，后者返回一个指向第一个元素的反向迭代器。因为对迭代器执行递增操作将导致它被递减，所以可以使用下面的语句来反向显示内容：

```
copy(dice.rbegin(), dice.rend(), out_iter); // display in reverse order
```

甚至不必声明反向迭代器。

注意： rbegin()和 end()返回相同的值（超尾），但类型不同（reverse_iterator 和 iterator）。同样，rend()和 begin()也返回相同的值（指向第一个元素的迭代器），但类型不同。

必须对反向指针做一种特殊补偿。假设 rp 是一个被初始化为 dice.rbegin()的反转指针。那么*rp 是什么呢？因为 rbegin()返回超尾，因此不能对该地址进行解除引用。同样，如果 rend()是第一个元素的位置，则 copy()必须提早一个位置停止，因为区间的结尾处不包括在区间中。

反向指针通过先递减，再解除引用解决了这两个问题。即*rp 将在*rp 的当前值之前对迭代器执行解除引用。也就是说，如果 rp 指向位置 6，则*rp 将是位置 5 的值，依次类推。程序清单 16.10 演示了如何使用 copy()、istream 迭代器和反向迭代器。

程序清单 16.10　copyit.cpp

```
// copyit.cpp -- copy() and iterators
#include <iostream>
#include <iterator>
#include <vector>

int main()
{
    using namespace std;

    int casts[10] = {6, 7, 2, 9 ,4 , 11, 8, 7, 10, 5};
    vector<int> dice(10);
    // copy from array to vector
    copy(casts, casts + 10, dice.begin());
    cout << "Let the dice be cast!\n";
    // create an ostream iterator
    ostream_iterator<int, char> out_iter(cout, " ");
    // copy from vector to output
    copy(dice.begin(), dice.end(), out_iter);
    cout << endl;
    cout <<"Implicit use of reverse iterator.\n";
    copy(dice.rbegin(), dice.rend(), out_iter);
    cout << endl;
    cout <<"Explicit use of reverse iterator.\n";
    vector<int>::reverse_iterator ri;
    for (ri = dice.rbegin(); ri != dice.rend(); ++ri)
        cout << *ri << ' ';
    cout << endl;

    return 0;
}
```

程序清单 16.10 中程序的输出如下：

```
Let the dice be cast!
6 7 2 9 4 11 8 7 10 5
Implicit use of reverse iterator.
5 10 7 8 11 4 9 2 7 6
Explicit use of reverse iterator.
5 10 7 8 11 4 9 2 7 6
```

如果可以在显式声明迭代器和使用 STL 函数来处理内部问题（如通过将 rbegin()返回值传递给函数）之间选择，请采用后者。后一种方法要做的工作较少，人为出错的机会也较少。

另外三种迭代器（back_insert_iterator、front_insert_iterator 和 insert_iterator）也将提高 STL 算法的通用性。很多 STL 函数都与 copy()相似，将结果发送到输出迭代器指示的位置。前面说过，下面的语句将值复制到从 dice.begin()开始的位置：

```
copy(casts, casts + 10, dice.begin());
```

这些值将覆盖 dice 中以前的内容，且该函数假设 dice 有足够的空间，能够容纳这些值，即 copy()不能自动根据发送值调整目标容器的长度。程序清单 16.10 考虑到了这种情况，将 dice 声明为包含 10 个元素。

然而，如果预先并不知道 dice 的长度，该如何办呢？或者要将元素添加到 dice 中，而不是覆盖已有的内容，又该如何办呢？

三种插入迭代器通过将复制转换为插入解决了这些问题。插入将添加新的元素，而不会覆盖已有的数据，并使用自动内存分配来确保能够容纳新的信息。back_insert_iterator 将元素插入到容器尾部，而 front_insert_iterator 将元素插入到容器的前端。最后，insert_iterator 将元素插入到 insert_iterator 构造函数的参数指定的位置前面。这三个插入迭代器都是输出容器概念的模型。

这里存在一些限制。back_insert_iterator 只能用于允许在尾部快速插入的容器（快速插入指的是一个时间固定的算法，将在本章后面的"容器概念"一节做进一步讨论），vector 类符合这种要求。front_insert_iterator 只能用于允许在起始位置做时间固定插入的容器类型，vector 类不能满足这种要求，但 queue 满足。insert_iterator 没有这些限制，因此可以用它把信息插入到矢量的前端。然而，front_insert_iterator 对于那些支持它的容器来说，完成任务的速度更快。

提示： *可以用 insert_iterator 将复制数据的算法转换为插入数据的算法。*

这些迭代器将容器类型作为模板参数，将实际的容器标识符作为构造函数参数。也就是说，要为名为 dice 的 vector<int>容器创建一个 back_insert_iterator，可以这样做：

```
back_insert_iterator<vector<int> > back_iter(dice);
```

必须声明容器类型的原因是，迭代器必须使用合适的容器方法。back_insert_iterator 的构造函数将假设传递给它的类型有一个 push_back()方法。copy()是一个独立的函数，没有重新调整容器大小的权限。但前面的声明让 back_iter 能够使用方法 vector<int>::push_back()，该方法有这样的权限。

声明 front_insert_iterator 的方式与此相同。对于 insert_iterator 声明，还需一个指示插入位置的构造函数参数：

```
insert_iterator<vector<int> > insert_iter(dice, dice.begin() );
```

程序清单 16.11 演示了这两种迭代器的用法，还使用 for_each()而不是 ostream 迭代器进行输出。

程序清单 16.11 inserts.cpp

```
// inserts.cpp -- copy() and insert iterators
#include <iostream>
#include <string>
#include <iterator>
#include <vector>
#include <algorithm>

void output(const std::string & s) {std::cout << s << " ";}

int main()
{
    using namespace std;
    string s1[4] = {"fine", "fish", "fashion", "fate"};
    string s2[2] = {"busy", "bats"};
    string s3[2] = {"silly", "singers"};
    vector<string> words(4);
    copy(s1, s1 + 4, words.begin());
    for_each(words.begin(), words.end(), output);
    cout << endl;
// construct anonymous back_insert_iterator object
    copy(s2, s2 + 2, back_insert_iterator<vector<string> >(words));
    for_each(words.begin(), words.end(), output);
    cout << endl;

// construct anonymous insert_iterator object
    copy(s3, s3 + 2, insert_iterator<vector<string> >(words,
                                        words.begin()));
    for_each(words.begin(), words.end(), output);
    cout << endl;
    return 0;
}
```

程序清单 16.11 中程序的输出如下：

```
fine fish fashion fate
fine fish fashion fate busy bats
silly singers fine fish fashion fate busy bats
```

第一个 copy()从 s1 中复制 4 个字符串到 words 中。这之所以可行，在某种程度上说是由于 words 被声明为能够存储 4 个字符串，这等于被复制的字符串数目。然后，back_insert_iterator 将 s2 中的字符串插入到 words 数组的末尾，将 words 的长度增加到 6 个元素。最后，insert_iterator 将 s3 中的两个字符串插入到 words 的第一个元素的前面，将 words 的长度增加到 8 个元素。如果程序试图使用 words.end()和 words.begin()作为迭代器，将 s2 和 s3 复制到 words 中，words 将没有空间来存储新数据，程序可能会由于内存违规而异常终止。

如果您被这些迭代器搞晕，则请记住，只要使用就会熟悉它们。另外还请记住，这些预定义迭代器提高了 STL 算法的通用性。因此，copy()不仅可以将信息从一个容器复制到另一个容器，还可以将信息从容器复制到输出流，从输入流复制到容器中。还可以使用 copy()将信息插入到另一个容器中。因此使用同一个函数可以完成很多工作。copy()只是使用输出迭代器的若干 STL 函数之一，因此这些预定义迭代器也增加了这些函数的功能。

16.4.5 容器种类

STL 具有容器概念和容器类型。概念是具有名称（如容器、序列容器、关联容器等）的通用类别；容器类型是可用于创建具体容器对象的模板。以前的 11 个容器类型分别是 deque、list、queue、priority_queue、stack、vector、map、multimap、set、multiset 和 bitset（本章不讨论 bitset，它是在比特级处理数据的容器）；C++11 新增了 forward_list、unordered_map、unordered_multimap、unordered_set 和 unordered_multiset，且不将 bitset 视为容器，而将其视为一种独立的类别。因为概念对类型进行了分类，下面先讨论它们。

1．容器概念

没有与基本容器概念对应的类型，但概念描述了所有容器类都通用的元素。它是一个概念化的抽象基类——说它概念化，是因为容器类并不真正使用继承机制。换句话说，容器概念指定了所有 STL 容器类都必须满足的一系列要求。

容器是存储其他对象的对象。被存储的对象必须是同一种类型的，它们可以是 OOP 意义上的对象，也可以是内置类型值。存储在容器中的数据为容器所有，这意味着当容器过期时，存储在容器中的数据也将过期（然而，如果数据是指针的话，则它指向的数据并不一定过期）。

并非任何类型的对象都能存储在容器中，具体地说，类型必须是可复制构造的和可赋值的。基本类型满足这些要求；只要类定义没有将复制构造函数和赋值运算符声明为私有或保护的，则也满足这种要求。C++11 改进了这些概念，添加了术语可复制插入（CopyInsertable）和可移动插入（MoveInsertable），但这里只进行简单的概述。

基本容器不能保证其元素都按特定的顺序存储，也不能保证元素的顺序不变，但对概念进行改进后，则可以增加这样的保证。所有的容器都提供某些特征和操作。表 16.5 对一些通用特征进行了总结。其中，X 表示容器类型，如 vector；T 表示存储在容器中的对象类型；a 和 b 表示类型为 X 的值；r 表示类型为 X&的值；u 表示类型为 X 的标识符（即如果 X 表示 vector<int>，则 u 是一个 vector<int>对象）。

表 16.5 一些基本的容器特征

表 达 式	返 回 类 型	说 明	复 杂 度
X :: iterator	指向 T 的迭代器类型	满足正向迭代器要求的任何迭代器	编译时间
X :: value_type	T	T 的类型	编译时间
X u;		创建一个名为 u 的空容器	固定
X();		创建一个匿名的空容器	固定
X u(a);		调用复制构造函数后 u == a	线性
X u = a;		作用同 X u(a);	线性
r = a;	X&	调用赋值运算符后 r == a	线性
(&a)->~X()	void	对容器中每个元素应用析构函数	线性
a.begin()	迭代器	返回指向容器第一个元素的迭代器	固定
a.end()	迭代器	返回超尾值迭代器	固定

续表

表 达 式	返 回 类 型	说 明	复 杂 度
a.size()	无符号整型	返回元素个数，等价于 a.end()– a.begin()	固定
a.swap(b)	void	交换 a 和 b 的内容	固定
a = = b	可转换为 bool	如果 a 和 b 的长度相同，且 a 中每个元素都等于（= = 为真）b 中相应的元素，则为真	线性
a != b	可转换为 bool	返回!(a= =b)	线性

表 16.5 中的“复杂度”一列描述了执行操作所需的时间。这个表列出了 3 种可能性，从快到慢依次为：

- 编译时间；
- 固定时间；
- 线性时间。

如果复杂度为编译时间，则操作将在编译时执行，执行时间为 0。固定复杂度意味着操作发生在运行阶段，但独立于对象中的元素数目。线性复杂度意味着时间与元素数目成正比。即如果 a 和 b 都是容器，则 a = = b 具有线性复杂度，因为= =操作必须用于容器中的每个元素。实际上，这是最糟糕的情况。如果两个容器的长度不同，则不需要作任何的单独比较。

固定时间和线性时间复杂度

假设有一个装满大包裹的狭长盒子，包裹一字排开，而盒子只有一端是打开的。假设任务是从打开的一端取出一个包裹，则这将是一项固定时间任务。不管在打开的一端后面有 10 个还是 1000 个包裹，都没有区别。

现在假设任务是取出盒子中没有打开的一端的那个包裹，则这将是线性时间任务。如果盒子里有 10 个包裹，则必须取出 10 个包裹才能拿到封口端的那个包裹；如果有 100 个包裹，则必须取出 100 个包裹。假设是一个不知疲倦的工人来做，每次只能取出 1 个包裹，则需要取 10 次或更多。

现在假设任务是取出任意一个包裹，则可能取出第一个包裹。然而，通常必须移动的包裹数目仍旧与容器中包裹的数目成正比，所以这种任务依然是线性时间复杂度。

如果盒子各边都可打开，而不是狭长的，则这种任务的复杂度将是固定时间的，因为可以直接取出想要的包裹，而不用移动其他的包裹。

时间复杂度概念描述了容器长度对执行时间的影响，而忽略了其他因素。如果超人从一端打开的盒子中取出包裹的速度比普通人快 100 倍，则他完成任务时，复杂度仍然是线性时间的。在这种情况下，他取出封闭盒子中包裹（一端打开，复杂度为线性时间）的速度将比普通人取出开放盒子中包裹（复杂度为固定时间）要快，条件是盒子里没有太多的包裹。

复杂度要求是 STL 特征，虽然实现细节可以隐藏，但性能规格应公开，以便程序员能够知道完成特定操作的计算成本。

2. C++11 新增的容器要求

表 16.6 列出了 C++11 新增的通用容器要求。在这个表中，rv 表示类型为 X 的非常量右值，如函数的返回值。另外，在表 16.5 中，要求 X::iterator 满足正向迭代器的要求，而以前只要求它不是输出迭代器。

表 16.6　　C++11 新增的基本容器要求

表 达 式	返 回 类 型	说 明	复 杂 度
X u(rv);		调用移动构造函数后，u 的值与 rv 的原始值相同	线性
X u = rv;		作用同 X u(rv);	
a = rv;	X&	调用移动赋值运算符后，u 的值与 rv 的原始值相同	线性
a.cbegin()	const_iterator	返回指向容器第一个元素的 const 迭代器	固定
a.cend()	const_iterator	返回超尾值 const 迭代器	固定

复制构造和复制赋值以及移动构造和移动赋值之间的差别在于，复制操作保留源对象，而移动操作可修改源对象，还可能转让所有权，而不做任何复制。如果源对象是临时的，移动操作的效率将高于常规复

制。第18章将更详细地介绍移动语义。

3. 序列

可以通过添加要求来改进基本的容器概念。序列（sequence）是一种重要的改进，因为7种STL容器类型（deque、C++11新增的forward_list、list、queue、priority_queue、stack和vector）都是序列（本书前面说过，队列让您能够在队尾添加元素，在队首删除元素。deque表示的双端队列允许在两端添加和删除元素）。序列概念增加了迭代器至少是正向迭代器这样的要求，这保证了元素将按特定顺序排列，不会在两次迭代之间发生变化。array也被归类到序列容器，虽然它并不满足序列的所有要求。

序列还要求其元素按严格的线性顺序排列，即存在第一个元素、最后一个元素，除第一个元素和最后一个元素外，每个元素前后都分别有一个元素。数组和链表都是序列，但分支结构（其中每个节点都指向两个子节点）不是。

因为序列中的元素具有确定的顺序，因此可以执行诸如将值插入到特定位置、删除特定区间等操作。表16.7列出了这些操作以及序列必须完成的其他操作。该表格使用的表示法与表16.5相同，此外，t表示类型为T（存储在容器中的值的类型）的值，n表示整数，p、q、i和j表示迭代器。

表16.7　　序列的要求

表达式	返回类型	说明
X a(n, t);		声明一个名为a的由n个t值组成的序列
X(n, t)		创建一个由n个t值组成的匿名序列
X a(i, j)		声明一个名为a的序列，并将其初始化为区间[i，j)的内容
X(i, j)		创建一个匿名序列，并将其初始化为区间[i，j)的内容
a. insert(p, t)	迭代器	将t插入到p的前面
a.insert(p, n, t)	void	将n个t插入到p的前面
a.insert(p, i, j)	void	将区间[i，j)中的元素插入到p的前面
a.erase(p)	迭代器	删除p指向的元素
a.erase(p, q)	迭代器	删除区间[p，q)中的元素
a.clear()	void	等价于erase(begin(), end())

因为模板类deque、list、queue、priority_queue、stack和vector都是序列概念的模型，所以它们都支持表16.7所示的运算符。除此之外，这6个模型中的一些还可使用其他操作。在允许的情况下，它们的复杂度为固定时间。表16.8列出了其他操作。

表16.8　　序列的可选要求

表达式	返回类型	含义	容器
a.front()	T&	*a.begin()	vector、list、deque
a.back()	T&	*- -a.end()	vector、list、deque
a.push_front(t)	void	a.insert(a.begin(), t)	list、deque
a.push_back(t)	void	a.insert(a.end(), t)	vector、list、deque
a.pop_front(t)	void	a.erase(a.begin())	list、deque
a.pop_back(t)	void	a.erase(- -a.end())	vector、list、deque
a[n]	T&	*(a.begin()+ n)	vector、deque
a.at(n)	T&	*(a.begin()+ n)	vector、deque

表16.8有些需要说明的地方。首先，a[n]和a.at(n)都返回一个指向容器中第n个元素（从0开始编号）的引用。它们之间的差别在于，如果n落在容器的有效区间外，则a.at(n)将执行边界检查，并引发out_of_range异常。其次，可能有人会问，为何为list和deque定义了push_front()，而没有为vector定义？假设要将一个新值插入到包含100个元素的矢量的最前面。要腾出空间，必须将第99个元素移到位置100，然后把第98个元素移动到位置99，依此类推。这种操作的复杂度为线性时间，因为移动100个元素所需的时间为移动单个元素的100倍。但表16.8的操作被假设为仅当其复杂度为固定时间时才被实现。链表和双端队列的

设计允许将元素添加到前端，而不用移动其他元素，所以它们可以以固定时间的复杂度来实现 push_front()。图 16.4 说明了 push_front()和 push_back()。

```
char word[4] = "cow";
deque<char>dqword(word, word+3);

dqword: [c][o][w]

  dqword.push_front('s');
        ↓
dqword: [s][c][o][w]

  dqword.push_back('l');
                    ↓
dqword: [s][c][o][w][l]
```

图 16.4 push_front()和 push_back()

下面详细介绍这 7 种序列容器类型。

（1）vector

前面介绍了多个使用 vector 模板的例子，该模板是在 vector 头文件中声明的。简单地说，vector 是数组的一种类表示，它提供了自动内存管理功能，可以动态地改变 vector 对象的长度，并随着元素的添加和删除而增大和缩小。它提供了对元素的随机访问。在尾部添加和删除元素的时间是固定的，但在头部或中间插入和删除元素的复杂度为线性时间。

除序列外，vector 还是可反转容器（reversible container）概念的模型。这增加了两个类方法：rbegin()和 rend()，前者返回一个指向反转序列的第一个元素的迭代器，后者返回反转序列的超尾迭代器。因此，如果 dice 是一个 vector<int>容器，而 Show(int)是显示一个整数的函数，则下面的代码将首先正向显示 dice 的内容，然后反向显示：

```
for_each(dice.begin(), dice.end(), Show);    // display in order
cout << endl;
for_each(dice.rbegin(), dice.rend(), Show); // display in reversed order
cout << endl;
```

这两种方法返回的迭代器都是类级类型 reverse_iterator。对这样的迭代器进行递增，将导致它反向遍历可反转容器。

vector 模板类是最简单的序列类型，除非其他类型的特殊优点能够更好地满足程序的要求，否则应默认使用这种类型。

（2）deque

deque 模板类（在 deque 头文件中声明）表示双端队列（double-ended queue），通常被简称为 deque。在 STL 中，其实现类似于 vector 容器，支持随机访问。主要区别在于，从 deque 对象的开始位置插入和删除元素的时间是固定的，而不像 vector 中那样是线性时间的。所以，如果多数操作发生在序列的起始和结尾处，则应考虑使用 deque 数据结构。

为实现在 deque 两端执行插入和删除操作的时间为固定的这一目的，deque 对象的设计比 vector 对象更为复杂。因此，尽管二者都提供对元素的随机访问和在序列中部执行线性时间的插入和删除操作，但 vector 容器执行这些操作时速度要快些。

（3）list

list 模板类（在 list 头文件中声明）表示双向链表。除了第一个和最后一个元素外，每个元素都与前后的元素相链接，这意味着可以双向遍历链表。list 和 vector 之间关键的区别在于，list 在链表中任一位置进行插入和删除的时间都是固定的（vector 模板提供了除结尾处外的线性时间的插入和删除，在结尾处，它提供了固定时间的插入和删除）。因此，vector 强调的是通过随机访问进行快速访问，而 list 强调的是元素的快速插入和删除。

与 vector 相似，list 也是可反转容器。与 vector 不同的是，list 不支持数组表示法和随机访问。与矢量迭代器不同，从容器中插入或删除元素之后，链表迭代器指向元素将不变。我们来解释一下这句话。例如，假设有一个指向 vector 容器第 5 个元素的迭代器，并在容器的起始处插入一个元素。此时，必须移动其他所有元素，以便腾出位置，因此插入后，第 5 个元素包含的值将是以前第 4 个元素的值。因此，迭代器指向的位置不变，但数据不同。然而，在链表中插入新元素并不会移动已有的元素，而只是修改链接信息。指向某个元素的迭代器仍然指向该元素，但它链接的元素可能与以前不同。

除序列和可反转容器的函数外，list 模板类还包含了链表专用的成员函数。表 16.9 列出了其中一些（有关 STL 方法和函数的完整列表，请参见附录 G）。通常不必担心 Alloc 模板参数，因为它有默认值。

表 16.9 list 成员函数

函 数	说 明
void merge(list<T, Alloc>& x)	将链表 x 与调用链表合并。两个链表必须已经排序。合并后的经过排序的链表保存在调用链表中，x 为空。这个函数的复杂度为线性时间
void remove(const T & val)	从链表中删除 val 的所有实例。这个函数的复杂度为线性时间
void sort()	使用<运算符对链表进行排序；N 个元素的复杂度为 NlogN
void splice(iterator pos, list<T, Alloc>x)	将链表 x 的内容插入到 pos 的前面，x 将为空。这个函数的的复杂度为固定时间
void unique()	将连续的相同元素压缩为单个元素。这个函数的复杂度为线性时间

程序清单 16.12 演示了这些方法和 insert()方法（所有模拟序列的 STL 类都有这种方法）的用法。

程序清单 16.12 list.cpp

```
// list.cpp -- using a list
#include <iostream>
#include <list>
#include <iterator>
#include <algorithm>

void outint(int n) {std::cout << n << " ";}

int main()
{
    using namespace std;
    list<int> one(5, 2); // list of 5 2s
    int stuff[5] = {1,2,4,8, 6};
    list<int> two;
    two.insert(two.begin(),stuff, stuff + 5 );
    int more[6] = {6, 4, 2, 4, 6, 5};
    list<int> three(two);
    three.insert(three.end(), more, more + 6);

    cout << "List one: ";
    for_each(one.begin(),one.end(), outint);
    cout << endl << "List two: ";
    for_each(two.begin(), two.end(), outint);
    cout << endl << "List three: ";
    for_each(three.begin(), three.end(), outint);
    three.remove(2);
    cout << endl << "List three minus 2s: ";
    for_each(three.begin(), three.end(), outint);
    three.splice(three.begin(), one);
    cout << endl << "List three after splice: ";
    for_each(three.begin(), three.end(), outint);
    cout << endl << "List one: ";
    for_each(one.begin(), one.end(), outint);
    three.unique();
    cout << endl << "List three after unique: ";
    for_each(three.begin(), three.end(), outint);
    three.sort();
    three.unique();
    cout << endl << "List three after sort & unique: ";
    for_each(three.begin(), three.end(), outint);
    two.sort();
    three.merge(two);
    cout << endl << "Sorted two merged into three: ";
    for_each(three.begin(), three.end(), outint);
    cout << endl;

    return 0;
}
```

下面是程序清单 16.12 中程序的输出：

```
List one: 2 2 2 2 2
List two: 1 2 4 8 6
List three: 1 2 4 8 6 6 4 2 4 6 5
List three minus 2s: 1 4 8 6 6 4 4 6 5
List three after splice: 2 2 2 2 2 1 4 8 6 6 4 4 6 5
List one:
List three after unique: 2 1 4 8 6 4 6 5
List three after sort & unique: 1 2 4 5 6 8
Sorted two merged into three: 1 1 2 2 4 4 5 6 6 8 8
```

（4）程序说明

程序清单 16.12 中程序使用了 for_each()算法和 outint()函数来显示列表。在 C++11 中，也可使用基于范围的 for 循环：

```
for (auto x : three) cout << x << " ";
```

insert()和 splice()之间的主要区别在于：insert()将原始区间的副本插入目标地址，而 splice()则将原始区间移到目标地址。因此，在 one 的内容与 three 合并后，one 为空。（splice()方法还有其他原型，用于移动单个元素和元素区间）。splice()方法执行后，迭代器仍有效。也就是说，如果将迭代器设置为指向 one 中的元素，则在 splice()将它重新定位到元素 three 后，该迭代器仍然指向相同的元素。

注意，unique()只能将相邻的相同值压缩为单个值。程序执行 three.unique()后，three 中仍包含不相邻的两个 4 和两个 6。但应用 sort()后再应用 unique()时，每个值将只占一个位置。

还有非成员 sort()函数（程序清单 16.9），但它需要随机访问迭代器。因为快速插入的代价是放弃随机访问功能，所以不能将非成员函数 sort()用于链表。因此，这个类中包括了一个只能在类中使用的成员版本。

（5）list 工具箱

list 方法组成了一个方便的工具箱。例如，假设有两个邮件列表要整理，则可以对每个列表进行排序，合并它们，然后使用 unique()来删除重复的元素。

sort()、merge()和 unique()方法还各自拥有接受另一个参数的版本，该参数用于指定用来比较元素的函数。同样，remove()方法也有一个接受另一个参数的版本，该参数用于指定用来确定是否删除元素的函数。这些参数都是谓词函数，将稍后介绍。

（6）forward_list（C++11）

C++11 新增了容器类 forward_list，它实现了单链表。在这种链表中，每个节点都只链接到下一个节点，而没有链接到前一个节点。因此 forward_list 只需要正向迭代器，而不需要双向迭代器。因此，不同于 vector 和 list，forward_list 是不可反转的容器。相比于 list，forward_list 更简单、更紧凑，但功能也更少。

（7）queue

queue 模板类（在头文件 queue（以前为 queue.h）中声明）是一个适配器类。由前所述，ostream_iterator 模板就是一个适配器，让输出流能够使用迭代器接口。同样，queue 模板让底层类（默认为 deque）展示典型的队列接口。

queue 模板的限制比 deque 更多。它不仅不允许随机访问队列元素，甚至不允许遍历队列。它把使用限制在定义队列的基本操作上，可以将元素添加到队尾、从队首删除元素、查看队首和队尾的值、检查元素数目和测试队列是否为空。表 16.10 列出了这些操作。

表 16.10　　queue 的操作

方　法	说　明
bool empty()const	如果队列为空，则返回 true；否则返回 false
size_type size()const	返回队列中元素的数目
T& front()	返回指向队首元素的引用
T& back()	返回指向队尾元素的引用
void push(const T& x)	在队尾插入 x
void pop()	删除队首元素

注意，pop()是一个删除数据的方法，而不是检索数据的方法。如果要使用队列中的值，应首先使用 front()来检索这个值，然后使用 pop()将它从队列中删除。

（8）priority_queue

priority_queue 模板类（在 queue 头文件中声明）是另一个适配器类，它支持的操作与 queue 相同。两者之间的主要区别在于，在 priority_queue 中，最大的元素被移到队首（生活不总是公平的，队列也一样）。内部区别在于，默认的底层类是 vector。可以修改用于确定哪个元素放到队首的比较方式，方法是提供一个可选的构造函数参数：

```
priority_queue<int> pq1;                // default version
priority_queue<int> pq2(greater<int>); // use greater<int> to order
```

greater< >()函数是一个预定义的函数对象，本章稍后将讨论它。

（9）stack

与 queue 相似，stack（在头文件 stack——以前为 stack.h——中声明）也是一个适配器类，它给底层类（默认情况下为 vector）提供了典型的栈接口。

stack 模板的限制比 vector 更多。它不仅不允许随机访问栈元素，甚至不允许遍历栈。它把使用限制在定义栈的基本操作上，即可以将压入推到栈顶、从栈顶弹出元素、查看栈顶的值、检查元素数目和测试栈是否为空。表 16.11 列出了这些操作。

表 16.11 stack 的操作

方　法	说　明
bool empty()const	如果栈为空，则返回 true；否则返回 false
size_type size()const	返回栈中的元素数目
T& top()	返回指向栈顶元素的引用
void push(const T& x)	在栈顶部插入 x
void pop()	删除栈顶元素

与 queue 相似，如果要使用栈中的值，必须首先使用 top()来检索这个值，然后使用 pop()将它从栈中删除。

（10）array（C++11）

第 4 章介绍过，模板类 array 是在头文件 array 中定义的，它并非 STL 容器，因为其长度是固定的。因此，array 没有定义调整容器大小的操作，如 push_back()和 insert()，但定义了对它来说有意义的成员函数，如 operator [] ()和 at()。可将很多标准 STL 算法用于 array 对象，如 copy()和 for_each()。

16.4.6 关联容器

关联容器（associative container）是对容器概念的另一个改进。关联容器将值与键关联在一起，并使用键来查找值。例如，值可以是表示雇员信息（如姓名、地址、办公室号码、家庭电话和工作电话、健康计划等）的结构，而键可以是唯一的员工编号。为获取雇员信息，程序将使用键查找雇员结构。前面说过，对于容器 X，表达式 X::value_type 通常指出了存储在容器中的值类型。对于关联容器来说，表达式 X::key_type 指出了键的类型。

关联容器的优点在于，它提供了对元素的快速访问。与序列相似，关联容器也允许插入新元素，但不能指定元素的插入位置。原因是关联容器通常有用于确定数据放置位置的算法，以便能够快速检索信息。

关联容器通常是使用某种树实现的。树是一种数据结构，其根节点链接到一个或两个节点，而这些节点又链接到一个或两个节点，从而形成分支结构。像链表一样，节点使得添加或删除数据项比较简单；但相对于链表，树的查找速度更快。

STL 提供了 4 种关联容器：set、multiset、map 和 multimap。前两种是在头文件 set（以前分别为 set.h 和 multiset.h）中定义的，而后两种是在头文件 map（以前分别为 map.h 和 multimap.h）中定义的。

最简单的关联容器是 set，其值类型与键相同，键是唯一的，这意味着集合中不会有多个相同的键。确实，对于 set 来说，值就是键。multiset 类似于 set，只是可能有多个值的键相同。例如，如果键和值的类型为 int，则 multiset 对象包含的内容可以是 1、2、2、2、3、5、7、7。

在 map 中，值与键的类型不同，键是唯一的，每个键只对应一个值。multimap 与 map 相似，只是一个键可以与多个值相关联。

有关这些类型的信息很多，无法在本章全部列出（但附录 G 列出了方法），这里只介绍一个使用 set 的简单例子和一个使用 multimap 的简单例子。

1．set 示例

STL set 模拟了多个概念，它是关联集合，可反转，可排序，且键是唯一的，所以不能存储多个相同的值。与 vector 和 list 相似，set 也使用模板参数来指定要存储的值类型：

```
set<string> A; // a set of string objects
```

第二个模板参数是可选的，可用于指示用来对键进行排序的比较函数或对象。默认情况下，将使用模板 less< >（稍后将讨论）。老式 C++实现可能没有提供默认值，因此必须显式指定模板参数：

```
set<string, less<string> > A; // older implementation
```

请看下面的代码：

```
const int N = 6;
string s1[N] = {"buffoon", "thinkers", "for", "heavy", "can", "for"};
set<string> A(s1, s1 + N); // initialize set A using a range from array
ostream_iterator<string, char> out(cout, " ");
copy(A.begin(), A.end(), out);
```

与其他容器相似，set 也有一个将迭代器区间作为参数的构造函数（参见表 16.6）。这提供了一种将集合初始化为数组内容的简单方法。请记住，区间的最后一个元素是超尾，s1 + N 指向数组 s1 尾部后面的一个位置。上述代码片段的输出表明，键是唯一的（字符串“for”在数组中出现了 2 次，但在集合中只出现 1 次），且集合被排序：

```
buffoon can for heavy thinkers
```

数学为集合定义了一些标准操作，例如，并集包含两个集合合并后的内容。如果两个集合包含相同的值，则这个值将在并集中只出现一次，这是因为键是唯一的。交集包含两个集合都有的元素。两个集合的差是第一个集合减去两个集合都有的元素。

STL 提供了支持这些操作的算法。它们是通用函数，而不是方法，因此并非只能用于 set 对象。然而，所有 set 对象都自动满足使用这些算法的先决条件，即容器是经过排序的。set_union()函数接受 5 个迭代器参数。前两个迭代器定义了第一个集合的区间，接下来的两个定义了第二个集合区间，最后一个迭代器是输出迭代器，指出将结果集合复制到什么位置。例如，要显示集合 A 和 B 的并集，可以这样做：

```
set_union(A.begin(), A.end(), B.begin(), B.end(),
          ostream_iterator<string, char> out(cout, " "));
```

假设要将结果放到集合 C 中，而不是显示它，则最后一个参数应是一个指向 C 的迭代器。显而易见的选择是 C.begin()，但它不管用，原因有两个。首先，关联集合将键看作常量，所以 C.begin()返回的迭代器是常量迭代器，不能用作输出迭代器。不直接使用 C.begin()的第二个原因是，与 copy()相似，set_union()将覆盖容器中已有的数据，并要求容器有足够的空间容纳新信息。C 是空的，不能满足这种要求。但前面讨论的模板 insert_iterator 可以解决这两个问题。前面说过，它可以将复制转换为插入。另外，它还模拟了输出迭代器概念，可以用它将信息写入容器。因此，可以创建一个匿名 insert_iterator，将信息复制给 C。前面说过，其构造函数将容器名称和迭代器作为参数：

```
set_union(A.begin(), A.end(), B.begin(), B.end(),
          insert_iterator<set<string> >(C, C.begin()));
```

函数 set_intersection()和 set_difference()分别查找交集和获得两个集合的差，它们的接口与 set_union()相同。

两个有用的 set 方法是 lower_bound()和 upper_bound()。方法 lower_bound()将键作为参数并返回一个迭代器，该迭代器指向集合中第一个不小于键参数的成员。同样，方法 upper_bound()将键作为参数，并返回一个迭代器，该迭代器指向集合中第一个大于键参数的成员。例如，如果有一个字符串集合，则可以用这些方法获得一个这样的区间，即包含集合中从“b”到“f”的所有字符串。

因为排序决定了插入的位置，所以这种类包含只指定要插入的信息，而不指定位置的插入方法。例如，如果 A 和 B 是字符串集合，则可以这样做：

```
string s("tennis");
A.insert(s);                    // insert a value
B.insert(A.begin(), A.end()); // insert a range
```

程序清单 16.13 演示了集合的这些用途。

程序清单 16.13 setops.cpp

```
// setops.cpp -- some set operations
#include <iostream>
#include <string>
#include <set>
#include <algorithm>
#include <iterator>

int main()
```

```
{
    using namespace std;
    const int N = 6;
    string s1[N] = {"buffoon", "thinkers", "for", "heavy", "can", "for"};
    string s2[N] = {"metal", "any", "food", "elegant", "deliver","for"};

    set<string> A(s1, s1 + N);
    set<string> B(s2, s2 + N);

    ostream_iterator<string, char> out(cout, " ");
    cout << "Set A: ";
    copy(A.begin(), A.end(), out);
    cout << endl;
    cout << "Set B: ";
    copy(B.begin(), B.end(), out);
    cout << endl;
    cout << "Union of A and B:\n";
    set_union(A.begin(), A.end(), B.begin(), B.end(), out);
    cout << endl;

    cout << "Intersection of A and B:\n";
    set_intersection(A.begin(), A.end(), B.begin(), B.end(), out);
    cout << endl;

    cout << "Difference of A and B:\n";
    set_difference(A.begin(), A.end(), B.begin(), B.end(), out);
    cout << endl;

    set<string> C;
    cout << "Set C:\n";
    set_union(A.begin(), A.end(), B.begin(), B.end(),
        insert_iterator<set<string> >(C, C.begin()));
    copy(C.begin(), C.end(), out);
    cout << endl;

    string s3("grungy");
    C.insert(s3);
    cout << "Set C after insertion:\n";
    copy(C.begin(), C.end(),out);
    cout << endl;

    cout << "Showing a range:\n";
    copy(C.lower_bound("ghost"),C.upper_bound("spook"), out);
    cout << endl;

    return 0;
}
```

下面是程序清单 16.13 中程序的输出：

```
Set A: buffoon can for heavy thinkers
Set B: any deliver elegant food for metal
Union of A and B:
any buffoon can deliver elegant food for heavy metal thinkers
Intersection of A and B:
for
Difference of A and B:
buffoon can heavy thinkers
Set C:
any buffoon can deliver elegant food for heavy metal thinkers
Set C after insertion:
any buffoon can deliver elegant food for grungy heavy metal thinkers
Showing a range:
grungy heavy metal
```

和本章中大多数示例一样，程序清单 16.13 在处理名称空间 std 时采取了偷懒的方式：

```
using namespace std;
```

这样做旨在简化表示方式。这些示例使用了名称空间 std 中非常多的元素，如果使用 using 声明或作用域运算符，代码将变得混乱：

```
std::set<std::string> B(s2, s2 + N);
std::ostream_iterator<std::string, char> out(std::cout, " ");
std::cout << "Set A: ";
std::copy(A.begin(), A.end(), out);
```

2. multimap 示例

与 set 相似，multimap 也是可反转的、经过排序的关联容器，但键和值的类型不同，且同一个键可能与多个值相关联。

基本的 multimap 声明使用模板参数指定键的类型和存储的值类型。例如，下面的声明创建一个 multimap 对象，其中键类型为 int，存储的值类型为 string：

```
multimap<int,string> codes;
```

第 3 个模板参数是可选的，指出用于对键进行排序的比较函数或对象。在默认情况下，将使用模板 less< >（稍后将讨论），该模板将键类型作为参数。老式 C++实现可能要求显式指定该模板参数。

为将信息结合在一起，实际的值类型将键类型和数据类型结合为一对。为此，STL 使用模板类 pair<class T, class U>将这两种值存储到一个对象中。如果 keytype 是键类型，而 datatype 是存储的数据类型，则值类型为 pair<const keytype, datatype>。例如，前面声明的 codes 对象的值类型为 pair<const int, string>。

例如，假设要用区号作为键来存储城市名（这恰好与 codes 声明一致，它将键类型声明为 int，数据类型声明为 string），则一种方法是创建一个 pair，再将它插入：

```
pair<const int, string> item(213, "Los Angeles");
codes.insert(item);
```

也可使用一条语句创建匿名 pair 对象并将它插入：

```
codes.insert(pair<const int, string> (213, "Los Angeles"));
```

因为数据项是按键排序的，所以不需要指出插入位置。

对于 pair 对象，可以使用 first 和 second 成员来访问其两个部分了：

```
pair<const int, string> item(213, "Los Angeles");
cout << item.first << ' ' << item.second << endl;
```

如何获得有关 multimap 对象的信息呢？成员函数 count()接受键作为参数，并返回具有该键的元素数目。成员函数 lower_bound()和 upper_bound()将键作为参数，且工作原理与处理 set 时相同。成员函数 equal_range()用键作为参数，且返回两个迭代器，它们表示的区间与该键匹配。为返回两个值，该方法将它们封装在一个 pair 对象中，这里 pair 的两个模板参数都是迭代器。例如，下面的代码打印 codes 对象中区号为 718 的所有城市：

```
pair<multimap<KeyType, string>::iterator,
     multimap<KeyType, string>::iterator> range
                         = codes.equal_range(718);
cout << "Cities with area code 718:\n";
std::multimap<KeyType, std::string>::iterator it;
for (it = range.first; it != range.second; ++it)
     cout << (*it).second << endl;
```

在声明中可使用 C++11 自动类型推断功能，这样代码将简化为如下所示：

```
auto range = codes.equal_range(718);
cout << "Cities with area code 718:\n";
for (auto it = range.first; it != range.second; ++it)
    cout << (*it).second  << endl;
```

程序清单 16.14 演示了上述大部分技术，它也使用 typedef 来简化代码。

程序清单 16.14 multmap.cpp

```
// multmap.cpp -- use a multimap
#include <iostream>
#include <string>
#include <map>
#include <algorithm>

typedef int KeyType;
typedef std::pair<const KeyType, std::string> Pair;
typedef std::multimap<KeyType, std::string> MapCode;

int main()
{
    using namespace std;
    MapCode codes;

    codes.insert(Pair(415, "San Francisco"));
    codes.insert(Pair(510, "Oakland"));
    codes.insert(Pair(718, "Brooklyn"));
    codes.insert(Pair(718, "Staten Island"));
    codes.insert(Pair(415, "San Rafael"));
    codes.insert(Pair(510, "Berkeley"));

    cout << "Number of cities with area code 415: "
```

```
        << codes.count(415) << endl;
    cout << "Number of cities with area code 718: "
        << codes.count(718) << endl;
    cout << "Number of cities with area code 510: "
        << codes.count(510) << endl;
    cout << "Area Code City\n";
    MapCode::iterator it;
    for (it = codes.begin(); it != codes.end(); ++it)
        cout << " " << (*it).first << " "
            << (*it).second << endl;

    pair<MapCode::iterator, MapCode::iterator> range
        = codes.equal_range(718);
    cout << "Cities with area code 718:\n";
    for (it = range.first; it != range.second; ++it)
        cout << (*it).second << endl;

    return 0;
}
```

下面是程序清单 16.14 中程序的输出：

```
Number of cities with area code 415: 2
Number of cities with area code 718: 2
Number of cities with area code 510: 2
Area Code City
    415   San Francisco
    415   San Rafael
    510   Oakland
    510   Berkeley
    718   Brooklyn
    718   Staten Island
Cities with area code 718:
Brooklyn
Staten Island
```

16.4.7 无序关联容器（C++11）

无序关联容器是对容器概念的另一种改进。与关联容器一样，无序关联容器也将值与键关联起来，并使用键来查找值。但底层的差别在于，关联容器是基于树结构的，而无序关联容器是基于数据结构哈希表的，这旨在提高添加和删除元素的速度以及提高查找算法的效率。有 4 种无序关联容器，它们是 unordered_set、unordered_multiset、unordered_map 和 unordered_multimap，将在附录 G 更详细地介绍。

16.5 函数对象

很多 STL 算法都使用函数对象——也叫函数符（functor）。函数符是可以以函数方式与()结合使用的任意对象。这包括函数名、指向函数的指针和重载了()运算符的类对象（即定义了函数 operator()()的类）。例如，可以像这样定义一个类：

```
class Linear
{
private:
    double slope;
    double y0;
public:
    Linear(double sl_ = 1, double y_ = 0)
        : slope(sl_), y0(y_) {}
    double operator()(double x) {return y0 + slope * x; }
};
```

这样，重载的()运算符将使得能够像函数那样使用 Linear 对象：

```
Linear f1;
Linear f2(2.5, 10.0);
double y1 = f1(12.5); // right-hand side is f1.operator()(12.5)
double y2 = f2(0.4);
```

其中 y1 将使用表达式 0 + 1 * 12.5 来计算，y2 将使用表达式 10.0 + 2.5 * 0.4 来计算。在表达式 y0 + slope * x 中，y0 和 slope 的值来自对象的构造函数，而 x 的值来自 operator() ()的参数。

还记得函数 for_each 吗？它将指定的函数用于区间中的每个成员：

```
for_each(books.begin(), books.end(), ShowReview);
```

通常，第 3 个参数可以是常规函数，也可以是函数符。实际上，这提出了一个问题：如何声明第 3 个参数呢？不能把它声明为函数指针，因为函数指针指定了参数类型。由于容器可以包含任意类型，所以预先无法知道应使用哪种参数类型。STL 通过使用模板解决了这个问题。for_each 的原型看上去就像这样：

```
template<class InputIterator, class Function>
Function for_each(InputIterator first, InputIterator last, Function f);
```

ShowReview()的原型如下：

```
void ShowReview(const Review &);
```

这样，标识符 ShowReview 的类型将为 void(*)(const Review &)，这也是赋给模板参数 Function 的类型。对于不同的函数调用，Function 参数可以表示具有重载的()运算符的类类型。最终，for_each()代码将具有一个使用 f()的表达式。在 ShowReview()示例中，f 是指向函数的指针，而 f()调用该函数。如果最后的 for_each()参数是一个对象，则 f()将是调用其重载的()运算符的对象。

16.5.1 函数符概念

正如 STL 定义了容器和迭代器的概念一样，它也定义了函数符概念。

- 生成器（generator）是不用参数就可以调用的函数符。
- 一元函数（unary function）是用一个参数可以调用的函数符。
- 二元函数（binary function）是用两个参数可以调用的函数符。

例如，提供给 for_each()的函数符应当是一元函数，因为它每次用于一个容器元素。

当然，这些概念都有相应的改进版：

- 返回 bool 值的一元函数是谓词（predicate）；
- 返回 bool 值的二元函数是二元谓词（binary predicate）。

一些 STL 函数需要谓词参数或二元谓词参数。例如，程序清单 16.9 使用了 sort()的这样一个版本，即将二元谓词作为其第 3 个参数：

```
bool WorseThan(const Review & r1, const Review & r2);
...
sort(books.begin(), books.end(), WorseThan);
```

list 模板有一个将谓词作为参数的 remove_if()成员，该函数将谓词应用于区间中的每个元素，如果谓词返回 true，则删除这些元素。例如，下面的代码删除链表 three 中所有大于 100 的元素：

```
bool tooBig(int n){ return n > 100; }
list<int> scores;
...
scores.remove_if(tooBig);
```

最后这个例子演示了类函数符适用的地方。假设要删除另一个链表中所有大于 200 的值。如果能将取舍值作为第二个参数传递给 tooBig()，则可以使用不同的值调用该函数，但谓词只能有一个参数。然而，如果设计一个 TooBig 类，则可以使用类成员而不是函数参数来传递额外的信息：

```
template<class T>
class TooBig
{
private:
    T cutoff;
public:
    TooBig(const T & t) : cutoff(t) {}
    bool operator()(const T & v) { return v > cutoff; }
};
```

这里，一个值（V）作为函数参数传递，而第二个参数（cutoff）是由类构造函数设置的。有了该定义后，就可以将不同的 TooBig 对象初始化为不同的取舍值，供调用 remove_if()时使用。程序清单 16.15 演示了这种技术。

程序清单 16.15 functor.cpp

```
// functor.cpp -- using a functor
#include <iostream>
#include <list>
#include <iterator>
#include <algorithm>

template<class T> // functor class defines operator()()
```

```
class TooBig
{
private:
    T cutoff;
public:
    TooBig(const T & t) : cutoff(t) {}
    bool operator()(const T & v) { return v > cutoff; }
};

void outint(int n) {std::cout << n << " ";}
int main()
{
    using std::list;
    using std::cout;
    using std::endl;

    TooBig<int> f100(100); // limit = 100
    int vals[10] = {50, 100, 90, 180, 60, 210, 415, 88, 188, 201};
    list<int> yadayada(vals, vals + 10); // range constructor
    list<int> etcetera(vals, vals + 10);
// C++11 can use the following instead
// list<int> yadayada = {50, 100, 90, 180, 60, 210, 415, 88, 188, 201};
// list<int> etcetera {50, 100, 90, 180, 60, 210, 415, 88, 188, 201};
    cout << "Original lists:\n";
    for_each(yadayada.begin(), yadayada.end(), outint);
    cout << endl;
    for_each(etcetera.begin(), etcetera.end(), outint);
    cout << endl;
    yadayada.remove_if(f100);               // use a named function object
    etcetera.remove_if(TooBig<int>(200)); // construct a function object
    cout <<"Trimmed lists:\n";
    for_each(yadayada.begin(), yadayada.end(), outint);
    cout << endl;
    for_each(etcetera.begin(), etcetera.end(), outint);
    cout << endl;
    return 0;
}
```

一个函数符（f100）是一个声明的对象，而另一个函数符（TooBig<int>(200)）是一个匿名对象，它是由构造函数调用创建的。下面是程序清单 16.15 中程序的输出：

```
Original lists:
50 100 90 180 60 210 415 88 188 201
50 100 90 180 60 210 415 88 188 201
Trimmed lists:
50 100 90 60 88
50 100 90 180 60 88 188
```

假设已经有了一个接受两个参数的模板函数：

```
template <class T>
bool tooBig(const T & val, const T & lim)
{
    return val > lim;
}
```

则可以使用类将它转换为单个参数的函数对象：

```
template<class T>
class TooBig2
{
private:
    T cutoff;
public:
    TooBig2(const T & t) : cutoff(t) {}
    bool operator()(const T & v) { return tooBig<T>(v, cutoff); }
};
```

即可以这样做：

```
TooBig2<int> tB100(100);
int x;
cin >> x;
if (tB100(x)) // same as if (tooBig(x,100))
...
```

因此，调用 tB100(x)相当于调用 tooBig(x, 100)，但两个参数的函数被转换为单参数的函数对象，其中第二个参数被用于构建函数对象。简而言之，类函数符 TooBig2 是一个函数适配器，使函数能够满足不同的接口。

在该程序清单中，可使用 C++11 的初始化列表功能来简化初始化。为此，可将如下代码：

```
int vals[10] = {50, 100, 90, 180, 60, 210, 415, 88, 188, 201};
list<int> yadayada(vals, vals + 10); // range constructor
list<int> etcetera(vals, vals + 10);
```

替换为下述代码：

```
list<int> yadayada = {50, 100, 90, 180, 60, 210, 415, 88, 188, 201};
list<int> etcetera {50, 100, 90, 180, 60, 210, 415, 88, 188, 201};
```

16.5.2 预定义的函数符

STL 定义了多个基本函数符，它们执行诸如将两个值相加、比较两个值是否相等操作。提供这些函数对象是为了支持将函数作为参数的 STL 函数。例如，考虑函数 transform()。它有两个版本。第一个版本接受 4 个参数，前两个参数是指定容器区间的迭代器（现在您应该已熟悉了这种方法），第 3 个参数是指定将结果复制到哪里的迭代器，最后一个参数是一个函数符，它被应用于区间中的每个元素，生成结果中的新元素。例如，请看下面的代码：

```
const int LIM = 5;
double arr1[LIM] = {36, 39, 42, 45, 48};
vector<double> gr8(arr1, arr1 + LIM);
ostream_iterator<double, char> out(cout, " ");
transform(gr8.begin(), gr8.end(), out, sqrt);
```

上述代码计算每个元素的平方根，并将结果发送到输出流。目标迭代器可以位于原始区间中。例如，将上述示例中的 out 替换为 gr8.begin()后，新值将覆盖原来的值。很明显，使用的函数符必须是接受单个参数的函数符。

第 2 种版本使用一个接受两个参数的函数，并将该函数用于两个区间中元素。它用另一个参数（即第 3 个）标识第二个区间的起始位置。例如，如果 m8 是另一个 vector<double>对象，mean（double，double）返回两个值的平均值，则下面的的代码将输出来自 gr8 和 m8 的值的平均值：

```
transform(gr8.begin(), gr8.end(), m8.begin(), out, mean);
```

现在假设要将两个数组相加。不能将+作为参数，因为对于类型 double 来说，+是内置的运算符，而不是函数。可以定义一个将两个数相加的函数，然后使用它：

```
double add(double x, double y) { return x + y; }
...
transform(gr8.begin(), gr8.end(), m8.begin(), out, add);
```

然而，这样必须为每种类型单独定义一个函数。更好的办法是定义一个模板（除非 STL 已经有一个模板了，这样就不必定义）。头文件 functional（以前为 function.h）定义了多个模板类函数对象，其中包括 plus< >()。

可以用 plus< >类来完成常规的相加运算：

```
#include <functional>
...
plus<double> add; // create a plus<double> object
double y = add(2.2, 3.4); // using plus<double>::operator()()
```

它使得将函数对象作为参数很方便：

```
transform(gr8.begin(), gr8.end(), m8.begin(), out, plus<double>() );
```

这里，代码没有创建命名的对象，而是用 plus<double>构造函数构造了一个函数符，以完成相加运算（括号表示调用默认的构造函数，传递给 transform()的是构造出来的函数对象）。

对于所有内置的算术运算符、关系运算符和逻辑运算符，STL 都提供了等价的函数符。表 16.12 列出了这些函数符的名称。它们可以用于处理 C++内置类型或任何用户定义类型（如果重载了相应的运算符）。

表 16.12　　运算符和相应的函数符

运　算　符	相应的函数符
+	plus
-	minus
*	multiplies
/	divides
%	modulus
-	negate

续表

运 算 符	相应的函数符
==	equal_to
!=	not_equal_to
>	greater
<	less
>=	greater_equal
<=	less_equal
&&	logical_and
||	logical_or
!	logical_not

警告：老式 C++实现使用函数符名 times，而不是 multiplies。

16.5.3 自适应函数符和函数适配器

表 16.12 列出的预定义函数符都是自适应的。实际上 STL 有 5 个相关的概念：自适应生成器（adaptable generator）、自适应一元函数（adaptable unary function）、自适应二元函数（adaptable binary function）、自适应谓词（adaptable predicate）和自适应二元谓词（adaptable binary predicate）。

使函数符成为自适应的原因是，它携带了标识参数类型和返回类型的 typedef 成员。这些成员分别是 result_type、first_argument_type 和 second_argument_type，它们的作用是不言自明的。例如，plus<int>对象的返回类型被标识为 plus<int>::result_type，这是 int 的 typedef。

函数符自适应性的意义在于：函数适配器对象可以使用函数对象，并认为存在这些 typedef 成员。例如，接受一个自适应函数符参数的函数可以使用 result_type 成员来声明一个与函数的返回类型匹配的变量。

STL 提供了使用这些工具的函数适配器类。例如，假设要将矢量 gr8 的每个元素都增加 2.5 倍，则需要使用接受一个一元函数参数的 transform()版本，就像前面的例子那样：

```
transform(gr8.begin(), gr8.end(), out, sqrt);
```

multiplies()函数符可以执行乘法运行，但它是二元函数。因此需要一个函数适配器，将接受两个参数的函数符转换为接受 1 个参数的函数符。前面的 TooBig2 示例提供了一种方法，但 STL 使用 binder1st 和 binder2nd 类自动完成这一过程，它们将自适应二元函数转换为自适应一元函数。

来看 binder1st。假设有一个自适应二元函数对象 f2()，则可以创建一个 binder1st 对象，该对象与一个将被用作 f2()的第一个参数的特定值（val）相关联：

```
binder1st(f2, val) f1;
```

这样，使用单个参数调用 f1(x)时，返回的值与将 val 作为第一参数、将 f1()的参数作为第二参数调用 f2()返回的值相同。即 f1(x)等价于 f2(val, x)，只是前者是一元函数，而不是二元函数。f2()函数被适配。同样，仅当 f2()是一个自适应函数时，这才能实现。

看上去有点麻烦。然而，STL 提供了函数 bind1st()，以简化 binder1st 类的使用。可以向其提供用于构建 binder1st 对象的函数名称和值，它将返回一个这种类型的对象。例如，要将二元函数 multiplies()转换为将参数乘以 2.5 的一元函数，则可以这样做：

```
bind1st(multiplies<double>(), 2.5)
```

因此，将 gr8 中的每个元素与 2.5 相乘，并显示结果的代码如下：

```
transform(gr8.begin(), gr8.end(), out,
        bind1st(multiplies<double>(), 2.5));
```

binder2nd 类与此类似，只是将常数赋给第二个参数，而不是第一个参数。它有一个名为 bind2nd 的助手函数，该函数的工作方式类似于 bind1st。

程序清单 16.16 将一些最近的示例合并成了一个小程序。

程序清单 16.16 funadap.cpp

```
// funadap.cpp -- using function adapters
#include <iostream>
#include <vector>
#include <iterator>
#include <algorithm>
```

```
#include <functional>

void Show(double);
const int LIM = 6;
int main()
{
    using namespace std;
    double arr1[LIM] = {28, 29, 30, 35, 38, 59};
    double arr2[LIM] = {63, 65, 69, 75, 80, 99};
    vector<double> gr8(arr1, arr1 + LIM);
    vector<double> m8(arr2, arr2 + LIM);
    cout.setf(ios_base::fixed);
    cout.precision(1);
    cout << "gr8:\t";
    for_each(gr8.begin(), gr8.end(), Show);
    cout << endl;
    cout << "m8: \t";
    for_each(m8.begin(), m8.end(), Show);
    cout << endl;

    vector<double> sum(LIM);
    transform(gr8.begin(), gr8.end(), m8.begin(), sum.begin(),
              plus<double>());
    cout << "sum:\t";
    for_each(sum.begin(), sum.end(), Show);
    cout << endl;

    vector<double> prod(LIM);
    transform(gr8.begin(), gr8.end(), prod.begin(),
              bind1st(multiplies<double>(), 2.5));
    cout << "prod:\t";
    for_each(prod.begin(), prod.end(), Show);
    cout << endl;

    return 0;
}
void Show(double v)
{
    std::cout.width(6);
    std::cout << v << ' ';
}
```

程序清单 16.16 中程序的输出如下：

```
gr8:   28.0   29.0   30.0   35.0   38.0   59.0
m8:    63.0   65.0   69.0   75.0   80.0   99.0
sum:   91.0   94.0   99.0  110.0  118.0  158.0
prod:  70.0   72.5   75.0   87.5   95.0  147.5
```

C++11 提供了函数指针和函数符的替代品——lambda 表达式，这将在第 18 章讨论。

16.6 算法

STL 包含很多处理容器的非成员函数，前面已经介绍过其中的一些：sort()、copy()、find()、random_shuffle()、set_union()、set_intersection()、set_difference()和 transform()。可能已经注意到，它们的总体设计是相同的，都使用迭代器来标识要处理的数据区间和结果的放置位置。有些函数还接受一个函数对象参数，并使用它来处理数据。

对于算法函数设计，有两个主要的通用部分。首先，它们都使用模板来提供泛型；其次，它们都使用迭代器来提供访问容器中数据的通用表示。因此，copy()函数可用于将 double 值存储在数组中的容器、将 string 值存储在链表中的容器，也可用于将用户定义的对象存储在树结构中（如 set 所使用的）的容器。因为指针是一种特殊的迭代器，因此诸如 copy()等 STL 函数可用于常规数组。

统一的容器设计使得不同类型的容器之间具有明显关系。例如，可以使用 copy()将常规数组中的值复制到 vector 对象中，将 vector 对象中的值复制到 list 对象中，将 list 对象中的值复制到 set 对象中。可以用= =来比较不同类型的容器，如 deque 和 vector。之所以能够这样做，是因为容器重载的= =运算符使用迭代器来比较内容，因此如果 deque 对象和 vector 对象的内容相同，并且排列顺序也相同，则它们是相等的。

16.6.1 算法组

STL 将算法库分成 4 组：

- 非修改式序列操作；
- 修改式序列操作；
- 排序和相关操作；
- 通用数字运算。

前 3 组在头文件 algorithm（以前为 algo.h）中描述，第 4 组是专用于数值数据的，有自己的头文件，称为 numeric（以前它们也位于 algol.h 中）。

非修改式序列操作对区间中的每个元素进行操作。这些操作不修改容器的内容。例如，find()和 for_each()就属于这一类。

修改式序列操作也对区间中的每个元素进行操作。然而，顾名思义，它们可以修改容器的内容。可以修改值，也可以修改值的排列顺序。transform()、random_shuffle()和 copy()属于这一类。

排序和相关操作包括多个排序函数（包括 sort()）和其他各种函数，包括集合操作。

数字操作包括将区间的内容累积、计算两个容器的内部乘积、计算小计、计算相邻对象差的函数。通常，这些都是数组的操作特性，因此 vector 是最有可能使用这些操作的容器。

16.6.2 算法的通用特征

正如您多次看到的，STL 函数使用迭代器和迭代器区间。从函数原型可知有关迭代器的假设。例如，copy()函数的原型如下：

```
template<class InputIterator, class OutputIterator>
OutputIterator copy(InputIterator first, InputIterator last,
                    OutputIterator result);
```

因为标识符 InputIterator 和 OutputIterator 都是模板参数，所以它们就像 T 和 U 一样。然而，STL 文档使用模板参数名称来表示参数模型的概念。因此上述声明告诉我们，区间参数必须是输入迭代器或更高级别的迭代器，而指示结果存储位置的迭代器必须是输出迭代器或更高级别的迭代器。

对算法进行分类的方式之一是按结果放置的位置进行分类。有些算法就地完成工作，有些则创建拷贝。例如，在 sort()函数完成时，结果被存放在原始数据的位置上，因此，sort()是就地算法（in-place algorithm）；而 copy()函数将结果发送到另一个位置，所以它是复制算法（copying algorithm）。transform()函数可以以这两种方式完成工作。与 copy()相似，它使用输出迭代器指示结果的存储位置；与 copy()不同的是，transform()允许输出迭代器指向输入区间，因此它可以用计算结果覆盖原来的值。

有些算法有两个版本：就地版本和复制版本。STL 的约定是，复制版本的名称将以_copy 结尾。复制版本将接受一个额外的输出迭代器参数，该参数指定结果的放置位置。例如，函数 replace()的原型如下：

```
template<class ForwardIterator, class T>
void replace(ForwardIterator first, ForwardIterator last,
             const T& old_value, const T& new_value);
```

它将所有的 old_value 替换为 new_value，这是就地发生的。由于这种算法同时读写容器元素，因此迭代器类型必须是 ForwardIterator 或更高级别的。复制版本的原型如下：

```
template<class InputIterator, class OutputIterator, class T>
OutputIterator replace_copy(InputIterator first, InputIterator last,
             OutputIterator result,
             const T& old_value, const T& new_value);
```

在这里，结果被复制到 result 指定的新位置，因此对于指定区间而言，只读输入迭代器足够了。

注意，replace_copy()的返回类型为 OutputIterator。对于复制算法，统一的约定是：返回一个迭代器，该迭代器指向复制的最后一个值后面的一个位置。

另一个常见的变体是：有些函数有这样的版本，即根据将函数应用于容器元素得到的结果来执行操作。这些版本的名称通常以_if 结尾。例如，如果将函数用于旧值时，返回的值为 true，则 replace_if()将把旧值替换为新的值。下面是该函数的原型：

```
template<class ForwardIterator, class Predicate, class T>
void replace_if(ForwardIterator first, ForwardIterator last,
             Predicate pred, const T& new_value);
```

如前所述，谓词是返回 bool 值的一元函数。还有一个 replace_copy_if()版本，您不难知道其作用和原型。

与 InputIterator 一样，Predicate 也是模板参数名称，可以为 T 或 U。然而，STL 选择用 Predicate 来提醒用户，实参应模拟 Predicate 概念。同样，STL 使用诸如 Generator 和 BinaryPredicate 等术语来指示必须模拟其他函数对象概念的参数。请记住，虽然文档可指出迭代器或函数符需求，但编译器不会对此进行检查。如果您使用了错误的迭代器，则编译器试图实例化模板时，将显示大量的错误消息。

16.6.3 STL 和 string 类

string 类虽然不是 STL 的组成部分，但设计它时考虑到了 STL。例如，它包含 begin()、end()、rbegin()和 rend()等成员，因此可以使用 STL 接口。程序清单 16.17 用 STL 显示了使用一个词的字母可以得到的所有排列组合。排列组合就是重新安排容器中元素的顺序。next_permutation()算法将区间内容转换为下一种排列方式。对于字符串，排列按照字母递增的顺序进行。如果成功，该算法返回 true；如果区间已经处于最后的序列中，则该算法返回 false。要得到区间内容的所有排列组合，应从最初的顺序开始，为此程序使用了 STL 算法 sort()。

程序清单 16.17 strgst1.cpp

```
// strgstl.cpp -- applying the STL to a string
#include <iostream>
#include <string>
#include <algorithm>

int main()
{
    using namespace std;
    string letters;
    cout << "Enter the letter grouping (quit to quit): ";
    while (cin >> letters && letters != "quit")
    {
        cout << "Permutations of " << letters << endl;
        sort(letters.begin(), letters.end());
        cout << letters << endl;
        while (next_permutation(letters.begin(), letters.end()))
            cout << letters << endl;
        cout << "Enter next sequence (quit to quit): ";
    }
    cout << "Done.\n";
    return 0;
}
```

程序清单 16.17 中程序的运行情况如下：

```
Enter the letter grouping (quit to quit): awl
Permutations of awl
alw
awl
law
lwa
wal
wla
Enter next sequence (quit to quit): all
Permutations of all
all
lal
lla
Enter next sequence (quit to quit): quit
Done.
```

注意，算法 next_permutation()自动提供唯一的排列组合，这就是输出中“awl”一词的排列组合比“all”（它有重复的字母）的排列组合要多的原因。

16.6.4 函数和容器方法

有时可以选择使用 STL 方法或 STL 函数。通常方法是更好的选择。首先，它更适合于特定的容器；其次，作为成员函数，它可以使用模板类的内存管理工具，从而在需要时调整容器的长度。

例如，假设有一个由数字组成的链表，并要删除链表中某个特定值（例如 4）的所有实例。如果 la 是一个 list<int>对象，则可以使用链表的 remove()方法：

```
la.remove(4); // remove all 4s from the list
```

调用该方法后，链表中所有值为 4 的元素都将被删除，同时链表的长度将被自动调整。

还有一个名为 remove()的 STL 算法（见附录 G），它不是由对象调用，而是接受区间参数。因此，如果 lb 是一个 list<int>对象，则调用该函数的代码如下：

```
remove(lb.begin(), lb.end(), 4);
```

然而，由于该 remove()函数不是成员，因此不能调整链表的长度。它将没被删除的元素放在链表的开始位置，并返回一个指向新的超尾值的迭代器。这样，便可以用该迭代器来修改容器的长度。例如，可以使用链表的 erase()方法来删除一个区间，该区间描述了链表中不再需要的部分。程序清单 16.18 演示了这是如何进行的。

程序清单 16.18 listrmv.cpp

```
// listrmv.cpp -- applying the STL to a string
#include <iostream>
#include <list>
#include <algorithm>
void Show(int);
const int LIM = 10;
int main()
{
    using namespace std;
    int ar[LIM] = {4, 5, 4, 2, 2, 3, 4, 8, 1, 4};
    list<int> la(ar, ar + LIM);
    list<int> lb(la);
    cout << "Original list contents:\n\t";
    for_each(la.begin(), la.end(), Show);
    cout << endl;
    la.remove(4);
    cout << "After using the remove() method:\n";
    cout << "la:\t";
    for_each(la.begin(), la.end(), Show);
    cout << endl;
    list<int>::iterator last;
    last = remove(lb.begin(), lb.end(), 4);
    cout << "After using the remove() function:\n";
    cout << "lb:\t";
    for_each(lb.begin(), lb.end(), Show);
    cout << endl;
    lb.erase(last, lb.end());
    cout << "After using the erase() method:\n";
    cout << "lb:\t";
    for_each(lb.begin(), lb.end(), Show);
    cout << endl;
    return 0;
}

void Show(int v)
{
    std::cout << v << ' ';
}
```

下面是程序清单 16.18 中程序的输出：

```
Original list contents:
    4 5 4 2 2 3 4 8 1 4
After using the remove() method:
la: 5 2 2 3 8 1
After using the remove() function:
lb: 5 2 2 3 8 1 4 8 1 4
After using the erase() method:
lb: 5 2 2 3 8 1
```

从中可知，remove()方法将链表 la 从 10 个元素减少到 6 个元素。但对链表 lb 应用 remove()后，它仍然包含 10 个元素。最后 4 个元素可任意处理，因为其中每个元素要么为 4，要么与已经移到链表开头的值相同。

尽管方法通常更适合，但非方法函数更通用。正如您看到的，可以将它们用于数组、string 对象、STL 容器，还可以用它们来处理混合的容器类型，例如，将矢量容器中的数据存储到链表或集合中。

16.6.5 使用 STL

STL 是一个库，其组成部分被设计成协同工作。STL 组件是工具，但也是创建其他工具的基本部件。我们用一个例子说明。假设要编写一个程序，让用户输入单词。希望最后得到一个按输入顺序排列的单词列表、一个按字母顺序排列的单词列表（忽略大小写），并记录每个单词被输入的次数。出于简化的目的，假设输入中不包含数字和标点符号。

输入和保存单词列表很简单。可以按程序清单 16.8 和程序清单 16.9 那样创建一个 vector<string>对象，并用 push_back()将输入的单词添加到矢量中：

```
vector<string> words;
string input;
while (cin >> input && input != "quit")
    words.push_back(input);
```

如何得到按字母顺序排列的单词列表呢？可以使用 sort()，然后使用 unique()，但这种方法将覆盖原始数据，因为 sort()是就地算法。有一种更简单的方法，可以避免这种问题：创建一个 set<string>对象，然后将矢量中的单词复制（使用插入迭代器）到集合中。集合自动对其内容进行排序，因此无需调用 sort()；集合只允许同一个键出现一次，因此无需调用 unique()。这里要求忽略大小写，处理这种情况的方法之一是使用 transform()而不是 copy()，将矢量中的数据复制到集合中。使用一个转换函数将字符串转换成小写形式。

```
set<string> wordset;
transform(words.begin(), words.end(),
    insert_iterator<set<string> > (wordset, wordset.begin()), ToLower);
```

ToLower()函数很容易编写，只需使用 transform()将 tolower()函数应用于字符串中的各个元素，并将字符串用作源和目标。记住，string 对象也可以使用 STL 函数。将字符串按引用传递和返回意味着算法不必复制字符串，而可以直接操作原始字符串。下面是函数 ToLower()的代码：

```
string & ToLower(string & st)
{
    transform(st.begin(), st.end(), st.begin(), tolower);
    return st;
}
```

一个可能出现的问题是：tolower()函数被定义为 int tolower（int），而一些编译器希望函数与元素类型（即 char）匹配。一种解决方法是，使用 toLower 代替 tolower，并提供下面的定义：

```
char toLower(char ch) { return tolower(ch); }
```

要获得每个单词在输入中出现的次数，可以使用 count()函数。它将一个区间和一个值作为参数，并返回这个值在区间中出现的次数。可以使用 vector 对象来提供区间，并使用 set 对象来提供要计算其出现次数的单词列表。即对于集合中的每个词，都计算它在矢量中出现的次数。要将单词与其出现的次数关联起来，可将单词和计数作为 pair<const string, int>对象存储在 map 对象中。单词将作为键（只出现一次），计数作为值。这可以通过一个循环来完成：

```
map<string, int> wordmap;
set<string>::iterator si;
for (si = wordset.begin(); si != wordset.end(); si++)
    wordmap.insert(pair<string, int>(*si, count(words.begin(),
    words.end(), *si)));
```

map 类有一个有趣的特征：可以用数组表示法（将键用作索引）来访问存储的值。例如，wordmap["the"]表示与键"the"相关联的值，这里是字符串"the"出现的次数。因为 wordset 容器保存了 wordmap 使用的全部键，所以可以用下面的代码来存储结果，这是一种更具吸引力的方法：

```
for (si = wordset.begin(); si != wordset.end(); si++)
    wordmap[*si] = count(words.begin(), words.end(), *si);
```

因为 si 指向 wordset 容器中的一个字符串，所以*si 是一个字符串，可以用作 wordmap 的键。上述代码将键和值都放到 wordmap 映象中。

同样，也可以使用数组表示法来报告结果：

```
for (si = wordset.begin(); si != wordset.end(); si++)
    cout << *si << ": " << wordmap[*si] << endl;
```

如果键无效，则对应的值将为 0。

程序清单 16.19 把这些想法组合在一起，同时包含了用于显示 3 个容器（包含输入内容的矢量、包含单词列表的集合和包含单词计数的映象）内容的代码。

程序清单 16.19 usealgo.cpp

```
//usealgo.cpp -- using several STL elements
#include <iostream>
#include <string>
#include <vector>
#include <set>
#include <map>
#include <iterator>
#include <algorithm>
#include <cctype>
using namespace std;

char toLower(char ch) { return tolower(ch); }
string & ToLower(string & st);
void display(const string & s);

int main()
{
    vector<string> words;
    cout << "Enter words (enter quit to quit):\n";
    string input;
    while (cin >> input && input != "quit")
        words.push_back(input);

    cout << "You entered the following words:\n";
    for_each(words.begin(), words.end(), display);
    cout << endl;

    // place words in set, converting to lowercase
    set<string> wordset;
    transform(words.begin(), words.end(),
        insert_iterator<set<string> > (wordset, wordset.begin()),
        ToLower);
    cout << "\nAlphabetic list of words:\n";
    for_each(wordset.begin(), wordset.end(), display);
    cout << endl;

    // place word and frequency in map
    map<string, int> wordmap;
    set<string>::iterator si;
    for (si = wordset.begin(); si != wordset.end(); si++)
        wordmap[*si] = count(words.begin(), words.end(), *si);

    // display map contents
    cout << "\nWord frequency:\n";
    for (si = wordset.begin(); si != wordset.end(); si++)
        cout << *si << ": " << wordmap[*si] << endl;
    return 0;
}

string & ToLower(string & st)
{
    transform(st.begin(), st.end(), st.begin(), toLower);
    return st;
}

void display(const string & s)
{
    cout << s << " ";
}
```

程序清单 16.19 中程序的运行情况如下：

```
Enter words (enter quit to quit):
The dog saw the cat and thought the cat fat
The cat thought the cat perfect
quit
You entered the following words:
The dog saw the cat and thought the cat fat The cat thought the cat perfect

Alphabetic list of words:
and cat dog fat perfect saw the thought

Word frequency:
and: 1
cat: 4
```

```
dog: 1
fat: 1
perfect: 1
saw: 1
the: 5
thought: 2
```

这里的寓意在于，使用 STL 时应尽可能减少要编写的代码。STL 通用、灵活的设计将节省大量工作。另外，STL 设计者就是非常关心效率的算法人员，算法是经过仔细选择的，并且是内联的。

16.7 其他库

C++还提供了其他一些类库，它们比本章讨论前面的例子更为专用。例如，头文件 complex 为复数提供了类模板 complex，包含用于 float、long 和 long double 的具体化。这个类提供了标准的复数运算及能够处理复数的标准函数。C++11 新增的头文件 random 提供了更多的随机数功能。

第 14 章介绍了头文件 valarray 提供的模板类 valarray。这个类模板被设计成用于表示数值数组，支持各种数值数组操作，例如将两个数组的内容相加、对数组的每个元素应用数学函数以及对数组进行线性代数运算。

16.7.1 vector、valarray 和 array

您可能会问，C++为何提供三个数组模板：vector、valarray 和 array。这些类是由不同的小组开发的，用于不同的目的。vector 模板类是一个容器类和算法系统的一部分，它支持面向容器的操作，如排序、插入、重新排列、搜索、将数据转移到其他容器中等。而 valarray 类模板是面向数值计算的，不是 STL 的一部分。例如，它没有 push_back()和 insert()方法，但为很多数学运算提供了一个简单、直观的接口。最后，array 是为替代内置数组而设计的，它通过提供更好、更安全的接口，让数组更紧凑，效率更高。array 表示长度固定的数组，因此不支持 push_back()和 insert()，但提供了多个 STL 方法，包括 begin()、end()、rbegin()和 rend()，这使得很容易将 STL 算法用于 array 对象。

例如，假设有如下声明：

```
vector<double> ved1(10), ved2(10), ved3(10);
array<double, 10> vod1, vod2, vod3;
valarray<double> vad1(10), vad2(10), vad3(10);
```

同时，假设 ved1、ved2、vod1、vod2、vad1 和 vad2 都有合适的值。要将两个数组中第一个元素的和赋给第三个数组的第一个元素，使用 vector 类时，可以这样做：

```
transform(ved1.begin(), ved1.end(), ved2.begin(), ved3.begin(),
          plus<double>());
```

对于 array 类，也可以这样做：

```
transform(vod1.begin(), vod1.end(), vod2.begin(), vod3.begin(),
          plus<double>());
```

然而，valarray 类重载了所有算术运算符，使其能够用于 valarray 对象，因此您可以这样做：

```
vad3 = vad1 + vad2; // + overloaded
```

同样，下面的语句将使 vad3 中每个元素都是 vad1 和 vad2 中相应元素的乘积：

```
vad3 = vad1 * vad2; // * overloaded
```

要将数组中每个元素的值扩大 2.5 倍，STL 方法如下：

```
transform(ved3.begin(), ved3.end(), ved3.begin(),
          bind1st(multiplies<double>(), 2.5));
```

valarray 类重载了将 valarray 对象乘以一个值的运算符，还重载了各种组合赋值运算符，因此可以采取下列两种方法之一：

```
vad3 = 2.5 * vad3; // * overloaded
vad3 *= 2.5; // *= overloaded
```

假设您要计算数组中每个元素的自然对数，并将计算结果存储到另一个数组的相应元素中，STL 方法如下：

```
transform(ved1.begin(), ved1.end(), ved3.begin(),
          log);
```

valarray 类重载了这种数学函数，使之接受一个 valarray 参数，并返回一个 valarray 对象，因此您可以这样做：

```
vad3 = log(vad1); // log() overloaded
```

也可以使用 apply()方法，该方法也适用于非重载函数：

```
vad3 = vad1.apply(log);
```

方法 apply()不修改调用对象，而是返回一个包含结果的新对象。

执行多步计算时，valarray 接口的简单性将更为明显：

```
vad3 = 10.0* ((vad1 + vad2) / 2.0 + vad1 * cos(vad2));
```

有关使用 STL vector 来完成上述计算的代码留给您去完成。

valarray 类还提供了方法 sum()（计算 valarray 对象中所有元素的和）、size()（返回元素数）、max()（返回最大的元素值）和 min()（返回最小的元素值）。

正如您看到的，对于数学运算而言，valarray 类提供了比 vector 更清晰的表示方式，但通用性更低。valarray 类确实有一个 resize()方法，但不能像使用 vector 的 push_back 时那样自动调整大小。没有支持插入、排序、搜索等操作的方法。总之，与 vector 类相比，valarray 类关注的东西更少，但这使得它的接口更简单。

valarray 的接口更简单是否意味着性能更高呢？在大多数情况下，答案是否定的。简单表示法通常是使用类似于您处理常规数组时使用的循环实现的。然而，有些硬件设计允许在执行矢量操作时，同时将一个数组中的值加载到一组寄存器中，然后并行地进行处理。从原则上说，valarray 操作也可以实现成利用这样的设计。

可以将 STL 功能用于 valarray 对象吗？通过回答这个问题，可以快速地复习一些 STL 原理。假设有一个包含 10 个元素的 valarray<double>对象：

```
valarray<double> vad(10);
```

使用数字填充该数组后，能够将 STL sort()函数用于该数组吗？valarray 类没有 begin()和 end()方法，因此不能将它们用作指定区间的参数：

```
sort(vad.begin(), vad.end()); // NO, no begin(), end()
```

另外，vad 是一个对象，而不是指针，因此不能像处理常规数组那样，使用 vad 和 vad + 10 作为区间参数，即下面的代码不可行：

```
sort(vad, vad + 10); // NO, vad an object, not an address
```

可以使用地址运算符：

```
sort(&vad[0], &vad[10]); // maybe?
```

但 valarray 没有定义下标超过尾部一个元素的行为。这并不一定意味着使用&vad[10]不可行。事实上，使用 6 种编译器测试上述代码时，都是可行的；但这确实意味着可能不可行。为让上述代码不可行，需要一个不太可能出现的条件，如让数组与预留给堆的内存块相邻。然而，如果 3.85 亿的交易命悬于您的代码，您可能不想冒代码出现问题的风险。

为解决这种问题，C++11 提供了接受 valarray 对象作为参数的模板函数 begin()和 end()。因此，您将使用 begin(vad)而不是 vad.begin。这些函数返回的值满足 STL 区间需求：

```
sort(begin(vad), end(vad)); // C++11 fix!
```

程序清单 16.20 演示了 vector 和 valarray 类各自的优势。它使用 vector 的 push_back()方法和自动调整大小的功能来收集数据，然后对数字进行排序后，将它们从 vector 对象复制到一个同样大小的 valarray 对象中，再执行一些数学运算。

程序清单 16.20 valvect.cpp

```
// valvect.cpp -- comparing vector and valarray
#include <iostream>
#include <valarray>
#include <vector>
#include <algorithm>
int main()
{
    using namespace std;
    vector<double> data;
    double temp;

    cout << "Enter numbers (<=0 to quit):\n";
    while (cin >> temp && temp > 0)
        data.push_back(temp);
```

```
    sort(data.begin(), data.end());
    int size = data.size();
    valarray<double> numbers(size);
    int i;
    for (i = 0; i < size; i++)
        numbers[i] = data[i];
    valarray<double> sq_rts(size);
    sq_rts = sqrt(numbers);
    valarray<double> results(size);
    results = numbers + 2.0 * sq_rts;
    cout.setf(ios_base::fixed);
    cout.precision(4);
    for (i = 0; i < size; i++)
    {
        cout.width(8);
        cout << numbers[i] << ": ";
        cout.width(8);
        cout << results[i] << endl;
    }
    cout << "done\n";
    return 0;
}
```

下面是程序清单 16.20 中程序的运行情况：

```
3.3 1.8 5.2 10 14.4 21.6 26.9 0
  1.8000:  4.4833
  3.3000:  6.9332
  5.2000:  9.7607
 10.0000: 16.3246
 14.4000: 21.9895
 21.6000: 30.8952
 26.9000: 37.2730
done
```

除前面讨论的外，valarray 类还有很多其他特性。例如，如果 numbers 是一个 valarray<double>对象，则下面的语句将创建一个 bool 数组，其中 vbool[i]被设置为 numbers[i] > 9 的值，即 true 或 false：

```
valarray<bool> vbool = numbers > 9;
```

还有扩展的下标指定版本，来看其中的一个——slice 类。slice 类对象可用作数组索引，在这种情况下，它表示的不是一个值而是一组值。slice 对象被初始化为三个整数值：起始索引、索引数和跨距。起始索引是第一个被选中的元素的索引，索引数指出要选择多少个元素，跨距表示元素之间的间隔。例如，slice(1, 4, 3)创建的对象表示选择 4 个元素，它们的索引分别是 1、4、7 和 10。也就是说，从起始索引开始，加上跨距得到下一个元素的索引，依此类推，直到选择了 4 个元素。如果 varint 是一个 valarray<int>对象，则下面的语句将把第 1、4、7、10 个元素都设置为 10：

```
varint[slice(1,4,3)] = 10; // set selected elements to 10
```

这种特殊的下标指定功能让您能够使用一个一维 valarray 对象来表示二维数据。例如，假设要表示一个 4 行 3 列的数组，可以将信息存储在一个包含 12 个元素的 valarray 对象中，然后使用一个 slice(0, 3, 1)对象作为下标，来表示元素 0、1 和 2，即第 1 行。同样，下标 slice(0, 4, 3)表示元素 0、3、6 和 9，即第一列。程序清单 16.21 演示了 slice 的一些特性。

程序清单 16.21　vslice.cpp

```
// vslice.cpp -- using valarray slices
#include <iostream>
#include <valarray>
#include <cstdlib>

const int SIZE = 12;
typedef std::valarray<int> vint; // simplify declarations
void show(const vint & v, int cols);
int main()
{
    using std::slice;    // from <valarray>
    using std::cout;
    vint valint(SIZE); // think of as 4 rows of 3

    int i;
    for (i = 0; i < SIZE; ++i)
        valint[i] = std::rand() % 10;
    cout << "Original array:\n";
```

```
    show(valint, 3);                      // show in 3 columns
    vint vcol(valint[slice(1,4,3)]); // extract 2nd column
    cout << "Second column:\n";
    show(vcol, 1);                        // show in 1 column
    vint vrow(valint[slice(3,3,1)]); // extract 2nd row
    cout << "Second row:\n";
    show(vrow, 3);
    valint[slice(2,4,3)] = 10;           // assign to 2nd column
    cout << "Set last column to 10:\n";
    show(valint, 3);
    cout << "Set first column to sum of next two:\n";
    // + not defined for slices, so convert to valarray<int>
    valint[slice(0,4,3)] = vint(valint[slice(1,4,3)])
                              + vint(valint[slice(2,4,3)]);
    show(valint, 3);
    return 0;
}

void show(const vint & v, int cols)
{
    using std::cout;
    using std::endl;

    int lim = v.size();
    for (int i = 0; i < lim; ++i)
    {
        cout.width(3);
        cout << v[i];
        if (i % cols == cols - 1)
            cout << endl;
        else
            cout << ' ';
    }
    if (lim % cols != 0)
        cout << endl;
}
```

对于 valarray 对象（如 valint）和单个 int 元素（如 valint[1]），定义了运算符+；但正如程序清单 16.21 指出的，对于使用 slice 下标指定的 valarray 单元，如 valint[slice(1,4,3)]，并没有定义运算符+。因此程序使用 slice 指定的元素创建一个完整的对象，以便能够执行加法运算：

```
vint(valint[slice(1,4,3)]) // calls a slice-based constructor
```

valarray 类提供了用于这种目的的构造函数。

下面是程序清单 16.21 中程序的运行情况：

```
Original array:
  0   3   3
  2   9   0
  8   2   6
  6   9   1
Second column:
  3
  9
  2
  9
Second row:
  2   9   0
Set last column to 10:
  0   3  10
  2   9  10
  8   2  10
  6   9  10
Set first column to sum of next two:
 13   3  10
 19   9  10
 12   2  10
 19   9  10
```

由于元素值是使用 rand()设置的，因此不同的 rand()实现将设置不同的值。

另外，使用 gslice 类可以表示多维下标，但上述内容应足以让您对 valarray 有一定了解。

16.7.2 模板 initializer_list（C++11）

模板 initializer_list 是 C++11 新增的。您可使用初始化列表语法将 STL 容器初始化为一系列值：

```
std::vector<double> payments {45.99, 39.23, 19.95, 89.01};
```

这将创建一个包含 4 个元素的容器，并使用列表中的 4 个值来初始化这些元素。这之所以可行，是因为容器类现在包含将 initializer_list<T>作为参数的构造函数。例如，vector<double>包含一个将 initializer_list<double>作为参数的构造函数，因此上述声明与下面的代码等价：

```
std::vector<double> payments({45.99, 39.23, 19.95, 89.01});
```

这里显式地将列表指定为构造函数参数。

通常，考虑到 C++11 新增的通用初始化语法，可使用表示法{}而不是()来调用类构造函数：

```
shared_ptr<double> pd {new double}; // ok to use {} instead of ()
```

但如果类也有接受 initializer_list 作为参数的构造函数，这将带来问题：

```
std::vector<int> vi{10}; // ??
```

这将调用哪个构造函数呢？

```
std::vector<int> vi(10);    // case A: 10 uninitialized elements
std::vector<int> vi({10}); // case B: 1 element set to 10
```

答案是，如果类有接受 initializer_list 作为参数的构造函数，则使用语法{}将调用该构造函数。因此在这个示例中，对应的是情形 B。

所有 initializer_list 元素的类型都必须相同，但编译器将进行必要的转换：

```
std::vector<double> payments {45.99, 39.23, 19, 89};
// same as std::vector<double> payments {45.99, 39.23, 19.0, 89.0};
```

在这里，由于 vector 的元素类型为 double，因此列表的类型为 initializer_list<double>，所以 19 和 89 被转换为 double。

但不能进行隐式的窄化转换：

```
std::vector<int> values = {10, 8, 5.5}; // narrowing, compile-time error
```

在这里，元素类型为 int，不能隐式地将 5.5 转换为 int。

除非类要用于处理长度不同的列表，否则让它提供接受 initializer_list 作为参数的构造函数没有意义。例如，对于存储固定数目值的类，您不想提供接受 initializer_list 作为参数的构造函数。在下面的声明中，类包含三个数据成员，因此没有提供 initializer_list 作为参数的构造函数：

```
class Position
{
private:
    int x;
    int y;
    int z;
public:
    Position(int xx = 0, int yy = 0, int zz = 0)
            : x(xx), y(yy), z(zz) {}
    // no initializer_list constructor
    ...
};
```

这样，使用语法{}时将调用构造函数 Position(int, int, int)：

```
Position A = {20, -3}; // uses Position(20,-3,0)
```

16.7.3 使用 initializer_list

要在代码中使用 initializer_list 对象，必须包含头文件 initializer_list。这个模板类包含成员函数 begin()和 end()，您可使用这些函数来访问列表元素。它还包含成员函数 size()，该函数返回元素数。程序清单 16.22 是一个简单的 initializer_list 使用示例，它要求编译器支持 C++11 新增的 initializer_list。

程序清单 16.22 ilist.cpp

```
// ilist.cpp -- use initializer_list (C++11 feature)
#include <iostream>
#include <initializer_list>

double sum(std::initializer_list<double> il);
double average(const std::initializer_list<double> & ril);

int main()
{
    using std::cout;

    cout << "List 1: sum = " << sum({2,3,4})
         <<", ave = " << average({2,3,4}) << '\n';
    std::initializer_list<double> dl = {1.1, 2.2, 3.3, 4.4, 5.5};
```

```
    cout << "List 2: sum = " << sum(dl)
         <<", ave = " << average(dl) << '\n';
    dl = {16.0, 25.0, 36.0, 40.0, 64.0};
    cout << "List 3: sum = " << sum(dl)
         <<", ave = " << average(dl) << '\n';
    return 0;
}

double sum(std::initializer_list<double> il)
{
    double tot = 0;
    for (auto p = il.begin(); p !=il.end(); p++)
        tot += *p;
    return tot;
}

double average(const std::initializer_list<double> & ril)
{
    double tot = 0;
    int n = ril.size();
    double ave = 0.0;
    if (n > 0)
    {
        for (auto p = ril.begin(); p !=ril.end(); p++)
            tot += *p;
        ave = tot / n;
    }
    return ave;
}
```

该程序的输出如下：

```
List 1: sum = 9, ave = 3
List 2: sum = 16.5, ave = 3.3
List 3: sum = 181, ave = 36.2
```

程序说明

可按值传递 initializer_list 对象，也可按引用传递，如 sum()和 average()所示。这种对象本身很小，通常是两个指针（一个指向开头，一个指向末尾的下一个元素），也可能是一个指针和一个表示元素数的整数，因此采用的传递方式不会带来重大的性能影响。STL 按值传递它们。

函数参数可以是 initializer_list 字面量，如{2, 3, 4}，也可以是 initializer_list 变量，如 dl。

initializer_list 的迭代器类型为 const，因此您不能修改 initializer_list 中的值：

```
*dl.begin() = 2011.6; // not allowed
```

但正如程序清单 16.22 演示的，可以将一个 initializer_list 赋给另一个 initializer_list：

```
dl = {16.0, 25.0, 36.0, 40.0, 64.0}; // allowed
```

然而，提供 initializer_list 类的初衷旨在让您能够将一系列值传递给构造函数或其他函数。

16.8 总结

C++提供了一组功能强大的库，这些库提供了很多常见编程问题的解决方案以及简化其他问题的工具。string 类为将字符串作为对象来处理提供了一种方便的方法。string 类提供了自动内存管理功能以及众多处理字符串的方法和函数。例如，这些方法和函数让您能够合并字符串、将一个字符串插入到另一个字符串中、反转字符串、在字符串中搜索字符或子字符串以及执行输入和输出操作。

诸如 auto_ptr 以及 C++11 新增的 shared_ptr 和 unique_ptr 等智能指针模板使得管理由 new 分配的内存更容易。如果使用这些智能指针（而不是常规指针）来保存 new 返回的地址，则不必在以后使用删除运算符。智能指针对象过期时，其析构函数将自动调用 delete 运算符。

STL 是一个容器类模板、迭代器类模板、函数对象模板和算法函数模板的集合，它们的设计是一致的，都是基于泛型编程原则的。算法通过使用模板，从而独立于所存储的对象的类型；通过使用迭代器接口，从而独立于容器的类型。迭代器是广义指针。

STL 使用术语“概念”来描述一组要求。例如，正向迭代器的概念包含这样的要求，即正向迭代器能够被解除引用，以便读写，同时能够被递增。概念真正的实现方式被称为概念的“模型”。例如，正向迭代器概念可以是常规指针或导航链表的对象。基于其他概念的概念叫作“改进”。例如，双向迭代器是正向迭代器概念的改进。

诸如 vector 和 set 等容器类是容器概念（如容器、序列和关联容器）的模型。STL 定义了多种容器类模板：vector、deque、list、set、multiset、map、multimap 和 bitset；还定义了适配器类模板 queue、priority_queue 和 stack；这些类让底层容器类能够提供适配器类模板名称所建议的特性接口。因此，stack 虽然在默认情况下是基于 vector 的，但仍只允许在栈顶进行插入和删除。C++11 新增了 forward_list、unordered_set、unordered_multiset、unordered_map 和 unordered_multimap。

有些算法被表示为容器类方法，但大量算法都被表示为通用的、非成员函数，这是通过将迭代器作为容器和算法之间的接口得以实现的。这种方法的一个优点是：只需一个诸如 for_each()或 copy()这样的函数，而不必为每种容器提供一个版本；另一个优点是：STL 算法可用于非 STL 容器，如常规数组、string 对象、array 对象以及您设计的秉承 STL 迭代器和容器规则的任何类。

容器和算法都是由其提供或需要的迭代器类型表征的。应当检查容器是否具备支持算法要求的迭代器概念。例如，for_each()算法使用一个输入迭代器，所有的 STL 容器类类型都满足其最低要求；而 sort()则要求随机访问迭代器，并非所有的容器类都支持这种迭代器。如果容器类不能满足特定算法的要求，则可能提供一个专用的方法。例如，list 类包含一个基于双向迭代器的 sort()方法，因此它可以使用该方法，而不是通用函数。

STL 还提供了函数对象（函数符），函数对象是重载了()运算符（即定义了 operator()()方法）的类。可以使用函数表示法来调用这种类的对象，同时可以携带额外的信息。自适应函数符有 typedef 语句，这种语句标识了函数符的参数类型和返回类型，这些信息可供其他组件（如函数适配器）使用。

通过表示常用的容器类型，并提供各种使用高效算法实现的常用操作（全部是通用的方式实现的），STL 提供了一个非常好的可重用代码源。可以直接使用 STL 工具来解决编程问题，也可以把它们作为基本部件，来构建所需的解决方案。

模板类 complex 和 valarray 支持复数和数组的数值运算。

16.9 复习题

1. 考虑下面的类声明：

```
class RQ1
{
private:
    char * st; // points to C-style string
public:
    RQ1() { st = new char [1]; strcpy(st,""); }
    RQ1(const char * s)
    {st = new char [strlen(s) + 1]; strcpy(st, s); }
    RQ1(const RQ1 & rq)
    {st = new char [strlen(rq.st) + 1]; strcpy(st, rq.st); }
    ~RQ1() {delete [] st};
    RQ & operator=(const RQ & rq);
    // more stuff
};
```

将它转换为使用 string 对象的声明。哪些方法不再需要显式定义？

2. 在易于使用方面，指出 string 对象至少两个优于 C 风格字符串的地方。

3. 编写一个函数，用 string 对象作为参数，将 string 对象转换为全部大写。

4. 从概念上或语法上说，下面哪个不是正确使用 auto_ptr 的方法（假设已经包含了所需的头文件）？

```
auto_ptr<int> pia(new int[20]);
auto_ptr<string> (new string);
int rigue = 7;
auto_ptr<int>pr(&rigue);
auto_ptr dbl (new double);
```

5. 如果可以生成一个存储高尔夫球棍（而不是数字）的栈，为何它（从概念上说）是一个坏的高尔夫袋子？

6. 为什么说对于逐洞记录高尔夫成绩来说，set 容器是糟糕的选择？

7. 既然指针是一个迭代器，为什么 STL 设计人员没有简单地使用指针来代替迭代器呢？

8. 为什么 STL 设计人员仅定义了迭代器基类，而使用继承来派生其他迭代器类型的类，并根据这些迭代器类来表示算法？

9. 给出 vector 对象比常规数组方便的 3 个例子。

10. 如果程序清单 16.9 是使用 list（而不是 vector）实现的，则该程序的哪些部分将是非法的？非法部分能够轻松修复吗？如果可以，如何修复呢？

11. 假设有程序清单 16.15 所示的函数符 TooBig，下面的代码有何功能？赋给 bo 的是什么值？

```
bool bo = TooBig<int>(10)(15);
```

16.10　编程练习

1. 回文指的是顺读和逆读都一样的字符串。例如，“tot”和“otto”都是简短的回文。编写一个程序，让用户输入字符串，并将字符串引用传递给一个 bool 函数。如果字符串是回文，该函数将返回 true，否则返回 false。此时，不要担心诸如大小写、空格和标点符号这些复杂的问题。即这个简单的版本将拒绝“Otto”和“Madam，I'm Adam”。请查看附录 F 中的字符串方法列表，以简化这项任务。

2. 与编程练习 1 中给出的问题相同，但要考虑诸如大小写、空格和标点符号这样的复杂问题。即“Madam，I'm Adam”将作为回文来测试。例如，测试函数可能会将字符串缩略为“madamimadam”，然后测试倒过来是否一样。不要忘了有用的 cctype 库，您可能从中找到几个有用的 STL 函数，尽管不一定非要使用它们。

3. 修改程序清单 16.3，使之从文件中读取单词。一种方案是，使用 vector<string>对象而不是 string 数组。这样便可以使用 push_back()将数据文件中的单词复制到 vector<string>对象中，并使用 size()来确定单词列表的长度。由于程序应该每次从文件中读取一个单词，因此应使用运算符>>而不是 getline()。文件中包含的单词应该用空格、制表符或换行符分隔。

4. 编写一个具有老式风格接口的函数，其原型如下：

```
int reduce(long ar[], int n);
```

实参应是数组名和数组中的元素个数。该函数对数组进行排序，删除重复的值，返回缩减后数组中的元素数目。请使用 STL 函数编写该函数（如果决定使用通用的 unique()函数，请注意它将返回结果区间的结尾）。使用一个小程序测试该函数。

5. 问题与编程练习 4 相同，但要编写一个模板函数：

```
template <class T>
int reduce(T ar[], int n);
```

在一个使用 long 实例和 string 实例的小程序中测试该函数。

6. 使用 STL queue 模板类而不是第 12 章的 Queue 类，重新编写程序清单 12.12 所示的示例。

7. 彩票卡是一个常见的游戏。卡片上是带编号的圆点，其中一些圆点被随机选中。编写一个 lotto()函数，它接受两个参数。第一个参数是彩票卡上圆点的个数，第二个参数是随机选择的圆点个数。该函数返回一个 vector<int>对象，其中包含（按排列后的顺序）随机选择的号码。例如，可以这样使用该函数：

```
vector<int> winners;
winners = Lotto(51,6);
```

这样将把一个矢量赋给 winner，该矢量包含 1～51 中随机选定的 6 个数字。注意，仅仅使用 rand()无法完成这项任务，因它会生成重复的值。

提示：让函数创建一个包含所有可能值的矢量，使用 random_shuffle()，然后通过打乱后的矢量的第一个值来获取值。编写一个小程序来测试这个函数。

8. Mat 和 Pat 希望邀请他们的朋友来参加派对。他们要编写一个程序完成下面的任务。

- 让 Mat 输入他朋友的姓名列表。姓名存储在一个容器中，然后按排列后的顺序显示出来。
- 让 Pat 输入她朋友的姓名列表。姓名存储在另一个容器中，然后按排列后的顺序显示出来。
- 创建第三个容器，将两个列表合并，删除重复的部分，并显示这个容器的内容。

9. 相对于数组，在链表中添加和删除元素更容易，但排序速度更慢。这就引出了一种可能性：相对于使用链表算法进行排序，将链表复制到数组中，对数组进行排序，再将排序后的结果复制到链表中的速度可能更快；但这也可能占用更多的内存。请使用如下方法检验上述假设。

a. 创建大型 vector<int>对象 vi0，并使用 rand()给它提供初始值。

b. 创建 vector<int>对象 vi 和 list<int>对象 li，它们的长度都和初始值与 vi0 相同。

c. 计算使用 STL 算法 sort()对 vi 进行排序所需的时间，再计算使用 list 的方法 sort()对 li 进行排序所需的时间。

d. 将 li 重置为排序的 vi0 的内容，并计算执行如下操作所需的时间：将 li 的内容复制到 vi 中，对 vi 进行排序，并将结果复制到 li 中。

要计算这些操作所需的时间，可使用 ctime 库中的 clock()。正如程序清单 5.14 演示的，可使用下面的语句来获取开始时间：

```
clock_t start = clock();
```

再在操作结束后使用下面的语句获取经过了多长时间：

```
clock_t end = clock();
cout << (double)(end - start)/CLOCKS_PER_SEC;
```

这种测试并非绝对可靠，因为结果取决于很多因素，如可用内存量、是否支持多处理以及数组（列表）的长度（随着要排序的元素数增加，数组相对于列表的效率将更明显）。另外，如果编译器提供了默认生成方式和发布生成方式，请使用发布生成方式。鉴于当今计算机的速度非常快，要获得有意义的结果，可能需要使用尽可能大的数组。例如，可尝试包含 100000、1000000 和 10000000 个元素。

10. 请按如下方式修改程序清单 16.9（vect3.cpp）。

a. 在结构 Review 中添加成员 price。

b. 不使用 vector<Review>来存储输入，而使用 vector<shared_ptr<Review>>。别忘了，必须使用 new 返回的指针来初始化 shared_ptr。

c. 在输入阶段结束后，使用一个循环让用户选择如下方式之一显示书籍：按原始顺序显示、按字母表顺序显示、按评级升序显示、按评级降序显示、按价格升序显示、按价格降序显示、退出。

下面是一种可能的解决方案：获取输入后，再创建一个 shared_ptr 矢量，并用原始数组初始化它。定义一个对指向结构的指针进行比较的 operator < ()函数，并使用它对第二个矢量进行排序，让其中的 shared_ptr 按其指向的对象中的书名排序。重复上述过程，创建按 rating 和 price 排序的 shared_ptr 矢量。请注意，通过使用 rbegin()和 rend()，可避免创建按相反的顺序排列的 shared_ptr 矢量。

第 17 章　输入、输出和文件

本章内容包括：

- C++角度的输入和输出；
- iostream 类系列；
- 重定向；
- ostream 类方法；
- 格式化输出；
- istream 类方法；
- 流状态；
- 文件 I/O；
- 使用 ifstream 类从文件输入；
- 使用 ofstream 类输出到文件；
- 使用 fstream 类进行文件输入和输出；
- 命令行处理；
- 二进制文件；
- 随机文件访问；
- 内核格式化。

对 C++输入和输出（简称 I/O）的讨论提出了一个问题。一方面，几乎每个程序都要使用输入和输出，因此了解如何使用它们是每个学习计算机语言的人面临的首要任务；另一方面，C++使用了很多较为高级的语言特性来实现输入和输出，其中包括类、派生类、函数重载、虚函数、模板和多重继承。因此，要真正理解 C++ I/O，必须了解 C++的很多内容。为了帮助您起步，本书的开始几章介绍了使用 istream 类对象 cin 和 ostream 类对象 cout 进行输入和输出的基本方法，同时使用了 ifstream 和 ofstream 对象进行文件输入和输出。本章将更详细地介绍 C++的输入和输出类，看看它们是如何设计的，学习如何控制输出格式（如果您跳过很多章，直接学习高级格式，可浏览一下讨论该主题的一些小节，注意其中的技术，而忽略解释）。

用于文件输入和输出的 C++工具都是基于 cin 和 cout 所基于的基本类定义，因此本章以对控制台 I/O（键盘和屏幕）的讨论为跳板，来研究文件 I/O。

ANSI/ISO C++标准委员会的工作是让 C++ I/O 与现有的 C I/O 更加兼容，这给传统的 C++做法带来了一些变化。

17.1　C++输入和输出概述

多数计算机语言的输入和输出是以语言本身为基础实现的。例如，从诸如 BASIC 和 Pascal 等语言的关键字列表中可知，PRINT 语句、Writeln 语句以及其他类似的语句都是语言词汇表的组成部分，但 C 和 C++都没有将输入和输出建立在语言中。这两种语言的关键字包括 for 和 if，但不包括与 I/O 有关的内容。C 语言最初把 I/O 留给了编译器实现人员。这样做的一个原因是为了让实现人员能够自由地设计 I/O 函数，使之最适合于目标计算机的硬件要求。实际上，多数实现人员都把 I/O 建立在最初为 UNIX 环境开发的库函数的基础之上。ANSI C 正式承认这个 I/O 软件包时，将其称为标准输入/输出包，并将其作为标准 C 库不可或缺的组成部分。C++也认可这个软件包，因此如果熟悉 stdio.h 文件中声明的 C 函数系列，则可以在 C++程序中使用它们（较新的实现使用头文件 cstdio 来支持这些函数）。

然而，C++依赖于 C++的 I/O 解决方案，而不是 C 语言的 I/O 解决方案，前者是在头文件 iostream（以前为 iostream.h）和 fstream（以前为 fstream.h）中定义一组类。这个类库不是正式语言定义的组成部分（cin 和 istream 不是关键字）；毕竟计算机语言定义了如何工作（例如如何创建类）的规则，但没有定义应按照这些规则创建哪些东西。然而，正如 C 实现自带了一个标准函数库一样，C++也自带了一个标准类库。标准类库是一个非正式的标准，只是由头文件 iostream 和 fstream 中定义的类组成。ANSI/ISO C++委员会决定把这个类正式作为一个标准类库，并添加其他一些标准类，如第 16 章讨论的那些类。本章将讨论标准 C++ I/O。但首先看一看 C++ I/O 的概念框架。

17.1.1　流和缓冲区

C++程序把输入和输出看作字节流。输入时，程序从输入流中抽取字节；输出时，程序将字节插入到输出流中。对于面向文本的程序，每个字节代表一个字符，更通俗地说，字节可以构成字符或数值数据的二进制表示。输入流中的字节可能来自键盘，也可能来自存储设备（如硬盘）或其他程序。同样，输出流中的字节可以流向屏幕、打印机、存储设备或其他程序。流充当了程序和流源或流目标之间的桥梁。这使得 C++程序可以以相同的方式对待来自键盘的输入和来自文件的输入。C++程序只是检查字节流，而不需要知道字节来自何方。同理，通过使用流，C++程序处理输出的方式将独立于其去向。因此管理输入包含两步：

- 将流与输入去向的程序关联起来。
- 将流与文件连接起来。

换句话说，输入流需要两个连接，每端各一个。文件端部连接提供了流的来源，程序端连接将流的流出部分转储到程序中（文件端连接可以是文件，也可以是设备，如键盘）。同样，对输出的管理包括将输出流连接到程序以及将输出目标与流关联起来。这就像将字节（而不是水）引入到水管中（参见图 17.1）。

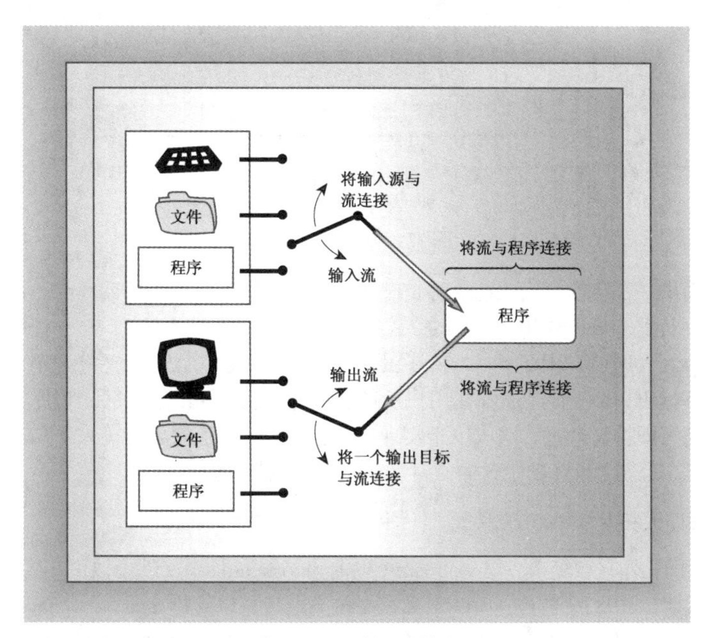

图 17.1　C++输入和输出

通常，通过使用缓冲区可以更高效地处理输入和输出。缓冲区是用作中介的内存块，它是将信息从设备传输到程序或从程序传输给设备的临时存储工具。通常，像磁盘驱动器这样的设备以 512 字节（或更多）的块为单位来传输信息，而程序通常每次只能处理一个字节的信息。缓冲区帮助匹配这两种不同的信息传输速率。例如，假设程序要计算记录在硬盘文件中的金额。程序可以从文件中读取一个字符，处理它，再从文件中读取下一个字符，再处理，依此类推。从磁盘文件中每次读取一个字符需要大量的硬件活动，速度非常慢。缓冲方法则从磁盘上读取大量信息，将这些信息存储在缓冲区中，然后每次从缓冲区里读取一个字节。因为从内存中读取单个字节的速度比从硬盘上读取快很多，所以这种方法更快，也更方便。当然，到达缓冲区尾部后，程序将从磁盘上读取另一块数据。这种原理与水库在暴风雨中收集几兆加仑流量的水，然后以比较文明的速度给您家里供水是一样的（见图 17.2）。输出时，程序首先填满缓冲区，然后把整块数据传输给硬盘，并清空缓冲区，以备下一批输出使用。这被称为刷新缓冲区（flushing the buffer）。

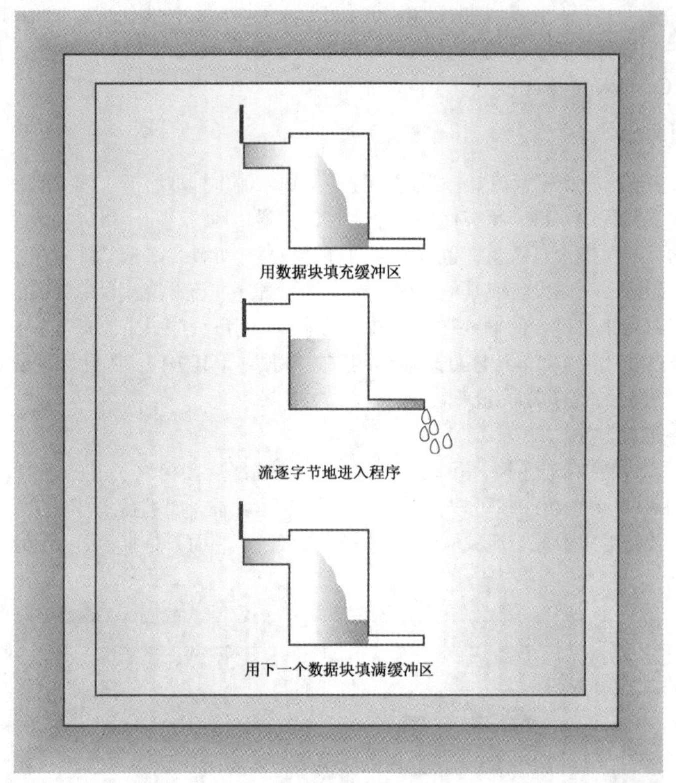

图 17.2　有缓冲区的流

键盘输入每次提供一个字符，因此在这种情况下，程序无需缓冲区来帮助匹配不同的数据传输速率。然而，对键盘输入进行缓冲可以让用户在将输入传输给程序之前返回并更正。C++程序通常在用户按下回车键时刷新输入缓冲区。这是为什么本书的例子没有一开始就处理输入，而是等到用户按下回车键后再处理的原因。对于屏幕输出，C++程序通常在用户发送换行符时刷新输出缓冲区。程序也可能会在其他情况下刷新输出，例如输入即将到来时，这取决于实现。也就是说，当程序到达输入语句时，它将刷新输出缓冲区中当前所有的输出。与 ANSI C 一致的 C++实现是这样工作的。

17.1.2　流、缓冲区和 iostream 文件

管理流和缓冲区的工作有点复杂，但 iostream（以前为 iostream.h）文件中包含一些专门设计用来实现、管理流和缓冲区的类。C++98 版本 C++ I/O 定义了一些类模板，以支持 char 和 wchar_t 数据；C++11 添加了 char16_t 和 char32_t 具体化。通过使用 typedef 工具，C++使得这些模板 char 具体化能够模仿传统的非模板 I/O 实现。下面是其中的一些类（见图 17.3）：

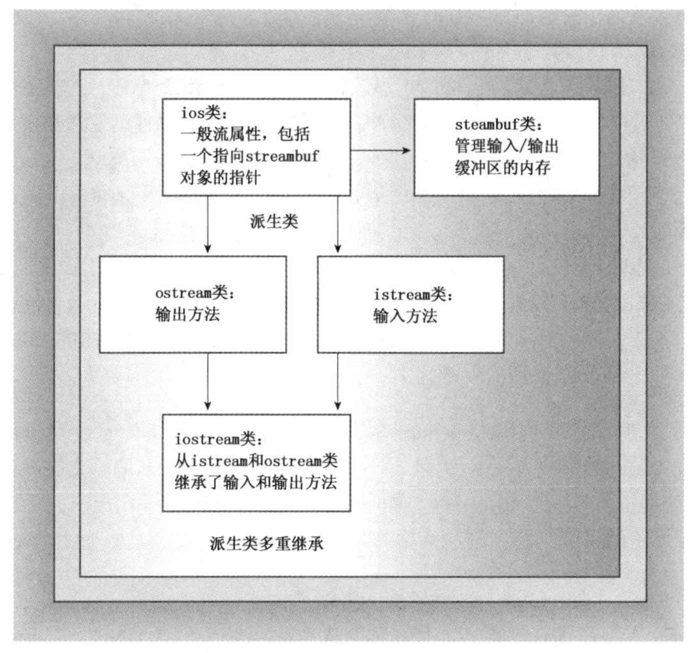

图 17.3　一些 I/O 类

- streambuf 类为缓冲区提供了内存，并提供了用于填充缓冲区、访问缓冲区内容、刷新缓冲区和管理缓冲区内存的类方法；
- ios_base 类表示流的一般特征，如是否可读取、是二进制流还是文本流等；
- ios 类基于 ios_base，其中包括了一个指向 streambuf 对象的指针成员；
- ostream 类是从 ios 类派生而来的，提供了输出方法；
- istream 类也是从 ios 类派生而来的，提供了输入方法；
- iostream 类是基于 istream 和 ostream 类的，因此继承了输入方法和输出方法。

要使用这些工具，必须使用适当的类对象。例如，使用 ostream 对象（如 cout）来处理输出。创建这样的对象将打开一个流，自动创建缓冲区，并将其与流关联起来，同时使得能够使用类成员函数。

重定义 I/O

ISO/ANSI 标准 C++98 对 I/O 作了两方面的修订。首先是从 ostream.h 到 ostream 的变化，用 ostream 将类放到 std 名称空间中。其次，I/O 类被重新编写。为成为国际语言，C++必须能够处理需要 16 位的国际字符集或更宽的字符类型。因此，该语言在传统的 8 位 char（“窄”）类型的基础上添加了 wchar_t（“宽”）字符类型；而 C++11 添加了类型 char16_t 和 char32_t。每种类型都需要有自己的 I/O 工具。标准委员会并没有开发两套（现在为 4 套）独立的类，而是开发了 1 套 I/O 类模板，其中包括 basic_istream<charT, traits<charT>>和 basic_ostream<charT, traits<charT>>。traits<charT>模板是一个模板类，为字符类型定义了具体特性，如如何比较字符是否相等以及字符的 EOF 值等。该 C++11 标准提供了 I/O 的 char 和 wchar_t 具体化。例如，istream 和 ostream 都是 char 具体化的 typedef。同样，wistream 和 wostream 都是 wchar_t 具体化。例如，wcout 对象用于输出宽字符流。头文件 ostream 中包含了这些定义。

ios 基类中的一些独立于类型的信息被移动到新的 ios_base 类中，这包括各种格式化常量，例如 ios::fixed（现在为 ios_base::fixed）。另外，ios_base 还包含了一些老式 ios 中没有的选项。

C++的 iostream 类库管理了很多细节。例如，在程序中包含 iostream 文件将自动创建 8 个流对象（4 个用于窄字符流，4 个用于宽字符流）。

- cin 对象对应于标准输入流。在默认情况下，这个流被关联到标准输入设备（通常为键盘）。wcin 对象与此类似，但处理的是 wchar_t 类型。

- cout 对象与标准输出流相对应。在默认情况下，这个流被关联到标准输出设备（通常为显示器）。wcout 对象与此类似，但处理的是 wchar_t 类型。
- cerr 对象与标准错误流相对应，可用于显示错误消息。在默认情况下，这个流被关联到标准输出设备（通常为显示器）。这个流没有被缓冲，这意味着信息将被直接发送给屏幕，而不会等到缓冲区填满或新的换行符。wcerr 对象与此类似，但处理的是 wchar_t 类型。
- clog 对象也对应着标准错误流。在默认情况下，这个流被关联到标准输出设备（通常为显示器）。这个流被缓冲。wclog 对象与此类似，但处理的是 wchar_t 类型。

对象代表流——这意味着什么呢？当 iostream 文件为程序声明一个 cout 对象时，该对象将包含存储了与输出有关的信息的数据成员，如显示数据时使用的字段宽度、小数位数、显示整数时采用的计数方法以及描述用来处理输出流的缓冲区的 streambuf 对象的地址。下面的语句通过指向的 streambuf 对象将字符串“Bjarna free”中的字符放到 cout 管理的缓冲区中：

```
cout << "Bjarne free";
```

ostream 类定义了上述语句中使用的 operator<<()函数，ostream 类还支持 cout 数据成员以及其他大量的类方法（如本章稍后将讨论的那些方法）。另外，C++注意到，来自缓冲区的输出被导引到标准输出（通常是显示器，由操作系统提供）。总之，流的一端与程序相连，另一端与标准输出相连，cout 对象凭借 streambuf 对象的帮助，管理着流中的字节流。

17.1.3 重定向

标准输入和输出流通常连接着键盘和屏幕。但很多操作系统（包括 UNIX、Linux 和 Windows）都支持重定向，这个工具使得能够改变标准输入和标准输出。例如，假设有一个名为 counter.exe 的、可执行的 Windows 命令提示符 C++程序，它能够计算输入中的字符数，并报告结果（在大多数 Windows 系统中，可以选择“开始”>“程序”，再单击“命令提示符”来打开命令提示符窗口）。该程序的运行情况如下：

```
C>counter
Hello
and goodbye!
Control-Z           << simulated end-of-file
Input contained 19 characters.
C>
```

其中的输入来自键盘，输出被显示到屏幕上。

通过输入重定向（<）和输出重定向（>），可以使用上述程序计算文件 oklahoma 中的字符数，并将结果放到 cow_cnt 文件中：

```
cow_cnt file:
C>counter <oklahoma >cow_cnt
C>
```

命令行中的<oklahoma 将标准输入与 oklahoma 文件关联起来，使 cin 从该文件（而不是键盘）读取输入。换句话说，操作系统改变了输入流的流入端连接，而流出端仍然与程序相连。命令行中的>cow_cnt 将标准输出与 cow_cnt 文件关联起来，导致 cout 将输出发送给文件（而不是屏幕）。也就是说，操作系统改变了输出流的流出端连接，而流入端仍与程序相连。DOS、Windows 命令提示符模式、Linux 和 UNIX 能自动识别这种重定向语法（除早期的 DOS 外，其他操作系统都允许在重定向运算符与文件名之间加上可选的空格）。

cout 代表的标准输出流是程序输出的常用通道。标准错误流（由 cerr 和 clog 代表）用于程序的错误消息。默认情况下，这 3 个对象都被发送给显示器。但对标准输出重定向并不会影响 cerr 或 clog，因此，如果使用其中一个对象来打印错误消息，程序将在屏幕上显示错误消息，即使常规的 cout 输出被重定向到其他地方。例如，请看下面的代码片段：

```
if (success)
    std::cout << "Here come the goodies!\n";
else
{
    std::cerr << "Something horrible has happened.\n";
    exit(1);
}
```

如果重定向没有起作用，则选定的消息都将被显示在屏幕上。然而，如果程序输出被重定向到一个文件，则第一条消息（如果被选定）将被发送到文件中，而第二条消息（如果被选定）将被发送到屏幕。顺便说一句，有些操作系统也允许对标准错误进行重定向。例如，在 UNIX 和 Linux 中，运算符 2>重定向标准错误。

17.2 使用 cout 进行输出

正如前面指出的，C++将输出看作字节流（根据实现和平台的不同，可能是 8 位、16 位或 32 位的字节，但都是字节），但在程序中，很多数据被组织成比字节更大的单位。例如，int 类型由 16 位或 32 位的二进制值表示；double 值由 64 位的二进制数据表示。但在将字节流发送给屏幕时，希望每个字节表示一个字符值。也就是说，要在屏幕上显示数字-2.34，需要将 5 个字符（-、2、.、3 和 4），而不是这个值的 64 位内部浮点表示发送到屏幕上。因此，ostream 类最重要的任务之一是将数值类型（如 int 或 float）转换为以文本形式表示的字符流。也就是说，ostream 类将数据内部表示（二进制位模式）转换为由字符字节组成的输出流（以后会有仿生移植物，使得能够直接翻译二进制数据。我们把这种开发作为一个练习，留给您）。为执行这些转换任务，ostream 类提供了多个类方法。现在就来看看它们，总结本书使用的方法，并介绍能够更精密地控制输出外观的其他方法。

17.2.1 重载的<<运算符

本书常结合使用 cout 和<<运算符（插入（insertion）运算符）：

```
int clients = 22;
cout << clients;
```

在 C++中，与 C 一样，<<运算符的默认含义是按位左移运算符（参见附录 E）。表达式 x<<3 的意思，将 x 的二进制表示中所有的位向左移动 3 位。显然，这与输出的关系不大。但 ostream 类重新定义了<<运算符，方法是将其重载为输出。在这种情况下，<<叫作插入运算符，而不是左移运算符（左移运算符由于其外观（像向左流动的信息流）而获得这种新角色）。插入运算符被重载，使之能够识别 C++中所有的基本类型：

- unsigned char；
- signed char；
- char；
- short；
- unsigned short；
- int；
- unsiged int；
- long；
- unsigned long；
- long long（C++11）；
- unsigned long long（C++11）；
- float；
- double；
- long double。

对于上述每种数据类型，ostream 类都提供了 operator<<()函数的定义（第 11 章讨论过，名称中包含运算符的函数用于重载该运算符）。因此，如果使用下面这样一条语句，而 value 是前面列出的类型之一，则 C++程序将其对应于有相应的特征标的运算符函数：

```
cout << value;
```

例如，表达式 cout<<88 对应于下面的方法原型：

```
ostream & operator<<(int);
```

该原型表明，operator<<()函数接受一个 int 参数，这与上述语句中的 88 匹配。该原型还表明，函数返

回一个指向 ostream 对象的引用，这使得可以将输出连接起来，如下所示：

```
cout << "I'm feeling sedimental over " << boundary << "\n";
```

如果您是 C 语言程序员，深受%类型说明符过多、说明符类型与值不匹配时将发生问题等痛苦，则使用 cout 非常简单（当然，由于有 cin，C++输入也非常简单）。

1. 输出和指针

ostream 类还为下面的指针类型定义了插入运算符函数：

- const signed char *;
- const unsigned char *;
- const char *;
- void *。

不要忘了，C++用指向字符串存储位置的指针来表示字符串。指针的形式可以是 char 数组名、显式的 char 指针或用引号括起的字符串。因此，下面所有的 cout 语句都显示字符串：

```
char name[20] = "Dudly Diddlemore";
char * pn = "Violet D'Amore";
cout << "Hello!";
cout << name;
cout << pn;
```

方法使用字符串中的终止空字符来确定何时停止显示字符。

对于其他类型的指针，C++将其对应于 void *，并打印地址的数值表示。如果要获得字符串的地址，则必须将其强制转换为其他类型，如下面的代码片段所示：

```
int eggs = 12;
char * amount = "dozen";
cout << &eggs;            // prints address of eggs variable
cout << amount;           // prints the string "dozen"
cout << (void *) amount; // prints the address of the "dozen" string
```

2. 拼接输出

插入运算符的所有化身的返回类型都是 ostream &。也就是说，原型的格式如下：

```
ostream & operator<<(type);
```

（其中，type 是要显示的数据的类型）返回类型 ostream &意味着使用该运算符将返回一个指向 ostream 对象的引用。哪个对象呢？函数定义指出，引用将指向用于调用该运算符的对象。换句话说，运算符函数的返回值为调用运算符的对象。例如，cout << “potluck”返回的是 cout 对象。这种特性使得能够通过插入来连接输出。例如，请看下面的语句：

```
cout << "We have " << count << " unhatched chickens.\n";
```

表达式 cout << “We have”将显示字符串，并返回 cout 对象。至此，上述语句将变为：

```
cout << count << " unhatched chickens.\n";
```

表达式 cout<<count 将显示 count 变量的值，并返回 cout。然后 cout 将处理语句中的最后一个参数（参见图 17.4）。这种设计技术确实是一项很好的特性，这也是前几章中重载<<运算符的示例模仿了这种技术的原因所在。

17.2.2 其他 ostream 方法

除了各种 operator<<()函数外，ostream 类还提供了 put()方法和 write()方法，前者用于显示字符，后者用于显示字符串。

最初，put()方法的原型如下：

```
ostream & put(char);
```

当前标准与此相同，但被模板化，以适用于 wchar_t。可以用类方法表示法来调用它：

```
cout.put('W'); // display the W character
```

其中，cout 是调用方法的对象，put()是类成员函数。和<<运算符函数一样，该函数也返回一个指向调用对象的引用，因此可以用它将拼接输出：

```
cout.put('I').put('t'); // displaying It with two put() calls
```

函数调用 cout.put('I')返回 cout，cout 然后被用作 put('t')调用的调用对象。

在原型合适的情况下，可以将数值型参数（如 int）用于 put()，让函数原型自动将参数转换为正确 char 值。例如，可以这样做：

```
cout.put(65);    // display the A character
cout.put(66.3);  // display the B character
```

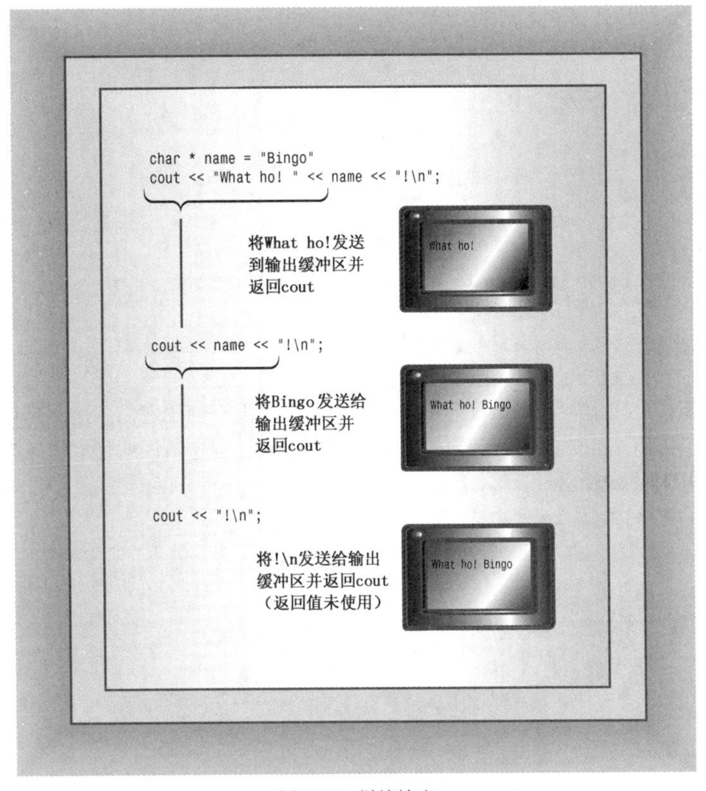

图 17.4 拼接输出

第一条语句将 int 值 65 转换为一个 char 值，然后显示 ASCII 码为 65 的字符。同样，第二条语句将 double 值 66.3 转换为 char 值 66，并显示对应的字符。

这种行为在 C++ 2.0 之前可派上用场。在这些版本中，C++语言用 int 值表示字符常量。因此，下面的语句将'W'解释为一个 int 值，因此将其作为整数 87（即该字符的 ASCII 值）显示出来：

```
cout << 'W';
```

然而，下面这条语句能够正常工作：

```
cout.put('W');
```

因为当前的 C++将 char 常量表示为 char 类型，因此现在可以使用上述任何一种方法。

一些老式编译器错误地为 char、unsigned char 和 signed char 3 种参数类型重载了 put()。这使得将 int 参数用于 put()时具有二义性，因为 int 可被转换为这 3 种类型中的任何一种。

write()方法显示整个字符串，其模板原型如下：

```
basic_ostream<charT,traits>& write(const char_type* s, streamsize n);
```

write()的第一个参数提供了要显示的字符串的地址，第二个参数指出要显示多少个字符。使用 cout 调用 write()时，将调用 char 具体化，因此返回类型为 ostream &。程序清单 17.1 演示了 write()方法是如何工作的。

程序清单 17.1　write.cpp

```
// write.cpp -- using cout.write()
#include <iostream>
#include <cstring> // or else string.h

int main()
{
    using std::cout;
    using std::endl;
    const char * state1 = "Florida";
```

```
    const char * state2 = "Kansas";
    const char * state3 = "Euphoria";
    int len = std::strlen(state2);
    cout << "Increasing loop index:\n";
    int i;
    for (i = 1; i <= len; i++)
    {
        cout.write(state2,i);
        cout << endl;
    }
// concatenate output
    cout << "Decreasing loop index:\n";
    for (i = len; i > 0; i--)
        cout.write(state2,i) << endl;

// exceed string length
    cout << "Exceeding string length:\n";
    cout.write(state2, len + 5) << endl;

    return 0;
}
```

有些编译器可能指出该程序定义了数组 state1 和 state3 但没有使用它们。这不是什么问题，因为这两个数组只是用于提供数组 state2 前面和后面的数据，以便您知道程序错误地存取 state2 时发生的情况。下面是程序清单 17.1 中程序的输出：

```
Increasing loop index:
K
Ka
Kan
Kans
Kansa
Kansas
Decreasing loop index:
Kansas
Kansa
Kans
Kan
Ka
K
Exceeding string length:
Kansas Euph
```

注意，cout.write()调用返回 cout 对象。这是因为 write()方法返回一个指向调用它的对象的引用，这里调用它的对象是 cout。

这使得可以将输出拼接起来，因为 cout.write()将被其返回值 cout 替换：

```
cout.write(state2,i) << endl;
```

还需要注意的是，write()方法并不会在遇到空字符时自动停止打印字符，而只是打印指定数目的字符，即使超出了字符串的边界！在这个例子中，在字符串“Kansas”的前后声明了另外两个字符串，以便相邻的内存包含数据。编译器在内存中存储数据的顺序以及调整内存的方式各不相同。例如，“Kansas”占用 6 个字节，而该编译器使用 4 个字节的倍数调整字符串，因此“Kansas”被填充成占用 8 个字节。由于编译器之间的差别，因此输出的最后一行可能不同。

write()方法也可用于数值数据，您可以将数字的地址强制转换为 char *，然后传递给它：

```
long val = 560031841;
cout.write( (char *) &val, sizeof (long));
```

这不会将数字转换为相应的字符，而是传输内存中存储的位表示。例如，4 字节的 long 值（如 560031841）将作为 4 个独立的字节被传输。输出设备（如显示器）将把每个字节作为 ASCII 码进行解释。因此在屏幕上，560031841 将被显示为 4 个字符的组合，这很可能是乱码（也可能不是，请试试看）。然而，write()确实为将数值数据存储在文件中提供了一种简洁、准确的方式，这将在本章后面进行介绍。

17.2.3　刷新输出缓冲区

如果程序使用 cout 将字节发送给标准输出，情况将如何？由于 ostream 类对 cout 对象处理的输出进行缓冲，所以输出不会立即发送到目标地址，而是被存储在缓冲区中，直到缓冲区填满。然后，程序将刷新（flush）缓冲区，把内容发送出去，并清空缓冲区，以存储新的数据。通常，缓冲区为 512 字节或其整数倍。

当标准输出连接的是硬盘上的文件时，缓冲可以节省大量的时间。毕竟，不希望程序为发送 512 个字节，而存取磁盘 512 次。将 512 个字节收集到缓冲区中，然后一次性将它们写入硬盘的效率要高得多。

然而，对于屏幕输出来说，首先填充缓冲区的重要性要低得多。如果必须重述消息"Press any key to continue"以便使用 512 个字节来填充缓冲区，实在是太不方便了。所幸的是，在屏幕输出时，程序不必等到缓冲区被填满。例如，将换行符发送到缓冲区后，将刷新缓冲区。另外，正如前面指出的，多数 C++实现都会在输入即将发生时刷新缓冲区。也就是说，假设有下面的代码：

```
cout << "Enter a number: ";
float num;
cin >> num;
```

程序期待输入这一事实，将导致它立刻显示 cout 消息（即刷新"Enter a number:"消息），即使输出字符串中没有换行符。如果没有这种特性，程序将等待输入，而无法通过 cout 消息来提示用户。

如果实现不能在所希望时刷新输出，可以使用两个控制符中的一个来强行进行刷新。控制符 flush 刷新缓冲区，而控制符 endl 刷新缓冲区，并插入一个换行符。这两个控制符的使用方式与变量名相同：

```
cout << "Hello, good-looking! " << flush;
cout << "Wait just a moment, please." << endl;
```

事实上，控制符也是函数。例如，可以直接调用 flush()来刷新 cout 缓冲区：

```
flush(cout);
```

然而，ostream 类对<<插入运算符进行了重载，使得下述表达式将被替换为函数调用 flush(cout)：

```
cout << flush
```

因此，可以用更为方便的插入表示法来成功地进行刷新。

17.2.4 用 cout 进行格式化

ostream 插入运算符将值转换为文本格式。在默认情况下，格式化值的方式如下。

- 对于 char 值，如果它代表的是可打印字符，则将被作为一个字符显示在宽度为一个字符的字段中。
- 对于数值整型，将以十进制方式显示在一个刚好容纳该数字及负号（如果有的话）的字段中。
- 字符串被显示在宽度等于该字符串长度的字段中。

浮点数的默认行为有变化。下面详细说明了老式实现和新式实现之间的区别。

- 新式：浮点类型被显示为 6 位，末尾的 0 不显示（注意，显示的数字位数与数字被存储时精度没有任何关系）。数字以定点表示法显示还是以科学计数法表示（参见第 3 章），取决于它的值。具体来说，当指数大于等于 6 或小于等于−5 时，将使用科学计数法表示。另外，字段宽度恰好容纳数字和负号（如果有的话）。默认的行为对应于带%g 说明符的标准 C 库函数 fprintf()。
- 老式：浮点类型显示为带 6 位小数，末尾的 0 不显示（注意，显示的数字位数与数字被存储时的精度没有任何关系）。数字以定点表示法显示还是以科学计数法表示（参见第 3 章），取决于它的值。另外，字段宽度恰好容纳数字和负号（如果有的话）。

因为每个值的显示宽度都等于它的长度，因此必须显式地在值之间提供空格；否则，相邻的值将不会被分开。

程序清单 17.2 演示默认的输出情况，它在每个值后面都显示一个冒号（:），以便可以知道每种情况下的字段宽度。该程序使用表达式 1.0/9.0 来生成一个无穷小数，以便能够知道打印了多少位。

注意：并非所有的编译器都能生成符合当前 C++标准格式的输出。另外，当前标准允许区域性变化。例如，欧洲实现可能遵循欧洲人的风格：使用逗号而不是句点来表示小数点。也就是说，2.54 将被写成 2，54。区域库（头文件 locale）提供了用特定的风格影响（imbuing）输入或输出流的机制，所以同一个编译器能够提供多个区域选项。本章使用美国格式。

程序清单 17.2 defaults.cpp

```
// defaults.cpp -- cout default formats
#include <iostream>

int main()
{
    using std::cout;
    cout << "12345678901234567890\n";
```

```
    char ch = 'K';
    int t = 273;
    cout << ch << ":\n";
    cout << t << ":\n";
    cout << -t <<":\n";

    double f1 = 1.200;
    cout << f1 << ":\n";
    cout << (f1 + 1.0 / 9.0) << ":\n";

    double f2 = 1.67E2;
    cout << f2 << ":\n";
    f2 += 1.0 / 9.0;
    cout << f2 << ":\n";
    cout << (f2 * 1.0e4) << ":\n";

    double f3 = 2.3e-4;
    cout << f3 << ":\n";
    cout << f3 / 10 << ":\n";

    return 0;
}
```

程序清单 17.2 中程序的输出如下：

```
12345678901234567890
K:
273:
-273:
1.2:
1.31111:
167:
167.111:
1.67111e+006:
0.00023:
2.3e-005:
```

每个值都填充自己的字段。注意，1.200 末尾的 0 没有显示出来，但末尾不带 0 的浮点值后面将有 6 个空格。另外，该实现将指数显示为 3 位，而其他实现可能为两位。

1. 修改显示时使用的计数系统

ostream 类是从 ios 类派生而来的，而后者是从 ios_base 类派生而来的。ios_base 类存储了描述格式状态的信息。例如，一个类成员中某些位决定了使用的计数系统，而另一个成员则决定了字段宽度。通过使用控制符（manipulator），可以控制显示整数时使用的计数系统。通过使用 ios_base 的成员函数，可以控制字段宽度和小数位数。由于 ios_base 类是 ostream 的间接基类，因此可以将其方法用于 ostream 对象（或子代），如 cout。

注意： ios_base 类中的成员和方法以前位于 ios 类中。现在，ios_base 是 ios 的基类。在新系统中，ios 是包含 char 和 wchar_t 具体化的模板，而 ios_base 包含了非模板特性。

来看如何设置显示整数时使用的计数系统。要控制整数以十进制、十六进制还是八进制显示，可以使用 dec、hex 和 oct 控制符。例如，下面的函数调用将 cout 对象的计数系统格式状态设置为十六进制：

```
hex(cout);
```

完成上述设置后，程序将以十六进制形式打印整数值，直到将格式状态设置为其他选项为止。注意，控制符不是成员函数，因此不必通过对象来调用。

虽然控制符实际上是函数，但它们通常的使用方式为：

```
cout << hex;
```

ostream 类重载了<<运算符，这使得上述用法与函数调用 hex（cout）等价。控制符位于名称空间 std 中。程序清单 17.3 演示了这些控制符的用法，它以 3 种不同的计数系统显示了一个整数的值及其平方。注意，可以单独使用控制符，也可将其作为一系列插入的组成部分。

程序清单 17.3　manip.cpp

```
// manip.cpp -- using format manipulators
#include <iostream>
int main()
{
    using namespace std;
    cout << "Enter an integer: ";
```

```
    int n;
    cin >> n;

    cout << "n n*n\n";
    cout << n << " " << n * n << " (decimal)\n";
// set to hex mode
    cout << hex;
    cout << n << " ";
    cout << n * n << " (hexadecimal)\n";

// set to octal mode
    cout << oct << n << " " << n * n << " (octal)\n";

// alternative way to call a manipulator
    dec(cout);
    cout << n << " " << n * n << " (decimal)\n";

    return 0;
}
```

下面程序清单 17.3 中程序的运行情况：

```
Enter an integer: 13
n     n*n
13     169 (decimal)
d     a9 (hexadecimal)
15      251 (octal)
13      169 (decimal)
```

2. 调整字段宽度

您可能已经注意到，在程序清单 17.3 的输出中各列并没有对齐，这是因为数字的字段宽度不相同。可以使用 width 成员函数将长度不同的数字放到宽度相同的字段中，该方法的原型为：

```
int width();
int width(int i);
```

第一种格式返回字段宽度的当前设置；第二种格式将字段宽度设置为 i 个空格，并返回以前的字段宽度值。这使得能够保存以前的值，以便以后恢复宽度值时使用。

width()方法只影响将显示的下一个项目，然后字段宽度将恢复为默认值。例如，请看下面的语句：

```
cout << '#';
cout.width(12);
cout << 12 << "#" << 24 << "#\n";
```

由于 width()是成员函数，因此必须使用对象（这里为 cout）来调用它。输出语句生成的输出如下：

```
#          12#24#
```

12 被放到宽度为 12 个字符的字段的最右边，这被称为右对齐。然后，字段宽度恢复为默认值，并将两个#符号以及 24 放在宽度与它们的长度相等的字段中。

警告： *width()方法只影响接下来显示的一个项目，然后字段宽度将恢复为默认值。*

C++永远不会截短数据，因此如果试图在宽度为 2 的字段中打印一个 7 位值，C++将增宽字段，以容纳该数据（在有些语言中，如果数据长度与字段宽度不匹配，将用星号填充字段。C/C++的原则是：显示所有的数据比保持列的整洁更重要。C++视内容重于形式）。程序清单 17.4 演示了 width()成员函数是如何工作的。

程序清单 17.4　width.cpp

```
// width.cpp -- using the width method
#include <iostream>

int main()
{
    using std::cout;
    int w = cout.width(30);
    cout << "default field width = " << w << ":\n";
    cout.width(5);
    cout << "N" <<':';
    cout.width(8);
    cout << "N * N" << ":\n";

    for (long i = 1; i <= 100; i *= 10)
    {
```

```
        cout.width(5);
        cout << i <<':';
        cout.width(8);
        cout << i * i << ":\n";
    }

    return 0;
}
```

程序清单 17.4 中程序的输出如下：

```
        default field width = 0:
    N:   N * N:
    1:       1:
   10:     100:
  100:   10000:
```

在上述输出中，值在字段中右对齐。输出中包含空格，也就是说，cout 通过加入空格来填满整个字段。右对齐时，空格被插入到值的左侧。用来填充的字符叫作填充字符（fill character）。右对齐是默认的。

注意，在程序清单 17.4 中，第一条 cout 语句显示字符串时，字段宽度被设置为 30，但在显示 w 的值时，字段宽度不是 30。这是由于 width()方法只影响接下来被显示的一个项目。另外，w 的值为 0。这是由于 cout.width（30）返回的是以前的字段宽度，而不是刚设置的值。为 0 表明，默认的字段宽度为 0。由于 C++总会增长字段，以容纳数据，因此这种值适用于所有的数据。最后，程序使用 width()来对齐列标题和数据，方法是将第 1 列宽度设置为 5 个字符，将第 2 列的宽度设置为 8 个字符。

3. 填充字符

在默认情况下，cout 用空格填充字段中未被使用的部分，可以用 fill()成员函数来改变填充字符。例如，下面的函数调用将填充字符改为星号：

```
cout.fill('*');
```

这对于检查打印结果，防止接收方添加数字很有用。程序清单 17.5 演示了该成员函数的用法。

程序清单 17.5 fill.cpp

```
// fill.cpp -- changing fill character for fields
#include <iostream>

int main()
{
    using std::cout;
    cout.fill('*');
    const char * staff[2] = { "Waldo Whipsnade", "Wilmarie Wooper"};
    long bonus[2] = {900, 1350};

    for (int i = 0; i < 2; i++)
    {
        cout << staff[i] << ": $";
        cout.width(7);
        cout << bonus[i] << "\n";
    }

    return 0;
}
```

下面是程序清单 17.5 中程序的输出：

```
Waldo Whipsnade: $****900
Wilmarie Wooper: $***1350
```

注意，与字段宽度不同的是，新的填充字符将一直有效，直到更改它为止。

4. 设置浮点数的显示精度

浮点数精度的含义取决于输出模式。在默认模式下，它指的是显示的总位数。在定点模式和科学模式下（稍后将讨论），精度指的是小数点后面的位数。已经知道，C++的默认精度为 6 位（但末尾的 0 将不显示）。precision()成员函数使得能够选择其他值。例如，下面语句将 cout 的精度设置为 2：

```
cout.precision(2);
```

和 width()的情况不同，但与 fill()类似，新的精度设置将一直有效，直到被重新设置。程序清单 17.6 准确地说明了这一点。

程序清单 17.6　precise.cpp

```
// precise.cpp -- setting the precision
#include <iostream>

int main()
{
    using std::cout;
    float price1 = 20.40;
    float price2 = 1.9 + 8.0 / 9.0;

    cout << "\"Furry Friends\" is $" << price1 << "!\n";
    cout << "\"Fiery Fiends\" is $" << price2 << "!\n";

    cout.precision(2);
    cout << "\"Furry Friends\" is $" << price1 << "!\n";
    cout << "\"Fiery Fiends\" is $" << price2 << "!\n";

    return 0;
}
```

下面是程序清单 17.6 中程序的输出：

```
"Furry Friends" is $20.4!
"Fiery Fiends" is $2.78889!
"Furry Friends" is $20!
"Fiery Fiends" is $2.8!
```

注意，第 3 行没有打印小数点及其后面的内容。另外，第 4 行显示的总位数为 2 位。

5．打印末尾的 0 和小数点

对于有些输出（如价格或栏中的数字），保留末尾的 0 将更为美观。例如，对于程序清单 17.6 的输出，$20.40 将比$20.4 更美观。iostream 系列类没有提供专门用于完成这项任务的函数，但 ios_base 类提供了一个 setf()函数（用于 set 标记），能够控制多种格式化特性。这个类还定义了多个常量，可用作该函数的参数。例如，下面的函数调用使 cout 显示末尾小数点：

```
cout.setf(ios_base::showpoint);
```

使用默认的浮点格式时，上述语句还将导致末尾的 0 被显示出来。也就是说，如果使用默认精度（6 位）时，cout 不会将 2.00 显示为 2，而是将它显示为 2.00000。程序清单 17.7 在程序清单 17.6 中添加了这条语句。

您可能对表示法 ios_base::showpoint 有疑问，showpoint 是 ios_base 类声明中定义的类级静态常量。类级意味着如果在成员函数定义的外面使用它，则必须在常量名前面加上作用域运算符（::）。因此 ios_base::showpoint 指的是在 ios_base 类中定义的一个常量。

程序清单 17.7　showpt.cpp

```
// showpt.cpp -- setting the precision, showing trailing point
#include <iostream>

int main()
{
    using std::cout;
    using std::ios_base;

    float price1 = 20.40;
    float price2 = 1.9 + 8.0 / 9.0;

    cout.setf(ios_base::showpoint);
    cout << "\"Furry Friends\" is $" << price1 << "!\n";
    cout << "\"Fiery Fiends\" is $" << price2 << "!\n";

    cout.precision(2);
    cout << "\"Furry Friends\" is $" << price1 << "!\n";
    cout << "\"Fiery Fiends\" is $" << price2 << "!\n";

    return 0;
}
```

下面是使用当前 C++格式时，程序清单 17.7 中程序的输出：

```
"Furry Friends" is $20.4000!
"Fiery Fiends" is $2.78889!
"Furry Friends" is $20.!
"Fiery Fiends" is $2.8!
```

在上述输出中，第一行显示了；第三行显示了小数点，但没有显示末尾的0，这是因为精度被设置为2，而小数点前面已经包含两位。

6. 再谈 setf()

setf()方法控制了小数点被显示时其他几个格式选项，因此来仔细研究一下它。ios_base 类有一个受保护的数据成员，其中的各位（这里叫作标记）分别控制着格式化的各个方面，例如计数系统、是否显示末尾的0等。打开一个标记称为设置标记（或位），并意味着相应的位被设置为1。位标记是编程开关，相当于设置DIP开关以配置计算机硬件。例如，hex、dec和oct控制符调整控制计数系统的3个标记位。setf()函数提供了另一种调整标记位的途径。

setf()函数有两个原型。第一个为：

```
fmtflags setf(fmtflags);
```

其中，fmtflags是bitmask类型（参见后面的“注意”）的typedef名，用于存储格式标记。该名称是在ios_base类中定义的。这个版本的setf()用来设置单个位控制的格式信息。参数是一个fmtflags值，指出要设置哪一位。返回值是类型为fmtflags的数字，指出所有标记以前的设置。如果打算以后恢复原始设置，则可以保存这个值。应给setf()传递什么呢？如果要第11位设置为1，则可以传递一个第11位为1的数字。返回值的第11位将被设置为1。对位进行跟踪好像单调乏味（实际上也是这样）。然而，您不必作做这项工作，ios_base类定义了代表位值的常量，表17.1列出了其中的一些定义。

表17.1　　格式常量

常　量	含　义
ios_base ::boolalpha	输入和输出bool值，可以为true或false
ios_base ::showbase	对于输出，使用C++基数前缀（0，0x）
ios_base ::showpoint	显示末尾的小数点
ios_base ::uppercase	对于16进制输出，使用大写字母，E表示法
ios_base ::showpos	在正数前面加上+

注意： bitmask类型是一种用来存储各个位值的类型。它可以是整型、枚举，也可以是STL bitset容器。这里的主要思想是，每一位都是可以单独访问的，都有自己的含义。iostream软件包使用bitmask来存储状态信息。

由于这些格式常量都是在ios_base类中定义，因此使用它们时，必须加上作用域解析运算符。也就是说，应使用ios_base ::uppercase，而不是uppercase。如果不想使用using编译指令或using声明，可以使用作用域运算符来指出这些名称位于名称空间std中。修改将一直有效，直到被覆盖为止。程序清单17.8演示了如何使用其中一些常量。

程序清单17.8　setf.cpp

```
// setf.cpp -- using setf() to control formatting
#include <iostream>

int main()
{
    using std::cout;
    using std::endl;
    using std::ios_base;

    int temperature = 63;
    cout << "Today's water temperature: ";
    cout.setf(ios_base::showpos); // show plus sign
    cout << temperature << endl;

    cout << "For our programming friends, that's\n";
    cout << std::hex << temperature << endl; // use hex
    cout.setf(ios_base::uppercase); // use uppercase in hex
    cout.setf(ios_base::showbase);  // use 0X prefix for hex
```

```
    cout << "or\n";
    cout << temperature << endl;
    cout << "How " << true << "! oops -- How ";
    cout.setf(ios_base::boolalpha);
    cout << true << "!\n";

    return 0;
}
```

下面是程序清单 17.8 中程序的输出：

```
Today's water temperature: +63
For our programming friends, that's
3f
or
0X3F
How 0X1! oops -- How true!
```

注意，仅当基数为 10 时才使用加号。C++将十六进制和八进制都视为无符号的，因此对它们，无需使用符号（然而，有些 C++实现可能仍然会显示加号）。

第二个 setf()原型接受两个参数，并返回以前的设置：

```
fmtflags setf(fmtflags , fmtflags );
```

函数的这种重载格式用于设置由多位控制的格式选项。第一参数和以前一样，也是一个包含了所需设置的 fmtflags 值。第二参数指出要清除第一个参数中的哪些位。例如，将第 3 位设置为 1 表示以 10 为基数，将第 4 位设置为 1 表示以 8 为基数，将第 5 位设置为 1 表示以 16 为基数。假设输出是以 10 为基数的，而要将它设置为以 16 为基数，则不仅需要将第 5 位设置为 1，还需要将第 3 位设置为 0——这叫作清除位（clearing the bit）。聪明的十六进制控制符可自动完成这两项任务。使用函数 setf()时，要做的工作多些，因为要用第二参数指出要清除哪些位，用第一参数指出要设置哪位。这并不像听上去那么复杂，因为 ios_base 类为此定义了常量（如表 17.2 所示）。具体地说，要修改基数，可以将常量 ios_base::basefield 用作第二参数，将 ios_base ::hex 用作第一参数。也就是说，下面的函数调用与使用十六进制控制符的作用相同：

```
cout.setf(ios_base::hex, ios_base::basefield);
```

表 17.2　　setf(long, long)的参数

第二个参数	第一个参数	含　义
ios_base ::basefield	ios_base ::dec	使用基数 10
	ios_base ::oct	使用基数 8
	ios_base ::hex	使用基数 16
ios_base ::floatfield	ios_base ::fixed	使用定点计数法
	ios_base ::scientific	使用科学计数法
ios_base ::adjustfield	ios_base ::left	使用左对齐
	ios_base ::right	使用右对齐
	ios_base ::internal	符号或基数前缀左对齐，值右对齐

ios_base 类定义了可按这种方式处理的 3 组格式标记。每组标记都由一个可用作第二参数的常量和两三个可用作第一参数的常量组成。第二参数清除一批相关的位，然后第一参数将其中一位设置为 1。表 17.2 列出了用作 setf()的第二参数的常量的名称、可用作第一参数的相关常量以及它们的含义。例如，要选择左对齐，可将 ios_base ::adjustfield 用作第二参数，将 ios_base ::left 作为第一参数。左对齐意味着将值放在字段的左端，右对齐则表示将值放在字段的右端。内部对齐表示将符号或基数前缀放在字段左侧，余下的数字放在字段的右侧（遗憾的是，C++没有提供自对齐模式）。

定点表示法意味着使用格式 123.4 来表示浮点值，而不管数字的长度如何，科学表示法则意味着使用格式 1.23e04，而不考虑数字的长度。如果您熟悉 C 语言中 printf()的说明符，则可能知道，默认的 C++模式对应于%g 说明符，定点表示法对应于%f 说明符，而科学表示法对应于%e 说明符。

在 C++标准中，定点表示法和科学表示法都有下面两个特征：

- 精度指的是小数位数，而不是总位数；
- 显示末尾的 0。

setf()函数是 ios_base 类的一个成员函数。由于这个类是 ostream 类的基类，因此可以使用 cout 对象来调用该函数。例如，要左对齐，可使用下面的调用：

```
ios_base::fmtflags old = cout.setf(ios::left, ios::adjustfield);
```

要恢复以前的设置，可以这样做：

```
cout.setf(old, ios::adjustfield);
```

程序清单 17.9 是一个使用两个参数的 setf()的示例。

注意：程序清单 17.9 中的程序使用了一个数学函数，有些 C++系统不自动搜索数学库。例如，有些 UNIX 系统要求这样做：

```
$ CC setf2.C -lm
```

-lm 选项命令链接程序搜索数学库。同样，有些使用 g++的 Linux 系统也要求这样做。

程序清单 17.9 setf2.cpp

```
// setf2.cpp -- using setf() with 2 arguments to control formatting
#include <iostream>
#include <cmath>

int main()
{
    using namespace std;
   // use left justification, show the plus sign, show trailing
    // zeros, with a precision of 3
    cout.setf(ios_base::left, ios_base::adjustfield);
    cout.setf(ios_base::showpos);
    cout.setf(ios_base::showpoint);
    cout.precision(3);
    // use e-notation and save old format setting
    ios_base::fmtflags old = cout.setf(ios_base::scientific,
        ios_base::floatfield);
    cout << "Left Justification:\n";
    long n;
    for (n = 1; n <= 41; n+= 10)
    {
        cout.width(4);
        cout << n << "|";
        cout.width(12);
        cout << sqrt(double(n)) << "|\n";
    }

    // change to internal justification
    cout.setf(ios_base::internal, ios_base::adjustfield);
    // restore default floating-point display style
    cout.setf(old, ios_base::floatfield);

    cout << "Internal Justification:\n";
    for (n = 1; n <= 41; n+= 10)
    {
        cout.width(4);
        cout << n << "|";
        cout.width(12);
        cout << sqrt(double(n)) << "|\n";
    }

    // use right justification, fixed notation
    cout.setf(ios_base::right, ios_base::adjustfield);
    cout.setf(ios_base::fixed, ios_base::floatfield);
    cout << "Right Justification:\n";
    for (n = 1; n <= 41; n+= 10)
    {
        cout.width(4);
        cout << n << "|";
        cout.width(12);
        cout << sqrt(double(n)) << "|\n";
    }
    return 0;
}
```

下面是程序清单 17.9 中程序的输出：

```
Left Justification:
+1  |+1.000e+00  |
+11 |+3.317e+00  |
+21 |+4.583e+00  |
```

```
+31 |+5.568e+00 |
+41 |+6.403e+00 |
Internal Justification:
+  1|+      1.00|
+ 11|+      3.32|
+ 21|+      4.58|
+ 31|+      5.57|
+ 41|+      6.40|
Right Justification:
 +1|      +1.000|
+11|      +3.317|
+21|      +4.583|
+31|      +5.568|
+41|      +6.403|
```

注意到精度 3 让默认的浮点显示（在这个程序中用于内部对齐）总共显示 3 位，而定点模式和科学模式只显示 3 位小数（e 表示法的指数位数取决于实现）。

调用 setf()的效果可以通过 unsetf()消除，后者的原型如下：

```
void unsetf(fmtflags mask);
```

其中，mask 是位模式。mask 中所有的位都设置为 1，将使得对应的位被复位。也就是说，setf()将位设置为 1，unsetf()将位恢复为 0。例如：

```
cout.setf(ios_base::showpoint);      // show trailing decimal point
cout.unsetf(ios_base::showpoint);    // don't show trailing decimal point
cout.setf(ios_base::boolalpha);      // display true, false
cout.unsetf(ios_base::boolalpha);    // display 1, 0
```

您可能注意到了，没有专门指示浮点数默认显示模式的标记。系统的工作原理如下：仅当只有定点位被设置时使用定点表示法；仅当只有科学位被设置时使用科学表示法；对于其他组合，如没有位被设置或两位都被设置时，将使用默认模式。因此，启用默认模式的方法之一如下：

```
cout.setf(0, ios_base::floatfield); // go to default mode
```

第二个参数关闭这两位，而第一个参数不设置任何位。一种实现同样目标的简捷方式是，使用参数 ios::floatfield 来调用函数 unsetf()：

```
cout.unsetf(ios_base::floatfield); // go to default mode
```

如果已知 cout 处于定点状态，则可以使用参数 ios_base::fixed 调用函数 unsetf()来切换到默认模式；然而，无论 cout 的当前状态如何，使用参数 ios_base::floatfield 调用函数 unsetf()都将切换到默认模式，因此这是一种更好的选择。

7. 标准控制符

使用 setf()不是进行格式化的、对用户最为友好的方法，C++提供了多个控制符，能够调用 setf()，并自动提供正确的参数。前面已经介绍过 dec、hex 和 oct，这些控制符（多数都不适用于老式 C++实现）的工作方式都与 hex 相似。例如，下面的语句打开左对齐和定点选项：

```
cout << left << fixed;
```

表 17.3 列出了这些控制符以及其他一些控制符。

表 17.3　一些标准控制符

控 制 符	调 用
boolalpha	setf(ios_base::boolalpha)
noboolalpha	unsetf(ios_base::boolalpha)
showbase	setf(ios_base::showbase)
noshowbase	unsetf(ios_base::showbase)
showpoint	setf(ios_base::showpoint)
noshowpoint	unsetf(ios_base::showpoint)
showpos	setf(ios_base::showpos)
noshowpos	unsetf(ios_base::showpos)
uppercase	setf(ios_base::uppercase)
nouppercase	unsetf(ios_base::uppercase)
internal	setf(ios_base::internal,ios_base::adjustfield)
left	setf(ios_base::left,ios_base::adjustfield)
right	setf(ios_base::right,ios_base::adjustfield)
dec	setf(ios_base::dec,ios_base::basefield)
hex	setf(ios_base::hex,ios_base::basefield)

续表

控制符	调　用
oct	setf(ios_base::oct,ios_base::basefield)
fixed	setf(ios_base::fixed,ios_base::floatfield)
scientific	setf(ios_base::scientific,ios_base::floatfield)

提示：如果系统支持这些控制符，请使用它们；否则，仍然可以使用 setf()。

8. 头文件 iomanip

使用 iostream 工具来设置一些格式值（如字段宽度）不太方便。为简化工作，C++在头文件 iomanip 中提供了其他一些控制符，它们能够提供前面讨论过的服务，但表示起来更方便。3 个最常用的控制符分别是 setprecision()、setfill()和 setw()，它们分别用来设置精度、填充字符和字段宽度。与前面讨论的控制符不同的是，这 3 个控制符带参数。setprecision()控制符接受一个指定精度的整数参数；setfill() 控制符接受一个指定填充字符的 char 参数；setw()控制符接受一个指定字段宽度的整数参数。由于它们都是控制符，因此可以用 cout 语句连接起来。这样，setw()控制符在显示多列值时尤其方便。程序清单 17.10 演示了这一点，它对于每一行输出，都多次修改了字段宽度和填充字符，同时使用了一些较新的标准控制符。

注意：有些 C++系统不自动搜索数学库。前面说过，有些 UNIX 系统要求使用如下命令选项来访问数学库：

```
$ CC iomanip.C -lm
```

程序清单 17.10　iomanip.cpp

```
// iomanip.cpp -- using manipulators from iomanip
// some systems require explicitly linking the math library
#include <iostream>
#include <iomanip>
#include <cmath>

int main()
{
    using namespace std;
    // use new standard manipulators
    cout << fixed << right;

    // use iomanip manipulators
    cout << setw(6) << "N" << setw(14) << "square root"
         << setw(15) << "fourth root\n";

    double root;
    for (int n = 10; n <=100; n += 10)
    {
        root = sqrt(double(n));
        cout << setw(6) << setfill('.') << n << setfill(' ')
               << setw(12) << setprecision(3) << root
               << setw(14) << setprecision(4) << sqrt(root)
               << endl;
    }

    return 0;
}
```

下面是程序清单 17.10 中程序的输出：

```
     N square root fourth root
....10       3.162       1.7783
....20       4.472       2.1147
....30       5.477       2.3403
....40       6.325       2.5149
....50       7.071       2.6591
....60       7.746       2.7832
....70       8.367       2.8925
....80       8.944       2.9907
....90       9.487       3.0801
...100      10.000       3.1623
```

现在可以生成几乎完全对齐的列了。使用 fixed 控制符导致显示末尾的 0。

17.3 使用 cin 进行输入

现在来介绍输入，即如何给程序提供数据。cin 对象将标准输入表示为字节流。通常情况下，通过键盘来生成这种字符流。如果键入字符序列 2011，cin 对象将从输入流中抽取这几个字符。输入可以是字符串的一部分、int 值、float 值，也可以是其他类型。因此，抽取还涉及了类型转换。cin 对象根据接收值的变量的类型，使用其方法将字符序列转换为所需的类型。

通常，可以这样使用 cin：

```
cin >> value_holder;
```

其中，value_holder 为存储输入的内存单元，它可以是变量、引用、被解除引用的指针，也可以是类或结构的成员。cin 解释输入的方式取决于 value_holder 的数据类型。istream 类（在 iostream 头文件中定义）重载了抽取运算符>>，使之能够识别下面这些基本类型：

- signed char &；
- unsigned char &；
- char &；
- short &；
- unsigned short &；
- int &；
- unsigned int &；
- long &；
- unsigned long &；
- long long &（C++11）；
- unsigned long long &（C++11）；
- float &；
- double &；
- long double &。

这些运算符函数被称为格式化输入函数（formatted input functions），因为它们可以将输入数据转换为目标指定的格式。

典型的运算符函数的原型如下：

```
istream & operator>>(int &);
```

参数和返回值都是引用。引用参数（参见第 8 章）意味着下面这样的语句将导致 operator>>()函数处理变量 staff_size 本身，而不是像常规参数那样处理它的副本：

```
cin >> staff_size;
```

由于参数类型为引用，因此 cin 能够直接修改用作参数的变量的值。例如，上述语句将直接修改变量 staff_size 的值。稍后将介绍引用返回值的重要意义。首先来看抽取运算符的类型转换方面。对于上述列出的各种类型的参数，抽取运算符将字符输入转换为指定类型的值。例如，假设 staff_size 的类型为 int，则编译器将：

```
cin >> staff_size;
```

与下面的原型匹配：

```
istream & operator>>(int &);
```

对应于上述原型的函数将读取发送给程序的字符流（假设为字符 2、3、1、8 和 4）。对于使用 2 字节 int 的系统来说，函数将把这些字符转换为整数 23184 的 2 字节二进制表示。如果 staff_size 的类型为 double，则 cin 将使用 operator >> (double &)将上述输入转换为值 23184.0 的 8 字节浮点表示。

顺便说一句，可以将 hex、oct 和 dec 控制符与 cin 一起使用，来指定将整数输入解释为十六进制、八进制还是十进制格式。例如，下面的语句将输入 12 或 0x12 解释为十六进制的 12 或十进制的 18，而将 ff 或 FF 解释为十进制的 255：

```
cin >> hex;
```

istream 类还为下列字符指针类型重载了>>抽取运算符：

- signed char *；
- char *；
- unsigned char *。

对于这种类型的参数，抽取运算符将读取输入中的下一个单词，将它放置到指定的地址，并加上一个空值字符，使之成为一个字符串。例如，假设有这样一段代码：

```
cout << "Enter your first name:\n";
char name[20];
cin >> name;
```

如果通过键入 Liz 来进行响应，则抽取运算符将把字符 Liz\0 放到 name 数组中（\0 表示末尾的空值字符）。name 标识符是一个 char 数组名，可作为数组第一个元素的地址，这使 name 的类型为 char *（指向 char 的指针）。

每个抽取运算符都返回调用对象的引用，这使得能够将输入拼接起来，就像拼接输出那样：

```
char name[20];
float fee;
int group;
cin >> name >> fee >> group;
```

其中，cin>>name 返回的 cin 对象成了处理 fee 的对象。

17.3.1　cin>>如何检查输入

不同版本的抽取运算符查看输入流的方法是相同的。它们跳过空白（空格、换行符和制表符），直到遇到非空白字符。即使对于单字符模式（参数类型为 char、unsigned char 或 signed char），情况也是如此，但对于 C 语言的字符输入函数，情况并非如此（参见图 17.5）。在单字符模式下，>>运算符将读取该字符，将它放置到指定的位置。在其他模式下，>>运算符将读取一个指定类型的数据。也就是说，它读取从非空白字符开始，到与目标类型不匹配的第一个字符之间的全部内容。

```
char philosophy[20];
int distance;
char initial;

cin >> philosophy >> distance >> initial;
```

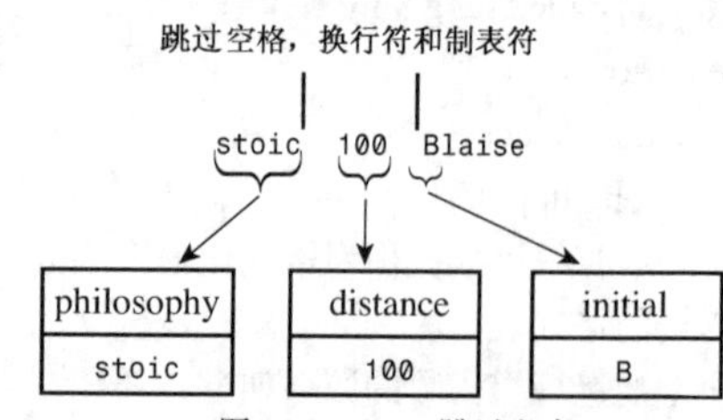

图 17.5　cin>>跳过空白

例如，对于下面的代码：

```
int elevation;
cin >> elevation;
```

假设键入下面的字符：

```
-123Z
```

运算符将读取字符-、1、2 和 3，因为它们都是整数的有效部分。但 Z 字符不是有效字符，因此输入中最后一个可接受的字符是 3。Z 将留在输入流中，下一个 cin 语句将从这里开始读取。与此同时，运算符将字符序列-123 转换为一个整数值，并将它赋给 elevation。

输入有时可能没有满足程序的期望。例如，假设输入的是 Zcar，而不是-123Z。在这种情况下，抽取运算符将不会修改 elevation 的值，并返回 0（如果 istream 对象的错误状态被设置，if 或 while 语句将判定该对象为 false，这将在本章后面做更详细的介绍）。返回值 false 让程序能够检查输入是否满足要求，如程序清单 17.11 所示。

程序清单 17.11　check_it.cpp

```
// check_it.cpp -- checking for valid input
#include <iostream>

int main()
{
    using namespace std;
    cout << "Enter numbers: ";

    int sum = 0;
    int input;
    while (cin >> input)
```

```
    {
        sum += input;
    }

    cout << "Last value entered = " << input << endl;
    cout << "Sum = " << sum << endl;
    return 0;
}
```

下面是输入流中包含不适当输入（-123Z）时程序清单 17.11 中程序的输出：

```
Enter numbers: 200
10 -50 -123Z 60
Last value entered = -123
Sum = 37
```

由于输入被缓冲。因此通过键盘输入的第二行在用户按下回车键之前，不会被发送给程序。然而，循环在字符 Z 处停止了对输入的处理，因此它不与任何一种浮点格式匹配。输入与预期格式不匹配反过来将导致表达式 cin>>input 的结果为 false，因此 while 循环被终止。

17.3.2　流状态

我们来进一步看看不适当的输入会造成什么后果。cin 或 cout 对象包含一个描述流状态（stream state）的数据成员（从 ios_base 类那里继承的）。流状态（被定义为 iostate 类型，而 iostate 是一种 bitmask 类型）由 3 个 ios_base 元素组成：eofbit、badbit 或 failbit，其中每个元素都是一位，可以是 1（设置）或 0（清除）。当 cin 操作到达文件末尾时，它将设置 eofbit；当 cin 操作未能读取到预期的字符时（像前一个例子那样），它将设置 failbit。I/O 失败（如试图读取不可访问的文件或试图写入开启写保护的磁盘），也可能将 failbit 设置为 1。在一些无法诊断的失败破坏流时，badbit 元素将被设置（实现没有必要就哪些情况下设置 failbit，哪些情况下设置 badbit 达成一致）。当全部 3 个状态位都设置为 0 时，说明一切顺利。程序可以检查流状态，并使用这种信息来决定下一步做什么。表 17.4 列出了这些位和一些报告或改变流状态的 ios_base 方法。

表 17.4　流状态

成　员	描　述
eofbit	如果到达文件尾，则设置为 1
badbit	如果流被破坏，则设置为 1；例如，文件读取错误
failbit	如果输入操作未能读取预期的字符或输出操作没有写入预期的字符，则设置为 1
goodbit	另一种表示 0 的方法
good()	如果流可以使用（所有的位都被清除），则返回 true
eof()	如果 eofbit 被设置，则返回 true
bad()	如果 badbit 被设置，则返回 true
fail()	如果 badbit 或 failbit 被设置，则返回 true
rdstate()	返回流状态
exceptions()	返回一个位掩码，指出哪些标记导致异常被引发
exceptions(isostate ex)	设置哪些状态将导致 clear()引发异常；例如，如果 ex 是 eofbit，则如果 eofbit 被设置，clear()将引发异常
clear(iostate s)	将流状态设置为 s；s 的默认值为 0（goodbit）；如果(restate()& exceptions())! = 0，则引发异常 basic_ios::failure
setstate(iostate s)	调用 clear（rdstate()| s）。这将设置与 s 中设置的位对应的流状态位，其他流状态位保持不变

1. 设置状态

表 17.4 中的两种方法——clear()和 setstate()很相似。它们都重置状态，但采取的方式不同。clear()方法将状态设置为它的参数。因此，下面的调用将使用默认参数 0，这将清除全部 3 个状态位（eofbit、badbit 和 failbit）：

```
clear();
```

同样，下面的调用将状态设置为 eofbit；也就是说，eofbit 将被设置，另外两个状态位被清除：

```
clear(eofbit);
```

而 setstate()方法只影响其参数中已设置的位。因此，下面的调用将设置 eofbit，而不会影响其他位：

```
setstate(eofbit);
```

因此，如果 failbit 被设置，则仍将被设置。

为什么需要重新设置流状态呢？对于程序员来说，最常见的理由是，在输入不匹配或到达文件尾时，需要使用不带参数的 clear()重新打开输入。这样做是否有意义，取决于程序要执行的任务。稍后将介绍一些例子。setstate()的主要用途是为输入和输出函数提供一种修改状态的途径。例如，如果 num 是一个 int，则下面的调用将可能导致 operator >> (int &)使用 setstate()设置 failbit 或 eofbit：

```
cin >> num; // read an int
```

2. I/O 和异常

假设某个输入函数设置了 eofbit，这是否会导致异常被引发呢？在默认情况下，答案是否定的。但可以使用 exceptions()方法来控制异常如何被处理。

首先，介绍一些背景知识。exceptions()方法返回一个位字段，它包含 3 位，分别对应于 eofbit、failbit 和 badbit。修改流状态涉及 clear()或 setstate()，这都将使用 clear()。修改流状态后，clear()方法将当前的流状态与 exceptions()返回的值进行比较。如果在返回值中某一位被设置，而当前状态中的对应位也被设置，则 clear()将引发 ios_base::failure 异常。如果两个值都设置了 badbit，将发生这种情况。如果 exceptions()返回 goodbit，则不会引发任何异常。ios_base::failure 异常类是从 std::exception 类派生而来的，因此包含一个 what()方法。

exceptions()的默认设置为 goodbit，也就是说，没有引发异常。但重载的 exceptions（iostate）函数使得能够控制其行为：

```
cin.exceptions(badbit); // setting badbit causes exception to be thrown
```

位运算符 OR（在附录 E 讨论）使得能够指定多位。例如，如果 badbit 或 eofbit 随后被设置，下面的语句将引发异常：

```
cin.exceptions(badbit | eofbit);
```

程序清单 17.12 对程序清单 17.11 进行了修改，以便程序能够在 failbit 被设置时引发并捕获异常。

程序清单 17.12　cinexcp.cpp

```
// cinexcp.cpp -- having cin throw an exception
#include <iostream>
#include <exception>

int main()
{
    using namespace std;
    // have failbit cause an exception to be thrown
    cin.exceptions(ios_base::failbit);
    cout << "Enter numbers: ";
    int sum = 0;
    int input;
    try {
        while (cin >> input)
        {
            sum += input;
        }
    } catch(ios_base::failure & bf)
    {
        cout << bf.what() << endl;
        cout << "O! the horror!\n";
    }

    cout << "Last value entered = " << input << endl;
    cout << "Sum = " << sum << endl;
    return 0;
}
```

程序清单 17.12 中程序的运行情况如下，其中的 what()消息取决于实现：

```
Enter numbers: 20 30 40 pi 6
ios_base failure in clear
O! the horror!
Last value entered = 40.00
Sum = 90.00
```

这就是如何在接受输入时使用异常。然而，应该使用它们吗？这取决于具体情况。就这个例子而言，答案是否定的。异常用于捕获不正常的意外情况，但这个例子将输入错误作为一种退出循环的方式。然而，让这个程序在 badbit 位被设置时引发异常可能是合理的，因为这种情况是意外的。如果程序被设计成从一个数据文件中读取数据，直到到达文件尾，则在 failbit 位被设置时引发异常也是合理的，因为这表明数据文件出现了问题。

3. 流状态的影响

只有在流状态良好（所有的位都被清除）的情况下，下面的测试才返回 true：

```
while (cin >> input)
```

如果测试失败，可以使用表 17.4 中的成员函数来判断可能的原因。例如，可以将程序清单 17.11 中的核心部分修改成这样：

```
while (cin >> input)
{
    sum += input;
}
if (cin.eof())
    cout << "Loop terminated because EOF encountered\n";
```

设置流状态位有一个非常重要的后果：流将对后面的输入或输出关闭，直到位被清除。例如，下面的代码不可行：

```
while (cin >> input)
{
    sum += input;
}
cout << "Last value entered = " << input << endl;
cout << "Sum = " << sum << endl;
cout << "Now enter a new number: ";
cin >> input; // won't work
```

如果希望程序在流状态位被设置后能够读取后面的输入，就必须将流状态重置为良好。这可以通过调用 clear()方法来实现：

```
while (cin >> input)
{
    sum += input;
}
cout << "Last value entered = " << input << endl;
cout << "Sum = " << sum << endl;
cout << "Now enter a new number: ";
cin.clear();  // reset stream state
while (!isspace(cin.get()))
    continue; // get rid of bad input
cin >> input; // will work now
```

注意，这还不足以重新设置流状态。导致输入循环终止的不匹配输入仍留在输入队列中，程序必须跳过它。一种方法是一直读取字符，直到到达空白为止。isspace()函数（参见第 6 章）是一个 cctype 函数，它在参数是空白字符时返回 true。另一种方法是，丢弃行中的剩余部分，而不仅仅是下一个单词：

```
while (cin.get() != '\n')
    continue; // get rid rest of line
```

这个例子假设循环由于不恰当的输入而终止。现在，假设循环是由于到达文件尾或者由于硬件故障而终止的，则处理错误输入的新代码将毫无意义。可以使用 fail()方法检测假设是否正确，来修复问题。由于历史原因，fail()在 failbit 或 eofbit 被设置时返回 true，因此代码必须排除后一种情况。下面是一个排除这种情况的例子：

```
while (cin >> input)
{
    sum += input;
}
cout << "Last value entered = " << input << endl;
cout << "Sum = " << sum << endl;
if (cin.fail() && !cin.eof() ) // failed because of mismatched input
{
    cin.clear(); // reset stream state
    while (!isspace(cin.get()))
        continue; // get rid of bad input
}
else // else bail out
{
    cout << "I cannot go on!\n";
    exit(1);
```

```
}
cout << "Now enter a new number: ";
cin >> input; // will work now
```

17.3.3 其他 istream 类方法

第 3 章～第 5 章讨论了 get()和 getline()方法。您可能还记得，它们提供下面的输入功能：

- 方法 get(char&)和 get(void)提供不跳过空白的单字符输入功能；
- 函数 get(char*, int, char)和 getline(char*, int, char)在默认情况下读取整行而不是一个单词。

它们被称为非格式化输入函数（unformatted input functions），因为它们只是读取字符输入，而不会跳过空白，也不进行数据转换。

来看一下 istream 类的这两组成员函数。

1. 单字符输入

在使用 char 参数或没有参数的情况下，get()方法读取下一个输入字符，即使该字符是空格、制表符或换行符。get(char & ch)版本将输入字符赋给其参数，而 get(void)版本将输入字符转换为整型（通常是 int），并将其返回。

（1）成员函数 get(char &)

先来看 get(char &)。假设程序中包含如下循环：

```
int ct = 0;
char ch;
cin.get(ch);
while (ch != '\n')
{
    cout << ch;
    ct++;
    cin.get(ch);
}
cout << ct << endl;
```

接下来，假设提供了如下输入：

```
I C++ clearly.<Enter>
```

按下回车键后，这行输入将被发送给程序。上述程序片段将首先读取字符 I，使用 cout 显示它，并将 ct 递增到 1。接着，它读取 I 后面的空格字符，显示它，并将 ct 递增到 2。这一过程将一直继续下去，直到程序将回车键作为换行符处理，并终止循环。这里的重点是，通过使用 get(ch)，代码读取、显示并考虑空格和可打印字符。

假设程序试图使用>>：

```
int ct = 0;
char ch;
cin >> ch;
while (ch != '\n') // FAILS
{
    cout << ch;
    ct++;
    cin >> ch;
}
cout << ct << endl;
```

则代码将首先跳过空格，这样将不考虑空格，因此相应的输出压缩为如下：

```
IC++clearly.
```

更糟糕的是，循环不会终止！由于抽取运算符跳过了换行符，因此代码不会将换行符赋给 ch，所以 while 循环测试将不会终止循环。

get(char &)成员函数返回一个指向用于调用它的 istream 对象的引用，这意味着可以拼接 get(char &)后面的其他抽取：

```
char c1, c2, c3;
cin.get(c1).get(c2) >> c3;
```

首先，cin.get(c1)将第一个输入字符赋给 c1，并返回调用对象——cin。这样代码缩为 cin.get(c2) >> c3，它将第二个输入字符赋给 c2。该函数调用返回 cin，将代码缩为 cin>>c3。这将把下一个非空白字符赋给 c3。因此 c1 和 c2 的值最后可以为空格，但 c3 不可以。

如果 cin.get(char &)到达文件尾——无论是真正的文件尾，还是通过键盘仿真的文件尾（对于 DOS 和

Windows 命令提示符模式，为按下 Ctrl + Z；对于 UNIX，是在行首按下 Ctrl + D），它都不会给其参数赋值。这是完全正确的，因为如果程序到达文件尾，就没有值可供赋给参数了。另外，该方法还调用 setstate（failbit），导致 cin 的测试结果为 false：

```
char ch;
while (cin.get(ch))
{
      // process input
}
```

只要存在有效输入，cin.get(ch)的返回值都将是 cin，此时的判定结果为 true，因此循环将继续。到达文件尾时，返回值判定为 false，循环终止。

（2）成员函数 get(void)

get(void)成员函数还读取空白，但使用返回值来将输入传递给程序。因此可以这样使用它：

```
int ct = 0;
char ch;
ch = cin.get();       // use return value
while (ch != '\n')
{
    cout << ch;
    ct++;
    ch = cin.get();
}
cout << ct << endl;
```

get(void)成员函数的返回类型为 int（或某种更大的整型，这取决于字符集和区域）。这使得下面的代码是非法的：

```
char c1, c2, c3;
cin.get().get() >> c3; // not valid
```

这里，cin.get()将返回一个 int 值。由于返回值不是类对象，因此不能对它应用成员运算符。因此将出现语法错误。然而，可以在抽取序列的最后使用 get()：

```
char c1;
cin.get(c1).get(); // valid
```

get(void)的返回类型为 int，这意味着它后面不能跟抽取运算符。然而，由于 cin.get(c1)返回 cin，因此它可以放在 get()的前面。上述代码将读取第一个输入字符，将其赋给 c1，然后读取并丢弃第二个输入字符。

到达文件尾后（不管是真正的文件尾还是模拟的文件尾），cin.get(void)都将返回值 EOF——头文件 iostream 提供的一个符号常量。这种设计特性使得可以这样来读取输入：

```
int ch;
while ((ch = cin.get()) != EOF)
{
    // process input
}
```

这里应将 ch 的类型声明为 int，而不是 char，因为值 EOF 可能无法使用 char 类型来表示。

第 5 章更详细地介绍了这些函数，表 17.5 对单字符输入函数的特性进行了总结。

表 17.5 cin.get(ch)与 cin.get()

特　征	cin.get(ch)	ch = cin.get()
传输输入字符的方法	赋给参数 ch	将函数返回值赋给 ch
字符输入时函数的返回值	指向 istream 对象的引用	字符编码（int 值）
达到文件尾时函数的返回值	转换为 false	EOF

2. 采用哪种单字符输入形式

假设可以选择>>、get（char &）或 get（void），应使用哪一个呢？首先，应确定是否希望跳过空白。如果跳过空白更方便，则使用抽取运算符>>。例如，提供菜单选项时，跳过空白更为方便：

```
cout << "a. annoy client      b. bill client\n"
     << "c. calm client       d. deceive client\n"
     << "q.\n";
cout << "Enter a, b, c, d, or q: ";
char ch;
cin >> ch;
while (ch != 'q')
{
```

```
    switch(ch)
    {
        ...
    }
    cout << "Enter a, b, c, d, or q: ";
    cin >> ch;
}
```

要输入 b 进行响应，可以键入 b 并按回车键，这将生成两个字符的响应——b\n。如果使用 get()，则必须添加在每次循环中处理\n 字符的代码，而抽取运算符可以跳过它（如果使用过 C 语言进行编程，则可能遇到过使用换行符进行响应为非法的情况。这是个很容易解决的问题，但比较讨厌）。

如果希望程序检查每个字符，请使用 get()方法，例如，计算字数的程序可以使用空格来判断单词何时结束。在 get()方法中，get(char &)的接口更佳。get(void)的主要优点是，它与标准 C 语言中的 getchar()函数极其类似，这意味着可以通过包含 iostream（而不是 stdio.h），并用 cin.get()替换所有的 getchar()，用 cout.put(ch)替换所有的 putchar(ch)，来将 C 程序转换为 C++程序。

3．字符串输入：getline()、get()和 ignore()

接下来复习一下第 4 章介绍的字符串输入成员函数。getline()成员函数和 get()的字符串读取版本都读取字符串，它们的函数特征标相同（这是从更为通用的模板声明简化而来的）：

```
istream & get(char *, int, char);
istream & get(char *, int);
istream & getline(char *, int, char);
istream & getline(char *, int);
```

第一个参数是用于放置输入字符串的内存单元的地址。第二个参数比要读取的最大字符数大 1（额外的一个字符用于存储结尾的空字符，以便将输入存储为一个字符串）。第三个参数指定用作分界符的字符，只有两个参数的版本将换行符用作分界符。上述函数都在读取最大数目的字符或遇到换行符后为止。

例如，下面的代码将字符输入读取到字符数组 line 中：

```
char line[50];
cin.get(line, 50);
```

cin.get()函数将在到达第 49 个字符或遇到换行符（默认情况）后停止将输入读取到数组中。get()和 getline()之间的主要区别在于，get()将换行符留在输入流中，这样接下来的输入操作首先看到的将是换行符，而 getline()抽取并丢弃输入流中的换行符。

第 4 章演示了如何使用这两个成员函数的默认格式。现在来看一下接受三个参数的版本，第三个参数用于指定分界符。遇到分界字符后，输入将停止，即使还未读取最大数目的字符。因此，在默认情况下，如果在读取指定数目的字符之前到达行尾，这两种方法都将停止读取输入。和默认情况一样，get()将分界字符留在输入队列中，而 getline()不保留。

程序清单 17.13 演示了 getline()和 get()是如何工作的，它还介绍了 ignore()成员函数。该函数接受两个参数：一个是数字，指定要读取的最大字符数；另一个是字符，用作输入分界符。例如，下面的函数调用读取并丢弃接下来的 255 个字符或直到到达第一个换行符：

```
cin.ignore(255, '\n');
```

原型为两个参数提供的默认值为 1 和 EOF，该函数的返回类型为 istream &：

```
istream & ignore(int = 1, int = EOF);
```

默认参数值 EOF 导致 ignore()读取指定数目的字符或读取到文件尾。

该函数返回调用对象，这使得能够拼接函数调用，如下所示：

```
cin.ignore(255, '\n').ignore(255, '\n');
```

其中，第一个 ignore()方法读取并丢弃一行，第二个调用读取并丢弃另一行，因此一共读取了两行。

现在来看一看程序清单 17.13。

程序清单 17.13 get_fun.cpp

```
// get_fun.cpp -- using get() and getline()
#include <iostream>
const int Limit = 255;

int main()
{
    using std::cout;
    using std::cin;
```

```
    using std::endl;

    char input[Limit];

    cout << "Enter a string for getline() processing:\n";
    cin.getline(input, Limit, '#');
    cout << "Here is your input:\n";
    cout << input << "\nDone with phase 1\n";

    char ch;
    cin.get(ch);
    cout << "The next input character is " << ch << endl;

    if (ch != '\n')
        cin.ignore(Limit, '\n'); // discard rest of line

    cout << "Enter a string for get() processing:\n";
    cin.get(input, Limit, '#');
    cout << "Here is your input:\n";
    cout << input << "\nDone with phase 2\n";

    cin.get(ch);
    cout << "The next input character is " << ch << endl;

    return 0;
}
```

下面是程序清单 17.13 中程序的运行情况：

```
Enter a string for getline() processing:
Please pass
me a #3 melon!
Here is your input:
Please pass
me a
Done with phase 1
The next input character is 3
Enter a string for get() processing:
I still
want my #3 melon!
Here is your input:
I still
want my
Done with phase 2
The next input character is #
```

注意，getline()函数将丢弃输入中的分界字符#，而 get()函数不会。

4. 意外字符串输入

get(char *, int)和 getline()的某些输入形式将影响流状态。与其他输入函数一样，这两个函数在遇到文件尾时将设置 eofbit，遇到流被破坏（如设备故障）时将设置 badbit。另外两种特殊情况是无输入以及输入到达或超过函数调用指定的最大字符数。下面来看这些情况。

对于上述两个方法，如果不能抽取字符，它们将把空值字符放置到输入字符串中，并使用 setstate()设置 failbit。方法在什么时候无法抽取字符呢？一种可能的情况是输入方法立刻到达了文件尾。对于 get(char *, int)来说，另一种可能是输入了一个空行：

```
char temp[80];
while (cin.get(temp,80)) // terminates on empty line
    ...
```

有意思的是，空行并不会导致 getline()设置 failbit。这是因为 getline()仍将抽取换行符，虽然不会存储它。如果希望 getline()在遇到空行时终止循环，则可以这样编写：

```
char temp[80];
while (cin.getline(temp,80) && temp[0] != '\0') // terminates on empty line
```

现在假设输入队列中的字符数等于或超过了输入方法指定的最大字符数。首先，来看 getline()和下面的代码：

```
char temp[30];
while (cin.getline(temp,30))
```

getline()方法将从输入队列中读取字符，将它们放到 temp 数组的元素中，直到（按测试顺序）到达文件尾、将要读取的字符是换行符或存储了 29 个字符为止。如果遇到文件尾，则设置 eofbit；如果将要读取的字符是换行符，则该字符将被读取并丢弃；如果读取了 29 个字符，并且下一个字符不是换行符，则设置 failbit。因此，包含 30 个或更多字符的输入行将终止输入。

现在来看 get(char *, int)方法。它首先测试字符数，然后测试是否为文件尾以及下一个字符是否是换行符。如果它读取了最大数目的字符，则不设置 failbit 标记。然而，由此可以知道终止读取是否是由于输入字符过多引起的。可以用 peek()（参见下一节）来查看下一个输入字符。如果它是换行符，则说明 get()已读取了整行；如果不是换行符，则说明 get()是在到达行尾前停止的。这种技术对 getline()不适用，因为 getline()读取并丢弃换行符，因此查看下一个字符无法知道任何情况。然而，如果使用的是 get()，则可以知道是否读取了整个一行。下一节将介绍这种方法的一个例子。另外，表 17.6 总结了这些行为。

表 17.6　　输入行为

方　法	行　为
getline(char *, int)	如果没有读取任何字符（但换行符被视为读取了一个字符），则设置 failbit 如果读取了最大数目的字符，且行中还有其他字符，则设置 failbit
get(char *, int)	如果没有读取任何字符，则设置 failbit

17.3.4　其他 istream 方法

除前面讨论过的外，其他 istream 方法包括 read()、peek()、gcount()和 putback()。read()函数读取指定数目的字节，并将它们存储在指定的位置中。例如，下面的语句从标准输入中读取 144 个字符，并将它们存储在 gross 数组中：

```
char gross[144];
cin.read(gross, 144);
```

与 getline()和 get()不同的是，read()不会在输入后加上空值字符，因此不能将输入转换为字符串。read()方法不是专为键盘输入设计的，它最常与 ostream write()函数结合使用，来完成文件输入和输出。该方法的返回类型为 istream &，因此可以像下面这样将它拼接起来：

```
char gross[144];
char score[20];
cin.read(gross, 144).read(score, 20);
```

peek()函数返回输入中的下一个字符，但不抽取输入流中的字符。也就是说，它使得能够查看下一个字符。假设要读取输入，直到遇到换行符或句点，则可以用 peek()查看输入流中的下一个字符，以此来判断是否继续读取：

```
char great_input[80];
char ch;
int i = 0;
while ((ch = cin.peek()) != '.' && ch != '\n')
    cin.get(great_input[i++]);
great_input [i] = '\0';
```

cin.peek()查看下一个输入字符，并将它赋给 ch。然后，while 循环的测试条件检查 ch 是否是句点或换行符。如果二者都不是，循环将该字符读入到数组中，并更新数组索引。当循环终止时，句点和换行符将留在输入流中，并作为接下来的输入操作读取的第一个字符。然后，代码将一个空值字符放在数组的最后，使之成为一个字符串。

gcount()方法返回最后一个非格式化抽取方法读取的字符数。这意味着字符是由 get()、getline()、ignore()或 read()方法读取的，不是由抽取运算符（>>）读取的，抽取运算符对输入进行格式化，使之与特定的数据类型匹配。例如，假设使用 cin.get（myarray，80）将一行读入 myarray 数组中，并想知道读取了多少个字符，则可以使用 strlen()函数来计算数组中的字符数，这种方法比使用 cin.gcount()计算从输入流中读取了多少字符的速度要快。

putback()函数将一个字符插入到输入字符串中，被插入的字符将是下一条输入语句读取的第一个字符。putback()方法接受一个 char 参数——要插入的字符，其返回类型为 istream &，这使得可以将该函数调用与其他 istream 方法拼接起来。使用 peek()的效果相当于先使用 get()读取一个字符，然后使用 putback()将该字符放回到输入流中。然而，putback()允许将字符放到不是刚才读取的位置。

程序清单 17.14 采用两种方式来读取并显示输入中#字符（不包括）之前的内容。第一种方法读取#字符，然后使用 putback()将它插回到输入中。第二种方法在读取之前使用 peek()查看下一个字符。

程序清单 17.14 peeker.cpp

```
// peeker.cpp -- some istream methods
#include <iostream>

int main()
{
    using std::cout;
    using std::cin;
    using std::endl;

// read and echo input up to a # character
    char ch;

    while(cin.get(ch)) // terminates on EOF
    {
        if (ch != '#')
            cout << ch;
        else
        {
            cin.putback(ch); // reinsert character
            break;
        }
    }

    if (!cin.eof())
    {
        cin.get(ch);
        cout << endl << ch << " is next input character.\n";
    }
    else
    {
        cout << "End of file reached.\n";
        std::exit(0);
    }

    while(cin.peek() != '#') // look ahead
    {
        cin.get(ch);
        cout << ch;
    }
    if (!cin.eof())
    {
        cin.get(ch);
        cout << endl << ch << " is next input character.\n";
    }
    else
        cout << "End of file reached.\n";
    return 0;
}
```

下面是程序清单 17.14 中程序的运行情况：

```
I used a #3 pencil when I should have used a #2.
I used a
# is next input character.
3 pencil when I should have used a
# is next input character.
```

程序说明

来详细讨论程序清单 17.14 中的一些代码。第一种方法是用 while 循环来读取输入：

```
while(cin.get(ch))     // terminates on EOF
{
    if (ch != '#')
        cout << ch;
    else
    {
        cin.putback(ch);    // reinsert character
        break;
    }
}
```

达到文件尾时，表达式（cin.get（ch））将返回 false，因此从键盘模拟文件尾将终止循环。如果#字符首先出现，则程序将该字符放回到输入流中，并使用 break 语句来终止循环。

第二种方法看上去更简单：

```
while(cin.peek() != '#') // look ahead
{
    cin.get(ch);
    cout << ch;
}
```

程序查看下一个字符。如果它不是#，则读取并显示它，然后再查看下一个字符。这一过程将一直继续下去，直到出现分界字符。

现在来看一个例子（参见程序清单 17.15），它使用 peek()来确定是否读取了整行。如果一行中只有部分内容被加入到输入数组中，程序将删除余下的内容。

程序清单 17.15 truncate.cpp

```
// truncate.cpp -- using get() to truncate input line, if necessary
#include <iostream>
const int SLEN = 10;
inline void eatline() { while (std::cin.get() != '\n') continue; }
int main()
{
    using std::cin;
    using std::cout;
    using std::endl;

    char name[SLEN];
    char title[SLEN];
    cout << "Enter your name: ";
    cin.get(name,SLEN);
    if (cin.peek() != '\n')
        cout << "Sorry, we only have enough room for "
                << name << endl;
    eatline();
    cout << "Dear " << name << ", enter your title: \n";
    cin.get(title,SLEN);
    if (cin.peek() != '\n')
        cout << "We were forced to truncate your title.\n";
    eatline();
    cout << " Name: " << name
         << "\nTitle: " << title << endl;

    return 0;
}
```

下面是程序清单 17.15 中程序的运行情况：

```
Enter your name: Ella Fishsniffer
Sorry, we only have enough room for Ella Fish
Dear Ella Fish, enter your title:
Executive Adjunct
We were forced to truncate your title.
 Name: Ella Fish
Title: Executive
```

注意，下面的代码确定第一条输入语句是否读取了整行：

```
while (cin.get() != '\n') continue;
```

如果 get()读取了整行，它将保留换行符，而上述代码将读取并丢弃换行符。如果 get()只读取一部分，则上述代码将读取并丢弃该行中余下的内容。如果不删除余下的内容，则下一条输入语句将从第一个输入行中余下部分的开始位置读取。对于这个例子，这将导致程序把字符串 sniffer 读取到 title 数组中。

17.4 文件输入和输出

大多数计算机程序都使用了文件。字处理程序创建文档文件；数据库程序创建和搜索信息文件；编译器读取源代码文件并生成可执行文件。文件本身是存储在某种设备（磁带、光盘、软盘或硬盘）上的一系列字节。通常，操作系统管理文件，跟踪它们的位置、大小、创建时间等。除非在操作系统级别上编程，否则通常不必担心这些事情。需要的只是将程序与文件相连的途径、让程序读取文件内容的途径以及让程序创建和写入文件的途径。重定向（本章前面讨论过）可以提供一些文件支持，但它比显式程序中的文件

I/O 的局限性更大。另外，重定向来自操作系统，而非 C++，因此并非所有系统都有这样的功能。本书前面简要地介绍过文件 I/O，本章将更详细地探讨这个主题。

C++ I/O 类软件包处理文件输入和输出的方式与处理标准输入和输出的方式非常相似。要写入文件，需要创建一个 ofstream 对象，并使用 ostream 方法，如<<插入运算符或 write()。要读取文件，需要创建一个 ifstream 对象，并使用 istream 方法，如>>抽取运算符或 get()。然而，与标准输入和输出相比，文件的管理更为复杂。例如，必须将新打开的文件和流关联起来。可以以只读模式、只写模式或读写模式打开文件。写文件时，可能想创建新文件、取代旧文件或添加到旧文件中，还可能想在文件中来回移动。为帮助处理这些任务，C++在头文件 fstream（以前为 fstream.h）中定义了多个新类，其中包括用于文件输入的 ifstream 类和用于文件输出的 ofstream 类。C++还定义了一个 fstream 类，用于同步文件 I/O。这些类都是从头文件 iostream 中的类派生而来的，因此这些新类的对象可以使用前面介绍过的方法。

17.4.1 简单的文件 I/O

要让程序写入文件，必须这样做：

1. 创建一个 ofstream 对象来管理输出流；
2. 将该对象与特定的文件关联起来；
3. 以使用 cout 的方式使用该对象，唯一的区别是输出将进入文件，而不是屏幕。

要完成上述任务，首先应包含头文件 fstream。对于大多数（但不是全部）实现来说，包含该文件便自动包括 iostream 文件，因此不必显示包含 iostream。然后声明一个 ofstream 对象：

```
ofstream fout; // create an ofstream object named fout
```

对象名可以是任意有效的 C++名称，如 fout、outFile、cgate 或 didi。

接下来，必须将这个对象与特定的文件关联起来。为此，可以使用 open()方法。例如，假设要打开文件 jar.txt 进行输出，则可以这样做：

```
fout.open("jar.txt"); // associate fout with jar.txt
```

可以使用另一个构造函数将这两步（创建对象和关联到文件）合并成一条语句：

```
ofstream fout("jar.txt"); // create fout object, associate it with jar.txt
```

然后，以使用 cout 的方式使用 fout（或选择的其他名称）。例如，要将 Dull Data 放到文件中，可以这样做：

```
fout << "Dull Data";
```

由于 ostream 是 ofstream 类的基类，因此可以使用所有的 ostream 方法，包括各种插入运算符定义、格式化方法和控制符。ofstream 类使用被缓冲的输出，因此程序在创建像 fout 这样的 ofstream 对象时，将为输出缓冲区分配空间。如果创建了两个 ofstream 对象，程序将创建两个缓冲区，每个对象各一个。像 fout 这样的 ofstream 对象从程序那里逐字节地收集输出，当缓冲区填满后，它便将缓冲区内容一同传输给目标文件。由于磁盘驱动器被设计成以大块的方式传输数据，而不是逐字节地传输，因此通过缓冲可以大大提高从程序到文件传输数据的速度。

以这种方式打开文件来进行输出时，如果没有这样的文件，将创建一个新文件；如果有这样的文件，则打开文件将清空文件，输出将进入到一个空文件中。本章后面将介绍如何打开已有的文件，并保留其内容。

警告：以默认模式打开文件进行输出将自动把文件的长度截短为零，这相当于删除已有的内容。

读取文件的要求与写入文件相似：

- 创建一个 ifstream 对象来管理输入流；
- 将该对象与特定的文件关联起来；
- 以使用 cin 的方式使用该对象。

上述读文件的步骤类似于写文件。首先，当然要包含头文件 fstream。然后声明一个 ifstream 对象，将它与文件名关联起来。可以使用一两条语句来完成这项工作：

```
// two statements
ifstream fin; // create ifstream object called fin
fin.open("jellyjar.txt");    // open jellyjar.txt for reading
// one statement
ifstream fis("jamjar.txt"); // create fis and associate with jamjar.txt
```

现在，可以像使用 cin 那样使用 fin 或 fis。例如，可以这样做：

```
char ch;
fin >> ch;            // read a character from the jellyjar.txt file
```

```
char buf[80];
fin >> buf;            // read a word from the file
fin.getline(buf, 80); // read a line from the file
string line;
getline(fin, line);   // read from a file to a string object
```

输入和输出一样，也是被缓冲的，因此创建像 fin 这样的 ifstream 对象时，将创建一个由 fin 对象管理的输入缓冲区。与输出一样，通过缓冲，传输数据的速度比逐字节传输要快得多。

当输入和输出流对象过期（如程序终止）时，到文件的连接将自动关闭。另外，也可以使用 close()方法来显式地关闭到文件的连接：

```
fout.close(); // close output connection to file
fin.close();  // close input connection to file
```

关闭这样的连接并不会删除流，而只是断开流到文件的连接。然而，流管理装置仍被保留。例如，fin 对象与它管理的输入缓冲区仍然存在。您稍后将知道，可以将流重新连接到同一个文件或另一个文件。

我们来看一个简短的例子。程序清单 17.16 的程序要求输入文件名，然后创建一个名称为输入名的文件，将一些信息写入到该文件中，然后关闭该文件。关闭文件将刷新缓冲区，从而确保文件被更新。然后，程序打开该文件，读取并显示其内容。注意，该程序以使用 cin 和 cout 的方式使用 fin 和 fout。另外，该程序将文件名读取到一个 string 对象中，然后使用方法 c_str()来给 ofstream 和 ifstream 的构造函数提供一个 C 风格字符串参数。

程序清单 17.16 fileio.cpp

```
// fileio.cpp -- saving to a file
#include <iostream> // not needed for many systems
#include <fstream>
#include <string>

int main()
{
    using namespace std;
    string filename;

    cout << "Enter name for new file: ";
    cin >> filename;

// create output stream object for new file and call it fout
    ofstream fout(filename.c_str());

    fout << "For your eyes only!\n";        // write to file
    cout << "Enter your secret number: "; // write to screen
    float secret;
    cin >> secret;
    fout << "Your secret number is " << secret << endl;
    fout.close(); // close file

// create input stream object for new file and call it fin
    ifstream fin(filename.c_str());
    cout << "Here are the contents of " << filename << ":\n";
    char ch;
    while (fin.get(ch)) // read character from file and
        cout << ch;     // write it to screen
    cout << "Done\n";
    fin.close();

    return 0;
}
```

下面是程序清单 17.16 中程序的运行情况：

```
Enter name for new file: pythag
Enter your secret number: 3.14159
Here are the contents of pythag:
For your eyes only!
Your secret number is 3.14159
Done
```

如果查看该程序所在的目录，将看到一个名为 pythag 的文件，使用文本编辑器打开该文件，其内容将与程序输出相同。

17.4.2 流状态检查和 is_open()

C++文件流类从 ios_base 类那里继承了一个流状态成员。正如前面指出的，该成员存储了指出流状态的信息：一切顺利、已到达文件尾、I/O 操作失败等。如果一切顺利，则流状态为零（没有消息就是好消息）。其他状态都是通过将特定位设置为 1 来记录的。文件流类还继承了 ios_base 类中报告流状态的方法，表 17.4 对这些方法进行了总结。可以通过检查流状态来判断最后一个流操作是否成功。对于文件流，这包括检查试图打开文件时是否成功。例如，试图打开一个不存在的文件进行输入时，将设置 failbit 位，因此可以这样进行检查：

```
fin.open(argv[file]);
if (fin.fail()) // open attempt failed
{
    ...
}
```

由于 ifstream 对象和 istream 对象一样，被放在需要 bool 类型的地方时，将被转换为 bool 值，因此您也可以这样做：

```
fin.open(argv[file]);
if (!fin) // open attempt failed
{
    ...
}
```

然而，较新的 C++实现提供了一种更好的检查文件是否被打开的方法——is_open()方法：

```
if (!fin.is_open()) // open attempt failed
{
    ...
}
```

这种方式之所以更好，是因为它能够检测出其他方式不能检测出的微妙问题，接下来的“警告”将讨论这一点。

警告：以前，检查文件是否成功打开的常见方式如下：

```
if(fin.fail()) ...  // failed to open
if(!fin.good()) ... // failed to open
if (!fin) ...       // failed to open
```

fin 对象被用于测试条件中时，如果 fin.good()为 false，将被转换为 false；否则将被转换为 true。因此上面三种方式等价。然而，这些测试无法检测到这样一种情形：试图以不合适的文件模式（参见本章后面的“文件模式”一节）打开文件时失败。方法 is_open()能够检测到这种错误以及 good()能够检测到的错误。然而，老式 C++实现没有 is_open()。

17.4.3 打开多个文件

程序可能需要打开多个文件。打开多个文件的策略取决于它们将被如何使用。如果需要同时打开两个文件，则必须为每个文件创建一个流。例如，将两个排序后的文件拼接成第三个文件的程序，需要为两个输入文件创建两个 ifstream 对象，并为输出文件创建一个 ofstream 对象。可以同时打开的文件数取决于操作系统。

然而，可能要依次处理一组文件。例如，可能要计算某个名称在 10 个文件中出现的次数。在这种情况下，可以打开一个流，并将它依次关联到各个文件。这在节省计算机资源方面，比为每个文件打开一个流的效率高。使用这种方法，首先需要声明一个 ifstream 对象（不对它进行初始化），然后使用 open()方法将这个流与文件关联起来。例如，下面是依次读取两个文件的代码：

```
ifstream fin;          // create stream using default constructor
fin.open("fat.txt"); // associate stream with fat.txt file
...                    // do stuff
fin.close();           // terminate association with fat.txt
fin.clear();           // reset fin (may not be needed)
fin.open("rat.txt"); // associate stream with rat.txt file
...
fin.close();
```

稍后将介绍一个例子，但先来看这样一种将一系列文件输入给程序的技术，即让程序能够使用循环来处理文件。

17.4.4 命令行处理技术

文件处理程序通常使用命令行参数来指定文件。命令行参数是用户在输入命令时，在命令行中输入的参数。例如，要在 UNIX 或 Linux 系统中计算文件包含的字数，可以在命令行提示符下输入下面的命令：

```
wc report1 report2 report3
```

其中，wc 是程序名，report1、report2 和 report3 是作为命令行参数传递给程序的文件名。

C++有一种让在命令行环境中运行的程序能够访问命令行参数的机制，方法是使用下面的 main()函数：

```
int main(int argc, char *argv[])
```

argc 为命令行中的参数个数，其中包括命令名本身。argv 变量为一个指针，它指向一个指向 char 的指针。这过于抽象，但可以将 argv 看作一个指针数组，其中的指针指向命令行参数，argv[0]是一个指针，指向存储第一个命令行参数的字符串的第一个字符，依此类推。也就是说，argv[0]是命令行中的第一个字符串，依此类推。例如，假设有下面的命令行：

```
wc report1 report2 report3
```

则 argc 为 4，argv[0]为 wc，argv[1]为 report1，依此类推。下面的循环将把每个命令行参数分别打印在单独一行上：

```
for (int i = 1; i < argc; i++)
     cout << argv[i] << endl;
```

以 i=1 开头将只打印命令行参数；以 i=0 开头将同时打印命令名。

当然，命令行参数与命令行操作系统（如 Windows 命令提示符模式、UNIX 和 Linux）紧密相关。其他程序也可能允许使用命令行参数。

- 很多 Windows IDE（集成开发环境）都有一个提供命令行参数的选项。通常，必须选择一系列菜单，才能打开一个可以输入命令行参数的对话框。具体的步骤随厂商和升级版本而异，因此请查看文档。
- 很多 Windows IDE 都可以生成可执行文件，这些文件能够在 Windows 命令提示符模式下运行。

程序清单 17.17 结合使用命令行技术和文件流技术，来计算命令行上列出的文件包含的字符数。

程序清单 17.17 count.cpp

```
// count.cpp -- counting characters in a list of files
#include <iostream>
#include <fstream>
#include <cstdlib> // for exit()
int main(int argc, char * argv[])
{
    using namespace std;
    if (argc == 1) // quit if no arguments
    {
        cerr << "Usage: " << argv[0] << " filename[s]\n";
        exit(EXIT_FAILURE);
    }

    ifstream fin; // open stream
    long count;
    long total = 0;
    char ch;

    for (int file = 1; file < argc; file++)
    {
        fin.open(argv[file]); // connect stream to argv[file]
        if (!fin.is_open())
        {
            cerr << "Could not open " << argv[file] << endl;
            fin.clear();
            continue;
        }
        count = 0;
        while (fin.get(ch))
            count++;
        cout << count << " characters in " << argv[file] << endl;
        total += count;
        fin.clear(); // needed for some implementations
        fin.close(); // disconnect file
    }
    cout << total << " characters in all files\n";
```

```
    return 0;
}
```

注意：有些 C++实现要求在该程序末尾使用 fin.clear()，有些则不要求，这取决于将文件与 ifstream 对象关联起来时，是否自动重置流状态。使用 fin.clear()是无害的，即使在不必使用它的时候使用。

例如，在 Linux 系统中，可以将程序清单 17.17 编译为一个名为 a.out 的可执行文件。该程序的运行情况如下：

```
$ a.out
Usage: a.out filename[s]
$ a.out paris rome
3580 characters in paris
4886 characters in rome
8466 characters in all files
$
```

注意，该程序使用 cerr 表示错误消息。另外，消息使用 argv[0]，而不是 a.out：

```
cerr << "Usage: " << argv[0] << " filename[s]\n";
```

如果修改了可执行文件的名称，则程序将自动使用新的名称。

该程序使用 is_open()方法来确定能够打开指定的文件，下面更深入地探讨这一主题。

17.4.5 文件模式

文件模式描述的是文件将被如何使用：读、写、追加等。将流与文件关联时（无论是使用文件名初始化文件流对象，还是使用 open()方法），都可以提供指定文件模式的第二个参数：

```
ifstream fin("banjo", mode1); // constructor with mode argument
ofstream fout();
fout.open("harp", mode2);     // open() with mode arguments
```

ios_base 类定义了一个 openmode 类型，用于表示模式；与 fmtflags 和 iostate 类型一样，它也是一种 bitmask 类型（以前，其类型为 int）。可以选择 ios_base 类中定义的多个常量来指定模式，表 17.7 列出了这些常量及其含义。C++文件 I/O 作了一些改动，以便与 ANSI C 文件 I/O 兼容。

表 17.7 文件模式常量

常 量	含 义
ios_base::in	打开文件，以便读取
ios_base::out	打开文件，以便写入
ios_base::ate	打开文件，并移到文件尾
ios_base::app	追加到文件尾
ios_base::trunc	如果文件存在，则截短文件
ios_base::binary	二进制文件

如果 ifstream 和 ofstream 构造函数以及 open()方法都接受两个参数，为什么前面的例子只使用一个参数就可以调用它们呢？您可能猜到了，这些类成员函数的原型为第二个参数（文件模式参数）提供了默认值。例如，ifstream open()方法和构造函数用 ios_base::in（打开文件以读取）作为模式参数的默认值，而 ofstream open()方法和构造函数用 ios_base::out | ios_base::trunc（打开文件，以读取并截短文件）作为默认值。位运算符 OR（|）用于将两个位值合并成一个可用于设置两个位的值。fstream 类不提供默认的模式值，因此在创建这种类的对象时，必须显式地提供模式。

注意，ios_base::trunc 标记意味着打开已有的文件，以接收程序输出时将被截短；也就是说，其以前的内容将被删除。虽然这种行为极大地降低了耗尽磁盘空间的危险，但您也许能够想象到这样的情形，即不希望打开文件时将其内容删除。当然，C++提供了其他的选择。例如，如果要保留文件内容，并在文件尾添加（追加）新信息，则可以使用 ios_base::app 模式：

```
ofstream fout("bagels", ios_base::out | ios_base::app);
```

上述代码也使用|运算符来合并模式，因此 ios_base::out | ios_base::app 意味着启用模式 out 和 app（参见图 17.6）。

老式 C++实现之间可能有一些差异。例如，有些实现允许省略前一例子中的 ios_base::out，有些则不允许。如果不使用默认模式，则最安全的方法是显式地提供所有的模式元素。有些编译器不支持表 17.7 中的所有选项，有些则提供了表中没有列出的其他选项。这些差异导致的后果之一是，可能必须对后面的例子作一些修改，使之能够在所用的系统中运行。好在 C++标准提供了更高的统一性。

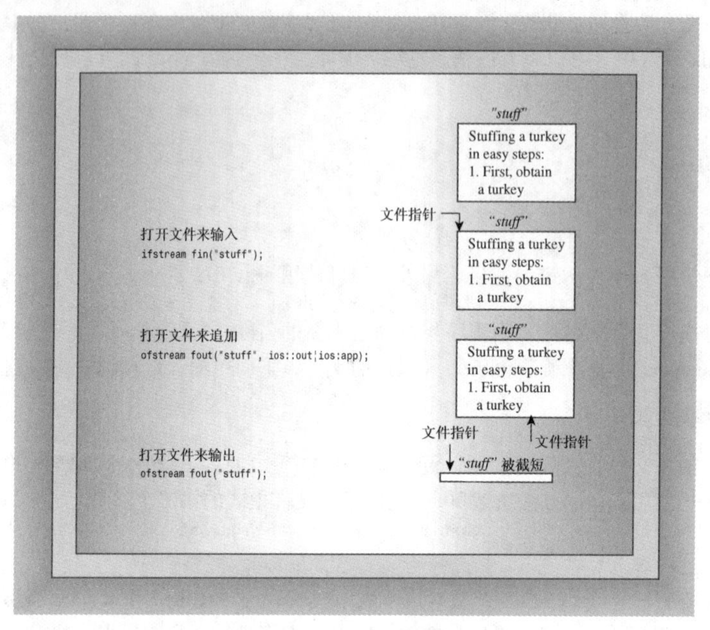

图 17.6 一些文件打开模式

标准 C++根据 ANSI C 标准 I/O 定义了部分文件 I/O。实现像下面这样的 C++语句时：

```
ifstream fin(filename, c++mode);
```

就像它使用了 C 的 fopen()函数一样：

```
fopen(filename, cmode);
```

其中，c++mode 是一个 openmode 值，如 ios_base::in；而 cmode 是相应的 C 模式字符串，如“r”。表 17.8 列出了 C++模式和 C 模式的对应关系。注意，ios_base::out 本身将导致文件被截短，但与 ios_base::in 一起使用时，不会导致文件被截短。没有列出的组合，如 ios_base::in | ios_base::trunc，将禁止文件被打开。is_open()方法用于检测这种故障。

表 17.8 C++和 C 的文件打开模式

C++模式	C 模式	含 义
ios_base :: in	"r"	打开以读取
ios_base :: out	"w"	等价于 ios_base :: out | ios_base :: trunc
ios_base :: out | ios_base :: trunc	"w"	打开以写入，如果已经存在，则截短文件
ios_base :: out | ios_base :: app	"a"	打开以写入，只追加
ios_base :: in | ios_base :: out	"r+"	打开以读写，在文件允许的位置写入
ios_base :: in | ios_base :: out | ios_base::trunc	"w+"	打开以读写，如果已经存在，则首先截短文件
c++mode | ios_base :: binary	"cmodeb"	以 C++mode（或相应的 cmode）和二进制模式打开；例如，ios_base :: in | ios_base :: binary 成为“rb”
c++mode | ios_base :: ate	"cmode"	以指定的模式打开，并移到文件尾。C 使用一个独立的函数调用，而不是模式编码。例如，ios_base :: in | ios_base :: ate 被转换为“r”模式和 C 函数调用 fseek(file, 0, SEEK_END)

注意，ios_base::ate 和 ios_base::app 都将文件指针指向打开的文件尾。二者的区别在于，ios_base::app 模式只允许将数据添加到文件尾，而 ios_base::ate 模式将指针放到文件尾。

显然，各种模式的组合很多，我们将介绍几种有代表性的组合。

1. 追加文件

来看一个在文件尾追加数据的程序。该程序维护一个存储来客清单的文件。该程序首先显示文件当前的内容（如果有的话）。在尝试打开文件后，它使用 is_open()方法来检查该文件是否存在。接下来，程序以 ios_base::app 模式打开文件，进行输出。然后，它请求用户从键盘输入，并将其添加到文件中。最后，程序显示修订后的文件内容。程序清单 17.18 演示了如何实现这些目标。请注意程序是如何使用 is_open()方法来检测文件是否被成功打开的。

注意：在早期，文件 I/O 可能是 C++最不标准的部分，很多老式编译器都不遵守当前的标准。例如，有些编译器使用诸如 nocreate 等模式，而这些模式不是当前标准的组成部分。另外，只有一部分编译器要求在第二次打开同一个文件进行读取之前调用 fin.clear()。

程序清单 17.18　append.cpp

```
// append.cpp -- appending information to a file
#include <iostream>
#include <fstream>
#include <string>
#include <cstdlib> // (for exit()

const char * file = "guests.txt";
int main()
{
    using namespace std;
    char ch;
// show initial contents
    ifstream fin;
    fin.open(file);

    if (fin.is_open())
    {
        cout << "Here are the current contents of the "
             << file << " file:\n";
        while (fin.get(ch))
            cout << ch;
        fin.close();
    }

// add new names
    ofstream fout(file, ios::out | ios::app);
    if (!fout.is_open())
    {
        cerr << "Can't open " << file << " file for output.\n";
        exit(EXIT_FAILURE);
    }

    cout << "Enter guest names (enter a blank line to quit):\n";
    string name;
    while (getline(cin,name) && name.size() > 0)
    {
        fout << name << endl;
    }
    fout.close();

// show revised file
    fin.clear(); // not necessary for some compilers
    fin.open(file);
    if (fin.is_open())
    {
        cout << "Here are the new contents of the "
             << file << " file:\n";
        while (fin.get(ch))
            cout << ch;
        fin.close();
    }
    cout << "Done.\n";
    return 0;

}
```

下面是第一次运行程序清单 17.18 中程序的情况：

```
Enter guest names (enter a blank line to quit):
Genghis Kant
Hank Attila
Charles Bigg

Here are the new contents of the guests.txt file:
Genghis Kant
Hank Attila
Charles Bigg
Done.
```

此时，guests.txt 文件还没有创建，因此程序不能预览该文件。

但第二次运行该程序时，guests.txt 文件已经存在，因此程序将预览该文件。另外，新数据被追加到旧文件的后面，而不是取代它们。

```
Here are the current contents of the guests.txt file:
Genghis Kant
Hank Attila
Charles Bigg
Enter guest names (enter a blank line to quit):
Greta Greppo
LaDonna Mobile
Fannie Mae

Here are the new contents of the guests.txt file:
Ghengis Kant
Hank Attila
Charles Bigg
Greta Greppo
LaDonna Mobile
Fannie Mae
Done.
```

可以用任何文本编辑器来读取 guest.txt 的内容，包括用来编写源代码的编辑器。

2. 二进制文件

将数据存储在文件中时，可以将其存储为文本格式或二进制格式。文本格式指的是将所有内容（甚至数字）都存储为文本。例如，以文本格式存储值-2.324216e+07 时，将存储该数字包含的 13 个字符。这需要将浮点数的计算机内部表示转换为字符格式，这正是<<插入运算符完成的工作。另一方面，二进制格式指的是存储值的计算机内部表示。也就是说，计算机不是存储字符，而是存储这个值的 64 位 double 表示。对于字符来说，二进制表示与文本表示是一样的，即字符的 ASCII 码的二进制表示。对于数字来说，二进制表示与文本表示有很大的差别（参见图 17.7）。

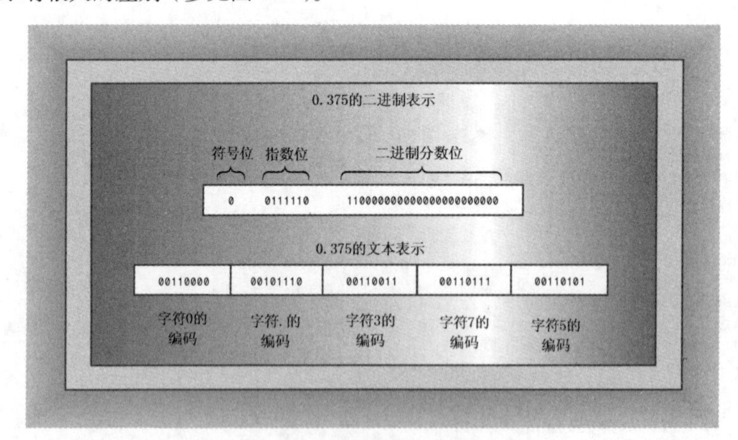

图 17.7 浮点数的二进制表示和文本表示

每种格式都有自己的优点。文本格式便于读取，可以使用编辑器或字处理器来读取和编辑文本文件，可以很方便地将文本文件从一个计算机系统传输到另一个计算机系统。二进制格式对于数字来说比较精确，因为它存储的是值的内部表示，因此不会有转换误差或舍入误差。以二进制格式保存数据的速度更快，因为不需要转换，并可以大块地存储数据。二进制格式通常占用的空间较小，这取决于数据的特征。然而，如果另一个系统使用另一种内部表示，则可能无法将数据传输给该系统。同一系统上不同的编译器也可能使用不同的内部结构布局表示。在这种情况下，则必须编写一个将一种数据转换成另一种的程序。

来看一个更具体的例子。考虑下面的结构定义和声明：

```
const int LIM = 20;
struct planet
{
    char name[LIM];     // name of planet
    double population; // its population
    double g;          // its acceleration of gravity
};
planet pl;
```

要将结构 pl 的内容以文本格式保存，可以这样做：

```
ofstream fout("planets.dat", ios_base:: out | ios_base::app);
fout << pl.name << " " << pl.population << " " << pl.g << "\n";
```

必须使用成员运算符显式地提供每个结构成员，还必须将相邻的数据分隔开，以便区分。如果结构有 30 个成员，则这项工作将很乏味。

要用二进制格式存储相同的信息，可以这样做：

```
ofstream fout("planets.dat",
              ios_base:: out | ios_base::app | ios_base::binary);
fout.write( (char *) &pl, sizeof pl);
```

上述代码使用计算机的内部数据表示，将整个结构作为一个整体保存。不能将该文件作为文本读取，但与文本相比，信息的保存更为紧凑、精确。它确实更便于键入代码。这种方法做了两个修改：

- 使用二进制文件模式；
- 使用成员函数 write()。

下面更详细的介绍这两项修改。

有些系统（如 Windows）支持两种文件格式：文本格式和二进制格式。如果要用二进制格式保存数据，应使用二进制文件格式。在 C++中，可以将文件模式设置为 ios_base::binary 常量来完成。要知道为什么在 Windows 系统上需要完成这样的任务，请参见后面的旁注“二进制文件和文本文件”。

二进制文件和文本文件

使用二进制文件模式时，程序将数据从内存传输给文件（反之亦然）时，将不会发生任何隐藏的转换，而默认的文本模式并非如此。例如，对于 Windows 文本文件，它们使用两个字符的组合（回车和换行）表示换行符；Macintosh 文本文件使用回车来表示换行符；而 UNIX 和 Linux 文件使用换行（linefeed）来表示换行符。C++是从 UNIX 系统上发展而来的，因此也使用换行（linefeed）来表示换行符。为增加可移植性，Windows C++程序在写文本模式文件时，自动将 C++换行符转换为回车和换行；Macintosh C++程序在写文件时，将换行符转换为回车。在读取文本文件时，这些程序将本地换行符转换为 C++格式。对于二进制数据，文本格式会引起问题，因为 double 值中间的字节可能与换行符的 ASCII 码有相同的位模式。另外，在文件尾的检测方式也有区别。因此以二进制格式保存数据时，应使用二进制文件模式（UNIX 系统只有一种文件模式，因此对于它来说，二进制模式和文本模式是一样的）。

要以二进制格式（而不是文本格式）存储数据，可以使用 write()成员函数。前面说过，这种方法将内存中指定数目的字节复制到文件中。本章前面用它复制过文本，但它只逐字节地复制数据，而不进行任何转换。例如，如果将一个 long 变量的地址传递给它，并命令它复制 4 个字节，它将复制 long 值中的 4 个字节，而不会将它转换为文本。唯一不方便的地方是，必须将地址强制转换为指向 char 的指针。也可以用同样的方式来复制整个 planet 结构。要获得字节数，可以使用 sizeof 运算符：

```
fout.write( (char *) &pl, sizeof pl);
```

这条语句导致程序前往 pl 结构的地址，并将开始的 36 个字节（sizeof pl 表达式的值）复制到与 fout 相关联的文件中。

要使用文件恢复信息，请通过一个 ifstream 对象使用相应的 read()方法：

```
ifstream fin("planets.dat", ios_base::in | ios_base::binary);
fin.read((char *) &pl, sizeof pl);
```

这将从文件中复制 sizeof pl 个字节到 pl 结构中。同样的方法也适用于不使用虚函数的类。在这种情况下，只有数据成员被保存，而方法不会被保存。如果类有虚方法，则也将复制隐藏指针（该指针指向虚函数的指针表）。由于下一次运行程序时，虚函数表可能在不同的位置，因此将文件中的旧指针信息复制到对象中，将可能造成混乱（请参见“编程练习6”中的注意）。

提示：read()和write()成员函数的功能是相反的。请用read()来恢复用write()写入的数据。

程序清单17.19使用这些方法来创建和读取二进制文件。从形式上看，该程序与程序清单17.18相似，但它使用的是write()和read()，而不是插入运算符和get()方法。另外，它还使用控制符来格式化屏幕输出。

注意：虽然二进制文件概念是ANSI C的组成部分，但一些C和C++实现并没有提供对二进制文件模式的支持。原因在于：有些系统只有一种文件类型，因此可以将二进制操作（如read()和write()）用于标准文件格式。因此，如果实现认为ios_base::binary是非法常量，只要删除它即可。如果实现不支持fixed和right控制符，则可以使用cout.setf（ios_base::fixed、ios_base::floatfield）和cout.setf（ios_base::right、ios_base::adjustfield）。另外，也可能必须用ios替换ios_base。其他编译器（特别是老式编译器）可能还有其他特征。

程序清单17.19　binary.cpp

```
// binary.cpp -- binary file I/O
#include <iostream> // not required by most systems
#include <fstream>
#include <iomanip>
#include <cstdlib> // for exit()

inline void eatline() { while (std::cin.get() != '\n') continue; }
struct planet
{
    char name[20];      // name of planet
    double population;  // its population
    double g;           // its acceleration of gravity
};

const char * file = "planets.dat";

int main()
{
    using namespace std;
    planet pl;
    cout << fixed << right;

// show initial contents
    ifstream fin;
    fin.open(file, ios_base::in |ios_base::binary); // binary file
    //NOTE: some systems don't accept the ios_base::binary mode
    if (fin.is_open())
    {
    cout << "Here are the current contents of the "
        << file << " file:\n";
    while (fin.read((char *) &pl, sizeof pl))
    {
        cout << setw(20) << pl.name << ": "
               << setprecision(0) << setw(12) << pl.population
               << setprecision(2) << setw(6) << pl.g << endl;
    }
    fin.close();
    }

// add new data
    ofstream fout(file,
             ios_base::out | ios_base::app | ios_base::binary);
    //NOTE: some systems don't accept the ios::binary mode
    if (!fout.is_open())
    {
        cerr << "Can't open " << file << " file for output:\n";
        exit(EXIT_FAILURE);
    }

    cout << "Enter planet name (enter a blank line to quit):\n";
    cin.get(pl.name, 20);
    while (pl.name[0] != '\0')
    {
        eatline();
        cout << "Enter planetary population: ";
        cin >> pl.population;
        cout << "Enter planet's acceleration of gravity: ";
```

```
        cin >> pl.g;
        eatline();
        fout.write((char *) &pl, sizeof pl);
        cout << "Enter planet name (enter a blank line "
                "to quit):\n";
        cin.get(pl.name, 20);
    }
    fout.close();

// show revised file
    fin.clear(); // not required for some implementations, but won't hurt
    fin.open(file, ios_base::in | ios_base::binary);
    if (fin.is_open())
    {
        cout << "Here are the new contents of the "
             << file << " file:\n";
        while (fin.read((char *) &pl, sizeof pl))
        {
            cout << setw(20) << pl.name << ": "
                 << setprecision(0) << setw(12) << pl.population
                 << setprecision(2) << setw(6) << pl.g << endl;
        }
        fin.close();
    }
    cout << "Done.\n";
    return 0;
}
```

下面是首次运行程序清单 17.19 中程序时的情况：

```
Enter planet name (enter a blank line to quit):
Earth
Enter planetary population: 6928198253
Enter planet's acceleration of gravity: 9.81
Enter planet name (enter a blank line to quit):

Here are the new contents of the planets.dat file:
               Earth:   6928198253  9.81
Done.
```

下面是再次运行该程序时的情况：

```
Here are the current contents of the planets.dat file:
               Earth:   6928198253  9.81
Enter planet name (enter a blank line to quit):
Jenny's World
Enter planetary population: 32155648
Enter planet's acceleration of gravity: 8.93
Enter planet name (enter a blank line to quit):

Here are the new contents of the planets.dat file:
               Earth:   6928198253  9.81
       Jenny's World:     32155648  8.93
Done.
```

看到该程序的主要特征后，下面再次讨论前面提到的几点。程序在读取行星的 g 值后，将使用下面的代码（以内嵌 eatline()函数的形式）：

```
while (std::cin.get() != '\n') continue;
```

这将读取并丢弃输入中换行符之前的内容。考虑循环中的下一条输入语句：

```
cin.get(pl.name, 20);
```

如果保留换行符，该语句将换行符作为空行读取，然后终止循环。

您可能会问，如果该程序是否可以使用 string 对象而不是字符数组来表示 planet 结构的 name 成员？答案是否定的，至少在不对设计做重大修改的情况下是否定的。问题在于，string 对象本身实际上并没有包含字符串，而是包含一个指向其中存储了字符串的内存单元的指针。因此，将结构复制到文件中时，复制的将不是字符串数据，而是字符串的存储地址。当您再次运行该程序时，该地址将毫无意义。

17.4.6 随机存取

在最后一个文件示例中，将探讨随机存取。随机存取指的是直接移动（不是依次移动）到文件的任何位置。随机存取常被用于数据库文件，程序维护一个独立的索引文件，该文件指出数据在主数据文件中的位置。这样，程序便可以直接跳到这个位置，读取（还可能修改）其中的数据。如果文件由长度相同的记录组成，这种方法实现起来最简单。每条记录表示一组相关的数据。例如，在程序清单 17.19 的示例中，每条文件记录将表示关于特定行星的全部数据。很自然，文件记录对应于程序结构或类。

我们将以程序清单 17.19 中的二进制文件程序为基础，充分利用 planet 结构为文件提供了记录模式，来创建这个例子。为使编程更具创造性，该示例将以读写模式打开文件，以便能够读取和修改记录。为此，可以创建一个 fstream 对象。fstream 类是从 iostream 类派生而来的，而后者基于 istream 和 ostream 两个类，因此它继承了它们的方法。它还继承了两个缓冲区，一个用于输入，一个用于输出，并能同步化这两个缓冲区的处理。也就是说，当程序读写文件时，它将协调地移动输入缓冲区中的输入指针和输出缓冲区中的输出指针。

该示例将完成以下工作：

1. 显示 planets.dat 文件当前的内容；
2. 询问要修改哪条记录；
3. 修改该记录；
4. 显示修改后的文件。

更复杂的程序将使用菜单和循环，使得能在操作列表中不断地进行选择。但这里的版本只能执行每种操作一次。这种简化让您能够检验读写文件的多个方面，而不陷入程序设计事务之中。

警告：这个程序假设 planets.dat 文件已经存在，该文件是由程序清单 17.19 中的 binary.cpp 程序创建的。

要回答的第一个问题是：应使用哪种文件模式。为读取文件，需要使用 ios_base::in 模式。为执行二进制 I/O，需要使用 ios_base::binary 模式（在某些非标准系统上，可以省略这种模式，事实上，可能必须省略这种模式）。为写入文件，需要 ios_base::out 或 ios_base::app 模式。然而，追加模式只允许程序将数据添加到文件尾，文件的其他部分是只读的；也就是说，可以读取原始数据，但不能修改它；要修改数据，必须使用 ios_base::out。表 17.8 表明，同时使用 in 模式和 out 模式将得到读/写模式，因此只需添加二进制元素即可。如前所述，要使用|运算符来组合模式。因此，需要使用下面的语句：

```
finout.open(file,ios_base::in | ios_base::out | ios_base::binary);
```

接下来，需要一种在文件中移动的方式。fstream 类为此继承了两个方法：seekg()和 seekp()，前者将输入指针移到指定的文件位置，后者将输出指针移到指定的文件位置（实际上，由于 fstream 类使用缓冲区来存储中间数据，因此指针指向的是缓冲区中的位置，而不是实际的文件）。也可以将 seekg()用于 ifstream 对象，将 seekp()用于 oftream 对象。下面是 seekg()的原型：

```
basic_istream<charT,traits>& seekg(off_type, ios_base::seekdir);
basic_istream<charT,traits>& seekg(pos_type);
```

正如您看到的，它们都是模板。本章将使用 char 类型的模板具体化。对于 char 具体化，上面两个原型等同于下面的代码：

```
istream & seekg(streamoff, ios_base::seekdir);
istream & seekg(streampos);
```

第一个原型定位到离第二个参数指定的文件位置特定距离（单位为字节）的位置；第二个原型定位到离文件开头特定距离（单位为字节）的位置。

类型升级

在 C++早期，seekg()方法比较简单。streamoff 和 streampos 类型是一些标准整型（如 long）的 typedef。但为创建可移植标准，必须处理这样的现实情况：对于有些文件系统，整数参数无法提供足够的信息，因此 streamoff 和 streampos 允许是结构或类类型，条件是它们允许一些基本的操作，如使用整数值作为初始值等。随后，老版本的 istream 类被 basic_istream 模板取代，streampos 和 streamoff 被 basic_istream 模板取代。然而，streampos 和 streamoff 继续存在，作为 pos_type 和 off_type 的 char 的具体化。同样，如果将 seekg()用于 wistream 对象，可以使用 wstreampos 和 wstreamoff 类型。

来看 seekg()的第一个原型的参数。streamoff 值被用来度量相对于文件特定位置的偏移量(单位为字节)。streamoff 参数表示相对于三个位置之一的偏移量为特定值（以字节为单位）的文件位置（类型可定义为整型或类）。seek_dir 参数是 ios_base 类中定义的另一种整型，有 3 个可能的值。常量 ios_base::beg 指相对于文件开始处的偏移量。常量 ios_base::cur 指相对于当前位置的偏移量；常量 ios_base::end 指相对于文件尾的偏移量。下面是一些调用示例，这里假设 fin 是一个 ifstream 对象：

```
fin.seekg(30, ios_base::beg); // 30 bytes beyond the beginning
fin.seekg(-1, ios_base::cur); // back up one byte
fin.seekg(0, ios_base::end);  // go to the end of the file
```

下面来看第二个原型。streampos 类型的值定位到文件中的一个位置。它可以是类，但如果是这样的话，这个类将包含一个接受 streamoff 参数的构造函数和一个接受整数参数的构造函数，以便将两种类型转换为 streampos 值。streampos 值表示文件中的绝对位置（从文件开始处算起）。可以将 streampos 位置看作是相对于文件开始处的位置（以字节为单位，第一个字节的编号为 0）。因此下面的语句将文件指针指向第 112 个字节，这是文件中的第 113 个字节：

```
fin.seekg(112);
```

如果要检查文件指针的当前位置，则对于输入流，可以使用 tellg()方法，对于输出流，可以使用 tellp()方法。它们都返回一个表示当前位置的 streampos 值（以字节为单位，从文件开始处算起）。创建 fstream 对象时，输入指针和输出指针将一前一后地移动，因此 tellg()和 tellp()返回的值相同。然而，如果使用 istream 对象来管理输入流，而使用 ostream 对象来管理同一个文件的输出流，则输入指针和输出指针将彼此独立地移动，因此 tellg()和 tellp()将返回不同的值。

然后，可以使用 seekg()移到文件的开头。下面是打开文件、移到文件开头并显示文件内容的代码片段：

```
fstream finout;     // read and write streams
finout.open(file,ios::in | ios::out |ios::binary);
//NOTE: Some Unix systems require omitting | ios::binary
int ct = 0;
if (finout.is_open())
{
    finout.seekg(0); // go to beginning
    cout << "Here are the current contents of the "
          << file << " file:\n";
    while (finout.read((char *) &pl, sizeof pl))
    {
        cout << ct++ << ": " << setw(LIM) << pl.name << ": "
        << setprecision(0) << setw(12) << pl.population
        << setprecision(2) << setw(6) << pl.g << endl;
    }
    if (finout.eof())
        finout.clear(); // clear eof flag
    else
    {
        cerr << "Error in reading " << file << ".\n";
        exit(EXIT_FAILURE);
    }
}
else
{
    cerr << file << " could not be opened -- bye.\n";
    exit(EXIT_FAILURE);
}
```

这与程序清单 17.19 的开头很相似，但也修改和添加了一些内容。首先，程序以读/写模式使用一个 fstream 对象，并使用 seekg()将文件指针放在文件开头（对于这个例子而言，这其实不是必须的，但它说明了如何使用 seekg()）。接下来，程序在给记录编号方面做了一些小的改动。然后添加了以下重要的代码：

```
if (finout.eof())
    finout.clear(); // clear eof flag
else
{
    cerr << "Error in reading " << file << ".\n";
    exit(EXIT_FAILURE);
}
```

上述代码解决的问题是，程序读取并显示整个文件后，将设置 eofbit 元素。这使程序相信，它已经处理完文件，并禁止对文件做进一步的读写。使用 clear()方法重置流状态，并打开 eofbit 后，程序便可以再次访问该文件。else 部分处理程序因到达文件尾之外的其他原因（如硬件故障）而停止读取的情况。

接下来需要确定要修改的记录，并修改它。为此，程序让用户输入记录号。将该编号与记录包含的字节数相乘，得到该记录第一个字节的编号。如果 record 是记录号，则字节编号为 record * sizeof pl：

```
long rec;
cin >> rec;
eatline(); // get rid of newline
if (rec < 0 || rec >= ct)
{
```

```
    cerr << "Invalid record number -- bye\n";
    exit(EXIT_FAILURE);
}
streampos place = rec * sizeof pl; // convert to streampos type
finout.seekg(place); // random access
```

变量 ct 表示记录号。如果试图超出文件尾，程序将退出。

接下来，程序显示当前的记录：

```
finout.read((char *) &pl, sizeof pl);
cout << "Your selection:\n";
cout << rec << ": " << setw(LIM) << pl.name << ": "
<< setprecision(0) << setw(12) << pl.population
<< setprecision(2) << setw(6) << pl.g << endl;
if (finout.eof())
    finout.clear(); // clear eof flag
```

显示记录后，程序让您修改记录：

```
cout << "Enter planet name: ";
cin.get(pl.name, LIM);
eatline();
cout << "Enter planetary population: ";
cin >> pl.population;
cout << "Enter planet's acceleration of gravity: ";
cin >> pl.g;
finout.seekp(place); // go back
finout.write((char *) &pl, sizeof pl) << flush;

if (finout.fail())
{
    cerr << "Error on attempted write\n";
    exit(EXIT_FAILURE);
}
```

程序刷新输出，以确保进入下一步之前，文件被更新。

最后，为显示修改后的文件，程序使用 seekg()将文件指针重新指向开头。程序清单 17.20 列出了完整的程序。不要忘了，该程序假设 binary.cpp 创建的 planets.dat 文件是可用的。

注意： 实现越旧，与 C++标准相冲突的可能性越大。一些系统不能识别二进制标记、fixed 和 right 控制符以及 ios_base。

程序清单 17.20 random.cpp

```
// random.cpp -- random access to a binary file
#include <iostream>     // not required by most systems
#include <fstream>
#include <iomanip>
#include <cstdlib>      // for exit()
const int LIM = 20;
struct planet
{
    char name[LIM];     // name of planet
    double population;  // its population
    double g;           // its acceleration of gravity
};

const char * file = "planets.dat"; // ASSUMED TO EXIST (binary.cpp example)
inline void eatline() { while (std::cin.get() != '\n') continue; }

int main()
{
    using namespace std;
    planet pl;
    cout << fixed;

// show initial contents
    fstream finout; // read and write streams
    finout.open(file,
           ios_base::in | ios_base::out | ios_base::binary);
    //NOTE: Some Unix systems require omitting | ios::binary
    int ct = 0;
    if (finout.is_open())
    {
        finout.seekg(0); // go to beginning
        cout << "Here are the current contents of the "
             << file << " file:\n";
        while (finout.read((char *) &pl, sizeof pl))
```

```
        {
            cout << ct++ << ": " << setw(LIM) << pl.name << ": "
                 << setprecision(0) << setw(12) << pl.population
                 << setprecision(2) << setw(6) << pl.g << endl;
        }
        if (finout.eof())
            finout.clear(); // clear eof flag
        else
        {
            cerr << "Error in reading " << file << ".\n";
            exit(EXIT_FAILURE);
        }
    }
    else
    {
        cerr << file << " could not be opened -- bye.\n";
        exit(EXIT_FAILURE);
    }

// change a record
    cout << "Enter the record number you wish to change: ";
    long rec;
    cin >> rec;
    eatline(); // get rid of newline
    if (rec < 0 || rec >= ct)
    {
        cerr << "Invalid record number -- bye\n";
        exit(EXIT_FAILURE);
    }
    streampos place = rec * sizeof pl; // convert to streampos type
    finout.seekg(place); // random access
    if (finout.fail())
    {
        cerr << "Error on attempted seek\n";
        exit(EXIT_FAILURE);
    }

    finout.read((char *) &pl, sizeof pl);
    cout << "Your selection:\n";
    cout << rec << ": " << setw(LIM) << pl.name << ": "
         << setprecision(0) << setw(12) << pl.population
         << setprecision(2) << setw(6) << pl.g << endl;
    if (finout.eof())
        finout.clear(); // clear eof flag

    cout << "Enter planet name: ";
    cin.get(pl.name, LIM);
    eatline();
    cout << "Enter planetary population: ";
    cin >> pl.population;
    cout << "Enter planet's acceleration of gravity: ";
    cin >> pl.g;
    finout.seekp(place); // go back
    finout.write((char *) &pl, sizeof pl) << flush;
    if (finout.fail())
    {
        cerr << "Error on attempted write\n";
        exit(EXIT_FAILURE);
    }

// show revised file
    ct = 0;
    finout.seekg(0); // go to beginning of file
    cout << "Here are the new contents of the " << file
         << " file:\n";
    while (finout.read((char *) &pl, sizeof pl))
    {
        cout << ct++ << ": " << setw(LIM) << pl.name << ": "
             << setprecision(0) << setw(12) << pl.population
             << setprecision(2) << setw(6) << pl.g << endl;
    }
    finout.close();
    cout << "Done.\n";
    return 0;
}
```

下面是程序清单 17.20 中的程序基于 planets.dat 文件的运行情况，该文件比上次见到时多了一些条目：

```
Here are the current contents of the planets.dat file:
0:                 Earth:   6928198253  9.81
1:          Jenny's World:    32155648  8.93
2:               Tramtor:  89000000000 15.03
3:               Trellan:      5214000  9.62
4:             Freestone:   3945851000  8.68
5:             Taanagoot:    361000004 10.23
6:                 Marin:       252409  9.79
Enter the record number you wish to change: 2
Your selection:
2:               Tramtor:  89000000000 15.03
Enter planet name: Trantor
Enter planetary population: 89521844777
Enter planet's acceleration of gravity: 10.53
Here are the new contents of the planets.dat file:
0:                 Earth:   6928198253  9.81
1:          Jenny's World:    32155648  8.93
2:               Trantor:  89521844777 10.53
3:               Trellan:      5214000  9.62
4:             Freestone:   3945851000  8.68
5:             Taanagoot:    361000004 10.23
6:                 Marin:       252409  9.79
Done.
```

通过使用该程序中的技术，对其进行扩展，使之能够让用户添加新信息和删除记录。如果打算扩展该程序，最好通过使用类和函数来重新组织它。例如，可以将 planet 结构转换为一个类定义，然后对<<插入运算符进行重载，使得 cout<<pl 按示例的格式显示类的数据成员。另外，该示例没有对输入进行检查，您可以添加代码来检查数值输入是否合适。

使用临时文件

开发应用程序时，经常需要使用临时文件，这种文件的存在是短暂的，必须受程序控制。您是否考虑过，在 C++中如何使用临时文件呢？创建临时文件、复制另一个文件的内容并删除文件其实都很简单。首先，需要为临时文件制定一个命名方案，但如何确保每个文件都被指定了独一无二的文件名呢？cstdio 中声明的 tmpnam()标准函数可以帮助您。

```
char* tmpnam( char* pszName );
```

tmpnam()函数创建一个临时文件名，将它放在 pszName 指向的 C 风格字符串中。常量 L_tmpnam 和 TMP_MAX（二者都是在 cstdio 中定义的）限制了文件名包含的字符数以及在确保当前目录中不生成重复文件名的情况下 tmpnam()可被调用的最多次数。下面是生成 10 个临时文件名的代码。

```
#include <cstdio>
#include <iostream>

int main()
{
    using namespace std;
    cout << "This system can generate up to " << TMP_MAX
         << " temporary names of up to " << L_tmpnam
         << " characters.\n";
    char pszName[ L_tmpnam ] = {'\0'};
    cout << "Here are ten names:\n";
    for( int i=0; 10 > i; i++ )
    {
        tmpnam( pszName );
        cout << pszName << endl;
    }
    return 0;
}
```

更具体地说，使用 tmpnam()可以生成 TMP_NAM 个不同的文件名，其中每个文件名包含的字符不超过 L_tmpnam 个。生成什么样的文件名取决于实现，您可以运行该程序，来看看编译器给您生成的文件名。

17.5 内核格式化

iostream 族（family）支持程序与终端之间的 I/O，而 fstream 族使用相同的接口提供程序和文件之间的 I/O。C++库还提供了 sstream 族，它们使用相同的接口提供程序和 string 对象之间的 I/O。也就是说，可以使用于 cout 的 ostream 方法将格式化信息写入到 string 对象中，并使用 istream 方法（如 getline()）来读取 string 对象中的信息。读取 string 对象中的格式化信息或将格式化信息写入 string 对象中被称为内核格式化（incore formatting）。下面简要地介绍一下这些工具（string 的 sstream 族支持取代了 char 数组的 strstream.h 族支持）。

头文件 sstream 定义了一个从 ostream 类派生而来的 ostringstream 类（还有一个基于 wostream 的 wostringstream 类，这个类用于宽字符集）。如果创建了一个 ostringstream 对象，则可以将信息写入其中，它将存储这些信息。可以将可用于 cout 的方法用于 ostringstream 对象。也就是说，可以这样做：

```
ostringstream outstr;
double price = 380.0;
char * ps = " for a copy of the ISO/EIC C++ standard!";
outstr.precision(2);
outstr << fixed;
outstr << "Pay only CHF " << price << ps << endl;
```

格式化文本进入缓冲区，在需要的情况下，该对象将使用动态内存分配来增大缓冲区。ostringstream 类有一个名为 str()的成员函数，该函数返回一个被初始化为缓冲区内容的字符串对象：

```
string mesg = outstr.str(); // returns string with formatted information
```

使用 str()方法可以“冻结”该对象，这样便不能将信息写入该对象中。

程序清单 17.21 是一个有关内核格式化的简短示例。

程序清单 17.21 strout.cpp

```
// strout.cpp -- incore formatting (output)
#include <iostream>
#include <sstream>
#include <string>
int main()
{
    using namespace std;
    ostringstream outstr; // manages a string stream

    string hdisk;
    cout << "What's the name of your hard disk? ";
    getline(cin, hdisk);
    int cap;
    cout << "What's its capacity in GB? ";
    cin >> cap;
    // write formatted information to string stream
    outstr << "The hard disk " << hdisk << " has a capacity of "
            << cap << " gigabytes.\n";
    string result = outstr.str(); // save result
    cout << result;                 // show contents

    return 0;
}
```

下面是程序清单 17.21 中程序的运行情况：

```
What's the name of your hard disk? Datarapture
What's its capacity in GB? 2000
The hard disk Datarapture has a capacity of 2000 gigabytes.
```

istringstream 类允许使用 istream 方法族读取 istringstream 对象中的数据，istringstream 对象可以使用 string 对象进行初始化。

假设 facts 是一个 string 对象，则要创建与该字符串相关联的 istringstream 对象，可以这样做：

```
istringstream instr(facts); // use facts to initialize stream
```

这样，便可以使用 istream 方法读取 instr 中的数据。例如，如果 instr 包含大量字符格式的整数，则可以这样读取它们：

```
int n;
int sum = 0;
while (instr >> n)
    sum += n;
```

程序清单 17.22 使用重载的>>运算符读取字符串中的内容，每次读取一个单词。

程序清单 17.22 strin.cpp

```
// strin.cpp -- formatted reading from a char array
#include <iostream>
#include <sstream>
#include <string>
int main()
```

```
{
    using namespace std;
    string lit = "It was a dark and stormy day, and "
                 " the full moon glowed brilliantly. ";
    istringstream instr(lit); // use buf for input
    string word;
    while (instr >> word)       // read a word a time
        cout << word << endl;
    return 0;
}
```

下面是程序清单 17.22 中程序的输出：

```
It
was
a
dark
and
stormy
day,
and
the
full
moon
glowed
brilliantly.
```

总之，istringstream 和 ostringstream 类使得能够使用 istream 和 ostream 类的方法来管理存储在字符串中的字符数据。

17.6 总结

流是进出程序的字节流。缓冲区是内存中的临时存储区域，是程序与文件或其他 I/O 设备之间的桥梁。信息在缓冲区和文件之间传输时，将使用设备（如磁盘驱动器）处理效率最高的尺寸以大块数据的方式进行传输。信息在缓冲区和程序之间传输时，是逐字节传输的，这种方式对于程序中的处理操作更为方便。C++通过将一个被缓冲流同程序及其输入源相连来处理输入。同样，C++也通过将一个被缓冲流与程序及其输出目标相连来处理输出。iostream 和 fstream 文件构成了 I/O 类库，该类库定义了大量用于管理流的类。包含了 iostream 文件的 C++程序将自动打开 8 个流，并使用 8 个对象管理它们。cin 对象管理标准输入流，后者默认与标准输入设备（通常为键盘）相连；cout 对象管理标准输出流，后者默认与标准输出设备（通常为显示器）相连；cerr 和 clog 对象管理与标准错误设备（通常为显示器）相连的未被缓冲的流和被缓冲的流。这 4 个对象有都有用于宽字符的副本，它们是 wcin、wcout、wcerr 和 wclog。

I/O 类库提供了大量有用的方法。istream 类定义了多个版本的抽取运算符（>>），用于识别所有基本的 C++类型，并将字符输入转换为这些类型。get()方法族和 getline()方法为单字符输入和字符串输入提供了进一步的支持。同样，ostream 类定义了多个版本的插入运算符（<<），用于识别所有的 C++基本类型，并将它们转换为相应的字符输出。put()方法对单字符输出提供了进一步的支持。wistream 和 wostream 类对宽字符提供了类似的支持。

使用 ios_base 类方法以及文件 iostream 和 iomanip 中定义的控制符（可与插入运算符拼接的函数），可以控制程序如何格式化输出。这些方法和控制符使得能够控制计数系统、字段宽度、小数位数、显示浮点变量时采用的计数系统以及其他元素。

fstream 文件提供了将 iostream 方法扩展到文件 I/O 的类定义。ifstream 类是从 istream 类派生而来的。通过将 ifstream 对象与文件关联起来，可以使用所有的 istream 方法来读取文件。同样，通过将 ofstream 对象与文件关联起来，可以使用 ostream 方法来写文件；通过将 fstream 对象与文件关联起来，可以将输入和输出方法用于文件。

要将文件与流关联起来，可以在初始化文件流对象时提供文件名，也可以先创建一个文件流对象，然后用 open()方法将这个流与文件关联起来。close()方法终止流与文件之间的连接。类构造函数和 open()方法接受可选的第二个参数，该参数提供文件模式。文件模式决定文件是否被读和/或写、打开文件以便写入时是否截短文件、试图打开不存在的文件时是否会导致错误、是使用二进制模式还是文本模式等。

文本文件以字符格式存储所有的信息，例如，数字值将被转换为字符表示。常规的插入和抽取运算符以及 get()和 getline()都支持这种模式。二进制文件使用计算机内部使用的二进制表示来存储信息。与文本文件相比，二进制文件存储数据（尤其是浮点值）更为精确、简洁，但可移植性较差。read()和 write()方法都支持二进制输入和输出。

seekg()和seekp()函数提供对文件的随机存取。这些类方法使得能够将文件指针放置到相对于文件开头、文件尾和当前位置的某个位置。tellg()和 tellp()方法报告当前的文件位置。

sstream 头文件定义了 istringstream 和 ostringstream 类，这些类使得能够使用 istream 和 ostream 方法来抽取字符串中的信息，并对要放入到字符串中的信息进行格式化。

17.7 复习题

1. iostream 文件在 C++ I/O 中扮演何种角色？
2. 为什么键入数字（如 121）作为输入要求程序进行转换？
3. 标准输出与标准错误之间有什么区别？
4. 为什么在不为每个类型提供明确指示的情况下，cout 仍能够显示不同的 C++类型？
5. 输出方法的定义的哪一特征让您能够拼接输出？
6. 编写一个程序，要求用户输入一个整数，然后以十进制、八进制和十六进制显示该整数。在宽度为 15 个字符的字段中显示每种形式，并将它们显示在同一行上，同时使用 C++数基前缀。
7. 编写一个程序，请求用户输入下面的信息，并按下面的格式显示它们：

```
Enter your name: Billy Gruff
Enter your hourly wages: 12
Enter number of hours worked: 7.5
First format:
                   Billy Gruff: $     12.00:  7.5
Second format:
Billy Gruff                   : $12.00     :7.5
```

8. 对于下面的程序：

```
//rq17-8.cpp
#include <iostream>

int main()
{
    using namespace std;
    char ch;
    int ct1 = 0;

    cin >> ch;
    while (ch != 'q')
    {
        ct1++;
        cin >> ch;
    }

    int ct2 = 0;
    cin.get(ch);
    while (ch != 'q')
    {
        ct2++;
        cin.get(ch);
    }
    cout << "ct1 = " << ct1 << "; ct2 = " << ct2 << "\n";

    return 0;
}
```

如果输入如下，该程序将打印什么内容？

```
I see a q<Enter>
I see a q<Enter>
```

其中，<Enter>表示按回车键。

9. 下面的两条语句都读取并丢弃行尾之前的所有字符（包括行尾）。这两条语句的行为在哪方面不同？

```
while (cin.get() != '\n')
    continue;
cin.ignore(80, '\n');
```

17.8 编程练习

1. 编写一个程序计算输入流中第一个$之前的字符数目，并将$留在输入流中。

2. 编写一个程序，将键盘输入（直到模拟的文件尾）复制到通过命令行指定的文件中。

3. 编写一个程序，将一个文件复制到另一个文件中。让程序通过命令行获取文件名。如果文件无法打开，程序将指出这一点。

4. 编写一个程序，它打开两个文本文件进行输入，打开一个文本文件进行输出。该程序将两个输入文件中对应的行并接起来，并用空格分隔，然后将结果写入到输出文件中。如果一个文件比另一个短，则将较长文件中余下的几行直接复制到输出文件中。例如，假设第一个输入文件的内容如下：

```
eggs kites donuts
balloons hammers
stones
```

而第二个输入文件的内容如下：

```
zero lassitude
finance drama
```

则得到的文件的内容将如下：

```
eggs kites donuts zero lassitude
balloons hammers finance drama
stones
```

5. Mat 和 Pat 想邀请他们的朋友来参加派对，就像第 16 章中的编程练习 8 那样，但现在他们希望程序使用文件。他们请您编写一个完成下述任务的程序。

- 从文本文件 mat.dat 中读取 Mat 朋友的姓名清单，其中每行为一个朋友。姓名将被存储在容器，然后按顺序显示出来。
- 从文本文件 pat.dat 中读取 Pat 朋友的姓名清单，其中每行为一个朋友。姓名将被存储在容器中，然后按顺序显示出来。
- 合并两个清单，删除重复的条目，并将结果保存在文件 matnpat.dat 中，其中每行为一个朋友。

6. 考虑 14 章的编程练习 5 中的类定义。如果还没有完成这个练习，请现在就做，然后完成下面的任务。

编写一个程序，它使用标准 C++ I/O、文件 I/O 以及 14 章的编程练习 5 中定义的 employee、manager、fink 和 highfink 类型的数据。该程序应包含程序清单 17.17 中的代码行，即允许用户将新数据添加到文件中。该程序首次被运行时，将要求用户输入数据，然后显示所有的数据，并将这些信息保存到一个文件中。当该程序再次被运行时，将首先读取并显示文件中的数据，然后让用户添加数据，并显示所有的数据。差别之一是，应通过一个指向 employee 类型的指针数组来处理数据。这样，指针可以指向 employee 对象，也可以指向从 employee 派生出来的其他三种对象中的任何一种。使数组较小有助于检查程序，例如，您可能将数组限定为最多包含 10 个元素：

```
const int MAX = 10; // no more than 10 objects
...
employee * pc[MAX];
```

为通过键盘输入，程序应使用一个菜单，让用户选择要创建的对象类型。菜单将使用一个 switch，以便使用 new 来创建指定类型的对象，并将它的地址赋给 pc 数组中的一个指针。然后该对象可以使用虚函数 setall()来提示用户输入相应的数据：

```
pc[i]->setall(); // invokes function corresponding to type of object
```

为将数据保存到文件中，应设计一个虚函数 writeall()：

```
for (i = 0; i < index; i++)
    pc[i]->writeall(fout);// fout ofstream connected to output file
```

注意：对于这个练习，应使用文本 I/O，而不是二进制 I/O（遗憾的是，虚对象包含指向虚函数指针表的指针，而 write()将把这种信息复制到文件中。使用 read()读取文件的内容，以填充对象时，函数指针值将为乱码，这将扰乱虚函数的行为）。可使用换行符将字段分隔开，这样在输入时将很容易识别各个字段。也可以使用二进制 I/O，但不能将对象作为一个整体写入，而应该提供分别对每个类成员应用 write()和 read()的类方法。这样，程序将只把所需的数据保存到文件中。

比较难处理的部分是使用文件恢复数据。问题在于：程序如何才能知道接下来要恢复的项目是 employee 对象、manager 对象、fink 对象还是 highfink 对象？一种方法是，在对象的数据写入文件时，在数据前面加上一个指示对象类型的整数。这样，在文件输入时，程序便可以读取该整数，并使用 switch 语句创建一个适当的对象来接收数据：

```
enum classkind{Employee, Manager, Fink, Highfink}; // in class header
...
int classtype;
while((fin >> classtype).get(ch)){ // newline separates int from data
    switch(classtype) {
        case Employee  : pc[i] = new employee;
                       : break;
```

然后便可以使用指针调用虚函数 getall()来读取信息：

```
pc[i++]->getall();
```

7. 下面是某个程序的部分代码。该程序将键盘输入读取到一个由 string 对象组成的 vector 中，将字符串内容（而不是 string 对象）存储到一个文件中，然后该文件的内容复制到另一个由 string 对象组成的 vector 中。

```
int main()
{
    using namespace std;
    vector<string> vostr;
    string temp;

// acquire strings
    cout << "Enter strings (empty line to quit):\n";
    while (getline(cin,temp) && temp[0] != '\0')
        vostr.push_back(temp);
    cout << "Here is your input.\n";
    for_each(vostr.begin(), vostr.end(), ShowStr);

// store in a file
    ofstream fout("strings.dat", ios_base::out | ios_base::binary);
    for_each(vostr.begin(), vostr.end(), Store(fout));
    fout.close();

// recover file contents
    vector<string> vistr;
    ifstream fin("strings.dat", ios_base::in | ios_base::binary);
    if (!fin.is_open())
    {
        cerr << "Could not open file for input.\n";
        exit(EXIT_FAILURE);
    }
    GetStrs(fin, vistr);
    cout << "\nHere are the strings read from the file:\n";
    for_each(vistr.begin(), vistr.end(), ShowStr);

    return 0;
}
```

该程序以二进制格式打开文件，并想使用 read()和 write()来完成 I/O。余下的工作如下所述。

- 编写函数 void ShowStr(const string &)，它显示一个 string 对象，并在显示完后换行。
- 编写函数符 Store，它将字符串信息写入到文件中。Store 的构造函数应接受一个指定 ifstream 对象的参数，而重载的 operator()(const string &)应指出要写入到文件中的字符串。一种可行的计划是，首先将字符串的长度写入到文件中，然后将字符串的内容写入到文件中。例如，如果 len 存储了字符串的长度，可以这样做：

```
os.write((char *)&len, sizeof(std::size_t)); // store length
os.write(s.data(), len); // store characters
```

  成员函数 data()返回一个指针，该指针指向一个其中存储了字符串中字符的数组。它类似于成员函数 c_str()，只是后者在数组末尾加上了一个空字符。
- 编写函数 GetStrs()，它根据文件恢复信息。该函数可以使用 read()来获得字符串的长度，然后使用一个循环从文件中读取相应数量的字符，并将它们附加到一个原来为空的临时 string 末尾。由于 string 的数据是私有的，因此必须使用 string 类的方法来将数据存储到 string 对象中，而不能直接存储。

第 18 章 探讨 C++新标准

本章首先复习前面介绍过的 C++11 功能，然后介绍如下主题：

- 移动语义和右值引用；
- Lambda 表达式；
- 包装器模板 function；
- 可变参数模板。

本章重点介绍 C++11 对 C++所做的改进。本书前面介绍过多项 C++11 功能，本章首先复习这些功能，并详细介绍其他一些功能。然后，指出一些超出了本书范围的 C++11 新增功能（考虑到 C++11 草案的篇幅比 C++98 长 98%，本书无法全面介绍）。最后，将简要地探讨 BOOST 库。

18.1 复习前面介绍过的 C++11 功能

本书前面介绍过很多 C++11 改进，但您现在可能忘了，本节简要地复习这些改进。

18.1.1 新类型

C++11 新增了类型 long long 和 unsigned long long，以支持 64 位（或更宽）的整型；新增了类型 char16_t 和 char32_t，以支持 16 位和 32 位的字符表示；还新增了“原始”字符串。第 3 章讨论了这些新增的类型。

18.1.2 统一的初始化

C++11 扩大了用大括号括起的列表（初始化列表）的适用范围，使其可用于所有内置类型和用户定义的类型（即类对象）。使用初始化列表时，可添加等号（=），也可不添加：

```
int x = {5};
double y {2.75};
short quar[5] {4,5,2,76,1};
```

另外，列表初始化语法也可用于 new 表达式中：

```
int * ar = new int [4] {2,4,6,7}; // C++11
```

创建对象时，也可使用大括号（而不是圆括号）括起的列表来调用构造函数：

```
class Stump
{
private:
    int roots;
    double weight;
public:
    Stump(int r, double w) : roots(r), weight(w) {}
};
Stump s1(3,15.6); // old style
Stump s2{5, 43.4}; // C++11
Stump s3 = {4, 32.1}; // C++11
```

然而，如果类有将模板 std::initializer_list 作为参数的构造函数，则只有该构造函数可以使用列表初始化形式。第 3 章、第 4 章、第 9 章、第 10 章和第 16 章讨论了列表初始化的各个方面。

1. 缩窄

初始化列表语法可防止缩窄，即禁止将数值赋给无法存储它的数值变量。常规初始化允许程序员执行可能没有意义的操作：

```
char c1 = 1.57e27;   // double-to-char, undefined behavior
char c2 = 459585821; // int-to-char, undefined behavior
```

然而，如果使用初始化列表语法，编译器将禁止进行这样的类型转换，即将值存储到比它“窄”的变量中：

```
char c1 {1.57e27};     // double-to-char, compile-time error
char c2 = {459585821};// int-to-char,out of range, compile-time error
```

但允许转换为更宽的类型。另外，只要值在较窄类型的取值范围内，将其转换为较窄的类型也是允许的：

```
char c1 {66}; // int-to-char, in range, allowed
double c2 = {66}; // int-to-double, allowed
```

2. std::initializer_list

C++11 提供了模板类 initializer_list，可将其用作构造函数的参数，这在第 16 章讨论过。如果类有接受 initializer_list 作为参数的构造函数，则初始化列表语法就只能用于该构造函数。列表中的元素必须是同一种类型或可转换为同一种类型。STL 容器提供了将 initializer_list 作为参数的构造函数：

```
vector<int> a1(10);    // uninitialized vector with 10 elements
vector<int> a2{10};    // initializer-list, a2 has 1 element set to 10
vector<int> a3{4,6,1}; // 3 elements set to 4,6,1
```

头文件 initializer_list 提供了对模板类 initializer_list 的支持。这个类包含成员函数 begin()和 end()，可用于获悉列表的范围。除用于构造函数外，还可将 initializer_list 用作常规函数的参数：

```
#include <initializer_list>
double sum(std::initializer_list<double> il);
int main()
{
    double total = sum({2.5,3.1,4}); // 4 converted to 4.0
...
}
double sum(std::initializer_list<double> il)
{
    double tot = 0;
    for (auto p = il.begin(); p !=il.end(); p++)
        tot += *p;
    return tot;
}
```

18.1.3 声明

C++11 提供了多种简化声明的功能，尤其在使用模板时。

1. auto

以前，关键字 auto 是一个存储类型说明符（见第 9 章），C++11 将其用于实现自动类型推断（见第 3 章）。这要求进行显式初始化，让编译器能够将变量的类型设置为初始值的类型：

```
auto maton = 112; // maton is type int
auto pt = &maton; // pt is type int *
double fm(double, int);
auto pf = fm;      // pf is type double (*)(double,int)
```

关键字 auto 还可简化模板声明。例如，如果 il 是一个 std::initializer_list<double>对象，则可将下述代码：

```
for (std::initializer_list<double>::iterator p = il.begin();
                                             p !=il.end(); p++)
```

替换为如下代码：

```
for (auto p = il.begin(); p !=il.end(); p++)
```

2. decltype

关键字 decltype 将变量的类型声明为表达式指定的类型。下面的语句的含义是，让 y 的类型与 x 相同，其中 x 是一个表达式：

```
decltype(x) y;
```

下面是几个示例：

```
double x;
int n;
decltype(x*n) q; // q same type as x*n, i.e., double
decltype(&x) pd; // pd same as &x, i.e., double *
```

这在定义模板时特别有用，因为只有等到模板被实例化时才能确定类型：

```
template<typename T, typename U)
void ef(T t, U u)
{
    decltype(T*U) tu;
    ...
}
```

其中 tu 将为表达式 T*U 的类型，这里假定定义了运算 T*U。例如，如果 T 为 char，U 为 short，则 tu 将为 int，这是由整型算术自动执行整型提升导致的。

decltype 的工作原理比 auto 复杂，根据使用的表达式，指定的类型可以为引用和 const。下面是几个示例：

```
int j = 3;
int &k = j
const int &n = j;
decltype(n) i1;      // i1 type const int &
decltype(j) i2;      // i2 type int
decltype((j)) i3;    // i3 type int &
decltype(k + 1) i4;  // i4 type int
```

有关导致上述结果的规则的详细信息，请参阅第 8 章。

3. *返回类型后置*

C++11 新增了一种函数声明语法：在函数名和参数列表后面（而不是前面）指定返回类型：

```
double f1(double, int);          // traditional syntax
auto f2(double, int) -> double; // new syntax, return type is double
```

就常规函数的可读性而言，这种新语法好像是倒退，但让您能够使用 decltype 来指定模板函数的返回类型：

```
template<typename T, typename U)
auto eff(T t, U u) -> decltype(T*U)
{
    ...
}
```

这里解决的问题是，在编译器遇到 eff 的参数列表前，T 和 U 还不在作用域内，因此必须在参数列表后使用 decltype。这种新语法使得能够这样做。

4. *模板别名*：using =

对于冗长或复杂的标识符，如果能够创建其别名将很方便。以前，C++为此提供了 typedef：

```
typedef std::vector<std::string>::iterator itType;
```

C++11 提供了另一种创建别名的语法，这在第 14 章讨论过：

```
using itType = std::vector<std::string>::iterator;
```

差别在于，新语法也可用于模板部分具体化，但 typedef 不能：

```
template<typename T>
  using arr12 = std::array<T,12>; // template for multiple aliases
```

上述语句具体化模板 array<T, int>（将参数 int 设置为 12）。例如，对于下述声明：

```
std::array<double, 12> a1;
std::array<std::string, 12> a2;
```

可将它们替换为如下声明：

```
arr12<double> a1;
arr12(std::string> a2;
```

5. nullptr

空指针是不会指向有效数据的指针。以前，C++在源代码中使用 0 表示这种指针，但内部表示可能不同。这带来了一些问题，因为这使得 0 即可表示指针常量，又可表示整型常量。正如第 12 章讨论的，C++11 新增了关键字 nullptr，用于表示空指针；它是指针类型，不能转换为整型类型。为向后兼容，C++11 仍允许使用 0 来表示空指针，因此表达式 nullptr == 0 为 true，但使用 nullptr 而不是 0 提供了更高的类型安全。例如，可将 0 传递给接受 int 参数的函数，但如果您试图将 nullptr 传递给这样的函数，编译器将此视为错误。因此，出于清晰和安全考虑，请使用 nullptr——如果您的编译器支持它。

18.1.4　智能指针

如果在程序中使用 new 从堆（自由存储区）分配内存，等到不再需要时，应使用 delete 将其释放。C++引入了智能指针 auto_ptr，以帮助自动完成这个过程。随后的编程体验（尤其是使用 STL 时）表明，需要有更精致的机制。基于程序员的编程体验和 BOOST 库提供的解决方案，C++11 摒弃了 auto_ptr，并新增了三种智能指针：unique_ptr、shared_ptr 和 weak_ptr，第 16 章讨论了前两种。

所有新增的智能指针都能与 STL 容器和移动语义协同工作。

18.1.5 异常规范方面的修改

以前，C++提供了一种语法，可用于指出函数可能引发哪些异常（参见第 15 章）：

```
void f501(int) throw(bad_dog); // can throw type bad_dog exception
void f733(long long) throw();  // doesn't throw an exception
```

与 auto_ptr 一样，C++编程社区的集体经验表明，异常规范的效果没有预期的好。因此，C++11 摒弃的异常规范。然而，标准委员会认为，指出函数不会引发异常有一定的价值，他们为此添加了关键字 noexcept：

```
void f875(short, short) noexcept; // doesn't throw an exception
```

18.1.6 作用域内枚举

传统的 C++枚举提供了一种创建名称常量的方式，但其类型检查相当低级。另外，枚举名的作用域为枚举定义所属的作用域，这意味着如果在同一个作用域内定义两个枚举，它们的枚举成员不能同名。最后，枚举可能不是可完全移植的，因为不同的实现可能选择不同的底层类型。为解决这些问题，C++11 新增了一种枚举。这种枚举使用 class 或 struct 定义：

```
enum Old1 {yes, no, maybe};                      // traditional form
enum class New1 {never, sometimes, often, always}; // new form
enum struct New2 {never, lever, sever};          // new form
```

新枚举要求进行显式限定，以免发生名称冲突。因此，引用特定枚举时，需要使用 New1::never 和 New2::never 等。更详细的信息请参阅第 10 章。

18.1.7 对类的修改

为简化和扩展类设计，C++11 做了多项改进。这包括允许构造函数被继承和彼此调用、更佳的方法访问控制方式以及移动构造函数和移动赋值运算符，这些都将在本章介绍。下面先来复习本书前面介绍过的改进。

1. 显式转换运算符

有趣的是，C++很早就支持对象自动转换。但随着编程经验的积累，程序员逐渐认识到，自动类型转换可能导致意外转换的问题。为解决这种问题，C++引入了关键字 explicit，以禁止单参数构造函数导致的自动转换：

```
class Plebe
{
    Plebe(int); // automatic int-to-plebe conversion
    explicit Plebe(double); // requires explicit use
    ...
};
...
Plebe a, b;
a = 5;           // implicit conversion, call Plebe(5)
b = 0.5;         // not allowed
b = Plebe(0.5); // explicit conversion
```

C++11 拓展了 explicit 的这种用法，使得可对转换函数做类似的处理（参见第 11 章）：

```
class Plebe
{
...
// conversion functions
    operator int() const;
    explicit operator double() const;
    ...
};
...
Plebe a, b;
int n = a;      // int-to-Plebe automatic conversion
double x = b;  // not allowed
x = double(b); // explicit conversion, allowed
```

2. 类内成员初始化

很多首次使用 C++的用户都会问，为何不能在类定义中初始化成员？现在可以这样做了，其语法类似于下面这样：

```
class Session
{
    int mem1 = 10;          // in-class initialization
    double mem2 {1966.54}; // in-class initialization
    short mem3;
public:
    Session(){}                                             // #1
    Session(short s) : mem3(s) {}                           // #2
    Session(int n, double d, short s) : mem1(n), mem2(d), mem3(s) {} // #3
...
};
```

可使用等号或大括号版本的初始化，但不能使用圆括号版本的初始化。其结果与给前两个构造函数提供成员初始化列表，并指定 mem1 和 mem2 的值相同：

```
Session() : mem1(10), mem2(1966.54) {}
Session(short s) : mem1(10), mem2(1966.54), mem3(s) {}
```

通过使用类内初始化，可避免在构造函数中编写重复的代码，从而降低了程序员的工作量、厌倦情绪和出错的机会。

如果构造函数在成员初始化列表中提供了相应的值，这些默认值将被覆盖，因此第三个构造函数覆盖了类内成员初始化。

18.1.8 模板和 STL 方面的修改

为改善模板和标准模板库的可用性，C++11 做了多个改进；有些是库本身，有些与易用性相关。本章前面提到了模板别名和适用于 STL 的智能指针。

1. 基于范围的 for 循环

对于内置数组以及包含方法 begin() 和 end() 的类（如 std::string）和 STL 容器，基于范围的 for 循环（第 5 章和第 16 章讨论过）可简化为它们编写循环的工作。这种循环对数组或容器中的每个元素执行指定的操作：

```
double prices[5] = {4.99, 10.99, 6.87, 7.99, 8.49};
for (double x : prices)
    std::cout << x << std::endl;
```

其中，x 将依次为 prices 中每个元素的值。x 的类型应与数组元素的类型匹配。一种更容易、更安全的方式是，使用 auto 来声明 x，这样编译器将根据 prices 声明中的信息来推断 x 的类型：

```
double prices[5] = {4.99, 10.99, 6.87, 7.99, 8.49};
for (auto x : prices)
    std::cout << x << std::endl;
```

如果要在循环中修改数组或容器的每个元素，可使用引用类型：

```
std::vector<int> vi(6);
for (auto & x: vi) // use a reference if loop alters contents
    x = std::rand();
```

2. 新的 STL 容器

C++11 新增了 STL 容器 forward_list、unordered_map、unordered_multimap、unordered_set 和 unordered_multiset（参见第 16 章）。容器 forward_list 是一种单向链表，只能沿一个方向遍历；与双向链接的 list 容器相比，它更简单，在占用存储空间方面更经济。其他四种容器都是使用哈希表实现的。

C++11 还新增了模板 array（这在第 4 章和第 16 章讨论过）。要实例化这种模板，可指定元素类型和固定的元素数：

```
std::array<int,360> ar; // array of 360 ints
```

这个模板类没有满足所有的常规模板需求。例如，由于长度固定，您不能使用任何修改容器大小的方法，如 put_back()。但 array 确实有方法 begin()和 end()，这让您能够对 array 对象使用众多基于范围的 STL 算法。

3. 新的 STL 方法

C++11 新增了 STL 方法 cbegin()和 cend()。与 begin()和 end()一样，这些新方法也返回一个迭代器，指向容器的第一个元素和最后一个元素的后面，因此可用于指定包含全部元素的区间。另外，这些新方法将元素视为 const。与此类似，crbegin()和 crend()是 rbegin()和 rend()的 const 版本。

更重要的是，除传统的复制构造函数和常规赋值运算符外，STL 容器现在还有移动构造函数和移动赋值运算符。移动语义将在本章后面介绍。

4. valarray 升级

模板 valarray 独立于 STL 开发的，其最初的设计导致无法将基于范围的 STL 算法用于 valarray 对象。C++11 添加了两个函数（begin()和 end()），它们都接受 valarray 作为参数，并返回迭代器，这些迭代器分别指向 valarray 对象的第一个元素和最后一个元素后面。这让您能够将基于范围的 STL 算法用于 valarray（参见第 16 章）。

5. 摒弃 export

C++98 新增了关键字 export，旨在提供一种途径，让程序员能够将模板定义放在接口文件和实现文件中，其中前者包含原型和模板声明，而后者包含模板函数和方法的定义。实践证明这不现实，因此 C++11 终止了这种用法，但仍保留了关键字 export，供以后使用。

6. 尖括号

为避免与运算符>>混淆，C++要求在声明嵌套模板时使用空格将尖括号分开：

```
std::vector<std::list<int> > vl; // >> not ok
```

C++11 不再这样要求：

```
std::vector<std::list<int>> vl; // >> ok in C++11
```

18.1.9 右值引用

传统的 C++引用（现在称为左值引用）使得标识符关联到左值。左值是一个表示数据的表达式（如变量名或解除引用的指针），程序可获取其地址。最初，左值可出现在赋值语句的左边，但修饰符 const 的出现使得可以声明这样的标识符，即不能给它赋值，但可获取其地址：

```
int n;
int * pt = new int;
const int b = 101;    // can't assign to b, but &b is valid
int & rn = n;         // n identifies datum at address &n
int & rt = *pt;       // *pt identifies datum at address pt
const int & rb = b;   // b identifies const datum at address &b
```

C++11 新增了右值引用（这在第 8 章讨论过），这是使用&&表示的。右值引用可关联到右值，即可出现在赋值表达式右边，但不能对其应用地址运算符的值。右值包括字面常量（C 风格字符串除外，它表示地址）、诸如 x + y 等表达式以及返回值的函数（条件是该函数返回的不是引用）：

```
int x = 10;
int y = 23;
int && r1 = 13;
int && r2 = x + y;
double && r3 = std::sqrt(2.0);
```

注意，r2 关联到的是当时计算 x + y 得到的结果。也就是说，r2 关联到的是 33，即使以后修改了 x 或 y，也不会影响到 r2。

有趣的是，将右值关联到右值引用导致该右值被存储到特定的位置，且可以获取该位置的地址。也就是说，虽然不能将运算符&用于 13，但可将其用于 r1。通过将数据与特定的地址关联，使得可以通过右值引用来访问该数据。

程序清单 18.1 是一个简短的示例，演示了上述有关右值引用的要点。

程序清单 18.1 rvref.cpp

```
// rvref.cpp -- simple uses of rvalue references
#include <iostream>

inline double f(double tf) {return 5.0*(tf-32.0)/9.0;};
int main()
{
    using namespace std;
    double tc = 21.5;
    double && rd1 = 7.07;
    double && rd2 = 1.8 * tc + 32.0;
    double && rd3 = f(rd2);
    cout << " tc value and address: " << tc <<", " << &tc << endl;
    cout << "rd1 value and address: " << rd1 <<", " << &rd1 << endl;
```

```
    cout << "rd2 value and address: " << rd2 <<", " << &rd2 << endl;
    cout << "rd3 value and address: " << rd3 <<", " << &rd3 << endl;
    cin.get();
    return 0;
}
```

该程序的输出如下：

```
 tc value and address: 21.5, 002FF744
rd1 value and address: 7.07, 002FF728
rd2 value and address: 70.7, 002FF70C
rd3 value and address: 21.5, 002FF6F0
```

引入右值引用的主要目的之一是实现移动语义，这是本章将讨论的下一个主题。

18.2 移动语义和右值引用

现在介绍本书前面未讨论的主题。C++11 支持移动语义，这就提出了一些问题：什么是移动语义？C++11 如何支持它？为何需要移动语义？下面首先讨论第一个问题。

18.2.1 为何需要移动语义

先来看 C++11 之前的复制过程。假设有如下代码：

```
vector<string> vstr;
// build up a vector of 20,000 strings, each of 1000 characters
...
vector<string> vstr_copy1(vstr); // make vstr_copy1 a copy of vstr
```

vector 和 string 类都使用动态内存分配，因此它们必须定义使用某种 new 版本的复制构造函数。为初始化对象 vstr_copy1，复制构造函数 vector<string>将使用 new 给 20000 个 string 对象分配内存，而每个 string 对象又将调用 string 的复制构造函数，该构造函数使用 new 为 1000 个字符分配内存。接下来，全部 20000000 个字符都将从 vstr 控制的内存中复制到 vstr_copy1 控制的内存中。这里的工作量很大，但只要妥当就行。

但这确实妥当吗？有时候答案是否定的。例如，假设有一个函数，它返回一个 vector<string>对象：

```
vector<string> allcaps(const vector<string> & vs)
{
    vector<string> temp;
// code that stores an all-uppercase version of vs in temp
    return temp;
}
```

接下来，假设以下面这种方式使用它：

```
vector<string> vstr;
// build up a vector of 20,000 strings, each of 1000 characters
vector<string> vstr_copy1(vstr);          // #1
vector<string> vstr_copy2(allcaps(vstr)); // #2
```

从表面上看，语句#1 和#2 类似，它们都使用一个现有的对象初始化一个 vector<string>对象。如果深入探索这些代码，将发现 allcaps()创建了对象 temp，该对象管理着 20000000 个字符；vector 和 string 的复制构造函数创建这 20000000 个字符的副本，然后程序删除 allcaps()返回的临时对象（迟钝的编译器甚至可能将 temp 复制给一个临时返回对象，删除 temp，再删除临时返回对象）。这里的要点是，做了大量的无用功。考虑到临时对象被删除了，如果编译器将对数据的所有权直接转让给 vstr_copy2，不是更好吗？也就是说，不将 20000000 个字符复制到新地方，再删除原来的字符，而将字符留在原来的地方，并将 vstr_copy2 与之相关联。这类似于在计算机中移动文件的情形：实际文件还留在原来的地方，而只修改记录。这种方法被称为移动语义（move semantics）。有点悖论的是，移动语义实际上避免了移动原始数据，而只是修改了记录。

要实现移动语义，需要采取某种方式，让编译器知道什么时候需要复制，什么时候不需要。这就是右值引用发挥作用的地方。可定义两个构造函数。其中一个是常规复制构造函数，它使用 const 左值引用作为参数，这个引用关联到左值实参，如语句#1 中的 vstr；另一个是移动构造函数，它使用右值引用作为参数，该引用关联到右值实参，如语句#2 中 allcaps(vstr)的返回值。复制构造函数可执行深复制，而移动构造函数只调整记录。在将所有权转移给新对象的过程中，移动构造函数可能修改其实参，这意味着右值引用参数不应是 const。

18.2.2　一个移动示例

下面通过一个示例演示移动语义和右值引用的工作原理。程序清单 18.2 定义并使用了 Useless 类，这个类动态分配内存，并包含常规复制构造函数和移动构造函数，其中移动构造函数使用了移动语义和右值引用。为演示流程，构造函数和析构函数都比较啰嗦，同时 Useless 类还使用了一个静态变量来跟踪对象数量。另外，省略了一些重要的方法，如赋值运算符。

程序清单 18.2　useless.cpp

```
// useless.cpp -- an otherwise useless class with move semantics
#include <iostream>
using namespace std;

// interface
class Useless
{
private:
    int n;          // number of elements
    char * pc;      // pointer to data
    static int ct;  // number of objects
    void ShowObject() const;
public:
    Useless();
    explicit Useless(int k);
    Useless(int k, char ch);
    Useless(const Useless & f); // regular copy constructor
    Useless(Useless && f); // move constructor
    ~Useless();
    Useless operator+(const Useless & f)const;
// need operator=() in copy and move versions
    void ShowData() const;
};

// implementation
int Useless::ct = 0;

Useless::Useless()
{
    ++ct;
    n = 0;
    pc = nullptr;
    cout << "default constructor called; number of objects: " << ct << endl;
    ShowObject();
}

Useless::Useless(int k) : n(k)
{
    ++ct;
    cout << "int constructor called; number of objects: " << ct << endl;
    pc = new char[n];
    ShowObject();
}

Useless::Useless(int k, char ch) : n(k)
{
    ++ct;
    cout << "int, char constructor called; number of objects: " << ct
         << endl;
    pc = new char[n];
    for (int i = 0; i < n; i++)
        pc[i] = ch;
    ShowObject();
}

Useless::Useless(const Useless & f): n(f.n)
{
    ++ct;
    cout << "copy const called; number of objects: " << ct << endl;
    pc = new char[n];
    for (int i = 0; i < n; i++)
        pc[i] = f.pc[i];
    ShowObject();
```

```
}

Useless::Useless(Useless && f): n(f.n)
{
    ++ct;
    cout << "move constructor called; number of objects: " << ct << endl;
    pc = f.pc; // steal address
    f.pc = nullptr; // give old object nothing in return
    f.n = 0;
    ShowObject();
}

Useless::~Useless()
{
    cout << "destructor called; objects left: " << --ct << endl;
    cout << "deleted object:\n";
    ShowObject();
    delete [] pc;
}

Useless Useless::operator+(const Useless & f)const
{
    cout << "Entering operator+()\n";
    Useless temp = Useless(n + f.n);
    for (int i = 0; i < n; i++)
        temp.pc[i] = pc[i];
    for (int i = n; i < temp.n; i++)
        temp.pc[i] = f.pc[i - n];
    cout << "temp object:\n";
    cout << "Leaving operator+()\n";
    return temp;
}

void Useless::ShowObject() const
{
    cout << "Number of elements: " << n;
    cout << " Data address: " << (void *) pc << endl;
}
void Useless::ShowData() const
{
    if (n == 0)
        cout << "(object empty)";
    else
        for (int i = 0; i < n; i++)
            cout << pc[i];
    cout << endl;
}

// application
int main()
{
    {
        Useless one(10, 'x');
        Useless two = one; // calls copy constructor
        Useless three(20, 'o');
        Useless four (one + three); // calls operator+(), move constructor
        cout << "object one: ";
        one.ShowData();
        cout << "object two: ";
        two.ShowData();
        cout << "object three: ";
        three.ShowData();
        cout << "object four: ";
        four.ShowData();
    }
}
```

其中最重要的是复制构造函数和移动构造函数的定义。首先来看复制构造函数（删除了输出语句）：

```
Useless::Useless(const Useless & f): n(f.n)
{
    ++ct;
    pc = new char[n];
    for (int i = 0; i < n; i++)
        pc[i] = f.pc[i];
}
```

它执行深复制，是下面的语句将使用的构造函数：

```
Useless two = one; // calls copy constructor
```

引用 f 将指向左值对象 one。

接下来看移动构造函数，这里也删除了输出语句：

```
Useless::Useless(Useless && f): n(f.n)
{
    ++ct;
    pc = f.pc;      // steal address
    f.pc = nullptr; // give old object nothing in return
    f.n = 0;
}
```

它让 pc 指向现有的数据，以获取这些数据的所有权。此时，pc 和 f.pc 指向相同的数据，调用析构函数时这将带来麻烦，因为程序不能对同一个地址调用 delete [ ]两次。为避免这种问题，该构造函数随后将原来的指针设置为空指针，因为对空指针执行 delete [ ]没有问题。这种夺取所有权的方式常被称为窃取（pilfering）。上述代码还将原始对象的元素数设置为零，这并非必不可少的，但让这个示例的输出更一致。注意，由于修改了 f 对象，这要求不能在参数声明中使用 const。

在下面的语句中，将使用这个构造函数：

```
Useless four (one + three); // calls move constructor
```

表达式 one + three 调用 Useless::operator+()，而右值引用 f 将关联到该方法返回的临时对象。

下面是在 Microsoft Visual C++ 2010 中编译时，该程序的输出：

```
int, char constructor called; number of objects: 1
Number of elements: 10 Data address: 006F4B68
copy const called; number of objects: 2
Number of elements: 10 Data address: 006F4BB0
int, char constructor called; number of objects: 3
Number of elements: 20 Data address: 006F4BF8
Entering operator+()
int constructor called; number of objects: 4
Number of elements: 30 Data address: 006F4C48
temp object:
Leaving operator+()
move constructor called; number of objects: 5
Number of elements: 30 Data address: 006F4C48
destructor called; objects left: 4
deleted object:
Number of elements: 0 Data address: 00000000
object one: xxxxxxxxxx
object two: xxxxxxxxxx
object three: oooooooooooooooooooo
object four: xxxxxxxxxxoooooooooooooooooooo
destructor called; objects left: 3
deleted object:
Number of elements: 30 Data address: 006F4C48
destructor called; objects left: 2
deleted object:
Number of elements: 20 Data address: 006F4BF8
destructor called; objects left: 1
deleted object:
Number of elements: 10 Data address: 006F4BB0
destructor called; objects left: 0
deleted object:
Number of elements: 10 Data address: 006F4B68
```

注意到对象 two 是对象 one 的副本：它们显示的数据输出相同，但显示的数据地址不同（006F4B68 和 006F4BB0）。另一方面，在方法 Useless::operator+()中创建的对象的数据地址与对象 four 存储的数据地址相同（都是 006F4C48），其中对象 four 是由移动复制构造函数创建的。另外，注意到创建对象 four 后，为临时对象调用了析构函数。之所以知道这是临时对象，是因为其元素数和数据地址都是 0。

如果使用编译器 g++ 4.5.0 和标记-std=c++11 编译该程序（但将 nullptr 替换为 0），输出将不同，这很有趣：

```
int, char constructor called; number of objects: 1
Number of elements: 10 Data address: 0xa50338
copy const called; number of objects: 2
Number of elements: 10 Data address: 0xa50348
int, char constructor called; number of objects: 3
Number of elements: 20 Data address: 0xa50358
Entering operator+()
int constructor called; number of objects: 4
```

```
Number of elements: 30 Data address: 0xa50370
temp object:
Leaving operator+()
object one: xxxxxxxxxx
object two: xxxxxxxxxx
object three: oooooooooooooooooooo
object four: xxxxxxxxxxoooooooooooooooooooo
destructor called; objects left: 3
deleted object:
Number of elements: 30 Data address: 0xa50370
destructor called; objects left: 2
deleted object:
Number of elements: 20 Data address: 0xa50358
destructor called; objects left: 1
deleted object:
Number of elements: 10 Data address: 0xa50348
destructor called; objects left: 0
deleted object:
Number of elements: 10 Data address: 0xa50338
```

注意到没有调用移动构造函数，且只创建了 4 个对象。创建对象 four 时，该编译器没有调用任何构造函数；相反，它推断出对象 four 是 operator+() 所做工作的受益人，因此将 operator+()创建的对象转到 four 的名下。一般而言，编译器完全可以进行优化，只要结果与未优化时相同。即使您省略该程序中的移动构造函数，并使用 g++进行编译，结果也将相同。

18.2.3 移动构造函数解析

虽然使用右值引用可支持移动语义，但这并不会神奇地发生。要让移动语义发生，需要两个步骤。首先，右值引用让编译器知道何时可使用移动语义：

```
Useless two = one;          // matches Useless::Useless(const Useless &)
Useless four (one + three); // matches Useless::Useless(Useless &&)
```

对象 one 是左值，与左值引用匹配，而表达式 one + three 是右值，与右值引用匹配。因此，右值引用让编译器使用移动构造函数来初始化对象 four。实现移动语义的第二步是，编写移动构造函数，使其提供所需的行为。

总之，通过提供一个使用左值引用的构造函数和一个使用右值引用的构造函数，将初始化分成了两组。使用左值对象初始化对象时，将使用复制构造函数，而使用右值对象初始化对象时，将使用移动构造函数。程序员可根据需要赋予这些构造函数不同的行为。

这就带来了一个问题：在引入右值引用前，情况是什么样的呢？如果没有移动构造函数，且编译器未能通过优化消除对复制构造函数的需求，结果将如何呢？在 C++98 中，下面的语句将调用复制构造函数：

```
Useless four (one + three);
```

但左值引用不能指向右值。结果将如何呢？第 8 章介绍过，如果实参为右值，const 引用形参将指向一个临时变量：

```
int twice(const int & rx) {return 2 * rx;}
...
int main()
{
    int m = 6;
    // below, rx refers to m
    int n = twice(m);
    // below, rx refers to a temporary variable initialized to 21
    int k = twice(21);
...
```

就 Useless 而言，形参 f 将被初始化一个临时对象，而该临时对象被初始化为 operator+()返回的值。下面是使用老式编译器进行编译时，程序清单 18.2 所示程序（删除了移动构造函数）的部分输出：

```
...
Entering operator+()
int constructor called; number of objects: 4
Number of elements: 30 Data address: 01C337C4
temp object:
Leaving operator+()
copy const called; number of objects: 5
Number of elements: 30 Data address: 01C337E8
destructor called; objects left: 4
deleted object:
Number of elements: 30 Data address: 01C337C4
```

```
copy const called; number of objects: 5
Number of elements: 30 Data address: 01C337C4
destructor called; objects left: 4
deleted object:
Number of elements: 30 Data address: 01C337E8
...
```

首先，在方法 Useless::operator+() 内，调用构造函数创建了 temp，并在 01C337C4 处给它分配了存储 30 个元素的空间。然后，调用复制构造函数创建了一个临时复制信息（其地址为 01C337E8），f 指向该副本。接下来，删除了地址为 01C337C4 的对象 temp。然后，新建了对象 four，它使用了 01C337C4 处刚释放的内存。接下来，删除了 01C337E8 处的临时参数对象。这表明，总共创建了三个对象，但其中的两个被删除。这些就是移动语义旨在消除的额外工作。

正如 g++示例表明的，机智的编译器可能自动消除额外的复制工作，但通过使用右值引用，程序员可指出何时该使用移动语义。

18.2.4 赋值

适用于构造函数的移动语义考虑也适用于赋值运算符。例如，下面演示了如何给 Useless 类编写复制赋值运算符和移动赋值运算符：

```
Useless & Useless::operator=(const Useless & f) // copy assignment
{
    if (this == &f)
        return *this;
    delete [] pc;
    n = f.n;
    pc = new char[n];
    for (int i = 0; i < n; i++)
        pc[i] = f.pc[i];
    return *this;
}

Useless & Useless::operator=(Useless && f) // move assignment
{
    if (this == &f)
        return *this;
    delete [] pc;
    n = f.n;
    pc = f.pc;
    f.n = 0;
    f.pc = nullptr;
    return *this;
}
```

上述复制赋值运算符采用了第 12 章介绍的常规模式，而移动赋值运算符删除目标对象中的原始数据，并将源对象的所有权转让给目标。不能让多个指针指向相同的数据，这很重要，因此上述代码将源对象中的指针设置为空指针。

与移动构造函数一样，移动赋值运算符的参数也不能是 const 引用，因为这个方法修改了源对象。

18.2.5 强制移动

移动构造函数和移动赋值运算符使用右值。如果要让它们使用左值，该如何办呢？例如，程序可能分析一个包含候选对象的数组，选择其中一个对象供以后使用，并丢弃数组。如果可以使用移动构造函数或移动赋值运算符来保留选定的对象，那该多好啊。然而，假设您试图像下面这样做：

```
Useless choices[10];
Useless best;
int pick;
... // select one object, set pick to index
best = choices[pick];
```

由于 choices[pick]是左值，因此上述赋值语句将使用复制赋值运算符，而不是移动赋值运算符。但如果能让 choices[pick]看起来像右值，便将使用移动赋值运算符。为此，可使用运算符 static_cast<>将对象的类型强制转换为 Useless &&，但 C++11 提供了一种更简单的方式——使用头文件 utility 中声明的函数 std::move()。程序清单 18.3 演示了这种技术，它在 Useless 类中添加了啰嗦的赋值运算符，并让以前啰嗦的构造函数和析构函数保持沉默。

程序清单 18.3 stdmove.cpp

```
// stdmove.cpp -- using std::move()
#include <iostream>
#include <utility>

// interface
class Useless
{
private:
    int n;          // number of elements
    char * pc;      // pointer to data
    static int ct; // number of objects
    void ShowObject() const;
public:
    Useless();
    explicit Useless(int k);
    Useless(int k, char ch);
    Useless(const Useless & f); // regular copy constructor
    Useless(Useless && f);      // move constructor
    ~Useless();
    Useless operator+(const Useless & f)const;
    Useless & operator=(const Useless & f); // copy assignment
    Useless & operator=(Useless && f);      // move assignment
    void ShowData() const;
};

// implementation
int Useless::ct = 0;

Useless::Useless()
{
    ++ct;
    n = 0;
    pc = nullptr;
}

Useless::Useless(int k) : n(k)
{
    ++ct;
    pc = new char[n];
}

Useless::Useless(int k, char ch) : n(k)
{
    ++ct;
    pc = new char[n];
    for (int i = 0; i < n; i++)
        pc[i] = ch;
}

Useless::Useless(const Useless & f): n(f.n)
{
    ++ct;
    pc = new char[n];
    for (int i = 0; i < n; i++)
        pc[i] = f.pc[i];
}
Useless::Useless(Useless && f): n(f.n)
{
    ++ct;
    pc = f.pc;      // steal address
    f.pc = nullptr; // give old object nothing in return
    f.n = 0;
}

Useless::~Useless()
{
    delete [] pc;
}

Useless & Useless::operator=(const Useless & f) // copy assignment
{
    std::cout << "copy assignment operator called:\n";
    if (this == &f)
        return *this;
```

```
    delete [] pc;
    n = f.n;
    pc = new char[n];
    for (int i = 0; i < n; i++)
        pc[i] = f.pc[i];
    return *this;
}

Useless & Useless::operator=(Useless && f) // move assignment
{
    std::cout << "move assignment operator called:\n";
    if (this == &f)
        return *this;
    delete [] pc;
    n = f.n;
    pc = f.pc;
    f.n = 0;
    f.pc = nullptr;
    return *this;
}

Useless Useless::operator+(const Useless & f)const
{
    Useless temp = Useless(n + f.n);
    for (int i = 0; i < n; i++)
        temp.pc[i] = pc[i];
    for (int i = n; i < temp.n; i++)
        temp.pc[i] = f.pc[i - n];
    return temp;
}

void Useless::ShowObject() const
{
    std::cout << "Number of elements: " << n;
    std::cout << " Data address: " << (void *) pc << std::endl;
}

void Useless::ShowData() const
{
    if (n == 0)
        std::cout << "(object empty)";
    else
        for (int i = 0; i < n; i++)
            std::cout << pc[i];
    std::cout << std::endl;
}

// application
int main()
{
    using std::cout;
    {
        Useless one(10, 'x');
        Useless two = one +one; // calls move constructor
        cout << "object one: ";
        one.ShowData();
        cout << "object two: ";
        two.ShowData();
        Useless three, four;
        cout << "three = one\n";
        three = one; // automatic copy assignment
        cout << "now object three = ";
        three.ShowData();
        cout << "and object one = ";
        one.ShowData();
        cout << "four = one + two\n";
        four = one + two; // automatic move assignment
        cout << "now object four = ";
        four.ShowData();
        cout << "four = move(one)\n";
        four = std::move(one); // forced move assignment
        cout << "now object four = ";
        four.ShowData();
        cout << "and object one = ";
        one.ShowData();
    }
}
```

该程序的输出如下：

```
object one: xxxxxxxxxx
object two: xxxxxxxxxxxxxxxxxxxx
three = one
copy assignment operator called:
now object three = xxxxxxxxxx
and object one = xxxxxxxxxx
four = one + two
move assignment operator called:
now object four = xxxxxxxxxxxxxxxxxxxxxxxxxxxxxx
four = move(one)
move assignment operator called:
now object four = xxxxxxxxxx
and object one = (object empty)
```

正如您看到的，将 one 赋给 three 调用了复制赋值运算符，但将 move(one)赋给 four 调用的是移动赋值运算符。

需要知道的是，函数 std::move()并非一定会导致移动操作。例如，假设 Chunk 是一个包含私有数据的类，而您编写了如下代码：

```
Chunk one;
...
Chunk two;
two = std::move(one); // move semantics?
```

表达式 std::move(one) 是右值，因此上述赋值语句将调用 Chunk 的移动赋值运算符——如果定义了这样的运算符。但如果 Chunk 没有定义移动赋值运算符，编译器将使用复制赋值运算符。如果也没有定义复制赋值运算符，将根本不允许上述赋值。

对大多数程序员来说，右值引用带来的主要好处并非是让他们能够编写使用右值引用的代码，而是能够使用利用右值引用实现移动语义的库代码。例如，STL 类现在都有复制构造函数、移动构造函数、复制赋值运算符和移动赋值运算符。

18.3 新的类功能

除本章前面提到的显式转换运算符和类内成员初始化外，C++11 还新增了其他几个类功能。

18.3.1 特殊的成员函数

在原有 4 个特殊成员函数（默认构造函数、复制构造函数、复制赋值运算符和析构函数）的基础上，C++11 新增了两个：移动构造函数和移动赋值运算符。这些成员函数是编译器在各种情况下自动提供的。

前面说过，在没有提供任何参数的情况下，将调用默认构造函数。如果您没有给类定义任何构造函数，编译器将提供一个默认构造函数。这种版本的默认构造函数被称为默认的默认构造函数。对于使用内置类型的成员，默认的默认构造函数不对其进行初始化；对于属于类对象的成员，则调用其默认构造函数。

另外，如果您没有提供复制构造函数，而代码又需要使用它，编译器将提供一个默认的复制构造函数；如果您没有提供移动构造函数，而代码又需要使用它，编译器将提供一个默认的移动构造函数。假定类名为 Someclass，这两个默认的构造函数的原型如下：

```
Someclass::Someclass(const Someclass &); // defaulted copy constructor
Someclass::Someclass(Someclass &&);      // defaulted move constructor
```

在类似的情况下，编译器将提供默认的复制赋值运算符和默认的移动运算符，它们的原型如下：

```
Someclass & Someclass::operator=(const Someclass &); // defaulted copy assignment
Someclass & Someclass::operator=(Someclass &&);      // defaulted move assignment
```

最后，如果您没有提供析构函数，编译器将提供一个。

对于前面描述的情况，有一些例外。如果您提供了析构函数、复制构造函数或复制赋值运算符，编译器将不会自动提供移动构造函数和移动赋值运算符；如果您提供了移动构造函数或移动赋值运算符，编译器将不会自动提供复制构造函数和复制赋值运算符。

另外，默认的移动构造函数和移动赋值运算符的工作方式与复制版本类似：执行逐成员初始化并复制内置类型。如果成员是类对象，将使用相应类的构造函数和赋值运算符，就像参数为右值一样。如果定义了移动构造函数和移动赋值运算符，这将调用它们；否则将调用复制构造函数和复制赋值运算符。

18.3.2 默认的方法和禁用的方法

C++11 让您能够更好地控制要使用的方法。假定您要使用某个默认的函数，而这个函数由于某种原因不会自动创建。例如，您提供了移动构造函数，因此编译器不会自动创建默认的构造函数、复制构造函数和复制赋值构造函数。在这些情况下，您可使用关键字 default 显式地声明这些方法的默认版本：

```
class Someclass
{
public:
   Someclass(Someclass &&);
   Someclass() = default; // use compiler-generated default constructor
   Someclass(const Someclass &) = default;
   Someclass & operator=(const Someclass &) = default;
...
};
```

编译器将创建在您没有提供移动构造函数的情况下将自动提供的构造函数。

另一方面，关键字 delete 可用于禁止编译器使用特定方法。例如，要禁止复制对象，可禁用复制构造函数和复制赋值运算符：

```
class Someclass
{
public:
   Someclass() = default; // use compiler-generated default constructor
// disable copy constructor and copy assignment operator:
   Someclass(const Someclass &) = delete;
   Someclass & operator=(const Someclass &) = delete;
// use compiler-generated move constructor and move assignment operator:
   Someclass(Someclass &&) = default;
   Someclass & operator=(Someclass &&) = default;
   Someclass & operator+(const Someclass &) const;
...
};
```

第 12 章说过，要禁止复制，可将复制构造函数和赋值运算符放在类定义的 private 部分，但使用 delete 也能达到这个目的，且更不容易犯错、更容易理解。

如果在启用移动方法的同时禁用复制方法，结果将如何呢？前面说过，移动操作使用的右值引用只能关联到右值表达式，这意味着：

```
Someclass one;
Someclass two;
Someclass three(one); // not allowed, one an lvalue
Someclass four(one + two); // allowed, expression is an rvalue
```

关键字 default 只能用于 6 个特殊成员函数，但 delete 可用于任何成员函数。delete 的一种可能用法是禁止特定的转换。例如，假设 Someclass 类有一个接受 double 参数的方法：

```
class Someclass
{
public:
...
    void redo(double);
...
};
```

再假设有如下代码：

```
Someclass sc;
sc.redo(5);
```

int 值 5 将被提升为 5.0，进而执行方法 redo()。

现在假设将 Someclass 类的定义改成了下面这样：

```
class Someclass
{
public:
...
    void redo(double);
    void redo(int) = delete;
...
};
```

在这种情况下，方法调用 sc.redo(5)与原型 redo(int) 匹配。编译器检测到这一点以及 redo(int) 被禁用后，将这种调用视为编译错误。这说明了禁用函数的重要一点：它们只用于查找匹配函数，使用它们将导致编译错误。

18.3.3　委托构造函数

如果给类提供了多个构造函数，您可能重复编写相同的代码。也就是说，有些构造函数可能需要包含其他构造函数中已有的代码。为让编码工作更简单、更可靠，C++11 允许您在一个构造函数的定义中使用另一个构造函数。这被称为委托，因为构造函数暂时将创建对象的工作委托给另一个构造函数。委托使用成员初始化列表语法的变种：

```
class Notes {
    int k;
    double x;
    std::string st;
public:
    Notes();
    Notes(int);
    Notes(int, double);
    Notes(int, double, std::string);
};
Notes::Notes(int kk, double xx, std::string stt) : k(kk),
           x(xx), st(stt) {/*do stuff*/}
Notes::Notes() : Notes(0, 0.01, "Oh") {/* do other stuff*/}
Notes::Notes(int kk) : Notes(kk, 0.01, "Ah") {/* do yet other stuff*/ }
Notes::Notes( int kk, double xx ) : Notes(kk, xx, "Uh") {/* ditto*/ }
```

例如，上述默认构造函数使用第一个构造函数初始化数据成员并执行其函数体，然后再执行自己的函数体。

18.3.4　继承构造函数

为进一步简化编码工作，C++11 提供了一种让派生类能够继承基类构造函数的机制。C++98 提供了一种让名称空间中函数可用的语法：

```
namespace Box
{
    int fn(int) { ... }
    int fn(double) { ... }
    int fn(const char *) { ... }
}
using Box::fn;
```

这让函数 fn 的所有重载版本都可用。也可使用这种方法让基类的所有非特殊成员函数对派生类可用。例如，请看下面的代码：

```
class C1
{
...
public:
...
    int fn(int j) { ... }
    double fn(double w) { ... }
    void fn(const char * s) { ... }
};
class C2 : public C1
{
...
public:
...
    using C1::fn;
    double fn(double) { ... };
};
...
C2 c2;
int k = c2.fn(3);        // uses C1::fn(int)
double z = c2.fn(2.4); // uses C2::fn(double)
```

C2 中的 using 声明让 C2 对象可使用 C1 的三个 fn() 方法，但将选择 C2 而不是 C1 定义的方法 fn(double)。

C++11 将这种方法用于构造函数。这让派生类继承基类的所有构造函数（默认构造函数、复制构造函数和移动构造函数除外），但不会使用与派生类构造函数的特征标匹配的构造函数：

```
class BS
{
    int q;
    double w;
```

```
public:
    BS() : q(0), w(0) {}
    BS(int k) : q(k), w(100) {}
    BS(double x) : q(-1), w(x) {}
    B0(int k, double x) : q(k), w(x) {}
    void Show() const {std::cout << q <<", " << w << '\n';}
};

class DR : public BS
{
    short j;
public:
    using BS::BS;
    DR() : j(-100) {} // DR needs its own default constructor
    DR(double x) : BS(2*x), j(int(x)) {}
    DR(int i) : j(-2), BS(i, 0.5* i) {}
    void Show() const {std::cout << j << ", "; BS::Show();}
};
int main()
{
    DR o1; // use DR()
    DR o2(18.81); // use DR(double) instead of BS(double)
    DR o3(10, 1.8); // use BS(int, double)
    ...
}
```

由于没有构造函数 DR(int, double)，因此创建 DR 对象 o3 时，将使用继承而来的 BS(int, double)。请注意，继承的基类构造函数只初始化基类成员；如果还要初始化派生类成员，则应使用成员列表初始化语法：

```
DR(int i, int k, double x) : j(i), BS(k,x) {}
```

18.3.5 管理虚方法：override 和 final

虚方法对实现多态类层次结构很重要，让基类引用或指针能够根据指向的对象类型调用相应的方法，但虚方法也带来了一些编程陷阱。例如，假设基类声明了一个虚方法，而您决定在派生类中提供不同的版本，这将覆盖旧版本。但正如第 13 章讨论的，如果特征标不匹配，将隐藏而不是覆盖旧版本：

```
class Action
{
    int a;
public:
    Action(int i = 0) : a(i) {}
    int val() const {return a;};
    virtual void f(char ch) const { std::cout << val() << ch << "\n";}
};
class Bingo : public Action
{
public:
    Bingo(int i = 0) : Action(i) {}
    virtual void f(char * ch) const { std::cout << val() << ch << "!\n"; }
};
```

由于类 Bingo 定义的是 f(char * ch)而不是 f(char ch)，将对 Bingo 对象隐藏 f(char ch)，这导致程序不能使用类似于下面的代码：

```
Bingo b(10);
b.f('@'); // works for Action object, fails for Bingo object
```

在 C++11 中，可使用虚说明符 override 指出您要覆盖一个虚函数：将其放在参数列表后面。如果声明与基类方法不匹配，编译器将视为错误。因此，下面的 Bingo::f()版本将生成一条编译错误消息：

```
virtual void f(char * ch) const override { std::cout << val()
                                           << ch << "!\n";
```

例如，在 Microsoft Visual C++ 2010 中，出现的错误消息如下：

```
method with override specifier 'override' did not override any
base class methods
```

说明符 final 解决了另一个问题。您可能想禁止派生类覆盖特定的虚方法，为此可在参数列表后面加上 final。例如，下面的代码禁止 Action 的派生类重新定义函数 f()：

```
virtual void f(char ch) const final { std::cout << val() << ch << "\n";}
```

说明符 override 和 final 并非关键字，而是具有特殊含义的标识符。这意味着编译器根据上下文确定它们是否有特殊含义；在其他上下文中，可将它们用作常规标识符，如变量名或枚举。

18.4 Lambda 函数

见到术语 lambda 函数（也叫 lambda 表达式，常简称为 lambda）时，您可能怀疑 C++11 添加这项新功能旨在帮助编程新手。看到下面的 lambda 函数示例后，您可能坚定了自己的怀疑：

```
[&count](int x){count += (x % 13 == 0);}
```

但 lambda 函数并不像看起来那么晦涩难懂，它们提供了一种有用的服务，对使用函数谓词的 STL 算法来说尤其如此。

18.4.1 比较函数指针、函数符和 Lambda 函数

来看一个示例，它使用三种方法给 STL 算法传递信息：函数指针、函数符和 lambda。出于方便的考虑，将这三种形式通称为函数对象，以免不断地重复“函数指针、函数符或 lambda”。假设您要生成一个随机整数列表，并判断其中多少个整数可被 3 整除，多个少整数可被 13 整除。

生成这样的列表很简单。一种方案是，使用 vector<int>存储数字，并使用 STL 算法 generate() 在其中填充随机数：

```
#include <vector>
#include <algorithm>
#include <cmath>
...
std::vector<int> numbers(1000);
std::generate(vector.begin(), vector.end(), std::rand);
```

函数 generate()接受一个区间（由前两个参数指定），并将每个元素设置为第三个参数返回的值，而第三个参数是一个不接受任何参数的函数对象。在上述示例中，该函数对象是一个指向标准函数 rand()的指针。

通过使用算法 count_if()，很容易计算出有多少个元素可被 3 整除。与函数 generate()一样，前两个参数应指定区间，而第三个参数应是一个返回 true 或 false 的函数对象。函数 count_if()计算这样的元素数，即它使得指定的函数对象返回 true。为判断元素能否被 3 整除，可使用下面的函数定义：

```
bool f3(int x) {return x % 3 == 0;}
```

同样，为判断元素能否被 13 整除，可使用下面的函数定义：

```
bool f13(int x) {return x % 13 == 0;}
```

定义上述函数后，便可计算复合条件的元素数了，如下所示：

```
int count3 = std::count_if(numbers.begin(), numbers.end(), f3);
cout << "Count of numbers divisible by 3: " << count3 << '\n';
int count13 = std::count_if(numbers.begin(), numbers.end(), f13);
cout << "Count of numbers divisible by 13: " << count13 << "\n\n";
```

下面复习一下如何使用函数符来完成这个任务。第 16 章介绍过，函数符是一个类对象，并非只能像函数名那样使用它，这要归功于类方法 operator() ()。就这个示例而言，函数符的优点之一是，可使用同一个函数符来完成这两项计数任务。下面是一种可能的定义：

```
class f_mod
{
private:
    int dv;
public:
    f_mod(int d = 1) : dv(d) {}
    bool operator()(int x) {return x % dv == 0;}
};
```

这为何可行呢？因为可使用构造函数创建存储特定整数值的 f_mod 对象：

```
f_mod obj(3); // f_mod.dv set to 3
```

而这个对象可使用方法 operator()来返回一个 bool 值：

```
bool is_div_by_3 = obj(7); // same as obj.operator()(7)
```

构造函数本身可用作诸如 count_if()等函数的参数：

```
count3 = std::count_if(numbers.begin(), numbers.end(), f_mod(3));
```

参数 f_mod(3)创建一个对象，它存储了值 3；而 count_if()使用该对象来调用 operator() ()，并将参数 x 设置为 numbers 的一个元素。要计算有多少个数字可被 13（而不是 3）整除，只需将第三个参数设置为 f_mod(13)。

最后，来看看使用 lambda 的情况。名称 lambda 来自 lambda calculus（λ 演算）——一种定义和应用

函数的数学系统。这个系统让您能够使用匿名函数——即无需给函数命名。在 C++11 中，对于接受函数指针或函数符的函数，可使用匿名函数定义（lambda）作为其参数。与前述函数 f3()对应的 lambda 如下：

```
[](int x) {return x % 3 == 0;}
```

这与 f3()的函数定义很像：

```
bool f3(int x) {return x % 3 == 0;}
```

差别有两个：使用[]替代了函数名（这就是匿名的由来）；没有声明返回类型。返回类型相当于使用 decltyp 根据返回值推断得到的，这里为 bool。如果 lambda 不包含返回语句，推断出的返回类型将为 void。就这个示例而言，您将以如下方式使用该 lambda：

```
count3 = std::count_if(numbers.begin(), numbers.end(),
         [](int x){return x % 3 == 0;});
```

也就是说，使用整个 lambda 表达式替换函数指针或函数符构造函数。

仅当 lambda 表达式完全由一条返回语句组成时，自动类型推断才管用；否则，需要使用新增的返回类型后置语法：

```
[](double x)->double{int y = x; return x - y;} // return type is double
```

程序清单 18.4 演示了前面讨论的各个要点。

程序清单 18.4　lambda0.cpp

```
// lambda0.cpp -- using lambda expressions
#include <iostream>
#include <vector>
#include <algorithm>
#include <cmath>
#include <ctime>
const long Size1 = 39L;
const long Size2 = 100*Size1;
const long Size3 = 100*Size2;
bool f3(int x) {return x % 3 == 0;}
bool f13(int x) {return x % 13 == 0;}

int main()
{
    using std::cout;
    std::vector<int> numbers(Size1);

    std::srand(std::time(0));
    std::generate(numbers.begin(), numbers.end(), std::rand);

// using function pointers
    cout << "Sample size = " << Size1 << '\n';

    int count3 = std::count_if(numbers.begin(), numbers.end(), f3);
    cout << "Count of numbers divisible by 3: " << count3 << '\n';
    int count13 = std::count_if(numbers.begin(), numbers.end(), f13);
    cout << "Count of numbers divisible by 13: " << count13 << "\n\n";

// increase number of numbers
    numbers.resize(Size2);
    std::generate(numbers.begin(), numbers.end(), std::rand);
    cout << "Sample size = " << Size2 << '\n';
// using a functor
    class f_mod
    {
    private:
        int dv;
    public:
        f_mod(int d = 1) : dv(d) {}
        bool operator()(int x) {return x % dv == 0;}
    };

    count3 = std::count_if(numbers.begin(), numbers.end(), f_mod(3));
    cout << "Count of numbers divisible by 3: " << count3 << '\n';
    count13 = std::count_if(numbers.begin(), numbers.end(), f_mod(13));
    cout << "Count of numbers divisible by 13: " << count13 << "\n\n";

// increase number of numbers again
    numbers.resize(Size3);
    std::generate(numbers.begin(), numbers.end(), std::rand);
    cout << "Sample size = " << Size3 << '\n';
// using lambdas
```

```
    count3 = std::count_if(numbers.begin(), numbers.end(),
             [](int x){return x % 3 == 0;});
    cout << "Count of numbers divisible by 3: " << count3 << '\n';
    count13 = std::count_if(numbers.begin(), numbers.end(),
              [](int x){return x % 13 == 0;});
    cout << "Count of numbers divisible by 13: " << count13 << '\n';

    return 0;
}
```

下面是该程序的输出示例：

```
Sample size = 39
Count of numbers divisible by 3: 15
Count of numbers divisible by 13: 6

Sample size = 3900
Count of numbers divisible by 3: 1305
Count of numbers divisible by 13: 302

Sample size = 390000
Count of numbers divisible by 3: 130241

   Count of numbers divisible by 13: 29860
```

输出表明，样本很小时，得到的统计数据并不可靠。

18.4.2 为何使用 lambda

您可能会问，除那些表达式狂热爱好者，谁会使用 lambda 呢？下面从 4 个方面探讨这个问题：距离、简洁、效率和功能。

很多程序员认为，让定义位于使用的地方附近很有用。这样，就无需翻阅多页的源代码，以了解函数调用 count_if()的第三个参数了。另外，如果需要修改代码，涉及的内容都将在附近；而剪切并粘贴代码以便在其他地方使用时，涉及的内容也在一起。从这种角度看，lambda 是理想的选择，因为其定义和使用是在同一个地方进行的；而函数是最糟糕的选择，因为不能在函数内部定义其他函数，因此函数的定义可能离使用它的地方很远。函数符是不错的选择，因为可在函数内部定义类（包含函数符类），因此定义离使用地点可以很近。

从简洁的角度看，函数符代码比函数和 lambda 代码更繁琐。函数和 lambda 的简洁程度相当，一个显而易见的例外是，需要使用同一个 lambda 两次：

```
count1 = std::count_if(n1.begin(), n1.end(),
         [](int x){return x % 3 == 0;});
count2 = std::count_if(n2.begin(), n2.end(),
         [](int x){return x % 3 == 0;});
```

但并非必须编写 lambda 两次，而可给 lambda 指定一个名称，并使用该名称两次：

```
auto mod3 = [](int x){return x % 3 == 0;} // mod3 a name for the lambda
count1 = std::count_if(n1.begin(), n1.end(), mod3);
count2 = std::count_if(n2.begin(), n2.end(), mod3);
```

您甚至可以像使用常规函数那样使用有名称的 lambda：

```
bool result = mod3(z); // result is true if z % 3 == 0
```

然而，不同于常规函数，可在函数内部定义有名称的 lambda。mod3 的实际类型随实现而异，它取决于编译器使用什么类型来跟踪 lambda。

这三种方法的相对效率取决于编译器内联那些东西。函数指针方法阻止了内联，因为编译器传统上不会内联其地址被获取的函数，因为函数地址的概念意味着非内联函数。而函数符和 lambda 通常不会阻止内联。

最后，lambda 有一些额外的功能。具体地说，lambda 可访问作用域内的任何动态变量；要捕获要使用的变量，可将其名称放在中括号内。如果只指定了变量名，如[z]，将按值访问变量；如果在名称前加上&，如[&count]，将按引用访问变量。[&]让您能够按引用访问所有动态变量，而[=]让您能够按值访问所有动态变量。还可混合使用这两种方式，例如，[ted, &ed]让您能够按值访问 ted 以及按引用访问 ed，[&, ted]让您能够按值访问 ted 以及按引用访问其他所有动态变量，[=, &ed]让您能够按引用访问 ed 以及按值访问其他所有动态变量。在程序清单 18.4 中，可将下述代码：

```
int count13;
...
count13 = std::count_if(numbers.begin(), numbers.end(),
          [](int x){return x % 13 == 0;});
```

替换为如下代码：

```
int count13 = 0;
std::for_each(numbers.begin(), numbers.end(),
     [&count13](int x){count13 += x % 13 == 0;});
```

[&count13]让 lambda 能够在其代码中使用 count13。由于 count13 是按引用捕获的，因此在 lambda 对 count13 所做的任何修改都将影响原始 count13。如果 x 能被 13 整除，则表达式 x % 13 == 0 将为 true，添加到 count13 中时，true 将被转换为 1。同样，false 将被转换为 0。因此，for_each()将 lambda 应用于 numbers 的每个元素后，count13 将为能被 13 整除的元素数。

通过利用这种技术，可使用一个 lambda 表达式计算可被 3 整除的元素数和可被 13 整除的元素数：

```
int count3 = 0;
int count13 = 0;
std::for_each(numbers.begin(), numbers.end(),
     [&](int x){count3 += x % 3 == 0; count13 += x % 13 == 0;});
```

在这里，[&]让您能够在 lambad 表达式中使用所有的自动变量，包括 count3 和 count13。

程序清单 18.5 演示了如何使用这些技术。

程序清单 18.5 lambda1.cpp

```
// lambda1.cpp -- use captured variables
#include <iostream>
#include <vector>
#include <algorithm>
#include <cmath>
#include <ctime>
const long Size = 390000L;

int main()
{
    using std::cout;
    std::vector<int> numbers(Size);

    std::srand(std::time(0));
    std::generate(numbers.begin(), numbers.end(), std::rand);
    cout << "Sample size = " << Size << '\n';
// using lambdas
    int count3 = std::count_if(numbers.begin(), numbers.end(),
          [](int x){return x % 3 == 0;});
    cout << "Count of numbers divisible by 3: " << count3 << '\n';
    int count13 = 0;
    std::for_each(numbers.begin(), numbers.end(),
         [&count13](int x){count13 += x % 13 == 0;});
    cout << "Count of numbers divisible by 13: " << count13 << '\n';
// using a single lambda
    count3 = count13 = 0;
    std::for_each(numbers.begin(), numbers.end(),
         [&](int x){count3 += x % 3 == 0; count13 += x % 13 == 0;});
    cout << "Count of numbers divisible by 3: " << count3 << '\n';
    cout << "Count of numbers divisible by 13: " << count13 << '\n';
    return 0;
}
```

下面是该程序的示例输出：

```
Sample size = 390000
Count of numbers divisible by 3: 130274
Count of numbers divisible by 13: 30009
Count of numbers divisible by 3: 130274
Count of numbers divisible by 13: 30009
```

输出表明，该程序使用的两种方法（两个独立的 lambda 和单个 lambda）的结果相同。

在 C++中引入 lambda 的主要目的是，让您能够将类似于函数的表达式用作接受函数指针或函数符的函数的参数。因此，典型的 lambda 是测试表达式或比较表达式，可编写为一条返回语句。这使得 lambda 简洁而易于理解，且可自动推断返回类型。然而，有创意的 C++程序员可能开发出其他用法。

18.5 包装器

C++提供了多个包装器（wrapper，也叫适配器[adapter]）。这些对象用于给其他编程接口提供更一致或更合适的接口。例如，第 16 章讨论了 bind1st 和 bind2ed，它们让接受两个参数的函数能够与这样的 STL 算法匹配，即它要求将接受一个参数的函数作为参数。C++11 提供了其他的包装器，包括模板 bind、men_fn 和 reference_wrapper 以及包装器 function。其中模板 bind 可替代 bind1st 和 bind2nd，但更灵活；模板 mem_fn 让您能够将成员函数作为常规函数进行传递；模板 reference_wrapper 让您能够创建行为像引用但可被复制的对象；而包装器 function 让您能够以统一的方式处理多种类似于函数的形式。

下面更详细地介绍包装器 function 及其解决的问题。

18.5.1 包装器 function 及模板的低效性

请看下面的代码行：

```
answer = ef(q);
```

ef 是什么呢？它可以是函数名、函数指针、函数对象或有名称的 lambda 表达式。所有这些都是可调用的类型（callable type）。鉴于可调用的类型如此丰富，这可能导致模板的效率极低。为明白这一点，来看一个简单的案例。

首先，在头文件中定义一些模板，如程序清单 18.6 所示。

程序清单 18.6 somedefs.h

```
// somedefs.h
#include <iostream>

template <typename T, typename F>
T use_f(T v, F f)
{
    static int count = 0;
    count++;
    std::cout << " use_f count = " << count
              << ", &count = " << &count << std::endl;
    return f(v);
}

class Fp
{
private:
    double z_;
public:
    Fp(double z = 1.0) : z_(z) {}
    double operator()(double p) { return z_*p; }
};

class Fq
{
private:
    double z_;
public:
    Fq(double z = 1.0) : z_(z) {}
    double operator()(double q) { return z_+ q; }
};
```

模板 use_f 使用参数 f 表示调用类型：

```
return f(v);
```

接下来，程序清单 18.7 所示的程序调用模板函数 use_f()6 次。

程序清单 18.7 callable.cpp

```
// callable.cpp -- callable types and templates
#include "somedefs.h"
#include <iostream>

double dub(double x) {return 2.0*x;}
double square(double x) {return x*x;}
```

```
int main()
{
    using std::cout;
    using std::endl;

    double y = 1.21;
    cout << "Function pointer dub:\n";
    cout << "  " << use_f(y, dub) << endl;
    cout << "Function pointer square:\n";
    cout << "  " << use_f(y, square) << endl;
    cout << "Function object Fp:\n";
    cout << "  " << use_f(y, Fp(5.0)) << endl;
    cout << "Function object Fq:\n";
    cout << "  " << use_f(y, Fq(5.0)) << endl;
    cout << "Lambda expression 1:\n";
    cout << "  " << use_f(y, [](double u) {return u*u;}) << endl;
    cout << "Lambda expression 2:\n";
    cout << "  " << use_f(y, [](double u) {return u+u/2.0;}) << endl;
    return 0;
}
```

在每次调用中，模板参数 T 都被设置为类型 double。模板参数 F 呢？每次调用时，F 都接受一个 double 值并返回一个 double 值，因此在 6 次 use_of() 调用中，好像 F 的类型都相同，因此只会实例化模板一次。但正如下面的输出表明的，这种想法太天真了：

```
Function pointer dub:
  use_f count = 1, &count = 0x402028
  2.42
Function pointer square:
  use_f count = 2, &count = 0x402028
  1.1
Function object Fp:
  use_f count = 1, &count = 0x402020
  6.05
Function object Fq:
  use_f count = 1, &count = 0x402024
  6.21
Lambda expression 1:
  use_f count = 1, &count = 0x405020
  1.4641
Lambda expression 2:
  use_f count = 1, &count = 0x40501c
  1.815
```

模板函数 use_f()有一个静态成员 count，可根据它的地址确定模板实例化了多少次。有 5 个不同的地址，这表明模板 use_f()有 5 个不同的实例化。

为了解其中的原因，请考虑编译器如何判断模板参数 F 的类型。首先，来看下面的调用：

```
use_f(y, dub);
```

其中的 dub 是一个函数的名称，该函数接受一个 double 参数并返回一个 double 值。函数名是指针，因此参数 F 的类型为 double(*) (double)：一个指向这样的函数的指针，即它接受一个 double 参数并返回一个 double 值。

下一个调用如下：

```
use_f(y, square);
```

第二个参数的类型也是 double(*) (double)，因此该调用使用的 use_f()实例化与第一个调用相同。

在接下来的两个 use_f()调用中，第二个参数为对象，F 的类型分别为 Fp 和 Fq，因为将为这些 F 值实例化 use_f()模板两次。最后，最后两个调用将 F 的类型设置为编译器为 lambda 表达式使用的类型。

18.5.2 修复问题

包装器 function 让您能够重写上述程序，使其只使用 use_f()的一个实例而不是 5 个。注意到程序清单 18.7 中的函数指针、函数对象和 lambda 表达式有一个相同的地方，它们都接受一个 double 参数并返回一个 double 值。可以说它们的调用特征标（call signature）相同。调用特征标是由返回类型以及用括号括起并用逗号分隔的参数类型列表定义的，因此，这六个实例的调用特征标都是 double (double)。

模板 function 是在头文件 functional 中声明的，它从调用特征标的角度定义了一个对象，可用于包装调用特征标相同的函数指针、函数对象或 lambda 表达式。例如，下面的声明创建一个名为 fdci 的 function 对象，它接受一个 char 参数和一个 int 参数，并返回一个 double 值：

```
std::function<double(char, int)> fdci;
```

然后，可以将接受一个 char 参数和一个 int 参数，并返回一个 double 值的任何函数指针、函数对象或 lambda 表达式赋给它。

在程序清单 18.7 中，所有可调用参数的调用特征标都相同：double (double)。要修复程序清单 18.7 以减少实例化次数，可使用 function<double(double)>创建六个包装器，用于表示 6 个函数、函数符和 lambda。这样，在对 use_f()的全部 6 次调用中，让 F 的类型都相同（function<double(double)>），因此只实例化一次。据此修改后的程序如程序清单 18.8 所示。

程序清单 18.8　wrapped.cpp

```
//wrapped.cpp -- using a function wrapper as an argument
#include "somedefs.h"
#include <iostream>
#include <functional>

double dub(double x) {return 2.0*x;}
double square(double x) {return x*x;}

int main()
{
    using std::cout;
    using std::endl;
    using std::function;

    double y = 1.21;
    function<double(double)> ef1 = dub;
    function<double(double)> ef2 = square;
    function<double(double)> ef3 = Fq(10.0);
    function<double(double)> ef4 = Fp(10.0);
    function<double(double)> ef5 = [](double u) {return u*u;};
    function<double(double)> ef6 = [](double u) {return u+u/2.0;};
    cout << "Function pointer dub:\n";
    cout << " " << use_f(y, ef1) << endl;
    cout << "Function pointer square:\n";
    cout << " " << use_f(y, ef2) << endl;
    cout << "Function object Fp:\n";
    cout << " " << use_f(y, ef3) << endl;
    cout << "Function object Fq:\n";
    cout << " " << use_f(y, ef4) << endl;
    cout << "Lambda expression 1:\n";
    cout << " " << use_f(y, ef5) << endl;
    cout << "Lambda expression 2:\n";
    cout << " " << use_f(y,ef6) << endl;
    return 0;
}
```

下面是该程序的示例输出：

```
Function pointer dub:
  use_f count = 1, &count = 0x404020
  2.42
Function pointer sqrt:
  use_f count = 2, &count = 0x404020
  1.1
Function object Fp:
  use_f count = 3, &count = 0x404020
  11.21
Function object Fq:
  use_f count = 4, &count = 0x404020
  12.1
Lambda expression 1:
  use_f count = 5, &count = 0x404020
  1.4641
Lambda expression 2:
  use_f count = 6, &count = 0x404020
  1.815
```

从上述输出可知，count 的地址都相同，而 count 的值表明，use_f() 被调用了 6 次。这表明只有一个实例，并调用了该实例 6 次，这缩小了可执行代码的规模。

18.5.3 其他方式

下面介绍使用 function 可完成的其他两项任务。首先，在程序清单 18.8 中，不用声明 6 个 function<double(double)>对象，而只使用一个临时 function<double (double)>对象，将其用作函数 use_f()的参数：

```
typedef function<double(double)> fdd; // simplify the type declaration
cout << use_f(y, fdd(dub)) << endl;   // create and initialize object to dub
cout << use_f(y, fdd(square)) << endl;
...
```

其次，程序清单 18.8 让 use_f()的第二个实参与形参 f 匹配，但另一种方法是让形参 f 的类型与原始实参匹配。为此，可在模板 use_f()的定义中，将第二个参数声明为 function 包装器对象，如下所示：

```
#include <functional>
template <typename T>
T use_f(T v, std::function<T(T)> f) // f call signature is T(T)
{
    static int count = 0;
    count++;
    std::cout << " use_f count = " << count
              << ", &count = " << &count << std::endl;
    return f(v);
}
```

这样函数调用将如下：

```
cout << " " << use_f<double>(y, dub) << endl;
...
cout << " " << use_f<double>(y, Fp(5.0)) << endl;
...
cout << " " << use_f<double>(y, [](double u) {return u*u;}) << endl;
```

参数 dub、Fp(5.0)等本身的类型并不是 function<double(double)>，因此在 use_f 后面使用了<double>来指出所需的具体化。这样，T 被设置为 double，而 std::function<T(T)>变成了 std::function<double(double)>。

18.6 可变参数模板

可变参数模板（variadic template）让您能够创建这样的模板函数和模板类，即可接受可变数量的参数。这里介绍可变参数模板函数。例如，假设要编写一个函数，它可接受任意数量的参数，参数的类型只需是 cout 能够显示的即可，并将参数显示为用逗号分隔的列表。请看下面的代码：

```
int n = 14;
double x = 2.71828;
std::string mr = "Mr. String objects!";
show_list(n, x);
show_list(x*x, '!', 7, mr);
```

这里的目标是，定义 show_list()，让上述代码能够通过编译并生成如下输出：

```
14, 2.71828
7.38905, !, 7, Mr. String objects!
```

要创建可变参数模板，需要理解几个要点：

- 模板参数包（parameter pack）；
- 函数参数包；
- 展开（unpack）参数包；
- 递归。

18.6.1 模板和函数参数包

为理解参数包的工作原理，首先来看一个简单的模板函数，它显示一个只有一项的列表：

```
template<typename T>
void show_list0(T value)
{
    std::cout << value << ", ";
}
```

在上述定义中，有两个参数列表。模板参数列表只包含 T，而函数参数列表只包含 value。下面的函数调用将模板参数列表中的 T 设置为 double，将函数参数列表中的 value 设置为 2.15：

```
show_list0(2.15);
```

C++11 提供了一个用省略号表示的元运算符（meta-operator），让您能够声明表示模板参数包的标识符，模板参数包基本上是一个类型列表。同样，它还让您能够声明表示函数参数包的标识符，而函数参数包基本上是一个值列表。其语法如下：

```
template<typename... Args> // Args is a template parameter pack
void show_list1(Args... args) // args is a function parameter pack
{
...
}
```

其中，Args 是一个模板参数包，而 args 是一个函数参数包。与其他参数名一样，可将这些参数包的名称指定为任何符合 C++标识符规则的名称。Args 和 T 的差别在于，T 与一种类型匹配，而 Args 与任意数量（包括零）的类型匹配。请看下面的函数调用：

```
show_list1('S', 80, "sweet", 4.5);
```

在这种情况下，参数包 Args 包含与函数调用中的参数匹配的类型：char、int、const char *和 double。

下面的代码指出 value 的类型为 T：

```
void show_list0(T value)
```

同样，下面的代码指出 args 的类型为 Args：

```
void show_list1(Args... args) // args is a function parameter pack
```

更准确地说，这意味着函数参数包 args 包含的值列表与模板参数包 Args 包含的类型列表匹配——无论是类型还是数量。在上面的示例中，args 包含值‘S’、80、“sweet”和 4.5。

这样，可变参数模板 show_list1()与下面的函数调用都匹配：

```
show_list1();
show_list1(99);
show_list1(88.5, "cat");
show_list1(2,4,6,8, "who do we", std::string("appreciate"));
```

就最后一个函数调用而言，模板参数包 Args 包含类型 int、int、int、int、const char *和 std::string，而函数参数包 args 包含值 2、4、6、8、“who do we”和 std::string(“appreciate”)。

18.6.2 展开参数包

但函数如何访问这些包的内容呢？索引功能在这里不适用，即您不能使用 Args[2]来访问包中的第三个类型。相反，可将省略号放在函数参数包名的右边，将参数包展开。例如，请看下述有缺陷的代码：

```
template<typename... Args>    // Args is a template parameter pack
void show_list1(Args... args) // args is a function parameter pack
{
    show_list1(args...);      // passes unpacked args to show_list1()
}
```

这是什么意思呢？为何说它存在缺陷？假设有如下函数调用：

```
show_list1(5,'L',0.5);
```

这将把 5、‘L’和 0.5 封装到 args 中。在该函数内部，下面的调用：

```
show_list1(args...);
```

将展开成如下所示：

```
show_list1(5,'L',0.5);
```

也就是说，args 被替换为三个存储在 args 中的值。因此，表示法 args...展开为一个函数参数列表。不幸的是，该函数调用与原始函数调用相同，因此它将使用相同的参数不断调用自己，导致无限递归（这存在缺陷）。

18.6.3 在可变参数模板函数中使用递归

虽然前面的递归让 show_list1()成为有用函数的希望破灭，但正确使用递归为访问参数包的内容提供了解决方案。这里的核心理念是，将函数参数包展开，对列表中的第一项进行处理，再将余下的内容传递给递归调用，以此类推，直到列表为空。与常规递归一样，确保递归将终止很重要。这里的技巧是将模板头改为如下所示：

```
template<typename T, typename... Args>
void show_list3( T value, Args... args)
```

对于上述定义，show_list3()的第一个实参决定了 T 和 value 的值，而其他实参决定了 Args 和 args 的值。这让函数能够对 value 进行处理，如显示它。然后，可递归调用 show_list3()，并以 args...的方式将其他实参传递给它。每次递归调用都将显示一个值，并传递缩短了的列表，直到列表为空为止。程序清单 18.9 提供了一种实现，它虽然不完美，但演示了这种技巧。

程序清单 18.9 variadic1.cpp

```
//variadic1.cpp -- using recursion to unpack a parameter pack
#include <iostream>
#include <string>
// definition for 0 parameters -- terminating call
void show_list3() {}

// definition for 1 or more parameters
template<typename T, typename... Args>
void show_list3( T value, Args... args)
{
    std::cout << value << ", ";
    show_list3(args...);
}

int main()
{
    int n = 14;
    double x = 2.71828;
    std::string mr = "Mr. String objects!";
    show_list3(n, x);
    show_list3(x*x, '!', 7, mr);
    return 0;
}
```

1. 程序说明

请看下面的函数调用：

```
show_list3(x*x, '!', 7, mr);
```

第一个实参导致 T 为 double，value 为 x*x。其他三种类型（char、int 和 std::string）将放入 Args 包中，而其他三个值（'!'、7 和 mr）将放入 args 包中。

接下来，函数 show_list3()使用 cout 显示 value（大约为 7.38905）和字符串“, ”。这完成了显示列表中第一项的工作。

接下来是下面的调用：

```
show_list3(args...);
```

考虑到 args...的展开作用，这与如下代码等价：

```
show_list3('!', 7, mr);
```

前面说过，列表将每次减少一项。这次 T 和 value 分别为 char 和'!'，而余下的两种类型和两个值分别被包装到 Args 和 args 中，下次递归调用将处理这些缩小了的包。最后，当 args 为空时，将调用不接受任何参数的 show_list3()，导致处理结束。

程序清单 18.9 中两个函数调用的输出如下：

```
14, 2.71828, 7.38905, !, 7, Mr. String objects!,
```

2. 改进

可对 show_list3()做两方面的改进。当前，该函数在列表的每项后面显示一个逗号，但如果能省去最后一项后面的逗号就好了。为此，可添加一个处理一项的模板，并让其行为与通用模板稍有不同：

```
// definition for 1 parameter
template<typename T>
void show_list3(T value)
{
    std::cout << value << '\n';
}
```

这样，当 args 包缩短到只有一项时，将调用这个版本，而它打印换行符而不是逗号。另外，由于没有递归调用 show_list3()，它也将终止递归。

另一个可改进的地方是，当前的版本按值传递一切。对于这里使用的简单类型来说，这没问题，但对于 cout 可打印的大型类来说，这样做的效率很低。在可变参数模板中，可指定展开模式（pattern）。为此，可将下述代码：

```
show_list3(Args... args);
```

替换为如下代码：

```
show_list3(const Args&... args);
```

这将对每个函数参数应用模式 const &。这样，最后分析的参数将不是 std::string mr，而是 const std::string& mr。

程序清单 18.10 包含这两项修改。

程序清单 18.10 variadic2.cpp

```
// variadic2.cpp
#include <iostream>
#include <string>

// definition for 0 parameters
void show_list() {}

// definition for 1 parameter
template<typename T>
void show_list(const T& value)
{
    std::cout << value << '\n';
}

// definition for 2 or more parameters
template<typename T, typename... Args>
void show_list(const T& value, const Args&... args)
{
    std::cout << value << ", ";
    show_list(args...);
}

int main()
{
    int n = 14;
    double x = 2.71828;
    std::string mr = "Mr. String objects!";
    show_list(n, x);
    show_list(x*x, '!', 7, mr);
    return 0;
}
```

该程序的输出如下：

```
14, 2.71828
7.38905, !, 7, Mr. String objects!
```

18.7 C++11 新增的其他功能

C++11 增加了很多功能，本书无法全面介绍；另外，本书编写期间，其中很多功能还未得到广泛实现。然而，有些功能有必要简要地介绍一下。

18.7.1 并行编程

当前，为提高计算机性能，增加处理器数量比提高处理器速度更容易。因此，装备了双核、四核处理器甚至多个多核处理器的计算机很常见，这让计算机能够同时执行多个线程，其中一个处理器可能处理视频下载，而另一个处理器处理电子表格。

有些操作能受益于多线程，但有些不能。考虑单向链表的搜索：程序必须从链表开头开始，沿链接依次向下搜索，直到到达链表末尾；在这种情况下，多线程的帮助不大。再来看未经排序的数组。考虑到数组的随机存取特征，可让一个线程从数组开头开始搜索，并让另一个线程从数组中间开始搜索，这将让搜索时间减半。

多线程确实带来了很多问题。如果一个线程挂起或两个线程试图同时访问同一项数据，结果将如何呢？为解决并行性问题，C++定义了一个支持线程化执行的内存模型，添加了关键字 thread_local，提供了相关的库支持。关键字 thread_local 将变量声明为静态存储，其持续性与特定线程相关；即定义这种变量的线程过期时，变量也将过期。

库支持由原子操作（atomic operation）库和线程支持库组成，其中原子操作库提供了头文件 atomic，而线程支持库提供了头文件 thread、mutex、condition_variable 和 future。

18.7.2 新增的库

C++11 添加了多个专用库。头文件 random 支持的可扩展随机数库提供了大量比 rand() 复杂的随机数工具。例如，您可以选择随机数生成器和分布状态，分布状态包括均匀分布（类似于 rand()）、二项式分布和正态分布等。

头文件 chrono 提供了处理时间间隔的途径。

头文件 tuple 支持模板 tuple。tuple 对象是广义的 pair 对象。pair 对象可存储两个类型不同的值，而 tuple 对象可存储任意多个类型不同的值。

头文件 ratio 支持的编译阶段有理数算术库让您能够准确地表示任何有理数，其分子和分母可用最宽的整型表示。它还支持对这些有理数进行算术运算。

在新增的库中，最有趣的一个是头文件 regex 支持的正则表达式库。正则表达式指定了一种模式，可用于与文本字符串的内容匹配。例如，方括号表达式与方括号中的任何单个字符匹配，因此[cCkK]与 c、C、k 和 K 都匹配，而[cCkK] at 与单词 cat、Cat、kat 和 Kat 都匹配。其他模式包括与一位数字匹配的\d、与一个单词匹配的\w、与制表符匹配的\t 等。在 C++中，斜杠具有特殊含义，因此对于模式\d\t\w\d（即依次为一位数字、制表符、单词和一位数字），必须写成字符字面量“\\d\\t\\w\\d”，即使用\\表示\。这是引入原始字符串的原因之一（参见第 4 章），它让您能够将该模式写成 R“\d\t\w\d”。

ed、grep 和 awk 等 UNIX 工具都使用正则表达式，而解释型语言 Perl 扩展了正则表达式的功能。C++正则表达式库让您能够选择多种形式的正则表达式。

18.7.3 低级编程

低级编程中的“低级”指的是抽象程度，而不是编程质量。低级意味着接近于计算机硬件和机器语言使用的比特和字节。对嵌入式编程和改善操作的效率而言，低级编程很重要。C++11 给低级编程人员提供了一些帮助。

变化之一是放松了 POD（Plain Old Data）的要求。在 C++98 中，POD 是标量类型（单值类型，如 int 或 double）或没有构造函数、基类、私有数据、虚函数等的老式结构。以前的理念是，POD 是可安全地逐字节复制的东西。这种理念没变，但 C++11 认识到，在满足 C++98 的某些约束的情况下，仍可以是合法的 POD。这有助于低级编程，因为有些低级操作（如使用 C 语言函数进行逐字节复制或二进制 I/O）要求处理对象为 POD。

另一项修改是，允许共用体的成员有构造函数和析构函数，这让共用体更灵活；但保留了其他一些限制，如成员不能有虚函数。在需要最大限度地减少占用的内存时，通常使用共用体；上述新规则在这些情况下给程序员有更大的灵活性和功能。

C++11 解决了内存对齐问题。计算机系统可能对数据在内存中的存储方式有一定的限制。例如，一个系统可能要求 double 值的内存地址为偶数，而另一个系统可能要求其起始位置为 8 的整数倍。要获悉有关类型或对象的对齐要求，可使用运算符 alignof()（参见附录 E）。要控制对齐方式，可使用说明符 alignas。

constexpr 机制让编译器能够在编译阶段计算结果为常量的表达式，让 const 变量可存储在只读内存中，这对嵌入式编程来说很有用（在运行阶段初始化的变量存储在随机访问内存中）。

18.7.4 杂项

C99 引入了依赖于实现的扩展整型，C++11 继承了这种传统。在使用 128 位整数的系统中，可使用这样的类型。在 C 语言中，扩展类型由头文件 stdint.h 支持，而在 C++中，为头文件 cstdint。

C++11 提供了一种创建用户自定义字面量的机制：字面量运算符（literal operator）。使用这种机制可定义二进制字面量，如 1001001b，相应的字面量运算符将把它转换为整数值。

C++提供了调试工具 assert。这是一个宏，它在运行阶段对断言进行检查，如果为 true，则显示一条消息，否则调用 abort()。断言通常是程序员认为在程序的某个阶段应为 true 的东西。C++11 新增了关键字 static_assert，可用于在编译阶段对断言进行测试。这样做的主要目的在于，对于在编译阶段（而不是运行阶段）实例化的模板，调试起来将更简单。

C++11 加强了对元编程（metaprogramming）的支持。元编程指的是编写这样的程序，它创建或修改其他程序，甚至修改自身。在 C++中，可使用模板在编译阶段完成这种工作。

18.8 语言变化

计算机语言是如何成长和发展的呢？C++的使用范围足够广后，显然需要国际标准，并将其控制权交给标准委员会：最初是 ANSI 委员会，随后是 ISO/ANSI 联合委员会，当前是 ISO/IEC JTC1/SC22/WG21（C++标准委员会）。ISO 是国际标准组织，IEC 是国际电子技术委员会，JEC1 是前两家组织组建的联合技术委员会 1，SC22 是 JTC1 下属的编程语言委员会，而 WG21 是 SC22 下属的 C++工作小组。

委员会考虑缺陷报告和有关语言修改和扩展的提议，并试图达成一致。这个过程既繁琐又漫长，*The Design and Evolution of C++*（Stroustrup，Addison-Wesley，1994）介绍了这方面的一些情况。寻求一致的委员会沉闷而争议不断，可能不是鼓励创新的好方式，这也不是标准委员会应扮演的角色。

但就 C++而言，还有另一种变更的途径，那就是充满创意的 C++编程社区的直接行动。程序员无法不受羁绊地改进语言，但可创建有用的库。设计良好的库可改善语言的用途和功能，提高可靠性，让编程更容易、更有乐趣。库是在现有语言功能的基础上创建的，不需要额外的编译器支持。如果库是通过模板实现的，则可以头文件（文本文件）的方式分发。

一项这样的变革是 STL，它主要是 Alexander Stepanov 创建的，Hewlett-Packard 免费提供它。STL 在编程社区获得了巨大成功，成了第一个 ANSI/ISO 标准的候选内容。事实上，其设计影响新标准的其他方面。

18.8.1 Boost 项目

最近，Boost 库成了 C++编程的重要部分，给 C++11 带来了深远影响。Boost 项目发起于 1998 年，当时的 C++库工作小组主席 Beman Dawes 召集其他几位小组成员制定了一项计划，准备在标准委员会的框架外创建新库。该计划的基本理念是，创建一个充当开放论坛的网站，让人发布免费的 C++库。这个项目提供有关许可和编程实践的指南，并要求对提议的库进行同行审阅。其最终的成果是，一系列得到高度赞扬和广泛使用的库。这个项目提供了一个环境，让编程社区能够检验和评估编程理念以及提供反馈。

18.8.2 TR1

TR1（Technical Report 1）是 C++标准委员会的部分成员发起的一个项目，它是一个库扩展选集，这些扩展与 C++98 标准兼容，但不是必不可少的。这些扩展是下一个 C++标准的候选内容。TR1 库让 C++社区能够检验其组成部分的价值。当标准委员会将 TR1 的大部分内容融入 C++11 时，面对的是众所皆知且经过实践检验的库。

在 TR1 中，Boost 库占了很大一部分。这包括模板类 tuple 和 array、模板 bind 和 function、智能指针（对名称和实现做了一定的修改）、static_assert、regex 库和 random 库。另外，Boost 社区和 TR1 用户的经验也导致了实际的语言变更，如异常规范的摒弃和可变参数模板的添加，其中可变参数模板让 tuple 模板类和 function 模板的实现更好了。

18.8.3 使用 Boost

虽然在 C++11 中，可访问 Boost 开发的众多库，但还有很多其他的 Boost 库。例如，Conversion 库中的 lexical_cast 让您能够在数值和字符串类型之间进行简单地转换，其语法类似于 dynamic_cast：将模板参数指定为目标类型。程序清单 18.11 是一个简单示例。

程序清单 18.11 lexcast.cpp

```
// lexcast.cpp -- simple cast from float to string
#include <iostream>
#include <string>
#include "boost/lexical_cast.hpp"
int main()
{
    using namespace std;
    cout << "Enter your weight: ";
    float weight;
    cin >> weight;
    string gain = "A 10% increase raises ";
```

```
    string wt = boost::lexical_cast<string>(weight);
    gain = gain + wt + " to "; // string operator+()
    weight = 1.1 * weight;
    gain = gain + boost::lexical_cast<string>(weight) + ".";
    cout << gain << endl;
    return 0;
}
```

下面是两次运行该程序的情况：

```
Enter your weight: 150
A 10% increase raises 150 to 165.

Enter your weight: 156
A 10% increase raises 156 to 171.600006.
```

第二次运行的结果凸显了 lexical_cast 的局限性：它未能很好地控制浮点数的格式。为控制浮点数的格式，需要使用更精致的内核格式化工具，这在第 17 章讨论过。

还可以使用 lexical_cast 将字符串转换为数值。

显然，Boost 提供的功能比这里介绍的要多得多。例如，Any 库让您能够在 STL 容器中存储一系列不同类型的值和对象，方法是将 Any 模板用作各种值的包装器。Math 库在标准 math 库的基础上增加了数学函数。Filesystem 库让您编写的代码可在使用不同文件系统的平台之间移植。有关这个库以及如何将其加入到各种平台的更详细信息，请参阅 Boost 网站。另外，有些 C++编译器（如 Cygwin 编译器）还自带了 Boost 库。

18.9 接下来的任务

如果仔细阅读了本书，则应很好地掌握了 C++的规则。然而，这仅仅是学习这种语言的开始，接下来需要学习如何高效地使用该语言，这样的路更长。最好的情况是，工作或学习环境让您能够接触优秀的 C++代码和程序员。另外，了解 C++后，便可以阅读一些介绍高级主题和面向对象编程的书籍，附录 H 列出了一些这样的资源。

OOP 有助于开发大型项目，并提高其可靠性。OOP 方法的基本活动之一是发明能够表示正在模拟的情形（被称为问题域（problem domain））的类。由于实际问题通常很复杂，因此找到适当的类富有挑战性。创建复杂的系统时，从空白开始通常不可行，最好采用逐步迭代的方式。为此，该领域的实践者开发了多种技术和策略。具体地说，重要的是在分析和设计阶段完成尽可能多的迭代工作，而不要不断地修改实际代码。

常用的技术有两种：用例分析（use-case analysis）和 CRC 卡（CRC card）。在用例分析中，开发小组列出了常见的使用方式或最终系统将用于的场景；找出元素、操作和职责，以确定可能要使用的类和类特性。CRC（Class/Responsibilities/Collaborators 的简称）卡片是一种分析场景的简单方法。开发小组为每个类创建索引卡片，卡片上列出了类名、类责任（如表示的数据和执行的操作）以及类的协作者（如必须与之交互的其他类）。然后，小组使用 CRC 卡片提供的接口模拟场景。这可能提出新的类、转换责任等。

在更大的规模上，是用于整个项目的系统方法。在这方面，最新的工具是统一建模语言（Unified Modeling Language，UML），它不是一种编程语言，而是一种用于表示编程项目的分析和设计语言，是由 Grady Booch、Jim Rumbaugh 和 Ivar Jacobson 开发的，他们分别是更早的 3 种建模语言（Booch Method、OMT（对象建模技术，Object Modeling Technique）和 OOSE（面向对象的软件工程，Object-Oriented Software Engineering））的主要开发人员。UML 是从这 3 种语言演化而来的，于 2005 年被 ISO/IEC 批准为标准。

除加深对 C++的总体理解外，还可能需要学习特定的类库。例如，Microsoft 和 Embarcadero 提供了大量简化 Windows 编程的类库，而 Apple Xcode 提供了简化 Apple 平台（如 iPhone）编程的类库。

18.10 总结

C++新标准新增了大量功能。有些旨在让 C++更容易学习和使用，这包括用大括号括起的统一的列表初始化、使用 auto 自动推断类型、类内成员初始化以及基于范围的 for 循环；而有些旨在增强类设计以及使其更容易理解，这包括默认的和禁用的方法、委托构造函数、继承构造函数以及让虚函数设计更清晰的说明符 override 和 final。

有几项改进旨在提供程序和编程效率。lambda 表达式比函数指针和函数符更好，模板 function 可用于减少模板实例数量，右值引用让您能够使用移动语义以及实现移动构造函数和移动赋值运算符。

其他改进提供了更佳的工作方式。作用域内枚举让您能够更好地控制枚举的作用域和底层类型；模板 unique_ptr 和 shared_ptr 让您能够更好地处理使用 new 分配的内存。

新增的 decltype、返回类型后置、模板别名和可变参数模板让模板设计得到了改进。

修改后的共用体和 POD 规则、alignof()运算符、alignas 说明符以及 constexpr 机制支持低级编程。

新增了多个库（包括新的 STL 类、tuple 模板和 regex 库）为众多常见的编程问题提供了解决方案。

为支持并行编程，新标准还添加了关键字 thread_local 和 atomic 库。

总之，无论对新手还是专家来说，新标准都改善了 C++的可用性和可靠性。

18.11 复习题

1. 使用用大括号括起的初始化列表语法重写下述代码。重写后的代码不应使用数组 ar：

```
class Z200
{
private:
    int j;
    char ch;
    double z;
public:
    Z200(int jv, char chv, zv) : j(jv), ch(chv), z(zv) {}
...
};

double x = 8.8;
std::string s = "What a bracing effect!";
int k(99);
Z200 zip(200,'Z',0.675);
std::vector<int> ai(5);
int ar[5] = {3, 9, 4, 7, 1};
for (auto pt = ai.begin(), int i = 0; pt != ai.end(); ++pt, ++i)
    *pt = ai[i];
```

2. 在下述简短的程序中，哪些函数调用不对？为什么？对于合法的函数调用，指出其引用参数指向的是什么。

```
#include <iostream>
using namespace std;
double up(double x) { return 2.0* x;}
void r1(const double &rx) {cout << rx << endl;}
void r2(double &rx) {cout << rx << endl;}
void r3(double &&rx) {cout << rx << endl;}

int main()
{
    double w = 10.0;
    r1(w);
    r1(w+1);
    r1(up(w));
    r2(w);
    r2(w+1);
    r2(up(w));
    r3(w);
    r3(w+1);
    r3(up(w));
    return 0;
}
```

3. a. 下述简短的程序显示什么？为什么？

```
#include <iostream>
using namespace std;

double up(double x) { return 2.0* x;}
void r1(const double &rx) {cout << "const double & rx\n";}
void r1(double &rx) {cout << "double & rx\n";}
```

```
int main()
{
    double w = 10.0;
    r1(w);
    r1(w+1);
    r1(up(w));
    return 0;
}
```

b. 下述简短的程序显示什么？为什么？

```
#include <iostream>
using namespace std;

double up(double x) { return 2.0* x;}
void r1(double &rx) {cout << "double & rx\n";}
void r1(double &&rx) {cout << "double && rx\n";}

int main()
{
    double w = 10.0;
    r1(w);
    r1(w+1);
    r1(up(w));
    return 0;
}
```

c. 下述简短的程序显示什么？为什么？

```
#include <iostream>
using namespace std;
double up(double x) {return 2.0* x;}
void r1(const double &rx) {cout << "const double & rx\n";}
void r1(double &&rx) {cout << "double && rx\n";}

int main()
{
    double w = 10.0;
    r1(w);
    r1(w+1);
    r1(up(w));
    return 0;
}
```

4. 哪些成员函数是特殊的成员函数？它们特殊的原因是什么？

5. 假设 Fizzle 类只有如下所示的数据成员：

```
class Fizzle
{
private:
    double bubbles[4000];
...
};
```

为什么不适合给这个类定义移动构造函数？要让这个类适合定义移动构造函数，应如何修改存储 4000 个 double 值的方式？

6. 修改下述简短的程序，使其使用 lambda 表达式而不是 f1()。请不要修改 show2()。

```
#include <iostream>
template<typename T>
  void show2(double x, T& fp) {std::cout << x << " -> " << fp(x) << '\n';}
double f1(double x) { return 1.8*x + 32;}
int main()
{
    show2(18.0, f1);
    return 0;
}
```

7. 修改下述简短而丑陋的程序，使其使用 lambda 表达式而不是函数符 Adder。请不要修改 sum()。

```
#include <iostream>
#include <array>
const int Size = 5;
template<typename T>
  void sum(std::array<double,Size> a, T& fp);
class Adder
{
    double tot;
public:
    Adder(double q = 0) : tot(q) {}
    void operator()(double w) { tot +=w;}
    double tot_v () const {return tot;};
```

```
};
int main()
{
    double total = 0.0;
    Adder ad(total);
    std::array<double, Size> temp_c = {32.1, 34.3, 37.8, 35.2, 34.7};
    sum(temp_c,ad);
    total = ad.tot_v();
    std::cout << "total: " << ad.tot_v() << '\n';
    return 0;
}
template<typename T>
  void sum(std::array<double,Size> a, T& fp)
{
    for(auto pt = a.begin(); pt != a.end(); ++pt)
    {
        fp(*pt);
    }
}
```

18.12 编程练习

1. 下面是一个简短程序的一部分：

```
int main()
{
    using namespace std;
// list of double deduced from list contents
    auto q = average_list({15.4, 10.7, 9.0});
    cout << q << endl;
// list of int deduced from list contents
    cout << average_list({20, 30, 19, 17, 45, 38} ) << endl;
// forced list of double
    auto ad = average_list<double>({'A', 70, 65.33});
    cout << ad << endl;
    return 0;
}
```

请提供函数 average_list()，让该程序变得完整。它应该是一个模板函数，其中的类型参数指定了用作函数参数的 initilize_list 模板的类型以及函数的返回类型。

2. 下面是类 Cpmv 的声明：

```
class Cpmv
{
public:
    struct Info
    {
        std::string qcode;
        std::string zcode;
    };
private:
    Info *pi;
public:
    Cpmv();
    Cpmv(std::string q, std::string z);
    Cpmv(const Cpmv & cp);
    Cpmv(Cpmv && mv);
    ~Cpmv();
    Cpmv & operator=(const Cpmv & cp);
    Cpmv & operator=(Cpmv && mv);
    Cpmv operator+(const Cpmv & obj) const;
    void Display() const;
};
```

函数 operator+ ()应创建一个对象，其成员 qcode 和 zcode 有操作数的相应成员拼接而成。请提供为移动构造函数和移动赋值运算符实现移动语义的代码。编写一个使用所有这些方法的程序。为方便测试，让各个方法都显示特定的内容，以便知道它们被调用。

3. 编写并测试可变参数模板函数 sum_value()，它接受任意长度的参数列表（其中包含数值，但可以是任何类型），并以 long double 的方式返回这些数值的和。

4. 使用 lambda 重新编写程序清单 16.5。具体地说，使用一个有名称的 lambda 替换函数 outint()，并将函数符替换为两个匿名 lambda 表达式。

尊敬的老师：

您好！

为了确保您及时有效地申请培生整体教学资源，请您务必完整填写如下表格，加盖学院的公章后传真给我们，我们将会在2-3个工作日内为您处理。

请填写所需教辅的开课信息：

采用教材			□中文版 □英文版 □双语版
作　者		出版社	
版　次		ISBN	
课程时间	始于　年　月　日	学生人数	
	止于　年　月　日	学生年级	□专 科　□本科 1/2 年级 □研究生　□本科 3/4 年级

请填写您的个人信息：

学　校			
院系/专业			
姓　名		职　称	□助教 □讲师 □副教授 □教授
通信地址/邮编			
手　机		电　话	
传　真			
official email(必填) (eg:XXX@ruc.edu.cn)		email (eg:XXX@163.com)	
是否愿意接受我们定期的新书讯息通知:	□是	□否	

系 / 院主任：________________（签字）

（系 / 院办公室章）

____年____月____日

资源介绍：

--教材、常规教辅（PPT、教师手册、题库等）资源：请访问 www.pearsonhighered.com/educator；（免费）

--MyLabs/Mastering 系列在线平台：适合老师和学生共同使用；访问需要 Access Code；（付费）

100013　北京市东城区北三环东路 36 号环球贸易中心 D 座 1208 室 100013

Please send this form to：copub.hed@pearson.com

Website: www.pearson.com

书 号	书 名
978-7-115-50865-2	重构：改善既有代码的设计（第 2 版）
978-7-115-52268-9	C 和指针
978-7-115-52132-3	C 专家编程
978-7-115-52127-9	C 陷阱与缺陷
978-7-115-52126-2	C++ 沉思录
978-7-115-47881-8	“笨办法”学 Python 3
978-7-115-41477-9	Python 核心编程（第 3 版）
978-7-115-21687-8	代码整洁之道
978-7-115-43415-9	代码整洁之道：程序员的职业素养
978-7-115-51675-6	UNIX 环境高级编程（第 3 版）
978-7-115-51779-1	UNIX 网络编程 卷 1：套接字联网 API（第 3 版）
978-7-115-51780-7	UNIX 网络编程 卷 2：进程间通信（第 2 版）
978-7-115-32867-0	Linux/UNIX 系统编程手册（上、下册）
978-7-115-50523-1	UNIX 操作系统设计
978-7-115-35761-8	编程珠玑（第 2 版 • 修订版）
978-7-115-37372-4	编程珠玑（续）(修订版）
978-7-115-44427-1	计算机科学概论（第 12 版）
978-7-115-37675-6	领域驱动设计：软件核心复杂性应对之道（修订版）
978-7-115-33024-6	Google 软件测试之道
978-7-115-26407-7	SQL 入门经典（第 5 版）